2023中国水利学术大会论文集

第二分册

中国水利学会 编

黄河水利出版社

内 容 提 要

本书以“强化科学技术创新，支撑国家水网建设”为主题的2023中国水利学术大会论文合辑，积极围绕当年水利工作热点、难点、焦点和水利科技前沿问题，重点聚焦水资源短缺、水生态损害、水环境污染和洪涝灾害频繁等新老水问题，主要分为水生态、水圈与流域水安全、重大引调水工程、水资源节约集约利用、智慧水利·数字孪生·水利信息化等板块，对促进我国水问题解决、推动水利科技创新、展示水利科技工作者才华和成果有重要意义。

本书可供广大水利科技工作者和大专院校师生交流学习和参考。

图书在版编目（CIP）数据

2023中国水利学术大会论文集：全七册/中国水利学会编.—郑州：黄河水利出版社，2023.12

ISBN 978-7-5509-3793-2

Ⅰ.①2… Ⅱ.①中… Ⅲ.①水利建设-学术会议-文集 Ⅳ.①TV-53

中国国家版本馆CIP数据核字（2023）第223374号

策划编辑：杨雯惠 电话：0371-66020903 E-mail：yangwenhui923@163.com

出 版 社：黄河水利出版社 网址：www.yrcp.com

地址：河南省郑州市顺河路黄委会综合楼14层 邮政编码：450003

发行单位：黄河水利出版社

发行部电话：0371-66026940、66020550、66028024、66022620（传真）

E-mail：hhslcbs@126.com

承印单位：广东虎彩云印刷有限公司

开本：889 mm×1 194 mm 1/16

印张：268.5（总）

字数：8 510千字（总）

版次：2023年12月第1版 印次：2023年12月第1次印刷

定价：1 260.00元（全七册）

《2023中国水利学术大会论文集》

编　委　会

前言 Preface

学术交流是学会立会之本。作为我国历史上第一个全国性水利学术团体，90多年来，中国水利学会始终秉持“联络水利工程同志、研究水利学术、促进水利建设”的初心，团结广大水利科技工作者砥砺奋进、勇攀高峰，为我国治水事业发展提供了重要科技支撑。自2000年创立年会制度以来，中国水利学会20余年如一日，始终认真贯彻党中央、国务院方针政策，落实水利部和中国科学技术协会决策部署，紧密围绕水利中心工作，针对当年水利工作热点、难点、焦点和水利科技前沿问题、工程技术难题，邀请院士、专家、代表和科技工作者展开深层次的交流研讨。中国水利学术年会已成为促进我国水问题解决、推动水利科技创新、展示水利科技工作者才华和成果的良好交流平台，为服务水利科技工作者、服务学会会员、推动水利学科建设与发展做出了积极贡献。为强化中国水利学术年会的学术引领力，自2022年起，中国水利学会学术年会更名为中国水利学术大会。

2023中国水利学术大会以习近平新时代中国特色社会主义思想为指导，认真贯彻落实党的二十大精神，紧紧围绕“节水优先、空间均衡、系统治理、两手发力”治水思路，以“强化科学技术创新，支撑国家水网建设”为主题，聚焦国家水网、智慧水利、水资源节约集约利用等问题，设置一个主会场和水圈与流域水安全、重大引调水工程、智慧水利·数字孪生、全球水安全等19个分会场。

2023中国水利学术大会论文征集通知发出后，受到广大会员和水利科技工作者的广泛关注，共收到来自有关政府部门、科研院所、大专院校和设计、施工、管理等单位科技工作者的论文共1 000余篇。为保证本次大会入选论文的质量，大会积极组织相关领域的专家对稿件进行了评审，共评选出681篇主题相符、水平较高的论文入选论文集。按照大会各分会场主题，本论文集共分7

册予以出版。

本论文集的汇总工作由中国水利学会秘书处牵头，各分会场协助完成。本论文集的编辑出版也得到了黄河水利出版社的大力支持和帮助，参与评审、编辑的专家和工作人员克服了时间紧、任务重等困难，付出了辛苦和汗水，在此一并表示感谢！同时，对所有应征投稿的论文作者表示诚挚的谢意！

由于编辑出版论文集的工作量大、时间紧，且编者水平有限，错漏在所难免。不足之处，欢迎广大作者和读者批评指正。

中国水利学会

2023 年 12 月 12 日

目录 Contents

水利遥感

寒区水利

流域发展战略

三门峡市中小河流系统治理理念思考

张　向[1,2,3]　许琳娟[1,2,3]　徐海帆[4]

（1. 黄河水利委员会黄河水利科学研究院，河南郑州　450003；
2. 水利部黄河下游河道与河口治理重点实验室，河南郑州　450003；
3. 黄河水利委员会黄河流域生态保护和高质量发展研究中心，河南郑州　450003；
4. 华北水利水电大学水利学院，河南郑州　450046）

摘　要：推进三门峡市中小河流系统治理是贯彻落实“节水优先、空间均衡、系统治理、两手发力”治水思路及黄河流域生态保护和高质量发展重大国家战略的重要举措。为强化生态文明建设和中小河流系统治理，围绕建设造福人民幸福河的目标要求，本文统筹水灾害防治、水资源配置、水环境治理、水生态保护与修复和水文化提升5方面目标任务，提出了三门峡市中小河流系统治理总体构想和对策体系，可为三门峡市中小河流系统治理提供理论指导和战略保障。

关键词：三门峡市；中小河流；系统治理；总体构想

1　三门峡市中小河流系统治理面临的形势与需求

1.1　系统思维统筹治水成为全国生态文明建设的指导思路

2014年3月，习近平总书记在关于保障国家水安全的重要讲话中提出“节水优先、空间均衡、系统治理、两手发力”治水思路。2022年10月，党的二十大报告提出，统筹水资源、水环境、水生态治理，推动重要江河湖库生态保护治理。

在中央层面不断明确系统思维、统筹治水的思路下，各地也开展了一系列探索实践，取得了良好成效。2014年1月，浙江省成立“五水共治”领导小组，提出治污水、防洪水、排涝水、保供水、抓节水，开启地方铁腕治水的先河；2017年3月，武汉市出台《“四水共治”工作方案（2017—2021年）》，围绕打造滨水生态绿城的总体目标，全面推进“防洪水、排涝水、治污水、保供水”；2018年11月，河南省人民政府印发《关于实施四水同治加快推进新时代水利现代化的意见》，加快实施水资源、水生态、水环境、水灾害统筹治理。

1.2　黄河流域生态保护和高质量发展对三门峡市中小河流系统治理提出新要求

2019年9月，习近平总书记在河南省郑州市主持召开黄河流域生态保护和高质量发展座谈会并发表重要讲话，指出黄河流域生态保护和高质量发展五大任务：加强生态环境保护（水生态、水环境），保障黄河长治久安（水灾害），推进水资源节约集约利用（水资源），推动黄河流域高质量发展（综合），保护、传承、弘扬黄河文化（水文化）。要坚持山水林田湖草综合治理、系统治理、源头治理，统筹推进各项工作，加强协同配合，推动黄河流域高质量发展。

三门峡市作为随着万里黄河第一坝——三门峡水利枢纽工程的建设而崛起的一座新兴工业城市，因水而生，因水而厚重，辖区内河流河溪较多，全市共有大小河流3 107条，黄河流域面积9 376

基金项目：中央级公益性基本科研业务费专项（HKY-JBYW-2023-22）；水利干部教育与人才培养项目（102126222015800019041）；郑州大学院士团队科研启动基金（13432340370）。

作者简介：张向（1991—），男，工程师，主要从事游荡性河道整治与中小河流治理方面的工作。

km^2，占全市总面积的89.3%，除黄河外，境内流域面积在100 km^2 以上的河流33条。因此，务必将中小河流系统治理作为生态保护的首要任务。虽然近年来，部分河流生态环境有所改善，生物的多样性已经恢复，但是在郊区城镇，侵占河道、水环境污染、水生态受损、水土流失等问题仍然在继续恶化，需要在自然恢复的基础上，辅以一定的人工措施才能有效保护修复，因此三门峡市中小河流系统治理的关键和要点还在于加以科学的治理和修复。

高质量发展有三大内涵，分别是经济社会健康发展、资源利用绿色集约、提供更多优质生态产品，对应于水有三“高”要求，分别是防洪供水高保障、综合和行业用水高效率、城乡生态环境高品质。因此，统筹做好中小河流水灾害、水资源、水环境、水生态、水文化等相关方面的工作，能极大地促进和保障三门峡市生态保护和高质量发展工作。

2 三门峡市中小河流系统治理总体构想

坚持以习近平新时代中国特色社会主义思想为指导，全面贯彻党的二十大精神，以习近平总书记“节水优先、空间均衡、系统治理、两手发力”治水思路为指引，按照黄河流域生态保护和高质量发展战略要求，践行“绿水青山就是金山银山”的生态文明理念，统筹水灾害防治、水资源配置、水环境治理、水生态保护与修复和水文化提升5方面目标任务，加快形成节水防污护生态的产业结构、空间布局、生产生活方式和意识形态，塑造现代新型人水和谐关系，书写美丽中国的三门峡篇章，促使三门峡市成为黄河流域生态保护和高质量发展的先行示范区，促进三门峡地区成为中国向世界展示大河文明和黄河文化的重要窗口与标志区。

2.1 水灾害防治

经过多年的治理，三门峡市中小河流防洪、排涝工作取得了巨大的成绩，但是，由于自然地理特点和经济社会条件的限制，现状防洪减灾体系尚不完善，防洪能力偏低，防洪保护区的防洪标准与经济社会发展要求还不相适应，洪涝灾害仍是影响人民生命财产安全、制约本地区国民经济发展的主要因素之一。

新时期下，应改变以往“治堤”为主的理念，坚持以“治河”为主，坚持以防灾减灾、岸固河畅、自然生态、安全经济、长效管护的治理原则。以流域为单元，树立系统治理理念，针对不同地区和类型的河流河道存在的问题，因地制宜，科学制订整治方案，优化设计方案，把生态理念贯穿到治理过程中的各个环节，对中小河流系统治理工程进行全面规划和布局，强化整体推进，重点解决河道行洪通畅问题，提高流域综合防灾减灾能力，保障人民生命财产和经济社会发展的防洪安全。

2.2 水资源配置

三门峡市属于暖温带大陆性季风气候，年降水量都集中在夏季的7—9月，地处黄土高原地带，土质疏松，多丘陵山地。水资源季节分布不均造成水土流失、植被破坏，水源涵养能力减弱，给本来水资源就很缺乏的山区带来更大的困难，干旱发生率达79.2%，可谓“十年九旱”。卢氏县的范里镇大塬上耕地常年严重干旱，没有水源补给，给当地人民的生活和生产带来严重的影响，严重威胁着地区的可持续发展，其危害性不容忽视。

立足国家新时期“节水优先、空间均衡、系统治理、两手发力”治水思路和黄河流域生态保护和高质量发展重大国家战略要求，结合三门峡市总体治水方略，从高保障供水、高品质提升、高效率节水三大方面开展全市多水源优化配置，实现“城乡一体、多源互济”的水资源优化配置格局，提出相应的水资源配置和利用方案措施。一是保障水量。通过技术、生态、经济、制度建设等措施更有效地配置水资源，实现水资源的可持续利用，保障流域经济社会发展和生态健康对水资源的需求，实现流域水资源区域间、产业间的科学分配。二是提升水质。治理水土流失导致的“水浑”和经济社会发展导致的水污染。三是提高水效。针对农业、工业等不同部门用水的特点，选择适宜的节水技术，降低万元工业增加值用水量，提高单方水的粮食产量，提高农田灌溉水有效利用系数，提高产业用水的效率，并将相关技术加以推广与示范，形成流域节水的引领区、示范区。

2.3　水环境治理

三门峡市资源禀赋突出、工业基础雄厚，黄金、铝工业、装备制造、煤化工等支柱产业为主导的现代化工业格局支撑着三门峡市经济高速发展。经济发展的同时水环境污染问题日益凸显。除极少数深山河流保持原生态，其余或多或少都受到污染，几条主要干流受到矿区、生活污水、泥沙等的污染。特别是冶炼厂等企业排放的废水、废渣严重威胁市区地下水，剧毒氰化物难以分解，农药、化肥也造成水体富营养化。灵宝市弘农涧河因生活垃圾、工业污水和废液等造成河道淤积，河道水动力差，生态基流严重不足，水体的自我净化功能几乎完全消失。

实施水污染综合治理，提出城市污水处理厂提升改造、工业点源污染治理、生活污水收集处理、农业面源污染综合整治、水环境综合治理及入河排污口专项整治等建设方案；加强水功能区及水资源保护力度，加强水域岸线管理保护力度，完善三门峡市水环境安全防控体系。

2.4　水生态保护与修复

三门峡地形地貌丰富多彩，有“五山四岭一分川”之称。近几年来，三门峡市黄河沿岸生态廊道建设形成了水势浩渺的壮观景象。青龙涧河、苍龙涧河等城区段河流已经进行了滨水空间的景观改造和提升，休闲健身步道、木栈道、休息平台、集散广场、园林花架小品等一应俱全，城市居民反映良好。但农业生产区本底条件较差，生态修复体系未建立。大部分河流存在不同程度的岸坡、护林带缺失，两岸岸坡防护被生活垃圾、杂草或菜地侵占等问题。因此，水生态保护修复整体格局有待进一步优化。

2.4.1　坚持以人为本，改善生态惠利民生

良好的水生态是提供给人民群众最好的生态产品和最大的民生。开展水生态保护，需要积极响应群众的亲水需求和改善居住生产环境的热切期盼，“还水于民”，修复河湖湿地水生态系统，大力改善城乡居民的生活生产环境，提高城市吸引力及城市品位。

2.4.2　坚持因地制宜，顺应自然客观规律

全市不同地区水生态状况及面临的关键问题有所不同，需要坚持问题导向，因地制宜，分类指导，实行一河一策、一湖一策、一湿一策，确定近、远期水生态修复和保护的工作重点。顺应自然规律，坚持恢复河道自然水生态系统生境，以自然修复为主，人工修复为辅。

2.4.3　坚持综合协调，融入特色水文化

水生态保护需要统筹协调，综合考虑水生态空间、水资源条件、河湖连通、水系自然完整性以及文化保护的需要。体现河流湿地及周边区域发展的特点，充分结合地域特色、注重与沿线整体风貌相协调，使水生态景观与周边景观相协调。在水景观中积极融入不同历史时期、不同民族的水文化，提高公众爱水、亲水、护水意识。

2.5　水文化提升

三门峡是仰韶文化、道家文化、虢国文化的发源地，有着丰富的自然景观、文化古迹。水文化内涵十分丰富，水文化载体资源也丰富多样，但一直以来对水文化的重视与研究不够，特色不凸显、影响力尚未充分显现。水文化建设发展缺乏系统谋划和典型项目。

水文化提升以水遗产与湿地生态保护为根本；以历史研究、文化挖掘和遗产调查为基础；以特色水文化传承展示为核心；以黄河水文化为主体，抓住几个“独一无二”；以展示宣传体系构建为抓手；以国际视野、专业背景为技术支撑；全面提升受众素养的三门峡水文化。具体工作中坚持多目标统筹结合：遗产保护与生态环境保护，遗产利用与水利建设管理相结合，文化展示与生态文明、全域旅游、乡村振兴相结合，水文化传统内涵与现代化展示宣传方式相结合，统筹协调水文化建设与其他文化建设，构建丰富多样的文化体系。

3　结语

中小河流治理进度总体滞后于大江大河，水灾害频发、水环境恶化、水生态受损、水文化缺失等

问题日益突出。新时期三门峡市中小河流治理应紧密围绕建设造福人民幸福河的目标要求，积极践行生态治理理念，统筹水灾害防治、水资源配置、水环境治理、水生态保护与修复和水文化提升5方面目标任务，稳步推进中小河流面向新老水问题的系统治理，为生态文明建设和黄河流域生态保护和高质量发展重大国家战略实施提供坚强的水利支撑。

参考文献

[1] 李国英. 推动新阶段水利高质量发展，为全面建设社会主义现代化国家提供水安全保障［J］. 中国水利，2021（16）：1-5.

[2] 江恩慧，王远见，田世民，等. 流域系统科学初探［J］. 水利学报，2020，51（9）：1026-1037.

[3] 江恩慧. 黄河流域及相关片区试点建设具有重大示范意义［J］. 中国水利，2017（21）：28.

[4] 袁建军. 加快推进水利遗产保护利用传承发展的思考与建议［J］. 水利发展研究，2021，21（4）：18-22.

水利工程绿色设计理念的运用与研究

孙炎渤　方明慧

（水利部海委漳卫南局综合事业处江河公司，山东德州　253000）

摘　要：绿色设计理念的应用对于水利工程设计有重要意义，是新时期发展背景下我国水利事业发展的重要方向。基于此，本文首先介绍了水利工程设计中绿色设计理念的重要意义，并且对水利工程设计工作中，绿色设计理念的具体应用策略进行探索，以期对相关设计人员提供参考。

关键词：水利工程；绿色设计理念；应用

1　引言

随着我国经济的不断发展，我国社会经济水平也在不断提高，人们在日常生活中的环境保护意识也在不断增强，水资源的需求量也越来越大，很多城市都加大了水资源的利用力度，但是与此同时，我国在水利工程的建设过程中，却对水资源造成了极大的浪费，这对于环境保护来说是非常不利的。根据相关统计数据，目前我国每年由于水利工程建设而造成的水污染、水土流失等问题已经给人们的生活带来了极大的影响，因此通过引入绿色设计理念，可以有效改善这些问题。

2　水利工程建设发展现状

首先，在水利工程建设过程中，由于使用了大量的水泥、钢材等建筑材料，会产生大量的建筑垃圾和废弃物，而这些废弃物没有被有效地利用起来，就会造成污染，不仅会对周围环境造成影响，还会对人们身体健康造成威胁。其次，水利工程建设过程中由于使用了大量的电力、钢铁等资源能源，导致大量有害气体以及其他垃圾无法得到有效处理，这些有害气体不仅会对大气造成污染，还会对人们的身体健康造成影响。最后，在水利工程建设过程中，由于使用了大量的金属材料以及一些化工产品等，这些化工产品在使用过程中会释放出大量的有害气体以及其他物质，这些物质不仅对环境造成了污染，还会对人们身体健康造成威胁。综上所述，在水利工程建设过程中，合理地应用绿色设计理念已经成为非常重要的工作内容，对保证水利工程建设可以更好地促进环境保护以及生态平衡发展具有重要意义。

3　水利工程设计中绿色设计理念的具体应用策略

3.1　做好前期设计工作

在进行前期设计工作时，设计人员需要充分了解当地的自然环境，结合自然环境条件来进行水利工程的设计，将绿色设计理念与当地的自然环境相结合，从而形成具有针对性的设计方案，同时在设计中还需要注重对当地自然资源的保护，将绿色设计理念融入水利工程中，这样才能为当地生态环境和自然环境保护提供有力支持。在前期工作中，还需要充分考虑到当地环境条件和经济条件，从而制定出合理的工程方案。例如：在某水利工程的前期工作中，为了能够有效提高工程项目建设效果，设计者需要充分了解当地环境条件，结合工程实际情况进行工程建设。此外，在设计过程中，还需要根

作者简介：孙炎渤（1981—），男，工程师，主要从事水利工程的运行管理工作。

据实际情况来进行设计方案的调整和优化。例如：在水利工程的前期工作中，设计者为了能够有效提高工程项目建设效果和质量，需要充分考虑到施工环境对周边自然环境的影响，在实际施工过程中将绿色设计理念融入到施工方案中去，从而实现对生态环境和自然环境进行有效保护的目的。

3.2 正确选择建筑原材料

在进行水利工程设计时，工作人员首先需要对建筑原材料进行合理的选择，确保原材料的质量能够达到国家标准，这样才能确保建筑质量，因此在进行工程建设时，设计人员首先需要对工程建设的地点进行实地考察，对建筑原材料的种类、数量、规格等方面进行全面了解，然后选择最优方案。此外，还需要在工程建设过程中注重环保问题，尽可能选择环保材料。比如：在混凝土施工过程中，可以选择一些粉煤灰、矿渣等材料，这能够有效降低施工成本，设计人员还可以采用循环利用的方式对建筑材料进行处理，在混凝土中加入适量的水，利用搅拌站对其进行搅拌，通过这样的方式能够有效节约混凝土使用过程中的用水量。在建筑物建成后，设计人员还需要对建筑材料进行定期检测，如果发现原材料存在质量问题，要及时处理或者更换，以此来避免建筑质量受到影响，而且还可以有效降低施工成本。

3.3 堤岸建设中的生态环保设计

堤防工程是水利工程的重要组成部分，因此在堤防建设中必须坚持生态环保的设计原则，具体而言，主要是在设计中要充分考虑生态环境因素，并且要采用生态护岸的方式对堤防进行保护。为了有效保护堤岸环境，可以采用以下几种方式：①采用自然材料进行堤岸建设。自然材料具有良好的绿化性能，同时具有良好的抗冲刷能力和抗侵蚀能力，可以有效保护堤岸环境。例如：在堤岸建设中可以采用石材、植物、土壤等材料进行施工，同时在施工中要进行绿化处理，从而有效提升堤岸环境。②利用生态护坡技术。生态护坡技术主要是将植物生长与生态环境结合在一起进行设计的一种新型技术，这种技术可以有效保证堤岸环境与植物生长之间的协调关系，从而有效提升生态护坡效果。人工材料具有良好的植物生长性能和生态环境保护性能，可以有效避免自然护岸中可能出现的环境问题。③在工程施工中充分考虑生态环境因素。在工程施工中，必须考虑生态环境因素对工程建设的影响，从而采取措施进行治理。

3.4 充分利用水文工作的价值

水文工作是水利工程设计的一个重要环节，水文工作的质量直接影响到水利工程的质量，因此在进行水利工程设计时，必须充分利用水文工作，合理分析河流、水库等水资源的水文特征，从而能够为水利工程的设计提供更加科学、准确的参考数据。在进行水文分析时，应当充分考虑到当地的自然条件以及气候条件，从而能够更好地为水利工程设计提供更加准确、有效的参考数据。此外，在进行水资源规划时，还应当充分考虑到当地人民群众的实际需求，并根据水资源规划工作情况来对其进行及时调整。在进行水资源规划时，应当充分考虑到当地居民的日常用水需求、工业用水需求以及农业灌溉需求等方面的情况。通过科学合理的水资源规划，能够最大限度地提高水资源利用率，为当地经济发展提供更加充足的保障。在进行水利工程设计时，还应当充分考虑到生态环境保护，在进行生态环境保护时，应当从河流源头开始着手，通过合理、科学地进行生态环境保护来降低河流对周围居民生活带来的影响。例如：通过合理规划河流支流来改变河流整体生态系统结构，以达到维持生态平衡、减少水土流失等效果。

3.5 重视设计中美学的运用

在水利工程的设计中，要注重对美学的运用，让人们可以看到水利工程的艺术美。例如：可以将建筑物设计成半圆弧状、弧线状、曲线状等，这样可以给人们一种视觉上的享受，同时，在水利工程的设计过程中，还要注重对自然环境的保护，避免对自然环境造成破坏。在进行水利工程设计时，要注意将传统建筑艺术与现代建筑艺术相结合，做到二者相互协调、相互统一。在水利工程的设计中，要注意水利工程的生态性，让人们能够感受到大自然的美好。例如：在设计桥梁时，可以选择一些与大自然相互协调的桥梁，将桥梁与周围的自然环境相融合，让人们感受到自然之美，同时还可以选择一些与周围自然环境相协调的生态化的河流，让人们在享受美丽自然风景的同时也能够感受到大自然带来的美好。在水利工程设计过程中，还可以将水利工程与周围环境相融合。例如：在进行河堤建设时可以选择一些与周围环境相协调的河堤设计方案，在进行河道治理时可以选择与周围环境相协调的河道治理方案，这样就能够使水利工程与周围环境融为一体。

4 结语

综上所述，水利工程是我国基础设施建设的重要组成部分，它对我国的社会发展和人民生活都有着非常重要的意义。在水利工程的设计过程中，要注重绿色设计理念的应用，如此才能够更好地保护环境，使人们生活在一个更加美好的环境当中。

参考文献

[1] 李响．水利工程设计中绿色设计理念的运用［J］．城市建设理论研究（电子版），2023（12）：164-166.

[2] 程成．水利工程设计中绿色设计理念的运用［J］. 数码精品世界，2020（6）：570.

海南水网水资源配置格局与经济社会适配性分析

何　梁　王占海　肖文博　陈　达

（中水珠江规划勘测设计有限公司，广东广州　510610）

摘　要：受外部经济环境变化和内在发展要求的双重影响，海南省正在经历经济结构转型和调整，水资源配置格局需要与之相适应，以助力海南自由贸易港的高质量发展。通过分析2010—2021年人口、城镇化率、三次产业增加值及其结构的变化历程，研究海南水网水资源配置格局与经济社会的适配性。结果表明，海南水网水资源配置格局与现阶段全省经济社会发展、供用水区域分布特征基本匹配，水利工程布局谋划与经济发展战略大体适应，但与未来全省三大经济圈的新发展局面衔接不够，需结合最新发展战略适时调整海南水网水资源配置格局及其实施方案。

关键词：经济社会；发展战略；水资源；适配性

1　引言

海南省位于我国最南端，地处中国-东盟自由贸易区和泛珠三角区域两大经济合作枢纽区，是我国热带海岛地区的代表性区域，以台风雨和独流入海河流为主，水资源禀赋条件独特，区域旅游资源和候鸟、人口众多，生态保护要求较高。海南水网隶属国家水网的省级水网层次，为贯彻落实国家水网建设有关部署要求，助力海南自由贸易港建设，应及早研究海南水网水资源配置格局与经济社会的适配性，积极谋划并适时调整海南水网水资源配置格局，这对建设现代化、高质量的水资源配置网络，提高区域水资源承载能力，优化海南高质量发展战略模式，促进人口、经济与资源环境均衡发展意义重大[1-4]。

2　经济社会发展战略

海南省属热带季风气候，全岛土地面积约占全国热带土地面积的42.5%，良好的生态环境、丰富的海洋资源和矿产资源造就了热带旅游资源十分优越。作为全国最大的经济特区，海南省从生态、文化、餐饮、住宿、交通、旅游、购物和文娱8个方面进行了国际化改造，国家政策优势突出。经过多年探索，海南也找到了一条开发优势资源、发展特色经济的发展道路，经济实力显著增强，但从目前三次产业结构来看，还存在第一产业特色优势不明显、工业仍是经济发展短板、第三产业内部层次低的问题。

2018年4月13日，习近平总书记在庆祝海南建省办经济区30周年大会上明确提出要在海南全岛建设自由贸易试验区。随着海南自由贸易政策的层层推进，“全省一盘棋、全岛同城化”理念以及“三极一带一区”区域协调发展新格局逐步形成。目前，全省正积极打造海口经济圈、三亚经济圈、儋洋经济圈三个经济增长极，形成以点带圈、以圈带面、圈动全省的发展新局面。其中，海口经济圈包括海口市、澄迈县、文昌市、定安县、屯昌县，主要是充分发挥海口带动作用，联动澄迈、文昌、定安、屯昌等周边市县，全面提升海口经济圈发展能级，着力塑造“大海口”综合竞争新优势，打造中国特色自由贸易港核心引领区；三亚经济圈包括三亚市、五指山市、陵水县、乐东县、保亭县，

作者简介：何梁（1985—），女，高级工程师，主要从事水资源规划与水利工程设计等工作。

主要是用好三亚国际旅游、科技创新资源，带动陵水、乐东、保亭等周边市县发展，大力培育发展南繁、深海等未来产业和新一代信息技术产业，打造成海南自由贸易港科创高地、国际旅游胜地；儋洋经济圈包括儋州市、洋浦经济开发区、东方市、临高县、昌江县、白沙县，主要是通过挖掘历史文化名城发展潜能，将洋浦的政策、区位、产业优势与儋州城市功能和腹地优势相结合，加快一体化融合发展，打造海南自由贸易港港产城融合发展示范区、先行区。

3 水资源配置格局

2019 年，海南水网建设规划正式批复，重点提出了未来几十年的全省水资源配置规划目标及总体格局。

3.1 规划目标

到 2025 年，基本建成海岛型水利基础设施网络骨干工程，水资源配置格局基本形成，城乡供水和热带现代农业水利保障水平有效提升。到 2035 年，水网骨干工程全面贯通，水资源高效利用格局不断完善，城乡供水实现高保证、低风险；集约化、规模化的热带现代农业水利保障体系基本建成，灌溉发展向精细化、高效化方向转变。到 2050 年，全面建成安全、生态、立体、功能强大的海岛型水利基础设施综合网络体系，实现用水安全可靠、洪涝总体可控、河湖健康美丽、管理现代化高效的战略目标。

3.2 总体格局

按照“片内连通，区间互济”“以大带小，以干强支”“以多补少，长藤结瓜”的空间布局，以辐射状海岛天然水系为经线，以热带现代农业灌区骨干渠系为纬线，以骨干水源工程为节点，构建“一心两圈四片区，三江六库九渠系，联网联控调丰枯，安全水网保供给”的立体综合水网。其中，三江指按照“以大带小，以干强支”的思路，以南渡江、万泉河、昌化江三大江河为重要水源地，通过骨干渠系工程，实现对乘坡河、石碌河、南巴河等支流流域及文澜江、春江、珠碧江等独流入海河流的供水水源补充。六库指按照“以多补少，长藤结瓜”的思路，以南渡江上的松涛和迈湾、万泉河上的红岭和牛路岭、昌化江上的大广坝和向阳等 6 座水库为骨干水源进行多年调节，通过骨干灌溉渠系工程和供水管道，补给永庄、福山等 17 座水源调配能力不足的水库。九渠系指按照“片内连通，区间互济”的思路，全面配套建设南渡江引水工程、迈湾水库灌区、松涛水库灌区、大广坝水库灌区、昌化江引大济石工程、昌化江乐亚水资源配置工程、红岭灌区、牛路岭灌区、保陵水库供水工程 9 大骨干渠系工程；同时，通过红岭和牛路岭灌区渠系建设，实现琼北、琼东片区内灌区水源互济；通过琼西北供水工程和昌江县水资源配置工程建设，实现琼北、琼西片区内灌区水源调剂；通过建设昌化江乐亚水资源配置工程，解决琼南、琼西片区内水源供给能力不足问题；通过建设保陵水库供水及引乘济妹等工程，增强琼南地区枯水年及枯水期水资源保障能力，全面构建覆盖全岛的水网格局。

4 适配性分析

4.1 与经济社会发展变化的匹配

2010—2021 年海南省常住人口变化情况如表 1 所示，海南省户籍人口常年少于常住人口，属于人口迁入省份；2010—2021 年常住人口年均增长率为 14.8‰，其中 2010—2014 年人口增长相对缓慢，2015 年开始受二孩政策放开影响，增长加速明显；城镇化率在 2010—2021 年期间呈现稳步上升态势。从 2021 年海南省三大经济圈常住人口对比（见图 1）来看，海口经济圈常住人口和城镇人口最多，城镇化率最高，儋洋经济圈常住人口和城镇人口最少，城镇化率与三亚经济圈相当。

2010—2021 年海南省三次产业变化情况如表 2 所示，2010—2021 年海南省三次产业结构呈现第一、二产业逐渐下降，第三产业稳步提升的显著特征，第三产业已占据全省产业主导地位。从 2021 年海南省三大经济圈三次产业结构对比来看（见图 2），第一产业海口经济圈比重最小，第三产业海口经济圈比重最大，第二产业儋洋经济圈比重最大，可见旅游业是海口经济圈主要经济支撑，儋洋经济圈第二产业尤其工业的发展引领全省。

表 1　2010—2021 年海南省常住人口变化情况

年份	户籍人口/万人	常住人口/万人			城镇化率/%
		城镇人口	农村人口	合计	
2010	896	433	436	869	49.8
2011	908	443	434	877	50.5
2012	902	457	429	886	51.6
2013	909	472	423	895	52.7
2014	916	486	418	904	53.8
2015	908	519	426	945	54.9
2016	902	543	415	958	56.7
2017	910	564	408	972	58.0
2018	925	581	402	983	59.1
2019	937	591	404	995	59.4
2020	953	610	402	1 012	60.3
2021	973	622	398	1 020	61.0

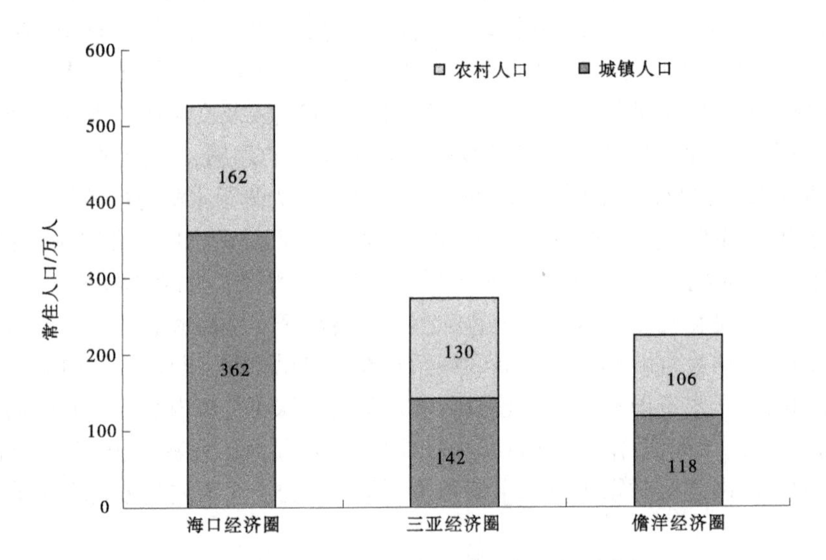

图 1　2021 年海南省三大经济圈常住人口对比

从经济社会发展历程来看，海南省人口迁入现象突出，城镇化程度较快，加上海岛舒适宜人的气候条件和丰富多样的旅游资源，合力推动了第三产业的迅猛发展，尤其是海口经济圈、三亚经济圈的人口聚集作用及效应强大，随之带来了水资源需求量增大的问题。与之相匹配的是，海南水网提出了利用三大江河干流河道丰沛的水量，补充主要支流及独流入海河流、利用三大江河 6 个大型水库的多年调节能力，补充主要供水水库水量不足的布局，充分考虑了海南省以台风雨降水为主，若不及时利用将迅速流入大海的水资源开发利用短板，既解决了海南省经济社会发展及不同区域对水资源的需求，又符合海南省水资源开发利用实际情况。

表 2　2010—2021 年海南省三次产业变化情况

年份	增加值/亿元					三次产业结构/%				
	第一产业	第二产业		第三产业	合计	第一产业	第二产业		第三产业	合计
		小计	其中：工业				小计	其中：工业		
2010	522	529	348	970	2 021	25.8	26.2	17.2	48.0	100.0
2011	637	671	440	1 156	2 464	25.8	27.2	17.9	47.0	100.0
2012	684	747	478	1 358	2 789	24.5	26.8	17.1	48.7	100.0
2013	724	751	442	1 641	3 116	23.2	24.1	14.2	52.7	100.0
2014	793	827	486	1 829	3 449	23.0	24.0	14.1	53.0	100.0
2015	835	883	493	2 016	3 734	22.4	23.6	13.2	54.0	100.0
2016	925	904	483	2 262	4 091	22.6	22.1	11.8	55.3	100.0
2017	963	996	528	2 538	4 497	21.4	22.2	11.7	56.4	100.0
2018	986	1 053	582	2 872	4 911	20.1	21.4	11.9	58.5	100.0
2019	1 079	1 084	598	3 168	5 331	20.2	20.3	11.2	59.5	100.0
2020	1 136	1 072	557	3 358	5 566	20.4	19.3	10.0	60.3	100.0
2021	1 254	1 239	684	3 982	6 475	19.4	19.1	10.6	61.5	100.0

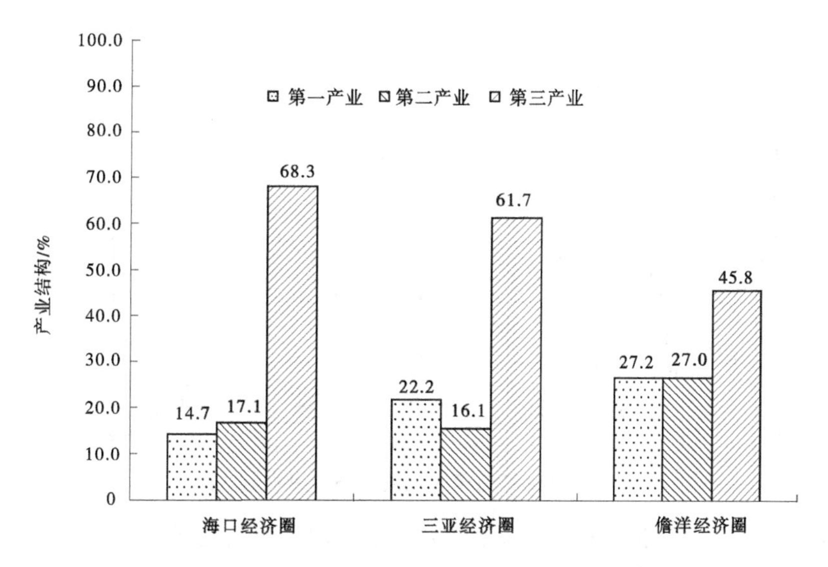

图 2　2021 年海南省三大经济圈三次产业结构对比

4.2　与供用水变化的匹配

2010—2021 年海南省供用水变化情况如表 3 所示，2010—2021 年海南省供用水量总体呈现下降趋势，地表水为主要供水水源，占比 92%以上，地下水供水比重逐渐减小；农业仍为主要用水大户（占比 72%以上），年均降幅 1.0%，生活用水占比逐年提高，用水量介于 6.26 亿~8.48 亿 m^3，工业用水占比逐渐减小，年均降幅 8.0%，生态用水比重有所提高。从 2021 年三大经济圈用水量对比（见图 3）来看，海口经济圈是全省主要生活用水区域，农业用水仅次于儋洋经济圈，三亚经济圈生活用水量仅次于海口经济圈。

表3 2010—2021年海南省供用水变化情况

年份	供水量/亿 m^3				用水量/亿 m^3					降水频率/%
	地表水	地下水	其他	合计	生活	工业	农业	生态	合计	
2010	41.05	3.31	0	44.36	6.26	3.83	34.18	0.09	44.36	9.3
2011	41.13	3.30	0.05	44.48	6.39	3.86	34.14	0.09	44.48	9.2
2012	42.05	3.28	0.06	45.39	6.61	3.83	34.69	0.26	45.39	29.8
2013	39.97	3.12	0.07	43.16	6.84	3.81	32.32	0.19	43.16	5.7
2014	41.90	3.02	0.10	45.02	7.53	3.85	33.40	0.24	45.02	25.0
2015	42.95	2.74	0.15	45.84	7.95	3.24	34.32	0.33	45.84	86.9
2016	41.88	2.92	0.16	44.96	8.27	3.14	33.09	0.46	44.96	3.2
2017	42.51	3.05	0.20	45.77	8.44	3.00	33.33	1.00	45.77	20.6
2018	41.74	3.04	0.27	45.05	8.62	2.93	32.62	0.88	45.05	17.2
2019	42.94	3.03	0.41	46.38	8.53	2.81	34.16	0.88	46.38	75.4
2020	42.56	1.20	0.28	44.04	7.96	1.53	33.45	1.10	44.04	72.7
2021	40.02	1.31	0.36	41.69	8.48	1.53	30.70	0.98	41.69	37.3

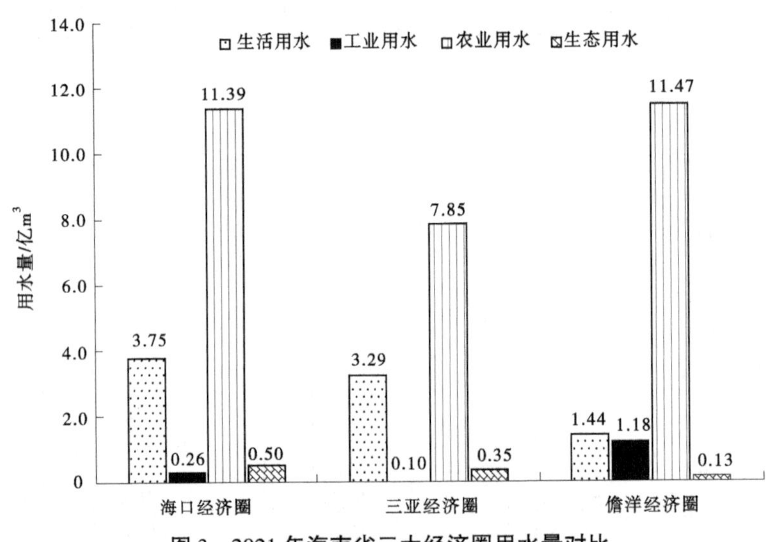

图3 2021年海南省三大经济圈用水量对比

从供用水变化来看，地表水历来就是海南主要供水水源，海岛地区对地表水依赖程度极高；全省供用水总量虽逐渐下降，但生活用水却随着人口及城镇化程度提高而不断增加，由于优良的光热条件及丰富的耕地资源，农业仍是主要用水大户。与之相匹配的是，海南水网提出通过大型灌区和重要水资源配置工程等诸多地表水工程，将三大江河九大骨干渠系工程串联起来，形成南渡江、昌化江、万泉河三大流域的水量互补互济，重点解决生活、工业和灌溉用水问题，这是从全省一盘棋角度统筹解决不同区域的水资源供需矛盾出发，并立足于海南省跨流域、跨区域的复杂供水体系现状，符合海南省经济社会发展的地区、产业结构、用水特点等差异性。

但从长远来看，海南水网水资源配置格局与海口经济圈、三亚经济圈、儋洋经济圈三个经济增长极发展新局面的衔接还不够，与未来各经济圈发展战略相匹配的水资源配置格局尚不清晰。综合前述三大经济圈经济社会发展和供用水变化历程来看，海口经济圈应以南渡江和万泉河为主水源，以松涛水库、红岭水库、迈湾水利枢纽等骨干调蓄工程为水资源配置枢纽，通过松涛灌区、南渡江引水、迈湾灌区、红岭灌区等工程，构建互联互通的水资源配置骨干网络，拓展海南水网主网覆盖范围，实现区域水资源联合调配，提升海口经济圈供水保障能力，建议适时开展海南省东北片区水资源优化配置工程前期论证与研究，加强区域骨干水资源配置工程的互联互通、丰枯调剂。三亚经济圈应以昌化江和陵水河为主水源，以大隆水库、向阳水库、长茅水库等调蓄工程为调蓄节点，通过昌化江水资源配置工程构建互联互通的水资源配置骨干网络，建议适时开展引牛（牛路岭水库）济陵（陵水县）工程前期研究，连通万泉河与陵水河，实现区域水资源联合调配，蓄引结合，满足用水需求，提升大三亚经济圈供水保障能力。儋洋经济圈应以南渡江、北门江、珠碧江为主水源，以松涛水库、天角潭水利枢纽、春江水库、珠碧江水库为水资源配置枢纽，通过松涛灌区工程、琼西北供水工程，构建“一张网供水，多水源互济”的水资源配置骨干网络，建议适时开展引大济石补珠工程前期研究，提高工程沿线特别是洋浦经济开发区水资源承载能力，保障儋洋经济圈供水安全。

5 结论与展望

（1）2019 年批复的海南水网水资源配置格局与全省经济社会发展、供用水区域分布基本匹配，从现阶段来看，水利工程布局谋划比较合适。

（2）未来海南省在国家、区域、省级 3 个层面都将迎来重大利好政策与前所未有的发展机遇，在国家水网实施背景下，建议为贯彻落实国家水网建设规划纲要，适时调整全省水资源格局及其实施方案，从而为未来优化区域高质量发展战略适当留有空间。

（3）分析水资源配置格局与经济社会的适配性比较复杂，影响因素较多，后续有待进一步研究如何量化分析指标，从更深层次研判两者之间的关系。

参考文献

[1] 王易初，倪晋仁．全球水系格局与水网构建研究进展［J］．中国环境科学，2023，43（3）：1074-1086.

[2] 赵勇，王浩，马浩，等．中国“双 T”型水网经济格局建设构想［J］．水利学报，2022，53（11）：1271-1279，1290.

[3] 李美莲，张卫华．新发展格局下广西产业结构与经济增长的适配性研究［J］．经济研究参考，2022（5）：113-123.

[4] 张丽娜，吴凤平，张陈俊，等．流域水资源消耗结构与产业结构高级化适配性研究［J］．系统工程理论与实践，2020，40（11）：3009-3018.

基于贝叶斯网络的云南省跨区域调水风险分析

许立祥[1]　郑　寓[1]　邱丛威[1]　桑学锋[2]

（1. 水利部产品质量标准研究所，浙江杭州　310012；
2. 中国水利水电科学研究院，北京　100038）

摘　要：云南省受地形因素影响，全省水资源总体分布格局为西多、南多、东少、北少，水资源空间分布极不均衡，通过节水、本地挖潜远达不到全省各行业的需水要求，因此有必要通过水系连通工程增加各区域间的调水。通过建立贝叶斯网络理论建立丰枯遭遇风险仿真模型，运用统计方法计算得到的水源区和受水区的频率作为根结点的先验概率，综合分析云南省水源区与受水区不同的组合状态下对调水有利或不利的风险概率。此外本文对仿真模型的应用进行了讨论，为水资源调度中科学合理评估调水风险提供科学的决策依据。

关键词：云南省 ；节水；水系连通 ；贝叶斯网络

1　引言

云南省境内包涵澜沧江、红河、长江、怒江、伊洛瓦底江和珠江六大流域，水资源总量十分丰富，但是由于地形条件的限制，云南省水资源分布极不均匀。整体上来说，水资源分布情况为西多、南多、东少、北少。水源区与各受水区不同的降水丰枯遭遇状态，将影响水源区的可调水量以及受水区对调水的需求[1]。不同流域的水文特性受气候、下垫面及人类活动的影响，使不同区域的降水丰枯变化存在差异性和不确定性，康玲等[2] 基于贝叶斯网络理论对南水北调中线工程水源区与受水区降水丰枯遭遇风险进行了分析。基于云南省滇中、滇东北、滇东南、滇西北和滇西南水资源禀赋条件，本次分析将滇西、滇西北、滇南作为水源区，滇西部分地区、滇中、滇东北作为受水区建立贝叶斯网络丰枯遭遇风险仿真模型，计算各种丰枯组合状态下调水的风险概率，为云南省跨区域调水提供决策依据。

2　数据与方法

2.1　数据来源

本次云南省水源区与受水区丰枯遭遇风险分析所用到的降雨、径流数据通过云南省水资源公报及相关单位提供。数据采用 1956—2013 年 58 年逐月降水系列。

2.2　统计方法

由于本次调水所涉及的区域为云南省的滇西、滇西北、滇南、滇中、滇东北，降雨、径流资料收集较为齐全，因此采用统计的方法进行各地区丰水年、平水年、枯水年的计算。

2.3　丰、平、枯等级划分标准[3]

各地区丰水年、平水年、枯水年等级划分如表 1 所示。

作者简介：许立祥（1990—），男，硕士，主要从事水利标准化方面的工作。

表 1　各地区丰、平、枯水年等级划分

等级	丰水年	平水年	枯水年
降雨量 /mm	$x \geqslant x_{37.5\%}$	$x_{62.5\%} < x < x_{37.5\%}$	$x \leqslant x_{62.5\%}$

2.4　丰枯遭遇

水源区（以滇西水源区为例）与受水区丰枯组合统计结果如表 2 所示。

表 2　水源区（以滇西水源区为例）与受水区丰枯组合统计结果　　%

丰枯组合		受水区		
		滇西	滇中	滇东南
丰枯同步频率	同丰	12.1	8.6	13.8
	同平	5.2	5.2	12.1
	同枯	12.1	10.4	6.9
丰枯异步频率	水源丰、受水平	6.9	15.5	6.9
	水源丰、受水枯	17.2	12.1	15.5
	水源平、受水枯	13.8	12.1	8.6
	水源平、受水丰	6.9	8.6	5.2
	水源枯、受水丰	10.3	18.9	10.3
	水源枯、受水平	15.5	8.6	20.7

3　贝叶斯网络的丰枯遭遇风险仿真模型

3.1　贝叶斯网络简介

贝叶斯网络（也称信度网络、因果网络或者推理网络）是用来表示变量间连接概率的图形模式，它提供了一种自然的表示因果信息的方法，用来发现数据间的潜在关系[4]。贝叶斯网络是一种基于网络形状结构的有向图解描述，适用于表达和分析不确定事件和概率性事件，它可以很容易地从不完全或不确定的知识或信息中作出推理，事件本身的不确定性以节点的概率表示，专家知识的不确定性用条件概率表示。一个贝叶斯网络是一个有向无环图（DAG），由代表变量节点及连接这些节点的有向边构成，节点代表随机变量，节点间的有向边代表了节点间的相互关系（由父节点指向其子节点），用条件概率来表达其关系强度，没有父节点的用先验概率进行信息表达。节点变量可以是任何问题的抽象，例如：测试值、观测现象、意见征询等通过建立贝叶斯网络，用节点和连接这些节点的有向边抽象实际问题，把事件的先验知识和专家知识通过概率与有向边连接的节点之间的联合概率分布来表示。通过调整节点的概率，实现对后验知识的学习和推理。

3.2　贝叶斯条件概率计算

根据水源区和受水区各自丰水年、平水年、枯水年的先验概率分布，以及水源区和受水区之间的组合概率分布，可以求得水源区和受水区之间的条件概率分布。设水源区的状态为 A，其包含三种状态，分别为丰水年 a_1、平水年 a_2、枯水年 a_3。某一受水区的状态为 B，其三种状态分别为丰水年 b_1、平水年 b_2、枯水年 b_3。则在已知水源区的状态 A 的情况下，计算受水区状态 B 的条件概率：

$$P(B \mid A) = \frac{P(AB)}{P(A)} \tag{1}$$

也可在已知受水区的状态 B 的情况下，计算水源区状态 A 的条件概率：

$$P(A \mid B) = \frac{P(AB)}{P(B)} \tag{2}$$

计算水源区与受水区之间的条件概率（以滇西水源区与滇西受水区为例），当滇西水源区为丰、平、枯三种不同状态时，与滇西受水区遭遇的计算结果如表 3 所示。计算原理：当滇西水源区为丰水年的情况下，设定为事件 A，滇西受水区为丰水年设定为事件 B，在已知事件 A 确定的条件下，发生 B 的概率可表示为 $P(B \mid A)$，滇西水源区与滇西受水区同为丰水年的概率可表示为 $P(AB)$，由实测资料得滇中 58 年中，丰水年为 21 年，滇西受水区为丰水年的概率为 37%，则由贝叶斯条件概率可计算出此时 $P(B \mid A) = \frac{P(AB)}{P(A)} = \frac{12.1\%}{37\%} = 32.7\%$，则可以确定滇中区为丰水年的概率为 37.4%。同理，计算出表中其他数据。

表 3　滇西水源区与滇西受水区的条件概率　　%

滇西水源区	滇西受水区		
	丰	平	枯
丰	32.7	19.6	47.7
平	26.6	20	53.4
枯	27.8	41.9	30.3

由此可分别求得水源区和受水区之间的条件概率，这样可以根据贝叶斯理论构建贝叶斯网络来表示水源区与各受水区之间复杂的不确定性关系。

3.3　建立贝叶斯丰枯遭遇风险仿真模型

根据调水年时间尺度下计算得到的水源区和各受水区的先验概率和组合概率，建立贝叶斯丰枯遭遇风险仿真模型。将贝叶斯网络应用于丰枯遭遇风险仿真分析中，该网络将统计方法计算得到的水源区和受水区的频率作为根结点的先验概率，计算水源区和各受水区之间的条件概率，并以非根节点的形式展现。由建立的贝叶斯仿真模型模拟设定情景下水源区与各受水区的丰枯组合状态，计算在此情景下对调水有利和不利的风险概率。三大水源区和三个受水区贝叶斯网络模型如图 1 所示。

由图 1 可以看出，三大水源区分别为滇西水源区、滇南水源区、滇西北水源区，三个受水区为滇西受水区、滇中受水区、滇东南受水区。三大水源区丰水年的频率为 37.0%，平水年的频率为 26.0%，枯水年的频率为 37.0%。滇中受水区丰水年的频率为 39.8%，平水年的频率为 28.4%，枯水年的频率为 31.8%。在水源区与滇中受水区这种丰枯遭遇情况下，应用贝叶斯网络先验推理，滇西水源区对滇中调水有利的频率为 83.5%，调水不利的频率为 16.5%；滇南水源区对滇中调水有利的频率为 80.2%，调水不利的频率为 19.8%；滇西北水源区对滇中调水有利的频率为 84.5%，调水不利的频率为 15.5%。

3.4　模型应用

贝叶斯网络作为一种概率图模型，主要基于后验概率的贝叶斯定理，建立在概率统计理论的基础上，不但具有稳固的数学基础，而且逐步形成一个统一的理论体系和方法论。同时，与贝叶斯统计相结合，能够充分利用领域知识和样本数据的信息进行严密的推理计算[5]。在水资源调度中，需要考虑水源区和受水区多种不同的丰枯组合状态及其对调水有利和不利的风险概率。贝叶斯丰枯遭遇仿真

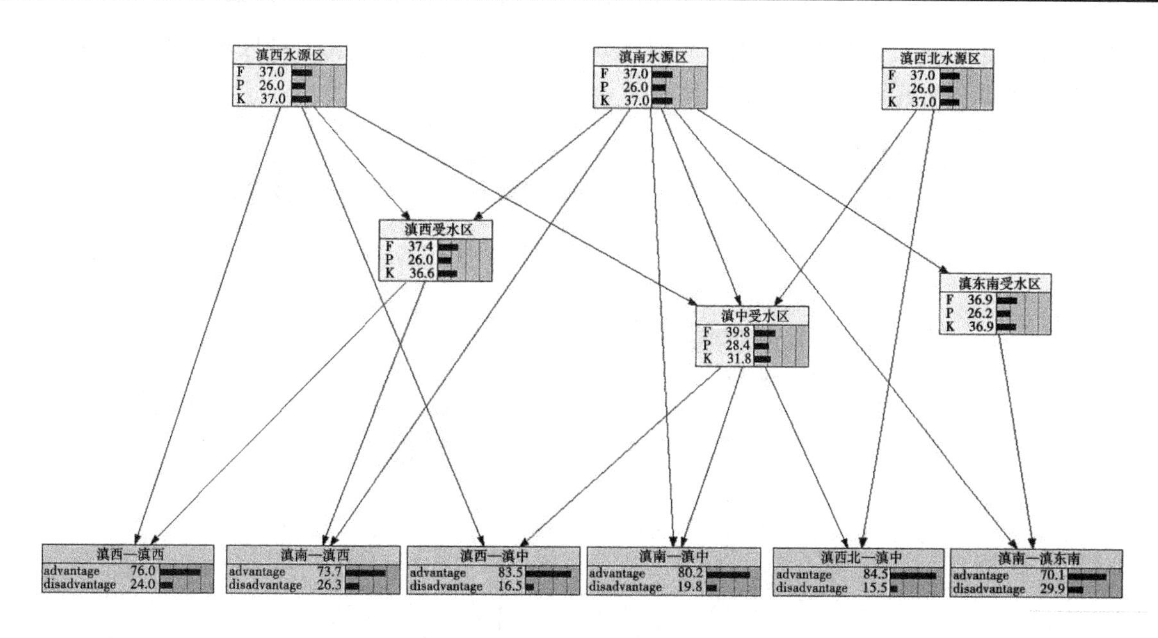

图 1　三大水源区和三个受水区贝叶斯网络模型

模型可以通过设定水源区或受水区的丰、平、枯状态，得到在此种预测条件之下，其他区域出现丰、平、枯的概率以及这种丰枯组合对调水有利和不利的风险概率，为水资源调度中科学合理评估调水风险提供科学的决策依据。

假设根据预测，滇西北水源区明年的降水状态为丰水年，预测信息在贝叶斯条件概率中称为后验知识。加入后验知识的贝叶斯网络称为后验贝叶斯网络（见图 2）。

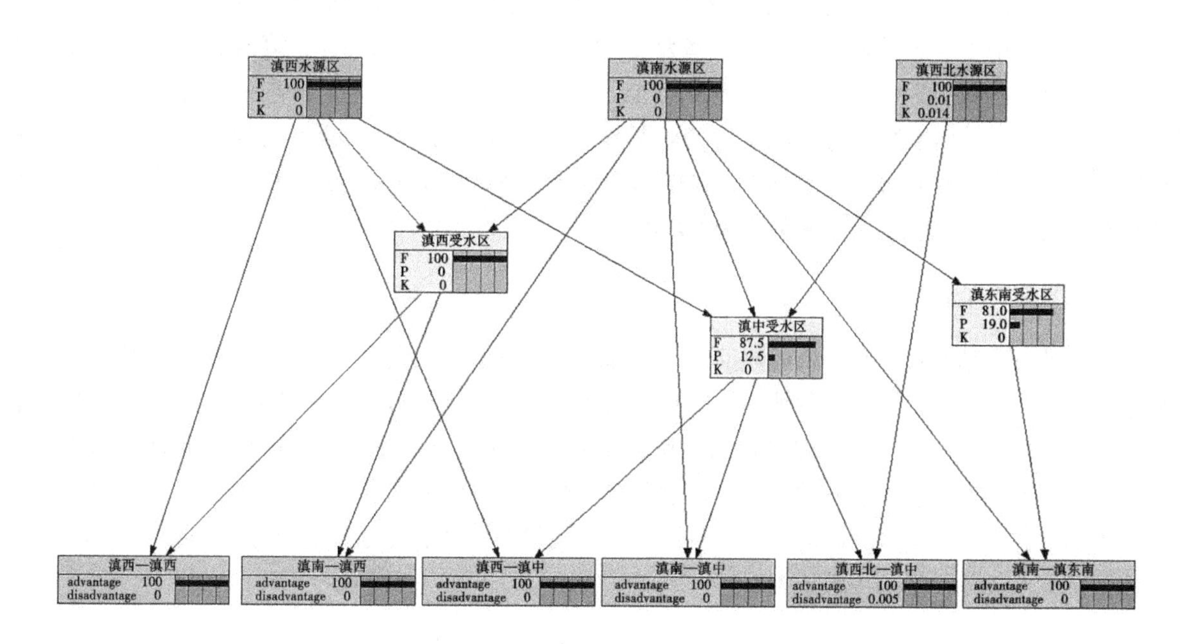

图 2　三大水源区为丰水年的后验贝叶斯网络

从图 2 可以看出，在三大水源区为丰水年的后验知识下，滇中受水区为丰水年的概率为 87.5%，为平水年的概率为 12.5%，为枯水年的概率为 0。在此种状态下，三大水源区对滇中受水区调水有利的概率为 100%。

假设后验知识为某一受水区为枯水年，例如滇中受水区为枯水年，将此种后验知识加入到贝叶斯网络中，得到的新的后验贝叶斯网络，如图 3 所示。

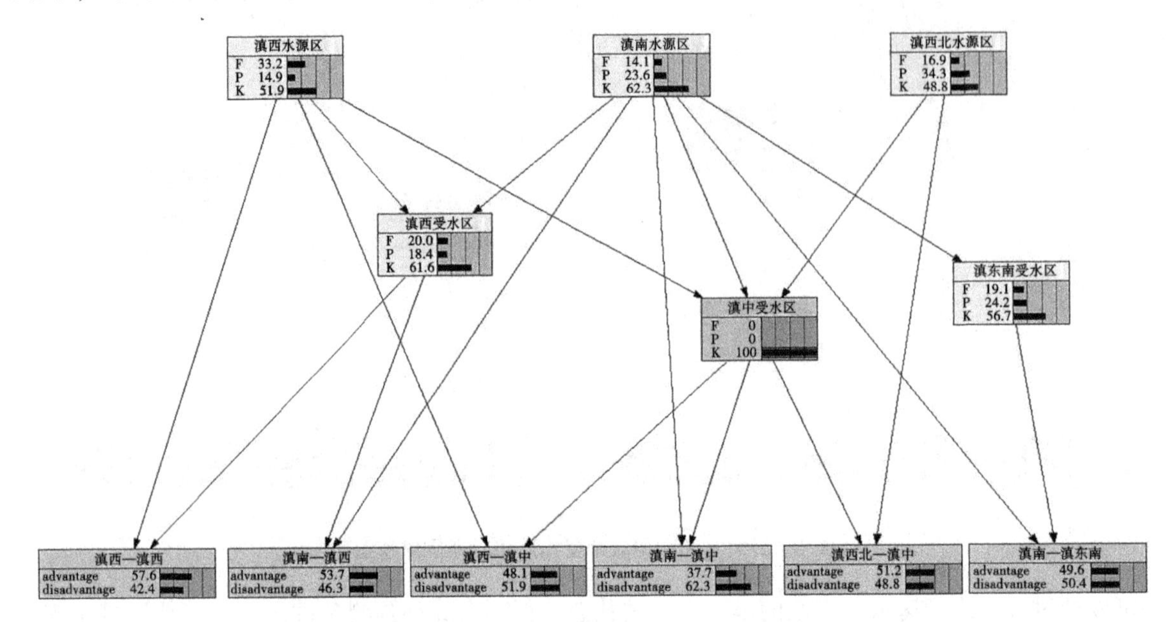

图 3　滇中受水区为枯水年的后验贝叶斯网络

由图 3 可以得到，滇西水源区丰水年的概率为 33.2%，平水年的概率为 14.9%，枯水年的概率为 51.9%；滇南水源区丰水年的概率为 14.1%，平水年的概率为 23.6%，枯水年的概率为 62.3%；滇西北水源区丰水年的概率为 16.9%，平水年的概率为 34.3%，枯水年的概率为 48.8%。此时，在这种丰枯组合状态下，滇西水源区与滇中受水区对调水有利的概率为 48.1%，不利频率为 51.9%；滇南水源区与滇中受水区对调水有利的频率为 37.7%，不利频率为 62.3%；滇西北水源区与滇中受水区对调水有利的频率为 51.2%，不利频率为 48.8%。水源区与其他受水区丰枯组合状态对调水有利的概率分别为：滇西水源区与滇西受水区对调水有利的概率为 57.6%，不利频率为 42.4%；滇南水源区与滇西受水区对调水有利的频率为 53.7%，不利频率为 46.3%；滇南水源区与滇东南受水区对调水有利的频率为 49.6%，不利频率为 50.4%。

4　结论

运用统计方法结合对云南省降雨数据进行处理，针对云南省三大水源区及三个受水区建立贝叶斯丰枯遭遇风险仿真模型，计算了各种不同丰枯遭遇条件下调水有利与不利的概率，此外通过对贝叶斯丰枯遭遇风险仿真模型的应用，即设定水源区或受水区的丰、平、枯状态，得到在此种预测条件之下，其他区域的出现丰、平、枯的概率以及这种丰枯组合对调水有利和不利的风险概率。该模型能够清楚地表达水源区与受水区之间的复杂关系，得到不同状态组合下进行调水的有利与不利概率，为云南省跨区域调水提供科学的决策依据。

参考文献

[1] 韩宇平，阮本清，汪党献. 区域水资源短缺的多目标风险决策模型研究 [J]. 水利学报，2008，39 (6)：667-673.

[2] 康玲，何小聪，熊其玲. 基于贝叶斯网络理论的南水北调中线工程水源区与受水区降水丰枯遭遇风险分析 [J]. 水利学报，2010，41 (8)：908-913.

[3] 吕振豫，穆建新，王富强，等．基于贝叶斯网络的流域内水文事件丰枯遭遇研究［J］．南水北调与水利科技，2016，14（5）：18-25.
[4] 王利民. 贝叶斯学习理论中若干问题的研究［D］. 长春：吉林大学，2005.
[5] 朱明敏. 贝叶斯网络结构学习与推理研究［D］. 西安：西安电子科技大学，2013.

基于净雨量指数法模拟小流域径流模型的研究

韦广龙[1]　李必元[2]　邹　毅[3]　黎协锐[3]

（1. 广西南宁水文中心站，广西南宁　530008；
2. 广西南宁水文中心，广西南宁　530008；3. 广西财经学院，广西南宁　530003）

摘　要：采用净雨量指数法模拟小流域径流模型的研究，目的是探讨在同等暴雨影响下，小流域上、中、下游暴雨中心的洪水特征及流量单位线模型，通过实例验证得出研究结论。本文选择在不同流域的河流监测站进行分析，选择镇龙站流域面积小于 300 km^2 的水文站，利用 2000 年以来的洪水资料进行率定分析，经计算得小流域上、中、下游暴雨中心的流量单位线流量比值和净雨量调节指数。验证证实：洪峰流量由上游到下游逐渐增大。下游暴雨中心形成的洪峰流量比在上游大，洪峰来得晚；相反，洪峰流量小，洪峰来得早。

关键词：净雨量指数法；小流域；暴雨中心；单位线模型；应用

1　引言

流域降雨径流模型是模拟流域上由降雨形成径流过程的物理模型或数学模型。系统的输入是雨量等，输出是流域出口的流量过程。开展暴雨洪水研究，特别是对小流域暴雨洪水的研究，针对暴雨中心在小流域上、中、下游形成洪水过程及流量单位线的研究。小流域通常是指集水面积在 100 km^2 左右的小河小溪，但并无明确限制，一般认为流域面积在 500 km^2 以下可以认为是小流域。本文研究流域面积在 100~300 km^2 的小流域，在同等暴雨影响下，小流域上、中、下游形成的洪水过程及流量单位线不同，它们之间的关系是否可建立相关模型，由此分析得出小流域上、中、下游的洪峰流量关系系数率定的计算方法。

2　研究背景

小流域受暴雨影响易引发山洪灾害，突发洪水暴涨暴落，来得快、去得快，因此小流域洪水预报有难度。为了有效地进行小流域洪水的模拟，分别对小流域上、中、下游形成的洪水过程及洪峰流量进行研究。目前，国内有关小流域洪水模拟的研究论述，黄维东[1]《甘肃省境内典型小流域暴雨特性及洪水过程模拟研究》中，选取甘肃省境内 11 个典型小流域的水文站实测资料，在分析资料可靠性、一致性、代表性及暴雨洪水特性的基础上，综合利用水文学、数理统计学等理论和方法，建立了小流域最大暴雨量-暴雨历时关系模型、最大洪峰流量-流域特征关系模型。张文睿等[2]《黄土高原典型小流域洪峰流量分析》表明，瞬时单位线法计算结果具有合理性，2 种方法之间的偏差都可控制在 3%以内。朱恒榛等[3]《河南鲁山县鸡冢河小流域典型暴雨洪水过程模拟分析》，说明 HEC-HMS 模型在鸡冢河小流域的适用性良好。这些研究可为相近小流域的洪水模拟提供参考。王莉[4]《辽宁省小流域设计洪水过程线概化方法研究》；张金良等[5]《洪水递减指数及其在洪水过程设计中的应用

基金项目：国家自然科学基金项目（41867071）；国家社会科学基金项目（16XTJ002）；“广西高等学校千名中青年骨干教师培养计划”人文社会科学类立项课题（2021QGRW059）。

作者简介：韦广龙（1958—），男，工程师，主要从事水文水资源研究工作。

通信作者：邹毅（1983—），男，副教授，主要从事灾害风险研究工作。

研究》；周绍文等[6]《喀斯特地貌小流域暴雨洪水分析》；鞠飞[7]《兴城市山洪灾害设计洪水计算方法分析》；王静等[8]《永兴县小流域山洪灾害分析评价》；杨淑萍《黄土地区小流域设计洪水计算公式对比分析研究》，以上论文均是对小流域暴雨洪水的研究。本文研究流域面积在100~300 km^{2}的小流域，在同等暴雨影响下，小流域上、中、下游形成的洪水过程及洪峰流量不同，分析找出小流域上、中、下游的洪峰流量关系系数率定的计算方法，选择3个流域面积在100~300 km^{2}的不同流域的水文站，水文资料为2000年以来的洪水资料进行率定分析。

3　流域暴雨分析

降水强度是单位时间或某一时段的降水量。在气象上用降雨量来区分降雨的强度，可分为小雨、中雨、大雨、暴雨、大暴雨、特大暴雨，小雪、中雪、大雪和暴雪等。本文研究暴雨级以上的降水强度，24 h降雨量为50 mm及以上的暴雨。

3.1　流域降雨量分析

流域降雨量分析是指小流域降雨量在暴雨级别（日降雨量50 mm以上）的分析，主要是对暴雨中心在小流域的上、中、下游降雨过程的分析。

3.1.1　流域上、中、下游降雨量计算

假设小流域上、中、下游均布设雨量监测站，数量在3个以上。那么，小流域上、中、下游的降雨量计算，以雨量监测站所在位置，分别采用算术平均法计算流域的上、中、下游的降雨量均值。

3.1.2　确定暴雨中心的方法

根据暴雨量计算结果，采用小流域上、中、下游降雨量均值分别为P_1、P_2、P_3进行比较得：

①当$P_1>P_2>P_3$时，则暴雨中心在上游；②当$P_2>P_1>P_3$时，则暴雨中心在中游；③当$P_3>P_1>P_2$时，则暴雨中心在下游。

3.1.3　流域面雨量计算

按流域雨量站点分布分为上、中、下游，采用3个站点以上，划分为上、中、下游站，上、中、下游的雨量采用算术平均法计算均值，流域面雨量采用上、中、下游加权法计算，主要考虑以暴雨中心为加权倍数，建立与实际洪水过程线相应的产流和汇流洪水过程模型。

因此，采用加权法计算小流域面净雨量R_j，经过反复试算后，确定加权各个系数，计算公式为：

$$R_j^r = sR_t^k + v\overline{R_t} \tag{1}$$

式中：R_j^r为小流域面净雨量，mm；r为面净雨量指数；R_t为4个连续时段净雨总量，mm；$\overline{R}_t$为平均时段净雨量，mm/h；s、v分别为小流域面净雨量权数；k为4个连续最大时段净雨总量折算指数。

经反复试算后，所建立流域面净雨量与径流量关系模型达到技术要求，确定s、v的权数。

4　洪水分析

4.1　单位线概述

小流域洪水分析，采用时段单位线计算雨洪过程各时段径流。时段单位线是指单位时段内均匀降落到流域上的单位净雨量在出口断面处所形成的地面径流过程线，又称“舒尔曼单位线”。单位时段可取1 h、2 h、3 h、6 h、12 h、24 h，其标准为在此时段内净雨强度比较均匀。单位净雨常取10 mm。时段单位线的两个假定：

（1）倍比假定。如果单位时段内的地面净雨深不是一个单位，而是N个，则它形成的流量过程线，总历时与时段单位线底长相同，各时段的流量则为单位时段的N倍。

（2）叠加假定。如果净雨历时不是一个时段，而是M个，则各时段净雨深所形成的流量过程线间互不干扰，出口断面的流量过程线等于M个部分流量过程错开时段叠加之和。

控制单位线形状特征的主要指标有洪峰流量（q_m）、洪峰滞时（T_m）和总历时（T_D），合称单位

线三要素。小流域雨洪计算，根据时段单位线的两个假定逐项计算，得出出口断面的地面径流过程线。

4.2 推求单位线

根据实测暴雨洪水资料推求单位线，推求步骤如下：

（1）选择精度较高的孤立暴雨洪水对应观测的雨量流量资料。

（2）选取适宜的单位时段（Δt），一般取实测洪水上涨历时的 1/4～1/2。

（3）从流量过程线上，割除地下水和壤中水，确定地表径流过程线，计算出径流总量。

（4）从柱状降雨过程图上，按一定降雨径流关系，确定净雨量，本文根据实测暴雨洪水资料分析后，确定净雨量系数为 0.90。

（5）从净雨过程和地表径流过程分析出单位净雨的流量过程，即单位线。本文采用 4 个连续时段净雨量，净雨量分别为 R_1、R_2、R_3、R_4，则将流量过程线的纵坐标各乘以 10/h，即得 Δt 的 10 mm 净雨量单位线。根据单位线的基本假定，将流量过程线分解为单位线。

4.3 建立洪水流量过程线模型

4.3.1 建立小流域降雨产流模型

采用净雨量指数法建立小流域降雨径流产流模型，计算小流域总地表径流，即流域断面径流量 q_i，计算公式为

$$\sum_{i=1}^{n} q_i = q_1 + q_2 + q_3 \cdots + q_{n-1} + q_n \tag{2}$$

$$q_i = R_t^r \times A_i \times S_i \tag{3}$$

式中：q_i 为流域断面径流量，m^3/s；r 为径流深指数；A_i 为流域面积，km^2；S_i 为转换系数，S_i = 100/3 600；i=1，2，…，n_{t-1}，n_t。

4.3.2 流域径流量汇流计算

小流域水文站断面洪水径流量过程线模型模拟分为涨水段和退水段洪水径流量过程线，采用一元三次函数曲线模拟，涨水段洪水径流量过程线为正一元三次函数曲线，退水段洪水径流量过程线为反一元三次函数曲线。实测断面洪水径流量过程线落水段历时比涨水段长，是河道洪水汇流特性，洪水径流量过程线落水段因河道水位抬高，水面比降变小，流速变慢，退水段历时延长。根据小流域出口断面流量过程线模拟得小流域出口断面单位线径流量过程线，如图 1 所示。

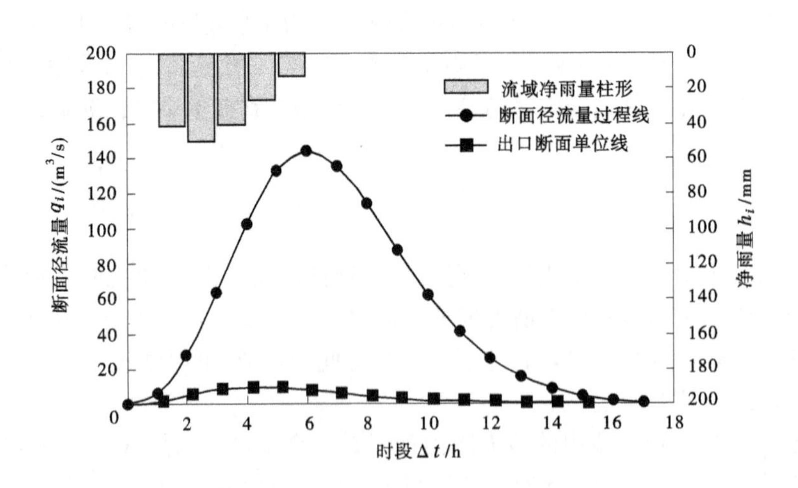

图 1 小流域出口断面单位线径流量过程线

4.3.3 小流域洪水流量单位线模型建立

根据流域出口断面站实测暴雨、洪水资料，分别计算 4 个最大时段平均净雨强、4 个最大时段总

净雨量、流域径流深和最大洪峰流量。

（1）最大时段平均净雨强计算。流域出口断面站暴雨洪水设为由4个连续最大时段降雨量形成洪水。因此，流域出口断面站最大时段平均降雨量计算，取4个连续最大时段降雨量的算术平均值。根据流域出口断面站历史暴雨资料计算得净雨系数为0.90。

（2）洪峰流量预测。根据流域出口断面站历史暴雨洪水资料计算和分析，采用实测洪水洪峰流量资料进行频率计算，采用P－Ⅲ型适线法，计算得设计频率5%的洪峰流量，然后用暴雨洪水资料计算得流量模型比率1.0的径流量单位线及相应的最大时段净雨量模型，流量模型比率设置在0.2～1.3。因洪水及洪峰流量的大小与降雨总量及降雨强度大小相关，因此洪峰流量估算采用净雨总量、最大净雨强度及平均净雨强计算，计算公式为：

$$Q_j = R_j^r \times A/n = (s \times R_t^k + v \times \overline{R_t})^r \times A/n \tag{4}$$

式中：Q_j 为预测洪峰流量，m^3/s；A 为流域面积，km^2；$s+v=1.0$；n 为换算常数，等于10；其他符号意义同前。

（3）流量过程线模型。经采用P－Ⅲ型适线法计算，以流域出口断面站20年一遇（5%）为计算洪峰流量。因此，以流域出口断面站5%的洪峰流量作比率1.0，建立流域出口断面站径流量单位线及相应的最大时段净雨量模型。

5　应用

根据上述暴雨洪水产流和汇流分析，将建立的暴雨洪水产流和汇流模型应用到实际小流域监测站，验证该模型的可靠性和适应性。本文选择小流域代表站横州市镇龙江镇龙水文站（以下简称镇龙站）作应用分析。经度：109°14′00″，纬度：23°01′00″，流域面积108 km^2（见图2）。

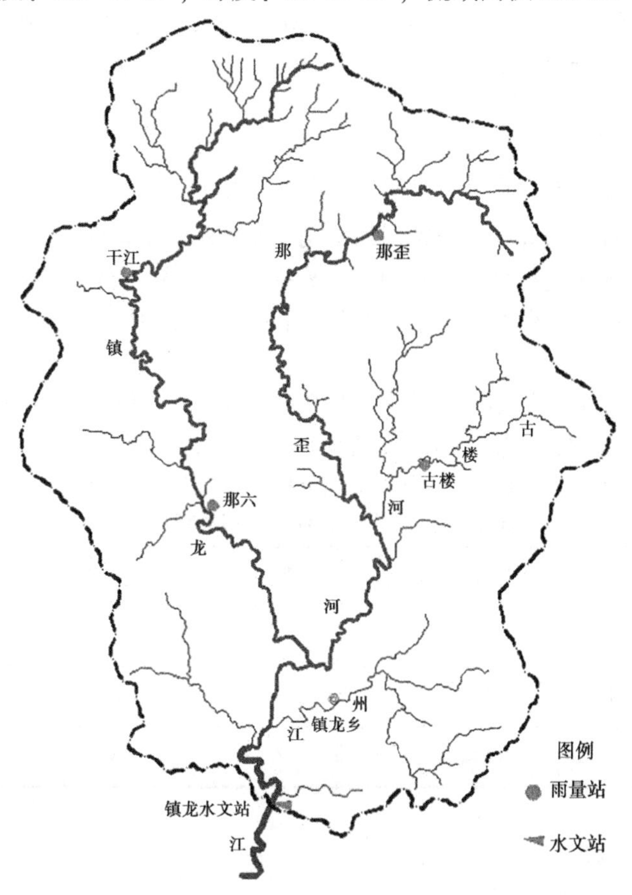

图2　镇龙江流域雨量站点分布图

5.1 流域面雨量计算

5.1.1 镇龙江流域面雨量计算

根据镇龙江流域镇龙、那六、古楼、干江、那歪等5个雨量站的实测雨量资料计算，按点分布分为上、中、下游，把镇龙划为下游站，那六、古楼划为中游站，干江、那歪划为上游站，上、中、下游的雨量采用算术平均法计算均值。

镇龙站流域面雨量采用上、中、下游加权法计算；经过反复试算得：暴雨中心在上游，则上、中、下游的权系数分别为0.55、0.20、0.25；暴雨中心在中游，则上、中、下游的权系数分别为0.20、0.55、0.25；暴雨中心在下游，则上、中、下游的权系数分别为0.25、0.20、0.55。本文选择有代表性的暴雨洪水分析，经对比分别选暴雨中心在下游的洪号19810510、暴雨中心在中游的洪号20080925、暴雨中心在上游的洪号20040719进行计算。经计算得成果如表1所示。

表1 镇龙站暴雨中心在流域面雨量计算成果

暴雨位置	下游雨量 P_1/mm		中游雨量 P_2/mm			上游雨量 P_3/mm			面雨量 P_m/mm	时间（年-月-日）
	镇龙	均值	那六	古楼	均值	干江	那歪	均值		
上游	137.5	137.5	128.2	133.0	130.6	92.5	129.1	110.8	130.4	2004-07-19
中游	116.7	116.7	133.5	139.5	136.5	128.0	126.7	127.4	130.3	2008-09-25
下游	85.8	85.8	122.3	132.5	127.4	145.1	149.8	147.5	130.1	1981-05-10

5.1.2 镇龙站流域时段雨量计算

根据镇龙站暴雨洪水资料，选择洪号19810510、20030725、20040719、20080925、20111001、20151005共6场洪水计算时段雨量，建立流域时段面雨量与洪峰流量关系线模型。

5.2 流域暴雨洪水关系线模型建立

5.2.1 选择代表性洪水分析

以镇龙站为实例，根据镇龙站选择上、中、下游暴雨中心的雨洪资料计算，以暴雨过程相似降水量，暴雨的其他特征都一样，选择4个连续时段净雨总量$\sum R_t$和平均时段净雨量$\overline{R_t}$，采用式（4）对流域下、中、上游的洪峰流量进行计算，暴雨中心分别在上、中、下游，面雨量基本相同，而暴雨中心在下游比中、上游的洪峰流量大，洪峰来得晚；相反，上、中游比下游的洪峰流量小，洪峰来得早。

镇龙站年最大流量频率曲线根据历年最大流量资料计算分析得，流量过程线模型，采用P-Ⅲ型适线法计算得镇龙站20年一遇（5%）的洪峰流量644 m^3/s为起算参照值。因此，以镇龙站5%的洪峰流量644 m^3/s作比率1.0的径流量单位线及相应的最大时段净雨量模型，计算成果如表2所示。

表2 镇龙站年最大流量频率计算成果

序号	频率/%	年最大流量/（m^3/s）	序号	频率/%	年最大流量/（m^3/s）
1	2	820	4	10	510
2	3.33	722	5	20	374
3	5	644	6	50	188

5.2.2 暴雨中心的洪水分析

5.2.2.1 暴雨中心在流域上游

根据镇龙站暴雨中心在流域上游的径流量模型比率设置在0.2~1.3的要求，计算设计频率50%、

20%、10%、5%、3.33%、2%的洪峰流量模型比率分别为0.275、0.568、0.785、1.000、1.125、1.283；经试算得，面净雨量指数r为1.098 6，流域上游净雨总量折算指数为0.795 5，所得计算成果为：洪峰流量最小误差0.00%，最大误差0.00%（允许最大误差±10%），平均误差0.00%（允许最大误差±5%），计算成果如表3所示。

表3 镇龙站暴雨中心在流域上游的净雨量过程模型计算成果表

序号	频率/%	年最大流量/(m^3/s)	比率	净雨总量R_t/mm	折算指数k	折算值/mm	平均/mm	面净雨量指数r	径流量q_i/(m^3/s)	洪峰流量Q_j/(m^3/s)
1	2	820	1.283	171.8	0.795 5	60	43	1.098 6	820	820
2	3.33	722	1.125	150.7	0.795 5	54	37.7	1.098 6	722	722
3	5	644	1.000	133.9	0.795 5	49.2	33.5	1.098 6	644	644
4	10	510	0.785	105.1	0.795 5	40.6	26.3	1.098 6	510	510
5	20	374	0.568	76.1	0.795 5	31.4	19	1.098 6	374	374
6	50	188	0.275	37.1	0.795 5	17.7	9.3	1.098 6	188	188

表3中R_t、Q_j按式（4）计算。4个连续最大时段净雨总量折算指数k=0.795 5，R_t加权系数s、v均为0.50，面净雨量指数r=1.098 6，洪峰流量Q_m采用单位线计算得到。

5.2.2.2 暴雨中心在流域中游

根据镇龙站暴雨中心在流域中游的径流量模型比率设置在0.2~1.3的要求，计算设计频率50%、20%、10%、5%、3.33%、2%的洪峰流量模型比率分别为0.280、0.572、0.786、1.000、1.124、1.279 5；经试算得，面净雨量指数r为1.115 3，流域中游折算指数为0.790 0，所得计算成果为：洪峰流量最小误差0.00%，最大误差0.00%（允许最大误差±10%），平均误差0.00%（允许最大误差±5%）。

5.2.2.3 暴雨中心在流域下游

根据镇龙站暴雨中心在流域下游的径流量模型比率设置在0.2~1.3的要求，计算设计频率50%、20%、10%、5%、3.33%、2%的洪峰流量模型比率分别为0.284、0.580、0.790、1.000、1.130、1.280；经试算得，面净雨量指数r为1.122 8，流域下游折算指数为0.790 0，所得计算成果为：洪峰流量最小误差0.00%，最大误差0.00%（允许最大误差±10%），平均误差0.00%（允许最大误差±5%）。

5.2.3 暴雨径流量与洪峰流量关系模型建立

5.2.3.1 流量单位线模型建立

根据镇龙站暴雨中心在流域上、中、下游的设计5%流量率定计算成果，建立设计5%为流量比率为1.00的流域上、中、下游的流量单位线模型，计算成果如表4所示。

5.2.3.2 暴雨径流量与洪峰流量关系模型建立

根据镇龙站暴雨中心在流域上、中、下游的时段净雨量计算得暴雨径流量Q_j，由流域上、中、下游的流量单位线模型计算得设计频率洪水洪峰流量Q_m，建立设计5%径流量Q_j与洪峰流量Q_m的关系线模型，如图3所示。

表 4　镇龙站（上、中、下游暴雨）设计 5%洪水流量单位线计算成果

时段 Δt/h	净雨量 R_i/mm			单位线 q_t/(m^3/s)			地面径流 Q_j/(m^3/s)		
	下游	中游	上游	下游	中游	上游	下游	中游	上游
	0.975	0.978	1.00	1.10	1.05	1.00	1.00	1.00	1.00
1	19.9	20.6	21.5	12.1	11.6	11	24.2	23.9	23.7
2	55.3	58.2	61.4	26.8	25.6	24.4	120	120	102
3	30.9	32.3	33.8	48.4	46.2	44	282	282	282
4	16.1	16.6	17.3	65.1	62.2	59.2	500	499	499
5	0	0	0	45.9	43.8	41.7	644	644	644
6				27.4	26.2	24.9	588	587	586
7				17	16.2	15.4	432	431	430
8				11.7	11.2	10.7	276	275	274
9				8.3	7.9	7.5	178	177	177
10				5.7	5.5	5.2	121	120	120
11				4	3.8	3.6	84	83.9	84
12				2.6	2.4	2.3	58	57.8	57.8
13				1.5	1.4	1.4	38.5	38.4	38.3
14				0	0	0	22.5	22.4	22.4
15							8.7	8.6	8.6
16							2.4	2.4	2.3
统计	122.1	127.7	133.9	276.6	264	251.4	3 907	3 731	3 511

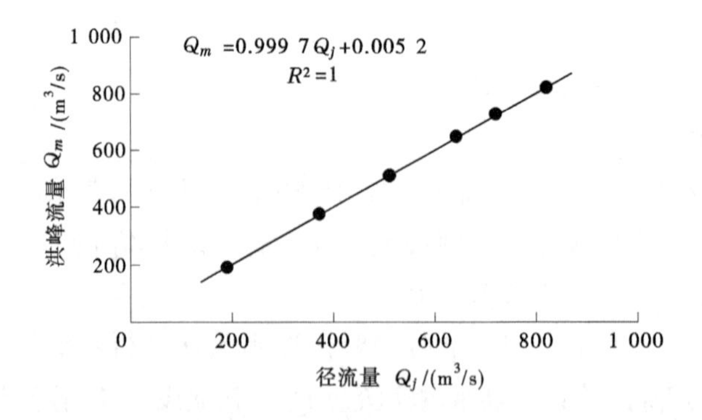

图 3　镇龙站暴雨洪水设计频率径流量与洪峰流量关系线

5.2.3.3 暴雨中心洪水率定

根据镇龙站暴雨中心在流域上、中、下游的暴雨洪水计算成果，净雨量指数分别为：$r_{上}$ = 1.098 6，$r_{中}$ = 1.115 3，$r_{下}$ = 1.122 8；净雨量折算指数分别为：$k_{下}$ = 0.795 5，$k_{中}$ = 0.790 0，$k_{上}$ = 0.790 0。在同等暴雨的洪峰流量分别为：$Q_{下}>Q_{中}>Q_{上}$，即 709>676>644，洪水单位线模型洪峰流量 $q_{下}>q_{中}>q_{上}$，即 65.1>62.2>59.2，率定系数分别为：$q_{下}/q_{上}$ = 1.100，$q_{中}/q_{上}$ = 1.050，$q_{上}/q_{上}$ = 1.000；分别得出流域上、中、下游设计频率 2%、3.33%、5%、10%、20%、50%洪水的时段净雨量比率计算成果。

5.3 应用

根据镇龙站暴雨中心在流域上、中、下游的暴雨洪水资料，选择有代表性的暴雨洪水，流域下游的洪号 19810510、中游的洪号 20080925、上游的洪号 20040719，分别作为实例应用。

5.3.1 计算洪峰水位

根据镇龙站历年暴雨洪水的洪峰水位流量资料，建立镇龙站洪峰水位与洪峰流量关系线，流域上、中、下游的镇龙站洪峰水位与洪峰流量关系线模型 $Z_m = 0.000\ 001Q_m^2 + 0.003\ 8Q_m + 126.96$，计算流域上、中、下游的洪峰水位分别为 129.60 m、128.59 m、128.60 m；与实测洪峰水位差值分别为 -0.25 m、-0.04 m、-0.13 m（允许误差±0.50 m），合格。

5.3.2 率定分析

采用净雨量指数法模拟小流域暴雨径流量模型［见式（4）］，分别建立镇龙站暴雨中心在流域上、中、下游的洪水流量单位线 $Q_{上}$、$Q_{中}$、$Q_{下}$，以设计 5%洪水流量单位线为基准，即流量单位线 $Q_{上}$的比率为 1.00，则 $Q_{下}/Q_{上}$ = 1.10，$Q_{中}/Q_{上}$ = 1.05；流域上、中、下游总净雨量折算指数分别为 $k_{上}$ = 0.795 5，$k_{中}$ = 0.790 0，$k_{下}$ = 0.790 0；流域上、中、下游径流指数分别为 $r_{上}$ = 1.098 6，$r_{中}$ = 1.110 5，$r_{下}$ = 1.122 8；可见，$r_{上}<r_{中}<r_{下}$。

6 结语

由上述采用净雨量指数法模拟小流域暴雨径流量模型的理论研究和应用成果得出下列结论：

（1）采用净雨量指数法模拟小流域暴雨径流量模型，从暴雨中心所处位置、暴雨强度、最大时段雨量 3 个主要影响暴雨洪水的因子切入分析，由此得出，暴雨中心在小流域上、中、下游的洪水形态和洪峰流量不一样。同一暴雨特征，由暴雨形成在流域上、中、下游的各流量单位线洪峰流量，流域上、中、下游最大径流量 $Q_{上}$、$Q_{中}$、$Q_{下}$，排序为 $Q_{上}<Q_{中}<Q_{下}$。

（2）采用净雨量指数法模拟小流域暴雨径流量模型，暴雨中心在小流域上、中、下游的洪水流量单位线和洪峰流量均不相同，净雨量指数作为洪水流量单位线调节指数 r，调节参数的大小与暴雨中心所在流域上、中、下游相关，通过试算确定调节指数 r，流域下、中、上游调节指数排序为 $r_{下}>r_{中}>r_{下}$，取值为 0.90~1.20。

（3）采用净雨量指数法模拟小流域暴雨径流量模型，同一暴雨特征，暴雨中心在小流域上、中、下游的洪水流量单位线和洪峰流量均不相同，设置上游设计 5%流量单位线的比值为 $y_{上}$ = 1.000，则流域上、中、下游的洪水流量单位线的比值排序为 $y_{下}>y_{中}>y_{上}$，取值为 1.00~1.20，流量单位线的洪峰流量比值排序为 $Q_{m上}<Q_{m中}<Q_{m下}$。

上述分析综述：①小流域上、中、下游暴雨中心的洪水流量单位线比率由上游到下游逐渐增大；②小流域上、中、下游暴雨中心的流量单位线调节指数 r 由上游到下游逐渐增大；③小流域上、中、下游暴雨中心的洪峰流量由上游到下游逐渐增大。下游暴雨中心形成的洪峰流量比在上游大，洪峰来得晚；相反，洪峰流量小，洪峰来得早。

参考文献

[1] 黄维东. 甘肃省境内典型小流域暴雨特性及洪水过程模拟研究 [J]. 水文, 2019, 39 (6): 27-33.

[2] 张文睿, 孙栋元, 杨俊, 等. 黄土高原典型小流域洪峰流量分析 [J]. 水利技术监督, 2023, 34 (1): 100-109.

[3] 朱恒槺, 李虎星, 钟凌. 河南鲁山县鸡冢河小流域典型暴雨洪水过程模拟分析 [J]. 中国防汛抗旱, 2022, 32 (11): 26-31.

[4] 王莉. 辽宁省小流域设计洪水过程线概化方法研究 [J]. 水利技术监督, 2021 (12): 71-76.

[5] 张金良, 盖永岗, 李超群, 等. 洪水递减指数及其在洪水过程设计中的应用研究 [J]. 水文, 2022, 42 (3): 8-13.

[6] 周绍文, 杨丽. 喀斯特地貌小流域暴雨洪水分析 [J]. 生态环境与保护, 2022, 5 (1): 77-79.

[7] 鞠飞. 兴城市山洪灾害设计洪水计算方法分析 [J]. 东北水利水电, 2016, 34 (11): 34-35, 38.

[8] 王静, 李书敏. 永兴县小流域山洪灾害分析评价 [J]. 水资源研究. 2021 (5): 544-550.

[9] 杨淑萍. 黄土地区小流域设计洪水计算公式对比分析研究 [J]. 建设科技, 2022 (22): 3.

[10] 汤伟干, 薛丰昌, 万家权, 等. 山区小流域暴雨山洪模拟分析研究及应用 [J]. 测绘科学, 2022, 47 (3): 146-156.

[11] 许生, 祁诣恒, 宋强, 等. 浅析山丘平原圩区混合区小流域设计洪水计算 [J]. 治淮, 2022 (2): 33-35.

水利信息化资源整合与共享实现

刘旭东　杜　文　刘　洋　潘燕钞

（黄河水利委员会信息中心，河南郑州　450004）

摘　要：水利信息化资源整合与共享是水利部门优化信息化资源配置，实现应用资源、数据资源、计算存储资源等信息化资源共享，推进“智慧水利”与“数字孪生”的重要环节。本文结合“水利信息化资源整合与共享实现”的建设要求，就如何设计与实现水利信息化资源整合与共享进行探讨和论述。

关键词：资源整合；平台设计；水利一张图；信息门户

1　引言

在传统的信息化建设和应用管理模式下，由于项目的投资渠道、项目来源不同，产生了应用系统各自独立、资源分散、信息壁垒、信息资产潜在的巨大作用不易发挥、数据红利难以释放、资源共享困难、运行维护和安全措施不健全等突出问题。

2017年5月，国务院办公厅印发《政务信息系统整合共享实施方案》[1]（国办发〔2017〕39号），就政务信息资源共享制定了操作指南，明确提出“大平台、大数据、大系统”的整合目标，要求按照“五个统一”的总体原则，有效推进政务信息系统整合共享，切实避免各自为政、自成体系、重复投资、重复建设[2]。

经总结多年来的建设实践，水利信息化资源整合与共享实现，一要结合水利工作实际需要，对应用资源进行整合；二要完成数据资源的梳理分析，实现数据资源的整合与共享；三要从计算资源、存储资源、备份资源、网络资源等方面对基础设施进行整合，提出准确、完整、合理的应对策略。

2　设计与实现内容

2.1　设计目标

通过信息化整合资源，优化水利信息化资源配置，建设水利信息化资源整合共享平台，实现信息资源的整合共享、应用协同，显著提升水利信息化资源共享能力和应用支撑服务水平。

2.2　整合内容

对水利信息化资源进行全面梳理，统筹考虑各应用场景对信息化资源整合共享的需求，开展数据资源整合共享、应用资源整合共享、计算存储资源整合共享和基础设施整合共享。

2.2.1　数据资源整合共享

在全面梳理数据资源的基础上，关联各类基础、地理空间、监测、业务、跨行业应用等数据资源，利用水利对象模型进行整合，形成面向对象、语义统一、便于共享、便于关联、便于管理、便于挖掘的统一资料库。搭建数据资源共享平台，实现对信息资源的快速查找、发现和定位，水利各类信息资源的统一发布、共享和管理。按照“一数一源”原则，集成汇聚相关数据资源，实现水利数据的融合共享，形成标准统一的数据资源使用和管理模式，在此基础上开展大数据挖掘、分析、应用和服务。

作者简介：刘旭东（1964—），男，教授级高级工程师，主要从事水利信息化方面的工作。

2.2.2 应用资源整合共享

主要对水资源、水旱灾害防御等2+N管理专业业务模式进行分析，梳理关键业务流程，总结业务管理目标，规划支撑本地区近期及远期水利业务工作的信息化需求。通过实施“需求牵引、应用至上”建设完成各类业务、政务资源接入管理的信息化资源整合共享平台，包括应用支撑平台、水利综合信息门户、水利一张图、数据资源共享平台等。

（1）应用支撑平台。可以通过利旧、升级和新购等途径，配置统一用户管理、统一数据交换、统一地图服务、统一移动平台、统一视频平台、统一通用工具（如报表、全文检索、GIS软件等）等商业软件，并通过二次开发等工作建立完善的服务架构体系，建设水利信息化统一的应用支撑平台。

（2）水利综合信息门户。采用单点登录、身份认证、内容聚合、数据共享等技术，实现对政务办公、水资源管理、水旱灾害防御、工程安全运行、农村供水、工程建设管理、河湖管理、水土保持、水政执法等业务工作从不同的信息系统获取信息。

（3）水利一张图。遵循水利部相关标准，开发建设包括基础水利对象、水资源管理、大坝安全运行、水旱灾害防御、农村饮水安全等基础和专题地图服务，并使用标准接口技术进行统一发布，形成水利一张图。水利一张图的地图服务资源为水利各项业务提供统一的地图服务，实现数据资源共享，减少重复开发。可从不同业务角度出发，满足各级水利管理人员在业务管理工作过程中对地图空间地理数据的需求，支持日常工作和决策分析。

2.2.3 基础设施整合

主要对计算资源、存储资源、网络资源等进行整合扩容，以期达到最优结构和新旧系统的衔接与整合。

2.2.4 配套支撑保障体系建设

依据《水利数据库表结构及标识符编制总则》（SL/T 478—2021）、《水利对象分类与编码总则》（SL/T 213—2020）和《水资源监控管理数据库表结构及标识符标准》（SL 380—2007）等国家及水利部规范标准要求，编制本地区信息化管理工作标准，为水利信息化资源整合工作提供标准统一的技术说明规范。

3 总体框架设计

水利信息化资源整合共享平台总体框架包括基础设施整合、数据资源整合、应用支撑整合、业务应用整合四部分内容。

整合平台通过门户系统、移动终端、大屏幕等方式，向水利部门、政府部门、其他部门和社会公众等提供防汛抗旱、水资源管理、水利工程建设、水库运行、水政执法业务和政务办公等信息。图1所示为水利信息资源整合与共享平台总体框架。

3.1 基础设施整合

基础设施整合重点是实现统一机房、统一计算、统一存储、统一网络，包括硬件环境和软件环境两部分，硬件环境主要有水利电子政务外网、各种服务器、不同类型的存储设备和安全设备，软件环境主要有操作系统、数据库管理软件、应用服务管理软件等。

3.2 数据资源整合

数据资源整合应全面梳理各类水利数据资源，建立水利对象和涉水对象分类体系与水利对象的编码规则，找出各类对象之间关系，整合形成一套数据资源名录并将其编码入库，最终整合形成统一的数据库支撑资源，包括数据目录库、基础数据库、应用共享库、专用数据库等。

3.3 应用支撑整合

应用支撑平台建设内容主要包括统一用户管理、统一数据交换、统一地图服务、统一移动平台、统一视频平台、统一通用工具（如报表、全文检索、GIS软件等），为水利业务应用提供统一的公共服务支撑、通用性的数据访问和功能调用服务。此外，应用支撑平台还可使各业务应用之间能够以互

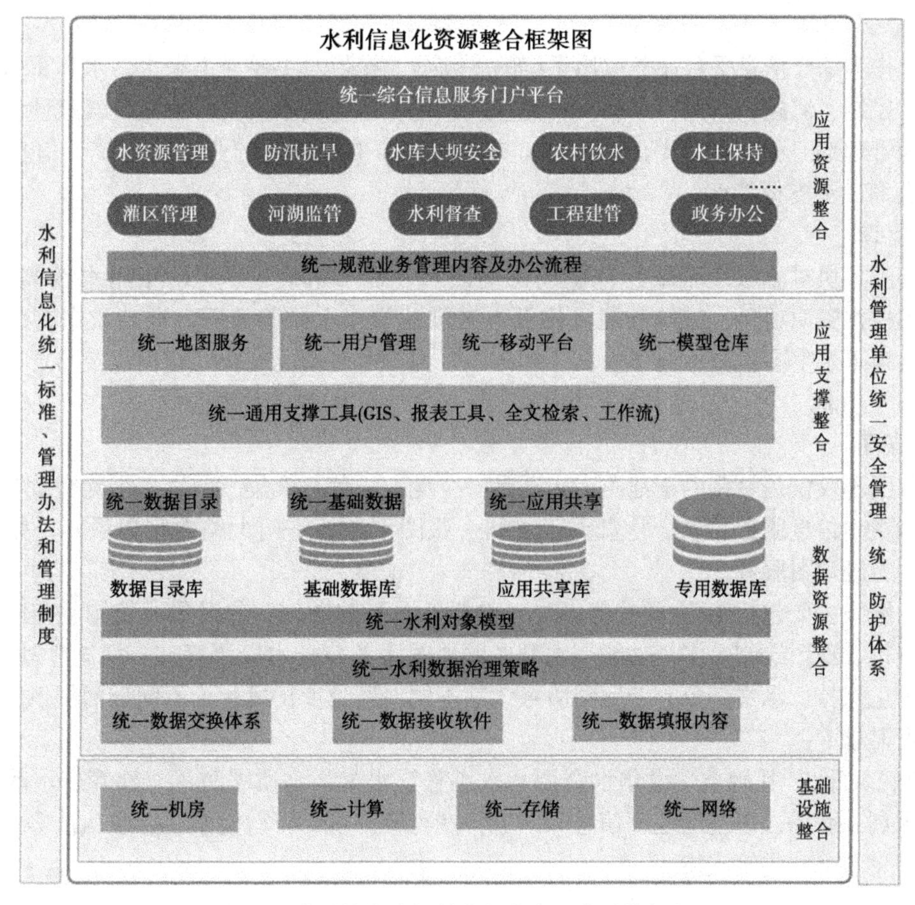

图1　水利信息资源整合与共享平台总体框架

操作的方式交换业务信息，解决信息服务多元化、系统之间信息共享和一致性等问题[3]。

3.4　应用资源整合

应用资源整合以水资源管理、防汛抗旱、工程建设管理、水土保持、水政监察、农饮工程、综合办公等整合共享为重点，以水利业务应用协同办公为目标，实现身份认证、内容聚合和应用系统一站式登录。整合过程中可采用自动监测和大数据分析技术使系统相关业务模块具备复杂场景下的关联性分析，提升水利管理能力，提高水利行政管理效率。

一张图服务是应用资源整合的重要内容，也是应用支撑平台的一部分。结合水利业务实际需求，利用水利部水利一张图公共服务资源，对本地区水利一张图平台服务功能、专题图功能和接口进行合理科学设计，建立包括基础类地图服务和专题地图服务在内的地理信息服务模式。同时，按照统一的接口方式对外发布，形成一张安全、实用的水利业务地图。同时加强遥感影像数据获取、定期更新和利用，为河湖、水资源、水利工程和水土保持等重点监管领域以及各类水利基础工作提供遥感数据服务。

4　建设成果模式介绍

4.1　综合信息门户

综合信息合门户建设采用主流的现代信息技术，基于面向服务的软件设计理念，将数据库管理技术、空间数据引擎、海量空间数据管理和快速发布展示技术等有机结合起来，实现黄河水利委员会流域管理综合信息门户。根据复用、共享、模块化的设计思想，采用面向服务的体系架构，以支撑组件作为基本单元搭建应用支撑平台，采用结构一致的、基于标准服务的支撑平台技术，实现各业务应用系统之间的互联、互通以及数据的安全、共享与集成。

4.2 综合监管

综合监管作为综合信息平台业务应用系统的一部分，提供对主要河道来水、水库蓄水、地表和地下水红线用水控制、河湖长巡河、水利工程建管、农村供水与饮水、实时水文及气象预警等情况的动态监管，可为管理部门和人员提供信息全面、专业精确、准确快速的业务监管统计信息，具备“一目了然”的会商决策支撑特点。

4.3 水资源管理

水资源管理模块对流域（区域）范围内的地表水、地下水的日、月、年用水量实现动态管理。可通过接入国控水资源项目、流域管理机构及本区域的取用水监测数据，提高数据有效接入率。同时，可实现对地下水生态监测站地下水位、埋深、水温等监测情况的在线监视以及与历史同期监测状况的分析对比等功能。

4.4 水利一张图

水利一张图不仅仅是一张电子地图，它还是一个庞大的信息聚集平台，一个为行政管理区域水行政管理提供多视角信息服务的电子沙盘[4]。水利一张图重点抓好两大类内容建设：一是基础地图服务，二是水利专题地图服务。

基础地图服务主要包括 16 大类功能模块，包括地图基础操作、分级展示控制、空间查询、预报预警、统计分析、地图绘制等多个功能。水利专题地图服务包括水资源管理、河湖管理、工程管理、水旱灾害、水土保持、水文气象等专题图服务。从不同专题角度出发，为不同部门提供专业定制的业务场景与数据需求。

在“水利一张图”基础上建设集水资源、水工程、水文、水质、防汛、建管、水政等于一体的流域或区域水利一张图，以空间地理信息为对象，在行政许可、行政监察、行政执法等过程中，为管理人员提供信息服务和决策支持。

5 结语

水利信息化资源整合平台是水利部门全面掌握其管辖范围内水利业务和政务信息的综合性信息管理与决策支撑平台，具备管理功能多维度，时间覆盖过去、现在和将来，趋势、信息可层层提取的特点。目前，平台已在黄河水利委员会、新疆维吾尔自治区使用，为流域管理机构、新疆维吾尔自治区有关地州提供了水利管理专业统一的地理信息服务和水利数据资源共享服务。

当前，全国水利管理单位按照水利部智慧水利及数字孪生流域建设技术规范，构建具有“四预”功能的智慧水利体系，以全面提升水旱灾害防御能力、水资源集约节约利用能力、水资源优化配置能力、生态保护治理能力、水库大坝安全监测能力和农村供水保障能力。水利信息化资源整合与共享作为智慧水利建设的重要环节，其设计与实现关乎应用资源、数据资源、计算存储资源等信息化资源的综合利用和效率，搭建完善的水利信息化资源整合平台，可有效挖掘信息资源的潜能，有力提升水利管理工作现代化和智能化水平。

参考文献

[1] 姚盼．新媒体时代对电子政务发展的影响初探［J］．新闻前哨，2018（12）：26-28.
[2] 吴恒清，吴静子．水利应用大系统建设模式探讨［J］．水利信息化，2019（1）：50-54.
[3] 袁博，许强．可视化系统在河道采砂管理中的应用［J］．河南水利与南水北调，2021，50（4）：89-90.
[4] 杨莹．“图”上绘长江［N］．中国水利报，2016-08-21.

水生态文明建设的水文力量

李子恒

（长江水利委员会水文局长江中游水文水资源勘测局，湖北武汉　430014）

摘　要：水是生命之源，水生态文明建设是生态文明建设最重要、最基础的内容。水文在水量监测、水质监测、水文服务等方面对水生态文明建设发挥着不可或缺的重要作用。新时代水文事业发展需要完整、准确、全面贯彻创新、协调、绿色、开放、共享的新发展理念，实现水文高质量发展。2023年是全面贯彻落实党的二十大精神的开局之年，长江水文将高质量做好水文工作，完成各项任务落实，积极支撑流域统一规划、统一治理、统一调度、统一管理，为水生态文明建设贡献水文力量。

关键词：水生态文明建设；新发展理念；水文力量；长江水文

1　概述

2005年8月15日，时任浙江省委书记的习近平在浙江安吉县余村调研时，首次提出“绿水青山就是金山银山”的重要论述。现在，这一全国人民都耳熟能详的“金句妙喻”，已经成为全党全社会的共同认识和行动指南，是习近平生态文明思想的重要内容，引领我国生态文明建设和生态环境保护取得历史性成就、发生历史性变革。

水是生命之源。在山水林田湖草沙这个不可分割的生命共同体中，水是最灵动、最活跃的元素，是生态系统得以维系的基础。水生态文明是人类遵循人水和谐理念，以实现水资源可持续利用、支撑经济社会和谐发展、保障生态系统良性循环为主体的人水和谐文化伦理形态。水生态文明建设是生态文明建设最重要、最基础的内容，更是生态文明建设的题中应有之义[1]。

2　水文在水生态文明建设中的地位和作用

水文是研究水生态的基础科学，既古老又现代。水不仅是生态环境的控制性因素，而且是水生态系统的决定性要素，水生态环境的优劣既取决于水量的多少，也取决于水质的好坏，在于水量与水质并重。水文部门作为水的数量与质量监测、分析、评价、预测的权威部门，不仅掌握了水的时空分布，同时掌握了水的质量分布，因而在水生态保护与建设中具有基础地位，发挥着不可或缺的技术支撑作用。

2.1　水量监测为水生态文明建设提供基础数据

截至2020年，全国已建成国家基本水文站3 265个、水位站16 068个、雨量站53 392个，其中水利部长江水利委员会管辖的水文站、水位站、雨量站分别是121个、255个和29个。这些遍布全国各省（区、市）和各大流域的水文站点，基本上掌握了流域面积在1 000 km^2 以上的河流以及城市河流和流域面积虽小但具有重要功能的河流的来水情况。政府及有关部门可以通过水文系统提供的河流、湖泊来水信息，对时空分布规律进行分析，在充分发挥生态系统的自我调节修复能力前提下，以水而定、量水而行，推动经济社会发展与水资源和水环境承载能力相协调。以水定城、以水定地、以

作者简介：李子恒（1997—），男，工程师，主要从事水文水资源、水文地质方面的工作。

水定人、以水定产的“四水四定”原则是“节水优先、空间均衡、系统治理、两手发力”治水思路的具体落实，也是水资源承载力的落地方向。可见，水文不仅为经济社会发展提供技术服务，而且已成为水生态文明建设的排头兵。

2.2 水质监测为水生态文明建设竭力保驾护航

水文部门在河流、湖泊等重要水域设立了一系列的水质监测站点，据统计，截至2020年，全国共有地表水水质站10 962个，其中水利部长江水利委员会所辖342个，通过定期及动态监测，及时掌握各河流湖泊的水质状况，为政府及有关部门决策提供科学依据。目前，国家及各省（区、市）都颁布了水功能区划，对每条河流和湖泊进行了水功能分区。对污染较为严重的河段和湖泊，当其水功能区的水质达不到要求时，不仅不允许引进项目，而且要削减污染负荷，使之达到水功能区划要求的水质；对饮用水水源地，在其保护范围内，不允许有排污口，已有的要采取截污改道或者关闭等措施。可见水文部门的水质监测在确保水生态环境和饮用水安全方面发挥着积极作用。

2.3 水文服务为水生态文明建设提供有力支撑

长期以来，水文服务于防汛抗旱减灾、水资源管理、水生态保护、工程建设和运行、突发水事件应急处置和社会公众日常生活等多个方面。中华人民共和国成立70余年来，特别是党的十八大以来，在党中央、国务院的高度重视下，水文事业取得蓬勃发展，水文在水旱灾害防御中的作用越来越关键、在水资源管理中的作用越来越突出、在水生态文明建设中的作用越来越显现、自身行业发展的态势越来越向好。新时代水文体系不断完善健全，服务效果更加显著。可见，水文是为经济社会发展提供可靠支撑的先行者。

3 以新发展理念引领新时代水文事业发展

当前和今后一个时期，长江水文进入高质量发展的新阶段，推进长江水文高质量发展是一个动态的、长期的过程，不可能一蹴而就、唾手可得，必须持之以恒、久久为功，作为水生态文明建设的重要抓手，需要完整、准确、全面贯彻新发展理念。

3.1 创新发展注重的是解决发展动力问题

创新同样是水文发展的第一动力。长江水文正通过实施精细化管理，推进智慧水文建设，但水文服务产品单一、智慧化程度不够等也是现实的问题。要抓住这个引领发展的第一动力和“牛鼻子”，盘活内生动力，增强发展速度、效能、可持续性。

3.2 协调发展注重的是解决发展不平衡的问题

协调好水文发展的内生特点至关重要。站网体系不完善、监测体系不健全、预测预报对“四预”支撑不够、专业协同度不高是发展不平衡在长江水文的具体表现。要把握内生问题，直面现实困难，统筹兼顾，协调发展。

3.3 绿色发展注重的是解决人与自然和谐问题

绿色水文是当今水文工作的重点发展路径。水文工作全面绿色转型是水文发展的根本依托，更是最亮丽的底色。要对水灾害防治、水资源节约、水生态保护修复、水环境治理等方面进行精准把握，转变思维方式，为长江绿色发展做出水文人应有的贡献。

3.4 开放发展注重的是解决发展内外联动问题

开放联动是水文发展的必由之路。单打独斗不能持续发展，故步自封难以长足进步，长江水文应该依靠自身优势，与兄弟单位和各有关部门建立常态化沟通分享机制，创建更加包容开放、互利共赢的水文体系。

3.5 共享发展注重的是解决社会公平正义问题

数据共享、服务社会是水文发展的根本目的。为社会提供便于获取、功能完备、数据翔实的水文服务是长江水文的目标，更是整个水文行业的愿景。要立足实际，做细做实基础工作，积极宣传，做大水文这个“蛋糕”，更好服务大众。

创新、协调、绿色、开放、共享新发展理念相互贯通、互相促进，是具有内在联系的集合体，要统一贯彻，不能顾此失彼，也不能相互替代。而水文事业的发展客观上也要求我们正确处理好长远与当前、保护与发展、整体与分布、建设与管理、总体与局部五个关系。两者之间本就是一脉相承的，把握、理解、执行好这些理念和关系，对新时代水文事业发展大有裨益[2]。

4　在水生态文明建设中贡献水文力量

2023年是全面贯彻落实党的二十大精神的开局之年。高质量做好水文工作、完成各项任务落实，对于积极支撑流域统一规划、统一治理、统一调度、统一管理，事关全局，意义重大。目前，长江水文深入分析新阶段水文工作面临的形势与任务，通过建设功能完备的综合站网体系、透彻感知的立体监测体系、智慧协同的专业支撑体系、优质高效的信息服务体系、科学规范的管理保障体系“五大体系”，不断深化“社会水文、绿色水文、智慧水文、和谐水文”，着力固根基、扬优势、补短板、强弱项，积极有力支撑水利及经济社会高质量发展。

长江水文将继续扎实做好水旱灾害防御支撑，系统开展水文基础资料收集，全力支撑水资源管理与保护，积极做好经济社会发展支撑，全面推进水文测报能力提升，开启智慧水文建设新篇章，推动经济发展迈上新台阶，持续强化科技创新工作，稳步提升综合管理水平，深入推进全面从严治党，坚持稳中求进工作总基调，认真贯彻落实习近平总书记提出的“节水优先、空间均衡、系统治理、两手发力”的“十六字”治水思路以及对治水工作的重要论述，奋力谱写长江水文高质量发展新篇章。

5　结语

习近平总书记指出，我国建设社会主义现代化具有许多重要特征，其中之一就是我国现代化是人与自然和谐共生的现代化，注重同步推进物质文明建设和生态文明建设。水生态文明理念已经融入水资源开发、利用、治理、配置、节约、保护的各方面和水利规划、建设和管理的各环节，水文作为水利的重要组成部分，在水生态文明建设中的基础地位将更加突出，也将发挥更大的作用。

参考文献

[1] 水利部编写组．深入学习贯彻习近平关于治水的重要论述［M］．北京：人民出版社，2023.
[2] 马建华．以习近平新时代中国特色社会主义思想为指导 集聚推动治江兴委事业高质量发展的奋进力量［EB/OL］．(2021.12.14).

黄河下游河流系统及构成要素甄别研究

屈　博[1,2]　张向萍[1,2]

（1. 黄河水利委员会黄河水利科学研究院，河南郑州　450003；
2. 水利部黄河下游河道与河口治理重点实验室，河南郑州　450003）

摘　要：新形势下黄河下游河道治理目标已由以防洪安全为主提升为行洪输沙-社会经济-生态环境多维功能的协同发挥。本文分析了系统科学在河流系统治理中的应用情况，阐明了黄河下游河流系统的概念内涵，结合黄河下游水文情势和社会发展状况，甄别了能够表征黄河下游河流行洪输沙、生态环境和社会经济功能的关键要素，为实现黄河下游河流系统多维功能协同发挥提供了基础支撑。

关键词：河流系统；行洪输沙；生态环境；社会经济；黄河下游

1　引言

黄河下游河道因剧烈的游荡特性与悬河特征使其治理成为世界性难题[1]，历史上平均三年两决口、百年一改道，给中华民族带来了沉重灾难。人民治黄以来，围绕防洪安全的战略目标，国家投入大量人力物力，开展了大规模的河道治理工作，基本实现了河势稳定，保障了伏秋大汛岁岁安澜。然而，近年来随着进入黄河下游水沙条件、两岸社会经济发展状况等发生的显著变化，特别是国家明确提出了实施河道和滩区综合提升治理工程之后，黄河下游治理目标已由以防洪安全为主提升为行洪输沙-社会经济-生态环境多维功能的协同发挥[2]。因此，从多维协同的视角，开展黄河下游河道系统治理研究、推动流域生态保护和高质量发展具有重要的现实意义。

然而，由于人们认知水平的限制，传统研究思维局限于水、沙、河道边界等行洪输沙要素，而对与之协同互馈的社会经济和生态环境要素考虑较少，极容易陷入“只见树木，不见森林”的泥潭，已无法适应时代发展的需求[3]。所幸的是，随着系统科学的发展，研究河流系统各组成单元之间的相互关系、突破流域协调发展问题已得到国内外学者的关注，为黄河下游系统治理提供了重要的借鉴和参考[4-8]。但目前此方面研究尚处于起步阶段，对黄河下游河流系统及其构成要素仍缺乏深入的探讨和充分的理解认识，难以满足新时代河流系统多维功能协同发挥的治理要求。本文梳理了系统科学在河流系统研究中的应用情况，阐明了黄河下游河流系统的概念内涵及研究需求，探讨了表征多维功能子系统的关键构成要素。

2　黄河下游河流系统的概念内涵

系统科学是研究系统内部运行过程及系统间复杂作用关系的科学，已在社会、经济、管理、地理等领域得到广泛应用。随着人类活动对水循环影响广度、深度和强度的不断增强，人类在人水关系中逐渐占据主导地位，流域可持续发展面临的核心问题转变为如何科学理解和管理人与水之间的相互作用关系[9-10]。在此情势下，将系统科学进一步拓展至流域尺度，研究人水关系协调发展问题已成为国

基金项目：国家重点研发计划项目（2021YFC3200400）；国家自然科学基金项目（U2243601）；河南省青年人才托举工程项目（2022HYTP023）；黄科院科技发展基金项目（黄科发 202114）。

作者简介：屈博（1990—），男，高级工程师，主要从事流域系统治理方面的工作。

际水科学研究的前沿。李少华等[11] 提出了水资源复杂巨系统的概念，从水资源利用的角度将该系统划分为水基子系统、社会经济（用水）子系统和生态环境（用水）子系统。左其亭等[12] 论述了人水和谐的概念和内涵，指出人-水系统是水与社会、经济、生态、环境等诸多要素协同耦合而成的复合巨系统。王浩等[13] 构建了自然-社会二元水循环理论，强调人类对水循环过程的影响已从外部动力演变为系统内力，应将水循环的自然过程和社会过程作为一个有机整体进行研究。Sivapalan 等[14] 提出了社会水文学，研究人-水系统动力学特性及水资源-生态环境-社会经济的互馈关系。夏军等[15] 提出了水系统理论，将人水系统视作以水循环为纽带的三大过程构成的一个整体。程国栋等[16] 将流域视为地球系统的微缩，提出了流域科学，考虑在流域尺度上开展“水-土-气-生-人”的集成研究。

然而，这些研究侧重于河流水资源（水安全）与社会、经济、生态等组成单元的相互关系，而对河流自身关注不够。基于近 10 年来在黄河流域治理保护中的探索，江恩慧等[17] 提出了流域系统科学的概念，将黄河下游河流系统划分为维持河流基本功能的行洪输沙子系统、保障区域社会经济发展的社会经济子系统和维持流域生态环境健康的生态环境子系统，研究各子系统内部演化过程与机制、各子系统间相互作用关系与协同演化机制和流域系统协调发展策略与战略布局。该理论更加适用于黄河下游河流系统治理，可为破解黄河下游河道和滩区综合提升治理的理论与技术难题提供支撑。

3 黄河下游河流系统关键要素甄别

3.1 行洪输沙子系统

行洪输沙子系统目标定位是保障河流能够安全地永续存在，充分发挥其行洪输沙的自然功能，主要涉及河流基本水沙输移功能相关要素。根据功能属性差异，该子系统要素可分为洪水、泥沙和河道 3 类。其中，洪水要素包括黄河下游各断面不同时间尺度的径流量、流量，具体有年径流量、汛期径流量、年均流量、年最大流量、3 日最大流量、7 日最大流量、年最小流量、汛期平均流量等；泥沙要素包括黄河下游各断面不同时间尺度的输沙量、含沙量，具体有年输沙量、汛期输沙量、年平均含沙量、汛期平均含沙量、来沙系数等；河道要素包括反映河势控制和过流能力的指标，有冲淤量、平滩流量、河相系数、弯曲系数和主流摆幅等。需要注意的是，行洪输沙要素较多，数据收集和计算分析难度较大，因此有必要分析黄河下游不同断面、不同要素之间的独立性和融合度，提取能够表征河流系统行洪输沙功能的关键要素。江恩慧等[18] 对黄河下游花园口、夹河滩、高村、孙口、艾山、泺口、利津等典型断面的洪水泥沙要素分析后发现，对于不同断面，各要素的相关性均较高，可考虑选择其中某一断面代表其他断面；对于不同要素，除年最小流量外，年均流量与其他流量/径流量、年均含沙量与其他含沙量/输沙量均明显相关，因此可考虑年均流量、年均含沙量作为代表。综上，行洪输沙子系统关键要素包括年均流量、年最小流量、年均含沙量、冲淤量、平滩流量、河相系数、弯曲系数和主流摆幅等。

3.2 生态环境子系统

生态环境子系统关系着流域生态环境的优劣，主要涉及生态环境服务功能相关要素。按照空间分布，该子系统要素可分为涉水（主河槽）和临水（滩区与滨河区）两类。其中，涉水要素通常有水质达标率、水面面积、湿地面积、水生生物丰度及多样性等[19]。江恩慧等[20]指出，河道功能性不断流是黄河下游河流和河口生态系统良性维持的基本前提，涉水要素必须考虑支撑河流生态系统运转的水量指标。生态基流保证度（或生态需水保证度）直接关系到鱼类生长发育和沿黄湿地维持，脉冲流量次数直接关系到鱼类产卵繁育，二者共同反映了河道内鱼类生存环境，故还需考虑这两个要素。

临水要素通常采用植被覆盖度及其衍生指标[21-22]。然而，黄河下游滩区及滨水区是百余万居民生活生产的重要场所，受人类活动影响较大，土地利用形式以耕地为主，林地相对较少[23]。因此，采用植被覆盖度可能会因为数值过低而失去统计价值，科学的做法是统筹耕地、林地、草地等不同土地利用类型建立综合性指标。谢高地等[24] 在参照 Costanza 全球生态系统服务功能评价模型研究的基础上，制定了中国陆地生态系统单位面积生态服务价值系数表，为加权集成不同土地利用类型提供了依据。屈博等[25] 在黄河下游典型滩区进行了应用，计算了区域生态系统服务价值总量，并指出该指标能够较好地反映黄河下游河流系统的生态环境状况。综上，生态环境子系统关键要素包括水质达标率、水面面积、湿地面积、生物丰度、生物多样性、生态基流保证度、脉冲流量次数和生态系统服务价值等。

3.3 社会经济子系统

社会经济子系统关系到河流对区域社会经济发展的支撑作用，主要涉及河流社会经济服务功能相关要素。根据社会经济服务方式，该子系统要素可分为直接和间接两类。其中，直接要素是可以直接反映黄河下游社会经济发展状况的要素，比如人口、城镇化率、GDP、人均收入、三产产值等统计指标。此外，黄河下游位于黄淮海平原地区，是我国重要的粮食生产基地，因此还需考虑播种面积、粮食产量等指标。间接要素通过间接途径反映社会经济发展状况，如引黄水量，体现了河流水资源对社会经济发展的支撑作用。

一般来说，社会经济要素的统计范围可选择河流流经的省、市、县，这些行政区域具有相对完备的统计资料，便于开展研究工作[26-27]。但黄河下游河道大堤以内的范围有限，对县级及以上行政区的覆盖程度不高，且其水资源供给产生的价值在整个县域社会经济总量中所占比例不高。因此，必须尽可能缩小统计数据的空间尺度至乡（镇）甚至村级，真实反映河流对区域社会经济发展的支撑作用。综上，社会经济关键要素包括沿黄村镇的人口、城镇化率、GDP、人均收入、三产产值、播种面积、粮食产量、引水量等。

4 结语

本文通过文献综述，厘清了系统科学在河流系统治理中的应用与发展情况，阐明了黄河下游河流系统的概念内涵，即是一个由行洪输沙、社会经济和生态环境子系统共同构成的复合巨系统。在此基础上，分析了黄河下游河流系统的洪水、泥沙、社会、经济、生态、环境等要素，甄别了能够表征行洪输沙、生态环境和社会经济功能的关键要素，为实现黄河下游河流系统多维功能协同发挥提供了基础支撑。

一方面，受认识水平及数据资料的限制，甄别的关键要素在全面性、代表性上可能存在不足；另一方面，目前尚缺乏乡（镇）尺度的社会经济统计数据，难以真实反映河流对区域社会经济发展的支撑作用。因此，未来需加强调查研究工作，收集更加精细全面的社会经济数据资料，进一步发展和完善黄河下游河流系统及其要素结构。

参考文献

[1] 李军华，许琳娟，江恩慧．黄河下游游荡型河道提升治理目标与对策［J］．人民黄河，2020，42（9）：95-99，130.

[2] 江恩慧．黄河流域系统与黄河流域的系统治理［J］．人民黄河，2019，41（10）：159.

[3] 刘昌明．对黄河流域生态保护和高质量发展的几点认识［J］．人民黄河，2019，41（10）：158.

[4] 王慧敏，徐立中．流域系统可持续发展分析［J］．水科学进展，2000，11（2）：165-172.

[5] BALDASSARRE G D，KOOY M，KEMERINK J，et al．Towards understanding the dynamic behaviour of floodplains as human-water systems［J］．Hydrology and Earth System Sciences，2013，17（8）：3235-3244.

[6] LINTON J，BUDDS J．The hydrosocial cycle：Defining and mobilizing a relational-dialectical approach to water［J］．Geoforum，2014（57）：170-180.

[7] 刘攀，冯茂源，郭生练，等．社会水文学研究方法和难点［J］．水资源研究，2016，5（6）：521-529.

[8] QITING Z，WEN L，HENG Z，et al．A Harmony-Based Approach for Assessing and Regulating Human-Water Relationships：A Case Study of Henan Province in China［J］．Water，2020，13（1）：32.

[9] VANESSA H, MAO N T, JIANGUO L. Synthesis of human-nature feedbacks [J]. Ecology and Society, 2015, 20 (3): 17.

[10] COSTANZA R, GRAUMLICH L, STEFFEN W, et al. Sustainability or Collapse: What Can We Learn from Integrating the History of Humans and the Rest of Nature? [J]. Ambio, 2007, 36 (7): 522-527.

[11] 李少华，董增川，周毅．复杂巨系统视角下的水资源安全及其研究方法 [J]. 水资源保护，2007，23 (2): 1-3.

[12] 左其亭，张云，林平．人水和谐评价指标及量化方法研究 [J]. 水利学报，2008，39 (4): 440-447.

[13] 王浩，贾仰文. 变化中的流域“自然-社会”二元水循环理论与研究方法 [J]. 水利学报，2016，47 (10): 1219-1226.

[14] SIVAPALAN M, SAVENIJE H H G, Blöschl G. Socio-hydrology: A new science of people and water [J]. Hydrological Processes, 2012, 26 (8): 1270-1276.

[15] 夏军，张翔，韦芳良，等. 流域水系统理论及其在我国的实践 [J]. 南水北调与水利科技，2018，16 (1): 1-7，13.

[16] 程国栋，李新．流域科学及其集成研究方法 [J]. 中国科学：地球科学，2015，45 (6): 811-819.

[17] 江恩慧，王远见，田世民，等. 流域系统科学初探 [J]. 水利学报，2020，51 (9): 1026-1037.

[18] 江恩慧，王远见，李军华，等. 游荡性河道河势演变与稳定控制系统理论 [R]. 黄河水利委员会黄河水利科学研究院，2020.

[19] 江恩慧，王远见，田世民，等. 黄河下游河道滩槽协同治理驱动—响应关系研究 [J]. 人民黄河，2020，42 (9): 66-72，164.

[20] 江恩慧，屈博，曹永涛，等．着眼黄河流域整体完善防洪工程体系 [J]. 中国水利，2021 (18): 96-99.

[21] 安悦，周国华，贺艳华，等．基于“三生”视角的乡村功能分区及调控：以长株潭地区为例 [J]. 地理研究，2018，37 (4): 695-703.

[22] 路广，韩美，王敏，等. 近代黄河三角洲植被覆盖度时空变化分析 [J]. 生态环境学报，2017，26 (3): 422-428.

[23] 谢羽倩，程舒鹏，张燕青，等．黄河下游滩地土地利用/覆盖现状及影响因素分析 [J]. 北京大学学报（自然科学版），2019，55 (3): 489-500.

[24] 谢高地，甄霖，鲁春霞，等．生态系统服务的供给，消费和价值化 [J]. 资源科学，2008，30 (1): 93-99.

[25] 屈博，马静，郑涵之，等. 黄河下游典型岸线保护与利用方法研究 [J]. 人民黄河，2021，43 (8): 48-51.

[26] 张金良，金鑫，严登明，等. 幸福河框架下黄河流域社会系统发展特征研究 [J]. 人民黄河，43 (4): 1-5，23.

[27] 张金良，曹智伟，金鑫，等．黄河流域发展质量综合评估研究 [J]. 水利学报，2021，52 (8): 917-926.

[28] 水利部黄河水利委员会．黄河下游治理方略专家论坛 [M]. 郑州：黄河水利出版社，2004.

黄河堤防草皮智慧养护监测系统

宫晓东

（山东乾元工程集团有限公司，山东东营　257400）

摘　要： 草皮养护在黄河堤防工程管理中是一项非常重要的工作，准确分析土壤水分、pH、电导率、肥力状况，科学地进行草皮养护，实现智能化管理，减轻劳动强度，是当前亟待解决的问题。课题组针对黄河堤防草皮养护的特点，以“养护需求”为研发目的，研制出测量速度快、精度高、输出稳定的土壤传感器，组建了智慧养护监测系统。通过对比不同地区草皮养护成果，总结堤坡草皮抗寒性、耐旱性、外观性状、再生恢复能力和固土能力与土壤历史参数特点，分析得出适宜黄河河口地区草皮养护的各项土壤参数范围，可为今后养护工作提供技术支撑。

关键词： 黄河堤防草皮；智慧养护；监测系统

1　研究背景

草皮养护在黄河堤防工程管理中是一项非常重要的工作，每年都需要投入大量的人力、物力。春季需要进行草皮补植；夏季职工割草工作量大；土壤水分不足草皮枯黄，影响美观；草皮遇酸碱环境，生长缓慢；土壤肥力低下影响其根系发展，降低根系固土能力。因此，准确分析土壤水分、pH、电导率、肥力状况，科学地进行草皮养护，实现智能化管理，减轻劳动强度，是当前亟待解决的问题。寻求科学的养护方法势在必行，“黄河口智慧养护监测系统”应运而生。

2　基本原理

“黄河堤防草皮智慧养护监测系统”是综合利用计算机、传感器、信号处理等技术，完成堤坡草皮监测区数据的采集、传输、处理，并通过4G无线网络实现数据的远程传输、汇总、显示。本系统以PLC为主要控制器，采用modbus协议对PLC进行编程，以4G无线通信为传输手段，通过在堤坡草皮上安装的土壤传感器进行数据采集，采集的数据通过RS-485传送给PLC，PLC把传感器采集过来的数据做相应处理后经4G模块传输到云端，实现数据的远程监测（见图1、图2）。

3　监测系统的建立

3.1　系统的硬件组成

“黄河堤防草皮智慧养护监测系统”共有两个部分：采集终端和数据处理中心。

3.1.1　采集终端

堤坡草皮土壤参数采集终端的作用是对土壤水分、温度、电导率、pH、氮磷钾含量的参数进行采集，并通过4G传输将数据传至云平台，采集终端包括土壤传感器、控制单元、4G通信单元（见图3、图4）。

3.1.1.1　土壤传感器

土壤传感器是集感应、采集、输出三合一，应用于堤坡土壤温度、湿度、pH、电导率以及氮磷钾含量的测量，硬件接口为RS-485，通信协议为ModBus RTU，土壤传感器为五探针式传感器，探针

作者简介： 宫晓东（1985—），男，高级工程师，主要从事工程管理等工作。

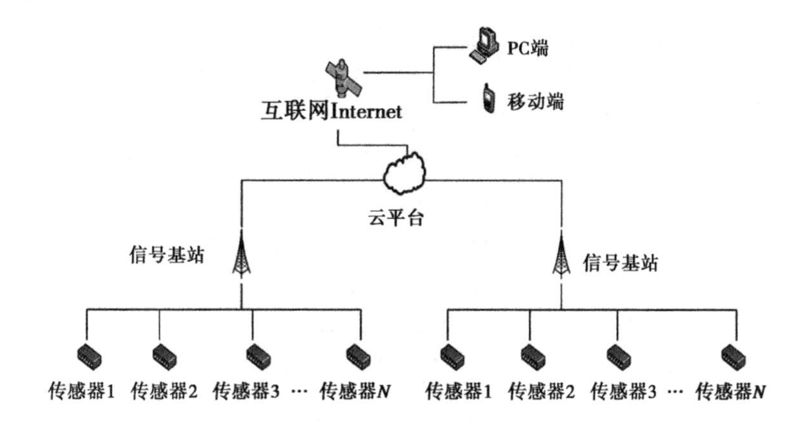

图1 黄河口智慧养护监测系统数据传输模式

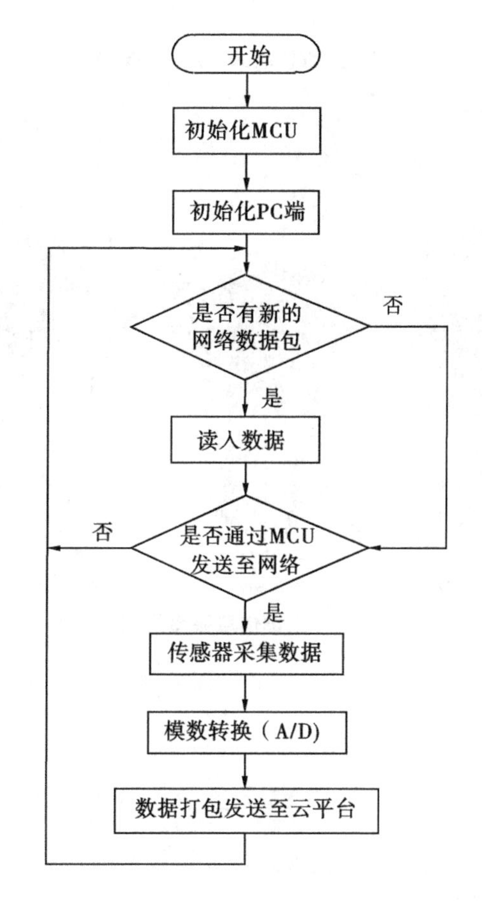

图2 黄河口智慧养护监测系统程序设计

长度71 mm。此传感器受土壤含盐量影响较小，适用于黄河堤坡土质，可长期埋入土壤中，耐长期电解，耐腐蚀（见图5、图6）。

3.1.1.2 控制单元

控制单元采用可编程逻辑控制器（简称PLC），PLC是一种微型数字电子处理设备，具备逻辑控制、模拟控制、多机通信等功能。可将控制指令准确加载内存并存储与执行（见图7、图8）。

3.1.1.3 4G通信单元

本系统设备采用PLC作为4G模块硬件，使用RS-485为用户串口用以连接用户的PLC，可通过手机微信小程序或PC端查看监控数据以及浏览和处理报警信息等。

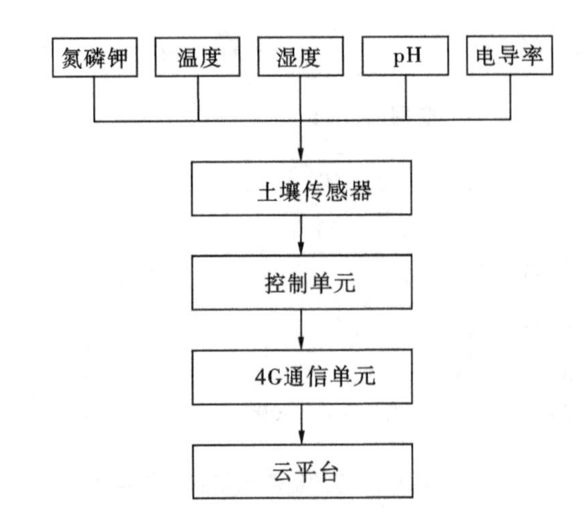

图 3　土壤信息采集终端原理图

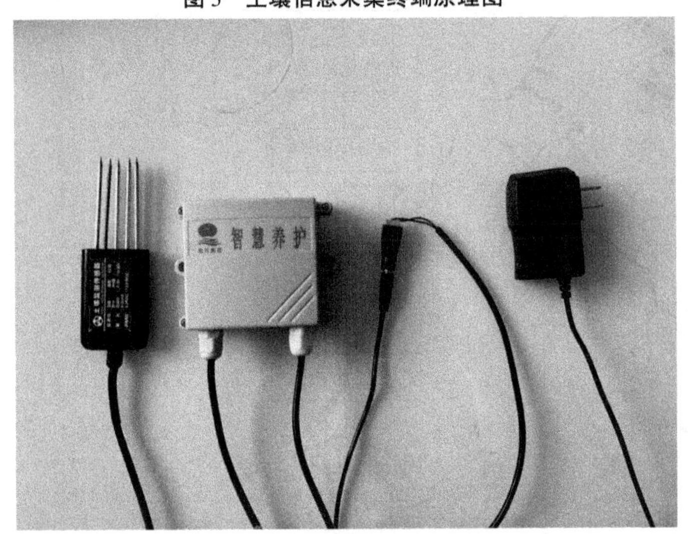

图 4　土壤信息采集终端

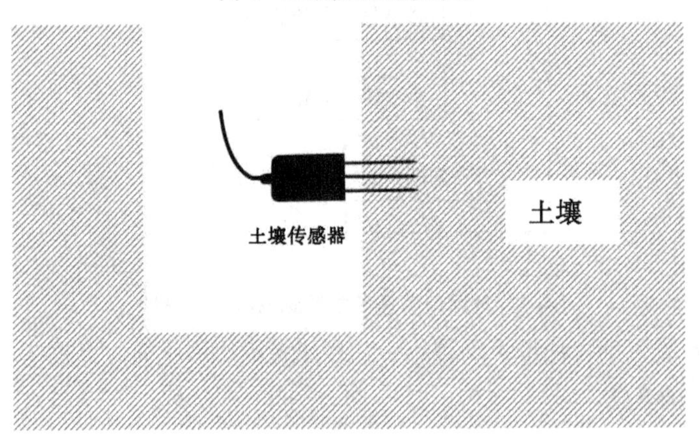

图 5　土壤传感器安装示意图

3.1.2　数据处理中心

3.1.2.1　用户管理系统

在登录平台后，用户可以输入自己的用户名和相应密码，点击“登录”按钮后，系统后台会在数据库的用户信息表中查询用户名和密码是否存在及匹配，验证成功会进入“黄河堤防草皮智慧养护监测系统”首页。

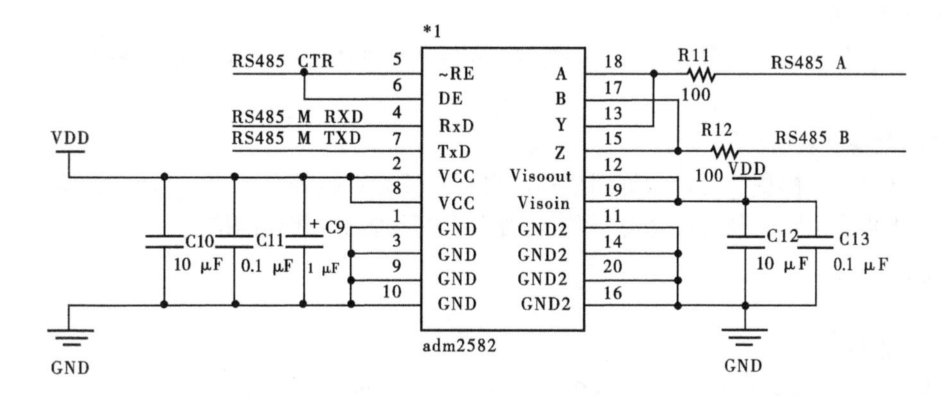

图 6 RS-485 接口电路设计

图 7 控制单元展示图

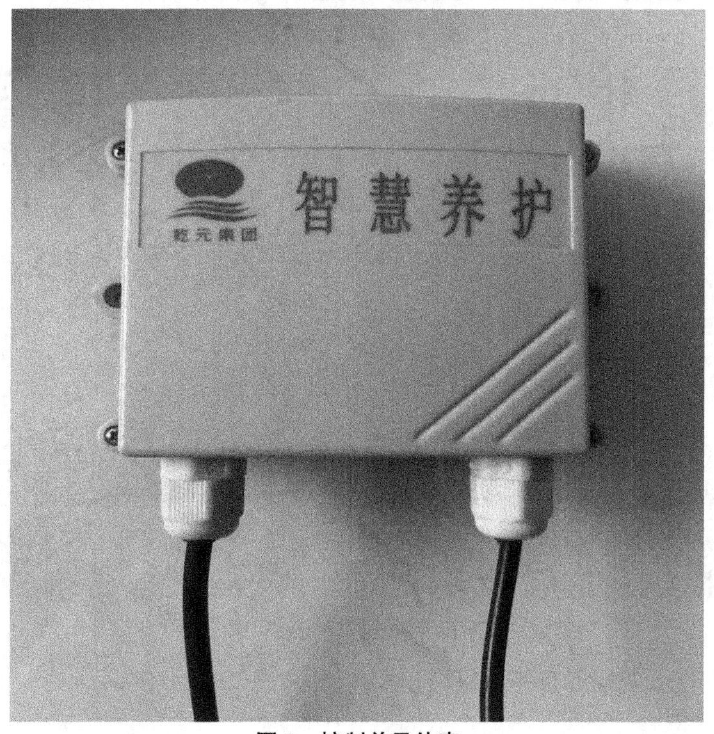

图 8 控制单元外壳

3.1.2.2 参数监测模块

参数监测主要包括土壤水分、温度、pH、电导率以及氮磷钾的含量，监测系统也可以进行历史数据查询。

3.1.2.3 监测报警模块

监测系统含有报警模块，可以根据用户需求自行设置参数报警上下限，当出现土壤参数数值低于报警下限或高于报警上限时便可以即时报警，提醒用户及时采取相应的措施。

4 运用情况

4.1 监测系统安装

“黄河堤防草皮智慧养护监测系统”采集终端安装在利津黄河河务局下设的基层段所，数据处理中心设在山东乾元工程集团有限公司（见图9、图10）。

图9 采集终端安装

图10 采集终端安装效果

4.2 智慧养护监测系统在草皮养护中的应用

4.2.1 应用地情况

利津黄河河务局4个管理段种植的草皮类型为中华结缕草，中华结缕草3月中旬返青，11月枯黄，青绿期达 250 d 左右，茎节处生根发芽，以蔓繁殖为主，繁殖速度快。

4.2.2 样方选取

在堤坡上选取 5 段长达 1 000 m 的堤坡（299+000~304+000），按照“S”形取点的方法，在每段堤坡上选取 200 m 为 1 个观测区（见图 11），观测区内均匀设置 5 个样方，样方为 1 m×1 m 的正方形草皮。

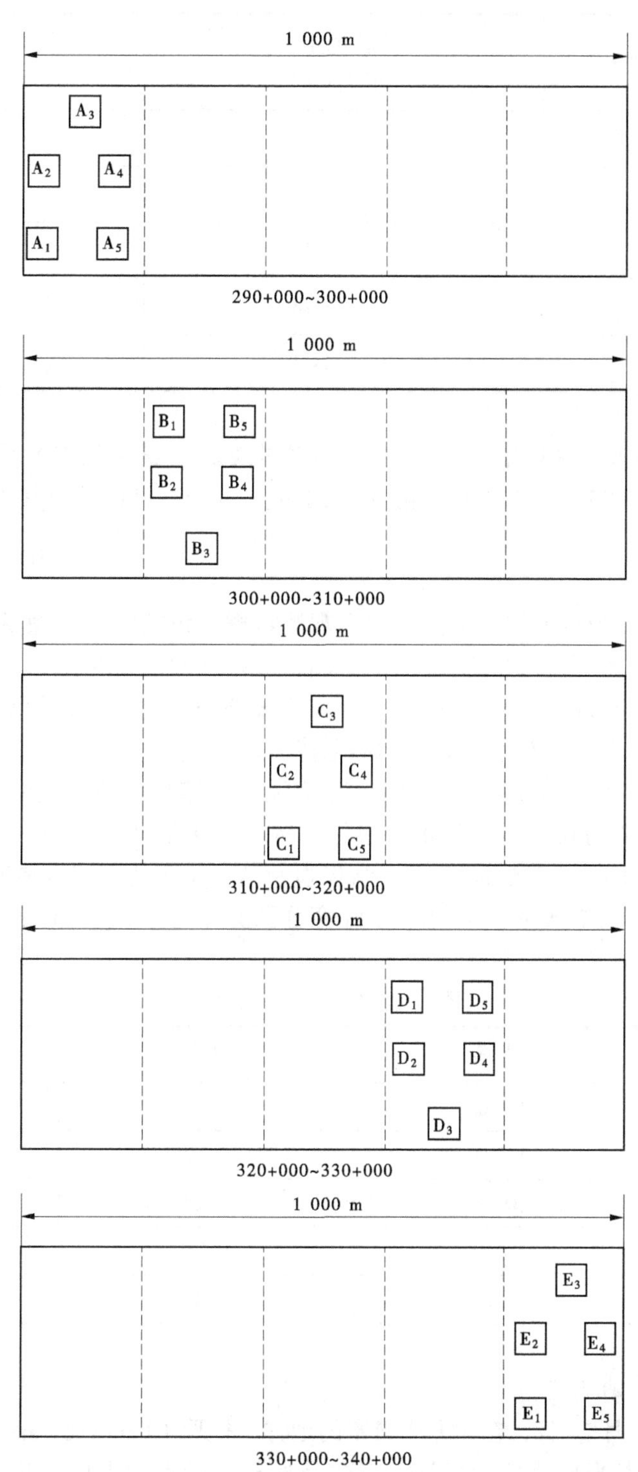

图 11 观测点选取示意图

4.2.3 观测结果分析

4.2.3.1 生育期观测

草皮绿色期的长短是评定草皮性状好坏的重要内容之一，记载枯黄期、返青期，以 50%植株进入该物候期为准（见表 1）。

表 1 物候期观察

观测区域	枯黄期（年-月-日）	返青期（年-月-日）
A	2022-11-20	2023-03-14
B	2022-11-20	2023-03-16
C	2022-11-17	2023-03-16
D	2022-11-18	2023-03-12
E	2022-11-11	2023-03-20

在 2022—2023 年间对监测区域中华结缕草进行生育期观测，结果如表 1 所示，A、B、C、D、E 5 个区域草皮青绿期分别为 251 d、249 d、246 d、251 d、236 d，可以看出其中 A、D 区域内草皮青绿期最长。

4.2.3.2 形态特征观测

选取与黄河堤坡草皮美观相关的三项指标作为观测数据，包括叶长（植株顶端第二片展开叶长度）、叶宽（植株顶端第二片展开叶中部宽度）、节间长（植株两节间的长度）。草皮叶长、叶宽、节间长的采样安排在 2022 年 6 月 27 日。选取每个样方内长势较好的草皮，用直尺测量，重复 10 次，求平均值，5 个样方再求平均值，代表该区域的形态特征。

5 个观测区域草皮外部形态指标如表 2 所示，已有研究在草坪质地分级中提出最佳叶宽的概念，在其分级中质地最好的叶宽为 0.4 cm，评价为很好，然后依次是 0.3~0.5 cm 为好，0.3 cm 或 0.5 cm 为中等，0.2~0.3 cm 和 0.5~0.6 cm 为差。结果显示 A、D 两处观测区域叶长分别为 13.22 cm、13.12 cm，均达到 13 cm，长势茂盛，A、B、D 叶宽分别为 0.42 cm、0.37 cm、0.38 cm，趋近 0.4 cm，质地较好。

表 2 草皮外部形态指标

单位：cm

观测区域	叶长	叶宽	叶间长
A	13.22	0.42	1.12
B	11.98	0.37	1.33
C	10.78	0.28	1.25
D	13.12	0.38	1.18
E	11.27	0.30	1.24

4.2.3.3 根深与根系活力的测定

取样时间为 2022 年 6 月 27 日，在样方内繁密的地方，挖取 10 cm×10 cm×30 cm 土柱，选各标样最长根系，测量其长度，其平均值即为根深；将样品送至实验室，采用氯化三苯基四氮唑（TTC）法，测定根系活力。

草皮根系性状测定结果如表 3 所示，根深最长为 D 区域，A 区域次之，根深分别为 24. 28 cm、24. 19 cm，E 区域根深最短，为 22. 42 cm。经 LSD 多重比较，两者草皮根深均与 E 区域草皮的差异达到显著水平，A、B、D 三者根系活力分别为 2. 41 μg/(g · h)、2. 15 μg/(g · h)、2. 49 μg/(g · h)，A、D 与 B 区域根系活力差异达极显著水平（p>0. 01）。

表 3　草皮根系性状测定结果

观测区域	根深/cm	根系活力/[μg/(g · h)]
A	24. 19	2. 41
B	22. 95	2. 15
C	23. 49	2. 34
D	24. 28	2. 49
E	22. 42	2. 25

4. 2. 3. 4　密度

密度是指单位面积上草坪植物个体或枝条的数量。草皮密度测定时间为 2022 年 6 月 27 日，测定 5 个样方，记录每平方米的棵数，取平均值。

草皮密度结果如表 4 所示，A、C、D 区域中华结缕草草皮密度分别为 32. 4 棵/m^2、27. 8 棵/m^2、31. 7 棵/m^2，三者与 E 区域密度差异均达显著水平，其中 A 区域密度最大。

表 4　草皮密度

观测区域	A	B	C	D	E
密度/（棵/m^2）	32. 4	25. 3	27. 8	31. 7	24. 2

4. 2. 3. 5　草皮恢复能力

草皮恢复能力是指草皮在使用过程中受损坏后，经常规的养护管理，自行恢复到原来状态的能力，这一点对黄河堤坡草皮养护极为重要。因为堤坡草皮受雨水冲刷，经常出现水沟、浪窝等现象，经填垫恢复后，若自行恢复能力弱，则需要补植，提高养护费用。

草皮恢复能力如表 5 所示，通过对比可以发现 D 区域草皮恢复能力最强，15. 7 d 便基本恢复。A、D 与 B 区域相比差异均达到极显著水平（p>0. 01）。

表 5　草皮恢复能力

观测区域	A	B	C	D	E
恢复天数/d	16. 1	21. 2	20. 4	15. 7	19. 2

4. 2. 3. 6　脯氨酸含量

脯氨酸含量采用磺基水杨酸法进行测定，取样时间为 2022 年 4 月 7 日，测定结果见表 6。脯氨酸是逆境氨基酸，植物在逆境环境下，脯氨酸含量会发生变化，以抵御逆境对植物造成的伤害。脯氨酸含量与植物抗逆境的能力呈正相关，其含量越高，抗逆境能力越强。在抗寒性方面，脯氨酸的变化也有相同的规律，含量越高，植物抗寒性越强，含量越低，抗寒性越弱。

表 6　脯氨酸含量

观测区域	A	B	C	D	E
脯氨酸含量/(μg/g)	37. 3	35. 2	32. 4	38. 3	34. 8

4.2.3.7　小结

通过对比 5 个观测区 25 个样方内草皮青绿期的长短、叶长、叶宽、节间长、根深、根系活力、密度、草皮恢复能力以及脯氨酸含量，A 区域草皮青绿期时间最长，叶长、密度最大，叶片宽度最适宜，美观度最高；D 区域草皮根深、根系活力及脯氨酸含量最高，表明其在抗旱性、抗寒性及固土能力方面能力较强，同时由于根系活力旺盛，D 区域草皮恢复最快。综合评价 5 片区域，A、D 两片区域设为草皮生长状态最优。

4.2.4　草皮养护应用情况总结

土壤环境理化性质是限制土壤草皮生长的重要因素，草皮的耐寒性、抗旱性和固土能力均与土壤的氮磷钾含量呈显著相关；草皮的青绿期与土壤的含水量、pH、电导率具有明显的相关性。A、D 区域草皮综合性能较好，依据 A、D 两个区域的土壤参数，从经济的角度出发给出草皮养护的一个合理养护范围（见表 7）。

表 7　草皮合理养护范围

湿度/%	pH	电导率/(μS/cm)	氮/(mg/kg)	磷/(mg/kg)	钾/(mg/kg)
15~30	6~8	120~180	10~50	10~50	15~60

5　结语

智慧养护是智慧黄河在智慧工程管理养护中的重要体现，为搭建智慧黄河统一的大数据管理平台提供了新思路、拓展了新方向。“黄河堤防草皮智慧养护监测系统”的开发与应用实现了土壤参数的精准测量、实时监控，为草皮的科学化管理提供了可借鉴的土壤参数范围，更为河口堤坡草皮养护的科学补给、提质增效提供了技术基础。

课题组针对黄河草皮养护的特点，以“养护需求”为研发目的，研制出测量速度快、精度高、输出稳定的土壤传感器；选用 4G 传输实现了信号远距离、稳定传输；优化电脑端数据处理中心，攻克数据同步显示、汇总，历史数据可查询等难题。

通过对比不同地区草皮养护成果，总结堤坡草皮抗寒性、耐旱性、外观性状、再生恢复能力和固土能力与土壤历史参数等特点，分析得出适宜黄河河口地区草皮养护的各项土壤参数范围。

黄河刁口河备用流路运行与生态治理

杨建柱

（山东乾元工程集团有限公司，山东东营　257100）

摘　要：通过对黄河刁口河备用流路生态治理与运行研究，建议对刁口河流路重新进行流路治理，对河道及防洪工程在原有主河槽及防洪工程的基础上进行勘测设计，确定工程标准，对河道两岸进行生态治理，使得刁口河流路逐步形成两岸防洪工程完整、有一定行洪能力的黄河河口备用流路，真正实现维持黄河生态治理及河口健康生命的总体目标。

关键词：黄河；刁口河；流路；生态治理；运行

1　黄河刁口河备用流路现状与启用

1.1　现状

黄河刁口河原流路改道后，胜利油田、东营市和济南军区黄河三角洲生产基地对河道进行了大规模开发建设。其中，胜利油田在老刁口行河管理区内先后发现和建设了十多个产油区，开发投资了2 000多口油气井；东营市在行河内建设了许多工业项目和基础设施，包括黄河三角洲东港高速公路、临港工业园区和交叉交通道路，济南军区黄河三角洲生产基地也在河道内进行了土地、林业开发利用。所有这些项目都极大地限制了刁口河流路的过水能力。

1.2　启用缘由

黄河刁口河流路海况良好，也是黄河的原始老河道。因此，国家在《黄河治理规划》中明确指出，刁口河是黄河入海的备用通道和分洪通道。经国家计委批准的《黄河入海流路规划》明确指出，刁口河原河道是黄河入海备选流路之一[1]。中华人民共和国水利部2004年通过的《黄河河口管理办法》规定："黄河入海河道是指清水沟河道、刁口河故道以及黄河河口综合治理规划或者黄河入海流路规划确定的其他以备复用的黄河故道。"[2] 并界定了刁口河故道的保护范围。由此可见，稳定现行清水沟流路，保护刁口河备用流路，防患于未然，对进一步维护黄河三角洲的经济发展具有重大意义。

2　黄河刁口河备用流路的发展

2.1　调水改变人们对备用流路的认识

黄河刁口河备用流路自1976年5月停水运用30多年来，大部分流路河道被人为开垦种植或建设使用，再加上自然条件因素的影响，已经没有了行河的迹象，加上近几年胜利油田油气开采工程设施的兴建，目前备用流路范围内地形地貌发生了较大变化，造成部分当地干部群众对刁口河备用流路的存在出现认识偏差。进行刁口河流路恢复试验，对流路恢复过水后，直接向人们明示了这就是刁口河备用流路所在地，最大程度地减少对刁口河流路两岸堤防设施的人为破坏，尽量保持原有地形地貌，为以后刁口河备用流路复用打下坚实的基础。

作者简介：杨建柱（1974—），男，高级工程师，主要从事黄河治理与工程管理方面研究工作。

2.2 进行运行研究的必要性

随着 2009—2022 年刁口河流路调水试验的成功，完善流路规划，探讨黄河刁口河备用流路两岸工程管护健康发展与治理措施，势在必行。刁口河作为备用流路，是作为防洪的需要，是改善刁口河地区生态环境的需要，是河口治理、稳定黄河入海流路的需要，是刁口河流路健康研究与黄河三角洲经济建设和谐发展的需要。

3 刁口河备用流路生态治理与运行研究

3.1 流路调水分析

刁口河流路生态调水时间短，主要集中在调水调沙期，调水量小，与刁口河备用流路内需水方的需水时间矛盾较大。基于调水调沙和现有的罗家屋子引黄闸的条件下调水，引水量少，易造成河道淤积。根据 2018—2021 年利津水文站实测资料分析，3—5 月非汛期黄河水量少、水位低，而罗家屋子引黄闸底板高程高，只有当汛期黄河的水流量大于 2 500 m^3/s 时，才能通过重力引水。根据 2018 年和 2019 年的水沙条件，年平均引水 16 d，年引水输沙量分别为 3 621 万 m^3、45.26 万 t 和 2 091 万 m^3、22.27 万 t。引水总量和时间不能满足生态需水量的要求。同时，长期小流量引水时，容易造成河道淤塞、主河道收缩、过流能力下降等。

3.2 工程现状调查分析

流水期刁口河两岸有堤防。左岸大坝修建时基础薄弱，长 20.436 km。右岸为东大堤，长 22 km。两岸堤防设计标准为西河口大沽高程 10 m，堤顶超高 1 m[3]，两岸堤防间距 8.6~14.2 km。自 1976 年 5 月改道以来，刁口河故道两岸原有堤防因不抵御洪水，大部分堤段被弃管。其间胜利油田在原刁口河流路范围内进行了大规模开采，建设了许多油气生产设施，济南军区生产基地（原军马场）、地方政府也在此范围内进行了大规模开发[4]，羊栏沟民堰至左岸四段只有残存，右岸东大堤仍完好，但堤段很小，堤顶破坏严重，基本无法通行。1993 年胜利油田在东大堤末端修建孤岛 2 号水库时，将 1 500 m 堤防末端开挖并伸入水库。1994 年，东营市在修建一级专用公路时[5]，在东大堤段开挖了近 500 m 长的专用公路，后来被制止叫停并进行了恢复。目前，左右岸堤防不具备防洪能力。2006 年 6 月，水管体制改革全面实施，该段被确定为四级堤防标准进行维护和养护，对原来失管的既有坝区在原有基础上进行了专业修复，堤顶面貌大为改善。然而，在使用备用水道恢复水流后，由于人为破坏和自然老化的影响，堤防的一些断面部分非常小，且堤身受损严重，因此恢复过水也只能是做试验。而作为以后的黄河备用流路，抵御各种洪水成为一句空话。

由于多年来黄河刁口河两岸防洪工程停用，本项目河道内由于农林发展、人为破坏、自然老化和工程经费不足，原有河道形状地貌发生了很大变化。从黄河刁口河改道到 2006 年水管体制改革前，由于受到人类破坏和自然老化的影响，以及失管和破损失重，作为首选的备用河道，如何使其健康运行并进行生态治理等，在现状调查的基础上，建议提高两岸防洪工程标准，恢复流路的过水能力，兼顾河道的生态治理等，即实施两岸防洪工程标准提高后的健康运行和生态修复治理研究等两大工程。刁口河备用流路管护措施研究与生态治理技术路线见图 1。

3.3 流路两岸运行的必要性

鉴于两岸堤防的现状，建议根据备用河道的行洪和设防标准，逐年加高帮宽河道两侧的堤防，并组织专家对刁口河的备用河道进行调研来确定堤防坝址，在考虑国家或地方投资的情况下，再确定两岸防洪工程标准及坝址走向和高程，可分段实施，历时 5~10 年，形成通往东营港的绿色走廊。这样就向人们展示了两岸堤防之间的区域是黄河刁口河流域所在地，最大程度地减少对刁口河流路两岸堤防设施的人为破坏，有力地提高流路内土地利用的效能，为刁口河备用流路复用提供坚实的保障。

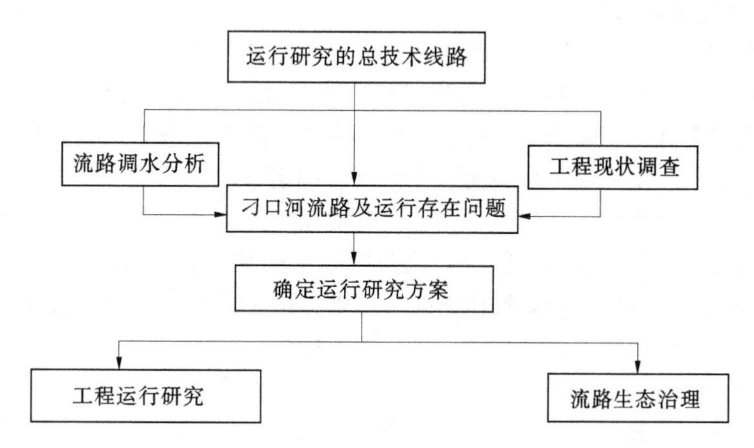

图1　刁口河备用流路管护措施研究与生态治理技术路线

3.4　流路运行的技术方案

刁口河故道作为备用流路，应具有与现行河道相同的防洪标准。目前看短期也不会启用故道流路，全面展开建设必要性不大。对刁口河流路生态治理及健康发展可分步实施，逐步推进。作为过流、分洪的河道，刁口河备用流路应具备一定规模的防洪工程体系，具有一定的行洪能力。应按防洪标准对堤防、控导工程等进行提高，以便作为正式流路运用时满足设计防洪标准要求。综合黄河河口改道经验及目前刁口河河道状况，根据近期黄河的来水、来沙以及河道冲淤情况，参考近期防洪工程设计中平滩流量分析成果，河口河段平滩流量在3 000 m^3/s左右，因此选择3 000 m^3/s流量作为备用流路分洪标准对两岸堤防、控导等工程进行整治。经水力计算，现状刁口河流路不同河段3 000 m^3/s流量过流计算成果见表1。

表1　现状刁口河流路不同河段3 000 m^3/s流量过流计算成果

序号	河段	长度/km	水位/m	左岸滩地水深/m	右岸滩地水深/m	滩地高程/m		滩地宽/m
						左岸	右岸	
1	罗家屋子—罗孤公路	5.4	8.71	1.19	1.64	7.52	7.07	6 628
2	罗孤公路—西崔拦河坝	3	7.01	1.93	1.36	5.08	5.65	9 924
3	西崔拦河坝—河孤公路	9	6.93	1.72	2.28	5.21	4.65	9 333
4	河孤公路以下8.1 km	8.1	5.01	0.17	0.71	4.84	4.30	11 562
5	桩埕公路以上10.5 km	10.5	2.90	1.83	0	1.07	3.22	17 851
6	桩埕公路以下11 km	10.5	2.30	0.44	0.62	1.86	1.68	26 978
7	桩埕公路以下11 km—口门	2.5	2	1.33	1.66	0.67	0.34	29 125

根据以上计算成果分析，在本工程和河流条件下，河道洪水线存在许多问题：①计算表明，刁口河几乎淹没时河流流量为3 000 m^3/s，且河道断面大，流速小；②由于刁口河面积范围大，水平坡度大，在泄洪过程中干流无限期游移，横向河流和倾斜河流很容易直冲大坝，增加了大坝坍塌的风险，使其难以防御；③3 000 m^3/s流量洪水时堤防基本全线偎水，易发生渗透破坏或风浪淘刷，防汛压力大增。

综合以上分析说明，作为过流、分洪的河道，刁口河备用流路健康发展，应具备一定规模的防洪工程体系，具有一定的分洪能力。应按防洪标准对堤防、控导工程等进行建设，以便作为正式流路运用时满足设计防洪标准要求。现状两岸堤防工程对未来行洪极为不利，因此对加高培厚两岸堤防及对控导工程进行整治是十分必要的。

3.5 防洪工程标准提高总体布置

河道整治工程总体布局包括整治线的制定和整治工程位置的平面布置。刁口河流路健康运行主要是两岸堤防工程的修复和控导工程建设，因此工程总体布置主要是整治线的制定。拟定平滩流量在3 000 m^3/s时整治线应符合以下规定：①利用已有的两岸堤防工程进行加高培厚，确定控导工程等；②根据整治的目的和要求，从防洪标准和河道特性分析确定整治线的位置；③应上、下游平顺连接，左、右岸兼顾，洪、中、枯水统一考虑；④在上、下游应与具有控制作用的河段相衔接；⑤应适应国民经济各有关部门对河道提出的要求。整治线应按照以上原则结合刁口河流路两岸堤防现状路线确定，整治线走向、平面布置以两岸堤防现状路线为基础，按照黄河多年治理总结的经验，平面型态按微弯型河道对流路进行适当调整，以利行洪，有利于河势稳定。

3.6 防洪工程运行的标准

刁口河两岸在截流前有堤防。左岸大坝建在民埝基础上，长20.436 km。右岸是东大堤，长22 km。因为刁口河两岸的堤防因截流不抵御洪水而被弃守，当地因胜利油田、渤海农场、军马场等开发而发生了很大的变化。目前，提出完善两岸堤防设计技术标准，旨在解决备用流路启用后防洪水问题。一方面，刁口河流路两侧需要堤防来抵御洪水；另一方面，要求河道行洪顺畅，注重防御，避免堤防坍塌和出现险情。然而，现行流路两侧堤防工程经实际测量，左右岸需改建的堤防长度分别为34 km、37 km，其中左岸下段18 km可利用新增公路加高培厚，上段利用原四级堤防进行加高培厚16 km；右岸下段需新修18.5 km，另外18.5 km可利用现有东大堤加高培厚。堤防距离：刁口河规划堤防距离为6.5~10 km，大堤加高培厚标志比照河口段清水沟堤防右岸标准，考虑为二级堤防，按西河口设防10 000 m^3/s流量，水位高程12 m标准控制设计，提出了堤顶设计。超高为黄河下游设计大堤高程加超高，超高由风浪爬高加壅水高度和安全超高确定。一、二级大堤安全超高为1 m；经计算，本工程断面风浪高度为1.15 m，回水高度为0.03 m。根据《黄河下游堤防工程整治标准》的统一规定，大堤顶高程超高为2.1 m。根据《堤防工程设计规范》（GB 50286—2013），堤防断面参照清水沟右岸二级堤防不宜小于7.0 m，本次堤防堤顶宽度按7.0 m设计，临河边坡1：2.5，背河边坡1：3。根据黄河下游及清水沟流路整治经验，在刁口河流路易偎水，顺堤行洪段需做必要的5处河道整治工程。

4 黄河刁口河备用流路的生态治理

4.1 生态防护的必要性

堤坡和控导工程有传统的硬防护和生态防护形式。生态保护的前提是“保护和创造生物良好的生存环境和自然景观”。考虑到一定的强度、安全性和耐久性，充分考虑了良好的生态和景观效果[6]，不中断与周围生态系统的物质交换，节省投资，符合国家可持续发展的战略要求。然而，刁口河路作为备用河道需要很长时间，因此生态防护应着眼于近期。在不久的将来，改道主要是供水、灌溉和生态绿化。引水流量对环境保护没有负面影响，应优先考虑环境保护。

4.2 生态治理措施

刁口河生态治理和护岸护坡的设计是尽可能利用当地材料，为节约自然资源，保持岸坡稳定，根据当地情况，结合当地地形、气候和土壤条件，防止雨水冲刷边坡，保护堤身安全，在新建堤岸上建议种植葛巴草，株行距采用10 cm，梅花形种植。葛巴草是一种应用广泛的多年生禾本科牧草，适应性强，生物量大，易于种植和管理。根系发达，纵向深度可达2~5 m[7]。同时，它形成了具有较强土壤固化能力的根系网络。葛巴草对土壤废水中的氮化合物和放射性物质有很强的吸收作用，还可以防止蚂蚁破坏堤坝。因此，是稳定斜坡、减轻侵蚀、清洁环境的首选草种。此外，还可以选择高羊茅、狗牙根、多年生结节草、结缕草等[8]，根据各种草的习性，经比较还是选用葛巴草护坡为主。

堤肩行道林可选适生林树种，一侧种植一排，株距3 m。根据《国务院关于进一步推进全国绿色通道建设的通知》（国发〔2000〕31号）精神，沿河、堤坝、库区沿线绿化以水土保护、护岸和水源保护为主。重点选择生态、经济、观赏价值高的树种，选择根系发达、适应性强、不易产生病虫害的树种，且主干通直、抗病性强的苗种[9]。树种特性对照见表2。

表2　树种特性对照

树种	特点
Ⅰ-107杨	属欧美杨无性系，具有速生、优质、易繁殖等优良特性，胸径年生长量3.5~4.0 cm，树高年生长量3.2~4.0 m，树干通直圆满、冠窄、侧枝细，抗病虫性能强；育苗成活率及造林成活率一般在90%以上，是很好的造纸、胶合板的原料
韩国四倍体刺槐	该品种为改进品种，生产速度快，叶肥大，且树冠浓密，具有一定的观赏性，当年幼苗带刺，一年生后无刺，是集防风固沙、改善环境、防止水土流失、发展养殖、用材林于一体的新树种。根系固氮可增加土壤氮的含量，对土壤的适应性强，耐干旱瘠薄，防止水土流失，改良土壤效果良好，且病虫害较少，符合生态林建设的标准
中林-46	该品种属20世纪80年代杂交新品种，雌性，冠稍窄，干通直圆满。该树种的缺点是树干易风折，优点是苗期杈少，木材纤维长
三倍体毛白杨	具有速生、优质、高效三大优势，其特点是经济效益突出，收益快、育苗快，成材生产期5年；但抗病虫害能力相对较差，成活率低，易形成大规模的病虫害，预防措施需完善到位
中菏1号	属黑杨新品种，其特点是育苗成活率高，造林成活率高，分别可达90%和95%；落叶晚，其生长量大，干形好，主干圆满通直，耐瘠薄，抗风折、干旱，抗病虫害能力强，是生态林优选的品种，具有一定的经济价值

经分析，可选择Ⅰ-107杨、韩国四倍体刺槐、中林-46、三倍体毛白杨、中菏1号5种树苗为备选树苗。施工单位也可根据当地实际情况选择其他树种。通过坡上植草、两岸种植适生林带，使堤防两岸成为连续分布的绿色植被带，这些植物既美化，又绿化，创造出人与自然和谐共生的水环境。

5　黄河刁口河流路生态治理与运行的意义

进行刁口河流路生态治理与运行研究，就是要为黄河刁口河流路的管理建立一种有效的管护模式，促进黄河河口的治理，推进黄河三角洲高效生态经济区的建设。通过对刁口河老河道的一系列管理、保护和生态研究，来改善黄河三角洲的生态环境，既保护了黄河入海老河道，又加深了油田和地方单位对黄河老河道的认识，有效地限制了他们在河道内的随意开发，降低了黄河部门的管理难度。加强刁口河流路健康运行的研究，对促进黄河刁口河生态系统恢复和改善、实现刁口河流路尾闾自然保护区生态环境的改善，防止刁口河海岸线蚀退，特别是对黄河刁口河尾闾湿地补水对退化湿地起到了积极的修复作用。首先，减缓了地下咸水入侵的发展趋势，抑制了刁口河退化湿地区域植被的逆向演替趋势，受损的敏感栖息地和湿地植被结构得到修复，湿地水面将显著增加，从盐碱裸地到盐生植被、各种草盐生植被到芦苇沼泽的前瞻性演替趋势明显，初步形成了芦苇湿地、芦苇草甸等水鸟的主要植被生境。其次，控制了土壤盐渍化的快速发展趋势。刁口河沿线土壤盐度明显下降，尤其是0~30 cm层土壤含盐量显著降低，其中10 cm层土壤含盐量平均下降55%，30 cm土层的土壤盐度平均下降41%，为淡水湿地水生和湿润植被的发育和生长奠定了基础。最后，鸟类栖息地植被的变化显著改善了湿地。在天鹅等受植被保护物种最初适宜栖息地的基础上，大型涉禽的受保护鸟类栖息地得到了显著修复，水鸟数量显著增加。

6　结论

通过探讨确定合理的运行模式，首先是确定河道与防洪工程标准方面，是按二级堤防运行还是按现有标准运行，还是进一步提高工程标准？河道生态修复，需要做哪些工程？过流能力多少合适？这些都需要有一个短、中、长期规划。其次是通过讨论提高工程标准后维修与养护，是国家投资养护，还是以河道养河道，以工程养工程，或者国家、集体（企业）、个人三者利益化投资的养护模式。最后是通过实施刁口河流路的有效管理，应建立一种黄河刁口河流路集管理、养护、行政许可三位一体的管理机制，对扩大备用流路范围内各类开发主体的宣传效果，增强社会各界对保留入海流路重要性的理解和对流路管理范围的直观认识。既能实施刁口河流路健康运行，又有利于流路内河务部门管理，还能促进黄河三角洲健康高质量发展与生态经济的可持续发展。黄河刁口河老河道生态治理健康发展研究符合“东营市加快实施黄蓝两大国家战略”的基本要求，有利于刁口河流路河道框架内各项工作的依法实施，它直接关系到黄河口的防洪、胜利油田的建设和黄河口经济社会的可持续发展，对促进黄河三角洲经济的健康发展具有重要意义。

参考文献

[1] 刘航东．刁口河生态调水对黄河口故道湿地的影响分析［C］//河海大学，生态环境部长江流域生态环境监督管理局．2019（第七届）中国水生态大会论文集，2019.

[2] 王开荣，杜小康，郑珊，等．黄河河口及其流路系统的构成和稳定内涵［J］．人民黄河，2018，40（8）：30-35，47.

[3] 王开荣，李岩，于守兵，等．黄河刁口河备用流路现状及保护工程措施探讨［J］．中国水利，2017（1）：15-19.

[4] 李殿魁．延长黄河口清水沟流路行水年限的研究［R］．东营市黄河口泥沙研究所，2004.

[5] 陈雄波，雷鸣，王鹏．清水沟、刁口河流路联合运用方案比选［J］．海洋工程，2014，32（4）：117-123.

[6] 张鹏．生态河道护岸型式建设分析［C］//《建筑科技与管理》组委会．2015 年 10 月建筑科技与管理学术交流会论文集，2015.

[7] 赵德远．东营市市区河道生态护坡技术研究［J］．科技风，2010（6）：163-164.

[8] 裘涛，黄建超，黄邵军．山区性河道中生态型护坡的运用［J］．中国科技信息，2007（10）：18-19.

[9] 国务院法制办公室．中华人民共和国法律全书［M］．北京：中国法制出版社，1989.

泉州市水土流失现状与综合防治对策

王家乐[1,2]　陈少川[3]　蒲　坚[1,2]

（1. 长江水利委员会长江科学院水土保持研究所，湖北武汉　430010；
2. 水利部山洪地质灾害防治工程技术研究中心，湖北武汉　430010；
3. 泉州市水利局，福建泉州　362000）

摘　要：本文以福建省泉州市为研究对象，基于水土流失动态监测成果全面总结了泉州市水土流失现状分布和动态消长特征，根据水土流失影响因素和泉州市水土保持现状针对性地提出了泉州市水土流失综合防治策略，研究成果可为我国东南沿海水土流失系统治理提供重要的参考依据。

关键词：水土流失；现状；防治对策；泉州

1　区域概况

泉州市地处福建省东南沿海，地跨中、南亚热带，位于东经117°36′~119°05′，北纬24°30′~25°56′，其东北与莆田、仙游、永泰交界，西北与尤溪、大田、漳平接壤，西南与同安、长泰、华安毗邻，东南与我国台湾省隔海相望。根据民政部公布数据，泉州市土地总面积10 864 km²（不含金门）。

泉州市地形以山地、丘陵为主，山地、丘陵占全市总面积的80%以上。全市年平均气温19.5~21.0 ℃，年平均降雨量1 241~1 720 mm；境内河流水系较为发达，较大的河流有晋江、闽江水系大樟溪和尤溪的部分支流、九龙江北溪支流，沿海为单独入海的短小溪流；境内土壤以红壤为主，其次为水稻土及砖红壤性红壤；植被为亚热带季风常绿阔叶林，全市森林覆盖率约58.7%。

2　水土流失现状

2.1　水土流失分布

根据全国水土流失类型区的划分，泉州市属于南方红壤区，水土流失类型以水力侵蚀为主[1]。水力侵蚀的表现形式主要是坡面侵蚀，水土流失强度以轻、中度流失为主。

根据2021年水土流失动态监测结果，泉州市水土流失总面积为1 130.38 km²，占全市土地总面积10 864 km²（不含金门）的10.40%（见表1）。其中：轻度流失918.45 km²，占水土流失总面积的81.25%；中度流失128.16 km²，占水土流失总面积的11.34%；强烈流失53.85 km²，占水土流失总面积的4.76%；极强烈流失16.15 km²，占水土流失总面积的1.43%；剧烈流失13.77 km²，占水土流失总面积的1.22%。

总体来看，泉州市水土流失强度以轻、中度流失为主，两者的流失面积占到总流失面积的92.59%，强烈以上侵蚀的面积占总流失面积的7.41%（见表1）。

基金项目：2022年福建省年度水土流失动态监测数据采集（CKSK2022687/TB）；福建省市县水土保持率远期目标及分阶段目标分解和评价（CKSK2022686/TB）。

作者简介：王家乐（1989—），男，高级工程师，主要从事水土保持相关研究工作。

表 1　泉州市水土流失强度分布（2021 年）

级别	土壤侵蚀模数/[t/(km^2·a)]	流失面积/km^2	占土地总面积/%	占流失总面积/%
轻度	500~2 500	918.45	8.45	81.25
中度	2 500~5 000	128.16	1.18	11.34
强烈	5 000~8 000	53.85	0.50	4.76
极强烈	8 000~15 000	16.15	0.15	1.43
剧烈	>15 000	13.77	0.13	1.22
合计		1 130.38	10.40	100

泉州市不同土地利用类型水土流失强度分布见表 2。从不同土地利用类型来看，泉州市水土流失主要发生在林地、园地和建设用地等地类，分别占水土流失总面积的 45.18%、27.70%和 17.97%。

表 2　泉州市不同土地利用类型水土流失强度分布

土地利用类型	小计		轻度/km^2	中度/km^2	强烈/km^2	极强烈/km^2	剧烈/km^2
	面积/km^2	占比/%					
耕地	72.01	6.37	32.97	9.95	5.78	10.03	13.28
园地	313.10	27.70	255.23	54.97	2.39	0.44	0.07
林地	510.71	45.18	476.27	30.8	2.12	1.52	0
草地	15.20	1.35	11.41	2.78	0.77	0.24	0
建设用地	203.15	17.97	126.87	29.65	42.76	3.87	0
交通运输用地	16.21	1.43	15.7	0.01	0.03	0.05	0.42

2.2　水土流失消长

根据 2021 年水土流失动态监测结果，泉州市水土流失总面积为 1 130.38 km^2，水土流失率为 10.40%；2015 年水土流失总面积为 1 486.53 km^2，水土流失率为 13.35%（见表 3）。与 2015 年相比，经过了 6 年时间，泉州市水土流失面积下降了 356.15 km^2，降幅 23.96%，处于全省各地市的前列，水土流失治理成效显著。中度以上的水土流失面积均有不同程度的减少，其中中度水土流失面积减少了 71.99%；强烈和极强烈水土流失面积减少幅度均在 50%以上；剧烈水土流失面积减少了 39.31%，全市水土流失强度明显减弱。

但泉州市强烈及以上强度水土流失斑块仍然存在，总面积 83.77 km^2，水土流失治理任务依然艰巨。

表 3　泉州市水土流失面积消长对照表

项目	流失面积/km^2	流失率/%	轻度/km^2	中度/km^2	强烈/km^2	极强烈/km^2	剧烈/km^2
2015	1 486.53	13.35	836.08	457.48	125.52	44.76	22.69
2021	1 130.38	10.40	918.45	128.16	53.85	16.15	13.77
变化值	-356.15	-2.95	+82.37	-329.32	-71.67	-28.61	-8.92
变幅/%	-23.96	-22.10	+9.85	-71.99	-57.10	-63.92	-39.31

3 水土流失影响因素

3.1 自然因素

影响水土流失的主要自然因素有降水、地形、地质、土壤类型和植被等，其中地形、地质、土壤类型和植被等方面是内在因素，而降水是主要动力因素[2-3]。泉州市受戴云山的影响，地势由西北向东南呈阶梯状倾斜，加之花岗岩土壤母质抗侵蚀、抗风化能力差等，是造成水土流失的自然因素。其次降雨量大且集中，多年平均降雨量 1 691 mm，且受台风雨影响较大，为土壤侵蚀提供了动能。

3.2 人为因素

自然因素是水土流失发生的潜在因素，而不合理的人为活动则是产生水土流失的主导因素[4]。泉州市主要的人为造成的水土流失有两大类：第一类是基础设施建设造成的水土流失，包括公路、铁路、工业园区和开发区的建设，生产建设项目造成的水土流失是阶段性的，主要集中在建设过程中；第二类是随着人口不断增长，人地矛盾突出，农民为了增加收入，不断扩大生产，进行山地开发，陡坡开荒，破坏植被，开发果茶园，不合理的生产方式（如园面田埂壁清耕作业、滥用除草剂、茶树过度矮化密植等现象）导致园地水土保持功能差，目前泉州市大部分果茶园存在一定程度的水土流失。同时，随着人口的不断增加和社会的发展，对土地的需求量越来越大，造成新的水土流失发生与发展。

4 水土保持现状

2021 年泉州市水土保持率现状值为 89.60%，下属各县（市、区）中鲤城区水土保持率最高(98.15%)，安溪县和南安市仍低于 90%，需进一步加强水土流失攻坚治理。

近年来，泉州市水土流失面积和强度保持持续“双下降”的趋势，2021 年泉州市水土保持率比全国平均值高 17.56 个百分点，全市森林覆盖率稳定在 58.7%以上，主要流域 14 个国控、省控断面Ⅰ~Ⅲ类水质比例均达到 100%。德化、永春、南安、安溪先后荣获国家水土保持示范工程（县），示范创建居全省前列[5]。

在充分肯定成绩的同时，必须看到泉州市水土保持工作仍然存在薄弱环节，主要有：①水土流失仍较为严重，治理任务依然艰巨；②水土保持监管效能有待提高；③水土保持多元化投入机制有待完善；④水土保持科技创新有待加强。

5 水土流失防治对策

针对不同水土流失斑块特性，因地制宜、对斑治理，持续消灭水土流失斑块存量。根据泉州市水土流失分布特征，林地、园地和建设用地是泉州市需要进行重点消斑治理的水土流失地类。

5.1 提升林地水土流失治理质量

以水土保持率不下降为“红线”，科学制定采伐方式，严控采伐数量、范围。在林木采伐作业中，应结合林地的具体条件，科学选择采伐方式，在水土流失重点预防区推行择伐作业，控制炼山整地；同时，规范施工人员的采伐作业行为，并加强专业技术指导，采取低强度、小片式采伐作业，有效地降低对土壤和周边植被的扰动与破坏程度，减少地表裸露面积，从而降低水土流失发生的概率及程度。

加强对天然林的封育修复，对针叶林纯林采取“去针套阔”等措施，优化调整树种结构，加快退化林分修复，构建林下水土保持立体防护体系，全面加强水土预防保护。

5.2 加强生态果茶园的建设与管理

坚持山、水、田、林、路统一规划，从上到下布设水土保持措施，工程、植物措施和管护措施相结合，做到“头戴帽、腰系带、脚穿鞋”，重点建设前有埂、后有沟、壁有草、旱能灌、涝能排，林网、路网和水网一体相连的坡地防治体系，提高果茶园保土保墒能力；在对老旧茶园提升改造过程中，改造的前两三年是造成园地水土流失的主要时期，因此改造时应充分利用原植被条件，尽量减少对原地貌的扰动；对饮用水水源保护区及重点流域干流、一级支流两岸外延 500 m 或者一重山范围内的果茶园进行登记造册，落实有机肥补贴、农机购置补贴等补助资金，采取留草覆盖、绿色防控、施用有机肥等种植管理技术，建设高标准生态果茶园，确保水源安全。鼓励有条件的地方实施退耕退茶退果还林。

5.3 生产建设项目强监管，严格落实“三同时”制度

坚定不移地实施严格的水土保持监管，围绕生产建设项目水土保持监管工作的重点、难点、堵点，区域监管、监督检查两手发力，督促生产建设单位严格落实“三同时”制度，严肃查处“未批先建、未批先弃、未验先投”的违法（规）行为；落实生产建设项目行业主管部门职责，推动实现管行业、管建设、管生产必须管水保，建立部门监管权责清单，健全水土保持监管与执法、执法与司法的有机衔接机制，强化跨部门、跨区域联合执法；全面推行生产建设项目水土保持信用监管制度，完善守信激励、失信惩戒措施。

6 结语

进入新发展阶段，为实现水土保持高质量发展，建议泉州市充分发挥对水土流失重点县的指导作用，进一步强化规划引领作用，统筹推进、系统治理；加强水土流失斑攻坚治理，因地制宜，精准施策；规范农林开发，加快促进生产生活方式绿色转型；推进协同监管、信用监管，提升监管效能；提升水土保持产业发展水平，促进产业绿色发展；创新投入机制，强化组织保障和科技创新支撑。

参考文献

[1] 郑伟民．泉州市水土流失及其治理措施［J］．水土保持通报，2001（4）：53-57.

[2] 陈玲．南方典型红壤区降雨量及降雨侵蚀力的时空变化特征［D］．南京：南京农业大学，2022.

[3] 田培，于田溪源，毛梦培，等．红壤区常用土壤侵蚀模型中植被因子估算方法研究进展［J］．中国水土保持，2023（4）：53-59.

[4] 史志华，于书霞，王玲．南方红壤区水土流失与社会经济的耦合关系［J］．人民长江，2023，54（1）：69-74.

[5] 泉州市水利局．泉州市“十三五”水土保持公报［R］．2021.

长江流域地表水总磷分布特征及治理对策研究

余明星[1] 娄保锋[1] 黄 波[1] 刘 昔[1] 刘佳文[2]
林晶晶[1] 肖乃东[2] 刘广龙[2] 孙志伟[1]

（1. 生态环境部长江流域生态环境监督管理局生态环境监测与科学研究中心，湖北武汉 430010；
2. 华中农业大学资源与环境学院，湖北武汉 430070）

摘 要：总磷是水体产生富营养化的重要驱动指标，也是当前长江流域首要水质影响因子。控制和削减总磷浓度，是深入打好长江保护修复攻坚战主要目标内涵要求和重要工作内容之一，也是推动长江经济带绿色发展重点关注问题。基于长江流域地表水监测网总磷数据资料，分析了长江干流、典型支流和湖泊总磷浓度变化趋势，按省（区）比较了水质断面总磷超标情况，总结了长江流域总磷时空分布特征，并探讨了引起长江流域地表水总磷污染的 4 个方面影响因素，针对性地提出了总磷防控治理的 6 点措施建议，可为长江流域总磷削减和系统管控提供决策支撑。

关键词：长江流域；总磷；水质状况；分布特征；三磷治理

1 引言

随着社会经济、城镇化、工农业的快速发展，磷污染及其产生的富营养化逐渐成为长江流域水环境的突出问题[1-3]。近十多年来，在以化学需氧量、氨氮控制为导向的水污染防治政策体系下，工业和城市污染总体上得到遏制，但总磷控制相对薄弱[4-5]。2016 年以后，总磷逐步凸显为长江流域地表水主要污染指标，成为制约长江流域水质改善的主要因子[6-7]。2019 年开展长江保护修复攻坚战行动计划后，一系列总磷管控或治理指导文件，例如《加强长江经济带重要湖泊保护和治理的指导意见》《长江流域总磷污染控制方案编制指南》《长江总磷污染综合治理实施方案》《长江“三磷”专项排查整治行动实施方案》等相继出台[8]，长江流域控磷工作陆续开展。在上述工作推动下，长江干流水质明显改善，长江流域包括总磷在内的主要水污染物浓度整体呈下降趋势[8-9]。但受人类活动和自然条件共同影响，长江流域总磷浓度、赋存形态、输送通量等方面存在显著时空差异[10-11]，且呈现明显的区域与行业排放特征[12-13]，因此长江流域总磷污染管控需立足长江流域生态系统整体性和系统性开展协同管控[14-16]。

识别长江流域总磷分布特征是流域减磷和控磷的关键环节，对于弄清磷污染在哪里、磷污染有多重至关重要；同时探究长江流域总磷污染来源和成因，提出针对性的流域总磷治理防控措施也是关注的重点。本研究基于 2016—2020 年长江流域总磷地表水监测数据资料，遵循“水里问题，根子在岸上”的总体思路，从流域整体和省（区）以及干支流和湖库角度，研究了长江流域地表水体总磷分布特征，并开展了总磷影响因素分析，提出了合理对策建议，为长江流域总磷治理和防控提供技术支撑。

基金项目：湖北省自然科学基金联合基金项目（2023AFD199）。

作者简介：余明星（1982—），男，高级工程师，主要从事流域水环境监测评估、污染溯源技术研究等工作。

通信作者：孙志伟（1965—），男，正高级工程师，主要从事流域水生态环境科研与管理工作。

2 数据与方法

长江流域总磷研究数据来源于生态环境部地表水国控监测断面 2016—2020 年总磷月度数据。监测断面共 636 个，其中河流断面 536 个（长江干流 59 个、支流 477 个），湖库断面 100 个，研究范围和监测点位见图 1。总磷浓度按照月度测值和年度均值开展统计和评价，评价方法按照《地表水环境质量标准》（GB 3838—2002）以及《地表水环境质量评价办法（试行）》（环境保护部环办〔2011〕22 号），依据总磷水质类别限值评价，并计算超标倍数[17]。数据统计和数据图形分析软件为 Microsoft Excel 2010。

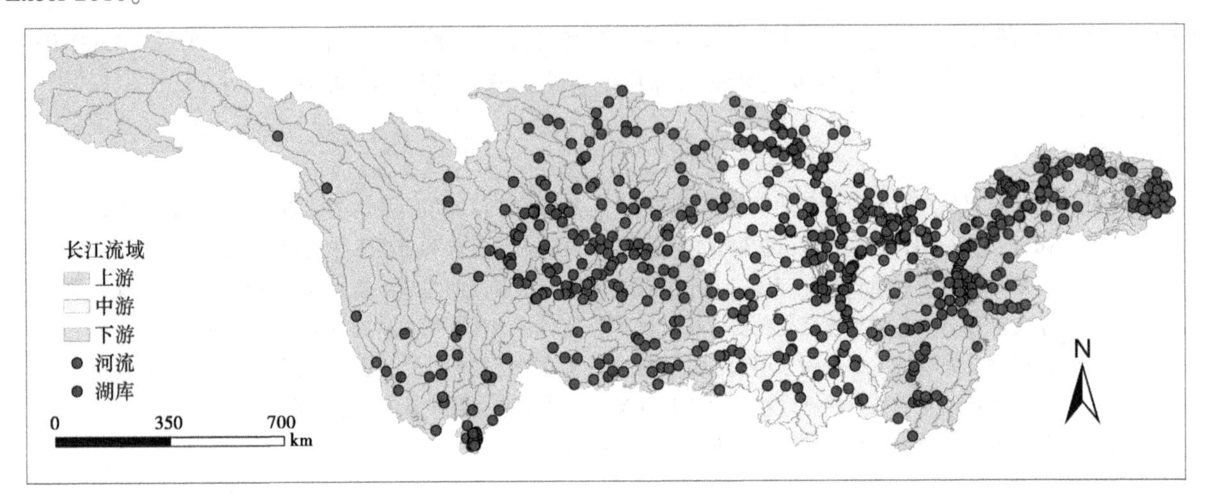

图 1　研究范围和监测点位

3 长江流域总磷分布特征

3.1 流域总磷总体分布特征

2020 年，长江流域地表水总磷浓度均值为 0.067 mg/L，流域总磷整体上呈现出河流高于湖泊、支流高于干流的特征。2020 年，长江流域河流和湖库总磷浓度均值分别为 0.072 mg/L 和 0.044 mg/L，河流总磷浓度高于湖库 0.64 倍；长江干流和支流总磷浓度均值分别为 0.059 mg/L 和 0.073 mg/L，支流总磷浓度高于干流 0.24 倍（见图 2）。此外，各水体类型断面总磷浓度最大值比较，河流最高浓度是湖泊最高浓度的 3.6 倍，支流最高浓度是干流最高浓度的 5.4 倍。由此可见，长江流域河流与湖库、干流与支流水体总磷浓度存在较大差异。2020 年，长江流域 91%的国控断面总磷年均值满足Ⅲ类

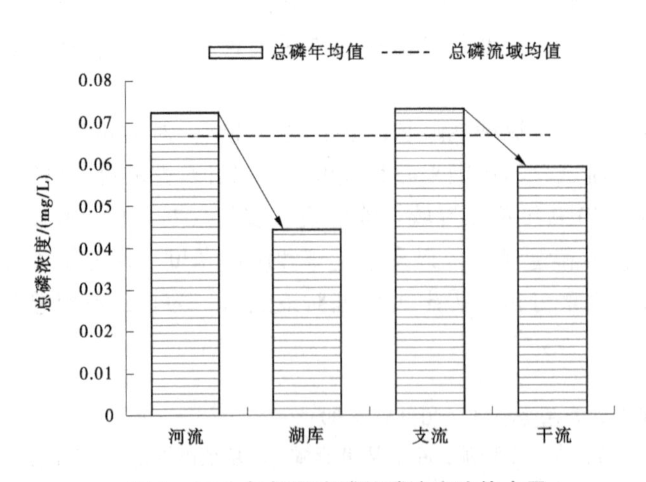

图 2　2020 年长江流域总磷浓度均值水平

水标准，达到Ⅳ类和Ⅴ类水标准的断面占比为8.5%和0.5%，无劣Ⅴ类水。河流断面总磷符合或优于Ⅲ类水的断面占比97.9%，高于湖库断面占比54%；其中长江干流断面总磷年度均值全部符合Ⅱ类水质标准，支流97.7%的断面总磷年均值符合Ⅲ类水标准。湖库超标严重，46%的断面年均总磷浓度超Ⅲ类水标准。由此可见，2020年长江流域总磷超标断面主要集中于湖库和部分支流，其中湖库总磷超标断面比例比支流高44%，但湖库总磷年均浓度值却低于河流38.9%。长江流域总磷超标虽然主要分布在湖库，但这与湖库总磷Ⅲ类限值（0.05 mg/L）仅为河流Ⅲ类限值（0.2 mg/L）的1/4也有一定的关系。

对2019—2020年长江流域国控断面总磷月度测值超Ⅲ类情况进行统计（见图3），长江流域涉及的19个省份有13个省出现总磷超Ⅲ类情况，共计213个断面1 442个断面测次。湖北、江西、湖南、云南、安徽5省总磷超标污染相对较重，其次是四川和上海2省（市），江苏、贵州、重庆相对较轻，河南、甘肃和陕西较少断面总磷超标。长江流域湖库总磷超标相对较重，从行政区角度分析，总磷超标靠前的5个省份均分布有流域内大中型湖泊。云南、江西、湖北、湖南、安徽分别有滇池、鄱阳湖、梁子湖和洪湖、洞庭湖、巢湖，这些湖泊由于存在较多断面总磷超标情况，因此相应省份总磷超标比例相对较高，加强对湖库特别是湖泊总磷的污染治理与控制十分迫切。

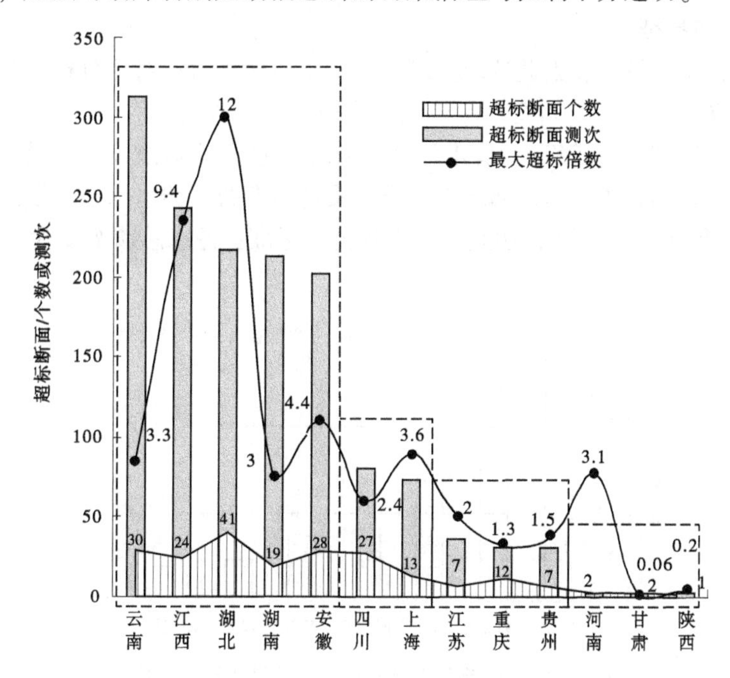

图3 2019—2020年长江流域各省市月度总磷超标断面统计

3.2 长江干流总磷分布特征

2016—2020年，长江干流各国控断面总磷年均值均符合Ⅱ~Ⅲ类水标准，其中2020年国控断面年度均值全部达到Ⅱ类，但总磷浓度沿程呈现区域性波动增高，下游总体高于上游。2020年，长江干流59个国控断面年均值总磷浓度为0.059 mg/L，总磷的月测浓度范围为小于0.01~0.169 mg/L，最大浓度出现在2020年7月重庆涪陵清溪场断面。总磷从上游至下游总体呈上升趋势，金沙江和长江干流上游三峡水库入库前区段，总磷浓度整体水平较低，年均值为0.027 mg/L，断面年均值最大值为0.061 mg/L；上游下段（三峡水库），总磷整体年均值上升到0.065 mg/L，断面年均值最大值也上升到0.085 mg/L；中游和下游，总磷浓度进一步上升，总磷整体年均值分别上升到0.070 mg/L和0.072 mg/L，断面年均值最大值分别上升到0.085 mg/L和0.089 mg/L，但年均值均没有超过总磷Ⅲ类水限值（见图4）。

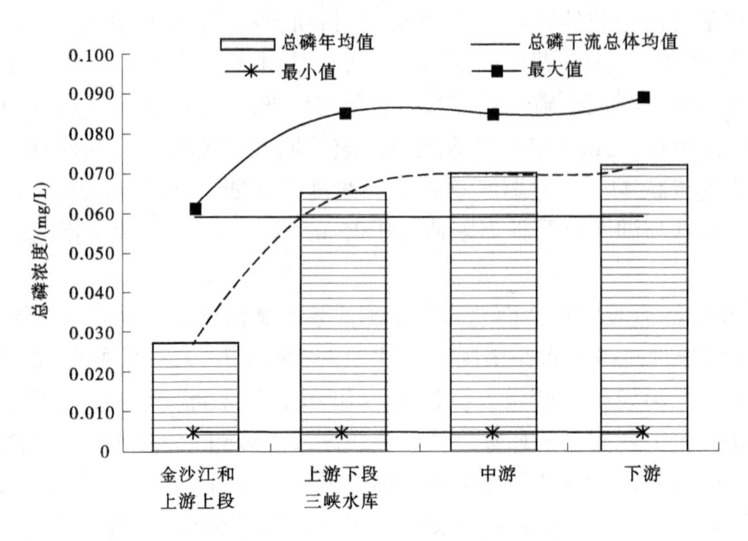

图4 2020年长江干流总磷浓度分区段统计

3.3 重点支流总磷分布特征

长江支流总磷超标相对较多，因此选取典型的一级支流开展时空对比分析，包括沱江、岷江、乌江、清水江、赣江、汉江、嘉陵江7条一级支流开展总磷分析评价。

（1）2016年嘉陵江、汉江、赣江、清水江水质较好，总磷平均浓度分别为0.039 mg/L、0.044 mg/L、0.075 mg/L、0.081mg/L，均达到地表水环境质量标准的Ⅱ类水标准；岷江、乌江总磷平均浓度分别为0.166 mg/L和0.134 mg/L，达到地表水Ⅲ类水标准；沱江总磷浓度为0.274 mg/L，超过地表水Ⅲ类水标准（见图5）。

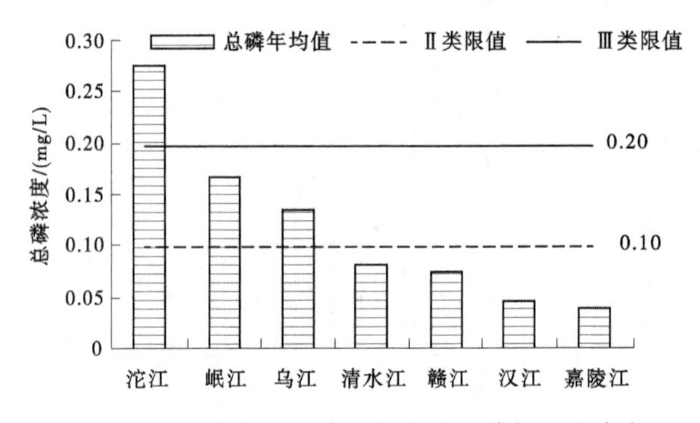

图5 2016年部分重点一级支流总磷年平均浓度

（2）2016—2020年7条支流总磷浓度总体呈下降趋势。沱江、岷江、乌江、清水江、赣江下降明显，汉江变化不大还略有上升，嘉陵江呈波动式下降，但幅度不大（见图6）。通过近些年总磷专项整治工作的开展，重点支流的总磷浓度总体呈下降趋势，汉江和嘉陵江由于总磷浓度整体均值处于Ⅱ类水较低浓度范围，总磷浓度没有呈现明显进一步下降趋势。

3.4 重点湖泊总磷分布特征

长江流域湖泊断面总磷超标相对较多，因此选取部分典型重点湖泊开展时空对比分析，包括滇池、巢湖、洞庭湖、鄱阳湖、洪湖5大湖泊。

（1）2016年洪湖总磷年平均浓度为0.040 mg/L，符合地表水环境质量标准的Ⅲ类水质标准；滇池、巢湖、洞庭湖、鄱阳湖总磷年平均浓度分别0.101 mg/L、0.092 mg/L、0.084 mg/L、0.072 mg/L，均超出总磷Ⅲ类水限值，其中滇池总磷达Ⅴ类水标准，巢湖、洞庭湖、鄱阳湖总磷均为Ⅳ类水标准。总体看，滇池总磷浓度最高，洪湖总磷浓度最低；滇池、巢湖、洞庭湖总磷在整体均值以上；鄱阳湖和洪湖总磷浓度低于整体均值（见图7）。

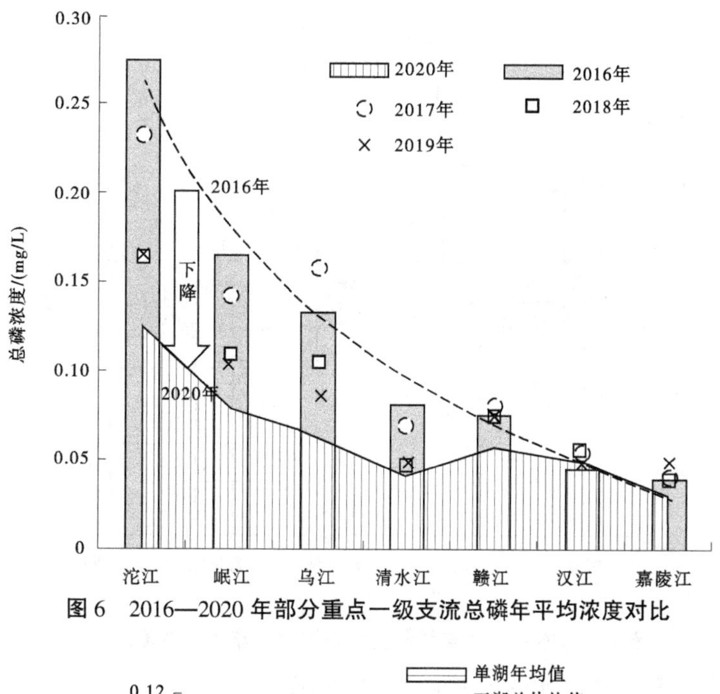

图 6 2016—2020 年部分重点一级支流总磷年平均浓度对比

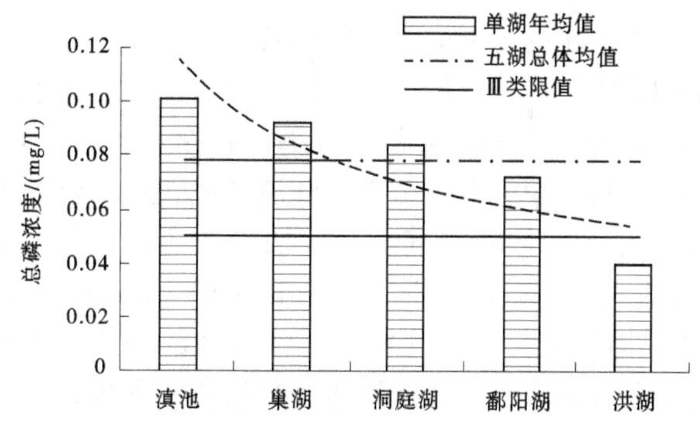

图 7 2016 年部分重点重点湖泊总磷年平均浓度

（2）2016—2020 年滇池、巢湖、洞庭湖、鄱阳湖 4 大湖泊总磷浓度总体呈下降趋势，洪湖呈上升趋势。滇池、巢湖总磷浓度在 2017 年略有上升，之后整体呈持续下降趋势；洞庭湖 5 年间一直呈下降趋势；鄱阳湖总磷浓度在 2017 年和 2018 年呈持续上升趋势，之后 2 年持续下降并低于 2016 年；洪湖在 2016—2019 年总磷浓度持续上升，2020 年略有下降，但仍明显高于 2016 年（见图 8）。近些年通过水污染防治和水生态修复治理工程措施的实施，重点湖泊的总磷浓度总体呈下降趋势，但个别湖泊生态环境没有得到改善，并进一步变差。湖泊总磷不达标的原因与支流不达标的情况有所不同，大多数湖泊受周边面源和入湖河流污染的影响，“三磷”产业并没有在主要湖泊水域聚集，因此控制湖泊总磷应针对性地采取不同策略。

4 总磷污染成因与治理对策

4.1 总磷污染成因分析

长江流域总磷污染重点区域主要集中在四川岷江及沱江流域、贵州乌江及清水江流域、湖北长江干流宜昌段等地区。四川岷江、沱江流域主要受城镇生活污水处理设施建设滞后、畜禽养殖污染等影响；贵州乌江、清水江流域主要受含磷尾矿库渗漏、磷矿开采、磷化工企业污染等影响；湖北长江干流宜昌段主要受磷化工企业污染、城镇生活污水管网不健全等影响。近些年，随着总磷专项治理，长江流域总磷污染呈现出减缓并好转趋势。2016—2020 年长江干流及部分重点一级支流监测断面总磷对比分析结果显示，沱江、岷江、乌江、清水江及湖北长江干流宜昌段总磷浓度下降明显，表明近年

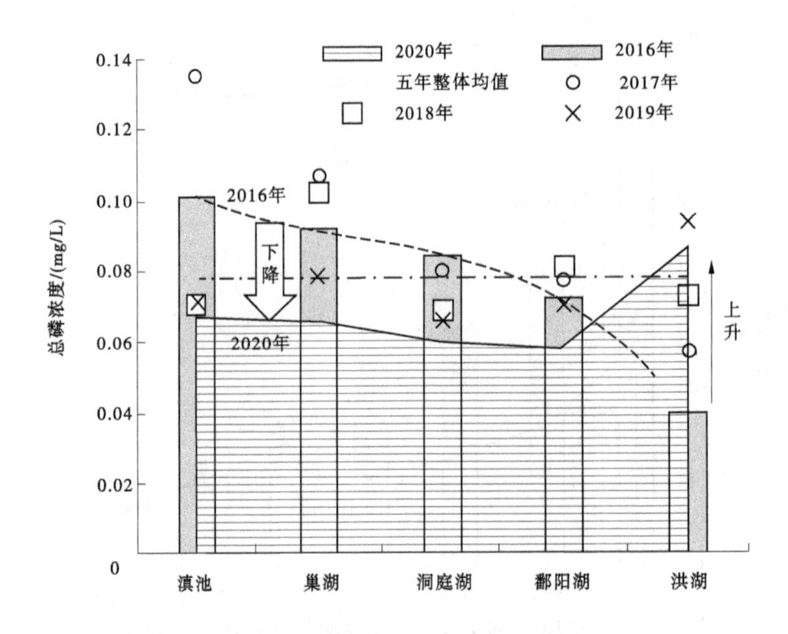

图 8　2016—2020 年部分重点湖泊总磷年平均浓度对比

来长江保护修复攻坚战专项整治工作的开展取得一定成效。

长江流域总磷污染分布的影响因素，总体上看有四个方面：①地质富磷区集聚。我国磷矿资源主要分布在贵州、云南、四川、湖北、湖南等省份，其磷矿石储量 135 亿 t，占全国的 76.7%。此外，全国八大磷矿生产基地均集中在长江中上游。由于长江流域地表水、地下水交换频繁，且水土流失量大，磷矿进入地表水体，可造成水体总磷浓度上升。②工业源磷排放。磷的工业污染来源可分为"三磷"行业排放源和一般工业源。以磷矿采选、磷化工为主的工业企业是造成局部性总磷污染的主要原因。2019 年长江"三磷整治专项行动"之前，长江流域部分地区磷矿和磷化工企业超标排放、无组织排放等问题严重。③农业源磷排放。农业源包含种植业、畜禽养殖和水产养殖，其中农业源总磷排放以畜禽养殖为主，其次未种植业，主要因化肥施用量较大导致。据统计，四川、湖南、湖北等省份的畜禽养殖业总磷排放量较大，其中四川沱江流域上游畜禽养殖影响较为突出；此外，长江经济带农作物播种面积约占全国总播种面积的 40%，且大部分省份施肥强度高。④生活源磷排放。生活源分为城镇生活源和农村生活源，其中城镇生活总磷排放量占比较大，中上游省份治理水平偏低。长江中上游地区城市管网建设不健全，污水除磷工艺不完善。据调查，2015 年长江经济带城镇生活总磷排放量约占全国的 40%，总磷平均排放浓度高于地表水Ⅴ类标准。

4.2　总磷治理对策建议

针对长江流域总磷污染现状和区域分布特征，结合长江污染防治攻坚战和长江保护修复攻坚战要求，提出总磷污染治理措施建议，包括以下 6 个方面：

（1）推动长江流域各省（区、市）积极贯彻落实《中华人民共和国长江保护法》关于总磷控制要求，制订和落实本行政区域的总磷污染控制方案。综合考虑长江流域总磷污染以及磷污染行业来源与区域排放特征，建立完善的流域水环境分区分类管控体系，并从流域磷污染全过程控制、农业农村污染治理、实施差异化产业准入等多方面明确磷污染治理重点任务，形成长江流域磷污染精准与协同管控方案，并加强监管，督促落实。

（2）在总磷污染重点管控和突出区域实施针对性控制策略。长江中上游是"三磷"污染的主要集中区域，应分类开展工业废水集中治理、尾矿库管理、磷石膏堆存环境风险控制、涉磷项目削减替代、喀斯特地貌地下水磷污染防控、渣场和尾矿库严格监管等工作。中游区域，洞庭湖流域应关注江湖关系改变背景下不同水体间磷交换特征，开展上游控源减量，下游提标强化，全流域协作控磷。长江下游区域，环太湖地区应加快实施涉磷污染企业搬迁改造，持续降低太湖上游地区工业污染负荷；

巢湖流域要统筹协调合肥市生产生活发展与水环境承载力，推动涉磷产业“清洁化”，提高水污染控制要求。

（3）加强城镇生活污水治理。重视污染过程控制，完善管网设施建设。加快完善城镇排水管网建设，针对中上游县级以上城市，提高污水收集处理率；加快地级以上城市海绵城市建设。加强末端治理，提高污水处理厂氮磷处理要求。推广人工湿地建设，对重点控制区域城镇污水处理厂出水进行深度处理。积极推进乡镇污水处理设施建设，提高乡镇污水收集处理率；因地制宜加强农村生活污水处理和回用；提升乡镇、农村生活污水处理设施运行管理水平。

（4）加大农业面源治理。实施农业面源总量和强度双控，大幅削减农用化肥、农药等化学品使用。加大畜禽养殖污染整治力度，加强畜禽养殖布局优化，科学划定畜禽养殖禁养区、限养区、宜养区。推进畜禽养殖污染综合治理，提高资源化利用水平。积极推广畜禽清洁养殖和畜禽粪污无害化、资源化处理技术，大力推广“种养结合”和“以种定养”模式，实施规模化畜禽养殖场标准化建设和改造。严控河流、近岸海域投饵网箱养殖，推广生态水产养殖，努力实现污染零排放。

（5）加强长江流域总磷污染现状评估研究。继续深入分析长江流域总磷污染特点，找出找准问题区域，针对陆源总磷污染不清和总磷入河排污量统计不全等问题开展专项调查研究，弄清突出区域总磷污染状况和来源，按照“一区一策”方式提出针对性的污染治理解决方案。

（6）加强总磷削减政策制定和经济手段引导。通过产业激励政策，促进地方政府、企业、公民提高“减磷”的积极性和主动性，同时加大总磷治理成效考核，促进全社会有效控磷。

5 结语

总磷是水体产生富营养化的重要营养盐驱动指标，当前正成为制约长江流域水质改善的主要因子。随着近些年总磷专项整治行动陆续开展，长江流域总磷污染呈现出减缓并好转趋势。从流域整体层面上看，总磷浓度河流高于湖库，支流高于干流，但由于湖库水质标准中总磷的限值更为严格，滇池、巢湖、鄱阳湖、洞庭湖、洪湖等多个重点湖泊部分断面水质长期达不到Ⅲ类水标准。长江干流总磷年均值在Ⅲ类水标准以内，典型支流总磷月测值在沱江、岷江、清水江、赣江、汉江等个别断面均出现过超出Ⅲ类水标准的情况。上游地区的云南，中游地区的江西、湖北、湖南、安徽总磷超标断面相对较多；上游的四川和下游的上海总磷超标也相对突出。总磷重点控制区应在长江流域上中游部分地区，下游地区也需适当关注，并根据各省区总磷超标的主要因素对症施策。长江流域总磷的治理和防控，可重点从“三磷”整治、生活源控制、农业面源减量着手，并加强流域总磷污染现状评估研究，制定和落实省级行政区总磷污染控制方案并监督实施，加强总磷削减政策制定以及强化经济手段引导。

参考文献

[1] 王玲玲，谢文理，章文斌. 河流水体非点源总磷污染来源研究进展［J］. 安徽农学通报，2022，28（9）：148-149，164.

[2] 张文静，高涵，郭黎卿. 长江经济带磷肥行业水污染形势与管控对策研究［J］. 磷肥与复肥，2018，33（12）：80-82，96.

[3] 赵玉婷，许亚宣，李亚飞，等. 长江流域“三磷”污染问题与整治对策建议［J］. 环境影响评价，2020，42（6）：1-5.

[4] 王东，秦昌波，马乐宽，等. 新时期国家水环境质量管理体系重构研究［J］. 环境保护，2017，45（8）：49-56.

[5] 白辉，陈岩，王东，等. 全国污染物排放总量减排与水环境质量改善的响应关系及其分区研究［J］. 北京大学学报（自然科学版），2020，56（4）：765-771.

[6] 陈善荣，何立环，张凤英，等. 2016—2019 年长江流域水质时空分布特征［J］. 环境科学研究，2020，33（5）：1100-1108.

[7] 陈善荣，何立环，林兰钰，等．近 40 年来长江干流水质变化研究［J］．环境科学研究，2020，33（5）：1119-1128.

[8] 井柳新，马乐宽，孙宏亮，等．“十四五”时期长江流域总磷管控重点及施策方向解析［J］．环境保护，2022，50（17）：48-51.

[9] 嵇晓燕，彭丹．“十三五”时期长江流域总磷浓度变化特征［J］．长江科学院院报，2022，39（8）：1-9.

[10] 尹炜，王超，张洪．长江流域总磷问题思考［J］．人民长江，2022，53（4）：44-52.

[11] 娄保锋，卓海华，周正，等．近 18 年长江干流水质和污染物通量变化趋势分析［J］．环境科学研究，2020，33（5）：1150-1162.

[12] 王妍．长江流域氮磷污染物的空间分布特征及关键源区识别研究［J］．常州工学院学报，2022，35（2）：1-6.

[13] 吴琼慧，刘志学，陈业阳，等．长江经济带“三磷”行业环境管理现状及对策建议［J］．环境科学研究，2020，33（5）：1233-1240.

[14] 秦延文，马迎群，王丽婧，等．长江流域总磷污染：分布特征 来源解析 控制对策［J］．环境科学研究，2018，31（1）：9-14.

[15] 续衍雪，吴熙，路瑞，等．长江经济带总磷污染状况与对策建议［J］．中国环境管理，2018，10（1）：70-74.

[16] 时瑶，秦延文，马迎群，等．长江流域上游地区“三磷”污染现状及对策研究［J］．环境科学研究，2020，33（10）：2283-2289.

[17] 国家环境保护总局，国家质量监督检验检疫总局．地表水环境质量标准：GB 3838—2002［S］．北京：中国环境科学出版社，2002.

三峡库区洪水传播及泥沙输移的数值模拟研究

张帮稳　王党伟　邓安军　谢益芹　尚静石

（中国水利水电科学研究院流域水循环模拟与调控国家重点实验室，北京　100038）

摘　要：水沙输移的准确预测对水库的防洪和水沙联合调度至关重要。本文采用三维水沙数值模型对三峡库区长距离洪水传播和泥沙输移进行了模拟，首先根据2013年汛期水沙传播过程验证了模型的准确性，然后对三峡库区洪水传播和泥沙输移特性进行了分析。结果表明，洪水在库区传播过程中沙峰滞后洪峰的时间逐渐增加，大坝处滞后时间达7.3 d；库区泥沙以落淤为主，淤积形态与地形有关；泥沙沿程不断落淤，造成沙峰坦化，沙峰越来越小。研究结果可为三峡库区实时水沙调度提供科学的参考依据。

关键词：三峡库区；洪水传播；泥沙输移；沙峰；含沙量

1　研究背景

三峡水库为社会发展提供了防洪、发电、航运、供水和旅游等巨大的综合效益，同时三峡水库的运行改变了长江流域水和物质输移的自然特性，使得长江流域面临新的诸多复杂的问题，诸如水库的淤积、水库水沙优化调度、下游河道的冲刷、生态与环境的影响等[1]。这些问题多与洪水期泥沙输移相关，水库泥沙淤积问题是三峡水库运行关注的重要问题之一。

影响水库淤积的因素主要有上游来水来沙过程、库区边界条件和水库调度方式，其中水库调度方式是可主动控制和决定淤积的因素[2]。三峡水库建库以来，为了维持长期水库库容，采取了“蓄清排浑”的运用方式，即在汛期保持坝前低水位运用，遇大洪水时为调洪运用[3]。在水库运行中，一方面，由于三峡水库遭遇特大洪水的概率比较小，使得满足防洪运用的概率非常小，水库的防洪库容利用程度较低；另一方面，对于发生频率较高的中小洪水，当中下游防汛形势紧张或航运需要改善通航条件时，迫切需要三峡水库对中小洪水进行调度[4]。在中小洪水调度过程中，库区水位逐步抬高，水深加大，流速减缓，水流挟沙能力减小，导致泥沙大部分落淤在库区，采用“洪峰涨水面水库削峰，落水面加大泄量排沙”的排沙调度策略，进行泄洪排沙，能够有效地提高水库排沙效率[5]。随着对洪水期三峡库区进行水沙联合调度科学化和精细化要求不断提高，对实时预报水沙信息精确化要求也越来越高。目前，三峡水库实时调度和管理所依据的水文气象信息多以水情预报成果为主，缺乏相应的泥沙预报成果[6]。

水沙数值模型在预测水沙输移、淤积及地形演变规律中有着重要的作用，基于断面平均或垂向平均的一维和二维的数值模型[7-9]能够对工程水沙问题进行一定程度的研究。但是在复杂的自然地形条件下，水流、泥沙和床面之间的相互作用是一个非常复杂的水动力现象，特别是在河漫滩、弯曲河段和沙波地形情况下会产生二次流和流体分离等三维水动力特性，严重影响了一维和二维数值模型对泥沙预测结果的精度。随着计算机科学技术和高性能计算机的发展，三维模型逐渐应用到工程实际当中，Fang 等[10-11] 基于非平衡输沙模式考虑二次流对泥沙输运的影响建立了三维数值模型，研究了三峡大坝附近的流场、悬移质输移及坝前库区的泥沙淤积问题。Lu 等[12] 采用三维数值模型对三峡大

基金项目：国家自然科学基金青年基金（52209104）。

作者简介：张帮稳（1987—），男，高级工程师，主要从事河流、水库泥沙治理及数值模拟方面的工作。

坝附近泥沙冲淤进行的模拟，对淤积河床泥沙颗粒的大小分布和不同时期不同水位下泥沙浓度进行了预测。Jia 等[13]采用基于细颗粒淤积物重力驱动流动的三维数值模拟方法对三峡水库近坝区细颗粒泥沙淤积形态进行了模拟研究。目前，针对三峡水库的三维数值模拟研究主要是对三峡水库局部河段或坝前的泥沙输移和冲淤进行研究，对库区长距离的洪水传播、泥沙输移研究较少。开展三峡库区长距离的洪水传播和泥沙输移的大尺度三维数值模拟研究，不仅可以为三峡水库汛期洪水传播进行防洪预报，而且可以为三峡水库进行实时水沙联合调度提供泥沙输移信息，优化水库的水沙联合调度模式。

三峡水库地形较为复杂，宽谷和峡谷交替，进行长距离库区洪水演变和泥沙输移的三维水沙数值模拟具有极高的挑战性。本文采用三维水沙数值模型对 2013 年汛期三峡水库万县站—三峡大坝之间 280 km 库区洪水传播和泥沙输移过程进行了模拟，分析了三峡库区泥沙输移规律和泥沙冲淤分布，研究结果可为深入了解三峡库区水沙传播特性和库区淤积情况提供科学依据。

2 数值模拟方法

2.1 水流的基本方程

三维水动力学模型满足静压假定和 Boussinesq 涡黏性假定，在笛卡儿坐标下，对于不可压缩流体 NS 方程的连续性方程为：

$$\frac{\partial u}{\partial x} + \frac{\partial v}{\partial y} + \frac{\partial w}{\partial z} = 0 \tag{1}$$

动量守恒方程：

$$\frac{Du}{Dt} = fv - g\frac{\partial \eta}{\partial x} - \frac{1}{\rho_0}\frac{\partial p_a}{\partial x} - \frac{g}{\rho_0}\int_{z_b}^{\eta}\frac{\partial \rho}{\partial x}\mathrm{d}z + \frac{\partial}{\partial z}\left(K_{mv}\frac{\partial u}{\partial z}\right) + K_{mh}\left(\frac{\partial^2 u}{\partial x^2} + \frac{\partial^2 u}{\partial y^2}\right) \tag{2}$$

$$\frac{Dv}{Dt} = fu - g\frac{\partial \eta}{\partial x} - \frac{1}{\rho_0}\frac{\partial p_a}{\partial y} - \frac{g}{\rho_0}\int_{z_b}^{\eta}\frac{\partial \rho}{\partial y}\mathrm{d}z + \frac{\partial}{\partial z}\left(K_{mv}\frac{\partial v}{\partial z}\right) + K_{mh}\left(\frac{\partial^2 v}{\partial x^2} + \frac{\partial^2 v}{\partial y^2}\right) \tag{3}$$

式中：x 和 y 分别表示笛卡儿水平坐标，m；z 为垂向坐标，向上为正，m；u、v、w 分别为 x、y、z 方向的流速，m/s；t 为时间，s；f 为柯氏力系数，s^{-1}；η 为自由水面，m；z_b 为河床底高程，m；ρ_0 和 ρ 分别为参考密度和混合流体的密度，kg/m^3；g 为重力加速度，m/s^2；K_{mh} 和 K_{mv} 分别为水平与垂直涡黏性系数，m^2/s，其中垂向涡黏性系数根据紊流模型进行封闭，水平涡黏性系数采用常数化处理；p_a 为自由水面大气压强，N/m^2。

对于自由水面采用水位函数法处理，对连续方程（1）沿水深方向积分，可得自由水面方程：

$$\frac{\partial \eta}{\partial t} + \frac{\partial}{\partial x}\int_{z_b}^{\eta} u\mathrm{d}z + \frac{\partial}{\partial y}\int_{z_b}^{\eta} v\mathrm{d}z = 0 \tag{4}$$

模型在河床底面的动力学边界条件由床底摩擦剪应力和水体底层的雷诺应力平衡给出：

$$K_{mv}\left(\frac{\partial u}{\partial z},\frac{\partial v}{\partial z}\right) = (\tau_{bx},\tau_{by}),(z = z_b) \tag{5}$$

式中：τ_{bx} 和 τ_{by} 分别为床面的 x、y 方向摩擦剪应力，N。

对于垂向紊动涡黏性系数 K_{mv}，本文选择利用 Generic Length Scale（GLS）紊流闭合模型进行求解。GLS 紊流模型由 Umlauf and Burchard[14] 提出，形式上包括紊动能 k 方程和通用紊动长度 ψ 方程。GLS 紊流模型的控制方程为：

$$\frac{Dk}{Dt} = \frac{\partial}{\partial z}\left(\upsilon_k^{\psi}\frac{\partial k}{\partial z}\right) + K_{mv}M^2 + \mu N^2 - \varepsilon \tag{6}$$

$$\frac{D\psi}{Dt} = \frac{\partial}{\partial z}\left(\upsilon_{\psi}\frac{\partial \psi}{\partial z}\right) + \frac{\psi}{k}c_{\psi 1}\upsilon M^2 \tag{7}$$

$$\upsilon_k^{\psi} = \frac{K_{mv}}{\sigma_k} \tag{8}$$

$$\upsilon_{\psi}=\frac{K_{mv}}{\sigma_{\psi}} \tag{9}$$

$$M^2=\left(\frac{\partial u}{\partial z}\right)^2+\left(\frac{\partial v}{\partial z}\right)^2 \tag{10}$$

$$N^2=\frac{g}{\rho_0}\frac{\partial \rho}{\partial z} \tag{11}$$

式中：k 为紊动能，N·m；ψ 为通用紊动长度参数；μ 为盐度、温度等物质的垂向扩散系数，m^2/s；υ_k^{ψ} 和 υ_{ψ} 分别为紊动能和通用紊动长度的垂向扩散系数，m^2/s；ε 为紊动耗散项，N·m；F_{ω} 为壁函数，在 $k-\varepsilon$ 模式中为 1；$c_{\psi 1}$、$c_{\psi 2}$ 和 $c_{\psi 3}$ 为模型系数；M^2 和 N^2 分别为由于剪切变形和密度分层而引起的紊动能产生项。

通用紊动长度 ψ 和紊动耗散项 ε 作为紊流模型中的关键参量，其表达式如下：

$$\psi=(c_{\mu}^{0})^{m}k^{n}l^{p} \tag{12}$$

$$\varepsilon=(c_{\mu}^{0})^{m}k^{n}l^{p} \tag{13}$$

式中：l 为紊动掺混长度；c_{μ}^{0} 为常数，取 0.3。

在 GLS 模型 $k-\varepsilon$ 模式双方程紊流模式的参数取值见表 1。

表 1　GLS 模型 $k-\varepsilon$ 模式双方程紊流模式的参数值

m	n	p	σ_k	σ_{ψ}	$c_{\psi 1}$	$c_{\psi 2}$	$c_{\psi 3}$
3	1.5	-1	1	1.3	1.44	1.92	1

2.2　悬移质泥沙输移方程

对于悬移质泥沙运动，对流扩散理论将水和泥沙视为单一的连续介质，并假设悬移质泥沙颗粒的运动与水流运动在垂直方向上存在速度差，且等于泥沙颗粒的沉降速度。基于对流-扩散理论的三维悬移沙输运方程表达式为：

$$\frac{\partial C_i}{\partial t}+u\frac{\partial C_i}{\partial x}+v\frac{\partial C_i}{\partial y}+w\frac{\partial C_i}{\partial z}=\frac{\partial}{\partial z}\left(K_{sv}\frac{\partial C_i}{\partial z}\right)+\omega_{si}\frac{\partial C_i}{\partial z}+K_{sh}\left(\frac{\partial^2 C_i}{\partial x^2}+\frac{\partial^2 C_i}{\partial y^2}\right) \tag{14}$$

式中：C_i 为第 i 组含沙量，kg/m^3；ω_{si} 为第 i 组泥沙颗粒的沉降速度，m/s；K_{sv} 为泥沙垂向扩散系数，m^2/s，通常假定与水流紊动黏性系数呈倍数关系，可通过紊流模型求解或采用经验关系估计：$K_{sv}=K_{mv}/\sigma_s$，σ_s 为 Schmidt 数，通常取值为 0.6～1.2；K_{sh} 为泥沙水平扩散系数，m^2/s，考虑到水平扩散的量级远小于垂向扩散，通常忽略不计。

泥沙颗粒的沉降速度公式表达[15]为：

$$\omega_{si}=\frac{\upsilon}{d_{si}}[(10.26^2+1.049D_{*i}^3)^{0.5}-10.36] \tag{15}$$

$$D_{*i}=\left[\frac{g(s-1)}{\upsilon^2}\right]^{1/3}d_{si} \tag{16}$$

式中：d_{si} 为第 i 组泥沙颗粒的直径，mm；D_{*i} 为第 i 组无量纲的泥沙粒径；g 为重力加速度，取值为 9.8 m/s^2；s 为泥沙颗粒的比重，取值为 1.65；υ 为水流的黏性系数。

2.3　河床冲刷演变方程

根据泥沙质量守恒方程，悬移质泥沙输移过程中可将床面边界条件视为床面附近泥沙通量的处理，包括床面泥沙的冲刷通量 D_b 和沉积通量 E_b，其表达式分别为：

$$D_b=\omega_{si}c_{1,i} \tag{17}$$

$$E_b=E_{0,i}(1-q_i)\left(\frac{\tau_f}{\tau_{cr,s}}-1\right)\qquad \tau_{sf}>\tau_{cr,s} \tag{18}$$

$$\tau_{cr,s} = \theta_{cr,s} g d_{si}(\rho_s - \rho_f) \tag{19}$$

式中：$c_{1,i}$ 为第 i 组数值模拟中最底部一层网格的泥沙浓度，kg/m³；$E_{0,i}$ 为经验冲刷率系数，取决于局部床面泥沙颗粒条件，范围为 $10^{-4} \sim 10^{-2}$ kg/（m²/s）；q_i 为第 i 组床面层的泥沙体积分数；$\tau_{cr,s}$ 为第 i 组泥沙颗粒临界起动剪切应力，N·m；τ_f 为水流的剪切应力，N·m；$\theta_{cr,s}$ 为 i 组泥沙颗粒临界起动的希尔兹数，其表达式为：

$$\theta_{cr,s} = \frac{0.3}{1 + 1.2D_{*i}} + 0.055[1 - e^{-0.022D_{*i}}] \tag{20}$$

由于河床泥沙冲淤和悬移质泥沙的净输运导致泥沙河床的地形变化，其公式为：

$$\Delta h = \frac{(D_q - E_q)\Delta t}{\rho_s(1 - p)} \tag{21}$$

式中：Δh 为床面高程变化量，m。

3 数值模型的建立及验证

为了研究三峡库区汛期洪水传播和泥沙输移特性，本文选择万县站—三峡大坝的库区段作为研究对象（见图 1）。若把寸滩或清溪场作为入口边界条件，则河段过长，计算耗时过长，计算效率极低。万县站—三峡大坝长 280 km，不仅长度适中，并且也是目前少有的长距离、大范围的实际水库三维数值模拟，难度较高；另一方面，万县站—三峡大坝库区受坝前的水位影响较大，对三峡水库的水沙调度较为重要。

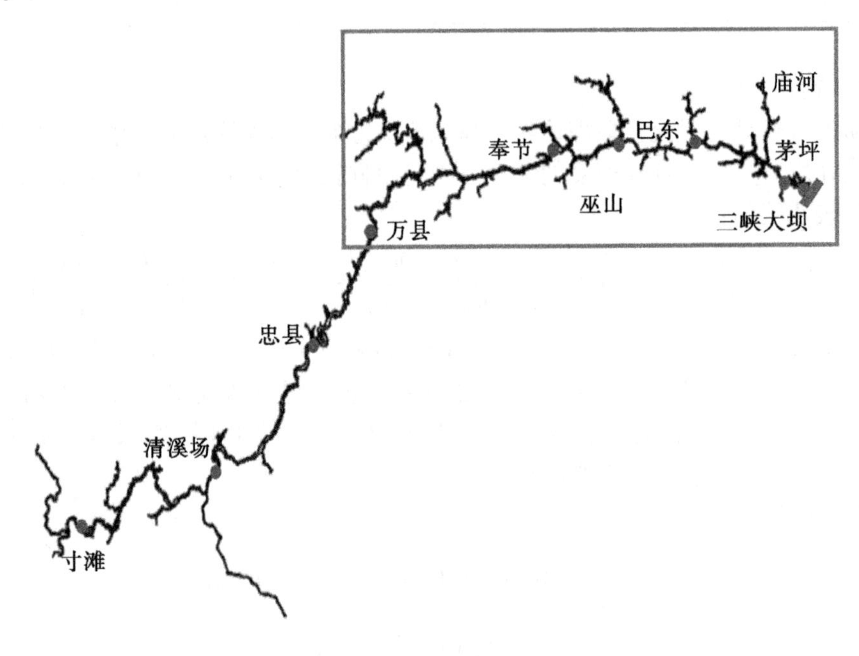

图 1 研究区域的位置和水文站

3.1 模型网格设置

万县站—三峡大坝的地形较为复杂，万县站—巫山多为宽谷河段，巫山—巴东为深窄的峡谷河段，巴东—三峡大坝为宽谷河段。对于宽阔和狭窄交替的河段，水平方向上进行网格剖分时主要混合使用两种网格类型，在宽阔河段混合采用四边形和三角形网格，主河道采用四边形网格，岸滩采用三角形网格，在狭窄河段采用三角形网格，网格尺度为 20～23 m，共得到 495 662 个网格节点和 856 056 个网格单元。计算初始地形条件由 2013 年实测地形插值得到，插值后的局部地形水平向网格如图 2 所示。此外，为了更好地模拟河道至坝前水深变化幅度大的特点并且提高计算效率，垂向上采用分层 LSC² 坐标[16]，最大水深处可达 36 层，最浅处为 16 层，平均约为 19 层，每层厚度为 5～6 m。

图 3 为局部河段横断面垂向网格示意图。为了数值模拟的稳定性，时间步长设置为 30 s。

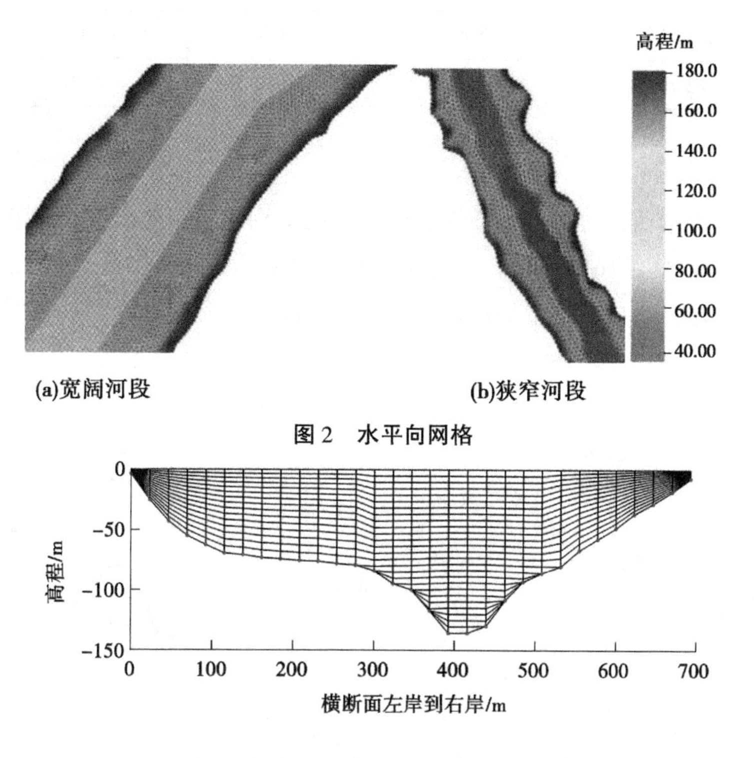

图 2　水平向网格

图 3　局部河段横断面垂向网格示意图

3.2　模型边界条件

本文以三峡库区 2013 年汛期 7 月 1 日至 8 月 1 日作为模拟时间段，万县站流量和含沙量过程作为模型的入口边界条件，茅坪站的水位过程作为出口边界条件（见图 4）。三峡库区泥沙运动以悬移质泥沙为主，本文根据万县站的实测月均悬移质泥沙级配，考虑到泥沙 0.002 mm 和 0.004 mm 的粒径很小，统一归为 0.003 mm 的泥沙进行计算，最终选择了 5 组泥沙代表粒径及含量百分比（见表 2），床沙主要按照大断面实测的泥沙级配进行设置，并且选择 5 组与悬移质同样的泥沙粒径。本文在模拟泥沙输移过程中，絮凝对泥沙输移的影响通过调节泥沙颗粒的沉降速度进行考虑，暂时没有考虑温度和盐度的影响。

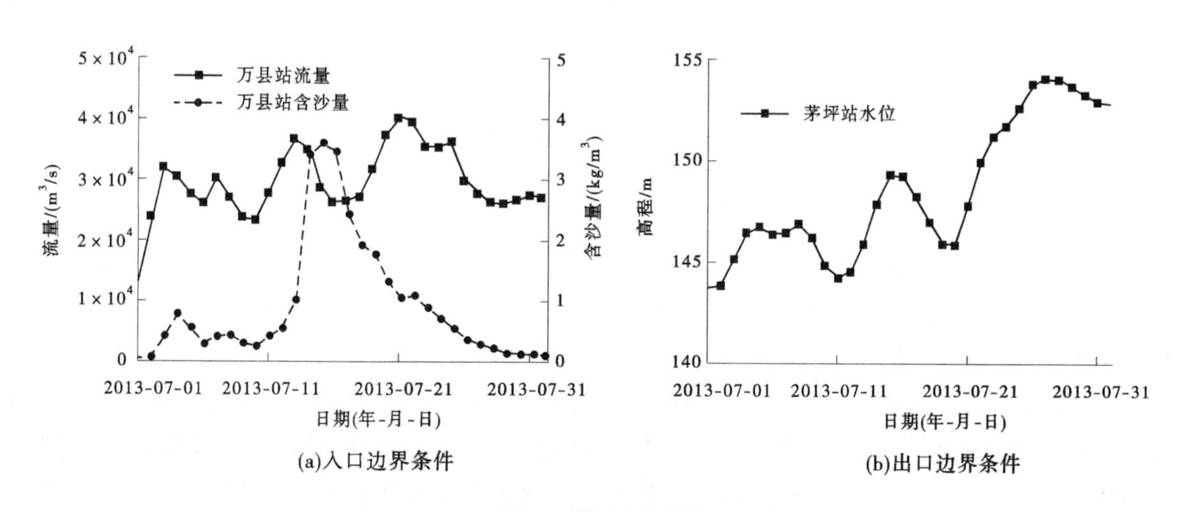

图 4　模型边界条件

表 2　万县站悬移质泥沙代表粒径及含量百分比

粒径/mm	0.003	0.008	0.016	0.031	0.062
含量/%	22.6	20.9	26	18.5	12

3.3　模型验证

为了验证模型模拟洪水传播过程的正确性，分别对比分析了实测与模拟的奉节站、巫山站和庙河站的水位（见图 5），以及庙河站的流量、平均流速和含沙量（见图 6、图 7）。图 5 对比了沿程各测站水位的模拟值和实测值，可以看出数值模拟的结果和实测值吻合较好，能够较好地反映洪水传播过程中水位的变化。

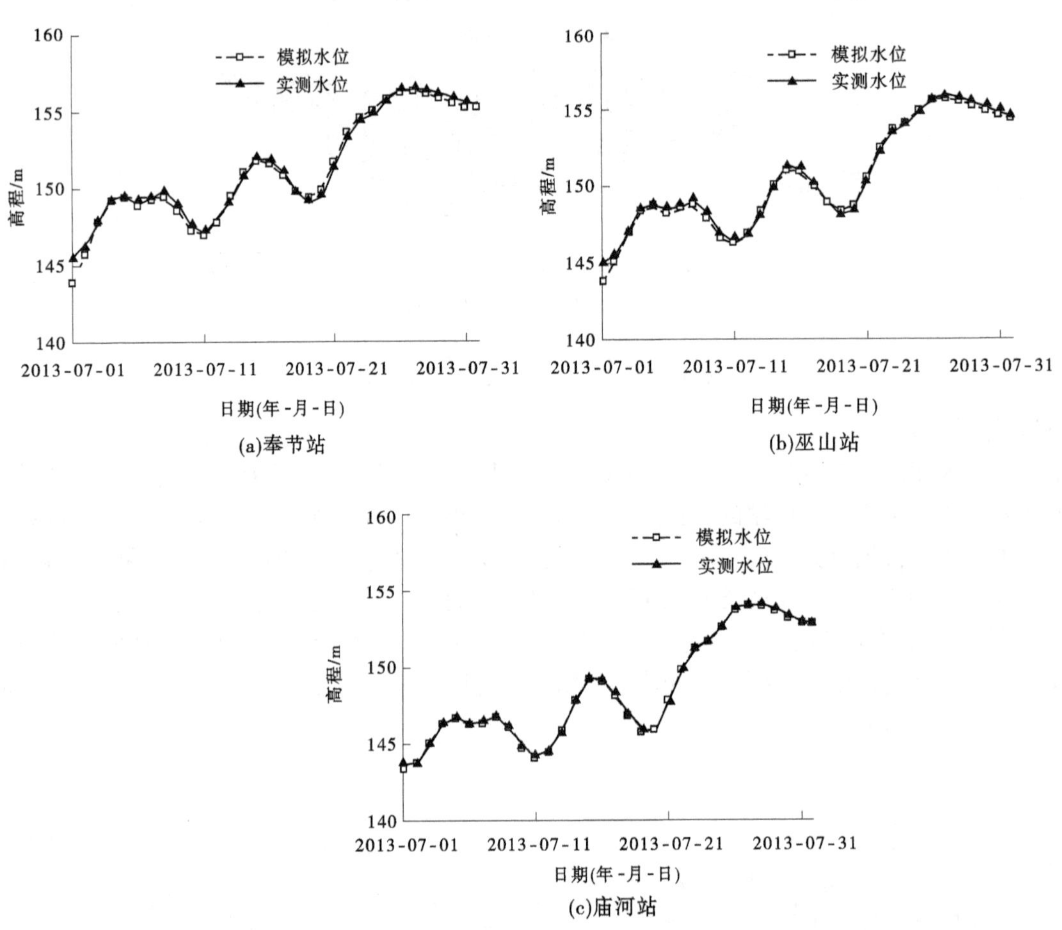

(a)奉节站　(b)巫山站　(c)庙河站

图 5　水位模拟和实测值对比

图 6 对比了庙河站流量和平均流速的模拟值及实测值，可以看出模拟的洪水流量变化和实测的变化过程基本一致，局部的差别可能是由于万县站—三峡大坝之间支流入汇和复杂的局部地形的糙率的影响，本文中暂时没有考虑支流入汇对主河道洪水传播的影响。

图 7 对比了庙河站含沙量的模拟值及实测值，模拟结果能够较好地反映含沙量随时间的变化，与庙河站洪水期间实测时刻的含沙量较为接近，但与 2013 年水文年鉴中的日均含沙量有局部的差别。这主要是因为水文年鉴中日均含沙量是根据实测某一时刻的含沙量基于含沙量回归方程[19]拟合得到的，本身存在一定的误差，也可能受万县—三峡大坝之间实测资料的限制，模拟区域局部的冲淤不能很好地反映出来。

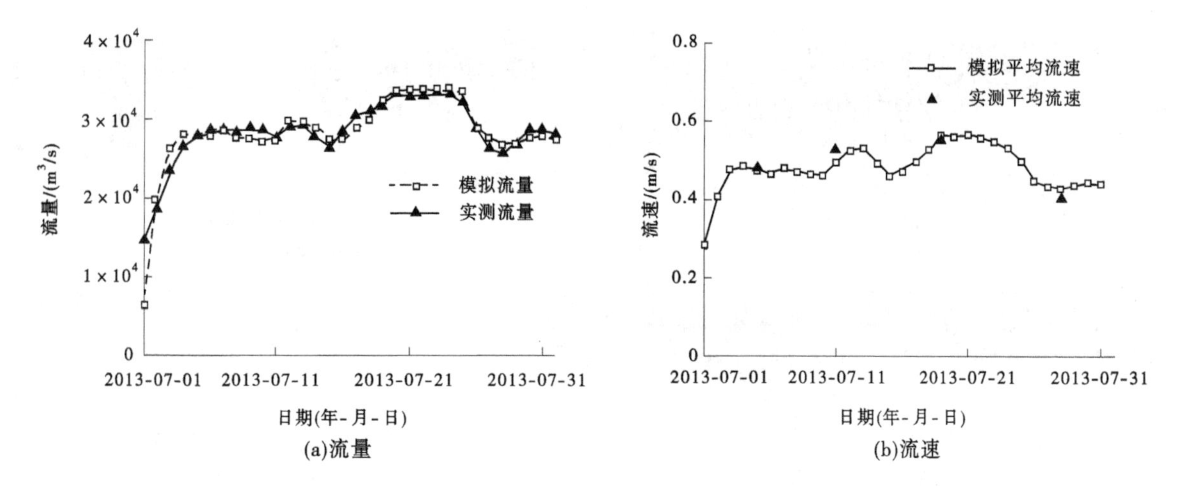

(a)流量　　(b)流速

图 6　庙河站流量和平均流速模拟和实测值对比

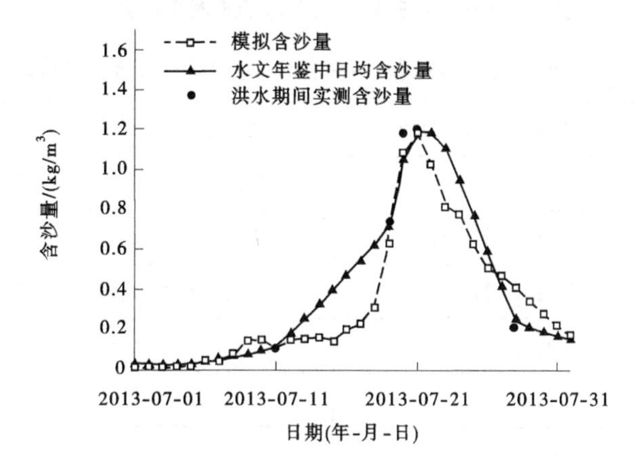

图 7　庙河站含沙量模拟和实测值对比

4　万县站—三峡大坝库区洪水演变及泥沙输移的特性

为了研究洪水演变和泥沙输移在万县站—三峡大坝库区之间的传播特性和库区淤积情况，基于模拟库区重要水文站（奉节、巫山、巴东、庙河和茅坪）的洪水演变、泥沙输移过程和典型河段的淤积形态进行分析。

图 8 给出了万县站—三峡大坝库区洪水传播过程中沿着深泓线纵断面的瞬时含沙量分布对比，可以看出，在泥沙输移过程到来之前，库区的含沙量较低，在泥沙输移过程传到万县站时，泥沙含沙量明显增加，沙峰过后库区的含沙量又明显降低。

三峡水库蓄水导致了库区水位的增加，改变了天然河道水流和泥沙的传播特性。在洪水传播过程中，洪水主要以波的形式传播，而泥沙运动则是按水流平均速度运动，二者传播速度不相同。为了研究洪水传播和泥沙输移在万县站—三峡大坝库区之间的异步运动特性，图 9 给出了万县站—三峡大坝库区之间重要水文站的流量和含沙量模拟结果，从图 9 中可以看出，距离三峡大坝越近，沙峰滞后洪峰的时间间隔越大，即沙峰滞后洪峰的现象越来越明显。为了定量反映洪峰和沙峰的沿程输移特性，表 3 给出了沿程各重要水文站的洪峰和沙峰到达的时间及沙峰滞后洪峰的时间，表明洪峰传播到各个水文站的时间差别不大，传到坝前的时间较短，沙峰传播到各个水文站时间差别较大，传到坝前的时间较长；距离三峡大坝越近，沙峰滞后洪峰的时间越大，坝前滞后时间达到 7. 3 d。

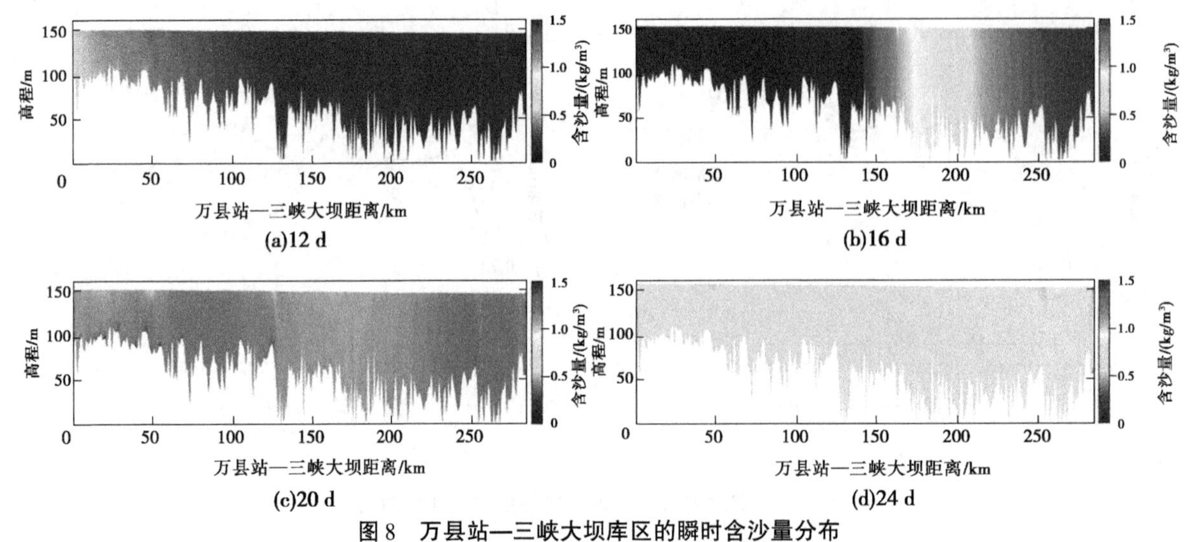

图 8 万县站—三峡大坝库区的瞬时含沙量分布

表 3 重要水文站洪峰和沙峰的到达时间及沙峰滞后洪峰时间

水文站	洪峰到达的时间	沙峰到达的时间	滞后时间/d
奉节	7 月 13 日 02:00	7 月 17 日 00:00	3.92
巫山	7 月 13 日 04:00	7 月 17 日 21:00	4.71
巴东	7 月 13 日 05:00	7 月 19 日 04:00	5.96
庙河	7 月 13 日 07:00	7 月 20 日 06:00	6.96
茅坪	7 月 13 日 07:00	7 月 20 日 14:00	7.30

图 10 给出了洪水传播过程中重要水文站流量随时间变化的模拟结果对比，从洪水传播到各个水文站的流量大小来看，洪水流量峰值逐渐变小，距离大坝越近，峰值减小得越明显，主要由于洪水期间大坝的拦蓄消峰作用；同时从洪水流量波形变化来看，越靠近坝前洪水的波形扰动越明显，洪水波形变化的主要原因是坝前水体的扰动和反射波与入射波的相互作用。

图 11 给出了重要水文站含沙量随时间变化的模拟结果对比，从含沙量峰值大小上来看，距离大坝越近，峰值越小；从含沙量随时间变化曲线的形态来看，曲线从高窄型逐渐变为矮宽型，主要反映了洪水在库区传播过程中，水深沿程不断地增加，水流挟沙力减小，泥沙沿程不断落淤，造成沙峰坦化，沙峰峰值不断减小，局部泥沙冲淤影响沙峰形态。

图 12 给出了万县站—三峡大坝库区典型河段的淤积形态分布，从图 12 中可以看出，库区的淤积形态分布受地形的影响较大。地形存在深谷的情况下，深谷处存在明显的泥沙淤积，呈现主槽的淤积形态［见图 12（a）、（b）］；在弯曲河段，由于二次流的影响，淤积形态呈现得较为明显；坝前段由于长期的泥沙淤积导致坝前主槽消失，底部呈现较为平坦的地形，呈现河槽的平淤［见图 12（c）］。

为了定量研究万县站—三峡大坝库区淤积情况，表 4 给出了重要水文站之间的淤积量和淤积比例的模拟结果，可以看出，在万县站—三峡库区段洪水传播过程中，泥沙主要淤积在万县站—奉节的宽谷河段，占 60%，奉节—巴东峡谷河段占 21%，反映了在洪水传播过程中，泥沙逐渐落淤，上游库区的淤积占据落淤泥沙的主要部分。

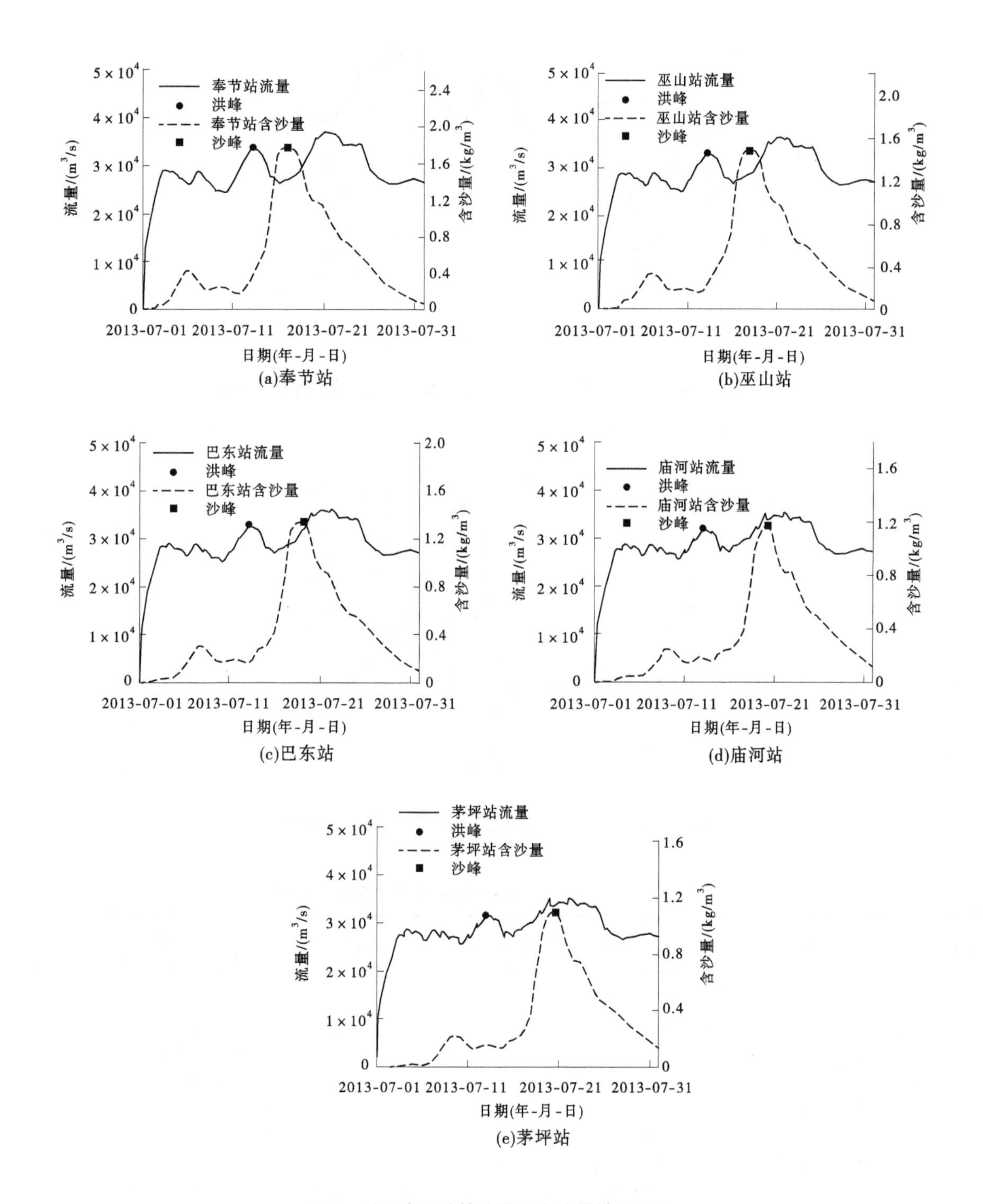

图9 重要水文站的流量和含沙量模拟结果

5 结论

本文利用三维水沙数值模型 SCHSIM 在万县站—三峡大坝 280 km 库区进行了洪水传播和泥沙输移过程的大尺度数值模拟，主要分析了洪峰和沙峰的输移特性及库区的淤积情况，结果表明：

（1）三维数值模型 SCHSIM 能够较好地模拟三峡库区汛期洪水传播和泥沙输移过程，与实测值验证结果较好。

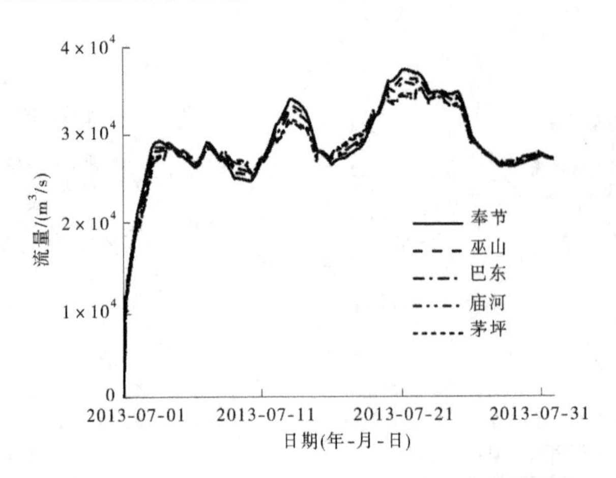

图 10　洪水传播过程中重要水文站流量随时间变化的模拟结果对比

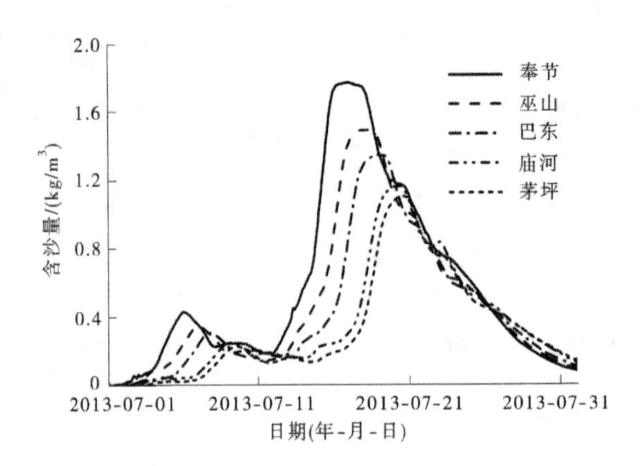

图 11　重要水文站含沙量随时间变化的模拟结果对比

表 4　重要水文站之间的淤积量和淤积比例的模拟结果

区间	淤积量/万 t	比例/%
万县站—奉节	2 946	60
奉节—巫山	762	15
巫山—巴东	262	6
巴东—庙河	694	14
庙河—大坝	270	5

（2）三峡库区在洪水传播和泥沙输移过程中沙峰滞后洪峰的时间越来越大；水深不断增加，水流挟沙力减小，泥沙落淤导致沙峰峰值不断减小。

（3）洪水在万县站—三峡大坝库区传播过程中，泥沙主要淤积在万县站—奉节较为开阔的宽谷河段，库区的淤积形态分布受地形的影响较大。

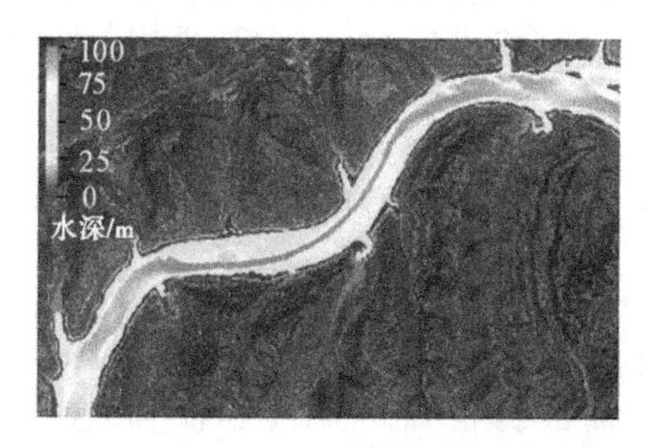

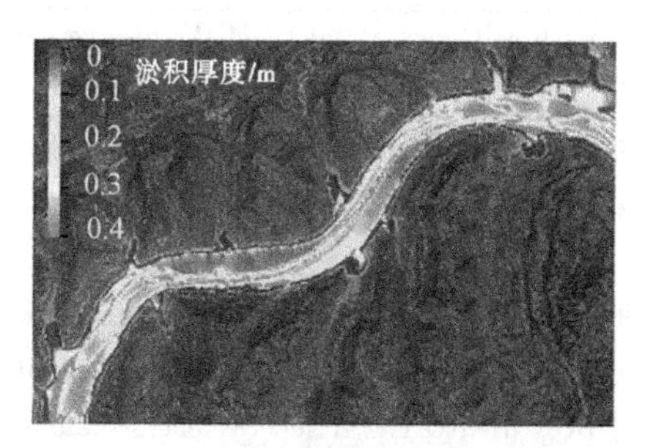

(a)弯曲河段

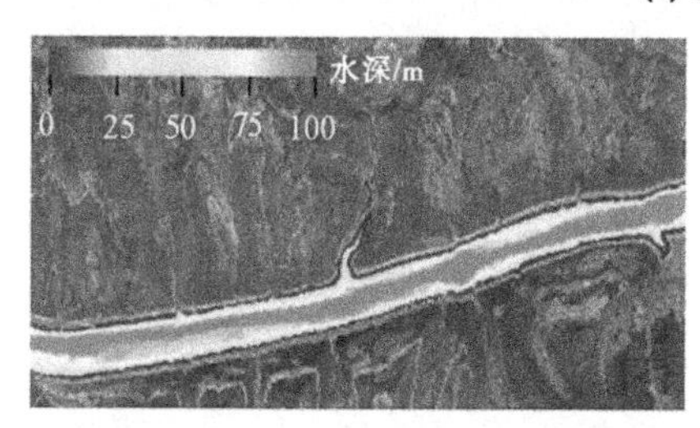

(b)宽深河段

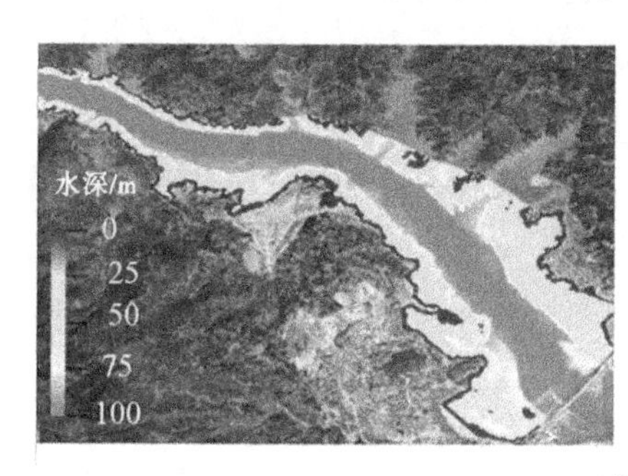

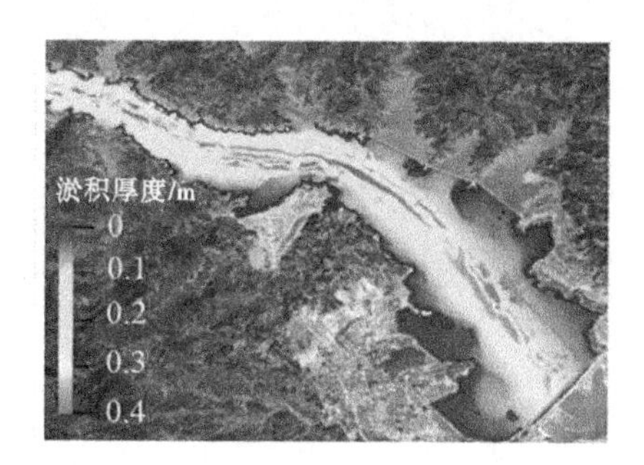

(c)坝前河段

图 12　万县站—三峡大坝库区典型河段的淤积形态分布

参考文献

[1] ZHENG S R. Reflections on the Three Gorges Project since Its Operation [J]. Engineering, 2016, 2 (4): 387-536.

[2] 黄仁勇. 长江上游梯级水库泥沙输移与泥沙调度研究 [D]. 武汉：武汉大学, 2016.

[3] 胡春宏, 方春明, 许全喜. 论三峡水库“蓄清排浑”运用方式及其优化 [J]. 水利学报, 2019, 50 (1): 1-11.

[4] 张曙光, 周曼. 三峡枢纽水库运行调度 [J]. 中国工程科学, 2011 (7): 63-67.

[5] 董炳江, 乔伟, 许全喜. 三峡水库汛期沙峰排沙调度研究与初步实践 [J]. 人民长江, 2014, 45 (3): 7-11.

[6] 王世平, 王渺林, 许全喜, 等. 三峡入库站含沙量预报方法初探与试预报 [J]. 水利水电快报, 2015, 36 (5): 11-14.

[7] 钟德钰, 张红武. 考虑环流横向输沙及河岸变形的平面二维扩展数学模型 [J]. 水利学报, 2004 (7): 16-22.

[8] 夏军强, 张晓雷, 邓珊珊, 等. 黄河下游高含沙洪水过程一维水沙耦合数学模型 [J]. 水科学进展, 2015, 26 (5): 686-697.

[9] 张为, 李义天, 江凌. 长江中下游典型分汊浅滩河段二维水沙数学模型 [J]. 武汉大学学报 (工学版), 2007, 40 (1): 42-47.

[10] FANG H W, WANG G Q. Three-dimensional mathematical model of suspended sediment transport [J]. Journal of Hydraulic Engineering, 2000, 126 (8): 578-592.

[11] FANG H W, RODI W. Three-dimensional calculations of flow and suspended sediment transport in the neighborhood of

the dam for the Three Gorges Project (TGP) reservoir in the Yangtze River [J]. Journal of Hydraulic Research, 2003, 41 (4): 379-394.

[12] Lu Y J, WANG Z Y. 3D numerical simulation for water flows and sediment deposition in dam areas of the Three the dam for the Three Gorges Project (TGP) reservoir in the Yangtze River [J]. Journal of Hydraulic Research, 2003, 41 (4): 379-394.

[13] JIA D D, SHAO X J, ZHANG X N, et al. Sedimentation Patterns of Fine-Grained Particles in the Dam Area of the Three Gorges Project: 3D Numerical Simulation [J]. Journal of Hydraulic Engineering, 2013, 139 (6): 669-674.

[14] UMLAUF L, BURCHARD H. A generic length-scale equation for geophysical turbulence models [J]. Journal of Marine Research, 2003, 61 (2): 235-265.

[15] SOULSBY R. Dynamics of marine sands [C]. Thomas Thelford. 1998.

[16] ZHANG Y J, ATELJEVICH E, YU H C, et al. A new vertical coordinate system for a 3D unstructured-grid model [J]. Ocean Modelling, 2015, 85: 16-31.

小浪底水库排沙期入库流量的影响分析

黄李冰

（黄河水利委员会黄河水利科学研究院，河南郑州 450003）

摘　要：结合2022年汛前调水调沙实测水沙资料，应用水库一维水沙动力学模型，模拟了不同流量条件下小浪底水库的排沙效果，结果表明：2022年7月5日1时至6时，若三门峡水库按4 000 m^3/s 下泄，小浪底水库可多排沙量约820万t，两天内排沙量可增大约12%。小浪底水库水位降至对接水位时，三门峡水库下泄流量过程对小浪底水库的排沙效果影响显著，大流量过程下小浪底水库的排沙效果明显较好。

关键词：水库排沙；调水调沙；入库流量

1　引言

黄河汛前调水调沙以联合调度万家寨、三门峡、小浪底水库为主，实现水库排沙减淤等目的。对于小浪底水库的排沙，需在小浪底水库水位较低时，塑造有利于水库河道减淤的流量过程。当小浪底水库降至对接水位附近，三门峡水库泄放大流量过程冲刷小浪底库区明流段，人工塑造异重流排沙出库。若在排沙关键期入库流量减小，可能对排沙效果产生影响。

2　研究概况

2022年三门峡水库汛前调水调沙流量过程如图1所示，7月4日开始持续泄放4 000 m^3/s 以上的大流量过程，其中在7月5日约有5 h流量降低至1 200 m^3/s 左右。2022年三门峡水库汛前调水调沙含沙量过程如图2所示，自7月6日后开始排沙。

3　研究方法

3.1　数学模型的基本原理

采用水库一维水沙动力学模型，基本原理如下：

水流连续方程

$$\frac{dQ}{dx}=0 \tag{1}$$

水流运动方程

$$\frac{d}{dx}\left(\frac{Q^2}{A}\right)+gA\left(\frac{dz}{dx}+J_f\right)=0 \tag{2}$$

泥沙连续方程

$$\frac{\partial}{\partial x}(QS)+\gamma'\frac{\partial A_d}{\partial t}=0 \tag{3}$$

基金项目：国家自然科学基金项目（U2243205）；黄河水利科学研究院基本科研业务费专项（HKY-JBYW-2023-15）。

作者简介：黄李冰（1988—），女，高级工程师，主要从事水力学及河流动力学、水沙数值模拟方面的研究工作。

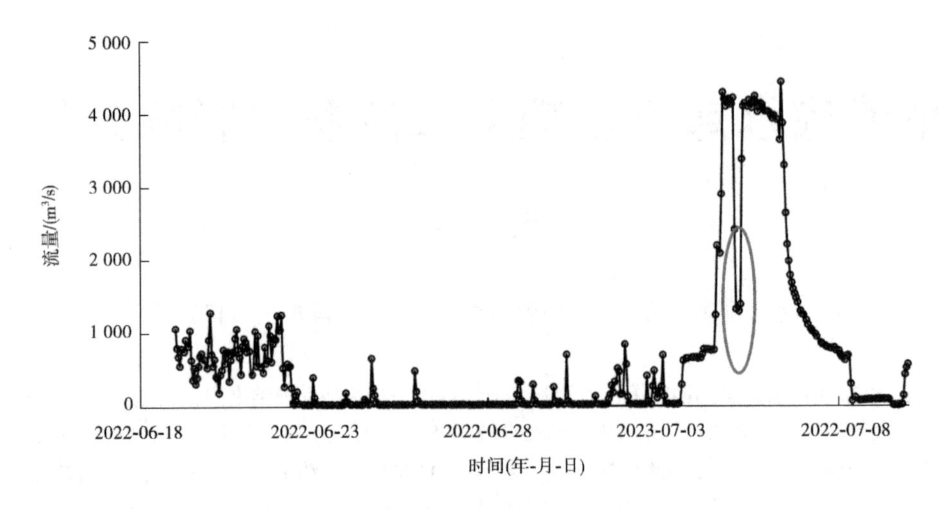

图 1　2022 年三门峡水库汛前调水调沙流量过程

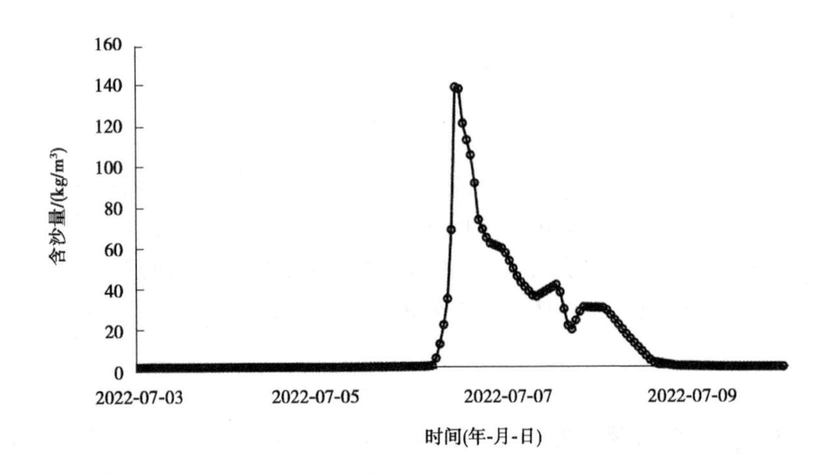

图 2　2022 年三门峡水库汛前调水调沙含沙量过程

河床变形方程

$$\gamma' \frac{\partial A_{\mathrm{d}}}{\partial t} = \alpha B\omega(S - S_{*}) \tag{4}$$

式中：x、t 分别为流程和时间；z 为水位；Q 为流量；A 为过水面积；A_d 为冲淤断面面积；g 为重力加速度；J_f 为能坡；S 为含沙量；S_* 为水流挟沙力；ω 为泥沙沉速；α 为恢复饱和系数；γ' 为淤积物干容重；B 为河宽。

3.2　数学模型的验证

以 2022 年汛前调水调沙期小浪底进出库实测资料为准，对模型计算所得小浪底水库坝前水位、出库含沙量进行验证。

小浪底水库坝前水位实测值与计算值对比分析如图 3 所示。可以看出，在 220 m 以上，计算水位的变化与实测值基本吻合，220 m 以下，计算水位较实测水位稍微偏高。对实测资料进行分析，7 月 3 日 23 时至 4 日 23 时，小浪底库水位从 220.47 m 下降至 215.13 m，蓄水量累计减少 1.31 亿 m^3；4 日 23 时至 6 日 20 时，库水位从 215.13 m 抬升至 220.47 m，蓄水量累计增加 0.64 亿 m^3；即在相同水位变幅下，回蓄水减少 0.67 亿 m^3，表明实测水量是不平衡的，而数学模型的计算是基于质量守恒定律，因此计算水位与实测水位出现偏差，基于 220 m 以上水位的完好吻合，说明计算结果是可信的。

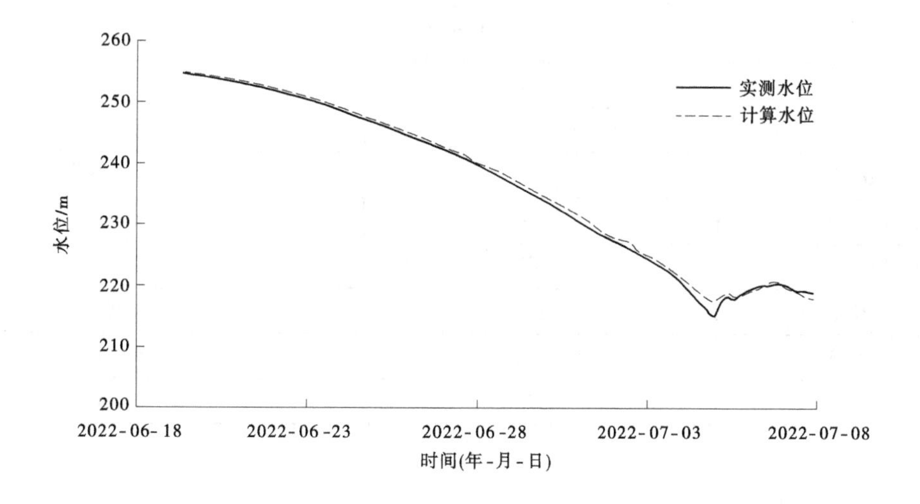

图 3　小浪底水库坝前水位实测值与计算值对比分析

计算过程中，水位在 215~220 m 是排沙的关键期，通过对实测资料的分析处理，计算得到含沙量与实测含沙量如图 4 所示。可以看出，含沙量计算值的变化规律与实测值变化规律相吻合，含沙量最大的时刻相近。

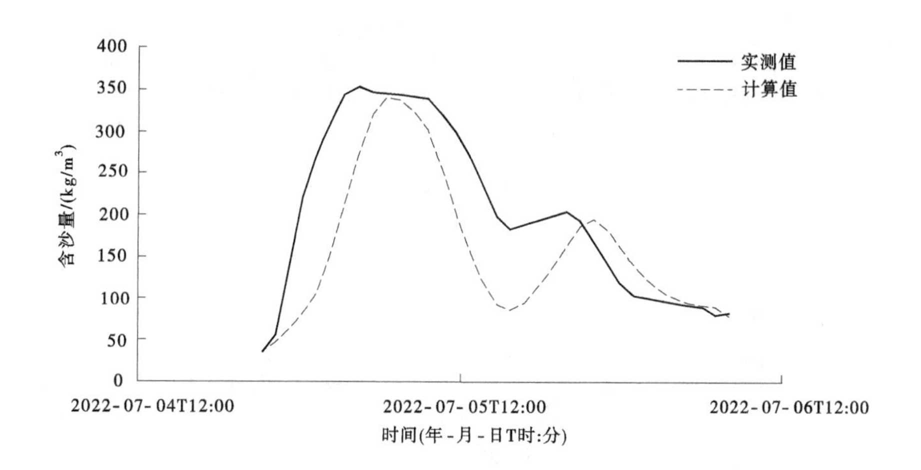

图 4　小浪底水库出库含沙量实测值与计算值对比分析

从上述验证结果可知，模型的计算结果真实、可信，可用于进行数值试验，以研究小浪底水库水位降至对接水位时，入库流量的变化对排沙效果的影响。

4　入库流量过程对小浪底排沙的影响分析

4.1　计算条件设置

采用 2022 年汛前地形，将 7 月 5 日 1 时至 6 时，三门峡水库出库流量按照 4 100 m^3/s 下泄，比实际下泄水量增加了 4 868 m^3，为保证三门峡水库水量平衡，结合三门峡水库运用方式，对设计方案中三门峡水库出库水沙过程进行调整（见表 1、图 5），设计方案较验证方案提前 3 h 泄空。

4.2　计算结果分析

设计方案与验证方案的小浪底出库含沙量计算结果如图 6 所示，自 7 月 5 日 10 时起，两方案含沙量发生变化。由图 6 可知，设计方案的含沙量并未出现急剧减小再增大的趋势。

表 1　计算方案对比

时间	流量/(m^3/s)	
	实测数据(验证方案)	设计方案
7 月 5 日 01:00	2 406	4 100
7 月 5 日 02:00	1 320	4 100
7 月 5 日 03:00	1 304	4 100
7 月 5 日 04:00	1 291	4 100
7 月 5 日 05:00	1 384	4 100
7 月 5 日 06:00	3 373	4 100

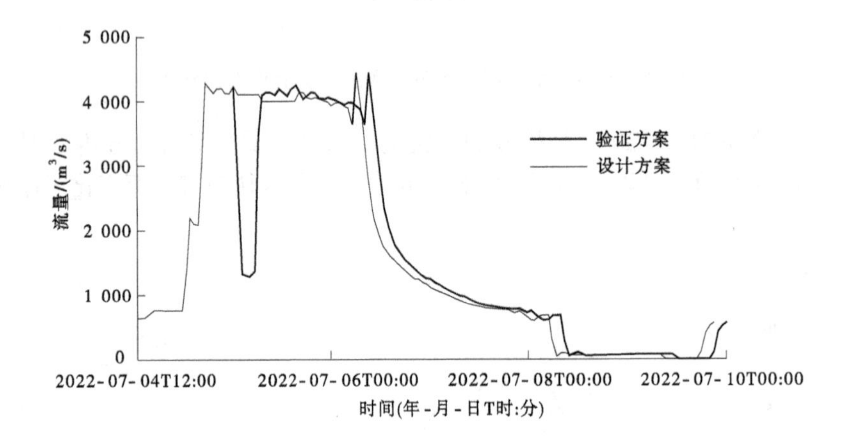

图 5　三门峡水库下泄流量过程对比

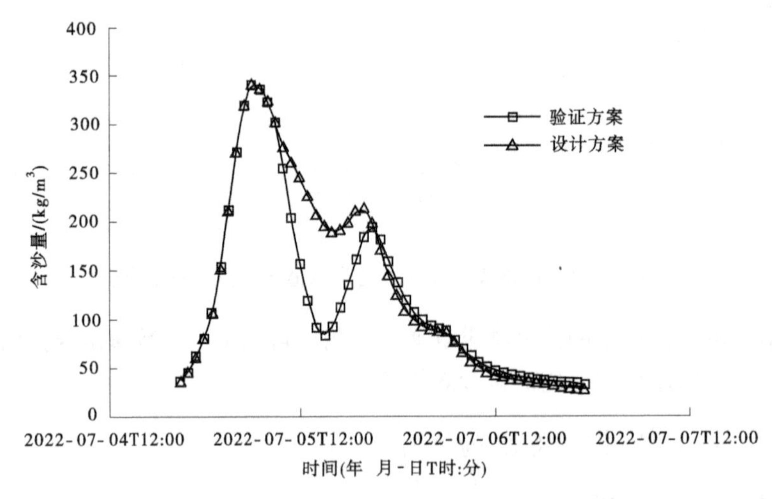

图 6　设计方案与验证方案的小浪底出库含沙量计算结果

经计算，验证方案自 7 月 4 日 21 时至 7 月 6 日 23 时排沙量为 7 040 万 t，设计方案较验证方案的排沙量多 820 万 t，影响主要集中在 7 月 5 日至 6 日的 10 h 内。即若持续保持大流量冲刷水库，排沙量可增加大约 12%。

5　结论

本文根据水库一维水沙数学模型，模拟小浪底水库出库水沙过程，探讨了排沙关键期入库流量过程对小浪底水库排沙效率的影响，结论如下：

（1）2022年7月5日1时至6时，若三门峡水库按4 000 m^3/s下泄，小浪底水库可多排沙量约820万t，两天内排沙量可增加约12%。

（2）小浪底水库水位降至对接水位时，三门峡水库下泄流量过程对小浪底水库的排沙效果影响显著，大流量过程下小浪底水库的排沙效果明显较好。

新阶段生态清洁小流域分类初探

刘文祥[1]　乔　哲[1]　张　怡[1]　申明爽[1]
闫建梅[1]　石劲松[1]　郭宏忠[2]　黄　嵩[2]

（1. 长江科学院重庆分院，重庆　400026；2. 重庆市水利局，重庆　401147）

摘　要：本文综述了生态清洁小流域概念变化，根据生态清洁小流域的功能定位和建设目标的差异，以水源地保护、水土流失治理、人居环境改善、自然景观提升等为影响因素，初步制定了水源保护型、生态旅游型、绿色产业型、和谐宜居型、休闲康养型等5种类型分类方法，并应用在重庆市巴南区小流域分类，为其他区域生态清洁小流域的分类和建设提供参考。

关键词：生态清洁小流域；分类；分析；方法

1　引言

生态清洁小流域建设是小流域综合治理的深化与发展，对保护涵养水源、复苏河湖生态环境、科学开展大规模国土绿化行动、建设宜居宜业和美乡村具有重要作用[1]。党的二十大强调，推动绿色发展，促进人与自然和谐共生，给生态清洁小流域建设提出了新的更高要求。2022年12月29日，中共中央办公厅、国务院办公厅印发《关于加强新时代水土保持工作的意见》，要求坚定不移做好水土保持工作，对扎实推动新时代水土保持高质量发展做出工作部署，大力推进生态清洁小流域建设，推动小流域综合治理与提高农业综合生产能力、发展特色产业、改善农村人居环境等有机结合[2]。《关于加快推进生态清洁小流域建设的指导意见》（水保〔2023〕35号）指出，用5年时间，全国形成推进生态清洁小流域建设的工作格局；用10~15年时间，全国适宜区域建成生态清洁小流域。治理后的小流域内水土资源得到有效保护，流域水系通畅洁净，人居环境显著改善，水土资源利用与区域经济社会发展更相适配，乡村特色产业得到培育和发展，群众生态保护意识普遍增强，山青、水净、村美、民富的目标基本实现。

2　生态清洁小流域科学内涵

2003年，北京市开展生态清洁小流域治理试点，首次提出“生态清洁小流域”的概念。2006年，水利部在北京组织召开生态清洁小流域治理工作座谈会，正式使用“生态清洁小流域”这一概念。2008年，北京市制定首部生态清洁小流域地方标准《生态清洁小流域技术规范》（DB11/T 548—2008），提出其定义为流域内水土资源得到有效保护、合理配置和高效利用，沟道基本保持自然生态状态，行洪安全，人类活动对自然的扰动在生态系统承载能力范围之内，生态系统良性循环、人与自然和谐，人口、资源、环境协调发展的小流域[3]。

2013年水利部发布《生态清洁小流域建设技术导则》（SL 534—2013），为生态清洁小流域的建设

基金项目：中央级公益性科研院所基本科研业务费项目（CKSF2021464/CQ）；重庆水利科技项目（CQSLK-202209）。
作者简介：刘文祥（1989—），男，工程师，主要从事流域土壤侵蚀与水土保持研究工作。
通信作者：闫建梅（1989—），女，工程师，主要从事生产建设项目水土保持研究工作。

与管理提供了指导，明确生态清洁小流域是在传统小流域综合治理的基础上，将水资源保护、面源污染防治、农村垃圾及污水处理等实现综合治理的模式[4]。2023 年，水利部修订发布《生态清洁小流域建设技术规范》（SL/T 534—2023），提出生态清洁小流域科学定义：以集水区为单元，科学合理配置水土流失治理、流域水系整治、面源污染防治、人居环境整治等措施，实现生态生产生活协同发展、水土资源有效保护和合理利用、生态系统良性循环、防灾减灾能力提升、人与自然和谐共生、经济社会高质量发展的小流域。

3　建设需求分析

3.1　落实习近平生态文明思想的新要求

水土保持是江河保护治理的根本措施，是生态文明建设的必然要求[5]。生态清洁小流域建设又是习近平生态文明思想在水土保持建设中的具体实践，将习近平生态文明思想贯穿整个生态清洁小流域建设的总体要求，实现水土保持工作高质量发展，有效利用区域地理资源优势，优化各建设板块的组合，统筹山水林田湖草沙系统治理，以满足日益增长的人民对美好生活环境需要为根本，为社会提供优质水土保持产品。

3.2　实施乡村振兴战略的新目标

全面实施乡村振兴战略，持续改善村容村貌和人居环境，建设美丽宜居乡村，实现巩固拓展脱贫攻坚成果同乡村振兴有效衔接，是农业农村优先发展的重要任务。围绕产业兴旺、生态宜居、生活富裕的目标，充分发挥水土保持在推进乡村振兴战略实施中的作用。这就要求生态清洁小流域建设要发挥美丽清洁的特点，与农村水系综合整治、美丽乡村建设有机结合起来，科学配置水土保持各项措施，最大限度发挥水土保持综合效益，创造更多的优质生态产品，进一步巩固脱贫攻坚成果，有力助推乡村振兴。

3.3　实现水利高质量发展的新部署

要求以流域为单元，以山清、水净、村美、民富为目标，统筹配置沟道治理、生物过滤带、水源涵养、封育保护、生态修复等措施，打造生态清洁小流域，并将其纳入推动新阶段水利高质量发展六条实施路径之中，从实践上作为复苏河湖生态环境的基本单元和“最先一公里”。生态清洁小流域治理从示范实践到创新推广，是生态清洁小流域技术不断探索、创新和发展的结果，全力推进水土流失治理与修复，实现小流域综合治理的高质量发展，展示水土流失科学治理课题研究和创新发展成果。

3.4　推广小流域水土流失治理的新经验

在实施小流域治理的同时，结合农村人居环境整治、乡村特色产业发展等，打造了一大批具有示范作用和社会影响力的生态清洁小流域，在保护水土资源、改善人居环境、促进群众增收致富和推动生态文明建设等方面发挥了重要作用，同时加强信息化应用和科普等方面的宣传推广，为新阶段水土保持发展提供实践创新区位和示范引领空间[2]。

4　调查方法

生态清洁小流域调查包括内业资料收集和外业现场调查两种方法，对小流域的调查需采用内业资料收集和外业现场调查相结合的方法。

4.1　内业资料收集

以小流域为单元，收集基础信息资料，包括自然条件和社会经济情况，土地利用情况，施肥等土地管理情况，地方特色产业及工农业产值，水土流失及其危害，面源污染来源、分布及危害程度，点源污染来源、数量、分布及处置情况。

4.2　外业现场调查

外业现场调查主要是调查流域水土流失及其危害，面源污染来源、分布及危害程度，点源污染来源、数量、分布及处置情况，以及前期水土流失综合治理情况。根据地形、地貌和水土流失状况可划分为若干调查片区，在调查片区内按照土地利用现状划分地块作为调查单元，采用实地调查、地理信息系统和高空遥感等方法开展调查。

（1）实地调查。对小流域内前期水土保持工程措施外观质量，可采用目视检查和皮尺（或钢卷尺）测量；对实施水土保持植物措施，可采用样方测量和面积推算调查植物可生长状况和林草植被种植面积；实地调查流域内天然林草和人工林草的盖度，根据调查、观测数据，计算林地的郁闭度、草地的盖度、林草植被覆盖度等水土流失防治指标。

（2）高空遥感技术。以高精度航片或遥感影像为主要数据源，结合相关资料和地面调查，通过解译获得小流域土地类型、植被分布、地面坡度、地质土壤、地形地貌及土壤侵蚀的分布、面积和空间特性数据，将不同时期遥感成果进行数据对比、空间分析等，获得不同时段的土地利用、水土流失数据和防护措施实施情况。

（3）低空遥感技术。主要通过利用无人机飞行器在小流域内飞行并航拍获取低空范围内的地面影像数据，以遥感技术进行数据传输，结合配备的后台处理软件完成数据传输处理和分析模型的设计，进而完成相应的数据分析对比工作。

5 分类方法

5.1 类型含义

（1）水源保护型生态清洁小流域：主要功能是保护饮用水源。流域内涉及饮用水源保护区和重要江河源头，多位于江河干流及重要支流的上游，并且在流域规划的水功能区划中属于保护区或保留区，需要对该类小流域进行保护式的综合治理。

（2）生态旅游型生态清洁小流域：主要功能是打造人与自然和谐共生旅游区。以可持续发展为理念，以保护生态环境为前提，在森林、草地、地质等生态景观资源丰富的地区，打造生态旅游风景区。

（3）和谐宜居型生态清洁小流域：主要功能是打造和谐宜居的人居环境。该流域一般在环境和基础设施建设较好的人口聚集区，居住区周边林草植被相对较好，有较好的水景观、自然景观的区域，涉及水生态文明村、新农村建设点等重点村庄区域。

（4）休闲康养型生态清洁小流域：主要功能是打造有特色的休闲娱乐区。该流域地理位置优越，交通便利，具有民俗文化、红色旅游、农业观光、森林康养、温泉等特色资源，区域内基础设施完备、环境优美。

（5）绿色产业型生态清洁小流域：主要功能是发展特色产业。该流域具有适宜种植的良好条件，适合发展农业特色产业，如有机茶、水果、中药材、设施农业等，有助于带动当地经济发展和提高农民收入。

5.2 分类依据

根据生态清洁小流域含义，以小流域治理目标为分类依据，分别以水源地保护、水土流失治理、人居环境改善、自然景观提升、特色产业发展等为主要影响因素作为分类研究的基础[6]，提出由小流域治理和发展目标功能定位组成的生态清洁小流域的分类法（见图 1）。

5.3 划分方法

针对不同类型的生态清洁小流域的功能，根据土地利用类型、植被覆盖度、河流水系等自然概况，结合人口经济、风景区、特色产业分布特征，划分五大类型生态清洁小流域（见表 1）。

（1）水源保护型：流域范围内有饮用水源保护区、重要江河源头、湖泊和水库。

（2）生态旅游型：流域范围内林草植被覆盖度高，灌木地、林地和草地面积占比大。

（3）和谐宜居型：流域范围内城镇和村庄聚集，土地利用类型以建设用地和交通用地为主。

（4）休闲康养型：流域范围内具有农业观光、森林康养、温泉等资源，有一定的建设用地，林草植被覆盖度较高。

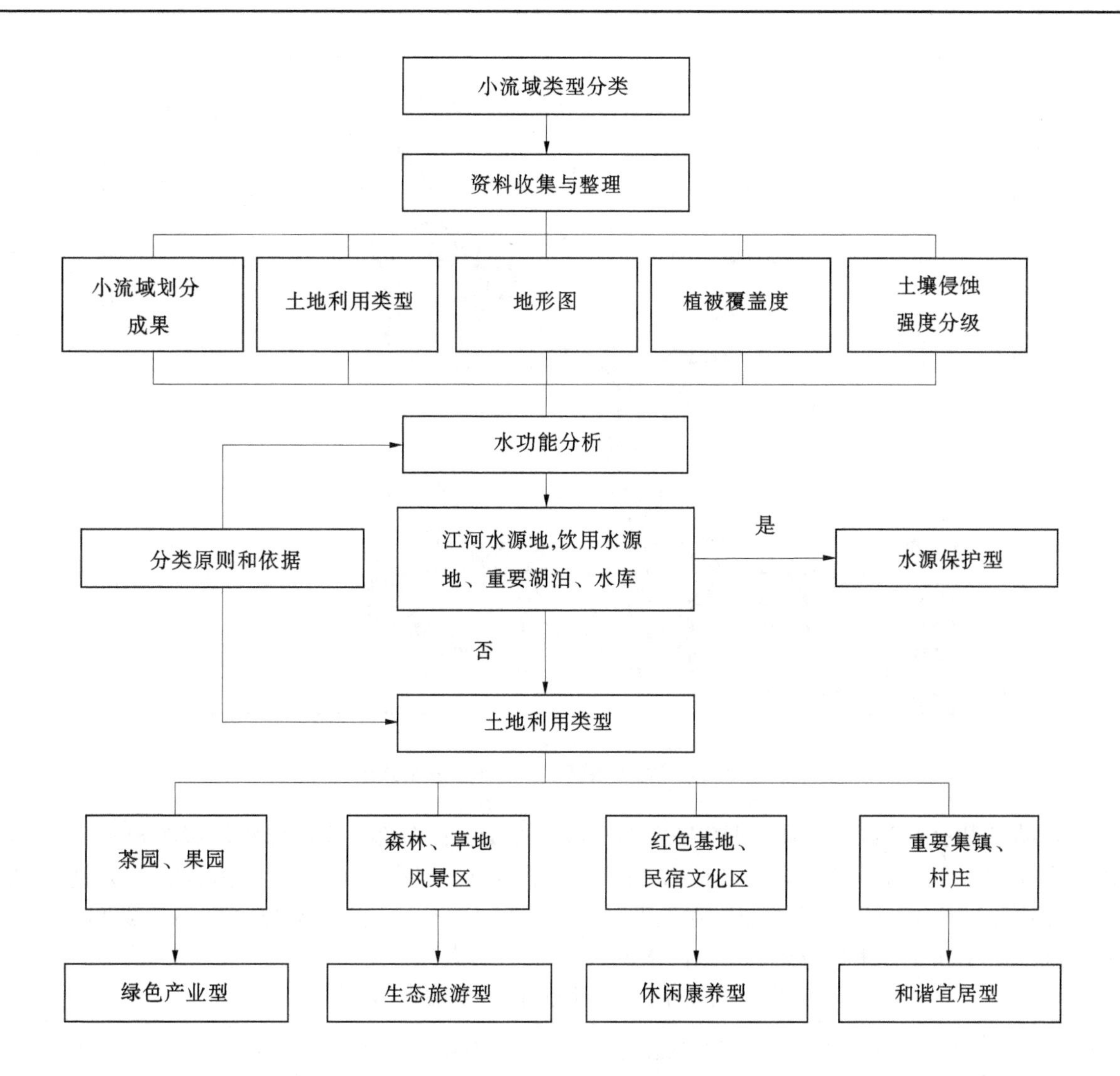

图1　生态清洁小流域分类技术路线

表1　生态清洁小流域分类指标

流域类型	分类依据					
	土地利用	坡度	植被覆盖度	土壤侵蚀	人口	产业经济
水源保护型	河湖库塘	较缓，部分陡坡	较好	轻度和中度为主	较少	第三产业
生态旅游型	林地、草地	较缓，部分陡坡	较好	轻度和中度为主	较少	第三产业
绿色产业型	园地	较缓，存在陡坡	一般	中度和重度为主，部分剧烈侵蚀	一般	第一产业
和谐宜居型	建设用地	较缓	一般	中度和重度为主，部分剧烈侵蚀	聚集	第二、第三产业
休闲康养型	林草地、建设用地	较缓	较好	轻度和中度为主	一般	第三产业

（5）绿色产业型：流域范围内具有特色农业产业，茶园、果园等有机农业园占一定面积。

5.4　应用实例

本文以重庆市巴南区为例，基于巴南区小流域划分成果和土地利用等相关数据，按照统筹兼顾、突出重点的基本原则，将巴南区全部小流域划分为水源保护型、生态旅游型、和谐宜居型、休闲康养型和绿色产业型五种类型生态清洁小流域（见图2）。

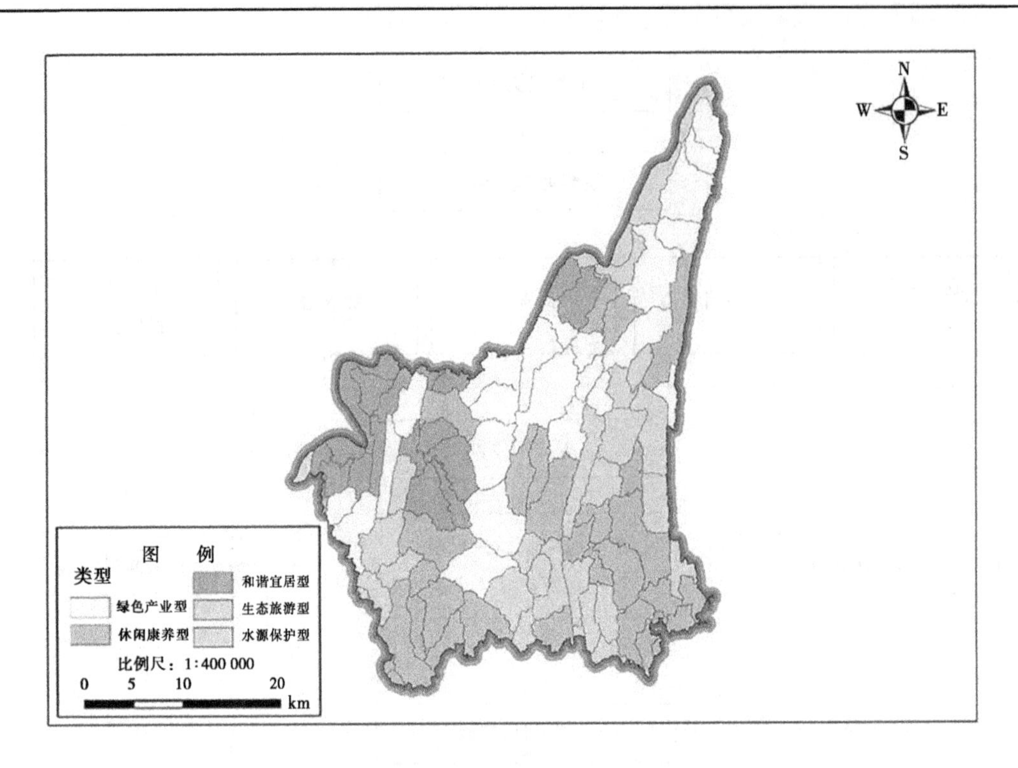

图 2 重庆市巴南区生态清洁小流域分类

分类结果显示，全区水源保护型生态清洁小流域 6 个，占全部生态清洁小流域的 6%，主要位于巴南区东北部；和谐宜居型生态清洁小流域 18 个，主要位于巴南区北部；生态旅游型和绿色产业型生态清洁小流域均为 23 个，主要分布在巴南区中部和西部；休闲康养型生态清洁小流域 30 个，流域面积达到 561. 37 km^2，主要分布在巴南区南部。

表 2 重庆市巴南区生态清洁小流域分类统计

流域类型	和谐宜居型	生态旅游型	水源保护型	绿色产业型	休闲康养型
面积/km^2	249. 62	386. 51	64. 71	560. 30	561. 37
小流域数量	18	23	6	23	30

6 结论

本文综述了生态清洁小流域概念的发展演变，以小流域治理目标为分类依据，以水源地保护、水土流失治理、人居环境改善、自然景观提升等主要影响因素为基础，基于流域土地利用类型数据，提出生态清洁小流域的初步分类方法，将生态清洁小流域分为水源保护型、生态旅游型、绿色产业型、和谐宜居型、休闲康养型等 5 个类型，并以重庆市巴南区为例，对 100 条生态清洁小流域进行分类。本文只是对生态清洁小流域分类开展了初步探索，后续建议收集生态清洁小流域详细资料，如水功能区划、林草规划、农业规划等其他相关规划；针对现场实际情况，如流域内耕地面积占比较大，应考虑增加新的类型。

参考文献

[1] 乔殿新，王力，郭莹莹．论新阶段水土保持生态清洁小流域发展［J］．中国水利，2022（14）：34-37.
[2] 刘明辉．新阶段生态清洁小流域建设探析［J］．河北水利，2023（5）：20，34.

[3] 郑晓岚，宋娇，程华，等. 基于中文文献计量分析的生态清洁小流域研究现状及趋势 [J]. 江苏农业学报，2021，37（3）：676-685.
[4] 莫明浩，谢颂华，张磊，等. 南方红壤侵蚀区生态清洁小流域评价研究：以江西省为例 [J]. 生态环境学报，2018，27（6）：1016-1023.
[5] 蒲朝勇，高媛. 生态清洁小流域建设现状与展望 [J]. 中国水土保持，2015（6）：7-10.
[6] 张利超，谢颂华. 基于功能的江西省生态清洁小流域分类研究 [J]. 中国水土保持，2018（1）：7-10.

基于广义加法模型的黄河河口湿地潜在植被模拟

周　振[1]　宫晓东[1]　郭　萌[2]

（1. 黄河河口管理局，山东东营　257000；2. 垦利黄河河务局，山东东营　257500）

摘　要：本研究以广义加法模型为基础，结合地理信息系统的数据存储、分析功能，对黄河河口湿地生态系统潜在自然植被进行了模拟，以期为合理开展黄河河口湿地生态恢复提供理论基础和实践指导。通过拟合效果分析，翅碱蓬群落、柽柳群落和芦苇群落的分布模型的 D^2 值分别为 0.724、0.832 和 0.791，模型拟合效果较好。

关键词：潜在植被；广义加法；GAM 模型；模拟

1　引言

植被是生态系统的基本组成部分，其中的潜在植被通常作为生态系统恢复重建的参照系统[1]。潜在自然植被（potential natural vegetation，PNV）作为一种与其所处立地环境下达到平衡的演替终代，反映的是无人工干扰情况下的系统能发育形成的最稳定、最成熟的顶级植被类型，是一个地区生态系统的发展趋势[2]。建立植被群落与环境因子之间的关系模型是研究潜在植被分布的关键，但是由于群落分布格局形成的机制极为复杂，建立机制模型难度较大。目前，多数方法为利用野外调查获取的样板数据建立群落-环境关系的多变量统计模型[3]。广义加法模型（generalized additive model，GAM）无须预订的参数模型，对变量数量类型和统计分布特征适应性更强。本文以广义加法模型为基础，结合地理信息系统的数据存储、分析功能，对黄河河口湿地生态系统潜在自然植被进行了模拟，以期为合理开展黄河河口湿地生态恢复提供理论基础和实践指导。

2　材料与方法

2.1　资料收集与采样布置

本研究东、北以海岸线为界，西、南为山东黄河三角洲自然保护区一千二管理站西端和大汶流管理站南端，总面积约 2 719 km²。

收集的数据主要来源于 2014—2017 年黄河清水沟和刁口河流路地下水原型观测项目，主要包括土壤有机质（soil organic matter，SOM）、全盐（SALT）、可溶性钾（soluble potassium，SK）和全磷（total phosphor，TP），地表高程（elevation，ELE）数据来源于 1∶10 000 的 DEM 数据。以 2022 年 SPOT5 影像作为基础进行目视解译，利用不同植被类型在遥感影像上的形态特征、纹理特征和色调差异，参考野外考察情况，利用人机交互的方法识别植被类型，提取植被分界线，最终获取植被分布图。在山东黄河三角洲自然保护区东部和北部各选择 10 个样方调查地，规格为 100 m×100 m，调查内容为植物种类及其单位面积上的数量、盖度和多度等。

基金项目：黄河水利委员会优秀青年科技项目。

作者简介：周振（1985—），男，副高级工程师，主要从事水资源和水生态科学研究工作。

通信作者：宫晓东（1985—），男，副高级工程师，主要从事水资源和水生态科学研究工作。

2.2 模型理论基础

广义加法模型是指广义线性模型的非参数化扩展。该模型利用平滑函数f_j替代参数β_j，从而便于分析数据中的非线性关系。模型结果并非来自某个预先设定好的参数化模型，而是通过检测数据结构，发现规律并构建模型。如下式所示，式中，f_j为不确定平滑函数，例如滑动线、滑动平均数、滑动中位数、三次曲线光滑函数、B-样条函数等。

$$g(u)=\alpha+\sum_{j=1}^{p}f_j(x_j) \tag{1}$$

3 结果与讨论

3.1 典型植被及其空间分布

黄河河口地区主要植物种有芦苇（Phragmites australis）、柽柳（Tamarix chinensis）、翅碱蓬（Suaede glauca）、白茅（Imperata cylindrical var. major）、獐茅（Aeluropus littoralis var. sinensis）、罗布麻（Apocynum venetum）、香蒲（Typha angustifolia）、荻（Miscanthus sacchari）、野大豆（Glycine soja）、狗尾草（Setaria viridis）等，以禾本科、豆科、菊科和藜科居多，植被覆盖率约为55%，其中典型植被为翅碱蓬、芦苇和柽柳[4]。

通过野外植被群落样方调查，结合遥感影像资料，可知在东部自然保护区，芦苇、柽柳、翅碱蓬沿黄河清水沟流路呈条带状分布，沿河道向外至高潮线附近依次是芦苇、柽柳和翅碱蓬，各植被带宽度为0.6~4.3 km，长度从入海口以上5 km沿河道至大汶流管理站约46 km；在北部自然保护区，翅碱蓬、柽柳、芦苇自南向北呈斑块状集中分布于一千二管理站东侧和东北侧，自孤北水库至防潮坝依次是芦苇、柽柳和翅碱蓬，各植被带宽度为1.2~7.8 km、长度为10.7~22.6 km。

3.2 环境因子空间分布

由于历史上黄河改道和决口现象频繁发生，黄河三角洲形成了岗、坡、洼地相间排列的复杂微地貌。纵向上，沿河道呈指状分布；横向上，呈波浪起伏状分布。图1为黄河河口湿地主要环境因子空间分布，从图1可看出，在滨海地区，土壤的全盐含量较高，在三角洲的西部及河道内，土壤全盐含量较低。土壤可溶性钾含量的空间分布和土壤全盐规律较为相似。通过对比可知，土壤中有机质、全磷的含量与土壤中的盐分含量在空间上存在相反的变化趋势，土壤的含盐量越大，则有机质、全磷的含量越低。分析原因，主要是土壤中有机质的形成不仅与盐分及地下水环境有关，还与土壤的成龄、熟化程度和开发利用程度等多种因素有关。

三角洲西部和南部内陆地区，由于地势较高，地下水埋藏较深，土壤盐分含量低，盐渍化程度较小，土壤形成时间短，熟化程度深，土壤中有机质含量较高。而沿海平地及滩涂区，地势低平，地下水位高，土壤中盐渍化程度重，土壤发育时间短，植被盖度低，生物量低，土壤中微生物和活性酶较低，因而土壤中有机质的分解受限制，有机质与全氮含量较低。

3.3 植被分布与环境因子关系分析

通过样地调查，翅碱蓬群落多分布于滩涂和地势低洼地区，土壤是盐化潮土，有机质和全磷的含量较高。柽柳群落多分布于土壤含盐量高、有机质含量低的地区；芦苇群落分布区较广，环境因子差异较大。根据环境因子在DCCA二维排序空间的分布情况（见图2~图5），我们探究了植被分布与环境因子的关系。由图2可知，地表高程、土壤类型和地貌单元与第1轴夹角较小，表明第1轴主要代表高程与地貌等环境因子的变化梯度。可溶性钾和土壤全盐含量与第2轴夹角较小，表明第2轴主要代表全盐和可溶性钾等环境因子的变化梯度，且连线越长表明相关性越大。由图3可知，地表高程、土壤全盐和全磷的箭头连线最长，土壤有机质和可溶性钾次之，地貌单元和土壤类型连线最短。结果表明：地表高程、土壤全盐和全磷对翅碱蓬植被群落分布的影响最大，地貌单元和土壤类型的影响最小。由图4可知，土壤全盐、地表高程和土壤类型的连线最长，全磷、可溶性钾和地貌单元的连线次之，土壤有机质的连线最短。结果表明：土壤全盐、地表高程和土壤类型对柽柳分布格局的变化影响

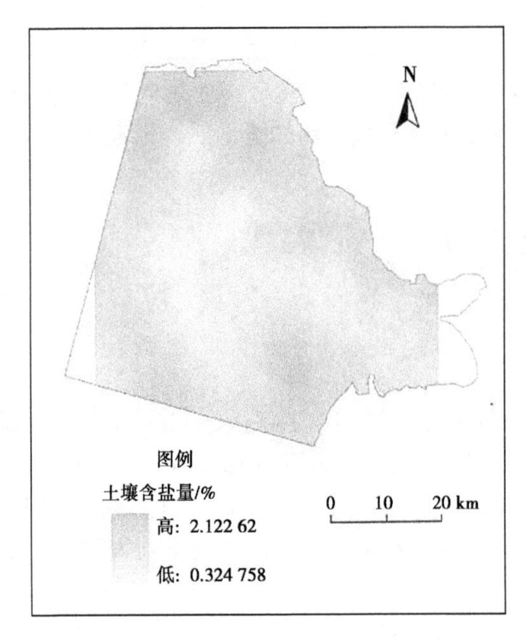

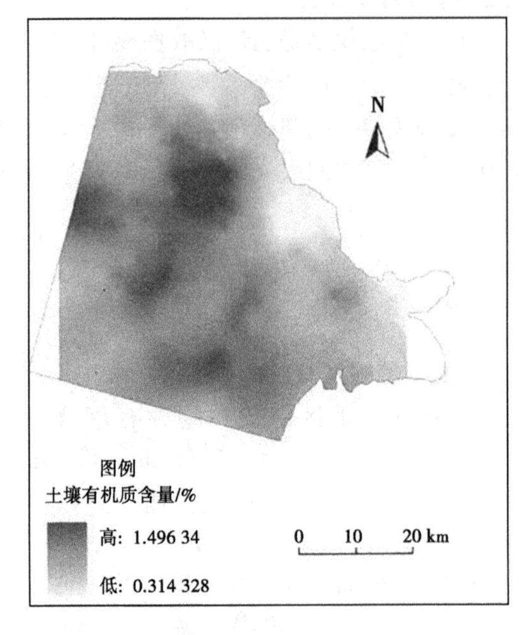

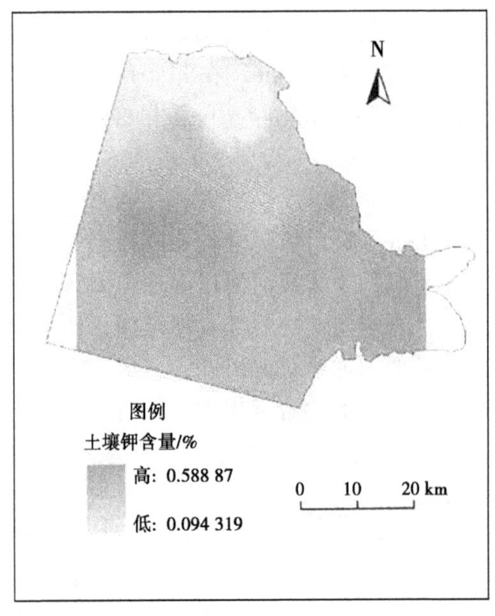

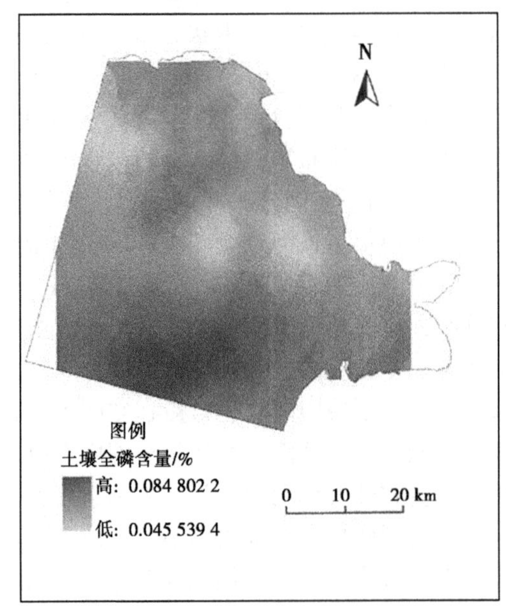

图 1 黄河河口湿地主要环境因子空间分布

最大，土壤有机质的影响最小。由图 5 可知，土壤全盐的连线最长，可溶性钾的连线最短，结果表明：全盐对芦苇群落的影响最大，而可溶性钾的影响最小。

3.4 潜在-植被环境模型的建立

潜在-植被环境模型需要响应变量矩阵、预测变量矩阵、预测变量最大值与最小值等数据。响应变量主要采用植物群落的存在或缺失指标作为响应变量；预测变量包括地貌、土壤类型等因子变量和地表高程、土壤全盐、土壤有机质、全磷、可溶性钾等连续变量；拟合模型采用自由度为 4 的平滑函数 spline 拟合连续变量，响应变量分布模式采用二项式分布，连接函数为 logit，进而得到植被-环境判别模型。

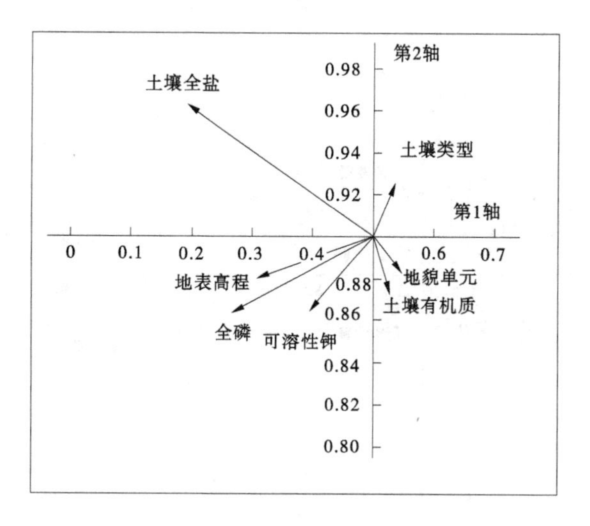

图 2　环境因子 DCCA 排序

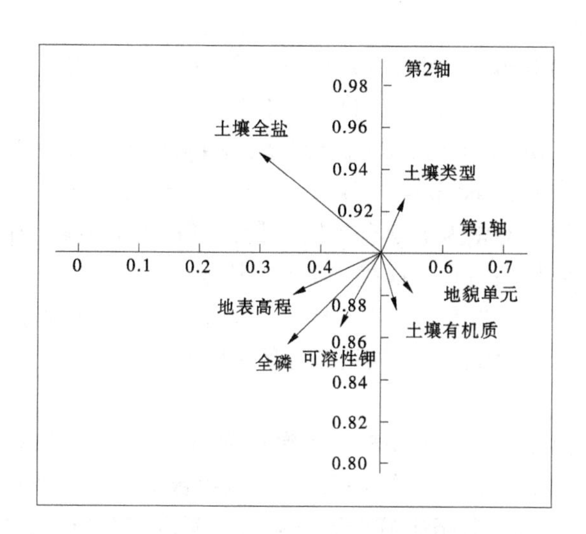

图 3　环境因子 DCCA 排序（翅碱蓬群落）

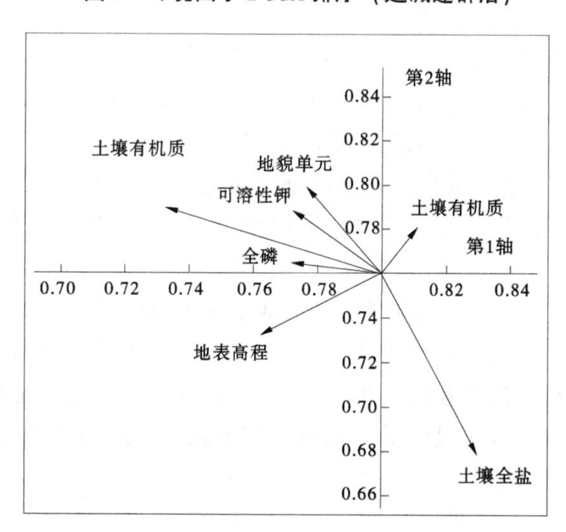

图 4　环境因子 DCCA 排序（柽柳群落）

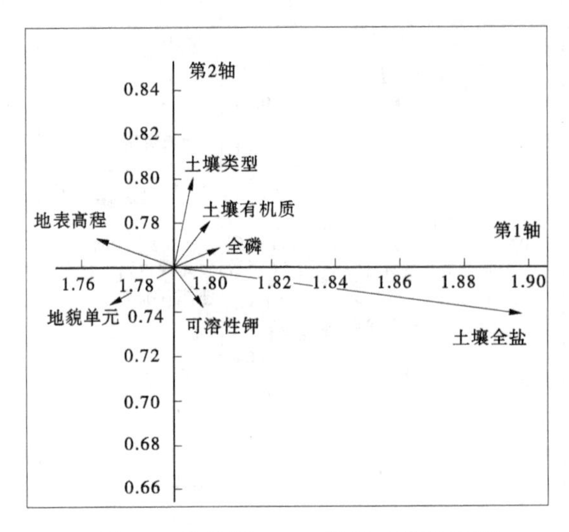

图 5　环境因子 DCCA 排序（芦苇群落）

GAMs[formula = YYY$sp ~ s(SALT, 4) + s(SOM, 4) + s(ELE, 4) + s(TP, 4) +
s(SK, 4) + s(ST, 4) + s(LU, 4)]
(family = binomial, link = logit, data = XXX, weights = WEIGHTS[, 4], subset =
gr. modmask[, 4], na. action = na. omit)

式中：SALT 为土壤全盐含量；SOM 为土壤有机质含量；ELE 为地表高程；TP 为土壤全磷含量；SK 为土壤可溶性钾；ST 为土壤类型；LU 为地貌类型环境因子。

本研究采用 D^2 评价模型拟合效果。通过分析，翅碱蓬群落、柽柳群落和芦苇群落的分布模型的 D^2 值分别为 0.724、0.832 和 0.791，说明模型拟合效果较好。

3.5　潜在-植被空间预测

基于植被-环境关系模型，结合 ArcGIS 工具模拟河口三角洲湿地潜在植被的分布。预测在植被-环境关系的基础之上，利用查找表和预测变量来预测植被的空间分布概率。查找表中各个预测变量的值标明了其数据范围，可以对各格栅数据进行运算，实现整个研究区的预测制图（见图 6）。通过 ArcView 中的 GRASP 模块，以生成的植被-环境 GAM 模型为基础，利用查找表，通过对各预测变量的模型运算来完成。

由图 6 可知，翅碱蓬群落分布概率值为 0~0.88。翅碱蓬是淤泥质潮滩和重盐碱地段的先锋植物，在陆地上多与柽柳群落呈现复区分布。生境较为低洼，地下水埋深一般较浅，土壤多为滨海盐碱土，含盐量比较高。因此，在滨海区域，翅碱蓬群落出险率较高。

柽柳群落分布概率为 0~0.75。该群落为天然海岸灌丛，一般分布于平均海水高潮线以上的近海滩涂上，地势平坦。土壤为淤泥质盐土，其含盐量较高，全氮、全磷和有机质的含量较低，主要出现在滨海区域。

芦苇群落分布概率为 0~0.84。靠近海岸地区，地下水埋深较浅。因海水入侵，土壤含盐量极高，盐生芦苇多分布于滨海湿地。在黄河河道和水库周边地区，由于受淡水作用的影响，土壤含盐量较低，水分充足，沼生芦苇分布的概率较高。内陆地区，地表高程较高，土壤的养分状况好于滨海地区，由于地下水埋深较深，土壤含水量较低，土壤比较干燥，不适宜芦苇生长，其概率分布值低于滨海区域。

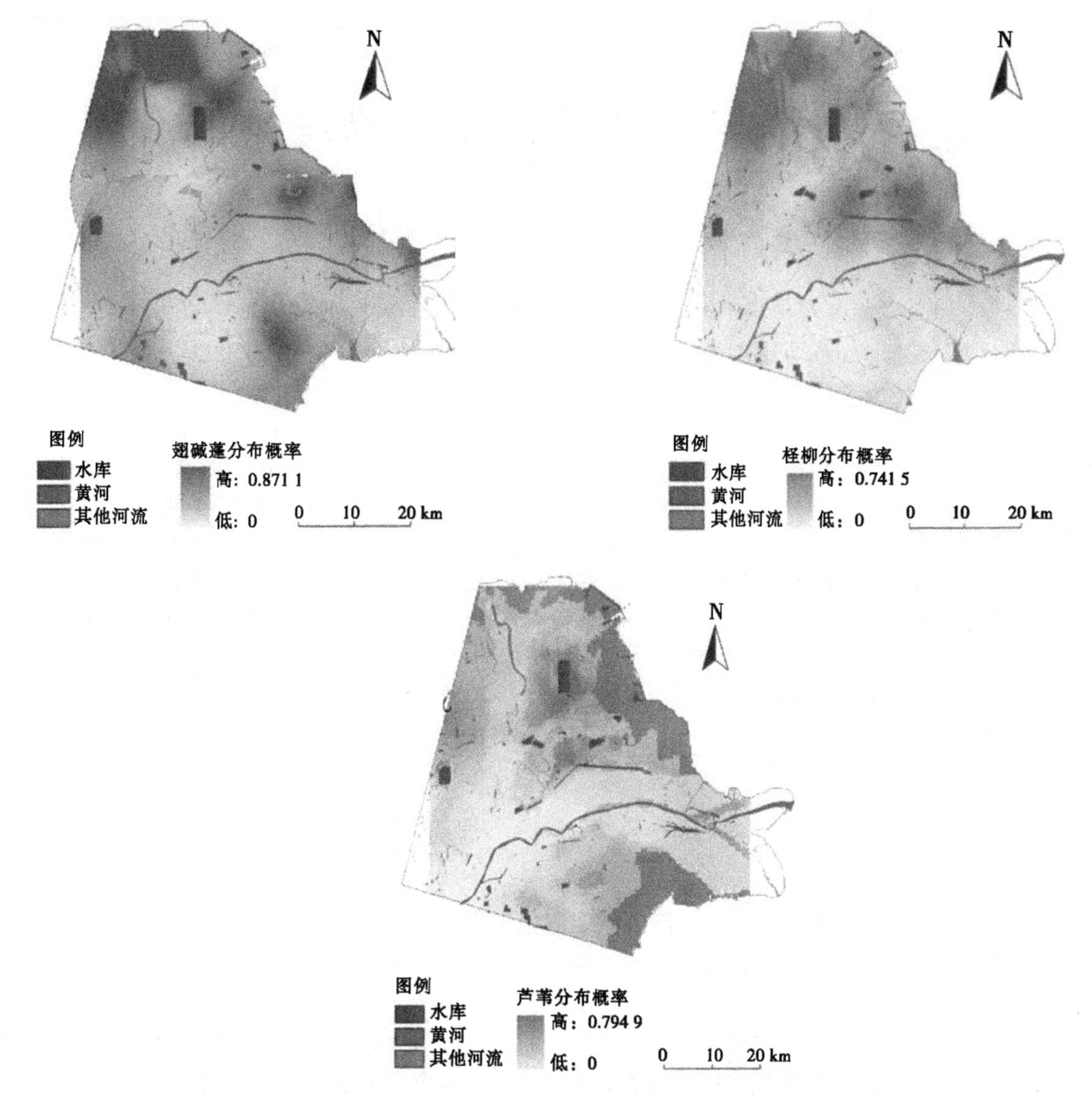

图6　黄河河口湿地潜在植被模拟分布概率

参考文献

[1] HOPFENSPERGER K N, BURGIN A J, SCHOEPFER V A, et al. Impacts of saltwater incursion on plant communities, anaerobic microbial metabolism and resulting relationships in a restored freshwater wetland [J]. Ecosystems, 2014, 17 (5): 792-807.

[2] 安乐生，赵全升，叶思源，等. 黄河三角洲地下水关键水盐因子及其植被效应 [J]. 水科学进展，2011，22 (5)：689-695.

[3] 贺强，崔保山，赵欣胜，等. 黄河河口盐沼植被分布、多样性与土壤化学因子的相关关系 [J]. 生态学报，2009，29 (2)：676-687.

[4] 崔保山，杨志峰. 湿地学 [M]. 北京：北京师范大学出版社，2006.

技术创新与数字化工具在流域治理中的应用

张世安[1,2]　王　强[1,2]　吴嫡捷[3]

（1. 黄河水利委员会黄河水利科学研究院，河南郑州　450003；
2. 河南省湖库功能恢复与维持工程技术研究中心，河南郑州　450003；
3. 黄河水利委员会河南黄河河务局，河南郑州　450003）

摘　要：本文探讨了技术创新和数字化工具在流域治理中的应用，着重分析了其优势、挑战以及未来发展趋势。首先强调了技术创新在提高效率、实现实时监测和促进跨界合作方面的重要性，详细介绍了智能传感器、大数据分析、区块链技术等各种新兴工具，展示了它们在水资源管理、洪水预测、水质监测和生态系统保护中的作用。其次探讨了技术创新所面临的问题，包括数据隐私和安全问题、技术成本和社会接受度等，这些问题需要认真对待，以确保技术的可持续性和社会接受度。最后预测了新技术的前景，如量子计算、生态学传感器和水资源再生技术，将进一步推动流域治理的演进。未来的流域治理将注重可持续性、气候变化适应和社区参与，以确保水资源的可持续管理和保护环境。

关键词：技术创新；数字化；流域治理；应用

1　引言

流域治理一直是水资源管理的核心问题之一。流域作为自然水循环的基本单位，不仅承载了众多生态系统的生存和发展，还为人类社会的生活和经济活动提供了宝贵的水资源。但随着人口的增长、工业化和城市化的加速发展，流域面临着日益严重的压力，包括水资源短缺、水质恶化、洪水频发以及生态系统受损等，这些问题不仅影响了人们的生活质量，还威胁着水资源的可持续性。在解决这些问题的过程中，技术创新和数字化工具已经成为流域治理的重要组成部分。传统的流域管理方法往往面临信息获取、决策制定和资源分配等方面的限制，而新兴的技术和工具，如智能传感器、大数据分析、人工智能（AI）和区块链等，为流域管理提供了全新的可能性。这些工具不仅可以提高流域管理的效率，还能够更好地应对复杂的水资源管理。

本文的研究目的是探讨技术创新和数字化工具在流域治理中的应用，以揭示它们如何改善流域管理的效果并提高水资源可持续性。具体为：分析不同类型的技术创新和数字化工具，以及其在流域治理中的潜在用途；分析已应用这些技术和工具的成功案例，以了解其实际效果和效益；研究技术创新和数字化工具在解决流域管理问题中的作用和潜力；探讨技术创新对流域治理的长期影响，包括可持续性、环境保护和社会发展等方面的影响。

基金项目：国家自然科学基金资助项目（U2243215，52309091）；河南省自然科学基金资助项目（222300420235）；水利部重大科技项目（SKR-2022088）；黄河水利科学研究院基本科研业务费专项项目（HKY-JBYW-2022-12）。

作者简介：张世安（1992—），男，工程师，研究方向为水力学及河流动力学。

通信作者：王强（1991—），男，工程师，博士，研究方向为水库泥沙。

2 流域治理概述

2.1 流域管理的重要性

流域是地球上水资源循环的关键单元，包括一个或多个河流和附属的水体，以及流经或流入其中的水源，是自然系统与人类社会之间相互作用的区域，其重要性不容忽视。

（1）水资源供应：流域提供了饮用水、农田灌溉和工业用水等人类生活和经济活动所必需的水资源，有效管理流域可以确保水资源的可持续供应[1-2]。

（2）生态系统支持：流域包含了各种生态系统，如湿地、森林和河流，可为野生动植物提供栖息地，维护生态平衡，并支持渔业和旅游等产业[3]。

（3）洪水控制：流域管理可以调整水流，减轻洪水的影响，保护人们的生命和财产安全[4]。

（4）水质保护：管理流域可以控制污染源，维护水体的质量，确保供水安全[5]。

2.2 流域治理面对的问题

（1）水资源短缺：许多地区面临水资源不足的问题，由于气候变化和人口增长，可能会进一步加剧。

（2）水质恶化：工业排放、农业污染和城市排水导致水质恶化，对生态系统和人类健康构成威胁。

（3）洪水和干旱：极端气候事件如洪水和干旱频繁发生，加大了流域管理的复杂性。

（4）生态系统受损：生态系统的退化影响了生物多样性和生态平衡，对流域功能产生负面影响。

2.3 技术创新在流域治理中的作用

（1）实时监测：智能传感器和远程监控技术可以实时监测水质、水位和气象条件，提供关键数据以更好地管理水资源[6-7]。

（2）大数据分析：大数据分析工具能够处理庞大的水文数据，识别趋势和模式，帮助预测洪水、干旱和水资源需求[8-9]。

（3）智能水资源管理：智能水表和网络可以实现水资源的更精确测量和分配，减少浪费[10-11]。

（4）水质监测和改善：先进的水质监测技术和智能水处理方法有助于保护和改善水质[12]。

（5）模拟和决策支持：模型和决策支持系统可以帮助政策制定者更好地理解不同政策和管理措施的影响[13]。

技术创新和数字化工具为流域治理带来了巨大作用，有望改善流域管理的效率、可持续性和适应性，从而更好地满足不断增长的水资源管理需求。

3 技术创新和数字化工具的种类

3.1 智能传感器和监测技术

智能传感器和监测技术是流域治理中的关键工具，它们可以实时、精确地收集各种环境数据，包括水质、水位、气温、降雨量等。这些技术包括：

（1）水质传感器：能够监测水中各种参数，如溶解氧、pH、浊度和污染物浓度。有助于识别水质问题，提前采取措施。

（2）水位传感器：测量水位变化，有助于洪水预警和河流流量监测。

（3）气象传感器：监测气象条件，包括降雨量、温度、湿度和风速，以改进洪水预测和水资源管理。

（4）水文传感器网络：通过网络连接多个传感器，实现对流域内广泛区域的实时监测。

3.2 大数据分析和数据可视化

大数据分析和数据可视化工具可以处理大规模的水文数据，揭示趋势、模式和关联关系，支持决策制定。这些工具包括：

（1）数据仓库和数据管理系统：存储、管理和检索大量的水文数据，确保数据的可用性和一致性。

（2）大数据分析平台：使用高级分析技术，如数据挖掘和机器学习（ML），发现隐藏在数据中的关键信息。

（3）数据可视化工具：将数据转化为图形和图表，使决策者能够更容易地理解和解释数据。

（4）实时数据监控和报警系统：在数据异常情况下提供即时通知，帮助应对紧急事件。

3.3 人工智能和机器学习

人工智能和机器学习技术在流域治理中发挥着越来越重要的作用[14-15]。它们可以用于：

（1）预测和模拟：通过分析历史数据，AI 和 ML 可以预测洪水、干旱、水资源需求等，提供更准确的决策支持。

（2）优化资源分配：自动化算法可以帮助优化水资源分配，确保供水的效率和可持续性。

（3）生态系统监测：使用图像识别和生物声学传感器等技术，AI 可以监测和保护生态系统。

3.4 远程感知技术

远程感知技术使用卫星、飞行器、遥感设备和地面传感器来获取流域内的信息。这些技术包括：

（1）卫星遥感：通过卫星图像获取流域地理特征和变化，用于土地利用规划、生态监测和资源管理。

（2）空中遥感：使用无人机或飞机携带传感器，可以进行高分辨率的地表监测，包括洪水影响评估和植被健康检查。

（3）地下水监测：使用地下水传感器和地质雷达等工具，实时监测地下水位和水质。

3.5 区块链技术

区块链技术在流域治理中提供了安全、透明和可追溯的数据管理与跨界合作机制[16-17]。它可以用于：

（1）水资源分配：通过智能合同和区块链记录，确保公平和透明的水资源分配。

（2）水权交易：促进跨界水权交易，提供安全的交易和产权记录。

（3）水质监测：使用区块链记录水质数据，以确保数据的真实性和可信度。

这些技术创新和数字化工具在流域治理中的应用提供了更好的数据收集、分析和决策支持能力，有助于提高流域管理的效率和可持续性。不同技术可以互补使用，以应对流域治理中的各种问题。

4 技术创新在流域治理中的应用

4.1 水资源管理

4.1.1 智能水表和远程监控

智能水表可以实时监测用水量，提供高精度的计量数据，有助于水资源的有效分配和费用计量。远程监控系统允许水供应商远程管理水网络，及时检测和解决漏水问题，减少浪费，提高供水效率。实时数据收集还可以帮助预测和应对突发事件，如管道破裂或供水中断等。

4.1.2 大数据分析在水资源分配中的应用

大数据分析技术可以处理历史和实时水资源数据，揭示用水模式和趋势，支持水资源分配和规划的决策。预测模型可以利用大数据来预测未来的水需求，帮助决策者优化供水和灌溉策略，提高水资源利用的可持续性。

4.2 水质监测与改善

4.2.1 传感器技术和水质监测

先进的水质传感器可以实时监测水体的多个参数，包括溶解氧、pH、氨氮和有机物浓度等。这些数据不仅有助于及时检测水质问题，还可以提供早期警报，防止水污染事件的扩散。智能监测系统还可以自动采样和分析水样，减少了手工采样的成本和错误。

4.2.2 智能水处理技术

智能水处理系统利用传感器数据和自动控制技术来监测和调整水处理过程，以确保水质达标。这种技术可以实现高效的水处理，降低废物排放，减少对化学物质的使用，提高水质和水处理厂的运营效率。

4.3 洪水预测和管理

4.3.1 预测模型和实时洪水监测

利用大数据和实时监测数据，预测模型可以准确地估计降雨引发的洪水潜在风险。实时洪水监测系统使用传感器和雷达来监测水位和降雨，提供即时洪水警报，使民众和相关部门能够采取必要的措施。

4.3.2 洪水风险管理工具

数字化工具（如洪水模拟和风险评估软件）可以帮助分析洪水对基础设施和人口的潜在影响。这些工具支持风险管理和紧急响应计划的制订，以减少洪水造成的破坏。

4.4 生态系统恢复和保护

4.4.1 遥感技术在湿地管理中的应用

遥感技术使用卫星和无人机图像来监测湿地的变化和健康状况。这有助于早期发现湿地生态系统的退化迹象，采取措施保护生态系统的生物多样性和功能。

4.4.2 区块链技术在生态补偿中的潜力

区块链技术可以创建透明的生态补偿市场，记录和验证生态系统服务的提供者与受益者之间的交易。这有助于保护和恢复生态系统，提供激励，使企业和政府能够合作共同维护环境。

这些技术应用示例展示了技术创新在流域治理中的多样性和广泛应用，从水资源管理到生态系统保护，为流域管理提供了强大的工具和方法，有助于提高可持续性和适应性。

5 成功案例研究

5.1 深圳智能水表和远程监控系统

深圳市在水资源管理中采用了智能水表和远程监控系统。这些智能水表装有先进的传感器，能够实时测量每户的用水量。数据通过无线网络传输到远程监控中心，运用大数据分析技术进行处理。该系统还包括自动漏水检测和报警功能。

成果和效益：①提高了水资源分配的效率，减少了浪费；②实时监控帮助及时发现漏水问题，减少了损失；③大数据分析支持了更精确的水价制定和用水政策改进。

5.2 杭州城市洪水预测和应对系统

杭州市建立了一个综合的洪水预测和应对系统，结合了气象传感器、水位传感器和大数据分析技术。系统实时监测雨量、水位和河流流量，运用预测模型预警洪水风险。

成果和效益：①提前警报有助于避免人员伤亡和财产损失；②政府和民众可以采取预防措施，减轻洪水的影响；③系统支持了城市规划和防洪基础设施的改进。

5.3 荷兰河口区域的水资源管理

荷兰是全球水资源管理的典范，其河口区域采用了一系列技术来管理水资源。这包括高级水位监测系统、智能排水系统以及远程控制和调度系统。

成果和效益：①减少了洪水对城市的影响；②有效管理了淡水和盐水的混合，维持了湿地生态系统的健康；③提高了水资源的可持续性，支持了农业和城市发展。

5.4 美国加利福尼亚州的水质监测与改善

加利福尼亚州采用了先进的水质监测技术和智能水处理系统，以应对水质问题。监测传感器定期检测水体中的各种参数，并自动调整水处理过程以维持水质。

成果和效益：①提高了饮用水的质量，降低了健康风险；②减少了水质污染事件的发生；③节省了水处理成本和化学品使用。

这些成功案例展示了不同地区如何利用技术创新来改进流域治理，实现更有效的水资源管理、洪水预测、水质监测和生态系统保护，为其他地方提供了有益的经验和借鉴。

6 技术创新与数字化工具的优势和问题

6.1 优势

6.1.1 提高效率和准确性

技术创新和数字化工具可以自动进行数据采集和处理，减少了出现人工错误的可能性，提高了流域治理的效率。大数据分析和机器学习可用于优化资源分配、预测洪水和优化水处理过程，从而提高了决策的准确性。

6.1.2 实现实时监测和响应

实时传感器和监测系统允许对流域状况进行持续监测，及时发现问题并采取行动。快速响应突发事件，如洪水、水质污染或漏水，有助于最小化损失并提高灾害应对能力。

6.1.3 促进跨界合作

技术创新和数字化工具提供了跨界数据共享和合作的机会，帮助不同政府、机构和利益相关方协调流域管理。区块链技术可提供透明和安全的跨界数据交换平台，减少纠纷和冲突。

6.2 问题

6.2.1 数据隐私和安全问题

收集和共享大量的流域数据可能涉及隐私问题，如个人身份、地理位置和用水习惯的泄露。数据安全风险，包括数据被黑客入侵、篡改或泄露的风险，需要严密的保护和加密措施。

6.2.2 技术适用性和成本

不同流域的技术需求和基础设施水平各异，技术可能不适用于所有地区。技术的成本可能是一个问题，特别是对于资源有限的地区，购买、安装和维护技术可能成为负担。

6.2.3 社会接受度和培训需求

引入新技术和数字化工具需要改变管理和决策的方式，可能会遇到抵制和不适应。培训工作人员和决策者以充分利用这些工具可能需要时间和资源。

综上所述，技术创新和数字化工具在流域治理中具有巨大的优势，但也面临一些重要的问题，有效应对这些问题将有助于最大程度地利用技术的潜力，改善水资源管理和流域治理的效果。

7 未来发展趋势

7.1 新技术前景

未来，技术创新在流域治理中将继续发挥关键作用，以下是一些可能的新技术前景：

（1）量子计算和高性能计算：量子计算和高性能计算将使流域管理能够更快速地进行大规模模拟和数据分析，进一步提高预测准确性和水资源规划的精度[18-19]。

（2）生态系统监测和生物多样性保护：生态学传感器、无人机和机器学习将被广泛应用于监测生态系统的健康，帮助保护和恢复生物多样性[20-21]。

（3）水资源再生和废水处理创新：新型废水处理技术、水资源再生方法和水资源回收将成为未来关注的焦点，以应对水资源短缺和污染问题[22-23]。

（4）区块链和智能合同：区块链技术将继续用于促进水资源分配的透明性和可信度，智能合同可以自动化水权和水资源交易。

（5）人工智能增强决策支持：人工智能和机器学习将进一步改进流域管理中的决策支持系统，提供更准确的水资源规划和洪水预测。

7.2 可持续性和环境保护

未来的流域治理将更加注重可持续性和环境保护。

（1）水资源保护和恢复：保护流域内的水资源，包括河流、湖泊和地下水，以确保可持续的水资源供应[24]。

（2）气候变化适应：加强适应措施，以减轻气候变化对水资源的影响，包括更好的洪水管理和水资源规划[25]。

（3）生态系统保护：维护和恢复流域内的生态系统，以支持野生动植物、生物多样性和水生态系统的健康[26]。

未来流域治理将在新技术和可持续性方面迎来重大变化，这将有助于更好地满足不断增长的水资源管理需求，保护环境，提高社会经济的可持续性。

8 结论

技术创新在流域治理中具有至关重要的作用。它提供了强大的工具和方法，用于改善水资源管理、洪水预测、水质监测和生态系统保护。通过提高效率、提供实时监测、促进跨界合作，技术创新有助于更好地理解和管理流域内的复杂水资源系统。这些创新对提高决策的准确性、降低风险、实现可持续性和保护环境有着重要作用。

参考文献

[1] 彭涛．生态文明视角下喀斯特地区水资源规划及实例研究［D］．长沙：中南大学，2022.

[2] 李培琳．黄河流域河南段土地生态安全及其提升策略研究［D］．郑州：郑州大学，2021.

[3] 肖芳，魏文颖，周斌．黄河流域生态系统服务与城市化时空交互作用分析：以黄河宁夏段为例［J］．人民长江，2023，54（8）：93-100.

[4] 赵源媛．辽河流域养息牧河暴雨洪水规律分析［J］．东北水利水电，2023，41（8）：51-53.

[5] 陈雨艳，王康，吴艳娟，等．SWAT 模型在降雨量对茫溪河流域水质影响研究中的应用［J］．四川环境，2023，42（4）：193-198.

[6] 黄伟斌．关于远程监控技术在水利工程运行方面的应用［J］．产品可靠性报告，2023（2）：89-91.

[7] 卢康明，付宇鹏．珠江流域实时监测雨量数据融合方法应用研究［C］//中国水利学会．2022 中国水利学术大会论文集（第四分册）．郑州：黄河水利出版社，2022：37-41.

[8] 张鑫，尹文萍，谢菲，等．元江-李仙江流域亚洲象生境适宜性评价：基于荟萃分析和遥感大数据分析［J］．生态学报，2022，42（12）：5067-5078.

[9] 陈媛，许剑．大渡河流域基于大数据分析的气象水情精准预测与应对管理［J］．企业管理，2021（S2）：16-17.

[10] 徐乾顺，张永永，韩岭，等．小禹智慧水资源管理系统在黄河流域应用分析［C］//河海大学，福建省幸福河湖促进会，福建省水利学会．2022（第十届）中国水利信息化技术论坛论文集．2022：763-769.

[11] 孙光宝，邓颂霖．基于数字孪生技术的水资源管理系统应用研究［J］．黄河·黄土·黄种人，2022（15）：62-64.

[12] 王嘉薇，曹启明，霍旭佳．长江流域新型量子点光谱在线水质监测技术应用案例分析［J］．中国水利，2023（14）：56-60.

[13] 胡艳芳，杨汉杰，陈昭婷，等．基于水质模型的练江流域水闸调度决策支持系统构建研究［J］．环境生态学，2020，2（12）：73-80.

[14] 范天程，汪珍亮，李云飞，等．基于机器学习的沟谷地貌识别模型对比：以黄土高原典型流域为例［J］．水土保持学报，2023，37（4）：205-213.

[15] 陈彦波，杜乐，张水锋，等．人工智能在长江水污染治理中的应用现状研究［J］．农业灾害研究，2023，13（6）：185-187.

[16] 魏嘉彤，周轩企，王誉凯，等．基于大数据区块链技术的海外利益保护风险预警平台构建［J］．冶金与材料，

2023，43（3）：54-57，60.
[17] 何泽恩，田明昊，邓梦华．基于 Hyperledger Fabric 的流域水权交易平台［C］//中国管理现代化研究会，复旦管理学奖励基金会．第十七届（2022）中国管理学年会论文集，2022：538-543.
[18] MATTHEW O，MATTHEW R H，RIDDHISH P，et al. Localized quantum chemistry on quantum computers［J］. Journal of Chemical Theory and Computation，2022，18（12）：7205-7217.
[19] 徐若鹏，何跃君，牛红杰，等．湟水流域水环境精细化管理云平台构建研究［J］．水利发展研究，2022，22（7）：40-46.
[20] 肖春蕾，郭艺璇，薛皓．密西西比河流域监测、修复管理经验对我国流域生态保护修复的启示［J］．中国地质调查，2021，8（6）：87-95.
[21] 李金博，史明艳．黄河流域河南段湿地生物多样性保护及对策［J］．洛阳师范学院学报，2023，42（3）：8-10.
[22] 陈婉．用好再生水资源 守护黄河安澜［J］．环境经济，2023（6）：22-27.
[23] 刘畅．太湖流域工业污染治理技术评估及其微塑料污染赋存特征研究［D］．上海：华东师范大学，2022.
[24] 张世安，吴嫡捷，李昆鹏．浅谈黄河流域水生态保护与修复的理论和方法［J］．人民黄河，2021，43（S2）：93-95.
[25] 梅江梅．藏东南察隅河流域气候变化感知与适应行为研究［D］．拉萨：西藏大学，2020.
[26] 李宁，田川，程小文，等．流域视角下生态系统保护规划策略与实践［J］．规划师，2022，38（11）：28-34.
[27] 侯鹏，翟俊，高海峰，等．黄河流域生态系统时空演变特征及保护修复策略研究［J］．环境保护，2022，50（14）：26-28.

线型工程弃渣场水土保持变更思路研究

闫建梅　金　可　张　超　王珊珊

（长江科学院重庆分院，重庆　400026）

摘　要：线型工程弃渣场具有量大、点多、面广的特点，常因线路走向、征地拆迁、运渣线路等因素发生变化，因此弃渣场水土保持变更成为水土保持工作中的重要环节。本文通过梳理弃渣来源、弃渣量等特性，分析弃渣场变更原因，选取合理的弃渣位置，确定相应等级，有针对性地布设水土保持措施，厘清弃渣场水土保持变更报告编制思路，以期为线型工程弃渣场水土保持变更提供参考。

关键词：线型工程；弃渣场；水土保持变更

1　引言

随着生态文明建设的不断深化，生产建设项目的生态保护要求也越来越高，尤其是生产建设项目建设过程中的弃渣场水土流失防治，如出现严重的水土流失，势必会对生态环境造成影响。线型工程由于里程长、桥隧多等特点导致弃渣量大，给弃渣场水土保持工作带来极大挑战[1]。由于线型工程水土保持方案常在可行性研究阶段编制，施工过程中工程建设规模、位置、线路走向进行优化调整，弃渣场位置和数量也会随之发生变化，为更好地做好工程建设过程中的水土保持工作，确保水土保持措施落到实处，施工过程中需补报弃渣场水土保持变更方案。本文从弃渣场变更原因、选址、级别、措施布设等方面进行分析探讨，以期为线型工程弃渣场水土保持变更提供参考，也为做好生产建设项目水土保持工作提供建议。

2　弃渣场变更原因及要求分析

根据《生产建设项目水土保持方案管理办法》（2023年1月17日水利部令第53号发布）文件要求，在水土保持方案确定的弃渣场以外新设弃渣场的，或者因弃渣量增加导致弃渣场等级提高的，生产建设单位应当开展弃渣减量化、资源化论证，并在弃渣前编制水土保持方案补充报告，报原审批部门审批。

线型项目常因后续设计和实际施工过程中线型及施工组织方案优化调整，导致原批复水土保持方案设置的弃渣场发生变更，分析发生变更的主要原因如下：

一是线路走向优化。主体工程会随着可行性研究、初步设计、施工图设计等多个设计阶段的不断深入，其线路走向不断优化，新产生弃渣，导致与原定弃渣场选址偏离较远，故部分弃渣场取消。二是施工组织方案调整。后续因隧道掘进方案调整、土石方综合利用、部分路基段土石方挖填平衡等，部分弃渣场取消。三是运渣路线不合理。部分弃渣场运渣道路弯多坡陡、道路两侧居民点多，运输安全隐患大，导致弃渣场位置发生变更。四是批复弃渣场位置被占用。部分弃渣场因当地居民或地方建设新建房屋、养殖场、铁路、垃圾处理站等占用，导致弃渣场位置发生变更；五是征地拆迁困难。弃渣场征地过程中，因土地权属人不同意征地，导致弃渣场位置发生变更；六是实际施工过程中弃渣量较原弃渣量增加，导致弃渣场等级提高，引起弃渣场变更。

基金项目：空天地耦合技术在大型线状工程水土保持监测中的应用研究（CQSLK-2022009）。

作者简介：闫建梅（1989—），女，工程师，主要从事生产建设项目水土保持研究工作。

3 弃渣场选址分析

3.1 弃渣场选址依据和原则

3.1.1 选址基本要求

根据《生产建设项目水土保持技术标准》（GB 50433—2018）及《水土保持工程设计规范》（GB 51018—2014）相关规定，弃渣场选址应符合以下基本要求。

3.1.1.1 严禁选址范围

严禁在对公共设施、基础设施、工业企业、居民点及行洪安全等有重大影响的区域设置弃渣场；涉及河道的应符合河流防洪规划和治导线的规定，不得设置在河道、湖泊和建成水库管理范围内。

3.1.1.2 不宜选址区域

不宜设置在汇水面积和流量大、沟谷纵坡陡、出口不宜拦截的沟道；不宜在泥石流易发区设置弃渣场。

3.1.1.3 适宜选址要点

弃渣场选址应根据弃渣场容量、占地类型与面积、弃渣运距及已有道路建设、弃渣组成及排放方式、防护整治工程量及弃渣后期利用等情况，经综合分析后确定；在山区宜选择荒沟、洼地、支毛沟，平原区宜选择洼地、荒地，风沙区宜避开风口，弃渣场应避开滑坡体等不良地质条件地段；应充分利用取土（石、砂）场、废弃采坑、沉陷区等场地；应综合考虑弃渣结束后的土地利用；应遵循“少占压耕地，少损坏水土保持设施”的原则。

3.1.2 安全防护距离确定原则

安全防护距离是指弃渣场堆渣坡脚线至保护对象之间的最小安全间距，弃渣场周边存在工矿企业、居民点、交通干线或其他重要基础设施等保护对象的，应充分考虑弃渣场周边环境条件、综合各项因素确定安全防护距离，确保周边设施安全。

建设类项目除水利工程外，其他行业暂无弃渣场安全防护距离的明确规定，其他项目参照《水利水电工程水土保持技术规范》（SL 575—2012）给出的弃渣场堆渣坡脚线与保护对象之间的安全防护距离。同时需结合地方规定，如《重庆市水土保持方案弃渣场有关事宜参考原则》中对下游存在居民点等安全防护距离确认原则，按照弃渣场实际情况，确定弃渣场安全防护距离参考值，如表 1 所示。

表 1 弃渣场安全防护距离参考值

<table>
<tr><th rowspan="2">弃渣场级别</th><th colspan="3">不同保护对象的安全防护距离</th></tr>
<tr><th>居民点、城镇等</th><th>河（溪）流、干渠（沟）、山坪塘等</th><th>铁路、公路、
道路建（构）筑物等</th></tr>
<tr><td>1</td><td>≥5.0H</td><td rowspan="5">≥1.0H</td><td rowspan="5">（1.0~1.5）H</td></tr>
<tr><td>2</td><td>≥4.0H</td></tr>
<tr><td>3</td><td>≥3.0H</td></tr>
<tr><td>4</td><td rowspan="2">≥2.0H</td></tr>
<tr><td>5</td></tr>
</table>

注：H 为弃渣场设计堆置高度。

3.1.3 选址确认函

根据《水利部办公厅关于印发生产建设项目水土保持方案审查要点的通知》（办水保〔2023〕177号）文件规定，弃渣场选址应经相关管理部门及土地权属单位（个人）确认，落实用地可行性。

3.2 弃渣场选址合理性分析与评价

变更弃渣场主要布置在支沟沟头及缓坡地内，不得位于河道、湖泊和建成水库管理范围内。如汇水面积较大、沟道流量大，则对弃渣场开展行洪论证，确保满足弃渣场所涉及河道和沟道相应的防洪标准要求。

按照弃渣场安全防护距离要求，将弃渣场下游存在安全隐患的房屋纳入拆迁管理，确保弃渣场不影响居民安全；对下游方向存在其他敏感因素的弃渣场，经分析评价，确保弃渣场场地地质条件较好，保护对象距离在安全防护距离范围内，不会对重要基础设施和人民群众生命财产安全造成危害。

变更弃渣场需取得地方政府提供的确认函或相应的会议纪要、或地方区（县）级自然资源、水利、林草、农业、生态环境等相关行政部门提供的确认函，同时，弃渣场选址需取得土地权属单位（个人）确认，确保弃渣场选址切实可用，选址才符合水土保持要求。

4 弃渣场级别与设计标准

弃渣场级别应根据堆渣量、最大堆渣高度以及渣场失事后对主体工程或环境造成的危害程度进行确定，如各因素判断级别不一致，需按就高不就低原则确定为较高级别；弃渣场防护工程建筑物级别（拦渣堤、拦渣坝、挡渣墙、排洪工程）应根据渣场级别确定，当拦渣工程高度不小于15 m，弃渣场等级为1级、2级时，挡渣墙建筑物级别可提高1级；植被恢复与建设工程级别，应根据弃渣场所处的自然及人文环境、气候条件、立地条件、征地范围、绿化要求综合确定；对无法避让水土流失重点预防区和重点治理区的弃渣场，截排水工程、拦挡工程的工程等级和防洪标准应提高一级。

5 弃渣场稳定性评价

5.1 弃渣场稳定性计算工况

弃渣场抗滑稳定计算应分为正常运用和非常运用两种工况进行验算。

（1）正常运用工况：弃渣场在正常和持久的条件下运用，弃渣场处在最终弃渣状态时，渣体无渗流或稳定渗流，即渣场自重。

（2）非常运用工况：弃渣场在非常或短暂的条件下运用，主要包括弃渣场在正常工况下遭遇暴雨入渗对渣体稳定造成的影响或者遭遇Ⅶ度（含）以上地震的影响。

5.2 计算方法

弃渣场抗滑稳定安全系数采用刚体极限平衡法原理，弃渣场抗滑稳定计算可采用不计条块间作用力的瑞典圆弧法；对均质渣体，宜采用计及条块间作用力的简化毕肖普法；对有软弱夹层的渣场，宜采用满足力和力矩平衡的摩根斯顿-普赖斯法进行抗滑稳定计算。根据本工程情况，采用刚体极限平衡法中的不计条块间作用力的瑞典圆弧滑动法[2]，计算方法如下：

$$K=\frac{\sum\{[(W\pm V)\cos\alpha-\mu b\sec\alpha-Q\sin\alpha]\tan\varphi'+c'b\sec\alpha\}}{\sum[(W\pm V)\sin\alpha+M_c/R]}$$

式中：K为抗滑稳定性安全系数；b为条块宽度，m；W为条块重力，kN；Q、V为水平和垂直地震惯性力，kN，向上为负，向下为正；μ为作用于土条底面的孔隙压力，kPa；α为条块的重力线与通过此条块底面中点的半径之间的夹角（°）；φ'、c'为土条底面的有效应力抗剪强度指标；M_c为水平地震惯性力对圆心的力矩，kN·m；R为圆弧半径，m。

5.3 抗滑稳定安全系数

弃渣场抗滑稳定安全系数不应小于表2所列数值。根据计算结果，变更弃渣场主体设计抗滑稳定性满足规范要求，弃渣场整体安全稳定

表 2 弃渣场抗滑稳定安全系数

计算方法	应用情况	弃渣场级别			
		1	2	3	4、5
简化毕肖普法、摩根斯顿-普赖斯法	正常应用	1.35	1.30	1.25	1.20
	非常应用	1.15	1.15	1.10	1.05
瑞典圆弧法、改良圆弧法	正常应用	1.25	1.20	1.20	1.15
	非常应用	1.10	1.10	1.05	1.05

6 弃渣场水土保持措施布设

6.1 水土保持措施体系

弃渣场在堆渣前剥离表土，全面考虑弃渣场地形地势、周边环境条件和施工组织等因素，在弃渣场占地红线内或者周边，选取平缓地段集中堆放表土，并采用编织袋装土拦挡、表面撒播草籽临时绿化。弃渣按照“先拦后弃”的原则，弃渣前需在堆渣坡脚先修建好挡渣墙或者拦渣坝，防止渣体发生滑塌。对弃渣场进行削坡分级，坡面采取边坡防护措施。为防止弃渣场堆积体遭受洪水危害，应布设防洪排导工程，在渣场底部布设渣底盲沟，坡顶布设截水沟，周边及边坡马道内侧布设排水沟，并顺接至周边自然沟渠，在陡坡地段的排水沟，设置急流槽。弃渣结束后，进行土地整治，回覆表土，渣顶或边坡采取复耕或植灌草绿化。

6.2 工程措施

6.2.1 拦挡工程

弃渣场采取的拦挡工程主要有拦渣坝及挡渣墙，拦渣坝主要适用于沟道型弃渣场，拦渣墙主要修建于缓坡型弃渣场，均可起到防止渣体发生滑塌的作用[3]。断面设计满足拦挡工程抗滑稳定验算结果；同时根据地形、地质、冻结深度以及结构稳定和地基整体稳定要求确定埋置深度；墙后泄水孔处设置编织袋包裹沙砾石并堆砌构成的反滤层，孔口设置钢筋网；导流洞洞口处先行设置型钢及钢筋网栅栏，并以大石码砌后再设反滤层；墙前设置接应墙上排水洞、导流洞、泄水槽及盲沟的水沟、消力池及排水渠。

6.2.2 边坡防护

根据弃渣场所处的地形地貌、水文、地质等条件，在满足边坡稳定安全的前提下，采用削坡开级、坡面防护与固定等措施，弃渣场设计在正面渣坡可采用干砌石人字形骨架护坡防护形式，用于减轻边坡受降水、坡面汇水的冲刷，并通过排水沟、截水沟及坡面绿化来加强防护效果。

6.2.3 防洪排导工程

弃渣场堆积体易遭受洪水危害，应布设防洪排导工程。在弃渣场回填线外缘和弃渣场顶部设置混凝土截水沟；在渣顶和马道内侧布设排水沟，顺接至渣场周边截水沟；并在弃渣场底部设置树枝状盲沟，主沟中央设置主盲沟，各坡面沿凹处铺设支盲沟；在陡坡或深沟地段的排水沟，宜设置跌水构筑物或急流槽。

6.3 植物措施

植物措施主要是指采用林草植被措施进行绿化，减少地表土壤侵蚀的一种防护措施[2]。弃渣场堆渣结束后，要清除表面大块的废弃渣，填平低洼处，并覆盖表土进行相应的土地整治，对弃渣场边坡及平台进行绿化恢复，栽植灌木并混播草籽，灌木选用适宜当地气候和土壤条件的树种。

6.4 临时措施

表土是重要的土壤资源，是迹地植被恢复与复耕的基础[4]，因此弃渣场堆渣前对占用耕地和林地地块进行表土剥离，在弃渣场占地红线内或者周边，选取平缓地段集中堆放表土，并采用编织袋装土拦挡、表面撒播草籽临时绿化。

参考文献

[1] 史鹏举. 高速公路项目弃渣场选址问题研究 [J]. 四川水泥，2021 (8)：348-349.
[2] 王治国. 生产建设项目水土保持措施设计 [M]. 北京：中国水利水电出版社，2021.
[3] 蒋静. 贵州省水利水电工程弃渣场水土保持防护措施探究 [J]. 陕西水利，2021 (5)：161-163，167.
[4] 张春晖. 铁路工程表土资源保护及利用研究 [J]. 铁路节能环保与安全卫生，2022，2 (12)：19-25.

随州市流域综合治理对策与建议

黄　攀[1]　孙华龙[2]　刘　晨[3]

（1. 湖北省随州市水文水资源勘测局，湖北随州　441300；
2. 随州市委办信息调研室，湖北随州　441300；
3. 随州市应急管理局，湖北随州　441300）

摘　要：论述了随州市自然流域概况，从防洪排涝体系、水资源供需、水生态保护、数字孪生流域建设等方面分析了随州市流域综合治理存在的问题，提出了严格贯彻新理念、强化防洪保安全、优化配置水资源、加强治理水污染、聚焦能力建设、建设数字孪生流域等对策与建议。

关键字：流域综合治理；对策；建议

党的二十大报告指出要坚持统筹发展和安全。湖北省第十二次党代会提出，坚决守住构建新发展格局的安全底线，推动流域综合治理，统筹“四化”同步发展，努力建设全国构建新发展格局先行区。随州市委五届四次全会要求，要强化流域治理，加快构筑鄂北屏障。围绕府澴河流域确定的“底图单元”，统筹推进治山理水营城，坚持上下游统筹、左右岸协同、干支流联动，实现流域永宁水安澜、优质水资源、宜居水环境、健康水生态、先进水文化相统一的综合治理，为加快建设城乡融合发展示范区提供强有力的水安全保障和支撑。

1　随州市自然流域概况

“华夏悠悠文明史，烈山脚下是源头”，随州地处鄂豫要冲，扼汉襄咽喉，集炎帝文化、编钟文化、曾随文化、佛教文化、红色文化于一体。山水源流，是千里淮河发源地、江淮两大水系分界线，境内呈现“三山一廊，七水多库”自然地理格局，无自然水过境，版图面积 9 636 km^2，分布着 780 余条大小河流，其中流域面积在 400 km^2 以上的河流 13 条，流域面积在 200 km^2 以上的河流 19 条，汇集成府澴河、溠水、漂漂水、漂水、浪河、均水、应山河、广水河、淮河等水系，其中长江府澴河流域面积 8 299 km^2，淮河流域面积 918 km^2，长江汉水流域面积 419 km^2，特殊的地貌造就了“三山护随、百川出境”的特征。705 座大中小型水库遍布全市，其中大型 7 座、中型 21 座、小（1）型 67 座，总库容约 26.5 亿 m^3，密度居全国之首。

随州市多年平均降水量 970.9 mm，多年径流深 298.2 mm，多年平均水资源量 28.71 亿 m^3[1]。全市人均水资源量 1 400 m^3，低于全省、全国平均水平，属于水资源短缺地区，是湖北省有名的“鄂北旱包子地区”。同时，随州市境内降雨时空分布不均，极端降雨天气时有发生，致使洪、旱灾害频繁交错，是本市主要自然灾害之一，制约着经济社会的发展。据不完全统计，中华人民共和国成立后发生全市性的大旱年有 13 年，全市性的洪水年有 12 年，即平均每 3 年就有一次洪、旱灾害交替发生，给经济社会造成不同程度的损失。

作者简介：黄攀（1985—），男，工程师，主要从事水文情报预报、水文勘测、水资源调查分析评价等方面工作。

2 随州市流域治理存在的问题

2.1 防洪排涝体系尚不健全

一是重要城镇未达设防要求。随州市、应山、广水城区等重要城镇未达到设防要求。少数水库还未除险加固，部分病险水库，除险加固不够彻底，运行中还存在安全隐患。多条重点山洪沟尚未治理；水土保持治理还需要加强。二是局部区域排涝标准不高。中心城区、应山城区、广水城区、洛阳镇区、环潭镇区、亲筑城集镇、涢阳集镇局部区域地势低洼，河道穿城而过，排涝标准不足5~10年一遇。

2.2 水资源供需矛盾突出

一是资源性缺水。随州无自然水过境，属资源性缺水地区。近几年频繁出现大范围的多季连旱，且干旱重灾区呈现出由传统的随中岗地向随南丘陵区延伸的态势。二是工程性缺水。部分地区工程供水能力仍显不足。鄂北水资源配置工程建成通水后，区域水源问题得以解决，但配套工程还不到位，难以发挥最大效益。雨洪资源利用能力不足，洪水留不住，枯期缺水严重，非常规水利用率不高，水资源应急、备用能力难以满足突发水风险事件的防控需要，城市备用水源缺少配套工程，无法做到“有备无患”。三是水质性缺水。随北石材开采造成地表水、地下水水质恶化，当地水源达不到地表饮用水源水质标准，而水环境治理和水质改善又是个长期而缓慢的过程，导致不得不远距离调水。四是生活用水保障率偏低。全市水厂日总供水能力为60万 m^3，缺口约11万 m^3。公共供水管网漏损率较高，2020年达到10.8%[1]。乡村自来水普及率不高，部分山区农村分散式供水工程位置偏僻、良性运维困难，规模化供水任务仍然繁重，供水安全存在一定隐患，供水能力偏低。五是农业用水保证率不高，仅为71%，低于75%的标准。灌区续建配套及节水改造建设滞后，灌区萎缩严重，总体上干渠衬砌率不足20%[2]。2022年，农业灌溉有效水利用系数仅为0.528 5，低于全省0.537的标准[3]。

2.3 水生态保护任重道远

一是历史遗留问题突出。水库拦河筑坝、投肥（粪）养鱼等历史遗留问题难以根治。河道拦河坝密度大，因承担两岸灌溉任务难以根治。农业面源污染对水质的影响难以根治。二是优良水体比例偏低。重要干流和支流优良水体比例偏低，部分河流监测断面水质不达标。2019年，全市境内13个河流监测断面水质类别达到或好于Ⅲ类的比例为69.2%，农村小微水体污染严重。近3年来，先觉庙、白云湖、黑屋湾、吴山水库均出现水华现象。三是生态基流保障程度不高。农村河渠沟塘淤塞严重、河湖水系连通不畅，水体流通性差，造成生态基流保障程度不高。部分河库源头地区的水源涵养功能降低，全市仍有较大比例国土面积存在水土流失现象。四是污水处理能力不足。乡镇生活污水、垃圾处理和收集能力不足，规模化畜禽养殖污染一定程度仍然存在。

2.4 数字孪生流域建设滞后

一是感知自动化、智能化程度低。大中型水利工程自动监测采集、新型传感设备、智能视频摄像头、卫星无人机遥感等新技术尚未得到广泛应用。二是信息化措施较为滞后。流域感知能力不足、要素内容不全、平台支撑能力不强、信息化协同程度不高，存在数据烟囱、数据孤岛现象，数字孪生流域建设尚未起步。山洪监测系统尚不完善，预报预警能力有待进一步提升。三是智能决策支撑系统尚处于空白。通过仿真系统与水利专业模型相结合，实现对流域-社会-自然的实时、动态、精细化模拟，支撑水灾害防御、水资源管理调配、水利工程运行管理的智能决策支撑系统尚处于空白。

3 关于流域治理的建议

3.1 严格贯彻新理念，坚决执行新规划

立足新发展阶段，完整、准确、全面地贯彻新发展理念，2023年初随州市人民政府发布《随州市流域综合治理和统筹发展规划》。确定水安全底线、水环境安全底线，统筹除害与兴利、开发与保

护、上下游、左右岸、干支流、近远期关系，将随州市划分为涢水片区、溮水片区、淮河片区、澴水片区四个三级流域分区。其中沿溮水水系形成以专汽、电子信息为主导的制造业集中发展区；沿涢水水系形成以随州香稻、随州香菇为特色的优势粮蔬主产区；沿澴水水系形成以精品果园、大棚蔬菜为主要生产形式的优质果蔬种植加工区；沿淮河水系形成以桐柏山、淮河源为主要载体的文旅融合发展区[2]。规划一经批准，必须严格执行。要坚持流域范围内的区域规划服从流域综合规划，并把规划确定的主要任务和约束性指标分到相应流域分区以及分区内的县（市、区）。健全流域规划实施责任制，严格涉水工程行政审批[4]。

3.2 强化防洪保安全，筑牢流域安全线

一是加强重要干流及支流治理。对跨县（市、区）的7条府澴河重要支流重点段及纳入省“十四五”中小河流治理项目的39条河流实施综合治理工程。二是分批分期对列入湖北省水库除险加固规划的26座水库进行除险加固，对发现存在安全隐患的52座水库进行安全鉴定，对影响汛期防汛抢险水库的防汛道路进行硬化。三是对县（市、区）共计30条重点山洪沟进行堤防加固，河道清淤疏浚，使防洪标准达10年一遇。四是推进城市和重点集镇防洪排涝能力建设，以随州市城区、应山城区、广水城区为重点，提升改造城市蓄滞洪空间、堤防、护岸、河道、防洪工程、排水管网等防洪排涝设施，因地制宜建设海绵城市，消除城市严重易涝积水区段[2]。

3.3 优化配置水资源，提升供水保障能力

一是强化水资源刚性约束。加强与健全总量强度双控指标体系管理，将用水总量控制指标落实到地表水源和地下水源。把万元国内生产总值用水量、万元工业增加值用水量和农田灌溉水有效利用系数进行逐级分解，明确区域强度控制要求。二是实施国家节水行动，把节水作为破解随州市水资源供需不平衡等复杂水问题的优先选择，围绕“合理分水、管住用水”，强化水资源承载能力对经济社会发展的指导意义，强化农业、工业、生活等重点领域节水，优化调整用水结构，显著提高用水效率和效益。三是完善水资源战略配置格局。加快推进鄂北二期随州配套工程建设，通过新建水库、库库连通、水系连通、渠系连通，重新配置水资源，实施鄂中丘陵地区水资源配置工程，着力解决随州市干旱区域缺水问题。四是提升饮水安全。按照“大水源配置、大水厂建设、大管网延伸、大体量运营”思路进行规划，过渡阶段按照“建大、提中、并小”的思路，统筹推进城乡供水一体化、农村供水规模化和标准化建设。

3.4 加强水污染治理，打造宜居水环境

围绕环境质量改善核心目标，深入打好污染防治攻坚战，坚持全流域、全区域、全要素治理，系统开展流域生态环境修复和保护，加快解决生态环境突出问题。一是打好水污染防治攻坚战。开展城镇生活污染防治。加快补齐污水收集的“毛细血管”，完善乡村生活污水管网，提高乡村地区的管网接户率，做到应收尽收，实现集中处理。有条件的地方，尽可能做到雨污分流，开展农村生活入河排污口的摸底调查，推动工业园区污水处理设施分类管理及达标排放。二是有效控制农业面源污染。着力推进化肥减量提效、农药减量控害，积极探索产出高效、产品安全、资源节约、环境友好的现代农业种植技术。实施水美乡村建设、水系塘堰综合整治，恢复水系塘堰基本功能，修复水系塘堰空间形态，改善水系塘堰水环境质量，完善水系塘堰格局。三是加强水土保持生态建设。北部和南部低山丘陵区，实施重要水源地上游和生态保护区预防保护措施，维护现有植被和自然生态系统。建设生态清洁型小流域，实施生态修复治理工程。加大区域内山洪灾害预防，严格管控人类活动和人为水土流失。

3.5 聚焦能力建设，完善水治理体系

一是提升流域监管法治水平。强化法治思维，严格执行法律法规，依法履行流域治理管理职责，不断健全随州市河湖库空间管控、水资源量效双控、水权交易等涉水法律法规体系，打造综合监管平台。加强行政许可事项监管，加强水法治宣传教育，积极推行法律顾问、公职律师制度，健全水利系统重大行政决策合法性审查制度，推进严格依法决策，稳步推进水治理体系和治理能力建设。二是充

分发挥河（湖）长制作用。建立健全流域内河（湖）长工作协调机制，协调解决河（湖）长制工作中的重大问题，加强对流域内各地区河（湖）长制工作落实情况的协调、指导和监督，强化流域联合执法，探索流域补偿机制。三是强化水资源统一管理。以流域为单元建立取用水总量管控台账，严格流域取用水动态管控，切实将河库水资源和地下水开发强度控制在规定限度内。建立流域水资源承载能力监测预警机制，定期开展流域和特定区域水资源承载能力评价，实时监测流域和重点区域水资源开发动态。

3.6 建设数字孪生流域，构建智慧流域支撑体系

水利部部长李国英提出，建设数字孪生流域，就是要以物理流域为单元、时空数据为底座、数学模型为核心、水利知识为驱动，对物理流域全要素和水利治理管理全过程进行数字化映射、智能化模拟，实现与物理流域同步仿真运行、虚实交互、迭代优化[5]。一是落实预报、预警、预演、预案“四预”措施，贯通雨情、水情、险情、灾情“四情”防御，全力做好流域监测预报预警能力，完善非工程措施体系建设。二是进一步加大水利信息化建设力度，提升水利行业数字化、智慧化能力和水平。开展府澴河数字孪生流域建设，为全市提供样板和示范。系统收集水文、水质、水生态、地下水、河道工况等数据。强化各职能部门的信息共享与互联互通，提高感知能力，实现水安全、水资源及水环境等信息的高效监测。加大对暴雨洪水规律的分析和研究。

参考文献

[1] 张远征，周彦州，柯航. 湖北省水资源调查评价［M］. 武汉：长江出版社，2019.

[2] 省委办公厅，省政府办公厅 . 关于印发随州市流域综合治理和统筹发展规划的通知［Z］. 2023.

[3] 湖北省水利厅 . 2022 年湖北省水资源公报［R］. 2023.

[4] 水利部办公厅 . 水利部关于强化流域治理管理的指导意见［Z］. 2022.

[5] 李国英 . 加快建设数字孪生流域 提升国家水安全保障能力［J］. 水利建设与管理，2022（9）：1-2.

海南省昌江县水网建设思路研究

回晓莹[1]　杜　涛[2]

（1. 中水北方勘测设计研究有限责任公司，天津　300222；2. 中国水利学会，北京　100053）

摘要：本文以海南省昌江县为研究对象，分析了昌江县的基本县情、水情，并围绕水资源特点、水资源开发利用现状等建设条件总结了昌江县现状水利建设存在的主要问题，剖析了水网建设面临的机遇挑战。以此为基础，提出了昌江县水网建设的总体思路、主要原则及总体布局，并按照建设思路的要求，提出了防洪能力提升、水资源优化配置、河湖健康保障及智慧水网建设的主要举措。

关键词：昌江；防洪；水资源；河湖；智慧水网

1　引言

《中华人民共和国国民经济和社会发展第十四个五年规划和2035年远景目标纲要》提出，实施国家水网等一批强基础、增功能、利长远的重大工程，拓展投资空间。2021年5月，习近平总书记在推进南水北调后续工程高质量发展座谈会上指出，要加快构建国家水网，“十四五”时期以全面提升水安全保障能力为目标，以优化水资源配置体系、完善流域防洪减灾体系为重点，统筹存量和增量，加强互联互通，加快构建国家水网主骨架和大动脉，为全面建设社会主义现代化国家提供有力的水安全保障[1]。2023年5月，中共中央、国务院印发了《国家水网建设规划纲要》。

可见，开展水网建设研究是破解水利发展面临难题、保障区域供水安全的重要途径。自2017年10月起，党的十九大报告便提出要加强水利等基础设施网络建设。2017年至今，全国各地在水网建设领域开展了全方位的探索，各层级水网规划相继编制完成。在国家骨干水网与省级水网之下，市县级水网作为上一级水网的细化与延伸，其建设对于解决区域防洪安全、供水安全和生态安全等水利基础设施保障问题，构建与上一级水网相连通的水流通道和调配网络具有重要意义。

2　昌江县水网建设基础

2.1　昌江县基本情况

昌江黎族自治县（简称昌江县）位于海南省西北偏西部，地处北纬18°53′~19°53′、东经108°38′~109°17′，东与白沙黎族自治县毗邻，南与乐东黎族自治县接壤，西南与东方市以昌化江为界对峙相望，西北濒临北部湾，东北隔珠碧江与儋州市接相连，总面积1 617 km^2，下辖7镇1乡，2020年常住人口23.2万人。昌江县是我国典型的干湿季交替的热带季风气候区，阳光充足，热量丰富，年平均降水量1 354 mm，东南部山区降水多，西部沿海地区降水少。昌江县境内主要河流14条，分属于昌化江流域和珠碧江流域。

2.2　建设条件

2.2.1　水资源总量丰富

昌江县水资源丰富，多年平均地表水资源量10.44亿m^3，地下水资源量2.33亿m^3，水资源总量10.64亿m^3，人均水资源量4 557 m^3，坐拥昌化江、珠碧江和石碌水库、大广坝水库“两江两

作者简介：回晓莹（1987—）女，高级工程师，主要从事水资源管理、水利规划等工作。

库”。昌化江是海南岛第二大河，全长232 km，年均流量132 m^3/s，其中昌江县境内62 km，流域面积1 237 km^2。珠碧江发源于白沙县的南高岭，全长84 km，流域面积1 106 km^2，其中昌江县境内流域面积231.2 km^2。石碌水库位于石碌河中游，是大（2）型水库，总库容1.136亿 m^3，以灌溉为主，兼顾防洪、发电及生活供水。大广坝水库是海南省第二大水库，位于东方市，但昌江县境内有大广坝昌江干渠灌区，设计灌溉面积16.5万亩。

2.2.2 天然水网密布

昌江县境内主要河流14条，分属于昌化江流域和珠碧江流域，其中昌化江流域主要支流有石碌河、南绕河、南阳溪、青山河等，珠碧江流域主要支流有南罗水、保突沟等，此外还有沙地河、卡叉河等其他河流，大小河流沟道加起来共265条，总长度1 033 km，集雨面积1.469万 km^2，河系发达，天然水网条件良好。

2.2.3 灌溉渠系较为发达

经过多年水利建设，昌江县渠系日益发达，已基本建立了较为完善的干、支、斗、农、毛五级灌溉系统，形成了小区域上的灌溉水网。据统计，全县现有各类渠道1 285 km，其中石碌水库灌区设计灌溉面积15万亩，主干渠46.5 km，支渠及以下渠系714.2 km；大广坝昌江灌区设计灌溉面积16.5万亩，主干渠38.4 km，支渠及以下渠系315.5 km；其他小型渠道170.4 km。

2.3 存在问题

2.3.1 水资源调配能力不足

昌江县虽水资源总量丰富，但开发利用程度并不高，现状水资源开发利用率不足20%，且因水资源多以暴雨和洪水形式出现[2]，时空分布不均，工程性缺水问题仍然存在，统筹调配利用水资源能力不足，水资源配置格局亟待优化。

2.3.2 防洪体系仍存在薄弱环节

昌江县已基本建立起防洪减灾体系，但仍存在部分河段防洪标准偏低，堤防需要提标改造或重建的情况，如石碌河县城段、昌化江旧县村段等。

2.3.3 河湖水生态环境有待改善

枯水期部分河段存在一定程度的断流情况，且因县城和建制镇污水配套管网尚不完善，污水收集处理尚未实现全覆盖，河流水体水质有待进一步改善。

2.3.4 智慧水务体系亟待完善

目前，仅有石碌水库灌区主干渠、部分支渠及水库安装有智能水位、水量监测设备，大广坝灌区及面上小型灌区未安智能化设施，覆盖全县的智慧水务体系尚未完全建立。

2.4 面临机遇

2.4.1 海南省级水网规划的批复为昌江水网建设提供了上位规划支撑

《海南水网建设规划》提出，到2025年海南省水资源配置格局基本形成，重要河流和主要城区达到防洪标准，主要河流水生态得到有效保护和修复，信息网络平台和水资源水务管理制度基本建立的目标，昌江县亟须发挥自身优势，构建“大水网”格局。

2.4.2 水利部关于实施国家水网一系列举措为昌江水网建设指明了重要方向

2021年，水利部印发了《关于实施国家水网重大工程的指导意见》和《“十四五”时期实施国家水网重大工程实施方案》，明确了到2025年建设一批国家水网骨干工程，有序实施省、市、县水网建设，并提出了国家水网重大工程建设的主要目标及水网建设的各项任务措施。这些均为昌江县水网建设指明了方向。

3 昌江县水网建设思路

3.1 总体思路

以习近平新时代中国特色社会主义思想为指导，全面贯彻党的二十大精神，坚持“节水优先、空间均衡、系统治理、两手发力”的治水思路，以推进水利基础设施高质量发展、提高水安全保障能力、增强人民群众幸福感为目标，以优化水资源配置格局、增强水旱灾害防御能力为重点，以实施河湖水系综合治理、输排水通道和河湖水系连通、节点控制工程建设为抓手，建设系统完备、功能协同，集约高效、绿色智能，调控有序、安全可靠的水网工程体系，为推进经济社会高质量发展提供强有力的支撑和保障。

3.2 主要原则

3.2.1 坚持人民至上、幸福共享

牢固树立以人民为中心的发展思想，把人民对美好生活的向往作为昌江水网构建的出发点和落脚点，谋民生之利，解民生之忧，加快解决人民群众最关心、最直接、最现实的水安全问题，切实满足人们对防洪保安全、优质水资源、健康水生态、宜居水环境、先进水文化的迫切需求，全面提升人民的获得感、幸福感、安全感。

3.2.2 坚持节约优先、生态保护

把水资源节约集约利用作为昌江水网建设的前提，坚持先节水后调水，全面提高水资源高效利用水平。树立和践行“绿水青山就是金山银山”的理念，把生态环境保护作为昌江经济社会高质量发展的前提和基础，把生态优先理念贯彻到水网建设的全过程，充分保护和发挥好昌江生态优势。

3.2.3 坚持统筹兼顾、系统治理

从山水林田湖草生命共同体出发，统筹治山治水治林治田治湖治草，协调好流域和区域、保护与开发的关系，兼顾上下游、左右岸、干支流以及山区与平原、城市与乡村；统筹防洪排涝、节水供水、水生态保护修复、智慧水网，系统解决水灾害及水资源短缺、水生态损害、水环境污染问题。

3.2.4 坚持绿色创新、绿色赋能

转变发展理念，创新发展方式，以水网为统领带动昌江涉水产业发展，推动绿水青山转化为金山银山，把生态优势转化为发展优势，实现高质量发展。运用数字映射、数字孪生、仿真模拟等信息技术，提升信息捕捉和感知能力，通过智慧化模拟和预演，提高水网业务的数字化、智能化、精细化水平。

3.2.5 坚持改革创新、两手发力

充分发挥市场在资源配置中的决定性作用，更好地发挥政府作用，完善水网建设与运行管理体制机制，创新水网建设投融资机制。发挥科技支撑作用，推动水网工程智能化升级改造，提高水网智能化控制和调度水平，激发水利基础设施发展的动力和活力。

3.3 总体布局

以昌江县行政区划为基础，考虑不同区域水资源特点和水资源开发利用情况，将全县划分为 4 个片区，分别为沿海区、乡村区、城镇区与山地区。其中，沿海区包括昌化镇与海尾镇，水网建设的重点是实施湿地生态保护、沿海涉水产业开发及海堤达标建设等；乡村区包括乌烈镇与十月田镇，水网建设的重点是实施城乡一体化供水工程、两大干渠连通工程等，提高城乡供水安全与粮食安全保障能力；城镇区包括石碌镇与叉河镇，水网建设的重点是实施水源工程及水系连通工程、健康河湖建设工程，提高供水安全与生态安全保障能力；山地区包括七叉镇与王下乡，水网建设的重点是实施山地生态系统保护与重点河湖生态修复。

4 水网建设主要举措

4.1 洪涝同治，加强河湖安澜

针对昌江县防洪体系现状，构建“两江分段治、百河提标准、多库消隐患、城市建海绵、洪水变资源”的防洪能力提升工程格局。两江分段治指对昌化江、珠碧江昌江县段进行逐段摸排，分段治理，实施达标建设。百河提标准指全面调查全县范围内有防洪任务但尚未达到防洪标准的河流，实施中小河流治理，提高防洪标准。多库消隐患指对全县范围内石碌水库以及鹅毛岭等 6 座小型水库进

行除险加固，消除安全隐患。城市建海绵、洪水变资源指以提升城市排涝能力为核心，以具有一定蓄水能力的海绵体建设为手段，在县城、新城等区域开展海绵城市建设，一方面解决城市涝水问题，另一方面缓解工程性缺水问题。

4.2 水系连通，优化资源配置

针对昌江县水资源配置及供水现状，构建“两库连两江、两藤结百瓜、两水通八城、一水润山海”的水资源配置工程格局。两库连两江指依托规划建设的引大济石工程及昌江县水系连通工程，以石碌水库为核心，实施库库连通工程，连通石碌水库及其周边尼下水库、鹅毛岭水库、山竹沟水库，实现昌化江水系与珠碧江水系的连通。两藤结百瓜指以全县境内昌江主干渠、石碌水库干渠两条主要干渠为核心，研究干渠及其下控制支渠、分支渠及沿线水源工程连通方案，构建县城以北互联互通的、长藤结瓜式的城乡灌溉供水网络；同时研究从珠碧江水系向上述城乡灌溉供水网供水的方案。两水通八城指在鸡心沟建设蓄水工程并与石碌水库连通，昌化江干流沿线建设引提水工程及入海前建设蓄水工程，同时加强城乡一体化供水工程，逐步实现全县各乡镇地表、地下双源供水格局。一水润山海指在沿海乡镇昌化镇和海尾镇结合新能源开发，研究涉水经济开发模式，实现水资源与旅游、能源、景观等多产业融合发展。

4.3 生态修复，保障河湖健康

针对昌江县河湖水生态环境现状，构建“一心两带多廊闪耀、南北两片生态保护、山海黎乡花园宜居”的河湖健康保障工程格局。一心两带多廊闪耀指围绕昌江县城，开展昌化江、石碌河两条重点河道生态保护修复与景观建设，建成两条各具特色的河流景观带；实施南妙河、保突河等内城河道水系综合整治，打造健康河湖，建成多条生态廊道。南北两片生态保护指在北部沿海乡镇昌化镇和海尾镇重点进行沿海湿地保护，维护自然生态系统，在南部七叉镇和王下乡重点进行山地自然生态系统保护与河流生态修复，打造南北两片自然生态系统。山海黎乡花园宜居指水生态保护修复后的美好愿景。

4.4 能力提升，打造智慧水网

以昌江县现有水利信息化体系为基础，打造“感知广泛、处理高效、协同智能、安全可靠”的智慧水网。优化水文等监测站网体系布局，完善河流、中小型水库等监测体系，补充水量、水位、流量、水质等要素缺项，提升地下水、行政区界断面、取退水口等监测能力，推广自动监测手段，扩大实时在线监测范围，加强水安全监测体系建设。推进水利工程和新型基础设施建设相融合，加快水利工程智慧化、水网工程智能化，建设水网大数据中心和调度中心，加强数字流域建设，完善水利信息化基础设施。基于信息融合共享、工作模式创新、业务流程优化、应用敏捷智能等思路，推进涉水业务智能应用，提升信息整合共享和业务智能管理水平。

5 结论

本文以昌江县为研究对象，在分析昌江县水网建设条件的基础上，从水资源、防洪、水生态及水利信息化建设多方面分析了水网建设存在的问题，从水利部、海南省多层次分析了水网建设面临的机遇，提出了水网建设的思路、布局和主要举措，可为沿海地区城市水网建设提供一种可借鉴的思路和方向。

参考文献

[1] 新华网．习近平主持召开推进南水北调后续工程高质量发展座谈会并发表重要讲话［EB/OL］．2021-05-14.

[2] 张沛沛．海南省引大济石工程规模及调度水位分析［J］．江淮水利科技，2022（4）：19-20，43.

基于无起算点下的中小河流治理工程测量实践与思考

何定池　何宝根

（中水珠江规划勘测设计有限公司，广东广州　510610）

摘　要：近年来，广东省启动了一批中小河流治理项目，而测量工作是基础。中小河流治理项目一般地处偏僻地区，很多项目就近无平面控制测量起算点，给工程测量工作带来困扰。本文通过对南雄市南山水（新增）河道整治工程测量工作的具体实践，论述了中小河流治理工程测量的工作范围、内容和要求，以及所采用的测量方法，解决了无控制测量起算点的难题，满足了设计的需要，通过了业主的验收。得出了若干工作经验，可供类似工程参考。

关键词：中小河流；南山水河道；治理；无控制起算点；工程测量；技术总结

1　项目背景

近年来，局部强降雨、山洪暴发，造成广东省山区中小河流灾情严重，尤其是2014年5月，清远市、河源市等地发生严重洪涝灾害。2015年2月12日，广东省政府批准《山区五市中小河流治理实施方案》。规划在2015—2020年，对韶关、河源、梅州、清远、云浮等山区五市集水面积在50～3 000 km^{2}的中小河流进行全面治理。山区五市规划治理河长共8 264 km、匡算总投资159亿元。加上列入中央规划的127宗中小河流治理项目，治理的河长总计9 385 km，超过山区五市总河长的52.8%。

中小河流治理工程防洪标准低，根据区段，进行5年一遇洪水、2年一遇洪水重现期和不设防标准设计[1]。梁柏棉[2]探讨了中小河流治理工程的设计要点，提出了主体施工技术及质量控制措施。李帅[3]探讨了中小河流治理工程对县城防洪的影响。江石银[4]论述了抛石灌砂基础在中小河流治理工程中的应用。李亚娟[5]探讨了中低山区中小河流治理工程中护岸形式选用。王立志[6]论述了中小河流治理工程施工质量管理评价。周伟等[7]阐述了中小河流治理工程建设投资控制实践与思考。张文志等[8]论述了圆木桩生态护岸在中小河流治理工程中的应用。但鲜见有对中小河流治理工程测量方面的文章，下面结合南雄南山水（新增）河道整治工程测量项目实践，进行相关总结和思考，希望对中小河流治理工作起到借鉴作用。

2　测区概况

南雄市属于韶关所属的县级市，地处广东省东北部，全市总面积2 326 km^2，管辖18个镇（街道），户籍人口49万人。南雄南山水（新增）河道整治工程测量项目位于南雄市湖口镇，距南雄市城区约17 km。测区交通便利，国道323和县道342经过测区旁。测区范围内主要是农村。测区附近的村庄有老屋家、青山口、细石坑、石岩下、矿岭、石坑、杨屋、七里上、苦练下、社官下、麻塔

基金项目：中水珠江勘测信息系统开发（2022KY06）。

第一作者：何定池（1976—），男，工程师，主要从事测绘、地质勘察工作。

通信作者：何宝根（1969—），男，正高级工程师，主要从事测绘技术管理工作。

石、新迳等。

本项目测量的河道实际长度为38 km，河道平均宽度80 m。两岸植被茂盛，大部分是10 m多高的竹林。一河两岸通视条件困难，加上上半年雷雨季节，雨水多，而项目任务急，工作难度大。

3 资源配置和任务完成情况

本项目共投入测绘作业人员8人，交通车2辆，南方三星接收机6台，中海达双频接收机6台，全站仪1台，水准仪1台，电脑12台。测量人员进场时间为2015年4月20日。项目负责人合理安排，按程序作业，事先进行了技术质量安全交底。先选点，后搞控制。控制搞好后，4人测陆地，2人测水下地形，2人测河道断面，同步作业，当天数据当天基本处理完毕，遇到雨天就加紧处理内业。5月13日完成了现状地形数据野外采集，5月17日提交测绘成果给委托方并通过验收，提前完成了测量任务。

3.1 作业依据

根据委托方相关要求，测量单位的质量等管理体系文件，以及有关标准、规范有：①《水利水电工程测量规范》（SL 197—2013）（下称《规范》）；②《全球定位系统（GPS）测量规范》（GB/T 18314—2009）；③《国家三、四等水准测量规范》（GB/T 12898—2009）；④《全球定位系统实时动态（RTK）测量技术规范》（CH/T 2009—2010）；⑤《国家基本比例尺地图图式 第1部分：1∶500 1∶1 000 1∶2 000地形图图式》（GB/T 20257.1—2017）；⑥《测绘成果质量检查与验收》（GB/T 24356 — 2023）。

3.2 坐标高程系统

采用独立坐标系、1985国家高程基准。高程起算点由业主提供。

3.3 控制测量

本项目时间紧、任务急，而测区就近又无平面控制起算点。针对这个难题，我们决定平面控制采用一点一方向的独立坐标系进行起算。在已有的1∶5万地图的基础上，先在测区南北两边量取两明显地物的坐标，以南边*A*点的坐标为坐标起算点，以*A*点到北边*B*点的方位为起算方位；再以*A*点与*B*点间GNSS所测的平面距离为两者的精确距离，算出*B*点的精确坐标。用*A*与*B*两点的平面坐标约束全网，网内控制点按一级导线精度（或E级或五等GNSS精度）布设，主要采用GNSS控制测量的方法沿河两岸成网布测。平面控制满足如下主要精度指标：

（1）三等、四等、五等GNSS控制点相对于邻近控制点的点位中误差不大于图上±0.05 mm。

（2）三等、四等、五等GNSS点相邻点基线长度精度用下式计算：

$$\sigma = \sqrt{a^2 + (bd \times 10^{-6})^2}$$

式中：σ为标准差，mm；d为相邻点间距离，km；a为固定误差；b为比例误差。

固定误差a、比例误差b的规定如表1所示。

表1 GNSS测量控制网精度规定[9]

等级	相邻点平均间距/km	固定误差 a/mm	比例误差 b/mm	最弱相邻边长相对中误差
三等	4~8	≤10	≤5	1/80 000
四等	2~4	≤10	≤10	1/40 000
五等	0.5~2	≤10	≤20	1/20 000

高程控制：高程起算点引自南雄市湖口镇已修建河堤1985国家高程基准起算点，采用水准仪按四等水准测量方法测量。主要技术指标有：

（1）基本高程控制最弱点高程允许中误差≤0.05h（h为基本等高距）。

（2）每千米埋设不少于两个固定控制点（高程与平面控制共点布置），绘制点之记。

（3）图根控制测量按如下要求进行：①最末级图根点相对于邻近高等级平面控制点的点位中误差不大于±0.1（图上 mm）；相对于邻近基本高程控制点高程允许中误差为±0.1 h，且最大不应大于±0.5 m。②RTK 图根控制的精度要求见表 2。

表 2　RTK 图根控制测量精度规定

与基准站的距离/km	观测次数	起算点等级
≤5	≥2	五等及以上

注：采用网络 RTK 控制测量可不受流动站到基准站距离的限制，但应在网络有效服务范围内。

3.4　地形测绘

测量要求干流两岸各测 50 m 宽，河道水下部分已测量。支流两岸各测 30 m 宽，水下地形已测量。地形图测量比例尺为 1∶1 000。地形测绘主要采用 GNSS-RTK 法进行测量，卫星信号困难地区则采用全站仪极坐标法作业。采用南方测图软件成图。

标注了地类，较大田坎、田间道、灌排渠依比例绘出，横穿测量条带的灌排渠沟底至少有 3 个测点控制，标明水流方向，并测量一个代表性断面尺寸，标注在地形图相应位置。鱼塘坎顶底、水边线、塘底有高程点控制。详细反映房屋等建筑物。

除满足 1∶1 000 测图规范要求外，详细测绘了以下内容：

（1）河道两岸坎邻近区域为工程施工区域，细致反映岸坎顶、岸坎脚，滩、水边坎，水位线，水边坎脚，水下等地形特征点。

（2）详细标测地类及地类界线。

（3）标测了测区内各种管线设施。

（4）河堤沿线灌排渠系（引出、排入河道）沟底至少有两个测点控制，标明水流方向，并测量一个代表性断面。

（5）各种坎底部至少有 2 个测点控制。

（6）表示岩石出露位置及范围。

3.5　河道横断面

横断面沿干流或支流每 50 m 布设一条横断面，横断面测量宽度同地形。横断面纵横比例为 1∶200。断面测量方法同地形。采用单位自行开发的断面成图软件成图。

测量按以下要求进行：

（1）断面图上地物点相对于邻近控制点的平面位置允许中误差按表 3 规定执行。

表 3　断面图上地物点平面位置允许中误差

测图比例尺	平地、丘陵地（图上）/mm	说明
1∶500	±0.6	1. 水下地形点的平面位置测量允许中误差可为规定值的 2 倍； 2. 隐蔽困难地区地物点平面位置测量允许中误差可为规定值的 1.5 倍

（2）地形图等高线高程中误差≤0.5h（h 为基本等高距）。

（3）高程注记点对邻近高程控制点的高程允许中误差≤0.25 h。

（4）山谷河段，以测至高出水面线 10 m 高程处为准，河岸平坦河段，测至岸坎以外 50 m。

（5）面向下游，从左到右作图，断面测点调整到一直线上作剖面。

（6）桥梁、涵洞要加测断面，桥梁、涵洞断面主要反映上下地面线及内桥孔、内涵孔断面。

3.6　河道纵断面

河道纵断面，以河口为起点，在横断面测量的基础上，沿河道中心线生成纵断面。纵断面比例横

1：2 000、纵 1：200。中心线与各横断面交点里程作为相应横断面桩号。纵断面上反映各横断面（含桥梁、水陂断面）桩号。

3.7 检查结果

（1）采用的测量仪器经过检定，具有较高的精度。1：1 000 地形图采用数字化数据采集，碎部点数据精度一般在 0.01 m 内，数据采集满足测量精度要求。

（2）作业方法正确，程序合理，各项精度指标满足规范要求，测量成果资料可以提交使用。

（3）测量成果经过二级检查、一级验收，并及时提交给设计人员使用，设计人员按时向业主提交了设计报告。

3.8 提交成果

提交成果主要有 1：200 断面图、1：1 000 地形图、控制点成果表、控制点点之记、测量技术总结。

4 结语

（1）独立坐标系能满足中小河流治理项目的需要。由于本项目现场找不到已有的测量平面控制点，业主也不能提供坐标起算点。而项目时间紧、任务急，测量技术人员创造性地采用独立坐标系作业，既节省了时间，也满足了项目施工的需要。南山水河道整治工程项目已按计划施工完成，达到了河道“两清”的目标，并成为当地一道亮丽的风景线。

（2）应提前了解设计需求。本项目是 1：1 000 地形测量，沿河岸有许多房屋密集区。按规范，1：1 000 房屋密集区需一幢幢表示出来，会耗费很多时间。经与设计单位沟通，本项目只进行河岸整治，一般不会拆迁房屋，只需把第一排的房屋表示出来即可，后面只需圈出房屋范围。测量人员按设计需求测量，节省了很多时间，为提前完成测量任务提供了保证。

（3）努力提高测量人员的积极性。本项目对野外测量人员实行承包制，工作量量化到班组和个人，极大地调动了作业人员的积极性。

参考文献

[1] 陈健美．粤北山区农村中小河流治理工程措施与新农村建设有机结合的探讨［J］．内蒙古水利，2021（12）：46-47.

[2] 梁柏棉．中小河流河道护坡治理工程设计研究［J］．江西建材，2022（9）：359-360，363.

[3] 李帅．某中小河流防洪治理工程对县城防洪的影响［J］．河南水利与南水北调，2023，52（7）：27-28.

[4] 江石银．浅谈抛石灌砂基础在中小河流治理工程中的应用［J］．福建水力发电，2023（1）：47-49，68.

[5] 李亚娟．浅谈中低山区中小河流治理工程中护岸形式选用［J］．水与水技术，2023（S1）：147-153.

[6] 王立志．中小河流治理工程施工质量管理评价［J］．水利技术监督，2022（8）：1-3，39.

[7] 周伟，刘庆慧，王飞，等．中小河流治理工程建设投资控制实践与思考［J］．中国水利，2021（16）：56-57.

[8] 张文志，张潇允．圆木桩生态护岸在中小河流治理工程中的应用［J］．东北水利水电，2022，40（5）：38-39.

[9] 中华人民共和国水利部．水利水电工程测量规范：SL 197—2013［S］．北京：中国水利水电出版社，2014.

小浪底水库支流畛水淤积形态演变过程研究

董　华[1]　贾梦豪[2,3]　马怀宝[2,3]　任智慧[2,3]　王　婷[2,3]

（1. 黄河水利水电开发集团有限公司，河南郑州　450099；
2. 黄河水利委员会黄河水利科学研究院，河南郑州　450003；
3. 水利部黄河下游河道与河口治理重点实验室，河南郑州　450003）

摘　要：小浪底水库支流畛水由于特殊的地形条件，其淤积形态变化较大。小浪底水库运用以来，畛水淤积形态变化可以分为4个阶段：2000—2002年畛水河口位于干流三角洲坝前淤积段，以水平抬升淤积为主；2003—2010年畛水河口位于干流三角洲前坡段，拦门沙出现并快速发展；2011—2017年畛水河口位于干流三角洲洲面段，其间水库整体运用水位较高，畛水河口与干流三角洲洲面同步抬升，而内部抬升较慢，拦门沙高度进一步增加。

关键词：畛水；淤积形态；拦门沙；水库调度

1　研究背景

黄河小浪底水利枢纽是一座以防洪（包括防凌）、减淤为主，兼顾供水、灌溉、发电，除害兴利、综合利用的枢纽工程[1-2]。小浪底水库1999年10月下闸蓄水，2000年5月正式投入运用，至2022年汛后，小浪底水库已运用23年。总库容127.5亿m^3，占水库原始库容的41.3%。畛水是小浪底水库最大的支流，其库容的充分利用对水库综合效益的发挥具有重要作用。受库区泥沙淤积以及畛水特殊地形条件的影响，畛水极易形成拦门沙，降低支流效益。基于实测资料，笔者重点分析了畛水淤积形态演变过程与干流淤积形态关系，以及水库调度对其淤积形态的调整作用。研究成果能够为畛水库容利用及水库综合效益发挥提供一定的技术支撑。

2　研究区域概况

畛水在距小浪底水库大坝17.2 km的黄河右岸汇入黄河。原始库容为17.67亿m^3，占支流库容的33.6%，占水库总库容的13.9%。畛水地形具有沟口狭窄、向上游延伸时迅速开阔的特点。小浪底水库及畛水位置见图1。资料分析表明，高程230 m时，畛水ZS01断面河宽约570 m，ZS02断面约1 030 m，而ZS03断面约2 420 m（见图2）。高程275 m时，河宽变化更为剧烈；畛水ZS01断面河宽约750 m，ZS02断面约1 450 m，ZS03断面约2 660 m，而ZS05断面约3 650 m。

小浪底库区支流平时流量很小甚至断流，只是在汛期发生历时短暂的洪水时，有砂卵石推移质顺流而下[3]。小浪底水库运用以来实测资料表明[4]：畛水年平均流量0.534 m^3/s，年平均含沙量0.413 kg/m^3，年平均沙量0.013万t。因此，畛水淤积主要为干流倒灌所致。

基金项目：国家重点研发计划项目（2021YFC3200400）；黄河水科学研究联合基金项目（U2243241）；河南省自然科学基金项目（222300420495，202300410540）；中央级公益性科研院所基本科研业务费专项（HKY-JBYW-2022-06，HKY-JBYW-2019-13）；水利部重大科技项目（SKS-2022088）。

作者简介：董华（1988—），女，工程师，研究方向为水利工程建设管理。

通信作者：王婷（1980—），女，正高级工程师，研究方向为水库泥沙。

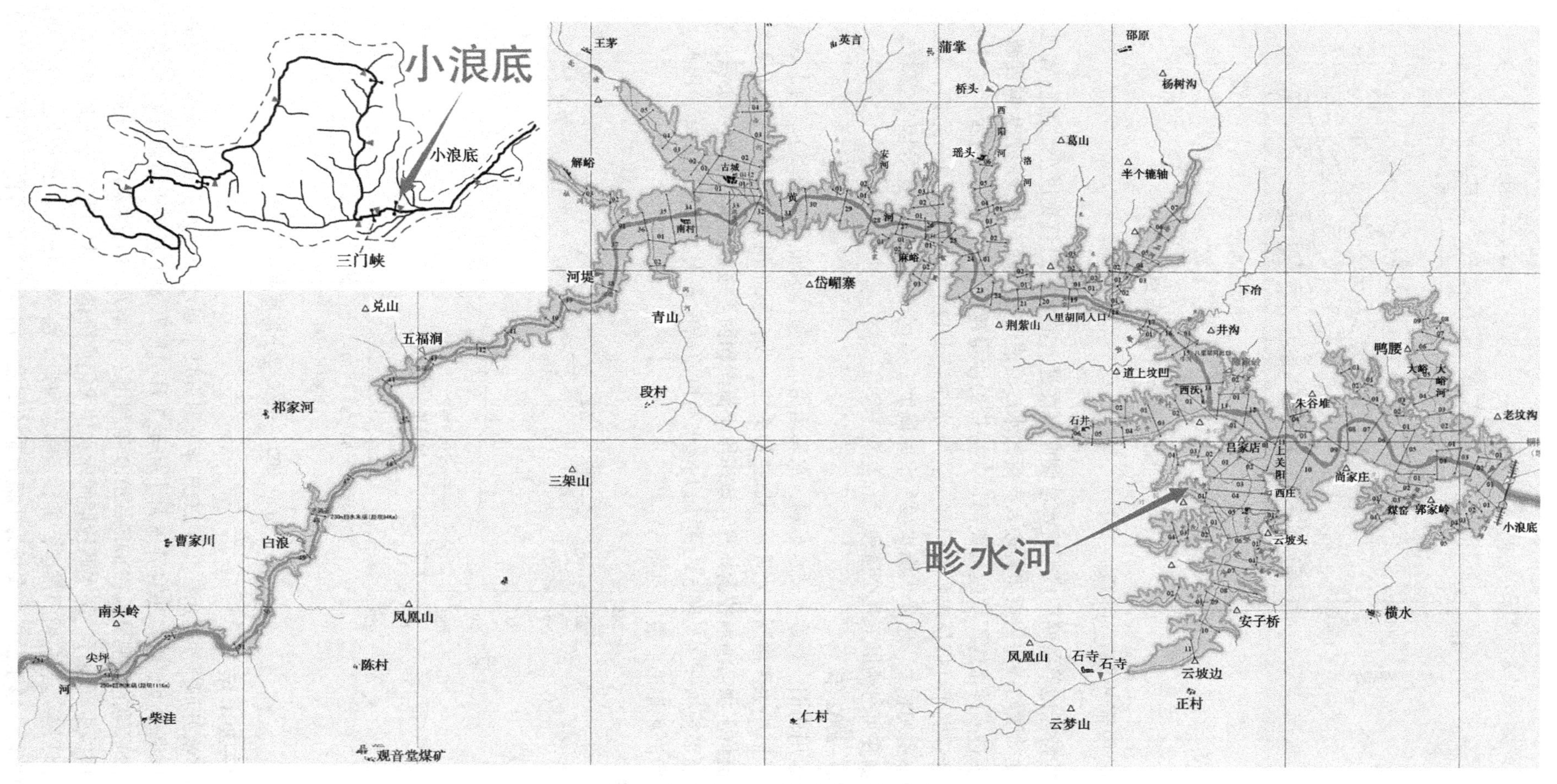

图1　小浪底水库及其支流畛水位置图

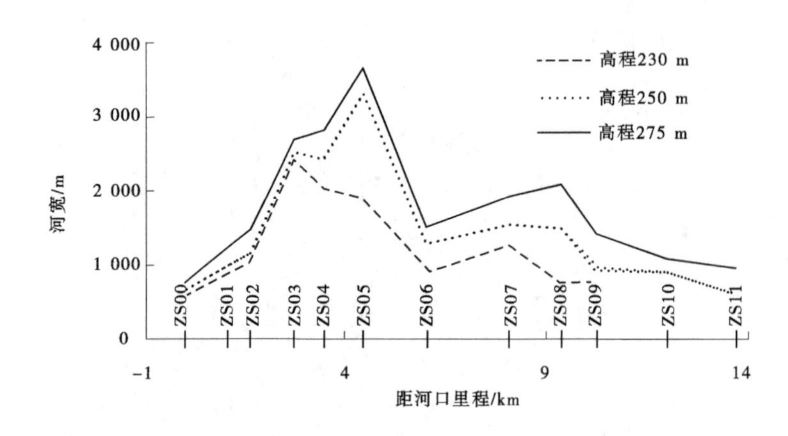

图 2　畛水河宽沿程变化

3　畛水淤积形态演变过程

畛水的特殊地形条件造成干流水沙侧向倒灌进入畛水时过流宽度小，意味着进入畛水的沙量少，而内部宽度的骤然增加，意味着进入支流的水沙流速迅速下降，挟沙能力大幅度减小，泥沙沿程大量淤积，倒灌进入畛水的浑水越远离河口，挟带的沙量越少，而过流（铺沙）宽度大，引起畛水内部淤积面抬升幅度小，极易出现拦门沙[5]。畛水相当于是干流河床的横向延伸，其淤积形态演变不仅与畛水地形密切相关，还受入库水沙、水库调度、库区干流淤积形态等因素影响。至 2022 年，畛水淤积形态演变可分为以下几个阶段。

3.1　2000—2002 年

水库运用初期，受黄河枯水影响，水库运用水位整体较低（见图 3）。为了在小浪底坝前形成天然铺盖[6]，减小水库渗漏，水库运用以拦沙为主，坝前段干流迅速淤积抬升（见图 4）。此阶段，畛水河口干流位于坝前细颗粒淤积段，该库段干流淤积面平缓，比降小；畛水淤积主要为干流异重流倒灌，淤积面平行抬升（见图 5），再加上畛水河口原始比降大，倒灌距离短。因此，畛水未出现拦门沙，但下段淤积逐渐变缓（见图 6）。

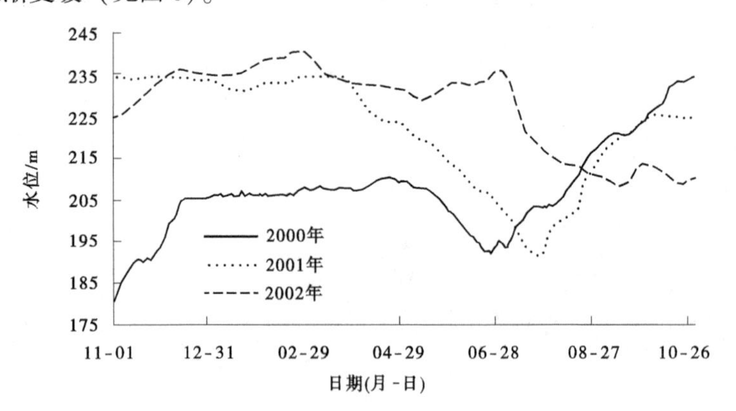

图 3　2000—2002 年小浪底库水位过程

3.2　2003—2010 年

水库多次开展排沙运用，其中 2003 年 9 月开展了以小浪底水库为主的基于空间尺度水沙对接的四库水沙联调原型试验；2004 年 6 月下旬至 7 月中旬开展了基于干流水库群联合调度、人工异重流塑造和泥沙扰动的原型试验；2005—2010 年利用水库蓄水和上游来水，开展了多次汛前调水调沙和汛期调水调沙生产运行，调水调沙期间库水位大幅度降低（见图 7）。受入库水沙和水库调度等影响，干流三角洲顶点迅速向坝前推进，推移至畛水河口下游（见图 8）。此阶段，畛水河口主要位于干流三角洲前坡段，畛水淤积主要仍为干流异重流倒灌，河口淤积面高程随干流前坡段淤积而快速抬升，

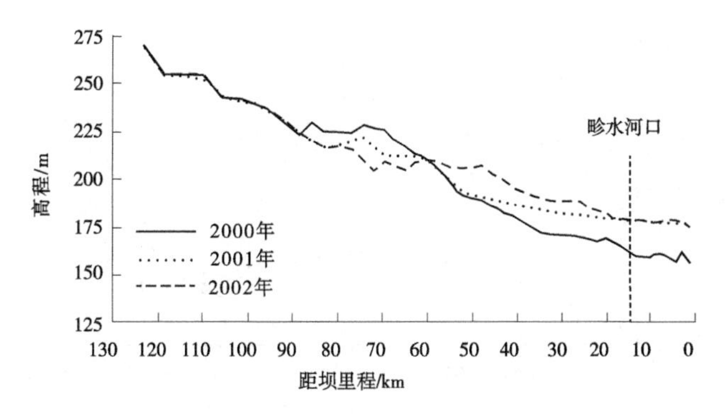

图 4　2000—2002 年小浪底库区干流纵剖面

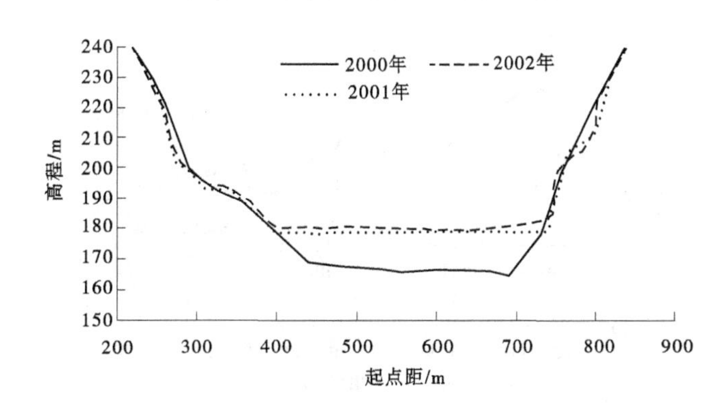

图 5　2000—2002 年畛水 ZS01 断面

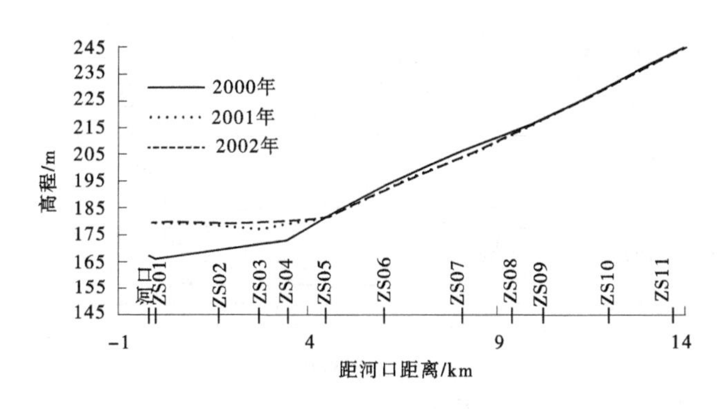

图 6　2000—2002 年畛水纵剖面

抬升高度约 33.74 m（见图 9）。畛水内部抬升速度逐渐减小，纵剖面比降逐渐调整，发展呈现为正坡—水平—倒坡的过程，拦门沙出现并逐年增加（见图 10）。相对于水库的长期运用来说，河口干流位于前坡段只是一个相对短暂的过程。

3.3　2011—2017 年

除汛前调水调沙和 2012 年汛期调水调沙外，小浪底水库其他时段运用水位相对较高（见图 11）。库区仍以淤积为主，淤积集中在干流三角洲洲面段及前坡段，且以平行抬升淤积为主，三角洲顶点继续向下游推进（见图 12）。此阶段，畛水河口主要位于干流三角洲洲面段，并与干流洲面同步抬升淤积，高水位时表现为干流异重流倒灌，水位降低至畛水河口滩面以下时，畛水内部蓄水汇入干流，沟口出现少量冲刷，水位升高时也会出现明流倒灌淤积现象，但整体以平行抬升为主（见图 13）；此阶段，畛水内部也在不断淤积，抬升幅度小于河口，拦门沙高度进一步抬升（见图 14）。

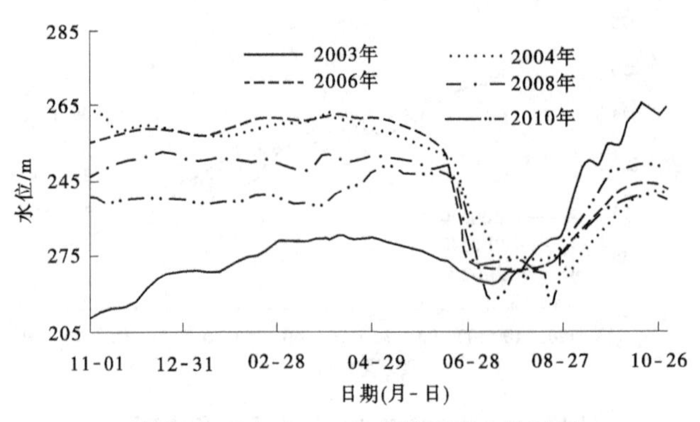

图 7　2003—2010 年小浪底库水位过程

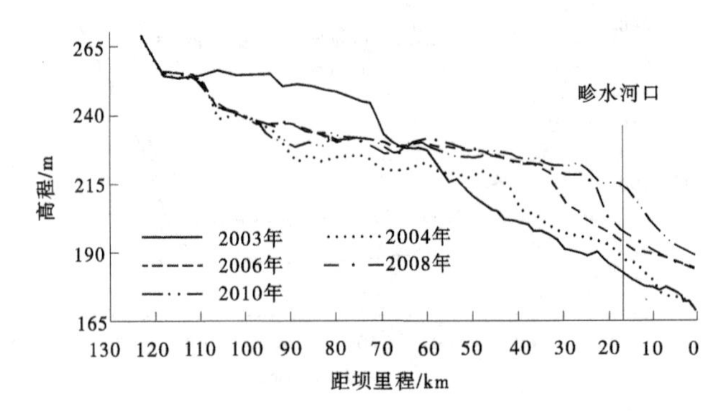

图 8　2003—2010 年小浪底库区干流纵剖面

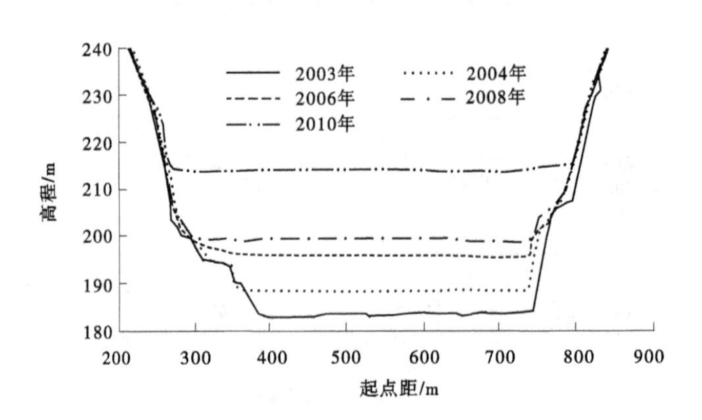

图 9　2003—2010 年畛水 ZS01 断面

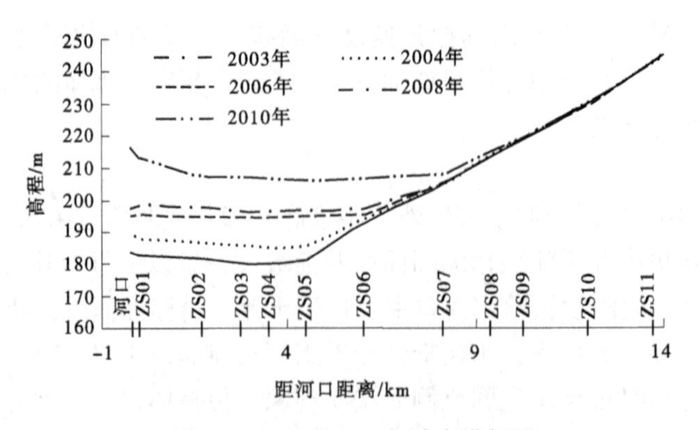

图 10　2003—2010 年畛水纵剖面

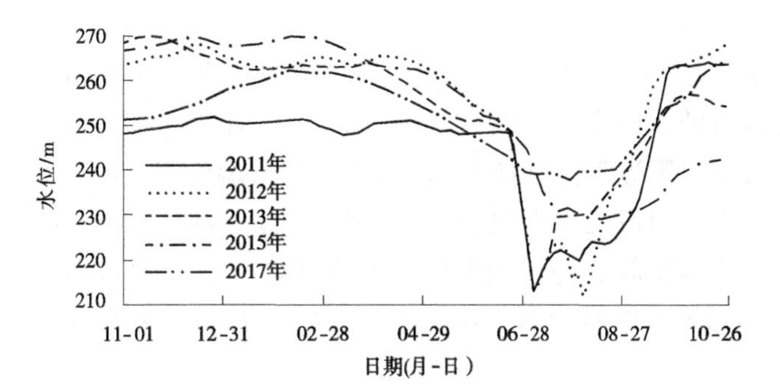

图 11 2010—2017 年小浪底库水位过程

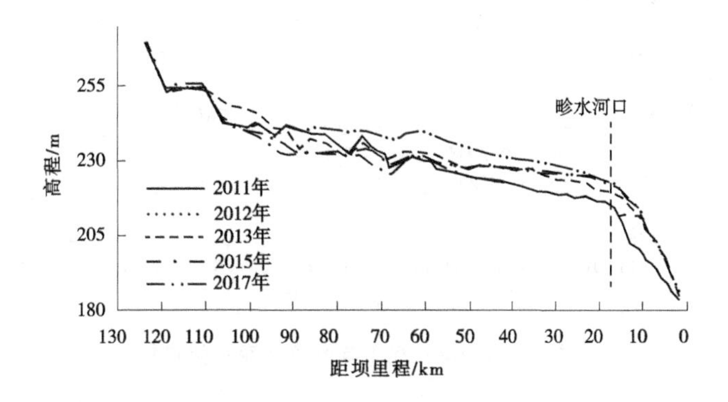

图 12 2010—2017 年小浪底库区干流纵剖面

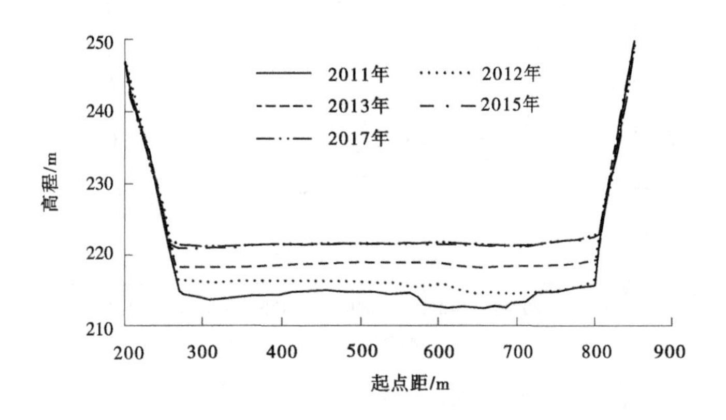

图 13 2011—2017 年畛水 ZS01 断面

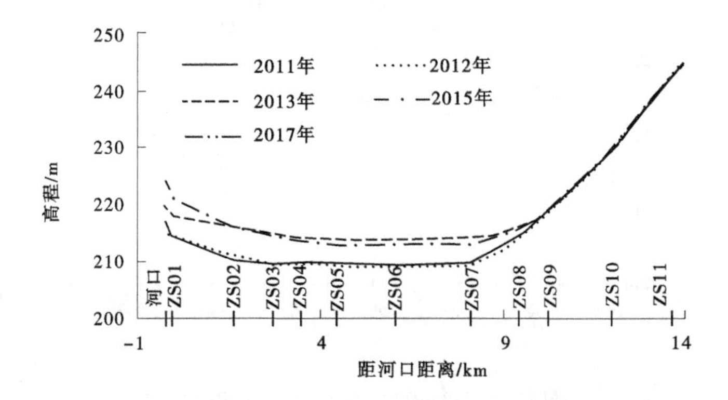

图 14 2011—2017 年畛水纵剖面

3.4 2018—2022 年

黄河来水较丰，尤其是 2018—2021 年，小浪底入库水量均在 370 亿 m^3 以上。2018—2020 年洪水期小浪底水库开展了长历时低水位排沙运用[7-8]（见图 15）。库区干流发生强烈冲刷，全库区均塑造出较大河槽；其中，畛水河口附近干流（HH11）塑造出的河槽位于右岸（见图 16），紧贴畛水河口。畛水内部蓄水下泄的过程中，河口发生剧烈冲刷，产生与干流连通的河槽（见图 17），畛水纵剖面淤积形态得到调整，拦门沙持续发展趋势得到缓解（见图 18）。由于畛水河槽与干流贯通，2021 年和 2022 年洪水期含沙水流能够进入畛水内部，增加内部淤积，提高了支流利用效益。

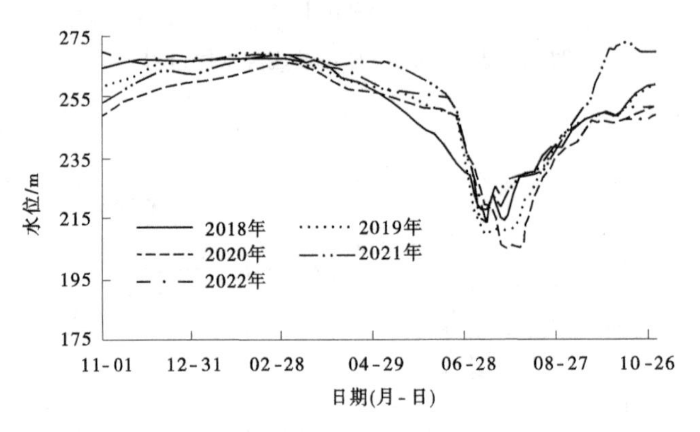

图 15 2018—2022 年小浪底库水位过程

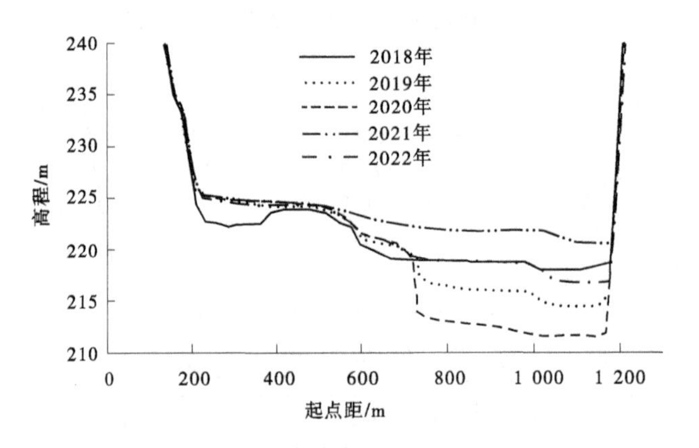

图 16 2018—2022 年小浪底库区干流 HH11 断面

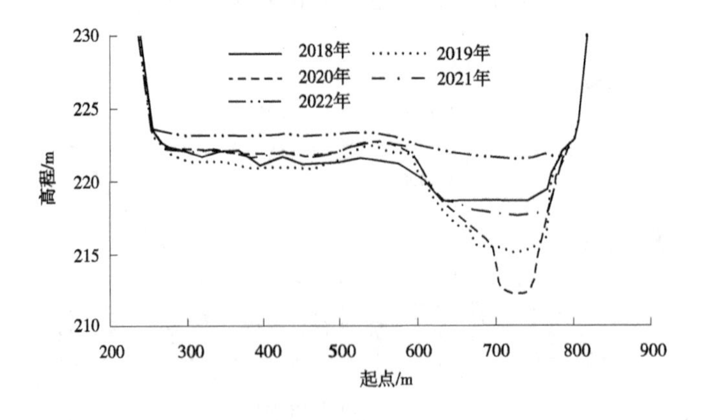

图 17 2018—2022 年畛水 ZS01 断面

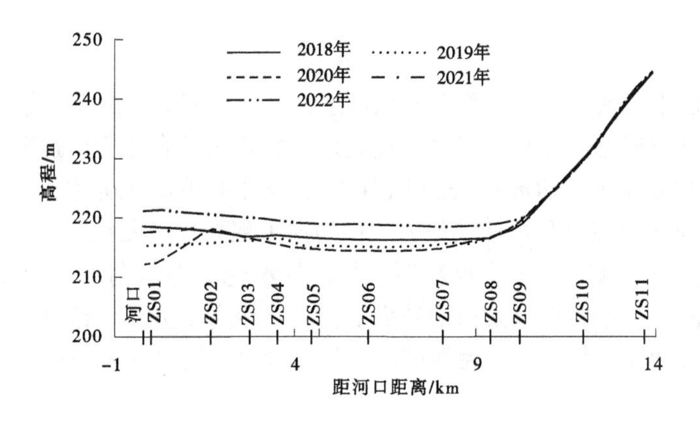

图 18　2018—2022 年畛水纵剖面

4　畛水拦门沙变化

小浪底水库运用以来，畛水淤积量基本呈逐年增加趋势，至 2022 年汛后累计淤积 2.9 亿 m^3，总库容为 14.77 亿 m^3。畛水拦门沙高度随干流淤积形态、入库水沙、水库调度以及畛水淤积形态不断调整，最大拦门沙高度出现在 2015 年，为 11.24 m（见图 19）；2018 年后拦门沙高度大大降低，最低降为 1.50 m，2022 年汛后为 2.91 m。畛水内部的无效库容（拦门沙淤积面高程以下无法参与水沙交换的部分）也不断调整，最大出现在 2016 年，为 1.18 亿 m^3；2022 年汛后为 0.22 亿 m^3（见图 20）。

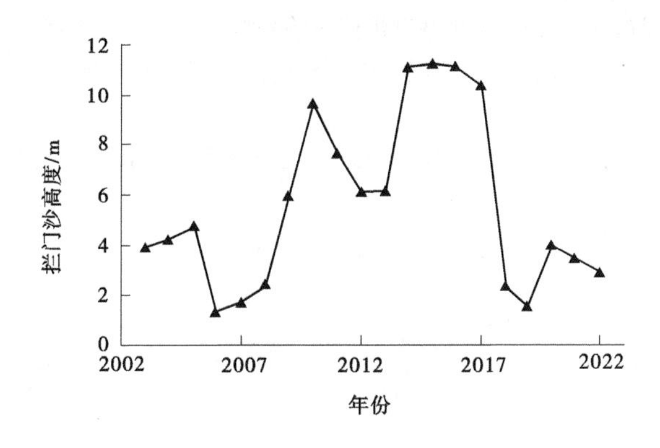

图 19　畛水拦门沙高度变化

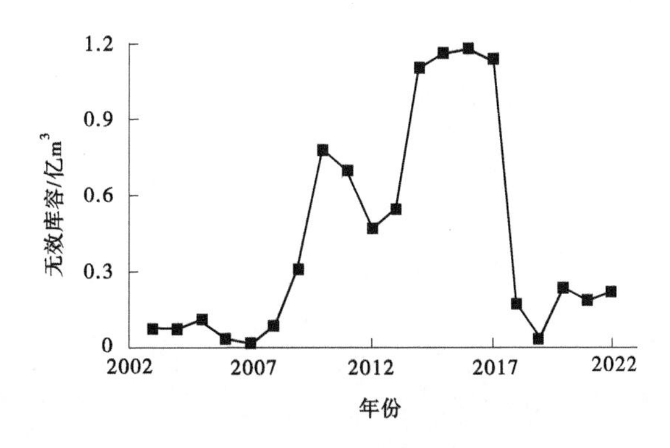

图 20　畛水无效库容变化

5 结论

小浪底水库运用以来干流主要为三角洲淤积形态，干流淤积形态的发展是入库水沙及水库调度综合作用的结果。干流淤积形态与畛水的相对位置关系又极大地影响着畛水淤积形态的演化过程。

（1）当畛水河口位于干流三角洲坝前淤积段时，以水平抬升淤积为主，未出现拦门沙现象。

（2）当畛水河口位于干流三角洲前坡段时，拦门沙出现并快速发展。

（3）当畛水河口位于干流三角洲洲面段时，拦门沙演化与洪水期水库调度方式关系密切。洪水期水库运用水位较高时，畛水河口以淤积抬升为主，拦门沙高度呈增加趋势；洪水期降低水位排沙运用时，当畛水河口干流冲刷下切形成较大河槽时，拦门沙也会随之冲刷降低。

参考文献

[1] 张俊华，陈书奎，李书霞，等. 小浪底水库拦沙初期水库泥沙研究［M］. 郑州：黄河水利出版社，2007.

[2] 黄河勘测规划设计研究院有限公司. 小浪底水库拦沙后期防洪减淤运用方式研究技术报告［R］. 2010.

[3] 张俊华，马怀宝，王婷，等. 小浪底水库支流倒灌与淤积形态模型试验［J］. 水利水电科技进展，2013，33（2）：1-4，25.

[4] 蒋思奇，闫振峰，郜国明，等. 小浪底水库畛水支流库容恢复试验研究［J］. 人民黄河，2021，43（2）：235-236，241.

[5] 张俊华，陈书奎，马怀宝，等. 小浪底水库拦沙后期防洪减淤运用方式水库模型试验研究报告［R］. 黄河水利科学研究院，2010.

[6] 屈章彬，台树辉. 小浪底坝前泥沙淤积对大坝基础渗流影响分析［J］. 人民黄河，2009，31（10）：94-95.

[7] 王婷，高梓轩，蒋思奇，等. 2019 年汛期小浪底水库排沙运用效果及影响因素分析［J］. 人民黄河，2021，43（12）：18-22.

[8] 王婷，马怀宝，王远见，等. 小浪底水库 2018—2020 年排沙运用效果研究［J］. 人民黄河，2023，45（2）：47-51.

郧西县流域系统治理规划探索

闫慧玉　陆　非

（长江勘测规划设计研究有限责任公司，湖北武汉　430010）

摘　要：本文通过梳理郧西县流域发展现状和存在的问题，从流域系统治理出发，按照整体保护、系统修复等原则，优化完善了流域生态保护和国土空间开发利用格局，聚焦生态保护与修复，提出了规划措施，可为其他小流域系统治理提供借鉴。

关键词：流域；系统治理；生态保护；生态修复

1　引言

为了加强长江流域生态环境保护和修复，促进资源合理高效利用，保障生态安全，实现人与自然和谐共生、中华民族永续发展，国家于2021年3月1日施行《中华人民共和国长江保护法》，规定长江流域经济社会发展，应当坚持生态优先、绿色发展，共抓大保护、不搞大开发，长江保护应当坚持统筹协调、科学规划、创新驱动、系统治理。

郧西县地处湖北省西北部，是湖北省东进西出的门户，是对外展示湖北高质量发展的窗口；同时，郧西县位于汉江上游，是丹江口水库核心水源区，是南水北调中线工程的生态安全屏障，生态地位非常突出。郧西县的"一江两河"是三大河流汉江、天河、金钱河，其流域面积占全县总面积的67%。以这三大流域为单元编制治理规划，进行整体规划、统筹考虑，通过流域系统治理，将促进全县经济社会的持续、协调、健康发展。

2　现状与问题

郧西是千里汉江由陕入鄂的门户，大部分国土属于山区或丘陵地区，山高坡陡，生态环境总体比较脆弱。

2.1　河湖库与湿地生态功能局部退化

郧西县现状县域内部分河湖岸水生生境受损，生态系统有待修复。由于城镇建设规模迅速扩大，"一江两河"的河湖滨岸带有被挤占现象，滨河植被破坏，存在部分围滩改造为建设用地，束窄了河湖水生态空间。天河、金钱河部分支流河段存在围塘养殖、滩涂生境被破坏的现象，部分河流与水岸生态系统结构和功能退化。

2.2　水土易流失，山林生态修复任务重

郧西县属于山区或丘陵地区，山高坡陡，由于开垦、采矿等人为因素、自然因素与历史因素，郧西境内局部区域水土流失现象严重。郧西县共有耕地面积385.9 km^2（57.88万亩，1亩=1/15 hm^2），水土流失面积2 075 km^2，占版图总面积的59.2%，年流失总量738万t，是湖北省水土流失最严重的县。每年水土流失造成大量的泥沙直接涌填到丹江口水库，影响了丹江口水库的有效库容，威胁着南水北调中线工程水源区的水质安全。此外，矿山开采造成的生态破坏也造成了土地退化、养分丢失及有毒有害物质的累积，破坏了原有的地形地貌，毁坏了原有的森林植被，导致水土流失现象发生。虽

作者简介：闫慧玉（1978—），女，高级工程师，主要从事水利工程规划设计工作。

然经过近几年的治理，一批生态林业重点工程建设情况良好，水土流失状况有了一定的改善，但水土流失现状仍需进一步控制。

2.3 森林水源涵养功能受损

郧西县现有稳定林地面积总量高，保障林地总面积 2 877.62 km^2，森林覆盖率达到 67.12%，森林蓄积量 1 010.46 万 m^3，国家储备林 150 万亩，境内森林资源丰富、绿化程度高，但由于自然环境、地域空间、工农业活动等因素的影响，仍然存在一些问题：一是森林经营破碎化明显，林分结构不合理且趋于单一，使林地生态系统稳定性下降，水源涵养功能减弱，造成水土流失隐患；二是林业碳汇资源涉及面广但较为分散，国有林场面积不大，林业资源大部分归属农户，资源利用难度大、费用高。

2.4 地质灾害防治形势严峻

郧西县地形地貌及地质构造复杂，地质灾害隐患多、分布广、区域分布不均、汛期集中发生，具有隐蔽性、突发性、破坏性等特征。全县地质灾害点多面广，地质灾害中等易发区总面积约 2 134.99 km^2，占全县总面积的 60.84%，包括城关至香口沿两郧断裂带滑坡中易发区、关防至湖北口乡仙河两岸滑坡中易发区、三官洞林区五里河两岸滑坡中易发区等，涉及城关、土门、香口、上津、槐树、店子、关防、湖北口、景阳、安家、三官洞等乡镇（场、区），地质灾害在一定程度上制约了经济社会发展。加之全县尚未建立长期动态调查机制，专业监测尚未全面开展，地质灾害气象预警预报精度有待提高，部分地质灾害隐患点亟须开展工程治理和搬迁避让，全县地质灾害防灾减灾形势仍然较为严峻。

2.5 生物多样性受到威胁

郧西县生物资源丰富，现有森林植物 146 科 491 属 1 391 种，但由于人口增加以及农业和城镇扩张，交通、水电水利设施建设、矿产资源开发，部分生物资源退化，森林、湿地等自然栖息地遭到破坏，栖息地破碎化现象突出，生物多样性受到威胁。

3 规划原则

3.1 整体保护，系统修复

综合考虑流域内山水林田湖草各种自然生态要素，统筹上下游、左右岸、陆域与水域、城市与乡村，全方位、多层次、多领域地开展生态保护与修复，提升生态系统多样性、稳定性、持续性。

3.2 尊重自然，因地制宜

尊重自然规律，人工治理与自然修复相结合，生物措施与工程措施相结合，以自然修复为主，人工治理为辅，各种措施合理配置，发挥综合治理效益，培育生态系统的良性循环能力。

3.3 问题导向，突出重点

立足于解决山水林田湖草各类生态问题，针对重点流域、重点区域、重点生态功能区和重点生态系统，采取针对处理措施进行修复。

4 生态保护与修复格局

4.1 县域总体格局

结合国土空间规划“三线”划定、县域分区治理指引以及生态修复项目空间分布，县域生态修复规划格局为“两轴三屏障”，其中：“两轴”指天河生态轴与金钱河生态轴，“三屏障”指北部生态屏障、中部生态屏障与汉江生态屏障，见图 1。

全县的生态修复项目大多围绕天河、金钱河生态轴及其支流展开；对于三个生态屏障，北部与中部生态屏障是全县生态红线的主要组成部分，北部生态屏障涵盖了大梁省级自然保护区、五龙河省级自然保护区与郧西湖北口省级地质自然公园，中部生态屏障主要是中部山体，汉江生态屏障指汉江水体与库滨带。生态轴与生态屏障共同组成了郧西县蓝绿交织的生态网络。

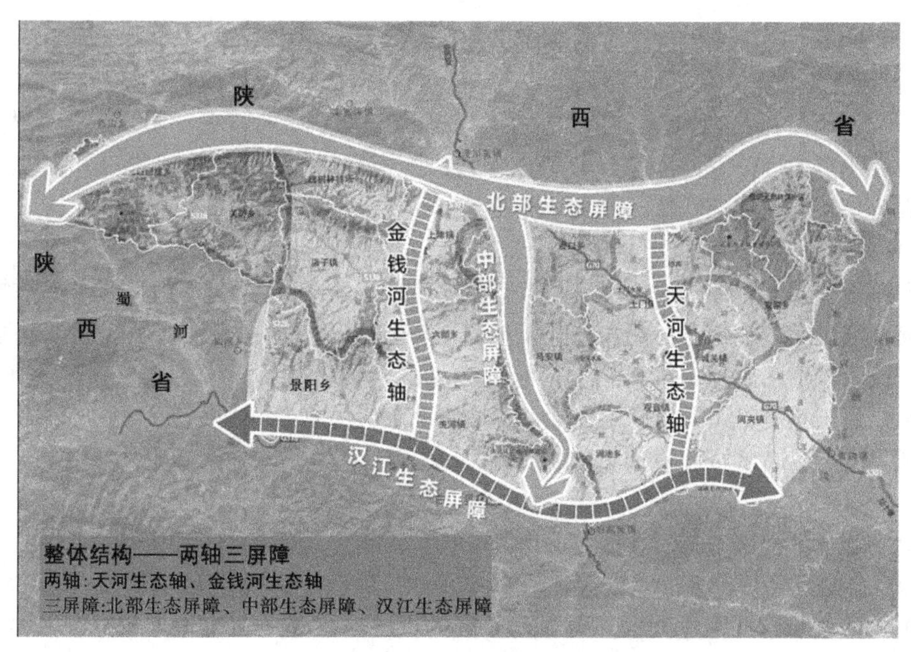

图 1　县域生态修复与保护规划格局

4.2　立体空间格局

按照“水体-岸边-城乡建设区-山上”的立体空间格局，采取针对性的措施，其中：水体主要是河湖水系连通、水生生物多样性保护等；岸边主要是水土保持（水土流失治理）、湿地生态修复、消落区生态化景观改造、生物多样性保护等；城乡建设区主要是水土保持、地质灾害防治、通道绿化建设等；山上主要是水土保持（矿山治理与生态修复）、水源涵养能力提升（包括森林资源保护提升、森林生态屏障建设）、地质灾害防治、生物多样性保护等，见图 2。

图 2　生态修复与保护的立体空间格局

5　主要任务与措施

以全面提升县域生态安全屏障质量、促进生态系统良性循环和永续利用为目标，以统筹山水林田湖草一体化保护和修复为主线，实施重要生态系统保护和修复重大工程，着力提高生态系统自我修复能力，切实增强生态系统稳定性，显著提升生态系统功能。重点加强西北山区、汉江、天河、金钱河水源涵养林和水土保持林的保护与营造，增强森林、湿地、土壤等固碳作用，持续提升生态系统碳汇增量，全面扩大优质生态产品供给，推进形成生态保护和修复新格局。

5.1 湖库与湿地生态修复

针对“一江两河”流域河、湖、库与湿地生态现状以及存在的问题，坚持保护优先、自然修复为主，重点区域重点治理，管控措施与工程措施相结合，通过河湖库水系连通、湿地生态修复、消落区生态化景观改造等治理措施，使区域水环境质量得到提升。

5.1.1 河湖库水系连通

推进河湖库水系连通，促进水体畅流。针对河湖库水系割裂、水体流动性差等问题的河段，从河道开挖、涵管沟通、小型引排水配套设施建设与改造等方面，因地制宜地实施河湖库水系连通工程，增强径流调蓄能力和供水调配保障能力。重点实施仙河、天河、金钱河、归仙河、大泥河水系连通工程，修建提水泵站、管网等工程措施连通仙河—大坝河—大兰河、天河—五里河—安家河等河流，改善水体环境和生态、提高水资源调动和分配的能力。

5.1.2 湿地生态修复

采取生物措施与工程措施相结合的方法修复受损的湿地生态系统的生物群体及结构，重建健康的水生生态系统。重点实施湿地保护和修复工程，以丹江口库区汇水区及天河流域区湿地为重点，积极开展湿地保护与恢复示范工程建设，扩大湿地保护面积。其中天河口湿地工程总面积 0.19 km^2，通过设置水质保护带与生态水岸带，改善水质、修复水空间及生物连通性，其中水质保护带因地制宜地种植沉水植物等自然植物群落；生态水岸带重点打造特色生态景观，设置游览栈桥、生态栖息岛、科普植物园等。

5.1.3 消落区生态化景观改造

消落区作为陆域和水域的过渡带，在衔接水陆环境、维持生态平衡方面具有重要作用。重点实施汉江库滨带消落区生态化景观改造工程，根据其周期性的水位涨落特点，采用耐淹性乔-灌-草生态措施进行植被恢复，种植抗逆性好、耐淹性强的香根草等植物，在汉江库滨带沿线、白河（夹河）库区段、孤山库区段、丹江口库区段，根据死水位、正常蓄水位、校核洪水位形成的不同自然条件分层进行不同类型植物群落设计，工程治理面积 18 万 m^2。

5.2 水土保持

以支流为骨架、以小流域为单元，因地制宜、因害设防、科学规划，通过坡耕地改造、林草植被恢复与改良工程等措施进行治理，有效治理水土流失，整治废弃矿山，从山顶到河谷依次建设“生态修复、生态治理、生态保护”三道防线。

5.2.1 水土流失综合治理

实施水土流失综合治理工程、小流域综合治理工程和小型水利水保工程，防止生态环境进一步恶化。以国家级和省级水土流失重点防治区为重点，以封育保护为主要措施，强化重要河流源头区和重要水源地范围的水土流失预防，发挥生态自然修复能力。重点实施《郧西县水土保持规划（2018—2030 年）》、天河小流域（干沟—马家沟段）水土保持治理工程、天河上游（天河电站至鲤鱼头电站段）水土保持工程、国家级水土保持科技示范园建设等项目。

5.2.2 矿山治理与生态修复

实施矿山生态环境治理，推动自然保护区矿业权退出工程，认真开展矿山生态环境修复工作，综合使用自然恢复、工程治理、土地整治等手段，宜建则建，宜田则田，宜林则林，宜水则水。重点实施马安镇无主尾矿库闭库治理、关防乡沙沟村长源矿厂尾矿库闭库治理项目，对采矿废弃地进行复垦，具体工作包括边坡治理、尾矿再利用、尾矿废水处理、土壤基层改良、矿山重金属污染的植物修复、矿山水资源修复、微生物修复等。

5.3 水源涵养功能提升

强化以水源涵养为主导的生态功能，保护提升森林资源，增强水源涵养功能，通过天然林保护、退化林修复、中幼龄林抚育等多种措施完善森林生态、提升森林质量，提升森林碳汇能力；建设森林生态屏障与蓝绿生态廊道，保障区域生态安全；建设森林资源动态监测站及相关基础设施，实施监测森林资源与生态状况，增加乔木、灌木种植比例，构建复合多样的自然生态系统，为探索可交易、可增值的碳汇资源奠定基础。

5.3.1 森林资源保护提升

保护提升森林资源，增强水源涵养功能。加强水源涵养区的生态保护，依法严肃查处违法采伐水源涵养林，加大生态公益林的保护和低效林改造力度；调整林分树种结构、层次结构和林分密度，改善林分生境，修复退化林；对中幼龄林进行补植、林下更新等措施，调整林分结构，提高林分质量。重点实施储备林基地建设、天然林保护、退化林修复、中幼龄林抚育、林业经济项目。

5.3.2 森林生态屏障建设

建设森林生态屏障，保障区域生态安全。通过在城市与重要生态功能区交界地带建设防护林、生态隔离带与蓝绿生态廊道，实现调控洪水、防风固沙、过滤污染物、防止水土流失等重要生态功能，改善生态景观，保护生物多样性。重点实施汉江库滨带生态屏障区山体补植工程、省界门户绿化工程、通道绿化工程。

5.3.3 森林资源动态监测

建设森林资源动态监测站及相关基础设施，加强林业信息化基础设施建设，建立和完善森林资源动态监测体系，为生态文明建设提供数据服务和智力支持。

5.4 地质灾害防治

通过全县地质灾害排查，建立并及时更新全县地质灾害数据库；建立地质灾害监测预警系统，提升地质灾害监测能力与水平；治理现有地质灾害点，对重大地质灾害隐患点进行工程治理，不宜采用工程措施的对受影响居民进行搬迁避让。

5.4.1 地质灾害调查评价

开展全县地质灾害排查和年度“三查”，建立全县地质灾害数据库。对全县764个隐患点进行汛前、汛中、汛后3次地质灾害巡排查。根据每年汛期巡排查结果，对新增或核销地质灾害点开展核查，确定新增或核销隐患点，及时更新数据库。在调查全县山洪灾害防御现状的基础上，开展山洪灾害调查评价、监测预警能力提升、简易监测预警设施配备等山洪灾害防治非工程措施建设，全面提升山洪灾害防治能力。

5.4.2 地质灾害监测预警

建立地质灾害监测预警系统，提高地质灾害监测能力。计划对109处隐患点开展地质灾害专业监测预警工程，每年实施一批地质灾害隐患点的专业监测预警工作，并对运行中的设备进行维护。各乡镇（场、区）及相关部门，针对威胁城镇、重大工程区及交通干线的地质灾害隐患点逐步建立专业监测点，以提高郧西县地质灾害监测网络的空间控制能力。

5.4.3 地质灾害点综合治理

综合治理地质灾害点，保障居民生命财产安全。对险情等级为中型及以上、稳定性较差的地质灾害隐患点进行工程治理，确保隐患点影响区人民生命财产安全；对不宜采用工程措施治理的地质灾害隐患点居民实施搬迁避让。

实施重大地质灾害隐患点工程治理、汉江全线地质灾害治理工程、地质灾害搬迁避让工程。

5.5 生物多样性保护

强化以生物多样性保护为主导的生态功能。加强自然保护地建设，以自然保护区、自然公园为重点，强化自然保护区的建设、监督和管理，严格执行自然保护区条例，禁止各种破坏自然资源和产生环境污染的开发建设活动，同时建设一批资源管护、科研监测、应急防灾等基础设施。实施珍稀濒危野生动植物拯救保护工程，强化重要自然生态系统、自然遗迹、自然景观和濒危物种种群保护，加强珍稀濒危动植物和古树名木的拯救与保护，建设野生动物救护场所和繁育基地、国家重点保护野生动植物基因保存设施，完善野生动物疫源疫病监测防控体系。

5.5.1 自然保护地规范化建设

建设和完善国家级、省级自然保护区，积极发展市、县级自然保护区和保护小区，稳步推进自然保护体系建设，完成自然保护地资源本底和社区普查。根据中共中央办公厅、国务院办公厅印发的《关于在国土空间规划中统筹划定落实三条控制线的指导意见》，生态保护红线内、自然保护地核心保护区原则上禁止人为活动，其他区域严格禁止开发性、生产性建设活动。

在自然保护区核心区和缓冲区，重点实施自然保护区生态搬迁工程，对五龙河省级自然保护区、大梁省级自然保护区、汉江瀑布群国家森林自然公园的生态保护红线内、自然保护地核心区现有居民实行生态搬迁，涉及安家乡、三官洞林区、槐树林特场、羊尾镇，有效提高库区生物多样性水平以及管护能力。

5.5.2 野生动植物资源保护

重点实施珍稀物种繁育基地建设与古树名木保护管理项目，加大野生动植物资源保护力度，提升野生动植物救护繁育能力，建立健全生物物种保护平台、野生动植物及栖息地监测体系和陆生野生动物疫源疫病监测防控体系，妥善应对野生动植物突发和敏感事件。

6 效益分析

6.1 湖库与湿地生态修复

通过连通仙河-大坝河-大兰河水系，改善水体环境和生态，提高水资源调动和分配的能力，构建立体绿色活力水网，增强径流调蓄能力和供水调配保障能力。通过天河口湿地生态修复，修复湿地面积0.19 km^2，恢复湿地生态系统功能，打造湿地景观。通过汉江库滨带消落区生态化景观改造，打造生态化景观18万m^2，稳固库岸，阻挡生态屏障区地表径流带来的水土流失，降解面源污染，净化水质，美化库区环境。

6.2 水土保持

通过坡改梯、维修石坎坡改梯、保土耕作、经果林、封禁治理等工程措施，可以有效治理水土流失；开展小流域综合治理，建设国家级水土保持科技示范园，治理水土流失面积233.8 km^2，治理废弃矿区、地下矿山采空区以及马安镇与关防乡的尾矿库，可以提高水土保持率、改善生态环境。

6.3 水源涵养功能提升

通过实施天然林保护、退化林修复、中幼龄林抚育工程，全面提升森林质量，改善森林生境，使森林覆盖率达到56.48%；通过实施汉江库滨带生态屏障区山体补植工程、省界门户绿化工程、通道绿化工程，打造库滨带特色森林自然景观，建设森林生态屏障与蓝绿生态廊道，保护重要生态空间，保障区域生态安全，提高区域生态系统连通性，保障物质、生物流动的畅通，降低生态系统服务的阻力；通过建设森林资源动态监测站及相关基础设施，完善森林资源动态监测体系，实现林业的信息化，为生态文明建设提供数据服务与智力支持。

6.4 地质灾害防治

通过地质灾害调查评价，开展全县地质灾害排查和年度“三查”，建立全县地灾数据库并及时更新，建立完善的防治数据库。通过对全县109处隐患点开展地质灾害专业监测预警工程，并维护运行中的设备，建立专业监测点，提高地质灾害监测网络的空间控制能力。通过工程治理重大地质灾害隐患点与实施搬迁避让工程，保障居民人身与财产安全，降低灾害可能造成的损失。

6.5 生物多样性保护

通过生物多样性本底调查与自然保护地的规范化建设，建立生物多样性长期观测体系，提升生态服务供给能力，保持自然生态系统的原真性和完整性。通过建设0.3万亩珍稀物种繁育基地、古树名木保护管理，实现动植物资源的全面保存、保护，保障生态系统的生物多样性与功能完整性。

参考文献

[1] 长江勘测规划设计研究有限责任公司. 郧西县“一江两河”流域系统治理规划［R］. 2023.
[2] 汪安南. 科学推进黄河流域统一规划实施［J］. 人民黄河，2022（5）：1-4.
[3] 吴占华. 景观生态型小流域规划理念的应用［J］. 水土保持应用技术，2021（4）：31-33.
[4] 方子杰，王卫标. 浙江新一轮流域规划及河流治理的思考［J］. 人民长江，2016（12）：1-4.
[5] 刘廷海. 贵州省中小河流流域规划几个问题的探讨［J］. 黑龙江水利科技，2017（10）：73-74.

水土保持措施对生态系统服务功能贡献研究进展

张　勇[1]　宋世杰[2]　马军杰[3]　苗　盈[4]　牛瑞琳[2]

（1. 陕西省水利发展调查与引汉济渭工程协调中心，陕西西安　710004；
2. 西安科技大学地质与环境学院，陕西西安　710054；
3. 渭南市水土保持和移民工作中心，陕西渭南　714000；
4. 榆林市水土保持生态工程建设中心，陕西榆林　719000）

摘　要：立足于新时代我国对水土保持工作高质量发展的要求，水土保持在生态系统方面的服务功能已成为当前研究的一个热点。本文阐述了水土保持生态服务功能的内涵，并从涵养水源、保持和改良土壤、防风固沙、净化空气、固碳供氧、保护生物多样性和维持地表景观 7 种功能的角度，分别梳理了我国水土保持工作对生态系统服务功能的贡献，以期对我国水土保持工作的生态定位有更清晰的认识，并对未来进行更深层次的研究提供借鉴。

关键词：水土保持；生态服务功能；水土保持贡献；措施

1　引言

水土流失是制约人类生存和社会可持续发展的重大环境问题。水土流失不仅会破坏土地资源，导致土地退化、耕地减少、农业生产力下降，还会造成生态环境的恶化，导致生态平衡失调、自然灾害频发[1]。自党的十八大以来，我国水土保持工作取得显著成效，但是由于受自然条件、生产方式等多种因素影响，我国水土流失防治形势依然严峻。2022 年全国水土流失动态监测数据显示，2022 年我国共有水土流失面积 265. 34 万 km^2，与 2021 年相比减少了 2. 08 万 km^2，减幅为 0. 78%。

水土保持是有效保护和改良土壤、合理利用和有效保护水土资源的重要措施，是防止、减轻水土流失和生态环境恶化的重要手段[2]。有效的水土保持措施可以改善自然生态环境，有利于维护和提供生态系统功能，促进自然生态系统良性循环[3]。关于水土保持工作，2018 年 9 月《黄土高塬沟壑区“固沟保塬”综合治理规划（2016—2025 年）》中明确了近 10 年在黄土高原沟壑区进行固沟保塬工作；2019 年 3 月，《关于进一步加大对贫困地区水土保持支持力度助力脱贫攻坚的意见》（办水保［2019］67 号）中提出加大对贫困地区水土保持支持力度，充分发挥水土保持能够脱贫攻坚的重要作用；2020 年 12 月，《国家水土保持重点工程 2021—2023 年实施方案》明确规划了国家水土保持重点工程；2021 年 9 月，《关于推动黄河流域水土保持高质量发展的指导意见》（水保［2021］278 号）为推动黄河流域水土保持高质量发展提供了方向；同年 12 月，《水土保持“十四五”实施方案》中提出水土流失综合治理应由减量降级向提质增效转变；2022 年，在党的二十大报告中着重强调在新时期要推动绿色发展，促进人与自然和谐共生，对水土保持工作提出了新的更高要求。2023 年 1 月，《关于加强新时代水土保持工作的意见》中指出水土保持是江河保护治理的根本措施，是生态文明建设的必然要求，并提出我国要全面提升生态系统水土保持功能，奋力推动新阶段水土保持高质量发展。

基金项目：2024 年陕西省水利科技“揭榜挂帅”项目（2024slkj-17）。

作者简介：张勇（1974—），男，正高级工程师，主要从事水利水保工程管理和水保生态修复研究工作。

通信作者：宋世杰（1983—），男，副教授，主要从事矿区水土流失治理及生态修复研究工作。

在此背景下，本文着重考虑了水土保持对生态系统产生的影响，从水土保持生态系统服务功能的内涵以及涵养水源、保持和改良土壤、防风固沙、净化空气、固碳供氧、保护生物多样性和维持地表景观7项功能进行了梳理，并阐述了水土保持措施对生态系统服务功能贡献。

2 水土保持措施生态服务功能内涵及贡献

生态系统服务功能最早是由Holdren和Ehrlich提出的。这一概念的提出为今后的生态服务研究奠定了良好的基础。随后，Daily[4] 探讨了生态系统服务功能的定义及价值，并论述了生态系统服务功能与生物多样性二者之间的关系。Costanza等[5] 对全球范围内的生态系统服务功能进行了分类评估。我国对生态系统服务功能的研究起步较晚。欧阳志云等[6] 首次定义生态系统服务功能是人类生存的自然环境条件与效用和发展形成和维持的生态系统及过程。谢高地等[7] 基于国内外学者的研究，认为生态系统服务功能就是生态系统直接或间接给人类提供产品和服务。冯继广等[8] 从涵养水源、改良土壤、保护生物多样性及固碳供氧等方面对中国森林生态系统服务功能进行了研究。联合国发布《千年生态系统评估（MA）综合报告》中对生态系统服务功能定义为人们从生态系统中获得的利益，并划分为支持功能[9]、调节功能[10]、服务功能[11] 和文化功能[12] 4类。

关于水土保持措施生态系统服务功能的定义，目前在国际学界仍没有一个统一而清晰的定义。国内对这一问题的研究尚处于起步阶段，大多集中在对水土保持对生态系统的一项或少数项的服务功能及效用评估，缺乏系统性和整体性的研究。余新晓等[13] 将水土保持措施生态系统服务功能界定为：在水土保持工作中所采取的各项措施，对于维持、改善和保护人类和社会赖以生存的自然环境的综合影响；丁军[14] 着重分析水土保持措施生态系统服务功能中的储存水源、保护土壤、净化空气功能及其优化方法；曹雪芹等[11] 对水土保持生态服务功能中土壤水源的保护、固碳释氧、净化空气方面进行了论述；刘国彬等[15] 认为水土保持生态系统服务功能隶属生态服务功能，并采用统计经验模型对固碳效应等进行计算衡量；李颖等[16]、杨文勇[17] 都对水土保持生态系统服务功能进行了分类并用货币计量的方式对水土保持的贡献进行了价值估算；盛莉等[18] 通过计算土壤保持和涵养水源功能的价值去衡量水土保持对我国生态服务功能的价值，并发现全国水土保持生态服务功能价值量基本呈自东南向西北递减趋势；吴岚等[19] 估算出每年水土保持林草措施对生态服务功能带来的总价值量，并分别从保持与改良土壤、保水与涵养水源等方面进行了价值估算。

结合众多学者的研究，水土保持生态服务功能主要体现在涵养水源、保持和改良土壤、防风固沙、净化空气、固碳供氧、保护生物多样性和维持地表景观7方面。

2.1 涵养水源功能

王升堂等[20] 认为水源涵养对于生态系统的运行具有重要意义。胡建民等[21] 通过大量观测数据得到坡耕地改为梯田后蓄水能力及效益显著增强，进而控制水土流失。闫峰陵等[22] 定量评估了丹江口库区经水土保持后生态服务价值总量及涵养水源等多方面价值。

2.2 保持和改良土壤功能

余新晓等[13] 认为保持和改良土壤是生态系统中一项关键的调节功能，对土壤侵蚀有良好的抑制作用。李月臣等[23] 认为保土功能主要表现在三个方面：一是林冠的截留作用；二是减少土壤侵蚀的作用；三是树木根系对有土壤的固结作用。肖建武等[24] 认为改良土壤功能表现在经治理的小流域土壤含水量增加，土壤理化性质和土壤肥力逐年改善提高。杨扬等[25] 以贵州省小流域为例，基于生态系统服务功能量化坡面水土保持措施产生的效益价值。

2.3 防风固沙功能

董光荣等[27] 在1987年就提出风蚀是沙漠化过程的首要环节，水土保持林草措施在风沙地区能够起到防风固沙的作用。张璐等[28] 通过对南水北调工程中林草措施生态服务功能的研究，将水土保持生态服务功能以物质量等数值表示出来。彭云峰等[29] 通过草地生态系统对固碳速率、碳汇能力的评估，水土保持措施在全球碳循环中扮演重要角色。

2.4 净化空气功能

杜丽娟等[30] 认为水土保持生态系统服务功能中的净化空气功能所带来的价值巨大，远远超过经济系统所能计算的程度。文海军等[31] 通过对重庆市自然分布的植物进行评估，反映出水土保持净化空气方面能力强度。余新晓等[32] 分析了城市中通过水土保持林草措施对 PM2.5 质量浓度的影响。

2.5 固碳供氧功能

李金昌[26] 提出到植物的光合作用是以 CO_2 为生产原料并释放人类和所有动物生存不可缺少的物质 O_2。因此，水土保持中的林草措施对维持 CO_2 浓度的稳定性起到重要的作用，进而体现出水土保持的固碳供氧功能。据最新生态环境公报数据，2022 年全国林草植被总碳储量达到 114.43 亿 t，年固碳量 3.49 亿 t，年吸收二氧化碳量 12.80 亿 t。

2.6 保护生物多样性功能

孙立超等[33] 对内蒙古东部地区生态脆弱性进行评价，进而分析水土保持措施对生物多样性保护的重要性。杨妃等[34] 对成渝城市群生态保护红线内生物水土保持对生物多样性保护进行了分析。

2.7 维持地表景观功能

兰宇翔等[35] 认为在各典型流域中的水土保持林、梯田工程以及塘坝水库等已成为我国重要景观。李宝亭等[35] 以河南省出山店水库为例，论述了水土保持在维持地表景观方面的贡献。

3 结论与展望

水土保持措施生态系统服务功能隶属生态服务功能。因此，可以根据生态服务功能的定义，在水土保持过程中对所采用的各项措施对维持、改良和保护自然环境条件的综合效用对水土保持措施生态系统服务功能进行分类。水土保持生态服务功能主要体现在涵养水源、保持和改良土壤、固碳供氧、防风固沙、净化空气、保护生物多样性和维持地表景观等 7 方面。明确水土保持措施生态服务功能的内涵和贡献，可以使人们从新的角度理解水土保持与可持续发展的关系，进一步确立水土保持在生态系统方面的地位，为水土保持对黄河重点生态区生态保护和修复的贡献研究提供依据。

参考文献

[1] 刘时栋，刘琳，张建军，等. 基于生态系统服务能力提升的干旱区生态保护与修复研究：以额尔齐斯河流域生态保护与修复试点工程区为例 [J]. 生态学报，2019，39 (23)：8998-9007.

[2] 闫晓丽. 坚定不移推动水土保持高质量发展 坚决扛起保护水土资源政治责任 [J]. 中国水土保持，2022 (9)：13-15.

[3] 谢登举. 浅谈水土保持在生态文明建设中的作用 [J]. 山西水土保持科技，2017 (1)：6-8.

[4] DAILY G C. Nature's services：societal dependence on natural ecosystems [M]. Wasington D C：Island Press，1997.

[5] COSTANZA R，D'ARGE R，De GROOT R. et al. The value of the world's ecosystem service and natural capital [J]. Nature，1997，387 (6630)：253-260.

[6] 欧阳志云，王如松，赵景柱. 生态系统服务功能及其生态经济价值评价 [J]. 应用生态学报，1999 (5)：635-640.

[7] 谢高地，甄霖，鲁春霞，等. 一个基于专家知识的生态系统服务价值化方法 [J]. 自然资源学报，2008 (5)：911-919.

[8] 冯继广，丁陆彬，王景升，等. 基于案例的中国森林生态系统服务功能评价 [J]. 应用生态学报，2016，27 (5)：1375-1382.

[9] 白中科. 生态优先 绿色发展：生态文明理念下的国土空间生态保护与修复 [J]. 自然资源科普与文化，2021 (3)：4-11.

[10] 崔文全，徐明德，李艳春，等. 生态系统服务功能重要性研究 [J]. 安全与环境工程，2014，21 (2)：5-9.

[11] 曹雪芹，范清成. 水土保持生态服务功能评价方法初探 [J]. 吉林农业，2019 (9)：55.

[12] 戴培超，张绍良，刘润，等．生态系统文化服务研究进展：基于 Web of Science 分析［J］．生态学报，2019，39（5）：1863-1875.
[13] 余新晓，吴岚，饶良懿，等．水土保持生态服务功能评价方法［J］．中国水土保持科学，2007（2）：110-113.
[14] 丁军．水土保持生态服务功能的优化［J］．农业科技与信息，2020（6）：40，43.
[15] 刘国彬，赵广举，王国梁，等．水土保持的生态服务功能［J］．科技导报，2016，34（17）：89-93.
[16] 李颖，文梅燕．关于水土保持生态服务功能及其价值的探讨［J］．资源节约与环保，2017（4）：70，74.
[17] 杨文勇．水土保持生态服务功能及其价值探讨［J］．科技创新与应用，2017（8）：158.
[18] 盛莉，金艳，黄敬峰．中国水土保持生态服务功能价值估算及其空间分布［J］．自然资源学报，2010，25（7）：1105-1113.
[19] 吴岚，秦富仓，余新晓，等．水土保持林草措施生态服务功能价值化研究［J］．干旱区资源与环境，2007（9）：20-24.
[20] 王升堂，孙贤斌，夏韦，等．生态系统水源涵养功能的重要性评价：以皖西大别山森林为例［J］．资源开发与市场，2019，35（10）：1252-1257.
[21] 胡建民，胡欣，左长清．红壤坡地坡改梯水土保持效应分析［J］．水土保持研究，2005，12（4）：271-273.
[22] 闫峰陵，雷少平，罗小勇，等．丹江口库区水土保持的生态服务功能价值估算研究［J］．长江流域资源与环境，2010，19（10）：1205-1210.
[23] 李月臣，刘春霞，赵纯勇，等．三峡库区重庆段水土流失的时空格局特征［J］．地理学报，2008（5）：475-486.
[24] 肖建武，康文星，尹少华，等．广州市城市森林生态系统服务功能价值评估［J］．中国农学通报，2011，27（31）：27-35.
[25] 杨扬，刘雨鑫，金平伟，等．坡面水土保持措施效益评价：以贵州省冗雷河小流域为例［J］．中国水土保持科学，2015，13（5）：64-71.
[26] 李金昌．生态价值论［M］．重庆：重庆大学出版社，1999.
[27] 董光荣，李长治，金炯，等．关于土壤风蚀风洞试验的若干结果［J］．科学通报，1987，32（2）：297-301.
[28] 张璐，解翼阳．南水北调中线工程水土保持林草措施生态服务功能价值研究［J］．中国水土保持，2014（4）：46-49，69.
[29] 彭云峰，常锦峰，赵霞，等．中国草地生态系统固碳能力及其提升途径［J］．中国科学基金，2023，37（4）：587-602，1.
[30] 杜丽娟，王秀茹，刘钰．水土保持生态补偿标准的计算［J］．水利学报，2010，41（11）：1346-1352.
[31] 文海军，刘杨，李承承，等．重庆乡土紫珠属植物景观应用评价［J］．现代园艺，2022，45（15）：26-29.
[32] 余新晓，程正霖，孙丰宾．城市水土保持措施对 PM2.5 质量浓度的作用［J］．中国水土保持科学，2015，13（2）：122-125.
[33] 孙立超，郭露露，全嘉美，等．面向国土空间规划的生态保护重要性评价：以内蒙古东部地区兴安盟为例［J］．中国农业大学学报，2022，27（7）：210-220.
[34] 杨妃，李志刚．成渝城市群生态保护红线分析及其配套政策建议［J］．西南大学学报(自然科学版)，2022，44（9）：133-143.
[35] 兰宇翔，朱志鹏，乔雨轩，等．南方水土流失区景观质量评价：以福建长汀为例［J］．江西农业大学学报，2020，42（3）：587-596.
[36] 李宝亭，吴卿，杨硕果，等．水土保持弹性景观功能与生态脆弱性研究［J］．人民黄河，2020，42（12）：88-90，110.

黄河中游不同地貌区流域河川径流空间分布及其对生态建设的响应

孙彭成[1,2,3]　李　云[4]　肖培青[1,2]　张志坚[4]

（1. 黄河水利委员会黄河水利科学研究院，河南郑州　450003；
2. 水利部黄土高原水土保持重点实验室，河南郑州　450003；
3. 西安交通大学，陕西西安　710049；
4. 鄂尔多斯市水利事业发展中心，内蒙古鄂尔多斯　017000）

摘　要：黄河中游地貌复杂多样，不同地貌区径流空间分布特征及其对生态建设的响应差异仍不明晰。为此，本研究选用黄河中游30个站点，比较分析不同地貌区产流能力及径流年际分布的空间差异，查明生态建设背景下不同地貌区径流变化特征。研究发现，不同地貌区的产流量存在显著差异，石质山区产流能力最强，黄土区产流能力最弱。从年际分布来看，石质山区和风沙区年际变异系数较小，土石山区年际变异系数最大。生态建设作用下，各地貌区产流能力都显著降低，石质山区和黄土区径流减少最为强烈，分别达50.5%和51.9%。成果可为生态建设背景下黄河流域水资源科学分配提供理论支持。

关键词：黄河中游；河川径流；地貌类型；生态建设

1　引言

黄河中游地区是黄河流域径流的重要来源区，近年来，中游地区河川径流剧烈变化[1-2]。在河川径流剧烈变化的背景下，关于河川径流空间分异特征的认识是水沙变化成因准确解析的基础，也是区域水资源合理规划分配的重要支撑[3-4]。地貌特征是影响河川径流形成的重要因素，黄河中游地貌复杂多样，不同地貌区的径流形成机制和径流组分具有显著差异，此外，不同地貌区径流变化对地表环境扰动的响应敏感性不同[5-6]。因此，明晰不同地貌区径流空间分布特征及其对生态建设的响应差异是黄河流域水资源科学分配的重要基础。为此，本研究在收集整理黄河中游地区不同地貌区30个站点长时序径流观测的基础上，比较分析不同地貌区产流能力及径流年际分布的空间差异，查明生态建设背景下不同地貌区径流变化特征，以期为黄河中游径流演变成因解析提供理论支持，服务于区域水资源科学管理和分配。

2　研究方法

2.1　研究区概况

黄河中游地区占黄河流域总面积的45.7%，地貌多样，分布有黄土区、土石山区、风沙区、平原区和石质山区，各地貌分布见图1。中游地区土壤侵蚀强烈，地形破碎，沟道发育强烈，黄河中游支流众多，水文观测较为完备，为开展径流输沙演变的比较研究提供了良好的材料。在水文站点的选

基金项目：国家自然科学基金黄河水科学联合基金重点项目（U2243210）。

作者简介：孙彭成（1993—），男，工程师，主要从事水土保持效益评估工作。

通信作者：肖培青（1972—），女，正高级工程师，主要从事土壤侵蚀与水土保持研究工作。

择过程中，通过叠加流域控制区域与黄河中游地貌分区图，保证每个水文站控制面积为单一地貌类型主导；每个流域尽量选取单一站点，保证水文站数据之间的独立性；各水文站点的观测数据长度应在15年以上。最终，研究选取来自黄河中游地区27条支流上的30个水文站作为样本，总控制面积占黄河中游面积的50%以上。

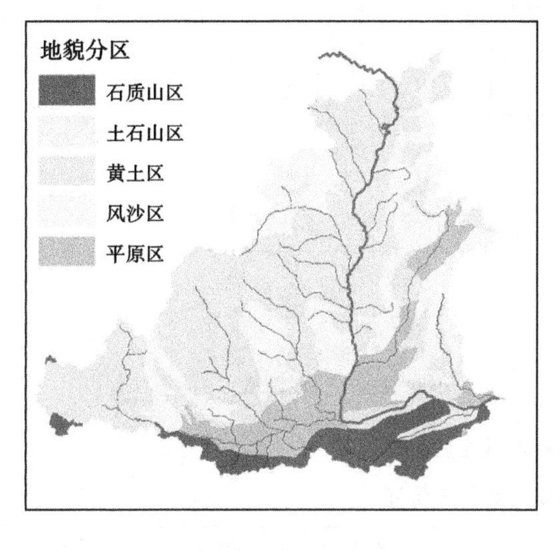

(a)黄河中游地貌分区

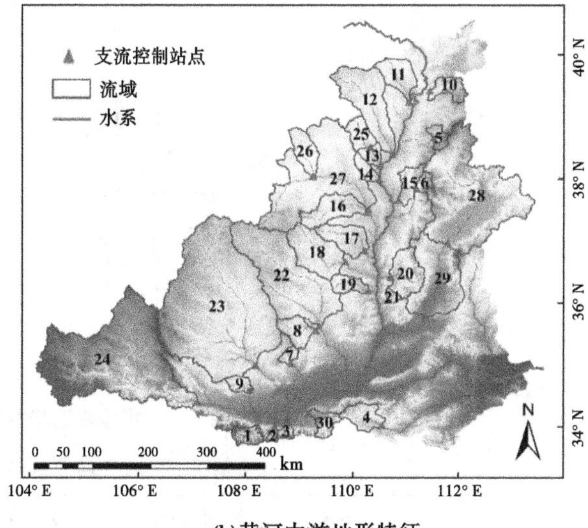

(b)黄河中游地形特征

图1　黄河地貌分区与主要水文站点分布

2.2　研究数据

研究选取的30个水文站点的水沙输移数据来自《黄河流域水文年鉴》。根据已有的研究分析，黄河中游地区的生态建设工程主要在20世纪70—80年代开始大量展开，大规模的退耕还林还草工程集中在20世纪末和21世纪初开始。因此，结合已有研究中关于河流径流输沙基准期的定义[7-8]，本研究以20世纪90年代为分界，将观测数据分为基准期（Pre，1950—1989年）和变化期（Post，2000—2016年），以研究生态建设工程对流域径流输沙和水沙关系的影响。

3　不同地貌区径流产流能力比较

图2反映了不同地貌区径流和侵蚀产沙强度的统计特征。可以看出，不同地貌区的年径流深具有显著差异（$p < 0.05$），石质山区的年径流深最大，多站点均值可达370.38 mm，显著高于其他地貌区，黄土区的多年平均径流深最小，为48.41 mm。在黄河中游地区，石质山区主要分布在南部的秦岭地区，其降雨量相对较大，石质山区的土层也相对较薄，土壤调蓄能力有限，产流能力较强。黄土区主要集中在西部和北部，降雨量相对较低，黄土土层深厚，下渗的降雨多以蒸散发的形式消散而难以补充河道，产流能力较弱。

4　不同地貌区径流年际变化特征

表1列出了基准期各站点的年径流输沙特征，可以看出，不同水文站的年径流量和输沙量具有较大的差异，同时，不同地貌区径流和泥沙输移变异系数也存在剧烈的差异。由表1可以看出，石质山区和风沙区年际变异系数较小，黄土区和平原区年际变异系数相对较大，土石山区年际变异系数最大，这说明石质山区和风沙区是黄河中游相对更稳定的径流来源，土石山区径流补给最不稳定。水文要素年际变异系数与气象条件密切相关，降雨的变化会引起径流的剧烈变化[9]，流域面积、径流量和输沙量等流域特征也会显著影响水文要素的变异程度，随着流域面积的增加，流域对径流稳定的维持能力增强，径流的变异系数减小[10]。

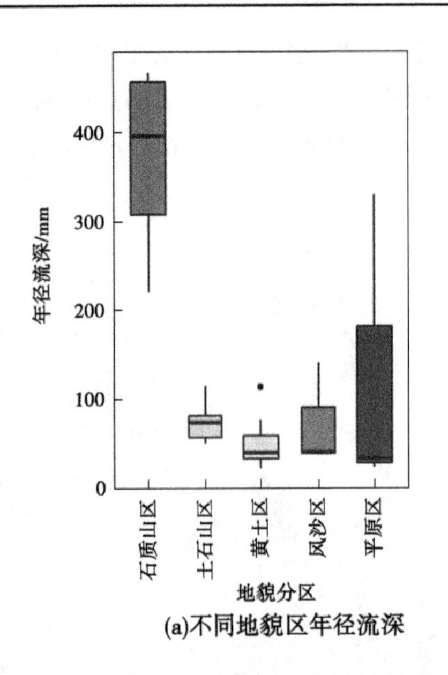

(a)不同地貌区年径流深

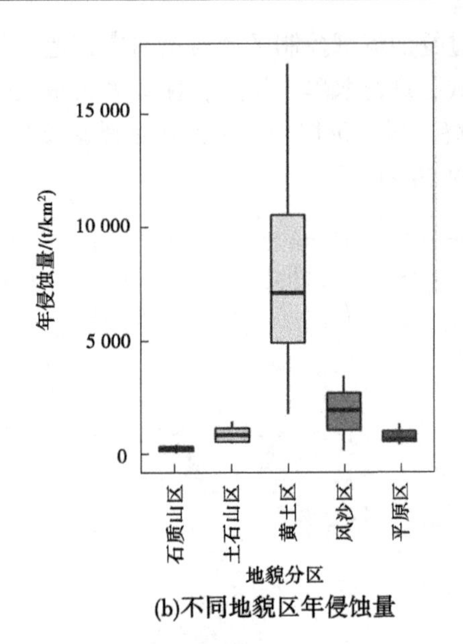

(b)不同地貌区年侵蚀量

图2 不同地貌区年径流深和年侵蚀量比较

表1 黄河中游不同地貌区基准期径流特征

编号	站点名称	年径流深/mm	径流年际变异系数	地貌分区	编号	站点名称	年径流深/mm	径流年际变异系数	地貌分区
1	黑峪口	492.14	0.43	石质山区	16	偏关	16.06	0.66	黄土区
2	涝峪口	329.83	0.42		17	皇甫	54.01	0.63	
3	秦渡镇	490.30	0.47		18	温家川	74.80	0.38	
4	灵口	240.93	0.49		19	高家川	101.62	0.23	
5	岢岚	37.91	0.86	土石山区	20	申家湾	47.61	0.53	
6	圪洞	54.82	0.62		21	林家坪	32.73	0.66	
7	柳林	125.15	0.72		22	绥德	34.88	0.3	
8	黄陵	63.15	0.74		23	延川	38.50	0.43	
9	好寺河	86.68	0.59		24	甘谷驿	36.30	0.38	
10	高家堡	135.05	0.27	风沙区	25	新市河	24.33	0.34	
11	韩家峁	39.84	0.25		26	大宁	33.14	0.57	
12	丁家沟	35.48	0.22		27	吉县	32.78	0.6	
13	义棠	15.95	0.80	平原区	28	交口河	26.90	0.35	
14	柴庄	25.18	0.59		29	景村	39.12	0.34	
15	马渡王	366.91	0.48		30	林家村	84.13	0.35	

5 生态建设作用下径流变化及其空间分异

黄河中游地区是引起黄河流域径流泥沙输移变化最重要的贡献区间，图3展示了全研究区和不同地貌区生态建设实施前后两个时段的径流输沙的比较。可以看出，对全研究区而言，所有流域的平均年径流深从基准时段的106.39 mm显著减少到生态建设时段的57.74 mm（$p<0.05$），多年平均输沙量从基准时段的4 507.90 t/km^{2}显著减少到生态建设时段的742.09 t/km^2。对不同地貌区两个时段的

径流减少比对发现，生态建设实施后各地貌区径流都有减少，石质山区、土石山区、黄土区、风沙区和平原区的年均径流分别从基准时段的370.38 mm、75.50 mm、48.41 mm、70.05 mm和129.09 mm减少到生态建设时段的183.54 mm、56.64 mm、23.26 mm、41.89 mm和79.74 mm，减幅分别为50.5%、25.0%、51.9%、40.2%和38.1%，其中，石质山区和黄土区径流减少幅度最大且显著差异（$p<0.05$），土石山区、风沙区和平原区流域的径流减少但统计不显著（$p>0.05$）。

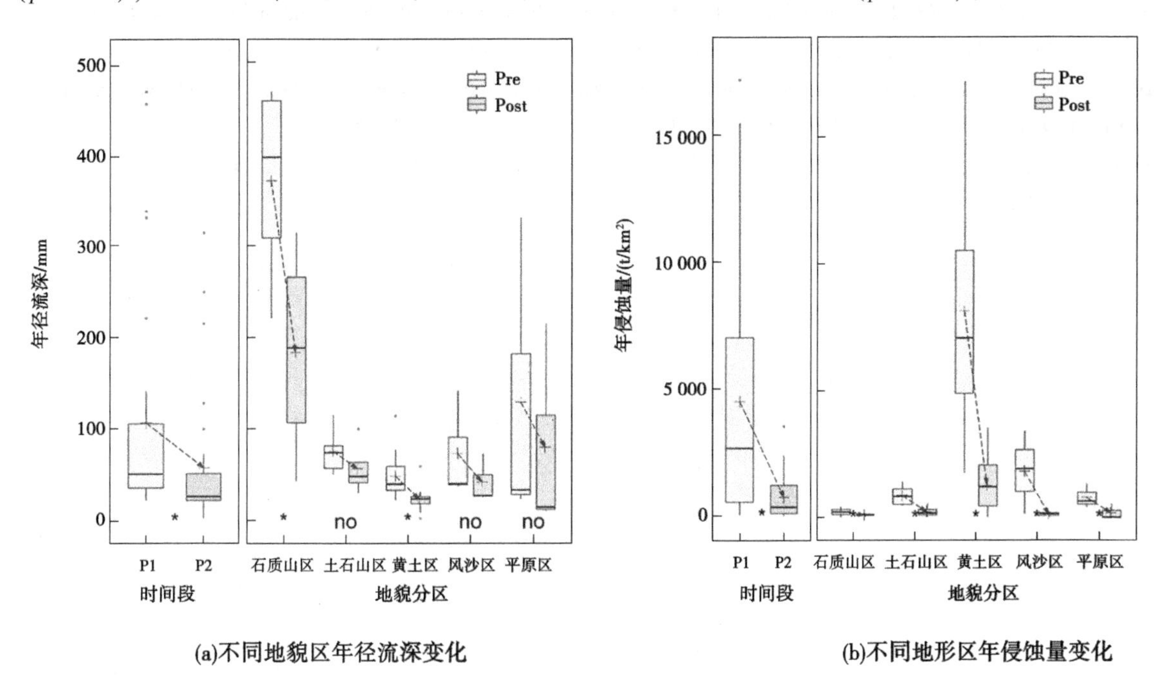

（图中Pre和Post指代生态建设前和建设后时段，*表示0.05水平的显著差异，no表示差异不显著）

图3　生态建设前后不同地貌区年径流深和年侵蚀量变化

6　结论

本研究分析了黄河中游不同地貌区径流特征及其对生态建设的响应。研究发现，不同地貌类型区的产流量存在显著差异，石质山区具有最强的产流能力，黄土区产流能力最弱。从径流年际分布来看，石质山区和风沙区年际变异系数较小，土石山区年际变异系数最大，石质山区和风沙区是黄河中游相对稳定的径流来源，土石山区径流补给最不稳定。在生态建设背景下，不同地貌区径流变化幅度不同，与基准期相比，生态建设后各地貌类型区产流能力都显著降低，石质山区和黄土区径流减少最为强烈，分别达50.5%和51.9%。研究成果可为生态建设背景下黄河流域水资源合理调度分配提供理论支持。

参考文献

[1] 赵阳，胡春宏，张晓明，等. 近70年黄河流域水沙情势及其成因分析［J］. 农业工程学报，2018，34（21）：112-119.

[2] 胡春宏，张晓明. 论黄河水沙变化趋势预测研究的若干问题［J］. 水利学报，2018，49（9）：1028-1039.

[3] 姚文艺，高亚军，张晓华. 黄河径流与输沙关系演变及其相关科学问题［J］. 中国水土保持科学，2020，18（4）：1-11.

[4] 王冰洁，李二辉，王彦君，等. 黄河中游日和年输沙率-流量关系空间变化及影响因素［J］. 清华大学学报（自然科学版），2020，60（5）：440-448.

[5] JING T, FANG N, ZENG Y, et al. Catchment properties controlling suspended sediment transport in wind-water erosion crisscross region [J]. Journal of Hydrology: Regional Studies, 2022 (39): 100980.

[6] BEVEN K, WOOD E F. Catchment geomorphology and the dynamics of runoff contributing areas [J]. Journal of Hydrology, 1983. 65 (1): 139-158.

[7] 穆兴民, 胡春宏, 高鹏, 等. 黄河输沙量研究的几个关键问题与思考 [J]. 人民黄河, 2017, 39 (8): 1-4, 48.

[8] ZHENG H, MIAO C, WU J, et al. Temporal and spatial variations in water discharge and sediment load on the Loess Plateau, China: A high-density study [J]. Science of The Total Environment, 2019, 666: 875-886.

[9] ZHAO Y, ZOU X, LIU Q, et al. Assessing natural and anthropogenic influences on water discharge and sediment load in the Yangtze River, China [J]. Science of The Total Environment, 2017, 607-608: 920-932.

[10] 贺亮亮, 张淑兰, 于澎涛, 等. 泾河流域的降水径流影响及其空间尺度效应 [J]. 生态环境学报, 2017, 26 (3): 415-421.

黄河中下游水库发电尾水区卵石集料清理技术

张永昌　孟利利　王延辉

（黄河建工集团有限公司，河南郑州　450045）

摘　要：西霞院反调节水库作为黄河中下游典型水库，受黄河调沙调控影响，库区中积存了大量的泥沙，与排沙洞相邻的发电尾水区沉积了大量卵石集料，已影响到发电洞正常发电。受水深和集料粒径影响，国内外常用的清淤方法单独使用已无法实现清淤效果，若几种方法共同使用，又非常浪费，为了解决这个问题，我们总结前人经验，加以创新，形成了一套黄河中下游水库发电尾水区卵石集料清淤技术。

关键词：黄河中下游；发电尾水区；卵石清淤

1　西霞院水库发电尾水区存在的问题

西霞院反调节水库是小浪底水利枢纽的配套工程，经历了“低水位、大流量、高含沙、长历时”泄洪排沙，大量推移质从上游引渠冲到电站尾水区域，在右排沙洞出口消力池下游出现块石组成的滩地，淤积滩地最高点与原始高程相比高约 11 m。为不影响电站发电洞、排沙洞、排沙底孔正常运用，确保河道水流通畅，需对该区域内进行清淤疏浚。

经现场目测下游侧干滩和清淤区域水下扫描（见图 1），该区域淤积物主要是排沙洞下泄大块堆积物，粒径 10～50 cm，个别区域有少量粒径 10 cm 以下堆积物。下游侧干滩比现有水面高出约 0.8 m，最深处水深约 17 m，最大淤积厚度 15 m，夹杂有超过 1 m 粒径的超径石。

图 1　电站尾水区淤积物三维示意图

淤积物粒径普遍较大，无法采用抽排方法施工。国内常用的抓斗船最大施工深度为 13 m，无法完全达到清淤深度。黄河岸边为冲淤地貌，扰动后容易形成流土，影响施工安全。使用何种方式进行

作者简介：张永昌（1972—），男，高级工程师，主要从事水利工程施工工作。

清淤，如何运输挖出的渣料，如何组建卸料码头，将淤积物安全快捷地运输上岸，是亟待解决的问题。

2 主要技术原理

2.1 码头修建及航道开挖

在西霞院左岸的护坡上破除一个缺口，修筑坡道连接施工便道。坡道中心向两侧各延伸 20 m，作为设备停靠点。依托护坡原齿墙，在齿墙上安放 3 层钢筋石笼，钢筋石笼尺寸为 2 m×1 m×0.6 m，摆放方式如图 2 所示。钢筋石笼上浇筑 20 cm 厚 C30 混凝土，作为 2 台长臂挖机和 1 辆自卸汽车装车作业区。

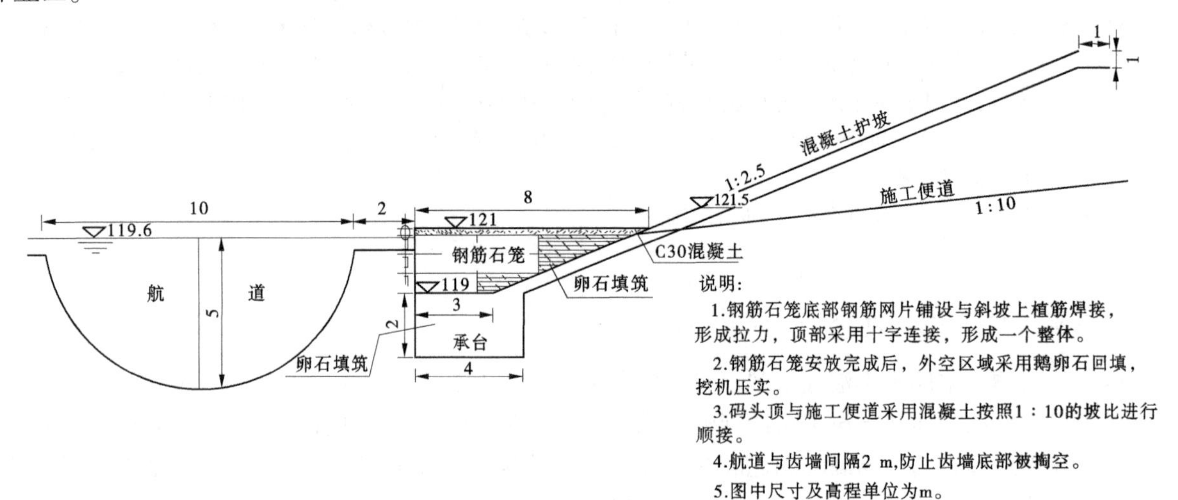

图 2 码头横断面图

距齿墙 2 m 开挖航道，供运输船停靠卸料、施工平台维修养护和加油等，航道深度 5 m、宽度 10 m，连通施工区域与设备停靠点，并从坡道中线向左侧延伸 30 m，确保运输船有足够的活动范围。

2.2 卵石清理

卵石清理（见图 3）需分层分区进行，第一层为水面以下 2 m 范围内，第二层为水面以下 2~7 m 范围内，第一层施工时，由于坝下 0+257 m 处原设计结构面距现有水面只有 0.6 m，再往上游走是一个逐渐向下的斜坡，为了更好地保护原结构面，防止清淤过程中破坏原设计结构物，第一层开挖时，两条施工平台拖至分层上游处同一结构形式上，每条开挖带 8 m 宽相向开挖，待汇合后，再倒回起点，继续挖掘，逐步向下游推进，斜坡结构面上留 30 cm 淤积物不清理。第二层施工时，挖机面向上游，挖斗深入水面以下 7 m 处，一次成型，倒退施工。第二层分区方法为先将施工区域横向分成两个区域，分别将 2 个施工平台安放在两个区域，再将每个分区按 8 m 一道顺水流方向设置分区，从右岸方向开始，逐渐向左岸排列。一个分区施工完成后，平台撤回上游，向左岸方向平移 8 m 继续清理。两个区域一层卵石全部清理完成后，再开始下一层施工。两个施工平台齐头并进，同步施工。

卵石清理时，开始时测量人员跟随挖机平台至分区位置，帮助挖机司机确定开挖深度，并在挖机大臂上做记号，使挖掘机保持每层开始深度为 2 m。卵石清理过程中，施工平台向后移动，测量人员要及时校正施工平台位置，确保卵石清理工作按预设分区进行，防止因突然改变航道，出现间隔梗塞。

2.3 弃渣运输

施工平台搭载长臂挖机，将卵石挖掘至运输船上，运输船在岸边停靠点停靠后，打开底仓，将砂卵石卸在停靠点河床上，水陆两用挖掘机站在岸边作业，将砂卵石打捞出来，直接装入自卸汽车，经施工便道和沥青路，拉运至左岸坝后水塘中间部位，卸料后，用推土机推入水塘，并逐渐向整个水塘铺展。

图 3　发电尾水区卵石清理

3　结论

西霞院发电坝段尾水区域堆积物过厚，导致发电尾水排放不畅，影响正常发电。我们在现有抓斗船清淤技术基础上，提出改进措施，依托现有护岸，采用钢筋石笼构筑卸料码头，降低了码头加固成本，提高了施工安全性；采用交替装卸法，两个清淤施工平台 3 条运砂船相互配合，避免了窝工现象，保证了清淤功效；挖掘机配备常规臂和加长臂，兼顾深水区和浅水区施工，加快了清淤进度，缩短了施工工期；加长定位桩，并在抓斗船尾部安装牵引绳，使其能够在超过 13 m 水深的区域正常施工，解决了深水区无法施工的难题。这种方法同样适用于黄河中下游饱受卵石集料困扰的其他水库或者河道，值得在治黄事业中推广应用。

参考文献

[1] 张建中. 黄河中下游水资源开发利用及河道减淤清淤关键技术研究 [J]. 中国水利，2003 (7)：46-47，50.
[2] 郭庆超，胡春宏，曹文洪，等. 黄河中下游大型水库对下游河道的减淤作用 [N]. 水利学报，2005 (5)：511-518.
[3] 刘涛. 尼尔基水库尾水段清淤发电效益研究 [J]. 东北水利水电，2018 (10)：58-60.

我国水库泥沙无害化处置与资源利用发展现状与展望

张　戈[1,2,3]　李昆鹏[1,2,3]　陈　琛[1,2,3]　石华伟[1,2,3]

（1. 黄河水利委员会黄河水利科学研究院，河南郑州　450003；
2. 水利部黄河下游河道与河口治理重点实验室，河南郑州　450003；
3. 河南省湖库功能恢复与维持工程技术研究中心，河南郑州　450003）

摘　要：水库在减轻洪涝灾害、维系区域生态平衡等方面发挥着不可替代的作用。我国水库泥沙淤积问题普遍存在，通过清淤恢复水库有效库容和兴利功能需求旺盛，可避免新建水库带来的工程占地、移民、环境等不利影响，节省为实现同功能新建工程所需的新增巨额投资，因此科学有效实施清淤泥沙无害化处置及全级配、高值化利用意义重大。本文对我国水库清淤泥沙无害化处置与资源利用发展现状进行了总结，系统介绍了无机固化、有机固化、复合固化、微生物固化技术以及中低产田改良、煤矿充填、转型利用产品等利用途径，对水库泥沙资源利用前景进行了展望。

关键词：水库泥沙；无害化处置；固化技术；泥沙资源利用；库容恢复

1　引言

水库作为流域水资源调配和防洪减灾的关键工程措施，对流域的防洪安全起到了关键作用，同时在灌溉、发电、养殖等方面发挥了巨大的经济效益和社会效益。泥沙淤积侵占水库防洪库容和兴利库容，降低了水库调蓄能力和兴利效益，削弱了水库防洪能力，损害了水库及其附近区域水生态水环境，加剧了区域水资源短缺及不平衡的矛盾。近年来，我国对水库淤积泥沙处理措施主要有机械清淤、水力排沙减淤以及两者相结合方式，水库在规模化清淤实施过程中对泥沙的无害化处置与资源利用极为重要，本文详细介绍了我国水库的淤积现状与特点，并就泥沙无害化处置与泥沙资源利用现状进行了阐述。

2　我国水库淤积现状与特点

2.1　水库淤积现状

我国是世界上水库数量最多的国家，截至2020年底，全国已建各类水库98 566座（不含港、澳、台地区），总库容9 306亿 m^3，为我国以仅占世界6%的可更新水资源养活占全球22%的人口提供了重要保障，在减轻洪涝灾害、维系区域生态平衡、保障区域供水和生物资源利用等方面发挥着不可替代的重要作用。在河流上修建水库，改变了原有河流天然自流特征，水库蓄水运用时由于坝前水位抬高，水流流速减缓、挟沙能力下降，必然会使水流所挟带的泥沙在水库内淤积[1]。

依据全国26 812座水库泥沙淤积现状统计，各流域水库淤损率见图1。由图1可知，我国水库泥

基金项目：水利技术示范项目（SF-202204）；黄河水利科学研究院科技发展基金（黄科发202302）；水利部重大科技项目（SKS-2022088）。

作者简介：张戈（1989—），男，博士，从事湖库泥沙处理与资源利用研究工作。

通信作者：李昆鹏（1981—），男，正高级工程师，从事水库优化调度、湖库泥沙处理与资源利用研究工作。

沙淤积问题普遍存在，无论是北方还是南方，无论是多沙的黄河流域还是含沙量相对较少的长江、珠江等流域，都不同程度存在水库淤积问题，各流域水库库容淤损率相差较大。新疆及西北内陆河流域、黄河流域水库库容淤损最严重，淤损率分别为28.49%和26.82%；海河流域和松辽流域次之，水库库容淤损率分别为23.26%和18.58%；长江、淮河和珠江流域水库库容淤损率分别为12.58%、14.42%和15.29%。总体来说，南方水系水库库容淤损率小于北方水系。

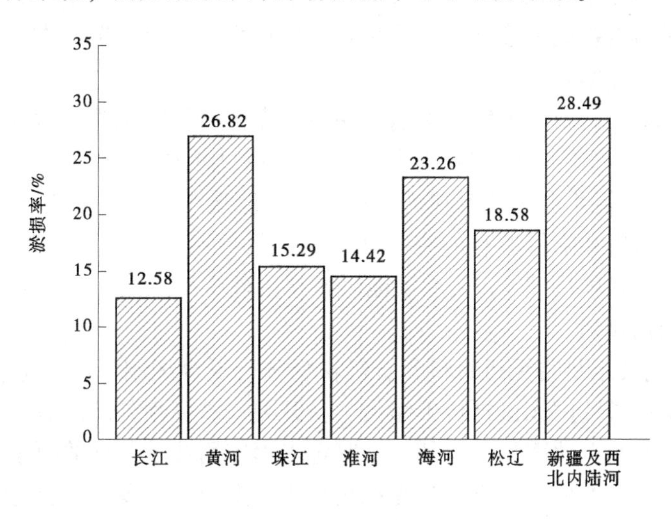

图1 全国各流域水库淤损率

2.2 水库淤积特点

2.2.1 不同类型水库泥沙淤积占比

根据2022年水利部运行管理司组织的全国水库淤积情况调查数据统计资料，全国需进行清淤的水库约3万座，总淤积量224.4亿m^3。其中大型水库数量占比1%，淤积量157.2亿m^3，占总淤积量的70%；中型水库数量占比4%，淤积量42.8亿m^3，占总淤积量的19%；小型水库数量占比95%，淤积量24.4亿m^3，占总淤积量的11%。

2.2.2 中小型水库淤积问题突出

相关研究表明[2]，中小型水库泥沙淤积速率一般较大型水库高出50%~237%，北方严重水土流失区的中小型水库泥沙淤积速率尤甚。如：陕西省杏河水库建成后仅一年就被淤满；马家湾水库总库容750万m^3，兴利库容300万m^3，已淤积43万m^3；白家坪水库总库容240万m^3，已淤积230万m^3；延安王瑶水库总库容2.03亿m^3，泥沙淤积已占总库容的44.5%。

3 泥沙无害化处置技术发展现状

水库淤积泥沙主要来自库区上游或两岸山体滑坡，泥沙是水体重金属离子和有机污染物等的重要输运载体，特别是表面积较大的细颗粒泥沙，吸附在泥沙表面的污染物会随着泥沙淤积而富集于库底，随着淤积泥沙在库底富集和时间延续，这些污染物质会被析出[3]，形成内源污染，严重时直接影响水库水质和水体生态环境，因此这类清淤泥沙需要根据污染程度进行无害化处置。对于成分复杂、污染风险较高的泥沙，通常采用固化的方式进行无害化处理，固化剂根据其化学组成成分一般分为无机固化剂、有机固化剂、复合固化剂、微生物固化剂等四类。

3.1 无机固化技术

无机固化剂主要是通过水泥、粉煤灰、工业废料等无机材料和某些酸、碱、盐类激发剂（如氯盐、硫酸盐、氢氧化钠等），或者含有表面活性剂的激发剂制备而成。彭瑜等[4]研发的无机固结改性剂，通过水化反应等化学反应改变淤泥的胶体结构，减少泥沙污染物的释放，将高含水率、低强度的无害化处理后泥沙转化为可利用的资源。陈永喜等[5]研发的河湖泥水处理多功能设备，采用“底泥垃圾分选+泥砂分离+生化处理”对污染底泥和水体进行复合处理，在实现底泥减量处理的同时也达到对底泥中的砂石分离利用目的，目前已应用于河涌、湖泊、水库的污染底泥和污染水体处理项目中。

3.2 有机固化技术

有机类固化剂由大量表面带有亲水基团的长链组成[6]，固化剂溶液与底泥混合后，亲水基团通过氢键及阳离子交换作用与淤泥颗粒形成紧密的连接结构，且高分子固化剂也能够充分填充砂粒之间的孔隙，使得砂粒之间的连接更为紧密。有机化学类固化剂主要分为聚合物类、树脂类和高分子材料类等，由其中的一种或多种配制而成[7]。

Rodero 等[8] 选择 Zetag、阳离子纤维素纳米晶体、壳聚糖和氯化铁作为采集材料，在微藻的半连续培养液中进行培养，在 5 个连续的收获周期中均能以超过 90%的效率有效地固化生物质。杨国录等[9] 研发的泥沙聚沉剂及泥水分离技术和现有的板框压滤技术结合，可以快速实现泥水分离，实现污淤泥中的重金属污染治理和降低原有的有机物含量，目前已经成功应用于武汉东湖污淤泥处理工程、广州市污淤泥治理规划项目[10] 和云南滇池污淤泥治理项目。

3.3 无机-有机复合固化技术

无机-有机复合固化技术是将无机材料和有机材料进行复合配制而成，综合利用无机材料和有机材料各自的特性，既避免了使用无机材料干缩大、易开裂、水稳性差的缺点，又充分利用了有机材料的优势，从而实现对底泥的有效固化，使其能够符合工程应用技术条件的要求。赖佑贤等[11] 研发的无机高分子固结改性剂，以大分子有机物与无机物吸附、螯合重金属离子，通过水化反应等化学反应改变底泥的胶体结构，提高了重金属在自然环境中的稳定性，提升了底泥的固化效果。孙雨涵等[12] 通过对比试验发现 CPAM + PAC 组合能大大促使吹填淤泥絮凝成团并沉积，泥水分离界限明显，含水率大幅度降低。王海良等[13] 复掺 PAC 和 APAM、PAC 和 CPAM，确定了针对不同含水率的渣土废泥浆的最佳掺量比，对于底泥具有良好的固化效果。

3.4 微生物固化技术

微生物絮凝剂是由真菌、细菌等在内的微生物或者由其产生的一系列产物，经提取精制得到的具备絮凝能力的生物高分子化合物[14-15]，主要有糖蛋白、黏多糖、核酸等高分子化合物[16]。与人工合成絮凝剂相比，生物絮凝剂具有安全无毒、高效环保、自然降解、无污染排放等优点[17]。KURZNE 等[18] 利用红平红球菌，在特定的培养基和培养条件下，制成 NOC-1 微生物絮凝剂，具有很强的絮凝活性。王兴秀[19] 采用生物氧化、复合酶反应及绿色固化方式，降解有机物，并成功应用于东莞清溪水底泥处置项目中，实现底泥精准化、无害化、减量化、资源化和零排放处理。

4 水库清淤与泥沙资源利用现状

4.1 水库清淤现状

全国已有 687 座水库实施了泥沙清淤，总清淤量约 14.14 亿 m^3。采用机械清淤水库 612 座，泥沙清淤总量约 3.12 亿 m^3，清淤总费用约 79.29 亿元。其中，小型清淤水库 516 座，泥沙清淤量约 0.45 亿 m^3；中型清淤水库 74 座，泥沙清淤量约 1.14 亿 m^3；大型清淤水库 22 座，泥沙清淤量约 1.54 亿 m^3。采用水力减淤水库 75 座，泥沙减淤总量约 11.02 亿 m^3，投入经费约 0.11 亿元。

目前，主要清淤技术装备形式可分为陆上清淤和水上清淤两大类。陆上清淤是通过排水降低水库水位形成干地施工条件，利用挖掘机械或水力冲挖机组等进行清淤，具有成本低、操作简单等特点，工艺设备成熟，多用于具备放空条件的小型水库清淤。水上清淤可进一步分为绞吸式、机械式、泵吸式等技术装备形式，针对浅水水库，多采用施工效率较高的水力式和机械式挖泥船进行清淤作业；对于深水水库，可采用加长深水型绞吸船、气动式清淤船、泵吸式挖泥船、射流式吸泥船配合管线输送的方式进行清淤作业。

4.2 泥沙资源利用现状

泥沙资源利用方向见表 1。泥沙资源利用过程中，将泥沙进行生态修复、土地改良、直接销售等，一般多限于把泥沙作为工程原料土使用，不改变泥沙的基本特性，称为泥沙资源直接利用技术。近年来，随着社会需求的不断变化，以泥沙作为建筑产品和工业产品的原料，经过烧结、胶凝、蒸压等生产技术，可制备基础建材类产品（如蒸压砖、烧结砖、路沿石、免烧结免蒸养砖、透水砖等）、高值化工艺类产品（如微晶玻璃等）、工程安全防护类产品（如人工防汛石材、堤防砌筑材料、河防工程填充料）等工程材料或工业制品，称为泥沙资源转型利用技术。

表 1　泥沙资源利用方向分类

利用方式	利用方向	利用分类
直接利用	建筑用砂	建筑材料
	土地改良、煤矿充填、生态修复	农业、园林业
转型利用	蒸压砖、烧结砖、仿古砖、广场砖、透水砖、路沿石、免烧砖、陶粒	基础建材类产品
	人工防汛石材、堤防砌筑材料、河防工程填充料	工程安全防护类产品
	微晶玻璃	高值化工艺类产品
	路基填筑	工业材料

4.2.1　直接利用

4.2.1.1　建筑用砂

水库为淤积泥沙沿程分选和集中利用提供了绝佳场所，为泥沙的分级利用创造了条件，水库库尾粗泥沙采用挖泥船挖出，满足《建设用砂》（GB/T 14684—2022）要求的砂子，可以直接用于建筑用砂，成为我国新型、稳定的可接替传统河砂的资源。

4.2.1.2　中低产田改良

沿黄河南、山东等省（区）是我国重要的农业生产基地和粮食核心产区，肩负着保障国家粮食安全的重要责任。砂质土壤、黏质盐碱地是河南、山东沿黄中低产田的典型种类。对这类中低产田进行改良，对于农业增产意义重大。崔淑芳等[20]针对多沙河流滩地及河口地区广泛分布的砂质土壤、黏性盐碱地，以衡量土壤质地的沙化参数为控制指标，提出了不同沙化程度的砂质土壤、黏性盐碱土壤定量投放掺混不同粗细黄河泥沙的标准，同时辅以有机肥料和保水措施，形成了一整套利用黄河泥沙进行土壤质地重构的土地改良技术。郑军等[21]利用黄河泥沙开展改良砂质中低产田土壤质地小区试验，小区对比试验和现场改良试验表明，黄河泥沙改良中低产田不仅实现了亩产增加 20%以上目标，而且有效降低了土壤改良成本。

4.2.1.3　煤矿充填复垦

王青峰等[22]通过数值模拟和现场试验，提出了利用黄河泥沙制作煤矿塌陷区充填材料适宜配比设计方案，泥沙用量达到 85%以上（干料占比），初凝和终凝时间分别缩短到 2~4 h 和 6~8 h，有效提高了采空区地面承载力，实现了煤炭资源绿色开采和泥沙资源高效利用。王培俊等[23]以山东省济宁市采煤沉陷区为研究对象，通过采集黄河泥沙和对照农田土壤，分析其理化性状，探讨了黄河泥沙用于采煤沉陷地充填复垦的可行性，研究表明黄河泥沙能满足大多数作物的生长要求，用作充填复垦材料不需要改良。

4.2.2　转型利用

4.2.2.1　基础建材类产品

相关研究表明[24-26]，将泥沙同一定量的工业废弃物（炉渣、煤矸石和粉煤灰等）、一定量的高铝原料（陶土、焦宝石、铝矾土等）及少量助熔剂，经过特定烧制工艺，生产出新型建筑装饰材料陶瓷墙地砖、普通黏土砖和空心黏土砖等。岳钦艳等[27]利用黄河泥沙加一定量的石灰、水泥以及粉煤灰等胶结材料，经粉碎、混合、成型等工序，生产出泥沙墙体材料，可代替普通黏土砖用于墙体砌筑。童丽萍等[28] 利用黄河淤泥研制了承重多孔砖砌体，对黄河淤泥承重多孔砖砌体沿齿缝截面抗弯性能进行了测试，对试件的破坏过程、破坏特征和破坏形式进行了总结，为黄河淤泥多孔砖砌体结构的设计和施工提供了依据。

4.2.2.2 高值化工艺类产品

周城[24] 在黄河泥沙中掺入焦宝石、长石、石英等掺合料，制备出陶瓷制品；将黄河泥沙进行颗粒分离、处理后代替硅砂，生产出瓶罐玻璃、有色玻璃以及平板玻璃等。王双华等[29] 以黄河泥沙为主要原料，采用整体析晶法制备出微晶玻璃，该微晶玻璃的微观结构为晶体与玻璃相的复合，在外观上则具有自然的纹路与柔和的光泽，具有较好的装饰效果。刘军章[30] 采用滨州段黄河淤积泥沙为主要原料，通过整体晶化法制得理化性能优于天然石材的微晶玻璃，该微晶玻璃可以用作建筑物装饰面材料、冶金等耐磨、耐腐蚀材料。

4.2.2.3 工程安全防护类产品

石华伟等[31] 在分析湖库泥沙特性的基础上，以湖库泥沙为主要原料，通过碱激发、免烧结免蒸压的方式制备出抗压强度高于 30 MPa 的人工防汛石材，已在河道整治工程防汛抢险中应用[32]。张金升等[33]以黄河泥沙为主要原料，采用压力成型、高温烧结等方法，制备出了综合性能优于天然青石料的人工备防石。Li 等[34-35]通过复掺碱激发剂和矿物掺合料制备黄河泥沙生态胶凝材料，制备的复合材料抗压强度为 14.4 MPa。Jing 等[36]制备了碱激发黄河泥沙人工防汛石，抗压强度为 6.9 MPa。王萍等[37]在黄河泥沙中掺入炉渣、煤矸石、粉煤灰和水泥，制成的人工防汛石材抗压强度为 10 MPa，已在黄河下游河道整治工程防汛抛投应用。郑乐[38]以黄河泥沙为主要原料，采用 $Ca(OH)_2$ 和 NaOH 复合激发剂，并掺入适量矿粉和煤泥灰等多元矿物掺合料，制备的人工防汛石材 90 d 抗压强度达到 16.5 MPa。

4.2.2.4 其他产品

Li 等[39]、董晶亮等[40]、刘慧等[41]通过碱激发方式实现砒砂岩的胶凝化，其建筑产品具有节能环保、造价低廉及可循环利用等特点[42-43]。刘俊霞[44]通过机械研磨和掺入 $NaHSO_4$ 相结合激发黄河泥沙中火山灰活性，并将其做成了可降解的黏土基胶凝材料，并应用于黄河地区的建筑工程中。陈晓飞[45]通过在黄河泥沙中加少量发泡剂或气孔形成材料，制备出轻质保温隔热材料。另外，通过掺入一定量增塑剂（聚乙烯醇、缩甲基纤维素、水玻璃等），生产出黄河泥沙质多孔材料，可用作滤水器、吸附剂、分子筛、废气废水处理板等[46]。

5 展望

习近平总书记明确指出："水稀缺，一个重要原因是涵养水源的生态空间大面积减少，盛水的'盆'越来越小，降水存不下、留不住。"一方面，水库作为盛水的"盆"，其坝址是宝贵的不可再生资源，泥沙淤积损失的每一方库容不仅危害了水库综合效益的发挥，更对流域的水沙调控能力造成了不可逆转的损害，迫切需要向已建水库要库容。另一方面，随着社会经济高速发展，泥沙"资源"属性凸显，砂石资源紧缺成为国际共同关注的话题。探索泥沙资源利用新模式是党中央、国务院的一项重大决策部署。特别是《黄河流域生态保护和高质量发展规划纲要》提出"创新泥沙综合处理技术，探索泥沙资源利用新模式"要求，《中华人民共和国黄河保护法》更是明确，国家鼓励、支持开展黄河流域泥沙综合利用等重大科技问题研究，推广应用先进适用技术，为水库清淤与泥沙资源利用规模化实施提供了强大支撑。

当前，水库泥沙无害化处置与资源利用技术尽管已经取得一系列创新成果，但仍需持续开展水库环保清淤技术、淤积物规模化处置技术、低能耗高值化产品制备技术等关键核心技术创新。同时应从国家层面创新体制机制，出台水库清淤与泥沙资源利用的指导意见，制定相关技术标准规范，引导水库清淤与泥沙资源利用工程科学化、规范化、制度化，为全面建设社会主义现代化国家提供有力的水安全保障。

参考文献

[1] 韩其为 . 水库淤积 [M]. 北京：科学出版社，2003 .

[2] 谢金明 . 水库泥沙淤积管理评价研究 [D]. 北京：清华大学，2012.

[3] 黄英豪，朱伟，董撣，等. 固化淤泥结构性力学特性的试验研究 [J]. 水利学报，2014，45 (S2)：130-136.

[4] 彭瑜，赖佑贤，黄锦城. 重金属污染底泥环保清淤与稳定化资源化处置技术 [J]. 水资源开发与管理，2017，13 (2)：25-28.

[5] 陈永喜，彭瑜，陈健. 环保清淤及淤泥处理实用技术方案研究 [J]. 水资源开发与管理，2017，15 (4)：23-26.

[6] 孔繁轩，羊东，刘瑾，等. 聚氨酯型固化剂改良砂土的固结特性试验研究 [J]. 勘察科学技术，2019 (4)：1-6.

[7] 力乙鹏，李婷. 土壤固化剂的固化机理与研究进展 [J]. 材料导报，2020，34 (S2)：1273-1277，1298.

[8] RODERO M del R，MUNOZ R，LEBRERO R，et al. Harvesting Microalgal-bacterial biomass from biogas upgrading process and evaluating the impact of flocculants on their growth during repeated recycling of the spent Medium [J]. Algal Research，2020，48：101915.

[9] 陈萌，杨国录，徐峰，等. 淤泥固化处理研究进展 [J]. 南水北调与水利科技，2018，16 (5)：128-138.

[10] 杨国录，陈永喜，袁秀丽，等. 广州市污泥处置技术方案及对策 [J]. 武汉大学学报（工学版)，2009，42 (6)：726-730.

[11] 赖佑贤，彭瑜，杜河清. 重金属污染底泥固化稳定化应用研究 [J]. 水资源开发与管理，2017，14 (3)：22-25.

[12] 孙雨涵，周晓朋，李怡，等. 滨海淤泥质吹填土泥浆絮凝脱水试验研究 [J]. 水道港口，2015，36 (4)：345-349.

[13] 王海良，王素稳，荣辉，等. 有机-无机复掺絮凝剂对渣土废泥浆脱水效果影响 [J]. 硅酸盐通报，2017，36 (9)：3163-3167.

[14] DENG S，BAI B，HU X，et al. Characteristics of a bioflocculant produced by Bacillus mucilaginosus and its use in starch wastewater Treatment [J]. Applied Microbiology and Biotechnology，2003，60 (5)：588-593.

[15] YANG Z，LIU X，GAO B，et al. Flocculation kinetics and floc characteristics of dye wastewater by polyferric chloride-poly-epichlorohydrin-dimethylamine composite Flocculant [J]. Separation and Purification Technology，2013 (118)：583-590.

[16] SALEHIZADEH H，YAN N，FARNOOD R. Recent advances in polysaccharide Bio-based Flocculants [J]. Biotechnology Advance，2018，36 (1)：92-119.

[17] SHIH I L，VAN Y T，YEH L C，et al. Production of a Biopolymer Flocculant from Bacillus Licheniformis and Its Flocculation Properties [J]. Bioresource Technology，2001，78 (3)：267-272.

[18] KUBANE B，TAKEDA K，SUZUKI T. Screening for and Characteristics of Microbial Flocculants [J] . Agricultural and Biological Chemistry，1986，50 (9)：2301-2307.

[19] 王兴秀 . 黑臭水体底泥资源化环境效益和经济效益评价 [D]. 深圳：深圳大学，2020.

[20] 崔淑芳，孙战勇，徐爱国，等 . 韩墩灌区测土配沙改良土壤运行模式及措施 [J]. 人民黄河，2017，39 (9)：138-140.

[21] 郑军，李贵勋 . 利用黄河泥沙改良砂质中低产田土壤质地小区试验 [J]. 中国农村水利水电，2017 (7)：59-61.

[22] 王青峰，邢振贤，陈征，等. 黄河库区泥沙制备煤矿充填材料的配合比设计及性能试验研究 [J]. 华北水利水电大学学报（自然科学版)，2015，36 (4)：55-58.

[23] 王培俊，胡振琪，邵芳，等. 黄河泥沙作为采煤沉陷地充填复垦材料的可行性分析 [J] . 煤炭学报，2014，39 (6)：1133-1139.

[24] 周城 . 利用黄河泥沙研制新一代陶瓷酒瓶 [D]. 武汉：武汉理工大学，2007.

[25] 司政凯，邓小成，董恒瑞，等. 一种利用黄河沙制备的蒸压加气混凝土板及其制备方法：CN 103693928 A [P]. 2014.

[26] 赵保华，陈国华，梁东成，等. 利用黄河泥沙生产纳米微晶板材的方法：CN102795775A [P] . 2012.

[27] 岳钦艳，何红桃，叶新强，等. 赤泥黄河泥沙烧结砖及其制备方法 [P]. 山东：CN102344282A，2012-02-08.

[28] 童丽萍，熊凤鸣，刘伟．黄河淤泥多孔砖砌体正交试验的设计及分析［J］. 郑州大学学报（工学版），2007（3）：1-4，8.

[29] 王双华，杨勇，黄建通．利用黄河泥沙制备微晶玻璃［C］//第七届全国泥沙基本理论研究学术讨论会论文集. 西安：陕西科学技术出版社，2008：629-631.

[30] 刘军章．利用黄河淤沙制造微晶玻璃花岗岩［J］. 玻璃，1994（4）：41-45，34.

[31] 石华伟，李昆鹏，王远见．黄河泥沙资源利用方向研究进展［C］//中国水利学会，黄河水利委员会．中国水利学会 2020 学术年会论文集：第三分册．北京：中国水利水电出版社，2020：59-62.

[32] 江恩慧，宋万增，曹永涛，等．黄河泥沙资源利用关键技术与应用［M］. 北京：科学出版社，2019.

[33] 张金升，李希宁，李长海，等．利用黄河泥沙制作备防石的研究［J］. 人民黄河，2005（3）：14-16，63.

[34] LI G N，WANG B M，LIU H，et al. Mechanical Property and Microstructure of Alkali-activated Yellow River Sediment-Coal Slime Ash Composites［J］. Journal of Wuhan University of Technology（Materials Science），2017，32（5）：1080-1086.

[35] LI G N，WANG B M，LIU H. Properties of Alkali-activated Yellow River Sediment-slag Composite Material［J］. Journal of Wuhan University of Technology（Materials Science），2019，34（1）：114-121.

[36] JING X Y，LI G N，ZHANG Y，et al. Experimental Research on the Modification of the Yellow River Sediment［J］. Iranian Journal of Science and Technology，Transactions of Civil Engineering，2021：1-7.

[37] 王萍，郑光和，邵菁，等．利用黄河泥沙制作防汛备防石的试验研究［J］. 人民黄河，2012，34（5）：12-13.

[38] 郑乐．利用黄河泥沙制作防汛石材固结胶凝技术研究［D］. 大连：大连理工大学，2016.

[39] LI C M，ZHANG T T，WANG L J. Mechanical properties and microstructure of alkali activated Pisha sandstone geopolymer composites［J］. Construction & Building Materials，2014（68）：233-239.

[40] 董晶亮，张婷婷，王立久．碱激发改性矿粉/砒砂岩复合材料［J］. 复合材料学报，2016，33（1）：132-140.

[41] 刘慧，李乐锋，赵志忠，等．改性砒砂岩复合材料力学性能研究［J］. 人民黄河，2020，42（8）：120-123.

[42] 杨大令，张婷婷，韩俊男，等．利用改性砒砂岩修筑淤地坝研究［J］. 人民黄河，2016，38（6）：42-45.

[43] 李长明，王立久，张婷婷，等．用砒砂岩制备地聚物材料的研究［J］. 建筑材料学报，2016，19（2）：373-378.

[44] 刘俊霞．黄河泥沙基可降解生土材料结构与性能研究［D］. 郑州：郑州大学，2013.

[45] 陈晓飞．黄河淤泥制备粘土基墙体材料的研究［D］. 郑州：郑州大学，2012.

[46] 张金升，李嘉，刘英才，等．建材研究的新热点：黄河沙综合利用进展及前景展望［J］．材料导报，2002，16（3）：1-3.

汾河中游流域内水库及淤地坝对产流产沙影响的数值研究

高红卫[1]　任春平[1]　王鸿飞[2]

（1. 太原理工大学水利科学与工程学院，山西太原　030024；
2. 山西水投防护有限公司，山西太原　030024）

摘　要：淤地坝和水库对流域内减水减沙发挥着重要作用。这两者对减水减沙的影响始终处于动态变化中，同时探究淤地坝和水库对流域内水沙影响程度，对流域内水沙防治具有重要意义。为此，本文以汾河中游为主要研究区域建立 SWAT 模型，探究淤地坝和水库对汾河中游的减水减沙作用。研究结果表明：分别不考虑淤地坝和水库这两种情景下，流域出口多年平均径流量与输沙量均有明显的增加；在汛期淤地坝和水库对径流量和输沙量产生的影响远大于非汛期；淤地坝对汾河中游的减水减沙作用要优于水库。

关键词：汾河中游；水库；淤地坝；SWAT；产流产沙

1　引言

黄土高原位于黄河中上游，由于其水土流失严重，黄河 90%的泥沙都来源于此，自 20 世纪 50 年代以来，我国在黄土高原上修建了一系列的水保工程[1]，其中淤地坝和水库对于减少水土流失、拦蓄洪水、减少入黄泥沙发挥了巨大的作用，能显著减少流域内的径流量和输沙量[2]。目前，研究产沙产流时，广泛采用的方法主要有对比流域法、数理统计法、水文模型法等[3]。其中分布式水文模型考虑了水文气象要素的空间异质性，能够反映下垫面和气象要素的空间变化，已成为研究水文过程的重要工具。分布式水文模型根据流域土壤、土地利用类型和地形等将流域划分为一定数量的计算单元，通过求解计算单元模型方程，从而模拟流域水文过程[4]。SWAT 模型是搭建在地理信息系统（GIS）上的半分布式水文模型，可以用来模拟各种不同的水文过程[5]。在国内外得到了广泛的应用。Serrao 等[6] 利用 SWAT 对巴西亚马孙河流域基于不同土地利用和土地覆盖情况进行了地表径流和产沙量等过程水文模拟，模拟结果与实测数据在径流动态繁殖季节性上一致。刘晓燕等[7] 对黄土高原淤地坝的减沙作用进行了研究，结果表明淤地坝拦沙量一般大于或等于相应的入黄泥沙减少量。

汾河位于黄河流域的中游区域，属于其左岸第一大支流，汾河发源于山西省宁武县管涔山脉，于万荣县汇入黄河，全长 713 km，流域面积 3. 97 万 km^2。有大量学者对汾河流域的水沙变化进行了研究。刘林等[8]以河岔水文站以上汾河流域为研究区，验证了 SWAT 模型在汾河流域的适用性。焦丽君等[9]以汾河流域为研究区，探讨了不同生态流量标准下生态缺水量在时间和空间上的变化情况。张国栋等[10]通过设置不同年份的土地利用情景对汾河上游径流的影响进行分析，认为土地利用的变

基金项目：水利工程安全与仿真国家重点实验室开放基金资助项目（HESS－2006）；山西省自然科学基金（202103021224116）；山西省回国留学人员科研教研资助项目（2023-67）。

作者简介：高红卫（1998—），男，硕士，主要从事水力学及河流动力学工作。

通信作者：任春平（1978—），男，博士，副教授，主要从事水力学及河流动力学工作。

化会深刻影响汾河流域水资源和生态系统的健康。

汾河流域内有多座大中型水库、淤地坝，其对流域产流产沙影响机制尚不明确。因此，本文以山西省的汾河中游流域为主要研究区域，以义棠水文站为流域出口建立 SWAT 模型，利用该模型还原出流域 2012—2020 年的产流产沙过程。在此基础上研究水库、淤地坝对流域内产流产沙的影响。

2 研究区概况

本文以义棠水文站作为流域控制出口，义棠水文站以上的汾河流域为研究区（见图 1），研究区集水面积占汾河流域总面积的 60%，控制断面以上河道全长 340.6 km。属于旱半干旱温带大陆性气候，四季分明，多年平均降水量为 485 mm，年际变化较大，年内分配不均匀，主要降水集中在 7、8、9 月，占全年降水量的 80%。流域内有三座大型水库，分别是汾河水库、汾河二库和文峪河水库，淤地坝主要分布在太原市娄烦县附近。土地利用类型主要有耕地、林地、草地、灌木地、湿地、水域和人造地表等。土壤类型主要有雏形土、高活性淋溶土、疏松岩性土、冲积土、薄层土、盐土、碱土和人为土。

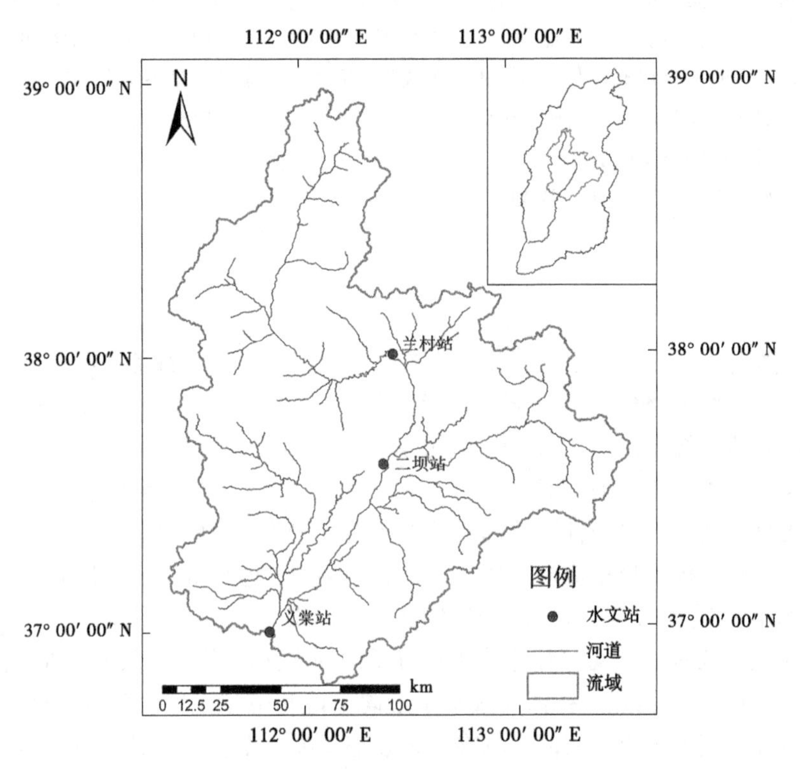

图 1 研究区概况

3 模型的构建及验证

1994 年，美国农业部研发出了适用于长时段的流域尺度分布式水文模型——SWAT（soil and water assessment tool）模型。该模型可依托 ArcGIS 平台，利用由地理信息系统技术（GIS）和遥感技术（RS）提供的信息，对大型复杂流域内不同土壤类型、土地利用方式和管理措施下水流运动、泥沙输移、植物生长及营养物质迁移转化等过程进行预测模拟。SWAT 模型首先根据研究区的土地利用空间数据、土壤类型属性数据和由 DEM 提取的坡度数据等将流域划分为若干个水文相应单元（HRU），其次，使用水文学原理的方法在每个 HRU 上推求净雨，然后对各子流域的产流、汇流进行模拟演算，最终得到控制断面的流量过程[12]。目前，国内外已有众多学者对 SWAT 模型的合理性进行了验证[13-15]。

3.1 基础数据

本次研究使用的数字高程数据（DEM）来源于地理空间数据云平台，精度为12.5 m；土地利用栅格来源于中国科学院资源环境科学数据中心，采用2015年的数据，精度为30 m；土壤类型栅格数据来自世界土壤数据集（HWSD），数据精度为1∶100万；气象数据采用中国国家级地面气象站基本气象要素日值数据，数据为太原站2012—2020年日平均降雨量、日照时数、日最高/最低气温、日平均相对湿度和日平均风速。太阳辐射由日照时长计算得到[16-17]。构建汾河流域SWAT模型使用的主要数据来源如表1所示。

表1 SWAT模型数据来源

数据类型	数据分辨率	数据来源
数字高程模型	12.5 m×12.5 m	地理数据空间云
土地利用数据	30 m×30 m	中国科学院资源环境科学数据中心
土壤数据	1∶100万	世界土壤数据集
气象数据	日	中国气象数据网
水文站数据	日	水文测站

3.2 SWAT模型的构建

（1）通过处理基础空间数据和属性数据，建立模型所需的土壤数据库和气象数据库，用ArcGIS10.2对土地利用和土壤数据进行重分类，依据中国土地利用现状分类标准，将研究区土地利用分为耕地、林地、草地、灌木地、湿地、水域和人造地表7类，见图2；研究区土壤类型最终分为8类，见图3；统一定义流域数字高程影像数据、土地利用和土壤类型等输入数据的地理坐标系和投影坐标系，以义棠水文站为流域出口，通过数字高程模型（DEM）地形底图确定流域边界范围。

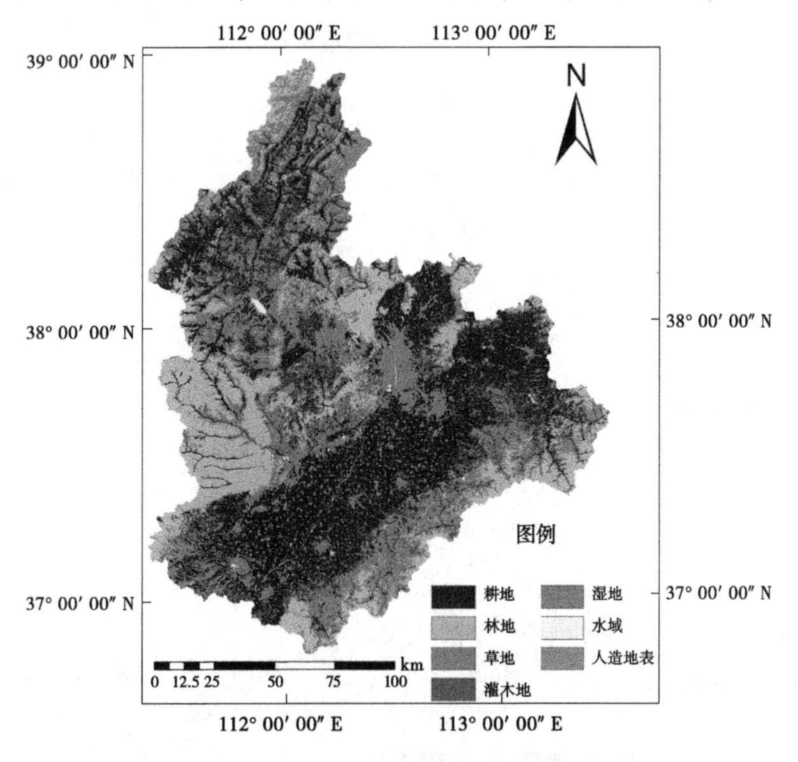

图2 土地利用

（2）将土地利用、土壤及高程数据进行叠加分析，设定合理集水面积阈值形成子流域，本研究中将汾河中上游流域划分为143个子流域，见图4；在子流域基础上分别对土地利用、土壤及坡度设定合理阈值，完成河网的生成，并进一步生成具有相同属性特征与水文响应过程的水文响应单元（HRUs）共计562个，实现流域水循环模拟。选取2012年和2013年为预热期，基于构建的气象数据库完成模型的初步运行。

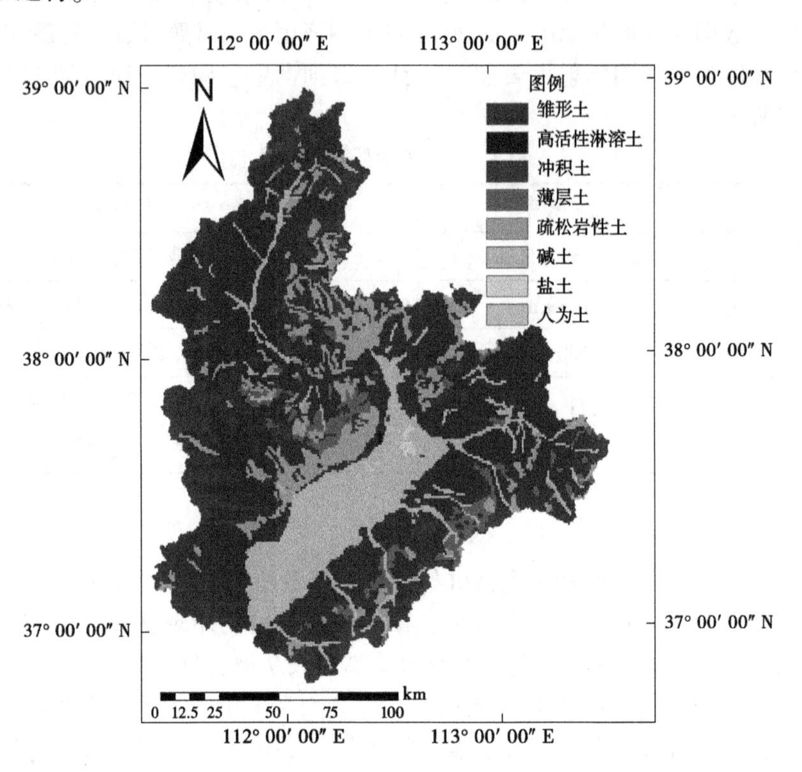

图3 土壤类型

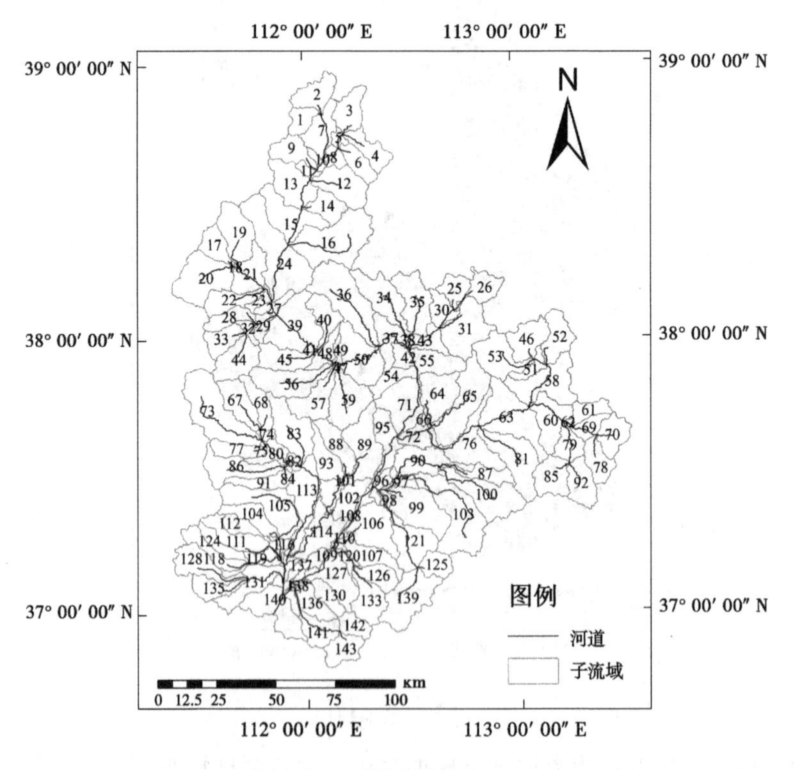

图4 子流域分布

3.3 SWAT 模型评价

研究采用SWAT-CUP校准工具对SWAT2012模型运行结果进行参数敏感性分析和率定校准。选取2012—2013年为模型预热期，2014—2017年为模型率定期，2018—2020年为模型验证期，对模型进行率定校准。利用t检验和p值显著性检验来反映参数的敏感性程度。在确定参数和选定参数初始范围后，采用模型内置的拉丁超立方体抽样算法[18]，进行了500次迭代计算。使用确定性系数（R^2）与Nash-Sutcliffe纳什效率系数（NS）评价模型模拟结果的有效性。R^2可表现观测径流量与模拟径流量之间变化趋势的一致性，R^2值越接近于1，则两者趋势越吻合。NS可表现观测径流量与模拟径流量之间的偏离程度，NS值越接近于1，则两者越相近[19]。R^2和NS计算式见式（1）和式（2）。

$$R^2 = \frac{\sum_{i=1}^{T}(O_i - \overline{O})(S_i - \overline{S})}{\sqrt{\sum_{i=1}^{T}(O_i - \overline{O})^2 \sum_{i=1}^{T}(S_i - \overline{S})^2}} \tag{1}$$

$$NS = 1 - \frac{\sum_{i=1}^{T}(O_i - S_i)^2}{\sum_{i=1}^{T}(O_i - \overline{O})^2} \tag{2}$$

式中：O_i为第i年的实测值；$\overline{O}$为实测结果序列的平均值；S_i为第i年的模拟值；$\overline{S}$为模拟结果序列的平均值。

从21个参数中筛选出与研究区径流和泥沙模拟值密切相关的16个敏感性参数变量。各参数的参数名称、含义及敏感度如表2所示。

表2　参数敏感性分析及率定结果

参数名称	含义	t-stat	p-value
CN2	SCS径流曲线数	−8.74	0
HRU_ SLP	平均坡度	−5.05	0
SLSUBBSN	平均坡长	−2.99	0
CH_ K2	主河道水力传导系数	−1.79	0.07
SOL_ AWC	表层土壤有效含水率	1.57	0.12
ALPHA_ BF	激流回归系数	1.23	0.22
OV_ N	地面的曼宁糙率系数	−1.08	0.28
REVAPMN	浅层地下水再蒸发系数	1.03	0.30
GW_ REVAP	地下水的蒸发扩散系数	0.99	0.33
SOL_ K	土壤饱和导水率	0.94	0.35
EPCO	植物蒸腾补偿系数	−0.91	0.37
ESCO	土壤蒸发补偿因子	−0.73	0.46
USLE_ C	土地覆被因子	−4.02	0
USLE_ K	土壤可蚀性因子	−3.67	0
USLE_ P	水保措施因子	−2.62	0.01
SPCON	泥沙输移线性指数	1.07	0.28

模型参数的修改方法为替换（V）和相对值（R）2种，回代模型后，重写工作表并再次运行验

证。径流量及输沙量率定与验证结果见表 3 和图 5、图 6。从率定期和验证期的结果来看，模拟与实测的径流量和输沙量过程变化线变化趋势大体一致，但对峰值的模拟效果不太理想，模拟输沙量的峰值与实测相差较大，特大值对模拟效果影响比较大，也使得 *NS* 值偏低。

表 3　模拟结果评价

率定与验证	径流量		输沙量	
	R^2	*NS*	R^2	*NS*
率定期	0.83	0.72	0.71	0.63
验证期	0.77	0.69	0.67	0.52

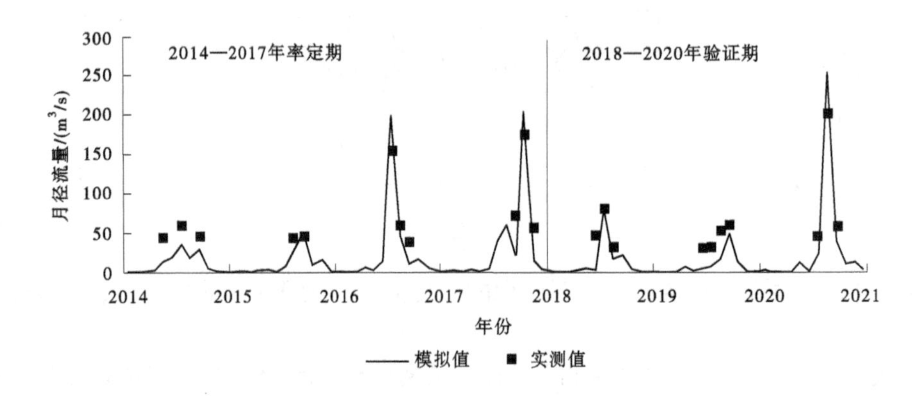

图 5　义棠站月径流量实测与模拟结果对比

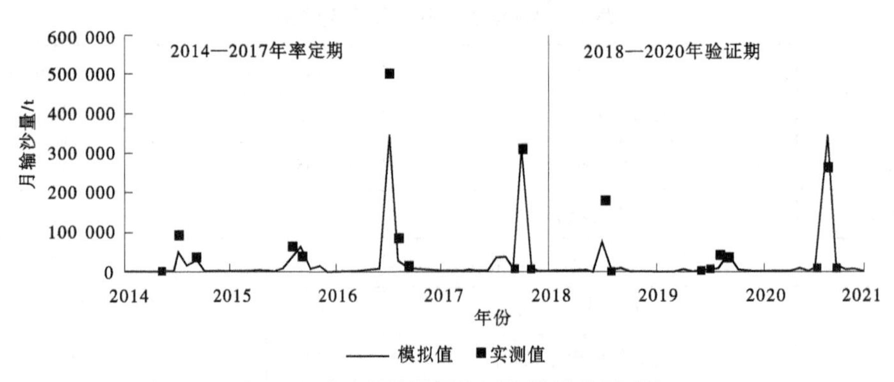

图 6　义棠站月输沙量实测与模拟结果对比

4　结果与分析

4.1　情景设置

为将其他水保措施以及气候因子对流域水文过程的影响与淤地坝的影响隔离开来，本研究假定研究期间土地利用结构不变，且保持同一模拟时间系列，仅通过改变淤地坝和水库模块，分析不同情景对流域径流以及输沙过程的影响。本文收集了 2004—2007 年间修建的 12 座骨干淤地坝和 19 座中型淤地坝以及汾河中上游流域内的汾河水库、汾河二库和文峪河水库 3 座大型水库。具体方案设置如下：

情景一：（现状坝系）2015 年土地利用数据，2012—2020 年气象数据，31 座淤地坝，3 座水库。

情景二：（不考虑淤地坝）2015 年土地利用数据，2012—2020 年气象数据，流域内布设 3 座水库，没有淤地坝。

情景三：（不考虑水库）2015 年土地利用数据，2012—2020 年气象数据，流域内布设 31 座淤地坝，没有水库。

4.2 水库和淤地坝对流域径流的影响

在对 SWAT 模型进行参数率定与验证的基础上，对不同情景下汾河中游流域 2014—2020 年的水循环过程进行了模拟。各水文站不同情景下汾河中上游流域月径流量模拟值如图 7 所示。可以看出，随着淤地坝和水库的布设，流域产流量显著下降。其中，兰村站不考虑淤地坝情景下流域 2014—2020 年多年平均径流量为 81.3 m^3/s，相比现状坝系情景平均增加了 358.5%，不考虑水库情景下流域 2014—2020 年多年平均径流量为 41.7 m^3/s，相比现状坝系情景平均增加了 134.8%；二坝站不考虑淤地坝情景下流域 2012—2020 年多年平均径流量为 145.3 m^3/s，相比现状坝系情景平均增加了 77.7%，不考虑水库情景下流域 2012—2020 年多年平均径流量为 109.8 m^3/s，相比现状坝系情景平均增加了 34.4%；义棠站不考虑淤地坝情景下流域 2012—2020 年多年平均径流量为 247.9 m^3/s，相比现状坝系情景增加了 47.9%，其中汛期占 42.46%，不考虑水库情景下流域 2012—2020 年多年平均径流量为 209.2 m^3/s，相比现状坝系情景增加了 24.8%，其中汛期占 20.84%。由此可见，淤地坝和水库对径流产生的影响较大，且主要集中在汛期，能有效防止雨季带来的洪涝灾害。

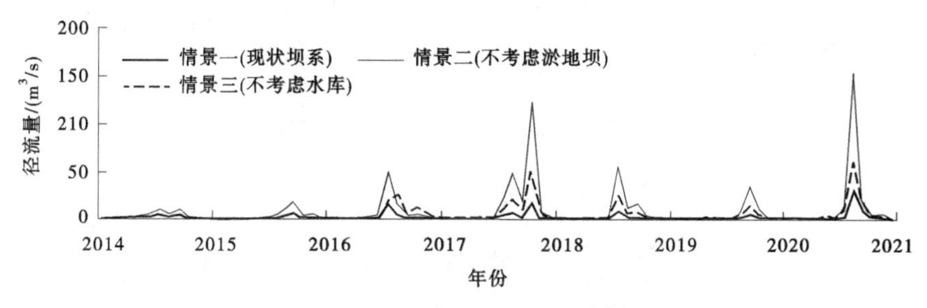

(a)兰村站不同情景下径流量模拟值

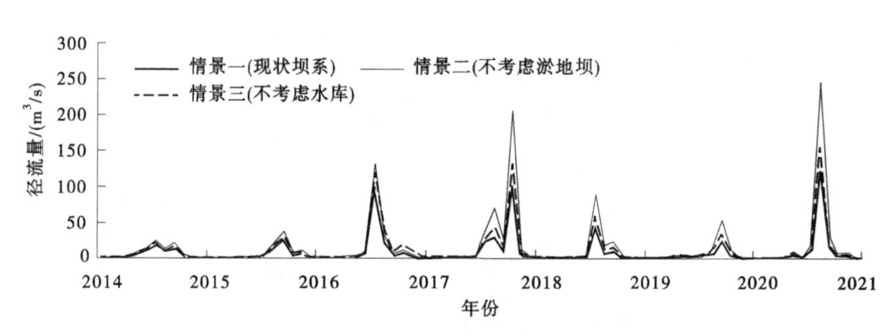

(b)二坝站不同情景下径流量模拟值

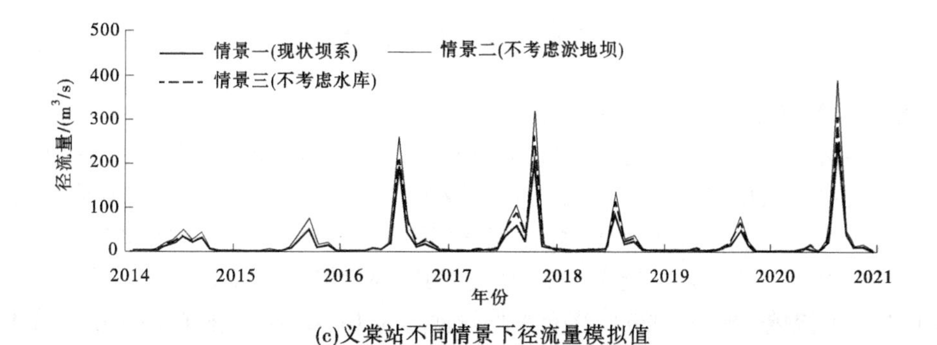

(c)义棠站不同情景下径流量模拟值

图 7 各水文站不同情景下汾河中上游流域月径流量模拟值

各水文站径流量变化率见表4，自上游到下游水库和淤地坝对径流的影响逐渐减弱。兰村站改变最为明显，二坝站次之，义棠站最小。这是由于汾河中上游流域内，对径流影响较大的水库和淤地坝都在上游区域，随着河流自上向下的流动，上游水库和淤地坝对径流的影响逐渐减弱，而中游水库较小，且位于支流，所以对径流产生的影响较小（水库、淤地坝及站点位置见图8）。

表4 不同情景下各站径流变化率

站点	无淤地坝径流/(m^3/s)	现状径流/(m^3/s)	变化率/%	无水库径流/(m^3/s)	现状径流/(m^3/s)	变化率/%
兰村站	81.3	17.7	358.50	41.7	17.7	134.8
二坝站	145.3	81.7	77.70	109.8	81.7	34.4
义棠站	247.9	167.7	47.9	209.2	167.7	24.8

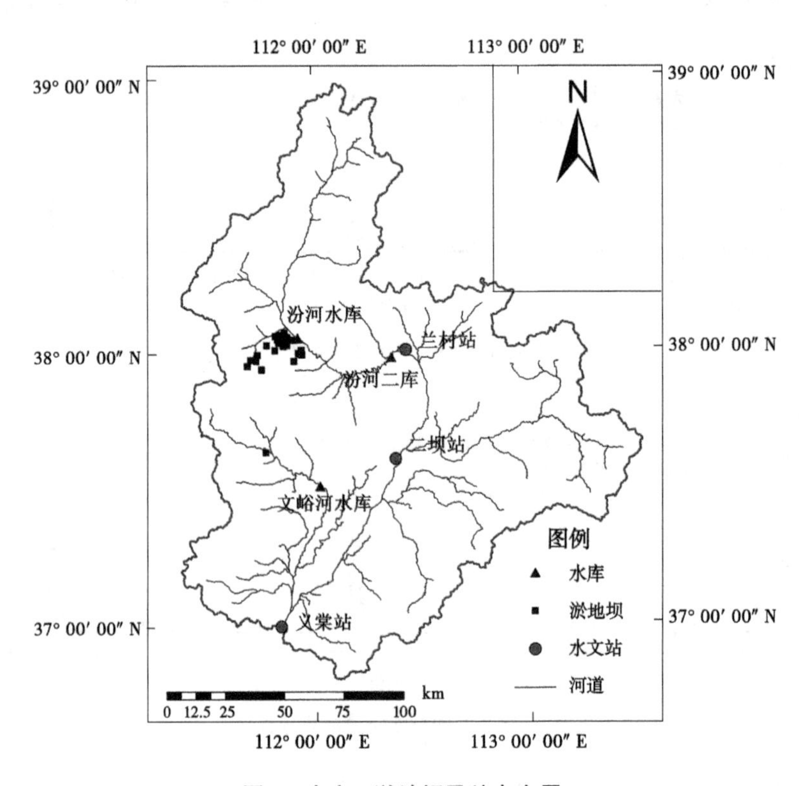

图8 水库、淤地坝及站点布置

4.3 水库及淤地坝对流域内输沙量的影响

对2012—2020年不同情景下的月均输沙量模拟值进行分析，如图9所示。可以看出，相比无淤地坝的布设，现状淤地坝的情况下输沙量有显著的减少。其中，兰村站不考虑淤地坝情景下流域2012—2020年多年平均输沙量为3.89万t，相比现状坝系情景平均增加了722.86%，不考虑水库情景下流域2012—2020年多年平均输沙量为1.26万t，相比现状坝系情景平均增加了166.43%；二坝站不考虑淤地坝情景下流域2012—2020年多年平均输沙量为14.42万t，相比现状坝系情景平均增加了106.42%，不考虑水库情景下流域2012—2020年多年平均输沙量为8.94万t，相比现状坝系情景平均增加了27.94%；义棠站不考虑淤地坝情景下流域2012—2020年多年平均输沙量为30.28万t，相比现状坝系情景平均增加了67.85%，其中汛期占64.61%，不考虑水库情景下流域2012—2020年多年平均输沙量为22.33万t，相比现状坝系情景平均增加了23.81%，其中汛期占22.21%。

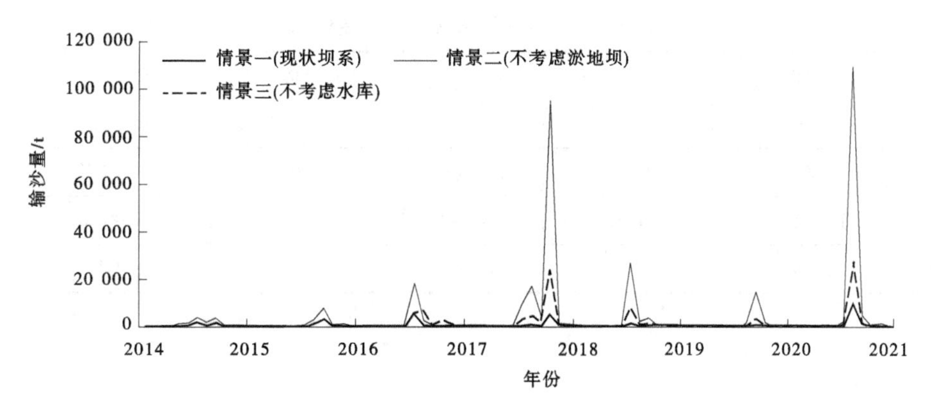

(a)兰村站不同情景下径流量模拟值

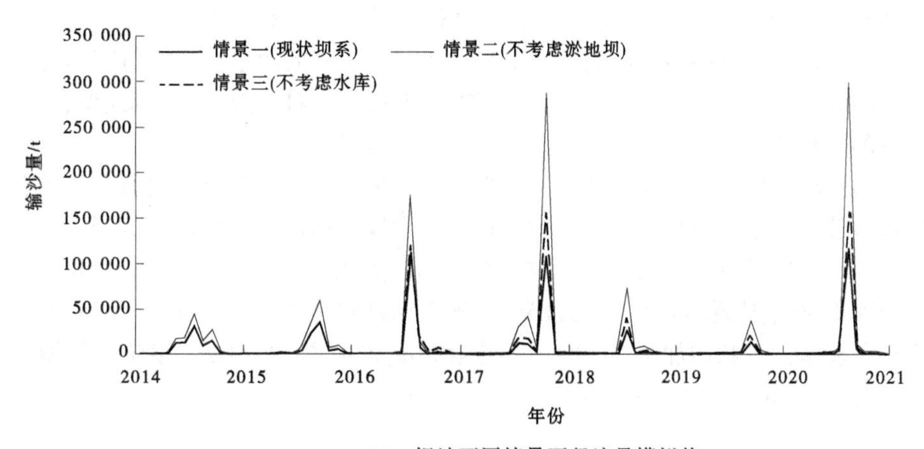

(b)二坝站不同情景下径流量模拟值

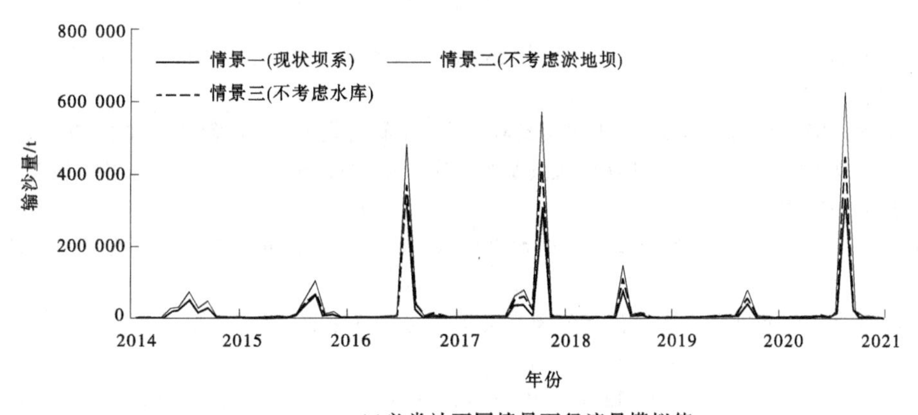

(c)义棠站不同情景下径流量模拟值

图 9　不同情景下汾河中上游流域月均输沙量模拟值

各水文站输沙量变化率见表 5，在没有淤地坝的情况下输沙量显著增加，尤其兰村站，究其原因，是因为淤地坝主要建在上游，而上游山多坡广，地质以石灰岩为主[20]。到了汛期，在没有淤地坝的情况下，雨水会从山体上挟带着大量泥沙直接汇入河流，导致输沙量大幅增加。淤地坝最主要的作用就是拦泥保土、淤地造田、减少入河泥沙，退耕还林还草，从而增加了地表植被覆盖度，从各方面有效减少了河流的输沙量。而再顺河流往下，对输沙量减少的效果就逐渐下降了。

表 5 不同情景下各站输沙量变化率

站点	不考虑淤地坝径流/（m^3/s）	现状坝系径流/（m^3/s）	变化率/%	不考虑水库径流/（m^3/s）	现状水库径流/（m^3/s）	变化率/%
兰村站	3.89	0.47	722.86	1.26	0.47	166.43
二坝站	14.42	6.99	106.42	8.94	6.99	27.94
义棠站	30.28	18.04	67.85	22.33	18.04	23.81

5 结论

为了探究汾河中上游流域淤地坝和水库对流域产流产沙过程的影响，本文设置不同情景，基于SWAT模型构建了研究区的分布式水文模型。通过月径流模拟值与实测值的对比对模型进行适用性评价，其率定期与验证期 R^2 均在 0.6 以上，NS 都在 0.7 以上；月输沙量模拟值与实测值对比，率定期和验证期 R^2 均在 0.6 以上，NS 都在 0.5 以上。模拟结果较好，对于深入分析淤地坝和水库对流域产流产沙具有一定的指导意义。

通过设置汾河中游流域不同情景，本文对淤地坝和水库的产流产沙过程进行了模拟分析，结果表明淤地坝对减水减沙的效果更明显。在不考虑淤地坝和水库的情况下，流域内的径流量和输沙量显著增加：不考虑淤地坝情境下流域出口多年平均径流量比现状增加了 47.9%，其中汛期径流量增加了 42.46%，多年平均输沙量比现状增加了 67.85%，汛期输沙量增加了 64.61%；不考虑水库情境下流域出口多年平均径流量比现状增加了 24.8%，汛期径流量增加了 20.84%，多年平均输沙量比现状增加了 23.81%，汛期输沙量增加了 22.21%。

参考文献

[1] 郭晖，钟凌，郭利霞．淤地坝对流域水沙影响模拟研究水资源与水工程学报［J］．水资源与水工程学报，2021，32（2）：124-134.

[2] 高云飞，郭玉涛，刘晓燕．黄河潼关以上现状淤地坝拦沙作用研究［J］．人民黄河，2014，36（7）：97-99.

[3] 刘蕾，李庆云，刘雪梅．黄河上游西柳沟流域淤地坝系对径流影响的模拟分析［J］．应用基础与工程科学学报，2020，28（3）：562-573.

[4] 宁吉才，刘高焕，刘庆生．水文响应单元空间离散化及 SWAT 模型改进［J］．水科学进展，2012，23（1）：14-20.

[5] 李昱，席佳，张弛．气候变化对澜湄流域气象水文干旱时空特性的影响［J］．水科学进展，2021，32（4）：508-519.

[6] SERRAO E A D O, SILVA M T, FERREIRA T R, et al. Impacts of land use and land cover changes on hydrological processes and sediment yield determined using the SWAT model［J］. International Journal of Sediment Research, 2022, 37（1）: 54-69.

[7] 刘晓燕，高云飞，马三保．黄土高原淤地坝的减沙作用及其时效性［J］．水利学报，2018，49（2）：145-155.

[8] 刘林，李金峰，李泽利．汾河上游流域 SWAT 模型构建及适用性评价［J］．人民黄河，2020，42（11）：58-62，96.

[9] 焦丽君，刘瑞民，王林芳．基于 SWAT 模型的汾河流域生态补水研究［J］．生态学报，2022，42（14）：5778-5788.

[10] 张国栋，张照玺，余韵．汾河上游土地利用变化对径流的影响研究［J］．人民黄河，2020，42（10）：29-33.

[11] 肖豪，周春辉，尚艳丽．基于 SWAT 与新安江模型的闽江建阳流域径流模拟研究［J］．水力发电，2022，48（10）：19-25.

[12] TESHAGER A D, GASSMAN P W, SECCHI S, et al. Simulation of targeted pollutant-mitigation-strategies to reduce ni-

trate and sediment hotspots in agricultural watershed [J] . Science of the Total Environment, 2017: 607-608.

[13] ERRAIOUI L, TAIA S, EDDINE K T, et al. Hydrological modelling in the Ouergha watershed by soil and water analysis tool (SWAT) [J]. Journal of Ecological Engineering, 2023, 24 (4): 343-356.

[14] MANASWI C M, THAWAIT A K. Application of Soil and Water Assessment Tool for Runoff Modeling of Karam River Basin in Madhya Pradesh [J]. International Journal of Scientific Engineering and Technology, 2014, 3 (5): 529-532.

[15] 潘建军，潘雪倩，杨海军. 基于 SWAT 模型的岷江上游水文模拟及径流响应研究 [J] . 人民黄河, 2023, 45 (S1): 1-2.

[16] 庞靖鹏，徐宗学，刘昌明. SWAT 模型中天气发生器与数据库构建及其验证 [J]. 水文, 2007 (5): 25-30.

[17] 童成立，张文菊，汤阳. 逐日太阳辐射的模拟计算 [J]. 中国农业气象, 2005 (3): 165-169.

[18] 刘伟，安伟，马金锋. SWAT 模型径流模拟的校正与不确定性分析 [J]. 人民长江, 2016, 47 (15): 30-35, 62.

[19] MORIASI D N, ARNOLD J G, LIEW M W V, et al. Model Evaluation Guidelines for Systematic Quantification of Accuracy in Watershed Simulations [J]. Transactions of the ASABE, 2007, 50 (3): 885-900.

[20] 邹琴英，师学义，张臻. 汾河上游土壤侵蚀时空变化及景观格局的影响 [J]. 水土保持研究, 2021, 28 (4): 15-21.

供水涵洞压力管道多变流道反向运输技术

张永昌[1]　孟利利[1]　田征涛[2]

（1. 黄河建工集团有限公司，河南郑州　450045；
2. 华润风电（越西）有限公司，四川成都　610000）

摘要：本文对压力钢管如何运送至洞内的问题进行了研究，将现代先进的水平运输技术加以创新，采取措施对流道进行简单改造，在压力钢管上加装胶轮，在洞内安装卷扬机牵引等措施，克服运输过程中存在的重重困难，将双节压力钢管顺利运送至作业面，并形成了一套行之有效的成功经验。

关键词：压力管道；多变流道；运输技术

1　工程概况

小浪底灌溉洞工程位于小浪底水利枢纽右岸进水塔群与西沟坝之间，地处河南省济源市境内。灌溉洞的主要任务是为小浪底北岸灌区和西沟水库供水，是小浪底水利枢纽的主要组成部分之一。供水支洞是灌溉洞向西沟水库供水的通道，全长172.85 m，洞底纵坡0.002。供水支洞分为有压段、渐变段、出口闸室段、扩散段，出口处设置有消力池和海漫。有压段断面形式为圆形，开挖洞径4.5 m，钢筋混凝土衬砌后洞径3.5 m。

由于功能需要，需对供水支洞进行封堵改造，改造施工区域位于供水支洞有压段，在该段设置DN600压力钢管，用C25W6微膨胀混凝土将压力钢管外区域封堵，封堵区域长12 m，新老混凝土结合部做好凿毛、键槽及紫铜止水，压力管道外侧设置阻水环及抓筋。压力钢管下游侧安装检修控制阀和调节控制阀，两个阀门之间设置镇墩。闸室内新增控制设备，用于调节压力钢管上的两个控制阀门。

供水支洞改造断面图见图1。

2　研究背景

供水支洞封堵改造时，由于支洞内空间狭小，施工工序繁多，空气流通不畅，需在洞外将双节压力钢管焊接成整体，再将14 m的压力钢管从消力池逆流道方向运送至封堵区域。压力钢管直径60 cm，壁厚3 cm，安装阻水环后直径143 cm，钢管内外均涂刷防腐防锈涂层，构件自重约3.8 t。压力钢管在消力池顶平台焊接成型，用50 t吊车吊运至消力池内。

供水支洞为直径3.5 m的圆形隧洞，出口渐变成正方形，最窄处安装弧形闸门，宽度2 m，高度2 m，与消力池连接的流道为城门洞形，洞顶一样高，流道逐渐降低，宽度3 m，流道和支洞有60 cm落差，供水支洞与消力池水平方向有约20°倾角，从供水支洞出口左岸坡道至消力池底板落差19 m，支洞底至消力池底落差11 m，出入口只有消力池一个进入口，无其他通道。

将该压力钢管运输至封堵区域，需解决三个问题：斜坡道如何运输和调整？流道拐点处如何安全通过？如何顺利通过弧形闸门洞口和洞口陡坎落差？

供水支洞封堵改造施工需在5月24日开工，6月30日完成，根据施工进度计划，压力钢管运送前准备及运送过程要在5 d之内完成，时间紧、任务重，工作难度大。

作者简介：张永昌（1972—），男，高级工程师，主要从事水利工程施工工作。

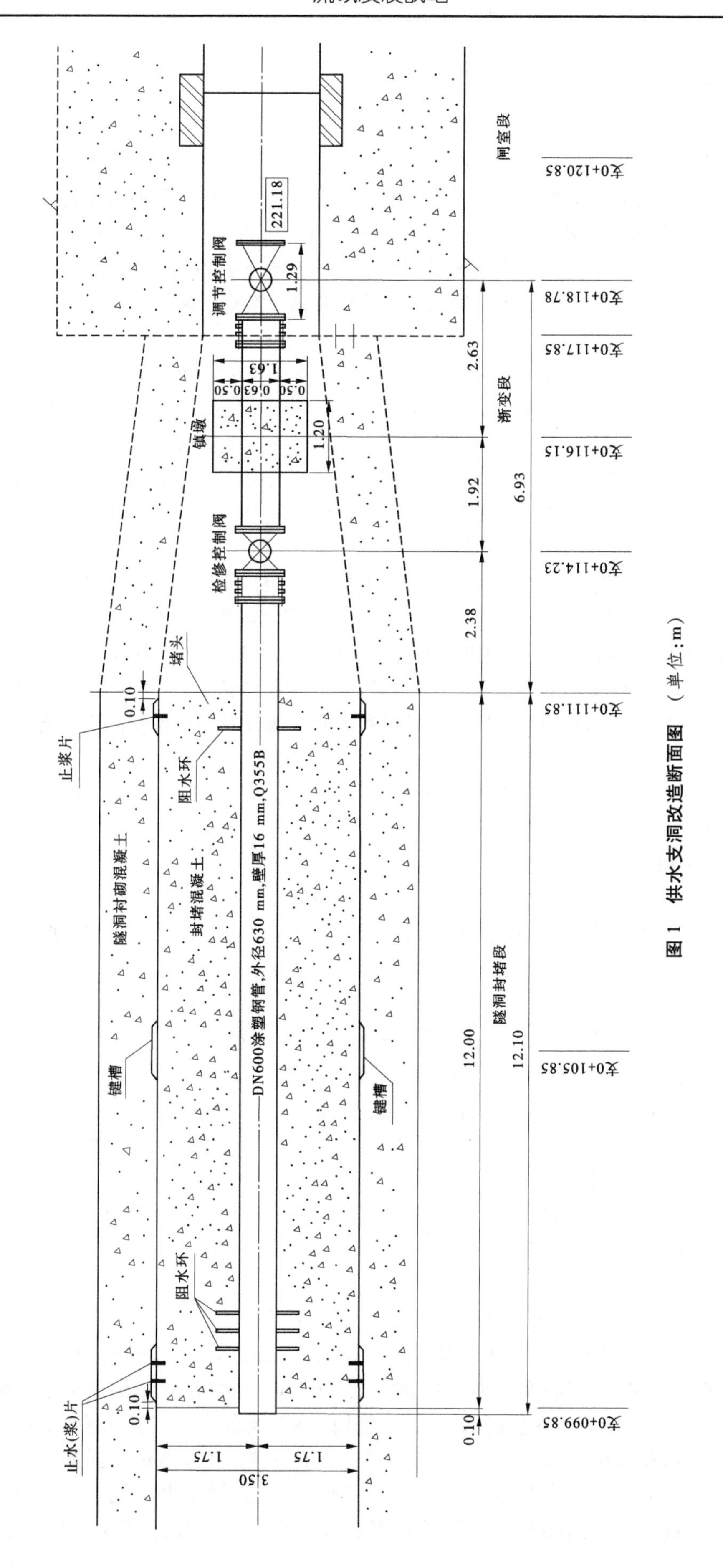

图 1　供水支洞改造断面图　（单位：m）

3 主要技术原理

3.1 行走系统设计

根据现场实际情况，共设计出三种运送方法。

方法一：采用满堂支架法，在流道内搭设满堂支架，支架顶高与弧形闸门处洞口底齐平，支架顶铺设钢模板，形成水平通道。通道伸出流道约 16 m，用 50 t 吊车将压力钢管吊运至支架上，水平牵引压力钢管向洞内移动，平顺进入供水支洞封堵改造区域。该方法的优点是能很好地规避通道落差、拐点等问题，运输过程安全可靠；缺点是满堂支架造价较高，实施周期长，无法满足汛期完工的节点工期要求。

方法二：采用龙门架法，焊接三个可起吊 3 t 且有一定抵抗倾斜能力的钢龙门架，其上安装 3 t 倒链，龙门架底部安装钢轮，三个龙门架均布安装在前、中、后三个位置，共同将压力钢管水平吊起，人工配合牵引绳向洞内方向牵引，使压力钢管向洞内挪动，至陡坎处时，调节倒链，使压力钢管底部高过洞口底并保持水平，三个龙门架接力将钢管运输至洞内。该方法的优点是实施周期较短，过流道拐点和洞口时能较灵活地控制压力钢管方向，顺利地将压力钢管运送至作业面；缺点是三个龙门架同步协调能力差，运送过程中存在安全隐患。

方法三：采用牵引自行走法，在压力钢管管身上焊接支架，安装胶轮，利用压力钢管自身刚性，形成完整的自行走设备。在洞内安装 3 t 卷扬机，连接在钢管前端吊环上，牵引压力钢管向洞内行驶。钢管尾部配备 80 型挖掘机，全程跟进，通过调节尾部方向来控制压力钢管走向。过陡坎时，挖掘机将钢管尾端提起，缓缓向洞内输送，使压力钢管安全进洞。该方法的优点是实施周期短，安全性高，能够快速将压力钢管运送至施工区域，运送过程中便于调节方向和高度；缺点是需要严格控制支架和胶轮安装高度，确保压力钢管能顺利进洞。

经对比分析，三个方法均能顺利地将压力钢管运送至施工区域，方法三成本低，实施周期更短，安全性更高，操作简便，故选用方法三运送压力钢管。

3.2 压力钢管垂直运输

压力钢管全部焊接完成后，用 50 t 吊车将其从消力池顶加工平台吊运至消力池底。吊点设置在两端，调节吊绳长度，两吊绳夹角约 60°，指挥人员和专业司绳工对吊点和钢丝绳进行检查，并全程指导。

3.3 运输通道准备

测量人员现场测量，提取数据，在 CAD 图上将通道情况展现出来，技术人员根据测量数据，分析运输通道情况，选取运送方式，并对流道进行必要的改造。

改造一：在弧形闸门下游侧陡坎处设置斜坡道，斜坡长度 12 m，宽度 2 m，高度和陡坎顶平面一致，坡脚和下坡道相交，斜坡道用 20 槽钢焊接成型，顶部铺设花纹板，提前将坡道安装就位，使流道形成连续通道，便于压力钢管运输。

改造二：将流道杂物清理干净，弧形闸门提起时，超越洞顶高度，下部用工字钢支撑，使洞口完全呈现出来，为运送压力钢管提供最大高度。

3.4 压力钢管自行走设计

压力钢管运送时，端头翘起会顶支洞口顶部，管身过低又会使钢管过陡坎坡道时底部拖地。经在 CAD 图上图形模拟，确定胶轮安装高度，使阻水环离地 20 cm，前端一对胶轮安装在距前端 1 m 位置，后端一对胶轮安装在管身 2/3 处，两组胶轮间距 8.63 m。根据模拟结果，这样设置时，压力钢管顶端可自由通过洞口，且在中部通过陡坎时，不拖地，使压力钢管顺利进入供水支洞。

用 50 t 吊车将 80 挖掘机吊运至消力池，在大臂上套上吊带，挖斗跟进顶托钢管尾端，用于进洞时调整压力钢管高度和角度，并辅助压力钢管行止。洞内设置 3 t 卷扬机，用于牵引动力。由于供水支洞和流道不同轴线，在运送路径轴线位置间距 2 m 打孔，植入直径 22 mm 的钢筋，外露高度

15 cm，提前用植筋胶固定牢固，在钢筋上套上直径 48 mm、高度 15 cm 的架子管，牵引钢丝绳沿植筋位置布置，确保压力钢管前端沿轴线方向行驶。

3.5 压力钢管运送

在压力钢管上游侧端头沿管轴线方向设置吊耳，2 条 1 m 长 ϕ 16 钢丝绳分别固定在吊耳上，另一端连接在 3 t 卷扬机钢丝绳上。压力钢管运输时，2 名工人开动和看护 3 t 卷扬机，压力钢管前端 2 名工人负责测量前端方向并指挥，两侧 6 名工人负责看护两侧和随时执垫轮胎，末端 4 名工人负责辅助挖掘机调整方向，挖掘机跟在压力钢管后端，用吊带和压力钢管相连，挖斗抵住管口，随时跟进，需调整方向时，停止卷扬机，挖掘机用吊带调整压力钢管末端，调整好方向后继续前进，每次挪动 50 cm 左右，立即停止，并测量压力钢管偏移情况，做出纠正后，继续前进，使压力钢管徐徐进入洞内。

压力钢管运输过程中，缓慢行进，照看人员同步跟随，发现问题立即停止前进，用斜体块将胶轮支住，防止压力钢管倒退，排除问题后，继续行进。压力钢管一端靠近弧形闸门时，一点点挪动前进，随时观察压力钢管与洞底、洞顶距离，确保压力钢管能顺利通行。过陡坎时，缓缓向前，密切观察压力钢管情况，将其拖入供水支洞。压力钢管进洞示意图见图 2。

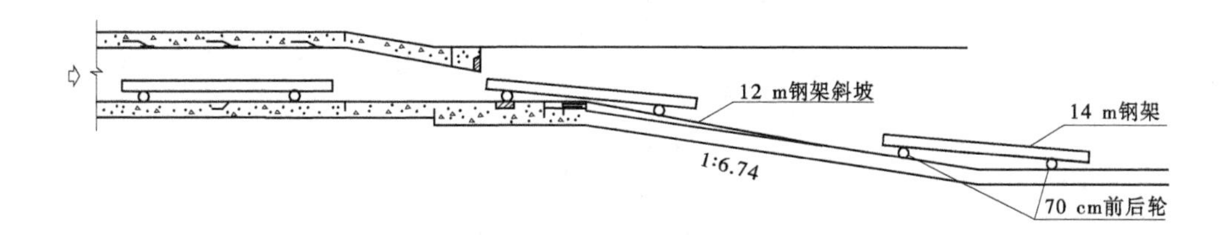

图 2　压力钢管进洞示意图

3.6 安全措施

压力钢管运送过程中有 4 个安全隐患：

隐患 1：钢丝绳断裂。运送过程中若钢丝绳断裂，将直接影响操作人员安全，造成人员事故。安全防范措施：施工前检查卷扬机钢丝绳质量，检查前端吊耳焊接质量，发现钢丝绳有断丝、毛刺、机械损伤等问题时，应立即更换钢丝绳，确保钢丝绳在使用过程中的安全。吊耳采用 1 cm 钢板，与压力钢管端头处四边均满焊焊接，焊接质量良好。钢丝绳与吊耳用 2 t U 形卡连接。钢丝绳顶与卷扬机连接处先用卡子将两股钢丝绳合并，形成闭合环，再用 2 t U 形卡连接。既能保证安全，又能确保牵引绳不来回滑动。

隐患 2：侧翻。压力钢管长度 14 m，圆形结构，只有 2 个支点，容易发生侧翻。安全防范措施：设置压力钢管行走系统时，支架设置成等腰梯形，上宽 70 cm，下宽 140 cm，一对胶轮轮距 150 cm，一对胶轮之间设置轮轴，确保压力钢管不发生侧翻现象。

隐患 3：滑坡。在行止之间切换时，压力钢管容易顺坡下滑，会影响钢管的行驶方向，增加卷扬机和钢丝绳的负荷，存在安全隐患。安全防范措施：每个胶轮处安排 1 名工人，携带斜体块跟进，停止牵引时，立即将斜体块安放在胶轮后部，确保胶轮不向下滑动。挖掘机跟随在压力钢管后端，挖斗紧挨压力钢管，随时制止压力钢管后滑。

隐患 4：承载力不足。运输过程中要调整钢管方向，穿坡过坎，会出现应力过大现象，若支架承载力不足，易造成损毁。安全防范措施：支架承载能力经受力计算，并采用 2 倍安全系数，确保支架安全。支架设计时，将充气轮胎改为实心胶轮，每个胶轮承载能力为 3 t。

3.7 支架支撑能力分析

压力钢管长度 14 m，加上阻水环和辅助设施，自重约 3. 8 t。查表可知，[10 槽钢屈服极限为 235 MPa，截面面积为 12. 748 cm^2，单根槽钢可承受的压力极限为 235 MPa×12. 748 cm^2 = 2 995. 78 kg，

2 根槽钢即可支压力钢管，每个支架均采用 4 根 10 槽钢和 6 根斜撑焊接而成，支撑能力充足。

3.8 钢丝绳选择

混凝土表面摩擦系数按 0.6，胶轮与混凝土地面摩擦力为 3.8 t×0.6/9.8 N/kg=232.7 N，流道坡度为 25°，重力顺坡方向分力为 3.8 t×sin（25°）/9.8 kg/N=163.9 N。顺坡向下的合力为 232.7 N+163.9 N=396.6 N，经查表可知，采用 12 mm 直径钢丝绳即可满足 2 倍安全系数要求。

4 结论

通过对压力钢管如何运送至洞内的问题进行研究，将现代先进的水平运输技术加以创新，采取措施对流道进行简单改造，在压力钢管上加装胶轮，在洞内安装卷扬机牵引等措施，克服运输过程中存在的重重困难，将双节压力钢管顺利运送至作业面，并形成了一套行之有效的成功经验。该方法值得在治黄过程中同类工程上推广应用。

基于 Cite Space 的流域产沙模型热点研究

刘子兰　宁堆虎　许晶晶

（中国水利水电科学研究院，北京　100048）

摘　要：流域产沙模型研究对于土壤保护、水资源管理、土地利用规划等领域具有重要意义。本研究采用 Cite Space 可视化分析工具对 1993—2022 年的研究成果进行了图谱分析。利用 Web of Science 数据库作为数据源，以年发文量、作者、研究机构以及关键词为依据进行可视化呈现，形成了相关的网络图谱。研究结果表明，目前该领域的研究热点主要集中在“sediment yield（含沙量）”和“soil erosion（土壤侵蚀）”等关键词上。此外，SWAT 模型与 GIS 技术受到该领域学者的广泛关注。尽管流域产沙模型领域已经取得了一些研究成果，但仍需要进一步深入研究，以加深对该领域的理解和应用。

关键词：流域产沙模型；土壤侵蚀；研究进展；文献计量法；Cite Space

水土流失对土壤质量、水资源、生态环境和经济发展都带来了严重的危害[1]，因此对流域产沙模型的研究显得尤为重要[2]。这些模型的主要目标包括预报流域产沙量[3]、阐明各种影响因素之间的关系[4]，以及模拟流域产沙过程[5]。流域产沙模型采用数学模拟和预测的方法[6]，可以量化土壤侵蚀和产沙过程[7]，为土地利用规划[8]、土壤保护[9]、水资源管理和环境评估[10] 提供科学依据，从而推动流域可持续发展[11]。随着科技的进步，越来越多的学者开始注重流域产沙模型的研究，取得了丰富的成果，使得这一领域得以快速发展和广泛应用[12]。本文基于流域产沙模型领域的文献数据，采用文献计量分析的方法，旨在总结该领域当前的研究成果和未来的研究趋势。

1　数据与方法

本研究利用陈超美博士开发的 Cite Space 信息可视化软件[13]，对关键词共现、聚类以及主题词突显词进行了分析，揭示了流域产沙模型研究热点的演化过程和未来的研究趋势。Cite Space 生成的图表中，每个节点代表一个关键词，节点的大小反映了关键词的重要性，节点越大表示该关键词出现的频率越高；节点的颜色表示关键词首次出现的年份，颜色越浅的节点表示该关键词出现的时间越接近现在[13]。

本研究选取 Web of Science（WOS）数据库核心合集中 1993—2022 年的文献数据。在 Cite Space 中，本研究所设置的参数如下：时间（Time Slicing）为 1993—2022 年，时间切片为 1 年，G-index 参数为 $K=25$，其余参数均为系统默认值。检索式为 TS=“sediment yield model（流域产沙模型）” OR “modeling of sediment yield（流域产沙模型）” AND “soil erosion（土壤侵蚀）” AND LANGUAGE：(English) AND DOCUMENT TYPES：(Article)。经过筛选掉与研究主题无关的文献后，获得了 2 386 篇相关文献。

基金项目：黄土高原水土保持布局对策与评估指标（U2243212-04）。

作者简介：刘子兰（2000—），女，研究方向为水土保持。

通信作者：宁堆虎（1963—），男，高级工程师，主要从事水土保持方面的研究工作。

2 研究现状分析

2.1 文献时间分布分析

评估研究领域的发展现状和未来趋势时，文献数量的变化情况是一个关键的定量指标[14]。总体而言，1993—2022 年，流域产沙模型研究的文献发表量呈现持续增长的趋势[14]。由图 1 可知，流域产沙模型研究可分成 3 个阶段：首先，1993—2004 年，该领域研究的探索阶段，年均发表文献数量较低，约为 19 篇。其次，2004—2014 年，流域产沙模型研究进入了发展阶段，年发文量最高达到 115 篇，逐年发文量呈现出递增趋势，年均增长速率为 8.527 3 篇/a。最后，2014—2022 年，该领域的研究进入了快速发展阶段，年发文量急剧增加，达到 251 篇，年均增长速率为 18.3 篇/a。该阶段研究成果虽有波动，但总体呈现上升趋势，这表明学者专家对于流域产沙模型研究领域的探索趋于全面。

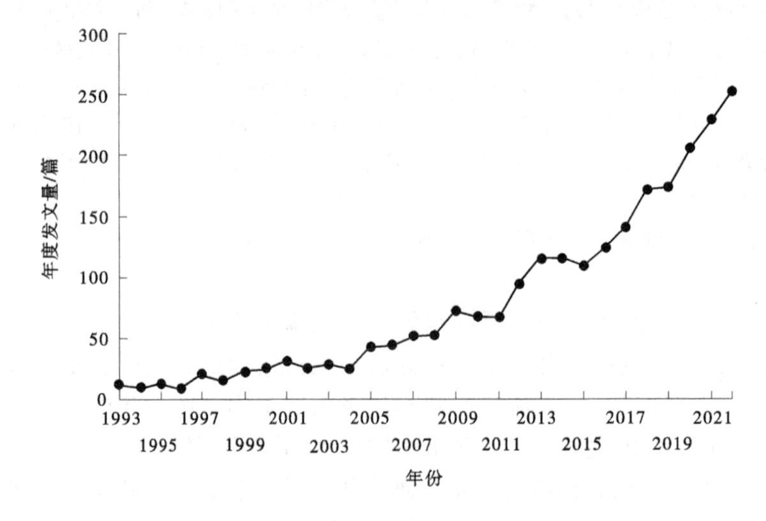

图 1 流域产沙模型研究论文年度发文量统计

2.2 文献空间分布分析

2.2.1 作者共现分析

通过分析 WOS 数据库中涉及流域产沙模型研究的学者，有助于深入了解相关学者的研究概况，进而促进该领域的学术交流与合作[15]。由表 1 可知，在发文量排名前 10 位的作者中，Poesen Jean 的发文量高达 41 篇，表明该学者在该领域取得了相当多的研究成果。然而，在所有作者中，仅有 6 位

表 1 流域产沙模型相关研究高产作者（发文量≥10 篇）

排名	作者	主要发文年份	数量
1	Poesen Jean	2008	41
2	Verstraeten Gert	2006	19
3	Ferro V	1998	17
4	Li Peng	2017	12
5	Melesse Assefa M	2012	12
6	Vanmaercke Matthias	2012	10
7	Wu Lei	2012	9
8	Zhao Guangju	2017	9
9	Mu Xingmin	2017	7
10	Meshram Sarita Gajbhiye	2018	7

位学者发表了10篇以上的论文，这表明该研究领域的核心作者数量相对较少。由图2可知，学者之间存在明显的合作聚集效应，形成了几个密切合作的研究团队，其中包括Poesen Jean团队和Melesse Assefa M团队等。这说明该领域的学术研究成果主要集中在少数研究团队之中。作者发文量的统计结果与图中展示的研究团队情况相结合分析，表明研究团队的核心作者发文量与其团队的显著程度呈正相关关系，这进一步表明研究成果的获得与团队间的合作和交流密不可分。

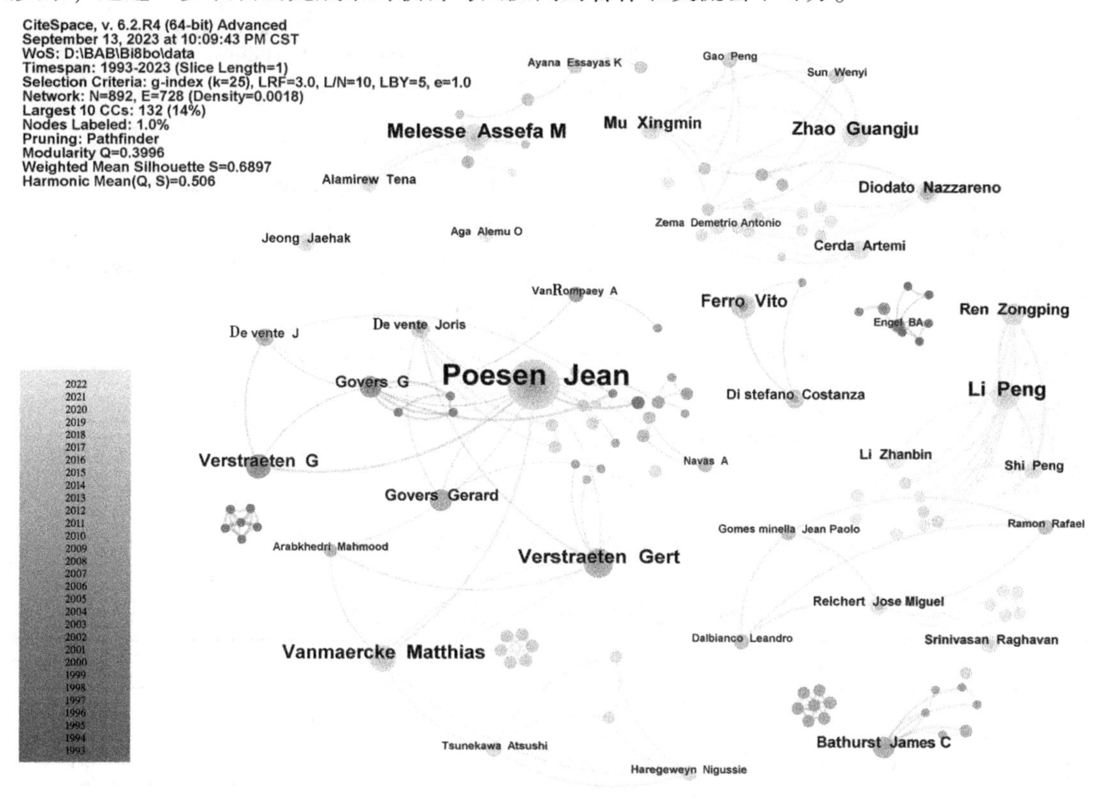

图2　1993—2022年流域产沙模型发文作者合作图谱

2.2.2　发文机构分析

研究机构的发文量在一定程度上反映了该研究机构的科研实力，通过统计分析这一指标，可以有效地评估各研究机构的研究历程和成效。该领域发文数量排名前三的机构分别为：中国科学院（chinese academy of sciences，194篇），美国农业部（united states department of agriculture，131篇），美国德州农工大学（texas A&M universitysystem，129篇）（见表2）。由图3可知，中国科学院和美国农业部的节点光圈较为显著，且节点颜色由外至内逐渐由深变浅，这表明这两个机构在该领域的研究不仅历时较长，而且具有一定的影响力。总的图谱共有536个节点和1 097条关系线，其密度为0.007 7，这说明各个机构之间的合作关系较为紧密。

与前文中的作者合作图谱分析相比，机构间的合作关系更为紧密。这可能是因为机构间的交流合作具有更为稳定的组织框架，而且拥有丰富的共享资源，进一步促进了机构之间的密切合作。相比之下，作者之间的合作更受个人意愿和兴趣的影响，因此合作关系更加灵活和不确定。

3　研究热点分析

3.1　关键词频次及共现分析

关键词共现是指通过分析学术文献中的关键词之间的共现关系，以揭示这些关键词在同一文献中出现的频率和模式。在这一分析中，关键词的中心性数值具有代表性，可反映关键词对研究领域发展的控制程度。节点和标签大小代表了关键词的出现频次，而节点之间的连接线则表示关键词之间存在共现关系，连接线的粗细程度与关键词之间的紧密程度成正比。

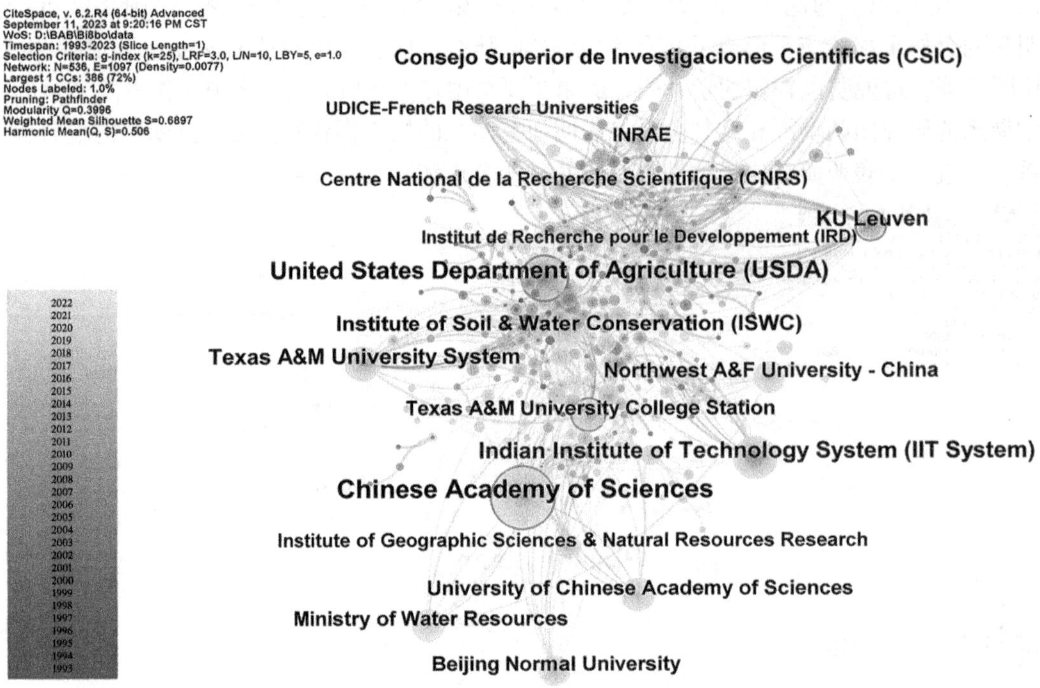

图 3　1993—2022 年流域产沙模型发文机构合作图谱

表 2　流域产沙模型相关研究发文量前十名研究机构

排名	机构名称	中心度	主要发文年份	发文数量
1	Chinese Academy of Sciences（中国科学院）	0.13	2005	194
2	United States Department of Agriculture（美国农业部）	0.27	1993	131
3	Texas A&M University System（美国德州农工大学）	0.07	1993	129
4	Indian Institute of TechnologySystem（印度理工学院）	0.04	1995	94
5	Institute of Soil & Water Conservation（中国科学院水土保持研究所）	0.04	2006	72
6	Consejo Superior de Investigaciones Cientificas（西班牙高等科学委员会）	0.1	2005	68
7	KU Leuven（鲁汶大学）	0.14	1998	65
8	Northwest A&F University（西北农林科技大学）	0.04	2012	59
9	Ministry of Water Resources（水利部）	0.01	2010	55
10	Beijing Normal University（北京师范大学）	0.08	2003	55

由表 3 可知，出现频次较高的关键词包括“sediment yield（产沙量）”“soil erosion（土壤侵蚀）”“runoff（径流）”“model（模型）”“catchment（流域）”等。由图 4 可知，这五个关键词在最近几年的研究中经常被提及，表明国际学术界持续关注径流引起的水土流失问题[16]，并不断运用模型来计算流域产沙量[17]。中心性较高的关键词包括“erosion（侵蚀）”“model（模型）”“sediment transport（泥沙输移）”，其中“erosion（侵蚀）”和“sediment transport（泥沙输移）”出现的频次不高，但其中心性位居前列，表明许多学者在该领域的研究主要集中在“erosion（侵蚀）”[18]和“sediment transport（泥沙输移）”[19]这两个方面。

表 3　流域产沙模型相关文献关键词出现频次

排名	频次	中心性	关键词	排名	频次	中心性	关键词
1	956	0. 07	sediment yield	11	198	0. 01	GIS
2	940	0. 03	soil erosion	12	192	0. 02	river basin
3	515	0. 04	runoff	13	191	0. 03	prediction
4	379	0. 08	model	14	177	0. 02	impact
5	350	0. 03	catchment	15	167	0. 05	basin
6	321	0. 11	erosion	16	164	0. 05	water
7	319	0. 02	land use	17	161	0. 03	impacts
8	310	0. 05	yield	18	160	0. 08	sediment transport
9	268	0. 05	transport	19	160	0. 02	loess plateau
10	257	0. 06	climate change	20	158	0. 04	river

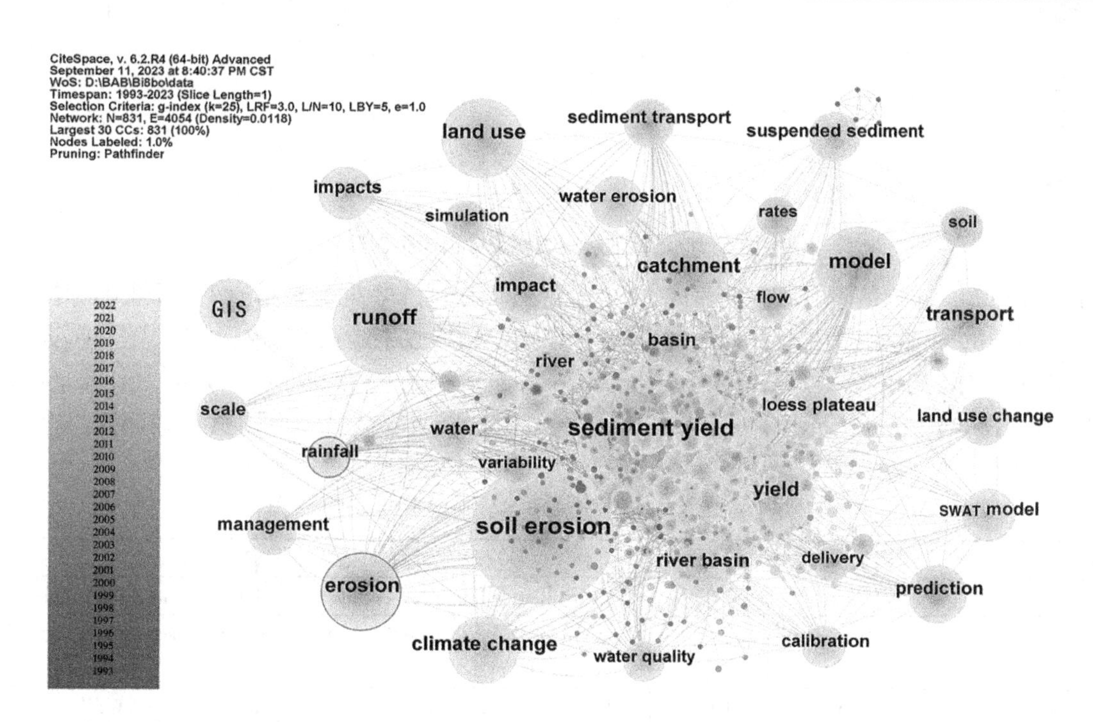

图 4　流域产沙模型领域关键词共现图谱

由图 4 可知，在关键词共现图中，共有 831 个节点和 4 054 条连接线，其密度为 0. 011 8，表明各关键词之间存在密切相关性。值得注意的是，“sediment yield（产沙量）” 和 “basin（流域）” 之间的共现频次相对较高，这表明许多学者更关注中尺度流域产沙模型[20]。图 4 清晰显示了关键词之间的聚集效应，形成了一张紧密的 “关键词网络”。

3. 2　关键词聚类分析

关键词聚类是将具有相似主题的关键词组合在一起的过程，这有助于快速识别文献集合中的主题领域和主要研究方向。Cite Space 基于网络结构和聚类的清晰度提供了两个评估指标，即模块值（Q 值）和平均轮廓值（S 值），用于评估图谱的绘制效果。通常情况下，Q 值一般在 [0, 1) 区间内，$Q>0.3$ 表示社团结构划分显著，而 S 值大于 0. 7 表明聚类效果可靠。由图 5 可知，聚类模块值（Q 值）为 0. 399 6，表明图谱中的社团结构显著。平均轮廓值（S 值）为 0. 689 7，说明此次的聚类效果是合理的[13]。

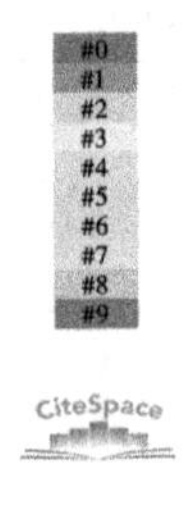

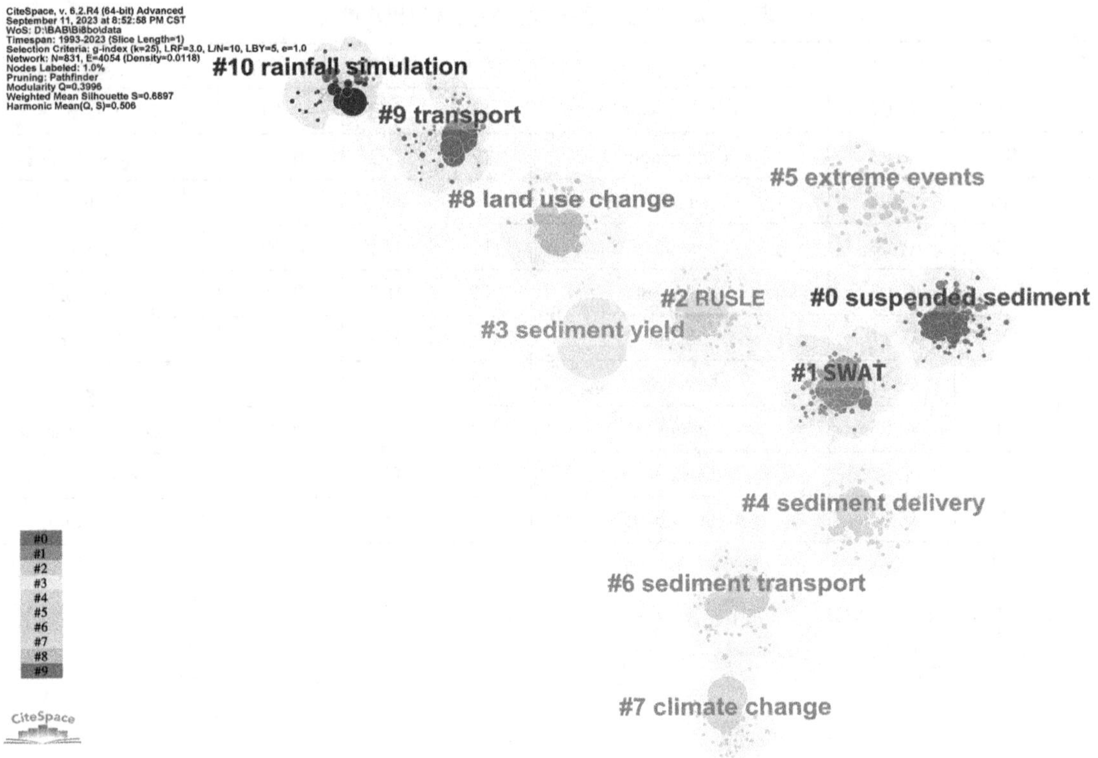

图 5　流域产沙模型领域关键词聚类图谱

由表 4 可知，本次的聚类结果共生成 11 个标签，代表 11 个不同的聚类。每个聚类的标签是从共现网络中提取的关键词。聚类的序号为#0～#10，聚类序号的数字越大表示包含的关键词越少，反之则表示包含的关键词越多[13]。其中#0 suspended sediment，#1 SWAT（soil and water assessment tool），#2 RUSLE（Revised Universal Soil Loss Equation），这三个聚类包含的关键词较多，表明这三个方向目前是研究的热点[21]，学者们仍然对 SWAT 模型[22] 和 RUSLE 模型[23] 有所青睐。

表 4　流域产沙模型关键词聚类表

排序	聚类号	聚类大小	轮廓值	主要关键词
1	#0	112	0. 499	suspended sediment ; RUSLE ; variability ; water discharge; river
2	#1	105	0. 679	SWAT; SWAT model ; RUSLE; best management practices; water quality
3	#2	95	0. 651	RUSLE; GIS; remote sensing; soil erosion risk ; SWAT
4	#3	78	0. 86	sediment yield; soil erosion; soil loss; runoff; overland flow
5	#4	69	0. 693	sediment delivery ; check dam ; hydrological ecosystem services ; sediment transport; landscape metric
6	#5	64	0. 612	sediment yield; extreme events ; soil erosion; extreme rainfall ; regional climate model
7	#6	61	0. 823	sediment transport ; gully erosion ; sediment delivery ratio; sediment budget ; human impact
8	#7	51	0. 749	climate change; watershed management ; holocene ; sustainable development; water yield
9	#8	51	0. 706	land use change ; land degradation ; suspended sediment; vegetation cover ; catchment model
10	#9	50	0. 775	transport; RUSLE; oxide evolution; srtm; roughness coefficients
11	#10	48	0. 713	rainfall simulation; sediment yield; slope gradient; simulated rainfall; SWAT

由图 6 可知，时间线图谱中共有 11 个聚类，1993 年首次出现“sediment yield（产沙量）”和“soil erosion（土壤侵蚀）”等关键词，而 1995—2000 年之间没有出现大规模的研究热点关键词，这表明该时期的研究相对分散，尚未形成明显的集中研究方向。2000—2015 年之间出现大量研究热点关键词以及关键词之间的连接线，包括聚类内部和跨聚类之间的连接线，这表明这一时期属于研究创新的高峰期。最早出现的关键词聚类分别属于#2 RUSLE 和#3 sediment yield 类别，这表明在 1993—2022 年间，流域产沙模型的研究和探索始于“sediment yield”[24] 和“RUSLE”[25]。聚类号越小，代表包含的关键词越多，同时也表示研究方向之间的共被引程度也越高。例如，#0 suspended sediment 显然是包含关键词最多的类别，尽管其研究方向相对较晚开始（约为 1997 年），但仍然保持着较高的研究热度[26]。以 2010 年为分界点，#6 sediment transport 和#7 climate change 两个聚类的研究热度明显下降，未出现新的研究热点关键词，表明近年来在这两个方向上没有出现创新性研究。

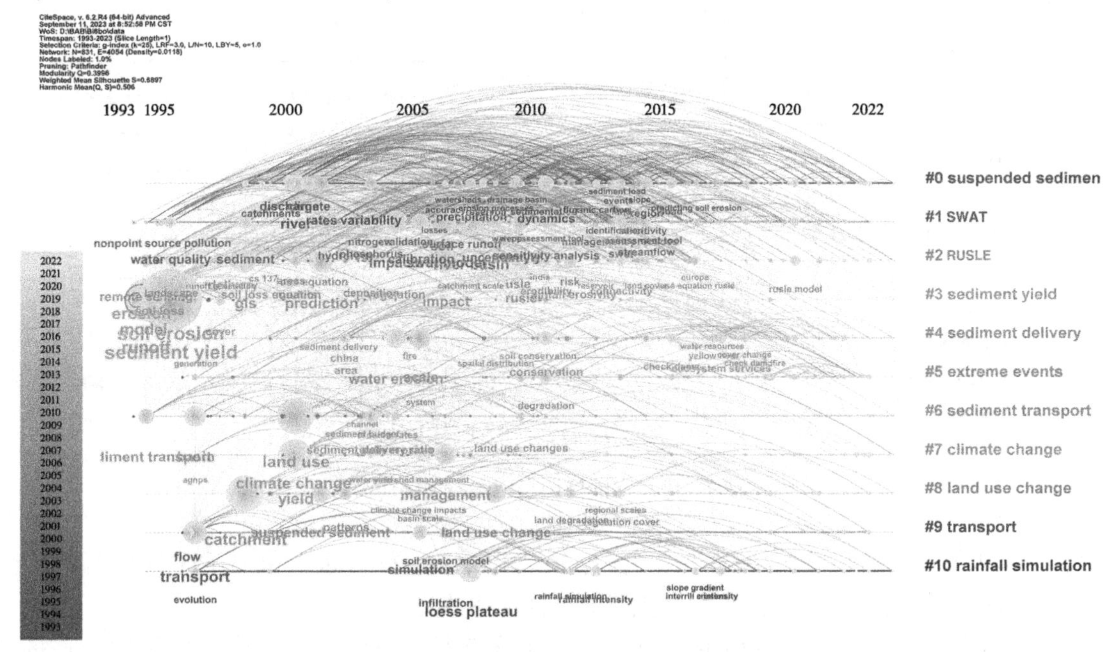

图 6　流域产沙模型领域关键词时间线图谱

3.3　关键词突现分析

突现性关键词通常指的是短时间内使用频率激增的关键词，这反映了该领域学者对该主题的高度关注以及该领域研究前沿的发展趋势。由图 7 可知，突现强度位列前三的关键词为“erosion”“AGNPS（Agricultural Non-point Source）”“sediment transport”，其中“AGNPS”的出现表明在 1995—2008 年期间，AGNPS 模型引起了学术界的广泛关注，并保持了相当长时间的研究热度[27]。排名前两位持续时间最长的关键词分别为“pollution”和“erosion”，这表明了该领域内对污染和侵蚀等问题的持续关注[28]。

值得注意的是，不同突现词同时出现的年份之间重叠部分较少，这表明该领域的研究热点在不停地前进与变化。最晚出现的两个突现词“RUSLE model”和“ecosystem services”，热度仍然持续至今，这意味着这两个领域可能成为未来流域产沙模型研究的热点方向。

4　结论与展望

经过对流域产沙模型领域的研究成果进行 Cite Space 可视化分析，得出以下结论：

（1）2014—2022 年间，流域产沙模型研究领域的文献数量呈上升趋势，这表明国际学术界对流域产沙模型的研究越来越关注。尽管该领域的研究起步相对较晚，但发展迅速，预示着未来将有更多丰富的研究成果涌现。

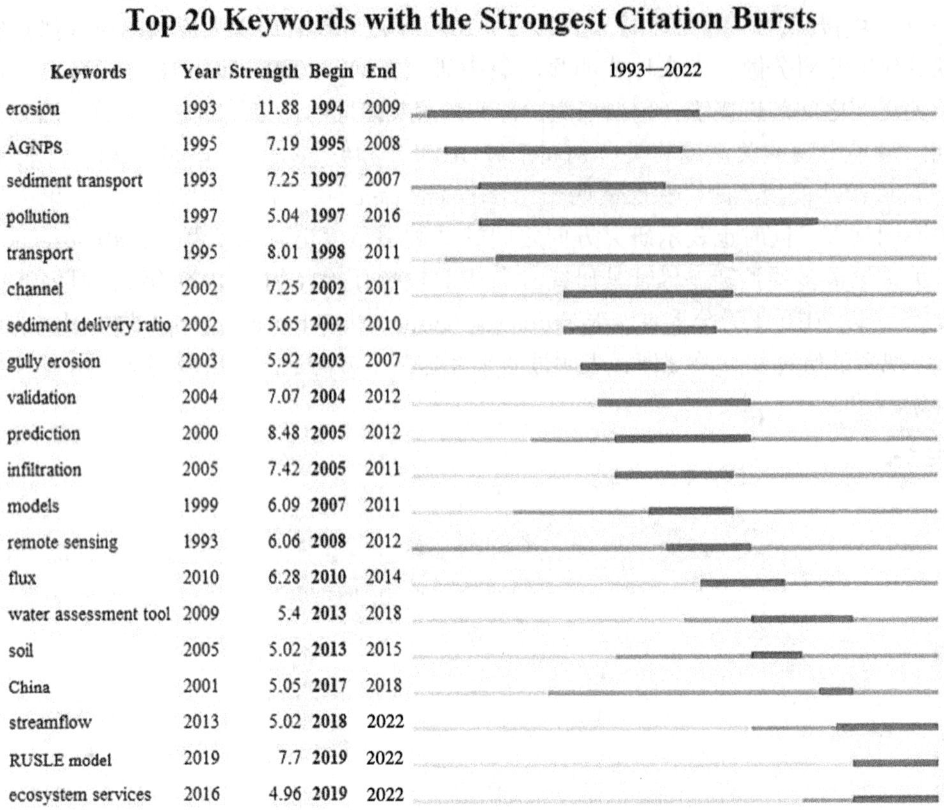

Top 20 Keywords with the Strongest Citation Bursts

Keywords	Year	Strength	Begin	End	1993—2022
erosion	1993	11.88	**1994**	2009	
AGNPS	1995	7.19	**1995**	2008	
sediment transport	1993	7.25	**1997**	2007	
pollution	1997	5.04	**1997**	2016	
transport	1995	8.01	**1998**	2011	
channel	2002	7.25	**2002**	2011	
sediment delivery ratio	2002	5.65	**2002**	2010	
gully erosion	2003	5.92	**2003**	2007	
validation	2004	7.07	**2004**	2012	
prediction	2000	8.48	**2005**	2012	
infiltration	2005	7.42	**2005**	2011	
models	1999	6.09	**2007**	2011	
remote sensing	1993	6.06	**2008**	2012	
flux	2010	6.28	**2010**	2014	
water assessment tool	2009	5.4	**2013**	2018	
soil	2005	5.02	**2013**	2015	
China	2001	5.05	**2017**	2018	
streamflow	2013	5.02	**2018**	2022	
RUSLE model	2019	7.7	**2019**	2022	
ecosystem services	2016	4.96	**2019**	2022	

图 7　流域产沙模型领域关键词突现图

（2）中国科学院是该领域的主要发文机构，其中以中国科学院水土保持研究所发文量居多。这表明中国流域产沙模型的研究成果在国际上具有广泛的影响力。

（3）国际上流域产沙模型的研究热点主要集中在流域产沙量，且集中于中尺度流域的研究。SWAT 模型与 RUSLE 模型在流域产沙模型中得到广泛应用，AGNPS 模型也曾备受学者关注。

（4）流域产沙模型的建立需要基于对土壤侵蚀的深入研究成果，研究人员在这一领域也具备深入的了解。随着计算机技术和地理信息系统（GIS）技术的进步，国际上的研究重点已经从传统土壤侵蚀模型转向了分布式流域产沙模型研究。

（5）传统的流域产沙模型和土壤侵蚀模型往往难以捕捉到隐蔽的、复杂的因素，这些问题降低了模型预测的准确度。因此，流域产沙和土壤侵蚀研究需要更多地结合“计算机技术”“大数据”“人工智能（AI）”等现代科技手段，以便更好地解决土壤侵蚀相关问题。

参考文献

[1] 徐宪立，马克明，傅伯杰，等. 植被与水土流失关系研究进展［J］. 生态学报，2006，26（9）：3137-3143.

[2] 汤立群. 流域产沙模型的研究［J］. 水科学进展，1996，7（1）：47-53.

[3] 张先起，刘慧卿，梁川. 流域产沙量预测的神经网络模型［J］. 云南水力发电，2005，21（6）：11-14.

[4] 赵海镜，严军，薛海，等. 流域侵蚀产沙物理成因模型评述［J］. 中国水土保持，2004，25（11）：25-27，50.

[5] 毕华兴，朱金兆，吴斌. 国外土壤侵蚀与流域产沙模型研究综述［J］. 北京林业大学学报，1995，17（3）：79-85.

[6] 曹文洪，张启舜，姜乃森. 黄土地区一次暴雨产沙数学模型的研究［J］. 泥沙研究，1993，38（1）：1-13.

[7] 陈月红，谢崇宝，干平，等. 流域侵蚀产沙模型研究动态评述［J］. 泥沙研究，2007，52（3）：75-81.

[8] YANG H, WANG G, JIANG H, et al. Integrated modeling approach to the responseof soil erosion and sediment export to land-use change at the basin scale [J]. Journal of Hydrologic Engineering, 2015, 20 (6): C4014003.
[9] 王恩儒. 土壤侵蚀的环境、经济损失与土壤保护的收益 [J] . 地理译报, 1996, 15 (1): 38-43.
[10] 刘欢平, 石琪仙, 袁小虎, 等. 近 20 年国内生态水利工程的研究热点与趋势分析: 基于 Citespace 可视化分析 [C] //中国水利学会. 2022 中国水利学术大会论文集 (第七分册). 郑州: 黄河水利出版社, 2022: 413-423.
[11] 蔡强国. 流域产沙模型概述 [J]. 中国水土保持, 1990, 1 (6): 16-20, 64-65.
[12] 张天菊 . 流域产沙模型研究进展 [J] . 太原科技, 2008, 29 (9): 37-38, 40.
[13] 陈悦, 陈超美, 刘则渊, 等. CiteSpace 知识图谱的方法论功能 [J]. 科学学研究, 2015, 33 (2): 242-253.
[14] 张宇婷, 肖海兵, 聂小东, 等. 基于文献计量分析的近 30 年国内外土壤侵蚀研究进展 [J]. 土壤学报, 2020, 57 (4): 797-810.
[15] 张勤, 许海超, 秦伟, 等. 基于 Cite Space 的植被格局对侵蚀产沙影响研究现状与趋势 [J]. 中国水土保持科学, 2022, 20 (5): 133-140.
[16] ABEBE T, GEBREMARIAM B. Modeling runoff and sediment yield of Kesem dam watershed, Awash basin, Ethiopia [J]. SN Applied Sciences, 2019, 1 (5): 446.
[17] DEVENTE J, POESEN J, Verstraeten G, et al. Spatially distributed modelling of soil erosion and sediment yield at regional scales in Spain [J]. Global and Planetary Change, 2008, 60 (3-4): 393-415.
[18] 田磊, 戴静, 祁永刚. 流域侵蚀产沙模型述评 [J]. 水土保持研究, 2002, 9 (4): 77-79.
[19] ALI K F, DE BOER D H. Spatially distributed erosion and sediment yield modeling in the upper Indus River basin [J]. Water Resources Research, 2010, 46 (8): 08054.
[20] 蔡强国, 刘纪根, 郑明国. 黄土丘陵沟壑区中大流域侵蚀产沙模型与尺度转换研究 [J]. 水土保持通报, 2007, 27 (4): 131-135.
[21] 赵磊. 基于 SWAT 模型的黄前水库上游产流产沙模拟研究 [D]. 泰安: 山东农业大学, 2023.
[22] 李朝月, 方海燕. 基于 SWAT 模型的寿昌江流域产沙模拟及影响因素分析 [J]. 水土保持学报, 2019, 33 (6): 127-135, 142.
[23] 陈云明, 刘国彬, 郑粉莉, 等 . RUSLE 侵蚀模型的应用及进展 [J]. 水土保持研究, 2004, 11 (4): 80-83.
[24] 汤立群, 陈国祥. 坡面土壤侵蚀公式的建立及其在流域产沙计算中的应用 [J]. 水科学进展, 1994, 1 (2): 104-110.
[25] WANG G, HAPUARACHCHI P, ISHIDAIRA H, et al. Estimation of soil erosion and sediment yield during individual rainstorms at catchment scale [J]. Water Resources Management, 2009, 23 (8): 1447-1465.
[26] 蔡强国, 刘纪根. 关于我国土壤侵蚀模型研究进展 [J]. 地理科学进展, 2003, 22 (3): 242-250.
[27] 张玉斌, 郑粉莉 . AGNPS 模型及其应用 [J] . 水土保持研究, 2004, 11 (4): 124-127.
[28] BESKOW S, MELLO C R, NORTON L D, et al. Soil erosion prediction in the Grande River Basin, Brazil using distributed modeling [J]. Catena, 2009, 79 (1): 49-59.

大型泵站主电机轴承润滑油油位检测技术研究

王德超[1]　孙允友[2]　李典基[1]

（1. 南水北调东线山东干线有限责任公司，山东济南　250109；
2. 济南轻骑大韩摩托车有限责任公司，山东济南　250109）

摘　要：为保证大型泵站主电机安全运行，需进行电机轴承润滑油油位检测，常用的检测仪器有轴承油位信号器、磁翻板液位计、压阻式液位传感器、电容式液位传感器、光纤液位传感器、磁滞伸缩液位传感器、基于图像识别的油位检测系统等。基于图像识别的油位检测系统为非接触直接测量技术，具有实时性、主动性、所见即所得等特点，其中直接式图像液位测量系统则是不依赖任何辅助装置，根据测量条件，直接从图像中获取液位状态的特征信息，进而转化为液位高度。

关键词：油位检测；图像识别；神经网络；目标检测

1　概述

大型泵站主电机转子在电磁场作用下旋转，定子和转子之间装有推力轴承和导轴承，这些轴承主要为滑动轴承，浸没在盛有润滑油的电机油缸中。电机运行时轴承由于滑动摩擦生成大量的热量，这些热量靠油缸中的润滑油冷却。润滑油的用量需按照产品设计图纸添加，如果过多，在推力头旋转时离心力的作用下油缸壁处的油位会抬高[1]，使油溢出；如果过少，达不到设计的润滑冷却效果。分析多次发生的事故发现，运行中引起润滑油油位异常的主要是因水管压力、冻胀、腐蚀、设计制造不当等造成润滑油水冷却器产生了破裂，润滑油从裂缝处渗漏引起油位降低或者冷却水从裂缝处浸入油缸引起油位升高，油缸内润滑油的用量对轴承的冷却效果有很大影响，润滑油量过多或者过少都会对设备造成危害，影响设备安全运行，因此需要对润滑油油位进行检测，保证油位高度在安全范围内。润滑油油位检测方式有多种，本文对油位现有监控方法进行了综述，并建立了一种基于图像识别的油位智能检测系统。

2　油位检测方法及应用现状

为保证水泵主电机正常运行，技术人员采取了多种油位检测技术措施，传统的方法有基于干簧管（湿簧管）的轴承油位信号器、磁翻板液位计。随着新技术的发展，产生了压阻式液位传感器、电容式液位传感器、光纤液位传感器、磁滞伸缩液位传感器等。上述方法，都为接触式测量，安装维护不方便，且发生事故报警时，需要维修人员去现场检查是否误报警，耽误了紧急处理时间。本课题研究的基于图像识别的油位检测系统能够实时报警，并将现场情况实时画面反馈给管理者，实现了所见即所得；监控摄像头安装位置距离设备较远，安装维护方便。

2.1　轴承油位信号器

轴承油位信号器由外壳体、接线头、干簧管、磁性浮球等组成。干簧管也称舌簧管或磁簧开关，是一种磁敏的特殊开关，是干簧电阻链传感器的主要部件。干簧管由 2 片磁性簧片构成，无磁场时 2 片磁性簧片金属触点断开，有磁场时 2 片磁性簧片金属触点导通。簧片触点被封装在充有惰性气体

基金项目：山东省省级水利科研与技术推广项目（SDSLKY201904 同步电机轴承油冷技术研究）。

作者简介：王德超（1986—），男，工程师，技师，主要从事大型泵站运行管理工作。

（如氮、氦等）的玻璃管里，玻璃管内平行封装的簧片端部重叠。磁场接近干簧管，干簧管 2 个节点就会吸合在一起，使电路导通；磁场远离干簧管，2 个节点就会释放，使电路断开。根据设定的上油位和下油位，在干簧管套管内安装 2 支干簧管。

2.2　磁翻板液位计

磁翻板液位计（也可称为磁性浮子液位计）根据浮力原理和磁性耦合作用研制而成。主要由主体、浮球磁束单元、标尺、翻板色块等部分组成。

当容器内介质液位发生变化时，浮球将会随液位变化，同时带动磁束单元移动。在液位计本体外侧装有磁翻板显示部分，翻板色块两面采用红、白鲜艳对比颜色，每 10 个翻板（每隔 100 mm）用绿色色块指示。当浮球连带磁束单元随液位上升时，磁束单元作用使磁性模块（色块）由白色转为红色（翻板转动 180°）；当液位下降时，磁束单元再次作用使磁性模块（色块）由红色翻转为白色（翻板回转 180°），指示器的红白交界处为容器内部液位的实际高度，这样就能够清晰、直观地读出当前液位，从而实现液位清晰的指示。而且磁翻板翻转完全依靠磁束单元作用，不用外加任何电源。

2.3　压阻式液位传感器

单晶硅材料受到力的作用后，其电阻率会发生变化，这种现象称为压阻效应。在弹性变形范围内，硅的压阻效应是可逆的，即在应力作用下硅的阻值产生变化，当除去时，硅的电阻又恢复到原来的数值。

压阻式液位传感器由高性能扩散单晶硅压阻式压力传感器作为测量元件，把与液位深度成正比的液体静压力准确测量出来，并经过信号调理电路转换成标准（电流或电压）信号输出，建立起输出信号与液体深度的线性对应关系，实现对液体深度的测量。产品精度高、体积小，可测量出变送器末端到液面的液体高度，使用方便。该变送器利用液体静压力的测量原理工作，它一般选用硅压力测压传感器将测量到的压力转换成电信号，再经放大电路放大和补偿电路补偿，最后以电流或电压方式信号输出。

2.4　电容式液位传感器

电容式测量法的原理是首先把液位的变化转化为电容的变化，然后利用测量电路将电容值检测出来，从而达到测量液位的目的。根据基本工作原理，电容传感器可以有变间隙型、变面积型和变介电常数型三种分类，电容式液位传感器主要采用变介电常数同轴圆筒式电容器。

液位测量时，变介电常数同轴圆筒式电容器应用较多。由两个同轴圆柱极板内电极和外电极组成，形成一个同轴的容器，液体进入容器后引起电容值的变化，另配置超低功耗的微处理器及高精度传感器信号调理电路，加入远传模块，采用 GPRS 移动通信网络，实现现场检测数据到云端的无线传输。客户通过互联网 PC 或移动终端登录相关网址即可获取测量数据，并实现对采集的数据统计、分析，形成报表和数据曲线，具有直观、准确、高效的特点。

2.5　光纤液位传感器

随着光纤技术的发展，光纤以其优良的特性在传感器领域备受关注，体积小、重量轻、对电绝缘、物理特性稳定、抗电磁干扰能力强、抗腐蚀性强，非常符合润滑油油液位测量的要求。根据目前国内外的研究情况来看，点式比较典型的测量方法是尖端反射式，而连续式则可大致分为两类，压力式和光泄露式。

尖端反射式光纤液位传感器一般由输入光纤、输出光纤、两斜面对称的尖端传感头等组成，光源中的光通过输入光纤到达与该光纤连接在一起的尖端斜面，当无液体时，入射光在该斜面处发生全反射，反射光通过另一斜面进入接收光纤；当液面浸没尖端时，由于外部介质折射率增大，临界角变大，则有一部分入射光会折射出尖端外部，返回进入接收光纤中的光强会减少，通过探测接收光纤中的光强，即可获知液位是否到达传感头所在位置。

压力式光纤液位传感器有光纤微弯式、光纤 F-P（Fabry-Parot）腔以及光纤布拉格光栅（FBG）几种类型。

光纤微弯式液位传感器当光纤发生微小弯曲时，光纤纤芯中的传导膜会转变为辐射膜进而耦合至包层中，该传感器一般由一根光纤、两带锯齿槽平行膜片构成，工作时，将其放于油箱底部，当油箱中存在燃油时，会有压强 P 作用于活动膜片，使其产生形变，随后与另一固定膜片一起挤压光纤，这时光纤会产生微小弯曲，进而导致纤芯中有一部分光泄露到包层中，通过检测纤芯中光强的变化，就可以指示液面高度信息。微弯式传感器结构简单，灵敏度较高，但由于膜片与膜片之间间隙较小，测量范围会比较受限，且当压力过大而引起光纤受损时，传感器的性能会大大降低。

光纤 F—P 腔液位传感器探头部分由弹性膜片、光纤和支架组成，在使用时直接安置于油箱底部即可。当液位升高、液压增大时，膜片会产生形变，形变的大小与所受到的压强有关，而这种形变会使 F—P 腔的长度产生变化。当相干光通过光纤进入到 F—P 腔时，入射光会在膜片端面发生反射，反射光与入射光由于频率相同、相位不同在空腔中发生干涉，由于干涉光随腔长的改变会发生周期性的变化，因此通过检测干涉光便可知液面所处高度。可以直接对干涉光的强度进行解调来获取液位信息，这种方法简单直接，但测量结果具有较大的误差。目前，研究最多的方法是对其相位进行解调，这样可以避免光源或背景光带来的干扰，从而获得较高的精度，但实现起来则比较复杂。

FBG 液位传感器液位的变化将转化为压强的变化并作用于弹性元件，使其发生形变，这种形变会作用于光纤光栅，使光纤光栅的中心波长发生变化，通过检测光栅中的反射光波长，便可以反映这种变化从而指示液面高度。

当光在光纤中传输时，泄露式光纤液位传感器会存在一定的损耗，当外部介质不同时，光强的损耗量就会不同，通过测量此变化即可获知液位高度。

2.6 磁滞伸缩液位传感器

磁滞伸缩液位测量法是综合利用磁滞伸缩效应、电磁感应、浮力原理、电子技术等多种技术的液位测量方法。它利用材料的磁滞伸缩效应感知液面浮子的变化，从而达到非接触测量液位的目的。具体来说，它是利用了稀土超磁材料的维拉里效应、维德曼效应以及超声效应，并结合时间量容易被高精度测量的特点，通过将液位信息转变成时间量，并对时间量进行测量，从而实现对液位的高精度测量[2]。

工作原理是：位于顶端的脉冲发生器发出一个信号，该信号沿着磁滞伸缩线向前传播，由电生磁现象可知，此伸缩线周围会产生一个磁场，当信号传送至活动磁铁时，该磁场与磁铁产生的磁场相互作用，将产生一个叠加的磁场，由磁滞伸缩效应可知，这个叠加的磁场会造成磁铁处的磁滞伸缩线产生扭转形变，并形成扭转弹性波，同时，此弹性波会以速度 ν 沿着磁滞伸缩线向两端传播。当扭转弹性波传播到磁滞伸缩线末端时，会被阻尼器吸收，防止由于波的反射对正常的信号检测造成干扰。当扭转弹性波传播到波导丝顶端时，顶端的检测装置能感应到这种波并将其转化为电信号。

$$\nu = \sqrt{G/\rho}$$

式中：ρ 为波导线密度，kg/m^3；G 为波导线的剪切弹性模量，Pa。

通过计算驱动脉冲的产生时间和扭转波被检测到的时间之间的间隔，再乘以扭转波传输的波速，即可得到浮子当前位置，即液位高度[3]。

磁滞伸缩油位传感器是通过反射波与入射波的时间间隔来获取液面高度信息，扭转波的路径总是沿着波导丝的，此类型的传感器测量精度高，安全性能好。

3 基于图像识别的油位检测系统

基于图像识别的油位检测系统是利用计算机视觉技术对视频信号进行处理、分析和理解，在不需要人为干预的情况下，通过对序列图像自动分析对监控场景中的变化进行定位、识别和跟踪，并在此基础上分析和判断油位情况，能在异常情况发生时及时发出警报或提供有用信息，有效地协助运行人员处理危机，并最大限度地降低误报和漏报现象。本技术为非接触直接测量技术，具有实时性、主动性、所见即所得等特点。

根据辅助装置的不同，基于图像处理的液位测量方法可以分为激光式、标尺式、浮子式和直接式等方式实现图像液位测量。

3.1 激光式图像液位测量

激光式图像液位测量系统采用激光光源进行辅助参考，激光光源以点状或者线状形式向液体投射，再利用工业相机采集带有激光特征的液体图像，最后通过合适的测量算法得到液体高度。激光式图像液位测量的基本原理主要采用的是激光三角法，也有利用双目立体视觉和介质折射率不同等其他方式进行测量的方法。

3.2 标尺式图像液位测量

标尺式图像液位测量主要有间接测量法和直接测量法，一种是通过液位计或者引出管间接进行测量，另一种是检测液体中的刻度尺直接进行测量。间接测量法主要是根据液位计或者引出管的特性，提取液位分界处图像，再结合标注的刻度信息获取液位。直接测量法将待测液体与标尺相结合，在待测区域固定刻度尺，使用纹理识别和增强分类器获得刻度尺形状和对应刻度，基于随机森林分类器进行字符识别，结合识别的分界线和数字，获得测量值。

3.3 浮子式图像液位测量

浮子式图像液位测量系统主要通过相机捕捉液体上方浮子的表面积，再通过检测获取的表面积进行换算，得到具体的液位信息。

3.4 直接式图像液位测量

直接式图像液位测量系统则是不依赖任何辅助装置，根据测量条件，直接从图像中获取液位状态的特征信息，进而转化为液位高度。基于卷积神经网络的液位线检测算法，能够对不同形态、不同光线状态下的液位线特征进行检测，以此判断液位高低是本研究的液位测量方法[4]。

基于图像识别的油位检测系统，以视频图像结构化大数据 AI 分析识别为基础，将视频检测图像与目标机器识别信息匹配融合，实现不同区域、不同视角、不同时间的视频图像巡查分析和结果展示、预警等。系统实时依据动态图像 AI 解析结果，与历史数据库及门限阈值进行比对，一旦出现预警超限时间，自动抓取现场图片，并上报预警信息至相关管理人员现场处理。

系统构成及技术实现：油杯在线检测预警系统主要构成部分如图 1 所示，其中智能视频分析算法、像素坐标深度检索校正算法、智能标签技术是系统的核心技术。

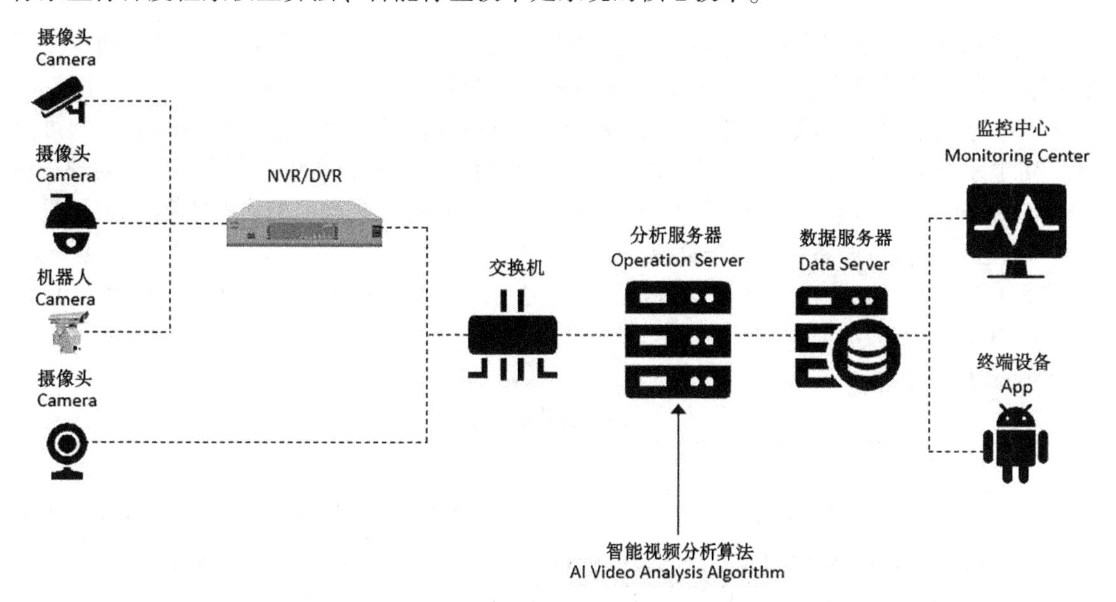

图 1 油杯在线检测预警系统主要构成部分

3.4.1 油杯系统的构成及技术原理

智能视频目标检测算法即是通过目标检测技术，依据各类物体有不同的外观、形状和姿态等，找出图像中所有感兴趣的目标，确定它们的类别和位置，并与训练数据库进行比对校验，最终输出比对校验结果，其通常的训练学习过程包括：整理数据集，数据集结构化→标注数据集→训练模型→模型测试→优化模型等。

像素坐标深度检索校正算法即是依据 CCD 设备有效分辨率实现像素级坐标拾取和检索，同时对像素边缘畸变综合运用多种校正模型进行羽化校正，降低图像畸变率。

智能标签技术即是采用智能标签跟踪技术，将视频图像内的重要物体进行标签化、分类化，同时当视场发生改变时，随着图像内容的变化标签自动识别当前视场内图像，能够实现标签的智能化淡入、跟随、移动、淡出等。

软件包括视频图像识别模块、识别分析报警模块、图片存储模块、报警信息推送模块等。

3.4.2 油位检测系统的功能

图像比对：系统提供多种图像对比工具，包括图片对比、视频对比、自动化对比等。通过图像对比，可以周期性留存油液影像信息，建立动态影像库，便于后期历史查看及过程追溯。

在视频对比中，通过依次导入视频流地址，在链接到视频源后，比对算法将每间隔 30 s 或其他自定义间隔运行一次，将比对结果进行展示。其展示结果如图 2 所示。

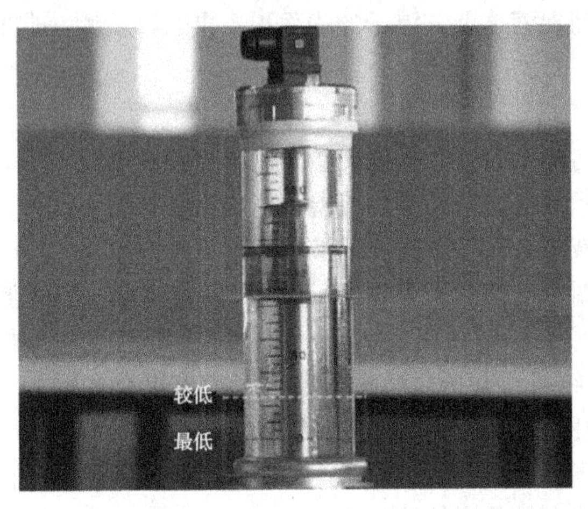

图 2 像素分析对比

（1）智慧报警：当油液含量低于预警阈值时将触发自动报警功能，前端设备将自动专区现场图片进行留存，同时将报警信息通过短信息、小程序等方式推送至相关管理人员。

（2）实时视频：接入区域内全部视频监控，可查看在线监控，可显示视频在线状态，可全屏显示视频。可显示全部视频监控，并能通过图标的颜色来表示视频是否在线，点击可播放对应视频。

（3）设备管理：可查看设备位置，可预览视频，即小窗播放该点监控实时视频（可同时播放多个视频流），也可以查看设备信息，屏播放。

（4）用户管理：用户注册与登录，不同的人员使用，设置不同的权限，特殊（管理员）权限可添加、删除设备。

各功能描述见表 1。

表 1 各功能描述

序号	一级功能	二级功能	功能描述
1	实时视频	视频浏览	将推送的视频流进行解码处理，并在监控室、终端设备上实时显示
2	图像识别	图像对比	导入视频流地址，间隔进行一次图像对比分析并展示
3	智慧报警	报警信息	将分析对比数据进行分析，并推送至相关管理人员
4	基础配置	设备管理	对设备的用户名、密码进行管理；增设、删除设备
5		用户管理	用户注册与登录；不同的人员使用，设置不同的权限，特殊（管理员）权限可添加、删除设备

4 结语

本文论述了电机轴承润滑油油位常用检测技术，开发了基于图像识别的直接式图像油位测量技术，具有非接触直接测量、实时性、主动性、所见即所得等特点，其中直接式图像液位测量系统则是不依赖任何辅助装置，根据测量条件，直接从图像中获取液位状态的特征信息，进而转化为液位高度。

参考文献

[1] 刘培．轴承油槽油位磁翻板液位计存在的问题及解决方法［J］．云南水力发电，2021，37（1）：166-168.
[2] 高超．新型栅状电容式液位传感器的设计研究［D］．上海：上海交通大学，2011.
[3] 龚英．基于端面反射耦合的光纤燃油液位测量方法研究与试验［D］．武汉：华中科技大学，2017.
[4] 付耀衡．基于图像处理的低温推进剂液位测量技术研究［D］．北京：中国运载火箭技术研究院，2021.

鄂尔多斯市毛不浪沟系统治理与保护研究

刘柏君[1,2]　苏　柳[1,2]　赵新磊[1,2]　张俊洁[3]

（1. 黄河勘测规划设计研究院有限公司，河南郑州　450003；
2. 水利部黄河流域水治理与水安全重点实验室，河南郑州　450003）；
3. 中国水利水电科学研究院，北京　100038

摘　要： 河流是地球重要的地表水水源，更是串联陆地生态系统和海洋生态系统的重要纽带，加强河流系统治理与保护对构建优质水资源、防洪保安全、健康水生态、宜居水环境的幸福河具有重要作用。本文选择鄂尔多斯市毛不浪沟为研究对象，按照“河湖安澜、河通渠畅、水清岸绿、生态健康、人水和谐”的目标要求，从水资源、水域岸线、水污染、水环境、水生态等五个维度入手，明晰了毛不浪沟治理目标与保护任务，并从系统视角提出了毛不浪沟系统治理与保护方案，为改善毛不浪沟河流面貌，不断增强人民群众的获得感、幸福感、安全感提供支撑。

关键词： 系统治理；系统保护；小流域；毛不浪沟；鄂尔多斯市

1　河流概况

1.1　河流水系

毛不浪沟，也称毛不拉孔兑，发源于杭锦旗锡尼镇阿日柴达木村新胜六队南 3 km 处，河源高程 1 534.3 m。河流自河源向北行至大滩补拉，转向东北至过三梁附近成为杭锦旗、达拉特旗界河，毛不浪沟于杭锦旗独贵特拉镇茂永村汇入黄河右岸，毛不浪沟流经杭锦旗和达拉特旗，河长 103.9 km，河道平均比降 4.40‰；流域面积 1 279 km^2，其中杭锦旗 1 260.7 km^2（上游丘陵沟壑区 752.7 km^2，中游流经库布齐沙漠带面积 425.8 km^2，下游平原区 82.2 km^2），达拉特旗 77.3 km^2。毛不浪沟流域水系分布见图 1。

1.2　地形地貌

毛不浪沟流域上游为低山丘陵区，中游为库布齐沙漠区，下游为黄河冲积平原区[1]。上游低山丘陵区属鄂尔多斯沉降构造盆地的中部，地表侵蚀强烈，冲沟发育，水土流失严重，局部地表基岩裸露，土壤种类以栗钙土为主，不宜耕作，属宜林宜牧地区。中游库布齐沙漠区沙面松散，沙丘形态单一，多为新月形沙丘链或格状沙丘地貌，流动沙丘占 80%以上。下游黄河冲积平原区土壤以草甸土为主，还有沼泽土、盐碱土、风沙土等。

1.3　气候特征

毛不浪沟流域属中温带半干旱大陆性季风气候，干旱、风大、降水集中、无霜期短等为主要气候特点。流域日照充足，昼夜温差大，多年平均气温 6.3 ℃，极端最高气温 38.1 ℃，极端最低气温 −30.5 ℃。多年平均蒸发量约 2 498.7 mm。多年平均年降水量 272 mm，降水年内分配极不均匀，主汛期 6—9 月占全年降水量的 79.4%，降水补给少，径流很少；汛期，遇有暴雨，易发山洪，洪水呈

基金项目：“十四五”国家重点研发计划子课题（2022YFC3202405-04）；河南省面上科学基金（222300420422）；水利青年拔尖人才资助项目（2002-05）。

作者简介： 刘柏君（1990—），男，副高级工程师，硕士生导师，主要从事水文水资源的研究。

通信作者： 张俊洁（1982—），女，副高级工程师，主要从事水利水电工程管理工作。

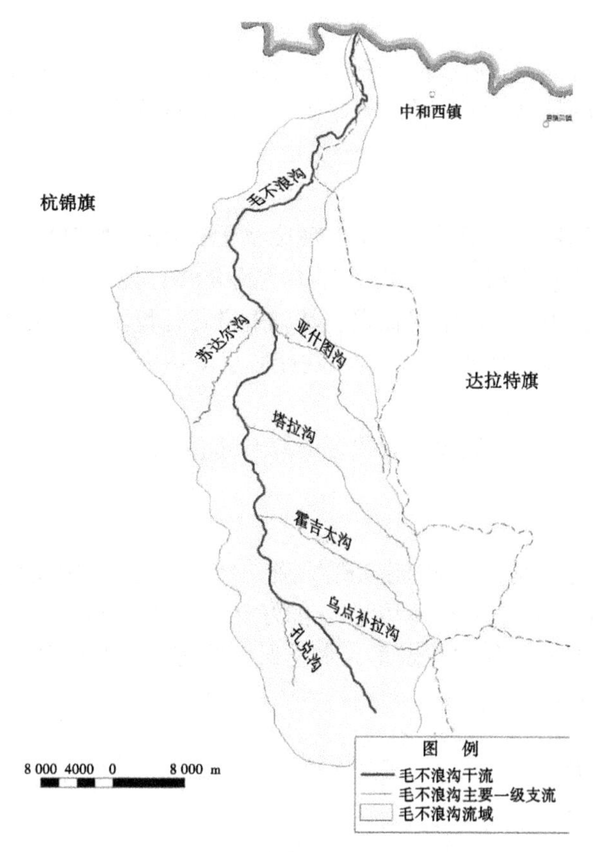

图 1　毛不浪沟流域水系分布

现陡涨陡落、洪水历时短、峰高量大、含沙量大。多年平均年径流深 15.2 mm，多年平均径流量 757 万 m^3。

1.4　洪水特征

毛不浪沟流域的洪水主要由暴雨形成，该区暴雨主要集中在 7—9 月，常形成区域暴雨中心。暴雨历时短、强度大，易形成洪峰尖瘦、暴涨暴落的洪水，且含沙量高。如 1989 年 7 月 21 日，毛不浪沟发生特大洪水，图格日格水文站最大洪峰流量为 5 600 m^3/s，下游中河西、杭锦淖一片汪洋，水深达 0.5~2 m，淤积 0.5~1.2 m。洪水挟带大量泥沙进入黄河，导致黄河主槽堵塞[2]，黄河水位升高，河水出岸，大片良田被淹，损失惨重。

2　治理目标与保护任务

本文以鄂尔多斯市境内毛不浪沟河段为治理与保护对象，区内河段长 103.9 km，流域面积 1 279 km^2；涉及 2 旗 4 乡（镇），分别为达拉特旗中和西镇，杭锦旗锡尼镇、独贵塔拉镇和塔然高勒管委会。

2.1　水资源保护

强化最严格水资源管理制度，实行用水总量控制，尽快制定达拉特旗、杭锦旗取水总量控制指标，并将取水总量控制指标细化至各流域；加强对规模以上取水口的监控监管；全面推行节水型社会建设，严格控制高耗水行业发展；推进工业节水，严格用水效率控制，强化用水定额和用水计划管理，实行工业企业工艺升级改造；突出农业节水，实施灌区节水改造、发展高效节水农业；开展城镇供水管网改造，推广和提升节水器具的应用与升级；加强水功能区水质、水量监测。到 2025 年，达拉特旗、杭锦旗规模以上取水口取水规范化；万元 GDP 用水量万元比 2020 年下降 15%，城镇管网漏失率降低到 10%以下；万元工业增加值用水量比 2020 年分别下降 9%；农业灌溉用水效率提高到 0.55；城镇管网漏失率降低到 10%以下；水功能区达标率达到 100%。

2.2 水域岸线管理保护

落实岸线功能区分区管理，为后续河长制度深化推行建立良好基础；拆除违法违规建筑，清除非法采砂点，对侵占河道、围垦滩地等活动展开整治，加强推进毛不浪沟防洪工程建设工作，使毛不浪沟防洪体系完善完整。

2.3 水污染防治

对畜禽养殖废弃物的利用进行指导，基本实现废物无害化处理和资源化利用，到 2025 年畜禽粪污综合利用率达到 83%以上；农村生活垃圾处理率达到 80%；控制农村面源污染，农田化肥、农药使用量在零增长的前提下，根据实际情况在现状基础上进行适量削减；测土配方施肥面积覆盖率达到 90%以上；全河段不设排污口，确保毛不浪沟水功能区水质达标。

2.4 水环境治理

开展河道清洁维护、美丽乡村建设及农牧区的综合整治工作，到 2025 年，基本实现河道两侧无垃圾乱丢乱放等现象。

2.5 水生态修复

加强河道和水利工程的管理，保障河道畅通。到 2025 年，基本建成与区域经济社会发展相适应的水土流失综合防治体系，区域生态环境进一步好转。毛不浪沟流域内规划治理水土流失面积 8 961.2 hm^2，林草植被得到有效保护与恢复，水土保持监管、监测体系基本健全，监管能力明显提升，人为水土流失得到有效控制。

3 系统治理与保护方案

3.1 水资源保护

3.1.1 用水总量控制

3.1.1.1 开展指标细化工作

通过加强最严格水资源管理制度管理，落实用水总量控制红线管控；下达制定各旗（区）用水总量控制指标细化的任务并推进工作进展，把用水总量控制指标细化至各旗（区）各流域。达拉特旗和杭锦旗将用水指标细化到各引水口，对各引水口进行实时监测和监控，保证全年引水量不超指标，使达拉特旗、杭锦旗取水总量控制在红线指标之内。

3.1.1.2 全面规范取用水行为

深入落实“水利工程补短板、水利行业强监管”水利改革发展总基调，全面摸清取水口及取水监测计量现状，依法整治取用水突出问题，规范取用水行为。

行动方案是全面开展取水口核查登记，摸清取水口现状，掌握已知取水口和未登记取水口的数量、取水口的合规性和取水口的监测计量现状，依法整治存在的问题，规范取用水行为，健全取水口监管机制，为管住用水奠定坚实的基础，促进水资源节约保护和合理开发利用。

3.1.2 推进水资源集约节约利用，提高用水效率

（1）实施水资源消耗总量和强度双控，落实用水总量控制红线管控；坚持节水优先，控制高耗水行业发展，提高用水效率，强力推进节约集约用水。

（2）加强工业节水，提高工业用水的重复利用率，减少新鲜水的补给量。推广先进节水技术和节水工艺，以高新技术改造传统用水工艺，积极推广气化冷却、干式除尘等不用水或少用水的先进工艺和设备，减少工业取水量，强化企业计划用水制度，提高工业用水重复利用率，降低万元工业增加值用水量。

（3）加强农业节水，推动农牧业高质量发展，优化建设布局，集中力量加快小麦、稻谷生产功能区高标准农田建设，同步发展高效节水灌溉面积，进行灌区续建配套与节水改造，实施灌区渠道衬砌工程，提高灌溉水利用系数。

（4）加强城镇生活节水，加大中水回用力度，提高城镇供水效率，通过改善城镇供水体系、改

造供水管网，推广节水器具的应用，降低城镇供水管网漏失率。推进节水型载体建设，使2025年城镇节水器具普及率达到93%。

3.2 水域岸线管理保护

3.2.1 岸线功能区分区管理

以鄂尔多斯市级河流湖泊水域岸线利用规划中相应功能区保留区和控制利用区的管控要求和管控措施为依据，进行岸线功能区分区管理。

3.2.2 非法占用岸线清理与整治

应加强侵占河道岸线内违规项目的清退整治力度。对未经批准或不按批准方案建设临河、跨河、穿河等涉河建筑物及设施（如砂石场、蓄水池等），涉河建设项目审批不规范、监管不到位，河道管理范围内非法建设鱼塘、乱建蓄水池等乱占滥用河湖水域岸线的，尽快开展综合整治。

3.2.3 河道采砂管理

毛不浪沟河道采砂规划是进行采砂审批的重要依据，发放采砂许可证要严格按照批准的河道采砂规划进行，同时，加强采砂作业监督检查，并划定渣石堆放场所，要求采砂后对石渣进行处理。

3.2.4 防洪工程建设

毛不浪沟干流拟在达拉特旗中和西镇段治理河长3.41 km，包括新建右岸堤防1.15 km及加固堤防2.26 km。

3.3 水污染防治

3.3.1 种植业面源污染治理

针对化肥使用量大、利用率低的问题，主要是通过以下措施治理：①加大推广实行测土配方施肥覆盖率，每年推广测土配方施肥面积不少于16万亩；②推广精准施肥技术和机具，加快推广水肥一体化施肥技术，改进施肥方法，每年推广水肥一体化技术应用不少于8万亩；③推广应用有机肥料，加大商品有机肥、沼液、秸秆还田等有机养分替代力度，实现化肥减量增效，每年推广增施有机肥不少于11万亩。

针对农药流失问题，应从以下方面制定措施：①开展农作物病虫害绿色防控和统防统治；②制定低毒、低残留农药品种推荐目录，示范推广高效、低毒、低残留农药，逐步淘汰高毒、高残留农药；③科学采用种子、种苗、土壤处理等预防措施，减少中后期农药施用次数，对症用药，合理添加助剂，促进农药减量增效，提高防治效果。

3.3.2 畜禽养殖业面源污染治理

工程措施主要包括：完成非禁养区内现有牛、羊、家禽等其他畜禽养殖场的标准化改造；针对规模化畜禽养殖场，安装畜禽粪便处理设备，利用储存、处理、利用设施，实现雨污分流，实施污水还田项目，实现粪便污水资源化利用；针对畜禽散养户通过种养结合，将畜禽粪便无害化处理返田。

非工程措施主要包括：按照农牧结合、种养平衡的原则，科学规划布局畜禽养殖品种、规模、总量，以及科学划定畜禽养殖禁养区，严控养殖业污染源重点单元畜禽养殖污染。

3.4 水环境治理

3.4.1 加大河道两岸污染物入河管控措施，开展河道清洁维护

重点做好河道两岸管理范围内的保洁工作；推动政府购买服务，委托河流保洁任务积极吸引社会力量广泛参与河流水环境保护；加强管理范围内生活垃圾、建筑垃圾、堆积物等的清运和清理。

3.4.2 加强农村水源地监管保护

农村地区饮用水水源地监管保护方面，应采取以下措施：①加大农村水环境综合整治实施力度，加强村庄水源治理，建立农村环境污染治理设施的长效运营管理机制；②采取建设生态拦截沟、开展污染源清理、建立农田和水源之间生态缓冲带等措施防止污染水源；③在农村供水管理总站设立水质监测站，建化验室，建水质监测网站，建立健全安全管理系统[3]。

3.4.3 完善农村污水处理基础设施

针对农村生活污水污染问题，从工程和非工程措施入手[4]。工程措施主要是针对偏远、人口比较分散的农村，应加快农村卫生厕所改造和建设，建造适合农民使用的无害化卫生厕所，指导农户正确使用和管理卫生厕所。非工程措施主要包括建立农村污水处理监督机制，完善固体垃圾回收制度，防止出现“有人建没人管”的现象。

3.5 水生态修复

3.5.1 开展河道清淤疏浚

开展河道清淤工作，保障河道行洪畅通，加强河道和水利工程管理。对河道淤积严重的河段开展清淤疏浚工作，保障河道畅通，提高行洪能力，提高水系连通性。

3.5.2 加强水土保持

毛不浪沟水土流失的特点是水蚀与风蚀并存[5]。在毛不浪沟上游丘陵沟壑区水土保持建设以沟道淤地坝工程、坡面林草措施、小型水保工程及生态修复工程为主，中游风沙区水土保持以防风固沙林带和沙障建设为主。毛不浪沟新增水土保持治理面积 8 961.2 hm^2，其中，生态修复 2 139.3 hm^2，林草植被 2 431.2 hm^2，防风固沙 4 390.7 hm^2。

4 结语

开展河流系统治理与保护是落实绿色发展理念、推进生态文明建设的内在要求，是维护河湖健康生命的有效举措。本文以毛不浪沟为研究对象，围绕实现人水和谐共生、维持河流健康生命的目标，从水资源、水域岸线、水污染、水环境、水生态等5个维度入手，提出了毛不浪沟治理目标与保护任务，并从系统视角研究了毛不浪沟系统治理与保护方案，以期让鄂尔多斯市的治水由虚变实、由堵变疏，为提高河流宏观、系统防治能力提供支撑，推动鄂尔多斯市构建美丽河湖、幸福河湖，助力建设祖国北疆生态安全屏障。

参考文献

[1] 苗平，陈燕．十大孔兑河流健康问题研究与保护对策［J］．内蒙古水利，2023（1）：70-72.

[2] 安催花，鲁俊，吴默溪，等．黄河宁蒙河段水沙调控指标［J］．泥沙研究，2020，45（6）：74-80.

[3] 焦瑞，刘华琳，徐晓民．鄂尔多斯市水环境质量评价和水功能区管理研究［J］．中国农村水利水电，2014（4）：51-54.

[4] 苗平，陈燕．浅析十大孔兑岸线利用与管控措施与对策［J］．内蒙古水利，2022（12）：41-43.

[5] 任莉丽，马圣琦，杨艳．以哈十拉川典型砂场为例分析十大孔兑采砂坑的减沙作用［J］．内蒙古水利，2021（4）：51-52.

海河流域水资源管理适应气候变化的技术应用

吕哲敏

（海河水利委员会水利信息网络中心，天津 300161）

摘 要：海河流域水生态环境脆弱，且水资源短缺问题突出，气候变暖引起的水循环变化和经济社会的快速发展共同加剧了水资源供需矛盾，进而影响到流域生态环境与可持续发展。构建“二纵六横”水资源供给、“三水互补”生态水量保障、地下水“双控管理”等管理体系，推进卫星遥感、大数据分析、水利专业模型等技术在水资源管理中的应用，不仅可减缓水资源短缺和提高水资源可供给量，而且可推进海河流域水资源管理水平，在气候变化背景下，增强海河流域水资源的适应性，提高流域水安全保障能力。

关键词：水资源管理；数字孪生技术；水安全；气候变化

1 引言

海河流域包含北京、天津、石家庄等20多座大中型城市，人口众多，农业、工业和生活用水需求量大，流域内的水资源主要来自北部的山区径流，并且具有时空分布不均匀的特点，与经济社会发展布局不相匹配，水资源供需矛盾日趋严峻。目前，流域存在地下水超采严重、河道干涸断流、湿地萎缩退化等水资源短缺问题，以及水生态破坏、水环境污染等问题的交织，加剧了海河流域用水矛盾。目前，海河流域加快构建“二纵六横”水资源供给、“三水互补”生态水量保障等体系，实现节约用水、水资源合理配置，完善“量效双控”管理，以提高流域水安全的保障能力[1]。通过引黄济津、引黄入冀、南水北调等跨流域跨区域配置水资源的引调水工程，国家水网在最大程度上实现了水资源空间均衡，可持续利用的水资源提高供水安全保障水平，支撑经济社会的高质量发展[2]。

IPCC第六次评估报告指出，全球气候变化以变暖为主要特征，会加剧水循环并影响降雨特征，进一步确定了水安全、粮食安全等8个具有代表性的关键风险，将对区域至全球尺度内的地区和系统产生潜在作用[3-4]。气温升高会加剧水文循环过程，对流层和地表空气中水汽含量增大，会造成区域的降水、蒸发、径流等发生变化，引起水资源在时间和空间上的变化，甚至会引起水资源总量的改变[5]。海河流域的水循环、水资源系统相较于其他流域更为敏感，有研究表明，当气温升高1 ℃、降水量减少10%，则地表径流会减少30%~35%[6]。随着全球变暖的加剧，海河流域平均气温和降水量的变化会造成地表水资源大量减少，使得区域水资源短缺问题更加突出，对海河流域水资源的开发、利用以及规划和管理产生影响。此外，流域水资源的减少和经济社会的快速发展加剧了水资源供需失衡的矛盾，过度的水资源开发利用已经造成严重的生态环境问题，进一步影响到流域的可持续发展。因此，需要运用信息化、数字孪生等技术，提高海河流域水资源精细化、科学化管理与调度能力，强化流域供水保障能力和保障水平[7-9]。

2 研究区概况

海河流域是中国七大流域中降水量较少的地区，多年平均降水量为535 mm，全年75%~85%的

作者简介：吕哲敏（1991—），女，工程师，主要从事水利信息化规划与设计、数字孪生技术研究与应用。

降水量集中在6—9月，降水量年际变化大。流域地貌具有高山向平原迅速转变的特点，导致流域水系呈现出河道径流的汇流面积小，多数河流为季节性河道。1956—2000年多年平均水资源量为370亿 m^3，多年平均河川径流量为264亿 m^3，平原浅层地下水开发利用率可达到122%，已处于严重超采状态。流域水资源的短缺造成生态环境用水的问题突出，导致部分河湖、湿地生态功能退化，入海水量减少，甚至断流干涸，流域水生态系统严重退化。目前，海河流域已修建大中小型水库1 800余座，控制着上游山区90%的汇水面积，通过增强人工调控能力，缓解平原湖泊洼淀的雨洪调蓄压力，并且结合引滦工程、漳河引水工程、永定河生态补水工程、引黄入冀补淀工程、南水北调工程等大型引调水工程，形成由蓄水工程、引调水工程、水闸等控制节点组成的水资源保障工程体系。

3 海河流域水资源特点

海河流域绝大多数河流发源于山地，山区径流是海河流域地表水资源的主要来源，1956—1998年海河流域多年平均总水资源量为372亿 m^3，其中地表水资源量220亿 m^3，地下水资源量249 m^3，地表水和地下水的重复量97亿 m^3。根据发布的1998—2021年海河水资源公报中流域降水量与地表水资源、地下水资源和水资源总量数据，降水量年际变化与地下水资源相关系数为0.98，地表水资源相关系数为0.92，说明海河流域水资源量的年际变化主要受降水量的影响[10]。当年降水量大于年平均降水量539 mm时，水资源总量与地下水资源总量的多年平均差值为114 mm，地下水资源量与水资源总量的比值为0.73，高于地表水资源0.23；年降水量小于年均时，水资源总量与地下水资源总量的多年平均差值为42 mm，地下水资源量与水资源总量的比值为0.84，高于地表水资源0.39，说明海河流域的水资源总量主要来源于地下水（见图1）。其中2021年海河流域降水量838.5 mm，地表水资源量高于地下水资源量68 mm。

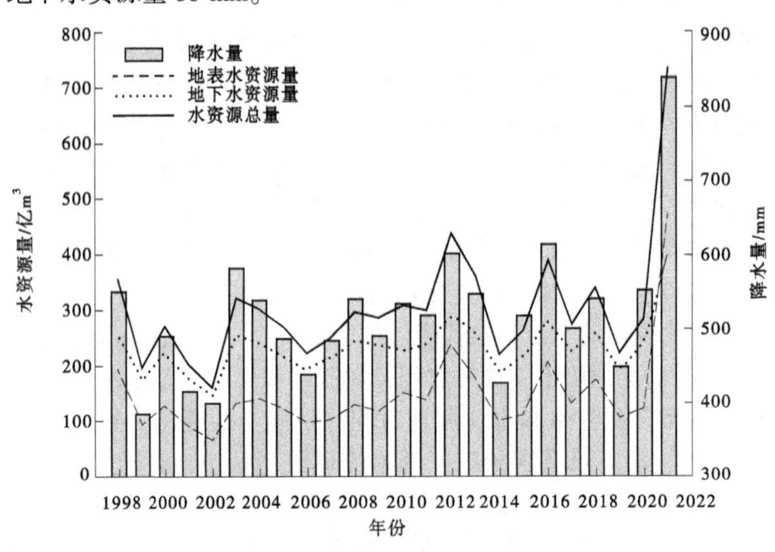

图1 海河流域降水量和水资源量年际变化

在海河流域的供水量关系中，水资源主要来源于降水量、地表水供水量、地下水供水量、外调供水量，流域内有25座大中城市在农业、工业、生活和生态等方面对水资源消耗较大。水利部海河水利委员会推进落实“四水四定”，提高流域水资源承载力，将水资源作为推动经济社会发展方式转变的关键因素，促进流域产业结构的调整，重点领域生产用水方式由低效向高效转变，推进产业布局向水资源、水生态、水环境可持续发展的方向转变。在图2中，1998—2021年海河流域总供水量中外调水占比已由10%左右提升至30%，地下水占比由最高的69.3%降至35.2%，而地表水占比一直保持在20%~30%区间波动。由于海河平原是我国的粮食主产区之一，大部分水资源被用于农业灌溉以保障粮食安全，从1999年农业用水占用水总量的72%降至2021年的48%，仍占水资源消耗量的最大比例。同时，工业用水由16%降至11%，生活用水和生态环境补水分别提升到19%和21%。结合流域水资源利用特点，通过优化流域产业发展布局，发展农业节水灌溉，优化农作物种植结构；加强工业用水定额管理，建设节水型企业，不断提高海河流域水资源支撑经济社会发展的保障能力。

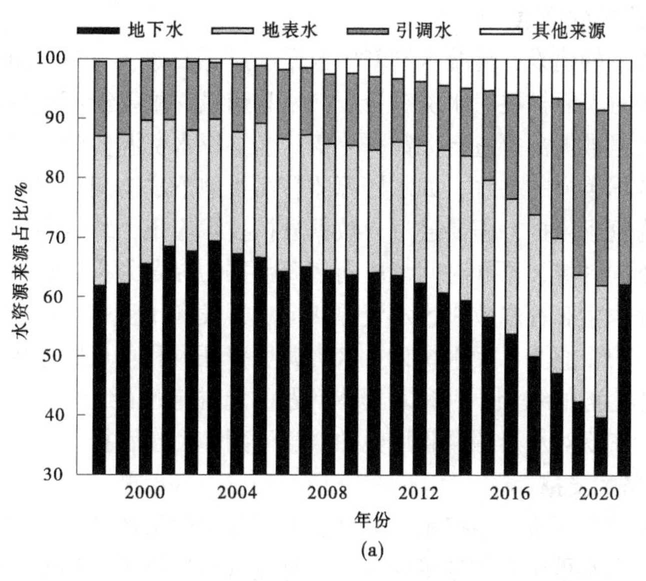

(a)

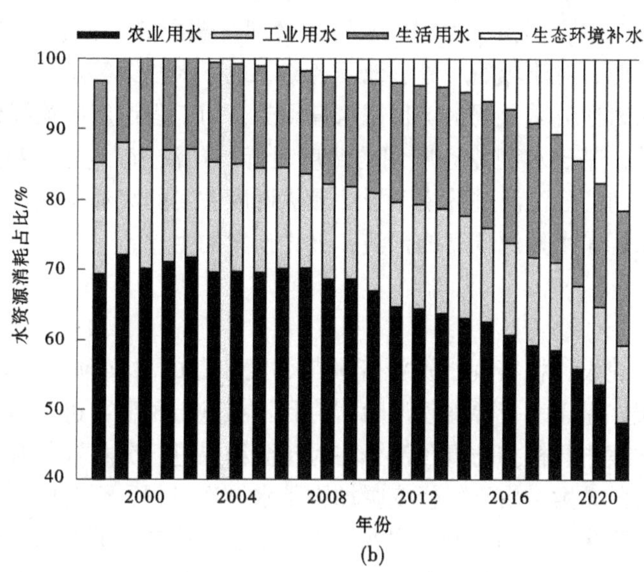

(b)

图 2　海河流域水资源量分配占比

4　数字孪生技术在水资源业务中的应用

4.1　卫星遥感对感知能力的提升

遥感监测具有探测范围广、信息内容丰富、获取方式多源高效等特点。应用卫星遥感监测技术可以对流域下垫面、水文大断面、重要河段水下地形、土地利用类型等重要信息进行监测，还可以进行补水河道的水头位置、水面宽度、水面面积等生态补水监测，以及灌溉面积、土壤含水量等灌区遥感监测，该技术具有实时性和全面性的优势，可提高水资源管理工作的动态感知能力。其中，地下水是水循环和水资源系统的重要组成部分，但地下水超采区内的国控站点覆盖程度较低。在气候变化和南水北调工程、农业灌溉等人类活动共同影响下，海河平原地下水变化机制更为复杂，需要准确监测地下水水位、变幅等支撑流域水安全保障。由于水文地质参数存在较大的空间非均匀性，传统地下水监测工作量大且难度高，利用重力卫星通过双星测距提供全球时变重力场信息，可以获取更为精准可靠的地下水变化，已被用于农业灌溉导致的地下水储量亏损评估、水库水位变化监测、陆地水储量变化评估等，为区域地下水储量变化的反演提供了新的技术途径。

4.2 大数据技术对综合分析的增强

随着水利监测感知体系的建设，传统水利基础数据、遥感影像、视频、图片等结构化和非结构化数据类型的不断丰富，同时不断扩展对水资源量、开发利用量、重要断面流量的监测，将造成数据量的爆发式增长，获得的大量数据需要进行大数据分析。为支撑水资源监管、水资源调度、水资源保护等各业务间数据共享、数据传递的关系，如水资源监管需要地下水监测数据的支撑，同时地下水管理以水资源刚性约束指标为管理依据，需要通过大数据分析技术应用，综合各类业务数据分析，增强业务间关联度。通过增强不同区域、不同时间尺度间多源数据的综合分析，有利于精确掌握水资源变化规律及演变趋势，科学评价生态补水效果、水资源状况和开发利用程度，推进水资源调度管理工作的开展。此外，综合分析取用水监测、用水统计、水资源税费征收和重点监控用水户等取用水情况的信息动态统计，形成对总体趋势的综合研判和对具体问题的精准定位能力，以多部门数据共享为基础，通过大数据分析等技术，实现对水资源监管风险的科学研判和动态管控。

4.3 模型应用对水利业务的支撑

径流预报、水资源模拟与评价、生态水量调度、生态补水效果评估等模型已被广泛应用于支撑流域水资源承载力评价、生态水量调度管理等业务。通过改善算法推进水利专业模型模拟能力提升，利用模型平台进行多模型嵌套耦合模拟，为实现水资源管理与调配的“四预”提供技术支撑。充分利用数据底板提供的算据资源，对流域的产流、地表径流、地下水补给等过程进行滚动预报，掌握流域水资源量动态变化，未来时段流域及调水工程需水量预测，为工程调度决策提供重要依据并利于提前开展水资源实时动态预警；基于水利业务应用的调度目标、预演节点、边界条件和水资源调度方案等，利用生态水量调度、河道径流演进等模型推动最优调度方案的滚动优化和修正，提供对历史事件的准确复演，提高对未来场景水资源调度的预演和最优预案的生成。

5 结论与讨论

随着数字孪生海河的建设，将实现水资源管理与调度业务的“四预”功能。通过对重要水资源调度管理事件的预测预报，基于水资源管理风险阈值和指标进行预警，进一步设定不同情景目标进行风险形势分析，对调度方案进行模拟仿真预演，在对预演结果进行分析评估和预案的滚动调整后，获得科学性和可操作性兼备的预案。由于气候变暖加剧了水循环过程，引起的大气水、地下水和径流等变化均会对流域内水资源产生一定的影响，农业用水、生态环境补水等对水资源的需求量变化，流域外调水量变化，从而水资源系统内各类水源的构成比例、地域分布和转化的改变将会造成水资源利用方式的变化。这些水循环和水资源系统的变化将会对流域的水资源规划及管理产生重要影响，进一步改变流域的社会经济发展、生态环境，以及水资源的可持续性开发利用。因此，为提出能够应对气候变化的水资源适应性管理措施，大量运用卫星遥感、大数据分析、水资源模型等技术开展模拟分析，有利于研究水循环变化并评估水资源安全性，进一步推进流域水资源利用和管理。

参考文献

[1] 王文生. 坚持节水优先建设幸福海河全力推进海河流域水生态文明建设 [J]. 海河水利，2020 (2)：2.

[2] 于琪洋. 贯彻新发展理念谋划好新阶段水资源管理工作 [J]. 中国水利，2021 (6)：62-64.

[3] IPCC. Climate change 2022：impacts，adaptation，and vulnerability [M]. Cambridge：Cambridge University Press，2022.

[4] 王蕾，张百超，石英，等. IPCC AR6 报告关于气候变化影响和风险主要结论的解读 [J]. 气候变化研究进展，2022，18 (4)：389-394.

[5] 刘春蓁，英爱文，颜开. 中国水资源对气候变化的敏感性及脆弱性研究［M］// 符淙斌，严中伟. 全球变化与我国未来的生存环境. 北京：气象出版社，1996.
[6] 殷水清，高歌，李维京，等. 1961—2004 年海河流域夏季逐时降水变化趋势［J］. 中国科学：地球科学，2012，42（2）：11.
[7] 龙笛，杨文婷，孙章丽，等. 海河平原地下水储量变化的重力卫星反演和流域水量平衡［J］. 水利学报，2023，54（3）：255-267.
[8] 蒋云钟，冶运涛，赵红莉，等. 水利大数据研究现状与展望［J］. 水力发电学报，2020（10）：1-32.
[9] 刘九夫，郭方. 气候异常对海河流域水资源评估模型研究［J］. 水科学进展，2011（增刊）：27-35.
[10] 水利部海河流域委员会. 海河水资源公报［R］. 天津：水利部海河水利委员会.

珠三角平原河网区流域水环境综合治理研究

桂梓玲[1,2,3]　徐雅迪[1,2,3]　张　枫[1,2,3]

（1. 长江勘测规划设计研究有限责任公司，湖北武汉　430010；
2. 水利部长江治理与保护重点实验室，湖北武汉　430010；
3. 湖北省长江流域水环境综合治理工程技术研究中心，湖北武汉　430010）

摘　要：珠三角平原河网水系发达、经济高速发展，持续改善水环境对于区域高质量发展具有重要支撑作用。本文以北村水系为例，针对流域入河污染负荷大、河涌不通不畅、水生态环境退化等突出问题，以水环境改善为核心，兼顾水生态修复、水景观和水文化打造、智慧水务提升等多重目标，提出流域综合治理措施及技术亮点，实施后近远期水平年河涌污染物负荷削减目标均可达到84.4%以上，平水年枯期和汛期水质达标率均达87.5%以上，综合治理成效显著，可为其他珠三角河网区水环境治理提供参考。

关键词：珠三角河网区；水环境系统治理；防洪排涝；水质改善；活水调度

1　引言

珠江三角洲区域地处江海之汇，具有独特的区位优势和优良的资源禀赋，是带动珠江流域乃至全国经济发展的重要力量[1]。然而，随着城镇化建设和工业化的快速推进，区域内水环境质量下降、生态功能退化等问题逐步凸显，持续改善区域水环境质量是支撑珠三角区域高质量绿色发展的基础[2-3]。

关于珠三角河网区的水环境研究众多，有研究聚焦于复杂河网水质模拟研究[4-5]，或水环境治理中不同措施对于河涌水动力及水质改善效果[6-7]，兼顾防洪与水环境提升多目标[8-9]的河网闸泵水量水质联合调度研究，这些研究都在某一方面对区域水环境综合治理起到了支撑参考作用，但统筹考虑水安全、水环境、水生态的流域水环境综合治理研究还较少。

随着复苏河湖生态环境的陆续开展，结合珠三角区域高质量绿色发展需求，持续深化该地区水生态环境的保护与治理刻不容缓。因此，本文以佛山市南海区北村水系流域为例，针对流域水环境突出问题，从“水安全、水环境、水生态”多位一体的流域水环境综合治理体系，持续改善流域水质、重建优良水生态。

2　研究流域概况

北村水系流域位于广东省佛山市南海区东部，地处珠江三角洲腹地、广州佛山交界的重点区域，地理位置优越、经济发达。北村水系属珠三角平原河网，是南海区最大的水系，总面积246.79 km^2。流域内水系复杂，有雅瑶水道等32条主干河涌和228条支毛涌，流域地理位置及范围见图1。

北村水系流域境内地势平缓、河网密布，周边水系发达。历史上，北村水系同外围河涌水体交换频繁，水体灵动自然。近20年来，随着珠三角高速工业化，各类企业废污水未达标排放，造成受纳水体严重污染，整体水质处于劣Ⅴ类，流域内水质性缺水严重。针对北村水系水环境问题，流域内32条河涌中已有28条河涌陆续实施沿河截污纳管、清淤、岸线整治及水生态修复等整治措施，但各

作者简介：桂梓玲（1993—），女，工程师，主要从事水文水资源及水生态环境治理研究方面的工作。

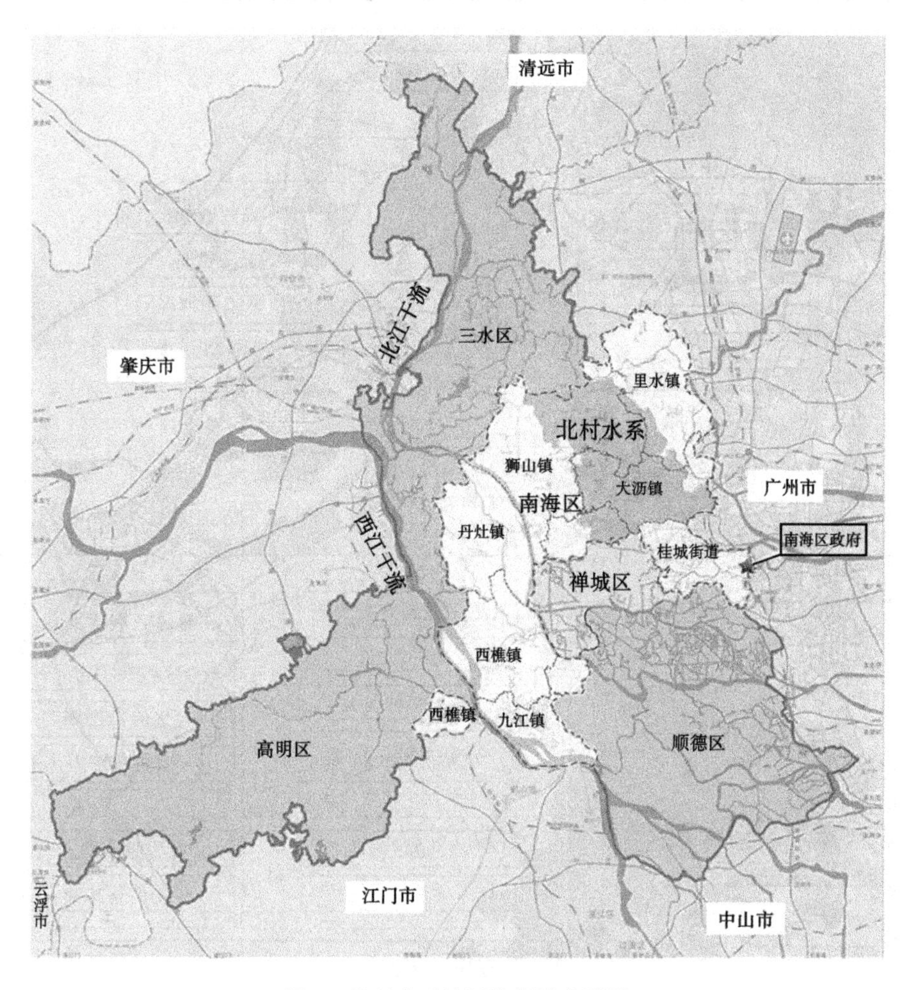

图 1 北村水系流域位置及范围图

项措施基本属于孤立的单项工程，未能扭转流域水体劣Ⅴ类水质的局面。水环境治理是一个政策性强、涉及面广、关系复杂的系统工程，需基于系统治理的理念，运用系统工程理论和方法，采取多目标、多层次的综合手段和措施，对流域水环境进行系统性的综合治理。

3 研究方法

研究采用如下技术路线：在流域水环境问题分析的基础上，重点围绕北村水系流域省考、市考断面水质达标的刚性目标，通过水环境容量计算和入湖污染负荷预测，确定不同水平年和水质管理目标下污染物削减量及分配方案，倒逼治理措施布局。基于一维河网水环境模型，通过模拟比较各治理措施组合布局下的河道水质情况，进行治理效果目标可达性分析，从而反复优化治理措施方案。研究技术路线见图 2。

4 结果分析

基于一维河网水环境模型，对规划措施实施后污染物的削减情况进行估算，进行流域治理水质达标分析，结果如下：

污染负荷削减方面，2020 年和 2025 年水平，北村水系流域内 COD、氨氮和总磷入河量总体上均满足纳污能力控制要求（见表 1、表 2）。其中 32 个河涌子流域中，2020 年和 2025 年水平分别有 27 条和 28 条河涌子流域可达污染物年削减目标，达标率分别为 84. 4%和 87. 5%。其中，22 条重点河涌中，2020 年和 2025 年水平污染物年削减目标达标率分别为 95. 5%和 90. 9%。

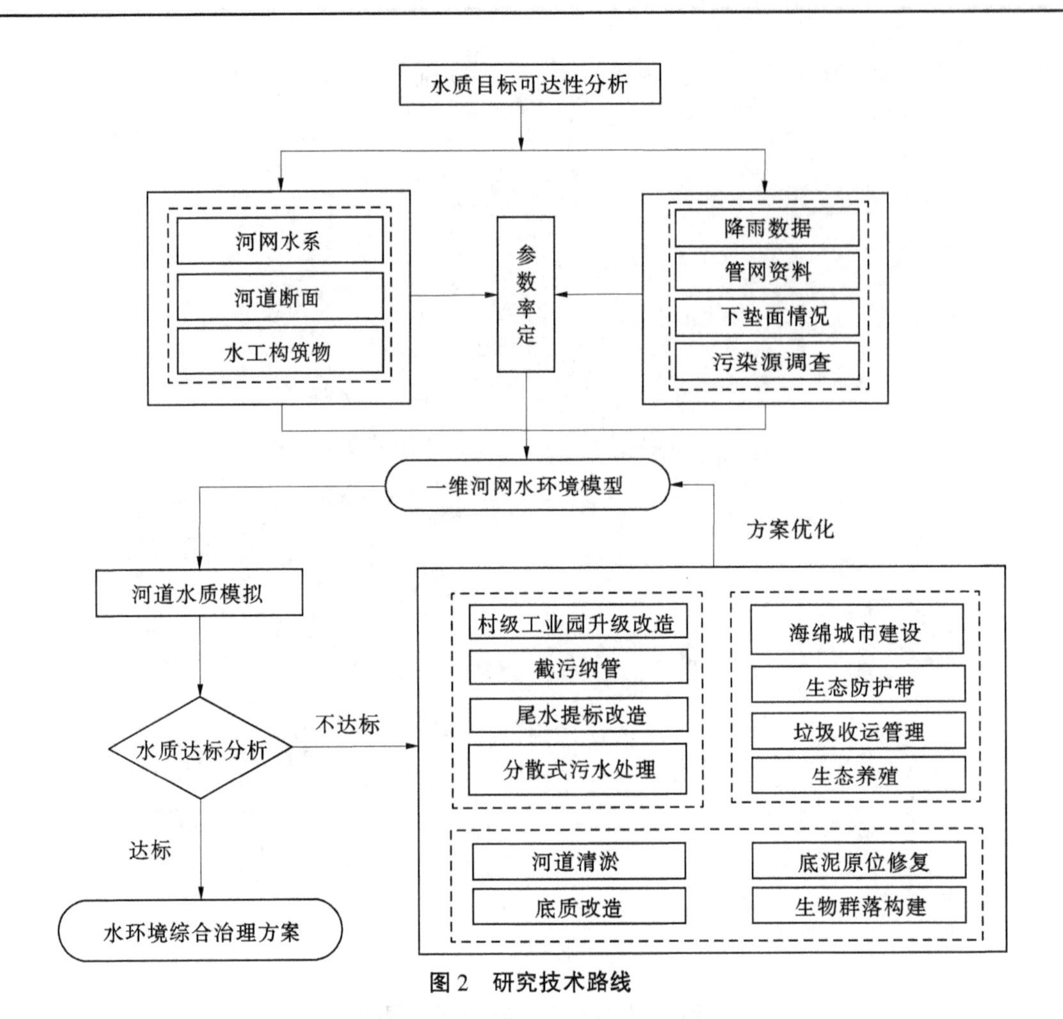

图 2　研究技术路线

表 1　北村水系 32 条河涌流域 2020 年污染物削减目标可达性分析　　单位：t/a

序号	河涌名称	纳污能力			无本项目入河量			本项目按照计划实施后削减量			本项目按照计划实施后入河量			达标情况
		COD	氨氮	总磷	COD	氨氮	总磷	COD	氨氮	总磷	COD	氨氮	总磷	
1	大榄涌	2 759.75	112.58	14.71	2 281.27	130.20	16.01	758.62	85.22	6.48	1 522.65	44.97	9.53	达标
2	大榄河	1 987.13	77.72	9.64	924.66	45.39	5.90	417.83	37.73	3.27	506.83	7.66	2.63	达标
3	大榄排洪沟	38.20	1.70	0.53	488.33	19.47	2.81	273.55	16.22	1.75	214.78	3.25	1.06	不达标
4	汀圃涌	316.00	12.40	1.43	118.25	3.68	0.56	29.32	2.73	0.14	88.93	0.96	0.42	达标
5	街头涌	337.87	13.36	1.50	154.38	3.33	0.99	41.43	1.37	0.22	112.95	1.96	0.76	达标
6	大坑涌	408.77	20.44	4.08	937.25	71.53	4.78	557.11	53.66	2.42	380.14	17.87	2.36	达标
7	松岗河	1 604.28	76.90	10.70	1 221.90	98.59	10.66	257.82	21.78	2.16	964.09	76.81	8.50	达标
8	仙溪水库排洪渠	22.85	0.94	0.19	536.95	33.17	2.95	278.91	29.31	1.69	258.04	3.86	1.25	不达标
9	大布涌	439.94	17.82	3.00	457.44	30.79	3.23	196.76	26.66	1.92	260.68	4.13	1.31	达标

续表 1

序号	河涌名称	纳污能力			无本项目入河量			本项目按照计划实施后削减量			本项目按照计划实施后入河量			达标情况
		COD	氨氮	总磷	COD	氨氮	总磷	COD	氨氮	总磷	COD	氨氮	总磷	
10	丰岗公涌	317.71	13.11	2.62	748.28	23.85	4.28	447.54	18.62	2.67	300.75	5.23	1.61	达标
11	沙头涌	134.95	5.78	0.84	207.33	7.20	1.51	101.44	5.19	0.91	105.89	2.00	0.61	达标
12	石碣涌	218.32	9.08	1.33	497.56	49.84	2.60	351.52	46.29	1.81	146.04	3.55	0.79	达标
13	湖马湾	502.73	19.40	2.63	500.49	23.34	3.35	252.37	18.11	2.09	248.12	5.23	1.26	达标
14	谭边排洪渠	47.41	2.37	0.47	342.56	8.99	1.73	187.86	6.52	0.95	154.70	2.47	0.78	不达标
15	横岗涌	48.51	3.15	0.63	304.07	20.04	2.02	260.26	17.61	1.46	43.81	2.43	0.56	达标
16	雅瑶水道	7 682.20	309.49	46.02	3 719.06	357.31	32.47	792.72	75.37	3.79	2 926.34	281.94	28.68	达标
17	大范河	1 569.30	62.62	8.20	1 236.12	57.78	8.76	483.32	44.94	4.79	752.80	12.84	3.97	达标
18	机场涌	1 655.78	76.01	13.26	1 951.97	184.99	19.34	601.31	128.79	6.94	1 350.65	56.19	12.40	达标
19	谢边涌	398.89	15.52	1.76	290.86	15.95	1.54	235.31	14.93	1.23	55.55	1.02	0.32	达标
20	水头涌	594.80	23.07	2.68	208.78	9.87	0.97	86.85	8.53	0.46	121.93	1.34	0.51	达标
21	龙沙涌	926.32	36.57	4.49	460.25	29.93	2.54	113.22	24.89	0.74	347.03	5.05	1.79	达标
22	河西大涌	314.84	12.39	1.51	220.16	190.65	1.80	107.71	184.73	1.05	112.45	5.92	0.75	达标
23	盐步大涌	206.98	8.13	0.98	101.25	4.49	0.55	37.37	3.65	0.22	63.88	0.84	0.33	达标
24	铁路坑涌	844.84	34.08	4.45	761.43	29.42	4.42	267.92	22.35	1.94	493.51	7.08	2.48	达标
25	河东大涌	264.49	10.61	1.35	188.57	5.55	0.98	56.27	3.89	0.33	132.30	1.66	0.65	达标
26	南井涌	30.57	1.36	0.23	84.29	34.07	0.62	67.31	33.48	0.51	16.98	0.59	0.11	达标
27	黎边涌	51.30	2.13	0.30	68.48	2.29	0.47	21.54	1.50	0.22	46.94	0.79	0.26	达标
28	公路坑涌	466.12	18.59	2.35	341.06	14.21	2.11	109.85	10.23	0.95	231.21	3.98	1.15	达标
29	十米涌	402.67	16.53	2.26	467.97	30.24	4.59	148.83	24.53	2.92	319.14	5.71	1.68	达标
30	激表涌	310.55	12.03	1.30	130.72	6.53	0.74	76.37	5.77	0.47	54.35	0.76	0.27	达标
31	九龙涌	906.01	43.36	8.13	1 013.67	96.52	9.81	230.00	59.23	2.23	783.67	37.29	7.58	达标
32	鲤岗尾涌	11.79	0.59	0.12	130.40	4.50	0.85	76.89	3.66	0.57	53.51	0.84	0.27	不达标
合计		25 821.88	1 069.82	153.70	21 095.79	1 643.71	155.94	7 925.15	1 037.48	59.30	13 170.65	606.23	96.64	达标

表 2　北村水系 32 条河涌流域 2025 年污染物削减目标可达性分析　　单位：t/a

序号	河涌名称	纳污能力			无本项目入河量			本项目按照计划实施后削减量			本项目按照计划实施后入河量			达标情况
		COD	氨氮	总磷	COD	氨氮	总磷	COD	氨氮	总磷	COD	氨氮	总磷	
1	大榄涌	2 545.7	112.58	10.45	2 152.42	126.62	16.17	1 349.90	112.86	11.32	802.53	13.76	4.86	达标
2	大榄河	1 231.7	54.64	3.90	752.95	26.92	5.47	545.08	23.17	4.26	207.88	3.75	1.21	达标
3	大榄排洪沟	38.20	1.70	0.44	489.41	20.94	2.93	278.66	18.22	1.94	210.74	2.72	1.00	不达标
4	汀圃涌	196.34	8.73	0.55	111.61	2.56	0.65	62.09	1.95	0.40	49.52	0.61	0.25	达标
5	街头涌	211.12	9.42	0.58	128.18	2.79	0.74	69.14	2.30	0.46	59.04	0.49	0.27	达标
6	大坑涌	130.10	3.40	3.37	904.09	92.70	4.92	567.85	86.11	3.20	336.25	6.59	1.73	不达标
7	松岗河	1 509.1	75.74	8.81	1 153.7	92.21	10.62	300.52	17.54	2.73	853.18	74.66	7.90	达标
8	仙溪水库排洪渠	4.40	0.10	0.19	655.27	52.85	4.32	392.88	49.35	3.07	262.39	3.51	1.25	不达标
9	大布涌	280.02	12.66	1.12	457.96	33.58	3.40	314.19	31.55	2.69	143.77	2.02	0.71	达标
10	丰岗公涌	228.01	9.15	1.83	720.34	18.79	4.39	526.84	15.70	3.33	193.49	3.08	1.05	达标
11	沙头涌	126.81	5.78	0.68	208.30	7.54	1.74	107.47	5.98	1.20	100.83	1.56	0.54	达标
12	石碣涌	218.32	9.08	1.33	569.03	67.60	2.98	420.07	65.30	2.26	148.96	2.29	0.72	达标
13	湖马湾	377.03	14.55	1.98	456.32	24.09	3.56	321.39	21.96	2.89	134.94	2.12	0.68	达标
14	谭边排洪渠	112.62	5.63	1.13	365.93	11.80	1.85	214.02	9.78	1.09	151.91	2.02	0.76	不达标
15	横岗涌	96.96	4.85	0.97	315.71	25.94	2.22	226.30	24.35	1.73	89.42	1.59	0.49	达标
16	雅瑶水道	9 868.5	435.24	50.18	3 435.2	330.80	33.51	511.34	53.18	5.09	2 923.9	277.62	28.43	达标
17	大范河	987.64	44.29	3.72	1 149.7	51.70	9.09	754.23	46.03	7.02	395.42	5.67	2.08	达标
18	机场涌	1 891.8	66.83	15.06	2 488.7	251.66	26.72	1 040.8	191.12	12.91	1 447.9	60.54	13.80	达标
19	谢边涌	348.68	15.52	1.10	315.09	18.17	2.00	211.23	16.39	1.48	103.87	1.78	0.53	达标
20	水头涌	366.30	16.17	0.98	163.84	4.01	0.88	106.59	3.33	0.61	57.26	0.68	0.27	达标
21	龙沙涌	578.26	25.78	1.87	418.07	35.60	2.53	237.19	32.92	1.61	180.89	2.68	0.92	达标
22	河西大涌	196.06	8.73	0.61	219.76	267.07	2.19	161.61	265.34	1.87	58.15	1.73	0.33	达标
23	盐步大涌	128.71	5.72	0.40	103.73	4.04	0.78	68.71	3.45	0.59	35.01	0.60	0.19	达标
24	铁路坑涌	536.08	24.18	2.08	688.94	25.31	4.60	426.94	21.80	3.32	261.99	3.51	1.28	达标
25	河东大涌	167.13	7.52	0.61	173.39	4.71	1.09	103.40	3.87	0.75	69.99	0.85	0.34	达标
26	南井涌	22.92	1.02	0.17	85.90	48.18	0.64	70.56	47.92	0.56	15.34	0.26	0.08	达标
27	黎边涌	33.26	1.52	0.16	66.54	2.38	0.47	43.28	2.06	0.36	23.27	0.32	0.12	达标
28	公路坑涌	293.19	13.14	1.04	335.49	12.08	2.27	219.97	10.47	1.70	115.51	1.61	0.57	达标
29	十米涌	807.16	39.17	6.62	1 401.4	128.08	14.78	684.50	98.02	8.44	716.87	30.06	6.33	达标
30	潋表涌	191.03	8.43	0.44	92.03	3.82	0.70	63.47	3.41	0.56	28.56	0.40	0.14	达标
31	九龙涌	890.14	43.36	7.81	996.80	94.52	9.75	238.56	57.60	2.30	758.24	36.92	7.44	达标
32	鲤岗尾涌	11.79	0.59	0.12	128.41	4.33	0.84	76.71	3.63	0.59	51.70	0.70	0.25	不达标
合计		24 625.14	1 085.23	130.29	21 704.20	1 893.39	178.80	10 715.49	1 346.67	92.31	10 988.71	546.71	86.49	达标

水质方面，分别以平水年2011年枯期3月和汛期9月水文设计条件以及各规划水平年污染物入河量为输入条件，预测各河涌水质达标率，结果见表3和表4。2020年枯、汛期水质达标率分别为93.7%、90.6%。其中，6条涉及省控、市控考核断面和14条已纳入“一河一策”的重点河涌水质达标率均为100%。2025年枯、汛期水质达标率均为87.5%。其中，6条涉及省控、市控考核断面的内河涌水质达标率为100%，14条已纳入“一河一策”的重点河涌水质达标率为92.8%。

表3　北村水系32条河涌流域枯期（3月）水质目标评价

%

序号	河涌名称	2020年水质达标率			2025年水质达标率			水质目标		达标情况	
		COD	氨氮	总磷	COD	氨氮	总磷	2020年	2025年	2020年	2025年
1	大榄涌	100	100	100	100	100	100	Ⅴ类	Ⅴ类	达标	达标
2	大榄河	100	100	100	90.32	100	100	Ⅴ类	Ⅳ类	达标	达标
3	大榄排洪沟	83.87	100	96.73	100	100	100	Ⅴ类	Ⅴ类	达标	达标
4	汀圃涌	100	100	100	100	100	100	Ⅴ类	Ⅳ类	达标	达标
5	街头涌	100	100	100	100	100	100	Ⅴ类	Ⅳ类	达标	达标
6	大坑涌	100	96.77	100	29.03	29.03	25.81	Ⅴ类	Ⅳ类	达标	不达标
7	松岗河	80.42	100	80.65	87.1	100	96.77	Ⅴ类	Ⅴ类	达标	达标
8	仙溪水库排洪渠	35.48	100	74.19	25.81	100	19.35	Ⅴ类	Ⅳ类	不达标	不达标
9	大布涌	83.87	100	83.87	80.74	93.55	83.97	Ⅴ类	Ⅳ类	达标	达标
10	丰岗公涌	100	100	100	80.42	100	100	Ⅴ类	Ⅳ类	达标	达标
11	沙头涌	96.77	100	100	100	100	100	Ⅴ类	Ⅴ类	达标	达标
12	石碣涌	80.65	100	80.65	100	83.87	100	Ⅴ类	Ⅴ类	达标	达标
13	湖马湾	96.77	100	100	80.97	80.35	81.97	Ⅴ类	Ⅳ类	达标	达标
14	谭边排洪渠	80.65	100	90.32	67.74	100	64.52	Ⅴ类	Ⅳ类	达标	不达标
15	横岗涌	87.1	100	100	80.94	100	81.61	Ⅴ类	Ⅳ类	达标	达标
16	雅瑶水道	80.65	87.1	87.1	83.87	96.77	90.32	Ⅳ类	Ⅳ类	达标	达标
17	大范河	83.87	100	96.77	80.65	100	83.87	Ⅴ类	Ⅳ类	达标	达标
18	机场涌	87.1	100	87.1	96.77	100	100	Ⅴ类	Ⅴ类	达标	达标
19	谢边涌	100	100	100	100	100	100	Ⅳ类	Ⅳ类	达标	达标
20	水头涌	100	100	100	93.55	100	100	Ⅴ类	Ⅳ类	达标	达标
21	龙沙涌	93.55	100	100	80.97	87.42	84.19	Ⅴ类	Ⅳ类	达标	达标
22	河西大涌	100	100	100	96.77	96.77	93.55	Ⅴ类	Ⅳ类	达标	达标
23	盐步大涌	93.55	100	100	84.19	100	93.55	Ⅴ类	Ⅳ类	达标	达标
24	铁路坑涌	100	100	100	96.77	100	100	Ⅴ类	Ⅳ类	达标	达标
25	河东大涌	100	100	100	83.87	100	90.32	Ⅴ类	Ⅳ类	达标	达标
26	南井涌	87.1	100	100	80.97	100	87.1	Ⅴ类	Ⅳ类	达标	达标
27	黎边涌	90.32	100	100	90.32	100	96.77	Ⅴ类	Ⅳ类	达标	达标
28	公路坑涌	100	100	100	100	100	100	Ⅴ类	Ⅳ类	达标	达标
29	十米涌	93.55	100	100	93.55	100	93.55	Ⅴ类	Ⅳ类	达标	达标
30	潵表涌	100	100	100	90.32	100	93.55	Ⅴ类	Ⅳ类	达标	达标
31	九龙涌	87.1	100	100	96.77	100	100	Ⅴ类	Ⅴ类	达标	达标
32	鲤岗尾涌	29.03	61.29	32.26	74.19	100	96.77	Ⅴ类	Ⅴ类	不达标	不达标

表4 北村水系32条河涌流域汛期（9月）水质目标评价 %

序号	河涌名称	2020年水质达标率			2025年水质达标率			水质目标		达标情况	
		COD	氨氮	总磷	COD	氨氮	总磷	2020年	2025年	2020年	2025年
1	大榄涌	100	100	100	100	100	100	Ⅴ类	Ⅴ类	达标	达标
2	大榄河	100	100	100	93.33	100	100	Ⅴ类	Ⅳ类	达标	达标
3	大榄排洪沟	91.19	100	100	100	100	100	Ⅴ类	Ⅴ类	达标	达标
4	汀圃涌	100	100	100	100	100	100	Ⅴ类	Ⅳ类	达标	达标
5	街头涌	100	100	100	100	100	100	Ⅴ类	Ⅳ类	达标	达标
6	大坑涌	100	100	100	10	10	10	Ⅴ类	Ⅳ类	达标	不达标
7	松岗河	83.33	100	96.67	86.67	100	100	Ⅴ类	Ⅴ类	达标	达标
8	仙溪水库排洪渠	53.33	100	100	10	100	66.67	Ⅴ类	Ⅳ类	不达标	不达标
9	大布涌	86.67	100	100	83.33	93.33	80	Ⅴ类	Ⅳ类	达标	达标
10	丰岗公涌	100	100	100	96.67	100	100	Ⅴ类	Ⅳ类	达标	达标
11	沙头涌	96.67	100	100	100	100	100	Ⅴ类	Ⅴ类	达标	达标
12	石碣涌	100	60	100	100	90	100	Ⅴ类	Ⅴ类	不达标	达标
13	湖马湾	100	100	100	80.1	80	83.33	Ⅴ类	Ⅳ类	达标	达标
14	谭边排洪渠	93.33	100	96.67	70	100	86.67	Ⅴ类	Ⅳ类	达标	不达标
15	横岗涌	96.67	100	100	86.67	100	96.67	Ⅴ类	Ⅳ类	达标	达标
16	雅瑶水道	83.33	96.67	100	93.33	100	100	Ⅳ类	Ⅳ类	达标	达标
17	大范河	86.67	100	100	80	100	86.67	Ⅴ类	Ⅳ类	达标	达标
18	机场涌	86.67	100	100	90	100	100	Ⅴ类	Ⅴ类	达标	达标
19	谢边涌	100	100	100	100	100	100	Ⅳ类	Ⅳ类	达标	达标
20	水头涌	100	100	100	96.67	100	100	Ⅴ类	Ⅳ类	达标	达标
21	龙沙涌	100	100	100	80	86.67	90	Ⅴ类	Ⅳ类	达标	达标
22	河西大涌	100	100	100	100	100	100	Ⅴ类	Ⅳ类	达标	达标
23	盐步大涌	93.33	100	100	80	100	100	Ⅴ类	Ⅳ类	达标	达标
24	铁路坑涌	100	100	100	100	100	100	Ⅴ类	Ⅳ类	达标	达标
25	河东大涌	100	100	100	96.67	100	100	Ⅴ类	Ⅳ类	达标	达标
26	南井涌	93.33	100	100	80	100	100	Ⅴ类	Ⅳ类	达标	达标
27	黎边涌	90	100	100	90	100	100	Ⅴ类	Ⅳ类	达标	达标
28	公路坑涌	100	100	100	100	100	100	Ⅴ类	Ⅳ类	达标	达标
29	十米涌	100	100	100	86.67	96.67	96.67	Ⅴ类	Ⅳ类	达标	达标
30	漖表涌	100	100	100	100	100	100	Ⅴ类	Ⅳ类	达标	达标
31	九龙涌	100	93.33	100	100	100	100	Ⅴ类	Ⅴ类	达标	达标
32	鲤岗尾涌	43.33	100	86.67	73.33	96	95	Ⅴ类	Ⅴ类	不达标	不达标

总体而言，控源截污措施大幅削减了各河涌污染物入河负荷，内源治理措施显著地遏制了底泥营养盐的释放，活水措施显著提升各河涌的纳污能力。综合治理措施实施后，近远期水平年河涌污染物负荷削减目标均达到 84. 4%以上；平水年枯期和汛期月份北村水系流域水质达标率均达到 87. 5%以上，治理成效良好。

5 结论

珠江三角洲区域地处江海之汇，是带动珠江流域乃至全国经济发展的重要力量，持续改善区域水环境质量对于支撑珠三角高质量绿色发展具有重要意义。本文以佛山市南海区北村水系为例，针对流域入河污染负荷大、河涌不通不畅、水生态环境严重退化等问题，立足于平原河网区流域现状，以系统治理为方法论，实施流域水环境综合治理。治理措施以改善水体水质、提升片区水环境为核心，以控源截污及活水循环为重点，提出“水安全、水环境、水生态”多位一体的流域水环境综合治理体系。工程实施后，北村水系流域水质达标率均达到 87. 5%以上，其中，6 条涉及省控、市控考核断面的内河涌水质达标率为 100%，14 条已纳入“一河一策”的重点河涌水质达标率达到 92. 8%以上，综合治理成效良好，可为珠三角其他流域综合治理提供参考。

参考文献

[1] 钟世坚. 区域资源环境与经济协调发展研究［D］. 长春：吉林大学，2013.

[2] 李湘姣，王先甲. 珠江三角洲水资源可持续利用综合评价分析［J］. 水文，2005，25（6）：12-17.

[3] 朱照宇，欧阳婷萍，邓清禄，等. 珠江三角洲经济区水资源可持续利用初步评价［J］. 资源科学，2002（1）：55-61.

[4] 宋敏，商良，邵东国. 珠三角地区城市雨洪过程模拟与计算：以佛山市南海区北村水系为例［J］. 安全与环境学报，2011，11（4）：4.

[5] 乔伟，赵奕，鄂茂国. 复杂河网水质模型的研究与应用［J］. 四川水力发电，2014，33（2）：4.

[6] 武亚菊，崔树彬，刘俊勇，等. MIKE11AD 模型在平原感潮河网水环境治理研究中的应用［J］. 人民珠江，2012，33（6）：68-70.

[7] 李青峰，郭珊，张茹玉，等. MIKE11 模型在珠三角河网区水质改善研究中的应用［J］. 人民珠江，2023，44（2）：54-60.

[8] 何贞俊，苏波，潘文慰. 佛山北村水系水资源综合调度研究［C］//中国水利学会 2013 学术年会论文集：S1 水资源与水生态. 2013.

[9] 黄玫，商良. 复杂河网水利工程水量水质联合调度研究［J］. 水电能源科学，2011（2）：21-24.

南四湖二级坝数字孪生工程技术与实践

张煜煜[1]　贾学松[2]

（1. 沂沭泗水利管理局水文局（信息中心），江苏徐州　221018；
2. 淮河水利委员会水文局（信息中心），安徽蚌埠　233040）

摘　要：数字孪生南四湖二级坝作为数字孪生工程建设试点，率先被列入水利部11项先行先试工程之一，工程建设通过凝练泄量纠偏、防洪调度及水闸调度仿真等关键技术，建立和完善了二级坝感知体系、数字孪生平台和防洪调度系统和水闸综合管理系统。通过调用数字孪生二级坝提供的算据、算法、算力等资源，支撑其安全智能分析预警和防洪智能调度等业务。工程建设形成了防洪“四预”和工程运行管理标准样板，在提高南四湖防洪调度及二级坝工程安全运行管理水平的同时，对淮河流域管理智慧化及其他水闸工程数字孪生建设起到示范引领作用。

关键词：南四湖二级坝；数字孪生；防洪调度；泄量纠偏；防洪管理

1　背景及整体框架

“构建智慧水利体系，以流域为单元提升水情测报和智能调度能力”[1] 是落实《中华人民共和国国民经济和社会发展第十四个五年规划和2035年远景目标纲要》提出的要求，淮委沂沭泗水利管理局高度重视数字孪生南四湖二级坝工程建设，由南四湖水利管理局自筹资金600万元，在南四湖二级坝现有信息采集、通信网络、计算存储等基础上先期开展试点建设。工程凝练了泄量纠偏技术、防洪调度技术和调度仿真技术，建立和完善了感知体系、数字孪生平台和具有“四预”功能的防洪调度系统与水闸综合管理业务应用系统，实现南四湖防洪“四预”功能和水闸综合管理的“1+1”业务应用体系。

数字孪二级坝运用三维建模技术建设数字化孪生模型，构建湖区、闸区L3级数字底板；共享调用水利部L1级和流域L2级数据底板；开发洪水预报模型、二维水动力演进模型、防洪调度模型等水利专业模型，结合人工智能模型，建设具有“四预”功能的防洪调度智能应用；融合水位、流量、闸门开度及视频等在线监测信息和水位流量曲线，实现水闸泄洪全过程数字化展示；利用视频巡检摄像机等设备采集视频信息，结合视频监控AI识别模型，实现二级坝智能化运维管理。如图1所示，数字孪生南四湖二级坝工程总体框架[3] 包括数字孪生平台、信息基础设施、业务应用等。

2　关键技术

2.1　泄量纠偏技术

泄量纠偏预警是结合闸门开闸过程中上下游水位和在线监测信息，依据水位流量过程曲线，实现闸门开度超许可误差范围自动化预警，为精准调度提供技术保障。南四湖二级坝闸泄量纠偏技术是针对二级坝泄洪过程中泄量出现误差无法及时预警的问题，以实时的上下游水位、闸门开度和泄流曲线为基础，通过知识推理引擎智能推荐专家经验库中相似场景下的泄量值，精确判定二级坝上下游水位-水闸泄量-闸门开度关系，为二级坝水闸精细化调度提供技术支撑。

作者简介：张煜煜（1989—），女，硕士，工程师，主要从事水利信息化、数字孪生水利、网络安全及通信等工作。

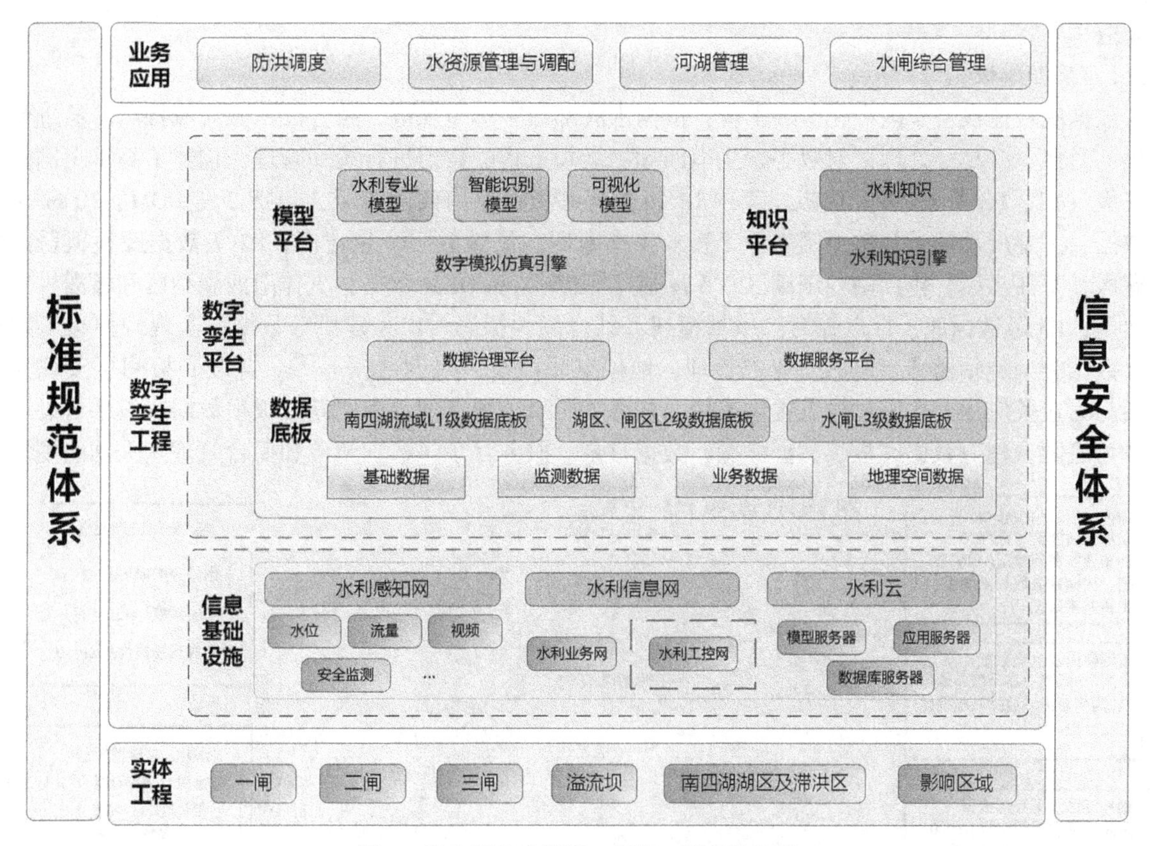

图 1　数字孪生南四湖二级坝工程总体框架

2.2　防洪调度技术

南四湖防洪调度技术主要应用流域分布式水循环架构下的水文水动力全耦合技术、多用户并发的水利专业模型预报调度服务技术和支撑预案智能匹配、自然语言解析、库-谱一致性和 AI 分析推荐的水利知识推理引擎技术，以防洪调度模型平台和知识平台为驱动，实现防洪减灾从事前、事中到事后的全过程管理。防洪调度“四预”管理是基于 L3 级数据底板，结合水利学模型，利用洪水预报方案库、水闸调度规则库和历史经验库，在三维场景下进行洪水演进与防洪调度预演。依据洪水预报成果，结合在线水位信息，准确分析洪峰峰值、现峰时间等水文要素，为不同调度组合方案提供比选支撑[3]。预测湖区可能超警戒水位时，及时启动预警。指挥预案要能根据监测感知数据的实时动态反馈进行滚动修正，并可进行人工干预调整，实现精准化决策支撑。

2.3　调度仿真技术

二级坝调度仿真技术是基于超融合的引擎大屏底座，融合多源空间数据处理，充分集成 BIM 模型、倾斜摄影，仿真二级坝上下游流场动态、水闸机电设备操控运行，实现影视级沉浸式仿真体验，同时基于 GPU 加速的渲染技术，解决大规模场景下渲染精度不足的难题，满足流域超大范围、超大规模场景要素的渲染及交互性能需求。

3　数字孪生平台及信息化基础设施

3.1　数字孪生平台

数字孪生平台由数据底板、模型平台、知识平台等构成。数据底板汇聚水利信息网传输的各类数据[4]，经处理后为模型平台和知识平台提供数据服务；模型平台利用数据底板成果，以水利专业模型分析物理流域的要素变化、活动规律和相互关系，通过智能识别模型提升水利感知能力，利用模拟仿真引擎模拟物理流域的运行状态和发展趋势，并将以上结果通过可视化模型动态呈现；知识平台汇集数据底板产生的相关数据、模型平台的分析计算结果，经水利知识引擎处理形成知识图谱服务水利业务应用。

3.1.1 数据底板

数据底板建设基于国产化 GIS 平台，依据水利部数字孪生规范，结合沂沭泗流域特点，通过数据汇集、对接、共享、处理，对数字孪生南四湖二级坝工程的数据进行统一管理，构建了高于全国标准的三级（L1、L2 及 L3 级）底板。其中 L1 级数据底板覆盖南四湖流域，包括 2 m DOM、30 m DEM 等数据，主要展示河道及重点闸坝等工程，支撑南四湖流域数字孪生建模；L2 级数据底板覆盖南四湖湖区和蓄滞洪区，包括南四湖湖区 0.5 m 遥感影像、5 m DEM 数据，支撑南四湖湖区和蓄滞洪区精细建模；L3 级数据底板重点针对二级坝枢纽，结合倾斜摄影、BIM 建模等数据，实现构件级工程建模。数据类型包括基础、监测、业务管理、地理空间以及多尺度数据等[5]，各级底板间可实现无缝切换，为业务应用及数字化场景提供支撑。如图 2 所示，数字孪生南四湖二级坝数据底板平台以遥感影像为底图，建有数据底板、数据概览、数据目录、服务目录、数据清单和后台管理六大功能模块。

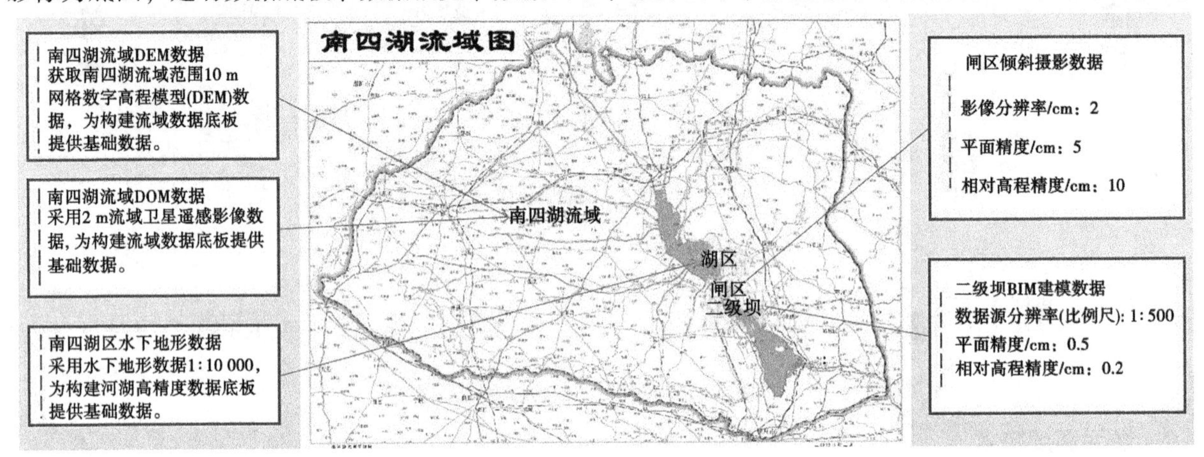

图 2 南四湖数据底板示意图

3.1.2 工程仿真

工程仿真平台运用 U3D 引擎，融合各级数据底板，虚拟化二级坝工程真实场景，接入实时气象、水情、监测等信息，可实时动态展示南四湖流域相关信息和二级坝直管工程运行状况。如图 3 所示，数字孪生二级坝工程仿真平台建有二级坝枢纽全景、二级坝工程仿真、室内外漫游、全图信息概览、流域流场及湖区水下地形 6 大功能模块。分别展示二级坝枢纽区域全景，一闸、二闸、三闸及溢流坝位置信息和闸门启闭状态，模拟水闸开启水流状态，支持闸室及启闭设施拆解；展示二级坝室内外漫游和南四湖流域基础及监测信息的全图；依据 DEM 数据动态模拟南四湖流域数字流场；利用数据底板提供的水下地形数据，展示南四湖湖区水下地形状况等。

3.1.3 模型平台

南四湖流域模型采用分布式水文、水动力、经验等基础模型，模型构建范围为南四湖流域全范围，下游以韩庄枢纽、蔺家坝闸为边界。模型平台主要包括首页、模型管理、计算方案、调度管理、模型考核、对外服务 6 大功能模块。主要展示各类模型的基本信息、比选多类模型、提供最优模型计算方案、可视化动态监控调度方案、实现单模型以及计算方案等多维度考核等。通过设置防洪调度、预泄调度及超标准调度的调度模式，模拟不同工况条件下的调度实施效果，生成科学合理的调度方案[6]；通过淹没分析预警模型，实现南四湖湖区及蓄滞洪区淹没过程模拟，并提供淹没范围、淹没水位和淹没历时，为区域的预警预演提供支撑。

3.1.4 知识平台

数字孪生南四湖通过知识平台搭建，开发水利知识引擎，初步构建水利知识库，包括知识图谱库、调度方案库、历史场景库、业务规则库和专家经验库，应用模块包括图谱探索、知识分析、知识统计、智能问答和服务接口。根据历史场次降雨时空过程和历史场景洪水资料，对照预报洪水过程，

图3　二级坝室外漫游

推选历史相似洪水过程；根据预报洪水和调度目标，依托二级坝历年调度指令经验，推荐水闸开启方案；根据水闸上下游水位与调度要求，依托二级坝水闸历年操作经验，判别水闸泄量是否发生偏差，并提出调整建议。知识平台在积极开发水利知识引擎和水利知识平台的基础上，逐步实现知识表示、抽取、融合、推理、存储等引擎功能，在构建河湖闸库等水利对象关联关系的基础上，不断充实、更新南四湖预报调度方案、防洪调度规则、历史场景模式和专家经验，形成水利知识图谱库（如图4所示），为南四湖防洪动态化调度、精准化决策提供知识驱动。

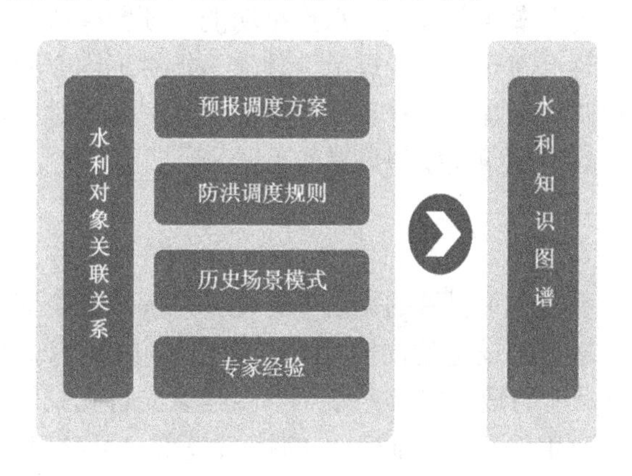

图4　知识平台关系

3.2　信息化基础设施

3.2.1　信息化基础设施

数字孪生建设信息化基础设施按照“整合已建、统筹在建、规范新建”原则统筹规划，对监测感知体系、通信网络、工控网连接及信息基础环境进行完善升级。数字孪生二级坝建设对物理感知数据的传输网络进行升级改造，租赁跨省数字电路，资源统一部署在沂沭泗数据汇聚中心（局本部），同时购置模型服务器、数据库服务器、应用服务器，改造与接入视频监控点；在重点及关键位置布设水位自动测报设施及远程警示设施；改造及新建安全监测设施等。

3.2.2　网络及数据安全

数字孪生建设高度关注数据安全，除了常规的物理和环境安全、网络与通信安全、设备与计算安全、应用与数据安全、安全管理平台、安全管理制度设计等内容，工程建设还特别重视工控系统安全等[2]。物理和环境安全方面注重机房、控制室、会商室等物理空间和环境的用电安全、生产安全和消防安全。网络与通信安全方面合理划分网络分区，确定各分区的网络安全防护标准，按照标准配置软硬件安全设备，针对数据传输中存在的数据丢失、网络攻击等隐患强化防护，包括设备之间、模型之间及系统之间的数据交互。设备与计算安全方面，对工程建设产生和存储海量的数据，采用云平台及物理存储形式，明确主机审计、堡垒机等安全设备的配置等。

4 实践应用

4.1 二级坝工程运行管理

数字孪生南四湖二级坝运行管理以数据底板为支撑，利用知识平台中泄量纠偏知识驱动，调用模型平台 AI 智能识别模型、渗透模型，建设复核二级坝水闸综合管理系统。系统包含数据总览、调度仿真、工程管理、综合应用、指令管理、安全预警及直管工程 7 大功能模块。其中，数据总览主要展示工程检查次数及记录、指令执行、视频监控等内容，可以整体查阅水闸运行状况；调度仿真通过三维平台实时监测一、二、三闸室内设备电压、电流变化情况并进行告警；工程管理主要用于二级坝的日常巡查工作；综合应用提供视频站点管理、识别告警信息管理和告警信息发布设置功能；安全预警分为垂直位移警戒和扬压力警戒等。运行管理功能的实现大大提高了南四湖防洪调度及二级坝工程安全运行管理水平。

4.2 南四湖防洪调度

数字孪生南四湖二级坝工程防洪调度模块以模型库、知识库为驱动，结合仿真分析平台，实现洪水演进全过程展示，对不同情景进行三维动态预演，生成调度指挥预案并实现方案自动比选。通过数据底板数据支撑，运用模型平台水利专业模型，结合知识平台知识驱动，建成具有“四预”功能的南四湖防洪调度系统。系统主要包括实况、预报、预警、预演和预案五大功能。实况功能以数据底板中的 GIS 底图为场景，展示南四湖流域降雨及水情信息；预报功能主要调用模型平台新安江模型、淮北模型、一二维水动力模型，实现南四湖流域洪水预报功能；预警模块主要对河道、蓄滞洪区、湖泊水库、险工险段等进行预警，对水闸开启进行提示。预演是指对不同方案洪水进行模拟预演并根据预演结果提供方案比选，以实现调度预案的比对和推优功能；预案则通过比对结果和工程调度运用，进入预演模块提供推荐最优方案的工程调度模拟信息查看。

5 结语

数字孪生南四湖二级坝工程在孪生引擎的驱动下，充分发挥了数字孪生工程的数字映射、智能模拟、前瞻预演作用，在夯实信息基础设施的同时提升了南四湖防洪“四预”精细化与工程管理智能化水平，打开了流域机构、各级水行政主管部门数字孪生建设先行先试的新格局，引领和带动全国数字孪生流域建设。目前，数字孪生二级坝遵循统一的接口规范，可共享数据底板、模型库和知识库等。下一步，将在数字孪生沂沭泗流域建设的总体框架下，实现各孪生平台的互联互通、数据共享和业务协同。

参考文献

[1] 水利部信息中心. 水利部印发关于推进智慧水利建设的指导意见和实施方案［J］. 水利建设与管理，2022，42（1）：5.

[2] 李文正. 数字孪生流域系统架构及关键技术研究［J］. 中国水利，2022（9）：25-29.

[3] 刘昌军. 基于人工智能和大数据驱动的新一代水文模型及其在洪水预报预警中的应用［J］. 中国防汛抗旱，2019，29（5）：11，22.

[4] 路京选. 水利遥感应用技术研究进展回顾与展望［J］. 中国水利水电科学研究院学报，2008（3）：224-230.

[5] 刘业森，刘昌军，郝苗，等. 面向防洪“四预”的数字孪生流域数据底板建设［J］. 中国防汛抗旱，2022，32（6）：6-14.

[6] 胡友兵，钱名开，徐时进，等. 流域水工程群并发联合调度技术研究［J］. 水文，2022，42（1）：54-58.

不同尺度下流域系统治理思路探讨

张宜清　耿晓君

（水利部水利水电规划设计总院，北京　100120）

摘　要：以系统的观念实施流域治理是解决复杂水问题、提升水安全保障能力的重要手段。本文分析了流域治理的基本特征，研究了不同尺度下流域系统治理的思路，需要坚持生态文明理念，以水流为纽带，整合流域内自然、生态、社会、文化等要素，统筹进行资源调配，水-岸-陆一体化治理，源头防治、过程控制、末端治理闭环全覆盖，并从大江大河及重要支流、中小河流、农村水系等尺度，分析了流域治理的重点。

关键词：流域；系统治理；治理思路；治理尺度；治理对策

1　流域治理特征分析

流域是一个复杂的自然系统，一般具有较为明显的集水范围，承载水土、生物、矿产等资源要素。水循环以流域为单元形成完整系统，遵循水量平衡原理，对调节区域气候、塑造地形地貌、运移营养物质、维持生物多样性等方面发挥了重要作用。受到不同地区气候条件、地理格局影响，不同流域水文条件差异明显，我国北方地区河流径流的年际变化幅度较大，丰枯变化显著程度也更加剧烈，连丰、连枯的现象更为明显，海河、淮河大部分测站年径流变差系数大多在0.5以上，而南方地区长江仅在0.15左右。

为适应自然、改造自然，满足经济社会发展需要，人类很早就开始了流域开发、治理和保护的探索与实践。不同时期，对流域开发利用的方式和程度不同，流域治理思路也在不断转变，治理能力也在不断提升，从单一治理到综合治理，从粗放式管理到精细化管理，更加注重流域生态环境保护修复，以大江大河及主要支流综合治理、中小河流治理、生态清洁小流域建设为典型取得了明显成效。由于一个特定流域的资源环境承载力是有限度的，过度无序开发和超载利用，致使出现流域水污染、生态功能受损等突出问题，水域治理与陆域治理不衔接，严重影响生活生产。目前我国部分地区河流超出开发利用上限，如黄河流域水资源开发利用率达80%，国际上一般将40%作为警戒线。

流域性是江河最根本的属性。流域治理需要坚持系统的观念，采取系统论的方法，处理好发展和保护的关系，将流域视作一个生命共同体，既要尊重自然、顺应自然、保护自然，保护好流域的山水林田湖草沙资源，也要适度开发利用满足经济社会高质量发展需要，综合保障流域水安全。本文主要以水为纽带，针对不同尺度下的流域治理思路和对策进行探讨。

2　不同尺度流域系统治理思路

党的十八大以来，国家高度重视生态环境保护。党的二十大报告提出“坚持山水林田湖草沙一体化保护和系统治理，全方位、全地域、全过程加强生态环境保护”。流域系统治理需要坚持生态文明理念，以水流为纽带，协调流域与区域、流域与子流域、干流与支流关系，以及防洪、供水、生态、航运、景观、文化等功能，整合流域内自然、生态、社会、文化等要素，统筹进行资源调配，自

作者简介：张宜清（1987—），男，高级工程师，主要从事水利规划与战略研究工作。

然与人工相协调、开发与保护并重，水-岸-陆一体化治理，源头防治、过程控制、末端治理闭环全覆盖，从而提升流域治理的系统性、协调性和整体性。

（1）多尺度协调治理。一个流域是一个系统、完整的集水区，同时该流域又由若干子流域组成。根据全国第一次水利普查公报，我国共有流域面积 50 km^2 以上河流 45 203 条，其中一半数量的河流在流域面积 100 km^2 以上，流域面积 1 000 km^2 以上的河流 2 221 条，流域面积 10 000 km^2 以上的河流 228 条。在整流域治理过程中，需要从水网建设的角度，科学认识流域与其子流域的水文汇流特征，查找流域整体问题与子流域主要问题，统筹上下游、左右岸、干支流关系，合理安排治理时序，防止片面治理产生新的水安全问题，削弱流域整体治理效益。

（2）多体系协调融合。为更好地解决防洪、供水、生态等问题，治理时一般构建相应治理体系，如水资源配置体系、防洪减灾体系、生态环境保护体系等。单一体系的构建具有一定的完备性和系统性，但由于各体系间可能存在矛盾点，需要分时、分段、多维度协调不同功能，尽量保证不同体系的融洽，如充分考虑汛期防洪与输水、供水、航运的关系，既能充分发挥单一体系的效益，又能从整体上提升流域效能。

3 流域治理对策

3.1 大江大河及重要支流

长江、黄河、淮河、海河、珠江、松花江、辽河、太湖等大江大河大湖及重要支流，是流域水系的主骨架和大动脉，承载了国家重要的经济社会发展服务功能，沿江沿河人口、财富聚集，防汛抗旱、水资源供给、生态环境保护等任务极为艰巨。这些流域的治理，需要按照国家“江河战略”的要求，紧密结合京津冀协同发展、长江经济带发展、粤港澳大湾区建设、黄河流域生态保护和高质量发展、长三角一体化发展等国家战略，从宏观层面统筹进行资源配置，以南水北调工程为骨干，实施重大跨流域跨区域调水工程建设，建设国家水网，增强水资源供给和储备能力，系统解决水资源南北不均衡问题。加强各流域干流堤防达标提标建设和排洪通道整治，加快控制性枢纽工程建设，推进蓄滞洪区工程建设和安全建设，建成韧性、安全的防洪工程体系，确保大江大河防洪安澜。加大江河源头生态环境保护力度，复苏河湖生态环境。深入挖掘江河治水文化内涵，讲好新时代治水故事。

3.2 中小河流

中小河流是流域水系交织串联的重要组成部分，主要服务对象是中小城镇、集中农田、乡村人口和重要基础设施。需要按照统筹上下游、左右岸、干支流系统治理的原则，衔接好与大江大河及主要支流治理的关系，借鉴生态清洁小流域等治理思路和理念，完善中小流域基础设施体系，进行整体治理。在防洪治理时，针对中小河流洪水暴涨、暴落、流速大等特点，合理确定治理标准，城镇管网布设与河流治理标准相衔接，因地制宜地采取挡墙防护、堤防加固、清淤疏浚和扩卡等措施进行治理，还需要留下更多滞蓄洪水的空间，分担江河洪水风险。根据流域内城镇、乡村供水需要，实施水系综合整治，建设中小型水库等水源工程，促进城乡供水一体化和农村供水规模化发展，提升农村供水标准和质量。推进幸福河湖建设，建设滨水岸带，拓展河湖生态空间和生态产品价值，传承发扬当地水文化，支撑流域经济社会高质量发展。

3.3 农村水系

农村水系是流域内水系的末梢和毛细血管，虽然流域尺度较小，但要素齐全，是农村生活生产的基础。农村水系治理更应立足资源禀赋和区位特点，充分挖掘和利用地域特色，坚持拟自然河流治理理念，以系统解决农村水资源、水生态、水环境、水灾害问题为主要目标，按照乡村振兴要求，水系治理与美丽乡村建设、农村人居环境整治相结合，以河流水系为脉络，以村庄为节点，水域岸线并治，维持河流连通性、蜿蜒性和生态完整性，创造良好的滨水绿化空间。加强小微水体整治和水土资源保护，着力提升乡村水环境质量。合理规划每一寸土地，宜耕则耕、宜林则林、宜草则草、宜湿则湿、宜牧则牧、宜渔则渔，改善农业生产能力。提炼本地文化特色，发展乡村旅游，提升水利基本公共服务均等化水平，增进人民福祉。

4 结语

在生态文明建设大背景下，随着流域开发、治理和保护的实践深入，流域系统治理思路得到了更多的关注和研究。流域系统治理需要统筹流域内山水林田湖草沙等各类要素，协调防洪、供水、生态、航运、景观、文化等功能，通过基础设施建设、流域综合管理实现流域高质量发展。考虑流域可以划分为不同尺度，不同尺度下流域水文情势、经济社会发展水平以及空间功能定位、问题症结可能存在较大的差异但又存在紧密联系，需要从全流域水网的角度分析“水-经济社会-生态环境”纽带关系，明晰不同尺度下流域治理的侧重点，在实施安排时也应整体考虑，不断提升流域治理能力和现代化水平。

参考文献

[1] 毕小刚，杨进怀，李永贵，等．北京市建设生态清洁型小流域的思路与实践［J］．中国水土保持，2005（1）：22-24，55.

[2] 金帅，盛昭瀚，刘小峰．流域系统复杂性与适应性管理［J］．中国人口·资源与环境，2010，20（7）：60-67.

[3] 彭建，吕丹娜，张甜，等．山水林田湖草生态保护修复的系统性认知［J］．生态学报，2019，39（23）：8755-8762.

[4] 陆大道，孙东琪．黄河流域的综合治理与可持续发展［J］．地理学报，2019，74（12）：2431-2436.

[5] 李原园，刘震，赵钟楠，等．加快构建国家水网全面提升水安全保障能力［J］．水利发展研究，2021，21（9）：30-31.

[6] 第一次全国水利普查公报［J］．中国水利，2013（7）：1-3.

[7] 杜辉，杨哲．流域治理的空间转向：大江大河立法的新法理［J］．东南大学学报（哲学社会科学版），2021，23（4）：60-69，151.

[8] 刘宁．大江大河防洪关键技术问题与挑战［J］．水利学报，2018，49（1）：19-25.

[9] 张向，李军华，董其华，等．新时期中小河流治理对策［J］．中国水利，2022（2）：30-32，35.

[10] 王寿兵，李百炼．中国中小河道生态治理与修复策略［J］．水资源保护，2018，34（4）：12-15.

[11] 汪义杰，黄伟杰．南方水系连通及水美乡村建设技术要点［J］．中国水利，2021（12）：23-25.

[12] 田玉龙．水系连通及水美乡村建设需要处理好的问题及建议［J］．中国水利，2021（12）：17-19.

山区河道采砂潜力分析
——以勐腊县为例

徐伟峰　汪　飞　贾建伟

（长江水利委员会水文局，湖北武汉　430010）

摘　要： 河道采砂潜力分析是制定采砂规划和指导采砂工作的重要依据。本文以勐腊县为例，根据河道采砂规划原则依次划定了禁采区、可采区和保留区，计算了本轮规划范围内河道可采砂石总量，分析了采砂作业对河势稳定、防洪安全和生态环境的影响，为规范勐腊县河道采砂提供了科学支撑。

关键词： 河道采砂；生态环境；采砂规划

1　引言

河道砂石既具有自然资源属性，又具有生态环境属性[1]。一方面，河道砂石作为建筑原材料具有较高的经济价值和实用价值，在社会发展进程中需求量不断增加，需要进一步挖掘采砂潜力[2-3]；另一方面，河道砂石也是维系河床稳定、提供水生生物栖息环境的重要基础，砂石开采需要综合考虑河势稳定、涉水工程安全及生态环境保护等方面的影响，存在一定制约因素，不能无限制开采[4-5]。因此，河道采砂规划需要兼顾采砂潜力与生态环境、防洪安全等因素，寻求经济效益与生态效益、社会效益之间的平衡点[6-7]。

山区河道砂石级配较好、含泥量低，具有较高的开采价值和开采储量。为避免盲目、无序、无度开采对河道防洪、生态等造成不可逆转的不利影响，采砂规划过程中需充分论证河道采砂范围和可采砂石潜力[8-9]。汪飞等[10] 基于河道采砂现状调查综合分析了江城县砂石历史储量和河道泥沙补给潜力，提出了江城县河道采砂的规划方案，为河道采砂提供了理论依据。朱文轩等[11] 利用 Landsat 系列遥感数据和“3S”技术分析了南流江采砂点时空分布特征，研究表明采砂活动会对周围环境造成较大影响，导致水质下降等环境问题。欧明辉等[12] 分析了采砂活动对鄱阳湖水陆交错带形态及景观格局的影响，研究表明采砂活动是鄱阳湖水陆交错带形态变化和景观形状复杂化的主要驱动力。黎洲等[13] 总结了江西省河道采砂实践中存在的问题和创新，论证了水生态文明建设在河道采砂管理中的重要性和迫切性。贲鹏等[14] 分析了采砂对淮河蚌埠段河势稳定与防洪安全的影响，研究表明无序采砂影响河道滩地和堤防稳定，危害防洪安全。因此，河道采砂规划及实施过程中需充分论证可采砂石潜力，同时避免其对生态环境、河势稳定等方面造成不利影响。

勐腊县位于云南省西双版纳傣族自治州，境内以山区河流为主，砂石资源丰富。上轮采砂规划基准年为 2017 年，规划期为 2018—2022 年[15]。近年来，境内河流砂石储量和分布特征发生了较大变化，同时，境内涉水工程和生态环境要素也发生了一定改变。因此，在编制新一轮采砂规划过程中亟须重新论证境内规划河流砂石储量，为新一轮采砂规划编制提供科学支撑。

作者简介： 徐伟峰（1994—），男，工程师，主要从事水文水资源分析研究工作。

2 研究区域和方法

2.1 研究区域

勐腊县位于云南省南部，采砂规划涉及境内河流 14 条。其中，补远江（罗梭江）、南腊河和赫拉乐各河均为澜沧江一级支流，倚邦河（曼赛河）、磨者河和南品河为补远江支流，南瓜河、南木窝河、南亮河、南满河、南润河、南远河、夹沟河和南泥河为南腊河支流，采砂规划河流总长度 425.21 km，如表 1 所示。

表 1 勐腊县采砂规划范围统计

序号	河流名称	本次规划河段	长度/km
1	补远江（干流）	倚邦河河口—补远江河口	61.90
2	倚邦河（曼赛河）	河口上游 30.69 km—河口	30.69
3	磨者河	河口上游 39.77 km—河口	39.77
4	南品河	河口上游 50.01 km—河口	50.01
5	赫拉乐各河	河口上游 6.86 km—河口	6.86
6	南腊河（干流）	南木窝河河口—南腊河河口	95.21
7	南瓜河	河口上游 10.73 km—河口	10.73
8	南木窝河	河口上游 25.23 km—河口	25.23
9	南亮河	河口上游 1.60 km—河口	1.60
10	南满河	河口上游 37.94 km—河口	37.94
11	南润河	河口上游 18.38 km—河口	18.38
12	南远河	河口上游 13.04 km—河口	13.04
13	夹沟河	河口上游 4.01 km—河口	4.01
14	南泥河	河口上游 29.84 km—河口	29.84
总计			425.21

罗梭江汇入澜沧江水量为 57.9 亿 m^3，为勐腊县境内澜沧江第一大支流，控制站曼安站多年平均悬移质输沙率 123 kg/s，含沙量 0.871 kg/m^3，悬移质沙量 388 万 t；南腊河汇入澜沧江水量为 22.3 亿 m^3，为勐腊县境内澜沧江第二大支流，控制站曼拉撒站多年平均悬移质输沙率 4.19 kg/s，含沙量 0.176 kg/m^3，悬移质沙量 13.2 万 t。

2.2 研究方法

按照禁采区、可采区、保留区的顺序依次划分规划河流采砂分区，计算可采区河段砂石历史储量和砂石补给，分析规划时段内可采砂石潜力。具体步骤如下：

（1）禁采区划分。根据河势敏感区域（包括河流节点、凹岸、分汊区等）、水源地保护区、生态保护区（包括自然保护区、珍稀动物栖息地、鱼类保护区等）、涉水工程保护区等保护范围，划分相应河段为禁采区。

（2）可采区划分。在满足河势稳定、防洪安全、水环境与水生态保护要求的前提下，划分砂石储量丰富、易于开采、对河势和防洪影响较小或无影响河段为可采区。

（3）保留区划分。在河势变化不确定或砂石需求不确定的河段设定的缓冲区划分为保留区。

（4）可采砂石潜力分析，包括砂石历史储量和砂石补给两部分。

砂石历史储量主要为可采区河段滩地及河槽堆积砂石，其历史储量计算公式为：

$$V = A_{td}h_{td} + a_{hc}b_{hc}h_{hc} \tag{1}$$

式中：V 为可采河段砂石储量，m^3；A_{td} 为滩地可采区面积，m^2；h_{td} 为可采区厚度，m；a_{hc} 为河段长度，m；b_{hc} 为河槽平均宽度，m；h_{hc} 为河槽砂石储量厚度，m。

砂石补给主要来源为集水区内土壤侵蚀，以推移质为主，砂石年补给量计算公式为：

$$G = AE\beta/\rho \tag{2}$$

式中：G 为砂石年补给量，m^3；A 为区间集水面积，km^2；E 为土壤侵蚀模数，t/km^2；β 为推悬比；ρ 为推移质砂石平均容重，t/m^3。

3 结果与分析

3.1 禁采区

根据河道特点和防洪、生态、涉水工程保护要求，将重要性十分突出、生态保护意义重大或相关影响难以掌控的河段全线划为禁采河段，将涉水工程保护范围内的有限区域划为禁采区。本次规划根据禁采区划定的基本原则，划定禁采河段 7 处，划定禁采区 45 个，如表 2 所示。

3.2 可采区

在对规划河段河道演变基本规律和近期冲淤变化特点进行分析研究的基础上，综合考虑河势稳定、防洪安全、涉水工程及设施的正常运用、水生态与水环境保护、砂石资源的可持续开发利用等方面的要求，根据泥沙的淤积部位、往期采砂区的位置、采砂区泥沙储量、远离防洪护岸工程、重要涉水工程保护范围外等因素确定可采区。按照可采区所属河流（段），勐腊县境内共规划可采区 20 个，可采点 40 个，可采河段总长 105.57 km，可采河段砂石资源历史储量为 316.9 万 m^3，规划期内砂石补给量为 7.3 万 m^3，可采区规划期内砂石总量 324.2 万 m^3，如表 3 所示。

表 2 勐腊县采砂规划禁采区统计

序号	河流名称	禁采河段数量	禁采区数量	长度/km
1	补远江（干流）	1	—	61.90
2	倚邦河（曼赛河）	1	—	30.69
3	磨者河	1	2	19.82
4	南品河	—	8	27.15
5	赫拉乐各河	—	3	3.37
6	南腊河（干流）	3	9	58.86
7	南瓜河	—	4	2.62
8	南木窝河	—	4	13.29
9	南满河	1	3	16.46
10	南润河	—	4	5.60
11	南远河	—	4	4.98
12	夹沟河	—	2	2.33
13	南泥河	—	2	2.88
总计		7	45	249.95

表3　勐腊县采砂规划可采区统计

序号	河流名称	可采区数量	可采点数量	砂石总量/万 m^3
1	磨者河	1	3	36.1
2	南品河	4	6	54.3
3	赫拉乐各河	1	2	3.3
4	南腊河（干流）	5	11	143.1
5	南瓜河	1	4	14.9
6	南木窝河	2	2	10.6
7	南满河	2	3	28.2
8	南润河	1	3	7.3
9	南远河	1	2	20.6
10	夹沟河	1	3	2.6
11	南泥河	1	1	3.2
总计		20	40	324.2

3.3　保留区

本次规划范围内，勐腊县境内9条河流共规划保留区22个，分别为：南品河3个、赫拉乐各河1个、南腊河（干流）3个、南木窝河4个、南亮河1个、南满河4个、南润河3个、南远河1个、南泥河2个。保留区的砂石历史总储量为157.4万 m^3，其中，南腊河（干流）储量为36.1万 m^3，南腊河支流储量为106.0万 m^3，补远江支流储量为11.2万 m^3，赫拉乐各河4.1万 m^3，如表4所示。

表4　勐腊县采砂规划保留区统计

序号	河流名称	保留区数量	砂石总量/万 m^3
1	南品河	3	11.2
2	赫拉乐各河	1	4.1
3	南腊河（干流）	3	36.1
4	南木窝河	4	24.0
5	南亮河	1	4.8
6	南满河	4	15.0
7	南润河	3	16.4
8	南远河	1	21.2
9	南泥河	2	24.6
总计		22	157.4

3.4　采砂制约因素分析

山区河流河道采砂受到多方面的制约，主要包括：

（1）可供开采的河流及其砂石储量有限，而规划河段含沙量较小，砂石年均补给速度远小于砂石年开采量，上轮采砂规划采砂量较大河段需划分为保留区，经长时间砂石补给后才具备再次划分为可采区的条件。

（2）规划河流涉及生态保护区、河势敏感区和涉水工程保护河段较长，禁采区河段长度占规划河流总长度的60%以上，可采区长度仅占25%。

（3）在汛期（6—10月）河道水位超过防洪警戒水位或鱼类产卵期（3—5月）时，禁止所有河道采砂活动，受禁采期影响，采砂作业的稳定性和连续性无法保障。

3.5 采砂影响分析

（1）采砂对河势稳定的影响。对于山区河流，受两岸山体约束，河道在平面变化的空间较小，河势变化表现为河床冲刷下切，河道采砂人为地加快了局部河段冲刷下切的速度，对局部河势变化有所影响。本次河道可采区的布置，在河道演变与泥沙补给分析的基础上，综合考虑了河势、防洪、涉河工程及其他因素，对可采区范围、采砂总量、开采高程等进行了控制，对整体河势的影响较小。

（2）采砂对防洪安全的影响。河道采砂一定程度上拓宽了河道的过洪面积，提高了河道的过洪能力；而采砂堆场的不合理布置（未布置在防洪设计水位以上）及弃砂的随意堆置，将占用河道的有效过洪面积，不利于河道行洪。为降低河道采砂对防洪的不利影响，将汛期（6—10月）设定为禁采期，当河道水位超过防洪警戒水位时，禁止所有河道采砂活动。总体而言，只要严格按照要求设置堆砂场，对采砂弃料进行正确的处理，河道采砂对防洪安全的影响较小。

（3）采砂对环境的影响。采砂作业将引起采砂点局部水体内悬浮物浓度增加，一般朝下游0.5~1.0 km便可基本恢复。由于砂厂基本布置在河边，建议在靠近河边处设置沉砂池（洗砂池），用于砂石原料的清洗，避免直接在河道内清洗，降低河流中悬沙浓度，减小对周边水环境的不利影响。整体而言，可采区采砂时间较短，且采砂作业对水质产生的不利影响属短期可恢复性影响，因此需加强监督管理和严格控制采砂作业，使采砂对水质的不利影响控制在可接受的范围内。

（4）采砂对生态的影响。采砂作业在河床上形成一些形状不规则、深度不一的槽、坑、窝，同时采砂弃料又堆积成大小不均的堆、包、埂等。河床的局部变化改变了采砂河道的局部水流流态和泥沙输移，从而使该河段的水生生物生境条件发生变化，影响水生生物在该河段的栖息、觅食和产卵。同时，河道采砂一定程度破坏了采砂河道范围内底栖动物的栖息地，将造成底栖动物数量的损失。由于采砂河段与规划河段相比，属于小范围局部区域，且采砂时间较短，对底栖动物的影响属于可恢复性的影响。同时，在鱼类产卵期（3—5月），应停止采砂活动。

4 结语

本文以勐腊县采砂规划河流为例，综合考虑防洪安全、河势稳定、生态环境保护、涉水工程安全等因素，依次划分了禁采区、可采区和保留区，计算可采区河段砂石历史储量和砂石补给，分析了规划时段内可采砂石潜力，主要结论如下：

（1）勐腊县14条采砂规划河流划定禁采河段7处，禁采区45个；划定可采区20个，可采点40个；划定保留区22个。

（2）勐腊县可采河段砂石资源历史储量为316.9万 m^3，规划期内砂石补给量为7.3万 m^3，可采区规划期内砂石总量为324.2万 m^3；保留区的砂石历史总储量为157.4万 m^3。

（3）在采取有效措施严格控制采砂作业后，采砂对河势稳定、防洪安全和生态环境的影响较小。

参考文献

[1] 刘爱丽，苑晨阳，和吉．我国河道采砂许可方式演变分析研究［J］．东北水利水电，2023，41（2）：22-25.

[2] 赖国友，田甜，程香菊．鉴江采砂对行洪的数值模拟及影响分析［J］．水利规划与设计，2023（4）：38-41.

[3] 郭超，姚仕明，肖敏，等．全国河道采砂管理存在的主要问题与对策分析［J］．人民长江，2020，51（6）：1-4，16.

[4] 杨平，谢夏玲，靳科辰，等．北方浅山丘陵区采砂河道生态修复机理研究［J］．水利技术监督，2022（11）：151-155.

[5] 李岩桃，米灏，耿侃，等．高强度采砂支流河道综合治理设计路线探索［J］．能源与节能，2022（11）：173-176.

[6] 马建华，夏细禾．关于强化长江河道采砂管理的思考［J］．人民长江，2018，49（11）：1-2，13.
[7] 钟艳红，岳红艳，姚仕明，等．湘江典型河段采砂活动对河道演变影响研究［J］．人民长江，2021，52（8）：10-15，29.
[8] 胡春华，周文斌，卢林．基于 GIS 平台的鄱阳湖采砂区域规划研究［J］．人民长江，2011，42（4）：8-11，46.
[9] 何勇，陈正兵，曾令木．长江中下游干流河道采砂规划发展与实施效果分析［J］．水利水电快报，2022，43（5）：40-44，48.
[10] 汪飞，贾建伟，刘昕．浅析山区河道采砂规划：以江城县为例［C］//中国水利学会 2021 学术年会论文集，中国北京，2021.
[11] 朱文轩，黎树式，冯炳斌，等．基于“3S”技术的南流江采砂点时空分布特征［J］．热带地理，2022，42（12）：2076-2087.
[12] 欧明辉，钟业喜，马宏智，等．采砂活动影响下鄱阳湖水陆交错带形态及景观格局变化［J］．生态学报，2023，43（11）：4570-4582.
[13] 黎洲，刘艳．江西省河道采砂生态保护践行分析与探索［J］．江西水利科技，2022，48（5）：378-382.
[14] 贲鹏，陆美凝，陆海田，等．采砂对淮河蚌埠段河势稳定与防洪安全影响分析［J］．人民长江，2023（3）：16-20，27.
[15] 汪飞，徐高洪，邴建平，等．浅议云南勐腊县河道采砂规划［J］．人民长江，2018，49（22）：118-122.

黄河中游五库联调防洪系统优化调度

李洁玉[1]　孙龙飞[1]　魏光辉[2]　王露阳[2]　李　江[2]

（1. 黄河水利委员会黄河水利科学研究院，河南郑州　450003；
2. 新疆塔里木河流域管理局，新疆库尔勒　841000）

摘　要：近年来我国洪涝灾害频发，提高水库群联合调度能力已成为各流域管理机构工作重点之一。本文以黄河中游五库联调防洪系统为例，构建水库群实时防洪补偿调度模型，根据削峰率和调蓄率，评估2021年秋汛洪水防洪压力较大时段的水库群联合优化调度效果。结果表明，相较于实际调度，优化调度中各水库泄流过程更平稳，倾向于略微多泄水以保障水库安全；花园口断面优化调度流量过程相对于实际调度过程更平稳，且由于水库多泄水，优化调度洪峰流量略大于实际调度洪峰流量。

关键词：黄河流域；五库联调；补偿调度；优化模型

1　引言

洪涝灾害是威胁人民生命财产安全的主要自然灾害之一，流域水库群系统实时防洪调度是防御洪水灾害的核心措施。如何最大限度地挖掘水库群的防洪潜力、充分发挥补偿作用，实现防洪减灾效益最大化，是实时防洪调度中决策者关注的重点问题。

水库群结构包括串联系统、并联系统和混联系统三种，水库群防洪优化调度是利用水库之间的空间补偿特性进行补偿调节，以保证水库和下游防洪点的安全。在早期的实时防洪调度研究中，Wei等[1] 提出了洪水各阶段水库泄流的实时模拟-优化调度模型；Dittmann等[2] 建立了考虑防洪、供水和生态目标的水库群短期和长期优化调度模型；钟平安等[3] 建立了基于超额水量分配的水库群补偿调度模型；李玮等[4] 建立了梯级水库群防洪补偿调度的逐次渐进分解协调模型，对各个防洪库容进行了动态分配。

随机研究手段的进步，学者们开始关注防洪调度中的不确定性问题并应用计算机技术等提升防洪调度水平。周建中等[5] 提出了梯级水库群防洪风险共担理论及水库风险-调度-决策理论体系；Huang等[6] 构建了多目标鲁棒优化模型和风险决策模型，通过同时控制洪水风险概率、脆弱性和恢复力开展防洪鲁棒优化调度；Zhang等[7] 建立了数据同化增强的实时优化模型，用于调度者与计算机模型之间的直接交互；周詹翱[8] 提出了洪水数据驱动的水库实时调度算法，通过历史数据挖掘加速求解过程；艾学山等[9] 建立了适应气候变化的交互式水库防洪调度决策分析系统。

黄河流域实时防洪调度研究中，赵兰兰等[10] 建立了并联水库群优化调度模型，并在黄河中游开展了应用；于显亮等[11] 研究了黄河上游梯级水库汛期增泄联合调度方式；宋伟华等[12] 将龙羊峡至刘家峡区间梯级水库纳入黄河上游防洪统一调度，有效缓解了黄河上游防洪压力。

基金项目：“十四五”国家重点研发计划项目（2021YFC3200400）；水利部重大科技项目（SKR-2022021，SKS-2022088）；横向生产课题（TGJJG-2023KYXM0002）；黄河水利科学研究院科技发展基金项目（黄科发202220）。

作者简介：李洁玉（1993—），女，工程师，主要从事水沙调控与防洪安全方面的工作。

通信作者：李江（1971—），男，教授级高级工程师，主要从事水利水电工程规划设计与建设管理方面的工作。

黄河中游三门峡、小浪底、陆浑、故县、河口村水库对黄河中下游洪水防御起关键作用。但现有研究对黄河流域实时防洪调度优化模型研究较少，因此本文以黄河中游五库联调防洪系统防洪优化调度问题为例，建立水库群实时防洪补偿调度模型，通过削峰率和调蓄率，评估防洪系统水库群联合优化调度效果。

2 水库群实时防洪补偿调度模型构建

2.1 目标函数

对于 M 个水库，$M+1$ 个防洪点，当考虑区间来水时，构造最大削峰准则的目标函数（防洪断面的最大过流量最小）如下：

$$\min F = \sum_{t=1}^{T}\left\{\sum_{i=1}^{M}\left[q_i(t) + Q_{\text{区},i}(t)\right]^2 + \left[\sum_{i=1}^{M} q_i(t) + \sum_{i=1}^{M+1} Q_{\text{区},i}(t)\right]^2\right\} \tag{1}$$

式中：T 为调度期时段数；$q_i(t)$ 为第 i 库第 t 时段的出库流量演算到防洪断面的过程；$Q_{\text{区},i}(t)$ 为第 i 库到自身防洪点之间第 t 时段的区间流量过程；$\sum_{i=1}^{M+1} Q_{\text{区},i}(t)$ 为各库至共同防洪点之间的总区间流量过程。

2.2 约束条件

在补偿调度模型中，以单座水库为单元建立相互关联的模块，对每个模块考虑以下约束条件：

（1）水量平衡约束。

$$V_i(t) = V_i(t-1) + \left[\left(\frac{Q_i(t) + Q_i(t-1)}{2}\right) - \left(\frac{q_i(t) + q_i(t-1)}{2}\right)\right]\Delta t \tag{2}$$

式中：$V_i(t)$ 和 $V_i(t-1)$ 为第 i 水库 t 时段末、初水库的蓄水量；$Q_i(t)$ 和 $Q_i(t-1)$ 为第 i 水库 t 时段末、初入库流量，对于部分水库来说为上游水库放水经河道洪水演进后的过程与相应库区区间来水过程的叠加，该约束反映各库之间的水力联系；$q_i(t)$ 和 $q_i(t-1)$ 为第 i 水库 t 时段末、初出库流量；Δt 为时段长。

（2）水库最高水位约束。

$$Z_i(t) \leqslant \overline{Z}_i(t) \tag{3}$$

式中：$Z_i(t)$ 为第 i 水库 t 时刻水库水位；$\overline{Z}_i(t)$ 为第 i 水库 t 时刻容许最高水位。

（3）调度期末水位约束。

$$Z_{i,\text{end}} = Z_{i,e} \tag{4}$$

式中：$Z_{i,\text{end}}$ 为第 i 水库调度期末计算的库水位；$Z_{i,e}$ 为第 i 水库调度期末的控制水位，该水位在涨洪段反映为后续降雨预留的库容，在洪水尾部体现计划兴利回蓄水位。

（4）水库泄流能力约束。

$$q_i(t) \leqslant q_i[Z_i(t)] \tag{5}$$

式中：$q_i(t)$ 为第 i 水库 t 时刻的出库流量；$q_i[Z_i(t)]$ 为第 i 水库 t 时刻相应于水位 $Z_i(t)$ 的下泄能力，为溢洪道、泄洪底孔与水轮机的过水能力的总和。

（5）出库流量变幅约束。

$$|q_i(t) - q_i(t-1)| \leqslant \square\overline{q}_i \tag{6}$$

式中：$|q_i(t) - q_i(t-1)|$ 为第 i 水库相邻时段出库流量的变幅；$\square\overline{q}_i$ 为相邻时段出库流量变幅的容许值，当下游为堤防时，该约束可避免河道水位陡涨陡落而引发崩岸，对堤防安全有利。

本模型采用分段式算法求解。

2.3 模型评价

水库的防洪效果大小通常采用削峰率和调蓄率表示。

削峰率表示水库拦蓄洪水后，对洪峰的削减程度，削峰率越大，表示水库对洪水“削平头”的作用越强。定义如下：

$$\eta_i = \frac{Q_{m,\ i} - q_{m,\ i}}{Q_{m,\ i}} \tag{7}$$

式中：η_i 为第 i 库的削峰率；$Q_{m,i}$ 为第 i 库的入库洪峰流量；$q_{m,i}$ 为第 i 库的出库洪峰流量。

调蓄率表示水库拦蓄洪水后对洪量的削减程度，调蓄率越大，说明出库水量越少，蓄在水库的水量越多。定义如下：

$$\delta_i = \frac{W_{入,\ i} - W_{出,\ i}}{W_{入,\ i}} \tag{8}$$

式中：δ_i 为第 i 库的调蓄率；$W_{入,i}$ 为某场洪水中第 i 库的入库水量；$W_{出,i}$ 为某场洪水中第 i 库的出库水量。

水库调度对下游防洪断面的防洪效果通常用断面的削峰率表示，该指标是指断面天然洪峰流量和调控后洪峰流量的差值与天然洪峰流量的比值，该指标值越大，说明水库的防洪效果越显著。断面削峰率计算公式如下：

$$\mu = \frac{Q_{Lm} - q_{Lm}}{Q_{Lm}} \tag{9}$$

式中：μ 为防洪断面的削峰率；Q_{Lm} 为防洪断面的天然洪峰流量；q_{Lm} 为经调蓄后的防洪断面洪峰流量。

3 研究区域与数据

黄河中游防洪调度中有 5 座关键水库，分别为黄河干流的三门峡水库和小浪底水库、伊河的陆浑水库、洛河的故县水库以及沁河的河口村水库。水库群系统地理位置及概化图分别如图 1 和图 2 所示。

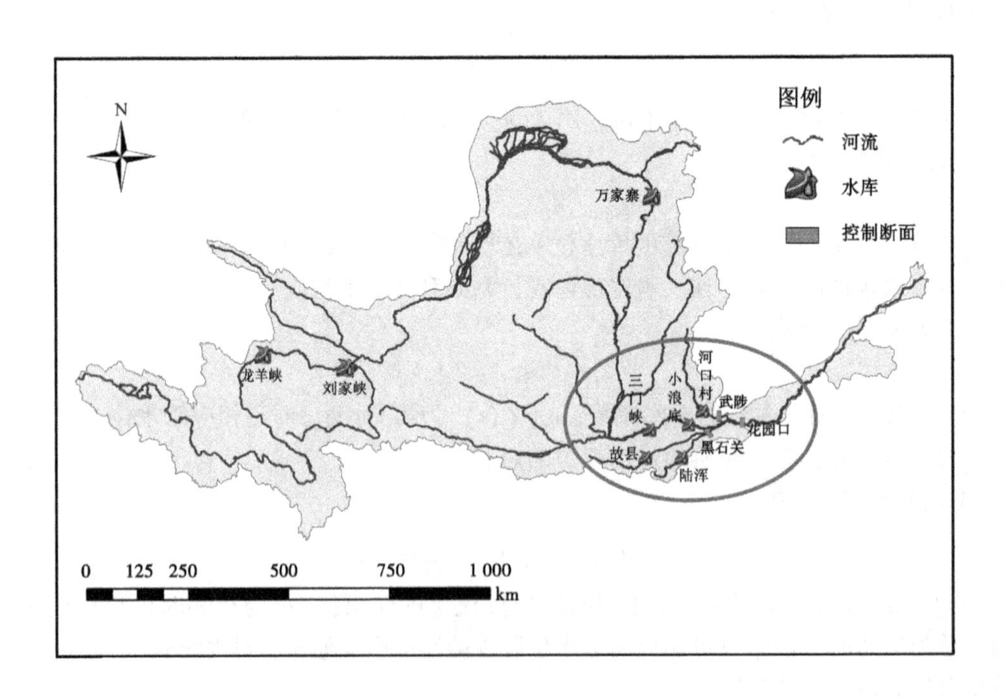

图 1 流域概况和水库群位置

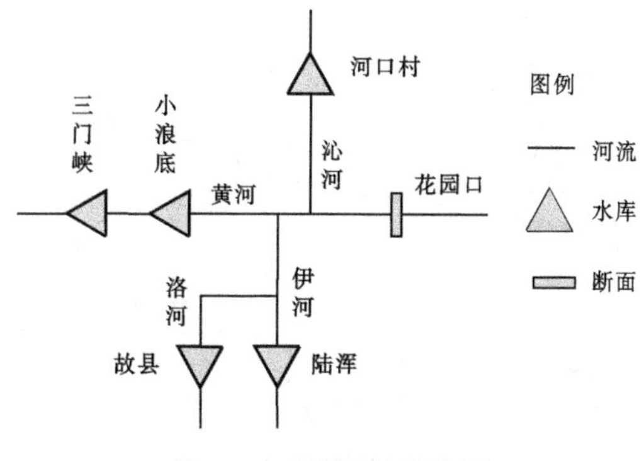

图2　水库群系统概化图

以2021年黄河秋汛洪水为例，五库联调防洪系统在9月26日至10月1日防洪压力较大。通过上述建立的优化模型，进行水库群联合优化调度，调度期为6 d，时段长为2 h，水库起调水位为9月26日00：00水位，期末水位小于等于10月2日00：00水位，最高水位不超过实际调度过程中的最高水位。通过对比优化调度与实际调度结果，探索水库群实时防洪调度潜力。

4　结果分析

9月26日至10月1日期间三门峡、小浪底、故县、陆浑、河口村五座水库和花园口断面的指标计算结果如表1所示，实际洪水过程和优化调度洪水过程对比如图3所示。

表1　各水库及花园口断面指标计算结果

水库（断面）	削峰率/%		调蓄率/%	
	实际	计算	实际	计算
三门峡	9.22	7.49	0.89	0.86
小浪底	32.99	64.60	66.50	66.37
故县	13.79	30.86	10.21	10.20
陆浑	25.83	45.50	19.15	19.12
河口村	22.03	39.83	8.03	4.74
花园口	55.32	55.22		

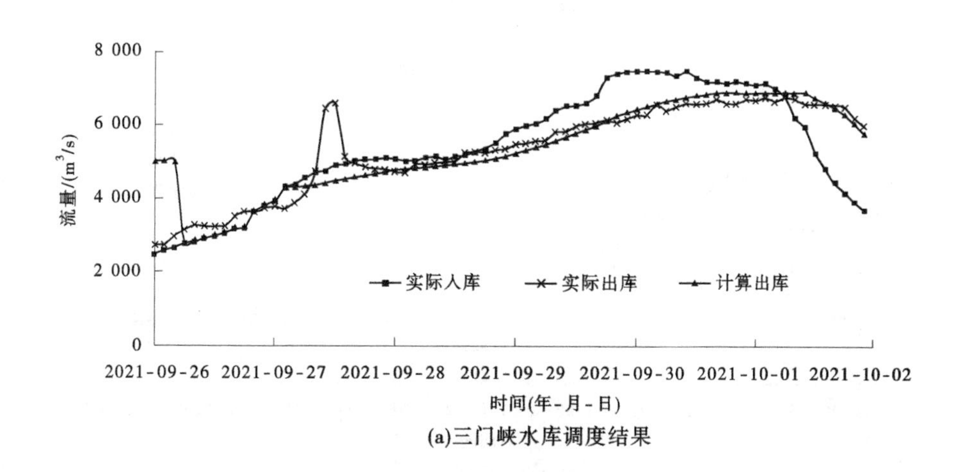

(a)三门峡水库调度结果

图3　实际洪水过程和优化调度洪水过程对比

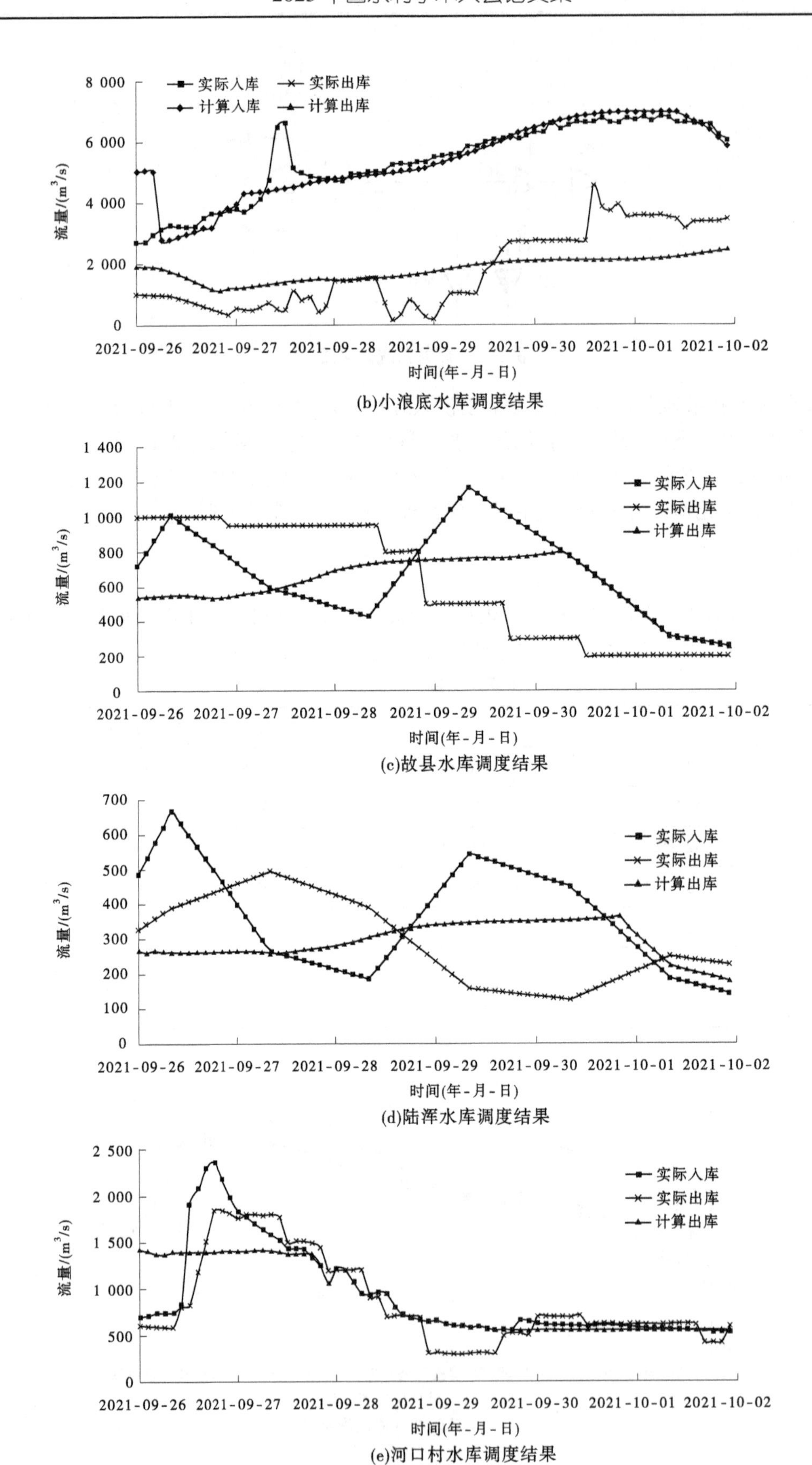

(b)小浪底水库调度结果

(c)故县水库调度结果

(d)陆浑水库调度结果

(e)河口村水库调度结果

续图 3

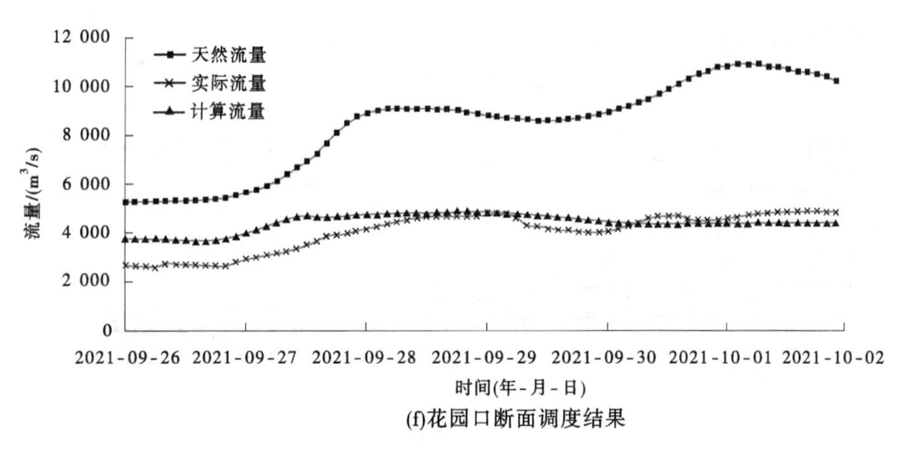

(f)花园口断面调度结果

续图 3

由表 1 可见，三门峡水库优化调度得到的削峰率小于实际削峰率，且调蓄率略小于实际调蓄率，说明优化调度时三门峡多泄水。小浪底、故县、陆浑及河口村水库削峰率均远大于实际调度削峰率，小浪底、故县和陆浑水库调蓄率略小于实际调蓄率，河口村水库调蓄率远小于实际调蓄率。优化调度时调蓄率小说明水库倾向于更多地泄水以保证水库安全，此外，优化调度时削峰率大说明水库在泄流更多的情况下可更多地削减洪峰，拉平洪水过程。对于花园口断面而言，优化调度削峰率略小于实际削峰率，说明水库泄流更多导致了花园口断面洪峰略微增大。

由图 3 可见，干流三门峡水库实际出库过程在 9 月 27 日加大了泄流，而计算出库过程在 9 月 26 日加大了泄流，其余时间计算出库过程和实际出库过程相似。由于三门峡水库计算出库和实际出库不同，故小浪底水库计算入库和实际入库过程有差异。相对于实际出库过程，小浪底水库计算出库过程更加平稳。实际 9 月 30 日有 4 000 m^3/s 左右的大流量出库，而计算出库过程最大流量在 2 000 m^3/s 左右。

对于支流故县水库，入库洪水 9 月 26 日和 29 日出现两个洪峰，实际出库流量呈阶梯降低趋势，大量削减了第二次洪峰，而计算出库流量对两个洪峰均采用了“削平头”方式运用，出库流量过程平稳。对于陆浑水库，入库洪水 9 月 26 日和 29 日出现两个洪峰，实际采用错峰调度方式，洪峰时拦蓄洪水，洪峰过后加大泄量；而优化调度方式和故县水库相同，采用“削平头”方式运用。对于河口村水库，入库洪水 9 月 26—27 日出现一个洪峰，实际调度略微错峰削峰调节，出库洪峰流量略小于入库洪峰流量且略微滞后；而优化调度得到的出库过程在 9 月 26 日洪水起涨前先以大流量泄洪腾空水库，洪峰时拦蓄洪水，退水期基本维持出库流量和入库流量一致。

对于花园口断面，实际流量过程 9 月 26—28 日逐渐增加，9 月 28 日后基本维持在 4 000~5 000 m^3/s；计算流量过程呈现先略微上升再略微下降的趋势，9 月 26—28 日流量由 3 740 m^3/s 逐渐上升至洪峰流量 4 880 m^3/s，后逐渐下降至 4 410 m^3/s。

实际调度和优化调度中小浪底、故县、陆浑、河口村四座水库的错峰补偿效果及对花园口断面的影响如图 4 所示。

由图 4 可见，实际调度各水库的出库流量随时间呈现较大的波动，这是由于实际调度过程需要根据预报的实时水雨情和工情信息动态调整调度方案。优化调度根据调度期 6 d 内的来水量进行优化，由于调度目标是使花园口断面洪峰流量最小，且加了出库流量变幅约束等条件，因此各水库出库过程相对于实际调度波动较小。优化模型中各水库最高水位限制均设置为实际调度时的最高水位，与实际调度相比，水库通过将入库洪水过程尽量拉平来削减出库洪峰，减轻下游花园口断面防洪压力。

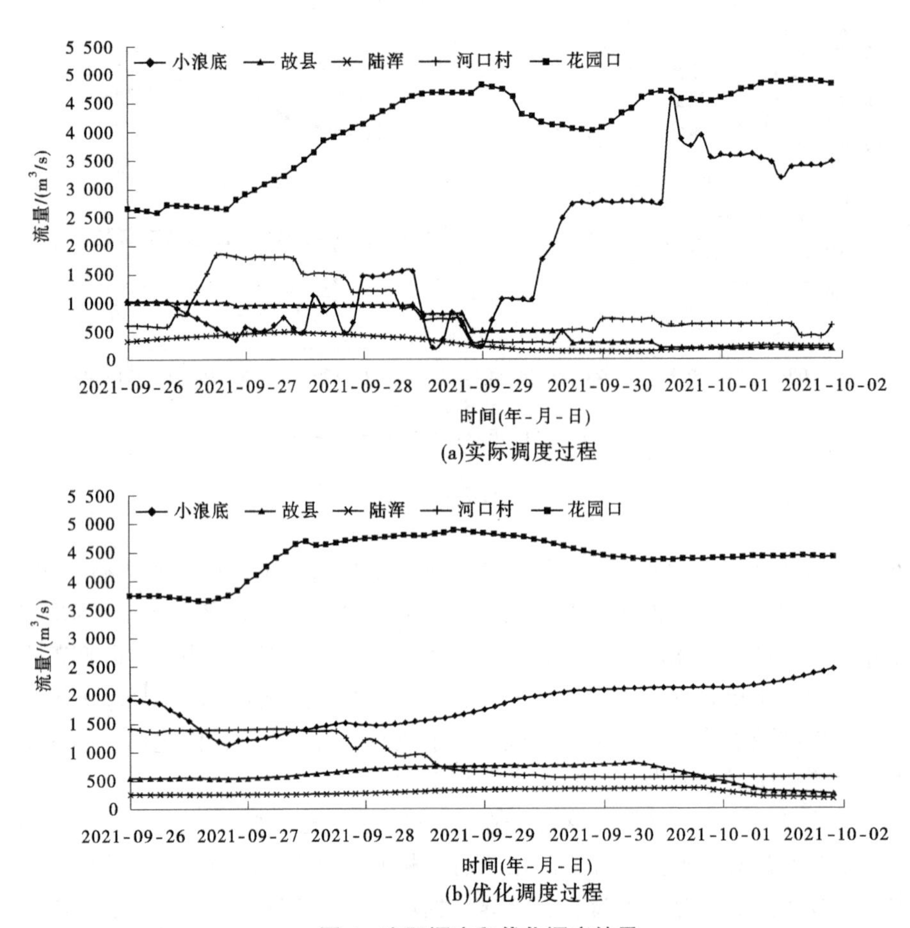

(a)实际调度过程

(b)优化调度过程

图 4　实际调度和优化调度结果

5　结论

本文建立了水库群实时防洪补偿调度模型，以 2021 年秋汛洪水为例，对五库联调防洪系统开展了水库群联合优化调度。通过水库削峰率、调蓄率和防洪断面削峰率指标，对比评价优化调度和实际调度的差异。结果表明：

（1）三门峡水库优化调度削峰率与调蓄率均小于实际，其他水库优化调度削峰率远大于实际，调蓄率略小于实际；优化调度各水库泄流过程更平稳，更倾向于略微多泄水以保障水库安全。

（2）花园口断面优化调度流量过程相对于实际调度过程更平稳，且由于水库多泄水，优化调度洪峰流量略大于实际调度洪峰流量。

参考文献

[1] WEI C, HSU N. Multireservoir real-time operations for flood control using balanced water level index method [J]. Journal of Environmental Management, 2008, 88 (4): 1624-1639.

[2] DITTMANN R, FROEHLICH F, POHL R, et al. Optimum multi-objective reservoir operation with emphasis on flood control and ecology [J]. Natural Hazards & Earth System, 2009, 9 (6): 1973-1980.

[3] 钟平安，谢小燕，唐林. 基于超额水量分配的水库群补偿调度模型 [J]. 水利学报，2010 (12): 1446-1450.

[4] 李玮，郭生练，郭富强，等. 水电站水库群防洪补偿联合调度模型研究及应用 [J]. 水利学报，2007，38 (7): 826-831.

[5] 周建中，顿晓晗，张勇传. 基于库容风险频率曲线的水库群联合防洪调度研究 [J]. 水利学报，2019，50 (11): 1318-1325.

[6] XIN H, BIN X, PING-AN Z, et al. Robust multiobjective reservoir operation and risk decision-making model for real-time

flood control coping with forecast uncertainty [J]. Journal of Hydrology, 2022, 605.

[7] JINGWEN Z, Ximing C, Xiaohui L, et al. Real-time reservoir flood control operation enhanced by data assimilation [J]. Journal of Hydrology, 2021, 598.

[8] 周詹翱. 构造洪水数据驱动的水库实时调度算法研究 [D]. 西安：西安电子科技大学, 2021.

[9] 艾学山, 支悦, 董璇, 等. 适应气候变化的交互式水库防洪调度决策分析系统 [J]. 水利水电技术, 2020, 51 (10): 180-187.

[10] 赵兰兰, 朱冰, 孔祥意, 等. 并联库群优化调度模型在黄河中游防洪预演中的应用研究 [C] //河海大学, 武汉大学, 长江水利委员会网络与信息中心, 湖北省水利水电科学研究院. 2023 (第十一届) 中国水利信息化技术论坛论文集, 2023: 839-849.

[11] 于显亮, 彭杨, 李颖曼, 等. 黄河上游梯级水库汛期增泄联合调度研究 [J]. 人民黄河, 2023, 45 (8): 68-72, 78.

[12] 宋伟华, 沈延青, 赵梦龙, 等. 黄河龙羊峡至刘家峡区间主要梯级水库洪水调度研究 [J]. 人民黄河, 2023, 45 (8): 73-78.

黄河下游山东段防洪保护区洪水风险影响分析

苏　磊[1,2]　谢志刚[1,2]　魏　源[3]　张宝森[1,2]　邓　宇[1,2]　时芳欣[1,2]

（1．黄河水利委员会黄河水利科学研究院，河南郑州　450003；
2．水利部堤防安全与病害防治工程技术研究中心，河南郑州　450003；
3．黄河勘测规划设计研究院有限公司博士后科研工作站，河南郑州　450003）

摘　要：黄河下游山东段窄河道历来是洪涝灾害易发河段，分析黄河下游山东段防洪保护区洪水风险，有利于完善黄河下游山东段洪水防御体系，加强洪水风险管理工作。本文以黄河下游山东段防洪保护区为研究对象，基于平面二维数学模型建立了防洪保护区洪水演进模型，模拟分析溃堤洪水在防洪保护区内演进过程、淹没范围，并提出了相应的对策与措施。相关研究成果可在流域洪水风险管理、洪水调度决策、防灾减灾措施的制定等方面为流域管理机构提供决策依据和技术支持。

关键词：黄河；洪水；防洪保护区；风险分析；对策措施

1　引言

人民治黄以来，经过70余年不懈努力，目前“上拦下排，两岸分滞”的黄河下游防洪工程体系已初步形成，黄河下游防御洪水能力大幅提高，洪水风险降低，但黄河下游堤防工程岸线长，堤防质量参差不齐，游荡河道仍未有效控制，加之近些年极端气候频发，黄河下游河势多变和二级悬河等问题仍然严重，因此黄河下游防洪形势仍非常严峻。黄河下游山东窄河道地理位置十分特殊，历史上曾经“三年两决口”，也是洪涝灾害多发、易发河段，曾多次给两岸群众带来深重灾害[1]。黄河下游山东段防洪保护区经济地位十分重要，区域内建设有大量高速公路、铁路、堤防、输水渠道等重要基建设施，如荣乌高速、青银高速、长深高速、京九铁路、京沪铁路等，堤防一旦决口，洪水进入保护区，造成的损失将不可估量。因此，分析不同溃口位置、河道边界、洪水量级条件下保护区内洪水风险、洪水演进规律及其灾害特征，对黄河下游防洪减灾具有重要意义。本文以黄河下游山东段防洪保护区为研究对象，基于平面二维数学模型模拟分析溃堤洪水在防洪保护区内演进过程、淹没范围，并提出了相应的对策与措施。

2　研究区域概况

本次研究防洪保护区位于山东黄河大堤左岸，范围西起金堤河入黄口，北沿东阿—茌平—禹城—临邑—商河—惠民—无棣一线向东至渤海，南沿黄河大堤，向东至滨州后折向北，于沾化区沿徒骇河汇入渤海，面积约20 000 km²。保护区涉及山东省5个市24个县（区），聊城市的东阿县、高唐县、东昌府区、临清市、莘县、阳谷县、茌县，德州市的乐陵市、禹城市、陵城区、临邑县、齐河县、宁津县、庆云县、平原县，济南市的济阳区、商河县，滨州市滨城区及所属的惠民县、沾化区、无棣

基金项目：中央级公益性科研院所基本科研业务（HKY-JBYW-2023-17；HKY-JBYW-2023-05）；黄河水利科学研究院推转基金项目（HKY-YF-2022-05）；应急部揭榜中标攻关项目“圩堤远程控制智能打桩处置关键技术装备”（应急厅函〔2021〕136号）。

作者简介：苏磊（1990—），男，工程师，从事水力学及河流动力学研究工作。

通信作者：谢志刚（1976—），男，高级工程师，从事防汛抢险技术研究工作。

县、阳信县，东营市河口区、利津县，保护区位置及范围见图1，模型区域见图2。

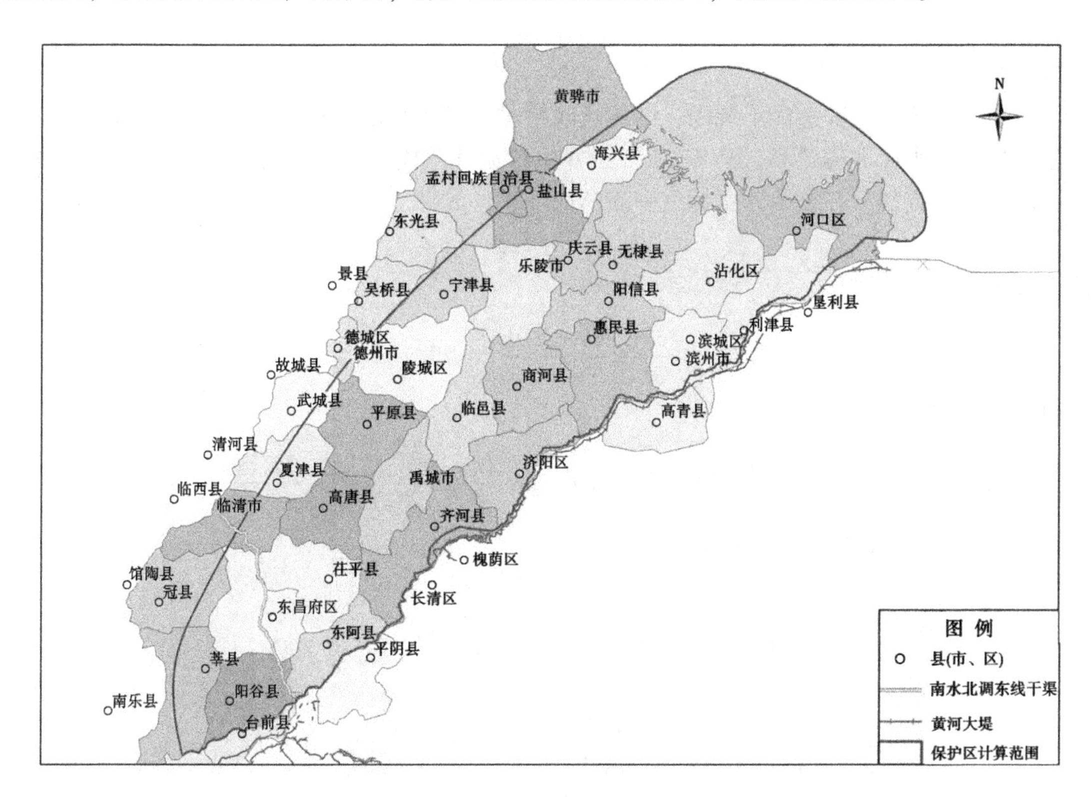

图1　保护区范围

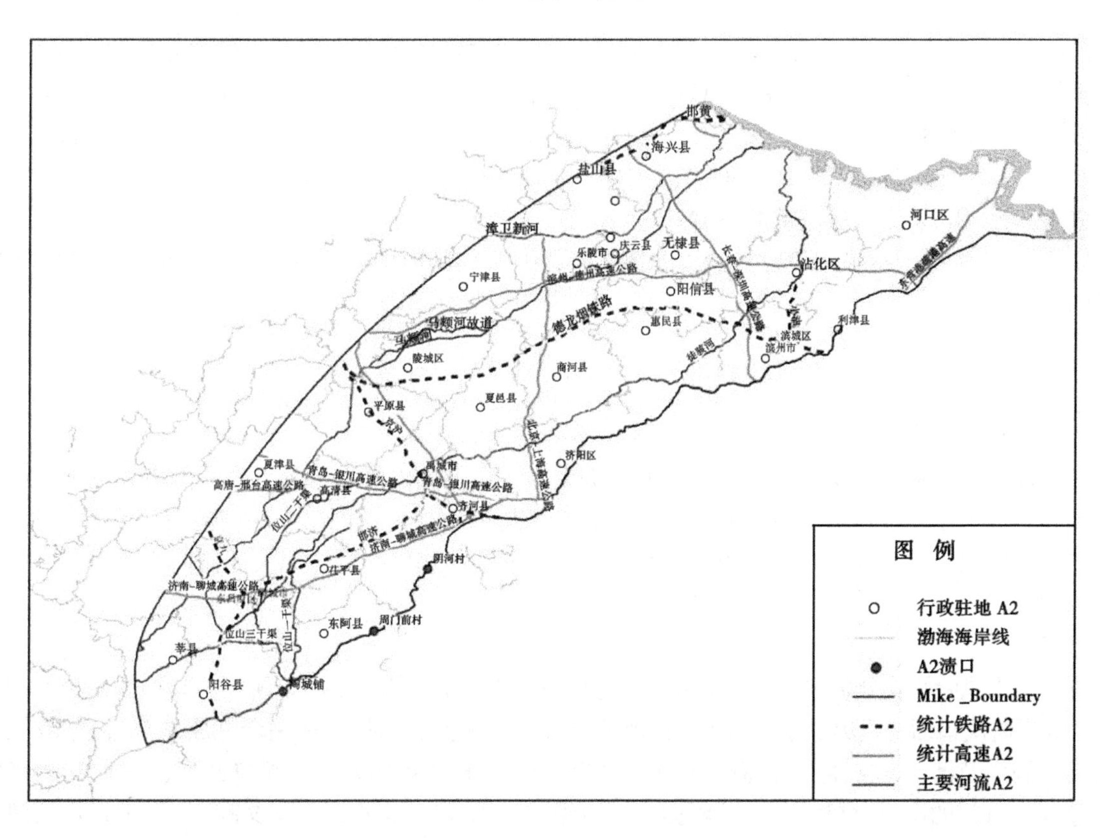

图2　建模范围

3 数学模型

3.1 控制方程

由于本次研究区域计算边界不规则，结构化网格难以满足精度要求，因此选用 MIKE21 非结构化网格模型来进行洪水演进模拟[2]。MIKE21 二维非恒定流计算模块是考虑静压假定的不可压缩流体的雷诺平均应力控制方程，在笛卡儿坐标系中表示如下：

$$h = \eta + d \tag{1}$$

连续方程：

$$\frac{\partial h}{\partial t} + \frac{\partial h\bar{u}}{\partial x} + \frac{\partial h\bar{v}}{\partial y} = hS \tag{2}$$

动量方程：

$$\frac{\partial h\bar{u}}{\partial t} + \frac{\partial h\bar{u}^2}{\partial x} + \frac{\partial h\overline{uv}}{\partial x} = f\bar{v}h - gh\frac{\partial \eta}{\partial x} - \frac{h\partial P_a}{\rho_0 \partial x} - \frac{gh^2}{2\rho_0}\frac{\partial \rho}{\partial x} + \frac{\tau_{sx}}{\rho_0} - \frac{\tau_{bx}}{\rho_0} - \frac{1}{\rho_0}\left(\frac{\partial s_{xx}}{\partial x} + \frac{\partial s_{xy}}{\partial y}\right) + \frac{\partial}{\partial x}(hT_{xx}) + \frac{\partial}{\partial y}(hT_{xy}) + hu_s S \tag{3}$$

$$\frac{\partial h\bar{v}}{\partial t} + \frac{\partial h\bar{v}^2}{\partial y} + \frac{\partial h\overline{uv}}{\partial x} = f\bar{u}h - gh\frac{\partial \eta}{\partial y} - \frac{h\partial P_a}{\rho_0 \partial y} - \frac{gh^2}{2\rho_0}\frac{\partial \rho}{\partial y} + \frac{\tau_{sy}}{\rho_0} - \frac{\tau_{by}}{\rho_0} - \frac{1}{\rho_0}\left(\frac{\partial s_{yx}}{\partial x} + \frac{\partial s_{yy}}{\partial y}\right) + \frac{\partial}{\partial x}(hT_{xy}) + \frac{\partial}{\partial y}(hT_{yy}) + hv_s S \tag{4}$$

$$h\bar{u} = \int_{-d}^{\eta} u\mathrm{d}z \qquad h\bar{v} = \int_{-d}^{\eta} v\mathrm{d}z \tag{5}$$

式中：$\bar{u}$、$\bar{v}$ 为基于水深平均的流速，分别为基于水深平均的流速在 x 与 y 方向的分量；x、y、z 为笛卡儿坐标；d 为静水水深；$h=\eta+d$ 为总水头；t 为时间；u、v 分别为 x、y 方向的速度分量；g 为重力加速度；ρ 为水的密度；s_{xx}、s_{xy}、s_{yx}、s_{yy} 为辐射应力的分量；P_a 为大气压强；η 为河底高程；P_0 为水相对密度；u_s、v_s 为源、汇项流速；T_{xx}、T_{xy}、T_{yy} 为 xx 方向、xy 方向、yy 方向剪切应力；τ_{sx} 和 τ_{sy} 为风应力；τ_{bx} 和 τ_{by} 为水流底部摩擦力。

侧向应力项 T_{ij} 包括黏滞摩擦、湍流摩擦、差异平流，其值由基于水深平均的流速梯度的涡黏性公式估算：

$$T_{xx} = 2A\frac{\partial \bar{u}}{\partial x}, \quad T_{xy} = A\left(\frac{\partial \bar{u}}{\partial y} + \frac{\partial \bar{v}}{\partial x}\right), \quad T_{yy} = 2A\frac{\partial \bar{v}}{\partial y} \tag{6}$$

式中：A 为水平紊动涡黏系数。

模型计算范围如图 2 所示，右侧以黄河大堤为界，右上侧以渤海湾为界，左侧边界范围根据前期多次试算结果确定。确定边界后，采用 MIKE21 模型基于非结构化网格[3] 对模拟区域划分网格，对区域内地形变化大、边界复杂及高出地面 0.5 m 以上的线状物沿线两侧以及区域内重要河湖网格进行了局部加密。

3.2 口门设置

本次洪水风险影响分析选择历史上多次发生险情的陶城铺、周门前村、阴河村口门为研究对象，分析这 3 处堤防决口后，溃堤洪水在保护区内的演进过程。根据黄河口门相关研究成果[4-6]，考虑最不利的情况，假定黄河干流发生“33 型”近 1 000 年一遇洪水并将其演进至溃口断面，得到断面相应的流量过程。口门的决口时机为：口门断面大河流量超过 10 000 m³/s，根据文献［5］中提出的溃口分流比计算方法，决口发生 48 h 内，口门分洪量占断面比例由 60%增至 80%，48 h 后分流比例继续加大，直至 96 h 后全河夺流，分洪比达到最大 100%，各个位置的口门分流情况见表 1、图 3~图 5。

表1　口门分洪量

口门位置	决口时机	分洪量/亿 m^3	洪水历时/h	分流比/%
陶城铺口门	洪峰前一天	190.1	956	58.07
周门前村口门	口门断面大河流量超过10 000 m^3/s	189.9	954	57.96
阴河村口门	口门断面大河流量超过10 000 m^3/s	190.4	950	57.94

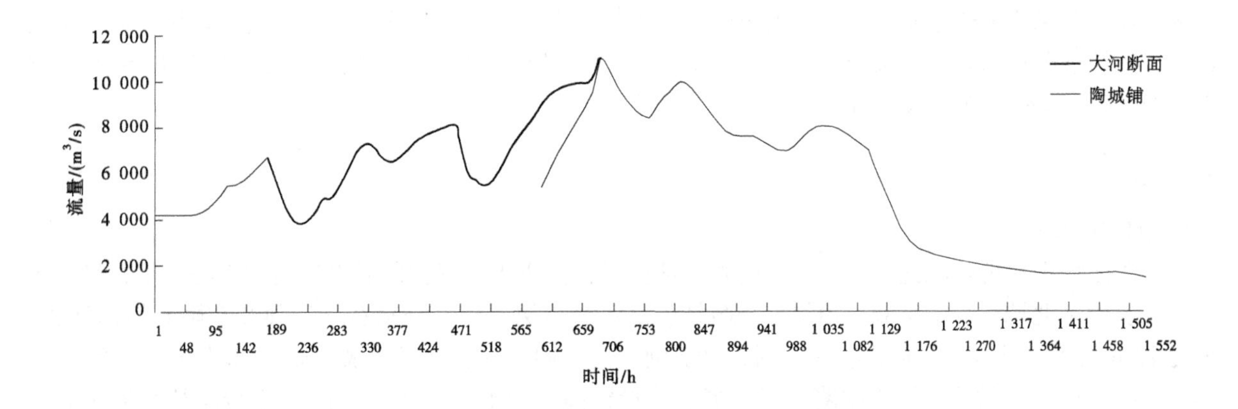

图3　陶城铺口门处大河流量过程及口门分洪流量过程

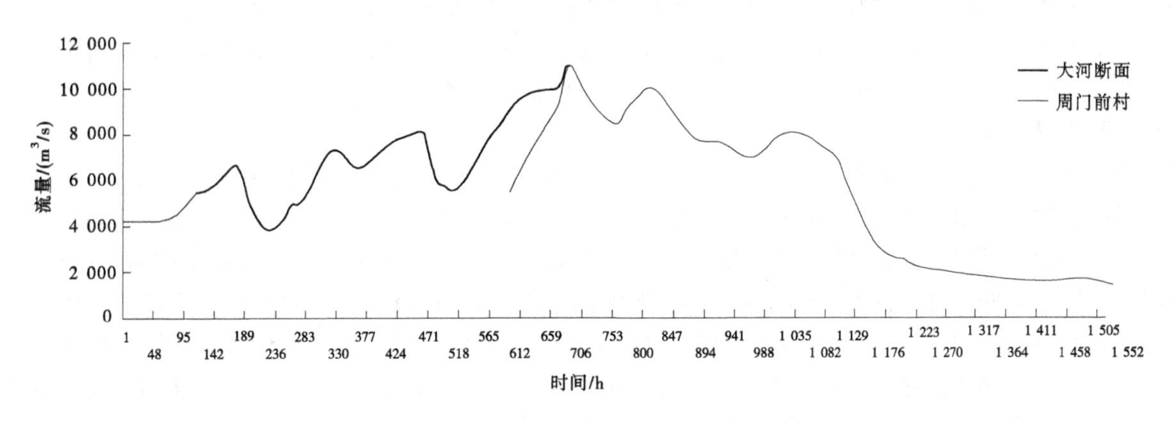

图4　周门前村口门处大河流量过程及口门分洪流量过程

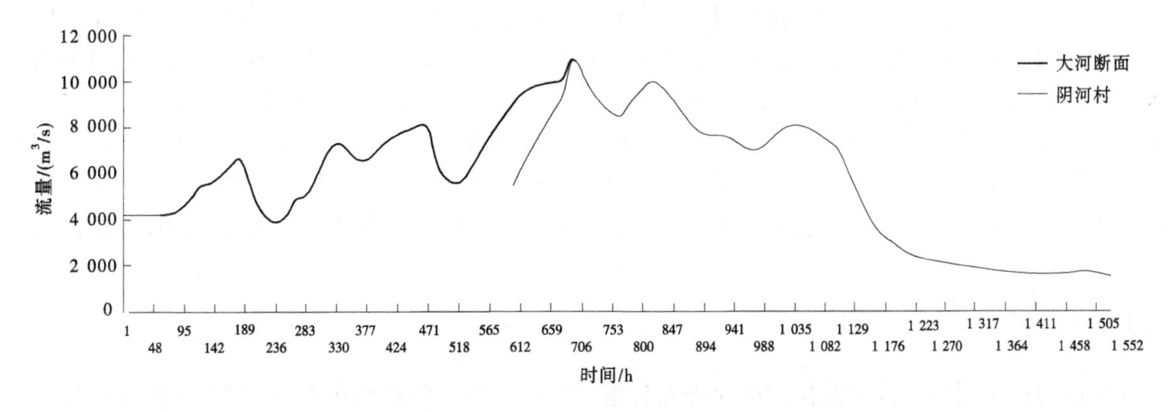

图5　阴河村口门处大河流量过程及口门分洪流量过程

3.3 计算参数与边界条件

在研究区域内，根据不同类型的土地，参考官方发布的基础地理信息数据和保护区内土地利用类型的数据，设置模型中不同区域的糙率值[7]。

进口边界分别设置在 3 个溃口口门位置处，分别为陶城铺口门、周门前村口门、阴河村口门。各溃口分洪过程见表 1、图 3～图 5。

保护区入海口处设有东风港潮位站。根据该潮位站多年统计资料，模型出口渤海湾多年潮差变化不大，对保护区洪水分析计算影响不大，采用东风港多年平均潮位 0.14 m 作为下边界条件。

黄河下游山东段防洪保护区内建设有大量高速公路、铁路、堤防、输水渠道等重要基建设施，其阻水作用会对洪水演进过程产生一定的影响。本次模拟考虑了荣乌高速、青银高速、长深高速、京九铁路、京沪铁路等重要基础设施和马颊河、徒骇河、漳卫新河等河流（见图 2），采用 MIKE21 模型中的 DIKE 模块模拟其挡水作用。

4 计算结果

4.1 陶城铺口门

位于区域上游的陶城铺口门，当堤防发生溃决时，洪水进入保护区后以口门为中心向下游呈弧形扩散，受南水北调东线干渠和位山渠堤防阻挡，洪水分为两部分，分别在阳谷县和东阿县境内演进，溃堤 12 h 后洪水演进至聊城市，24 h 后，徒骇河堤防开始上水，部分洪水沿徒骇河堤防向下游演进。24～128 h，受京九铁路、邯济铁路、济聊高速、青银高速等道路的阻滞，洪水逐步向徒骇河南北两岸演进。240 h，到达惠民县，290 h 到达滨州市，317 h 到达荣乌高速。390 h 后，洪水前锋位置到达渤海湾，洪水沿马颊河、徒骇河两岸汇入渤海。480 h 后，洪水淹没范围基本达到最大，后续溃口洪水基本不再扩大淹没面积，除部分低洼地区积水无法排出外，地势较高地区的洪水流动趋势遵循从高到低的原则，并逐渐汇入徒骇河、马颊河，最终入渤海湾，最终淹没面积 14 014.3 km^2，见图 6。

4.2 周门前村口门

位于陶城铺口门下游的周门前村口门，当堤防发生溃决时，洪水进入保护区后以口门为中心向下游呈弧形扩散，洪水 19 h 到达济聊高速。70 h 后洪水在禹城境内进入徒骇河堤防，徒骇河河槽开始上水，部分洪水开始沿徒骇河向下游演进。179 h 洪水演进至德龙烟铁路，洪水通过铁路上的桥梁、涵洞向无棣县方向演进，另有一部分洪水沿徒骇河两岸向沾化方向演进。309 h 后，洪水前锋到达渤海湾，洪水沿马颊河、徒骇河两岸汇入渤海。480 h 后洪水淹没范围基本达到最大，后续溃口洪水基本不再扩大淹没面积，除部分低洼地区积水无法排出外，地势较高地区的洪水流动趋势遵循从高到低的原则，并逐渐汇入徒骇河、马颊河，最终入渤海湾，最终淹没面积 10 596.5 km^2，见图 7。

4.3 阴河村口门

位于周门前村口门下游的阴河村口门，当堤防发生溃决时，洪水进入保护区后以口门为中心向下游呈弧形扩散，6 h 后洪水将到达济聊高速。6～26 h 洪水在齐河县境内演进。70 h 后洪水在禹城市境内到达徒骇河堤防。150 h，洪水越过德龙烟铁路，210 h 到达沾化区，219 h 到达荣乌高速。297 h 后洪水前锋位置到达渤海湾，洪水沿马颊河、徒骇河两岸汇入渤海。480 h 后洪水淹没范围基本达到最大，后续溃口洪水基本不再扩大淹没面积，除部分低洼地区积水无法排出外，地势较高地区的洪水流动趋势遵循从高到低的原则，并逐渐汇入徒骇河、马颊河，最终入渤海湾，最终淹没面积 9 876 km^2，见图 8。

5 结论

本文以黄河下游山东段防洪保护区为研究对象，基于平面二维数学模型模拟陶城铺、周门前村、阴河村三处口门堤防发生溃决后，洪水在防洪保护区内的演进过程，并绘制每个溃口的最大淹没水深分布图。黄河下游山东窄河段历史上洪涝灾害多发、易发，堤防发生溃口的位置、溃决后口门的发展

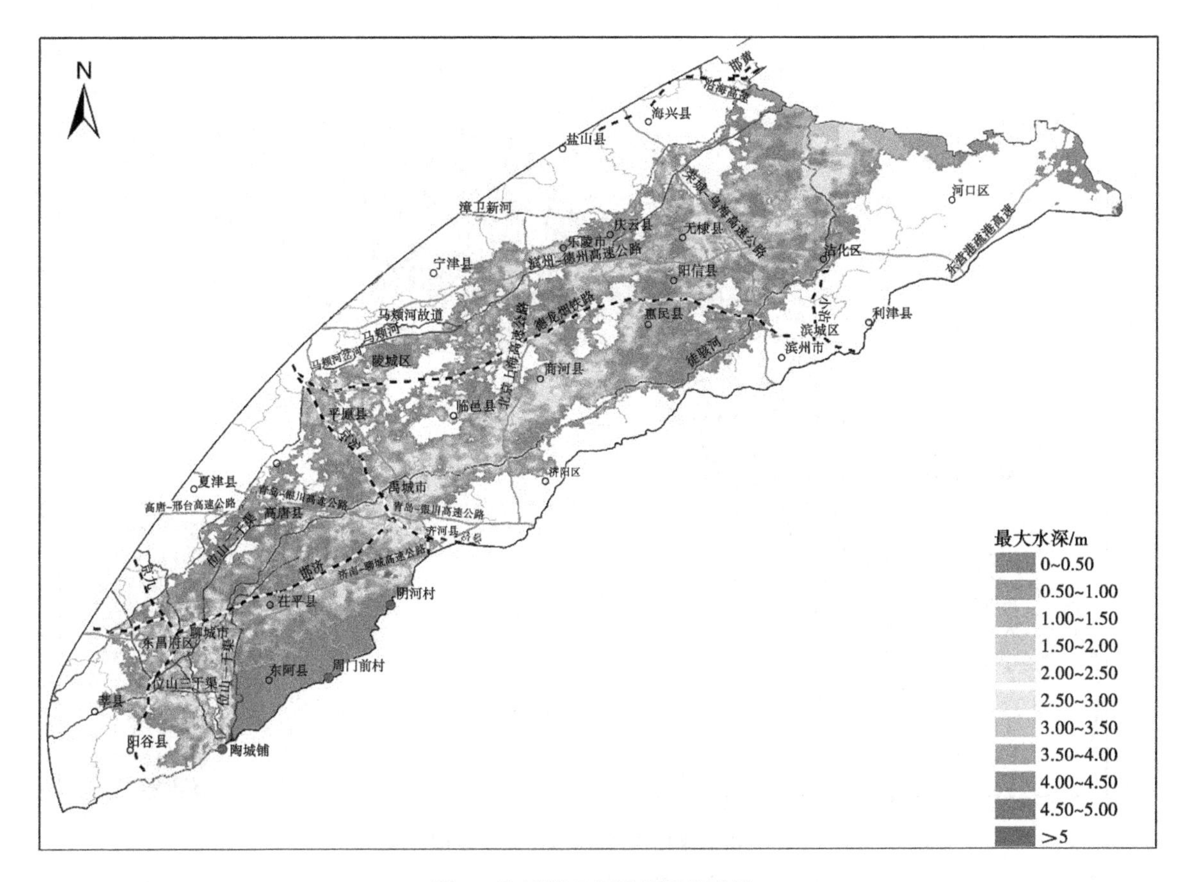

图 6　陶城铺口门最终淹没范围

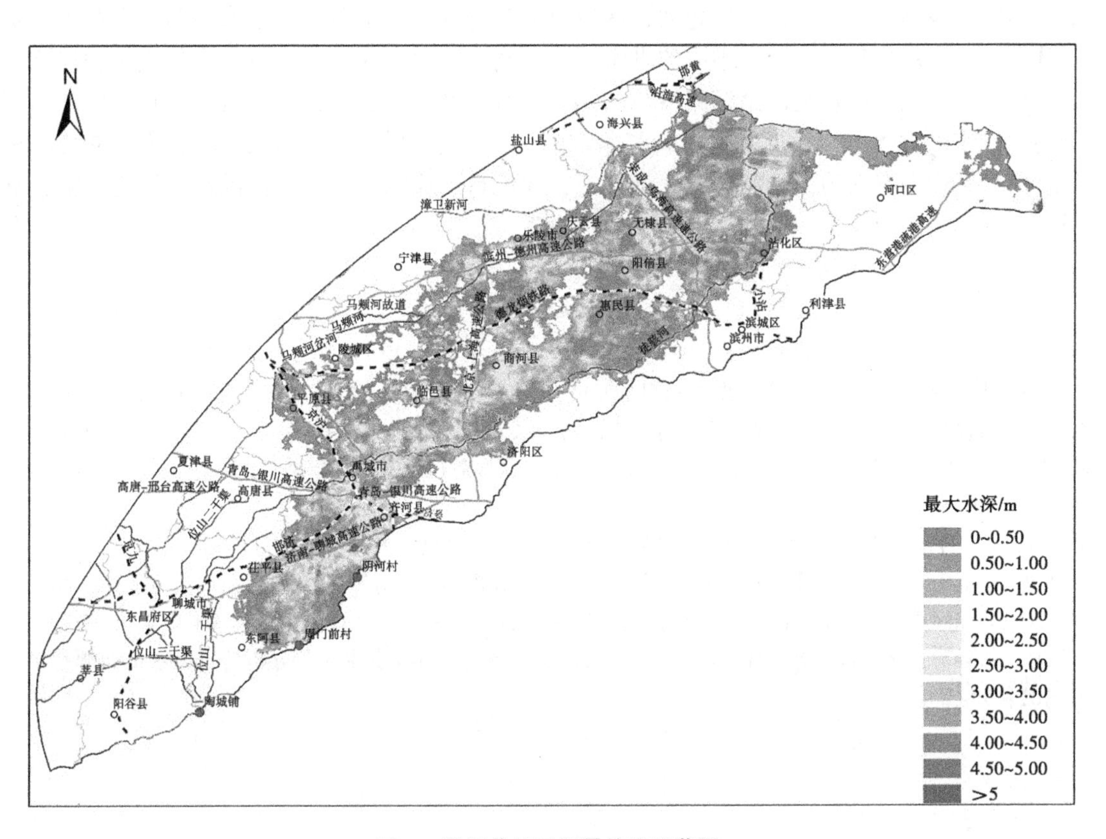

图 7　周门前村口门最终淹没范围

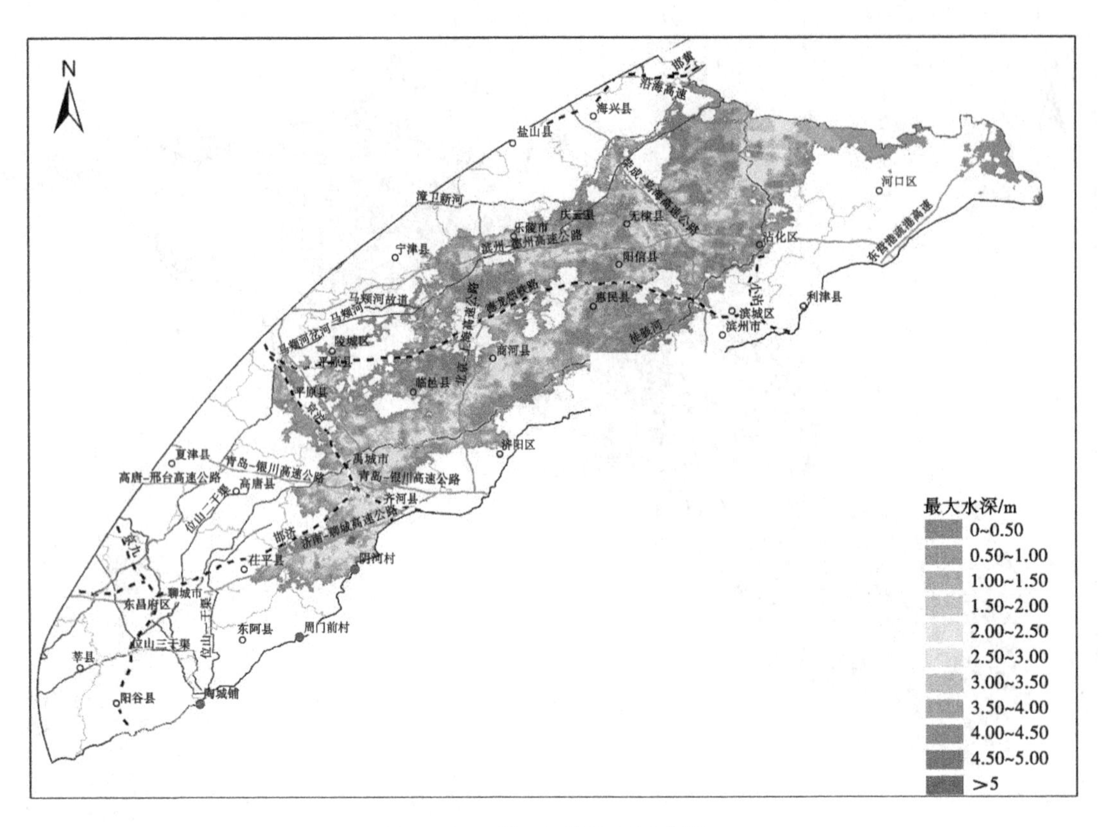

图 8　阴河村口门最终淹没范围

情况以及最终口门宽度、保护区内淹没范围等问题十分复杂，根据上述洪水过程模拟结果可以看出，溃决发生的位置越靠上游，溃口宽度越大，区域内最终淹没面积也越大。结果表明，沿黄地区是防洪抢险的重点，堤防决口后，应根据不同的洪水到达时间、淹没水深，对区域采取分级管理措施。对于距离口门较远、距离村庄较近的高速路沿线的涵洞，有条件的情况下，可临时采取封堵措施，延迟洪水前锋到达村庄的时间，为人员及财产转移争取时间，对于口门附近河段，应尽早尽快堵口减小损失。同时保护区内所有河道湖泊闸门应全部开启，保证行洪通畅，尽可能使洪水沿河道下泄，减少淹没范围。

参考文献

[1] 李谢辉，李清秀．黄河山东段沿线洪水灾害风险评估与防范对策［J］．自然灾害学报，2013，22（5）：206-212.

[2] 陈卫宾，郭晓明，罗秋实，等．黄河下游防洪保护区洪水风险分析［J］．中国水利，2017（5）：56-58.

[3] 郭晓明，田治宗，李书霞，等. 基于 keller-Box 格式的三维非静压水动力学模型［J］. 华中科技大学学报（自然科学版），2015，43（7）：29-33.

[4] 翟家瑞，张素平，丁大发. 黄河堤防溃口对策研究［J］. 人民黄河，2003，25（3）：3-4.

[5] 刘树坤，宋玉山，程晓陶，等. 黄河滩区及分滞洪区风险分析和减灾对策［M］. 郑州：黄河水利出版社，1999.

[6] 中华人民共和国水利部. 洪水风险图编制导则：SL 483—2017［S］. 北京：中国水利水电出版社，2017.

[7] 王晓磊，韩会玲，李洪晶. 宁晋泊和大陆泽蓄滞洪区洪水淹没历时及洪水风险分析［J］. 水电能源科学，2013，31（8）：59-62.

黄河流域水环境监测站网建设与研究

王贞珍[1]　郎　毅[2]

（1. 黄河水利委员会水文局，河南郑州　450004；
2. 黄河水利委员会河南水文水资源局，河南郑州　450004）

摘　要：黄河流域作为中国的母亲河，一直扮演着重要的经济和生态角色。然而，近年来，黄河流域面临着日益严重的水环境问题，包括洪水、水质污染和水资源短缺。本文详细介绍了监测站网的构成，包括监测站点、数据采集终端、中央数据库与云平台以及数据处理中心，在此基础上分析了黄河流域水环境站网建设的优化策略，包括实时洪水监测和警报系统、水质监测与管理、气候变化适应策略的具体应用方法，以应对流域的特点和挑战，旨在为全面保护和管理黄河流域的水资源和水环境提供建设性意见。

关键词：黄河流域；监测站网；水环境；建设；策略

1　引言

黄河流域一直以来都是中国的经济和文化中心，其流域覆盖的多个省份和自治区都受益于这一伟大的河流。然而，随着工业化和城市化的快速发展，黄河流域的水环境问题日益突出，季节性的降雨和融雪，以及河道淤积等因素，使得黄河流域容易发生洪水，对人民生命财产和农田造成巨大威胁，尤其是随着工业和农业的发展，水质污染问题也变得日益突出，包括工业废水排放、农业农药和养殖业的污染，对水体生态系统和居民的健康构成了风险，并且气候变化引发了降水模式的不稳定性，导致洪水和干旱事件频繁发生，对农业生产、水资源管理和生态平衡产生了严重影响。因此，建设一套高效的水环境监测站网系统显得至关重要。本文的目标是探讨如何构建和研究这一监测站网系统，以便更好地了解流域的水环境情况，提前预警灾害，改善水质，合理管理水资源，适应气候变化，保护生态环境，实现流域的可持续发展。

2　黄河流域水环境监测的重要性

黄河流域水环境监测的重要性无法被低估，它在多个方面对社会、经济和生态环境都具有极其重要的影响，黄河是中国北方地区最大的河流，为数百万人口提供饮用水和农业灌溉水源，通过监测水资源的供应和需求情况，可以更好地规划和管理水资源的分配，确保满足不断增长的需求。首先，黄河流域受到工业、农业和城市污染的影响，水质问题日益突出，水环境监测可以及时检测水质污染，并采取措施来减轻或消除污染，从而保护人类健康和生态系统的完整性，并且黄河流域常年面临洪水和干旱等水灾威胁，通过监测降雨、河流水位和水质，可以提前警示并有效应对洪水和干旱，减少灾害损失。其次，黄河流域拥有丰富的生态资源，包括湿地、水生动植物和鱼类，高效的监测有助于追踪生态系统的健康状况，及时发现并应对生态威胁，维护生物多样性。农业在黄河流域占有重要地位，水资源的有效利用对农业生产至关重要，有效的监测可帮助农民更有效地管理灌溉，减少水资源浪费，提高农产品质量和产量。最后，通过长期的水环境监测，可以积累大量的数据和信息，用于科

作者简介：王贞珍（1980—），女，高级工程师，主要从事水环境、水生态监测管理与研究工作。

学研究和政策制定。这些数据可以帮助政府、科研机构和决策者更好地了解水环境变化趋势，制定更有效的环境保护政策。总而言之，黄河流域水环境监测不仅对于确保水资源的可持续利用和保护环境健康至关重要，还对于维护社会稳定、促进经济发展和保护生态系统具有巨大的战略性价值。有效的监测体系可以为决策者提供数据支持，帮助他们在面对复杂的水资源管理和环境挑战时作出明智的决策。

3 黄河流域水环境监测站网系统的构成

3.1 监测站点

黄河流域水环境监测站网系统的构成之一是监测站点，监测站点是系统的基础，监测站点分布在黄河流域的关键位置，用于实时监测和记录水资源及水环境的各种参数。除此之外，每个监测站点都有一个数据采集单元，用于收集传感器和仪器产生的数据，相关的数据采集单元可以是计算机、数据记录仪或嵌入式系统，它们负责将数据存储、处理和传输至中央数据库或云平台，为了确保监测站点的连续运行，通常会配置稳定的电源系统，可以包括太阳能电池板、蓄电池、发电机或市电供电，以应对不同环境和天气条件下的电力需求，监测站点需要与中央数据库或云平台进行数据传输和通信，基础的通信设施可以包括互联网连接、卫星通信、GSM/CDMA 网络或无线通信技术，对应的监测站点可能配备实时监测与控制系统，允许远程监控传感器状态、进行校准、配置仪器参数等。这有助于确保数据的准确性和可靠性。监测站点是黄河流域水环境监测站网系统的关键组成部分，它们通过实时监测和数据收集，为科学研究、水资源管理、环境保护和应急响应提供了重要的信息和数据。

3.2 数据采集终端

黄河流域水环境监测站网系统中的数据采集终端是关键的组成部分，负责实时收集、处理和传输监测数据，数据采集终端通常包括多个传感器和仪器的接口，用于连接各种水质和水量参数的测量设备。这些接口允许传感器将实时数据传送到数据采集终端。首先，数据采集终端能够用于与传感器通信的硬件模块，它可以接收来自传感器的模拟或数字信号，并将其转换为计算机可读的数据格式，并将监测数据临时存储在本地，对于在数据传输过程中出现通信故障时保留数据非常重要。其次，数据采集终端可能包括数据处理单元，用于进行实时数据处理。这包括数据校正、去噪、滤波和计算统计指标等操作，以确保采集到的数据的准确性和一致性，为了将数据传输到中央数据库或云平台，数据采集终端配备了通信模块，实际可以是以太网接口、Wi-Fi、GSM/CDMA、卫星通信等，具体取决于监测站点的位置和通信要求，数据采集终端使用数据传输协议来与中央数据库或云平台通信，协议可以包括 HTTP、MQTT、FTP 等，以确保数据安全传输。最后，数据采集终端可能具备实时监控和远程控制功能，允许远程操作员监视终端状态、进行校准和配置仪器参数。数据采集终端是黄河流域水环境监测站网系统中的关键组成部分，它们的高效和可靠运行对于确保准确、实时地监测和管理水资源与水环境至关重要。

3.3 中央数据库与云平台

黄河流域水环境监测站网系统的构成中，中央数据库与云平台是用于集中存储、管理和分析监测数据的关键组成部分，云平台在实现监测站网系统的整体目标中扮演着至关重要的角色。具体而言，中央数据库是用于存储从监测站点采集的各种水质和水量数据的关键组成部分，对应的数据包括水位、水温、溶解氧、浊度、pH、污染物浓度等多种参数，并且数据库具有强大的数据管理功能，包括数据的存储、检索、备份和恢复。数据管理系统确保数据的安全性、完整性和可访问性。一方面，中央数据库通常包括数据处理功能，用于对原始数据进行预处理、质量控制和校正，以确保数据的准确性和一致性，且数据库可以支持高级数据分析，包括趋势分析、时序分析、数据挖掘等，以帮助决策者和研究人员更好地了解水环境的变化趋势和关联性。另一方面，中央数据库可以生成各种类型的报告，包括实时数据报告、历史数据报告、趋势分析报告等，以满足不同用户的需求，云平台提供了高度可扩展的存储和计算资源，可以用于存储大规模的监测数据并执行复杂的数据分析任务，云平台支持实时数据传输，使监测数据能够及时上传并进行处理，从而实现对水环境的实时监测和应急响应。除此之外，云平台允许用户远程访问监测数据和报告，无论用户身在何处，都可以随时随地获取数据和分析结果，其中包括多端口的 API 接入，从而能够支持多用户协作和数据共享，使不同利益相关者能够共享数据、合作研究和制定政策，并且云平台可以利用人工智能和机器学习技术进行数据自动分析，提供预警系统和智能决策支持。中央数据库和云平台的存在使监测站网系统能够实现大规模、高效率、实时的水环境监测和数据管理，为决策制定、科学研究和环境保护提供了坚实的基础。

3.4 数据处理中心

黄河流域水环境监测站网系统的构成中，数据处理中心是一个关键组成部分，负责数据的处理、存储、分析和管理，在数据进入数据库之前，需要进行数据预处理。这包括数据质量控制、异常值检测、数据清洗和校正等步骤，以确保数据的准确性和一致性，并且数据处理中心负责有效地存储和管理大量监测数据。这通常涉及数据库管理系统，用于组织和检索数据，考虑到大部分的数据处理中心拥有强大的数据分析和处理能力，系统本身可以执行各种数据分析任务，包括统计分析、时序分析、趋势分析、空间分析等，以揭示水环境的变化趋势和关联性，为了识别黄河流域的数据特点，数据处理中心通常配备实时监控系统，用于监测监测站点和数据传输的状态，有助于及时发现问题并采取措施解决，在数据处理中心可以生成各种类型的报告，包括实时监测报告、趋势分析报告、异常事件报告等，在数据出现异常的情况下会自动向上一级的通信设备发出告警信息。除此之外，数据处理中心可能支持多用户协作和数据共享，以促进合作研究和政策制定，具体可以通过设置合适的权限和数据共享机制来实现。数据处理中心是黄河流域水环境监测站网系统中的核心，它确保监测数据的质量、可靠性和及时性，为决策者、研究人员和公众提供了准确的水环境信息，以支持水资源管理、环境保护和科学研究。

4 黄河流域水环境监测站网的应用策略

4.1 构建实时洪水监测和警报系统

构建实时洪水监测和警报系统是黄河流域水环境监测站网的重要应用策略，考虑到黄河流域常年面临洪水威胁的特点，在黄河流域关键地点增设监测站点，特别是在容易发生洪水的区域，以提高监测覆盖面。这些站点应涵盖主要河流、支流、湖泊和城市地区。首先，需要在黄河流域内配备水位传感器、降雨量计、气象站等设备，实时采集水位、降雨、气温等与洪水相关的数据，数据采集应以高频率进行，以确保对洪水事件的及时感知，并在此基础上建立高效的数据传输系统，将监测数据实时传输至数据处理中心。在数据处理中心，数据应立即进行处理和分析，以检测潜在的洪水风险。其次，可以建立水文模型和洪水预测模型，基于实时监测数据进行模拟和预测，以估计洪水的发生时间、强度和影响范围，实施可靠的洪水预警系统，根据模型和监测数据，自动触发洪水预警，警报可以通过多种途径传达给当地政府、居民和应急机构，包括手机短信、电视、广播和应急通知系统，需要定期进行洪水预警演练，提高应急响应的效率和协调性，需要开展培训活动，以确保相关人员了解如何正确响应洪水预警，针对容易受到洪水影响的区域，采取基础设施改善措施，如提高堤坝强度、加强河道整治等，以减轻洪水带来的损害。最后，实时洪水监测和警报系统有助于提高黄河流域的洪水管理效能，减少洪水造成的损失，保护当地居民的生命和财产安全。

4.2 加强水质监测与管理

加强水质监测与管理是黄河流域水环境监测站网的重要应用策略，考虑到黄河流域面临的水质问题，首先，需要在黄河沿线增加水质监测站点的覆盖范围，特别是在流域内主要河流、湖泊、工业区和农业区的关键位置，具体的站点布局应根据水质变化的潜在影响因素进行优化，可以在监测站点配备各种水质参数的传感器，包括溶解氧、浊度、pH、氮、磷、重金属等，相关的参数可以提供全面的水质信息，有助于及时识别污染事件。其次，实施实时数据采集系统，确保水质数据能够实时传输到中央数据库或云平台，有助于及时发现水质问题并采取措施，在此基础上建立水质预警系统，根据实时监测数据，自动触发水质预警，以便及时采取应急措施和通知相关部门。最后，可以利用数据分析技术和水质模型来理解水质变化的趋势和原因，可以帮助确定污染源、评估水体健康状况，并预测未来的水质变化，并且根据监测数据，采取措施控制和减少水质污染源，包括加强工业和农业排放的管理、改进废水处理设施等。除此之外，水质监测与管理不仅关注污染问题，还要关注水资源的保护，在此基础上确保水资源的可持续管理，防止过度取水和生态系统破坏，加强水质监测与管理有助于改善黄河流域的水环境质量，保护生态系统和人民健康。

4.3 构建气候变化适应策略

构建气候变化适应策略是黄河流域水环境监测站网的关键应用策略，考虑到气候变化对流域的重要影响，首先，需要建立气象监测站点，配备气象传感器，以实时监测气温、降雨量、风速等气象参数，有助于更好地了解气候变化趋势和极端天气事件，并在此基础上建立水文模型和气候模型，基于监测数据和气象预测，模拟未来气候变化对水资源的影响，包括降雨模式的变化、径流量的变化等。其次，需要基于气象数据和水文模型，建立早期警报系统，提前预测可能的洪水和干旱事件，为决策者提供足够的时间采取应对措施，可以积极调整水资源管理策略，以适应气候变化，具体包括改进水资源分配、水库调度、灌溉管理等，以确保水资源的可持续供应，并为农民提供气象信息和气候适应的农业实践建议，帮助农业部门更好地应对气候变化对农业产量和质量的影响，流域管理部门可以针对气候变化可能引发的生态系统压力，制订生态保护和修复计划。这包括湿地保护、水体生态恢复等。最后，气候变化可能导致水体温度升高和水质恶化，因此水质监测站点应持续监测水质，特别关注气候变化对水体的影响，如氧气溶解量和水温。构建气候变化适应策略有助于流域各方更好地应对气候变化带来的挑战，降低气候风险，确保水资源和生态系统的可持续性，以及提高社会和经济的弹性。

5 结语

黄河流域的水环境监测站网建设与研究是一项复杂而迫切的任务，但也是一项极具挑战性和前景广阔的工作。通过本文的研究，我们强调了监测站网在流域管理中的关键作用，以及不同应用策略的重要性。只有通过持续的数据收集、分析和应用，我们才能更好地理解流域的水环境状况，并制定相应的政策和措施。我们呼吁政府、科研机构、企业和公众携手合作，共同致力于保护和恢复黄河流域的水资源，确保这片土地的繁荣和可持续发展，以造福当前和未来。

参考文献

[1] 阴琨，王业耀，许人骥，等．中国流域水环境生物监测体系构成和发展［J］．中国环境监测，2014，30（5）：114-120.

[2] 郭治清．面向 21 世纪水环境监测站网的规划与建设［J］．水文，2015（5）：61-63.

[3] 黄波．水环境监测站网布设及志愿者式站网模式探讨：以长江流域水环境监测站网建设为例［J］．人民长江，2014，45（18）：70-73，91.

[4] 殷世芳．河南省水环境监测站网及能力建设初探［J］．中国水利，2002（11）：66-67.

[5] 印士勇，苏海，王瑞琳．长江流域水环境监测站网规划与布设探讨［J］．人民长江，2011，42（2）：71-74.

适宜于黄河流域河湖生态治理技术分析

田伟超[1,2]　陈融旭[1,3]　贾　佳[1,3]　景永才[1,3]

（1. 黄河水利委员会黄河水利科学研究院，河南郑州　450003；
2. 郑州大学，河南郑州　450001；
3. 河南省黄河流域生态环境保护与修复重点实验室，河南郑州　450003）

摘　要：黄河流域具有区域水资源匮乏、水资源时空分布不均、水沙关系不协调等特点，治理难度大，亟须适宜的河流治理技术。通过对黄河流域河湖生态治理需求进行分析可知，应选取低温下运行良好、营养盐去除能力较强、在高含沙水流中也能充分发挥效益的河流生态治理技术，对现有成熟技术遴选后推荐采用复合硅酸铝水处理技术+水质改善与水生态长效修复技术+高效复合流人工湿地污水处理技术及集约化水环境全生态系统构建技术+微生物修复技术分别作为适宜于寒旱区和其他区域的典型水体生态治理技术。

关键词：黄河流域；生态治理；治理技术；高质量发展

1　引言

黄河是中华民族的母亲河、生命河。近年来，我国开展了大量黄河治理工作，取得不少成果，但在黄河治理中仍存在一些困难[1-2]。2019 年，黄河流域生态保护和高质量发展上升为重大国家战略[3]，为黄河治理保护工作定下新基调，也对流域生态治理保护提出了更高的要求。

目前，我国水体生态治理技术众多，取得不少成效，主要河流水环境质量得到稳定提升，但仍存在治理效果不稳定、后期运营维护困难等问题，在黄河流域难以得到良好应用。因此，基于黄河流域河湖治理需求，通过对各技术优缺点及适应性进行分析，建立科学遴选机制，进而提出适宜黄河流域的河湖生态治理技术，可为“江河战略”的实施及幸福河湖建设提供理论依据和技术支撑。

2　黄河流域河湖自然地理状况

2.1　黄河流域河湖水系状况

黄河流域内流域面积在 50 km^2 以上的河流共有 4 157 条，其中山地河流 3 909 条，占比 94.0%；内流区河流 104 条，占比 2.5%；平原水网区河流 144 条，占比 3.5%。常年水面面积在 1 km^2 以上的湖泊有 146 个，其中面积大于 10 km^2 的湖泊有 23 个，占比 15.8%；面积大于 50 km^2 的有 3 个，占比 2.1%，河流水系分布见图 1。

根据《黄河流域防洪规划》，按照水沙特性和地形、地质条件，可将黄河干流分为上、中、下游，共 11 个河段。黄河干流各河段特征值见表 1。

2.2　黄河流域水文水资源状况分析

黄河发源于青藏高原巴颜喀拉山北麓，呈“几”字形流经青海、四川、甘肃、宁夏、内蒙古、山西、陕西、河南、山东 9 省（区），是中国第二长河，流域面积 75 万多 km^2[4]。

基金项目：国家重点研发计划项目（2021YFC3200400）；河南省重点研发与推广专项（科技攻关）项目（232102320112，222102320268）；河南省重大科技专项（231100320100）。

作者简介：田伟超（2001—），男，工程师，主要从事水生态治理修复工作。

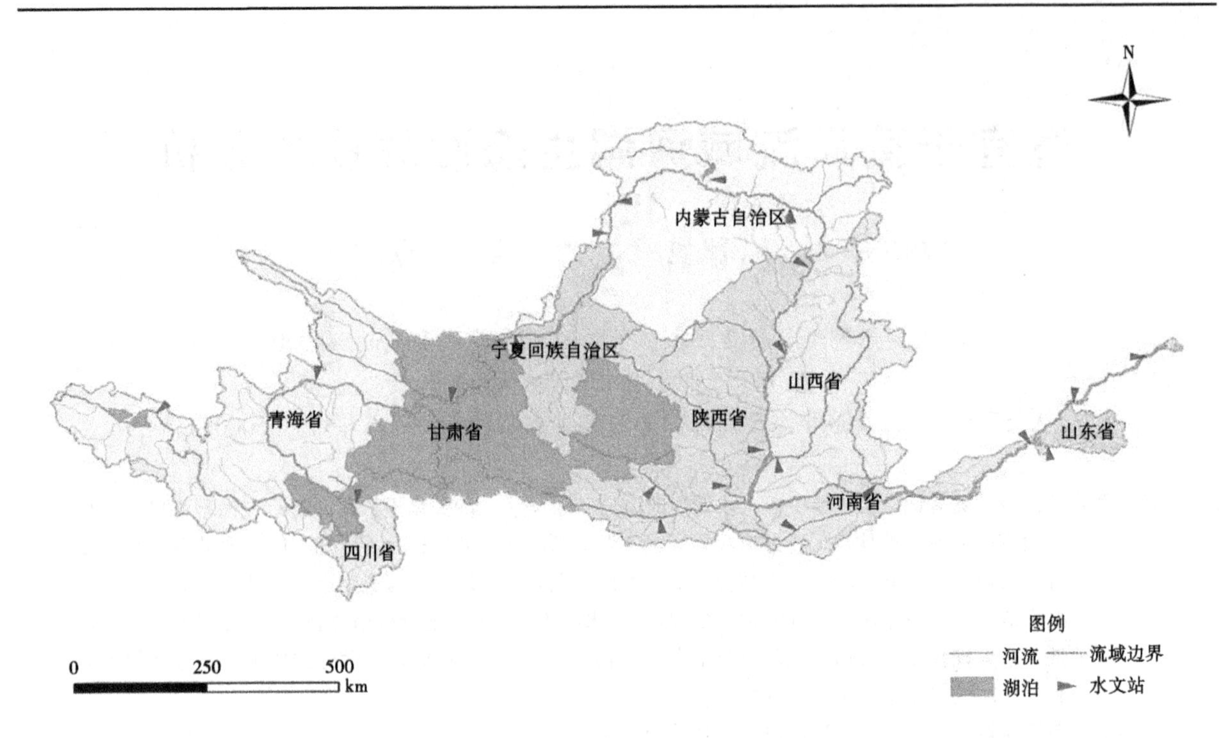

图 1　黄河流域水系

表 1　黄河流域河流特征值

河段	起讫地点	流域面积/km²	河长/km	落差/m	比降/‱	汇入支流/条
全河	河源至河口	794 712	5 463.6	4 480.0	8.2	76
上游	河源至河口镇	428 235	3 471.6	3 496.0	10.1	43
	1. 河源至玛多	20 930	269.7	265.0	9.8	3
	2. 玛多至龙羊峡	110 490	1 417.5	1 765.0	12.5	22
	3. 龙羊峡至下河沿	122 722	793.9	1 220.0	15.4	8
	4. 下河沿至河口镇	174 093	990.5	246.0	2.5	10
中游	河口镇至桃花峪	343 751	1 206.4	890.4	7.4	30
	1. 河口镇至禹门口	111 591	725.1	607.3	8.4	21
	2. 禹门口至小浪底	196 598	368.0	253.1	6.9	7
	3. 小浪底至桃花峪	35 562	113.3	30.0	2.6	2
下游	桃花峪至河口	22 726	785.6	93.6	1.2	3
	1. 桃花峪至高村	4 429	206.5	37.3	1.8	1
	2. 高村至陶城铺	6 099	165.4	19.8	1.2	1
	3. 陶城铺至宁海	11 694	321.7	29.0	0.9	1
	4. 宁海至河口	504	92.0	7.5	0.8	0

注：1. 汇入支流是指流域面积在 1 000 km² 以上的一级支流；
2. 落差以约古宗列盆地上口为起点计算；
3. 流域面积包括内流区，其面积计入下河沿至河口镇河段。

据《中国水资源公报》显示，近 5 年来（2018—2022 年），黄河流域平均降水量为 515.3 mm（见图 2），仅多于西北诸河，占全国平均年降水量（672.6 mm）的 76.6%。全年平均水资源总量为

809.98 亿 m^3（见图 3 及表 2），仅高于辽河、海河流域，占全国水资源总量的 2.76%，不足长江流域的 1/10（11 168.0 亿 m^3）。

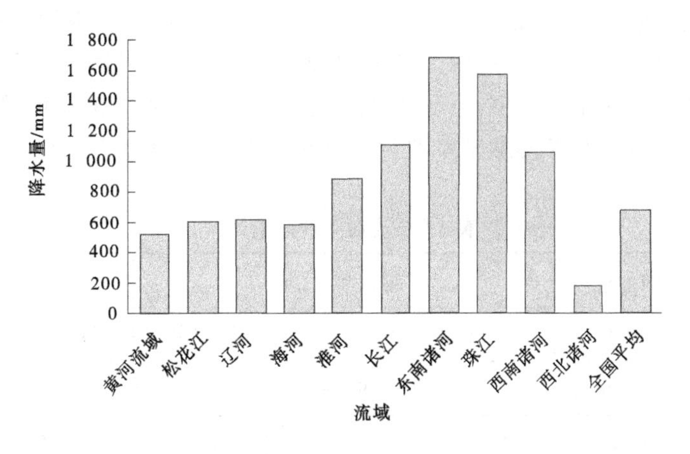

图 2　2018—2022 年各流域平均年降水量

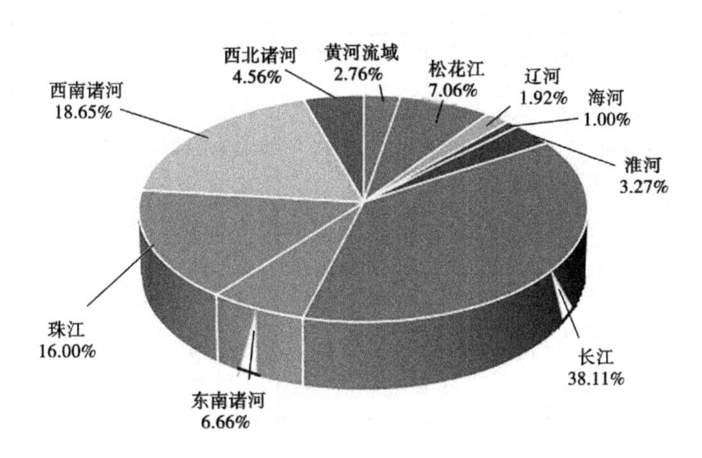

图 3　2018—2022 年各流域平均水资源总量占比

表 2　各一级区水资源总量

区域	水资源总量/亿 m^3					
	2018 年	2019 年	2020 年	2021 年	2022 年	平均
黄河	917.4	797.5	917.4	860	557.6	809.98
松花江	2 253.1	2 223.2	2 253.1	2 043.3	1 565.6	2 067.66
辽河	565	407.6	565	584.8	690.3	562.54
海河	283.1	221.4	283.1	473.2	202.6	292.68
淮河	1 303.6	507.2	1 303.6	1 064.4	614.6	958.68
长江	12 862.9	10 549.7	12 862.9	11 079	8 485.6	11 168.02
东南诸河	1 677.3	2 488.5	1 677.3	1 981	1 940.5	1 952.92
珠江	4 669	5 080	4 669	3 625.7	5 404	4 689.54
西南诸河	5 751.1	5 312	5 751.1	5 351.8	5 166	5 466.4
西北诸河	1 322.8	1 454	1 322.8	1 247.5	1 337.6	1 336.94
全国	31 605.3	29 041.1	31 605.3	28 310.7	25 964.4	29 305.36

2.3 黄河流域河流泥沙状况分析

2022 年《中国泥沙公报》显示，2022 年黄河流域代表水文站实测径流量、输沙量分别为 263.8 亿 m^3 和 2.03 亿 t，输沙量占主要河流代表水文站年总输沙量的 53%；多年平均输沙量为 92 100 万 t，占全国总输沙量的 63.6%；近 10 年平均输沙量为 18 200 万 t，占全国总输沙量的 47.8%，而黄河多年平均径流量仅占全国总径流量的 2.3%（见表 3）。由此可见，虽然黄河流域泥沙含量近年总体呈下降趋势，但水少沙多的基本状况未得到根本改变，这也是黄河流域河流区别于其他流域河流的显著特征[5]。

表 3　各流域含沙量统计

河流	代表水文站	控制流域面积/万 km^2	年径流量/亿 m^3			年输沙量/万 t		
			多年平均	近 10 年平均	2022 年	多年平均	近 10 年平均	2022 年
长江	大通	170.54	8 983	9 166	7 712	35 100	11 300	6 650
黄河	潼关	68.22	335.3	305.8	263.8	92 100	18 200	20 300
淮河	蚌埠+临沂	13.16	282	259.3	144.2	997	370	95.4
海河	石厘里+响水堡+滦县+下会+张家坟+阜平+小觉+观台+元村集	14.43	73.68	44.1	61.28	3 770	214	95.1
珠江	高要+石角+博罗+潮安+龙塘	45.11	3 138	3 171	3 393	6 980	2 610	4 190
松花江	哈尔滨+秦家+牡丹江	42.18	480.2	573.7	571.4	692	595	531
辽河	铁岭+新民+邢家棚窝+唐马寨	14.87	74.15	76.76	176.2	1 490	262	669
钱塘江	兰溪+诸暨+上虞东山	2.43	218.3	242.6	224.7	275	316	195
闽江	竹岐+永泰	5.85	576	582.9	599.5	576	221	307
塔里木河	阿拉尔+焉耆	15.04	72.76	80.52	124.3	2 050	3 260	4 190
黑河	莺落峡	1	16.67	20.52	18.7	193	102	165
疏勒河	昌马堡+党城湾	2.53	14.02	18.94	19.58	421	536	798
青海湖	布哈河口+刚察	1.57	12.18	19.08	15.27	49.9	75.8	94.3
合计		396.93	14 276.26	14 561.22	13 323.93	144 693.9	38 061.8	38 279.8

2.4 黄河流域气温状况分析

黄河流域位于我国中北部，属大陆性气候。地处干旱、半干旱与半湿润过渡地区，东南部基本属湿润气候，中部属半干旱气候，西北部为干旱气候[6]。黄河流域内多年的月、年平均气温由南向北、由东向西递减[7]。流域内气温1月为最低，7月为最高。

近55年（1961—2015年）黄河流域年平均气温5.7℃，年均气温为8.4℃，较长江流域气温低（长江流域同时期年平均气温为14.4℃）[8]。由1961—2015年黄河流域气象观测站的资料分析可得，黄河流域四季平均气温均呈现东部高、西部低、南部高、北部低的空间形态（见图4），温度随时间变化呈现上升趋势，春、秋、冬季逐渐增温。

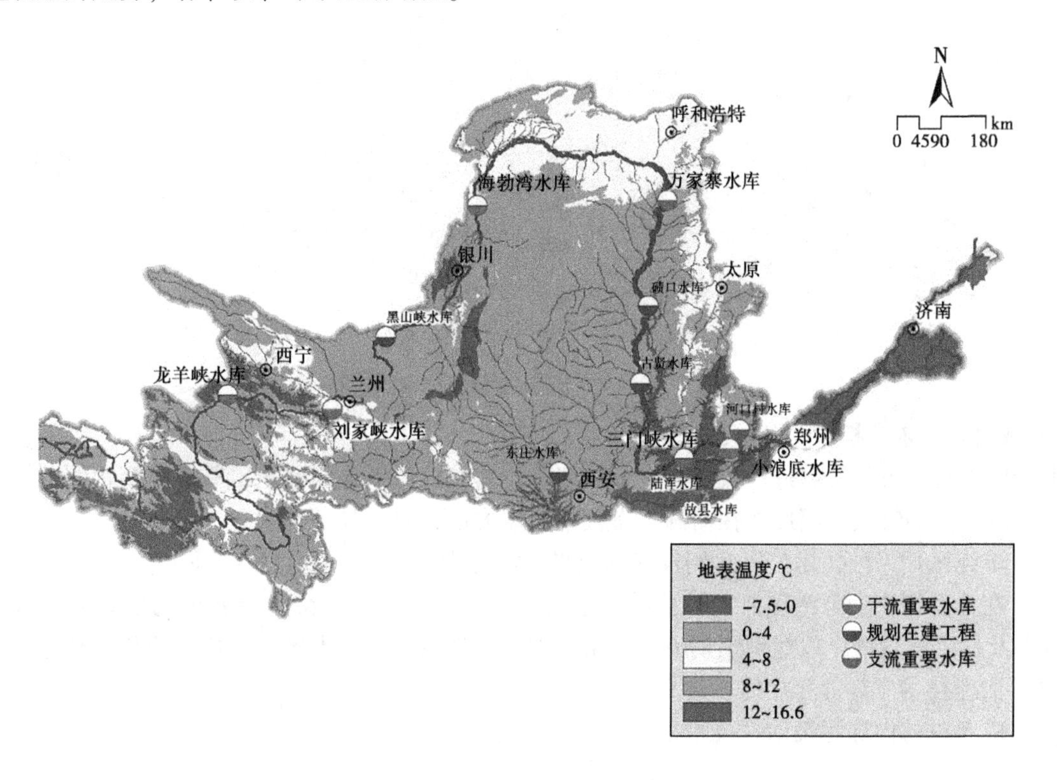

图4 黄河流域地表气温

3 黄河流域河湖特点及治理需求分析

3.1 流域水环境特点

据《2022中国生态环境状况公报》显示，2022年，黄河流域整体水质为良好，监测的263个水质断面中，Ⅰ~Ⅲ类水质断面占87.4%，较2021年上升5.6个百分点；劣Ⅴ类水质断面占2.3%，较2021年下降1.5个百分点（见表4）。其中，干流水质为优，主要支流水质良好（见图5）。

表4 2022年黄河流域水质状况

水体	断面数/个	比例/%						比2021年变化/百分点					
		Ⅰ类	Ⅱ类	Ⅲ类	Ⅳ类	Ⅴ类	劣Ⅴ类	Ⅰ类	Ⅱ类	Ⅲ类	Ⅳ类	Ⅴ类	劣Ⅴ类
流域	263	7.2	57.8	22.4	8.4	1.9	2.3	0.8	6.1	-1.4	-4.1	0	-1.5
干流	43.0	14.0	86.0	0	0	0	0	0	4.6	-4.7	0	0	0
主要支流	220	5.9	52.3	26.8	10.0	2.3	2.7	0.9	6.4	-0.7	-4.9	0	-1.8

注：出自《2022中国生态环境状况公报》。

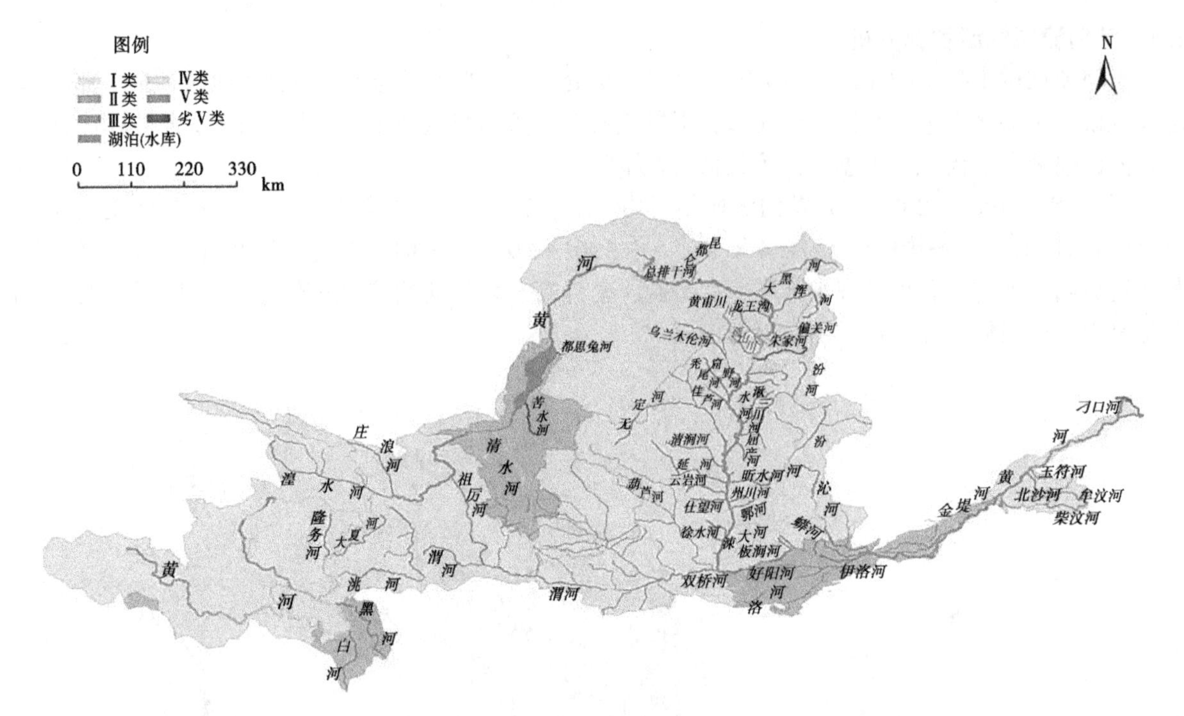

图 5　2022 年黄河流域水质分布示意图

3.2　流域治理需求分析

由分析可知，黄河流域片河流具有水少沙多、冬季气温较低、河流水量季节性变化明显、河流自身生态稳定性差的特点。因此，在河湖生态技术选取方面，具有如下需求：

（1）单纯采用一种技术难以达到较好的效果，需考虑多种技术的组合联用。

（2）在选择河流生态治理技术时，需考虑泥沙含量以及温度对微生物和植物的影响，选取耐高含沙量以及低温的生物，以达到预期治理效果，因此应选取在北方地区多年成功应用的技术。

（3）治理技术应对营养盐的去除具有较大优势。

（4）应考虑与内源污染治理技术相组合。

4　适宜于黄河流域河湖生态治理技术遴选

4.1　治理技术发展趋势

以中国知网（CNKI）数据库为基础，通过高级检索，将主题词定为“河流治理”，检索时间定位 1993 年 1 月 1 日到 2022 年 12 月 31 日进行相关数据挖掘，来掌握国内外生态治理技术相关研究的发展历程及未来发展趋势。

初次检索结果得到 3 243 篇文献，从年度发文趋势发现（见图 6），1994 年开始出现河流治理相关研究文献，随后经历 1994—2009 年 16 年的沉淀期，在 2009—2011 年迎来河流治理研究的快速上升期，并在 2011 年达到峰值，之后逐步下降，近年来有上升的趋势。

通过使用 Cite Space 软件对所获取的文献进行关键词共现网络分析，并进行可视化解析，得到相应的网络可视化图（见图 7）。基于此，发现河流治理、中小河流、河长制、生态修复、综合治理、生态治理、河道治理、治理措施等出现频率排名较高，联系较为紧密，说明生态治理技术已成为热点研究议题，实现从单独技术到组合技术，实现从水污染控制到水生态恢复的转变。

4.2　技术来源

随着河湖治理意识不断提升，新技术呈蓬勃发展趋势。近年来，在河湖治理方面，涌现出大量生态治理技术，也得到实际应用。考虑到国内的水体状况、治理模式、治理需求，同时考虑技术的先进性、实用性等，从以下三个来源对现有技术进行收集，初步建立治理技术数据库：

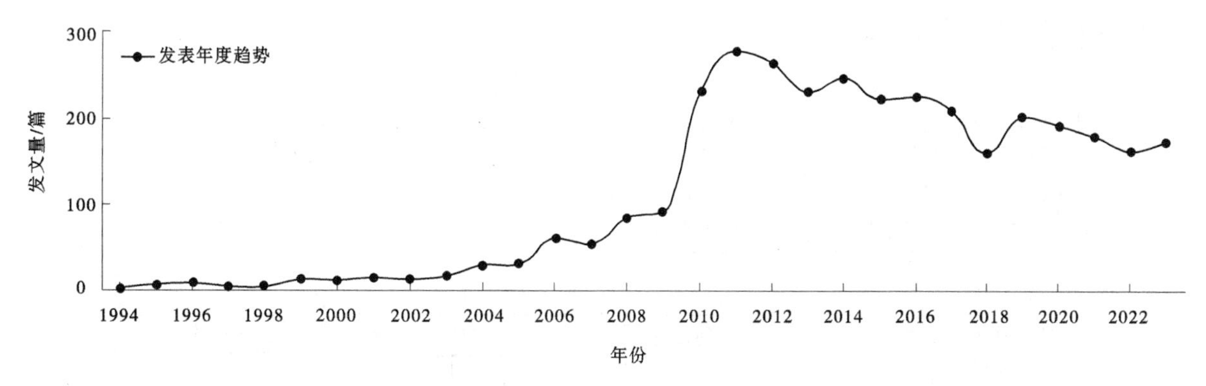

图6　发文量年度分布变化趋势

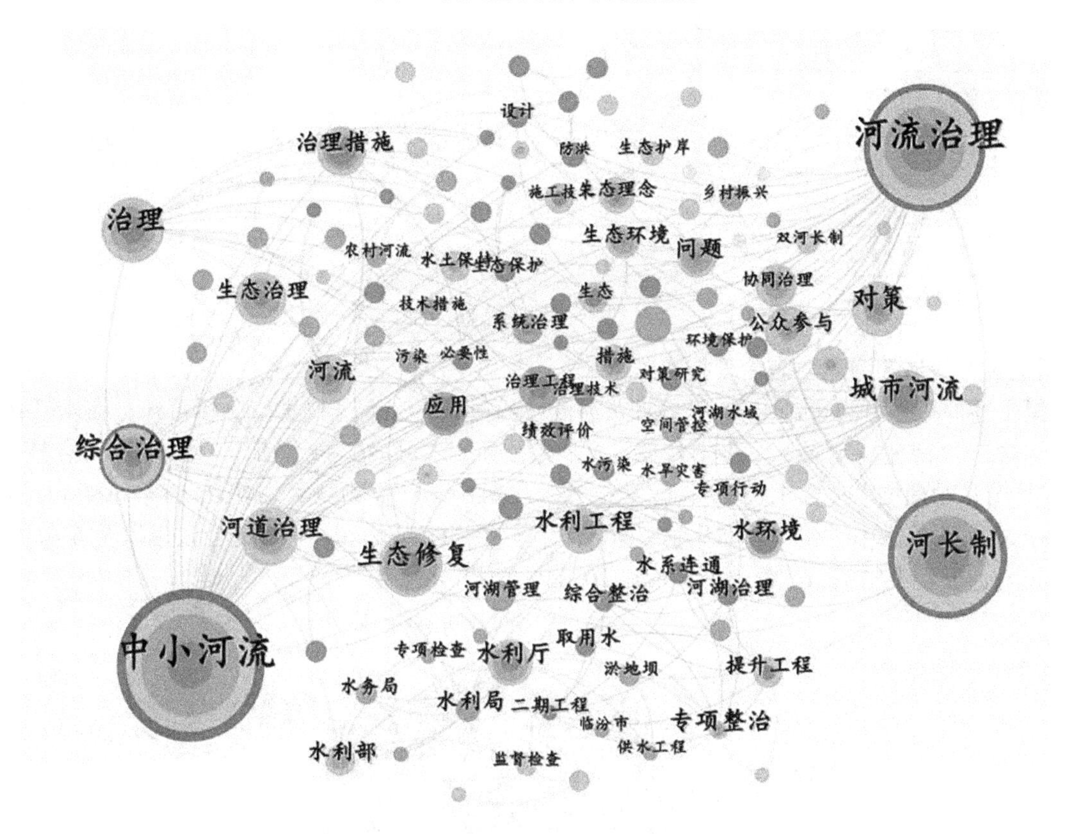

图7　关键词网络可视化图

（1）《水利先进实用技术重点推广指导目录》《节水、治污、水生态修复先进技术》《河长制一河一策适用技术推荐目录》等国家各相关部门及省市发布的治理技术推荐名录、技术指南等。

（2）以“河流治理”具体名称为关键词检索到的文献。

（3）通过现场座谈、电话问询、官网查询等方式获得的中型以上环保企业优势治理技术。

4.3　技术遴选原则

通过初步收集，共收集到近5年的成熟技术500余项，对同类技术进行合并，并按照如下原则对技术进行遴选：

（1）技术需得到实际应用。

（2）技术需具有相关指标。

（3）技术需在黄河流域或相似区域进行成功应用且运行超过一年。

（4）技术需具有先进性。

（5）技术可大范围推广。

技术遴选流程主要分五步（见图 8）。

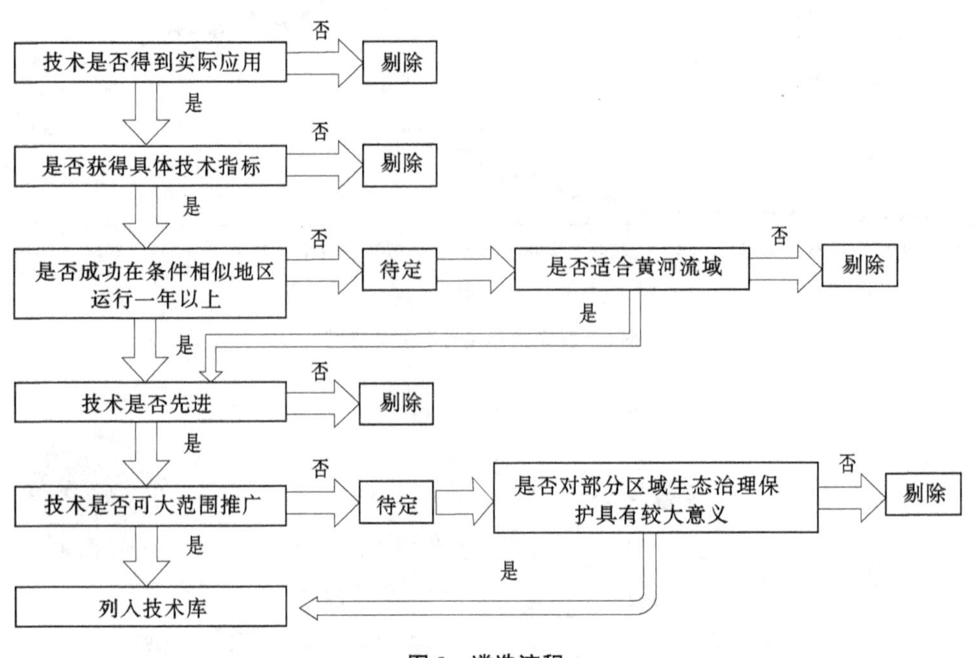

图 8 遴选流程

4.4 适宜黄河流域的河湖生态治理技术

根据上述原则，最终遴选出 45 项适宜黄河流域的河流生态治理技术。分析可知，在 45 项处理技术中，包含 7 种物理技术、3 种化学技术、11 项生物技术（含人工湿地）及 24 项组合技术（见图 9）。其中，物理技术占比 15.56%，化学技术占比 6.67%，生物技术占比 24.44%，组合技术占比 53.33%。在组合技术中，包含 4 项化学-生物组合技术、15 项物理-生物组合技术以及 5 项生物-生态组合技术、分别占比 16.67%、62.50%和 20.83%。

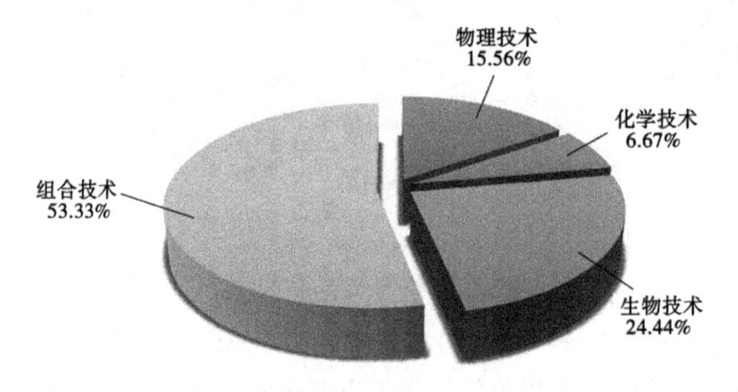

图 9 各技术占比

根据现有技术的优缺点、实际应用效果、经济性等要素，结合黄河流域特点，将现有技术进行整合及集成，重点推荐如下技术：

寒旱区冬季气温较低，微生物活性差、植物难以生长，因此推荐复合硅酸铝水处理技术+水质改善与水生态长效修复技术+高效复合流人工湿地污水处理技术，利用光催化氧化、靶向微生物构建、生物酶激活、生态链重塑、保温湿地系统等，达到去除河湖污染、恢复提升水体自净能力。其中，复合硅酸铝水处理技术及高效复合流人工湿地污水处理技术不受季节限制，四季均可良好运行，保障了冬季水质处理效果；水质改善与水生态长效修复技术可在夏季使用，快速构建本土微生物系统，同时可以泥水共治，为良好水生态系统的构建提供助力。

非寒旱区冬季微生物和植物活性低，但仍可发挥一定效益，因此推荐集约化水环境全生态系统构建技术+微生物修复技术，必要时可以辅助复合型人工湿地技术，构建完整的微生物-挺水植物-沉水植物-水生动物生态链条，进而达到稳定生态、修复水体、提升景观的作用。

5 结论与展望

5.1 主要结论

（1）通过对现有治理技术进行归纳总结，根据黄河流域片水体生态治理需求，建立5步遴选流程，最终推荐45项河湖生态治理技术，在45项河湖生态治理技术中，组合技术占比53.3%，以物理-生物组合技术为主。

（2）根据各技术特性，结合黄河流域特点，推荐复合硅酸铝水处理技术+水质改善与水生态长效修复技术+高效复合流人工湿地污水处理技术、集约化水环境全生态系统构建技术+微生物修复技术作为适宜于黄河流域的河流生态治理集成技术。

5.2 展望

（1）随着治理技术的发展，黄河治理迎来了新的机遇和挑战，在技术方面，要加强治理技术之间的联合，以达到更好的治理效果。

（2）受各种因素限制，本研究在技术及应用信息上有所欠缺，下一步应采取多种方式进一步完善技术库，构建对应选择判断指标体系，为技术的选择提供更为有利的依据。

参考文献

[1] 邓生菊，陈炜．新中国成立以来黄河流域治理开发及其经验启示［J］．甘肃社会科学，2021（4）：140-148.

[2] 刘子晨．黄河流域生态治理绩效评估及影响因素研究［J］．中国软科学，2022（2）：11-21.

[3] 习近平．在黄河流域生态保护和高质量发展座谈会上的讲话［J］．中国水利，2019（20）：1-3.

[4] 左其亭，张志卓，马军霞．黄河流域水资源利用水平与经济社会发展的关系［J］．中国人口·资源与环境，2021，31（10）：29-38.

[5] 陈融旭，韩冰，时芳欣，等．黄河流域生态文明建设的水实践与经验分析［C］//中国大坝工程学会．水库大坝和水电站建设与运行管理新进展．北京：中国水利水电出版社，2022：6.

[6] 马柱国，符淙斌，周天军，等．黄河流域气候与水文变化的现状及思考［J］．中国科学院院刊，2020，35（1）：52-60.

[7] 杨东阳，张骞，苗长虹，等．黄河流域省区生态系统服务价值时空演变研究［J］．黄河文明与可持续发展，2021（1）：88-101.

[8] 邢甜甜，Attilio Castellarin. 长江流域的气温和降水趋势对城乡景观发展的影响［J］．中外建筑，2023（5）：25-32.

关于长清区中小型水库运行维护管理工作的调查研究

朱　丽　薛化斌　庄　燕

（山东省济南市长清区城乡水务局，山东济南　250300）

摘　要：长清区中小型水库主要建于20世纪50—70年代，随着经济发展，国家重视，历经体制改革、除险加固、标准县创建、标准化建设，确保了工程的防洪减灾、农业灌溉、涵养水源、修复生态、美化环境等多项功能。但随时间的推移、政策的变革，在中小型水库运行维护管理工作中也出现了较多问题，有待进一步探讨解决。

关键词：中小型水库；运行维护管理；问题建议

1　引言

中小型水库承担着防洪减灾和农业灌溉、涵养水源、修复生态等多重功能，是改善乡村生态环境、助推乡村振兴的重要基础设施。加强中小型水库运行维护管理，确保其持续发挥工程效益，是改善提升农村群众生产生活条件、确保生命财产安全的必然要求。2023年5月以来，长清区城乡水务局组成专题调研组，重点针对中小型水库运行维护管理工作，数次深入辖区内各中小型水库管理单位开展调查研究，摸实情，听意见，寻对策。通过近两个月的调查研究，现就中小型水库的运行维护管理现状进行分析探究。

2　长清区河流、水库基本情况

长清区东倚泰山，西临黄河，距济南市区22 km，是省城济南的西部近郊区，辖区内设有8个街道办事处、2个镇，常住总人口64.4万人，总面积1 209 km^2。境内水系发达，河流纵横交错，河道全长440 km，主要河流有黄河、玉符河、北大沙河、南大沙河和清水沟、幸福河、哑巴沟等主要河流；水库为山丘水库，注册登记中型水库4座，小型水库38座，其中小（1）型水库12座，小（2）型水库26座；总库容8 282.07万 m^3，兴利库容4 719.23万 m^3。这些水库在地方防洪、减灾、农业灌溉、渔业养殖、涵养地下水以及保护和改善生态环境等方面发挥着不可替代的作用。经过历次体制机制改革，目前4座中型水库和1座小（1）型水库已成立有管理所，其余37座水库分布在各街镇，由街镇管理。

2017年起，长清区水务局确立了“一手抓水库工程管理规范化创建，一手抓小型水库管理体制改革推进县创建”的工作目标。按照山东省水利厅《关于进一步深化小型水库管理体制改革切实加强小型水库管理的意见》的要求，经过一年多的努力，钓鱼台、武庄、东风、石店4座水库管理所被评为省二级水利工程管理单位，38座小型水库管理体制改革任务全面完成，并顺利通过省级验收。

3　长清区中小型水库管理情况及存在的困难问题

调研中发现，虽然水库管理取得了一定进步，但是长清区的中小型水库运行维护管理依然存在着

作者简介：朱丽（1977—），女，工程师，主要从事水利工程管理工作。

较多问题。

3.1 管护主体责任欠缺

根据《山东省小型水库管理办法》(省政府令第 242 号),小型水库的安全由水库管理单位直接负责,县级人民政府负总责,县级水行政主管部门负责监督管理;对未设立水库管理单位的,由行使管理权的乡镇人民政府或农村集体经济组织、企业(个人)直接负责。但从调研的实际情况看,基层政府普遍存在重视程度不够、管理不善、投入不足的问题,综合分析省水利厅、市水利局近年来对长清区中小型水库暗访反馈问题,普遍存在工程基础设施差、管理设施缺项、安全管理行政责任人履责能力差等问题。

2008 年根据长清区 2008 年济长政办发〔2008〕10 号文件要求对独立核算的国有水利工程管理单位,主要有石店水库、崮头水库、钓鱼台水库、东风水库四座中型水库和武庄水库 1 座小(1)型水库进行改革,依据济政办发〔2006〕33 号文规定,定为准公益性事业单位,区财政将逐年加大投资力度。改革为各管理单位独立运营奠定了基础,使管理规范化、精细化、常态化。但 2021 年事业单位改革,取消了各水库管理所独立法人资格,融合到济南市长清区水利工程服务中心。改革之后,中型水库管理中流程比较烦琐,管理者积极性有所缺失。又因长清区 2013 年进行机构改革,街镇水利站为编办批准的区城乡水务局派出机构,区城乡水务局和街镇政府双重领导。街镇水利站作为双管部门,在岗位设置中,每个水利站为 1 个科级单位,设有 3 个管理岗位,2 个专业技术岗位。这种设置结构不合理,专业技术岗位设置得偏少,造成水利工程管理专业技术人员缺少,基层水利服务管理的“最后一公里”问题较为突出,管理上存在缺失、粗放等问题,亟待解决。

3.2 管护队伍力量薄弱

长清区中型水库管理主体为区级管理,机构人员设置合理,但管理所人员中,正式在编人员少,大部分为编外人员,专业能力欠缺。小型水库大多没有设立管理机构和管理单位,管理主体为街镇政府,由街镇水利站专业人员进行业务指导。由于村内年轻人大多外出务工,聘请的水库安全管理员多为一些年龄偏大的村民,文化及业务水平低,缺乏专业技术知识,难以满足日趋规范的管理工作需要,管护问题较为突出,已成为当前小水库安全运行管护的焦点难点问题。特别是,启用水利公益岗位“巡库员”,也就是水库的水管员,都是附近村庄的村民,整体年龄都在 50 岁以上,具备初中以上学历的不足 50%,系统学习过水利专业知识的不足 1%,虽然经过多次培训,但接受知识能力普遍较低。“巡库员”为公益性岗位,由街道人事部门招聘,听从于街道和村委会,区水务局作为业务主管部门在关键时候难以调配“巡库员”,基层水利站难以有效组织“巡库员”进行水库维护、巡查。

3.3 硬件设施短板明显

长清区中小型水库主要建于 20 世纪 50—70 年代,多属于边勘测、边设计、边施工的“三边”工程,工程建设先天不足,病险隐患多,后期除险加固受资金限制,建设标准低,加固不彻底,管理设施缺项。再加上日常维修养护投入不足,缺乏有效管理,设备老化,工程面貌较差。部分水库工程管理相对薄弱,工程配套的通信和照明设施、工程水文观测、预警预报系统等不完善,管理手段和技术水平落后,水库的病险状况不能及时掌握处理,容易形成隐患。

3.4 资金保障力度不够

长清区中小型水库公益属性很强,自身并没有造血能力,运行管护主要依靠财政投入。中型水库缺乏管护资金。虽然 2017 年之前每座中型水库有 5 万元奖补资金,但 2018 年后未再发放,每年向区财务报预算计划,但未批复,缺乏财政资金支持。

小型水库管护资金额度偏小。2019 年,根据鲁水运管字〔2019〕5 号《关于加强我省小型水库安全运行管理工作的意见》,提高了小型水库管理体制改革年度补助经费标准,用于小型水库运行管护,加上市、县配套资金,基本达到每座小(1)型水库 6 万元、小(2)型 3 万元标准,省、市、区分别承担 1/3。初步解决了水库有人兼职管护和工程简单维护的最低需求,但与工程维修养护保障安全运行需要尚有很大缺口。已经过除险加固的工程,因运行管护不到位导致隐患问题反复发生,资金问题已成为制约中小型水库安全运行的最大问题。

4 对策建议

如何保证水利工程的健康与安全运行，是水利工程建设及长期运行维护管理过程中必须解决的问题。根据中小型水库面临的问题与现状，借鉴其他区（县）经验，针对长清区中小型水库运行管理中存在的问题，围绕建立中小型水库良性运行机制、标准化管理的要求，建议重点做好以下几方面工作。

4.1 强化主体责任

按照水库管理的有关规范要求，强化主体责任，提高管理意识。对中型水库，强化单位职责，明确管理者责任，补充专业技术力量，提高中型水库管理者意识，担当作为，确保每座中型水库有人员、有技术。加强小型水库管理的政府主导意识，履职尽责，落实并管理好公益岗位“巡库员”。区水务局负责对相关人员组织专业培训，提供技术指导和服务，联合长清区人力资源和社会保障局制定《济南市长清区小型水库巡库员实施管理考核细则》，加强监督考核和奖惩。对库容较大、防洪功能较强的小（1）型水库，参照中型水库成立管理单位，由区水务局负责指导，街镇政府承担管理主体责任。

4.2 健全机制提质增量

针对管护队伍力量薄弱的问题，要不断加强基层管理队伍建设和人才引进，加强业务培训、岗位练兵，提升业务水平。但面对基层人员特别是“巡护员”年龄大、文化水平低等社会现实问题，短时期内很难改变，只能探索依靠健全的管理机制，增力量强管理。

建立完善科学高效的运行管理制度、技术操作规程、岗位职责，让每一个员工、每一个流程都有据可依，坚持用制度来规范和约束职工行为，使中小水库管理逐步走上制度化、规范化、标准化的轨道。建议在现有人员力量的基础上，推行“日常巡护常规化+日常养护专业化+应急工程养护制度化”管理机制。中型水库维修养护由管理单位负责，日常维护实行专业化管理，争取区财政给予支持，逐步探索社会化投资。小型水库管理主体是街镇政府，日常巡护工作按照小（1）型水库不少于 2 人、小（2）型水库不少于 1 人的标准配备公益岗的“巡护员”，按照汛期与非汛期职责进行日常规范化巡库。日常养护工作由区局聘请具有水利工程相关资质的专业队伍对每座水库的坝前坝后排水沟杂草垃圾、启闭设备、主体工程破损等问题进行及时清理维修养护。急需养护的主体工程问题由各镇（街）根据实际统计问题情况报送区局，由区局统一汇总形成养护方案，通过招标投标或委托的形式由专业队伍进行维修养护。结合“智慧水利”建设，加强水库除险加固的科技支撑，开发中小型水库运行管理平台，对全区水库日常运行管护通过信息化手段实现“痕迹化”管理。

4.3 补齐工程短板

学会运用科学手段和现代技术，加强对水库工程的运行维护管理与控制，不断提升水库管理水平。加快水库管理设施和信息化建设，协调财政、国土、住建等部门，推进解决工程用地、水雨情测报等除险加固遗留问题，省水利厅正在实施雨水情监测系统，可补足中小型水库工程短板。在此基础上加快中小型水库管理标准体系建设，按照“先大后小、以点带面”的原则，推进水库标准化创建工作，以标准化创建改善工程面貌，完善各种制度板牌、现场标识，严格标准落地和创建验收，争取所有中小型水库全部实现标准化管理。

4.4 强化资金保障

为了加强基础水利设施的管理，扭转“重建轻管”的局面，保证水利工程完整、安全运行，强化资金保障。全面保障已成立管理所的 4 座中型水库和武庄水库的日常运行养护资金。此项资金每年约计 134.95 万元（其中：石店水库 38 万元、崮头水库 35.79 万元、钓鱼台水库 23.86 万元、武庄水库 18.51 万元、东风水库 18.79 万元）。建议上述支出列入区级财政预算，经费由区财政承担，积极争取上级补助。

省厅在2020年已将小型水库运行管护资金列入涉农资金约束性指标，按照日常管护经费小（1）型不低于6万元、小（2）型不低于3万元的标准，依照分级负担原则，落实到位，区级配套50万元；但维修养护经费还需由区级财政负担。建议区级财政设立水利工程标准化创建专项经费，按照创建前和创建中分两批拨付、创建后集中考核评估的原则，鼓励和引导各单位积极推进标准化工作。同时结合“乡村振兴”战略，将水库标准化建设与农村环境综合整治结合起来，建设“美丽乡村景观水库”，积极争取省、市两级财政给予政策引导和资金奖补支持。

5 结语

通过调研发现长清区中小型水库运行维护管理的现状和存在问题。中小型水库普遍建设标准低、主体责任意识弱、管理水平低、资金保障弱，安全隐患较多。建议针对中小型水库运行维护管理状况，加强监管，提高责任意识，特别是应以地方政府为主导，保障运维资金，全面推进标准化治理，完善中小型水库管理机制，确保中小型水库运行安全。

数字孪生百色水利枢纽工程建设初探

牟　舵[1]　赵松鹏[2]

（1. 水利部珠江水利委员会珠江水利综合技术中心，广东广州　510611；
2. 广西右江水利开发有限责任公司，广西南宁　530029）

摘　要：数字孪生百色水利枢纽工程是“十四五”数字孪生珠江流域建设的重要组成部分，是新阶段广西右江水利开发有限责任公司高质量发展的重要抓手。本文简要介绍了百色水利枢纽工程的信息化现状，从数据资源、模型算法以及业务应用等方面分析了当前百色水利枢纽工程的短板、弱项，在构建数字化场景、开展智慧化模拟以及支撑精准化决策等方面探讨了数字孪生百色水利枢纽工程的实施路径，为下一步推进数字孪生百色水利枢纽工程建设提供解决方案。

关键词：百色水利枢纽工程；数字孪生；实施路径

1　引言

智慧水利建设是新阶段水利高质量发展的六条实施路径之一，水利部党组高度重视，明确指出智慧水利是新阶段水利高质量发展最显著的标志，数字孪生流域是智慧水利建设最鲜明的特点，数字孪生水利工程是数字孪生流域最重要的组成部分[1]。百色水利枢纽工程是国家“十五”重点建设项目和西部大开发标志性工程，是治理和开发郁江的关键项目[2]。工程建成投产以来，先后建设了水情测报、工程安全以及洪水预报各类系统，在工程运行管理方面发挥了重要作用。但是与推动新阶段水利高质量发展、强化工程调度运行“四预”等新要求相比，仍然存在算据支撑不足、模型算法孪生性不高、业务应用智能程度较低等突出问题，所以亟须开展以数字孪生百色水利枢纽工程为重点的智慧水利建设，赋能防洪与水量调度、工程安全运行、库区管理等核心业务，推动工程运管水平的提档升级。因此，开展数字孪生百色水利枢纽工程建设，是贯彻新阶段水利高质量发展六条实施路径的重要举措，对提升工程现代化运营管理水平具有重要意义。

2　信息化建设现状

百色水利枢纽工程建成投产以来，累计建设各类监测感知设施设备 1 600 余套，坝顶枢纽、枢纽管理中心和南宁总部实现三地专线互联，算力资源总容量达 160T 存储、128 个 CPU、2T 内存；建成覆盖日常办公、电厂生产、枢纽运行等核心业务应用 30 余套；组织机构、人员队伍、标准规范等保障环境逐步健全。基本形成了相对完整的信息化综合体系，在枢纽生产运行及工程管理等方面发挥了重要的支撑和保障作用。

3　存在问题

经过现状摸排，百色水利枢纽工程在数据资源、模型算法、“四预”应用等方面仍存在部分短板弱项。

作者简介：牟舵（1989—），男，工程师，主要从事水利信息化、网络安全规划设计工作。

3.1 数据资源支撑不足，不能满足构建数字化场景的需求

百色水利枢纽工程目前已建有支撑防洪、发电等多项业务的应用系统，系统多以展示查询、统计分析、信息服务等功能为主，产生了大量的结构化数据，但是数字孪生水利工程的重要特征是实现工程实体对象的动态仿真，需要大量的地理空间数据支撑，而工程现有的遥感影像、无人机倾斜摄影模型、BIM 模型等数据不足，难以支撑三维场景下百色水利枢纽工程全生命周期的展现、模拟、验证、预测、控制。

3.2 模型算法智能化不高，难以满足智慧化模拟的需求

百色水利枢纽工程现有水利模型与数字孪生流域实时同步仿真运行的要求不适应，尚未构建“水量调度、工程安全”的全过程模型，距离构建高保真模型，实现智慧化模拟的目标有一定差距。一是模型衔接性较差，未实现预报调度一体化。已有的洪水预报系统和水调自动化系统分散建设，未充分融合继承，预报调度互馈机制主要依靠人工方式实现，尚未实现洪水预报和防洪调度业务的一体化、自动化预报调度。二是模型不全面，难以支撑实时化、精细化模拟。工程安全监测资料未能得到及时分析、分析预警能力薄弱，汇集的监测数据不能进行线上分析评价，缺乏工程安全监测评估模型，未采用声纹识别、AI 视频分析等先进监测技术，监测数据异常和工程安全风险暂未能及时发现和自动预警，无法提供高效的决策技术支持。

3.3 业务应用“四预”能力不足，难以支撑精准化决策

百色水利枢纽工程各业务系统独立建设，数据在物理上和逻辑上均存在“孤岛”现象，功能目标单一，在数据的趋势分析、预测预警、面向决策支持的分析评价等方面能力较弱，诸多环节依赖专家的人工分析和经验判断，距离用数据说话、用数据管理、用数据决策差距较大，难以满足“四预”技术要求。

4 实施路径

4.1 以虚仿实，构建数字化场景

4.1.1 完善前端感知网

完善前端感知网包括升级改造现有工程安全监测、水雨情监测以及视频监控等前端监测设备，在厂房新建智能巡检机器人，实现实时获取大坝安全信息、库区、厂房及工程管理区水雨情以及工程重点场所的实施概况，同时，通过卫星遥感、倾斜摄影、水下地形测量等手段，定时更新工程、库区及下游影响区空间地理信息。

4.1.2 建设基础算力设施

结合三维场景渲染、模型计算以及网络互联等需求建设基础算力设施。一是常规算力设施建设，主要包括基于 ARM 架构的国产服务器、国产操作系统以及国产数据库等内容，为上层业务应用提供支撑。二是高性能算力设施建设，主要为构建 GPU 服务器集群等内容，为 AI 模型、水利专业模型等模型计算提供支撑。三是网络互联，结合日常办公、物联感知等需求，配置满足 IPv6 技术要求的网络设施、工业互联网设施以及 SDN 管理系统等内容，为数据传输、网络管理提供支撑。

4.1.3 构建数据底板

在共享水利部、流域管理机构及省级水行政主管部门数据底板的基础上，根据工程安全分析、防洪调度等模型计算需求及业务管理需要，采用卫星遥感、无人机倾斜摄影、BIM 等技术，细化构建工程多时态、全要素地理空间数字化映射，建设百色水利枢纽工程 L3 级数据底板。同时，将工程全要素、全过程基础数据、监测数据、业务管理数据以及外部共享数据等按标准规范统一编码和映射，建立空间实体对象与业务对象间的关系连接，通过统一接口规范及索引技术实现业务数据与 L3 级数据底板融合，构建百色水利枢纽工程物理场景的数字化映射，实现百色水利枢纽工程可视化全景展示。

4.2 以虚映实，开展智慧化模拟

构建服务于百色水利枢纽工程防洪与水量调度、工程安全的各类水利专业模型及可视化模型，基

于模型仿真引擎、可视化引擎在数字化场景的基础上实现对百色水利枢纽工程管理活动全过程的精准化模拟，实现数字孪生百色水利枢纽工程和物理的百色水利枢纽工程同步仿真运行、虚实交互。

4.2.1 建设模型库

4.2.1.1 水利专业模型

围绕工程综合效益发挥，按照“虚实交互、迭代优化”的要求，建设模型库。主要包括水利专业模型、工程安全模型等。其中，水利专业模型主要包括来水预报模型、工程安全监测预警模型、水量调度模型等内容。工程安全监测预警模型包括工程和金属结构有限元分析模型、工程安全监测预警随机森林模型等。

4.2.1.2 智能识别模型

智能识别模型主要在数字孪生珠江工程已建智能识别模型基础上，根据百色水利枢纽工程业务应用需求补充构建遥感 AI 识别模型、视频 AI 识别模型、智能巡检模型，为库区管理、人员入侵以及设备巡检等应用提供支撑。

4.2.1.3 可视化模型

可视化模型包括流域自然现象可视化、重点河段场景可视化以及百色水利枢纽工程可视化模型等内容。基于数据底板中数字高程、正射影像、倾斜摄影、BIM 等各类数据资源，通过分析百色水利枢纽工程特点及运行规律，利用可视化建模技术，还原实体工程状态，实现百色水利枢纽工程的数字化映射，从而为构建“四预”应用三维场景提供素材。

4.2.2 建设知识库

在共享水利部、珠江水利委员会相关资源的基础上，结合百色水利枢纽工程建设度汛方案、超标准洪水应急预案、防汛抢险应急预案、大坝安全管理应急预案等方案预案完善工作，不断充实、更新工程自身知识库。主要包括防洪调度规则库、历史案例库、操作规程库、工程安全库等。

4.3 以虚预实，支撑精准化决策

精准化决策是在防洪与水量调度、工程安全状态模拟等预演的基础上，借助知识库开展多方案比选，生成决策建议方案。该部分的重点工作是构建智能化业务应用，辅助制定满足不同业务目标的最优化方案，实现提前规避风险、效益提升等目标。主要是在水旱灾害防御、工程安全管理、库区监管以及生产经营四大核心领域构建业务应用，包括防洪与水量调度“四预”系统、工程安全风险与健康评估系统、库区岸线空天地立体监管系统以及生产运营智慧管理系统 4 大业务应用。

4.3.1 防洪与水量调度“四预”系统

在整合洪水预报系统、水情监测系统、水调自动化系统等与防洪调度相关信息或功能的基础上，构建防洪与水量调度“四预”系统。预报模块主要是实现水库入库流量实时预报，包括洪水流量过程预报、洪峰水位预报、水文短期预报、水文中长期预报等功能。预警模块是根据预报的结果以及预警指标体系，实现向工程管理部门、社会公众精准发布预警信息的功能。预演模块结合预警事件，依据实时数据和预报结果，基于来水预报、水量调度等模型，对不同调度方案下水库运行情况进行可视化展示及推演模拟，生成相应的调度方案，为防洪、水资源配置等业务提供可视化支持。预案模块基于预演结果，针对应急响应启动、水工程调度、物资调配、人员疏散等方面生成智能指挥调度方案，并实时动态监控预案执行情况，为运管单位提供智能决策支撑。

4.3.2 工程安全风险与健康评估系统

聚焦汛期、强降雨等特殊时期工程安全场景，构建工程安全风险与健康评估系统，主要包括安全态势分析、安全风险预警、安全风险预演、预案智能响应等功能。安全态势分析模块通过驱动工程安全监测预警模型，对工程安全监测数据等进行综合分析、挖掘，预测工程变形、渗流等监测物理量所表征的工程安全性态及其演化趋势，及时发现安全隐患。安全风险预警模块依据工程安全预警指标体系和工程安全知识库，结合洪水预报数据、工程监测及预测数据，实现对工程险情、安全隐患进行分级预警。安全风险预演模块针对预警的隐患事件，综合工程安全监测分析预测信息、工程安全知识库等，对工程安全状态进行评估和推演，通过云图、矢量箭头等形式，表达大坝的演变趋势，超前发现潜在风险。预案智能响应模块通过驱动工程安全监测预警等模型，快速分析工程运行过程中存在的安全问题及隐患，触发响应流程，处置异常和预警事件。

4.3.3 库区岸线空天地立体监管系统

在安全监测信息管理系统、视频监控系统等已有系统或功能的基础上，集成现有的库区管理范围划界成果、无人机航拍巡检记录等数据，根据确权划界、监督巡查、临时淹没、次生灾害、生态保护等业务需求，建立库区岸线空天地立体监管系统，系统具备可追溯的库区数字岸线，强化风险预判、灾害预警等功能。系统通过调用AI模型，针对库区岸线异常、库区水域面积变化、滑坡、崩塌、浸没、河湖“四乱”、非法养殖以及水华异常等问题进行智能监控与研判，形成及时发现、持续监测、可靠确认、规范巡检流程和绩效考核办法，推进库区运行管理规范化建设，支撑库区安全运行，提升库区智慧化管理水平。

4.3.4 生产运营智慧管理系统

生产运营智慧管理系统将在已有系统或功能的基础上，围绕工程运管需要，按照设备控制自动化、故障诊断自动化、检修记录结构化、生产运营智慧化的要求，突出不同业务环节间的互联互通、数据共享、业务协同，基于二、三维可视化场景，建设水力发电、库区、枢纽等生产运营业务场景功能，对枢纽大坝和水力发电厂相关设施设备进行监控与管理，形成业务全覆盖、流程全闭环的生产运营智慧管理系统，优化日常检查工作量，提升应急处置效率，切实提高安全生产运营管理水平。主要包括生产经营管理、安全生产管理、智能巡检、重大危险源安全管控“四预”等功能模块。生产运营智慧管理系统以智能化的方式将整个生产运营场景打造成三维虚拟场景，在虚拟三维可视化空间中进行设备运行状态实时监控、设备运行过程模拟，进而有效避免现场设备发生故障、设备生产异常等问题。

5 结语

本文系统分析了百色水利枢纽工程信息化短板弱项，对标《数字孪生水利工程建设技术导则（试行）》等规范标准及工程运管需求，对推进数字孪生百色水利枢纽工程建设进行了初步探讨，下一步建议数字孪生百色水利枢纽工程建设优先选取需求迫切、短期见效的试点工程或重点项目先行实施，确保工程尽早发挥效益。

参考文献

[1] 水利部印发关于完善流域防洪工程体系的指导意见和实施方案［J］. 水利建设与管理，2022，42（1）：2，5.
[2] 水利部珠江水利委员会. 潮起珠江谱新篇［J］. 中国水利，2019（19）：32-33.

创新绿色理念引领下大坝安全发展研究

穆立超　贾海涛

（黄河勘测规划设计研究院有限公司，河南郑州　450003）

摘　要： 大坝安全发展对社会稳定发展意义重大，为实现创新绿色理念，高度重视大坝工程的环保效益是安全发展的主要方向。基于此，本文通过分析大坝安全发展的重要地位，强调了创新绿色理念对于大坝安全的要求，最后提出了创新绿色理念引领下大坝安全发展对策。以期能够加强安全监管，从源头上杜绝安全事故，保证大坝工程稳定运行。

关键词： 大坝工程；安全管理；创新绿色理念；应急预案

1　引言

大坝工程是综合利用水资源、防洪兴利的重要工程，关系到国民经济和社会安定和谐。我国多年来积累了大量建设经验，不断涌现出大量高坝大库，一旦发生大坝失事事故，将给大坝建设和运行造成严重危害，给人民和社会造成巨大损失。在创新绿色理念的要求下，对大坝安全发展提出了新要求，因此需要从多个方面加强管理，促进大坝安全发展。

2　大坝安全发展的重要地位

大坝是控制水资源、综合利用水资源的重要工程，对于社会发展、国家建设起到重要作用。随着我国大坝工程规模和数量逐渐扩大，我国在大坝建设上积累了大量经验，建设很多高度不一、形状各异的工程项目。但由于大坝运行存在多种不确定因素，面临复杂的运行条件，在发挥功能的同时，也面临着诸多风险。因此，保障大坝工程安全运行和发展十分关键[1]。此外，大坝工程常面临着故障或损坏，严重影响其安全生产，虽然大坝失事率十分低，但故障问题频繁发生，也威胁到大坝的安全生产。在大坝运行期间需要利用安全检测和安全管理等手段，及时修复安全隐患以及缺陷，从根本上保障大坝工程的安全生产，推动大坝安全发展。

3　创新绿色理念对大坝发展的要求

创新绿色理念作为“十三五”期间提出的发展理念，强调建设资源节约型、环境保护型社会的国策方针，坚定不移走可持续发展、生态环保的路线。创新绿色理念作为水利工程的新发展理念，更是水利工程发展的指向。我国作为农业大国，水资源紧缺，通过水利工程保护两岸居民安全，保护农业生产稳定，对缺水地区实现长距离水资源供应，给经济社会发展提供支持[2]。在大坝发展中应当坚持绿色创新理念，从工程设计到建设管理，都实践绿色创新理念，落实在实际行动中，让大坝工程发挥出更大的价值。

作者简介： 穆立超（1990—），男，工程师，主要从事水利水电工程施工组织设计工作。

4 创新绿色理念引领下大坝安全发展对策

4.1 建立创新共享环境

为了推动大坝安全发展，践行创新绿色理念，需要在大坝建设领域建立创新绿色、共享开放的环境。在规划设计阶段，相比于传统制定综合效益目标，要更加重视对生态环境的影响，从施工工艺、建设路线层面上融入创新绿色理念，将对环境的破坏降到最低。在建设行业内加强宣传力度，积极推广创新、绿色的理念，形成行业自律，以行业环境促进大坝工程遵循创新绿色理念。目前，我国很多大型项目委托了第三方安全技术服务机构，在施工现场展开安全监管，提供专业安全技术服务，定期巡查施工现场安全，及时发现施工现场安全隐患，全方位维护项目的安全性。第三方安全机构从工程设计阶段介入，控制工程重点和难点部分设计，加强对施工设计图进行安全审查，对施工设计图提出改进建议，加强工程安全性和质量管理。同时应当加强对大坝工程档案的管理，建立信息化档案，将工程相关资料定期收集整理归入档案中，保证档案资料更加专业、安全，对档案资源进行整合，充分保证资料的收集和再利用。行业内要严格执行绿色理念，在施工期间展开环保、水保监理服务，严格执行环保、水保的监控机制，并组织环保、水保培训，要求各个建设公司参与，提高全体参建方的环保意识，联手打造绿色工程。行业内要定期组织研讨会议，加大技术研发创新力度，攻克技术难关，通过技术创新积极促进工程的安全发展。

4.2 创新绿色工程设计

在工程设计阶段要充分体现出绿色环保理念，提高大坝工程的环保效益。根据当地水库容量以及规模，评估对周边环境的危害以及需要，确定水库容量。目前，很多水库容量较大，占地面积大，违背了节约用地的原则。部分工程为了追求水资源利用率，可能造成允许开发利用率超高。在坝型选择上，应当追求施工方便，将环境干扰控制到最小，尽量保持坝型的美观度。注意在多雨地区，选择受雨水影响小的筑坝材料，避免选择黏土心墙坝，选择防渗材料。施工要避免对场地的损坏，优先选择淹没区作为土料场，注意维护施工区域的道路，集中堆放弃料，严格控制固体废弃物污染。在保证大坝发挥出防洪功能的同时，要充分提高河道工程的景观、商业功能。注意堤线设计保持顺直，尽量将堤防工程和旅游设施相结合，选择当地材料建设，保证施工方案的可行性。堤防工程作为防洪工程，同时具有交通功能，稍作改造就能满足人们的出行要求。堤坡设计越缓越有利于攀爬，方便设计绿化景观工程。边坡尽量减少浆砌石以及混凝土的使用，选择植物护坡提高工程美观性。堤高要在防洪标准基础上尽量减小，避免形成围墙效应，减少占地面积。输水渠道设计也应减少占地面积，节约用水，提高水资源的利用率。两侧若建设为水田灌区，应当充分利用排涝沟，建设为灌排两用渠道，对于地下水和雨水充分利用，最大程度利用水资源，减少水资源渗漏问题。渠道无须填方，节约用地面积，可以节约资源，减少投资成本。此外，将渠道设计为半圆或者圆形截面，便于安装和使用，可以提高防渗能力，边壁光滑，提高渠道过水能力，从而提高水资源利用效率，充分发挥出大坝工程的创新绿色效益。

4.3 引入科技实时监测

充分引入技术手段对大坝工程展开实时监测，及时掌握大坝安全情况，收集更完整的数据资料，方便科学评估大坝工作状态。通过及时监测获得安全数据，科学分析大坝安全等级，有效规避重大安全事故。在安全巡查的基础上，充分利用科学技术手段，提高安全监测的有效性和实时性，第一时间发现安全风险。充分利用仪器设备展开安全监测，仪器设备可以设定在大坝结构上，更准确地采集环境信息，再结合软件分析和人工分析评估监测结果，更为客观地分析大坝的安全问题。如压力、变形、渗流等参数，通过仪器监测，更能观察到各参数的变化趋势，可以掌握不同情境下大坝安全形态改变。如使用差动电阻式仪器能够对大坝混凝土结构应力和变形情况进行有效监测，通过持续性监测混凝土结构变形以及应力的改变，更有利于对结构变化展开分析，便于监测工程的安全等级。此外，可引进遥测垂线坐标仪、遥测引张线仪等进行大坝结构变形的监测，能够监控坝体结构沉降和位移情况，了解基岩变形情况，第一时间发现安全风险，指导工程修复和调整。

由于大坝工程常需要在恶劣的环境中运行，且不同地理位置的环境不同，需要根据当地特殊的环境条件，选择合适的仪器设备或者技术，以获得更精准的信息和数据。所有的监测设备电缆均要利用钢管加强保护，并连接电网，杜绝安全用电事故。监测大坝结构位移时，使用活动式测斜仪，通过单点探头自动化测量[3]。使用CT技术进行大坝结构损伤以及力学特性的监测，可以重构结构图像，并完成无损监测，不会对大坝结构造成损伤。使用光纤光栅技术进行裂缝、渗流等监测，能够更加精准地追踪渗流和裂缝位置，方便展开大坝修复施工。所有监测数据通过局域网络能够自动上传至网络系统，使用软件和信息系统对数据进行在线分析，评估大坝结构的安全风险以及等级，深入挖掘数据信息，共同维护大坝工程的安全监管。所有先进技术和设备均对环境无危害性，耗电量较低，符合创新绿色理念。

4.4 完善安全管理机制

我国水能资源相对丰富，从理论上可开发量达5.42亿kW，现阶段对大坝工程的安全管理转化为市场经济体制。大坝工程主要分为水电和水利两类，水利大坝主要负责灌溉和防洪，水电大坝以发电为主。目前关于大坝工程安全管理的法律法规逐渐完善，已经有多部法律法规有针对大坝工程管理的规定，大坝安全管理逐渐得到法治化监管。对大坝工程的安全管理贯穿于勘测至运行全程，通过监测分析等技术手段展开安全管理，通过安全维护保护大坝工程的运行，消除安全隐患，充分保证大坝工程的安全。在大坝建设阶段严格执行工程验收，深入检查工程设计是否符合安全规范，是否存在设计缺陷，进行阶段性验收，只有满足安全规范后才允许进行下一阶段的施工。尤其是在水库蓄水、截流等施工阶段，需要严格进行动态化监管，避免埋下安全隐患。定期对水电工程展开安全鉴定，根据行业规范以及国家标准，由专业技术人员进行专项鉴定，严格控制工程质量，保证达到安全标准以及合同规定质量，确保工程没有埋下安全隐患，对于未达到安全标准的部分，需要给出专业意见，进行针对性弥补。大坝水库调度建立在安全基础上，才能保证大坝工程发挥出综合效益。因此，要建立大坝工程防汛制度，在运行期间严格遵守操作规范以及防洪调度规则，根据操作指南进行管理。每年汛期前，严格执行安全监测，检查泄洪设施，对水情实时监控，全面检查大坝工程，为汛期管理做好充足的准备。进入汛期后需要定期巡视大坝，严格进行水情监测，根据实际情况进行水库的调度，充分保证大坝工程的安全运行。在汛期后针对大坝工程边坡展开巡视检查，发现险情要第一时间进行上报，保证工程得到妥善处理。

在大坝工程运行期间，要求管理人员严格执行安全监管制度，并将安全监管数据、资料等完整记录，整理入档。管理人员主要针对大坝结构以及周围附属设施展开安全检查，第一时间发现大坝工程存在的安全隐患，及时进行修缮，避免安全事故的暴发[4]。首先要针对大坝工程展开日常巡视，周期性检修大坝工程可能存在的安全隐患和质量问题。每年要定期进行详细检查，尤其是冰冻期、汛期等特殊时期，需要根据详查项目展开全面检查，保证大坝工程的稳定运行。其次要组建专家小组，负责对大坝工程的全面评估，全面掌握大坝工程的运行状态，一般情况下，专家检查5年进行一次，在一年内完成检查。经过全面评估后提交检查报告，评价大坝工程的安全等级，确保大坝工程能够得到稳定运行。最后展开特种检查，主要在地震、洪水等自然灾害暴发后展开详细检查，通过了解自然灾害对于大坝的影响，展开特种检查，对于大坝工程进行再次评级。针对检查中发现的安全问题展开全面检修修复，消除安全风险，杜绝安全事故的发生。

4.5 制订应急管理预案

制订应急管理预案主要针对洪水演进模拟制订下游应急处置方案，根据下游和两岸情况，建立管理员制度，能够在多方协调配合下，将损失降到最低。首先要明确应急预案的责任主体，由政府部门、大坝管理单位互相协调，充分承担起责任，组织应急救援，抢险撤离。通过对大坝周边环境的分析，和政府部门一同制定撤离路线以及范围，由政府部门负责指挥和调运，安排群众撤离。大坝管理单位要和政府部门保持信息共享，互相协调配合，提高沟通响应效率。其次在应急管理预案内容上，分为两个部分，政府部门制订下游应急抢险预案，大坝管理单位制订大坝应急预案，两者互相协调配合，并保证同时开展、有效衔接。大坝管理单位要负责预警抢险大坝，加强数据观测，及时对重大隐患发出预警，上报给政府部门。根据预警信息立即采取应急处理，做好防控管理，控制险情。尤其是溃坝、水流量、持续时间等重要参数，均应明确洪水影响范围，纳入抢险应急预案，为下游撤离和抢险争取时间。最后应急预案均要经过模型演练，经过精密计算，确定河道、支流以及蓄滞洪区等情况，绘制突发事件和风险图，估算人员和经济损失，科学定义应急响应级别，并根据应急预案进行模拟演练，提高应急管理效率，将人员经济损失降到最低，预防灾害后水体污染等事故。

5 结论

综上所述，大坝安全发展在社会经济和稳定中有重要地位，在创新绿色理念的要求下，大坝安全发展需要通过行业建立创新共享环境，建设方加强创新绿色工程设计，提高水资源利用率和环保效益。管理单位要引入科技实时监测，完善安全管理机制，与政府部门联手制订应急管理预案。通过安全管理和设计促进大坝工程的安全发展，消除安全风险。

参考文献

[1] 张禹平．水库大坝渗流安全鉴定评价分析［J］．内蒙古水利，2021（8）：38-39.

[2] 江超，肖传成．我国水库大坝安全监测现状深度剖析与对策研究［J］．水利水运工程学报，2021（6）：1-7.

[3] 欧阳钊．水库大坝除险加固施工安全管理问题分析［J］．四川建材，2021，47（7）：215-216.

[4] 胡戈．中小型水库大坝安全运行与管理分析［J］．科技风，2021（18）：187-188.

数据底板建设在水利数字孪生中的应用研究

张　珍　牛　睿

（黄河水利委员会济南勘测局，山东济南　250032）

摘　要：基于数字孪生技术可以构建出具有复杂性、多样性和实时性等特点的智慧水利系统，而该系统中关键的技术之一就是数字孪生建模技术，通过利用激光雷达、倾斜摄影、多波束测深和遥感测量等技术的融合，实现基础底板的采集与建设。本文以淮河流域泗沂沭水系中的沂河为研究对象，通过对该河段干流河道及水利工程数据的采集创建，为实现更加精准实时的河道演变分析提供场景支撑，为制订科学规划、治理方案和防洪预案，提高洪水安全保障程度提供科学有效的技术依据，是实现智慧水利建设的重要基础保证。

关键词：数字孪生水利；数据底板；数字化场景模型；沂河干流

1　背景

近年来，数字孪生技术广泛应用于电力、交通、城市管理等领域，是推动行业深刻变革的强大动力。水利部门积极探索，将推进智慧水利建设作为推动新阶段水利高质量发展的实施路径之一。随着数字孪生平台暨全国水利一张图 2023 版的正式发布，数字孪生技术广泛服务于水利行业有了更多可能。

根据水利部推进智慧水利建设部署，建设数字孪生流域和数字孪生水利工程已经成为当前智慧水利建设的核心任务与目标。数字孪生流域和数字孪生水利工程建设是提升水利决策管理科学化、精准化、高效化能力和水平的有力支撑，是赋能推动新阶段水利高质量发展的先进引领力和强劲驱动力。在 2023 年全国水利工作会议上，水利部部长李国英强调，要大力推进数字孪生水利建设，按照“需求牵引、应用至上、数字赋能、提升能力”的要求，以数字化、网络化、智能化为主线，以数字化场景、智慧化模拟、精准化决策为路径，全面推进算据、算法、算力建设，加快构建具有“四预”（预报、预警、预演、预案）功能的智慧水利体系[1]。

数字孪生流域是智慧水利的核心与关键，构建数据底板是数字孪生流域建设的第一要务。数据底板是数字孪生流域中的“算据”部分，是数据连接与传递的“中枢”，也是支撑数字孪生流域模型平台、知识平台和业务应用平台的数据基底[2]，是智慧化模拟参数计算与迭代更新的依据，更是数字孪生流域智慧防洪体系建设的“基石”。为此，本文以淮河流域泗沂沭水系中的沂河为研究对象，在充分收集流域内河流基础地理信息资料的基础上，通过航拍建模、实地测绘、融合插值以及三维仿真等技术手段进行数据获取和处理，借助 GIS 二、三维技术和地理平台研发，进行统一空间配准、模型融合，最终实现流域数据底板构建。

2　研究内容与技术路线

2.1　研究区概况

沂河又名沂水，是淮河流域泗沂沭水系中较大的河流，位于山东省南部与江苏省北部，沂河源出沂源田庄水库，流经淄博沂源、临沂沂水、临沂沂南、临沂市区、临沂兰陵、临沂郯城，至江苏省邳

作者简介：张珍（1995—），女，助理工程师，主要从事水文与水资源工程、测绘相关方向的研究工作。

州入新沂河，抵燕尾港入黄海。全长574 km，流域面积17 325 km^2，集水面积4 892 km^2，河面最宽达1 540 m。

沂河自源头至跋山水库为上游，跋山水库至祊河口为中游，祊河口以下（国家一级河流）为下游。沂河上游山丘区修建了5座大型水库和18座中型水库。下游在刘家道口建有枢纽工程，并辟有分沂入沭水道，分沂河洪水入沭河；在江风口建有江风口闸，并辟有邳苍分洪道，分沂河洪水入中运河。沂河洪水、水资源安全与鲁南、苏北大部分地区的人民生命财产安全及社会经济可持续发展密切相关，全面开展沂河干流河道数字场景采集工作，是进一步加强山东省境内河流管理的重要工作，为山东省大中型水库与骨干河道洪水预报系统中河流的信息化管理提供数据支撑。

2.2 技术路线

综合激光雷达点云测绘、多波束测深搭载无人船、无人机遥感倾斜摄影、数值仿真、BIM模型等多种技术手段，通过水、陆、空各项数据的采集与处理，搭建多时空多维度多图（OSGB、DEM、DOM、DSM、仿真等）L2级的数据底座，并对水文站、水闸、桥梁等构建了L3级BIM模型。其技术路线如下：

（1）收集流域主河道内已有的数据模型，一方面充分利用政府公共数据服务平台，实现水利与生态环境、自然资源、农业种植、交通运输等跨部门数据共享；另一方面充分利用网络资料，开展流域河道影像、矢量数据获取，建立流域河道空间地理信息模型雏形。

（2）开展流域河道内数据采集，利用无人机倾斜摄影测量、水下多波束测深搭载无人船、BIM三维建模等技术手段，建立高精度三维实景模型。

（3）采用强大的平台可视化技术对PB级数据进行融合处理，集成基础数字化场景，实现不同分辨率、不同大小数据空间的数据以及不同类型业务数据之间的自动融合，包括空间数据融合和业务数据融合两个维度。

（4）以三维数字河道场景为依托，结合空间分析、虚拟仿真、场景漫游等技术，开展在洪水演进、河口江道冲淤变化、江道河床变化、防洪形势研判等业务领域新型应用模式探究，提高流域防洪减灾管理水平。

3 关键技术研究

3.1 天空地一体化数据获取

3.1.1 航空摄影测量与遥感技术

航空摄影测量、卫星遥感技术是流域河道数据获取的一种重要手段，是流域数字化的重要技术支撑。遥感技术为摄影测量提供了多种数据来源，从而扩大了摄影测量的应用领域；摄影测量成熟的理论与方法对遥感技术的发展起到推动作用。卫星遥感技术具有获取信息丰富、快速和可持续观测的优势[3]，可以准确、快速获取流域河道内整体面貌，结合无人机搭载激光雷达设备采集到激光点云和航测影像，可以实现重点区域数据定期采集更新，最大程度地保证了流域数据的时效性，从而全面了解流域水系分布、地势地貌、植被覆盖、水利工程设施建设、流域洪涝旱灾等情况。

3.1.2 无人机倾斜摄影测量技术

倾斜摄影技术主要依托无人机搭载多台传感器，根据划定的区域和规划的航线，从5个不同的角度（1个垂直、4个倾斜）对流域内进行影像采集，通过Smart3D处理软件和计算机集群化处理平台构建可视化三维模型，能更直观展示实际物体的真实情况，由于数据采集前进行了控制点数据的转换和像控点的布设，模型自身附带高程、尺寸数据，能够帮助用户从多角度观察各建筑物和自然景象，并进行局部快速测量。

以沂河主干道为研究对象，利用科卫泰X6L-15多旋翼无人机搭载DG6M倾斜摄影模块进行数据采集，获取主河道两岸地物及重要水利工程建筑物实景影像，利用计算机集群数据处理中心，实现了影像数据的并行处理和全自动建模，构建了主河道及重点水利建筑物实景三维模型，提高流域防洪减灾数据决策精度（见图1）。

图1 葛沟橡胶坝、水文站三维模型成果

3.1.3 水下多波束搭载无人船测深技术

多波束测深系统，又称为多波束测深仪、条带测深仪或多波束测深声呐等，是一种多传感器的复杂组合系统，高度集成了现代信号处理技术、高性能计算机技术、高分辨率显示技术、高精度导航定位技术、数字化传感器技术等相关高新技术[4]。与传统的单波束测深仪相比较，多波束测深系统具有范围大、速度快、精度高、记录数字化以及成图自动化等诸多优点，它不仅把测深技术从原先的点、线状推展到面状，而且利用采集的数据，绘制 DEM 图，从而使水下地形测量技术发展到一个新的水平。

以 NORBIT iWBMS 多波束系统搭载华微 6 号无人船为实体，通过对沂河主河道区域进行水下地形探测，采用人机交互和自动滤波相结合的方式构建高精度水下数据模型，高效快速地反映出河床的水下地貌特征，精准了解河槽纳蓄能力、河道冲淤变化，提高两岸防灾减灾能力，保障沿岸经济发展（见图2）。

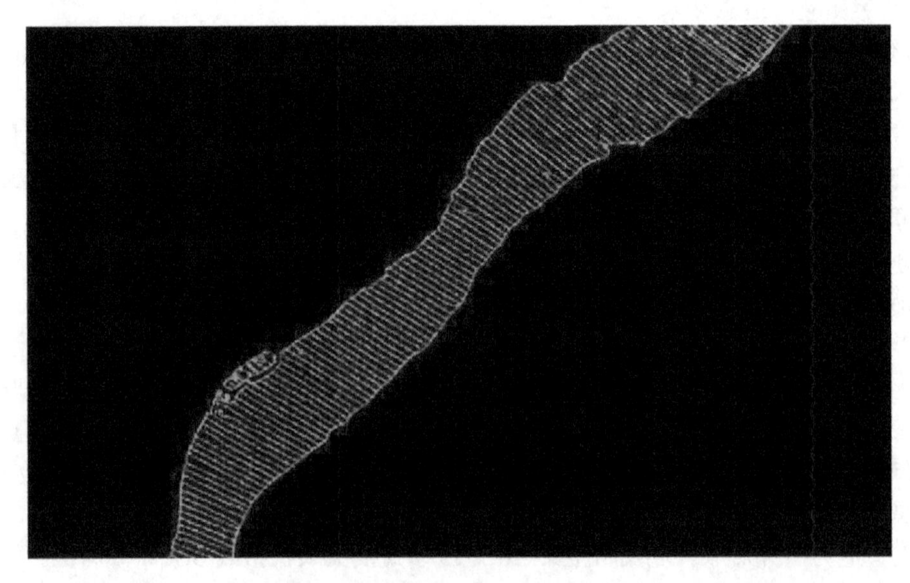

图2 水下数据处理界面及数据成果

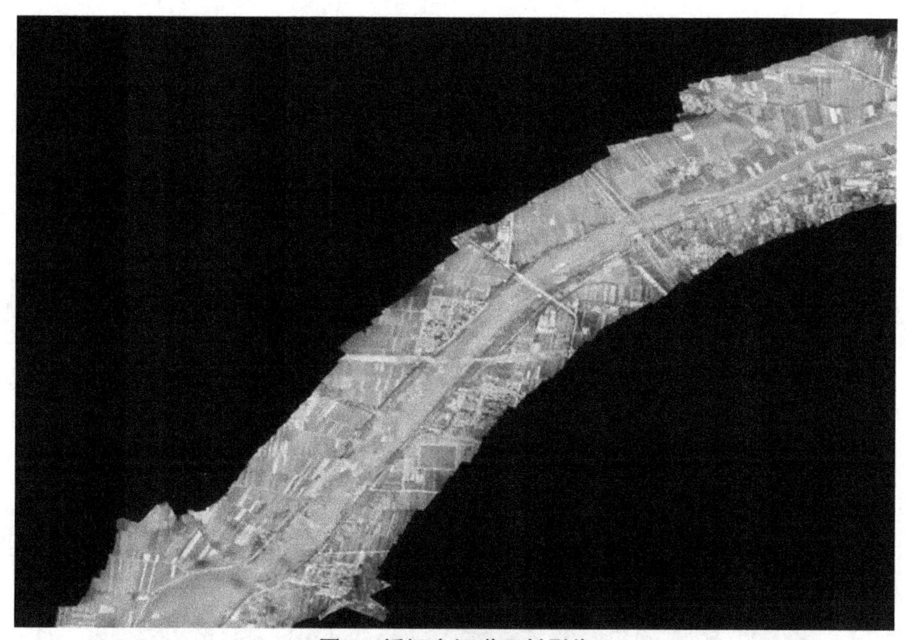

图3　沂河主河道正射影像

3.1.4　高精度激光点云 DEM 构建

激光点云 DEM 数据的构建，是由无人机搭载激光雷达设备，根据规划航飞的区域进行点云数据和影像数据的采集，通过 LiDAR 数据和影像后处理软件，获得正射影像立体测图（见图3）和精确的数字高程模型（见图4）。激光雷达设备具有较强的植被穿透力，通过激光扫描所得到的高程精度可以达到 3 cm，为河道范围内平高数据质量奠定了基础。与此同时，点云 DEM 数据可以与水下数据进行融合，为河道两岸及水下地形演变提供数据支撑，保障了人民生命财产安全。

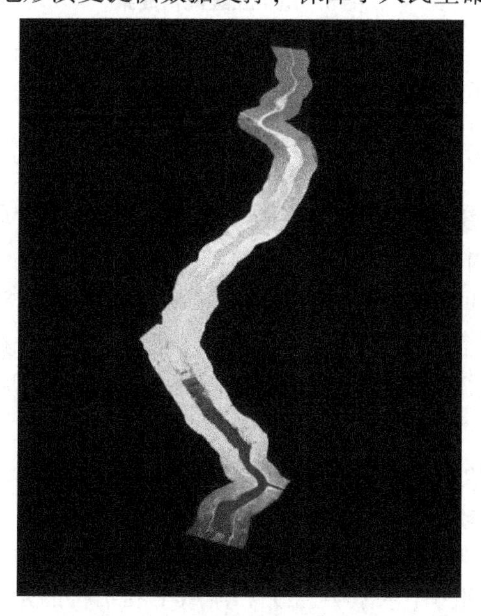

图4　沂河主河道 DEM 效果

3.2　BIM 三维建模技术

BIM 技术是一种多维（三维空间、思维时间、五维成本、N 维更多应用）模型信息集成技术，可以使工程建设项目的所有参与方以信息模型为载体，共享数据、信息和知识[5]。通过对设计流域河道内水闸、拦水坝、桥梁等主要涉水建筑物设计图纸或倾斜模型修复，可生成 L3 级别的水利 BIM 模型，并融入数字孪生平台中，有利于提高流域河道内涉水工程信息化水平（见图5）。

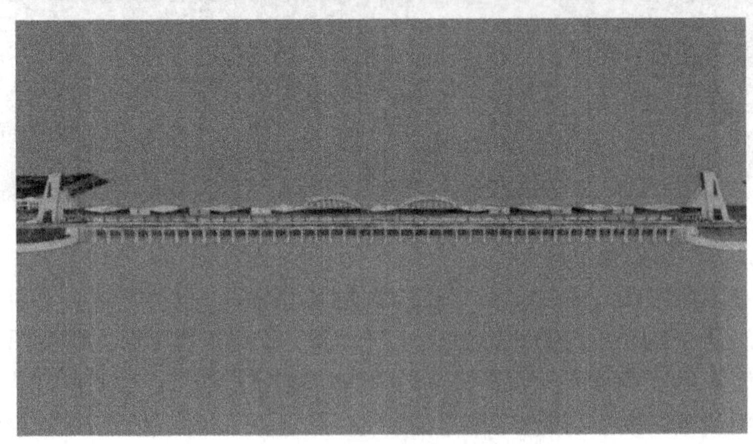

图 5　BIM 三维建模成果

3.3　多源异构数据融合技术

时空大数据驱动的全域、全过程的多源异构流域数据的汇集与融合，是流域数字孪生底座建设的基础。全面实现流域信息资源汇集与融合，建设基于高精度、多维度的可视化流域数字孪生场景。其技术要点如下（见图 6）：

（1）通过统一工程编码、统一工程数字模型配置管理，实现跨阶段、跨业务、跨类型统一标识，打造全生命周期智能数据管理中心。

（2）在统一数据资源规范的指导下，制订流域各阶段数据采集与治理的技术方案。

（3）通过数据共享交换平台实现流域大数据汇集，通过数据服务接口实现信息共享。

（4）基于元数据、编码数据、数据资源建模和资源分类体系的协同，构建统一的数据资源管理平台。

（5）模型数据应按结构划分，实现结构模型分层级的选择及查看。

（6）数据应具有合理的精细度，在展现必要的结构细节的同时，控制数据文件大小，确保可视化展示的流畅与稳定。

（7）数据相关信息应合理组织，支持从业务和流域工程结构的角度分别对数据进行组织及管理，实现关联信息的动态更新及交付，满足业务要素的三维可视化管理需求。

4　模型应用研究

通过构建沂河主干道河流的数字孪生数据底板，获取高精度 DEM、DOM 和三维模型数据，为建立历史洪水、设定频率、实时洪水等不同情景下的预报洪水推演系统和二、三维动态淹没模拟系统，实现对洪水“预报、预警、预演、预案”的模拟和展示提供基础支撑（见图 7、图 8）。

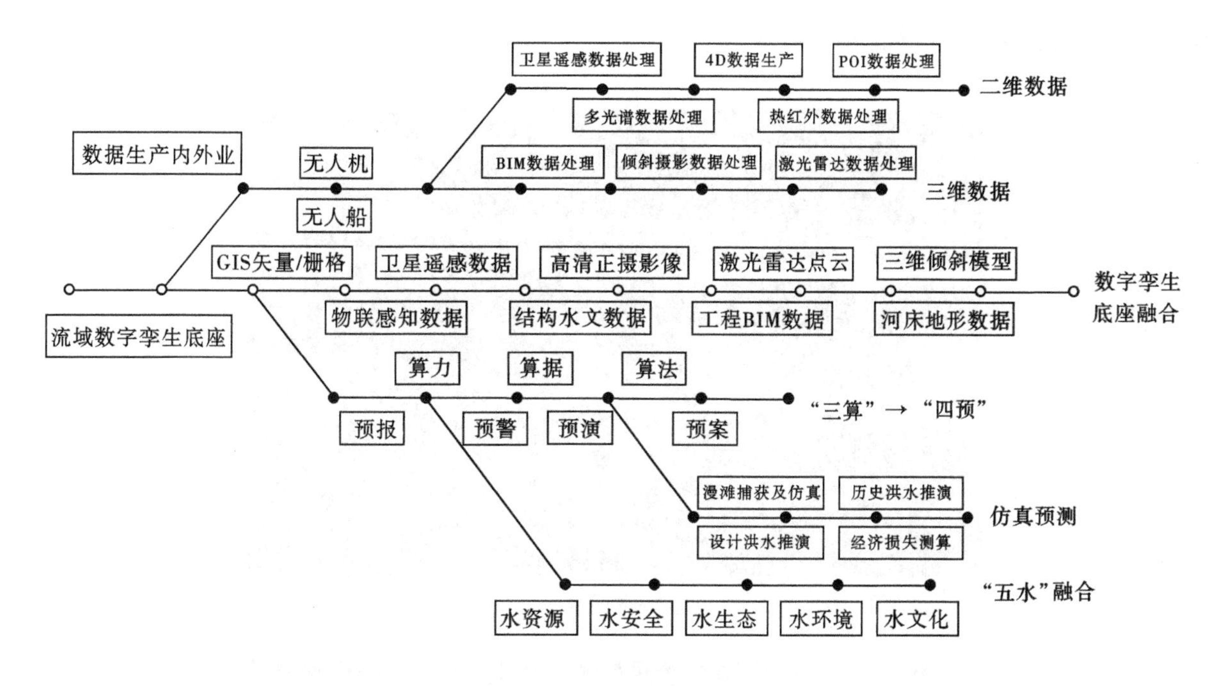

图 6　多源异构数据融合

4.1　开展数据收集调查及测绘

调查整理流域分布、河流走向、闸站橡胶坝工程分布、城镇防汛关注的重点社会经济对象、防汛潜在危险要素等数据[6]。开展沂河主干道河段两岸地形图测绘和重要断面测量，获取精准实时的流域测绘数据。

4.2　为水利工程信息化管理提供支撑

通过无人机航拍和建模，获得高清影像图和三维倾斜模型，并提取生成高精度 DEM，实现了河道流域内地形地貌、河湖水系、水利工程、重点防洪对象等数据的虚拟化映射，将数据录入“山东省大中型水库与骨干河道洪水预报系统”中，为河流的信息化管理提供技术支撑。

4.3　水利工程运行管理应用

在数字孪生数据底板基础上，通过 BIM 模型准确展示水利工程的详细状态，在洪水演进模拟等孪生引擎的驱动下，发挥数字孪生水利工程的数字映射、智能模拟、前瞻预演作用，以工程安全为核心目标，建设工程安全智能分析预警等业务应用。

4.4　洪水灾害防御的应用

利用水动力模型推演预报河道洪水的情势，对两岸漫滩区域、可能出险的防洪工程进行预警，对预警区域洪水漫滩后演进过程进行模拟预演，针对不同洪水量级提供相应的测洪预案、防汛预案及抢险预案。

4.5　加强河湖管理保护应用

根据数字孪生中两岸大堤以内精准的倾斜摄影数据，可准确锁定河道管理范围内疑似“四乱”、排污口、取水口等对象，实现对河湖“四乱”各种违法违规行为的及时发现，促进河湖管理保护工作的高效开展。

5　结语

流域数据底板是孪生流域建设的重要基础，本文从模型构建、关键技术及应用等方面阐述了沂河流域内数据底板建设及应用过程，利用无人机倾斜摄影测量、多波束测深搭载无人船和 BIM 三维建模等技术，将流域河道内不同类型的数据进行融合，为后续水利对象数据模型、水动力模型、水文预报模型等数据的推演提供平台支撑，为河道流域内洪水动态演进、防汛决策提供场景辅助，对于流域数字孪生的场景构建及应用提供技术参考。

(a)水闸闭合

(b)水闸开放

图 7　数字孪生三维模型展示

图 8　数字孪生三维模型展示（单体化闸门开放）

参考文献

[1] 蔡阳，成建国，曾焱，等. 加快构建具有“四预”功能的智慧水利体系［J］. 中国水利，2021（20）：2-5.

[2] 曾国雄，何林华，唐宗仁，等. 以统一数据底板构建标准锚定数字孪生流域建设目标［J］. 中国水利，2022（20）：38-41.

[3] 钟沛. 卫星遥感数据在流域数字化中的应用［J］. 浙江水利水电专科学校学报，2002，4（2）：4-5.

[4] 魏然. 多波束测深系统导航软件的设计与实现［D］. 哈尔滨：哈尔滨工程大学，2008.

[5] 陆泽荣. BIM 技术概论［M］. 北京：中国建筑工业出版社，2016.

[6] 朱光华，林榕杰，申友汀. 基于多源空间融合的流域数据底板构建及应用：以金溪将乐城区段为例［C］//河海大学，福建省幸福河湖促进会，福建省水利学会. 2022（第十届）中国水利信息化技术论坛论文集. 2022：985-994.

新万福河（济宁段）河道防洪工程现状与治理措施探析

魏 波 王 强 冯 宁

（济宁市水利事业发展中心，山东济宁 272000）

摘　要：新万福河流域位于山东省鲁南经济带区域内，为实现“根治水患，防治干旱”的目标，必须全面、系统提升水利工程防洪标准。新万福河作为沂沭泗流域的重要支流，河道防洪工程现状无法满足整体防洪标准要求，流域内低洼处在近3年均发生过不同程度的洪涝灾害，严重威胁了河道两岸群众的生命财产安全，只有通过工程治理将河道防洪、排涝标准提高到规划标准，协同推进各项治理措施，实现从“被动防御”洪水向“主动控制”洪水的转变，提升新万福河防洪减灾能力。

关键词：新万福河；济宁；河道现状；治理措施

1 引言

新万福河流域位于山东省的西南部，东临南四湖，北界洙赵新河流域，南靠东鱼河，西连东鱼河北支。万福河向东流经成武、巨野、金乡、鱼台，在任城区的大周入南阳湖，全长77.3 km（济宁市境内长41.74 km），流域面积1 283 km^2（济宁市面积370 km^2），是鲁西南跨菏泽、济宁两市大型防洪排涝的骨干河道。

济宁境内有金城河、彭河、老西沟、友谊河、大沙河、吴河6条支流汇入新万福河。新万福河流域内总耕地面积132万亩，人口94.73万人。保护区内（济宁段）主要有金乡县、鱼台县、任城区、微山县。

新万福河属湖西平原坡水河道，地面坡度平缓，降雨集中、强度大、范围广，坡地和河道汇流速度慢，洪水历时长，河道洪水峰低量大，降雨走向一般是自西向东，顺水流方向，形成洪峰叠加，加重了本流域的洪涝灾害。另外，降雨及其汇流对地表的冲刷引起水土流失，淤积河道。

历年平均降水量720 mm，年降水量最多1 394.8 mm，最少只有285.6 mm。夏季降水量最大，且集中在6、7、8、9月，平均降水量为517 mm，占全年的72%，由于降水相对集中，时空分布不均，易发生洪涝灾害。

2 河道防洪现状

2.1 河道现状

（1）新万福河为湖西地区骨干河道，分别经过了1971年省批准济宁地区河段按新北支实施方案的防洪、除涝、通航、灌溉标准开挖引河，结合复堤，修建湘子庙闸及交通桥两座，1977年对新万福河湘子庙闸上下游进行清淤工程，2000年5月加固治理工程内容为入湖口段500 m大堤加固及沿

作者简介：魏波（1979—），男，工程师，主要从事水利工程管理工作。
通信作者：王强（1982—），男，工程师，主要从事水利工程管理工作。
通信作者：冯宁（1978—），女，工程师，主要从事水利工程管理工作。

岸 2 座排灌站（大周站、小吴站）加固改造。工程标准为：按 20 年一遇设计，50 年一遇洪水校核。流域初步形成了防洪、除涝、灌溉、航运等综合利用体系，减灾兴利能力得到一定程度的提高。

（2）2011 年济宁市南四湖湖西大堤加固工程建设管理处对新万福河下游 10 km 堤防及建筑物进行了治理。该项工程属沂沭泗河洪水东调南下续建工程南四湖湖西大堤加固工程的一部分，主要工程内容为：新万福河桩号 0+500~10+000 段堤防，对堤防断面达不到顶高程 38.29 m、顶宽 4.0 m、边坡 1∶3设计断面的左堤 0+500~1+100、1+700~2+000、3+400~4+000、5+200~5+800、6+400~6+600、8+100~8+300 和右堤 0+500~5+000 段进行复堤。左右两堤实际复堤长度 7.0 km。复堤方式为由迎水侧堤肩向背水侧复堤。支流回水段堤防加固标准为防御南四湖 20 年一遇洪水；对下游 10 km 两岸 15 座站涵进行加固改建。

（3）2016 年新万福河复航工程，自新万福河关桥闸下 400 m 至新万福河口，三级航道 61.3 km，改建桥梁 15 座，新建航道维护基地 1 处，改建湘子庙船闸为通航节制闸。航道为平底，设计底宽 45 m，设计底高程 29.3 m，边坡 1∶2.5。新建支流闸 3 座，改建排水涵洞 37 座，改建提水泵站 8 座。目前项目已竣工验收。

2.2 新万福河堤防现状

2.2.1 堤防现状

新万福河济宁段（0+000~41+600）现有堤防总长度 83 km，现状堤顶高程 38.29~41.29 m，堤顶宽度 4~20 m。上游部分段（39+800~41+400）堤身单薄，堤顶高度不足，防洪能力不足 20 年一遇。堤顶道路未硬化，不便于汛期抢险救灾。

2.2.2 河道建筑物现状

2016 年根据新万福河复航工程建设方案，改建湘子庙通航节制闸位于新万福河桩号 37+800 处主河槽，两岸滩地高程 37.40 m，采用 2 孔布置，宽 24 m，由上游导航段、闸室段、下游导航段三部分组成，设计正常挡水位 35.80 m。

新万福河跨河桥梁共计 10 座，为满足新万福河复航工程通航要求，已完成改建桥梁 8 座，桥梁通航净宽不小于 60 m，净高不小于 7 m，并一孔跨越通航水域，防洪标准全部满足 50 年一遇。

沿河共有排灌站 37 座，涵洞（管）14 处。

3 存在的问题及防洪抢险不利因素

新万福河复航工程建设，为便于通航河槽挖深，主河槽边坡未护砌，船只通行对边坡扰动，易出现岸坡侵蚀、河道淤积等问题，不利于河道行洪。

（1）新万福河防汛管理道路共计 83 km，其中硬化为 16.889 km，路面形式、宽度不统一，大部分堤防未布置防汛道路，不能满足汛期防洪抢险交通要求，管理设施尚不完善，严重影响防汛抢险和堤防日常护理。

（2）河道防洪除涝能力不足。

0+000~29+290 段现状防洪能力仅达到 50 年一遇过流能力的 77.13%~83.92%，除涝能力仅达到 5 年一遇的 57.45%~61.12%。

29+290~35+320 段现状防洪能力仅达到 50 年一遇过流能力的 77.13%~84.29%，除涝能力仅达到 5 年一遇的 53.31%~61.12%。

35+320~38+800 段现状防洪能力仅达到 50 年一遇过流能力的 77.01%~84.29%，除涝能力仅达到 5 年一遇的 53.31%~58.79%。

（3）泵站年久失修，破损严重。新万福河（金乡段）泵站共计 22 座，其中袁楼站已废弃，部分灌排站、涵洞等建筑物破损老化严重，部分堤段堤顶高程不满足防洪要求（见图 1）。

4 工程建设的必要性

2018 年受 18 号台风“温比亚”影响，8 月 17 日 22 时至 20 日 7 时，金乡县平均降雨量 270.5

图 1 金乡县袁楼站

mm，其中鱼山、羊山、胡集、卜集、高河 5 镇街均超过 300 mm，最大降雨点出现在鱼山街道 329.9 mm。8 月 28 日 20 时至 30 日 17 时，金乡县又一次遭受强降雨过程，平均降雨量 89.6 mm，其中马庙、兴隆、王丕 3 镇街均超过 180 mm，最大降雨点出现在马庙镇 220.3 mm。由于两次降雨强度大，时间集中、间隔短，客水过境量大，致使境内河道及农田沟渠高水位、满负荷运行，内涝严重，农作物受灾较重。经统计，此两次降雨过后，金乡县农业受灾面积 74.6 万亩，成灾面积 55.6 万亩，绝产面积 7.9 万亩，直接经济损失 5.49 亿元。水利工程在此次暴雨过程中受到严峻考验，河道堤防出现滑坡现象，多处闸坝、泵站等水工建筑物损毁，直接经济损失 1 500 万元。

2018 年 8 月 17—19 日，鱼台县普降大到暴雨，平均降雨量 328.7 mm，最大点出现在李阁镇 385.3 mm。该次洪水造成县内 52.4 万亩农作物受灾，21 间房屋倒塌，田间建筑物损毁严重，冲毁涵、闸 398 座；造成减产粮食 0.97 亿 kg。

2019 年 8 月 6—7 日，金乡县平均降雨量 111.2 mm，马庙、羊山 5 镇街超 130 mm，最大降雨点气象局 183.1 mm；受第 9 号台风"利奇马"影响，8 月 10 日 8 时至 12 日 10 时，全县平均降水量 102 mm，最大降雨点出现在鱼山街道 138.8 mm，今年累计降水量 614.1 mm，历年同期 462.4 mm，偏多 32.8%。受强降雨及大风影响，流域内农作物倒伏面积 5.6 万亩。

5 工程总体布局与治理措施

按照 50 年一遇防洪标准对新万福河济宁全段（入湖口至济宁菏泽市界）进行治理，总长度 41.74 km，其中金乡长 32.05 km，鱼台长 17.74 km，任城区长 9.69 km；新建、改建建筑物 29 座，其中泵站 28 座（金乡 14 座、鱼台 10 座、任城区 4 座），新建桥 1 座，位于金乡县小吴河支流口处；对支流河道疏挖长 4.84 km，其中友谊河 3.54 km，彭河 1.3 km；修建防汛管理道路总长 94.22 km，其中干流长 81.60 km，支流长 12.62 km；具体治理内容包括河道扩挖、堤防加固、改建建筑物、修建防汛管理道路等。

5.1 干流河道、堤防工程

（1）为满足新万福河防洪除涝需要，建设目标将新万福河的除涝标准由 3 年一遇提高到 5 年一遇，防洪标准由 20 年一遇提高到 50 年一遇。在现有工程的基础上采取扩挖河槽、加固堤防等工程措施彻底解决现状防洪除涝标准低的问题。河槽扩挖工程基本沿河道原中泓线向两岸开挖，堤防工程是在现有堤防基础上进行加固，基本上维持原堤线不变。

（2）扩挖从任城区界至金乡与鱼台县界（桩号9+690~17+742左岸）长8.052 km的河道。

（3）对干流现状两岸大堤满足设计标准的堤段维持现状；对不满足防洪标准的堤段，在现有堤防的基础上加高、临水坡复堤；堤防加固总长度为54.93 km，其中左岸30.91 km，右岸24.02 km。

（4）根据堤防工程管理和防汛交通要求，堤顶防汛道路等级参照四级公路，修筑防汛道路长83 km。

（5）考虑干流防洪和交通要求，修建单向过堤坡道95处。为不增加占地，坡道与堤防基本以现有走向连接。

5.2 干流建筑物工程

治理建筑物13座，新建高河屯东、李张庄2座排涝站，王井、王架、尹庄3座涵洞改建为排涝站，维修加固杨集、姜井、张窑、邱官屯、南湖、北李、张烧饼7座灌排站，新建小吴河顺堤桥1座。

5.3 支流河道、堤防工程

支流3条，分别为小吴河、友谊河、彭河。除涝标准5年一遇，防洪标准20年一遇。在现有工程的基础上采取扩挖河槽、加固堤防等工程措施彻底解决现状防洪除涝标准低的问题。河槽扩挖工程基本沿河道原中泓线向两岸开挖，堤防工程是在现有堤防基础上进行加固，基本上维持原堤线不变。

（1）小吴河加固堤防19.094 km，修筑防汛路9.519 km。

（2）疏挖友谊河长3.536 km，堤防加固6.454 km，修筑防汛路3.101 km。

（3）疏挖彭河长1.301 km，堤防加固2.38 km。

5.4 新改建建筑物工程

新改建泵站主要分为两种情况，第一种现状为排涝涵闸，涵洞位于低洼处，但涵洞底板高程较高，涝水无法排出，造成农作物受淹减产，改建为排涝泵站后，涝水通过泵站强排，改善排涝条件，可减轻涝灾损失，提高收入，此种情况为王井、王架、尹庄、欢德、万柳涵闸；第二种为新建排涝站，现状灌排站位置设置不合适，需要新建排涝站，此种情况为李张庄、高河屯东排涝站。

6 结语

新万福河工程是以防洪除涝为主的河道综合治理工程，将河道防洪、排涝标准提高到规划标准，有力保障了重要设施的防洪安全，减轻了地区的防洪压力和涝灾威胁，改善项目区水生态环境，水土资源得到高效保护和利用，提高项目区人民群众生产生活质量。同时修复河道空间形态，确保流域保护范围内人民生命财产安全，维护流域内社会安定和工农业的正常生产，促进流域经济社会更快更好地发展。

参考文献

[1] 魏波，崔维让．新万福河济宁段河道水文现状及洪水防御分析［J］．治淮，2023（6）：7-8.

[2] 杨步天，张伟，张宁．新万福河济宁段洪水防御思考［J］．山东水利，2022（5）：7-9.

[3] 孟俊青．洙赵新河济宁段泥沙淤积成因及治理措施研究［J］．陕西水利，2021（5）：86-88.

南水北调渠道施工管控技术

孙伟芳　杨俊杰

（黄河建工集团有限公司，河南郑州　450045）

摘　要：南水北调工程是一项规模宏大的超级工程，它通过修建水利工程，将丰富的南方水资源调运到干旱缺水的华北地区，受益人口超过4亿人。南水北调的实施解决了华北地区严重的水资源短缺问题，改善人民生活条件，推动了经济发展，展现了中国在基础设施建设方面的雄心壮志。由于它的重要性，对工程质量的要求也极其高。

关键词：南水北调；渠道；施工；技术

1　引言

南水北调中线一期工程是我国南水北调工程的重要组成部分，是缓解黄淮海平原水资源严重短缺、优化配置水资源的重大战略性基础设施，是关系到受水区北京、天津、河北、河南等省市经济社会可持续发展的民生工程。中线一期工程从大坝加高扩容后的丹江口水库引水，沿线开挖渠道直通北京，总长1 432 km，工程自2003年开工，经过10多年的建设而成。

2　南水北调渠道主要施工方法

南水北调中线一期总干渠陶岔渠首至沙河南段工程方城段位于河南省南阳市宛城区和方城县境内，肩负着南水北调中线干线总干渠通过方城段输水任务。

2.1　渠道工程土方工程

渠道部分土方工程项目主要包括表层土清理、施工排水、施工测量、土方开挖、土方填筑等。

2.1.1　表层土清理

表层土清理包括植被清理及表土清挖，主体工程施工场地的地表清理延伸至离最大开挖边线及建筑物基础边线（或填筑坡脚线）外侧3 m左右的距离，清除表层土厚度50 cm，表土清理采用推土机分区、分片推集成堆，装载机装自卸汽车运输至弃土场，工程完工后进行临时占地复耕。

2.1.2　施工排水

本标段地下水较为丰富，地下水位高，在土石方开挖施工前，结合永久性排水设施布置及附近既有排水沟渠，做了开挖区域内外的临时性排水设施。

在开挖过程中，每层采用排水沟领先施工的开挖顺序，并每隔50~80 m布置集水坑，在集水坑中设置水泵，排出雨水和地下渗水，地下水位降低至最低开挖面0.5 m以下，保证机械开挖及运输干场作业。

2.1.3　施工测量

在施工区布设施工控制网，组成附合边角网进行施测。通过踏勘选点后，进行精度计算、布网，确定施测方案报监理人，经监理人批准后按规范施测，完成后，对原始记录手簿进行了检查，再对各项误差改正后，用平差软件严密平差计算、精度评定，最后经监理人复核合格。

作者简介：孙伟芳（1974—），女，副高级工程师，主要从事水利工程造价等研究工作。

2.1.4　土方开挖

（1）渠道土方开挖。按照划分的单元工程，一次开挖一个或几个单元。每一个开挖段设置一条开挖和运输机械进出基坑的坡道。采用反铲挖掘机侧向挖土法开挖，自卸汽车运输。严格按照1∶2的坡比和开挖边线自上而下逐层开挖。开挖分层厚度3 m，每层在开挖边线内侧预留2 m，待中间土层开挖完成后，再进行刷坡。根据坡顶开挖线，采用1∶2的坡度尺测量，逐层向下刷坡，刷坡时面层预留30 cm左右的修坡余量，混凝土施工前人工挂线、修整到位，满足施工图纸所要求的坡度和平整度，冬季预留的保护层厚度不小于30 cm，待混凝土衬砌施工前再进行保护层开挖。开挖前，在底标高50 cm处设置一个控制底桩，开挖过程中现场技术员每50 m对开挖底标高复核一次；坡度采用1∶2的坡度尺进行控制，每工作班复核一次。

（2）建筑物基坑土方开挖。采用挖掘机严格按照设计要求坡比和开挖尺寸分层向下开挖，挖至距设计底标高10 cm左右时，改用人工开挖。预留临时便道，作为机械人员进出基坑的便道，将土运至弃土场堆放。基坑内做好临时排水沟、井，基坑周围预先挖好临时排水沟，2~6台潜水泵将水抽出基坑外，以保证临时边坡的稳定和牢固。基坑无超挖，松动部分进行清除。开挖达到设计高程经检测合格后，进行下道工序施工。

2.1.5　土方填筑

（1）渠道土方填筑。首先进行测量放样，定出开挖和填筑范围，分段作业。然后进行清表和填筑前碾压施工工艺试验，经取样检测合格后，根据土方碾压试验确定的25~30 cm松铺厚度进行插杆挂线控制。渠坡加宽30 cm填筑，保证边坡碾压密实。

水泥改性土施工采用厂、路拌和法施工，采用的机械为稳定土拌和机。选用的土料粒径、含水率、膨胀系数等指标合格。拌和添加的土料、水泥重量比例，由实验室通过EDTA滴定试验确定。检测合格的水泥改性土，由装载机拢堆并覆盖或直接运至填筑工作面。按车辆指挥员指挥卸料，然后用推土机摊铺、初平。满足试验确定的25~30 cm松铺厚度和最优含水量后，按改性土碾压试验提供的参数，采用22 t凸块振动碾进行碾压。按照先静压后振动压再静压与先两边后中间的顺序进行纵向往返碾压至8遍，直至满足设计要求的压实度（98%）。碾压行走速度不超过4 km/h，相邻两幅之间叠加30 cm以上轮迹。相邻两填筑段横向重叠1.5 m，相邻两层筑段开蹬处理，经取样检测合格后，将填筑面进行洒水和刨毛。再按照以上工序进行下一层填筑。采用人工配合挖掘机将边坡修整顺直。

（2）建筑物基坑土方回填。外观质量经隐蔽工程验收合格，混凝土强度达到设计强度90%以上进行建筑物两侧土方回填。填筑时，先将建筑物表面湿润，边涂泥浆、边铺土、边压实，涂浆高度与铺土厚度一致，涂层厚度为3 ~5 mm，并与下部涂层衔接，防止泥浆干固后再铺土、夯实。根据碾压机械控制铺土厚度（蛙式打夯机铺料厚度为15~20 cm，压路机铺料厚度30~35 cm），分层回填并碾压夯实。建筑物附近或者无法利用振动碾碾压的部位，利用蛙式打夯机夯实，其他部位均采用振动碾压实。经检测合格后，再进行下一层填筑。

2.2　渠道衬砌工程

渠道衬砌采用衬砌机衬砌，对桥梁下渠坡不能采用机械衬砌的部位采用人工衬砌。

2.2.1　施工程序

由于渠道衬砌工程量大面广，结合渠道开挖拟按每500 m分成一个施工段进行流水作业，采用国产SCFM05-Ⅱ型大型渠道混凝土衬砌机械化施工。渠道衬砌施工程序见图1。

2.2.2　施工准备

（1）技术交底：由有经验的人员组成施工班子，队伍组建后安排技术人员进行技术交底、安全操作训练，使其能够了解整个工艺流程、技术要求、各种机械性能及安全操作规程。

（2）材料供应：做好水泥、砂石、复合土工膜等材料的检验、贮存工作，确保施工期间的正常供应，同时加强材料性能的检测，以确保所用材料质量达到设计要求。

（3）测量放样：施工前，做好衬砌的测量放样工作，其中包括高程控制点及平面控制点的设立。

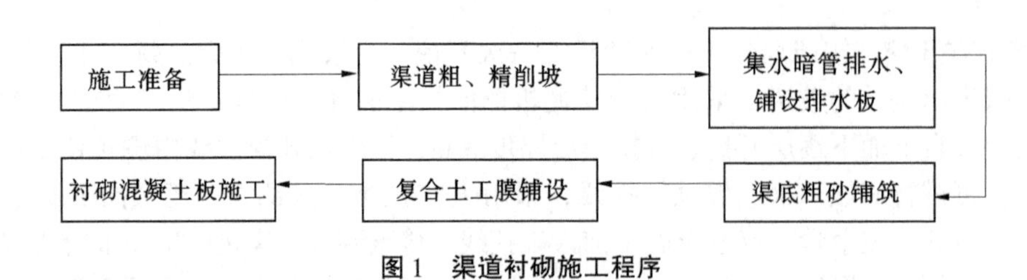

图 1　渠道衬砌施工程序

(4) 轨道铺设：按要求铺设衬砌设备的行走轨道，上下轨道的位置根据设备的设计要求铺设。铺设轨道前将地基夯实、整平，确保轨道基准线的纵向顺直度允许误差控制在±10 mm/30 m，水平高度允许误差±3 mm。

2.2.3　渠道削坡清底

修整程序为先粗削后精削，先修渠坡，再修渠底。

渠道削坡施工前，由测量人员定出坡脚及坡顶线（坡面纵、横线每隔 8 m 进行加密），并打桩带线，同时在桩顶设置高程，施工时挖掘机带线进行开挖修整。挖掘机削坡完成后采用削坡机精修至设计要求标准，多余土方运至堤外。修整好的坡面及时进行衬砌施工，雨天加盖塑料布加以保护，防止坡面受雨水冲刷。

2.2.4　永久排水设施

永久排水设施包括施工定线、土方开挖、粗砂铺设、PVC 管道埋设、透水软管埋设、承插式逆止阀门安装。

土方开挖前，由项目测量人员进行施工放样，定出管线位置，每隔一定距离设置一轴线、高程桩，带线开挖。开挖成型后进行土工布包裹砂砾石回填，回填至集水暗管底部高程，然后进行 PVC 集水暗管安装，管接头采用三通、五通锚固并外裹土工布，集水暗管安装完成后进行逆止阀门安装。最后渠底轴线排水槽在两侧及顶部用粗砂进行回填，坡脚两侧齿槽浇筑混凝土。

2.2.5　粗砂铺设

渠底粗砂采用自卸车运输，人工铺填、整平、压实，铺设的边线及厚度由项目测量员测放，打桩带线控制。

2.2.6　复合土工膜施工

(1) 土工膜的拼接。本段土工膜采用现场黏接方式进行拼接，在施工前进行黏结剂比较、黏结后的抗拉强度、延伸率以及施工工艺等试验，并将试验成果和报告报送监理人审批确认后进行施工。土工膜的拼接搭接长度不小于 10 cm，黏结剂涂抹均匀，无漏粘。在斜坡上搭接时将高处的膜搭接在低处的膜面上，当施工中出现脱空、收缩起皱及扭曲鼓包等现象时将其剔除后重新黏结。若气温低于 0 ℃，对黏结剂进行加热处理，以保证黏结质量。

(2) 土工膜的铺设。清除铺设面上的一切杂物，排除铺设范围内的所有积水。对受损的土工膜，外铺一层合格的土工膜在破损部位之上，其各边长度至少大于破损部位 1 m 以上，并将两者进行拼接处理。

(3) 复合土工膜与建筑物黏结。将复合土工膜与墩、柱、墙等建筑物进行黏结，黏结宽度≥10 cm，建筑物周围复合土工膜充分松弛。为保证土工膜与建筑物黏结牢固，防水密封可靠，在对土工膜或墩柱进行涂胶之前，将涂胶基面清理干净，保持干燥。涂胶均匀布满黏结面，无过厚、漏涂现象。在黏结过程和黏结后 2 h 内，黏结面不承受任何拉力，严禁黏结面发生。

2.3　渠道衬砌混凝土施工

2.3.1　衬砌施工程序

先进行一侧渠坡衬砌施工，再进行另一侧渠坡衬砌施工，最后进行渠底衬砌。渠道衬砌施工程序：渠坡、渠底基面修整→拌和站拌制混凝土→搅拌车运输混凝土→皮带布料机铺料→衬砌机衬砌混凝土→台车抹面压光→养护、伸缩缝处理。

2.3.2 机械选型

渠坡混凝土衬砌拟采用衬砌机，该设备为有轨自行式滚筒成型衬砌设备，动力传动方式为柴油发动机带动液压传动，衬砌渠坡的坡比靠轨道高程及两轨之间的平距来调节，包括渠道削坡机、皮带布料机、衬砌机、压光台车、养护台车。

2.3.3 模板

渠道混凝土衬砌厚度有 8 cm 和 10 cm 两种形式，采取购置 8 cm 和 10 cm 两种型号的槽钢作为混凝土衬砌的模板。模板的支撑采用ϕ 18 的钢筋与槽钢焊接，并形成三角支架作为支撑体系。

2.3.4 混凝土拌和

渠道衬砌混凝土集中在生产营地拌制，混凝土随拌、随运、随用，因故发生分离、漏浆、严重泌水和坍落度降低等问题时，在浇筑地点重新拌和，若混凝土初凝则按废料处理，混凝土拌和时间不少于 1.5 min。

2.3.5 混凝土运输和浇筑

开始混凝土浇筑工作前，在渠道底部和一级马道平行于渠道中心线位置各铺设一条轨道，衬砌机轨道采用轻轨制作，下垫枕木。轨道安装完毕后用全站仪检测并对轨道进行微调，保证轨道平整顺直，在轨道上安装调试衬砌机。再按照设计要求的结构缝确定浇筑范围，架立四周模板并加固牢靠，模板采用宽 10 cm 的槽钢。检查和校对原材料规格及混凝土配料单各项指标，将四周多出的土工膜卷好覆盖保护，将衬砌机在仓号外调整至混凝土浇筑高程，校验坡比。经监理验收合格后开仓浇筑。

混凝土采用 8 m^3 罐车运输，混凝土塌落度控制在 6~8 cm，以减少混凝土在运输过程中的塌落度损失。运输和卸料时间控制在 45 min 左右。布料小车移动速度控制在 8 m/min，每次布料宽度约 50 cm，在混凝土布料约 1 m 时，启动振捣、摊铺整平小车，开始混凝土衬砌工作。

混凝土浇筑 1 h 后进行混凝土抹面压光，采用直径 900 mm 的电动磨光机人工操作进行抹面压光，前后两遍，最后再由人工进行精细压光。在抹面压光工序完成后，用保温毡、草席等将其遮盖，洒水养护至 28 d。表面平整度用 2 m 直尺检查，实测纵向、横向平整度均≤5 mm，符合图纸设计标准。

2.3.6 渠道分缝

渠道渠坡过水断面衬砌板横缝每隔 4 m 设一道半缝，除施工缝外不设通缝；渠坡纵缝全部为半缝；渠底两坡脚纵缝为通缝，渠底其余纵缝为半缝；半缝宽 1 cm，缝深 4.0~7.0 cm，通缝 7.0~8.5 cm。在建筑物部位的分缝，一些分缝长度不是 4 m 一道，根据情况设缝。

切缝在浇筑后不超过 20 h，混凝土强度达到 1~5 MPa 后开始。先按设计图纸画好纵缝和横缝中心线，然后用电动切缝机切割已达到一定强度的混凝土，切缝深度不损伤底部防渗土工膜，切缝宽度 10 mm，切割速度约 0.35 m/min。坡面切缝采用支撑架支撑切割机，由坡脚向坡肩沿切割线依次切割。渠底切缝，由一人牵引切割机，一人控制切割机，沿切割线依次切割。

2.3.7 聚硫密封的施工、养护

除去伸缩缝表面的灰尘、油污，表面保持干燥，将伸缩缝中的闭孔泡沫板剔除 2 cm 深，采用压缩空气将伸缩缝内的灰尘、混凝土余渣、沙土等吹扫干净。对潮湿的表面，先用热风机将表面吹干。缝面清理按由上而下的顺序进行，以免二次污染。

伸缩缝处理完毕后涂刷界面剂，涂胶前贴胶带纸与涂胶区分隔，预贴的胶带纸在涂胶整形完毕后除去。取下 A 组分包装盖，加入 B 组分，用电动搅拌器进行搅拌，搅拌至桶内密封剂无色差。取下注胶枪管前、后盖，枪管口对准压胶盘中间的出胶口中，推动空气顺枪管尾部排出，直至聚硫密封胶灌满。将装满胶的枪管前、后盖装上，装前盖的同时装上与施胶缝宽窄适应的枪嘴，完成装胶后注射涂胶。施工作业完成后，养护 7 d。

3 结论

2014 年 10 月 13 日，南水北调中线工程通水。南水北调中线工程通水后，一期工程将为北京送水 10.5 亿 m^3，来水占城市生活、工业新水比例将达 50%以上。按照北京目前约 2 000 万人口计算，人均增加水资源量 50 多 m^3，增幅约 50%。工程通水后，不仅提升了北京城市供水保障率，还增加了北京水资源战略储备，减少使用本地水源地密云水库水量，并将富余来水适时回补地下水。

水利工程移民征迁工作困境及破解研究

吴正松　王　颖　孙建东

（沂沭泗水利管理局防汛机动抢险队，江苏徐州　221018）

摘　要：水利工程，特别是由流域机构负责实施的大中型堤防与河湖整治工程，常常出现迟迟不能开工或施工受阻，年度投资计划不能完成，工程不能如期完工等问题，究其根源主要是工程建设有关各方缺乏移民征迁专业知识、主体责任意识不强、工作思路不明晰，以及领导、组织工作不力等造成移民征迁工作滞后，严重影响了工程项目早日竣工投入使用发挥防洪保平安的社会效益的初衷。

关键词：水利工程；移民征迁；征地移民；征迁；建设用地

1　工程建设主管部门[1-3]

1.1　存在“重工程、轻征迁”的思想

项目主管部门大多设立了规划、计划等工作机构，侧重于工程部分的规划管理工作，但设立与土地部门对口对接的管理机构的不多，在工程占地与土地利用总体规划的衔接方面存在工作盲区和监管盲区，工程用地与土地规划存在脱节现象，征地手续的办理进度不能满足工程实施对土地供应的需求。由于在规划、项目建议书甚至可行性研究阶段前期，项目法人因尚未组建而未能参与前期建设用地规划以及与土地规划对接等相关工作，如果项目主管部门对建设用地规划工作重视不够，与地方土地部门沟通、对接不充分，就会给后期土地手续办理留下诸多隐患。

1.2　初设批复用地超标存隐患

用地预审是可研报告批复极其重要的一项前置条件，中央实施的大中型水利工程可行性研究报告由国家发展和改革委员会批复，而初步设计报告是由水利部行政许可实施。由于可行性研究报告批复与初步设计许可的部门不同体，如果初步设计阶段对堤防位置、堤线等作出了重大调整，那么初步设计批复占地范围和规模可能超过可行性研究批复用地范围和规模，就意味着可能要面临二次用地预审，那样工期压力骤然增加。如果项目主管部门不提前进行妥善协调，项目法人往往无能为力。

1.3　地方搭车建设项目投资不明确

对于中央投资的项目，地方建设的部分，如新建排水沟渠、加宽防汛道路、增设交通路等工程，所增加的征迁经费，应由地方政府在可行性研究阶段出具正式书面材料明确自行解决。如果项目主管部门因工作疏忽等，前期未要求地方政府提供承诺性手续，造成投资来源模糊，后期项目法人处理难度较大，也不利于地方关系的协调。

2　项目法人[2,5]

2.1　职责辨识易出现偏差

《大中型水利水电工程建设征地补偿和移民安置条例》（简称《条例》）规定，“移民安置工作实行政府领导、分级负责、县为基础、项目法人参与的管理体制”。根据《水利工程建设项目法人管理指导意见》（简称《指导意见》），项目法人配合地方政府做好征地移民工作。之所以项目法人处

作者简介：吴正松（1967—），男，教授级高级工程师，主要从事水利工程建设管理和水利工程抢险技术研究工作。

于“参与”和“配合”地位，是因为征迁是水利工程建设项目中的一项重要内容，由于该项工作政策性强、程序复杂、涉及审批手续的职能部门和移民群众数量多等，唯有依靠政府的行政力量才能组织、领导和实施好，才能保证其稳妥推进。但根据《指导意见》规定，“项目法人对工程建设的质量、安全、进度和资金使用负首要责任”，即项目法人是整个工程项目的法人和龙头，因此项目法人依然要对整个建设项目中的子项——征地移民工作的质量（包括被征单位及移民群众的满意度）、安全（包括社会安全稳定）、进度和资金使用负首要责任，如果把项目法人的“参与”和“配合”作用简单地理解成“小责任”或“零责任”，就有失偏颇。

2.2 合同管理意识不强

工程建设实行的“项目法人制、招标投标制、建设监理制和合同管理制”的工程“四制”也是征地移民工作的遵循。项目法人承担首要责任，通过公开招标选定的设计、监理和施工单位应按签订的协议分别承担征迁设计、监督评估和施工配合等工作。征迁责任主体单位虽不是通过招标方式确定的，但是依据《条例》规定，从潜在的责任主体中选定，并通过签订征迁协议明确其征迁主体责任。由于合同管理是工程“四制”的核心内容，如果项目法人合同管理意识不强，合同条款规定不当、职责模糊和执行不严格，可能会导致有关参与单位工作质量存在缺陷，影响工程建设进程。

2.3 对停建令发布后的监督不到位

有的工程项目，地方政府发布停建令后，仍然存在在工程占地和淹没区内搞建设、占地和取土等现象，造成初步设计阶段实物量的复核数据与可行性研究阶段的调查数据出入较大，造成实物量增加较多，出现投资虚增等问题，对初步设计批复可能会带来不利影响，也给工程实施带来难度。

2.4 征地复核滞后有不利影响

如果初步设计批复的用地范围、规模和耕地与可行性研究相比有差别，而且有些重要指标超过允许范围，那么用地预审可能要翻盘重做。一般从初步设计阶段工程占地线确定到初步设计批复时间约有半年之久，如果项目法人在初步设计阶段工程占地线确定之时即刻开展工程占地线复核，就能及时发现与用地预审线的差别。如果发现偏差且超过允许范围，就应立即着手开展二次用地预审工作，这样到初步设计批复之时就为二次预审工作赢得了半年左右的手续办理时间，加之二次用地预审不是初步设计批复的前置条件，且从初步设计批复到正式开工还有一段施工准备时间，那么二次用地预审时间就较为宽松了，这样就可以把对工期的不利影响降到最低。如果项目法人对初步设计批复工程占地线与可行性研究用地预审占地线之间可能存在的差异性缺乏预判，不提前开展征地复核等工作，那么出现“停工办手续”是不可避免的事。

2.5 对设计变更的把握不准

建设征地和移民安置变更一般有三种情形，一是初步设计与可行性研究比较产生了变化；二是地方政府结合区域规划等原因请求对初步设计进行优化调整；三是在初步设计批复期间和批复后，突然发生的水土流失等原因引起的实际变化。如果项目法人组织开展设计变更时间较晚，对征迁工作的开展就有不利影响，一是影响变更事项及时实施，拖延整体工程按期完成；二是制约投资计划执行，影响资金使用效率；三是重大设计变更手续批复周期长，可能会引发影响工程安全度汛等问题。

2.6 三阶段设计单位不一家存在弊端

从规划、可行性研究到初步设计，设计单位都扮演着十分重要的角色，但是，如果三阶段的设计单位不是同一家，项目法人就会遇到难题：前后设计不连贯，且后期设计单位往往很难索要到前期设计单位完整、准确及涉密设计成果，有些工作不得不重新开展，造成资源浪费。

3 地方政府[4,5]

3.1 存在责任主体意识不强的现象

作为项目主管部门和项目法人，均希望地方政府能早日与项目法人签订征迁协议，以确定其移民征迁责任主体身份，依法履行主体责任。但是，有的地方政府因《条例》规定签订征迁协议的对象可以是省、市或县之故（可三选一），于是地方政府不能遂项目法人之愿在可行性研究工作开展之时或项目法人组建之初就签订协议，却常常拖延到可行性研究批复后才能确定责任主体对象，导致征迁协议签订严重滞后，白白浪费了潜在的责任主体单位可以充分利用可行性研究阶段的时间开展相关工作的大好时机，导致前期工作不实不细。

3.2 工作目标不明确、思路不清晰

责任主体单位最重要的目标任务就是在初步设计批复后、主体工程正式开工前，办理完成建设工程用地批复手续，为工程全面实施提供必要条件。首先，在用地预审和选址阶段要调整县级土地利用总体规划（纳入国土空间规划、永久基本农田补划），根据要求逐级上报。工程征地报批需以县级主管部门为主体甚至深入村级与村民沟通落实相关征迁内容，后再层层报批。其次，报批建设用地阶段要履行法定的土地利用总体规划修改程序：县级公告、听证、市级论证、按规定随卷上报。再次，对于批复的可行性研究阶段工程用地预审范围没有纳入土地利用总体规划或用地有较大调整变化的，需要由县级自然资源空间规划部门组织对土地利用总体规划再次调整，应在用地报批阶段调整到位，由县级自然资源用途管制部门上报用地申请，用地批复后由县级自然资源开发利用部门办理建设用地划拨供地。最后，由县级自然资源确权登记部门负责不动产登记等。有的地方政府作为责任主体单位，在征迁工作上缺少对用地手续办理的重视，目标不明确，工作思路不清晰，常走弯路，造成土地报批、供地不及时，严重影响工程计划工期的目标实现。

3.3 征迁款使用不规范和监督不到位

征迁款使用不规范表现在不敢用和不会用两个方面。不敢用即造成征迁款积压，被征集体和个人拿不到征迁款，引发征迁受阻是常有的事情；不会用即说明征迁款用错地方或未办理变更手续就用于设计外的项目，这可能会衍生违规违纪的问题。根据《条例》规定，资金使用监督管理也由地方政府负责，但实际征迁过程中，地方政府开展资金使用检查工作的比较少，带来的不良后果有三：一是资金使用存在安全隐患；二是寄希望于通过对资金使用的监督、检查来督促加快征迁进度的初衷没有充分体现出来；三是征迁款迟迟到不了被征单位和个人的手里，易造成“工程上马、民心丢失”的不良影响，在一定程度上阻碍了征迁进程。

3.4 存在业务不专、技术不精的问题[6]

《水利水电工程移民安置验收规程》（SL 682—2014）规定了地方政府应承担的职责任务，比如，“附录 A 移民安置验收应提供的资料目录”表中“竣工移民安置验收”栏第 3 项“县级移民安置实施工作报告”在自验、初验和终验全过程都要由县级人民政府或其移民管理机构提供，第 6 项“移民资金财务决算报告”在初验和终验时均由地方政府提供，第 7 项“移民资金使用管理情况审计报告”在初验和终验时均由政府审计机关提供等。如果地方政府（责任主体）能够提前学习、研究和掌握这些业务规定要求，很多工作可以提前谋划、周密部署和扎实开展，就能够精准把控好建设用地提供、征迁实施、资金使用与审计等各个环节的工作，从而保证征迁工作如期圆满完成。

3.5 配资不及时引发新问题

对于有地方配资的大中型水利工程建设项目，如果地方资金迟迟不到账，根据“工程未动、征迁先行”的原则，项目法人不得不挤占部分已经到位的工程款去填补征迁经费的窟窿。由此会衍生两个问题：一是资金使用出现违规；二是产生工程经费进一步不足的现象，从而引发拖欠工程款和被迫停工等新问题。

4 设计单位

4.1 业务外包影响征迁工作

在可行性研究和初步设计的工程占地和实物调查与复核期间，尽管项目负责人是设计单位内部人员，但是不少设计单位把业务外包给了外协队伍或者临时外聘人员，造成本单位内部人员对征迁工作情况了解很少，在后续开展的技术交底、培训以及指导等技术服务工作中，不能满足实际工作需要。

4.2 工程与征迁设计未做到无缝对接

预审线、可行性研究线、初步设计线和施工图线是设计单位的重要技术成果。无论在设计阶段还是工程实施阶段，都要遵循施工图线控制在初步设计线范围内，可行性研究和初步设计线不能突破预审线。初步设计线突破预审线可能是初步设计线突破了可行性研究线引起的，要视情况进行分析。如果工程设计与征迁设计之间不开展良好的沟通与对接，产生的不利问题有：一是有可能出现“超界”问题，用地范围的准确性有待进一步考证；二是设计单位不能及时提供“四线”，施工单位拿不到精准的施工用地图，不得不停工“等线”。

5 移民监理和施工单位

5.1 移民监理

移民监理的重要工作依据是《水利水电工程移民安置监督评估规程》（SL 716—2015）及与项目法人签订的协议，履行好项目法人委托开展的移民安置实施情况及移民生活水平恢复情况的监督评估等工作。但是，有的监理单位把移民监理与工程监理混为一谈，移民监理业务的开展也只跟着项目法人一起跑跑腿、动动嘴，监督评估工作的职责履行不到位，移民监理形同虚设。

5.2 施工单位

目前尚无法律、政策文件规定施工单位在征迁工作中应承担什么样的责任，但是施工招标文件多有规定，需要施工单位进行工作配合。但是，有的施工单位认为征地移民工作与自己无关，于是在征地移民工作开展过程中配合不积极，导致交地滞后等问题发生。

6 结语

项目主管部门、项目法人、有关地方政府、设计、监理以及施工单位合力推动移民征迁工作，加快流域重大水利工程建设，早日发挥防洪保平安效益，对强化流域“四个统一”管理，推动流域高质量发展起到至关重要的作用。

参考文献

[1] 姚玉琴．水利水电工程征地移民 70 年［J］．水力发电，2020，46（5）：8-12，55.
[2] 刘流，张星，龙忠胜．谈项目法人如何参与水利水电工程建设征地移民安置工作［J］．红水河，2020，39（4）：19-21.
[3] 徐洪增，贾丽．黄河下游防洪工程征地移民建设管理体制研究［J］．人民黄河，2021，43（S2）：219-221.
[4] 赵海蛟．线型水利工程建设征地实施阶段移民问题探讨［J］．水利规划与设计，2015（11）：120-122.
[5] 吴正松，秦增忠．水利工程施工突出问题治理探讨［J］．中国水利，2012（20）：50-51.
[6] 中华人民共和国水利部．水利水电工程移民安置验收规程：SL 682—2014［S］．北京：中国水利水电出版社，2015.

开都河下游洪峰演进规律研究

季小兵[1]　高静宜[1]　李建辉[1]　董其华[2,3,4]

（1. 新疆维吾尔自治区塔里木河流域巴音郭楞管理局，新疆库尔勒　841000；
2. 黄河水利委员会黄河水利科学研究院，河南郑州　450003；
3. 水利部黄河下游河道与河口治理重点实验室，河南郑州　450003；
4. 黄河水利委员会黄河流域生态保护和高质量发展研究中心，河南郑州　450003）

摘　要：为给开都河下游大山口至焉耆河段河道工程管理、防洪减灾等工作提供参考，根据1955—2010年大山口站年最大洪峰及洪峰流量大于500 m^3/s的84场洪水资料，对该河段洪水演进规律进行分析。结果表明：①大山口至焉耆河段洪水平均传播时间为22.7 h，若有支流汇入，则传播时间延长约2.7 h。②大山口—焉耆河段暴雨型洪水洪峰削峰率平均60.7%；融雪型或混合型洪水洪峰削峰率平均27.2%。③有支流汇入影响时，洪峰削峰率均不同程度减小，融雪型或混合型洪水甚至会出现焉耆洪峰大于大山口洪峰的现象。

关键词：开都河；大山口至焉耆；洪峰；演进规律；传播时间；削峰率

1　引言

开都河流域属于大陆性干旱气候[1]，水资源短缺问题突出[2]。开都河是新疆巴音郭楞蒙古自治州（简称巴州）生态环境建设、农业灌溉和地下水补给的主要水源。开都河作为天山南坡水量最丰富的河流之一，既是新疆巴音郭楞蒙古自治州生态环境建设、农业灌溉、发电和地下水补给的主要水源，又是博斯腾湖天然调节水库的源泉[3]。开都河下游洪水主要来源于中游山区融雪和暴雨[4]，中游与黄水沟洪水一旦遭遇，洪水演进规律更加复杂，因此通过对历史洪水演进情况分析研究，探讨该河段的洪水演进变化规律，对开都河下游洪水调度、水资源有效利用具有重大的理论意义和现实意义。

2　河道基本情况

开都河是流向博斯腾湖的一条内陆河，发源于天山中部，是巴州产水量最大的以冰雪融水补给为主的河流。开都河河道全长约560 km。巴音布鲁克水文站以上，为开都河上游段；水流经山区峡谷段至大山口水文站（出山口断面），为开都河中游段；大山口以下至博斯腾湖入湖口长约126 km，为开都河下游段。开都河下游最大的一条支流是黄水沟。

开都河下游国家基本水文站有大山口、焉耆水文站及开都河支流黄水沟出山口水文站——黄水沟水文站。其中大山口水文站处于开都河出山口处，该站于1955年6月设立，1972年1月1日迁往上游5 km处，两站相距较近，中间无支流汇入和渠首引水，水量变化不大，本文中将两站水文资料合

基金项目：国家自然科学基金（U2243219；U2243222；42041006；42041004）；河南省自然科学基金（202300410540）；中央级公益性科研院所基本科研业务费专项（HKY-JBYW-2020-15）；郑州市基础研究与应用基础研究专项项目（黄科发202216）。

作者简介：季小兵（1967—），男，高级工程师，主要从事干旱区内陆河流域水文研究及水资源管理方面的工作。

通信作者：董其华（1980—），女，正高级工程师，主要从事河流泥沙动力学方面的研究工作。

并统计。焉耆水文站设立于 1947 年 2 月，现位于焉耆县城内开都河河段上（曾迁站），距上游大山口水文站 105 km，该站 1948 年 5 月至 1954 年底在焉耆老大桥观测，1955 年 1 月至今在焉耆新大桥观测，两桥相距 500 m，本文中将两站水文资料合并统计。

黄水沟水文站位于黄水沟出山口处，该站设立于 1955 年 6 月，是黄水沟水量控制站。在距离黄水沟水文站约 12 km 的地方，设有夏尔吾逊分洪闸，它将河流分为东、西两条支流，东面支流最终汇入博斯腾湖，西面支流最终在大山口水文站下游 50 km 处汇入开都河。

3 开都河大山口至焉耆洪峰演进规律

开都河洪水形成于山区，从时间上分为春洪和夏洪。从洪水成因上分为融雪、暴雨和融雪与暴雨混合型。融雪型洪水主要受气温的影响，上游山区冰雪强烈消融，洪水日峰变化明显，洪水过程平稳，该洪水多出现在 4—5 月。暴雨洪水主要集中在中游河段峡谷区，汇流较快，主要集中在 3 d 以内，该洪水起涨快，峰高量大，多出现在 6—7 月。暴雨洪水与融雪洪水相互叠加，形成混合型洪水，较大的洪水常常是混合型洪水。

开都河洪峰流量年际变化非常大。开都河大山口水文站年最大洪峰流量系列中 1999 年最大洪峰为 1 870 m^3/s，为历年之首；1967 年最大洪峰仅 274 m^3/s，为历年最小值。焉耆水文站年最大洪峰流量系列中 1999 年最大洪峰为 993 m^3/s，为历年之首；1977 年最大洪峰仅 165 m^3/s，为历年最小值。

3.1 洪水发生时间及频次

开都河洪水发生时间及频次相关研究成果有很多[5-7]，本次以大山口和焉耆水文站为代表站，分析开都河下游洪水的发生频次，统计方法采用年最大洪峰法和超定量法，大山口、焉耆统计时段分别为 1955—2010 年、1948—2010 年。年最大统计法是按每年最大一次洪峰取样，不考虑洪峰流量大小，这样可以了解年最大洪峰在各月发生次数或频次，但无明确的量级概念。超定量法是按给定的不同量级进行统计，每年次数不受限制，这种方法可以了解不同量级洪水在各月发生次数和频次变化。

根据大山口站 1955—2010 年 56 年实测资料统计（见表 1），年最大洪水最早发生在 4 月 28 日，最晚发生在 8 月 13 日。年最大洪水主要发生在 6—7 月，共占 76.8%，其中 6 月发生 19 次，占 33.9%；7 月发生 24 次，占 42.9%；其次是 8 月发生 8 次，占 14.3%；4 月发生 1 次，占 1.8%；5 月发生 4 次，占 7.1%。

表 1　开都河年最大洪峰流量发生时间及频次

站名	月份	各月发生年（次）数	占总年数/%	发生频次（若干年一次）
大山口	4	1	1.8	56.0
	5	4	7.1	14.0
	6	19	33.9	2.9
	7	24	42.9	2.3
	8	8	14.3	7.0
	4—8	56	100	
焉耆	4	3	4.9	19.7
	5	1	1.6	59
	6	17	27.9	3.5
	7	28	45.9	2.3
	8	12	19.7	4.9
	4—8	61	100	

对焉耆站1948—2010年61年实测资料统计（1950年和1951年资料缺失，见表1），年最大洪水最早发生在4月18日，最晚发生在8月15日。年最大洪水主要发生在6—7月，共占73.8%，其中6月发生17次，占27.9%；7月发生28次，占45.9%；其次是8月发生12次，占19.7%；4月发生3次，占4.9%；5月发生1次，占1.6%。

用超定量法统计大山口站洪峰流量大于500 m³/s的洪水（见表2），大山口、焉耆两站各级洪峰流量发生次数，90%左右集中于6月、7月两月，比年最大流量法更为集中，同时，发生次数的比例有随流量级增大而向7月集中的趋势，且发生频次是随流量级增大而减小的。

表2　开都河下游洪水发生频次（超定量法）

站名	月份	Q_m>500 m³/s			Q_m>700 m³/s			Q_m>1 000 m³/s		
		次数	占比/%	频次	次数	占比/%	频次	次数	占比/%	频次
大山口	6	27	36.0	2.07	6	33.3	9.33			
	7	38	50.7	1.47	9	50.0	6.22	3	100.0	18.67
	8	10	13.3	5.60	3	16.7	18.67			
	6—8	75	100.0	0.75	18	100.0	3.11	3	100.0	18.67
焉耆	6	10	29.4	6.30	2	25.0	31.50			
	7	20	58.8	3.15	5	62.5	12.60			
	8	4	11.8	15.75	1	12.5	0			
	6—8	34	100.0	1.85	8	100.0	7.88			

总的来说，从历年洪水发生的频次和量级来看，大山口站500 m³/s以上的洪水平均每4年发生3次左右，700 m³/s以上的洪水平均3年左右发生1次，实测最大洪峰流量为1 870 m³/s（1999年7月）；焉耆站500 m³/s以上的洪水平均2年左右发生1次，700 m³/s以上的洪水平均8年左右发生1次，实测最大洪峰流量为993 m³/s（1999年7月）。

3.2　洪水传播时间

3.2.1　洪峰传播时间

对1955—2010年年最大洪峰及大山口站洪峰流量大于500 m³/s的84场洪水大山口、焉耆、黄水沟洪峰流量、峰现时间进行统计，并计算洪峰从大山口至焉耆的传播时间。根据黄水沟夏尔吾逊分洪闸运用方式，当场次洪水中黄水沟流量超过120 m³/s时，黄水沟向开都河分洪，当满足该分洪条件时计为有支流汇入，否则计为无支流汇入。利用统计数据点绘大山口洪峰流量与大山口—焉耆河段洪峰传播时间之间的关系（见图1）。可以看出，无支流汇入时，大山口—焉耆河段洪峰传播时间一般为15.5~27.2 h，平均22.7 h；有支流汇入时，大山口—焉耆河段洪峰传播时间一般为17.5~38.2 h，平均25.4 h，较无支流汇入平均延长约2.7 h。

3.2.2　洪峰削峰率

上述84场洪水中，9场为暴雨型洪水，其余为融雪型或混合型洪水。点绘大山口洪峰流量与大山口—焉耆河段洪峰削峰率之间的关系（见图2），可以看出：①无支流汇入时，暴雨型洪水大山口—焉耆河段河段洪峰削峰率分布在47%~70.5%，平均60.7%；融雪型或混合型洪水洪峰削峰率分布在13.8%~44.6%，平均27.2%；②有支流汇入影响时，洪峰削峰率均不同程度有所减小，暴雨型洪水洪峰削峰率分布在41.5%~46.9%；融雪型或混合型洪水甚至会出现焉耆洪峰大于大山口洪峰的现象，洪水洪峰削峰率分布在-8.2%~32.0%，平均9.4%。

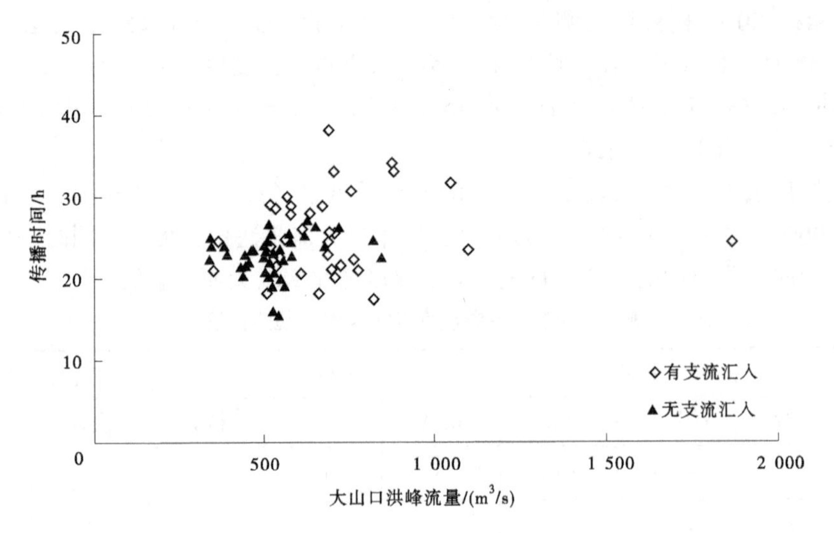

图1　大山口—焉耆河段1955—2010年洪峰传播时间关系

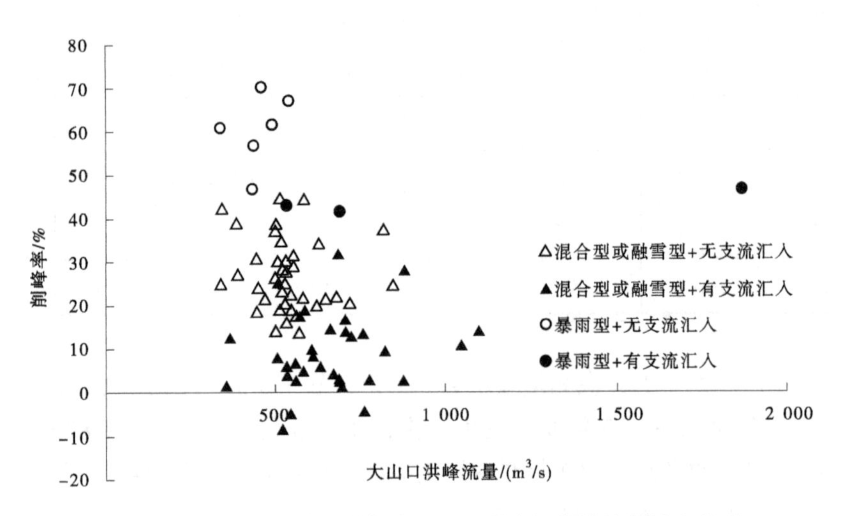

图2　大山口洪峰流量与大山口—焉耆河段洪峰削峰率关系

4　结语

（1）根据大山口站1955—2010年56年实测资料统计，年最大洪水最早发生在4月28日，最晚发生在8月13日；年最大洪水主要发生在6—7月，共占76.8%。焉耆站1948—2010年61年实测资料（1950年和1951年资料缺失）统计，年最大洪水最早发生在4月18日，最晚发生在8月15日；年最大洪水主要发生在6—7月，共占73.8%。大山口站洪峰流量大于500 m^3/s的洪水，90%左右集中于6月、7月两月。

（2）从历年洪水发生的频次和量级来看，大山口站500 m^3/s以上的洪水平均每4年发生3次左右，700 m^3/s以上的洪水平均3年左右发生1次；焉耆站500 m^3/s以上的洪水平均2年左右发生1次，700 m^3/s以上的洪水平均8年左右发生1次。

（3）对1955—2010年年最大洪峰及大山口站洪峰流量大于500 m^3/s的84场洪水实测资料统计，无支流汇入时，大山口—焉耆河段洪峰传播时间平均22.7 h；有支流汇入时洪峰传播时间平均25.4 h，较无支流汇入平均延长约2.7 h。

（4）大山口—焉耆河段河段暴雨型洪水洪峰削峰率平均60.7%；融雪型或混合型洪水洪峰削峰率平均27.2%；有支流汇入影响时，洪峰削峰率均不同程度有所减小，融雪型或混合型洪水甚至会出现焉耆洪峰大于大山口洪峰的现象。

参考文献

[1] 夏德康. 巴州主要河流枯水分析 [J]. 干旱区研究, 1997, 14 (2): 56-62.

[2] 何逢标, 刘雪梅. 西北干旱区水问题对策探讨 [J]. 干旱区资源与环境, 2007, 21 (11): 9-12.

[3] 张一驰, 李宝林, 程维明, 等. 开都河流域径流对气候变化的响应研究 [J]. 资源科学, 2004, 26 (6): 69-76.

[4] 陈亚宁, 徐长春, 杨余辉, 等. 新疆水文水资源变化及对区域气候变化的响应 [J]. 地理学报, 2009, 64 (11): 1331-1341.

[5] 李燕. 近40年来新疆河流洪水变化 [J]. 冰川冻土, 2003, 25 (3): 342-346.

[6] 陶辉, 宋郁东, 邹世平. 开都河天山出山径流量年际变化特征与洪水频率分析 [J]. 干旱区地理, 2007, 30 (1): 43-48.

[7] 顾西辉, 张强, 孙鹏等. 新疆塔河流域洪水量级、频率及峰现时间变化特征、成因及影响 [J]. 地理学报, 2015, 70 (9): 1390-1401.

黄河流域下游巨型洪灾发生规律研究进展及展望

张向萍[1,2]　许琳娟[1,2]　李军华[1,2]　张廷奎[3]　石文洁[4]

（1. 黄河水利委员会黄河水利科学研究院，河南郑州　450003；
2. 水利部黄河下游河道与河口治理重点实验室，河南郑州　450003；
3. 华北水利水电大学黄河流域水资源高效利用省部共建协同创新中心，河南郑州　450046；
4. 郑州大学水利与土木工程学院，河南郑州　450001）

摘　要： 黄河流域下游巨型洪灾淹没面积广，链生效应复杂，危害重，预警难，给巨型洪灾防控带来了巨大的困难。尽管学界已经开展了一些研究，但是由于其形成机制复杂，演化规律不明确，致灾因子作用量化存在很多不确定性，人类活动的影响难以定量等，导致关于黄河流域下游巨型洪灾发生规律的研究还不够，难以应用于灾害防控。为此，本文从黄河流域下游巨型洪灾时空演变规律、形成机制、情景模拟及风险应对等方面详细梳理了研究现状和面临的挑战，为下一步开展黄河流域下游巨型洪灾发生规律的研究提出了相关建议。

关键词： 黄河流域下游；巨型洪灾；发生规律；研究进展

1　引言

黄河流域下游洪灾频繁、危害严重，自古以来就是中华民族的心腹之患，给沿岸百姓带来深重灾难。泥沙进入下游导致河道淤积，形成地上悬河，每遇洪水，极易决堤泛滥。在有历史记载的2 540年中，黄河下游堤防决口1 590次，改道26次，决溢范围北抵天津，南达江淮，纵横25万 km^2。洪水决溢不仅造成众多人员伤亡、巨大经济损失，而且水退沙存，河渠淤塞，良田沙化，生态环境长期难以恢复。

洪水灾害已成为全球共同面临和需要全力应对的重大挑战，未来百年尺度全球洪水发生风险不断加大[1]。在全球气候变暖趋势下，极端降水事件发生频率和强度正在增加，洪水灾害的突发性、反常性和不确定性显著增加[2-3]。在我国黄河流域，观测资料表明1951—2018年间极端降水频率明显增加，尤其是中下游地区，且降雨强度、历时和范围的致灾因子存在不确定性[4]。根据亚洲夏季风年代际与年际变率研究[5-10]，未来东亚夏季风增强，降雨带逐渐北移，黄河流域下游发生极端洪水的概率将会增加。

黄河下游特殊的河道结构，河势游荡，加之河道为典型的"地上悬河"，导致巨型洪灾的发生规律更加复杂。黄河下游小浪底至花园口区间尚有1.8万 km^2 无工程控制区，百年一遇洪峰流量可达14 700 m^3/s，预见期短、威胁大[11]。高村以上299 km游荡性河段河势未完全控制，危及大堤安全。下游悬河长达800 km，形势严峻。黄河下游洪水全靠两岸大堤挡御，洪水对下游滩区上百万群众和359万亩耕地带来巨大威胁，一旦决口还会对黄淮海平原经济社会带来巨大影响，特别是泥沙淤积导

基金项目： 国家自然科学基金（42041006）；郑州大学院士团队科研启动基金（13432340370）；黄河水利委员会优秀青年人才项目（HQK-202313）；水利干部教育与人才培养（102126222015800019041）。

作者简介： 张向萍（1985—），女，高级工程师，主要从事黄河流域水旱灾害和河道整治等工作。

通信作者： 李军华（1979—），男，正高级工程师，主要从事黄河流域水旱灾害和河道整治等工作。

致生态损害严重、持续时间长。随着社会经济的发展，人口增长，洪灾损失越来越大。

在多因素作用下，洪涝灾害成为黄河下游地区发生最频繁、破坏性最强的灾害形式之一[12]。因此，研究黄河流域下游巨型洪灾发生规律对完善黄河流域巨型洪灾风险防控具有十分重要的意义，也是亟待解决的关键问题。

2 黄河流域下游巨型洪灾发生规律研究现状

复杂变化环境下江河巨型洪灾致灾理论与防控是国内外学术界亟待突破的重要科学问题[13]。黄河流域下游由于其特殊的河道结构和边界条件，洪灾呈现“决口频次高、淹没面积广、链生效应复杂、危害重、预警难”等特点，致使其巨型洪灾的发生规律仍是关注的重点。目前，国内外学者针对黄河流域下游巨型洪灾主要围绕巨型洪灾时空演变规律、巨型洪灾形成机制、巨型洪灾的情景模拟及风险应对等方面开展了相关研究。

2.1 黄河流域下游巨型洪灾时空演变规律

许多学者开展了关于黄河下游巨型洪灾时空演变规律的研究，对黄河下游决溢改道的频次基本达成共识[14-17]。黄河下游决口的时空演变与区域地理环境特征和下游河道演化密切相关。Wang 等[21]分析了黄河下游数次改道的地理特征，结果显示河道行流时间与河床纵比降成正相关，与弯曲度呈负相关。Zhang 等[22] 分析了近千年来黄河下游决溢的时空演化，决溢点在相对较大和稍小的时空尺度上分别存在着自上而下舌状延伸和自下而上的演化特征。Li 等[23]分析了过去两千年黄河流域洪水与气候之间的关系，研究发现 10 世纪洪水频率的大幅增加出现在中世纪气候异常的过渡时期，黄河洪水可分为公元前 220—890 年的洪水低发期和 900—1949 年的洪水高发期两个阶段。Yu 等[24] 年重建了近 12 000 年来黄河流域的洪水频次，提出了近千年来的洪涝灾害发生频率比全新世中期高了一个数量级，其中 81%±6%的洪涝灾害可归因于人为干扰。

典型巨型洪灾事件的时空演变也是学界研究的重点。黄河下游 1642 年、1662 年、1761 年、1841 年、1843 年、1855 年、1933 年、1958 年、1982 年、1996 年等巨型洪灾事件的形成原因、淹没特征及灾情表现已被重点地分析和重建[25-29]。未来气候变化条件下黄河下游流域巨型洪灾的发生规律以及灾害风险趋势也是研究的重点[31-32]。Wang 等[21] 认为自 132AD 以来在太阳黑子下降阶段黄河中游降水多，下游决口、漫溢和改道的频率高。Xu 等[31] 分析了 924CE 以来黄河下游决溢对 La Niña 事件的响应规律。

黄河流域洪灾的链式放大效应也受到学者们的关注，倪晋仁等[33-35] 分析了黄河流域的泥沙灾害链，从理论上构建了描述水沙共同致灾规律的概念、分类和分级系统，提出了泥沙淤积导致洪灾损失的放大。Song 等[36] 分析了社会经济发展导致的黄河流域下游洪水灾害的放大效应。

2.2 黄河流域下游巨型洪灾形成机制

洪水灾害的形成变化受到天气系统、陆地表面系统和人类社会经济系统的共同影响[3]。暴雨天气气候系统变化，地形、植被、土壤等流域下垫面要素的变化，河道形态结构的变化，人类社会因素的变化等均影响黄河流域下游巨型洪灾的形成发生机制。

由于黄河流域特殊的地理环境特征，中游黄土高原土质疏松易于流失，高含沙洪水流至地势低平的下游引起河道淤积，形成游荡、悬河等特殊河道结构，从而导致下游巨型洪灾形成机制不同于其他河流。Labat 等[37] 通过对 18 世纪以来全球 221 条河流历史资料的分析，发现未来温室气体排放进一步增加情景下，全球 49%的地区包括黄河流域百年一遇洪水将呈显著增加趋势[38,1]。观测资料表明 1951—2018 年间黄河流域极端降水频率明显增加[4]，尤其是中下游地区，致灾因子危险性呈现增大的态势[39]。

黄河下游悬河段堤防的“溃决”风险也是影响黄河流域下游巨型洪灾形成的重要因素。堤防是抵御巨型洪灾的重要手段，同时由于堤防堤基复杂、堤身隐患不易发现等增加了堤防“溃决”引发形成巨型洪灾的风险。堤防风险评价是确定悬河段溃口概率及发展趋势，进而制定应急决策的关键[40-41]。目前，围绕堤防工程风险已开展了一定研究，马晓忠等[42]提出了堤防风险评估方法，Lendering 等[43]提出了堤防破坏概率量化方法，Tung 等[44]将风险理论融入堤防优化设计中，张涛等[45]、宁聪等[46]等开展了堤防安全的数值模拟。

2.3 黄河流域下游巨型洪灾的情景模拟及风险应对

在洪灾的情景模拟方面，Anselmo 等[47]提出通过集水区降雨径流模型和二维水动力模型模拟洪水淹没范围，进而评估洪水灾害风险。Francisco 等[48]通过对地理信息系统与洪水水文、水动力学模型进行耦合，计算洪水淹没的面积。多名学者[49-52]结合土地利用数据库，通过建立洪水风险指数和随机洪水风险模型，绘制洪水风险图以评估洪水风险变化。刘燕华等[53-54]利用 GIS 和水力学模拟的方法对花园口—兰考段大堤保护区洪水危险性进行了分析，识别了洪灾风险，提出了削减黄河下游洪灾风险的后备流路。张向萍等[55-56]基于平面二维水流—泥沙数学模型、实体模型以及情景分析、ArcGIS 空间分析技术，分析了黄河下游宽滩区面对重大洪涝灾害情景的物理暴露性。黄河水利科学研究院[57]基于实体模型开展了黄河下游小浪底至陶城铺河段不同洪水模拟试验，分析了多种水沙情景下黄河下游洪水泥沙演进规律，研发了黄河流域洪水风险图管理系统，开展了洪水演进情景模拟。

3 黄河流域下游巨型洪灾发生规律的研究展望

黄河下游作为一个相对比较复杂的系统，人-河-地相互作用强烈，洪水灾害及其对生态破坏的程度位居世界江河之最。从黄河下游发生规律研究进展来看，目前多种致灾因子共同作用（极端暴雨洪水直接引发洪灾、泥沙淤积造成的洪灾、决堤引起的洪灾等）造成的灾害风险远大于单一致灾因子，针对单致灾因子造成洪灾发生规律的研究已无法有效应对雨带北移等造成的黄河流域下游洪灾演变的复杂特征。现有巨型洪灾发生规律的研究强调大洪水形成的物理动力过程，对巨型洪灾的放大效应，人与河的生态互馈过程还不明确，对链式放大效应的动态辨识研究还不够。巨型洪灾的链式效应复杂，极端洪水及其灾害链、泥沙淤积及其灾害链、溃堤风险及其灾害链的识别，水库调蓄能力下降引起的链式效应等难题还没有解决，尚未形成系统性的成果。因致灾因子作用（暴雨中心、降雨历时等）的量化存在不确定性以及人类活动的影响尚无法定量分析，这给巨型洪灾数值模型以及实体模型试验带来了局限。这些都直接影响流域下游巨型洪灾风险控制水平，给巨型洪灾风险防控带来了困难。

对于黄河流域下游巨型洪灾发生规律，亟须进一步开展深入和系统的研究。在研究过程中需要重点关注以下方面：①量化面向特殊结构河段巨型洪灾链式放大效应；②两种及以上致灾因子造成的黄河下游巨型洪灾的成灾模式；③基于大数据、空间分析技术、数字孪生等新技术的黄河流域下游巨型洪灾情景模拟和风险评估；④拓展新技术和新方法，结合工程调控、消能、断链等防控思想，提出“人-地-河”协调的极端洪灾韧性防控体系。

参考文献

[1] HIRABAYASHI Y, MAHENDRAN R, KOIRALA S, et al. Global flood risk under climate change [J]. Nature Climate Change, 2013, 3 (9): 816-821.

[2] BLÖSCHL G, KISS A, VIGLIONE A, et al. Current European flood-rich period exceptional compared with past 500 years [J]. Nature, 2020, 583 (7817): 560-566.

[3] 夏军，石卫. 变化环境下中国水安全问题研究与展望 [J]. 水利学报，2016，47 (3)：292-301.

[4] 马柱国，符淙斌，周天军，等. 黄河流域气候与水文变化的现状及思考 [J]. 中国科学院院刊，2020，35 (1)：52-60.

[5] 丁一汇，孙颖，刘芸芸，等. 亚洲夏季风的年际和年代际变化及其未来预测 [J]. 大气科学，2013，37 (2)：253-280.

[6] YANG S, DING Z, LI Y, et al. Warming-induced northwestward migration of the East Asian monsoon rain belt from the

Last Glacial Maximum to the mid-Holocene [J]. Proceedings of the National Academy of Sciences of the United States of America, 2015, 112 (43).

[7] 刘国纬. 江河治理的地学基础 [M]. 北京：科学出版社, 2017.

[8] HE B, HUANG X, MA M, et al. Analysis of flash flood disaster characteristics in China from 2011 to 2015 [J]. Natural Hazards, 2018, 90 (1).

[9] XU J, LI F. Response of lower Yellow River bankbreachings to La Niña events since 924 CE [J]. CATENA, 2019 (176): 159-169.

[10] STOROZUM M, LU P, WANG S, et al. Geoarchaeological evidence of the AD 1642 Yellow River flood that destroyed Kaifeng, a former capital of dynastic China [J]. Scientific reports, 2020, 10 (1): 3765.

[11] 赵勇. 黄河下游宽河道治理对策 [J]. 人民黄河, 2004 (5): 3-5.

[12] 兰恒星, 彭建兵, 祝艳波, 等. 黄河流域地质地表过程与重大灾害效应研究与展望 [J]. 中国科学：地球科学, 2022, 52 (2): 199-221.

[13] JIM B. Anthropogenic stresses on the world's big rivers [J]. Nature geosiceence, 2019 (12): 7-21.

[14] 水利电力部黄河水利委员会. 人民黄河 [M]. 北京：水利水电出版社, 1959.

[15] 张含英. 历代治河方略探讨 [M]. 北京：水利出版社, 1982.

[16] 钮仲勋. 黄河流域环境演变与水沙运行规律研究文集（第四集）[M]. 北京：地质出版社, 1993.

[17] 邹逸麟. 历史时期黄河流域的环境变迁与城市兴衰 [J]. 江汉论坛, 2006 (5): 98-105.

[18] 徐福龄. 黄河下游明清时代河道和现行河道演变的对比研究 [J]. 人民黄河, 1979 (1): 66-76.

[19] 钱宁. 1855年铜瓦厢决口以后黄河下游历史演变过程中的若干问题 [J]. 人民黄河, 1986 (5): 66-72.

[20] 王守春. 黄河下游1566年后和1875年后决溢时空变化研究 [J]. 人民黄河, 1994, 17 (8): 53-58.

[21] WANG Y, SU Y. Influence of solar activity on breaching, overflowing and course-shifting events of the Lower Yellow River in the late Holocene [J]. The Holocene, 2013, 23 (5): 656-666.

[22] ZHANG X, FANG X. Temporal and spatial variation of catastrophic river floodings in the Lower Yellow River from AD 960 to 1938 [J]. The Holocene, 2017, 27 (9): 1359-1369.

[23] LI T, LI J B, ZHANG D D. Yellow River flooding during the past two millennia from historical documents [J]. Progress In Physical Geography-Earth And Environment, 2020, 44 (5): 661-678.

[24] YU S, LI W, ZHOU L, et al. Human disturbances dominated the unprecedentedly high frequency of Yellow River flood over the last millennium [J]. Science Advances, 9 (8), 8576-8587.

[25] 吴文祥, 葛全胜. 夏朝前夕洪水发生的可能性及大禹治水真相 [J]. 第四纪研究, 2005, 25 (6): 741-749.

[26] 王涌泉. 1855年黄河大改道与百年灾害链 [J]. 地学前缘, 2007, 14 (6): 6-11.

[27] 胡贵明, 黄春长, 周亚利, 等. 伊河龙门峡段全新世古洪水和历史洪水水文学重建 [J]. 地理学报, 2015 (7): 1165-1176.

[28] WU Q, ZHAO Z, LIU L, et al. Outburst flood at 1920 BCE supports historicity of China's Great Flood and the Xia dynasty [J]. Science, 2016, 353 (6299): 579-582.

[29] STOROZUM M, ZHEN Q, et al. The collapse of the North Song dynasty and the AD1048 – 1128 Yellow River floods: Geoarchaeological evidence from northern Henan Province, China [J]. The Holocene, 2018, 28 (11): 1759-1770.

[30] 胡明思, 骆承政. 中国历史大洪水 [M]. 北京：中国书店, 1989.

[31] XU J, LI F. Response of lower Yellow River bank breachings to La Niña events since 924 CE [J]. Catena, 2019 (176): 159-169.

[32] HE B, HUANG X, MA M, et al. Analysis of flash flood disaster characteristics in China from 2011 to 2015 [J]. Natural Hazards, 2018, 90 (1): 407-420.

[33] 倪晋仁. 论泥沙灾害学体系建立的理论基础 [J]. 应用基础与工程科学学报, 2003, 11 (1): 1-9.

[34] 倪晋仁, 李秀霞, 薛安, 等. 泥沙灾害链及其在灾害过程规律研究中的应用 [J]. 自然灾害学报, 2004, 13 (5): 1-9.

[35] 倪晋仁, 王兆印, 王光谦. 江河泥沙灾害形成机理及其防治 [M]. 北京：科学出版社, 2008.

[36] SONG J, ZHANG Q, WU W, et al. Amplifying Flood Risk Across the Lower Yellow River Basin, China, Under Shared Socioeconomic Pathways [J]. Frontier in Earth Science, 2022, 10: 900866.

[37] LABAT D, GODDERIS Y, PROBST J, et al. Evidence for global runoff increase related to climate warming [J]. Advances in Water Resources, 2004, 27: 631-642.

[38] MILLY, P, WETHERHALD R, DUNNE K, et al. Increasing risk of great floods in a changing climate [J]. Nature, 2002, 415: 514-517.

[39] 耿思敏，严登华，罗先香，等．变化环境下黄河中下游洪涝灾害发展新趋势 [J]．水土保持通报．2012, 32 (3): 188-191.

[40] HE X, LI X, QIAO R, et al. Preliminary Study on the Risk Design of Embankment [C] //The 4th International Yellow River Forum (IYRF), Zhengzhou: Yellow River Water Conservancy Publishing House, 2009.

[41] 王开拓．土石防洪堤运行中的工程风险与处置方法 [J]．中国水能及电气化，2018 (3): 23-26.

[42] 马晓忠，彭雪辉，张友明，等．基于单元堤段洪泽湖大堤风险分析 [J]．水利水电技术，2015, 46 (4): 143-147.

[43] LENDERING K, SCHWECKENDIEK T, KOK M. Quantifying the failure probability of a canal levee [J]. Georisk, 2018, 12 (3): 203-217.

[44] TUNG Y, MAYS L. Optimal risk-Based design of flood dike systems [J]. Water Resources Research, 2010, 17 (4): 843-852.

[45] 张涛，齐春三，侯龙潭，等．不同溃口演变过程下的溃决分洪计算 [J]．水电能源科学，2017, 35 (1): 54-56.

[46] 宁聪，傅志敏，王志刚．HEC-RAS 模型在二维溃坝洪水研究中的应用 [J]．水利水运工程学报，2019 (2): 86-92.

[47] ANSELMO V, GALEATI G, PALMIERI S, et al. Flood risk assessment using an integrated hydrological and hydraulic modeling approach: a case study [J]. Journal of Hydrology, 1996, 175 (1): 533-554.

[48] FRANCISCO N, FILIPE C, MARIA D. Coupling GIS with hydrologic and hydraulic flood disaters [J]. Natural Hazards, 1998, 53 (3): 413-423.

[49] APEL H, THIEKEN A, MERZ B, et al. Flood risk assessment and associated uncertainty [J]. Natural Hazards and Earth System Science, 2004, 4 (2): 295-308.

[50] SINHA R, BAPALU G, SINGH L, et al. Flood risk analysis in the Kosi River Basin, North Bihar using Multi-Parametric approach of analytical hierarchy process (AHP) [J]. Journal of the Indian Society of Remote Sensing, 2008, 36 (4): 335-349.

[51] ERNST J, DEWALS B, DETREMBLEUR S, et al. Micro-scale flood risk analysis based on detailed 2D hydraulic modeling and high resolution geographic data [J]. Natural Hazards, 2010, 55 (2): 181-209.

[52] KIM H, LEE J, YOON K, et al. Numerical analysis of flood risk change due to obstruction [J]. KSCE Journal of Civil Engineering, 2012, 16 (2): 207-214.

[53] 刘燕华，康相武，吴绍洪，等．消减黄河下游洪灾风险研究 [J]．科学通报，2006 (S2): 129-139.

[54] 刘燕华．黄河下游洪水灾害风险与后备流路 [M]．北京：科学出版社，2008.

[55] 张向萍，李军华，王远见，等．黄河下游宽滩区重大洪涝灾害情景下的物理暴露量分析 [J]．中国防汛抗旱，2020, 42 (7): 23-27, 76.

[56] 张向萍，江恩慧，李军华．黄河下游宽滩区洪涝灾害物理暴露量研究 [J]．人民黄河，2020, 42 (7): 380-386.

[57] 黄河水利科学研究院．2019—2022 年洪水预演实体模型试验 [R]．2022.

基于 Faster R-CNN 的违建目标检测研究
——以违建大棚识别为例

石天宇[1]　庞　超[2]　周祖昊[1]

（1. 中国水利水电科学研究院流域水循环模拟与调控国家重点实验室，北京　100038；
2. 黑龙江大学，黑龙江哈尔滨　150000）

摘　要：遥感影响目标识别技术在众多领域中具有极高的使用价值，快速高效的目标识别方法研究是目前遥感研究领域的难点，本文将深度学习的方法应用于河湖违建问题——违建大棚遥感影像识别中，提出基于 Faster R-CNN 的违建目标快速识别算法。研究结果表明：通过对测试数据集模拟验证，测试结果显示对于大棚的识别精度可达 87%以上，证明基于 Faster R-CNN 深度学习的高分遥感影像目标识别方法具有显著优势和潜力，对基于其他深度学习方法的目标识别研究也有一定的参考意义。

关键词：遥感影像；目标检测；违建大棚；Faster R-CNN

1　引言

随着社会的不断发展，各级河湖长都需要投入“清四乱”的工作中，其中，以违建大棚为典型的“乱占”现象就是河湖治理的难点之一[1]。如何准确高效地识别是否存在违建建筑物成为一个热点。

目标识别技术源于 20 世纪六七十年代的数字图像处理，现在常用的目标检测模型有两种：第一种是基于区域框选的目标识别检测算法，主要有 R-CNN[2]、Fast R-CNN 及 Faster R-CNN[3] 等；第二种是基于回归的目标识别检测算法，主要有 SSD[4] 和 YOLO[5] 两种类型[6]。这两种算法各有优缺点，其中基于区域框选的目标识别算法虽然识别精度远远高于基于回归的识别方法，但其识别速度较慢；基于回归的识别算法则因其识别速度快也被广泛应用[7-8]。

目前，Faster R-CNN 目标识别检测精度以及检测速度上都有明显的优势。代恒军[9] 研究表明 Faster R-CNN 图像目标检测能对图像进行有效检测，同时可以改善目标检测中存在的漏检问题；Mohammad 等[10] 将 Faster R-CNN 应用于城市道路目标检测，结果表明该算法比 SSD、YOLO V3 和 GANet 等常见目标检测模型在查准率方面均高；沙苗苗等[11] 使用改进的 Faster R-CNN 用于多尺度飞机目标检测，精度提高的同时降低了目标漏检现象；桑军等[12] 设计了 Faster R-CNN 与 ResNet-101 模型相结合的车型识别方法，其精度可以高达 91.3%；戴陈卡等[13] 针对飞机目标轮廓不完整、姿态不一的特点，提出基于 Faster R-CNN 的目标检测方法，对于全天候飞机目标检测取得不错的效果。

尽管目前对深度学习的研究很多，但大多数集中于计算机科学以及人工智能研究中，在水利方面研究少之又少。本文基于深度学习的方法，采用 Faster R-CNN 模型对违建大棚目标识别进行研究。试验结果表明，该算法识别精度较高，可以为河湖“四乱”治理做出及时的整改提示，并为多学科交叉发展提供参考。

作者简介：石天宇（1998—），男，硕士，主要从事目标识别与提取工作。

2 数据准备

本试验主要是对河湖“四乱”中违建大棚进行识别，识别对象为大棚（greenhouse），总的数据集一共有 450 张分辨率大小为 512 像素×512 像素的 Google Earth 高清遥感图片，其中选用 400 张作为训练集，以 10：1选取 50 个作为测试集进行测试，表 1 为试验所需的数据。测试集是用来验证算法优劣的重要部分，主要用来测试所选用的模型所能达到的精确率，训练集的 400 张图片与测试集选取的图片是需要保证不同的图片，用来验证所能达到的精准度，图 1 为所用部分测试集数据。并对所用的数据集通过 Labellmg 软件进行标注，标签文件为 xml 格式。

表 1 试验标签

类别	数量/个
greenhouse（识别对象）	450
训练集	400
测试集	50

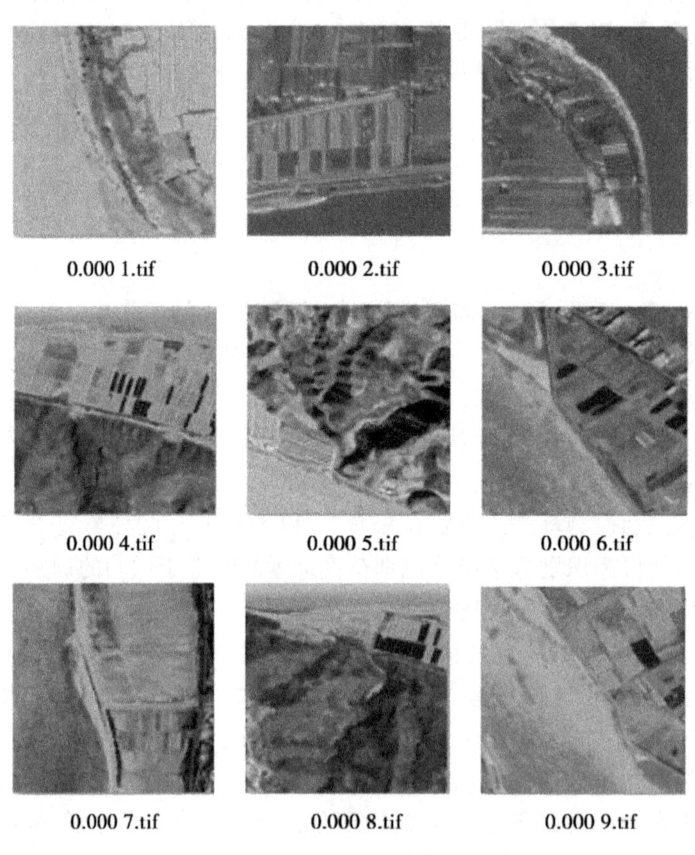

图 1 训练集标签

3 研究方法

3.1 Faster R-CNN 原理介绍

本文使用 Faster R-CNN 进行目标识别检测，该算法基于 R-CNN、Fast R-CNN 深度学习算法，进一步研究所得到的深度学习算法。Faster R-CNN 的主要优势在于引入了一个叫作 Region Proposal Network（RPN）的模块，用于生成高质量的候选区域框，这一创新替代了以往使用的方法，如选择性搜索（Selective Search），并实现了与检测网络卷积层的共享，从而大幅减少了区域建议检测所需的时间。

Faster R-CNN 的整体结构可以被看作是 RPN 和 Fast R-CNN 的融合，这两者在任务上有明确的分工：RPN 负责确定候选区域，学习候选区域的特征，而分类工作则由 Fast R-CNN 来处理。在 Fast R-CNN 中，模型有两个输出层：一个用于预测每个候选区域的目标与非目标的分类概率，另一个用于优化每个候选区域的坐标偏移，以更精确地定位目标位置。

3.2 基于 Faster R-CNN 的违建目标检测实现分析

在 Faster R-CNN 的预处理阶段，输入图像首先会被缩放到固定大小以保证一致的输入尺寸，接着通过随机裁剪、旋转、翻转和颜色扭曲等进行数据增强操作，以增强模型的泛化能力。其次每个像素的 RGB 值会减去预先计算的均值，实现数据的中心化和范围缩放，并通过 VGG 网络进行特征提取。区域提议网络（RPN）利用多种尺寸（128 像素×128 像素、256 像素×256 像素、512 像素×512 像素）预定义锚框覆盖整个图像，根据锚框与真实边界框的交并比（IOU）值分配正负标签，用于训练 RPN，本文选取 IOU 大于 0.5 为正，小于 0.5 为负。最后，RPN 生成的区域提议会通过 ROI 池化层转换为固定大小的特征。最后，将这些固定大小的特征向量送入分类和边界框回归进行最终的目标检测。其中 RPN 通过网络权值共享与 Fast R-CNN 连接在一起，基于 GPU 对图片进行运算处理，使用 CNN 卷积神经网络直接产生建议区域，通过滑动窗口在卷积层的最后一层上进行一次滑动，使 anchor 机制和边框回归得到多尺度的建议区域[14]。

3.3 评价指标

本文所选用的评价指标为 MAP，即每一种 *P-R* 曲线下面积的平均值，公式如下：

$$\text{Precision} = \frac{\text{TP}}{\text{TP} + \text{FP}} \tag{1}$$

$$\text{Recall} = \frac{\text{TP}}{\text{TP} + \text{FN}} \tag{2}$$

式中：Precision 为精度；Recall 为召回率；TP 为 IOU 大于 0.5，且分配正确的样本；FP 为 IOU 大于 0.5，但被分配错误的样本。

计算出多条曲线下方包围的面积，求平均值即为 mAP 。

3.4 硬件环境

试验硬件平台为 AMD Ryzen 74800HCPU，NVIDIA GeForce GTX1650 GPU；软件为 Windows10 操作系统，Python 2.7 编译环境，Tensorflow13.0 架构。

4 结果与分析

本文所采用的研究测试样本一共选择了 450 张图片作为训练样本，其中 50 张作为测试集，而其本身不参与模型训练，并在研究最后随机选取测试集样本来检验模拟精度。研究结果的评价指标使用平均准确率 mAP，研究设置迭代次数分别为 5、10、15、20、25、30 的 6 次试验，并给出不同迭代的精度（表 2 为精度）、mAP 图（图 2 为 mAP 图）以及给出精度与损失函数之间的图片结果（图 3 分别给出迭代 15 次和 30 次的损失函数曲线）。

表 2 试验精度结果

试验次数	RPN 迭代次数	Fast R-CNN 迭代次数	识别精度
1	10	5	0.806
2	20	10	0.828
3	30	15	0.847
4	40	20	0.863
5	50	25	0.823
6	60	30	0.851

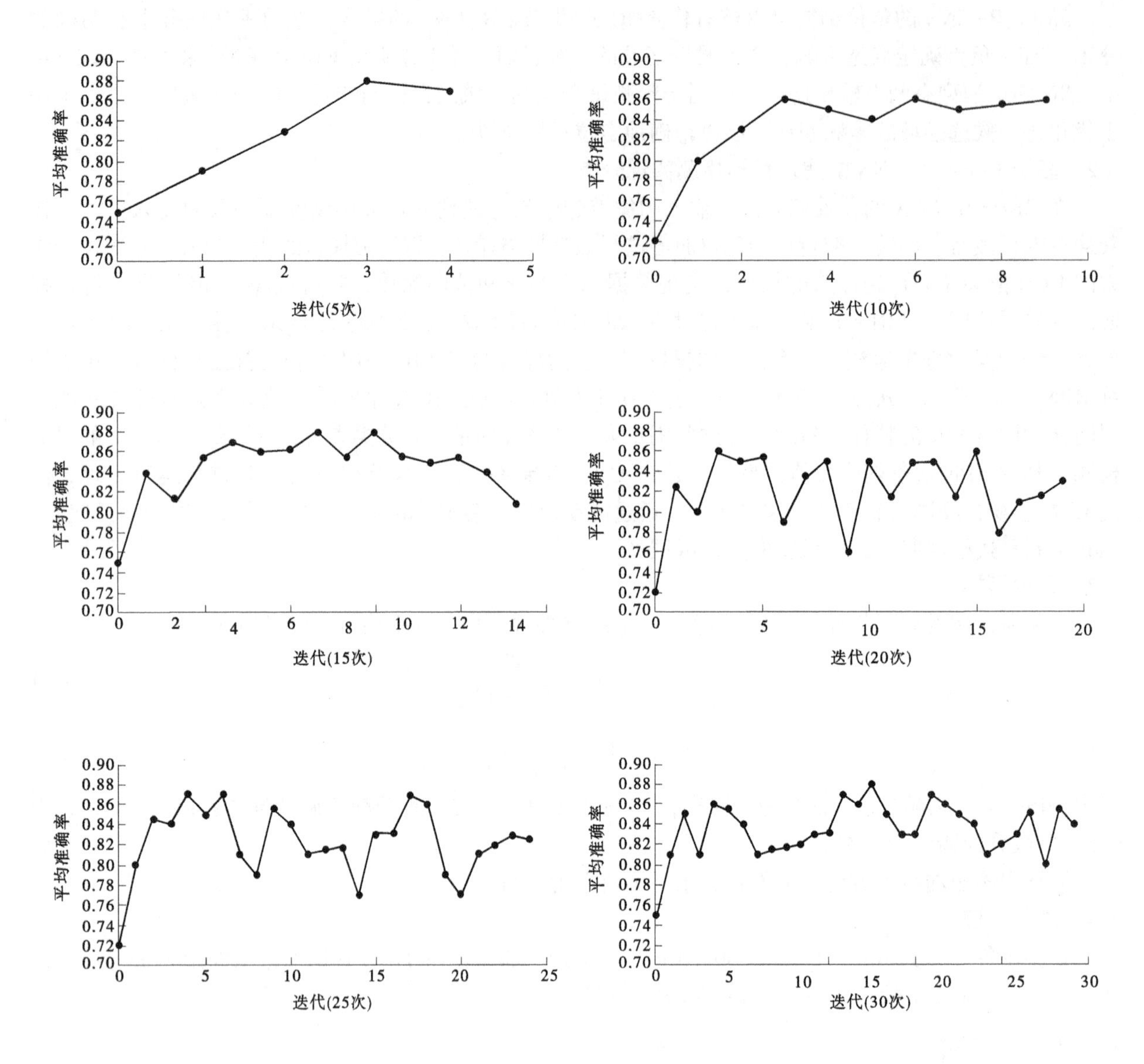

图 2　不同迭代次数对应的 mAP 图

从表 2 中我们可以看到随着迭代次数的增加精度会先增加然后上下波动最后减少，并且从图 2 中也可以看出，通过分析得出此时训练出现过饱和状态，可能与试验数据集偏少有关，在图 3 中看出随着迭代次数的增加，当迭代次数到达 15 次后，损失曲线此时达到稳定，说明此时出现过饱和状态，且此时 IOU 值达到 0.5，此时的精度最高可达 0.847，达到试验所需的精度。为了验证试验是否达到所能达到的精度，随机选取了测试集进行测试（图 4 为选取测验图片），结果显示对目标大棚的识别精度高达 87%，最低的精度也有 50%以上。

5　结论与展望

从试验结果中可以看出 Faster R-CNN 在目标识别方面结果很好，在大棚识别结果中有时可以达到 87%的准确率，可以准确地向管理者提供决策数据，以及在违建占用河道等方面提供可靠的依据，能够及时有效地预防河湖四乱行为的发生，结果表明，将目标识别算法应用到水利领域中完全可行。今后将继续开展相关研究，进一步提升目标识别的精度，并且开展河湖“四乱”的目标细分算法研究，将该研究拓展到违法采砂识别、河湖沿岸违法修建停车场等精细的目标识别中。

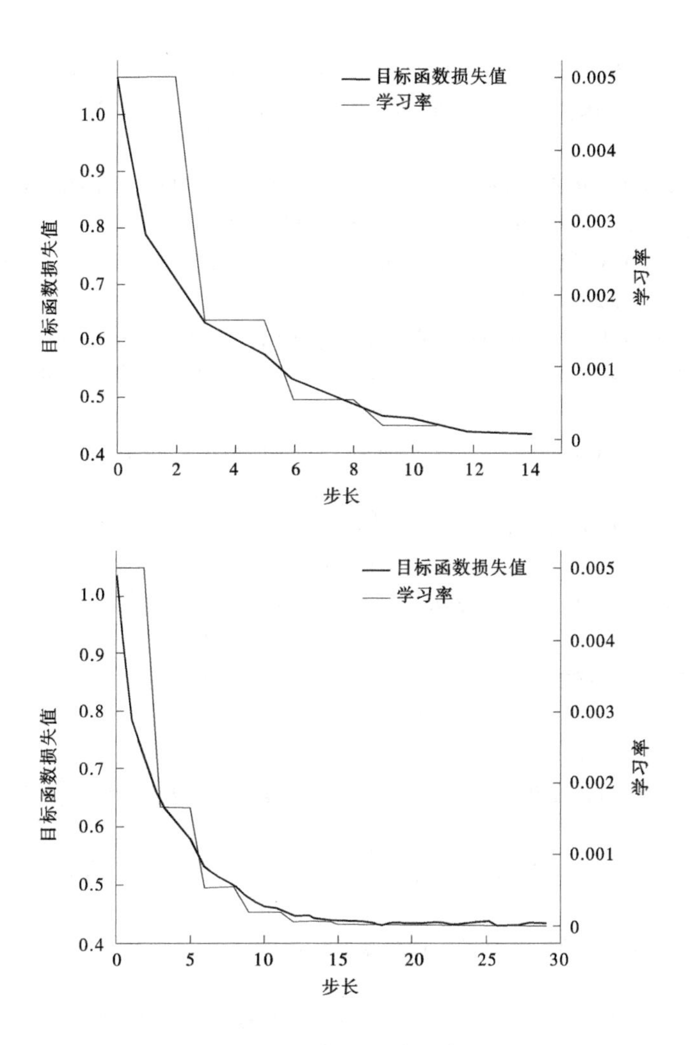

图 3　迭代 15 次及 30 次损失函数图

图 4　选取的测试图片

参考文献

[1] 陈苏晋，孟令奎，张文．面向河长制的河湖“乱占”现象遥感监测技术研究［J］．水利信息化，2021（3）：

8-12.

[2] GUILLERMO M, BILLONES R K, BANDALA A, et al. Implementation of Automated annotation through mask RCNN object detection model in CVAT using AWS EC2 Instance [C] //Tencon 2020—2020 IEEE region 10 Conference. New York: IEEE, 2020: 110-119.

[3] REN S, HE K, GIRSHICK R, et al. Faster R-CNN: Towards real-time object detection with region proposal networks [J]. IEEE Trans Pattern Anal Mach Intell, 2017, 39 (6): 1137-1149.

[4] LIU W, ANGUELOV D, ERHAN D, et al. SSD: single shot mul - tibox detector [C]. European Conference on Computer Vision. Springer, Cham, 2016: 21-37.

[5] REDMON J, FARHADI A. Yolov3: an incremental improvement [J]. arXiv preprint arXiv: 1804.02767, 2018.

[6] 郭景华，董清钰，王靖瑶．野外环境下基于改进 Faster R-CNN 的无人车障碍物检测方法 [J]．汽车工程学报，2023，13 (5): 687-694.

[7] ZHAO Yongqiang, HAN Rui, RAO Yuan. A New Feature Pyramid Network for Object Detection [C] //Proceedings of the 2019 International Conference on Virtual Reality and Intelligent Systems (ICVRIS), Sept. 14-15, 2019, Jishou, China. Piscataway NJ: IEEE, C2019: 428-431.

[8] HU Jie, SHEN Li, SUN Gang, et al. Squeeze-andExcitation Networks [C] //Proceedings of the 2018 IEEE/ CVF Conference on Computer Vision and Pattern Recognition, June 18-23, 2018, Salt Lake City, UT, USA. Piscataway NJ: IEEE, c2018: 7132-7141.

[9] 代恒军．基于改进的 Faster R-CNN 图像目标检测方法研究 [J]. 信息技术与信息化，2023 (8): 91-94.

[10] MOHAMMAD R A，李军．基于 Faster R-CNN 的城市道路目标检测 [J]. 电子技术与软件工程，2023 (1): 149-152.

[11] 沙苗苗，李宇，李安．改进 Faster R-CNN 的遥感图像多尺度飞机目标检测 [J]. 遥感学报，2022，26 (8): 1624-1635.

[12] 桑军，郭沛，项志立，等．Faster-RCNN 的车型识别分析 [J]. 重庆大学学报：自然科学版，2017，40 (7): 32-36.

[13] 戴陈卡，李毅. 基于 Faster RCNN 以及多部件结合的机场 场面静态飞机检测 [J]. 计算机应用，2017，37 (S2): 85-88.

[14] 王金传，谭喜成，王召海，等. 基于 Faster R-CNN 深度网络的遥感影像目标识别方法研究 [J]. 地球信息科学学报，2018，20 (10): 9.

大型水库工程生态基流泄放方案研究

郑　宇　连　祎　董京艳

（黄河勘测规划设计研究院有限公司，河南郑州　450003）

摘　要：生态基流是水利工程保护下游生态环境的重要手段，NH 水库工程施工期利用泄洪洞（兼导流洞）泄水满足生态基流，水库初期蓄水期间生态基流措施比较了弧形闸门控泄方案及临时生态放水管方案，最终推荐弧形闸门控泄方案，该方案投资省、运行管理方便，可为其他同类工程提供参考。

关键词：生态基流；初期蓄水；闸门控泄；方案研究

1　引言

水库大坝工程将河流拦断，施工期、运行期保证相应的生态基流对维系河流健康保护生态环境至关重要，近年来行业及各部门对水利工程生态基流的保证愈来愈重视。施工期生态基流常利用导流建筑物向下游泄水解决，正常运行期生态基流常利用发电或泄洪等永久建筑物向下游泄水解决，但水库下闸蓄水至工程正常运行期间，导流建筑物已封堵、永久建筑物尚未完全发挥作用，下游生态基流往往难以解决，本文旨在重点研究 NH 水库初期蓄水期间生态基流措施。

NH 水库工程规模为大（2）型，枢纽建筑物主要由沥青心墙堆石坝、溢洪道、泄洪洞（兼导流洞）、引水发电系统等组成，沥青心墙坝最大坝高 78 m。溢洪道、泄洪洞和发电洞集中布置在大坝右岸，厂房位于坝后河床。工程采用一次拦断隧洞导流施工方式，围堰与大坝结合，导流洞（兼泄洪洞）为进口设置有压短管的无压泄流隧洞，洞径 6.6 m×9.5 m，弧形门孔口尺寸为 6.6 m×5.9 m（宽×高），洞长 415 m，纵坡 0.02，导流洞（兼泄洪洞）、发电洞和供水洞进口为联合进水塔。

2　生态基流流量要求

水库蓄水期间下泄生态流量不低于 5.48 m^3/s，运行期间通过机组发电结合生态旁通管下泄生态流量不低于 5.48 m^3/s（5—9 月不低于 11.82 m^3/s），并在 6 月和 9 月分别制造 1 次人造洪峰。同步建设生态流量在线监测系统，进行实时监控。

3　运行期生态基流泄放方案研究

工程截流后至下闸蓄水施工期间，利用围堰挡水、泄洪洞敞泄满足生态基流。运行期考虑最大限度地保证生态泄流并获取较大的预想电能，保证机组的运行稳定，同时考虑节省电站建设投资、减少运行维护工作量等因素，工程推荐 3 台机组方案，其中 2 台单机额定容量为 10.3 MW，额定流量 22.85 m^3/s；1 台单机额定容量为 3.4 MW，额定流量 7.51 m^3/s。水库蓄水后运行期间通过机组发电泄水保证生态基流，若遇 3 台机组同时检修或不发电等极端情况，则通过埋设在生态机组进水管左侧的生态放水管下泄生态流量。生态放水管采用 DN800 钢管，在厂房内部设置闸阀，钢管中心高程为 3 230.80 m，总长度为 50 m，死水位 3 286 m 时泄流能力约为 13 m^3/s，满足下泄生态流量的要求。

4　水库初期蓄水期间生态基流措施研究

根据导流程序及施工总进度安排，工程建成后水库蓄水从坝前滩面高程 3 250 m 至死水位 3 286

作者简介：郑宇（1982—），男，高级工程师，主要从事施工组织管理工作。

m，库容约为 1.55 亿 m^3，蓄水历时约 2 个月（7—8 月），在此期间保持导流（泄洪）洞进口闸门开度 50 cm 左右，能够满足下泄生态流量不低于 5.48 m^3/s 的要求，但弧形闸门长时间局部开启可能产生振动问题。因此，针对上述问题，提出两种生态基流措施进行方案比选。

方案 1：从节省工程投资角度考虑，充分利用已建泄洪洞，分析不同闸门开度下的水库蓄水过程，调整弧形闸门的开启高度，尽量避开可能存在的振动区域，在不影响总工期的前提下，满足水库初期蓄水期下泄生态流量的要求。

方案 2：在联合进水塔内埋设临时生态放水管，利用闸阀控制下泄流量，满足下泄生态流量不低于 5.48 m^3/s 的要求。

4.1 利用弧形闸门控泄方案（方案 1）

根据施工总进度初步安排，第 5 年 7 月初水库开始蓄水，蓄水期间利用泄洪洞进口弧形闸门控泄下游生态流量。弧形闸门开度越大下泄流量越大，上游水位越高下泄流量越大，若蓄水期间弧形闸门维持同一开度，经计算允许最小开度为 30 cm，允许最大开度为 60 cm（超过 60 cm 初期蓄水计划难以完成），弧形闸门开度控制在 30 cm 时蓄水历时最短（约 1 个月），弧形闸门开度控制在 60 cm 时蓄水历时为 2 个月，蓄水过程计算见表 1~表 3。另外，弧形闸门动态调节开度也可满足水库蓄水要求，弧形闸门开启由大到小和由小到大的蓄水过程计算见表 4、表 5。根据类似工程试验资料分析，一般在开度 10%~30%区间容易发生振动，本工程在初期蓄水期间闸门开度小于 10%，其最高运用水头仅为设计水头的一半，且泄洪洞为明流洞，即使泄流期间局部产生振动，可以动态调整开度，工程安全有保证。因此，采用弧形闸门开度不大于 50 cm 控泄生态基流是可行的。

表 1　泄洪洞弧形闸门 30 cm 开度条件下蓄水过程计算

高程/m	泄洪洞下泄流量/（m^3/s）	库容/万 m^3	天数/d	开度/cm
3 250~3 255	7.3	637.75	1	30
3 255~3 260	17.96	545.64	1	30
3 260~3 265	23.6	1 242.29	2.5	30
3 265~3 270	28.09	1 603.42	3.5	30
3 270~3 275	31.95	2 123.85	5	30
3 275~3 280	35.4	3 159.70	8	30
3 280~3 283	38.5	2 761.34	7.5	30
合计			28.5	

注：3 283 m 高程以上可关闭弧形闸门，用发电洞生态放水管下泄生态流量。

表 2　泄洪洞弧形闸门 50 cm 开度条件下蓄水过程计算

高程/m	泄洪洞下泄流量/（m^3/s）	库容/万 m^3	天数/d	开度/cm
3 250~3 255	11.96	575.02	1	50
3 255~3 260	29.29	637.86	1.5	50
3 260~3 265	38.73	1 031.23	3	50
3 265~3 270	46.2	1 535.53	5.5	50
3 270~3 275	52.6	2 238.9	10	50
3 275~3 280	58.29	3 245.1	14.5	50
3 280~3 283	62.50	2 720.05	11.5	50
合计			47	

表 3　泄洪洞弧形闸门 60 cm 开度条件下蓄水过程计算

高程/m	泄洪洞下泄流量/（m^3/s）	库容/万 m^3	天数/d	开度/cm
3 250~3 255	14. 16	578. 48	1	60
3 255~3 260	34. 78	800. 64	2	60
3 260~3 265	46. 11	1 058. 50	3. 5	60
3 265~3 270	55. 07	1 579. 33	7	60
3 270~3 275	62. 74	2 222. 42	14	60
3 275~3 280	69. 56	3 320. 51	16. 5	60
3 280~3 283	75. 76	2 658. 15	18	60
合计			62	

表 4　泄洪洞弧形闸门变化开度蓄水过程计算（由大到小）

高程/m	泄洪洞下泄流量/（m^3/s）	库容/万 m^3	天数/d	开度/cm
3 250~3 255	22. 37	485. 076 8	1	100
3 255~3 260	55. 59	792. 223 8	4	100
3 260~3 265	46. 11	1 119. 853	4	60
3 265~3 270	55. 07	1 519. 116	7. 5	60
3 270~3 275	62. 74	2 210. 512	15	60
3 275~3 280	58. 29	3 274. 803	12	50
3 280~3 283	51	5 710. 06	17	40
合计			60. 5	

表 5　泄洪洞弧形闸门变化开度蓄水过程计算（由小到大）

高程/m	泄洪洞下泄流量/（m^3/s）	库容/万 m^3	天数/d	开度/ cm
3 250~3 255	7. 30	637. 75	1	30
3 255~3 260	17. 96	545. 64	1	30
3 260~3 265	31. 22	1 077. 69	2. 5	40
3 265~3 270	55. 07	1 575. 09	7	60
3 270~3 275	82. 60	2 263. 03	36	80
3 275~3 280	46. 90	3 176. 20	8	40
3 280~3 283	38. 50	2 817. 61	6	30
合计			61. 5	

4. 2　利用临时生态放水管闸阀控泄方案（方案 2）

泄水建筑物联合进水口塔采用“一”字形布置，从左至右依次为供水洞进口、泄洪洞（兼导流洞）进口、发电洞进口。基础采用台阶形开挖，建基面高程 3 247. 00 m，其中 3 270. 00 m 平台高程以下，塔群垂直水流方向长度 28.00~48.50 m，3 270.00 m 平台高程以上，塔群垂直水流方向长度 48.50 m；塔群顺水流方向长度 25.30 m（其中泄洪洞部分长度 36.00 m）；塔群高程统一为 3 308.00 m。

临时生态放水管采用 DN900 钢管，厚度 16 mm，管道轴线位于泄洪洞左侧，总长度约为 50 m，管道进口中心高程为 3 252 m，出口位于弧形闸门下游侧，管道中心高程为 3 250.5 m。阀门井尺寸为 10 m×6.5 m（长×宽），底板高程为 3 250 m，顶板高程为 3 270 m。由于需要增设临时生态放水管，原塔群泄洪洞中心线左侧部分的结构宽度由 8.25 m 增加到 13 m。同时，阀门井内增设一套 DN900 流量控制阀（包括调压阀、流量计、检修阀）。

经蓄水过程计算，在水位 3 250~3 255 m 期间需要利用泄洪洞弧形闸门控泄，开度为 30~100 cm，蓄水历时约为 1 d；在水位 3 255 ~3 283 m 期间需要通过临时生态放水管闸阀控泄，下泄生态流量为 5.48 m^3/s，蓄水历时约为 20 d。该方案蓄水历时合计 21 d。

临时生态放水管平面布置见图 1。新增主要工程量及投资估算见表 6。

4.3 方案比选

上述两方案均能满足蓄水期下泄生态流量不低于 5.48 m^3/s 的要求，方案 1 的优点是：充分利用已建泄洪洞弧形闸门，不再增加工程投资，蓄水历时为 1~2 个月，满足施工总进度要求。缺点是：弧形闸门局部开启可能存在振动问题，闸门开启过程中若遇振动区，需通过实时监控动态调整开度。

方案 2 的优点是：单独埋设临时生态放水管，弧形闸门振动问题不显著。缺点是：①在联合进水口塔架中新增临时生态放水系统，建安投资增加约 396 万元。②在水位 3 250~3 255 m 期间需利用泄洪洞弧形闸门控泄，开度为 30~100 cm，在水位 3 255~3 283 m 期间通过临时生态放水管闸阀控泄，操作较为复杂。

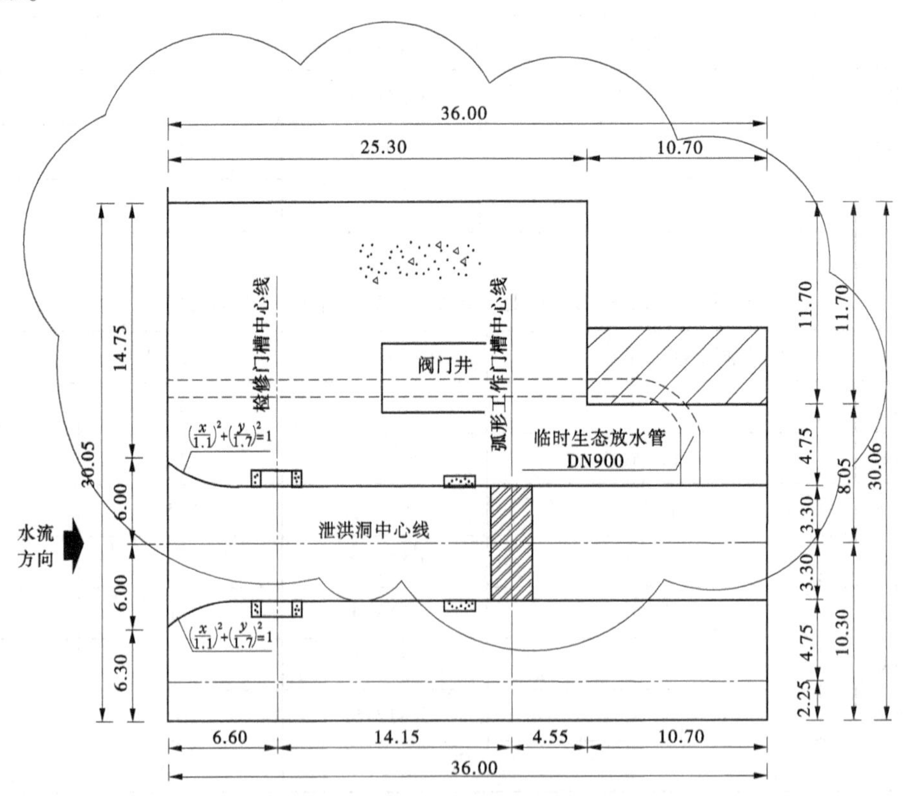

图 1 临时生态放水管平面布置 （单位：m）

表 6　新增主要工程量及投资估算

序号	名称	单位	数量	投资/万元
1	石方洞挖	m^3	1 638	64
2	混凝土	m^3	989	65
3	钢筋	t	66	55
4	锚索支护	根	22	47
5	DN900 钢管	t	55	130
6	流量控制阀 DN900 （包括调压阀、流量计、检修阀）	套	1	35
合计				396

（3）联合进水口塔架属 2 级建筑物，大体积混凝土结构，混凝土方量超过 6 万 m^3，塔架中分别布置 1 个供水洞、1 个泄洪洞和 2 个发电洞进口，不仅进水口尺寸较大，而且结构布置较为集中，三维效应突出，若再增加 1 个高度约 20 m 的竖向阀门井，则需进行相应的三维应力应变有限元计算分析和温控计算，以确保塔架的结构安全。

（4）塔架施工难度增加，温控要求较高，混凝土结构出现裂缝的风险增加。

综上所述，从节省工程投资、简化施工、方便运行管理方面考虑，推荐方案 1：利用弧形闸门控泄，通过实时监控动态调整闸门开度，满足蓄水期下泄生态流量要求。

5　结论

本文研究了 NH 水库工程建设期、运行期间的生态基流措施，特别是在水库初期蓄水期，通过不同的生态基流措施方案比选，提出了泄洪洞弧形门控泄方案，安全有效地解决了水库初期蓄水期间的生态基流难题。同时，通过文中提出的生态基流措施，工程实现了人与自然的和谐共处，供其他同类工程参考。

参考文献

[1] 徐宗学，武玮，于松延，等．生态基流研究：进展与挑战［J］．水力发电学报，2016，35（4）：1-11.

[2] 帕孜丽亚·阿不都艾尼．莫莫克水库河道下泄生态基流分析［J］．陕西水利，2022（4）：49-50，56.

[3] 纪海花．生态基流的合理确定和保障措施［J］．吉林水利，2019（11）：7-9，13.

[4] 陆长清，张英剑，黄贞岚，等．引水式水电项目环评中确定合理生态需水量及保障措施分析［J］．江西科学，2015，33（3）：407-410，418.

水利水电工程拱坝施工动态仿真分析研究

贾海涛[1]　郑　宇[1]　连　迪[2]

（1. 黄河勘测规划设计研究院有限公司，河南郑州　450003；
2. 河南省科学技术馆，河南郑州　450003）

摘　要：水利水电工程拱坝采用计算机仿真技术进行施工全过程模拟计算和仿真分析，合理安排施工进度，对拟定的缆机和塔机施工方案的各项主要参数指标进行了定量分析，为直观反映拱坝施工过程提供了有效的分析工具，在很大程度上减轻了设计工作的困难，又提高了其科学性。

关键词：计算机仿真技术；混凝土浇筑；仿真模型；模拟参数

1　前言

SMK 水电站正常蓄水位 756.00 m，相应水库库容 1.95 亿 m^3，调节库容 0.80 亿 m^3，装机容量 130 MW，保证出力 32.3 MW，年发电量 5.964 亿 kW·h。混凝土拱坝为双曲拱坝，坝顶高程 758.00 m，坝顶长度 356.36 m，坝顶宽度 5.00 m，最大坝高 108.00 m。为全面把握 SMK 水电站拱坝在不同浇筑方案下的施工特征，全面系统地分析混凝土施工过程中的影响因素以及各个方面相互联系和制约关系，优化施工程序，寻求合理的施工机械配套方案、施工道路布置及快速施工的措施，达到施工快速、施工顺序合理、施工经济的目的，对 SMK 水电站混凝土双曲拱坝施工过程进行计算机仿真模拟，并结合施工条件对模拟计算成果分析论证。

2　仿真模型的建立和参数的选取

为达到本次仿真设计的目标，需要建立混凝土浇筑仿真模型和选取模拟参数。

2.1　仿真模型的建立

SMK 拱坝混凝土浇筑拟定有两个基本方案：缆机方案和塔机方案。

（1）缆机方案。本方案以两台辐射式缆机为主要浇筑机械，辅助以履带式起重机浇筑。辐射式缆机固定端平台高程 800.0 m，宽 9.0 m；移动端平台高程 795.0 m，宽 14 m。缆索满载时最低高程为 789.33 m，最大起升高度 170 m。取料平台布置在缆机右塔平台边的上坝公路上。辐射式缆机主要负责 2#～15#坝段的混凝土浇筑以及金属结构的吊装，其浇筑范围外的 1#坝段混凝土量极少，由履带式起重机辅助浇筑。

（2）塔机方案。本方案以两台 DBQ4000 塔机为主要浇筑机械，辅助以履带式起重机浇筑。A#塔机布置在 4#坝段的下游侧 680.0 m 高程，负责 2#～7#坝段的混凝土浇筑及金属结构的吊装；B#塔机布置在 10#坝段的下游侧 680.0 m 高程，负责 8#～12#坝段的混凝土浇筑及金属结构的吊装。塔机工作范围以外的两岸坝肩坝段（1#坝段和 13#～15#坝段）的混凝土由履带式起重机辅助浇筑。

对于不同类型的施工机械，其工作特点不同，分别采用不同的机械模拟模型：

（1）塔机服务模型：在台班的开始，初始化一些台班内局部变量，判断该塔机是否存在可浇坝块，如果不存在可浇坝块，则跳出本模型，转至下一塔机或下一台班，否则继续推进。然后，读出可

作者简介：贾海涛（1990—），男，工程师，主要从事水利工程设计方面的工作。

浇坝块混凝土量，由塔机的生产率确定浇筑完该坝块所需时间，判断该时间是否超过一台班，如果不超过，塔机的子时钟值向前推进，再判断是否存在另一可浇坝块，存在则转至读取可浇坝块的混凝土量，不存在则跳出本模型；如果超过一台班的时间，则确定台班结束时该在浇坝块的剩余混凝土量，同时记载塔机本台班内有关变量，本台班模拟结束。

（2）缆机服务模型：缆机模型的流程和塔机浇筑流程大致相同。需要增加处理的是：每次随机地选择仓面混凝土浇筑所需缆机的台数和确定缆机在所选择浇筑仓面时的生产率。缆机和塔机浇筑模型的流程如图 1 所示，缆机和塔机共有部分用实线表示，缆机独有部分以虚线表示。

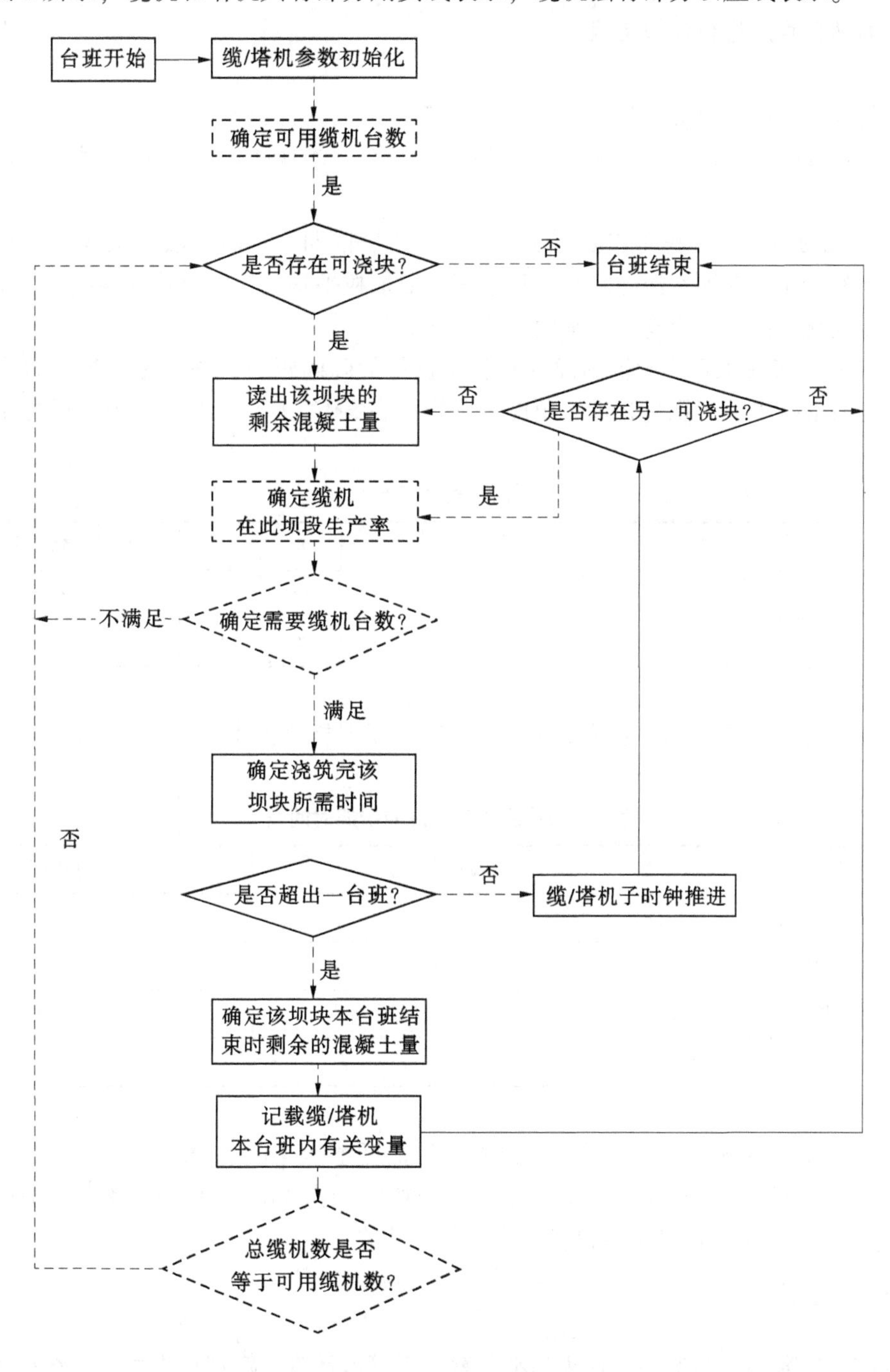

图 1　缆机和塔机浇筑流程

坝体浇筑模拟模型，是以状态变量和决策变量与约束条件间的数学逻辑关系来定量地描述。状态变量包括各坝段混凝土浇筑高程、方量和时间；决策变量是根据混凝土浇筑既定规律要求随时判断将要进行浇筑的混凝土块号和浇筑机械编号。约束条件是指在大坝混凝土施工中应遵守的约束条件，主要包括混凝土坝施工过程中的一般规律、合同文件技术规范要求以及特定施工条件下的各种要求，如坝体允许悬臂高度、间歇时间、混凝土初凝终凝时间、相邻坝块高差、立模拆模。大坝混凝土施工模拟，就是通过选择满足约束条件的决策变量，并根据决策变量的变化，计算出一组新的大坝混凝土状态变量；然后在新的状态下，进行新的决策变量的判断。通过大坝混凝土状态变量的不断改变，大坝混凝土也就不断从低到高进行模拟浇筑。

2.2 模拟参数的选定

仿真模型建立好以后，就需要进行模拟参数的选定并输入仿真模型里，作为仿真模型的输入部分，模拟参数恰恰反映了不同工程和施工条件的施工特性，体现在仿真模拟程序中就是可以修改的数据。

（1）地形地貌的输入。建基面数据的录入：对一个坝段而言，假设沿坝轴线方向建基面高程不变，顺水流方向有变化。对顺水流建基面高程不等者取加权平均，其中权重为各高程所对应的面积比例；然后进一步简化，使得一个仓位建基面高程一样。

（2）有效工日。有效工日一般根据设计资料中提供的降雨资料，并参考以往的科研成果，从方便施工组织设计及混凝土施工现场管理的角度来确定。在 SMK 工程的混凝土施工模拟中拟定有效工日见表 1。

表 1　有效工日

月份	1	2	3	4	5	6	7	8	9	10	11	12	全年
天数/d	31	28	31	30	31	30	31	31	30	31	30	31	365
有效工日/d	27	22	26	25	21	20	21	20	23	23	24	27	280

（3）坝体浇筑分层及间歇期。坝体浇筑分层及间歇期严格根据水工混凝土坝施工有关规范拟定，见表 2。

表 2　坝体浇筑分层及间歇期时间表

分区	浇筑层厚/m	间歇期/d
强约束区（$<0.2L$）	1.5	5~7
弱约束区（$0.2L \sim 0.4L$）	2.0	5~7
上部块	3.0	7~9
孔洞部分	3.0	15

（4）根据以往工程的施工经验，混凝土初凝时间拟夏季为 4 h，冬季为 3.5 h；相邻坝段允许高差为 8 m；混凝土浇筑块立模时间为 20 m^2/h，允许拆模时间为 3 d。坝体混凝土开工时间为 2018 年 5 月 16 日，其他模拟参数如坝体参数、机械技术参数等从略。

3　模拟成果

按拟定的施工参数和边界条件，对两基本方案进行模拟计算。模拟结果显示，缆机方案中，大坝混凝土在 2019 年 9 月 17 日达到坝顶高程，总浇筑工期为 17 个月；塔机方案中，大坝混凝土在 2019 年 9 月 28 日浇筑全部完成，总浇筑工期约为 17.5 个月。

（1）两浇筑方案设备浇筑强度、设备利用率统计对比见表 3。

表 3　各浇筑方案设备浇筑强度、设备利用率统计对比

机械	平均月浇筑强度/m^3	浇筑混凝土平均利用率/%	综合利用率/%
缆机（缆机方案）	9 405.33	30.97	40.5
塔机（塔机方案）	8 948.55	40.84	

（2）两方案大坝施工强度及施工工期统计见表 4。

表 4　大坝施工强度及施工工期统计

方案	缆机方案	塔机方案
大坝最大浇筑强度/（万 m^3/月）	3.41	3.43
大坝平均浇筑强度/（万 m^3/月）	1.89	1.84
不均衡系数	1.80	1.86
总工期/月	17	17.5
竣工日期（年-月-日）	2019-09-17	2019-09-28

为更直观形象地描述模拟成果，将成果数据图形化，如混凝土逐月浇筑强度，见图 2。

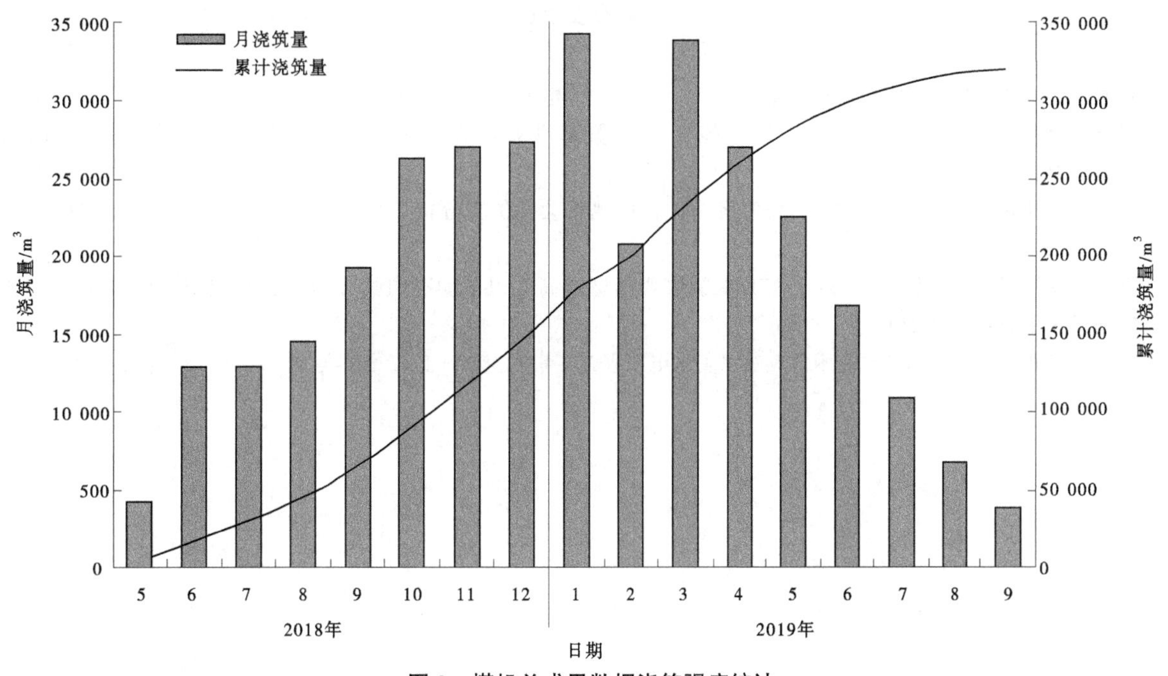

图 2　塔机总成果数据浇筑强度统计

4　方案比较分析

根据模拟成果，缆机方案和塔机方案在大坝上升关键控制节点控制高程（挡水、度汛、发电）均满足设计要求。在缆机方案中，2019 年 4 月底大坝最低高程达到 722 m，较施工总进度要求的 2019 年 5 月底达到 719.5 m 挡水高程提前 1 个月。在缆机方案中，2019 年 5 月初大坝最低高程达到 722 m，较施工总进度要求提前近 1 个月。从施工进度角度看，两方案总工期基本相同。

辐射式缆机的工作范围为一狭长的扇形，特别适合山区拱坝施工。在本工程中，缆机能覆盖除

1#坝段外的所有坝段，其混凝土浇筑能力较塔机强。不足之处是供料线较难布置，还需要在河床两岸设置塔架，工程投资相对较高。

塔机安装及临建工程量小，相对缆机而言更经济。模拟显示，河床基础混凝土塞部位对主体工程施工工期影响较大，加快混凝土塞的施工能明显缩短主体工程施工工期。塔机方案配置两台履带式起重机作为辅助浇筑手段，在基础混凝土塞浇筑时，可以灵活机动地安排履带式起重机辅助浇筑，提高初期混凝土浇筑强度，缩短直线工期。

综上所述，通过对模拟计算得到的施工工期、进度以及机械设备的利用率等参数的综合分析论证，缆机方案和塔机方案在大坝施工进度上总工期相差不大，大坝上升关键节点控制高程（挡水、度汛、发电等）均能满足设计要求；混凝土浇筑强度和设备利用率等参数指标合理，从大坝混凝土浇筑的技术角度进行分析，两浇筑方案各有利弊，且均可行。从工程投资角度分析推荐采用塔机方案。

5 结语

水利水电工程采用计算机仿真技术对整个拱坝的施工过程进行模拟计算和仿真分析，证明了采用计算机仿真技术来描述和预测整个施工设计方案的全过程是十分必要和可行的，既解决了混凝土施工难以建立精确的解析数学模型这一难题，也准确描述了其中各种因素的相互制约关系，分析、预测出了制约施工的关键因素，从而在很大程度上减轻了设计工作的困难，提高了其科学性。

参考文献

[1] 翁永红．混凝土坝施工实时动态仿真［M］．北京：中国电力出版社，2003.

[2] 王飞，刘金飞，尹习双，等．高拱坝施工进度仿真动态纠偏方法与应用［J］．人民黄河，2020，42（S1）：162-163，167.

[3] 李尔康，刘立峰．基于 DELMIA 的施工运输过程可视化动态仿真分析［J］．低温建筑技术，2019，41（11）：131-133.

[4] 王超，张社荣，张峰华，等．基于实时更新数值模型的高陡边坡动态仿真分析方法及应用［J］．岩土力学，2016，37（8）：2383-2390.

[5] 姜振．分析全过程动态仿真技术及其在水利水电工程施工中的应用［J］．江西建材，2015（23）：134，142.

数字化建设技术在大型水利枢纽工程中的应用探析

连 祎 穆立超

(黄河勘测规划设计研究院有限公司，河南郑州 450003)

摘 要：近年来数字化建设技术在我国各领域得到广泛应用，大型水利枢纽工程便属于其中代表。基于此，本文简单分析大型水利枢纽工程中数字化建设技术应用思路和方法，并结合工程实例深入探讨数字化建设技术的具体应用，以供业内人士参考。

关键词：数字化建设技术；大型水利枢纽工程；智慧工程管理系统；BIM

1 引言

结合实际调研可以发现，近年来我国大型水利枢纽工程建设开始大量应用数字化建设技术，如BIM技术、GIS技术、物联网技术、“互联网+”、智能控制技术等。为保证数字化建设技术更好地用于大型水利枢纽工程建设，应综合关注设计、建设、运维等环节，最大化发挥技术效用。

2 大型水利枢纽工程中数字化建设技术应用思路

2.1 智慧设计

为实现大型水利枢纽工程中数字化建设技术应用，需要从智慧设计入手，如开展BIM三维协同设计，打造数字化三维勘测设计模型，集成施工、机电、建筑、路桥、水工、地质、测绘、金结等专业，通过比选与论证方案、精细化设计建模、多专业错漏碰检查、自动统计工程量、二维出图、三维配筋、设计仿真，即可交付数字化设计成果，设计、施工效率及质量自然能够更好地得到保障[1]。

2.2 智慧建造

通过打造智慧水利工程管理系统开展施工管理，既可对参加各方技术、安全、进度、质量等信息进行统一集中和共享，施工的可控化、精益化、信息化、标准化能够顺利实现，辅以BIM技术等最新技术进行模拟施工，又可持续优化方案，更好管控各施工节点，真正实现“智慧工地”建设。

2.3 智慧运维

依托信息技术、BIM技术、虚拟现实技术等最新技术，既可实现大型水利枢纽工程的智慧运维，结合工程自动化监控与调度系统与数字化设计成果，又可打造更为先进和实用的智慧管理系统，虚拟仿真的泵闸、堤防、电站、灌区、水库可实现可视化巡检、集中监控与调度，同时可实现模拟应急预案、分析与决策优化，运行管理效率将大幅提升。智慧运维还能够实现维护保养计划的科学制定，保证设备调度和运行管理的规范、科学，工程的智慧管理水平及综合效率自然能够大幅提升[2]。

作者简介：连祎（1990—），女，工程师，主要从事水利工程工作。

3 大型水利枢纽工程中数字化建设技术应用方法

3.1 模型构建

在数字化建设技术的具体应用中，应从大型水利枢纽工程的模型构建入手，BIM 等技术需要得到充分应用，如开展全生命周期的大型水利枢纽工程三维模型，该模型需要涉及设计、施工、运维，同时涵盖地质、测绘、水工、机电、建筑、施工等多专业、多学科，如建设鱼道、渠道、堤防、船闸、泵站、水闸、水电站、溢洪道、拦河大坝、引水隧洞的三维模型，需结合建模深度要求控制模型精细度并进行各专业模型拆分，同时应兼顾库区、灌区等工程，设法提供全方位、可视化 BIM 应用服务，涉及设计、建筑、运维等环节。对于已建的大型水利枢纽工程，应结合除险加固、检修维护、更新改造等机会，矢量化设计、建设管理等资料，结合倾斜摄影、BIM 建模等技术，打造综合单位模型，为运维、管理工程提供支持。

3.2 智慧设计方法

为实现大型水利枢纽工程的智慧设计，可考虑建设数字一体化工程系统，结合三维模型和工程信息、工程资料，在 BIM 模型支持下，整理和关联各类工程资料，如图片、图纸、文档、视频、报告，通过系统提供施工等环节指导，为参建各方提供规范、标准、可共享、可视化设计成果，保证工程能够在任意地点进行模型漫游、碰撞检查、实际情况对比、技术方案论证、工程量复核、设计成果查阅，该系统需要在智能手机、平板电脑、主流浏览器中运行。通过工程信息的实时共享及可视化模型，施工单位、设计单位、建设单位、监理单位均能够在平台支持下开展知识管理及沟通交流，大型水利枢纽工程全过程管理、风险预防能够获得有力支持，数字化建设技术也能够更好地融入大型水利枢纽工程建设[3]。

3.3 智慧管理方法

为实现大型水利枢纽工程的智慧管理，可建设智慧工程管理平台，该平台的建设需要得到 BIM 等技术的支持，同时结合智慧设计成果，智慧工程管理平台能够开展可控制、可感知的施工管理，可视化工程全景、标准化流程建设也能够同时实现，在智慧、实时、跨平台、可视化等方式支持下，平台能够提供合同管理、安全管理、质量管理、进度管理、资料管理、成本管理等服务。同时，引入物联网技术，即可对施工过程进行集中监控和 360°全方位智能监控，以此实时采集与追踪重要施工设备、水文气象、施工安全、关键施工工序信息，“智慧工地”将顺利建成。在智慧工程管理平台支持下，各参建方能够开展数据传递、互换、存储，高水平的数据共享与项目协同可顺利实现，最大化协同价值。平台同时支持数字化成果的实时查阅，各方工作能够在网络协同管理平台支持下有效优化，进而实现集中控制所有项目信息、软件化处理项目管理流程、电子化存储项目文档，大型水利枢纽工程所有数据文档能够由此整合，有机连接建设单位、施工单位、设计单位、监理单位。

3.4 智慧运维方法

智慧运维同样属于大型水利枢纽工程中数字化建设技术应用重点，需关注智慧水利运维平台建设，该平台需要以高精度 GIS 地形为依据，对大型水利枢纽工程的 BIM 模型、实景模型、精细模型进行整合，完成用于运维的数字仿真模型建设，能够用于运维管理的建设与设计信息整合也需要同时得到重视，以此打造智慧水利运维工作平台，工程安全监测、水情测报、闸门调度、灌区配水和调度管理、堤岸库区划界确权管理、泵站运行监控等自动化系统需要结合运维管理需求接入，通过结合数字模型与实时信息，即可基于 BIM 模型完成大型水利枢纽工程水文预报、工程巡检、技术培训、综合调度、决策分析、工程漫游等系统的建设，更好实现智慧运维[4]。

4 大型水利枢纽工程中数字化建设技术的具体应用

4.1 工程概况

以某水电站枢纽工程为例，该工程水库正常蓄水位、调节库容、总库容分别为 2 500 m、1.9 亿

m^3、2.9亿m^3，属于典型的Ⅰ等大（1）型水电工程，由泄洪建筑物、引水发电系统、拦河大坝组成。工程拦河大坝为土质心墙堆石坝，典型断面如图1所示。

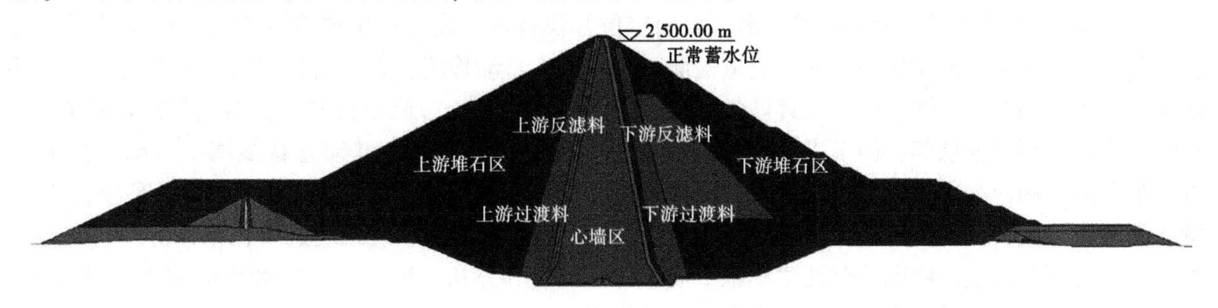

图1　拦河大坝断面示意图

案例工程属于典型的智慧工程，存在全过程、全方位、智能化、可追溯特征，充分应用大数据、物联网、BIM、人工智能技术，同时深度融合质量、安全、投资、进度、环保等业务，这使得工程能够自动感知业务风险并进行自主预判和决策，工程管理能够在数据驱动下完成，而在5G网络覆盖支持下，工程的质量、进度、成本、安全、环境保护控制水平也得到更好保障。为直观展示案例工程的数字化建设技术应用情况，本文将围绕智慧工程信息管理系统、智能大坝工程系统、“5G+智慧工程”开展深入探讨，由于案例工程尚未完工，因此本文不涉及智慧运维内容。

4.2　智慧工程信息管理系统

为满足自身建设需要，案例工程建设有智慧工程信息管理系统，系统由资源层、数据层、逻辑层、应用层、表现层组成，资源层包括网络设备、存储设备、服务器，数据层包括业务数据、主数据、数据接口、逻辑层包括服务引擎、系统配置、安全配置、报表设计、表单设计、流程设计，应用层包括风险预警及决策支持、安全管理、质量管理、合同管理、工程设计管理、计量签证、业务流程管理、承包单位管理、岗位管理、编码管理等，表现层包括智能手机、平板电脑、笔记本电脑、台式电脑，系统同时能够对OA系统、一体化平台、档案管理系统、造价管理系统、智慧大坝等应用系统进行集成。

智慧工程信息管理系统的具体应用主要体现在以下几个方面：第一，规范管理。通过在线审批合同、变更，支付结算审批效率大幅提升，审批时间缩短、资金全面收集得以顺利实现，同时对财务、合同等业务环节有效数据进行采集、整合，标准、清晰、完整的数据体系得以形成，数据共享及沉淀得到保障。第二，智慧决策。智慧工程管理系统能够在工程的质量、进度、成本、安全、环境保护控制方面发挥积极作用，如对预先设置的关键指标风险进行自动感知、预判、预警，在知识推理、人机交互、专家知识库、人工智能等技术支持下，系统能够提出可行、专业的问题及风险解决措施、方案，实现科学决策。第三，落实“总包直发”。系统能够保证总包单位负责民技工工资直发，民技工权益因此实现最大程度保障，工区稳定也得到更好维护。具体需要将民技工信息实时录入承包商模块，动态管理信息，工资发放情况可由此及时掌握，同时设置“两步制结算法”于结算模块，即可保证全部支付民技工工资后进行剩余工程款项支付，联动式管理得以实现。第四，打破数据壁垒。系统能够开展全过程的物资计划、采购、输入库、运输、核销信息化管理，管理流程规范、管控效率提升得以实现，同时物资管控和结算变更间的数据壁垒由系统打通，各环节物资管控效率、效果得以更好优化，物资流失控制、物资管控风险降低得以实现。第五，设计在线管理。基于设计任务，系统还能够实现自动催图，通过提交，分发设计成果、处理设计交底，在线共享设计文件，使得参建各方实现更充分沟通交流。

4.3　智能大坝工程系统

案例工程建设的智慧工程信息管理系统同样属于数字化建设技术的典型应用，该系统由施工质量模块、施工进度模块、灌浆施工模块、信息集成模块组成。施工质量模块能够通过智能系统和智能监控设备全过程跟踪并监控各施工环节，人为及外界因素带来的影响能够降到最低，辅以分级预警机制和模型，即可对大坝施工质量进行智能控制。施工质量模块由技术层、功能层、方案层组成，空间定位技术、WDT 技术、三维激光扫描技术、空间定位补偿技术、高分辨率成像技术等组成技术层，功能层包括智能加水、智能交通、料源质量检测、铺料厚度自动检测、施工信息实时录入等功能，方案层则涉及坝料生产、运输、施工，具体包括实时监测掺砾工艺、智能监控料源、智能监控坝面碾压、实时采集施工现场信息等；施工进度模块能够实现场内施工交通仿真并动态智能调度多源多料土石方，结合施工场内交通状态指标和土石方调配规划，即可实时仿真施工进度并为决策及预警提供支持；灌浆施工模块由统一建模、信息集成与分析、实时监控与预警、三维动态可视化分析、施工质量智能管控五部分组成，由此针对性建设施工质量管控制度和方法，即可真实客观完成施工质量控制；信息集成模块可实现指标集成、技术集成、功能集成，结合施工全过程，软件平台能够实现坝面施工过程、料场料源施工、具体施工进度、工程综合资料、渗控工程信息等方面的实现查询。

4.4 “5G+智慧工程”

由于案例工程实现 5G 网络覆盖，因此该工程在“5G+智慧工程”探索中同样取得不俗成果，如智能碾压、智能安全监控、无人机地灾排查，案例工程的建设智能管控水平因此大幅提升。在 5G 网络支持下，智慧工程管理系统能够更好监控和引导基础设施建设及安全防护，如智能碾压能够在大坝施工作业中依托 5G 网络智能感知碾压设备作业状态及施工作业环境，通过智能分析和控制，施工过程中的无人驾驶及智能引导得以实现。智能安全监控与无人机地灾排查同样能够在 5G 网络支持下开展，地灾人工巡检安全性、自动化水平及综合效率因此提升，实时监控与预警的地灾隐患对工程带来的影响因此降到最低。此外，5G 网络在案例工程的云计算、大数据、人工智能等技术应用方面也发挥着积极作用，工程管控的智能化水平得以大幅提升。

5 结论

综上所述，大型水利枢纽工程中数字化建设技术的推广价值较高。在此基础上，本文涉及的智慧工程管理系统、“5G+智慧工程”等内容，则提供了可行性较高的数字化建设技术应用路径。为更好地满足大型水利枢纽工程建设需要，高端感知设备的应用、基础软硬件环境的优化等方面同样需要得到重视。

参考文献

[1] 赵文超，刘满杰，王国岗．智慧水利中地质与测绘技术信息化提升与应用［J］．水利规划与设计，2021（10）：20-22，111，129.

[2] 杜灿阳，张兆波．大型水利工程建设期智慧应用探索［J］．水利信息化，2021（4）：11-16，30.

[3] 杨信林，韩琨．基于“互联网+智慧水利”的水利工程施工现场管理［J］．智能建筑与智慧城市，2021（7）：177-178.

[4] 戴红，武建，马士峰．智慧水利信息化系统在水利工程的应用［J］．河南水利与南水北调，2021，50（5）：77-78.

水利遥感

赣江流域多重气象水文干旱指数时空演变机制研究

黄文颖[1,2]　朱　双[1,2]　张茂煜[1,2]　李　沧[1,2]　柴志福[3]

（1. 中国地质大学地理与信息工程学院，湖北武汉　430074；
2. 中国地质大学地理与信息工程学院区域生态与环境变化湖北省重点实验室，湖北武汉　430074；
3. 内蒙古自治区水利科学研究院，内蒙古呼和浩特　010051）

摘　要： 研究干旱事件的时空特征对了解干旱灾害的发生机制具有重要意义。干旱因其诱发和传播机制不同，可分为气象、水文、农业和社会经济干旱，气象干旱可分为降雨不足引起的干旱和蒸发过度引起的干旱。不同类型干旱之间的内在联系也代表了水循环中水分亏缺传递过程。本文构建降雨缺失干旱指数 SPI、蒸发过剩干旱指数 EDDI 和水文干旱指数 SRI，分析其在赣江流域的时空演变规律，旨在更完整、系统地揭示干旱传递过程中关键干旱指数的演变趋势和相互关系。研究发现近 18 年来，赣江流域因降水不足引起的气象干旱和水文干旱程度逐渐减缓，地区蒸散发引起的气象干旱程度在缓慢增加。流域干旱分布的南北差异、中部与南北差异以及东西差异显著。春季干旱主要分布在 GRB 地区东部。秋冬季整体干旱较轻，重灾区主要分布在中部；以 SPI3 和 nEDDI3 为代表的气象干旱在春冬季最为严重和广泛，而以 SRI3 为代表的春夏季水文干旱的严重程度和范围远超秋冬季。

关键词： 小流域；气象干旱；水文干旱；动态演变

1　引言

干旱事件是指当可用水量远低于长期记录平均值时，对生态系统和农业生产造成一定损失的现象[1]。随着全球气候变暖，干旱事件频发，对农业生产、生态环境以及社会经济造成严重影响。在当前气候变化和中国地理条件的制约下，中国不可避免地会遭受各种自然灾害，其中干旱尤为突出。因此，对干旱的时空演变特征进行定量研究是非常必要的[2]。

干旱指数用于评价不同干旱特征变量及其影响。目前，国内外学者制定了多种干旱指标来量化干旱的影响[3]。常用的干旱指标有 PDSI、SPI、SPEI 等[4]。每个干旱指数都有不同的数学原理和物理机制，因此有其适用性和局限性。如 Guttman 提出 Palmer Drought Severity Index（PDSI）来评估作物干旱的严重程度[5]。PDSI 能较好地模拟干旱从开始到结束的全过程，但该指标需要大量数据，计算复杂。PDSI 比水文干旱更适合农业干旱，对干旱的具体发展过程不敏感[6-7]。近年来，学者们对各种气候环境因子进行了探索，仅基于降水的干旱指数在某些情景应用中过于简单。因此，为了更准确地监测干旱发生的时效性和全面性，研究者结合各种气候因子对干旱进行了更深入的研究，从而完善和发展了干旱指数[8-9]。各种多变量特定干旱指数已被开发出来，如土壤水分干旱指数（SMDI）[10]、作物特异性干旱指数[11]、作物水分指数（CMI）[12]、植被状况指数（VCI）、综合亏缺指数（JDI）[13]、多元标准化干旱指数（MSDI）[14]、标准化降水蒸散指数（SPEI）[15] 和地下水干旱指数（GGDI）[9]。植被变化受多种自然环境因素的影响，如水资源、土壤湿度、地形等。随着卫星遥感监测技术的发展，国内外研究者已经开发出 40 多种用于监测植被状况和环境变化的种植指标，可用于干旱监测等

基金项目： 内蒙古自治区水利科技项目（NSK202104）“内蒙古典型蓄水工程生态环境效应遥感监测与评价研究”。
作者简介： 黄文颖（1999—），女，硕士研究生，研究方向为多重干旱识别与传播特征研究。

方面[16]。Deering 提出了一种改进的归一化植被指数（NDVI），由近红外波段与红外波段之和的差值计算得到，NDVI 的取值范围为-1 ~ 1[17]。MODIS 卫星遥感数据具有高时间分辨率和高光谱分辨率的特点，可用于长期、大尺度的植被动态监测，也被广泛应用于植被分类、植被对气候变化的响应等诸多研究领域[18]。

大多数研究都集中在单一指标的时空变化上，但干旱具有影响范围广、时空分布复杂的特点。气象干旱通常发生迅速，持续时间短[19]。与气象干旱相比，水文干旱具有时滞特征[20]，但持续时间较长。农业干旱介于两者之间。许多研究集中在区域和全球尺度上对单一类型的干旱事件进行监测和评估，然而，缺乏更全面反映干旱过程变量的联合干旱事件强度变化分析[21]。干旱主要是从时间的角度来研究的，但在空间上可能存在的联系尚未被注意到。此外，随着全球地表温度的快速升高，降水不应是干旱的唯一考虑因素。蒸散发作为陆地生态系统中连接水、能量和碳循环的主要变量，在干旱研究中也应予以考虑[22-23]。

本文构建了一套 SPI、EDDI 和 SRI 干旱指数，分别代表亏水传播路径上的降水不足气象干旱、过度蒸发气象干旱和水文干旱，分析各自时空演变特征，全面揭示气象干旱与水文干旱的时空演变及其相互关系。

2 研究区域与数据

赣江流域是长江的主要支流之一，位于长江中下游的南岸（见图 1），全长 766 km，流域面积 83 500 km^2，地表水资源量 702.89 亿 m^3，地下水资源量 188.4 亿 m^3。本文使用的降水资料来自中国气象强迫数据集（CMFD）[24]。数据格式为 NETCDF，时间分辨率为 3 h，水平空间分辨率为 0.1°。蒸散发数据采用 Penman-Monteith-Leuning Version 2（PML_V2）模型进行模拟。生成的 ET 数据时间分辨率为 8 d，水平空间分辨率为 500 m。径流是水文干旱的重要数据，本文采用水文模拟方法对空间分布的径流数据进行模拟。驱动水文模型的数据包括赣江流域出口控制站外洲站的日降雨量和月径流数据。外洲站径流数据的时间尺度为月，时间跨度为 2002—2020 年。

3 理论与方法

3.1 SPI 干旱指数

SPI 用于表征降水不足引起的气象干旱。该指数是最常用的气象干旱指数之一，具有多时间尺度的优势。SPI 的计算原理是基于 Gamma 概率分布将降雨数据转换为正态分布[25]。当 SPI 连续为负并达到-1.0 或更低时，发生干旱事件，当 SPI 为正时，干旱事件结束。根据表 1 对中国干旱等级的分类，本文定义了不同阈值的 SPI 引起的干旱强度。具体的 SPI 解决方案计算机程序可在国家抗旱中心网站获得。

不同尺度下 SPI 的计算公式为：

$$f(x)=\frac{1}{\alpha^{\beta}\Gamma(\beta)}x^{\beta-1}\mathrm{e}^{-(x/\alpha)} \tag{1}$$

式中：x 为时间尺度上的月移动平均降水或 E_0 时间序列；α 为尺度参数；β 为形状参数。

分别用概率加权矩法估计每个时间尺度和每个像素参数。

3.2 EDDI 指数

使用 EDDI 来表征由于大气对水的过度需求而导致的气象干旱。EDDI 是使用各种时间尺度的移动平均 E_0 时间序列来计算的。在每个月配置的 12 个时间序列中，估计出适合每个时间序列的概率分布后，利用每个时间序列的概率分布将其转换为累积概率值。对转换后的累积概率值计算标准正态分布的 Z 值，其中 Z 值表示 EDDI。与 SPI 相反，EDDI 为正值，表明干旱的严重程度。在本文中，为了直接比较 SPI 和 EDDI，在实际分析中采用负 EDDI（nEDDI）。

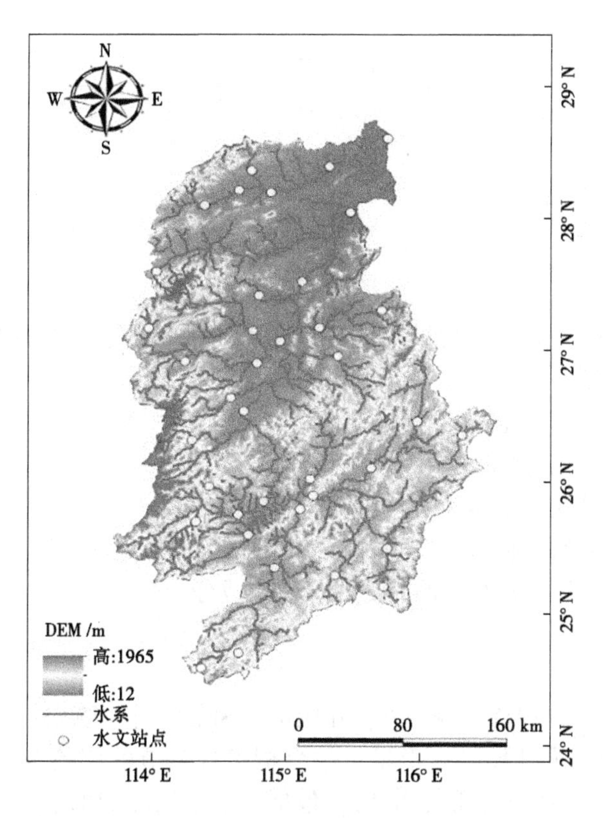

图 1　赣江流域位置图

3.3　SRI 指数

SRI 是水文干旱监测中广泛使用的多标量干旱指标。我们选择与 SPI 相同的分布来计算 SRI。根据国家气象干旱等级标准，将 SPI、nEDDI 和 SRI 划分为 5 个等级，并确定相应的阈值，见表 1。

表 1　干旱烈度分级

干旱级别	SPI	nEDDI	SRI	概率/%
湿润	SPI>-0.50	nEDDI>-0.50	SRI>-0.50	50.0
轻微干旱	-1.00<SPI≤-0.50	-1.00<nEDDI≤-0.50	-1.00<SRI≤-0.50	34.1
中度干旱	-1.50<SPI≤-1.00	-1.50<nEDDI≤-1.00	-1.50<SRI≤-1.00	9.2
严重干旱	-2.00<SPI≤-1.50	-2.00<nEDDI≤-1.50	-2.00<SRI≤-1.50	4.4
重度干旱	SPI≤-2.00	nEDDI≤-2.00	SRI≤-2.00	2.3

3.4　主成分分析

主成分分析（principal components analysis，PCA）是常用的多元分析方法，通过将多个变量转化为少数几个不相关的变量来概括相关的多维数据，可以全面地反映整个数据集[26-27]。在干旱相关的研究中，PCA 已被用于不同时间和空间尺度上干旱的时空分析[28-29]。通过 PCA 获得的主成分因子（例如，PC1，PC2，…，PCn）来自多个解释变量，其中第一个主成分（PC1）贡献最大。主成分由大于 1 的特征值定义。本文利用 PCA 方法来获取该地区气象和水文干旱的主要分布特征。

PCA 采用的主要过程有：

（1）对原始数据进行标准化处理，该过程通常通过减去均值和除以变量的标准差来进行。用于计算标准偏差的公式为：

$$S = \frac{1}{n}\sqrt{\sum_{i=1}^{n}(x_i - \bar{x})^2} \tag{2}$$

式中：n 为数据点的数量。

标准化公式为：

$$X_i = \frac{x_i - \bar{x}_i}{S_i} \tag{3}$$

（2）根据标准化后的数据计算协方差矩阵。协方差矩阵反映了输入数据集中的变量与平均值之间的相关性。其计算公式如下：

$$\mathrm{cov}(X,\ Y) = E(XY) - E(X)E(Y) \tag{4}$$

式中：$E(X)$ 和 $E(Y)$ 分别为变量 X 和 Y 的数学期望。

若 $\mathrm{cov}(X,\ Y)$ 为正，则表示显著相关性；反之亦然。

（3）对协方差矩阵进行特征值分解，得到特征值和对应的特征向量，并利用特征值计算方差贡献率。使用累积方差贡献率约为 80%的前 K 数据作为主成分。

4 结果

本文分析了 2002—2020 年赣江流域 SPI、nEDDI 和 SRI 的时空演变特征。为了分析干旱在时间维度上的季节差异，采用 3 个月尺度的干旱指数分析了各季节的年趋势。在空间上，我们首先对 GRB 近 19 年的月格网进行主成分分析（PCA），包括各子盆地的 SPI1、nEDDI1 和 SRI1 值。该方法可以获得大样本和多变量数据之间的内在关系。它采用降维思想，通过向量变换将多个线性相关指标转化为几个线性独立的综合指标，从而切断相关干扰，指出主成分（PC），更准确地进行估计。其次，根据不同季节干旱的空间分布，选取 3 个月时间尺度的干旱指数，取各子流域干旱指数的多年最小平均值，分析其在春季（3—5 月）、夏季（6—8 月）、秋季（9—11 月）和冬季（12 月至次年 2 月）的分布特征。

4.1 时空特征

图 2 显示了 2002—2020 年 GRB 地区 SPI、nEDDI 和 SRI 值的时间变化。图 2（a）为区域内 SPI、nEDDI 和 SRI 均值在 1、3、6 和 12 个月时间尺度上的时间变化，图 2（b）为春季、夏季、秋季和冬季 3 个月尺度上 SPI、nEDDI 和 SRI 的多年平均值。图 2 中 GRB 区域的多尺度 SPI 呈平缓上升趋势。SPI 时间尺度越长，上升趋势越明显。结果表明：近 18 年来，赣江流域因降水不足引起的气象干旱程度逐渐减缓；SPI3 在春夏季呈上升趋势，秋冬季呈下降趋势，其中夏季上升最为剧烈，冬季下降最为明显。短时间尺度上的负 EDDI 序列表明该地区蒸散发引起的气象干旱程度在缓慢增加，这与 SPI 相反。EDDI3 阴性序列的季节变化与 SPI3 阴性序列的季节变化基本相似。不同之处在于 SPI3 系列夏季增长趋势的绝对值远高于秋冬下降趋势的绝对值，而 nEDDI3 系列冬季下降趋势的绝对值远高于春夏上升趋势的绝对值。左列不同尺度的 SRI 序列与 SPI 总体呈现一致的发展趋势，表明 GRB 地区水文干旱程度在逐渐减缓。除秋季 SRI3 序列呈下降趋势外，春、夏、冬季 SRI3 序列均呈上升趋势，其中冬季增长趋势最为强烈。

4.2 主成分空间自相关系数分布

利用 ArcGIS 软件实现了赣江流域气象干旱指数 SPI、EDDI 和水文干旱指数 SRI 的空间分布可视化。图 3 为 2002—2020 年 GRB 中 SPI1、nEDDI1 和 SRI1 主成分分析提取的前三个主成分值的空间系数分布。图 3 中的第一至第三列分别是 SPI1、nEDDI1 和 SRI1 的第一、第二和第三的主成分结果分布。

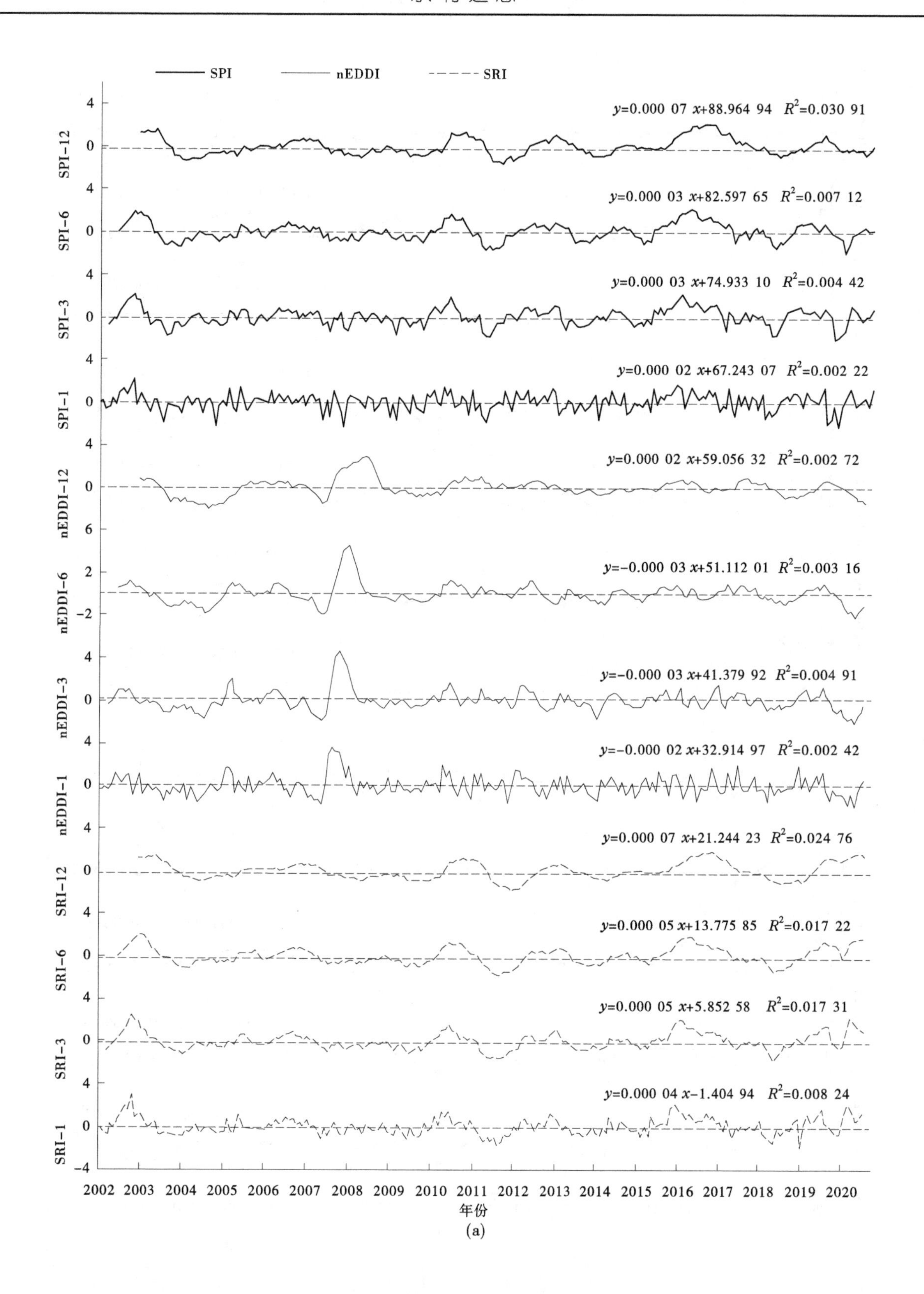

图 2　2002—2020 年 GRB 干旱的时间特征

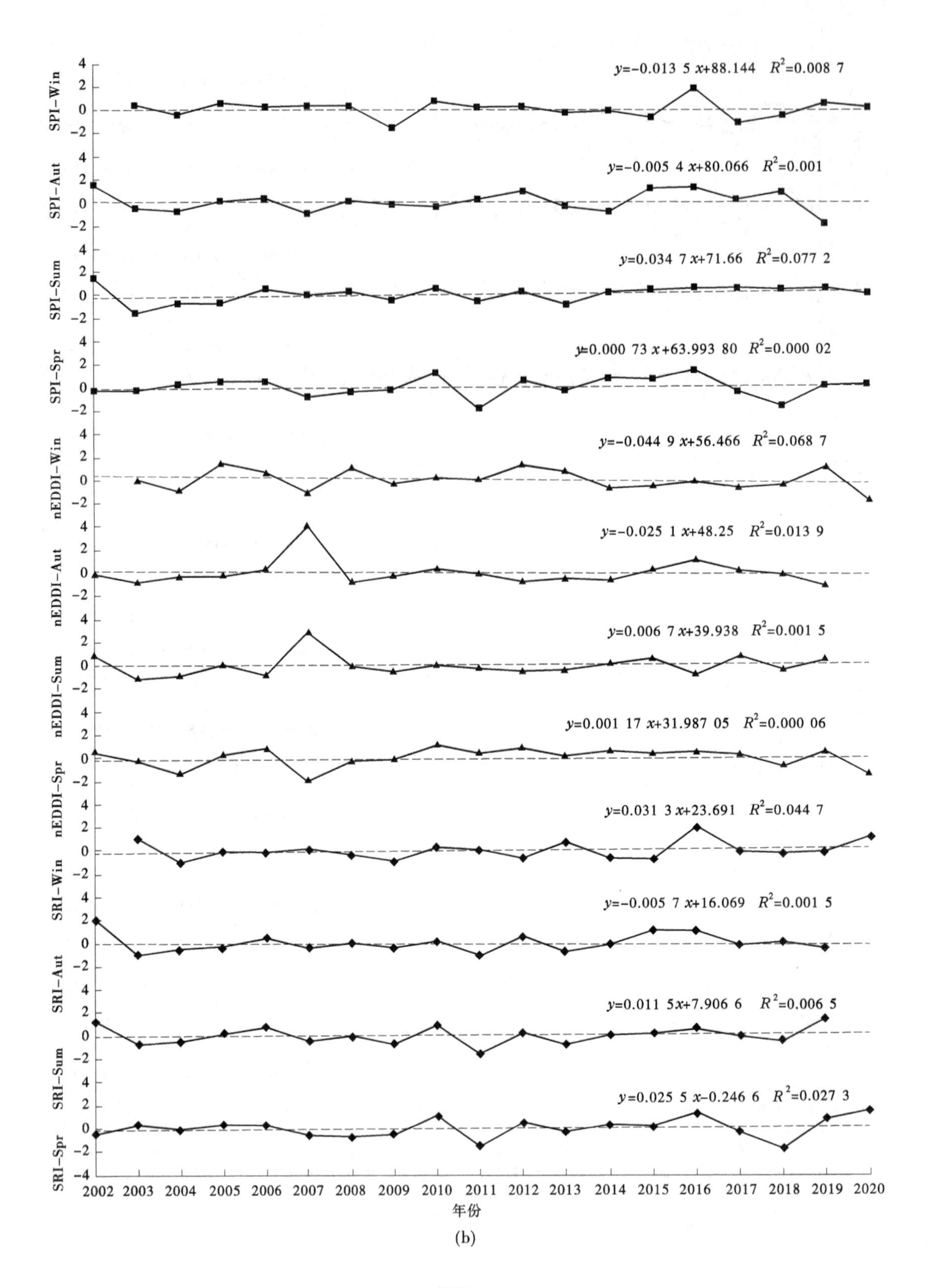
y=-0.013 5 x+88.144 R²=0.008 7
SPI-Win
y=-0.005 4 x+80.066 R²=0.001
SPI-Aut
y=0.034 7 x+71.66 R²=0.077 2
SPI-Sum
y=0.000 73 x+63.993 80 R²=0.000 02
SPI-Spr
y=-0.044 9 x+56.466 R²=0.068 7
nEDDI-Win
y=-0.025 1 x+48.25 R²=0.013 9
nEDDI-Aut
y=0.006 7 x+39.938 R²=0.001 5
nEDDI-Sum
y=0.001 17 x+31.987 05 R²=0.000 06
nEDDI-Spr
y=0.031 3 x+23.691 R²=0.044 7
SRI-Win
y=-0.005 7 x+16.069 R²=0.001 5
SRI-Aut
y=0.011 5x+7.906 6 R²=0.006 5
SRI-Sum
y=0.025 5 x-0.246 6 R²=0.027 3
SRI-Spr
2002 2003 2004 2005 2006 2007 2008 2009 2010 2011 2012 2013 2014 2015 2016 2017 2018 2019 2020
年份

(b)

续图 2

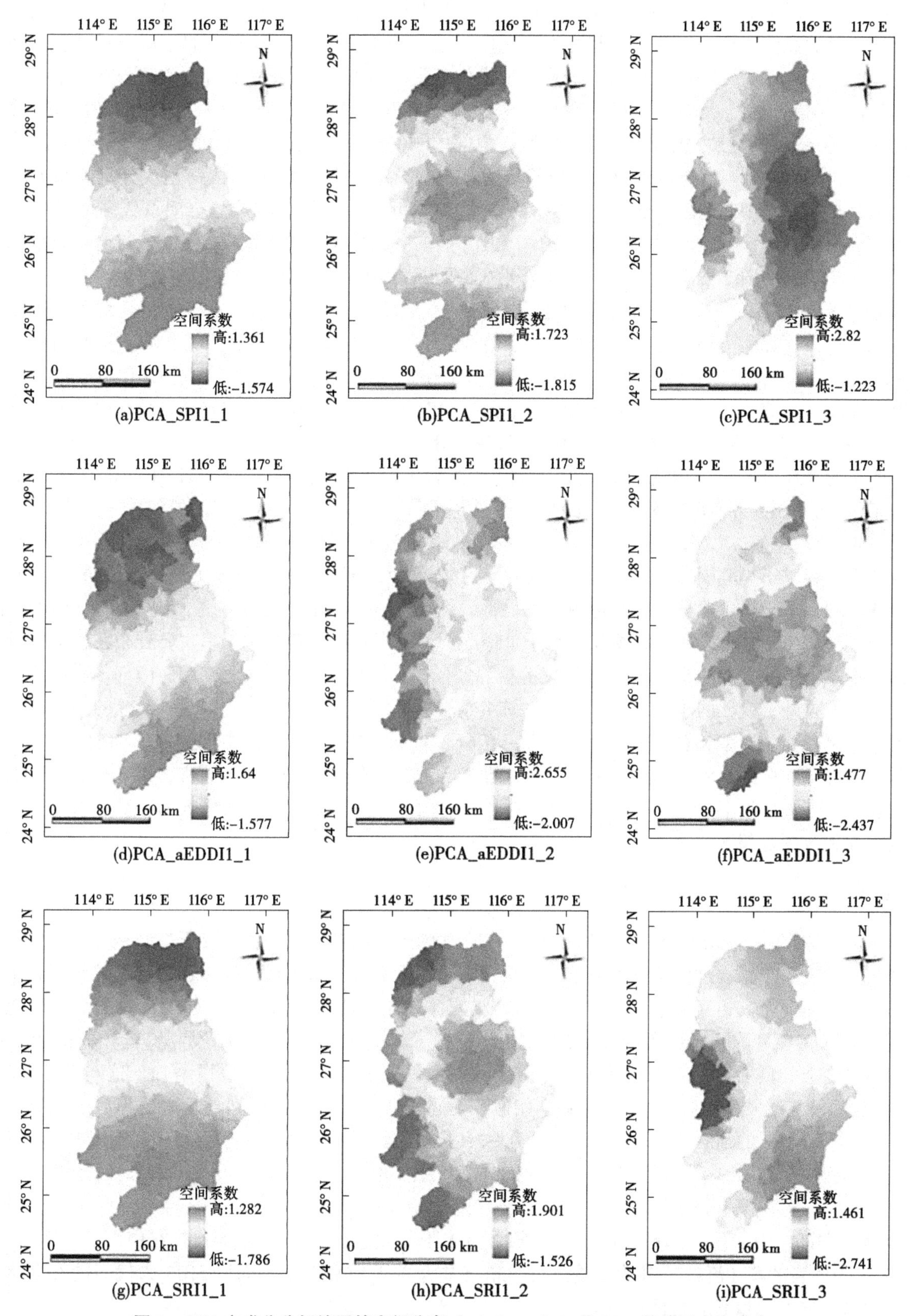

图 3　GRB 主成分分析结果的空间分布 [（a）～（c）为 SPI1 的前三个主成分，（d）～（f）为 nEDDI1 的前三个主成分，（g）～（i）为 SRI1 的前三个主成分]

图 3 第一列 SPI1、nEDDI1 和 SRI1 的第一主成分结果呈现南正北负的空间分布特征。这反映了赣江流域干旱的纵向差异，表现为北部以平原地区为主，南部以丘陵山区为主的干湿条件相反。图 3（b）、（h）、（f）显示了 SPI1 和 SRI1 的第二主成分以及 nEDDI1 的第三主成分的空间分布。空间系数中部为正、南北为负，反映了 GRB 区域中部和南北干旱程度的差异，而 SPI1、nEDDI1 和 SRI1 的表现略有不同。SPI1 第二主成分空间系数高值由中部中心向外围递减，南北均为负值，但南方值普遍高于北方，说明中部与北方的差异大于中部与南方的差异。对于 nEDDI1，第三主成分空间系数的高值几乎分布在整个中部地区，低值分布在南北两端。对于 SRI1，第二主成分空间系数高值的中心位于中东。图 3（c）、（i）、（e）分别为 SPI1、SRI1 第三主成分和 nEDDI1 第二主成分的空间分布，反映了赣江流域干旱的东西差异。对于这个特性，SPI1、nEDDI1 和 SRI1 表现出很大的差异。SPI1 和 SRI1 空间系数的高值中心为中部井冈山地区附近，低值中心为西部井冈山地区附近。对于 nEDDI1，其空间系数在西部和南部均为负，且西部的数值远低于南部。中北部地区东部总体为正，高值中心位于东北部。综上所述，通过各子盆地 SP11、nEDDI1 和 SRI1 的主成分分析，发现 GRB 地区干旱在空间上存在差异，前 3 个主成分表示了流域干旱分布的南北差异、中部与南北差异以及东西差异。

4.3 SPI3、nEDDI3 和 SRI3 最小平均值的季节空间分布

图 4 为赣江流域近 18 年来春季（3—5 月）、夏季（5—8 月）、秋季（9—11 月）和冬季（12 月至次年 2 月）SPI3、nEDDI3 和 SRI3 最小平均值的空间分布。

图 4（a）~（d）为春、夏、秋、冬季 SPI3 的多年最小平均值。可以发现，该地区春冬季干旱最为严重。春季干旱范围最广，最严重的地区集中在盆地南部。盆地西南部是冬季干旱最严重的地区。夏季和秋季干旱主要分布在盆地中部和北部。图 4（e）~（h）为春、夏、秋、冬季 nEDDI3 的多年最小平均值。结果表明：春季和冬季干旱最严重，范围最广。春冬季干旱主要分布在盆地中部和北部，春季干旱最严重的是盆地中部和东部，冬季干旱最严重的是盆地西北部和西南部。除西北地区秋季干旱严重外，夏秋两季整体干旱最轻。图 4（i）~（l）为春、夏、秋、冬季 SRI3 的多年最小平均值。结果表明：春季和夏季干旱分布最广，春季干旱最严重；春季干旱主要分布在 GRB 地区东部，中部和北部最为广泛。秋冬季整体干旱较轻，重灾区主要分布在中部。总体而言，以 SPI3 和 nEDDI3 为代表的赣江流域近 18 年气象干旱在春冬季最为严重和广泛，而以 SRI3 为代表的春夏季水文干旱的严重程度和范围远超秋冬季。

5 结论

本文构建了一套降雨缺失干旱指数 SPI、蒸发过剩干旱指数 EDDI 和水文干旱指数 SRI，分别代表降水不足气象干旱、过度蒸发气象干旱和水文干旱，全面揭示了干旱传播路径上从气象干旱到水文干旱的时空演变及其相互关系。研究发现近 18 年来，赣江流域因降水不足引起的气象干旱程度逐渐减缓；SPI3 在春夏季呈上升趋势，秋冬季呈下降趋势，其中夏季上升最为剧烈，冬季下降最为明显。短时间尺度上的负 EDDI 序列表明该地区蒸散发引起的气象干旱程度在缓慢增加，这与 SPI 相反。EDDI3 的季节变化与 SPI3 的季节变化基本相似。不同之处在于，SPI3 系列夏季增长趋势的绝对值远高于秋冬下降趋势的绝对值，而 nEDDI3 系列冬季下降趋势的绝对值远高于春夏上升趋势的绝对值，水文干旱程度在逐渐减缓。通过对 SPI1、nEDDI1 和 SRI1 的主成分分析，发现 GRB 地区干旱在空间上存在差异，流域干旱分布的南北差异、中部与南北差异以及东西差异显著。春季干旱主要分布在 GRB 地区东部，中部和北部最为广泛。秋冬季整体干旱较轻，重灾区主要分布在中部。以 SPI3 和 nEDDI3 为代表的赣江流域近 18 年气象干旱在春冬季最为严重和广泛，而以 SRI3 为代表的春夏季水文干旱的严重程度和范围远超秋冬季。

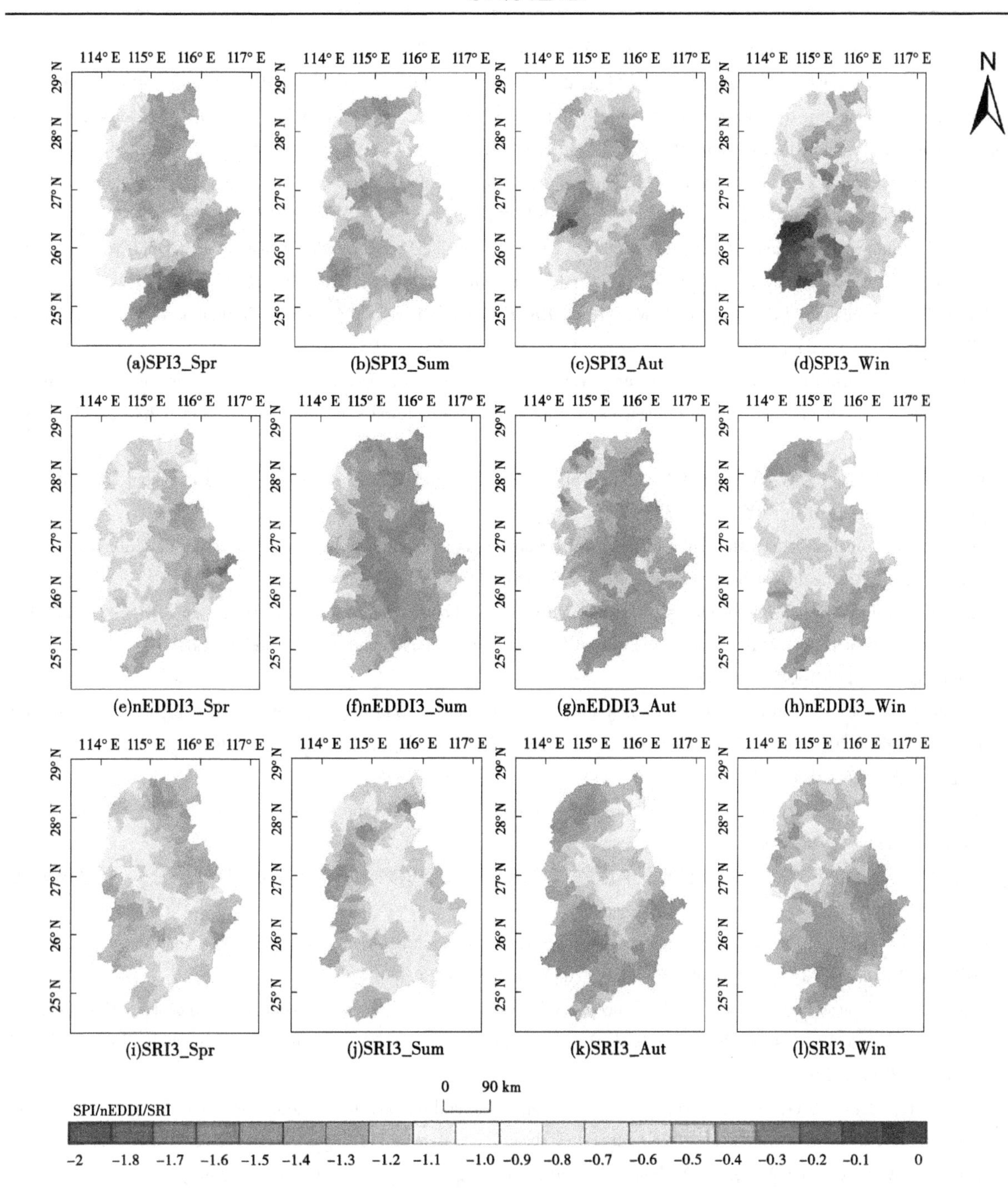

图4 GRB不同季节SPI3、nEDDI3和SRI3的空间分布［(a)～(d) SPI3春季、SPI3夏季、SPI3秋季、SPI3冬季，(e)～(h) nEDDI3春季、nEDDI3夏季、nEDDI3秋季、nEDDI3冬季，(i)～(l) SRI3春季、SRI3夏季、SRI3秋季、SRI3冬季］

参考文献

[1] Fang W, Huang Q, Huang S, et al. Optimal sizing of utility-scale photovoltaic power generation complementarily operating with hydropower: A case study of the world' s largest hydro-photovoltaic plant [J]. Energy Conversion and Management, 2017 (136): 161-172.

[2] Zhang Q, Qi T, Singh V P, et al. Regional Frequency Analysis of Droughts in China: A Multivariate Perspective [J]. Water Resources Management, 2015 (29): 1767-1787.

[3] Rajsekhar D, Singh V P, Mishra A K. Multivariate drought index: An information theory based approach for integrated

drought assessment [J]. Journal of Hydrology, 2015 (526): 164-182.
[4] 王玉莹，魏建洲. 四种干旱指数在黄土高原地区的适用性分析 [J]. 甘肃科技，2019, 35 (1): 85-88, 75.
[5] Guttman N B. Comparing the Palmer Drought index and the standardized precipitation index [J]. JAWRA Journal of the American Water Resources Association 1998, 34 (1): 113-121.
[6] Mishra A K, Singh V P. A review of drought concepts [J]. Journal of Hydrology, 2010, 391: 202-216.
[7] 王劲松，郭江勇，周跃武，等. 干旱指标研究的进展与展望 [J]. 干旱区地理，2007, 30 (1): 60-65.
[8] Vicente-Serrano S M, Beguería S, López-Moreno J I. A Multiscalar Drought Index Sensitive to Global Warming: The Standardized Precipitation Evapotranspiration Index [J]. Journal of Climate, 2010, 23: 1696-1718.
[9] Thomas B F, Famiglietti J S, Landerer F W, et al. GRACE Groundwater Drought Index: Evaluation of California Central Valley groundwater drought [J]. Remote Sensing of Environment, 2017, 198: 384-392.
[10] Narasimhan B, Srinivasan R. Development and evaluation of Soil Moisture Deficit Index (SMDI) and Evapotranspiration Deficit Index (ETDI) for agricultural drought monitoring [J]. Agricultural and Forest Meteorology, 2005, 133 (1-4): 69-88.
[11] Meyer S J, Hubbard K G, Wilhite D A. A Crop-Specific Drought Index for Corn: I. Model Development and Validation [J]. Agronomy Journal, 1993, 86: 388-395.
[12] Kogan F N. Droughts of the Late 1980s in the United States as Derived from NOAA Polar-Orbiting Satellite Data [J]. Bulletin of the American Meteorological Society, 1995, 76: 655-668.
[13] Kao S C, Govindaraju R S. A copula-based joint deficit index for droughts [J]. Journal of Hydrology 2010, 380: 121-134.
[14] Hao Z, AghaKouchak A. Multivariate Standardized Drought Index: A parametric multi-index model [J]. Advances in Water Resources, 2013, 57: 12-18.
[15] Vicente-Serrano S M, Van der Schrier G, Beguería S, et al. Contribution of precipitation and reference evapotranspiration to drought indices under different climates [J]. Journal of Hydrology, 2015, 526: 42-54.
[16] 郭铌. 植被指数及其研究进展 [J]. 干旱气象，2003, 21 (4): 71-75.
[17] Deering D W. Rangeland reflectance characteristics measured by aircraft and spacecraft sensors [D]. Texas: Texas A&M University, 1978.
[18] 吴孟泉，崔伟宏，李景刚. 温度植被干旱指数（TVDI）在复杂山区干旱监测的应用研究 [J]. 干旱区地理，2007 (1): 30-35.
[19] Chen N, Li R, Zhang X, et al. Drought propagation in Northern China Plain: A comparative analysis of GLDAS and MERRA-2 datasets [J]. Journal of Hydrology, 2020, 588: 125026.
[20] Wilhite D A. Drought as a natural hazard: Concepts and definitions [J]. Drought, A Global Assessment, 2000, 1: 3-18.
[21] Cassim J. Temporal analysis of drought in Mwingi sub- county of Kitui County in Kenya using the standardized precipitation index (SPI). 2018.
[22] Wang Y-R, Hessen D O, Samset B H, et al. Evaluating global and regional land warming trends in the past decades with both MODIS and ERA5-Land land surface temperature data [J]. Remote Sensing of Environment, 2022, 280: 113181.
[23] Yin S-Y, Wang T, Hua W, et al. Mid-summer surface air temperature and its internal variability over China at 1.5 °C and 2 °C global warming [J]. Advances in Climate Change Research, 2020, 11: 185-197.
[24] He J, Yang K, Tang W, et al. The first high-resolution meteorological forcing dataset for land process studies over China [J]. Scientific Data, 2020, 7: 25.
[25] Awchi T A, Kalyana M M. Meteorological drought analysis in northern Iraq using SPI and GIS [J]. Sustainable Water Resources Management, 2017 (3): 451-463.
[26] Wold S, Esbensen K, Geladi P. Principal component analysis [J]. Chemometrics and Intelligent Laboratory Systems, 1987, 2: 37-52.
[27] Drennan R. Statistics for Archaeologists [M]. Berlin: Springer, 2009.
[28] Arabzadeh R, Kholoosi M M, Bazrafshan J. Regional Hydrological Drought Monitoring Using Principal Components Analysis [J]. Journal of Irrigation and Drainage Engineering, 2016, 142.
[29] Cai W, Yang P, Xia, J, et al. Analysis of climate change in the middle reaches of the Yangtze River Basin using principal component analysis [J]. THEORETICAL AND APPLIED CLIMATOLOGY, 2023 (151): 449-465.

无人机激光雷达技术在北江“2022·6”洪水调查中的应用

李 俊

（广东省水文局韶关水文分局，广东韶关 512026）

摘 要：2022年6月，韶关市遭受有记录以来最强“龙舟水”，韶关市境内浈江、滃江、北江等河流相继发生大洪水，在时间紧、测点分散、植被茂密等复杂环境下，运用无人机激光雷达技术开展洪水调查工作，分析该技术在实践应用中的效果，为今后类似工作提供更高效的技术方案。

关键词：激光雷达；洪水调查；北江

1 概述

“2022·6”洪水中，韶关市受灾范围广、造成损失较大，亟须尽快开展洪水野外调查工作，分析洪水淹没状况、流量沿河演进情况，为今后的防洪减灾、优化水利工程调度以及涉水工程建设设计提供坚实可靠的数据支撑。传统的野外调查主要依靠全站仪、GNSS RTK测量法等，需要投入大量的人力、物力，且耗时长、效率低、成本高。无人机激光雷达测量系统以大范围、高精度、高清晰的方式全面感知复杂场景，通过高新的数据采集设备及专业的数据处理流程审查的数据成果直观反映地物的外观、高度、位置等属性[1]，具有自动化程度高、受天气地形影响小、数据生产周期短等特点[2]。近几年，机载激光雷达技术被广泛应用于水利、电力、林业、地质等各行各业生产项目中，并有较多的应用研究。本次外业洪水调查项目涉及北江干流（韶关境内）、浈江、滃江及部分小支流。除洪痕调查外，需要对重点淹没区域进行大断面测量以及地形测量。因为项目时间紧、测点分散、高差起伏大、植被茂密等复杂因素，我们运用了无人机激光雷达技术采集了146个大断面和10 km^{2}地形地貌数据。

2 无人机激光雷达工作原理

激光雷达的基本原理是通过激光器向被探测目标发射激光脉冲，经过被探测目标的反射或散射后，激光脉冲返回激光器，通过对返回激光脉冲进行分析来探知被探测目标[3]。无人机激光雷达系统主要由激光雷达传感器、GNSS接收机、惯性导航系统（IMU）、数码相机和嵌入式计算机等部分组成[4]。激光雷达传感器会发出高频光脉冲，该光在发射器与被反射的障碍物之间传播所需的时间用于测量传感器与所到达物体之间的距离。GNSS接收机记录飞机的高度和*XY*坐标以及发射每个激光脉冲时的精确时间。IMU脉冲能提供雷达在拍摄时的精确位置、精确时刻及其回波的传感器方向等空间姿态数据。高精度数码相机可以获取目标影像。机载计算机控制和协调系统外围设备的操作，收集这些系统提供的数据，以执行定位计算。

机载激光雷达技术作为目前先进的三维航空遥感技术，对植被具有一定的穿透能力且无须布设像控，具有高密度、高精度、高效率等特点[5]。激光雷达能够感测同一脉冲产生的多个回波，该光束在穿越植被空隙时，可返回树冠、树枝、地面等多个高程数据，有效克服植被影响，更精确地探测地

作者简介：李俊（1981—），男，高级工程师，主要从事水文水资源调查分析工作。

面真实情况[6]，这在遇到山区河道两岸竹林茂盛的情况下，非常有用。

3 无人机激光雷达在项目中的应用

3.1 航飞设备简介

本文使用大疆经纬 M300RTK 旋翼无人机搭载禅思 L1 进行数据采集。无人机及激光雷达主要参数见表 1。

表 1 无人机及激光雷达主要参数

大疆经纬 M300RTK		禅思 L1	
轴数	四轴	高集成	集成 Livox 激光雷达模块、高精度惯导、测绘相机、三轴云台
尺寸	810 mm×670 mm×430 mm（长×宽×高）（展开）	作业面积	单次可达 2 km^2
质量	3.6 kg（不含）	量程	450 m
最大起飞质量	9 kg	尺寸	152 mm×110 mm×169 mm
RTK 位置精度	1 cm+1 ppm（水平），1.5 mm+1 ppm（垂直）	有效点云数据率	240 000 点/s
最大飞行速度	23 m/s	回波次数	3 次回波
最大承受风速	15 m/s（7 级风）	测距精度	3 cm@ 100 m
最大飞行海拔高度	5 000 m（2110 桨叶）	有效像素	2 000 万
最大飞行时间	55 min	IMU 更新频率	200 Hz

3.2 外业航飞

采用机载激光雷达技术还是需要一定的外业测量工作，才能进行内业数据处理生成项目需要的各种产品。因为整个项目作业区域范围大，考虑到控制距离和无人机续航时间等因素，采取分区航测。来到韶关市某镇群星村后，起飞点可设置在测区中心位置。首先，将设备安装在飞机上，正确连接各种线缆，并检查试验设备是否正常运行，观察测区环境，考虑指南针干扰、撞机危险和地形起伏，利用航线规划软件进行航线布设，按照航向重叠度 80%、旁向重叠度 75%，考虑任务区外围边界线附近倾斜外扩，山脊高处一侧无需外扩，低处外扩一条航线，设置好航高、飞行速度、快门等基础参数。其次，进行像控点布设。布设的像控点要能有效控制成图范围，保证测段衔接区域没有漏洞，像控点采用 RTK 测绘。由于采集的每个激光点都有真实三维坐标信息，仅须布设极少野外地面控制点用于坐标、高程转换和精度校验。最后，飞行执行，飞机将按照设计好的航线自动飞行并返航，作业时间约 30 min。

3.3 内业处理

将外业采集的原始数据导入大疆智图软件进行预处理。激光雷达数据预处理是对激光雷达原始数据的整理过程，通过整合 GNSS 原始数据、地面站数据以及 IMU 数据生成地面激光点云，用于后续的地面处理和分类。对数据进行预处理后，检查数据范围足够、无航摄漏洞、轨迹解算、WG-S84 转 2000 国家大地坐标系参数准确无误后，生成 las 格式的点云文件。由于点云数据包含了地面上所有具有反射特性的地面、建筑物、植被等信息，要开展后期应用必须对点云数据进行分类，提取出地面、植被、建筑物等不同高度属性的数据，以及剔除少量错误的飞点。激光遇到地面、树叶、建筑物等物体后被反射和接收，记录下反射点的三维属性，因此点云数据分类主要是根据激光点高程与周围激光点高程的比较进行的。群星村激光点云 las 文件见图 1。

图 1　群星村激光点云 las 文件

点云文件通过去除部分噪声点并进行栅格化，可快速生成高质量的数字表面模型（DSM）。利用自动化方法结合人工编辑对激光点云进行滤波操作，滤除其中的非地面点并进行栅格化，可以得到高质量的数字地形模型（DEM）。对图像进行几何精度校正后，生成正射影像（DOM）。后处理软件还支持等高线生成、横纵断面特征点的提取等功能，本次大断面只能提取陆地高程点，水下数据仍须测深仪数据进行补充。将点云与正射影像叠加得到赋色后的激光点云模型，见图 2。

图 2　群星村赋色后的激光点云模型

3.4　模型精度评定

为验证激光采集点云平面、高程精度，在航飞作业采集的同时，利用便携 GPS 接收机采集了山坡、草地、竹林、水泥路等不同地物的 RTK 数据，均匀分布在测区范围内。通过实测数据与模型数据比对分析，采集的地面点平面坐标中误差为 0.010 m，最大误差为-0.022 m。高程中误差为 0.032 m，最大误差为 0.062 m，符合相应规范要求[7]，统计表见表 2。

表 2　模型地面点平面、高程精度检查　　单位：m

点名	X	Y	Z	X′	Y′	Z′	dx	dy	dz
XK1	38 450 780. 983	2 734 740. 330	53. 869	38 450 780. 991	2 734 740. 308	53. 895	0. 008	-0. 022	0. 026
XK2	38 450 963. 610	2 732 556. 153	49. 331	38 450 963. 617	2 732 556. 158	49. 336	0. 007	0. 005	0. 005
XK3	38 457 258. 256	2 712 920. 496	43. 615	38 457 258. 254	2 712 920. 493	43. 599	-0. 002	-0. 003	-0. 016
XK4	38 457 549. 254	2 712 784. 338	41. 639	38 457 549. 252	2 712 784. 337	41. 627	-0. 002	-0. 001	-0. 012
XK5	38 457 257. 588	2 712 120. 355	43. 511	38 457 257. 600	2 712 120. 368	43. 544	0. 012	0. 013	0. 033
XK6	38 456 436. 333	2 711 182. 569	44. 402	38 456 436. 350	2 711 182. 557	44. 435	0. 017	-0. 012	0. 033
XK7	38 457 471. 048	2 714 078. 957	42. 458	38 457 471. 053	2 714 078. 960	42. 512	0. 005	0. 003	0. 054
XK8	38 458 034. 465	2 714 319. 732	43. 875	38 458 034. 477	2 714 319. 730	43. 937	0. 012	-0. 002	0. 062
XK9	38 457 418. 836	2 717 487. 243	46. 405	38 457 418. 840	2 717 487. 234	46. 414	0. 004	-0. 009	0. 009
XK10	38 457 954. 117	2 718 607. 179	40. 106	38 457 954. 111	2 718 607. 167	40. 104	-0. 006	-0. 012	-0. 002
最大误差							0. 017	-0. 022	0. 062
中误差							0. 009	0. 010	0. 032

4　工作效率分析

利用机载激光雷达技术获取的 DEM 产品，结合洪痕点调查数据，就能精确计算出该片区在北江“2022・6”洪水发生时被淹没的土地范围、房屋数量、每一栋房屋的淹没深度以及淹没范围内的洪水体积。下一步，还要对该产品进行深加工，生成洪水淹没图平台，当下一次洪水来临之前，结合实时雨水情信息，就可以实现实时洪水风险评估、对易淹村庄进行及时灾害预警和人员转移，为有关部门制订精准防洪措施提供有力支撑。根据本文研究项目投入人员、工作时长、出差费用等成本计算(不考虑设备购置费用)，将无人机激光雷达航测与传统的全站仪加 RTK 模式进行对比，可以看出无人机激光雷达外业投入的人员更少，工作时长大大减少，可以抵达测量人员无法抵达的危险区域，工作效率更高，成本更省，而且能生成的数字产品（DSM、DEM、DLG、DOM）更为丰富。两种模式成本对比见表 3。

表 3　两种模式成本对比

模式	投入人员	工作时长	出差费用
无人机激光雷达	12 人（4 组每组 3 人）	外业 10 d 内业 15 d	2. 28 万元
全站仪加 RTK	16 人（4 组每组 4 人）	外业 35 d 内业 10 d	10. 64 万元

5　结语

（1）本文通过洪水调查项目的实施，运用无人机激光雷达技术进行淹没村庄的测绘和断面测量，与传统全站仪加 RTK 测绘相比，工作效率更高，成本更低，数据精度满足要求。

（2）相对于传统航空摄影测量方法，基于机载激光雷达数据的地形图成图方法具有高精度、高效率等特点，尤其对于建筑物较少的测区。

（3）机载激光雷达测量技术数据获取属于半主动式，激光对薄雾和植被有一定穿透能力，如果只考虑激光点云数据的获取，对天气的依赖程度较低，甚至可以夜间作业，能够缩短数据获取周期，但是如果要同时获取影像数据，还是需要好的天气。

（4）目前，国内机载激光雷达数据后处理技术还不是十分成熟，需要多个软件协同完成，特别是在数据分类方面还需做进一步研究。

（5）随着激光雷达技术向长航时、高性能、普适性等方面不断发展，特别是透水绿光激光雷达[8]的普及，将会越来越多地应用到洪水淹没范围、灾害评估、水文应急监测等工作中，有力支撑数字孪生流域建设及水利行业高质量发展。

参考文献

[1] 陈永健，陈曦．基于倾斜摄影测量技术的城市实景三维建模方法研究［J］．资源信息与工程，2018（4）：55-58.

[2] 张玉芳，程新文，欧阳平，等．机载 LIDAR 数据处理及其应用综述［J］．工程地球物理学报，2008（2）：119-124.

[3] 黄家武．基于机载激光雷达数据的地形图成图技术浅析［J］．红水河，2009，28（5）：103-106.

[4] 马杰，孙志强，姚正明．机载激光雷达技术在南水北调河道测量中的应用［J］．测绘与空间地理信息，2022，45（S1）：272-274.

[5] 黄华平，李永树．机载激光雷达测量技术在铁路勘测中的应用［J］．测绘，2010，33（5）：216-217，228.

[6] 杨少文．机载激光雷达技术在海南东环线铁路抢险中的应用［J］．测绘，2012，35（1）：32-34.

[7] 国家测绘地理信息局．三维地理信息模型数据产品规范：CH/T 9015—2012［S］．北京：测绘出版社，2012.

[8] 张洪敏．机载激光雷达水下目标探测技术的研究［D］．成都：电子科技大学，2010.

面向水土流失分析的高分辨率植被覆盖度多源遥感融合估计

向大享[1,2]　吴仪邦[1,2]　李经纬[1,2]　李　喆[1,2]　陈希炽[1,2]

（1. 长江水利委员会长江科学院，湖北武汉　430010；
2. 武汉市智慧流域工程技术研究中心，湖北武汉　430010）

摘　要：植被覆盖度是水土流失计算的重要指标，如何提高其估计精度是研究的重点。本文拟使用多源遥感数据进行时空融合，并利用时空融合后的多光谱数据估计得到高时空分辨率植被覆盖度（FVC）数据集。研究结果表明，基于 Sentinel-2 数据和 Landsat 8/9 数据的融合结果估计得到的 FVC 数据，在时空分辨率上较现有的 GLASS-FVC 产品具有显著的优势，与 GLASS 产品的 R^2 保持在 0.83 以上，可以较为精细地反映植被覆盖度的空间分布和时间变化情况，可有效提升水土流失计算精度。

关键词：多源遥感数据；时空融合；植被覆盖度估计；高分辨率

1　研究背景

随着全球气候变化和人类活动的不断加剧，生态环境监测需求不断增大，植被覆盖度准确估计和监测变得尤为重要。多源遥感数据的结合被广泛应用于植被覆盖度估计，可以集成多源遥感数据的高时间、高空间、高光谱分辨率特性，获取更全面和准确的植被信息。

植被覆盖度（fractional vegetation cover，FVC）为统计范围内植被（包括叶、茎）垂直投影面积所占的百分比[1]，其估计方法也不断推陈出新，主要有地表实测法和遥感监测法。地表实测法包括目估法、采样法和仪器法等，精度高但采样范围有限，很难反映时空变化特征[2]。遥感监测法包括经验模型法、混合像元分解模型法和基于数据挖掘的决策树法等，相关学者运用不同方法估计了长江流域、石羊河流域、沁河流域植被覆盖度，并分析了时空动态变化趋势[3-5]。但卫星传感器成像具有瞬时性和周期性特点，高时间、高空间、高光谱分辨率特性难以兼得，极大地限制了遥感在植被覆盖度估计中的应用。

为了实现大范围、高精度、快速变化的地表信息遥感监测，研究学者们提出了时空融合方法，其中具有代表性的方法包括自适应遥感图像融合模型（the spatial and temporal adaptive reflection fusion model，STARFM）、增强型时空自适应反射融合模型（the enhanced spatial and temporal adaptive reflection fusion model，ESTARFM）、灵活时空数据融合（flexible spatiotemporal data fusion，FSDAF）方法[6-8]，这些模型考虑了像元间的距离和光谱相似性以及时间差异，适用于破碎地块地表覆盖类型的识别及复杂异构地物景观的融合，并保留了更多的空间细节。很多研究表明，利用多源遥感数据进行时空融合，获取高时空分辨率的数据，可实现高精度、长时间、连续性的地表植被覆盖度监测。

在相关研究的基础上，本文拟使用 Sentinel-2 和 Landsat 8/9 以及 MODIS 多源遥感数据进行时空融合，并利用时空融合后的多光谱数据估计得到高时空分辨率植被覆盖度数据集，以提升水土流失计

基金项目：水利部重大科技项目（SKR-2022003）。

作者简介：向大享（1984—），男，正高级工程师，主要从事水旱灾害监测、水利遥感应用研究工作。

算精度。

2 数据与方法

随着全球气候变化和人类活动的不断加剧，生态环境监测需求不断增大，植被覆盖度准确估计和监测变得尤为重要。多源遥感数据的结合被广泛应用于植被覆盖度估计，可以集成多源遥感数据的高时间、高空间、高光谱分辨率特性，获取更全面和准确的植被信息。

2.1 数据获取及处理

(1) Landsat 8/9 数据。Landsat 8/9 卫星采用了操作陆地成像仪（operational land imager，OLI）、热红外传感器（thermal infrared sensor，TIRS）等遥感载荷，能够获取不同光谱波段的高分辨率图像数据，可提供 30 m 的空间分辨率和 8 d 的重访时间，充分反映出地表环境的变化和演变过程。

(2) Sentinel-2 数据。Sentinel-2 卫星搭载了多光谱成像仪（multi-spectral instrument，MSI），能够获取 10 m、20 m 和 60 m 三个不同分辨率的图像数据，光谱波段范围包括可见光、近红外、短波红外等 13 个波段，覆盖了从蓝光到短波红外的整个光谱范围。

(3) MODIS 数据。MODIS 数据的空间分辨率在 250~1 000 m 之间，时间分辨率为每日一次，覆盖全球范围，其中 MOD09Q1 产品提供了 250 m 分辨率下红光波段和近红外波段的表面光谱反射率的估计值。

(4) GLASS FVC 数据。本文采用的 FVC 为全球陆表特征参量（global land surface satellite，GLASS)，是由北京师范大学开发的数据产品。

本文选择 2021 年 Landsat 8 和 Landset 9 数据、MODIS 植被覆盖度遥感数据集、2021—2022 年的 Sentinel-2 数据、MOD09Q1 产品数据作为试验数据，其中 MODIS 植被覆盖度遥感数据集产品采用 SIN 投影方式，空间分辨率为 0.5 km。为了比较三种不同的时空融合算法精度，采用预处理后的 2021 年 7 月 9 日（T1）的 Sentinel-2 影像和 Landsat 8 图像作为第一对影像对，采用预处理后的 2021 年 6 月 14 日（T2）的 Sentinel-2 影像和 2021 年 6 月 23 日（T2）Landsat 8 图像作为第二对影像对，采用预处理后的 2021 年 8 月 10 日（T3）的 Landsat 8 图像作为待融合的粗分辨率影像，而预处理后的 2021 年 8 月 10 日（T3）的 Sentinel-2 图像作为真实细分辨率影像，用于精度评价，如图 1 所示。

2.2 时空融合与分析

STARFM 算法是一种时空自适应反射融合模型，使用来自高分辨率 Landsat 图像的空间信息和来自粗分辨率 MODIS 图像的时间信息来生成在空间上和时间上都具有高分辨率的表面反射率估计值。它基于以下两个假设：①地表反射率在相邻时间内变化较小；②地表反射率在相邻空间像素内变化较小。STARFM 算法的工作原理是首先识别一组 Landsat/MODIS 同一天获取的图像对，然后在高低空间分辨率影像中找到空间特征相似的块，并使用线性回归模型，对待预测的值进行回归估计。

ESTARFM 算法是 STARFM 算法的增强版，解决了 STARFM 算法的一些局限性，它降低了对输入数据质量的敏感性以及更容易针对不同的传感器类型和分辨率进行校准。ESTARFM 算法引入了时间、空间权重因子来提高合成影像的质量。考虑到不同时间点观测值的重要性差异，引入时间权重因子来调整不同时间点的观测值在合成过程中的贡献。

FSDAF 算法是一种灵活的时空数据融合算法，提出了一种适应地表反射率突变情况下的时空融合框架，通过对融合过程中的误差进行分析来自动识别这地表地物类型的变化情况，旨在融合具有不同空间和时间分辨率的多时相遥感图像[9]。

2.3 植被覆盖度估计

结合研究区特点及数据构成，本文选择较为可行的基于混合像元分解的植被指数二分法和基于 TGDVI 的光谱梯度差法作为植被覆盖度估计方法，两种方法均被证实可以用于估算区域的植被覆盖度。

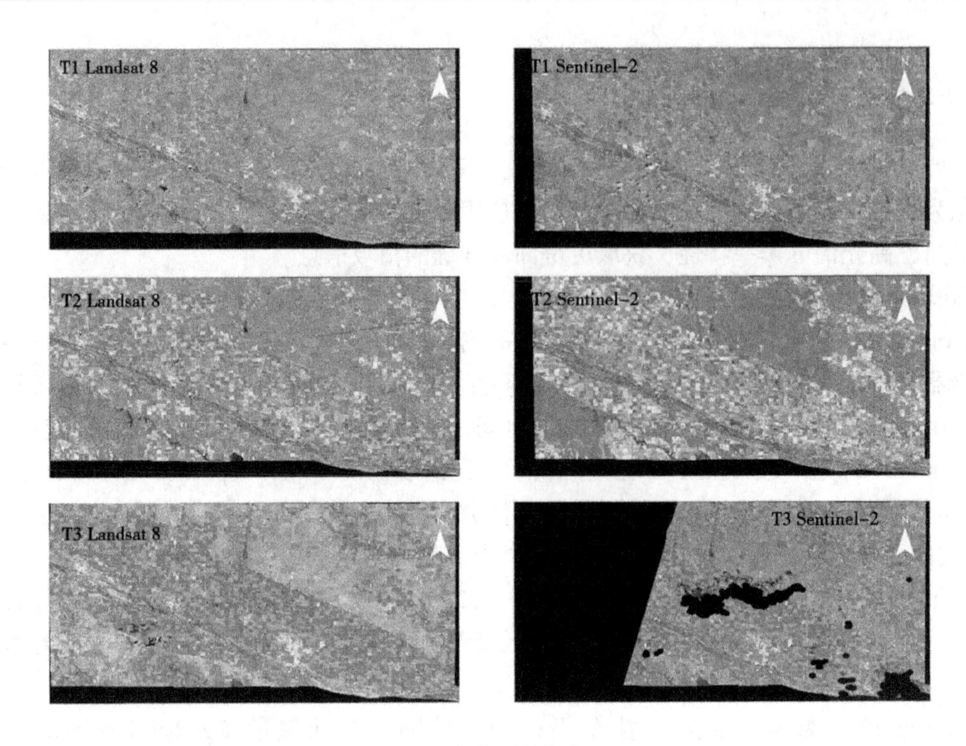

图 1　图像遥感数据

2.3.1　基于 WDRVIs 的像元二分模型

像元二分模型假设像元由植被和非植被两种端元组成。NDVI 是最常用于计算植被覆盖度的植被指数。但是，NDVI 也有一些不足，例如存在饱和的现象，对高植被覆盖区细节反映程度较差。因此，使用替换 NDVI，其引入一个小于 1 的加权系数降低红光和近红外光谱反射率对 NDVI 的贡献率，提高 NDVI 的敏感性。使用像元二分模型计算植被覆盖度，WDRVIs 指数计算公式如下：

$$\mathrm{WDRVIs}=\left[\frac{(a-1)+(a+1)\times\mathrm{NDVI}}{(a+1)+(a-1)\times\mathrm{NDVI}}+\frac{1-a}{1+a}\right]\times 100 \tag{1}$$

式中：NDVI 为归一化植被指数；a 为加权系数，取 $a=0.1$。

本文像元二分模型计算植被覆盖度的公式为

$$\mathrm{FVC}=\frac{\mathrm{WDRVIs}-\mathrm{WDRVIs}_{soil}}{\mathrm{WDRVIs}_{veg}+\mathrm{WDRVIs}_{soil}} \tag{2}$$

式中：WDRVIs_{soil} 为裸土像元 WDRVI，统计全年所有数据中累计频率为 0.05 的 WDRVIs 值，取 81.74；WDRVIs_{veg} 为纯植被像元 WDRVI，统计全年所有数据中累计频率为 0.95 的 WDRVIs 值，取 100.22。

2.3.2　基于 TGDVI 的光谱梯度差法

三波段梯度差植被指数是根据植被的光谱反射特征提出来的，植被在红光波段有一个吸收谷，在近红外波段有一个反射峰，而裸土反射率则呈线性变化。唐世浩等[10] 根据植被和土壤的反射特征，提出了三波段梯度差法植被指数（TGDVI），公式如下：

$$\mathrm{TGDVI}=\begin{cases}\dfrac{R_{nir}-R_{red}}{\lambda_{nir}-\lambda_{red}}-\dfrac{R_{red}-R_{green}}{\lambda_{red}-\lambda_{green}}, & \mathrm{TGDVI}>0\\ 0, & \mathrm{TGDVI}\leqslant 0\end{cases} \tag{3}$$

式中：R 为三个波段的反射率；λ 为三个波段的中心波长。

基于 TGDVI 计算植被覆盖度的公式为

$$\mathrm{FVC}=\frac{\mathrm{TGDVI}}{\mathrm{TGDVI}_{max}} \tag{4}$$

式中：$TGDVI_{max}$ 为统计全年数据中累计频率为0.95的TGDVI值，取3.25。

3 结果与分析

3.1 Sentinel-2和Landsat8/9数据结果对比与分析

3.1.1 时空融合结果对比与分析

为了便于计算机对所有数据进行多源遥感数据的时空融合，决定将遥感数据裁剪为3 000 m×3 000 m的方形格网，分别进行时空融合。

从图2中可以看出，30 m空间分辨率的Landsat 8原始数据所展示的地表细节明显小于10 m分辨率的Sentinel-2数据，同时时空融合的结果较好地反映了真实的地表细节，例如农田中的浇灌设施同心圆轨迹、建筑的形状细节、田间的小路和丘陵的沟壑等。

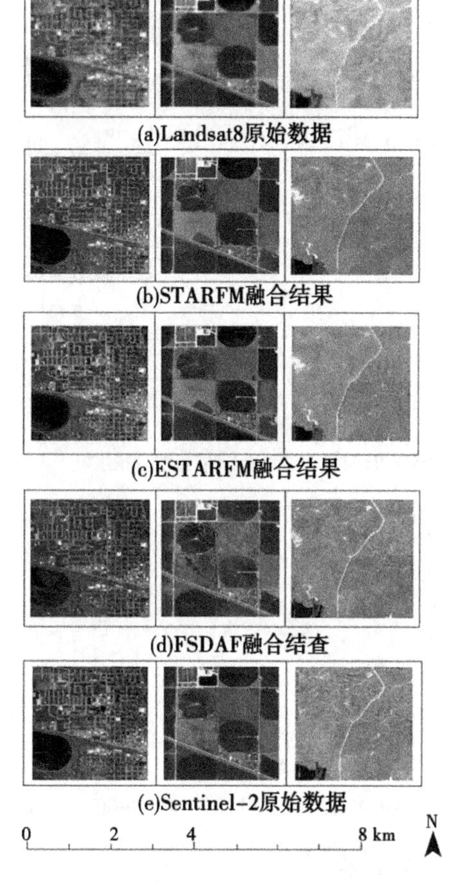

图2 时空融合结果对比

取融合后结果和真实数据进行分析比较，共随机选取10 000个像元，分别比较Landsat时空融合10 m结果的蓝光、绿光、红光和近红外波段地表反射率和真实Sentinel-2数据四个波段的地表反射率（见图3）。所有方法时空融合结果与真实值的 R^2 都大于0.9，可见光波段的RMSE均小于或接近0.01，近红外波段RMSE在0.012 8~0.018 7，说明三种方法均可以在一定程度上提高遥感数据的分辨率。其次，ESTARFM四个波段的时空融合结果 R^2 均高于STARFM和FSDAF的时空融合结果，红光波段时空融合结果与真实数据相关性最高，R^2 均大于0.99。

分析发现，Landsat8/9的OLI 30 m分辨率多光谱数据通过ESTARFM融合模型得到的10 m分辨多光谱数据与真实的Sentinel-2 MSI 10 m分辨率多光谱数据最接近，说明ESTARFM模型考虑了不同时间点观测值差异性，并引入了反射率限制，以确保合成影像的反射率值处于合理的范围内，从而提高了时空融合结果的精度。

3.1.2 植被覆盖度估计结果对比与分析

在时间分辨率上更有优势，时空融合计算得到的植被覆盖度为5 d，GLASS-FVC为8 d产品，若只考虑卫星的重返周期，时间分辨率可以提升到2~3 d一次。为了直观分析Landsat8/9与Sentinel-2数据时空融合结果的空间分辨率优势，随机选取10 000个点的植被覆盖度估计值和GLASS数值，计算FVC均值形成时序曲线如图4所示。可以看出，两种估计结果具有较好的一致性，呈现夏季高、冬季低的特征，主要是因农作物物候期和自然植被季节性变化带来的现象。

为了使得数据更具有一致性，融合估计结果重采样到500 m，随机选取10 000个采样点，获得对应植被覆盖度估计值和产品数据值，开展总体精度评价，像元二分法均方根误差为0.108 1，R^2 为0.856 5，三波段梯度差法均方根误差为0.218 6，R^2 为0.809 1。同时由于研究区地物类型多样，不同地物类型的植被覆盖度差异明显。为了探究不同地物类型的植被覆盖度估计结果精度是否存在差异，分别选择农田、丘陵和城市区域植被覆盖度估计值，计算它们与GLASS产品FVC数据的相关性和均方根误差，结果如表1所示。

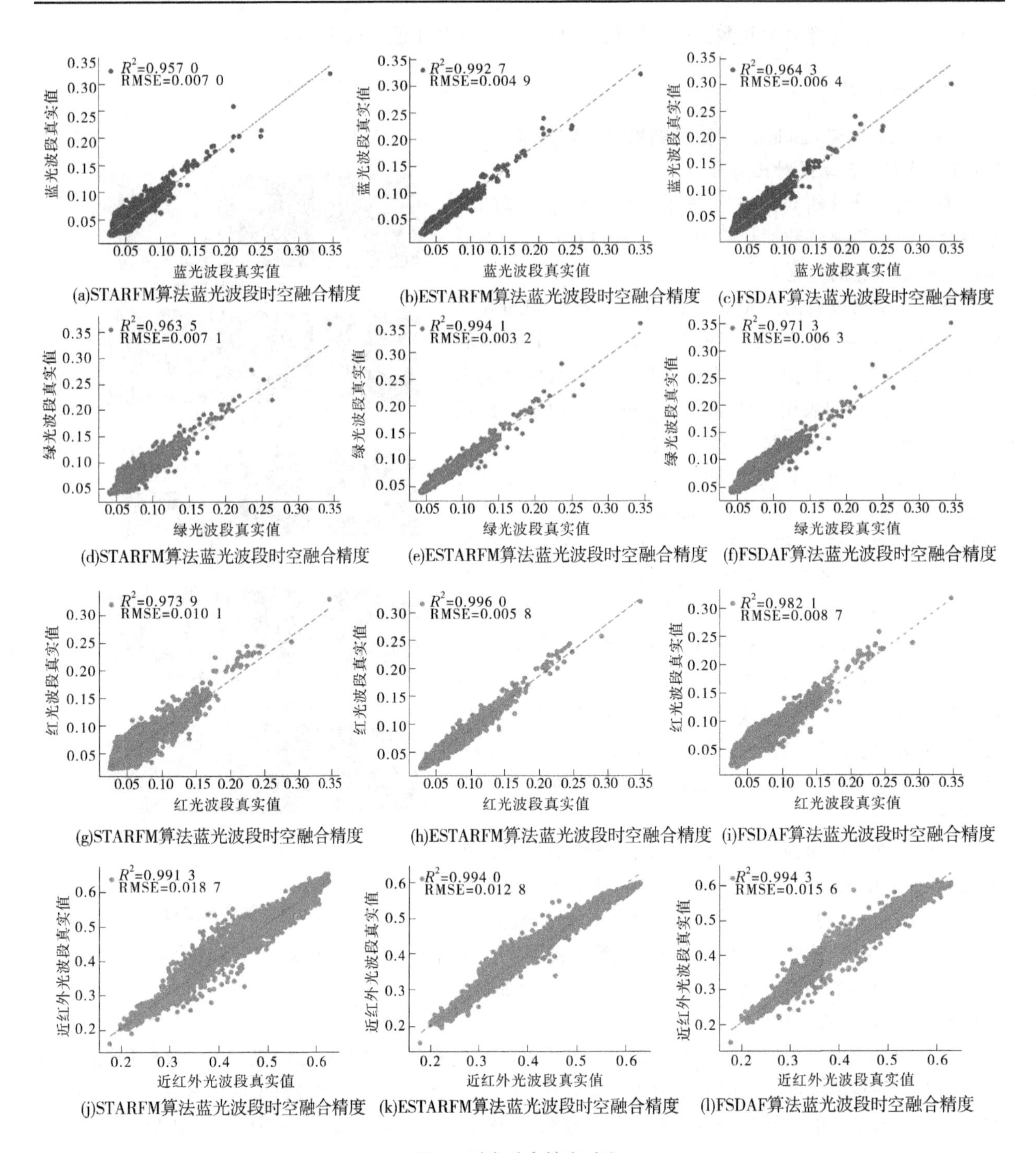

(a)STARFM算法蓝光波段时空融合精度 (b)ESTARFM算法蓝光波段时空融合精度 (c)FSDAF算法蓝光波段时空融合精度

(d)STARFM算法蓝光波段时空融合精度 (e)ESTARFM算法蓝光波段时空融合精度 (f)FSDAF算法蓝光波段时空融合精度

(g)STARFM算法蓝光波段时空融合精度 (h)ESTARFM算法蓝光波段时空融合精度 (i)FSDAF算法蓝光波段时空融合精度

(j)STARFM算法蓝光波段时空融合精度 (k)ESTARFM算法蓝光波段时空融合精度 (l)FSDAF算法蓝光波段时空融合精度

图3 时空融合精度对比

表1 不同类型地物得植被覆盖度估计结果比较

模型	区域	均方根误差	R^2
像元二分法	农田	0.170 3	0.616 5
	丘陵	0.164 4	0.695 4
	城市	0.224 0	0.648 8
三波段梯度差法	农田	0.226 5	0.597 8
	丘陵	0.311 5	0.677 8
	城市	0.261 8	0.630 6

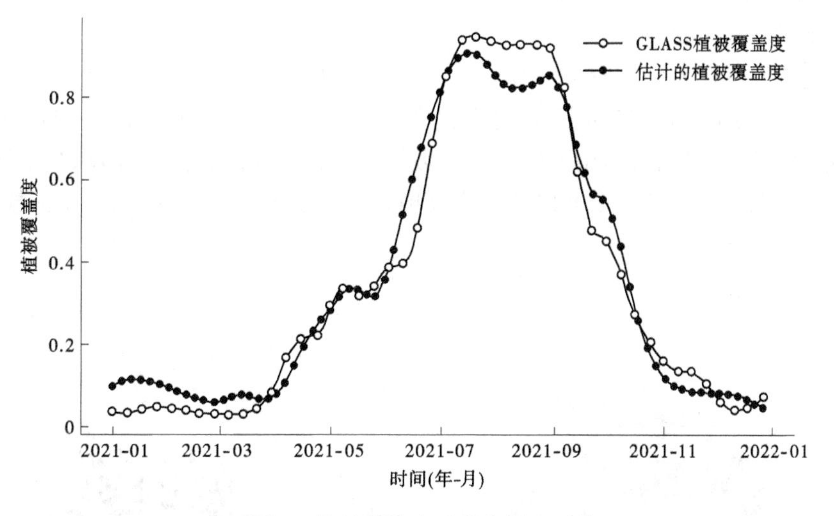

图4 植被覆盖度时间分辨率对比

从表1中可以看出，两种方法估计精度有一定差异，像元二分法结果与GLASS产品的相关度为0.856 5，均方根误差为0.108 1；三波段梯度差法结果与GLASS产品的相关度为0.809 1，均方根误差为0.218 6。同时对于不同地物类型，估计精度也存在差异，其中在农田区域估计精度最差，主要是农田区域相比丘陵和城市，植被覆盖度的空间差异性是最大的。像元二分法更适合于植被覆盖度较高、存在裸土的农田和丘陵区域，三波段梯度差法则对植被覆盖度相对较低的城市区域具有更好的估计效果。

图5为植被覆盖度估计结果空间分辨率对比，基于Landsat8/9和Sentinel-2时空融合结果估计的植被覆盖度在空间分辨率上具有显著的优势，可以更精确地反映出地表植被覆盖度的分布细节，如河流、公路、田块的分布情况、同一田块内的植被覆盖度等差异均能很好地体现，而GLASS-FVC产品完全丧失地表的空间细节，只能展现区域的植被覆盖度分布情况。

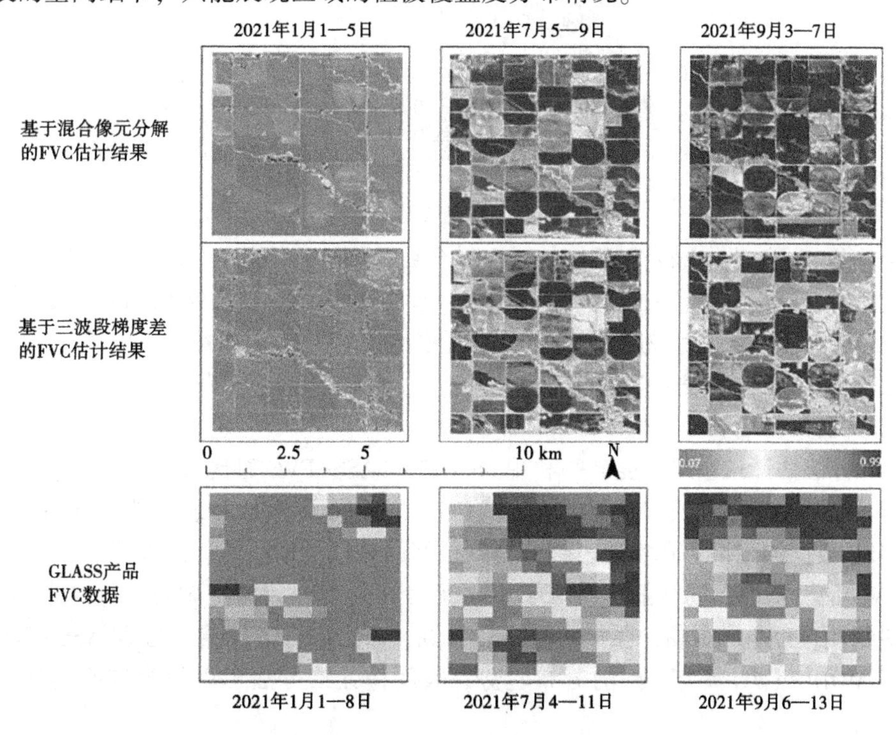

图5 植被覆盖度估计结果空间分辨率对比

3.2 Landsat8/9 和 MODIS 数据结果对比与分析

3.2.1 时空融合结果对比与分析

由于云层遮掩、卫星重返周期较长，基于 Sentinel-2 和 Landsat8/9 数据时空融合成果不能完整覆盖研究区，由于 MODIS 数据具有很好的空间覆盖性，为此尝试利用 Landsat 与 MODIS 数据进行 ESTARFM 时空融合，以期得到较为精准的多光谱数据。同样地，随机选取 10 000 个样本，分别时空融合结果在绿光、红光和近红外三个波段的地表反射率和真实 Landsat 数据这三个波段的地表反射率。结果如图 6 所示。

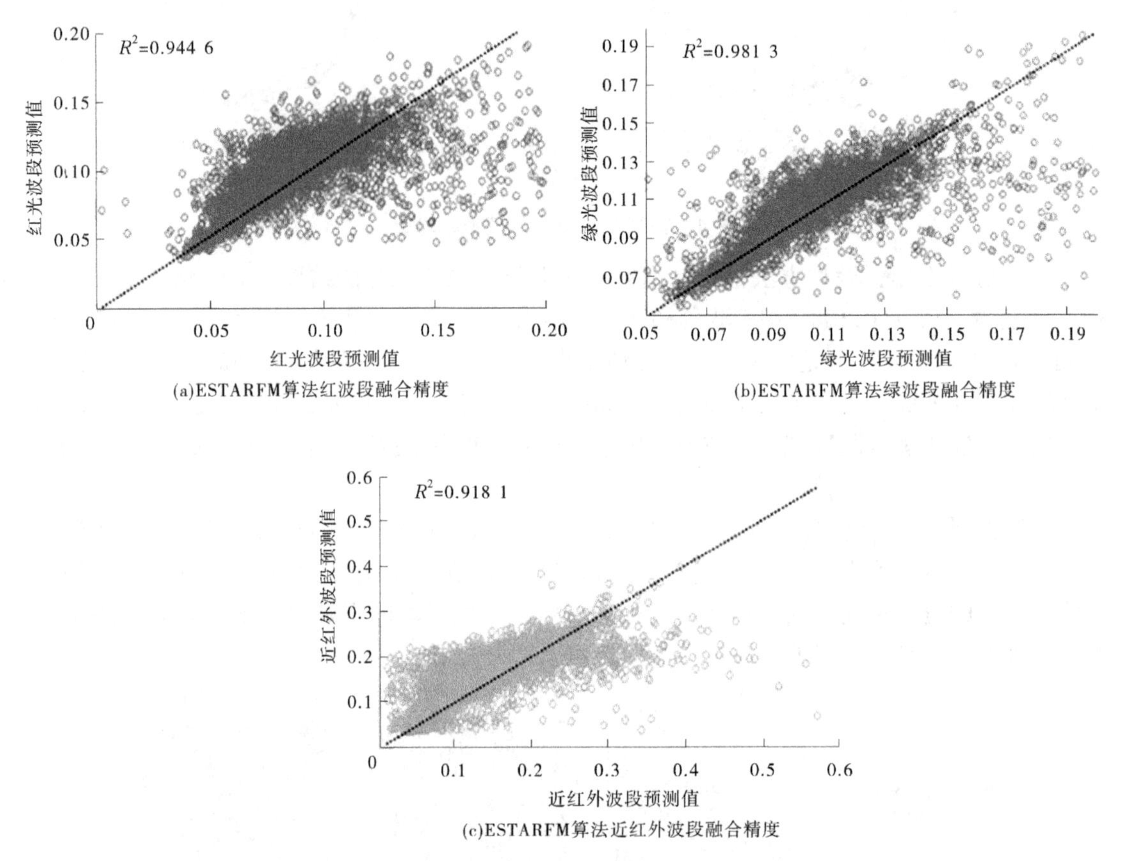

(a)ESTARFM算法红波段融合精度

(b)ESTARFM算法绿波段融合精度

(c)ESTARFM算法近红外波段融合精度

图 6 时空融合精度对比

由图 6 可以得出，红光、绿光和近红外时空融合结果与真实值的 R^2 都大于 0.91，说明 ESTARFM 方法可以一定程度上提高遥感数据分辨率。其次，绿光波段时空融合结果与真实数据相关性最高，R^2 值达到了 0.981 3，可以认为采用 ESTARFM 方法能有效将 250 mMODIS 粗分辨率地表反射率提升到 30 m 空间分辨率细像元地表反射率。

3.2.2 植被覆盖度估计结果对比与分析

利用像元二分法估计植被覆盖度，并利用 MODIS GLASS-FVC 对比分析估计精度，如图 7 所示。

从估计结果空间分辨率对比来看，30 mFVC 结果所展示的地表细节明显多于 250 m、500 m MODIS 与 GLASS 数据的结果，真实地表细节得到很好的表达，如河流、山坡等。

为验证 FVC 估计精度，同样随机选取了 10 000 个采样点，将时空融合估计结果与 MODIS FVC、GLASS FVC 进行精度评价与分析。从散点图可以看到，时空融合估计结果与 GLASS-FVC 相关性均大于 0.83，且与 MODIS FVC 具有一致的分布趋势，表明像元二分法可以较为准确地估计地表植被覆盖度。

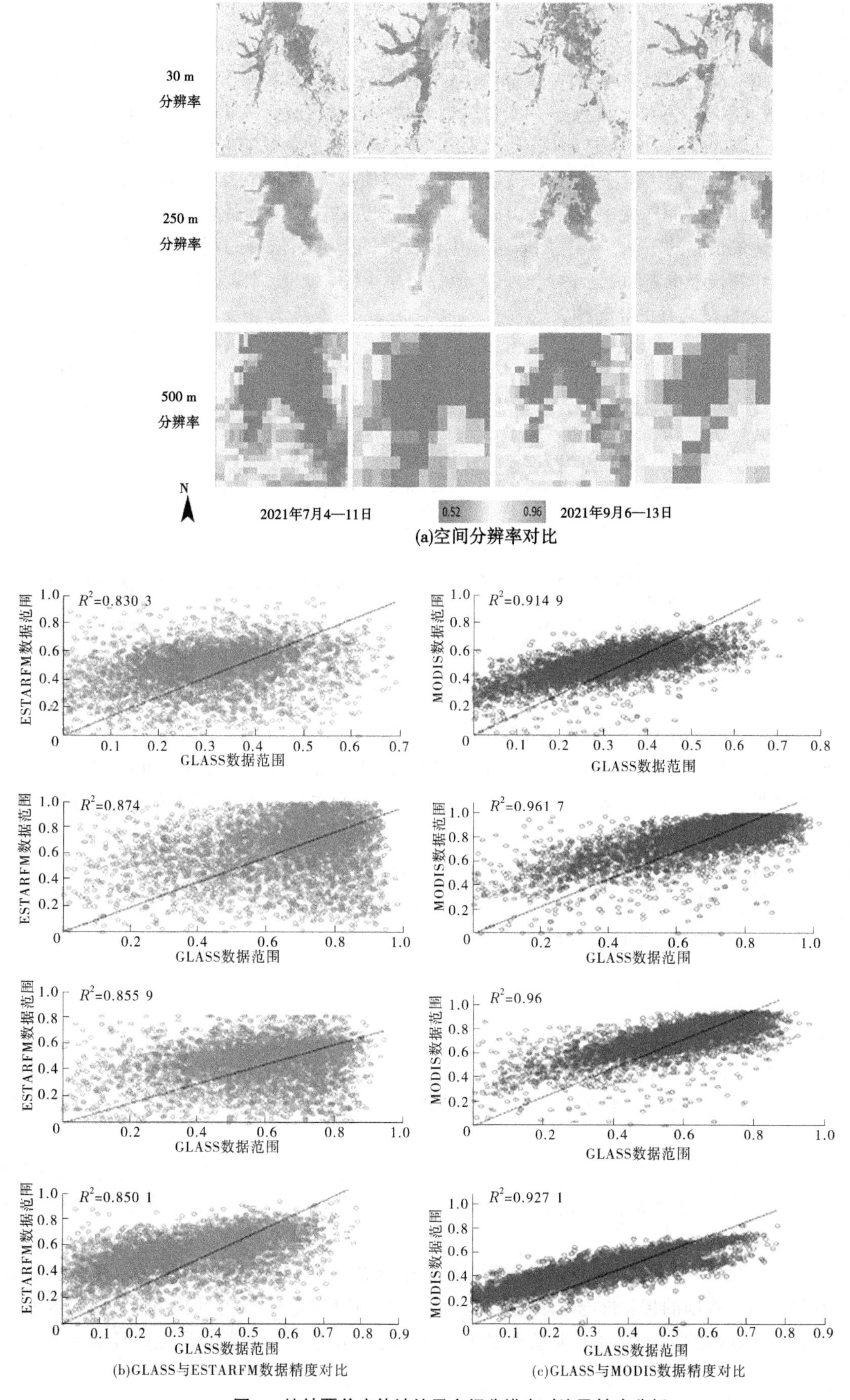

图7　植被覆盖度估计结果空间分辨率对比及精度分析

3.3 不同空间分辨率 FVC 估计结果的尺度效应分析

为了分析不同空间分辨率 FVC 估计结果的尺度效应，从农田区域中随机选取 1 000 个 MODIS FVC 作为验证数据，同时获取 10 m 时空融合估计 FVC 结果，并计算其均值和中位数。两者相关性分析结果如图 8（a）所示，总体上细像元 FVC 的均值和中位数与粗像元的 FVC 相关性较低，为 0.4~0.62。相关性在一年的时间内存在三个峰值，通过与研究区当年的物候期进行对比，发现峰值对应当地主要农作物的物候特征值：生长起始点（SOS）、生长峰值点（PEAK）、生长结束点（EOS）。在农田区域，250 m 的 MODIS 粗像元中对应的 10 m 分辨率细像元的空间异质性较高，例如不同田块由于耕作管理的差异造成长势的不同，甚至同时存在生长良好的作物和休耕的荒地；而在关键物候期附近，不同田块的作物长势也在趋近，因此空间异质性有所下降，此时细像元的 FVC 估计结果与粗像元的 FVC 估计结果也就具有更好的相关性。

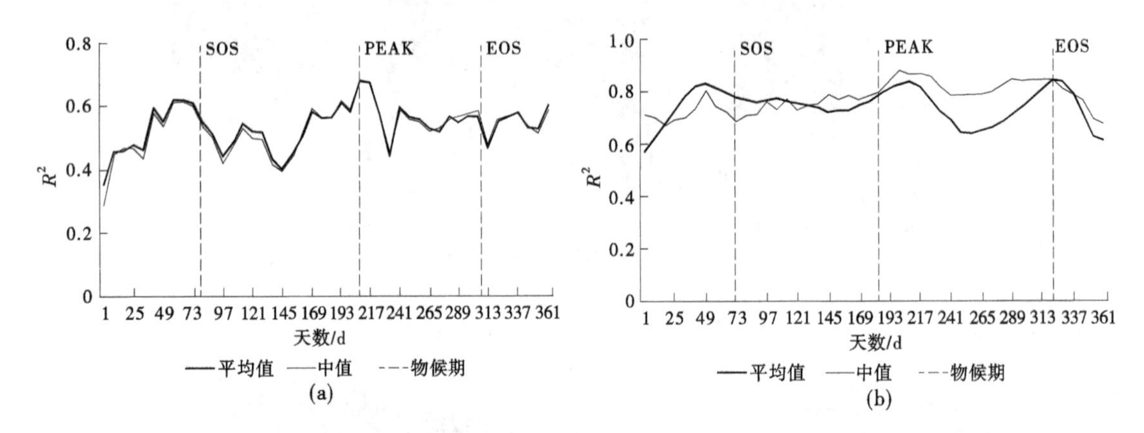

图 8 植被覆盖度总体尺度差异性分析估计结果精度分析

为了验证不同区域的植被覆盖度估计尺度差异性是否都存在上述特点，从整个研究区随机选取 1 000 个样本，分析结果如图 8（b）所示，总体上细像元 FVC 的均值和中位数与粗像元的 FVC 有同样的趋势，相关性在 0.6~0.87。相关性也存在三个峰值，分别对应三个重要物候节点，其中生长结束点吻合度最高。

通过分析发现不同空间分辨率的 FVC 估计结果存在一定的差异，且一年中不同季节的尺度差异也不同。在研究区作物生长的 SOS、PEAK、EOS 三个关键的物候期附近，细像元的 FVC 结果与粗像元的 FVC 结果相关性较高，其他时间 FVC 的相关性有所降低。

4 结论

通过研究，有以下几点结论：

（1）通过比较三种时空融合模型（STARFM、ESTARFM、FSDAF）的结果，发现 ESTARFM 模型在地表细节还原、地表反射率估计方面都比其他两种时空融合模型更加精细和准确，更适合开展多源遥感数据时空融合。

（2）对比分析利用像元二分模型、三波段梯度差等模型植被覆盖度估计结果，像元二分模型植被覆盖度估计结果在时空分辨率、数据准确度都有明显的提高，可以反映地表的真实植被覆盖度信息。

（3）对不同尺度 FVC 数据相关性进行分析，发现估计结果具有明显的尺度效应，高空间分辨率数据与低空间分辨率数据的相关性与区域的空间异质性存在相反的关系，空间异质性较高的区域，无论是细像元重采样获得的 FVC 结果还是所有 FVC 的均值或中位数，其与粗像元的 FVC 结果的相关性都较低。

综上所述，本研究利用 Sentinel-2 和 Landsat8/9 以及 MODIS 多光谱数据使用 ESTARFM 增强的时空自适应反射融合模型进行时空融合，并采用基于 WDRVIs 的像元二分法所获得的 10 m 空间分辨率、5 d 时间分辨率的以及 30 m 空间分辨率、8 d 时间分辨率的植被覆盖度（FVC）数据集，可以为区域性、连续性的植被覆盖度遥感监测提供数据支持。虽然本文取得了一定的试验进展，但也存在一定的不足，如受限于无法实际测量真实的植被覆盖度数据，无法采样回归分析等需要真实数据建立模型的植被覆盖度估计方法，研究结果也无法通过真实植被覆盖度进行精度评价，将在未来的研究中着重开展这些工作。

参考文献

[1] 牛亚晓，张立元，韩文霆，等．基于无人机遥感与植被指数的冬小麦覆盖度提取方法［J］．农业机械学报，2021，49（4）：212-221.

[2] 孟沌超，赵静，兰玉彬，等．基于像元二分法的冬小麦植被覆盖度提取模型［J］．华南农业大学学报，2020，41（3）：126-132.

[3] 张亮，丁明军，张华敏，等. 1982—2015 年长江流域植被覆盖度时空变化分析［J］. 自然资源学报，2018，33（12）：2084-2097.

[4] 李丽丽，王大为，韩涛. 2000—2015 年石羊河流域植被覆盖度及其对气候变化的响应［J］. 中国沙漠，2018，38（5）：1108-1118.

[5] 原丽娟，毕如田，徐立帅，等．沁河流域植被覆盖时空分异特征［J］．生态学杂志，2019，38（4）：1093-1103.

[6] Gao F，Masek J，Schwaller M，et al. On the Blending of the Landsat and Modis Surface Reflectance［J］：Predicting Daily Landsat Surface Reflectance［J］．Ieee T Geosci Remote，2006，44（8）：2207-2218.

[7] Zhu X，Chen J，Gao F，et al. An Enhanced Spatial and Temporal Adaptive Reflectance Fusion Model for Complex Heterogeneous Regions［J］．Remote Sens Environ，2010，114（11）：2610-2623.

[8] Zhu X，Helmer E H，Gao F，et al. A Flexible Spatiotemporal Method for Fusing Satellite Images with Different Resolutions［J］．Remote Sens Environ，2016，172：165-177.

[9] 曾玲琳．作物物候期遥感监测研究［D］．武汉：武汉大学，2015.

[10] 唐世浩，朱启疆，周宇宇，等．一种简单的估算植被覆盖度和恢复背景信息的方法［J］．中国图象图形学报，2008，8（11）：1304-1308.

一种多种图像融合的正则化 GSA 方法

毛红梅　刘仕琪

（长江水利委员会水文局，湖北武汉　430010）

摘　要：绝大部分光学观测卫星配备的是低分辨率的多光谱传感器和高分辨率全色（Pan）传感器，基于这种情况，本文提出一种多种图像融合的正则化 GSA 方法，获得了更好的视觉性能。这种方法实现简单，图像融合结果高清，而且光谱颜色一致，具有较大的推广价值。

关键词：图像融合；GSA 方法；正则化

1　引言

超过 70%的光学观测卫星配备的是低分辨率设备多光谱（MS）和高分辨率全色（Pan）传感器[1]。虽然高分辨率的多光谱传感器能够获得清晰多彩的图像，但实际上大多数光学观测卫星都没有采用这种传感器。这种情况和以下科学局限性有关：

一是能量限制。每单位传感器的感觉能力是有限的。能量每个单位面积使用多个光学传感器进行接收，然后每个传感器接收能量的一部分。如果几个较小的传感器平铺，每个传感器接收相应的能量。这种能量需要具有更强感觉能力的传感器。因此，发射到传感器中的能量与感觉能力存在制约。

二是信息信道容量限制。光学观测传感器和人眼（或加工机器）是有限的，卫星的储存是有限的，卫星和接收平台之间的传输速度是有限的。采用高分辨率多光谱传感器意味着更高的传输速度。

为了利用多光谱和全色传感器采集的图像获得更好的视觉性能，提出了多种图像融合方法，主要有主成分分析法和 GSA 法。

主成分分析法：首先实现多光谱图像的主成分分解，然后利用平移图像代替第一原理组成部分，最后利用逆变换来恢复高分辨率图像。这种新颖的方法光谱和对象内容不一致。因此，可能谱段信息会被更改。

GSA 法：利用合成全色和多光谱一起进行 Gram Schimit 正交化，利用正交化基进行高分辨率全色与上采样多光谱重新融合获得高清影像。然而 Gram Schimit 正交化系数有时数值过小，一些光谱段融合后边缘模糊。

基于此，本文提出一种正则化 GSA 方法，将求得后的系数截断到［0.9，1.4］，从而实现高清和光谱较为一致的融合结果。本文通过对于已有的 GSA 方法进行正交化系数进行截断，得到一种操作简单的正则化的 GSA 方法，而且融合的结果高清，同时光谱颜色较为一致，如图 1 所示。

2　方法

假设 $X \in R^{HW \times S}$ 是待恢复高光谱高分辨率影像，$Y \in R^{HW \times 1}$ 是获取的全色影像，$Z \in R^{hw \times S}$ 是获取的多光谱影像。那么有

$$Y = XA \tag{1}$$

$$Z = BX \tag{2}$$

作者简介：毛红梅（1971—），女，高级工程师，主要从事水文水资源、水环境模拟、河道泥沙分析研究工作。

通信作者：刘仕琪（1996—），男，主要从事算法研究工作。

(a)正则化GSA方法结果

(b)GSA方法结果

图1 真彩色融合结果对比图

式中：$A \in R^{S\times 1}$为光谱相应函数，S为多光谱影像的光谱数量；$B \in R^{hw\times HW}$为空间响应函数，其中HW为全色空间的长和宽，hw为多光谱影像的长和宽。

2.1 Gram Schmit 自适应方法

定理1：Gram Schmit 自适应方法可以定义如下：

$$W = \mathrm{var}(ZA)^{-1}\mathrm{cov}(ZA, Z) \tag{3}$$

其中

$$\mathrm{cov}(ZA, Z) = \frac{1}{hw}\left(ZA - 1\frac{1^{\mathrm{T}}}{hw}ZA\right)^{\mathrm{T}}\left(Z - 1\frac{1^{\mathrm{T}}}{hw}Z\right) \tag{4}$$

$$\mathrm{var}(ZA) = \frac{1}{hw}\left(ZA - 1\frac{1^{\mathrm{T}}}{hw}ZA\right)^{\mathrm{T}}\left(ZA - 1\frac{1^{\mathrm{T}}}{hw}ZA\right) \tag{5}$$

于是有

$$X_{\mathrm{GSA}} = B^{-} Z + (Y - B^{-} ZA)W \tag{6}$$

式中：B^{-}为上采样空间响应函数。

如果$\mathrm{var}(ZA)$可逆，那么

$$Y = X_{\mathrm{GSA}}A \tag{7}$$

$$Z = BX_{\mathrm{GSA}} \tag{8}$$

2.2 正则化 GSA 方法

我们采用的方法如下，令

$$M = \mathrm{Clip}(W, 0.9, 1.4) \tag{9}$$

$$X_{\text{正则GSA}} = B^{-} Z + (Y - B^{-} ZA)M \tag{10}$$

表1 两种方法均方根误差对比

方法	RMSE
GSA	79.25
正则化 GSA	83.51

3 数据与实验

我们使用高光谱数据集 Chikuse[2-3] 合成模拟全色数据和模拟多光谱数据。通过模拟数据恢复原始数据。原始数据集见图 2~图 4。

图 2 完整全色影像

图 3 完整红蓝多光谱影像

图4 完整橙青紫多光谱影像

3.1 评价标准

数值均方根误差：

$$\mathrm{RMSE}=\sqrt{\frac{1}{\mathrm{HWS}}\|X-X_{\mathrm{recover}}\|_F} \tag{11}$$

由表1可以看见GSA略好于正则化GSA，不过差异不大。考虑到其目视效果可以忽略。

3.2 可视化

从图5和图6可以看见正则化GSA方法融合生成的图片更加清晰，河流的岸边边界更加明显，田园上的庄稼地边界也更加锐利。

(a)真彩色

(b)橙青紫色呈现图

图5 原始低分辨率多光谱影像

(a)正则化GSA方法结果

(b)GSA方法结果

图 6　橙青紫色融合结果对比

4　结语

正则化 GSA 融合方法的实现方式简单，并且在 GSA 接近恢复均方根误差的条件下，能够更加清晰地恢复影像。恢复的影像中，河流与岸边的过渡更加清晰，庄稼地边界等也更加锐利。

该方法可以应用到遥感数据、高光谱数据的影像融合中，帮助构建恢复清晰影像，并进一步应用到影像的反问题求解中。

未来，可以考虑引入更多的先验知识，将地物光谱知识集成到融合方法，使得融合地物的光谱和分辨率均更佳。

参考文献

[1] Zhang Y, Mishra R K. A review and comparison of commercially available pan-sharpening techniques for high resolution satellite image fusion [C] //. 2012 IEEE International geoscience and remote sensing symposium, 2012: 182-185.

[2] Yokoya N, Iwasaki A. Airborne hyperspectral data over Chikusei [J]. Space Appl, 2016 (5): 5.

[3] Dalla Mura M, Vivone G, Restaino R, et al. Global and local Gram-Schmidt methods for hyperspectral pansharpening [C] //2015 International Geoscience and Remote Sensing Symposium (IGARSS). IEEE, 2015: 37-40.

SWOT卫星的发展及其在内陆水体的应用展望

王丽华[1,2]　肖　潇[1,2]　李国忠[1,2]　徐　坚[1,2]　徐　健[1,2]

（1. 长江科学院空间信息技术应用研究所，湖北武汉　430010；
2. 武汉市智慧流域工程技术研究中心，湖北武汉　430010）

摘　要：内陆水体是全球水循环的重要组成部分，对研究气候变化、生态平衡等方面意义重大。随着卫星测高技术的发展，基于雷达高度计进行内陆水体的研究越来越多，但传统雷达高度计固有的弊端限制了其进一步发展。具有宽刈幅、高精度、高时空分辨率优点的新型SWOT卫星发射成功，将助力人类迈向地表水智能化监测的新纪元。本文介绍了雷达高度计发展历程，详述了SWOT卫星的系统组成及特点，通过分析雷达高度计在反演内陆水体水位、流量、水量等方面的实际案例，总结了其应用过程中存在的问题，并对新型SWOT卫星应用前景进行展望分析，可为后续工作提供参考。

关键词：雷达高度计；SWOT卫星；内陆水体

1　引言

水资源是地球上最为宝贵的自然资源之一[1]，地球上约97.5%的水资源存在于海洋中，内陆水占比仅为0.02%。尽管内陆水占比非常小，但是在水资源供应、气候调节、生态平衡、农业和渔业以及运输和贸易等方面至关重要[2]。受人类活动影响，如农业活动、围湖垦殖、地下水采集、工业发展等，内陆水体的保护与开发面临了巨大挑战，因此开展内陆水体多手段、多要素监测工作亟待进一步推进。

卫星测高技术的概念起源于20世纪60年代，历经54年发展取得了可观成果。雷达高度计从最初的有限脉冲雷达高度计发展到现在的合成孔径雷达高度计（SAR）以及合成孔径雷达干涉高度计（SARIn）[3]。测高卫星的分辨率和精度均在提高，获取的信息更加丰富，应用的领域也更加广泛。测高卫星设计的初衷是获取海洋以及极地冰盖变化信息，随着相关技术发展，目前在内陆水体也有一些成功的应用案例，如河流湖泊水位监测、流量反演、水量反演等。2022年12月16日，美国国家航空航天局（NASA）发射“地表水和海洋地形”（SWOT）卫星，该卫星具有宽刈幅、高时空分辨率的优势，可在短时间内完成全球地表水的监测，开启了内陆水体遥感监测的新纪元[2]。

本文梳理传统雷达高度计的发展历程，介绍新型雷达高度计SWOT的总体情况，分析传统雷达高度计在内陆水体监测的应用研究及其存在的弊端，最后对SWOT卫星在内陆水体的应用前景进行展望，可对今后雷达高度计在内陆水体的监测方面提供参考。

2　传统雷达高度计的发展历程

卫星雷达高度计是一种主动式传感器，测量原理基于雷达技术。它通过向星下点发射脉冲信号，

基金项目：国家自然科学基金重点项目“长江通江湖泊演变机制与洪枯调控效应研究”（U2240224）；武汉市重点研发计划项目（2023010402010586）；武汉市知识创新专项基础研究项目（2022010801010238）；湖南省重大水利科技项目（XSKJ2022068-12）；中央级公益性科研院所基本科研业务费专项（CKSF2023313/KJ）。

作者简介：王丽华（1995—），女，助理工程师，主要从事水利信息化工作。

通信作者：李国忠（1990—），男，工程师，主要从事水利信息化、水利遥感应用研究工作。

经过地表物体的反射后接收回波信号后记录发射脉冲到接收回波的时间间隔，来计算卫星与地面目标之间的距离，再结合卫星轨道高度等信息即可计算星下点的高程[4]。利用卫星测量全球海面高度的想法源于 20 世纪 60 年代[5]，由大地测量学家 W. M. Kaula 在固体地球与海洋物理大会上提出。1973 年，美国发射的 Skylab 卫星携带了第一颗星载主动微波遥感航天器 S193，用于研究卫星海洋测高的可行性，卫星测高概念得到证实。

Skylab 上搭载的 S193 测量系统是国际上第一个星载雷达高度计，它的成功发射为卫星测高技术的进一步发展奠定了基础。GEOS3（geodynamics experimental ocean satellite，GEOS）于 1974 年发射，相对于 Skylab，GEOS3 的分辨率与覆盖范围有了明显改进[6]，但是仍无法提取有效数据。1978 年，美国航空航天局（NASA）发射了 SeaSat-1 卫星，其搭载的雷达高度计应用了全去斜技术，大幅提高了分辨率[7]。1984 年，美国海军发射了 Geosat（Geodetic satellite）卫星，该卫星首次提供了长时序、高质量的测高数据。

此后卫星高度计性能逐步提高。目前主流的卫星高度计主要分为两个系列，一系列是以美国和法国设计的 TOPEX/Poseidon、Jason 卫星为代表，侧重于开展海面地形监测工作。另一系列是欧洲空间局研制发射，如 ERS-1/2（The First European Remote Sensing Satellite）和 Envisat 等海洋综合环境监测卫星，侧重于综合监测工作。为进一步推进对地观测技术发展，欧洲空间局于 1991 年 7 月和 1995 年 4 月成功发射了 ERS-1、ERS-2 卫星（ERS-2 发射三个月后因故障失效）。ERS 卫星搭载 Ku 波段的雷达高度计，测高精度可达 10 cm。2002 年 3 月发射的 Envisat 是 ERS 的后继卫星，搭载了 RA-2 传感器，测量精度进一步提高，还增加了测量回波波形和功率功能。由法国航空署和美国航空航天局联合研制的 TOPEX/Poseidon 卫星于 1992 年 8 月 10 号发射，用于测绘海面高度，其测量精度达到了 2.2 cm。2001 年 12 月 7 日由美国法国联合设计的 Jason-1 卫星发射成功，其海面测量精度可达 4.2 cm。欧洲空间局于 2010 年发射 CryoSat-2 测高卫星，采用相位脉冲测高技术，解决了跨轨地表倾斜问题，采用延迟多普勒技术，降低了斑点噪声，提高了测量精度。Sentinel-3 是由 Sentinel-3A 和 Sentinel-3B 卫星组成的星座卫星，可实现对海洋、陆地、冰盖的近实时监测。

3 SWOT 卫星的介绍

卫星测高技术目前已发展得较为成熟，测高数据也基本可以满足大部分应用。但是测高精度提升较为困难，且星下点雷达高度计还存在一些局限性（只能进行星下点观测），导致观测刈幅窄，空间分辨率低，数据不够直观等。为解决传统雷达高度计无法解决的问题，1999 年 Rodriguez 等综合传统雷达高度计与干涉测量技术，提出了宽刈幅海洋高度计 WSOA 的概念，由于可行性、资金等因素限制，WSOA 计划夭折[8]。作为 WSOA 计划的后续任务，由美国航空航天局（NASA）和法国国家太空研究中心（CNES）联合开发的地表水和海洋地形（SWOT）卫星在 2022 年 12 月 16 日发射成功[9]，SWOT 卫星将以前所未有的分辨率收集全球水体数据，其搭载的微波雷达设备，能够以厘米级精度对全球海洋、河流、湖泊、水库的水位和坡度进行测量。

3.1 SWOT 卫星简介

SWOT 卫星主要由美国国家航空航天局（NASA）和法国国家太空研究中心（CNES）联合研制。SWOT 卫星轨道高度为 890 km，轨道倾角为 77.6°，轨道重复周期为 21 d，观测刈幅为 20～120 km，在最低点的幅宽为 20 km。SWOT 数据经过机载处理后在海洋上的空间分辨率为 1 km、内陆水体的空间分辨率为 50 m，高程测量精度均为厘米级，海洋测高精度可达 3 cm，内陆水体测高精度为 10 cm。SWOT 卫星在轨运行后，可实现全球 90%的内陆水体监测，其设计寿命为 3 年。卫星设计之初是计划在发射一年后提供经验证后的数据集，由于 NASA 和 CNES 目前正在试验一种新的方法来分发数据，因此数据集的分发时间有望提前。

3.2 SWOT 卫星的科学任务

（1）提供 120 km 幅宽的海面高度（SSH）和内陆水体高度，星下点轨道处的间隙为±10 km。

（2）在深海中，提供分辨率为 1 km×1 km 的海面高度观测数据。

（3）在陆地上，能够分辨 100 m 宽的河流，面积大于 250 m×250 m 的湖泊、湿地或水库，水位高程精度为 10 cm，坡度精度为 1.7 cm/1 km（当水域平均面积>1 km^2 时）。

（4）覆盖至少全球 90%的地区，空隙不超过地球表面的 10%。

3.3 SWOT 卫星的有效载荷

SWOT 卫星的有效载荷包括 Ka 波段雷达干涉仪（KaRIn）、Jason 系列高度计（Jason-class Altimeter）、天线（DORIS）、微波辐射计、X 波段天线、激光反射器组件、全球定位系统（GPS）接收器等。其中，Ka 波段雷达干涉仪作为 SWOT 的主要载荷由 JPL（喷气推进实验室）研制开发，可进行宽刈幅雷达干涉测量。相比较传统的干涉测量，KaRIn 具有更高的几何分辨率以及信噪比，可实现幅宽为 120 km 的海洋和内陆水体的测量；Jason 系列高度计用于星下点观测，它将发送和接收脉冲信号，每个脉冲的往返时间用于确定海面高度。SWOT 的相关载荷名称及作用见表 1。

表 1　SWOT 相关载荷名称及作用

载荷名称	作用
Ka 波段雷达干涉仪	宽刈幅观测
Jason 系列高度计	星下点测量
天线（DORIS）	接收地面无线电信标的信号，保证覆盖范围/轨道精确测量
微波辐射计	测量卫星与地表之间的水汽量，保证信号速度
X 波段天线	数据高速率下行链路
激光反射器组件	确定激光跟踪测量目标/轨道精确测量
全球定位系统（GPS）接收器	接收来自 GPS 卫星星座的跟踪信号/轨道精确测量

3.4 SWOT 卫星数据产品

SWOT 卫星的数据分为 L1 级、L2 级，L1 级数据包括 Jason 星下点高度计、微波辐射计、GPS、DORIS 以及 KaRIn 的相关数据。相关产品数据集发布时间最早为 2023 年 7 月，具体数据发布时间见表 2。

表 2　SWOT 卫星数据发布时间

数据集	预验证的数据发布时间	验证数据的发布时间
Level 1（星下点高度计、微波辐射计、GPS、DORIS）	2023 年 7 月	2023 年 12 月
Level 1（KaRIn）	2023 年 10 月	2024 年 4 月
Level 2	2023 年 10 月	2024 年 4 月

SWOT 卫星的数据产品包括海面高度产品、洪泛区数字高程图产品、星下点高度计波形及地球物理参数、辐射计亮度温度和对流层产品、单视复数产品、低速率（海洋）干涉图产品、河流周期平均产品、湖泊周期平均产品、水掩膜光栅图像产品、水掩膜像素云产品、河流单通道矢量产品、湖泊单通道矢量产品。除星下点高度计波形及地球物理参数、辐射计亮度温度和对流层产品外，其余数据均来自 Ka 波段雷达干涉仪。

4 雷达高度计在内陆水体的应用

雷达高度计由于不受天气限制，可全天候、全天时地工作等特点被众多研究者选用。经多年发展，雷达高度计的主流研究方向涵盖海洋大地水准面、海洋重力异常、海面波高、海面风速、南北极海冰及冰盖等方面。随着卫星测高技术的不断发展，利用雷达高度计内陆水体开展的研究也越来越多，如水位反演、流量反演、水量测算、灾害监测等方面，相关成果将为水资源管理、气候变化、防灾减灾提供可靠的数据支撑。

4.1 水位反演

早在20世纪90年代Koblinsky就基于卫星测高数据反演了亚马孙流域的河流水位，证明了雷达高度计在内陆水体的应用潜力[10]。随着测高卫星的不断发射，许多学者基于相关的测高数据或产品开展研究。Kleinherenbrink等[11]利用Cryosat-2 SARIn数据监测了青藏高原湖泊2012—2014年的水位变化。Boergens等[12]提取了湄公河宽度小于500 m的河流水位，使用了悬挂效应和RANSAC算法，水位提取精度达到0.3~2.26 m。娄燕寒等[13]基于Sentinel-3A/SARL数据，利用不同的波形重跟踪方法提取了长江中下游干流各区域2016—2021年间河流水位。廖静娟等[14]利用ENVISAT/RA-2、Cryosat-2/SIRAL、Jason-2等高度计数据以及MODIS影像数据提取了高亚洲地区87个湖泊2002—2017年的水位变化数据集。蔡宇等[15]结合实测水位数据和Jason-2卫星测高数据，获取了2008年12月至2015年11月陶波湖的水位变化。上述研究均证明了卫星测高数据反演内陆水体水位的可行性。

4.2 流量反演

Zakharova等[16]基于T/P数据反演了亚马孙河的三个测站水位，并结合历史流量数据构建了水位流量特征曲线，以此估算了测站1992—2002年的河流流量时间序列，相对平均误差为4%~17%。Kumar等[17]利用1995—2007年的ERS-2水位数据、2002—2010年的ENVISAT水位数据、2008—2017年的Jason-2水位数据以及站点实测流量数据构造水位流量特征曲线来估算恒河不同河段的流量，反演结果和实测结果较为吻合。袁翠[18]在无水文监测点的情况下，利用2008—2015年的Jason-2测高数据以及Landsat光学影像重构河床断面情况，实现长江中流段流量反演，结果表明反演得到的流量数据均方根误差仅为12.83%。闵林等[19]基于雷达高度计水位等信息，以曼宁公式为基础，构建了MRRS-RCM流量反演模型，估算了黄河下游3个研究站点流量，反演结果的相对均方根误差为13.97%。

4.3 水量估算

Busker等[20]利用DAHITI测高数据产品以及GSW数据产品，采用测深积分法估算了1984—2015年全球137个湖泊的水量变化，反演结果误差约为7.42%。Zhang等[21]基于水文气象站、CryoSat-2和ICESat-2卫星获取了伊塞克湖水位的长期连续变化；通过全球地表水（GSW）数据集分析了伊塞克湖1958—2020年面积和水量变化。袁康等[22]基于CryoSat-2卫星测高数据、Landsat遥感影像数据和盐湖水下地形实测数据，估算了2010—2018年青海可可西里腹地盐湖水量变化趋势。吴红波等[23]基于Landsat TM/ETM/OLI影像、ICESat-GLAS测高数据，研究了青海湖湖泊时序面积-水位-水量波动，分析了1988—2018年青海湖水量变化特征。

5 传统雷达高度计内陆水体研究中存在的问题

5.1 传统高度计固有弊端

高度计星下点的工作机制只能对沿轨的星下点进行测量，导致数据空间分辨率较低；观测刈幅窄，在轨道相交之处存在大量空白；时间分辨率较低，即使是专门极地海冰监测设计的Cryosat-2卫星也需要多个重访周期才能实现极地区域大面积覆盖，对于低纬度内陆河流和湖泊时间分辨率则更低，难以实现连续观测。

5.2 内陆水体测高精度受限大

雷达高度计在海洋测高精度相对较高，内陆地区由于地形复杂，雷达回波容易受到干扰。尤其在一些宽度较窄、周围环境复杂的水体测高精度则更低。内陆水体的高度获取需要对波形进行分类，剔除杂波影响，并且要采用合适的波形重跟踪方法。目前并没有专门针对内陆水体的波形重跟踪算法。因此，传统雷达高度计监测小面积水体难度高，且数据质量无法保障。

5.3 反演结果验证难度大

受工作体制以及自身设计特性不同，雷达高度计的测高精度不一致、适用范围也不同，因此需要对测高卫星反演的结果进行验证。基于雷达高度计反演水位的结果验证相对容易，但是水量反演的结果验证难度较大。由于水量反演的结果可以水位-湖泊地势曲线计算的水量进行验证，但是地势曲线需要水下地形测量数据，该项工作测量难度大、成本高，大多数湖泊均缺乏此类数据；也可以通过传统的水文站点数据来进行验证，但是水文站点与测高卫星轨道重合的区域较少，因此可利用的验证数据也较少，反演结果验证难度大。

6 SWOT在内陆水体应用的前景

6.1 动态监测大中小湖泊、水库储量

SWOT卫星具有宽刈幅、高时空分辨率、高精度的优势，可监测全球90%的区域，且具有监测小水体的能力，可在未来提供全球大中小型湖泊和水库的储量，为水资源管理和调度、生态环境、气候变化研究等方面提供科学依据。

6.2 优化水文模型

水文模型中重要的一步是数据同化，需要将模型预测的结果与新测量的结果进行比对，用以更新或优化模型，SWOT卫星可提供海量的全球水体监测数据，为水文模型的优化提供相关的数据。

6.3 水资源管理

SWOT卫星在水资源管理以及区域规划等领域具有巨大潜力。例如，部分区域在经历数年干旱后会导致小水库无序增长，水库数量巨大且水域面积缩小后监测难度大，小水体对流域水平衡以及水资源的管理影响较大，SWOT卫星可系统、长期地监测小水体，对水资源管理提供支撑。

6.4 助力防灾减灾

水位是洪涝、干旱等灾害研判的重要信息，SWOT可提供陆地地表水的水位等信息，可用于改进相关的洪水、干旱模型。另外，高精度、高时空分辨率的河流、水库、湖泊水位、宽度、范围信息对干旱及洪涝等灾害的预警也极为重要，可为管理者提供决策依据。

7 结语

SWOT卫星能有效改善传统雷达高度计固有弊端，提高雷达高度计的观测刈幅、时间分辨率、空间分辨率等，可快速、全面地对全球地表水进行监测，实现地表水的连续监测。SWOT卫星产生的海量观测数据，有望对水文模型、干旱模型、洪水动力模型等进行优化，有助于更好地理解全球水循环，对水资源管理、水库运行、生态系统监测、水旱灾害管理、湿地监测等提供帮助。

参考文献

[1] 吕睿．浅谈我国水资源保护［J］．黑河学刊，2017（1）：1-3.

[2] 俞昊天，李国元．“地表水和海洋地形”卫星进展［J］．国际太空，2023（1）：32-37.

[3] 任小宁，贾玲，沙金霞，等．卫星测高技术的发展及其在内陆水体的应用研究［J］．水利水电技术（中英文），2021，52（11）：64-72.

[4] 蔡玉林，程晓，孙国清．星载雷达高度计的发展及应用现状［J］．遥感信息，2006（4）：74-78，87.

[5] Pierson W J J, Mehr E. Average Return Pulse Form and Bias for the S193 Radar Altimeter on Skylab as a Function of Wave Conditions [J]. The Use of Artificial Satellites for Geodesy, 1972, 15: 217-226.

[6] Stanley H R. The Geos 3 Project [J]. Journal of Geophysical Research Solid Earth, 1979, 84 (B8): 3779-3783.

[7] Townsend W. An initial assessment of the performance achieved by the Seasat-1 radar altimeter [J]. IEEE Journal of Oceanic Engineering, 1980, 5 (2): 80-92.

[8] Esteban-Fernandez D. SWOT project mission performance and error budget document, JPL D-79084 [R]. Pasadena: JPL,

2014.
[9] 周虹．美国-欧洲计划发射 SWOT 卫星进行首次全球淡水资源调查［J］．水利水电快报，2022，43（9）：2.
[10] Koblinsky C J. Measurement of river level variations with satellite altimetry［J］. Water Resources Research，1993，29（6）：1839-1848.
[11] Kleinherenbrink M，Ditmaer P G，Lindenbergh R C. Retracking Cryosat data in the SARIn mode and robust lake leve extraction［J］. Remote Sensing of Environment，2014，152：38-50.
[12] Boergens E，Denise D，Christian S，et al. Treating the Hooking Effect in Satellite Altimetry Data：A Case Study along the Mekong River and Its Tributaries［J］. Remote Sensing，2016，8（2）：91.
[13] 娄燕寒，廖静娟，陈嘉明．Sentinel-3A 卫星测高数据监测长江中下游河流水位变化［J/OL］．自然资源遥感：1-9［2023-09-03］.
[14] 廖静娟，赵云，陈嘉明．基于多源雷达高度计数据的高亚洲湖泊水位变化数据集［J］．中国科学数据（中英文网络版），2020，5（1）：140-151.
[15] 蔡宇，柯长青．基于 Jason-2 测高数据的新西兰陶波湖水位变化监测［J］．水电能源科学，2017，35（8）：31-34.
[16] Zakharova E，Kouraev A，Cazenave A，et al. Amazon River discharge estimated from TOPEX/Poseidon altimetry［J］. Comptes Rendus Geoscience，2006，338（3）：188-196.
[17] Kumar A R，Zafar B，Abhilash S，et al. Estimating discharge of the Ganga River from satellite altimeter data［J］. Journal of Hydrology，2021，603（PA）.
[18] 袁翠．基于雷达高度计的内陆水体应用研究［D］．北京：中国科学院遥感与数字地球研究所，中国科学院大学，2017.
[19] 闵林，王宁，毋琳，等．基于多源雷达遥感技术的黄河径流反演研究［J］．中国水利，2020，42（7）：1590-1598.
[20] Busker T，Roo A D，Gelati E，et al. A global lake and reservoir volume analysis using a surface water dataset and satellite altimetry［J］. Hydrology and Earth System Sciences，2019，23（2）：669-690.
[21] Yujie Z，Ninglian W，Xuewen Y，et al. The Dynamic Changes of Lake Issyk-Kul from 1958 to 2020 Based on Multi-Source Satellite Data［J］. Remote Sensing，2022，14（7）：1575.
[22] 袁康，谭德宝，赵静，等．近十年可可西里盐湖水量变化及其影响因素分析［J］．人民长江，2022，53（5）：111-117.
[23] 吴红波，陈艺多．联合 Landsat 影像和 ICESat 测高数据估计青海湖湖泊水量变化［J］．水资源与水工程学报，2020，31（5）：7-15，22.

顾及最优特征阈值的GF-2遥感影像土地利用变化检测

夏　炎[1]　崔杰瑞[1,2]　杨亚复[1]　郑芹芳[1]

（1. 云南省水利水电勘测设计院有限公司，云南昆明　650051；
2. 昆明理工大学国土资源学院，云南昆明　650051）

摘　要：为解决快速检测大面积土地利用变化难的问题，本文提出利用最佳阈值模糊超像素分割算法对GF-2遥感影像中土地利用情况进行快速检测。首先对2018年和2021年两景影像进行预处理，在相同参数条件下对两景影像进行模糊超像素分割，然后依据光谱特征构建NDVI、SAVI、EVI、NDWI等指数对影像进行分类，并对分类后结果进行分析，最后制作土地利用变化矩阵，完成变化土地的快速检测。试验表明，变化情况与实地调查结果相符，利用该方法，可以快速对土地变化情况进行检测、分析，为土地调查、生态系统监测、灾害监测评估以及军事侦察等应用提供有效参考。

关键词：GF-2影像；模糊超像素分割；最优特征；土地利用变化矩阵；变化检测

随着国家的不断发展，人类日益增加的活动使得土地利用覆盖的变化动态愈加频繁，准确快速地获取土地利用变化情况对经济社会发展、国家基础建设和生态环境治理保护都起到至关重要的作用。充分发挥多源、多时相的高覆盖遥感影像的优势，对土地利用变化情况进行动态变化检测，可以全面了解自然资源的利用情况、重要地理要素的变化情况和发现违规建筑情况等，已经作为国内外被广泛认可的技术手段之一[1]。孙天天等[2]利用GeoEye影像和IKONOS数据结合面向对象和目视解译的方法，对新疆乌鲁木齐某区域城市土地利用类型进行变化检测，检测精度为87%；王译著等[3]利用联合显著性检测算法，对昆明市呈贡区部分地区的GF-1遥感影像进行差异图像的构造，对比地物类别的不同，利用大津法获取地类的最终变化图；窦世卿等[4]对2017年4月WorldView-2（WV2）和2020年11月SuperView-1影像，采用改进的双峰分裂阈值法和随机森林算法，对两景影像分别进行分类，实现了桂林市的建筑用地、水系、林地、裸地和耕地，进行变化检测，分类精度较好；张涛等[5]通过将不同的空间相关指数进行计算分析，从而计算获得最适间隔模型，分别针对2016年、2017年两期南京市区北京2号的3.2 m空间分辨率影像进行建筑用地的变化检测，有效提高了连片建筑区域的检测精度；谢烈君[6]为了提高变化检测的效率，引入流程化思维，对杭州市滨江区，结合高精度GIS数据和数据检测人员对其进行变化检测，虽然满足精度要求，但对前期基础数据有较高要求；齐建伟等[7]利用深度学习的方式，对DeepLabV3+的算法进行改进，以LEVIR-CD作为试验数据，结合检测场景特点，融合遥感影像特征对建筑物进行变化检测；王超等[8]针对多源光学遥感影像，提出多尺度特征提取差分算法增强模型识别能力，同时提出一种自适应证据置信度指标对影像分割结果进行对象级变化检测，总体精度为91.92%。

综上可知，变化检测在环境保护、国土空间、土地确权、灾害评估和水利林业执法等方面起到重要支撑。目前，大部分变化检测采用深度学习的方法进行，但目前诸多深度模型网络存在变化区域

作者简介：夏炎（1995—），女，工程师，主要从事多源遥感影像解译研究工作。
通信作者：崔杰瑞（1991—），男，副高级工程师，主要从事航空摄影测量及激光雷达数据处理工作。

"伪变化"、样本制作工作量大和特征提取能力不强等问题。故本文提出一种利用模糊超像素分割算法（fuzzy superpixel segmentation，FS），结合最优多特征阈值，对云南某地 2018 年和 2021 年两期 GF-2 遥感影像土地利用情况进行分类后变化检测。

1 研究区域及数据概况

1.1 研究区域概况

本试验选取了云南省某县为研究区域，地处东经 102°08′~102°43′、北纬 23°19′~24°06′，该地区地势北高南低、仅北部略高，中间凹陷，平均海拔 1 550 m，山多地少，山河相间，高差悬殊，且处在 6~8 级地震带间。该区域属于高原山区，纬度低，海拔高，年降水量适中，多为 800 mm 左右，日照充足，雨量充沛，使得自然条件优越，资源较为丰富。此外，研究区还是彝族、傣族和哈尼族等少数民族聚集地，为传承和发扬少数民族文化起到了重要作用。

1.2 研究数据概况

本文选取的研究数据源为高分二号（GF-2）遥感影像，该数据包含 4 种波段，分别为红波段、绿波段、蓝波段和近红外波段，其中，全色波段和多光谱波段数据融合得到影像的空间分辨率为 2 m。GF-2 影像重访周期为 5 d，全国覆盖率较高，影像质量较稳定。

具体研究数据如图 1 所示，分别为 2018 年 6 月和 2021 年 9 月红河同一区域不同时间的 GF-2 影像，由于拍摄季节和天气情况的不同，两景影像在色彩和亮度等方面会存在一定差异，后期通过对影像进行预处理可消除这一系列的影响；此外，对比两景影像可看出，地类发生了明显变化。

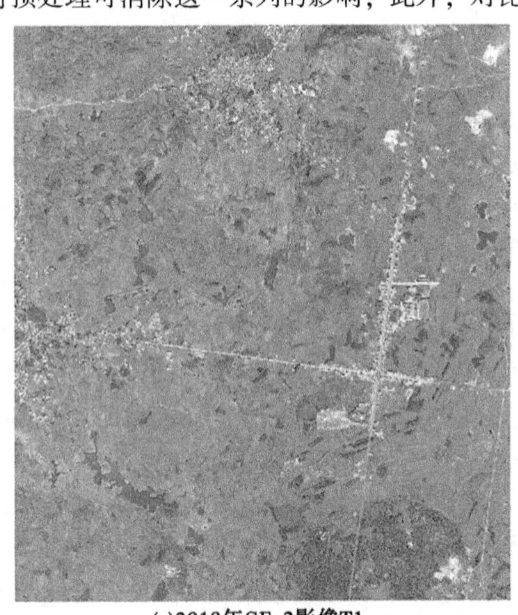

(a)2018年GF-2影像T1

(b)2021年GF-2影像T2

图 1　研究数据影像

2 研究方法

本文研究方法主要分为 5 个步骤：①确定目标区域，对两景 GF-2 影像进行预处理，其中包括影像配准、辐射矫正、影像融合和影像融合等处理；②针对两景影像，利用最佳阈值模糊超像素分割算法形成不同地物间的分割边界；③统计分析特征阈值并对两景影像进行分类；④对比分类后结果，制作土地利用转移矩阵；⑤将变化情况与实际调查结果进行变化验证。具体流程如图 2 所示。

2.1 最佳阈值模糊超像素分割算法

近年来，超像素分割算法的研究逐渐成为主流，也主要分为两类，分别是图像的分割方法和梯度上升的分割方法，本文采用的模糊超像素分割算法可提高分割区域的分割效率，较少处理过程中的冗

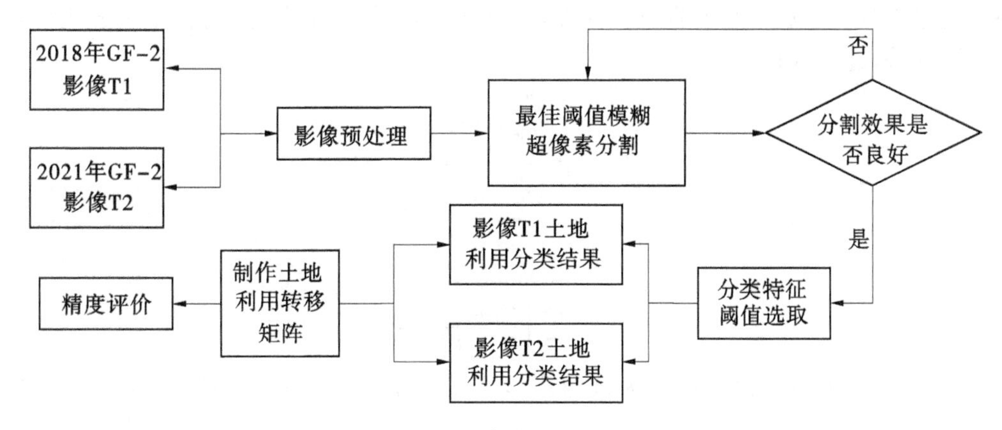

图2　方法流程

余信息，较为完整地保存边界形状。Guo 等[9] 在2018年提出了模糊超像素的概念，目的是在分割结果中降低混合像素的比例，并将模糊超像素分为两种：不确定模糊像素和确定超像素[10]。FS 算法具体为[11]：

（1）无差别随机选取聚类中心。随机选取由 N 个像素组成的图像，并拟定 K 个聚类超像素数。$S=\sqrt{N/K}$，其中，S 为拟定间距并以该间距制作规则化网格，用于放置选取图像，放置位置应处于规则化3×3（或者5×5）网格的聚类中心，可以防止聚类中心位于噪声像素上和边界上，并移动其位置到最低梯度位置[11]。

（2）以上述 K 个模糊超像素的聚类中心为基础，迭代计算和筛选出不同超像素间非重叠和重叠搜索区域，然后再对重叠区域进行二次筛选，再将非重叠区域中心作为新超像素的聚类中心，同时进行唯一标签的分配签[11]。所有参与计算的像素，均有对应的聚类中心，且所有中心隶属度和为一个定值 u，具体计算如下：

$$\sum_{i=1}^{n} u(i,\ j),\ \ \forall_j = 1,\ 2,\ \cdots,\ c \tag{1}$$

式中：i 为重叠区域的像素；j 为对应中心的像素；c 为对应像素 i 的中心像素总数。

每个聚类中心均对应一片或多片重叠像素区域，中心点至重叠区域的距离具体计算如下[11]：

$$J(U,\ C_1,\ \cdots,\ C_C) = \sum_{j=1}^{c} J_j = \sum_{j=1}^{c}\sum_{i=1}^{n} u^m(i,\ j) D_{\text{polsar}}^2(i,\ j) \tag{2}$$

式中：$u(i,\ j)$ 的范围为［0，1］；$C_1,\ \cdots,\ C_C$ 为遍历的中心像素，$m\in$［1，∞）为索引权重；D_{polsar} 为像素 i 和中心像素 j 之间的距离计算公式，既考虑了目标图像内包含的像素位置关系，也考虑每个像素的性质，其具体计算方式如下：

$$D_{\text{polsar}}(i,\ j) = \sqrt{\left[\frac{d_{\text{w}}(i,\ j)}{\text{mpol}}\right]^2 + \left[\frac{d_{xy}(i,\ j)}{S}\right]^2} \tag{3}$$

式中：$d_{\text{w}}(i,\ j)$ 为距离，以 Polsar 距离为基础；$d_{xy}(i,\ j)$ 为空间距离；mpol 为一个平衡重要性参数，若位置越近，则 mpol 的值越大，具体判定方法如下：

$$\text{d}_w(i,\ j) = \ln(|\textstyle\sum_j|) + Tr(\textstyle\sum_j^{-1}) \tag{4}$$

$$\text{d}_{xy}(i,\ j) = \sqrt{(x_j - x_i)^2 + (y_j - y_i)^2} \tag{5}$$

构造最小化目标函数，使 $J(U,\ C_1,\ \cdots,\ C_c)$ 取得最小值，最小化目标函数定义：

$$\begin{aligned}\bar{J}(U,\ C_1,\ \cdots,\ C_c,\ \lambda_1,\ \cdots,\ \lambda_n) &= J(U,\ C_1,\ \cdots,\ C_c) + \sum_{i=1}^{n}\lambda_i\Big(\sum_{j=1}^{c} u(i,\ j) - 1\Big)\\ &= \sum_{j=1}^{c}\sum_{i=1}^{n} u^m(i,\ j) D_{\text{polsar}}^2(i,\ j) + \sum_{i=1}^{n}\lambda_i\Big(\sum_{j=1}^{c} u(i,\ j) - 1\Big)\end{aligned} \tag{6}$$

（3）通过迭代计算重叠区域部分中心像素和重叠边界的隶属度，从而将非重叠区域的超像素进行区分，具体计算过程如下：

$$c_j = \frac{\sum_{i=1}^{n} u^m(i,\ j)x_i}{\sum_{k}^{c} u^m(i,\ j)} \tag{7}$$

$$u(i,\ j) = \frac{1}{\sum_{k}^{c}\left(\frac{D_{polsar}(i,\ j)}{D_{polsar}(i,\ k)}\right)^{2/(m-1)}} \tag{8}$$

图像中任一像素的隶属度，是作为该像素是否属于超像素最重要的判定条件，具体计算方法如下：

$$U_{diff} = U_{max} - U_{submax} = [U_{dif_1},\ \cdots,\ U_{dif_n}] \tag{9}$$

$$U_{diffMed} = median(U_{diff}) \tag{10}$$

$\forall i \in n$，若 $U_{diff_i} > U_{diffMed}$，则像素 i 作为中心像素 P_{ij} 的超像素；否则，i 则为未被确定的像素。

（4）后处理。

2.2 最优特征选取

不同地物类型对电磁波的吸收、投射和反射能力所表现出来不同的电磁辐射特性被称为光谱特性，该特性所反映的光谱信息是影像分类最主要、最直观的信息[12]；在面向对象的影像分类上，形状特征的不同决定了最后分割效果，例如道路、河流为线性地物，房屋、人工路面、工厂等面状地物形状较为规则，林地、湖泊、耕地等边界信息相对无顾虑，故可利用形状特征，在一定程度上将地物进行区分；从光谱特征分析，结合影像实际情况，对规定波段进行组合运算，从而能对一种或多种地物进行表达，比如水体、植被、人工建筑等，专题信息提取时具有针对性和有效性，故将其单独作为解译对象特征。

本文根据影像特征选取了以下特征[13]：红（ρ_{red}）、绿（ρ_{green}）、蓝（ρ_{blue}）、近红外（ρ_{NIR}）波段均值（mean）、亮度值（Briteness）、长宽比（λ）、形状指数（shape index）、归一化植被指数（normalized difference vegetation index，NDVI）、土壤调节植被指数（soil-adjusted vegetation index，SAVI）、增强植被指数（enhanced vegetation index，EVI）、归一化水体指数（normalized difference water Index，NDWI）和自定义植被指数（O）作为后期影像分类的依据，具体情况如表 1 所示。

表 1 特征公式统计[14-17]

特征类型	特征名称	计算公式	备注
光谱特征	均值	$\mu = \frac{1}{n}\sum_{i=1} v_{Li}$	v_{Li} 为对应波段 L 的图斑像素值，n 为图斑像元个数
	亮度	$b = \frac{1}{n_L}\sum_{i=1}^{n_L}\mu_i$	μ_i 为对应波段 i 的图斑均值，n_L 为影像的波段数
形状特征	长宽比	$\lambda = \frac{l}{w}$	l 为图斑的长度，w 为图斑的宽度
	形状指数	$s_i = \frac{bl}{4\sqrt{A}}$	bl 为图斑的周长，A 为图斑面积
归一化植被指数	NDVI	$NDVI = \frac{NIR - R}{NIR + R}$	文献[14]
土壤调节植被指数	SAVI	$\frac{NIR - R}{NIR + R + L}(1 + L)$	文献[15]

续表 1

特征类型	特征名称	计算公式	备注
增强植被指数	EVI	$2.5\times\dfrac{\mathrm{NIR}-R}{\mathrm{NIR}+6R-7.5B+1}$	文献[16]
归一化水体指数	NDWI	$\dfrac{G-\mathrm{NIR}}{G+\mathrm{NIR}}$	文献[16]
自定义植被指数	O	$\dfrac{2G-B-R}{2G+B+R}$	文献[17]

注：R、G、B 分别表示红、绿、蓝 3 个波段的像元值。

3 结果与分析

3.1 最佳阈值模糊超像素局部分割结果

本文利用全局莫兰指数（global moran′s I）对不同程度分割结果进行空间自相关和聚类异常值分析，得到最优分割尺度为 10。考虑到影像中地物的复杂性和多样性，无法获取形状变化规律，且地物间“同谱异物”和“同物异谱”现象居多，故在权重的设置上，形状因子权重为 0.1，紧致度因子权重为 0.8，结合上述参数选取，分别对 2018 年和 2021 年两景影像进行分割。其中，如图 3（a）为 2018 年 GF-2 遥感影像的部分分割结果，从图 3（a）中可以看出，黑色分割线除将田块边界分割得较为完整外，道路河水系的分割边界也贴合得较为紧密，受分辨率的限制，人工建筑较为分散和零碎，但依旧将不规则建筑用地的边界分割出来；如图 3（b）为 2021 年 GF-2 遥感影像的部分分割结果，从图 3（b）中可以看出，分割效果较好，部分建筑用地和不透水路面相连较为紧密，但分割边界依然能较好地对其进行分割，裸地和耕地也能在最大程度上进行区分，在容差范围内取得了较好的分割结果，为后期分类和变化检测的准确性提供重要依据。

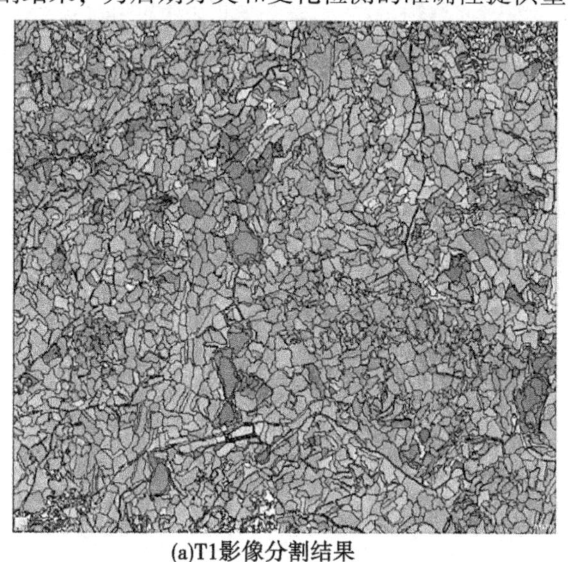

(a)T1影像分割结果

(b)T2影像分割结果

图 3　GF-2 号遥感影像分割结果

3.2 分类结果

将上述分割结果作为分析源，通过目视解译可知，影像中包含的地物多为耕地、水系田间道路和人造建筑，为突出几类地物特征，该试验选择红、绿、蓝和近红外 4 个波段的波段均值、亮度、形状指数、长宽比、NDVI、SAVI、EVI、NDWI[13] 和自定义植被指数（O）[11] 等特征对影像进行分类。由于不同时期获取得到影像的光谱数据略有差异，所以计算得到的最佳特征也有些许不同，T1 影像和 T2 影像计算所得到的最优类间距矩阵如图 4 所示。其中，T1 影像的最优特征类别为 11 类，T2 影像的最优特征类别为 10 类，并将其作为分类特征。

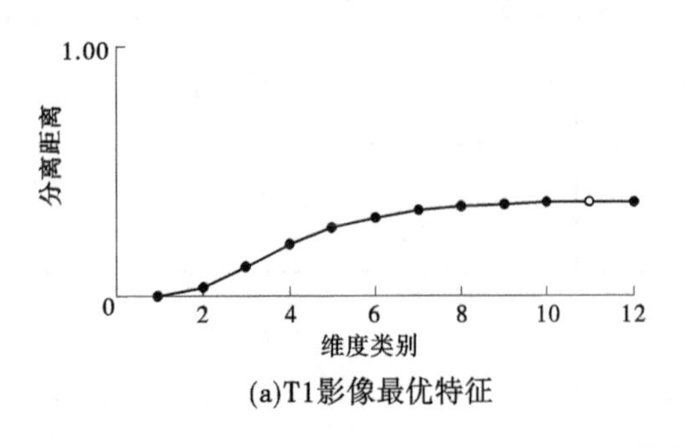

(a)T1影像最优特征

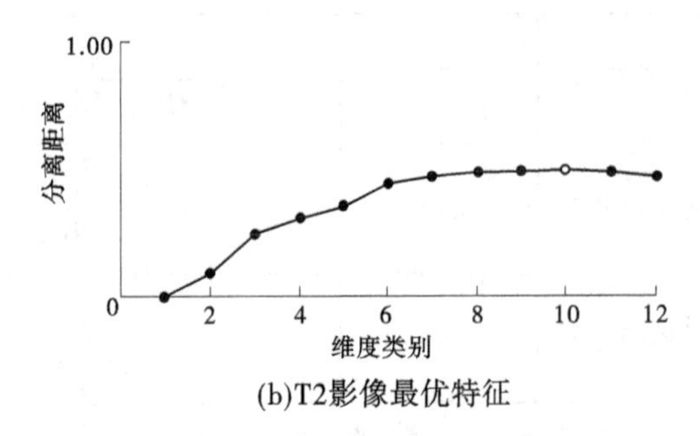

(b)T2影像最优特征

图 4　最佳特征选取结果

利用最佳阈值模糊超像素分割算法，结合上述计算得到的最佳特征对两景影像进行分类，具体分类结果如图 5 所示。从图 5 中可以看出，依据影像中地物的组成部分，本文将影像分为林地、道路、裸地、水系、人造用地和耕地 6 大类。通过目视解译对比，确定两景影像的分类结果与实际地类相符。

从图 5 中可以看出，在 2018 年 T1 影像中，耕地所占面积最大，其次水系的分布也较多较广，经过 3 年的发展和建设，在 2021 年 T2 影像中，由于人为修建工程的需要，耕地面积和林地面积大幅度减少，变为裸地，人造用地急剧增加，且在一些水系分布较多的区域也进行了工程建设，使得水系面积大量减少。

(a)T1影像分类结果

(b)T2影像分类结果

图 5　GF-2 遥感影像分类结果

3.3　变化检测结果

在上述分类的结果下，对影像中所包含的地物进行变化检测。考虑到在影像中的 6 类地类变化情况有一定局限性，图斑分布较为破碎，并不能直观地反映出变化情况，故本文选择创建土地利用转移矩阵对变化地物的详细情况进行表示。它不仅可以定量地描述一定时期内不同土地利用类型间的转入和转出的关系，还可以反映不同土地类型之间的转换速率，通过对总体土地利用类型变化的分析，把握土地类型变化的总体趋势和土地利用结构的变化。

具体变化情况如表 2 所示，从 2018 年到 2021 年，变化最大的是耕地，总变化量为 122.596 km^2，其中变化为裸地的面积最大，为 33.025 km²；其次是道路、人造用地和林地，分别为 32.438 km²、24.667 km² 和 19.307 km²；最后是水系和林地，面积总变化分别达到 45.451 km² 和 44.962 km²。从变化数据可知，在本区域 3 年城市建设变化的过程中，土地类型受影响较大的分别是耕地、水系和林地。

表 2　2018—2021 年土地利用变换矩阵　　单位：km²

地类	林地	耕地	人造用地	道路	裸地	水系	总计	总变化量
林地	6.445	10.863	3.915	18.78	2.501	8.904	51.408	44.962
耕地	19.307	27.334	24.667	32.438	33.025	13.159	149.930	122.596
人造用地	3.633	4.145	2.447	12.566	11.804	2.498	37.093	34.647
道路	4.011	13.305	8.707	2.608	3.22	6.553	38.404	35.792
裸地	3.960	5.818	7.134	15.785	8.463	1.299	42.459	33.995
水系	9.298	7.056	10.012	9.016	10.066	8.32	53.768	45.451
总计	46.654	68.521	56.882	91.193	69.079	40.733	373.060	

4　结论

变化检测作为遥感影像解译技术的其中之一已经被广泛应用[18]，多时相遥感影像的变化检测在土地调查、城市研究、生态系统监测、灾害监测和评估、军事应用等多方面都有着重要意义[19]。针对大面积土地利用变化情况检测难、检测慢等问题，本文提出了利用 GF-2 遥感影像对研究目标区域的土地覆盖利用进行变化检测的研究方法，充分利用 GF-2 遥感影像 4 波段的优势，构建对应特征指数，增强影像间光谱差异的稳定性，结合模糊超像分割算法，并通过计算全局莫兰指数得到最优分割尺度，统计分析得到不同地类图斑的最优特征阈值，并对其进行地物分类。

通过对两景分类后影像进行对比，得到土地利用变化矩阵，从数据中直观清晰地反映出 3 年中土地利用的变化情况，得到最终试验结果与实地调查结果相符，侧面反映了人类活动和工程建设项目对周围地类和环境变化的影响。对比利用无人机遥感影像对土地利用情况进行变化检测，本文方法能快速获取大面积并快速进行处理，对比 3 波段的无人机影像，在指数建立时可计算得到更多优质特征，同时虽然无人机影像分辨率较高，但相应的纹理信息也更为复杂，利用本文方法，避免了纹理信息过度化的问题，有效提高了影像的分类精度。利用高分遥感影像为耕地变化、违章建筑检测、河流边缘的检测等起到重要参考作用，在很大程度上减少人力、物力、财力的消耗。

但该方法仍存在不足，后续研究中，可结合深度学习神经网络，建立多时相地物特征的非线性关系，更加深入发挥深度学习神经网络在语义理解方面的强大能力，从多时相影像中提取空间-光谱的一体化特征，将高分辨率影像和高光谱影像相结合，获取到高精度的变化检测结果。

参考文献

[1] 张祖勋，姜慧伟，庞世燕，等．多时相遥感影像的变化检测研究现状与展望［J］．测绘学报，2022，51（7）：1091-1107.

[2] 孙天天，邓文彬，马琳．基于面向对象分类的城市土地利用变化检测［J］．地理空间信息，2018，16（9）：95-98，12.

[3] 王译著，黄亮，陈朋弟，等．联合显著性和多方法差异影像融合的遥感影像变化检测［J］．自然资源遥感，2021，33（3）：89-96.

[4] 窦世卿，宋莹莹，徐勇，等．基于随机森林的高分影像分类及土地利用变化检测［J］．无线电工程，2021，51（9）：901-908.

[5] 张涛，方宏，韦玉春，等．顾及空间自相关性的高分遥感影像中建设用地的变化检测［J］．自然资源学报，2020，35（4）：963-976.

[6] 谢烈君．基于遥感影像的自动化变化检测方法研究［J］．测绘与空间地理信息，2022，45（9）：106-108，113.

[7] 齐建伟，王伟峰，张乐，等．基于改进 DeepLabV3+算法的遥感影像建筑物变化检测［J］．测绘通报，2023，553（4）：145-149.

[8] 王超，王帅，陈晓，等．联合 UNet++和多级差分模块的多源光学遥感影像对象级变化检测［J］．测绘学报，2023，52（2）：283-296.

[9] Guo Y，Jiao L，Wang S，et al. Fuzzy Superpixels for Polarimetric SAR Images Classification［J］. IEEE Transactions on Fuzzy Systems. 2018，26（5）：2846-2860.

[10] Wang W，Xiang D，Ban Y，et al. Superpixel Segmentation of Polarimetric SAR Data Based on Integrated Distance Measure and Entropy Rate Method［J］. IEEE Journal of Selected Topics in Applied Earth Observations & Remote Sensing，2017：1-14.

[11] 夏炎，黄亮，陈朋弟．模糊超像素分割算法的无人机影像烟株精细提取［J］．国土资源遥感，2021，33（1）：115-122.

[12] Achanta R，Shaji A，Smith K，et al. SLIC Superpixels Compared to State-of-the-Art Superpixel Methods［J］. IEEE Transactions on Pattern Analysis & Machine Intelligence. 2012，34（11）：2274-2282.

[13] 黄佩，普军伟，赵巧巧，等．植被遥感信息提取方法研究进展及发展趋势［J］．自然资源遥感，2022，34（2）：10-19.

[14] Tucker C J. Red and photographic in frared linear combinations form on it oring vegetation［J］. Remote Sensing of Environment. 1979，8（2）：127-150.

[15] Merca doluna A，Rico garcia E，Lara herrera A，et al. Nitrogende termination on tomato Ly copersicones culentum Mill-seedlings by color image analysis（RGB）［J］. African Journal of Biotechnology，2010，9（33）：5326-5332.

[16] 杨琦，叶豪，黄凯，等．利用无人机影像构建作物表面模型估测甘蔗 LAI［J］．农业工程学报，2017，33（8）：104-111.

[17] 夏炎，黄亮，王枭轩，等．基于无人机影像的烟草精细提取［J］．遥感技术与应用，2020，35（5）：1158-1166.

[18] 王欣．耦合地表变化规律与多维度特征的多时相遥感影像分析［D］．南京：南京大学，2021.

[19] 张良培，武辰．多时相遥感影像变化检测的现状与展望［J］．测绘学报，2017，46（10）：1447-1459.

基于深度学习的坡耕地智能提取方法研究

陈　喆[1]　赵　静[1]　梁宸宁[2]　吴仪邦[1]　向大享[1]

（1. 长江水利委员会长江科学院，湖北武汉　430023；
2. 华中师范大学城市与环境科学学院，湖北武汉　430079）

摘　要：水土流失动态监测是水土保持监测体系的主要组成内容，利用卫星遥感对地观测系统进行地理要素提取统计具有周期性、动态性、宏观性等优势。坡耕地是产生水土流失的主要地类，目前监测主要依赖人工解译，未实现全覆盖，为提高坡耕地动态监测工作的效率，本文探索将 YOLO V8 模型应用于高分辨率遥感影像的坡耕地自动解译当中：①建立不同地区的坡耕地解译样本，构建面向水土流失动态监测的识别样本库；②采用 YOLO V8 深度学习网络结构，基于预训练模型构建大影像的坡耕地智能解译模型，实现坡耕地的快速自动识别提取。

关键词：坡耕地；深度学习；智能提取模型；水土流失

1　引言

水土流失是我国重要的生态环境问题，随着气候变化和人为扰动加剧，其面积和强度发生了急剧变化。2020 年全国水土流失面积 269. 27 万 km^2，占国土面积（未含香港特别行政区、澳门特别行政区和台湾地区）的 28. 15%。2021 年水利部组织完成了 2021 年度全国水土流失动态监测工作，结果显示：我国坡耕地高强度水力侵蚀问题突出。我国耕地水土流失面积占全国水土流失面积的 18%，其中 6°以上坡耕地占全国水土流失面积的 6. 6%，但强烈及以上水蚀面积达全国的近 60%。由于坡耕地侵蚀强度高、危害重，一直是治理攻坚的重点和难点[1]。我国山丘面积占比大，坡耕地在我国耕地面积中占有较大比例，陡坡农耕地是重要的农业资源[2]。有研究表明，坡耕地不仅产量低，而且会造成严重的水土流失，不仅对耕地资源和生态系统造成破坏，也威胁国家生态与粮食安全[3]。

水土流失动态监测是水土保持监测体系的主要组成和重要内容，是监测区域水土流失的主要抓手，也是评估水土保持成效的重要依据。在水土保持动态监测方面，利用卫星遥感、无人机等天地一体化对地观测系统进行地理要素提取统计具有周期性、动态性、宏观性等方面的巨大优势[4]。由于遥感影像具有丰富的纹理特征和光谱特征，不同的土地利用类型在遥感影像上具有丰富的语义，通过遥感影像解译，可为坡耕地等水土流失重点区域动态监测提供重要支持。当前水土流失动态监测主要基于遥感影像进行传统的人工实地调查或者目视解译方式，速度慢、劳动强度大，数据采集质量受工作人员主观因素影响大，统计数据有较大的滞后性[5]。随着计算机模式识别和人工智能技术的发展，研究者们一直尝试利用计算机实现遥感影像的半自动/全自动分类。常规的遥感影像分类方法如基于统计的方法、人工神经网络、基于知识的方法等。随着遥感影像空间分辨率不断提高，面向对象的机器学习分类方法逐渐优化，在中小尺度上进行遥感影像语义分割相较于传统机器学习方法取得了更高的精度。过去，受限于遥感影像空间分辨率高、数据量大、计算机算力有限，自动识别精度较低，未能广泛应用。随着大数据时代来临和 AI 技术高速发展，机器学习因深度学习理论而取得突破性进展，基于深度学习理论的遥感影像解译分析方面涌现出大量研究[6-13]。例如：党宇等[10] 基于深度学习理

基金项目：水利部重大科技项目（SKR-2022003）；湖北省自然科学基金项目（2022CFD173）。
作者简介：陈喆（1985—），女，高级工程师，主要从事水利遥感和水利信息化研究工作。

论，引入地物图斑分类理论体系，对地表土地覆盖地物进行分类；周楠[11] 基于深度学习理论，尝试了精细化土地覆盖变化遥感提取研究。

目前，应用于遥感影像的地物语义分割框架大部分基于 CNN 模型，遵循编码器-解码器的框架，为改进基础框架中的各种限制，衍生出各种模型，例如 U-Net 网络用来获取细节信息、Deeplab 系列引入上下文信息，以及各种自注意力机制方法等。YOLO 是一种基于图像全局信息进行预测的全新目标检测系统。自 Joseph Redmon、Ali Farhadi 等于 2015 年提出，目前进行了多次迭代更新，模型性能逐步强大。YOLO V8 作为其最新的改进型，在性能上和速度上均有优异的表现，尤其是计算效率上相对于 CNN 模型有较大优势。

由于坡耕地是产生水土流失的主要地类，目前对其的监测尚未实现全覆盖，为了提高实际工作中坡耕地动态监测工作的效率，本文探索将 YOLO V8 模型应用高分辨率遥感影像坡耕地自动解译当中研究：①建立不同地区的坡耕地解译样本，构建面向水土流失动态监测的识别样本库；②采用 YOLO V8 深度学习网络结构，基于预训练模型构建大影像的坡耕地智能解译模型，通过分块—提取—拼接，实现坡耕地的自动识别及提取。

2 模型构建

YOLO V8 模型作为全新的 SOTA 模型，建立在 YOLO V5 模型结构基础上，骨干网络和 Neck 部分参考 YOLO V7 的设计思想，Head 部分换成主流的解耦头结构，将分类和检测头分离，从基于 Anchor 的模式换成了 Anchor-Free。在 Loss 损失计算方面采用 TaskAlighedAssigner 正样本分配策略，并引入 Distribution Focal Loss。

（1）Backbone 骨干网络，YOLO V8 使用了 CSPDarkNet-53 网络，并采用 C2f 代替 C3 模块。

（2）Neck 部分，使用类似 YOLO V5 的 PAN-FPN 网络结构。

（3）Head 部分，使用 Decoupled Head。

2.1 样本库构建

基于国产高分系列遥感影像，进行坡耕地样本库构建。本项目主要数据源为高分一号（GF-1）卫星和高分二号（GF-2）卫星，选择甘肃省康县为试验区。甘肃地处黄土高原、青藏高原和蒙新高原的交会地带，地形复杂、水土流失严重。据《2019 年甘肃省水土保持公报》，截至 2019 年底，甘肃省水土流失面积 18.48 万 km^2，占土地总面积（45.78 万 km^2）的 40.37%。根据《2019 年甘肃省自然资源公报》《2019 年甘肃水利发展统计公报》和甘肃水土流失动态监测数据，全省土地总面积 45.78 万 km^2，其中坡耕地面积 152.18 万 hm^2，占总耕地面积的 28.30%。为了利用深度神经网络进行训练，将大幅遥感影像进行切片处理，切片影像大小为 256×256，重叠度为 10%，如图 1 所示。

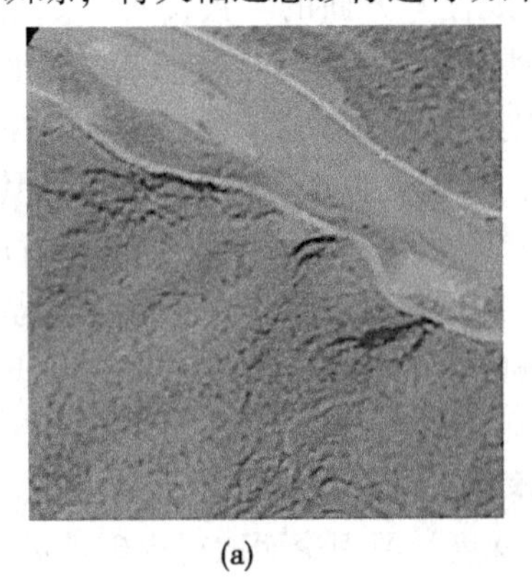
(a)

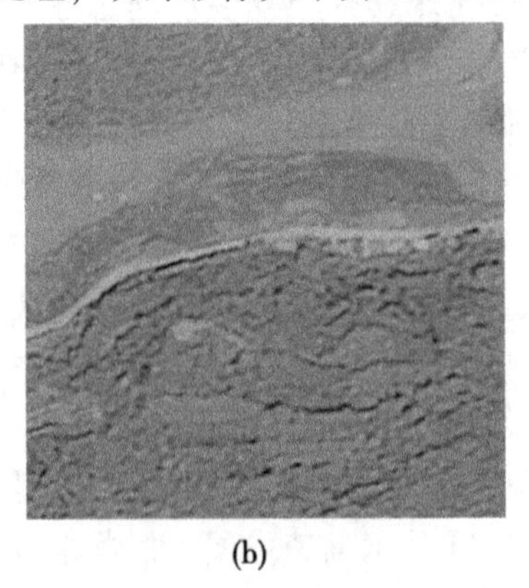
(b)

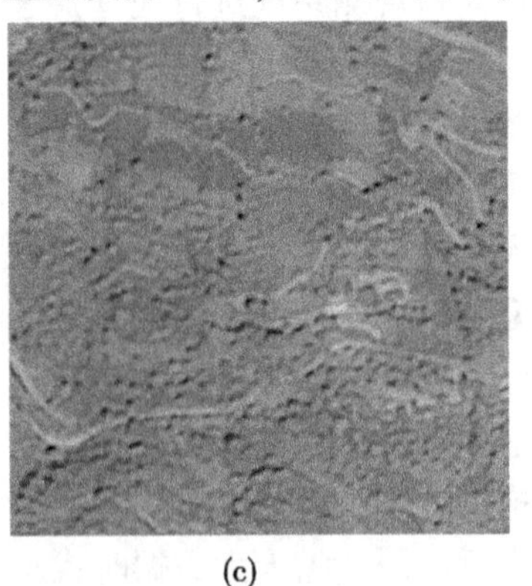
(c)

图 1　坡耕地样本切片

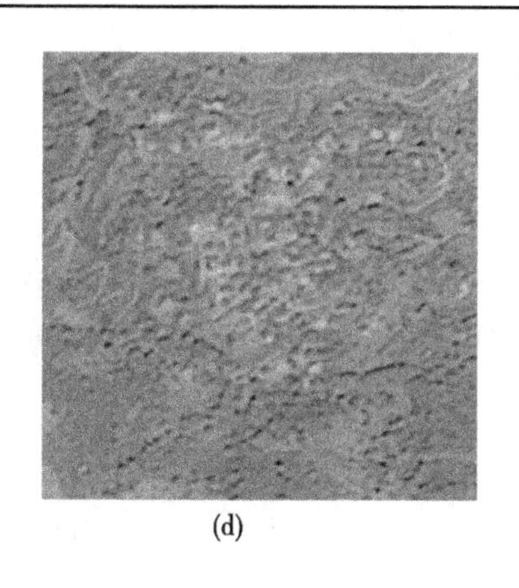
(d)

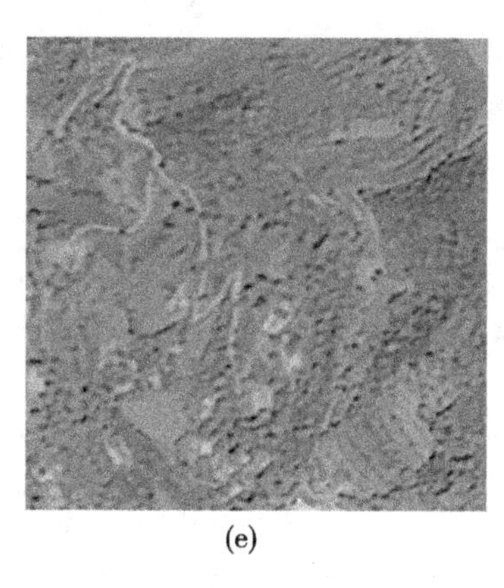
(e)

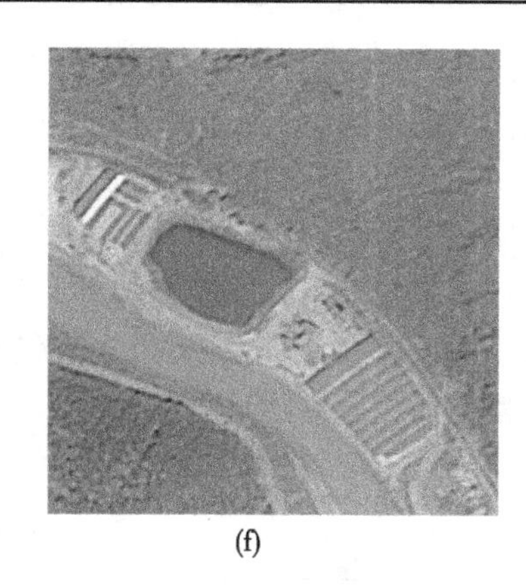
(f)

续图 1

本文采用标注软件 Labelme 对切片数据进行标注。Labelme 是麻省理工（MIT）的计算机科学和人工智能实验室（CSAIL）研发的图像注释工具，基于 Python 和 PyQT 编写，用于图像标注，支持对图像进行多边形、矩形、圆形、多段线、线段、点形式的标注（可用于目标检测、图像分割等任务），同时可生成 VOC 格式和 COCO 格式的数据集。其中，images/Farmland 中是训练切片原图，labels/Farmland 中是 json 格式标签文本文件。Cache 文件为自动生成文件，可忽略。标签文件名与训练图片的文件名保持一致。Json 标签文件的属性字段见表 1。

表 1　Json 标签文件属性字段

属性字段		属性值
version		版本号
flags		标签值
shape	label	第 n 个多边形的类别标签
	points	第 n 个多边形的节点
height		图像高
width		图像宽

由于 YOLO V8 网络读取的标签文件是 txt 文件，需要将 json 文件转换成 txt 文件，每个多边形以“类别标签+多边形节点横/总坐标串”构成一条记录，并且多边形的节点坐标值转换为图像的归一化相对坐标，取值为［0，1］。本试验中的训练样本总共有 1 593 个，训练时采用 7∶2∶1的分配方式构成训练集∶验证集∶测试集。

2.2　分割模型构建

基于高分辨率图像的坡耕地提取问题，实际上是一个影像语义分割问题，将坡耕地地类识别出来并进行边界提取，在图上标注每个像素的类别，将非坡耕地识别为背景，即图像的像素分类问题。深度神经网络采用端对端的学习方式，不需要人为干预每个环节，通过反向传播机制优化特征提取，实际上是一个特征提取和分类器参数联合优化的过程。YOLO V8 模型网络包含输入端、基准网络、颈部网络和输出层。输入端为模型的入口，在该阶段通常对输入图片进行预处理，包含归一化缩放、数据增强等。基准网络为第二个模块，采用 Neck 瓶颈层结构来提取影像结构特征。颈部网络通过空间金字塔池化模型等模块提升特征识别能力。输出层是识别结果的汇聚通道，通过合并交并比损失函数输出模型识别结果。在深度学习模型搭建完成后，须对模型参数进行初始化，常采用基于模型微调的方法选定初始化参数。该方法首先在大量数据集上对网络模型进行预训练，然后固定模型参数，对网络模型中特定参数进行微调。本文中采用 YOLO V8 的预训练模型“yolov8s-seg. pt”作为初始化参数，再利用坡耕地数据集进行模型参数微调。

3 试验分析

试验中采用的训练主机为 1 台配置有 NVIDIA 3060Ti 显卡的高性能工作站。选用 Pytorch 网络模型库，设置 batch_ size 为 8，迭代次数 100。训练总共花费 13 h。采用 TensorBoard 模块监测模型训练过程。训练设备性能见表 2。

表 2 训练设备性能

内存	cpu 型号	显卡型号	显存	硬盘
8G	Intel（R）Core（TM）i7-12700H 2. 70 GHz	GeForce RTX 3060	6G	500G

图 2 为模型训练结果，模型训练精度如图 3 所示，在训练过程中，模型类别损失值（class_ loss）、边界框损失值（box_ loss）和目标损失值（obj_ loss）随着迭代次数的增加逐步递减。具体评价指标如表 3 所示。

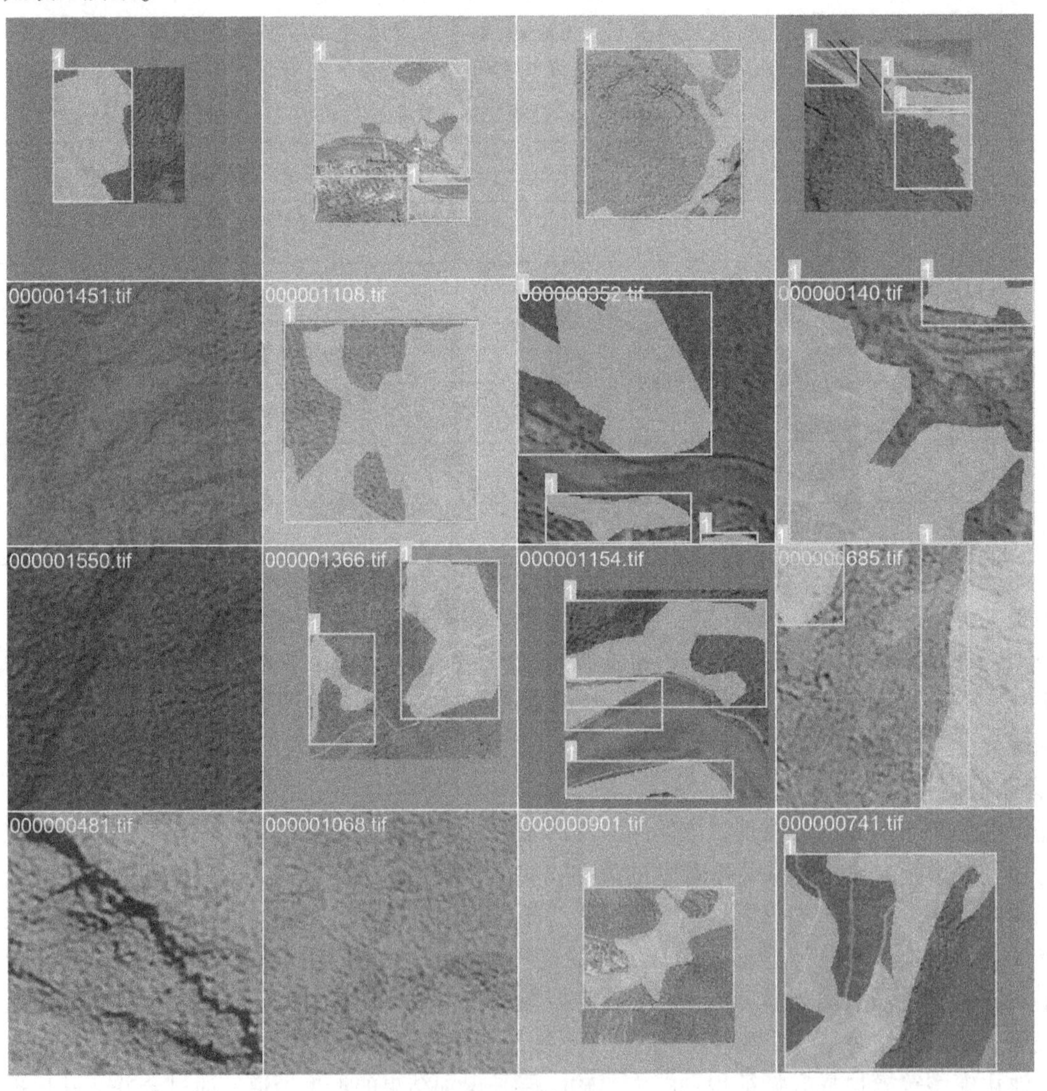

图 2 训练结果

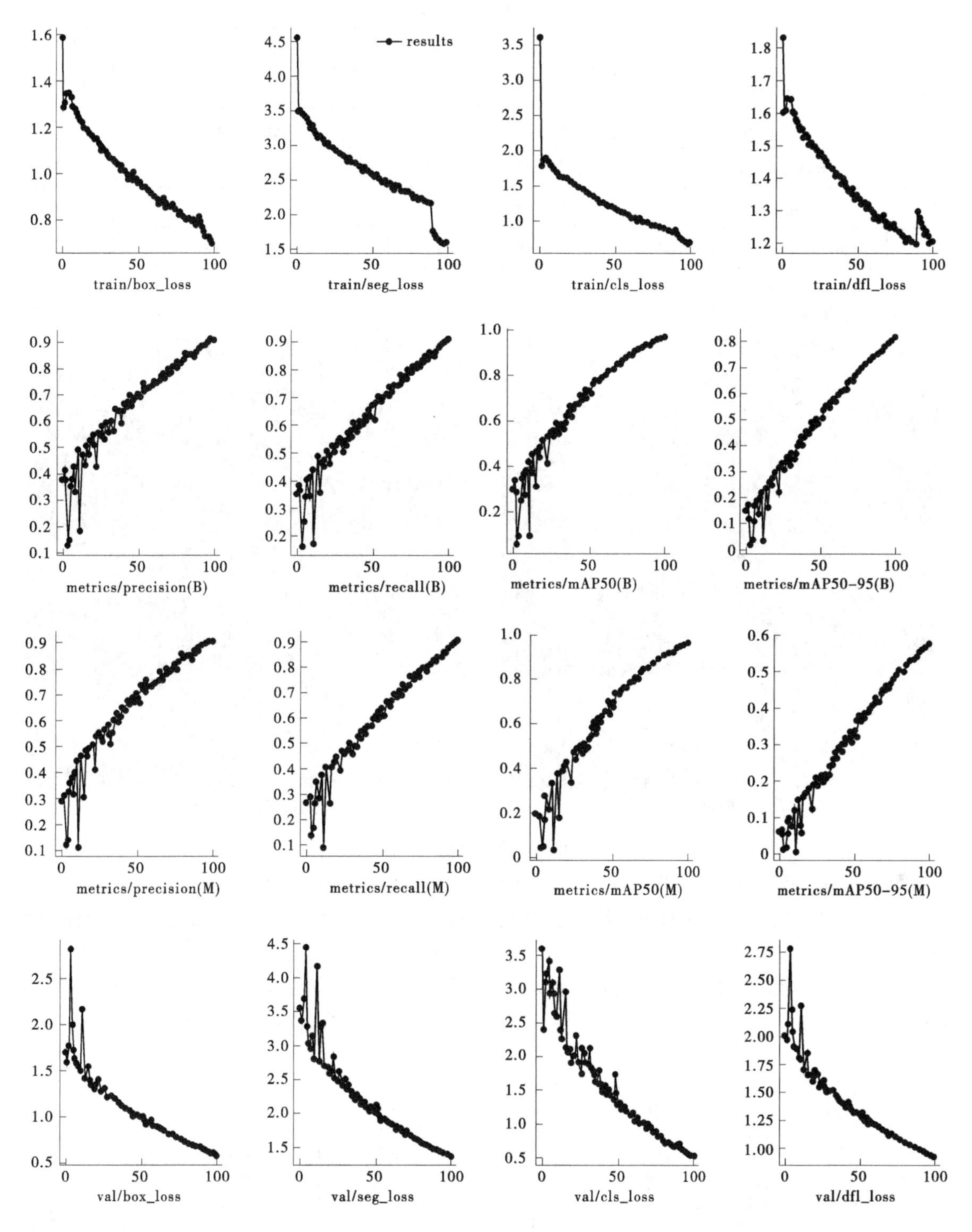

图 3　训练精度矩阵

表 3　评价指标结果

序号	精度指标	精度值	序号	精度指标	精度值
1	train/box_ loss	0. 703 48	9	metrics/precision（M）	0. 904 24
2	train/seg_ loss	1. 607 3	10	metrics/recall（M）	0. 903 84
3	train/cls_ loss	0. 706 23	11	metrics/mAP50（M）	0. 954 61

续表 3

序号	精度指标	精度值	序号	精度指标	精度值
4	train/dfl_ loss	1.204 4	12	metrics/mAP50-95 (M)	0.574 03
5	metrics/precision (B)	0.909 08	13	val/box_ loss	0.579 73
6	metrics/recall (B)	0.908 68	14	val/seg_ loss	1.381 7
7	metrics/mAP50 (B)	0.965 16	15	val/cls_ loss	0.529 74
8	metrics/mAP50-95 (B)	0.815 07	16	val/dfl_ loss	0.934 2

训练好的模型在验证集上的分割结果如图 4 所示。

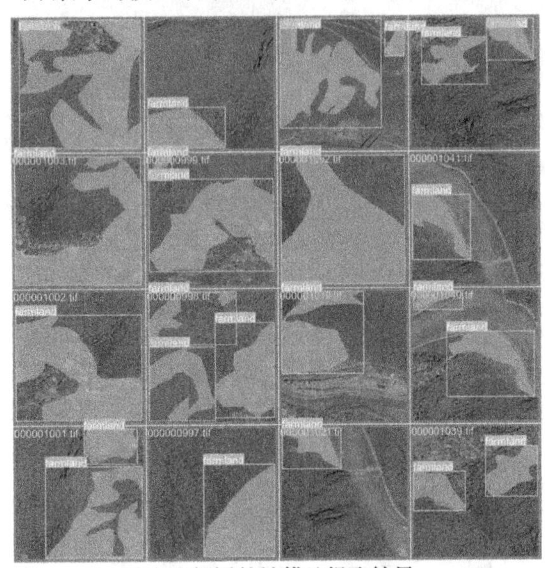

(a)人工解译的坡耕地提取结果

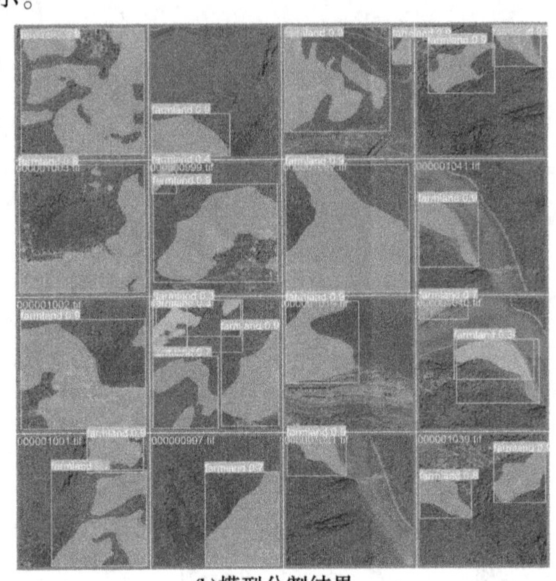

(b)模型分割结果

图 4　模型验证结果

由图 4 可见，模型提取的坡耕地结果与人工解译的坡耕地提取边界重合度高，形状基本一致，分割精度较好，在验证集上 mAP50 达到了 0.954 61，mAP50－95（M）为 0.574 03，召回率为 0.903 84。

同时，采用 U-Net、DeepLab 和 FCN 模型，在相同的硬件和环境下对坡耕地数据集影像进行深度学习模型训练，并与 YOLO V8 进行对比试验，统计不同模型的分割精度，其结果如图 5、图 6 所示。

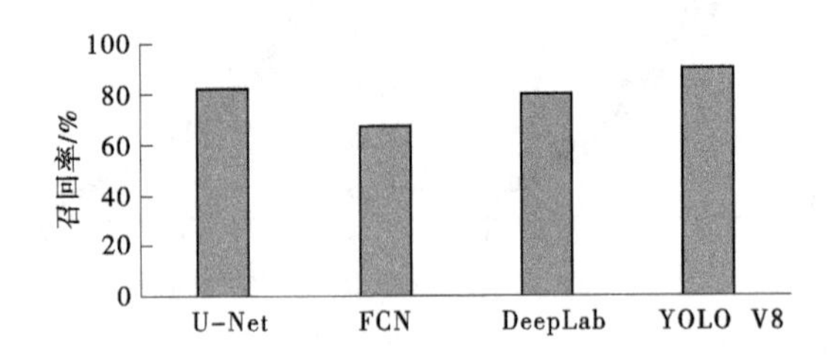

图 5　不同算法模型精度比较

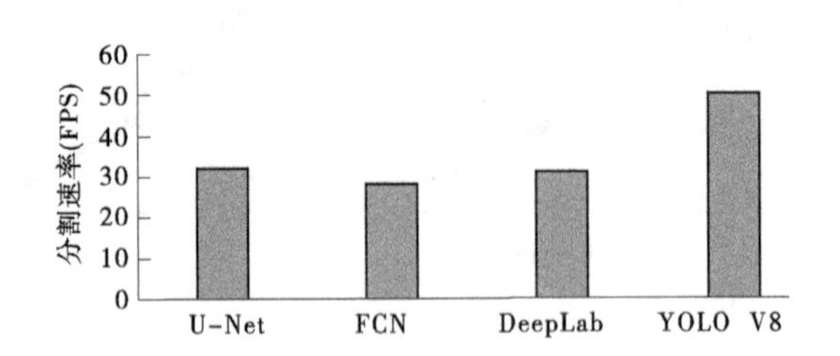

图 6　不同算法模型运算效率比较

从上述计算结果可以看出：①在运行速率上，YOLO V8 算法运行速率最快，达到 50FPS。而 U-Net、DeepLab、FCN 运行速率相似，为 YOLO V8 速率的 1/2 左右。②YOLO V8 模型的精度最高，召回率高于其他三个模型结果。本模型在精度上和效率上均优于传统的语义分割模型，在实际生产工作中具有较强的可行性。

4 结语

本文将“one-stage”深度学习语义分割框架YOLO V8模型用于水土保持监管中的坡耕地识别提取工作中，基于高分系列影像，针对水土流失较为严重的甘肃省康县区域，构建坡耕地识别样本库，为后续的水土流失动态监管提供了宝贵的数据样本。基于YOLO V8语义分割预训练模型，本文构建了坡耕地快速提取模型，相较于传统CNN卷积神经网络，本模型具有更高的精度和更快的速率，可为坡耕地动态监测工作提供技术支持，以提高我国当前水土流失动态监管效率。后续将尝试引入大模型，提高模型的自动识别能力，同时针对水土流失动态监管工作，制作不同地区重点监管对象的样本库，构建多类型识别分割模型，减少水土流失监管中遥感解译工作的人力成本和时间成本，提高我国水土流失监管信息化程度和自动化程度。

参考文献

[1] 水利部.2021年全国水土流失动态监测显示我国水土流失状况持续向好 生态文明建设成效斐然[R/OL].[2022-06-28].https://www.gov.cn/xinwen/2022-06/28/content_5698083.htm.

[2] 傅涛，倪九派，魏朝富，等.坡耕地土壤侵蚀研究进展[J].水土保持学报，2001(3)：123-128.

[3] 贺媛媛.坡耕地利用的特色农业可拓研究：以陕北地区坡耕地为例[J].北京农业，2015(9)：300.

[4] 赵辉，黎家作，李晶晶.中国水土流失动态监测与评价的现状与对策[J].水土保持通报，2016，36(1)：115-119.

[5] 张兵.遥感大数据时代与智能信息提取[J].武汉大学学报(信息科学版)，2018，43(12)：1861-1871.

[6] Zhang C，Sargent I，Pan X，et al. Joint Deep Learning for land cover and land use classification[J]. Remote sensing of environment，2019，221：173-187.

[7] Talukdar S，Singha P，Mahato S，et al. Land-use land-cover classification by machine learning classifiers for satellite observations：A review[J]. Remote Sensing，2020，12(7)：1135.

[8] 潘霞.基于Google Earth Engine云平台下地物覆被类型的遥感影像智能分类方法研究[D].呼和浩特：内蒙古农业大学，2021.

[9] 李唯嘉.面向遥感影像分类、目标识别及提取的深度学习方法研究[D].北京：清华大学，2019.

[10] 党宇，邓喀中，赵有松，等.基于深度学习AlexNet的遥感影像地表覆盖分类评价研究[J].地球信息科学学报，2017，19(11)：1530-1537.

[11] 周楠.基于深度学习的精细化土地覆盖变化遥感提取方法研究[D].北京：中国科学院大学(中国科学院空天信息创新研究院)，2022.

[12] 孙毅.基于含标签噪声样本学习的高分辨率遥感影像分割[D].上海：华中科技大学，2020.

[13] Rukhovich D I，Koroleva P V，Rukhovich D D，et al. The use of deep machine learning for the automated selection of remote sensing data for the determination of areas of arable land degradation processes distribution[J]. Remote Sensing，2021，13(1)：155.

基于无人机航空摄影的湖北省三峡库区典型小流域水土流失遥感监测

李 喆[1,2] 吴仪邦[1,2] 向大享[1,2] 李经纬[1,2]

（1. 长江水利委员会长江科学院，湖北武汉 430010；
2. 武汉市智慧流域工程技术研究中心，湖北武汉 430010）

摘　要：实时掌握区域水土流失现状对三峡库区水生态环境保护意义重大。本文选择湖北省巴东县黑沟小流域为研究区域，采用无人机航空影像和地面监测相结合的方法，利用中国土壤流失方程CSLE开展土壤侵蚀模数计算，分析水土流失状况及其成因。三峡库区小流域水土流失面积占土地总面积的13.01%，产生水土流失的主要原因是库区地形坡度偏大，坡地面积较多，园地和林地占比较高，农村道路等生产建设项目人为扰动偏大。建议在小流域内加快实施坡改梯治理工程，因地制宜地开展岸坡地修复，严把生产建设项目水土保持方案审批关，减少水土流失来源。

关键词：湖北省三峡库区；小流域水土流失；土地利用类型；无人机航空摄影；中国土壤流失方程CSLE

1　引言

三峡水库是我国最大的淡水资源战略性水库，是服务于长江经济带安全平稳持续发展的重要力量。三峡工程的建成为调控长江水系生态、保护长江水环境质量、高效配置长江水资源提供了契机。湖北省三峡库区是三峡工程的近坝段和核心地，在落实长江大保护方针、提升长江流域水功能、促进长江流域协调发展方面地位突出，对于充分发挥“国之重器”作用、切实推动长江经济带高质量发展和生态环境保护意义重大[1]。

水土保持是江河保护治理的根本措施。党的二十大报告提出，推动绿色发展，促进人与自然和谐共生。2023年1月，中共中央办公厅、国务院办公厅印发《关于加强新时代水土保持工作的意见》提出，统筹生产生活生态，在大江大河上中游、东北黑土区、西南岩溶区、南水北调水源区、三峡库区等水土流失重点区域全面开展小流域综合治理，全面推动小流域综合治理提质增效。“十三五”以来，湖北省持续开展了三峡库区水土流失综合防治工作，强化水土流失预防监管，加快补齐水土流失治理短板，持续提升水土流失监测预报能力，全力助推库区绿色发展，取得了明显成效。但受暴雨、坡陡土薄等自然条件、不合理的人为耕作管理和生产建设项目人为干扰等因素的影响，三峡库区水土流失潜在风险仍居高位。加强水土流失监测分析，实时掌握水土流失现状及动态变化，是区域水土流失监测的主要抓手。2018年以来，水利部建立了基于中国土壤流失方程（CSLE）的水土流失分级监测技术体系[2-3]。田金梅等研究了基于CSLE模型的区域水土流失遥感定量监测方法，并以绥德县为研究区进行水土流失监测与分析[4]。王略等采用CSLE模型、遥感解译与统计分析相结合的方法，对皇甫川流域进行了土壤侵蚀定量评价[5]。李子轩等提出了基于CSLE模型的全域覆盖和4%密度抽样

基金项目：国家重点研发计划项目（2021YFC3000205、2017YFC1502406）；水利部重大科技项目（SKR-2022001、SKR-2022003）；湖北省自然科学基金（2022CFD173）；中央部门预算项目库区维护和管理基金（2136703）。

作者简介：李喆（1980—），男，正高级工程师，主要从事防汛抗旱减灾、水利信息化、水土保持研究工作。

两类计算方法，以河北省怀来县为研究区进行了对比分析，结果表明全域覆盖计算适用于县域中、小尺度土壤侵蚀定量计算，而抽样单元推算适用于流域、区域等大尺度土壤侵蚀估算[6]。针对 CSLE 模型各因子计算方法和参数取值因地而异的情况，董丽霞等采用文献法对重庆市 CSLE 模型各因子的相关研究进行了系统性梳理，归纳了各因子的计算方法及参数取值等成果[7]。李经纬以南方红壤低山丘陵区为研究对象，基于中国土壤流失方程 CSLE 计算了 1985—2015 年土壤侵蚀模数，探讨了土壤侵蚀的时空变化规律，定量分析了影响土壤侵蚀变化的关键水蚀因子驱动力[8]。

本文采用无人机航飞、资料分析、现场调查相结合的方法，选择湖北省巴东县黑沟小流域为典型研究区，开展了水土流失遥感监测与成因分析，提取水土流失空间分布及统计成果，讨论土地利用类型、地形坡度对水土流失的影响，对三峡库区水土流失防治、小流域治理成效评估等具有重要意义。

2 资料

2.1 研究区域概况

本文选择湖北省巴东县黑沟小流域为典型研究区。黑沟小流域位于巴东县北部，地处神农溪汇入长江河口的北岸，地势北高南低，平均海拔 455.7 m，地表平均坡度 22.3°。属于亚热带季风气候区，温暖多雨，四季分明，年平均降水量约 1 000 mm。土壤类型以红壤、黄壤、黄棕壤为主。植被覆盖度高，现状植被以常绿落叶阔叶林为主，如杉树、马尾松等。黑沟小流域位置见图 1。

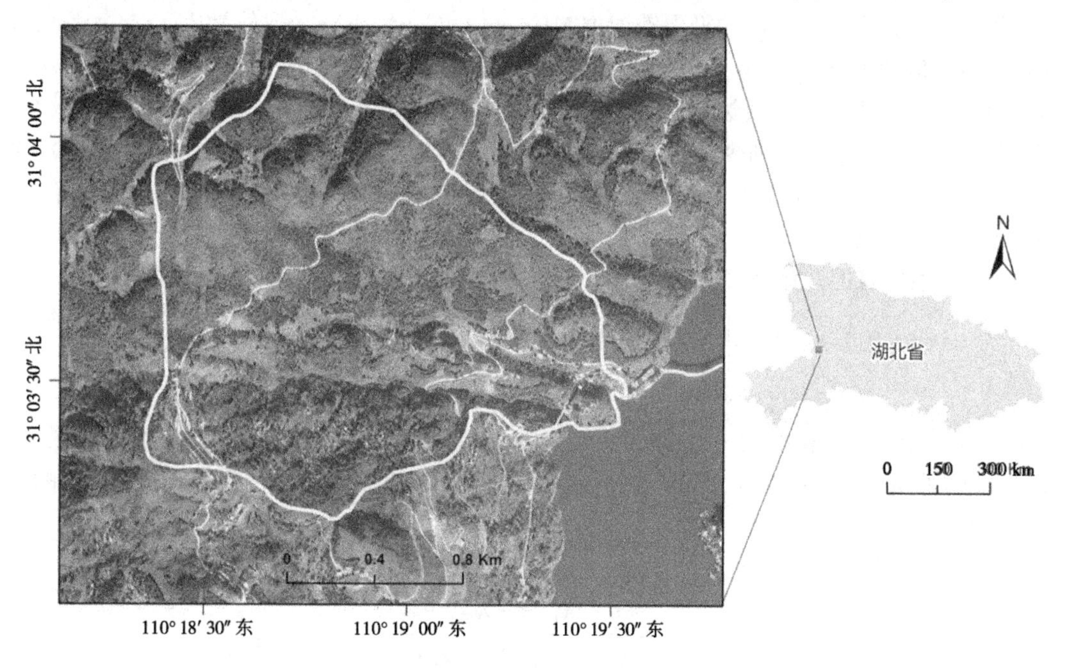

图 1　黑沟小流域位置

2.2 数据资料

（1）无人机航空摄影数据。获取时间为 2022 年 9 月，空间分辨率为 0.3 m。原始数据经过几何纠正、影像融合、图像拼接等预处理，形成了清晰度高、饱和度强、信息丰富的遥感影像，地物特征明显、易于判读。

（2）水土流失资料。主要包括巴东县行政界线矢量图、生产建设项目水土保持方案、小流域治理设计方案、土地利用现状、土壤侵蚀图斑等。

（3）其他资料。主要包括湖北省全口径水土流失治理现状调查数据、《湖北省水土保持规划（2016—2030 年）》、《湖北省巴东县政府工作报告（2016—2022 年）》、湖北省恩施土家族苗族自治州流域综合治理和统筹发展规划纲要等。

3 方法

3.1 水土流失计算

选用中国水土流失通用方程（CSLE），其计算公式为

$$A = RKLSBET \tag{1}$$

式中：A 为土壤侵蚀模数，t/（hm^2·a）；R 为降雨侵蚀力因子，MJ·mm/（hm^2·h·a）；K 为土壤可蚀性因子，t·hm^2·h/（hm^2·MJ·mm）；L 为坡长因子，无量纲；S 为坡度因子，无量纲；B 为生物措施因子，无量纲；E 为工程措施因子，无量纲；T 为耕作措施因子，无量纲。

（1）降雨侵蚀力因子计算公式。

$$R = \sum_{k=1}^{24} R_{半月k} \tag{2}$$

$$R_{半月k} = \frac{1}{N}\sum_{i=1}^{N}\sum_{j=1}^{M}(\alpha \cdot \rho_{i,j,k}^{1.7265}) \tag{3}$$

$$WR_{半月k} = \frac{R_{半月k}}{R} \tag{4}$$

式中：R 为多年平均降雨侵蚀力，MJ·mm/（hm^2·h·a）；k 取值为 1，2，…，24，是将一年划分为 24 个半月，其中，第 k 个半月的降雨侵蚀力 MJ·mm/（hm^2·h）；i 取值为 1，2，…，N；N 为多年的时间序列；j 取值为 0，1，…，m；m 为第 i 年的第 k 个半月的侵蚀性的降雨日的相关数据；$\rho_{i,j,k}$ 为第 i 年的第 k 个半月的第 j 个侵蚀性的降雨量的相关数据，mm；如果某年的某个半月内没有发生侵蚀性的降雨量，mm，即 $j=0$，则令 $\rho_{i,j,k}=0$；α 为参数，α 取 0.393 7 在 5—9 月，α 取 0.310 1 在 10—12 月和 1—4 月；$WR_{半月k}$ 为第 k 个半月的平均降雨侵蚀力因子（$R_{半月k}$）占多年的平均年降雨侵蚀力因子（R）的相关比例。

（2）土壤可蚀性因子计算公式。

$$K = 0.13\left\{0.2 + 0.3\exp\left[-0.02\mathrm{SAN}\left(1-\frac{\mathrm{SIL}}{100}\right)\right]\right\}\left(\frac{\mathrm{SIL}}{\mathrm{CLA}-\mathrm{SIL}}\right)^{0.3} \times \left(1-\frac{0.25C}{C+\exp(3.72-0.95C)}\right) \times \left(1-\frac{0.7\mathrm{SN1}}{\mathrm{SN1}+\exp(-5.51+22.9SN1)}\right) \tag{5}$$

式中：K 为土壤可蚀性因子；SAN、SIL、CLA 和 C 分别为砂粒、粉粒、黏粒和有机质含量的百分比，SN1 = 1-SN/100[8]。

（3）坡长因子计算公式。

$$L_i = \frac{\lambda_i^{m+1} - \lambda_{i-1}^{m+1}}{(\lambda_i - \lambda_{i-5}) \times 22.13^m} \tag{6}$$

式中：λ_i、λ_{i-1} 分别为第 i 个与第 $i-1$ 个坡段中的坡长；m 为坡长指数，随坡度而变。

$$m = \begin{cases} 0.2 & (\theta \leqslant 1°) \\ 0.3 & (1° < \theta \leqslant 3°) \\ 0.4 & (3° < \theta \leqslant 5°) \\ 0.5 & (\theta > 5°) \end{cases} \tag{7}$$

（4）坡度因子计算公式。

$$S = \begin{cases} 10.8\sin\theta + 0.03 & (\theta < 5°) \\ 16.8\sin\theta - 0.50 & (5° \leqslant \theta \leqslant 10°) \\ 21.9\sin\theta - 0.50 & (\theta > 10°) \end{cases} \tag{8}$$

式中：S 为坡度因子，无量纲；θ 为坡度，（°）。

（5）生物措施因子。

基于 MODIS 归一化植被指数（NDVI）的产品与 TM 多光谱影像（其中包括了蓝、绿、红和近红外 4 个波段），采用融合计算得到了 24 期植被覆盖度（每半月一期）数据，结合降雨侵蚀力因子比例计算生物措施因子，最后利用 ArcGIS 软件重采样生成生物措施因子栅格数据。

（6）工程措施因子。

依据水土保持工程措施因子赋值表（见表 1），逐栅格分析遥感解译提取的土壤侵蚀地块属性“水土保持工程措施类型或代码”的字段值，得到了水土保持工程措施因子值，最后利用 ArcGIS 软件重采样生成水土保持工程措施因子栅格数据。

表 1　水土保持工程措施因子赋值表

二级地类	工程措施名称	工程措施代码	因子值 E
梯田	土坎水平梯	20101	0.084
	石坎水平梯	20102	0.102
	坡式梯田	20103	0.414
	隔坡梯田	20104	0.347
地埂		202	0.347
水平阶（反坡梯田）		204	0.151
水平沟		205	0.335
鱼鳞坑		206	0.249
大型果树坑		207	0.160

（7）耕作措施因子。

依据遥感解译提取的土壤侵蚀地块属性“水土保持耕作措施类型或代码”的字段值，查阅水土保持耕作措施因子的赋值表（T=0.338），得到了水土保持耕作措施因子值，最后利用 ArcGIS 软件重采样生成水土保持耕作措施因子栅格数据。

3.2　侵蚀强度判定

依据《土壤侵蚀分类分级标准》（SL 190—2007）（见表 2），基于计算得到的土壤侵蚀模数，评价每个栅格的侵蚀强度。

表 2　水力侵蚀强度分级

级别	平均侵蚀模数/[t/（km^2·a）]	平均流失厚度/（mm/a）
微度	<200，<500，<1 000	<0.15，<0.37，<0.74
轻度	200，500，1 000~2 500	0.15，0.37，0.74~1.9
中度	2 500~5 000	1.9~3.7
强烈	5 000~8 000	3.7~5.9
极强烈	8 000~15 000	5.9~11.1
剧烈	>15 000	>11.1

注：东北黑土区和北方土石山区平均侵蚀模数为 200 t/（km^2·a）以下，南方红壤丘陵区和西南土石山区平均侵蚀模数在 500 t/（km^2·a）以下，西北黄土高原区平均侵蚀模数为 1 000 t/（km^2·a）。

4　结果

4.1　区域水土流失特征

如图 2 所示，黑沟小流域总面积为 204.67 hm^2，土地利用类型以园地、林地、建设用地为主。

园林草植被总面积 23 hm^2，占土地总面积 11.2%，植被覆盖度类型以中高和高盖度为主，其中高覆盖面积 7.2 hm^2，占林草植被面积 31.3%；中高覆盖面积 12.13 hm^2，占林草植被面积 52.6%，详见图 3。

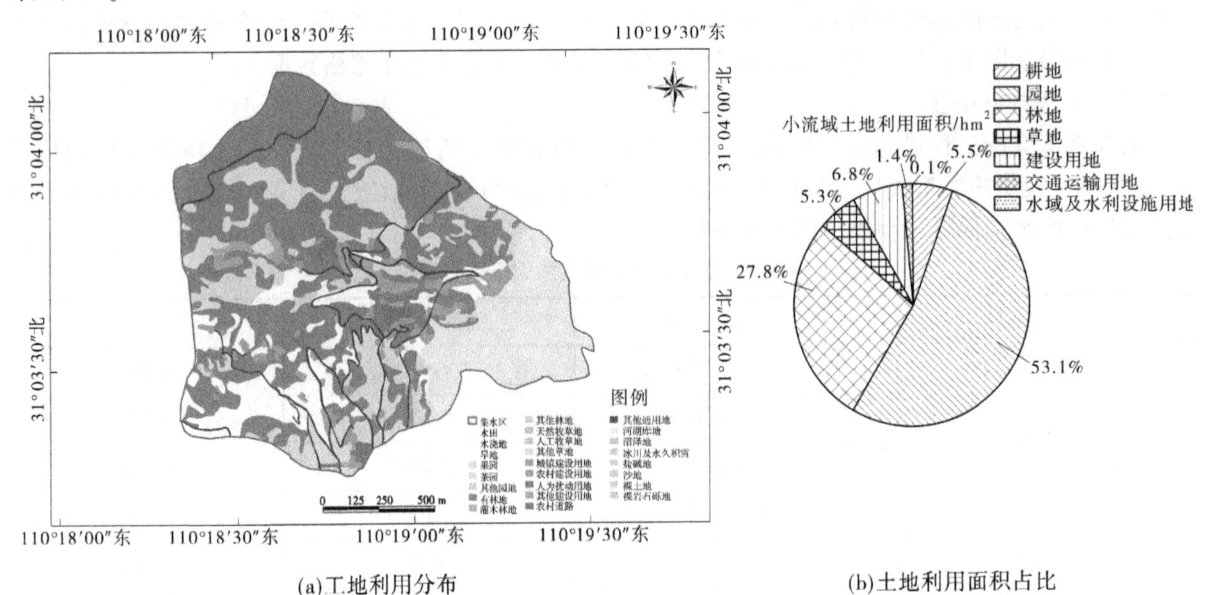

(a)工地利用分布　　(b)土地利用面积占比

图 2　小流域土地利用现状

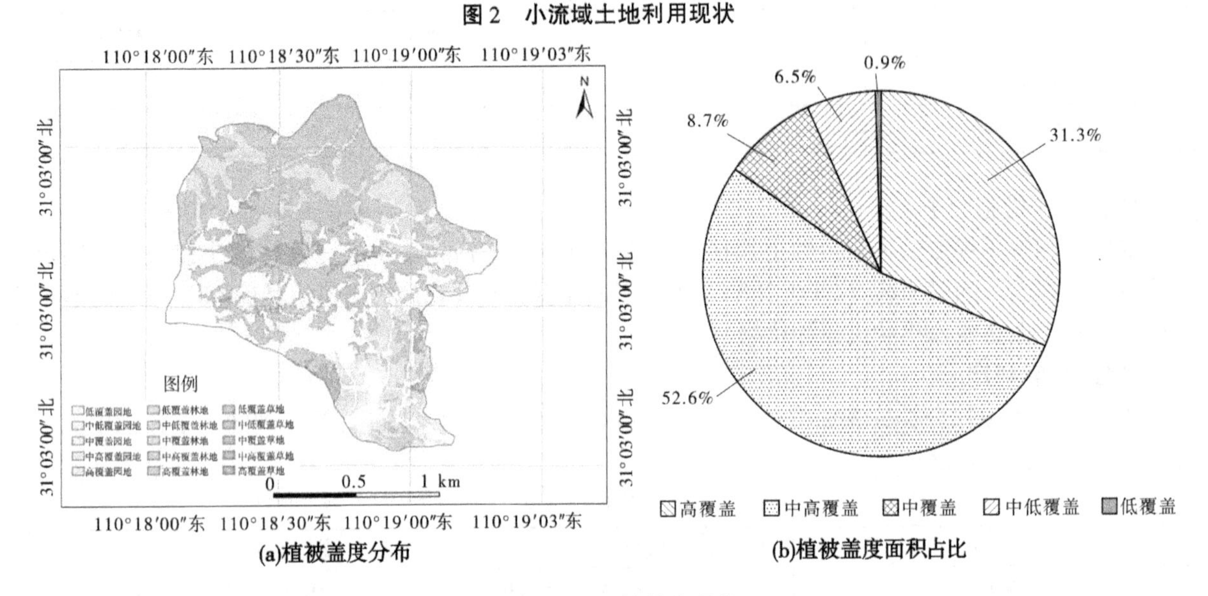

(a)植被盖度分布　　(b)植被盖度面积占比

图 3　小流域植被盖度现状

小流域水土流失面积为 26.6 hm^2，占土地总面积 13%，以轻度侵蚀为主，中度侵蚀次之，侵蚀面积分别为 24.1 hm^2、2.4 hm^2，占土地总面积的比例分别为 90.6%、9%，见图 4。

4.2　不同土地利用类型水土流失

黑沟小流域园地总侵蚀面积 14.1 hm^2，侵蚀面积占比最大，达到了总侵蚀面积的 53%；林地总侵蚀面积次于园地，达到了 7.4 hm^2，以轻度侵蚀为主；耕地总侵蚀面积 1.5 hm^2，以中度侵蚀为主；草地侵蚀面积 1.5 hm^2，均为轻度侵蚀；建设用地、交通运输用地、水域及水利设施用地等所占比例较小，均以轻度侵蚀为主，总面积 2.2 hm^2，见图 5。

4.3　不同坡度耕地水土流失

黑河小流域内不同坡度级耕地水土流失总面积 1.5 hm^2，以坡度为 15°以上的耕地流失为主，见图 6。坡度为 15°~25°的耕地面积为 0.5 hm^2，占总坡耕地侵蚀面积的 33.3%；坡度>25°的耕地面积为 0.9 hm^2，占总坡耕地侵蚀面积的 60%；坡度为 6°~15°的耕地面积仅有 0.1 hm^2，占总坡耕地侵蚀面积的 6.7%。

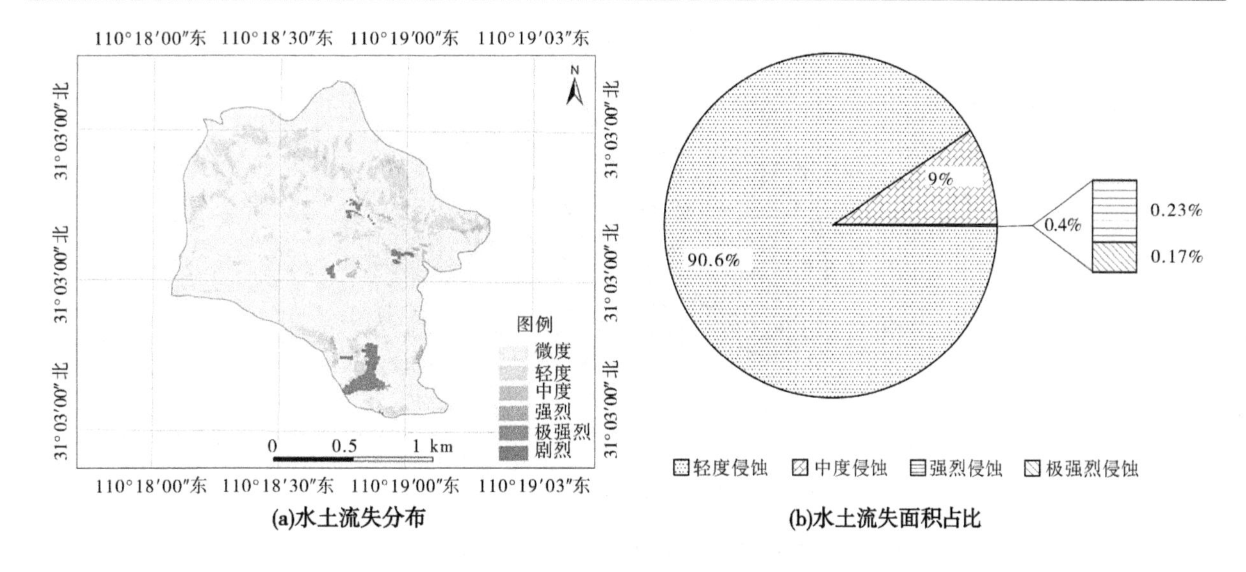

(a)水土流失分布　　(b)水土流失面积占比

图4　小流域水土流失现状

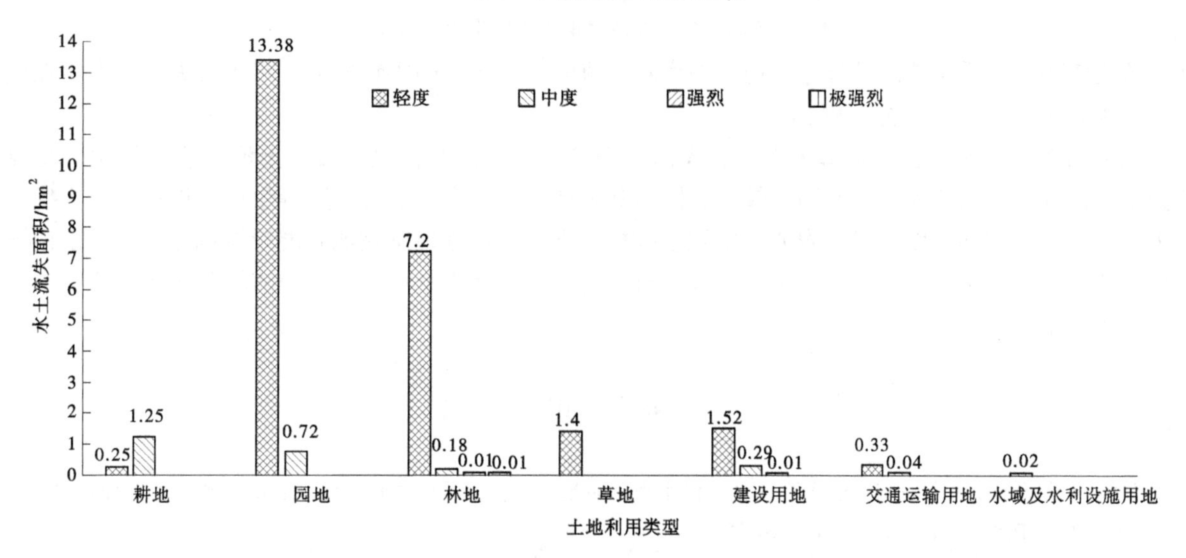

图5　不同土地利用类型小流域水土流失面积　（单位：hm²）

4.4　水土流失成因分析

经过多年治理，三峡库区水土流失面积得到有效控制，但小流域水土流失仍有发生，主要原因如下：

（1）黑沟小流域属于高山峡谷区，地表平均坡度22.3°，25°以上的坡地占总面积的52.31%。从巴东全县来看，25°以上的山地占总面积的66.17%。因此，地形坡度大、坡地面积多是造成区域水土流失的主要原因。

（2）随着三峡工程建成和库区绿色发展转型，库周农业生产结构不断升级调整，柑橘、茶叶等已成为库区农业发展和乡村振兴的支柱产业，陡坡林地、园地面积逐渐增大。另外，农村道路等生产建设项目较多，水土保持监管仍有短板，潜在的水土流失风险较高。

5　结论

（1）三峡库区黑沟小流域土地利用主要是园地、林地和建设用地，植被盖度类型以中高和高度为主，水土流失面积为26.64 hm²，占土地总面积13.01%。水土流失面积主要发生在园地和林地上，分别占总侵蚀面积的53.08%和27.82%；轻度侵蚀占比最高，占总侵蚀面积的90.62%，强烈以及极

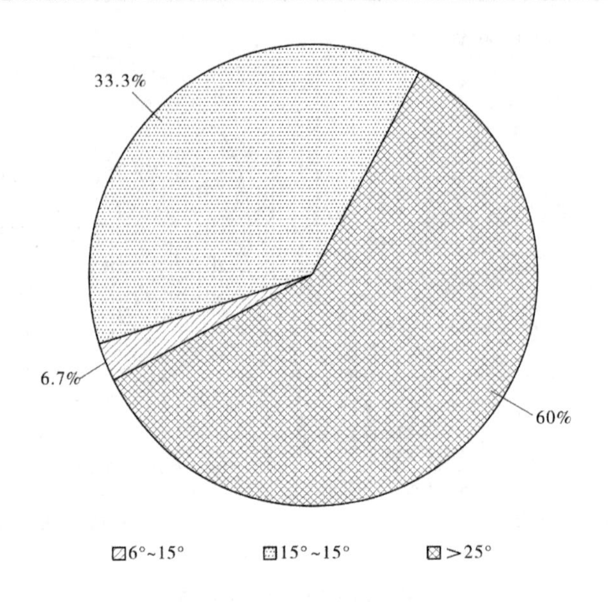

图 6　不同坡度小流域耕地水土流失面积占比

强烈流失集中在建设用地以及林地。地形坡度对小流域水土流失的影响较大，水土流失主要发生在坡度>15°的耕地上，占总侵蚀面积 97.26%。

（2）经过多年治理，三峡库区水土流失面积得到了有效控制，但区域水土流失仍有发生，主要原因是库区地形坡度偏大，坡地面积较多，园地和林地占比较高，农村道路等生产建设项目人为扰动偏大。因此，建议加快发展旱作农业，实施坡改梯治理工程；因地制宜地开展岸坡地修复，丰富植被种群结构，提高植被覆盖率；严把生产建设项目水土保持方案审批关，强化弃渣场和排水措施，减少水土流失来源。

参考文献

[1] 吕彩霞，刘磊宁．强化三峡工程管理 为新阶段水利高质量发展作出积极贡献：访水利部三峡工程管理司司长阮利民［J］．中国水利．2022，(24)：34-35.

[2] 张甘霖，史舟，朱阿兴，等．土壤时空变化研究的进展与未来［J］．土壤学报，2020，57（5)：1060-1070.

[3] 史志华，刘前进，张含玉，等．近十年土壤侵蚀与水土保持研究进展与展望［J］．土壤学报．2020，57（5)：1117-1127.

[4] 田金梅，李小兵，高璐媛，等．县域尺度水土流失遥感定量监测［J］．水土保持应用技术，2021（1)：43-45.

[5] 王略，屈创，赵国栋．基于中国土壤流失方程模型的区域土壤侵蚀定量评价［J］．水土保持通报，2018，38（1)：122-125，130.

[6] 李子轩，赵辉，邹海天，等．基于 CSLE 模型和抽样单元法的县域土壤侵蚀估算方法对比［J］．农业工程学报，2019，35（14)：141-148.

[7] 董丽霞，蒋光毅，张志兰，等．重庆市中国土壤流失方程因子研究进展［J］．中国水土保持，2021（2)：40-45.

[8] 李经纬．南方红壤区土壤侵蚀时空演变特征及主要驱动力分析［D］．武汉：华中农业大学，2020.

无人机高光谱遥感技术在水利科技方面的现状、应用和潜力

张 穗 文雄飞 李 喆 程学军 李经纬 赵 静

（长江水利委员会长江科学院，湖北武汉 430014）

摘 要：高光谱遥感技术的日渐成熟，为水利科技提供了更为精确高效的手段。无人机高光谱技术兼顾了拍摄的连续性、机动性，和较少受大气辐射的影响的特性，能够同步获得地物的空间和光谱信息，成为小范围地表监测的重要发展方向。本文从四水问题中的水生态、水环境、水灾害问题出发，探讨了无人机高光谱遥感技术在水利科技应用方面的现状、潜力和挑战，并对具体技术思路进行了分析，为高光谱遥感技术在水利行业的应用与发展提供方向。

关键词：高光谱遥感；无人机；水生态；水环境；数据驱动

1 引言

近年来，高光谱遥感技术和微波遥感技术成为遥感领域的两大热门发展方向。高光谱遥感技术是用很窄而且连续的光谱通道对地物进行持续成像的技术[1]。相对于传统光谱技术，它具有光谱分辨率高、图谱合一等特点，大大提高了遥感地物识别的能力，且进一步推进了遥感技术从定性分析到定量分析的转变。尤其是机载高光谱遥感技术，由于其灵活机动和近地作业的性质，已经逐渐被应用到水生态、水环境、水灾害等水利科学研究方面，为水利科技的发展带来了新的机遇。本文探讨了无人机高光谱遥感技术在水利科技方面的现状、应用和潜力，为高光谱遥感技术在水利行业的应用与发展提供方向。

2 国内外高光谱遥感技术的发展

高光谱成像技术起源于机载光谱成像技术，20 世纪 80 年代初美国 NASA JPL 研制出第一台机载成像光谱仪 AIS，被认为是第一代高光谱成像技术的标志[2]。1987 年，又开发了机载可见光/红外成像光谱仪 AVIRIS，成为第一台民用机载高光谱传感器。20 世纪 90 年代开始，各国开始进行光谱成像仪的研制。比较有代表性的有芬兰 Specim 公司制造的推扫式成像系统 AISA ；澳大利亚集成光电公司 ISPL 研制生产的机载扫描成像光谱仪 HyMap ；2003 年，慕尼黑大学研制出的机载可见、红外成像光谱仪 AVIS-2 ，研制过程中对体积、质量进行了优化，以保证其可在超轻型飞机中的应用。

我国的高光谱技术的研发与国际基本同步。1990 年，我国第一台机载高光谱成像仪 MAIS（modular airborne imaging spectrometer ，MAIS）问世，由可见/近红外（0. 44~1. 08 μm）、短波红外（0. 5~2. 45 μm）和热红外（8~11. 6 μm）3 个独立的光谱仪组成，光谱通道数达到 71 个，可见光近红外波段光谱分辨率达到 20 nm。我国在航天高光谱遥感方面的成绩尤为突出，2002 年，“神舟三号”飞船中搭载了 1 台我国自行研制的中分辨率成像光谱仪，成为继美国后第二个将高光谱载荷送上太空的国家。2011 年发射的“天宫一号”携带了我国自行研制的高光谱成像仪，轨道高度 400 km，空间分辨

作者简介：张穗（1976—），女，教授级高级工程师，主要从事遥感技术在水利科技中的应用工作。
通信作者：文雄飞（1984—），男，正高级工程师，主要从事空间信息技术水利行业应用研究工作。

率 10~20 m，幅宽 10 km，光谱覆盖 0.4~2.5 μm，共 128 个谱段。实现了纳米级光谱分辨率的地物特征和性质的成像探测。2018 年，我国研制的星载宽谱宽幅可见短波红外高光谱相机，首次应用于中国高分辨率对地观测重大专项的第一颗高光谱观测卫星（高分五号）。其高光谱数据已经广泛地应用于大气、海洋、农业、减灾和资源环境等各个部门和领域。

高光谱遥感相对于多光谱遥感技术，优势明显，它能提供更精细的地物识别能力，代价是数据量庞大，处理难度高，且价格相对昂贵。二者间的对比如表 1 所示。

表 1　高光谱与多光谱技术优劣对比

类型	优点	缺点
高光谱遥感光谱分辨率在 λ/100 的遥感信息（HYPERSPECTRAL）	波段较多，谱带较窄，一般波段范围小于 10 nm； 波段连续，相邻谱带间相关度高； 空谱合一的立方体数据模式； 地物识别效果好	数据量庞大，复杂性高； 信噪比低； 专业处理软件较少
多光谱遥感光谱分辨率在 λ/10 数量级范围（MULTISPECTRAL）	在可见光和近红外光谱区只有几个波段，波段数较少； 数据量小，处理速度快； 数据源多，价格便宜	普通的二维平面数据； 光谱分辨率低； 地物识别能力较低

根据荷载方式的区别，高光谱遥感设备分为地物高光谱仪、无人机高光谱成像仪和星载高光谱成像仪三类。三者的特点如图 1 所示。

图 1　不同荷载方式的高光谱技术比较

3　无人机高光谱遥感在水利科技方面的应用

无人机（unmanned aerial vehicle，UAV）是一种由动力驱动、机上无人驾驶、依靠空气提供升力、可重复使用航空器的简称。无人机遥感是我国近 20 年大力发展的重大产业之一[3]，相对于卫星遥感和传统航天遥感，它具有明显的更高时效、更高分辨率、更灵活机动的特点，相对于传统的地面监测技术，它又具有区域同步性和时空分布的优势，因此无人机遥感被广泛地应用到农林病虫害识别、抢险救灾、目标识别等领域，成为快速实时地获取小面积区域影像的重要手段，非常适合进行内陆水体研究。近年来，由于其近地作业受大气条件影响小，高光谱分辨率和高空间分辨率合一等特点，越来越多地被应用于内陆中小型水体富营养化监测、水污染物识别与溯源、城市黑臭水体识别、滑坡检测等方面。

3.1 基于光谱特征分析的水生态高光谱遥感研究及方法

随着经济社会的发展，人类活动对内陆水体的生态系统影响很大，以水体富营养化、水华为代表的水生态问题日益严重。遥感因为其大面积同步性的特点，在过去几十年已经成为监测水体生态恶化问题的主要手段之一，但是由于多光谱遥感光谱识别度不高，对于光谱特征相近的叶绿素、藻类、水生植物等反演精度不尽如人意。高光谱遥感能够弥补这一不足。

与水色相关的水质参数，包括叶绿素 a、蓝绿藻、浊度、透明度等，这类参数一般可用来评价水体的生态环境。通过高光谱影像反演叶绿素 a 浓度和透明度等，可以评价水体的富营养化程度；通过高光谱影像区分水体中的藻类和水生植物，可以监测水华。

水色遥感起源于海洋遥感，1997 年海洋观测宽视场传感器 SeaWiFS（sea-viewing wide field sensor）为代表的第二代海洋水色卫星先后发射之后，促进了海洋水色遥感理论和方法体系的日益成熟，面对光学特性相对简单的海洋水体，生产出了业务化的全球大洋水体水色遥感产品（如叶绿素 a 等）。内陆水体的光学特征受到季节、空气中颗粒物和天气的影响较大，干扰信息众多，因此远比海洋复杂。但是受到海洋水色遥感理论和方法的推动，近年来内陆光学遥感得到了很大的发展，已经发展出越来越多的长时序、大范围内陆水体水色遥感算法[4]。

相对常规的采样检测或站点观测等手段，遥感技术在长时序、大范围内陆水体监测方面的优势无与伦比。唯一的存疑在于监测精度的问题。随着多光谱和高光谱遥感技术的不断发展，大数据技术的长足进展，基于海量数据模型的分析处理的实现成为了可能，因此给内陆水体水色遥感监测技术的发展带来了契机。

内陆水体光学特征复杂多变，高浓度悬浮物和黄色物质 CDOM 的干扰，以及人类活动和风浪等不稳定因素对湖库叶绿素 a 浓度的影响，使得叶绿素 a 浓度的遥感监测充满诸多挑战[5]，常规宽波段的多光谱遥感技术难以捕获其光谱特征，因而往往导致宽波段多光谱遥感数据对内陆水体水质监测的精度不高，而高光谱遥感数据利用其光谱分辨率高的优势更容易捕捉到复杂多变的内陆水体的光学特征，从而提高内陆水体水质监测的能力[6]。

Giardino 等利用 MERIS 数据，基于生物光学模型对意大利 Garda 湖的叶绿素 a 和悬浮物浓度进行了反演，并对湖泊营养状况进行了遥感评价[7]。闫福礼等利用 Hyperion 星载高光谱数据和同步采集的 25 个水面采样点数据，建立了叶绿素和悬浮物反演经验模型，然后利用另外 13 个水面采样点数据对反演结果进行了检验，发现叶绿素 a 浓度的最大误差是 21.4 mg/m^3。安如等以太湖、巢湖为研究区，以 Hyperion 和 HJ-1A 卫星 HSI 高光谱数据以及实测水质浓度数据试验数据，引入归一化叶绿素指数 NDCI，对湖泊水体的高光谱叶绿素 a 浓度估算进行分析试验[8]。Liu 等结合 OLCI 影像数据和半分析模型实现对二类浑浊水体叶绿素 a 浓度的遥感反演和动态监测[9]。郑著彬等利用滇池两次野外现场实测数据和欧比特高光谱 OHS 影像，构建了叶绿素 a 浓度波段比值遥感反演模型，获得了滇池叶绿素 a 浓度的空间格局[10]。洪琴等通过对叶绿素 a 浓度和光谱反射率曲线进行统计分析，建立反演模型，发现经过 900 nm 处归零化预处理的单波段模型和四波段模型对贫营养化水体的东圳水库水体叶绿素 a 浓度的反演效果最佳[11]。

由于生物光学模型的复杂性，简单有效的经验模型成为总悬浮物和浊度遥感监测的常用模型。Hicks 等利用新西兰怀卡托区域部分湖泊实测的总悬浮物浓度、浊度和透明度数据和时序 Landsat ETM 数据，构建波段组合模型对湖泊水体三种水质参数进行遥感监测[12]；Shi 等基于 MODIS 数据在 545 nm 处的遥感反射率和实测太湖水体总悬浮物浓度之间的稳定关系，构建了太湖水体总悬浮物浓度反演的经验模型[13]，并分析了太湖水体总悬浮物浓度的时空变异性；Lobo 等利用 1973—2013 年的 Landsat MSS/TM/OLI 影像获取的近红外波段反射率和实测矿坑水体总悬浮物浓度[14]，构建单波段指数模型对不同时间矿坑水体总悬浮物浓度进行监测，并分析了矿坑水体总悬浮物浓度的时空变化规律及其驱动因素；Ali 等将 400~900 nm 范围内的全部波段反射率和总悬浮物浓度分别作为自变量和因变量，构建水体总悬浮物浓度偏最小二乘反演模型[15]，取得较高的反演精度。Philipp 等在德国易北河上使用高光谱数据针对 CDOM 和浊度提出了基于 PCA 预处理的机器学习模型的回归框架，回归结果清楚地揭示了基于机器学习的高光谱数据估计水参数的潜力[16]。有学者在实验室收集了基于 29 种浓度的标准浊度溶液的高光谱成像仪的反射率数据，分析光谱特征，选择最佳波段建立模型，得到单波段、波段比、归一化比和 PLS 模型，R^2 分别为 0.86、0.92、0.87 和 0.98[17]。

3.1.1 技术思路

水色遥感有明确的光学原理，因此水生态高光谱监测的一般方法是结合实验室光学试验和理论模型，来研究水体组分的特征吸收系数，通过与标准溶液光谱对比推导水体组分的含量。基于光谱特征的水色参数反演技术思路见图 2。

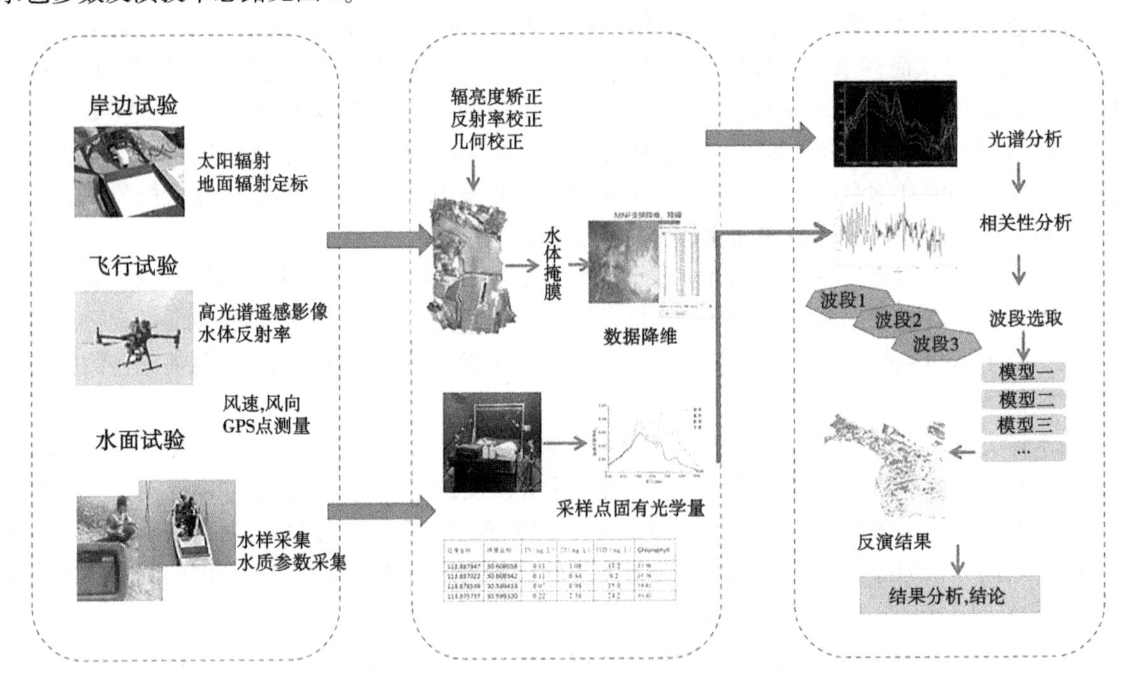

图 2 基于光谱特征的水色参数反演技术思路

此方法可以直接应用于水色参数遥感定量产品的生产。

3.1.2 应用方向

（1）水体富营养化监测。

无人机搭载高光谱成像仪对富营养化水体进行拍摄，同步采集水样数据；对高光谱数据进行辐亮度校正、反射率校正、几何校正等预处理，生成高光谱影像，对采集的水样数据进行实验室分析，得到相关参数；在暗室里用光谱仪对已知叶绿素与浊度参数读数的水面水样的光谱特征进行再次采集，绘制不同浓度下的光谱特征曲线；通过相关度分析，研究高光谱数据各波段或波段组合对所研究水色参数的敏感性，采用特征选择法对高光谱数据进行降维，将降维后的数据作为源数据进行模型反演；借助于对水体主要水色要素固有光学特性的研究，建立起高光谱影像遥感反射率（R_{RS}）与叶绿素（浊度）实测浓度（C_P）之间的关系。

（2）湖库水华监测。

水华是水库湖泊水域经常发生的水生态问题。高光谱水华监测能够精准地识别水华水体和清洁水体之间的阈值，为水华面积和强度监测提供精准的手段。

在水华发生期间采集清洁水体、水华水体、水生植被等高光谱数据，对不同类型水体（清洁水体、水华水体、水生植被水体）的水面的固有光学量、表观光学量和参数特征进行采集和分析，绘制不同特征水体的光谱特征曲线；针对水体样本相对于高光谱波段的稀疏性特征，选用 LASSO 回归模型，分析计算高光谱影像各波段和不同类型水体特征之间的相关度，评价选择对水华水体敏感性最高的光谱谱段。在能够代表相应研究区水体状况的监测点位采集高光谱数据和实测水华藻密度样本数据，从高光谱影像中选取水华相关性最高特征波段，进行主成分变化、最小噪声分离、时空谱多维特征提取、机器学习等分析，确定藻密度和光谱特征的相关关系，构建研究区基于机载高光谱数据的针对藻密度水华遥感识别和分级模型。

3.2 基于数据驱动的水环境遥感监测研究与应用

随着社会经济的飞速发展，人类活动频繁等因素诱发了诸多水环境问题，比较普遍的包括：水质恶化，浑浊度高，动植物生存环境差；城市黑臭水体监测与治理困难；排污口水质问题，突发性水污染事件的监测和溯源等。

高光谱遥感具有极高的光谱分辨率，可以获取丰富的水体光谱信息。对于水色相关的水质参数：叶绿素、浊度、藻类等参数，可以通过光谱分析方法建立半理论半经验的模型进行反演，而对于描述水环境的其他重要水质参数，如总氮 TN、总磷 TP、化学耗氧量 COD 等无明显光学特征的参数，遥感定量反演的物理基础不足，难度更大。

经典的定量遥感方法从物理规律出发，强调通过数学或物理的模型将遥感信息与观测地表目标参量联系起来，定量地反演或推算出目标参量。基于物理的定量遥感参数反演建模，依赖于对遥感系统机制、辐射传输理论、地表参量光学、几何等特征的理解[18]。因此，构建从观测数据到目标参量之间的表达式，称为模型驱动的方法。这类方法的优点是，观测数据和目标参量之间的物理关系已经经过验证，模型建立过程明确，可解释。但是，物理建模的方式难以准确地描述复杂多变的现实情况，一个精确、逼真的模型往往又十分复杂，计算成本高昂。此外，物理模型包含大量变量，这些变量难以获取和计算，也会给建模带来巨大的不确定性。模型驱动方法的问题在于，在物理模型机制被明确之前，庞大的光谱信息无法得以利用。

随着计算机算力的发展和大数据时代的到来，数据驱动的定量遥感反演方法开始飞速发展[19]。这类方法从初始的数据或观测值出发，利用机器学习（或深度学习）等工具寻找和建立内部特征之间的关系，从而实现参数预测或发现物理规律。得益于计算能力和人工智能算法的飞速发展，基于数据驱动的定量遥感反演方法在效率、精度等多方面都取得了卓越的成就，越来越广泛地被应用于植被、水文、冰冻圈、大气、地质等多个领域。

大量研究表明，高光谱影像与非水色水质参数之间存在相关性。2015 年 Sudduth Kenneth A 研究了密苏里州马克吐温湖高光谱遥感与湖泊水质参数的关系[20]，发现除溶解性的 NH 外，其他水质参数包括叶绿素、浊度、N 和 P，实测值和近端反射率的相关性均大于 70%。2018 年 Önder GÜRSOY 等通过光谱分类方法对锡瓦斯地区最重要的水资源之一克泽尔河的伊姆兰勒地区以及河流上的伊姆兰勒大坝的水质（COD）进行了调查，获得了很好的分类精度[21]。Taina Hakala 等于 2020 年在芬兰博雷尔湖流域研究了遥感光谱指数的变异性，发现评估水质参数时，引入卷积神经网络（CNNs）的深度学习方法，比其他方法更具有优势[22]。

国内在高光谱评估非水色水质参数方面也有一定的进展，徐良将等在 2013 年通过微分法和波段比值法对太湖表层水体水质进行室内高光谱数据反演，寻找总氮总磷的最佳高光谱波长[23]。2019 年，陈俊英等采用偏小二乘回归法和极限学习机等回归方法对生活污水综合指数进行评价[24]。2022 年，王春玲等基于高光谱和机器学习技术对扬州宝带河水体 COD 进行反演建模[25]，分别使用（Savitzky-Golay）平滑、多元散射校正（multiplicative scatter correction，MSC）以及 SG 平滑和 MSC 相结合的方法对原始光谱进行预处理。结合主成分分析法（principal component analysis，PCA）对全波段光谱提取特征波段，再基于特征波段建立 COD 反演模型，并对模型的精度和训练时间进行对比。

3.2.1 技术思路

基于数据驱动的高光谱水质参数反演技术思路见图 3。

数据采集：无人机搭载高光谱成像仪对目标水体进行拍摄，同步采集水样数据。

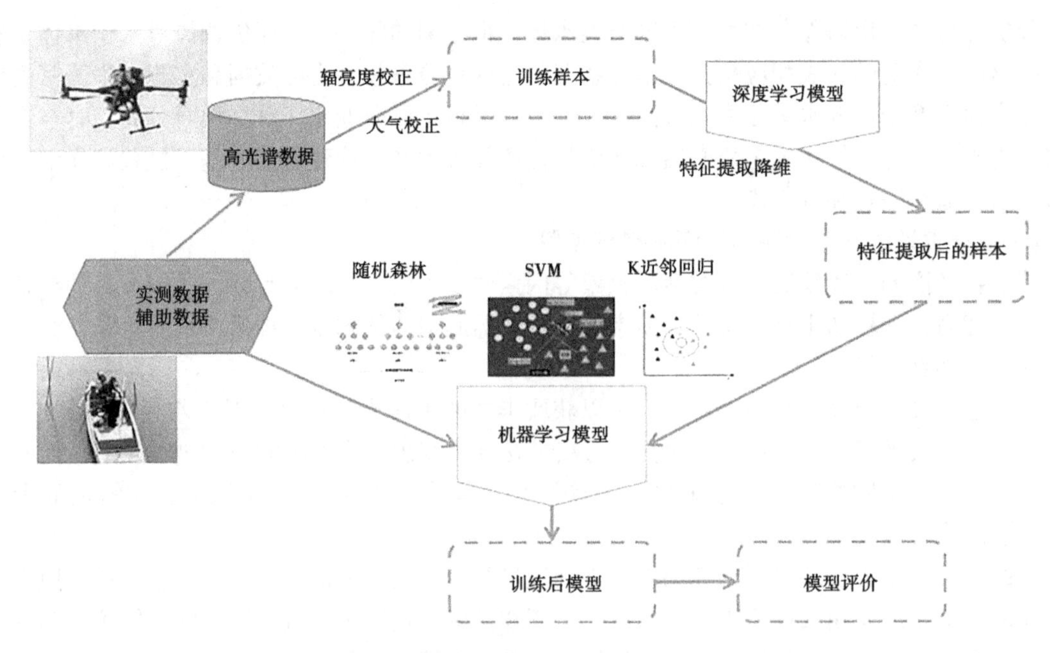

图 3　基于数据驱动的高光谱水质参数反演技术思路

数据预处理：对高光谱数据进行辐亮度校正、反射率校正、几何校正等预处理，生成高光谱影像，对采集的水样数据进行实验室分析，得到相关参数。

数据降维：对于尚无足够光学理论基础的水质参数，不能采用简单的特征选择（波段选择）方法来进行降维处理，因为信息可能包含在多个波段中，特征信息也可能是非线性关系。因此，一般选择特征提取法进行降维处理。特征提取法是指在高维数据中生产出一个合适的低维子空间（而非简单的特征选择组合），使数据在这个空间的分布可以在某种最优意义上描述原来的数据。特征提取法有很多，在训练样本足够的情况下，最好选择深度学习的方法进行降维。

模型反演：将特征提取后的样本，通过机器学习的方式进一步训练，得到适合目标水质参数的回归预测模型。

3.2.2　*应用方向*

（1）城市黑臭水体识别与监测。

黑臭水体是城市水环境的一个重要问题。对黑臭水体的快速识别与监测也是高光谱遥感的一个重要方向。城市黑臭水体的评价指标包括透明度、溶解氧、氧化还原电位、氨氮，按照该评价指标可将水体的污染程度分为重度黑臭水体、轻度黑臭水体和一般水体。

采用归一化黑臭水体指数 NDBWI（基于 GF-2 卫星数据）[26]进行黑臭水体的遥感识别：

$$\mathrm{NDBWI}=\frac{b_{\mathrm{Green}}-b_{\mathrm{Red}}}{b_{\mathrm{Green}}+b_{\mathrm{Red}}}\begin{cases}-0.05\leqslant \mathrm{NDBWI}\leqslant 0.115 & \text{黑臭水体}\\ \mathrm{NDBWI}<-0.05,\ \mathrm{NDBWI}>0.115 & \text{正常水体}\end{cases}\tag{1}$$

识别出黑臭水体以后，对黑臭水体影像的透明度、溶解氧、氧化还原电位、氨氮浓度进行进一步判别，区分黑臭程度。

（2）突发性水污染事故溯源及排污口监测。

无人机高光谱技术具有快速简单地获取地表时空信息的特点，能够第一时间获取水污染事故发生地周边污染物扩散的时空分布特征，非常适合用来进行突发性水污染事故溯源。

突发性水污染事故溯源的技术重点在以下几方面：

①目标污染物的识别。针对不同污染物类型不同光谱特征，建立污染物特征光谱曲线数据库，在水污染事故发生后，迅速采集污染事故周边高光谱遥感影像，对照污染物特征光谱曲线数据库，直接判别污染物类型。

②监测污染物浓度分布。确定常见水污染物高光谱敏感波段，建立不同污染类型遥感浓度曲线，能够迅速反演出污染物大致浓度时空分布，在地图上定位污染事故发生的起始点，实现突发性水污染事故溯源。

③排污口监测。排污口位置相对固定，污染物排放也有一定规律。机载高光谱成像后，结合上述结果确定疑似排污口位置，且同步生成氨氮、溶解氧、总磷、高锰酸盐等多种水质参数分布图以及综合指标分析图，保留排污证据，为治理提供依据。

3.3 水生地质环境监测

滑坡灾害是我国最为严重的自然灾害之一，具有分布广、数量多、灾害严重、成因复杂等特点。滑坡虽然是一种地质灾害，但其成因多与降雨、地表水冲刷、动水压力等水文要素相关，而且滑坡所产生的次生灾害大多为水生灾害，如泥石流、堵河断流引发的洪水等，因此滑坡也是水利部门重点关注的水生地质灾害之一。滑坡的动态监测和预警是高光谱遥感的一项重要挑战。

滑坡在影像上表现为土地覆被变化，滑坡的发生造成植被破坏，形成有独特形态的裸地，这是滑坡遥感判别的基础。滑坡形成后，滑坡后壁的植被被完全破坏，滑坡体滑移、破碎、堆积后，与周围植被形成鲜明的对比。

滑坡在光谱反射率特征上主要呈现出裸土特征，因此容易与长年暴露的裸土、建设用地与河滩等地物混淆。从单个滑坡特点来看，典型的滑坡分为三个区域物源区、过渡区和堆积区。从物源区剥离下来的碎屑由粗到细依次分布于径流区与堆积区，在遥感影像上形成有特别层次的渐变纹理结构。同时，经过短时间的风干与沉积后，碎屑物湿度与松散度会对光谱的反射率产生影响。以上特征都是基于遥感手段检测滑坡的基础条件。但由于滑坡的影响因素众多，且各种特征之间的相关性不强，常规单一的遥感影像特征提取手段不能达到较好的效果，这也是将高光谱遥感和深度学习方法引入滑坡检测的重要原因。2018 年，李尧针对高光谱影像数据特点与滑坡影像特征，构建了一种面向滑坡检测的深度学习模型，并用 2008 年汶川县的高光谱数据对模型进行了验证[27]。2019 年张倩荧等将基于深度学习目标检测算法应用到四川省绵阳市的滑坡影像，发现基于 ZF 网络结构的 Faster RCNN 算法最适合用在实验数据量较小的滑坡遥感检测中[28]。

选取 n 个主要滑坡影像因子：结合高光谱遥感影像的特征和滑坡灾害本身的特点，选取土壤可蚀性、坡度、植被覆盖度、道路、断裂带、降雨侵蚀力、距离河流的距离和地震烈度，作为滑坡影像因子。选取实验区滑坡、河滩、建设用地、植被、裸地等典型地物高光谱影像，以影像因子作为约束条件，对高光谱影像进行主成分分析，主成分分析后提取出来的波段信息，采用卷积神经网络（CNN）深度学习模型进行逻辑回归分析，获得最优参数。

4 结论与展望

无人机高光谱数据高光谱分辨率和高空间分辨率合一等特点，能快速实时地获取小面积区域影像，使其成为研究内陆水体光学特征的最佳手段。但由于无人机高光谱数据量大，获取复杂，处理难度高，现在的应用都属于刚刚起步阶段。从水利科研方向来看，无人机高光谱的应用潜力巨大，主要在以下两个方向。

4.1 水利要素光谱特征库

遥感研究是以地物光谱特征为基础的，建立有针对性的标准光谱特征库，是推进水利行业遥感技术应用的重要课题。现在国内还没有比较成熟的水利要素光谱特征集，主要原因也是由于水利要素光谱特征复杂，涉及因子众多（材质、坡度、浓度等），且干扰因素众多，常规的卫星遥感和多光谱手段无法做到精准有效的识别。随着无人机高光谱遥感技术的成熟，其极高的光谱分辨率和相对较高的地面分辨率，结合地物光谱仪，非常适合进行针对水利要素的光谱特征研究。

水利要素错综复杂，尺度跨越大，还得考虑其季节性和地域性，其光谱特征库的建立相对也比较复杂。但如能构建不同尺度不同时间下，相对完备的水利要素光谱特征数据库，将大大减少水利遥感识别的前期工作，为水利遥感定量和定性相关业务工作提供强大的技术支持。

4.2 高光谱数据的深度挖掘

高光谱影像蕴含丰富的地物特征信息，这一点毋庸置疑，但光学物理模型的研究却远远滞后，导致大量的光谱信息无法得以利用。随着电脑算力和大数据技术的发展，深度学习方法不断进步，基于数据驱动的数据分析模型逐渐成为应用的主流。

高光谱庞大的数据量和光谱维度会造成数据冗余，如何从海量数据中有针对性地挖掘我们需要的有效信息，结合水文物理模型，通过样本训练，指导机器对数据进行深入学习和分析，从数据本身寻找规律，是一门新的学问和挑战。数据挖掘技术和光谱特征库结合，是水利定量遥感的重要发展方向。

参考文献

[1] 童庆禧，张兵．高光谱遥感［M］．北京：高等教育出版社，2006.

[2] 刘银年．高光谱成像遥感载荷技术的现状与发展［J］．遥感学报，2021，25（1）：439-459.

[3] 晏磊，廖小罕，周成虎，等．中国无人机遥感技术突破与产业发展综述［J］．地球信息科学学报，2019，21（4）：476-495.

[4] 张兵，李俊生，申茜，等．长时序大范围内陆水体光学遥感研究进展［J］．遥感学报，2021，25（1）：37-52.

[5] Kuhn C，de Matos Valerio A，Ward N，et al. Performance of Landsat-8 and Sentinel-2 surface reflectance products for river remote sensing retrievals of chlorophyll-a and turbidity［J］. Remote Sensing of Environment，2019，224：104-118.

[6] Kutser T，Herlevi A，Kallio K，et al. A hyperspectral model for interpretation of passive optical remote sensing data from turbid lakes［J］. The Science of the Total Environment，2001，268：47-58.

[7] Giardino C，Candiani G，Zilioli E. Detecting Chlorophyll-a in Lake Garda Using TOA MERIS Radiances［J］. Photogrammetric Engineering & Remote Sensing，2005，71（9），1045-1051.

[8] 安如，刘影影，曲春梅，等．NDCI 法二类水体叶绿素 a 浓度高光谱遥感数据估算［J］．湖泊科学，2013，25（3）：437-444.

[9] Liu G，Simis S G H，Li L，et al. A four-band semi-analytical model for estimating phycocyanin in Inland waters from simulated MERIS and OLCI data［J］. IEEE Transactions on Geoscience and Remote Sensing，2018，56（3）：1374-1385.

[10] 郑著彬，张润飞，李建忠，等．基于欧比特高光谱影像的滇池叶绿素 a 浓度遥感反演研究［J］．遥感学报，2022，26（11）：2162-2173.

[11] 洪琴，胡清华，陈文惠，等．基于高光谱数据藻类水华重要参数：叶绿素 a 的定量反演模型研究［J］．环境生态学，2023，5（2）：23-31.

[12] Hicks B J，Stichbury G A，Brabyn L K，et al. Hindcasting water clarity from Landsat satellite images of unmonitored shallow lakes in the Waikato region，New Zealand［J］. Environmental Monitoring and Assessment，2013，185（9）：7245-7261.

[13] Shi K，Zhang Y，Zhu G，et al. Long-term remote monitoring of total suspended matter concentration in Lake Taihu using 250m MODIS-Aqua data［J］. Remote Sensing of Environment，2015，164，43-56.

[14] Lobo F L，Costa M P，Novo，E M L M. Time-series analysis of Landsat-MSS/TM/OLI images over Amazonian waters impacted by gold mining activities［J］. Remote Sensing of Environment，2015，157，170-184.

[15] Ali K A，Ortiz J D. Multivariate approach for chlorophyll-a and suspended matter retrievals in Case II type waters using hyperspectral data［J］. Hydrological Sciences Journal，2015，61（1）：200-213.

[16] Philipp M，Maier，Sina Keller. Machine learning regression on hyperspectral data to estimate multiple water parameters［C］//2018 9th workshop on hyperspectral image and signal processing：Evolution in remote sensing（WHISPERS）2018，abs/1805.01361.

[17] Cui M，Sun Y，Huang C，et al. Water Turbidity Retrieval Based on UAV Hyperspectral Remote Sensing［J］. Water，2022，14：128.

[18] 杨倩倩，靳才溢，李同文，等．数据驱动的定量遥感研究进展与挑战［J］．遥感学报，2022，26（2）：268-285.

[19] Yang Q Q, Jin C Y, Li T W, et al. Research progress and challenges of data-driven quantitative remote sensing [J]. National Remote Sensing Bulletin, 2022, 26 (2): 268-285.

[20] Kenneth A Sudduth, Gab-Sue Jang, Robert NLerch, et al. Long-Term Agroecosystem Research in the Central Mississippi RiverBasin: Hyperspectral Remote Sensing of Reservoir Water Quality. Journal of Environmental Quality, 2015 (1): 71-83.

[21] Önder GÜRSOY1 , Rutkay ATUN1. Comparison of Spectral Classification Methods in Water Quality. CumhuriyetSci [J]. 2018, 39 (2): 543-549.

[22] Taina Hakala1, IlkkaPolonen, EijaHonkavaara, et al. Variability of remote sensing spectral indices in boreal lake basins. The International Archives of the Photogrammetry, Remote Sensing and Spatial Information Sciences, Volume XLII-2, 2018.

[23] 徐良将，黄昌春，李云梅．基于高光谱遥感反射率的总氮总磷的反演［J］．遥感技术与应用，2013，28（4）：681-688.

[24] 陈俊英，邢正，张智韬，等．基于高光谱定量反演模型的污水综合水质评价［J］．农业机械学报，2019，50（11）：200-209.

[25] 王春玲，史锴源，明星，等．基于机器学习的水体化学需氧量高光谱反演模型对比研究［J］．光谱学与光谱分析，2022，42（8）：2353-2358.

[26] Yu Z, Huang Q, Peng, X, et al. Comparative Study on Recognition Models of Black-Odorous Water in Hangzhou Based on GF-2 Satellite Data [J]. Sensors 2022, 22: 4593.

[27] 李尧．基于深度学习的滑坡检测算法研究［D］．成都：成都理工大学，2018.

[28] 张倩荧，王俊英，雷冬冬．基于深度学习目标检测算法的滑坡检测研究［J］．信息通信，2019（1）：16-18.

基于深度学习的生产建设项目扰动图斑提取算法和识别策略研究

卢慧中[1]　金　秋[1]　雷少华[1]　耿　韧[1]　徐　春[1]　朱　研[2]

（1. 南京水利科学研究院水灾害防御全国重点实验室，江苏南京　210029；
2. 河海大学农业科学与工程学院，江苏南京　211100）

摘　要： 目前，扰动图斑解译生产仍以“传统人机交互目视解译”为主，其工作效率低、成果标准不统一，难以满足新时期新形势下水土保持信息化监管需求。本文针对生产建设项目扰动图斑这一对象，从目标识别和变化检测两种思路出发，分析单时相和多时相遥感影像的生产建设项目扰动图斑临域、时序等图像特征，筛选最优深度学习训练评估超参数，对比 3 种深度学习语义分割模型精度评价指标，研究生产建设项目扰动图斑的自动快速识别技术，提出最优扰动图斑识别策略。以期为生产建设项目扰动图斑自动识别分类、提取提供技术支撑。

关键词： 生产建设项目；扰动图斑；深度学习；目标识别；变化检测

中共中央办公厅、国务院办公厅印发的《关于加强新时代水土保持工作的意见》指出：全覆盖、常态化开展水土保持遥感监管，全面监控、及时发现、精准判别人为水土流失情况，依法依规严格查处有关违法违规行为。水利部印发的《2023 年水土保持工作要点》提出：持续深化遥感监管。组织开展覆盖全国范围的水土保持遥感监管，完善遥感解译判别、核查认定和问题销号标准，提升智能解译判别水平。

随着计算机、人工智能、大数据等先进技术的增长，深度学习迅速成为了一种高效且精确的方法，基于深度学习方法进行生产建设项目扰动图斑遥感影像的自动提取也成为目前研究的重点方向。目前，对于生产建设项目扰动图斑的识别，可以总结归纳为目标识别和变化检测两种思路。在利用同一时相影像进行扰动图斑识别方面。2022 年，金平伟等[1] 基于深度学习原理，构建生产建设项目扰动图斑自动识别分类 CNN 模型，利用 2020 年一期高分 1 号遥感影像和已有的生产建设项目水土保持信息化监管成果数据对模型进行训练和应用效果检验。伏晏民等[2] 以 2020 年四川省水土保持动态监测高分遥感影像作为数据源，模型预测结果中分割边界相对于 Unet 更加清晰平滑，对于 Attention Unet 预测结果更加接近于标签图像，模型更加稳定。在利用不同时相影像进行扰动图斑的变化检测方面。舒文强等[3] 选取时相为 2020 年 10—12 月和 2021 年 1—3 月的遥感影像，研究扰动图斑变化智能检测，结果表明变化检测方法能够较为准确地定位地物类发生变化的区域，提取得到的变化图斑边界与实际的变化区域较为贴合。

然而，现有研究还未将目标识别和变化检测两种思路进行对比分析，不同应用场景下扰动图斑快速精准的提取策略尚未明晰。因此，本文从目标识别和变化检测两种思路出发，分析单时相和多时相遥感影像的生产建设项目扰动图斑临域、时序等图像特征，分别建立目标识别和变化检测生产建设项目扰动图斑数据集。确定目标识别和变化检测扰动图斑识别策略，筛选最优深度学习训练评估超参

基金项目： 中央级公益性科研院所基本科研业务费专项资金（Y921004）。

作者简介： 卢慧中（1990—），女，工程师，主要从事土壤侵蚀与水土保持研究工作。

通信作者： 金秋（1983—），男，高级工程师，主要从事农村水利与水土保持研究工作。

数，对比深度学习语义分割模型精度评价指标，研究生产建设项目扰动图斑的自动快速识别技术，提出最优扰动图斑识别策略，以期为生产建设项目扰动图斑自动识别分类、提取提供技术支撑。

1 材料与方法

1.1 研究区概况

选择江苏省徐州市作为研究区。徐州市位于江苏省西北部，地跨东经116°22′~118°40′、北纬33°43′~34°58′，东西长约210 km，南北宽约140 km，土地总面积11 765 km^2，占江苏省总面积的11%。徐州市水土流失主要分布在生产建设活动相对集中的城区、采矿用地以及坡度相对较陡且植被覆盖度较低的低山丘陵区等区域，与生产建设活动分布密切相关，生产建设项目造成的人为水土流失是当前徐州水土流失的主要问题。

1.2 数据来源和技术路线

本文的遥感影像数据源为中国高分卫星遥感影像1号，包含红、绿、蓝3波段，分辨率为2 m。前时相为2021年5月，后时相为2022年5月。本文中数据预处理过程主要包括大气校正、几何校正、深度转换、直方图匹配等。在单时相高分遥感数据和多时相高分遥感数据的基础上，建立扰动图斑目标识别数据集，应用Unet、Unet++、Unet3+三种深度学习网络模型进行目标识别和变化检测的模型训练、验证和预测，进行扰动图斑特征提取。对目标识别和变化检测两种扰动图斑识别方法进行精度评价，针对水土保持生产建设项目扰动图斑从识别效果、实际工作需求、应用难度等方面进行分析，提出扰动图斑识别策略。

1.3 数据集制作

本文数据集制作以江苏省水土保持信息化监管的工作成果为数据源，制作样本切片和标签，切片大小为256×256像素。目标识别数据集标注的原理：将扰动图斑标记为1，非扰动图斑标记为0。变化检测数据集标注的原理：将变化部分标记为255，非变化部分标记为0。为增加数据集规模，采用水平翻转、垂直翻转、随机裁切、上下左右平移变换等变换方式增广样本数据。数据集增广后，目标识别生产建设项目扰动图斑数据集数量为4 420个，变化检测生产建设项目扰动图斑数据集数量为10 440个。将标注样本分别按8：1：1的比例划分为训练集，验证集，测试集。

1.4 试验环境

试验平台配置为Windows10专业版操作系统配置飞桨（PaddlePaddle）深度学习平台。GPU：Tesla V100，CPU：2 cores；内存16G，显存16G；硬盘100G；Python 3.7；PaddlePaddle2.2.2。

1.5 研究方法

本文利用Unet、Unet++、Unet3+三种网络模型结构。Unet在神经元结构分割方面取得了巨大的成功，由于功能在层之间传播，因此其框架是突破性的。后续在Unet的基础上涌现了许多优秀的架构，如Unet++、Unet 3+等。Unet模型作为全卷积网络的一种，没有全连接层，依赖卷积层、池化层从影像中提取不同的特征，而反卷积层则用来还原影像大小。Unet++网络结构以Unet为基础，添加了重新设计的跳跃路径、密集的跳跃连接以及深度监督，Unet模型中的跳跃连接重点在于融合编码器和解码器之间语义上不同的特征。Unet3+就去掉了Unet++的稠密卷积块，而是提出了一种全尺寸跳跃连接。全尺寸跳跃连接改变了编码器和解码器之间的互连以及解码器子网之间的内连接，让每一个解码器层都融合了来自编码器中的小尺度和同尺度的特征图，以及来自解码器的大尺度的特征图，这些特征图捕获了全尺度下的细粒度语义和粗粒度语义。

1.6 网络模型训练

在PaddlePaddle深度学习框架系统中，用训练和验证集数据对Unet、Unet++、Unet3+网络进行训练、验证，得到参数调整后的训练模型。在模型训练过程中，学习策略为高斯随机初始化参数，采用Adam优化器，损失函数采用混合损失函数，学习率采用余弦退火策略，使用ReLU作为激活函数。超参数初始设置为：学习率的值为8×10^{-5}，BCELoss（二元交叉熵损失函数）权重为0.3，LovaszSoftmaxLoss（洛瓦斯分类损失函数）权重为 0.7，Epoch 为 30 轮，设置三组 Batchsize（批大小）分别为 4、8、16。

1.7 精度评价指标

为了较为客观反应本文方法的可能性与性能，本文采用了准确率（accuracy，Acc）、均交并比（mean intersection over union，MIOU）、KC 系数（kappa）、F1 分数（F1 Score）4 个指标进行对比分析。计算公式为：

$$\mathrm{Acc} = \frac{\mathrm{TP} + \mathrm{TN}}{\mathrm{TP} + \mathrm{FP} + \mathrm{FN} + \mathrm{TN}} \tag{1}$$

$$\mathrm{MIOU} = \frac{\mathrm{TP}}{\mathrm{FN} + \mathrm{FP} + \mathrm{TP}} \tag{2}$$

$$\mathrm{F1} = \frac{2\mathrm{PR}}{\mathrm{P} + \mathrm{R}} = \frac{2\mathrm{TP}}{2\mathrm{TP} + \mathrm{FN} + \mathrm{FP}} \tag{3}$$

$$P_e = \frac{(\mathrm{TN} + \mathrm{FN})(\mathrm{TN} + \mathrm{FP}) + (\mathrm{FP} + \mathrm{TP})(\mathrm{FN} + \mathrm{TP})}{(\mathrm{TP} + \mathrm{TN} + \mathrm{FP} + \mathrm{FN})^2} \tag{4}$$

$$\mathrm{KC} = \frac{\mathrm{OA} - P_e}{1 - P_e} \tag{5}$$

式中：TP 为实际为扰动图斑样本，且模型识别为扰动图斑样本（识别分类正确）；TN 为实际为非扰动图斑样本，且模型识别为非扰动图斑样本（识别分类正确）；FP 为实际为非扰动图斑样本，但模型识别为扰动图斑样本（识别分类错误）；FN 为实际为扰动图斑样本，但模型识别为非扰动图斑样本（识别分类错误）。

2 结果分析

2.1 基于单时相遥感影像的扰动图斑目标识别

三种网络模型在 Batchsize4、Batchsize8、Batchsize16 测试集上预测评价指标如表 1 所示。Unet 模型中，Batchsize4 的所有指标表现均为最好，分别为 Acc：0.967 9、MIOU：0.864 3、F1 分数：0.924 1 和 KC 系数 0.848 2，训练时间为 1 h21 min。Unet++模型中 Batchsize8 的所有指标表现均为最好，分别为 Acc：0.955 2、mIoU：0.834 1、F1 分数：0.905 2 和 KC 系数 0.810 5，训练时间为 1 h19 min。Unet3+模型中 Batchsize4 的所有指标表现均为最好，分别为 Acc：0.962 4、mIoU：0.848 6、F1 分数：0.914 3 和 KC 系数 0.828 7，训练时间为 4 h1 min。

表 1 目标识别评价指标对比

模型	批大小	准确率（Acc）	均交并比（MIOU）	KC 系数（Kappa）	F1 分数（F1 Score）	训练时间/（h：min）
Unet	Batchsize4	0.967 9	0.864 3	0.924 1	0.848 2	1：21
	Batchsize8	0.964 5	0.854 5	0.918	0.836	1：07
	Batchsize16	0.962 3	0.843	0.910 5	0.821 1	1：03
Unet++	Batchsize4	0.949 7	0.812 3	0.890 6	0.781 3	1：32
	Batchsize8	0.955 2	0.834 1	0.905 2	0.810 5	1：19
	Batchsize16	0.941 5	0.797 6	0.880 9	0.762 2	1：14
Unet3+	Batchsize4	0.962 4	0.848 6	0.914 3	0.828 7	4：01
	Batchsize8	0.961 2	0.843 8	0.911 2	0.822 5	3：52
	Batchsize16	0.961 5	0.846 8	0.913 2	0.826 4	3：57

为了更加全面评估三个网络算法对扰动图斑的识别，分别选择在 Unet、Unet++、Unet3+训练预测中表现最优超参数结果进行对比分析。在总体准确率（Acc）上，Unet（0.967 9）>Unet3+（0.962 4）>Unet++（0.955 2）；在均交并比上（MIOU），Unet（0.864 3）>Unet3+（0.848 6）>Unet++（0.834 1）；在 KC 系数（Kappa）上，Unet（0.924 1）>Unet3+（0.914 3）>Unet++（0.905 2）；在 F1 分数（F1 Score）上，Unet（0.848 2）>Unet3+（0.828 7）>Unet++（0.810 5）；在训练时间上，Unet++（1 h 19 min）<Unet（1 h 21 min）<Unet3+（4 h 01min）。在所有评价指标上，Unet 表现为最优，Unet3+次优，Unet++最差，但 Unet3+因网络结构最为复杂，训练时间最长。

不同算法模型检测结果如图 1 所示，综合来看，Unet 网络模型分割边界波动幅度小与标签吻合度最好，误检、漏检情况最少，较少冗余特征，预测结果接近于标签图像。Unet++和 Unet3+分割边界不清晰、破碎、波动幅度大，多冗余检测特征，误检漏检的情况较多，预测结果与标签图像差异较大。三种网络模型都有误检漏检情况，但 Unet 网络检测效果最为稳定。推测原因，一方面目标检测数据集标注为整个施工扰动区域，客观上边界不够明确，另一方面 Unet++和 Unet3+相比 Unet 网络结构更深，特征提取能力更强，所需的训练样本更多。在小训练数据集的情况下，出现了训练过拟合与提取了错误的地物特征现象。综合来说，Unet 预测效果最好，Unet3+的预测效果比 Unet++更好一些。

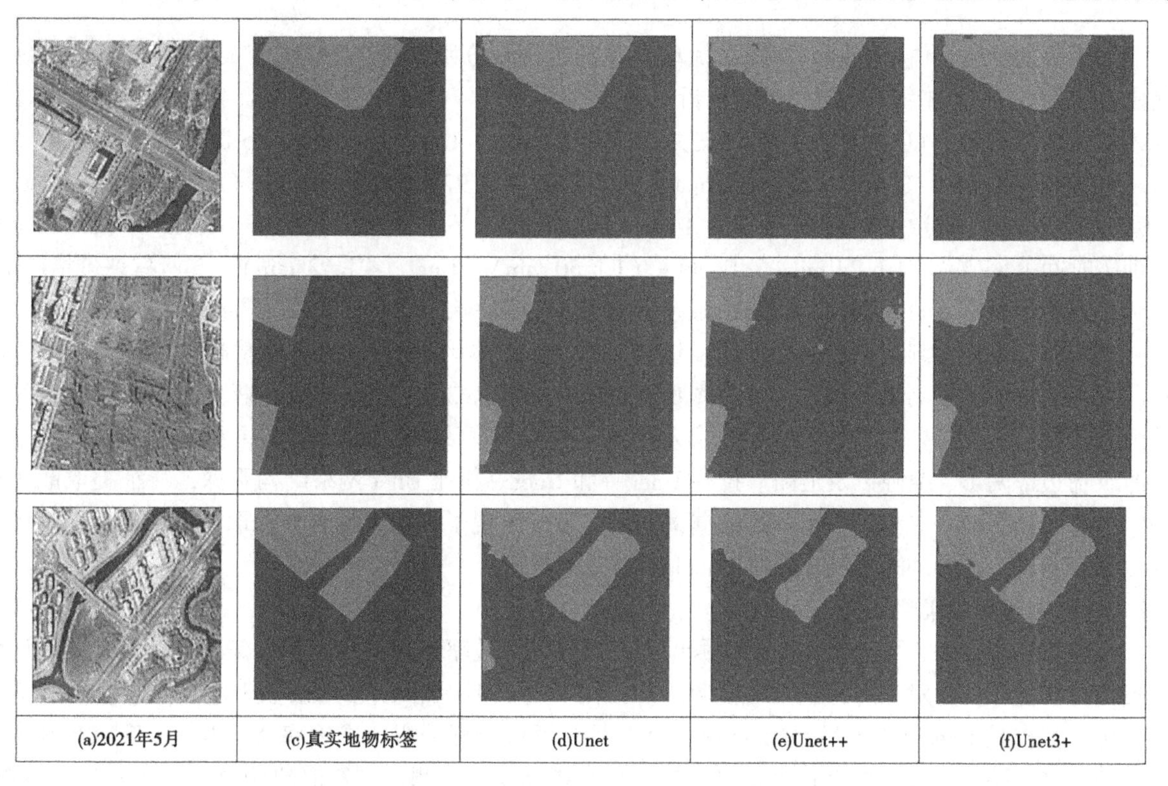

图 1　三种模型预测结果对比

2.2　基于多时相遥感影像的扰动图斑变化检测

三种网络模型在 Batchsize4、Batchsize8、Batchsize16 测试集上预测评价指标如表 2 所示。Unet 模型中，Batchsize16 的所有指标表现均为最好，分别为 Acc：0.991 7、mIoU：0.945 6、F1 Score：0.971 5 和 KC 系数 0.943 0，训练时间为 1 h 24 min。Unet++模型综合来说 Batchsize4 的所有指标表现均为最好，分别为 Acc：0.986 7、mIoU：0.914 6、F1 Score：0.953 9 和 KC 系数 0.907 9，训练时间为 1 h 50 min。Unet3+模型综合来说 Batchsize4 的所有指标表现均为最好，分别为 Acc：0.989 9、mIoU：0.933 9、F1 Score：0.965 0 和 KC 系数 0.930 0，训练时间为 4 h 23 min。

表 2 变化检测评价指标对比

模型	批大小	准确率（Acc）	均交并比（MIOU）	KC 系数（Kappa）	F1 分数（F1 Score）	训练时间/（h：min）
Unet	Batchsize4	0.990 3	0.936 5	0.966 5	0.932 9	1：43
	Batchsize8	0.991 5	0.944 2	0.970 7	0.941 4	1：28
	Batchsize16	0.991 7	0.945 6	0.971 5	0.943 0	1：24
Unet++	Batchsize4	0.986 7	0.914 6	0.953 9	0.907 9	1：50
	Batchsize8	0.986 2	0.911 8	0.952 3	0.904 7	1：47
	Batchsize16	0.986 4	0.913 0	0.953 0	0.906 0	1：45
Unet3+	Batchsize4	0.989 9	0.933 9	0.965 0	0.930 0	4：23
	Batchsize8	0.983 7	0.897 8	0.944 1	0.888 2	5：03
	Batchsize16	0.981 2	0.884 3	0.935 9	0.871 7	5：12

为了更加全面评估三个网络算法对扰动图斑的识别，分别选择在 Unet、Unet++、Unet3+训练预测中表现最优超参数结果进行对比分析。在总体准确率（Acc）上，Unet（0.991 7）>Unet3+（0.989 9）>Unet++（0.986 7）；在均交并比上（MIOU），Unet（0.945 6）>Unet3+（0.933 9）>Unet++（0.914 6）；在 KC 系数（Kappa）上，Unet（0.971 5）>Unet3+（0.965 0）>Unet++（0.953 9）；在 F1 分数（F1 Score）上，Unet（0.943 0）>Unet3+（0.930 0）>Unet++（0.907 9）；在训练时间上，Unet（1 h 24 min）<Unet++（1 h 50 min）<Unet（4 h 23 min）。在所有评价指标上，Unet 表现为最优，Unet3+次优，Unet++最差，但 Unet3+因网络结构最为复杂，训练时间最长。

不同算法模型检测结果如图 2 所示，综合来看，Unet 网络模型分割边界清晰平滑，无误检、漏检，无冗余特征，预测结果接近于标签图像。Unet++和 Unet3+分割边界不清晰、破碎，但大量冗余特征被误检，预测结果与标签图像存在较大差异。与 Unet 网络测试集预测结果相比，错误预测了一些建筑物边缘阴影、空隙以及道路。推测 Unet++和 Unet3+相比 Unet 网络结构更深，特征提取能力更强，所需的训练样本更多。在小训练数据集的情况下，出现了训练过拟合与提取了错误的地物特征现象。综合来说，Unet3+的预测效果比 Unet++要好一些。

2.3 扰动图斑识别策略研究

由表 1 和表 2 综合可得出，变化检测识别策略除训练效率稍低于目标识别策略外，其余各个评价指标均更加优秀。针对三种神经网络模型评价：在不同识别策略下扰动图斑识别效果均是 Unet 的效果最优，其次是 Unet3+，最后是 Unet++。针对具体评价指标分析：准确率 Acc 与 KC 系数在两种不同识别策略下差距不大，均交并比 mIoU 与 F1 分数指标变化检测识别策略要明显优于目标识别策略，训练时间目标识别策略速度要优于变化检测策略。推测出现如上训练效果的原因：①变化检测融合了前后两时像遥感影像作为输入，处理数据量要大于目标识别，能获得更多的邻域对比语义信息，但这也增加了训练时间。②变化检测的数据集样本量要明显多于目标识别数据集，在更大数据集的支撑下变化检测的训练效果优于目标识别。

从识别效果上出发，目标识别策略与变化检测策略实际上都是像素级语义分割任务，其主要区别在于目标识别策略仅针对单时像遥感影像，而变化检测将前后两时像遥感影像在像素层级上连接在一起作为深度学习训练的输入影像。相比于单时像遥感影像的三个特征输入通道，变化检测识别策略将两时段数据在通道层结合，将特征输入通道增加至六通道。丰富了学习的浅层特征，补充了不同时序下目标邻域的对比语义信息，有利于深度学习神经网络提取出更全面的深层抽象语义特征信息，提升模型的识别效果。

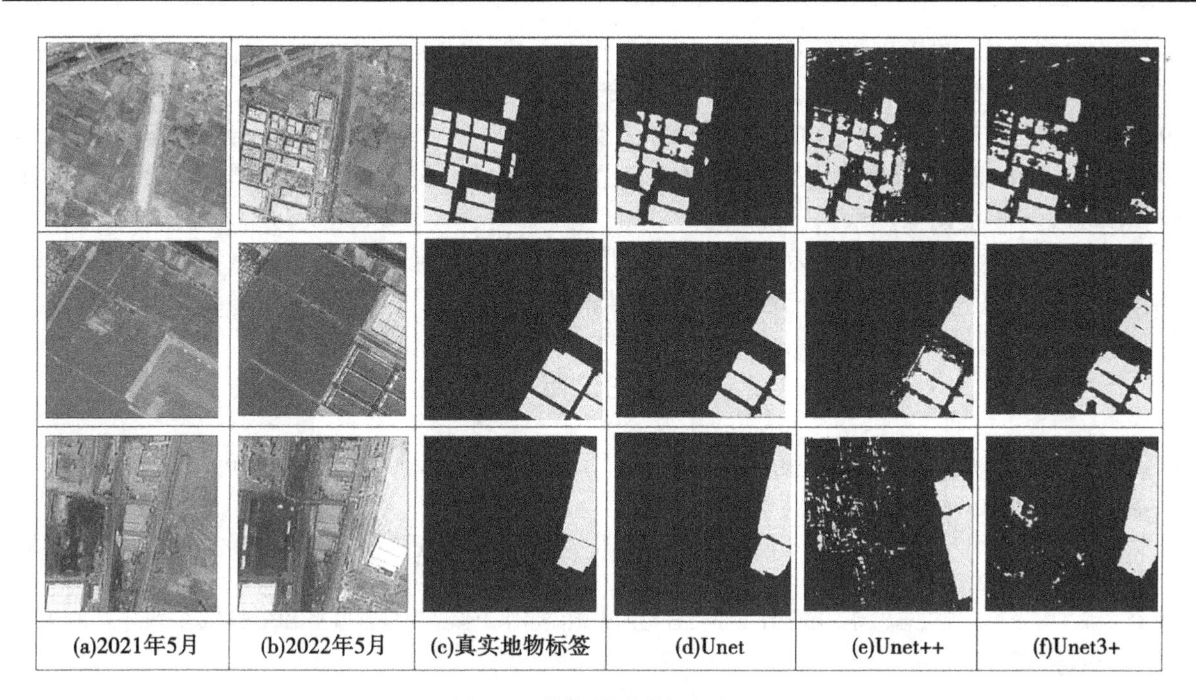

图 2　三种模型预测结果对比

从水土保持监管的实际工作需求出发，监管工作中对某些未超过追认年限的未批先建已完工项目仍有监管需求，面对上述实际需求，目标识别策略仅从单时像遥感影像出发，缺失关键的多时序及领域对比信息，无法将非法已完工建设项目同合规建设项目区分出来，极易出现误识别、漏识别的现象。变化检测识别策略能够基于领域、时序对生产建设项目水土保持扰动图像特征进行全面考量，能够显著改善对完工项目性质的认定问题。

从应用难度上出发，变化检测策略虽然总体效果优于目标识别任务，但对两时像遥感影像的预处理工作要求较高，从几何配准、大气校正、直方图匹配、位深同步都有硬性要求，如果无法满足双时像遥感影像的预处理要求，识别效果必然大打折扣甚至无法使模型进行预测识别。与之相比，目标识别基于单时像遥感影像进行扰动图斑的提取，能够从根源上解决双时像遥感影像的配准处理问题，同时训练模型所需的样本标注可以比较方便地继承水土保持监管工作扰动图斑的认定成果，简单处理就可以批量制作训练数据集，无须针对双时像遥感影像对比变化进行图斑细化认定工作，训练的模型能够在当期影像上获得较好的泛化效果。

研究的三种深度学习网络模型中，以 Unet 的识别效果最为优秀稳定，分割边界清晰平滑，误检、漏检情况较少，无冗余特征，预测结果接近于标签图像。同时 Unet 网络结构精简，参数量少，训练速度最快，有利于高效应用。研究数据集样本量较小，Unet++与 Unet3+模型更深的网络架构可能产生了过拟合，提取了大量的冗余特征，但推测 Unet++与 Unet3+模型对细节特征更强的提取能力在大数据集上的表现可能反超 Unet 网络模型。

综上所述，遥感影像质量满足需求、需要精细化认定结果采用变化检测识别策略的 Unet 深度学习模型作为水土保持生产建设项目扰动图斑提取最优模式；遥感影像质量不佳或仅有单时像遥感影像，需要快速确定扰动区域的宜采用应用目标识别策略的 Unet 网络模型；当训练数据集足够支撑模型训练时可酌情考虑 Unet++与 Unet3+神经网络模型。

3　结论

（1）依托水土保持生产建设项目监管工作扰动图斑认定成果建立了徐州市生产建设项目水土流失扰动图斑目标识别、变化检测数据集，为后续扰动图斑深度学习提取算法研究提供数据支持。

（2）详细分析了 Unet、Unet++、Unet3+三种深度学习模型的训练和应用过程。在目标识别中，

Unet 模型表现最优，准确率（Acc）为 0.967 9、均交并比（MIOU）为 0.864 3、KC 系数（Kappa）为 0.924 1、F1 分数（F1 Score）为 0.848 2。在变化检测中，Unet 模型表现最优，准确率（Acc）为 0.991 7、均交并比（mIoU）为 0.945 6、KC 系数（Kappa）为 0.971 5、F1 分数（F1 Score）为 0.943 0。Unet 的识别效果最为优秀稳定，分割边界清晰平滑，误检、漏检情况较少，无冗余特征，预测结果接近于标签图像。

（3）从识别效果、监管的实际工作需求、应用难度和三种深度学习网络模型特点提出扰动图斑识别策略，可实现不同应用场景下对扰动图斑快速精准地提取。

参考文献

[1] 金平伟，黄俊，姜学兵，等．基于深度学习的生产建设项目扰动图斑自动识别分类［J］．中国水土保持科学（中英文），2022，20（6）：116-125.

[2] 伏晏民，曾涛．引入残差和注意力机制的 U-Net 模型在水土保持遥感监管人为扰动地块影像自动分割中的研究［J］．测绘，2022，45（1）：16-21.

[3] 舒文强，蒋光毅，郭宏忠，等．基于深度学习理论的山地城市水土保持卫星影像变化图斑提取实践［J］．中国水土保持，2022（5）：26-29，7.

遥感大数据在水利领域中的应用与实践

廖茂昕[1,2]　肖　潇[1,2]　徐　坚[1,2]　付重庆[1,2]　张双印[1,2]　程学军[1,2]

（1. 长江科学院空间信息技术应用研究所，湖北武汉　430010；
2. 武汉市智慧流域工程技术研究中心，湖北武汉　430010）

摘　要： 随着信息科技和网络通信技术的发展，遥感大数据在水利领域中的应用日益增多。基于遥感大数据对于推进智慧水利发展有着巨大价值，诸多学者围绕大数据时代下的水利遥感技术及应用开展了大量研究和应用工作。本文系统梳理了遥感大数据在水利领域中的应用现状，包括在水资源管理、水旱灾害防御、农田水利和水生态保护等方面的应用情况。通过对相关研究成果的分析和总结，讨论了遥感大数据在水利应用中的潜力和挑战，并提出了未来研究的方向。

关键词： 遥感；大数据；水利应用；水资源管理；水旱灾害防御

1　引言

国家“十四五”规划和2035年远景目标中提出要加快数字化发展，建设数字中国。智慧水利是数字中国的重要组成部分，是贯彻“节水优先、空间均衡、系统治理、两手发力”治水思路的重要手段，是全力推动水利治理体系和治理能力现代化的重要举措。水利部部长李国英表示，推进智慧水利建设要按照“需求牵引、应用至上、数字赋能、提升能力”的要求，以数字化、网络化、智能化为主线，以数字化场景、智慧化模拟、精准化决策为实施路径，全面加强算据、算法、算力建设，构建具有预报、预警、预演、预案功能的智慧水利体系。随着卫星数据源的增加、人工智能技术的迅猛发展、无人机低空遥感的广泛应用以及数据挖掘技术的快速进步，空天地一体化监测与信息网络更加完善，遥感大数据在水利事业的新发展阶段将扮演更重要的技术支持角色。

传统的监测手段受限于时间、空间和成本等因素，无法全面、准确地获取水体及水文等信息。遥感是20世纪60年代发展起来的一门对地观测综合性技术，它以数字化成像为特征，具有探测范围大、快速、实时和非直接接触的优势，在水资源管理、水旱灾害防御、农田水利和水生态保护等方面的监测工作上具有巨大应用潜力。随着信息科技和网络通信技术的发展，空天地一体化的监测技术为水利领域提供了海量的多层次、多角度、多谱段、多维度、多时相的观测数据，遥感在水利领域的应用正式迈入了大数据时代。遥感大数据是一种综合多源遥感数据以及其他辅助信息的数据集，在数据层面上呈现体量大、种类多、高价值、动态多变和冗余模糊的特征[1]。相比于过去的遥感数字信号处理和定量遥感时代的物理模型，遥感大数据时代的信息提取和知识发现更加注重数据驱动，关键在于利用大样本和智能方法（如机器学习）自动学习地物对象的遥感特征参数，并通过这些方法实现对信息的智能化提取和知识挖掘[2]。

在水利领域中，遥感监测的对象数量大、类型多、空间分布广、环境复杂、错综交织[3]，这也

基金项目： 中央级公益性科研院所基本科研业务费专项（CKSF202396/KJ，CKSF2023313/KJ）；国家自然科学基金重点项目（U2240224）；水利部重大科技项目（SKS－2022161）；武汉市重点研发计划项目（2023010402010586）；武汉市知识创新专项基础研究项目（2022010801010238）；湖南省重大水利科技项目（XSKJ2022068-12）。

作者简介： 廖茂昕（2000—），男，硕士研究生，研究方向为水利信息化与水利遥感。

通信作者： 程学军（1975—），男，正高级工程师，主要从事水利信息化与水利遥感研究工作。

导致水利遥感大数据形式多样、种类繁多，数据总量庞大且持续高速增长。面对海量多源的水利遥感大数据，加以集成融合、高效处理、深度挖掘和智能分析，便可以为信息时代下的水资源、水灾害、水生态、水工程管理、治理工作提供有力的数据支撑。因此，本文系统梳理了遥感大数据在水利中的应用现状，包括在水资源管理、水旱灾害防御、农田水利和水生态保护等方面的应用情况。通过对相关研究成果的分析和总结，讨论了遥感大数据在水利应用中的潜力和挑战，并展望了未来研究的方向。

2 遥感大数据在水利中的应用现状

2.1 水资源管理

水资源是人类社会发展和生态保障的基础，水资源评价和综合管理是保证水资源可持续利用的重要工作。遥感技术作为一种行之有效的方法，已成为水资源管理与决策的重要手段。在水资源管理工作中常使用的遥感数据包括高光谱影像、合成孔径雷达（SAR）数据等，其中高光谱影像可以精准反映水体的光学特征和面积变化，SAR 数据则可以穿透云层和植被，获取更全面的信息。随着技术革新，多元融合的高分辨率的遥感数据可以有效地缩短水资源的监测周期，实现地表水体的高效高精度监测[4]。

水体边界提取和变化监测是遥感技术应用到水资源管理工作中最基本的方向之一，基于遥感大数据可以完成水体边界快速提取、水体面积变化动态监测。管理人员可以分析遥感数据快速确定水体的空间分布和边缘位置，也可以将高光谱影像和合成孔径雷达（SAR）等数据进行多源数据融合，通过分析影像的色调、纹理和反射率等特征，结合阈值分割、边缘检测等方法，更加精准地识别水体。此外，还可以基于不同时期不同卫星的水体影像，利用变化检测方法和面积计算算法，定量分析水体面积的变化情况（水体的扩张、收缩和退水等），从而动态监测和分析水体的面积变化趋势。

水量计算是水资源管理中的重要工作之一。基于遥感大数据可快速获取水体的流态特征和水体面积变化信息，再结合地形和气象数据，建立水体流量的计算模型。此外，遥感数据也可用于水库和河流的水位变化的实时监测，监测结果结合水库或河道的容积-水位曲线，可以计算出蓄水量。对于地下水，则是通过遥感大数据提供地表水的分布和变化信息，结合地下水模型和水位观测数据，再估算地下水的补给量。此外，遥感数据还可以用来校正和优化水文模型的参数，提高水量计算模型的准确性[5]。

蒸散发量是制订灌溉计划、水库水损失估算、径流预测的重要依据，它包括土壤、水体和植被表面的蒸发以及植被蒸腾。基于遥感数据提取植被指数、地表温度和气象数据等参数，再将分析结果输入到蒸腾蒸发估算模型进行模拟和计算，从而能够准确地估算出蒸散发量。随着多源遥感地表参数越来越容易获取，利用不同遥感地表参数数据估算土壤蒸发、水面蒸发和植被蒸腾也越来越便利，其监测尺度已经从单站尺度扩展到田块、流域乃至全球。目前，已经发展了 SEBAL、METRIC、Penman-Monteith、TSEB、A-WCSE、Masteller、TTME、PCACA 等一系列蒸散发遥感估算模型[6-7]。

2.2 水旱灾害防御

水旱灾害防御是水利工作的重要组成部分。水旱灾害不仅是中国的难题，也是世界性难题。传统的水旱灾害监测、预警和评估主要依靠气象站和水文站提供的观测资料。然而，气象站和水文站的数量有限，分布不均，无法满足对水旱灾害的实时、全面监测。目前，空天地一体化信息网络和遥感测量技术能提供大范围强时效的地表信息，包括降雨、气温、土壤湿度等指标，结合数值模拟、大数据、智能感知、机器学习等技术，从而能很好地完成洪涝灾害遥感动态监测与评估、水旱灾害风险评估与区划、山洪灾害调查建库与风险区划评估、高精度河道洪水演进快速精细化模拟等工作[8-9]。

降雨与水旱灾害密不可分，极端降雨和高温天气等都可能引发水旱灾害。目前，遥感大数据广泛应用于大范围的降雨监测和预测，通过分析天气雷达或气象卫星提供的雷达回波图和云图像等，可以实时获取降雨的强度、分布和移动趋势，再结合气象模型和数据分析方法，可以很好地预测区域降雨情况。例如，GFMS 作为全球知名的洪水监测和预报系统，它以 TMPA 和 IMERG 降水产品为驱动数据，在洪水监测方面发挥了重要的作用，可为洪水应对提供决策支撑[10-11]。

洪水期河流和湖泊等水体的变化情况监测对于洪涝灾害的预警、评估以及受灾区的救援和重建非常重要。基于遥感大数据能够实时监测洪峰流量、洪水水深以及预测降雨持续时间，及时发现水位异常情况，预警可能的洪水风险[12]。在洪水发生时，遥感大数据可以提供低洼区域的积水情况、洪水淹没范围以及建筑物、道路等人工设施受损情况。通过分析和处理遥感数据，可以实现洪水灾害的评估和灾后损失估计。这些信息对于制订恢复和重建计划以及安排救援资源具有重要意义。受台风杜苏芮影响，河北涿州自 2023 年 7 月 29 日受到连续强降雨。为准确探究此次强降雨带来的影响、有效助力应急救援和灾后恢复，涪城卫星工厂紧急调用“涪城一号”卫星，利用其不受天气条件及夜间无光影响，可直接穿透云层成像的优势，第一时间对涿州市重点区域进行观测，及时获取遥感影像，为涿州水域变化监测、安全防汛、灾情评估、紧急救援、排水防涝等工作提供 SAR 遥感数据及影像支持。

基于遥感大数据能够挖掘和提取土壤水分和作物下垫面信息[13]，实现对干旱的预警、监测和评估。相对于传统气象站和土壤站点监测，卫星遥感监测范围广、空间分辨率高、信息采集实时性强，可以与站点降雨数据和下垫面土壤参数等信息相结合，提供土壤水分的动态变化，实现精准反演，帮助评估干旱的潜力。目前的应用有多源遥感旱情全过程动态监测预警、干旱成因及规律分析、旱情风险评估与减灾防范、抗旱智慧应急调研等。

专业技术人员可以将遥感大数据与地理信息系统（GIS）相结合，进行空间分析和模型集成，构建面向水利应急响应的智能化遥感云服务平台[14-16]。搭建面向水利应急响应的平台，首先要明确水利应急响应的需求，确定平台的功能和服务范围。其次搭建云计算基础设施，建立遥感大数据的获取和处理机制，包括卫星数据、无人机数据、航空影像等遥感数据源。最后构建数据管理系统与数据共享平台，并进行智能化算法与模型开发，以及搭建地理信息系统（GIS）和决策支持系统等工具，提供实时的数据分析和可视化。这便形成一个集数据获取、预处理、分析和决策支持于一体的综合平台。该平台应具备实时性、可操作性和扩展性，以确保在水旱灾害发生时能够提供迅速准确的决策支持。

2.3 农田水利

农田水利是指通过建设和利用水利设施，合理调配和利用水资源，以满足农田灌溉、排水和农田防洪等需要，提高农田生产力和农田生态环境的一种综合性工程。农田水利的关键目标是合理利用水资源，提高农田的灌溉效率，提高农作物的产量和质量。遥感大数据在农田水利和灌区信息化中对于优化农田水利管理和提高农业生产效益具有重要意义。通过遥感技术获取的大范围、实时的农田水土信息，可以帮助农田水利和灌区管理部门监测土地利用、水资源分配和灌溉效果，以实现精细化管理和决策支持[17]。

在农田水资源利用评估和灌溉管理方面，通过分析遥感大数据，获取植被指数和土壤含水率等信息，可以评估农田的水分状态、植被生长状况和干旱程度，帮助灌区管理部门制订合理的灌溉计划和水资源配置方案。此外，地理信息系统（GIS）能很好地将农田水资源规划和灌溉管理等所需的基础资料分层存储和管理，并利用其强大的数据综合、地理模拟和空间分析功能对各种信息进行叠加和分析，制作各种专题图表，满足各种应用需求，例如分区域灌溉时间安排表。

在灾害监测和风险评估方面，随着遥感大数据的应用，部分农田实现了广泛有效的水旱灾害监测和风险评估。通过监测植被叶绿素、土壤含水率、降雨量和蒸散发量等指标，可以实时追踪和评估农田地区的干旱情况，这有助于农业决策者及时制订干旱紧急响应措施和灌溉管理策略。农田区域的水涝范围、水淹时间和深度等信息也能够从遥感大数据中挖取，这有助于及时预警和管理水涝灾害，保护农田作物和农业设施，并进行风险评估和应对措施的制订[18]。

遥感大数据在农田水利工程建设和管理中具有广泛的应用。它能提供农田水利工程建设前地区的土地利用、高程坡度和土壤特性等信息，有助于规划农田水利工程的布局、设计和施工，提高工程的效益和建设速度。它可以用于农田水利工程建设后的工程监测和评估，通过获取农田地区的土地利用变化、水质状况和水利设施利用情况等信息，可以及时评估工程的效果和影响，指导工程的管理和维护[19-20]。

2.4 水生态保护

水生态保护是可持续发展战略和建设美丽中国的关键一环。在生态文明建设全面推进的新形势下，相关部门必须从生态环境管理入手，合理运用新思路、新理论、新方法有效监测水生态环境，并制订针对性的保护措施，保证水生态系统各要素持续发展。从“十四五”开始，传统手工地面监测已逐渐向智能化和遥感化方向发展；监测深度也将不断延伸，由断面水质现状监测向污染溯源监测和监控预警监测方向发展。新技术能够快速有效地监测水体生态系统和水质参数的空间分布或时序变化等信息，从而加强对水生态的保护[21]。

在水体环境监测方面，遥感大数据发挥着重要作用。传统的水质监测主要依靠采样和实验室分析。基于遥感影像和遥感测量技术可获取水体的温度、pH 值、黄色物质（CDOM）、有机污染物等信息，形成遥感大数据集，从而实现对水质的实时大范围监测[22]。另一个优势之处在于遥感大数据可以用来反演水体的一些关键水质参数，如水体的浊度、叶绿素浓度、溶解有机物含量等。通过分析遥感数据中水体的光谱信息和反射率，结合颜色指数和经验模型等方法，可以从遥感数据中估算出水质参数的变化趋势和分布情况。此外，通过遥感数据可以检测水体的污染程度和污染源的分布，结合空间分析和模型推算，可以实现对水体污染的时空变化监测，并提供污染源的识别和追踪。

水体富营养化是一种常见的水体环境问题。水华分布一般会占据大部分水体面积，所以其分布面积的具体程度，可以从一定程度上反映出水华污染程度[23]。在此基础上，用遥感大数据处理分析出来的水体植被指数分布图，可用于分析了解藻类水华的生长状态与实际覆盖程度。遥感大数据还囊括水体的黄色物质（CDOM）、有机污染物和岸滨植物带等参数，能提供水质变化的时空动态信息。

在水生物监测和保护方面，通过遥感技术监测水体、湿地和河口等区域的植被指数和水温等指标，可以评估水生态系统的适宜性和生物多样性。例如，水温是河流生态中的一个重要指标，影响着依赖稳定水温变化的鱼类的产卵与繁殖[24]。此外，遥感大数据结合生物志库和生态信息中心数据，还可以用于监测鱼群、水生植物、浮游植物和浮游动物等种类与数量，提供对水生态系统的全面了解。

在水生态风险评估方面，通过分析遥感大数据获取河流、湖泊和湿地等水体的植被指数、水位和土壤湿度等指标，结合地形、土地利用和水文模型等信息，可以评估水生态系统的脆弱性和受灾风险。这有助于制订水生态保护的策略和措施。

3 遥感大数据在水利应用中的挑战与展望

3.1 存在的问题与挑战

（1）高分辨率的遥感影像数据量庞大，传输和存储成本较高[25]，往往需要大量的计算资源和存储空间。此外，利用海量、多源、异构的遥感数据提取出水利行业所需要的信息对于计算机 CPU 和 RAM 等硬件都是一个挑战。

（2）高空遥感受云层和大气影响大，低空遥感倾角过大和倾斜方向不规律，导致遥感数据存在误差。遥感影像数据的解译需要对地物特征和光谱信息进行准确地解析和分类，目前遥感影像的分类精度亟待提升。此外，现有的遥感影像分析和海量数据处理技术难以满足当前遥感大数据应用的要求。因此，如何准确地解译和分析遥感大数据是一个挑战。

（3）目前的遥感反演模型需进一步优化。以往的经验模型仅依靠遥感数据和实测数据的统计关系来建立，存在一定缺陷，需要与其他数据源和模型进行集成和验证。因此，如何有效地集成和验证遥感大数据是一个挑战。

3.2 未来的展望

（1）提升计算机硬件与架构水平。随着摩尔定律（Moore's law）逐步走向终结，依靠集成电路制程工艺的进步提升计算系统性能与效能越来越困难，目前需要着重关注的重要技术途径是计算体系架构的演进，尤其是水利领域专用计算体系架构。此外，还需要开发和优化遥感大数据高效索引系统与建立云计算和遥感大数据云处理平台，减轻本地硬件负荷，实现水利遥感大数据计算能力的提升[26-27]。

（2）加强遥感大数据的解译和挖掘分析技术研究，提高数据的可靠性和准确性。在遥感大数据实际应用过程中，需要充分考虑不同计算步骤下的算法特征，根据不同类型算法所面临的效率问题，提出综合性遥感大数据计算方法，解决实际应用中所面临的问题，例如多粒度遥感大数据计算方法[28]。此外，机器学习等可以通过样本训练进行数据学习，从数据库中发现数据的发展趋势，实现数据分析的自动化处理，极大地提高了遥感影像数据的解译和分类精度[5,22,29]。

（3）加强遥感大数据与其他数据源和模型的集成和验证，提高数据的应用价值和决策支持能力。例如，将遥感数据与气象数据、水文数据等进行集成，可以实现对水资源和洪涝灾害的全面监测和预警。同时，还需要通过实地观测和考察来验证遥感数据的准确性和可靠性[30-31]。

4 结语

遥感大数据在水利应用中具有广阔的应用前景，可以为水资源管理、水旱灾害防御、农田水利和水生态保护等方面提供有力的支持。然而，遥感大数据的应用还面临着一些挑战，需要进一步加强相关的研究和技术支持。未来的研究可以从遥感大数据的获取和存储、解译和分析以及与其他数据源和模型的集成和验证等方面展开。通过充分利用和发展遥感技术，我们能够更好地保护环境、提高资源利用效率和改善人类生活。未来，我们期待各界共同努力，推动遥感大数据应用的创新和发展，为可持续发展做出更大的贡献。

参考文献

[1] 张兵．当代遥感科技发展的现状与未来展望［J］．中国科学院院刊，2017，32（7）：774-784.

[2] 张兵．遥感大数据时代与智能信息提取［J］．武汉大学学报（信息科学版），2018，43（12）：1861-1871.

[3] 蒋云钟，冶运涛，赵红莉，等．水利大数据研究现状与展望［J］．水力发电学报，2020，39（10）：1-32.

[4] 蔡阳，孟令奎，成建国，等．水利卫星遥感大数据业务化处理与监测关键技术及应用［R］．武汉：武汉大学，2013.

[5] 曹淑钧，赵起超，曲彦达，等．深度学习在水利遥感领域的应用［J］．科技风，2023（15）：88-90，145.

[6] 段浩，赵红莉，蒋云钟．遥感 Penman-Monteith 模型中土壤含水量与土壤蒸发的关系［J］．南水北调与水利科技（中英文），2020，18（3）：31-47.

[7] 宋立生，刘绍民，徐同仁，等．土壤蒸发和植被蒸腾遥感估算与验证［J］．遥感学报，2017，21（6）：966-981.

[8] 路京选．水利遥感应用技术研究进展回顾与展望［J］．中国水利水电科学研究院学报，2008，（3）：224-230.

[9] 洪勇豪，亓郑男，张丽丽．遥感大数据在水利中的应用及发展［J］．水利信息化，2019（3）：25-31.

[10] KIRSCHBAUM D B，HUFFMAN G J，ADLER R F，et al. NASA's Remotely Sensed Precipitation：A Reservoir for Applications Users［J］. Bulletin of the American Meteorological Society，2017，98（6）：1169-1184.

[11] 宋文龙，杨昆，路京选，等．水利遥感技术及应用学科研究进展与展望［J］．中国防汛抗旱，2022，32（1）：34-40.

[12] 袁楠奇．无人机低空遥感技术在水利上的应用探讨［J］．中国新通信，2017，19（17）：144-145.

[13] 张珍珍，曹利军，韩立新．遥感在水利行业中的应用探究［J］．陕西水利，2019，（4）：139-40，43.

[14] 闫玮．基于 MongoDB 与 Hadoop 的地学遥感大数据管理系统的设计［D］．兰州：兰州大学，2016.

[15] 闫亭廷，严瑾，王文龙．遥感大数据服务平台设计与实现［J］．测绘与空间地理信息，2021，44（4）：76-79.

[16] 吕能辉，甘郝新，刘敏．基于遥感与 GIS 一体化的水利应用简介［J］．人民珠江，2010，31（6）：82-84.

[17] 余洪钢．遥感技术在农田水利工程建设中的应用［J］．乡村科技，2016（17）：68-69.
[18] 许佳．探究遥感技术在水利信息化中的应用［J］．陕西水利，2017（S1）：62-63，71.
[19] 李彦龙．遥感技术在农田水利工程建设及管护中的应用［J］．新农业，2022（20）：97-98.
[20] 马海荣，罗治情，陈娉婷，等．遥感技术在农田水利工程建设及管护中的应用［J］．湖北农业科学，2019，58（23）：16-20.
[21] 王俐．遥感与分形理论在确定水利工程生态环境影响评价范围中的应用［J］．中国新技术新产品，2016（15）：113-114.
[22] 冯天时，庞治国，江威，等．高光谱遥感技术及其水利应用进展［J］．地球信息科学学报，2021，23（9）：1646-1661.
[23] 杨林华．遥感技术在水生态环境管理中的应用分析［J］．皮革制作与环保科技，2022，3（12）：17-19.
[24] 胡海畅．基于河流温度遥感反演的水库蓄水对下游水温影响研究［D］．武汉：华中科技大学，2018.
[25] 周杰民．遥感大数据的存储与应用研究［D］．武汉：华中科技大学，2017.
[26] 王隽雄，李阳，王宇菲．推进智慧水利建设急需解决的遥感数据处理问题研究［J］．中国水土保持，2021（11）：65-68.
[27] 熊景盼．基于 Spark 的遥感大数据高效索引系统设计与实现研究［D］．北京：中国科学院大学（中国科学院深圳先进技术研究院），2020.
[28] 王翰林．多粒度遥感大数据计算方法研究［D］．西安：长安大学，2020.
[29] 张玲玲．遥感大数据自动分析与数据挖掘［J］．电子技术与软件工程，2019（11）：173.
[30] 陈鹤，许宏伟，张立杰，等．遥感技术在智慧水利先行先试中的应用［C］//2022（第十届）中国水利信息化技术论坛，2022.
[31] 马英博．基于遥感大数据的在轨光学卫星传感器辐射性能评估与交叉定标方法研究［D］．重庆：重庆邮电大学，2021.

察尔汗盐湖地区盐业开发与水体变迁的关系研究

王思雅[1]　诸葛亦斯[1]　石岳峰[2]　谭红武[1]　陈一迪[2]　张馨予[2]　杜　强[1]

（1. 中国水利水电科学研究院水生态环境研究所，北京　100038；
2. 黄河生态环境科学研究所，河南郑州　450000）

摘　要：针对柴达木盆地尾闾湖泊盐业开发过程中的水体变迁及生态影响问题，以察尔汗盐湖地区为例，基于长序列遥感影像和气象数据，分析了在盐业开发过程中水体变迁过程，并对该区域的水量平衡进行分析。结果表明：30年间，察尔汗盐湖地区盐湖和盐田位置、形态不断变化，盐湖面积呈缩小趋势，盐田面积呈增大趋势，总水体面积基本不变；研究区内盐田蒸发量已达到总蒸发量的50%；柴达木盆地盐业开发中应保持总水体面积稳定并维持一定的自然水体面积，以保障盆地内水循环与生态稳定。

关键词：察尔汗盐湖；柴达木盆地；水循环；生态；蒸发

1　研究背景

柴达木盆地位于青藏高原东南部，是我国三大内陆盆地之一，也是我国盐湖资源禀赋最好的地区[1]。由于盆地地理位置与地质条件的特殊性，再加上当地干旱少雨，盆地荒漠化程度高、植被类型单一，生态环境脆弱[2-3]。目前，柴达木盆地生态环境总体稳定[4]。但位于盆地中部的盐湖作为珍贵的矿产资源，随着盐业开发规模的逐渐增大，盆地内的盐湖水体不可避免地发生变迁，部分湖泊出现萎缩现象，甚至消亡[5]。但值得关注的是，近十几年来在较大规模开发的背景下，柴达木盆地生态环境没有大范围恶化，仍能够基本保持稳定。

水体变迁能够反映当地水资源的变化，而水资源是重要的生态环境控制性要素[6]，加之水循环变化会使水资源在时空上重新分配[7]，影响当地生态环境现状。由于柴达木盆地身居内陆，远离海洋，盆地尺度上的内陆水循环对盆地水资源和生态环境的作用远大于全球尺度上的海洋-陆地之间大循环[8]。因此，从盆地尺度上分析内陆水量平衡可以反应盐业开发引起的水体变迁带来的影响。而尾闾湖作为盆地内河流与地下水的最终归宿，其蒸发排泄量与过程对于盆地水量平衡有直接影响。因此，探究盐业开发与水体动态变化之间的关系是亟待解决的问题。

目前，察尔汗盐湖地区开发程度高，在柴达木盆地已开发盐湖中具有一定的代表性。本文基于“柴达木重点流域生态保护规划”项目，以察尔汗盐湖地区为例，分析了盐业开发过程中的水体变迁情况，探究自然盐湖与人工盐田之间的关系，计算蒸发量并选取典型年进行水量平衡，可为未来盐湖资源的开发提供参考。

2　研究区域概况

察尔汗盐湖位于柴达木盆地的中南部，海拔约2 676 m，是柴达木地区最低处，也是盆地地表水和地下水汇集与排泄的中心之一[9]，当地地形平坦，坡降仅0.2‰，盐湖呈浅碟形，水深大部分在

基金项目：清华四川能源互联网研究院创新计划（310042021004）。

作者简介：王思雅（1999—），女，硕士研究生，研究方向为水环境与生态环境保护。

通信作者：诸葛亦斯（1981—），男，正高级工程师，主要从事流域水污染调控、水生态保护与修复方面的研究工作。

1 m 以内，水体面积变化基本能够反映水体蓄变量的变化。察尔汗盐湖是我国最大的盐湖，也是典型的湖中湖[10]，范围为东经 94°08′54″~96°16′49″，北纬 36°40′11″~37°14′21″。

研究区属于高原干旱荒漠大陆性气候，风大雨少，蒸发强烈。目前，研究区处于高度开发阶段，从西向东共包括别勒滩、达布逊、察尔汗及霍布逊四个区段[11]，总面积达到 5 005 km^2。在研究区域内，分布有东西达布逊湖和南北霍布逊湖，主要入湖河流由西向东依次为乌图美仁河、格尔木河、诺木洪河、柴达木河（香日德河）和察汗乌苏河（素林郭勒河）。此外，还有拉棱灶火河、小灶火河、大灶火河等更小型河流汇入；研究区主要湖泊和汇入河流分布见图 1。研究区内包含两类水体，一类是自然水体即盐湖，另一类是人工水体即盐田。本文为表述方便，自然水体和人工水体分别以盐湖和盐田进行代指。

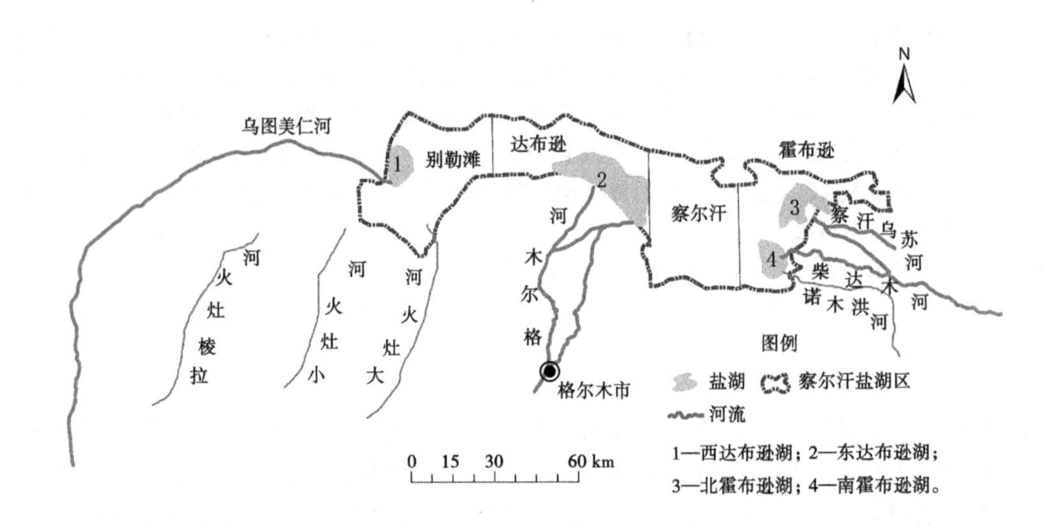

图 1　察尔汗盐湖地区湖泊分布图

注：引用自文献［11］。

3　结果与讨论

3.1　水体动态变化

本文遥感数据选用 Landsat 卫星 1988—2020 年内 8—10 月的察尔汗盐湖地区无云遮挡的卫星图像，空间分辨率为 30 m，数据来源于地理空间数据云。1988 年，察尔汗盐湖地区内有“九湖一田”，发展到 2020 年，研究区内有“四湖四田”，整个水体格局发生了巨大的改变。盐业开发首先在东达布逊湖南部开展，之后不断扩大形成盐田 A，团结湖由于盐田 A 的废卤水排入先扩张再缩小，并不断向东南迁移，并在团结湖东侧开发盐田 B，目前团结湖已基本消失。而北部的协作湖由湖泊逐渐转为盐田；位于东侧的南霍布逊湖、中部的西达布逊湖以及西部的大小别勒滩均在研究时段内萎缩至消失。由于盐田 B 的不断扩大，相邻的南北霍布逊湖不断萎缩，其中，南霍布逊湖不断向西迁移，北霍布逊湖基本消失。大小别勒滩向西南移动；东达布逊湖形态变化不大，扩张和缩小主要体现在南北两侧，位置未有明显变化；同时，为保障工业生产的要求，自乌图美仁河引水入西达布逊湖，使得西达布逊湖先向四周扩大并向南迁移，自 1988—2000 年向南共迁移了 5 km，之后不断萎缩。经过长系列的遥感影像分析，察尔汗盐湖地区盐田位置主要在盐湖周围，并不断扩大，具体变化见图 2。

提取研究区内水域面积，绘制察尔汗盐湖地区盐湖面积、盐田面积与总水面面积变化曲线，如图 3 所示。在 1988—2020 年，察尔汗盐湖地区湖泊面积持续波动，总体呈缩小趋势。而盐田面积稳定增长，年平均增长率达到 58.4%，察尔汗盐湖地区总水面面积在 2011 年达到最大值为 1 121 km^2，2013 年为最小值 653 km^2，多年平均总面积为 854 km^2。通过 Mann-Kendall 趋势检验计算，盐田和湖

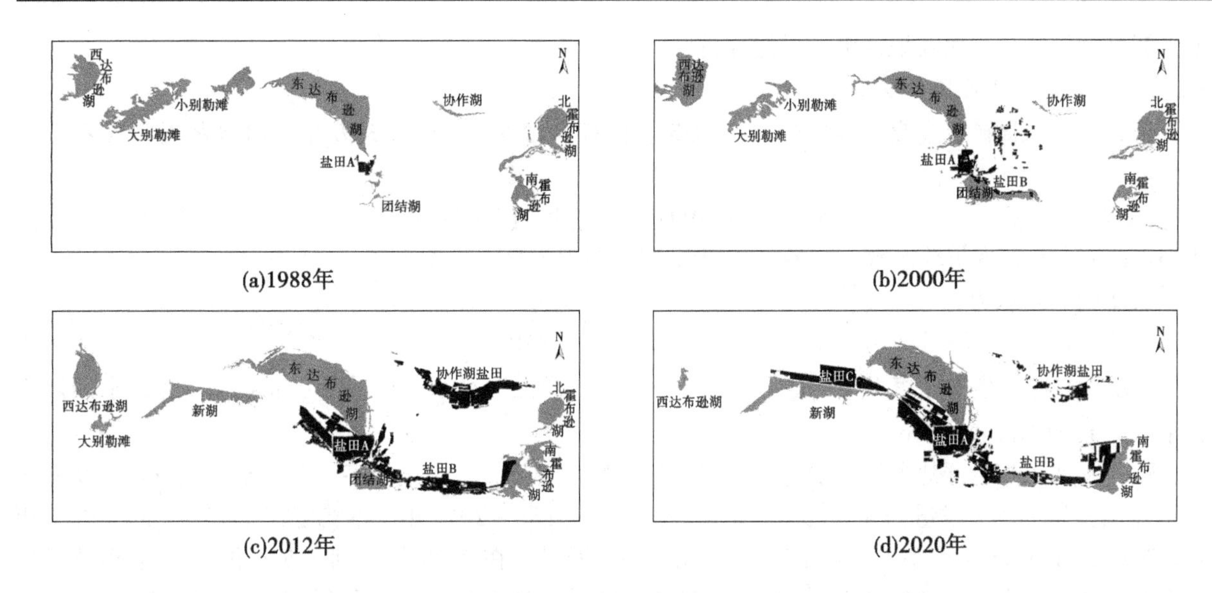

(a)1988年 (b)2000年

(c)2012年 (d)2020年

图 2 察尔汗盐湖地区水体动态变化图

泊面积分别处于增加和缩减趋势，但察尔汗盐湖地区总水面面积有增有减，基本稳定，如表 1 所示。

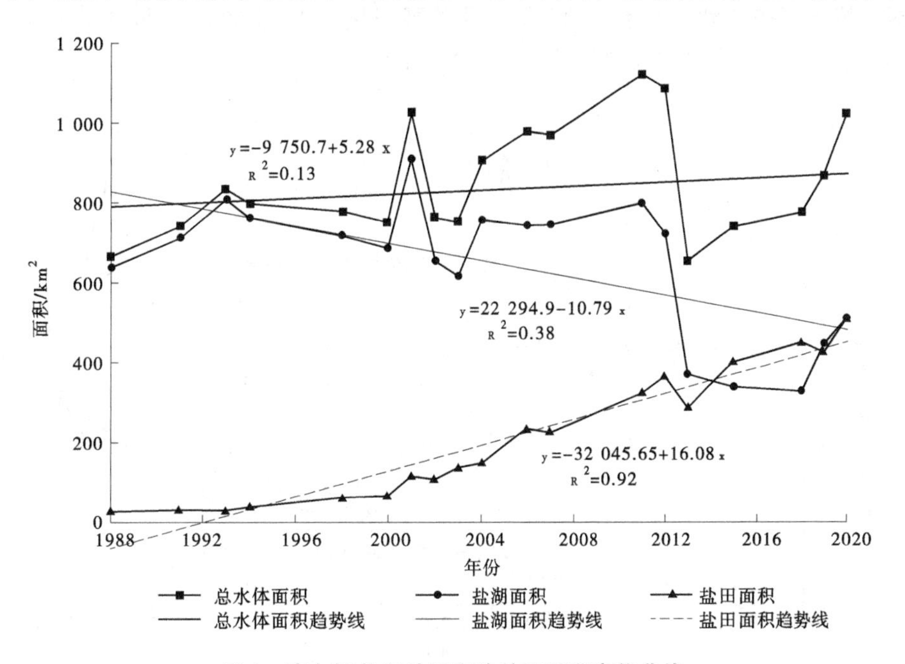

图 3 察尔汗盐湖地区湖泊盐田面积变化曲线

表 1 察尔汗盐湖地区水体面积趋势

类型	趋势	显著性
湖泊	缩减	显著
盐田	增加	显著
水体总面积	无明显趋势	—

3.2 察尔汗盐湖地区水量分析

研究区位于柴达木盆地中部，而盆地相对封闭，河流向中心汇流，形成尾闾湖，并不向盆地外排泄[12-13]。因此，蒸发是盆地内水量输出的唯一途径，是控制盆地水循环最重要的因素，而维持水循环稳定是保证盆地内在开发过程中生态稳定的基础。以下重点分析盐湖地区蒸发量变化，并以 2017

年为例进行了察尔汗盐湖地区水量平衡分析。

3.2.1　察尔汗盐湖地区蒸发量

研究区内水体矿化度高，本文通过卤水蒸发折算系数法[14]计算蒸发量，卤水蒸发折算系数公式为：

$$F = 1 - 0.011(1 - r_1)^{-0.379}(°Be')^{1.001} \tag{1}$$

式中：F 为卤水蒸发折算系数；r_1 为空气相对湿度；$°Be'$ 为盐水含盐量。

水体的蒸发量为：

$$E = E_{格} \times F_i \times A_i \times 10^{-3} \tag{2}$$

式中：E 为水体产生实际蒸发量，m^3；$E_{格}$ 为格尔木气象站单位面积蒸发量，mm；F_i 为卤水蒸发折算系数；A_i 为水面面积，m^2。

图 4 反映了察尔汗盐湖区湖泊与盐田蒸发量的变化趋势，其中湖泊多年平均水面蒸发量为 9.9 亿 m^3，盐田多年平均蒸发量为 3.0 亿 m^3。湖泊蒸发量在 1988—2011 年基本稳定在 11.5 亿 m^3，2012 年开始减小，在 2015 年最小，为 4.1 亿 m^3，此后略有回升，在 2020 年达到了 7.6 亿 m^3。盐田蒸发量基本处于增长状态下，其中 2015 年有一次明显的跃升，从 4.8 亿 m^3 增长了近一倍达到 9.1 亿 m^3，之后略有下降，在 2020 年为 7.6 亿 m^3。在大规模的盐田开发以及多个湖泊萎缩的情况下，察尔汗盐湖地区的总蒸发量虽存在波动，但基本稳定。年平均蒸发量为 12.9 亿 m^3，蒸发量最大值发生在 2001 年，为 16.6 亿 m^3，最小值发生在 2013 年，为 8.0 亿 m^3。

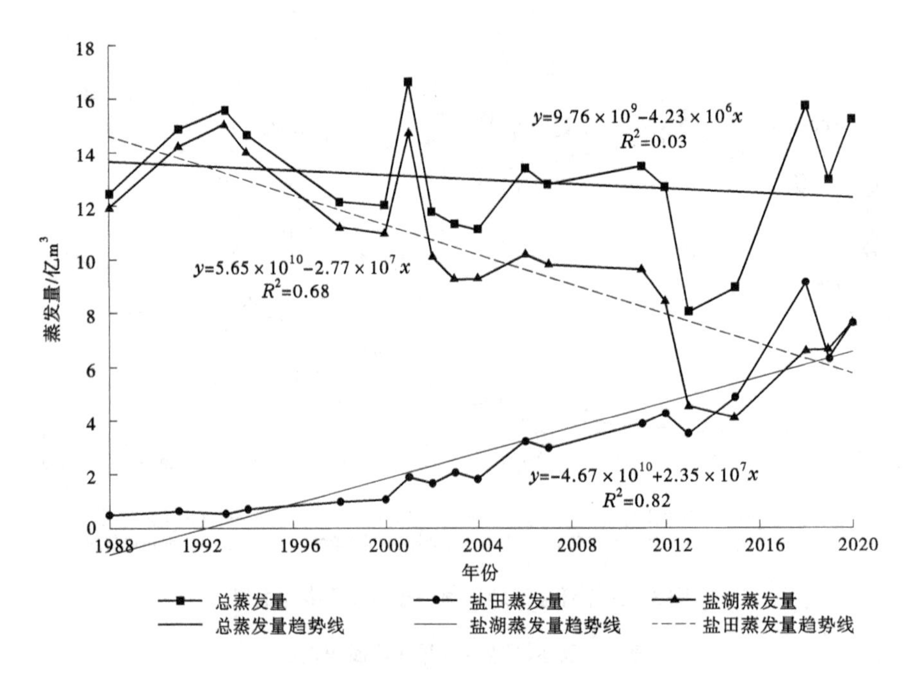

图 4　察尔汗盐湖地区湖泊-盐田蒸发量变化图

在察尔汗盐湖地区开发的 32 年中，大部分盐湖面积缩小，湖泊蒸发量共减少 4.3 亿 m^3。而盐田的迅速发展，使得总蒸发量由单一的盐湖蒸发量改变为盐湖与盐田共同的蒸发量。如图 5 所示，在 2020 年，该区域盐田蒸发量已经占据了总蒸发量的 50%，成为整个区域内蒸发排泄中不可缺少的一部分，弥补了湖泊萎缩带来蒸发量损失，总蒸发量仍维持稳定，这也是盆地内原本脆弱的生态环境保持稳定的基础。

察尔汗盐湖的平均卤化度为 294.35 g/L，盐田的卤化度高于盐湖，根据式（2）可知，在相同条件下，单位面积的盐田蒸发量小于盐湖。在当前察尔汗盐湖地区水体面积基本稳定的条件下，盐田不断扩大，盐湖面积缩小导致察尔汗盐湖地区总蒸发量减小。因此，在开发过程中应该维持总水体面积稳定，也需要保证该地区盐田与盐湖维持一定的比例，以维持总蒸发量稳定。

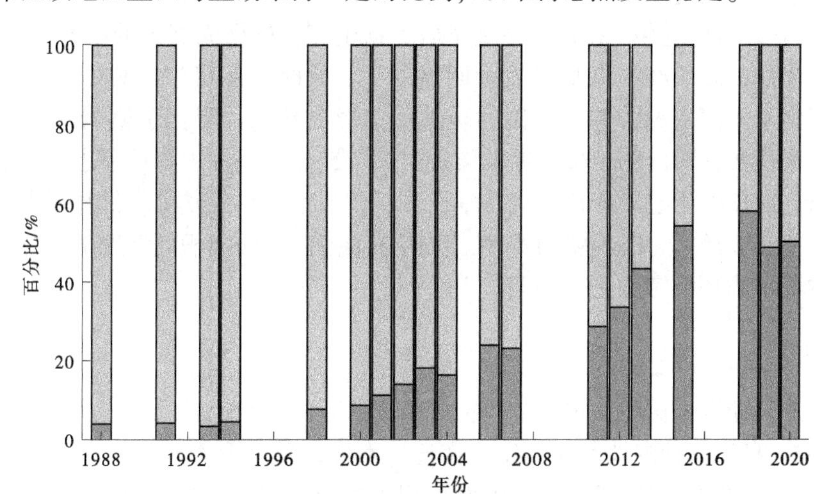

图 5　察尔汗盐湖地区湖泊-盐田蒸发量百分比

3.2.2　察尔汗盐湖地区水量平衡

察尔汗盐湖地区多年平均降雨量仅为 43 mm，蒸发量是降水量的 60 倍，降水不能形成有效的地表和地下径流。蒸发量作为研究区内水量唯一的排泄项，对当地的水量变化具有非常重要的意义。同时，进入研究区域内的 8 条河流在进入研究区前，水资源的开发利用主要为工业、农业、生活用水、绿洲及盐化草甸带的生态用水。

简化的察尔汗盐湖地区水量平衡公式近似为：

$$R - W = E \pm \Delta S \tag{3}$$

式中：R 为河流出山口总径流量，m^3；W 为 8 条河流域经济社会和生态年耗水量的总和，m^3；E 为研究区天然湖泊和盐田水面年蒸发量总和，m^3；ΔS 为湖泊蓄变量，m^3。

本文以《柴达木盆地盐湖生态保护与流域生态需水研究》[15]《青海省海西州那棱格勒河水利枢纽可行性研究》[16] 等相关报告的基础资料对察尔汗盐湖地区进行典型年的水量平衡分析，结果见表 2。在 2017 年，各河流总径流量为 21.73 亿 m^3，沿途流域经济社会耗水量共 4.26 亿 m^3，天然绿洲及盐化草甸总耗水量 5.12 亿 m^3。计算的湖区水体蓄变量为-0.43 亿 m^3。而同年，根据遥感资料计算的研究区域内总水体面积比上年缩减 120 km^2，水体蓄变量与水面面积具有良好的对应关系。

表 2　2017 年察尔汗盐湖地区水量平衡计算

总径流量 R/亿 m^3	经济社会生态耗水 W/亿 m^3	总蒸发量 E/亿 m^3	蓄变量 ΔS/亿 m^3	水面面积变化量/km^2
21.73	9.38	12.78	−0.43	−120

4　盐田的生态作用

自然湿地与人工湿地存在差异性，二者可通过科学协调达到生态环境的稳步发展[17]。作为盐湖资源开发的工艺环节，盐田类似于人工湿地生态系统，盐湖属于自然湿地生态系统。在当前盐湖萎缩的背景下，有必要探究盐田的生态价值与影响。

首先，柴达木盆地内的盐田占据比例较大的水体面积，提供大量蒸发，在湖泊萎缩的情况下为维持稳定的水循环做出贡献。由于盐田水面面积大，蒸发使得盐田与大气之间进行着频繁的热量与水分的交换，也具有调节微气候的作用。在盐业开发过程中，会产生大量的副产物氯气，对周围地区的空气产生影响[18]，不适宜动物生存。盐田也不利于微生物生存，根据周延等的研究[19]，柴达木盆地盐湖地区的菌种数量比盐田多 50%，菌群已发生明显变化。同时，在察尔汗盐湖地区，部分盐田位于盐湖上游，阻挡了格尔木河入湖，并在盐田的防洪坝前形成新湖，阻挡了格尔木河与盐湖的水力联系。盐田在修建时会压实盐田区的土壤，铺设防渗土工布，导致地表水与地下水无法交换。

根据以上分析，盐田的生态功能包括维持水循环、调节地区小气候等。但盐田人工湿地并不能替代盐湖自然湿地。基于该地区生态脆弱的特性，仍需在维持总水面面积的情况下保持一定的自然水面面积以维持盆地内部水循环稳定和生态平衡。

5 结论与建议

根据以上对察尔汗盐湖地区的认识与分析，可得到以下三点结论：

（1）30 多年来，察尔汗盐湖地区水体发生变迁，水体位置、形态改变，多个湖泊消失，由原先的“九湖一田”发展为“四湖四田”；总水体面积相对稳定，多年平均总水体面积为 854 km^2，盐田几乎从无到有，盐田的快速发展压缩了盐湖的面积。

（2）总水面面积稳定是维持开发过程中柴达木盆地生态稳定的基础，目前盐业的大规模开发并未对总水面面积产生较大影响，对地区水循环影响不大。察尔汗盐湖地区年均蒸发量为 12.9 亿 m^3，蒸发是研究区水循环最重要的因素。2020 年盐田蒸发量为 7.6 亿 m^3，达总蒸发量的 50%，已成为地区水循环中不可或缺的一环。

（3）盐田具有维持水循环、调节地区小气候等功能，但不能为动植物提供栖息地，并阻隔了河流与湖泊的水力联系，无法完全承担盐湖的生态作用。在未来，柴达木盆地盐湖资源开发过程中，需要有序、适度并在一定范围内进行开发，平衡保护与开发的关系。

参考文献

[1] 张旺雄．基于 RSEI 和 RSEDI 的柴达木盆地生态环境质量评价及成因分析［D］．兰州：西北师范大学，2020.

[2] 杨岭兰．广州水体生态修复中沉水植物应用设计研究［D］．广州：华南农业大学，2016.

[3] 王小佳．柴达木盆地及周边近 60 年气温变化的水文响应［D］．西安：长安大学，2019.

[4] 李倩琳，沙占江．气候变暖背景下柴达木盆地生态环境质量遥感监测［J］．生态科学，2022，41（6）：92-99.

[5] 卢娜．柴达木盆地湖泊面积变化及影响因素分析［J］．干旱区资源与环境，2014，28（8）：83-87.

[6] 陈忠升．中国西北干旱区河川径流变化及归因定量辨识［D］．上海：华东师范大学，2016.

[7] 谢天明．气候变化对塔河干流生态水文过程影响研究［D］．西安：西安理工大学，2018.

[8] 杨暖．柴达木盆地东部地下水稳定同位素组成特征及其对水汽来源与气候变化的指示［D］．北京：中国地质大学（北京），2021.

[9] 刘斌山，刘万平，张娟，等．达布逊湖湖水有效利用浅析［J］．盐科学与化工，2020，49（10）：8-10.

[10] 刘万平，赵艳军，姚佛军，等．柴达木盆地别勒滩地区断裂构造对深部卤水分布的控制作用研究［J］．地质学报，2021，95（7）：2073-2081.

[11] 韩光，袁小龙，韩积斌，等．察尔汗盐湖霍布逊区段资源开采过程中储卤层系统变化特征研究［J］．地球学报，2022，43（3）：279-286.

[12] 段水强．1976—2015 年柴达木盆地湖泊演变及其对气候变化和人类活动的响应［J］．湖泊科学，2018，30（1）：256-265.

[13] 杨硕．利用 GRACE 数据研究柴达木盆地水储量变化及其与气候因素的关系［D］．北京：中国地质大学（北京），2021.

[14] 曹国亮，李天辰，陆垂裕，等．干旱区季节性湖泊面积动态变化及蒸发量：以艾丁湖为例［J］．干旱区研究，2020，37（5）：1095-1104.

[15] 柴达木盆地盐湖生态保护与流域生态需水研究［R］．2016.

[16] 青海省海西州那棱格勒河水利枢纽可行性研究［R］. 2016.
[17] 周嘉，徐嘉琦，黄河曲，等. 自然湿地与人工湿地生态占补平衡研究［J］. 黑龙江科学，2021，12（20）：148-149.
[18] 程昱翔. 青海省盐基企业生态创新战略研究［D］. 西宁：青海大学，2017.
[19] 周延，王芳，王琳. 盐湖开发对柴达木盆地盐湖湖水细菌的多样性影响［J］. 化工进展，2013，32（S1）：234-239.

航天宏图一号SAR卫星在海河流域“23·7”特大暴雨洪涝灾害监测中的应用

王晓梅[1]　戴守政[1]　路聚峰[1]　周淑梅[2]　苏慧敏[1]　康　芮[1]　任小宁[1]　李文龙[1]

（1. 航天宏图信息技术股份有限公司，北京　100195；
2. 河北科技大学经济管理学院，河北石家庄　050018）

摘　要： 本文以海河流域“23·7”特大暴雨洪涝灾害重点区域为研究区，通过获取航天宏图一号合成孔径雷达（SAR）卫星数据，应用国产遥感图像处理软件（PIE）开展受灾区域洪涝淹没动态分析。结果表明，航天宏图一号SAR卫星能够较好地克服云雾天气影响，在突发洪涝灾害期间通过快速获取高精度影像数据，结合PIE软件对受灾区域洪水淹没范围进行动态分析，为相关部门灾中救援及灾后评估提供强有力的数据支撑，进一步验证了航天宏图一号SAR卫星数据在洪涝灾害监测方面具有较强的应用潜力。

关键词： 航天宏图一号；SAR；PIE；水体提取；洪涝淹没分析

1　引言

近年来，受台风、暴雨、持续强降雨等极端天气的影响，洪涝灾害频发，严重危害人民群众生命及财产安全。洪涝灾害具有分布范围广泛、突发性、灾害性等特点[1]，受地理位置、监测点覆盖范围及自然环境等因素影响，传统技术手段无法及时获取大范围的受灾区域具体情况[2]。洪涝灾害多伴随云雨天气，受云雾影响，传统光学遥感技术无法及时有效地获取地物信息，使其在洪涝灾害监测中的应用受限[3-4]。相较于光学遥感技术，合成孔径雷达（synthetic aperture radar，SAR）遥感技术是一种主动遥感技术，具有全天时、全天候、不受极端天气影响等特点[5]，在洪涝灾害监测方面具有独特的优势，可替代光学卫星技术在极端天气下发挥作用。我国学者围绕SAR卫星数据在洪涝监测应用方面进行了诸多有效尝试，如李景刚等利用ENVISAT/ASAR影像，采用阈值法分析洞庭湖枯水期和洪水期水体范围变化[6]。何颖清等利用GF-3 SAR影像数据提取郑州“7·20”特大暴雨时期洪水淹没范围，精度达到90.72%[7]。李煜利用多期哨兵一号数据采用大津法提取巢湖流域洪水范围[5]。吕素娜等利用哨兵一号数据采用变化监测方法（CDAT）评估鄱阳湖洪涝灾害的受灾程度[8]。

然而目前我国雷达卫星遥感数据源严重短缺，现有的数据源主要为中国的高分三号和欧洲的哨兵一号数据，并存在监测要素单一、影像分辨率偏低、监测频次和时效性较差等问题[9]。国外商业卫星数据虽然精度较高，但却难以克服时效性差、成本高并有泄密的风险等问题，难以满足我国洪涝灾害监测快速应急响应的需求[10]。航天宏图一号卫星系统是我国第一个民用自主研发的多星多基线分布式干涉雷达卫星系统，于2023年3月发射成功，能够全天时全天候进行对地观测，具有监测精度高、重访周期短、数据获取时效性强、成本低且数据质量较好的优势，实现对自然灾害迅速启动应急响应，及时快速展开应急监测，在我国水利行业具有广阔的应用前景。

基金项目： 国家重点研发计划项目（2021YFB3900603）。

作者简介： 王晓梅（1996—），女，硕士研究生，研究方向为遥感在水利行业的应用。

通信作者： 周淑梅（1984—），女，副教授，主要从事流域水文水资源研究工作。

2 航天宏图一号 SAR 卫星概况

航天宏图一号 SAR 卫星星座于 2023 年 3 月在太原卫星发射中心成功搭载长征二号丁运载火箭发射升空。航天宏图一号卫星系统在国际上首次采用分布式星座构型，“一主三辅” 4 星共面运行，一颗主星位于中心发射信号，三颗辅星以相同的椭圆轨迹呈间隔 120°绕飞主星，主星和辅星同时接收信号并成像，一次观测可获得 4 景图像（见图 1）。航天宏图一号 SAR 卫星是太阳同步轨道卫星，轨道高度 528 km，轨道回归周期 15 d，轨道倾角 97.552°，卫星最大成像纬度覆盖范围为-82.5°~82.5°，具备聚束、条带、TOPSAR 等 6 种成像模式，成像分辨率 0.5~5 m，探测波段为 X 波段，极化方式为 HH，具备高精度地形测绘、高分辨率宽幅成像、高精度形变检测以及三维立体成像等能力，在全球范围内开展地形测绘、成像观测、形变监测，形成商业化自主数据源，解决我国高精度 DEM、星载 SAR 数据稀缺问题，并满足 SAR 应用日益旺盛的需求，在自然资源、应急管理等行业应用前景广阔，有效填补了国内干涉 SAR 卫星市场的空白。

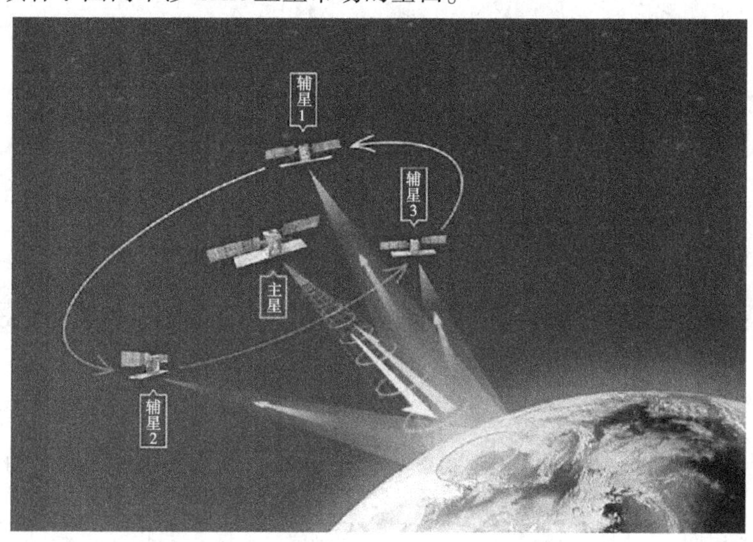

图 1　航天宏图一号 SAR 卫星示意图

3 研究区概况与数据

3.1 研究区概况

北京市位于海河流域，主要水系为永定河、潮白河、大清河、北运河和蓟运河水系，包括永定河、潮白河、北运河、拒马河和泃河等主要河流。北京地区三面环山，山区面积占 61.4%，地形地质条件复杂，断裂构造较发育，降水时空分布不均匀，易发生山洪、崩塌、滑坡等突发性地质灾害[11]。由于地形的抬升作用，北京地区的暴雨多数集中在西部以及北部山区迎风坡处[12]。

2023 年 7 月，海河全流域出现历史上罕见的一次强降雨过程，发生了自 1963 年以来海河流域最大场次洪水[13]，并在永定河流域形成 4 649 m^3/s 的洪峰峰值，北京市首次启用 1998 年建成的永定河滞洪水库，最大程度减轻洪水对下游地区的影响[14]，此次特大暴雨具有极端性强、累计雨量大的特点，其中大石河漫水桥站最大洪峰流量 5 300 m^3/s，是有实测记录以来最高纪录。本次暴雨洪水事件主要是受“杜苏芮”与“卡努”双台风影响，随着“杜苏芮”的北上，大量水汽被输送到华北平原，加上东南风十分强劲，将远距离的台风“卡努”附近的水汽也源源不断地输送到华北平原，遇到燕山、太行山脉的地形阻挡，风向与山脉走向垂直交叉，导致降水集中在沿山一角，形成大量降雨，进而导致洪涝灾害。因此，本文以北京市房山区大石河（琉璃河镇）为研究区（见图 2），通过收集研究区 SAR 卫星数据、光学遥感数据及 DEM 数据等，获取洪水淹没范围并分析洪水受灾情况，为相关部门决策提供支持。

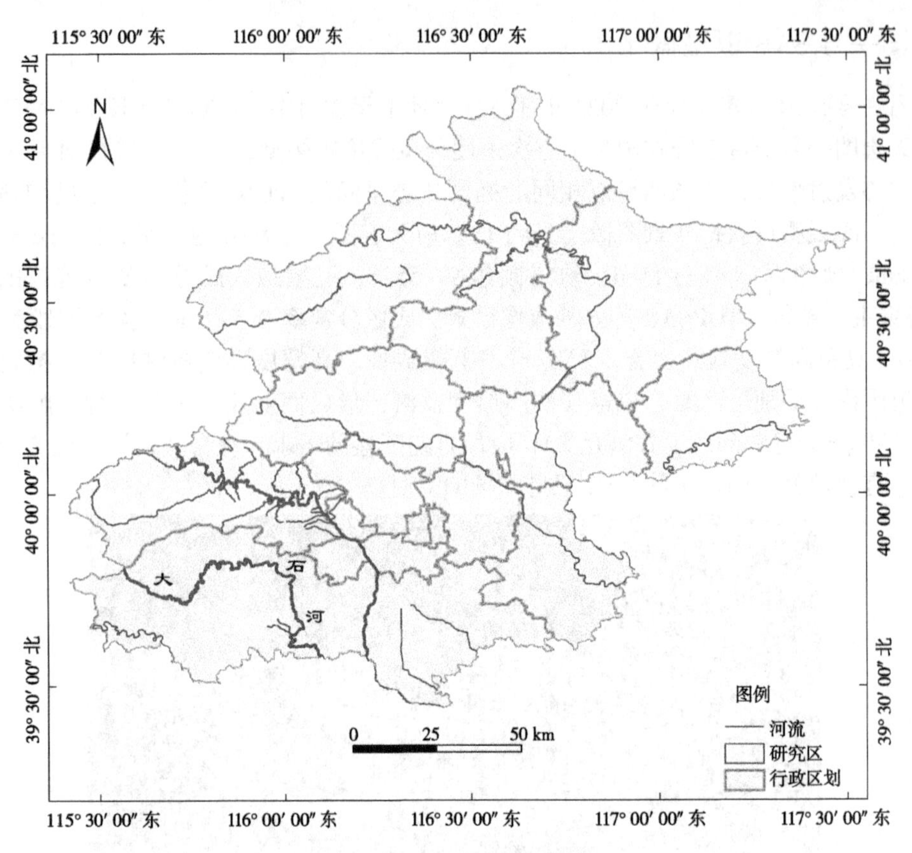

图 2 研究区域地理位置

3.2 数据收集

本文采用 2023 年 8 月的航天宏图一号 SAR 卫星影像提取灾后水面范围，分辨率为 3 m，见表 1。

表 1 航天宏图一号卫星影像数据列表

序号	成像时间	分辨率/m	探测波段	极化方式	覆盖范围
1	2023-08-02	3	X	HH	大石河（琉璃河镇）

本文同时收集灾前研究区范围光学卫星数据用来提取灾前水体范围，以及 DEM 数据用来提取灾后水体范围，数据列表如表 2 所示。

表 2 其他数据列表

序号	数据类型	成像时间	分辨率/m	数据来源
1	高分一号	2023-07-19	2	中国资源卫星应用中心
2	DEM	2020	12.5	ASF Data Search Vertex

3.3 研究方法

3.3.1 基于国产遥感图像处理软件 PIE 的水体提取

PIE（pixel information expert，PIE）是航天宏图信息技术股份有限公司自主研发的高度自动化、简单易用的国产遥感图像处理软件，包括 PIE-Basic 遥感图像基础处理软件以及 PIE-SAR、PIE-Hyp 和 PIE-UAV 等用于雷达、高光谱、无人机影像数据的处理软件，能够提供图像数据处理、解译、信息提取以及专题制图等功能[15]。其中 PIE-SAR 支持国内外主流星载 SAR 传感器的数据处理和分析，包括基础处理、区域网平差以及 InSAR 地形测绘等各类功能[16]。本文应用 PIE-SAR 的水体提取模块对航天宏图一号 SAR 卫星影像进行水体的提取，并应用 PIE-Basic 采用人机交互解译的方式提取灾前光学影像水体。

由于地物表面粗糙度不同，使得不同地物具有不同的电磁波散射特征[17]。陆地水域表面光滑，以镜面散射为主，后向散射能力很弱，在SAR图像中通常呈现暗色调，而植被、城镇等非水体表面粗糙，对雷达波束具有较强的后向散射能力，在SAR图像中通常呈现浅色调，因此PIE-SAR水体提取模块采用一定的阈值分割方法，当图像的后向散射强度小于阈值时定义为水体，大于阈值定义为非水体，从而实现水体信息的自动提取。同时，在山区，山体的阴影部分在影像中也会表现为暗色调，因此在水体提取的过程中利用DEM数据来减少地形起伏及阴影对提取结果产生的影响。

阈值分割方法选择OTSU最大类间方差法（又称大津法），OTSU是由日本学者大津在最小二乘法的基础上推导出的一种应用广泛的自适应阈值确定的方法[18]。OTSU依据概率统计原理，将影像像素分为背景类 C_0 和目标类 C_1，则目标与背景之间的类间方差可以按式（1）计算：

$$\sigma^2(T) = P_{C_0}(\mu_{C_0} - \mu_1)^2 + P_{C_1}(\mu_{C_1} - \mu_1)^2 \quad (1)$$

式中：P_{C_0} 为 C_0 出现的概率；P_{C_1} 为 C_1 出现的概率；μ_{C_0} 为 C_0 灰度均值；μ_{C_1} 为 C_1 灰度均值；μ_1 为影像的灰度均值。

通过搜索最佳阈值，使得类间方差最大，即背景类和目标类差别最大，说明此时分割效果最好。PIE-SAR水体提取技术路线如图3所示。

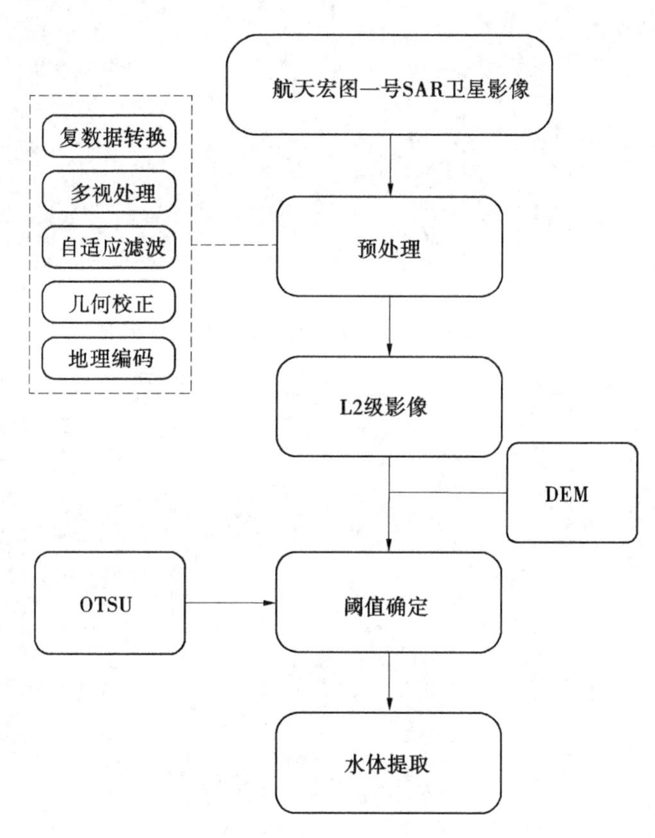

图3　PIE-SAR水体提取技术路线

3.3.2　*洪涝淹没分析*

为了评估暴雨淹没的土地利用范围和类型，将降雨前后的水体范围与研究区域土地利用类型数据叠加，能够有效分析淹没范围内受灾情况，统计受灾地类和面积，为相关部门了解具体受灾情况、制定宏观决策提供基础数据支撑。

4　洪涝水体识别结果

4.1　水体提取

基于研究区灾前光学影像以及灾后航天宏图一号SAR卫星影像，利用PIE-Basic和PIE-SAR提取北京市大石河（琉璃河镇）灾前水体和灾后水体范围如图 4、图 5 所示。由图可看出，水体提取边界与影像中水体边界吻合程度较高，降雨前后研究区内水面范围有明显变化，其中琉璃河镇西部地区水面范围变化较大。经过计算，影像中提取琉璃河镇西部地区灾前水面面积为 0.68 km^2，灾后水面面积为 12.42 km^2，新增水面面积约是降雨发生前原水面面积的 17 倍，造成这种情况的主要原因是琉璃河镇西部地区有多条河流交汇，降雨后极易造成水面范围迅速增加。

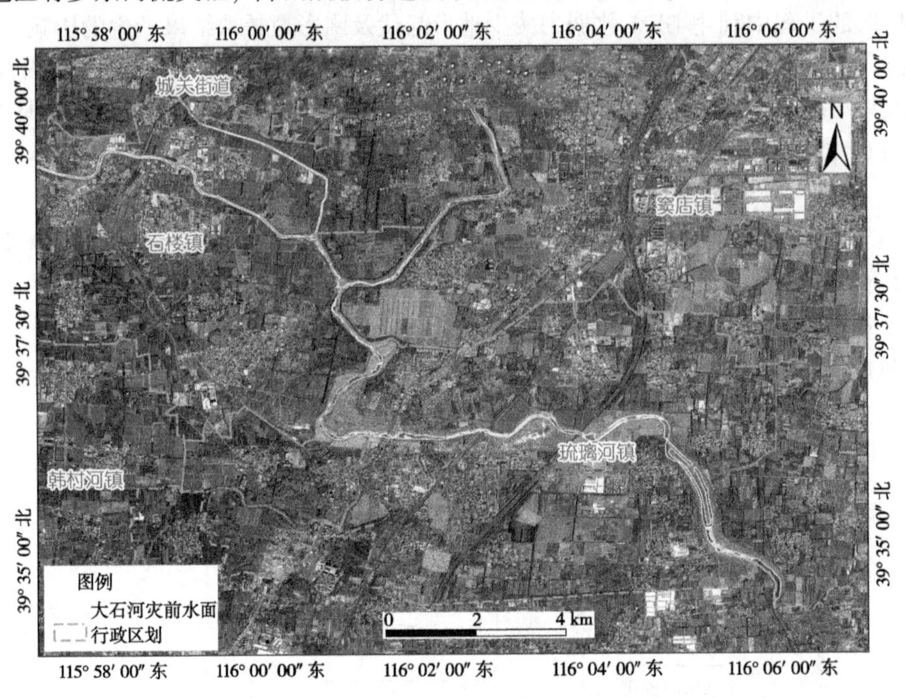

图 4　2023 年 7 月 19 日大石河灾前水体范围

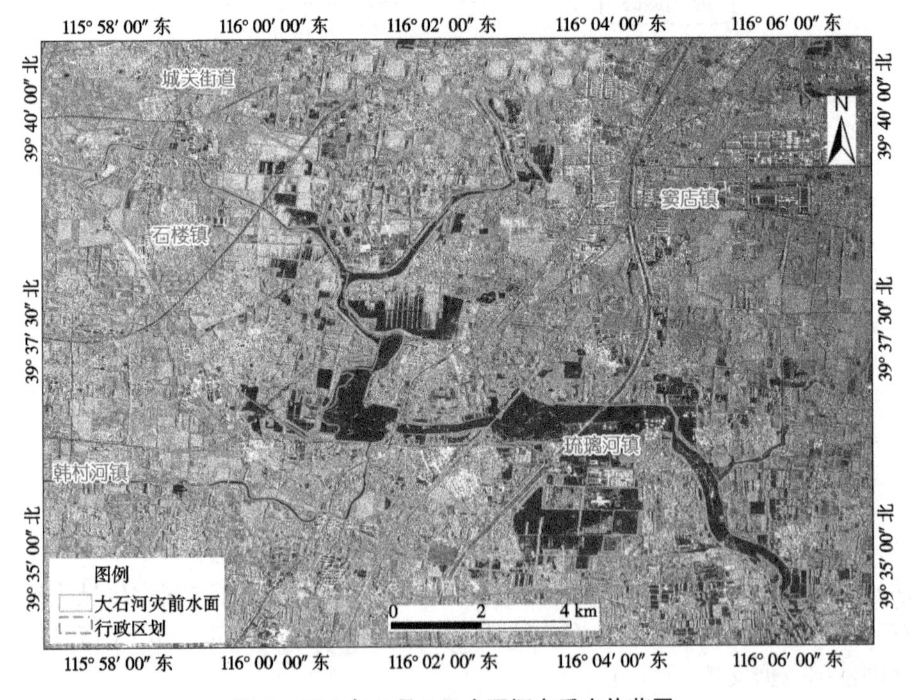

图 5　2023 年 8 月 2 日大石河灾后水体范围

4.2　土地利用类型淹没

在航天宏图一号 SAR 卫星影像提取的灾后水体的基础上，利用灾前光学影像通过人机交互解译提取淹没地物信息。通过图 6~图 8 可以看出，在研究区内，有多处耕地以及林地等地物被淹没，其中琉璃河镇西部地区受灾面积较大，涉及土地利用类型多。

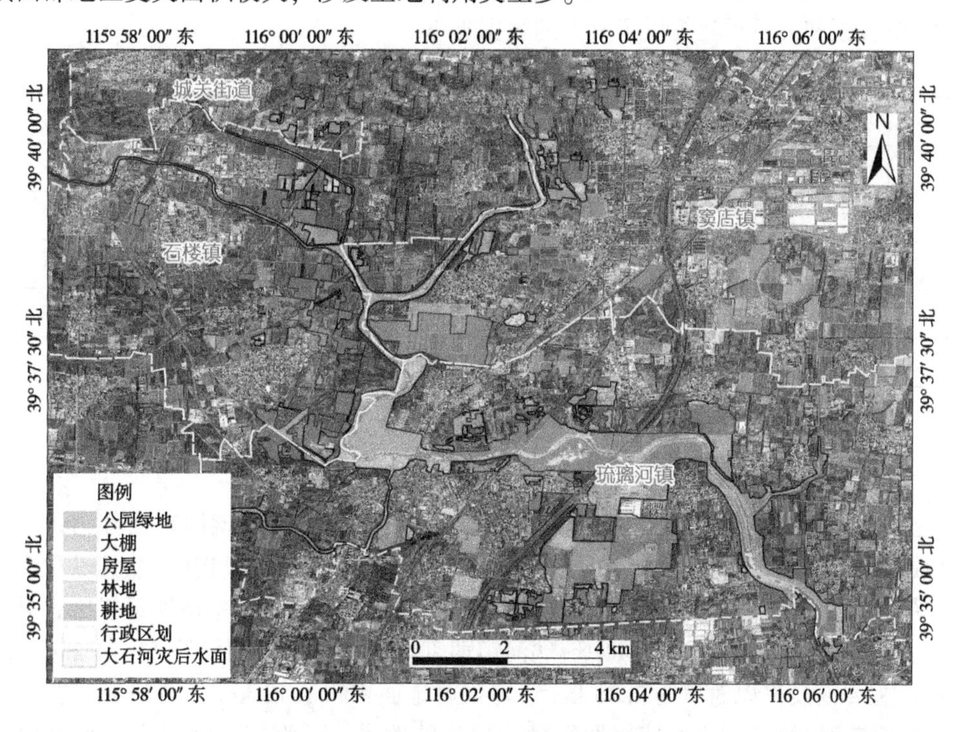

图 6　2023 年 8 月 2 日大石河受灾情况

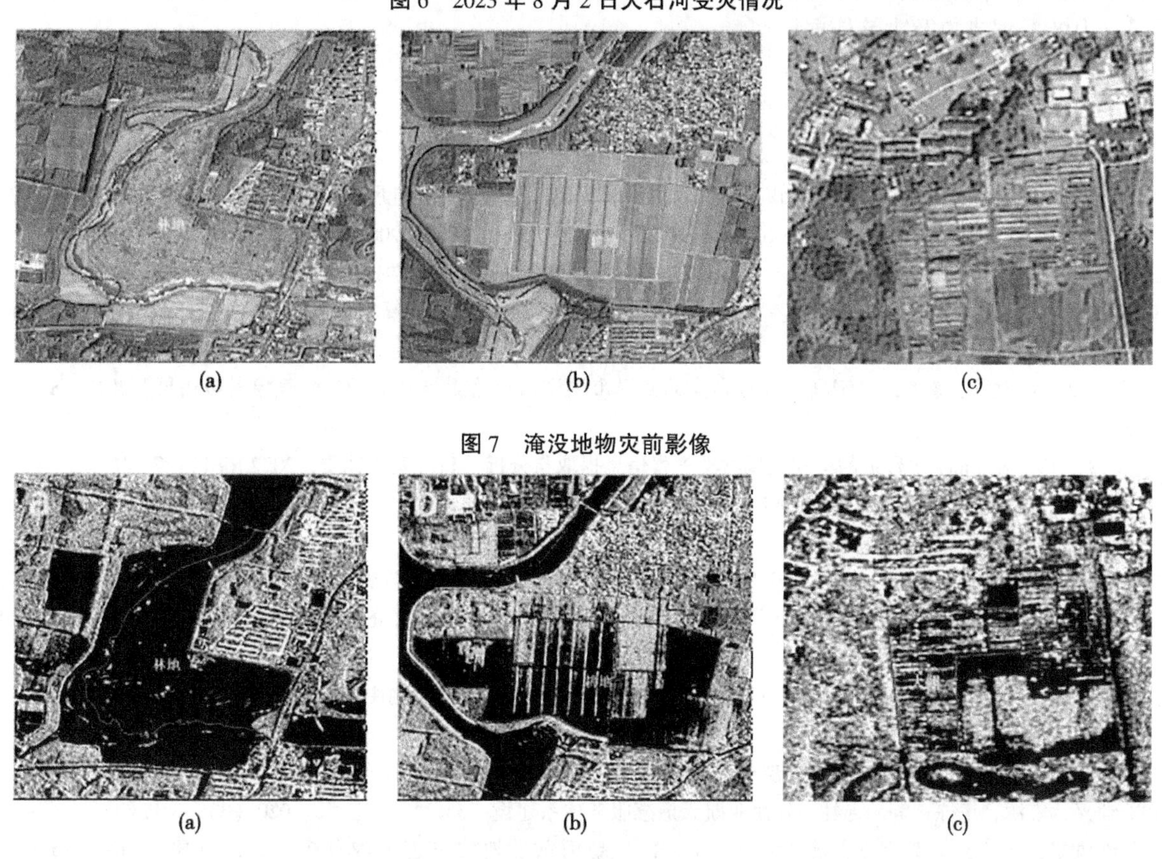

图 7　淹没地物灾前影像

图 8　淹没地物灾后影像

经过统计，琉璃河镇西部地区淹没地物类型以耕地、林地和公园绿地为主（见表 3），其中淹没耕地 28 处，面积约 2.76 km^2；淹没林地 8 处，面积约 1.12 km^2；淹没公园绿地 5 处，面积约 1.09

km^2。经过实地勘察，水体淹没范围分析精度超过90%。通过对洪涝淹没地物的分析，为洪涝灾害的灾前预警、灾中救援和灾后重建提供了有力的数据支撑。

表3　琉璃河镇西部地区受灾详情

序号	土地利用类型	淹没面积/ km^2	数量/处
1	大棚	0. 13	3
2	房屋	0. 02	3
3	耕地	2. 76	28
4	公园绿地	1. 09	5
5	林地	1. 12	8

5　结论

本文以北京市“23·7”特大暴雨洪涝灾害重点区域——北京市琉璃河镇西部为研究区，利用灾前光学卫星数据和灾后航天宏图一号SAR卫星数据，基于国产遥感软件PIE，快速获取洪水淹没范围和土地利用受灾情况。结果表明，北京市琉璃河镇大石河研究区内水面范围明显扩大，并且在河流两岸有多处耕地和林地等地物被淹没，其中琉璃河镇西部地区新增水面面积约11. 74 km^2，约是降雨发生前的17倍，主要淹没耕地面积约2. 76 km^2，淹没林地面积约1. 12 km^2。本研究表明航天宏图一号SAR卫星在洪涝灾害监测应用方面能够取得较为理想的效果，可为相关部门灾中救援和灾后评估提供强有力的数据支撑及决策依据。

参考文献

[1] 张金良，罗秋实，王冰洁，等. 城市极端暴雨洪涝灾害成因及对策研究进展与展望［J/OL］. 水资源保护，2023：1-13［2023-09-09］. http：//kns. cn ki. net/kcms/detail/32. 1356. TV. 20230906. 1924. 002. html.

[2] 李加林，曹罗丹，浦瑞良. 洪涝灾害遥感监测评估研究综述［J］. 水利学报，2014，45（3）：253-260.

[3] 胡凯龙，刘明博，贾松霖. 环境减灾二号A/B卫星在洪涝灾害农作物恢复动态监测中的应用［J］. 航天器工程，2022，31（3）：135-140.

[4] 张丽文，梁益同，李兰. 基于高分一号影像的武汉市洪涝遥感监测与分析［J］. 气象科技进展，2018，8（5）：51-57.

[5] 李煜. 基于Sentinel-1数据的巢湖流域洪涝灾害信息提取与分析［J］. 安徽地质，2022（S1）：76-81.

[6] 李景刚，黄诗峰，李纪人. ENVISAT卫星先进合成孔径雷达数据水体提取研究：改进的最大类间方差阈值法［J］. 自然灾害学报，2010，19（3）：139-145.

[7] 何颖清，齐志新，冯佑斌，等. 基于高分三号雷达遥感影像的洪涝灾害监测：以郑州“7·20”特大暴雨灾害为例［C］//中国水利学会. 中国水利学会2021学术年会论文集：第二分册. 郑州：黄河水利出版社，2021：333-340.

[8] 吕素娜，薛思涵，谢婷，等. 哨兵一号SAR数据在鄱阳湖洪涝灾害监测中的应用［J］. 卫星应用，2021（8）：51-55.

[9] 黄诗峰，马建威，孙亚勇. 我国洪涝灾害遥感监测现状与展望［J］. 中国水利，2021（15）：15-17.

[10] 钟兴，安源，王栋，等. 吉林一号商业航天遥感服务体系建设［J］. 卫星应用，2020（3）：8-17.

[11] 许凤雯，狄靖月，李宇梅，等. 北京“7·16”暴雨诱发地质灾害成因分析［J］. 气象，2020，46（5）：705-715.

[12] 梅娜，刘家峻，余运河，等. 北京暴雨天气成因分析［C］//中国气象学会. 第八届全国优秀青年气象科技工作者学术研讨会论文汇编，2014：81-89.

[13] 李莎，岳上媛. 华北暴雨考验应急管理能力下一次如何更好应对？［N］. 21世纪经济报道，2023-08-23（006）.

[14] 王天淇. 永定河滞洪水库25年首次启用为下游减压 [N]. 北京日报，2023-08-05 (001) .
[15] 廖丽华. 基于PIE遥感图像处理软件的生态环境监测应用 [J]. 卫星应用，2020 (5)：22-25.
[16] 刘东升. PIE6.0遥感产品体系及应用服务 [J]. 卫星应用，2020 (5)：15-21.
[17] 郭鹏，耿维成，张翠萍. 基于GF-3卫星SAR数据的郑州及豫北地区“21·7”暴雨洪涝遥感监测 [J]. 气象与环境科学，2022，45 (2)：86-92.
[18] 袁欣智，江洪，陈芸芝，等. 一种应用大津法的自适应阈值水体提取方法 [J]. 遥感信息，2016，31 (5)：36-42.

遥感技术在助力提升河湖管理能力方面的应用

侯　琳[1]　王　勇[2]

（1. 松辽水利委员会流域规划与政策研究中心，吉林长春　130021；
2. 松辽水利委员会水文局（信息中心）黑龙江中游水文水资源中心，黑龙江佳木斯　154000）

摘　要： 随着河湖水域岸线空间管控和采砂管理持续加强，河湖“清四乱”规范化、常态化监管稳步实施，河湖管理范围线和河流导线划定成为了河湖管理保护的重要基础性工作。本文通过遥感技术对黑龙江省流域面积 50～1 000 km^2 的河流河道管理范围划定成果进行了复核，通过野外验证复核发现，成果图斑类别属性正确率达到 98% 以上，利用遥感技术可以提高工作效率、减少监管漏洞、提升定位精度，助力河湖管理能力的提升。

关键词： 遥感技术；河湖管理；“清四乱”

1　引言

近年来，水利系统贯彻“节水优先、空间均衡、系统治理、两手发力”治水思路，河湖水域岸线空间管控和采砂管理持续加强，河湖“清四乱”规范化、常态化监管稳步实施[1]。然而在具体工作开展中，监管范围广、任务量大、时间紧、人员少是普遍面临的现实困难，推进河湖管理全面化，加强重点区域河湖清理整治，需要充分利用好河湖遥感影像解译、无人机及相关应用平台作用，不断提升河湖监管数字化、网络化、智能化水平，逐步建立完善问题巡查、问题详查、现场核查、整改复查工作机制，持续提升河湖监督检查效率、质量。

2　遥感技术的优势

2.1　信息量大、覆盖面广

遥感技术依靠搭载在遥感平台上的传感器可以获取目标地物的诸多信息，包括地形、河流、建筑物等，为构建高效先进的数据模型提供了可靠支撑条件[2]。水利部河湖遥感平台对地观测具有较大视角，影像的覆盖面大，能够对交通不便、人迹罕至的自然条件恶劣区进行全方位监测，弥补人力难以到达现场检查的不足。

2.2　监测精度高、动态监测能力强

遥感影像能够快速显示目标地物的准确位置，划定出目标地物的范围，准确划定河道管理范围。此外，利用遥感影像的精准定位，对河道管理范围内的建筑物与规划方案进行对比，判断其与规划是否一致，在问题复查环节也可重复对同一地区进行多轮观测，实现不同时期影像的准确比对，及时开展问题核查、复查，保证复查效果的准确性与科学性。

3　遥感技术在河道管理范围划定成果复核中的应用

河道管理范围划定成果复核工作利用水利部河湖遥感平台提供的最新遥感影像，对黑龙江省 2 423 条流域面积在 50～1 000 km^2 河流的“四乱”疑似问题遥感影像进行目视解译，对河道管理范

作者简介： 侯琳（1985—），女，高级工程师，主要从事水利规划、河湖管理等工作。
通信作者： 王勇（1984—），男，工程师，副主任，主要从事河湖管理、水文预报等工作。

围内“占、采、堆、建”4大类26小类地物对象进行信息提取，通过人机交互的方式进行图斑勾绘和解译，成果实时上传遥感平台系统。为检验成果质量，在目视解译工作完成后，选取河湖遥感影像解译图斑总量的5‰以上进行野外验证复核。

3.1 河湖管理范围线和河流导线情况

河湖管理范围划定是河湖管理保护的重要基础性工作，按照水利部加强河湖水域岸线空间管控有关文件要求，组织对黑龙江省流域面积50~1 000 km² 河流河道管理范围划定成果进行复核，进一步做好解译基础工作。本次河道管理范围划定成果复核工作共涉及黑龙江省的2 423条河流，筛选疑似问题共1 159个，主要问题包括划界遗漏（应划界未划）、河道管理范围线压盖水域滩地、避让房屋、坑塘等情况。

3.1.1 划界遗漏（应划界未划）

河流源头河段管理范围线划界遗漏，多源河流仅对其中部分源头进行了划界，划界存在遗漏，黑龙江省共存在划界遗漏河流1 020条，划界遗漏问题遥感影像见图1。

图1 玉泉河（划界遗漏）

3.1.2 压盖水域滩地

河道管理范围存在压盖水域滩地情况，部分管理范围线“裁弯取直”，部分河段只划定了多条河汊中的一条，黑龙江省共存在压盖水域滩地河流121条，压盖水域滩地问题遥感影像见图2、图3。

3.1.3 规避违建

河道管理范围内存在规避临河房屋、耕地、坑塘等违建的情况，黑龙江省共存在规避违建河流8条，规避违建问题遥感影像见图4。

3.2 地物遥感解译情况

本次地物遥感解译共涉及黑龙江省流域面积50~1 000 km² 的河流2 423条，遥感影像以国产公益光学遥感卫星影像为主，商业光学遥感卫星影像为辅，空间分辨率以优于2 m的遥感卫星影像为主，实际解译中，主要选用分辨率为1.0 m的GF2号以及BJ2号卫星影像。

按照水利部对河湖“四乱”定义，主要包括乱占、乱采、乱堆、乱建4个大类：①乱占：围垦湖泊，未依法经省级以上人民政府批准围垦河道，非法侵占水域、滩地；种植阻碍行洪的林木及高秆作物；②乱采：河湖非法采砂、取土；③乱堆：河湖管理范围内乱扔乱堆垃圾，倾倒、填埋、贮存、堆放固体废物，弃置、堆放阻碍行洪的物体；④乱建：河湖水域岸线长期占而不用、多占少用、滥占

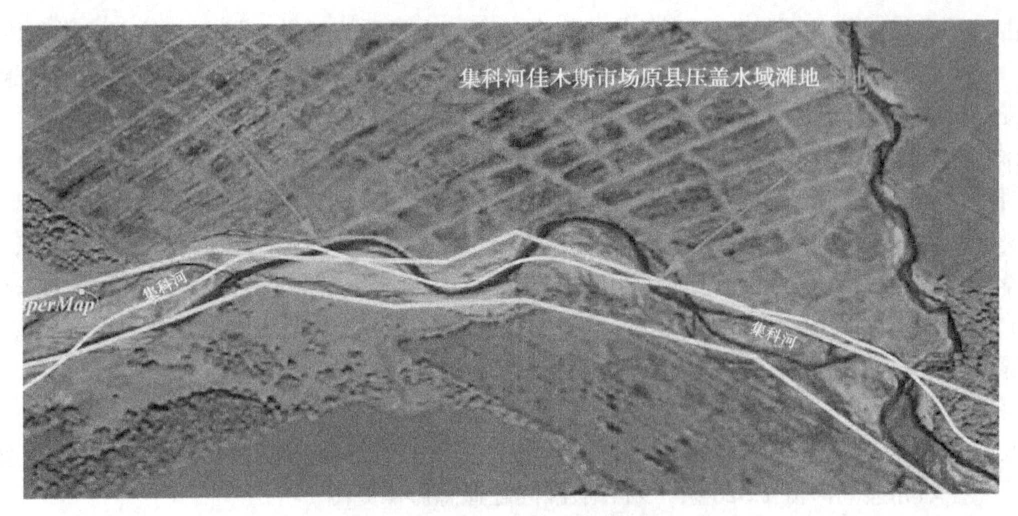

图 2　集科河（压盖水域滩地）

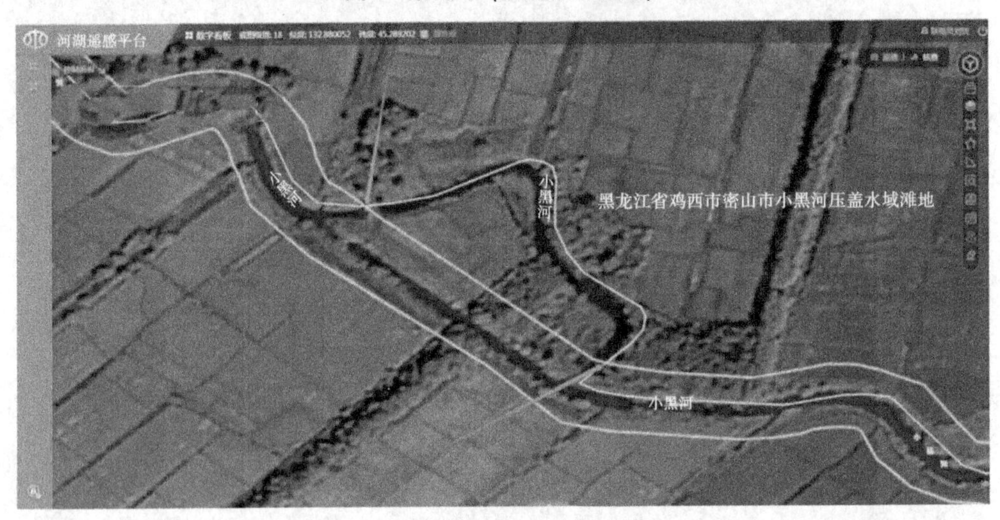

图 3　小黑河（多河汊处压盖水域滩地）

图 4　兴隆河（规避违建）

滥用，违法违规建设涉河项目，河道管理范围内修建阻碍行洪的建筑物、构筑物。

本次目视解译，发现疑似问题图斑总量12 853个，按照图斑所属地物类型统计，其中“占”6 630个，“采”5个，“堆”4个，“建”6 214个。图斑所属地物类型涉及围占养殖、坑塘养殖、文体旅游项目、耕地、片林、其他占用、采砂场、取土场、其他开采、固体堆放、其他堆放、临河房屋、光伏电厂、大棚、桥梁、在建桥梁、拦河闸坝（橡胶坝）、其他建（构）筑物等。

3.3 现场验证情况

抽取黑龙江省河湖遥感影像解译图斑共计76个，占疑似问题图斑总量12 853个的5.9‰，进行野外验证复核，其中，坑塘养殖9个、耕地12个、临河房屋26个、大棚4个、桥梁20个、拦河闸坝5个。通过野外验证复核结果表明，成果图斑类别属性正确率≥98%。

4 存在的不足

4.1 解译标准统一存在困难

本次采用的“技术规范”偏重大江大河地物特征说明，一些特征在中小河流中体现不够显著。同时，目视遥感解译方法，更多受到先验知识的影响，判别标准难以统一。如在市郊或乡镇边的、屋顶为蓝色且面积较大的房屋是否为工房，林区的一些较为规则、沿河流轴线分布的圆角矩形水塘是否用于坑塘养殖等。本次工作中主要是通过集体讨论、根据以往外业实地经验和请教有当地生活经验的人等方式对一些较难判断的类型地物进行了分类。

4.2 遥感影像新旧差异变化较大

地物遥感解译图斑准确性受遥感影像时效性影响。解译工作开展前期，部分地区为2021年以前遥感影像数据，平台上线新数据源、新时相的影像后，发现较多旧影像地物在新影像上已经没有或发生了偏移，特别是一些季节性、临时性的堆放、构筑物已不存在，解译复核修改工作消耗时间较大。

4.3 工作平台需要进一步完善

河湖管理范围划定成果是开展遥感解译的重要基础，本次工作开展平台部分管理范围线缺失或位置偏移等因素给解译工作带来一定困难。另外，河湖遥感平台上大部分数据源的多时相影像切片只能显示到16级，精度不够。有些影像存在偏移，且难以辨认。工作开展期间，平台未加载行政区划边界，跨行政区的图斑，难以准确判断。同时，本次工作采用的平台，仅在内部网络可以运行，在野外作业情况下不能使用。

5 未来工作的思考

5.1 进一步完善平台服务

在未来工作中，需要进一步提高平台多时相影像切片级别，确保放大后水利对象、影像子服务同级别可见，使多时相影像在线时间与工作计划节点相匹配，降低反复验证修改的工作量。同时要进一步完善河流导线、河道管理范围线等基础依据，不断提高平台数据的时效性、可靠性、一致性。

5.2 提高信息化手段运用

本次工作对26类地物进行了人工目视标绘，形成了大量的图斑数据，经过一定规模的野外验证后，可为遥感自动解译平台和人工智能解译等方式提供庞大的训练样本库。在未来工作中，需要提高信息化手段运用，探索通过专用软件等对遥感影像进行自动化批量初步解译，经校正后挂载到平台上，由人工进行复核，统一标准、提高效率。

5.3 提高成果共享

本次工作对未来河湖“清四乱”工作有非常大的帮助，为便于后续工作开展，网络应用平台应进一步提高共享能力，比如提供成果离线共享等。同时，优化平台成果查询、统计、导出等功能，进一步提升成果应用转化效率，为做好“清四乱”工作，建设幸福河湖提供更为有力的技术支撑。

参考文献

[1] 孙武安，孔晓．遥感技术在河湖“清四乱”工作中的应用及前景［J］．中国水利，2023，13：49-51.

[2] 朱德军，李浩博；王晓明．GNSS 遥感技术在智慧水利建设中的应用展望［J］．水利水电技术（中英文），2022，53（10）：33-57.

不同积云对流方案对长江中下游一次强降水的模拟分析

李一帆　董晓华

（三峡大学水利与环境学院，湖北宜昌　443002）

摘　要：利用WRF模式中两种积云对流方案（BMJ和GD）对青藏高原一次强降水过程进行模拟试验，将模拟降水结果与实测资料进行对比，以评估不同云微物理参数化方案对该区域降水过程的模拟性能。结果表明：两种方案均能够模拟出此次降水过程的发生，在暴雨中心的位置的模拟准确度相差不大。进一步对比分析了BMJ方案和GD方案模拟的不同站点的RMSE及MAE，结果显示在站点上的差异性不大。

关键词：积云对流方案；WRF模式；长江中下游；青藏高原

1　引言

青藏高原，位于亚洲内陆，平均海拔为4 000~5 000 m，是中国最大、世界海拔最高的高原，被称为“世界屋脊”。其特殊的热力作用和动力作用不仅对高原本身及其周边地区的气候有重要影响，甚至对北半球乃至全球的大气环流产生影响。夏季，青藏高原是一个强大的热源，它能够直接加热对流层中部及对流层上部，对高原以及周边地区地气系统间的热量交换、能量储存与释放，以及天气变化特征都能够产生重要影响。近年来，研究人员利用数值模型等方法对青藏高原的地气相互作用进行了模拟和分析，以探究其对长江中下游降水的影响。

一些研究表明[1,2]，在青藏高原大范围加热的过程中，地球表面和大气系统会产生各种干湿分布的扰动，进而影响到长江中下游地区的降水。研究发现，青藏高原地区的水汽输送对中国西南和东南部等地区的降水具有显著影响，尤其是在夏季，青藏高原地区出现的强对流天气系统进一步导致了长江中下游地区的强降水天气。WRF模式（weather research and forecasting model，WRF）是当今气象领域最先进的大气模式之一，由美国国家大气研究中心开发。该模式被广泛应用于天气、气候和空气质量的预测。在复杂地形区域，尤其是青藏高原等地的气象模拟中，WRF模式表现出色。青藏高原作为亚洲最大的高原，海拔最高的地区，其气象变化对中国乃至全球其他地区的气候和环境都具有重要影响[3]。

青藏高原地区的地形复杂多样，包括高山、高原和深谷等地貌特征。这些地形特征导致了气流的复杂运动和局地气象现象的形成。同时，青藏高原地处高海拔，气候特征独特，表现为强烈的日变温、剧烈的季节变化和复杂的降水分布。这些因素使得青藏高原成为气象观测和模拟的挑战性区域。

WRF模式在解决青藏高原气象问题方面具有以下优势：①WRF模式具有高空间分辨率，能够更准确地模拟青藏高原地区的气象过程；②WRF模式具有先进的参数化方案，包括大气层的热力、动力、湿度等因素的相互作用，使得在青藏高原地区的气象预测变得更加可靠。

WRF模式在青藏高原地区的应用将有助于提升对该地区气候与环境的理解，并为社会经济发展和人类生存提供可靠支持。通过WRF模式的研究和应用，我们可以更准确地预测青藏高原地区的天气和气候变化，为保护环境、可持续发展提供科学依据。然而，仍需要进一步的研究和评估，以不断改进模式的性能，并将其应用于更广泛的领域和问题中。

作者简介：李一帆（2001—），女，硕士研究生，研究方向为水文学与水资源。

长江是中国河流体系中重要的一条河流，长江中下游地区是经济和社会发展最为活跃的地区之一。然而，该地区常年降水量相对较少，且受青藏高原气候系统的影响非常显著。因此，研究青藏高原地气相互作用对长江中下游降水的影响具有很大的现实意义。

近年来，随着计算机技术和大数据处理能力的提升，利用数值模型等手段对青藏高原地气相互作用进行模拟和分析逐渐成为一种热门的研究方法。在相关研究中，常用的数值模型包括国际通用大气模式（general circulation model，GCM）、区域气候模式（regional climate model，RCM）以及气象动力学数值模型等。不同的模型具有不同的优缺点，但总体来说，这些模型可以较为全面地再现青藏高原与长江中下游之间的复杂地气相互作用问题，从而揭示出一些天气、气候和水文过程之间的关系。

通过对青藏高原地气相互作用的研究发现，青藏高原地形起伏极大，加之气候干燥，地表特征和地表能量均匀性差，导致地气相互作用较强，对降水量、降水形式、降水时空分布等方面都有显著的影响。在青藏高原地气相互作用对长江中下游降水影响的模拟研究中[4]，一些学者发现，青藏高原和西南亚、南海、印度洋和北太平洋等地区的低空急流汇合于长江中下游地区，从而形成明显的降水带。在青藏高原大范围加热的过程中，地球表面和大气系统会产生各种干湿分布的扰动。同时，由于青藏高原与长江中下游地区的地形和地貌差异较大，两者之间的水汽输送路径也十分复杂。研究发现，青藏高原地区的水汽输送非常重要，对中国西南和东南部等地区的降水有明显影响。尤其是在夏季，青藏高原地区出现了许多强对流天气系统，并进一步导致了长江中下游地区的强降水天气[5-6]。

本文利用 WRF 模式的模拟研究，对深入认识青藏高原地气相互作用对长江中下游降水的影响具有重要意义[7]，这项研究结果可以为水资源管理、农业生产、生态环境保护等方面提供科学依据，也可为气象预测和气候变化评估等业务提供支持。

2 研究区域与数据

青藏高原位于我国的西南部，西起帕米尔高原和喀喇昆仑山脉，东达横断山脉，南起喜马拉雅山脉南缘，北至昆仑山、阿尔金山和祁连山北缘，总面积约为 250 万 km^2，平均海拔在 4 000 m 以上[8]。东及东北部与秦岭山脉西段和黄土高原相接，位于 26°00′~39°47′N，73°19′~104°47′E，区域平均海拔在 4 000 m 以上。年平均气温为-6~ 20 ℃。青藏高原地区属于高原山地气候，降水量较少，平均年降水量为 400 mm 左右，高原南部受印度洋暖湿气流的影响，降水量在 1 000 mm 以上，而高原腹地、西部和北部由于地处内陆，降水量较少，部分地区不足 100 mm[9-10]。

本研究使用的实测降水数据是从中国气象数据网获取的中国自动气象站与 CMORPH 降水产品融合的逐时降水量网格数据。本文的研究资料是来自 ERA5，时间间隔为 6 h，垂直方向为 34 层，水平分辨率为 1°×1°。

3 WRF 模式设置与试验设计

3.1 模式预处理参数设置

本文选用 WRF 中尺度数值预报模式，模拟时间从 2020 年 7 月 2 日 0 时至 11 日 0 时。模式采用三层嵌套网格，模拟区域中心经纬度设为 35°E、105°N，第一层粗网格分辨率为 27 km，格点数为 341×181；第二层细网格分辨率为 9 km，格点数为 148×133；第三层粗网格分辨率为 9 km，格点数为 391×232。网格垂直方向上分为 34 层，积分时间步长为 54 s，三层网格均每 3 h 输出一次结果。为确保模拟结果准确，前 72 h 作为模式的预热时间[11-12]。

3.2 参数化方案敏感性试验

参数化方案的选取见表 1。其余参数化方案保持不变，行星边界层 bl_ pbl_ physics 选择 YSU，短波辐射方案（ra_ sw_ physics）选择 Dudhia，长波辐射方案（Ra_ ls_ physics）选择 RRTMG，陆面过程参数化方案（sf_ surface_ physics）选择 Noah，（sf_ sfclay_ physics）选择 Revised MM5 Monin-Obukhov scheme 方案。

表1　参数化方案的选取

编号	物理参数化方案 Mp_ physics	积云对流方案 cu_ physics
EXP1	Thomopson	BMJ
EXP2	Thomopson	GD

本文选取五个统计指标对 WRF 模拟结果定量评估。相关系数（correlation coefficient，CC）用于评估模拟与观测结果时间序列的线性关系；均方根误差（root mean square error，RMSE）用于衡量模拟与观测结果的偏差；风险评分（threat score，TS）用于评价模拟与观测结果的空间一致性和量级重合度；命中率（probability of detection，POD）和空报率（false alarm rate，FAR）均可反映出一定的降水模拟能力。

图1（a）、（b）分别为 EXP1 和 EXP2 在7月5日0时至7月11日0时的累计降雨量。图2为两种方案在站点的 RMSE、MAE 值，经过对比发现，两种方案在站点上的差异性不大，模拟结果较为接近。

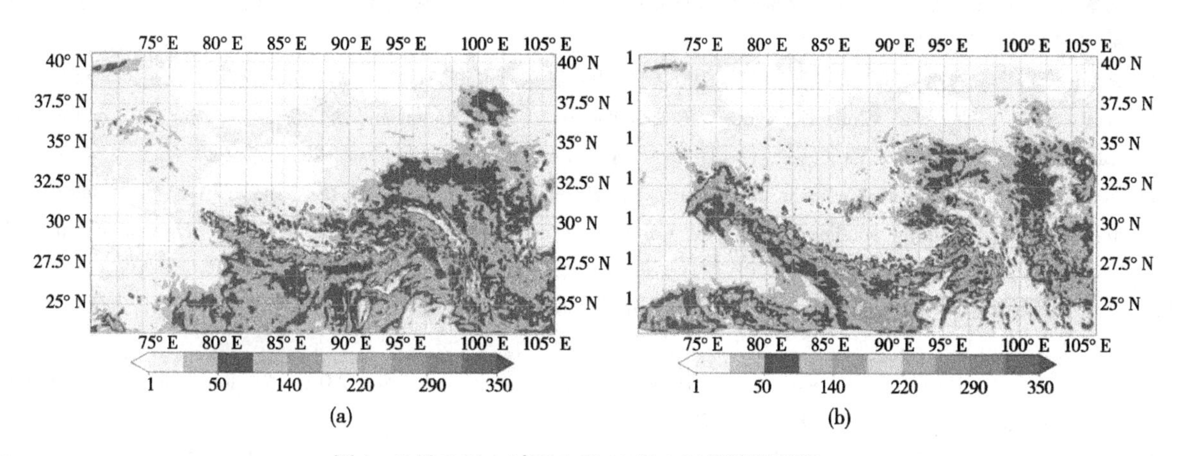

图1　7月5日0时至7月11日0时累计降雨量

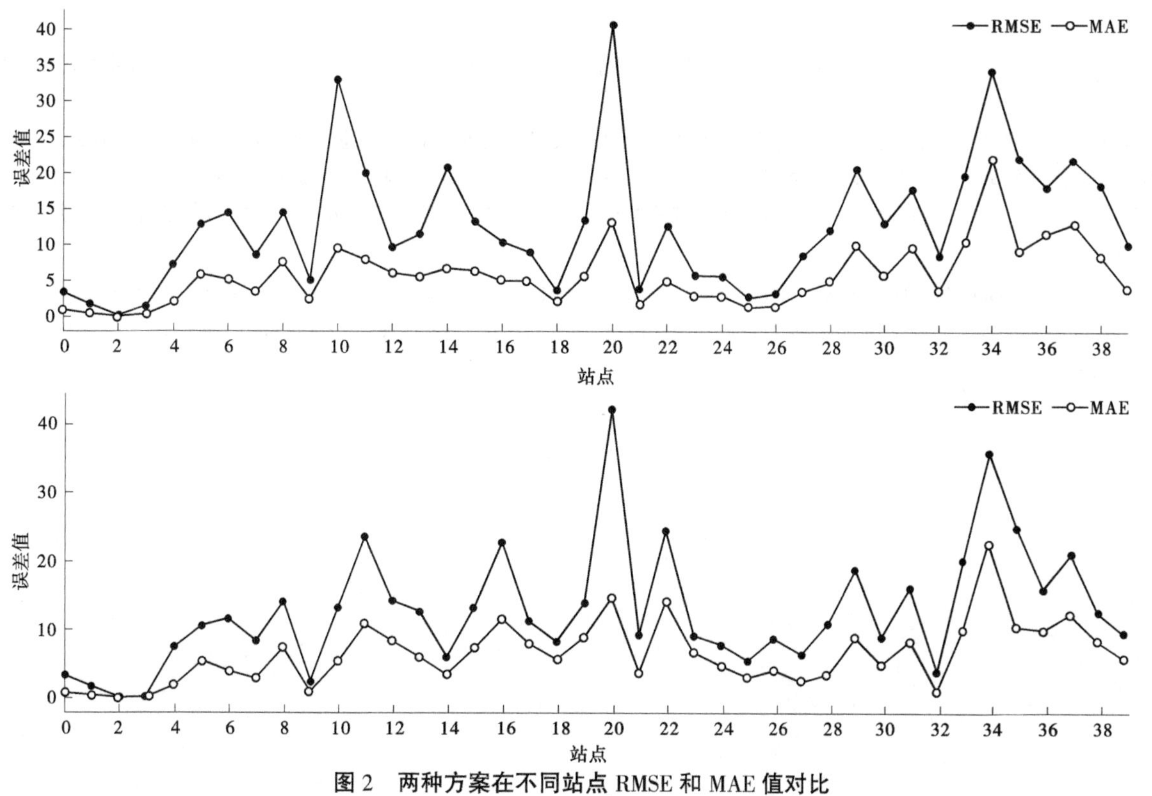

图2　两种方案在不同站点 RMSE 和 MAE 值对比

4 结论

本文利用 WRF 模式对 2020 年 07 月 2—11 日发生在长江中下游的一场降雨过程次强降水天气过程进行了模拟研究，探讨了两种积云对流参数化方案对降水的影响，得到以下结论：

（1）两种方案均能够模拟出此次降水过程的发生，在暴雨中心的位置的模拟准确度相差不大，但是与实测降雨结果存在一定误差。

（2）对比分析 BMJ 和 GD 方案模拟的不同站点的 RMSE 及 MAE 结果，显示在站点上的差异性不大，模拟较为一致。

参考文献

[1] 马耀明，胡泽勇，田立德，等．青藏高原气候系统变化及其对东亚区域的影响与机制研究进展［J］．地球科学进展，2014，29：207-215.

[2] 袁源，李璐含，胡伟，等．青藏高原土壤湿度-气候相互影响研究进展［J］．冰川冻土，2023，45：341-354.

[3] Lv M，Xu Z，Yang Z-L. Cloud Resolving WRF Simulations of Precipitation and Soil Moisture Over the Central Tibetan Plateau：An Assessment of Various Physics Options［J］. Earth and Space Science，2020，7（2）.

[4] Tian B Q，Fan K. Climate prediction of summer extreme precipitation frequency in the Yangtze River valley based on sea surface temperature in the southern Indian Ocean and ice concentration in the Beaufort Sea［J］. International Journal of Climatology，2020，40（9）：4117-4130.

[5] 孟泽华，高彦青，马旭林，等．一次江淮暴雨高分辨率数值预报中云微物理方案敏感性分析［J］．大气科学学报，2023（5）：1-13.

[6] Xu H，Hong Y，Hong B. Decreasing Asian summer monsoon intensity after 1860 AD in the global warming epoch［J］. Climate Dynamics，2012，39（7-8）：2079-2088.

[7] Chen J P，Wang X，Zhou W，et al. Unusual Rainfall in Southern China in Decaying August during Extreme El Nino 2015/16：Role of the Western Indian Ocean and North Tropical Atlantic SST［J］. Journal of Climate，2018，31（17）：7019-7034.

[8] 范科科，张强，史培军，等．基于卫星遥感和再分析数据的青藏高原土壤湿度数据评估［J］．地理学报，2018，73：1778-1791.

[9] 韩熠哲，马伟强，王炳赟，等．青藏高原近 30 年降水变化特征分析［J］．高原气象，2017，36：1477-1486.

[10] 姚檀栋，陈发虎，崔鹏，等．从青藏高原到第三极和泛第三极［J］．中国科学院院刊，2017，32：924-931.

[11] 高玉芳，武雅珍，吴雨晴，等．基于 WRF 模式的清江流域降雨-径流模拟研究［J］．热带气象学报，2022，38：621-630.

[12] Gerken T，Babel W，Herzog M，et al. High-resolution modelling of interactions between soil moisture and convective development in a mountain enclosed Tibetan Basin［J］. Hydrology and Earth System Sciences，2015，19（9）：4023-4040.

无人机高光谱遥感技术在典型河流叶绿素 a 监测的应用

文雄飞[1]　张　穗[1]　莫晓聪[2]　张　伊[3]

(1. 长江科学院空间信息技术应用研究所，湖北武汉　430010；
2. 长江科学院科技成果推广中心，湖北武汉　430010；
3. 南水北调中线水源有限责任公司，湖北十堰丹江口　442700)

摘　要：近年来，随着我国经济社会的快速发展，河湖库等水体出现一定的水环境问题，基于监测点的常规调查方法在时效性和空间分布上存在不足，高光谱技术可以较好地解决这一问题。本文利用无人机搭载的高光谱传感器采集典型河流高光谱数据，开展了河流水体叶绿素 a 信息提取研究，建立了河流水体叶绿素 a 信息提取模型，对比同步水质数据，认为该模型具有较高的可靠性和实用性，表明用高光谱遥感数据监测河流水体叶绿素 a 参数的可行性，能够作为基于监测点常规调查方法的有效补充，可以为环境监测部门水质监测提供技术支撑和参考。

关键词：高光谱遥感；无人机；河流；叶绿素 a

1　引言

水是生命之源、生产之要、生态之基。近年来，随着我国水资源管理工作的不断加强，一些地区、部分河流水资源、水生态、水环境问题得到了一定控制，但是部分区域对水资源和生态环境的条件考虑不足，水资源短缺、水生态损害、水环境污染等问题尚未得到根本改变，干净、优质的水资源是良好的生态系统健康持续发展的基础，是中国 21 世纪可持续发展战略的最重要保障[1]。

对于水体水质的监测，传统方法是通过在水体的某些位置布设采样点采取水样，实验室分析得到水质的污染状况。对于大区域的水环境监测，这种方法极费人力、物力与财力，并且由于环境复杂多变，空间差异大，导致这种“以点代面”的工作方式难以获取面上的水质参数空间分布，难以实现区域性水体的动态监测[2]。

相对于传统监测手段，遥感技术具有快速、大面积同步观测、周期性等特点，对于获取长期、大范围河湖水环境的时空变化具有显著优势。而内陆水环境遥感常用的数据，如 TM 等宽波段遥感器所获取的图像，其光谱分辨率无法满足水质参数反演的要求，高光谱遥感技术的发展，为水体水质监测提供了新的技术手段，受到众多学者的研究和关注[3]。Gitelson 等指出波长在 400~500 nm、560~590 nm、624 nm 及 675 nm 范围内水体反射波谱上出现的波谷依次由黄色物质、藻类、藻青蛋白、叶绿素 a 等的吸收引起[4]。疏小舟等研究了 OMIS-II 波段反射比 R_{21}/R_{18} 与太湖水体藻类叶绿素 a 浓度曲线关系，指出 OMIS-II 能够提高太湖藻类叶绿素 a 定量遥感的精度[5]。李素菊等利用高光谱数据反射率比值法和一阶微分法分别建立了巢湖叶绿素 a 的遥感定量模型，发现反射率比值 R_{705}/R_{680} 与叶绿素 a 浓度有较好的相关性，用反射率比值法估算叶绿素 a 效果较好[6]。刘堂友等利用地物光谱仪对太湖水体进行了光谱测量和同步采样分析，分离出蓝藻和悬浮物的特征波峰，建立了波峰高度与同步水

作者简介：文雄飞（1984—），男，正高级工程师，主要从事空间信息技术水利行业应用研究工作。
通信作者：张穗（1976—），女，正高级工程师，主要从事空间信息技术水利行业应用研究工作。

质化验得到的叶绿素 a 浓度和悬浮物浓度的对应关系，得出其遥感定量反演算法，并应用到 OMIS 成像光谱仪图像[7]。安如等以太湖、巢湖为研究区，以 Hyperion 和 HJ-1A 卫星 HSI 高光谱数据以及实测水质浓度数据为试验数据，构建了归一化叶绿素指数 NDCI，对湖泊水体的高光谱叶绿素 a 浓度估算进行分析试验[8]。Liu 等结合 OLCI 影像数据和半分析模型实现对二类浑浊水体叶绿素 a 浓度的遥感反演和动态监测[9]。郑著彬等利用欧比特高光谱 OHS 影像结合野外实测数据，构建了滇池叶绿素 a 浓度遥感反演模型，获得了滇池叶绿素 a 浓度的空间格局[10]。洪琴等通过对叶绿素 a 浓度和光谱反射率曲线进行统计分析，发现经过 900 nm 处归零化预处理的单波段模型和四波段模型对贫营养化水体的东圳水库水体叶绿素 a 浓度的反演效果最佳[11]。

当前在轨运行的高光谱卫星数量较少，数据的获取能力受卫星过境频次、天气状况、空间分辨率等因素制约，在一定程度上限制了高光谱遥感技术开展水质监测领域的应用。现有研究大多是基于星载或机载成像光谱仪数据对湖泊和水库进行水质遥感监测，而关于流动性较大的河流水体水质监测相关研究比较少。无人机遥感平台搭载高光谱传感器，作为卫星遥感的有效补充可以快速获得河流水体高空间、高光谱分辨率的遥感数据，利用该技术实现河流水质的精准观测，克服了高光谱遥感技术受卫星少、易受天气影响等不利因素，对于水环境的持续性遥感监测以及紧急重点排查具有重要意义。

2 研究区概况与数据采集

泗河位于十堰市城区东部，是汉江的一级支流，自南向东北流经十堰市茅箭区、十堰经济开发区、丹江口市六里坪镇、均县镇，郧阳区青山镇等地，由郧阳区青山镇白石坪汇入汉江，全长 90 km，流域总面积 622 km^2。泗河的主要支流有马家河、茅塔河和田湖堰河，均发源于位于茅箭区南部的赛武当省级自然保护区。泗河是丹江口水库的一条重要支流，是开展高光谱技术水质监测研究比较理想的试验区，对于维护南水北调中线水源区生态和十堰市城市建设发展，具有十分重要的意义。

选择晴朗的天气，对研究区的典型河段进行水体成像高光谱仪无人机数据采集和同步水质测量，其中水质测量仪器为美国赛莱默分析仪器公司（Xylem Analytics）制造的水质监测和测量平台 EXO。水质参数主要有叶绿素 a、水温、pH、COD、总氮、总磷等。其中，叶绿素 a 浓度数据由 EXO 手持水质设备现场采集，而总氮、总磷数据由实验室化验采集。

无人机平台为大疆多旋翼无人机 M300，搭载了 S185 成像高光谱仪（Cubert GmbH），其光谱范围为 450~998 nm，具有 138 个光谱通道，光谱分辨率 4 nm。S185 成像高光谱仪是一款画幅式成像高光谱仪，其 Snapshot 测量模式融合了高光谱数据的精确性和快照成像的高速性，能够瞬间获得在整个视场范围内精确的高光谱图像。S185 成像高光谱仪可随无人机平台按预设航线自动测量，快速获得大面积高光谱图像，并通过软件自动快速拼接。

飞行前将无人机机头正对太阳方向，首先将光谱仪镜头垂直向下正对参考板中心区域，根据光照强度自动设置高光谱传感器的积分时间，然后使用参考板对成像光谱仪进行校准，随后盖上镜头盖测量暗电流进行黑板校准，设置完测量频率、测量模式等参数后，调用之前规划好的飞行航线，开始数据采集。为了保证无人机数据质量，特别是避开太阳耀斑的影响，无人机作业时间在晴空天气时的 10：00—11：00 和 15：00—16：00 之间进行。无人机飞行高度为 120 m，飞行速度为 5 m/s，光谱仪镜头垂直向下，视场角 22°，并保证 80%的航向重叠和 70%的旁向重叠，获取的高光谱影像地面分辨率为 0.05 m，每幅影像幅宽约 50 m。作者于 2023 年 7 月在十堰市泗河典型河段进行无人机航飞，共获取了泗河典型河段 3 个架次的高分辨率高光谱数据如图 1 所示。

3 光谱特征分析与水体水质信息提取

当前利用遥感器测量得到的光谱辐射率或反射率估算水质参数通常有经验方法、半经验方法和分析方法三种，其中半经验方法，将已知水质参数的光谱特征与统计分析相结合，选择最佳的波段或波段组合作为相关变量估算水质参数值，应用最为常见。内陆水体由于浮游植物、可溶性有机物和非色素悬浮物相互混合，光学特征复杂，所以选择受其他物质光学干扰小的波段组合及算法是叶绿素遥感的关键。本文利用无人机载光谱仪测定十堰市泗河典型河段水体的光谱反射率，在分析无人机采集的面状光谱反射率数据与同步水质检验叶绿素 a 浓度之间关系的基础上，利用半经验方法选择最佳波段组合，建立泗河水体叶绿素反演算法。

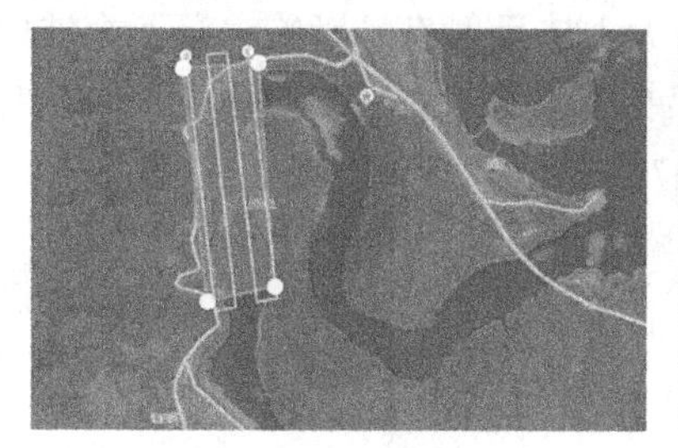

(a)无人机航飞航线图1

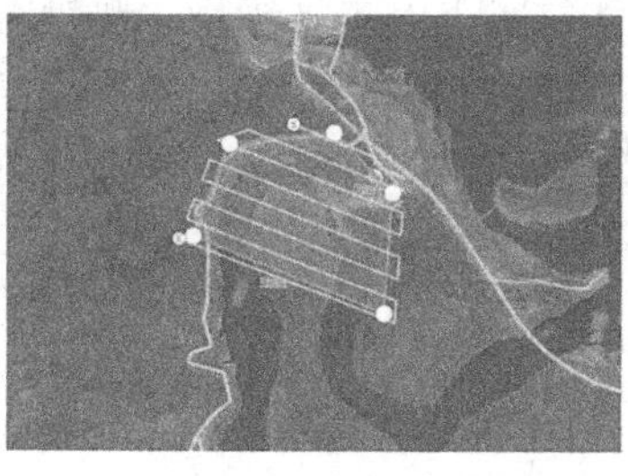

(b)无人机航飞航线图2

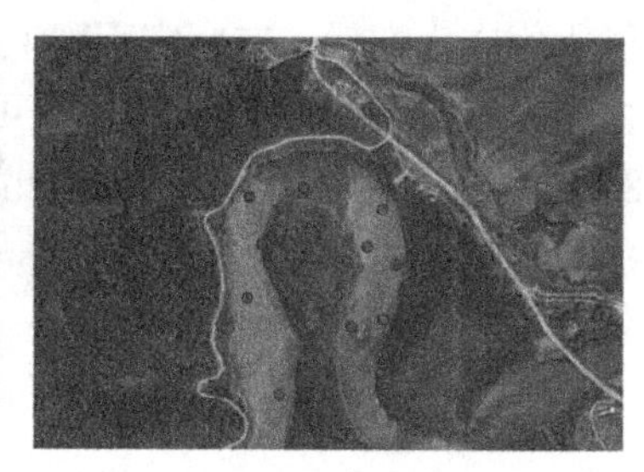

(c)同步水质采样点

图 1　2023 年 7 月泗河典型河道无人机航线和水质采样分布图

3.1　光谱特征概述

同步水质采样分析结果显示叶绿素 a 浓度较高，水体呈一定程度的富营养化状态。利用无人机对水体进行光谱测量时，特别是不同架次之间受天气条件的变化、周围环境的影响，虽然每个架次都利用参考板进行了校正，但是为了便于不同架次的采集的河流水体光谱数据和水质参数数据之间的对比分析，对采样点位置的水体反射光谱利用其在可见光范围（450~800 nm）的波段反射率进行了归一化处理，消除不同架次无人机采集数据的系统误差。根据李素菊等的研究，当河流水体中存在藻类生物时，藻类叶绿素会明显影响水体反射光谱[6]。在可见光和近红外波段内，叶绿素在 440 nm 和 675 nm 附近有两处吸收峰，当藻类密度较高时水体光谱反射率曲线在该处出现谷值；在 540~570 nm 范围有一个较高的反射峰，是由叶绿素和胡萝卜素弱吸收和细胞的散射作用形成的，该反射峰值可以作为叶绿素定量标志；在 710 nm 附近有反射峰，该反射峰是含藻类水体最显著的光谱特征，其存在与否通常被认为是判定水体是否含有藻类叶绿素的依据。

如图 2 为 2023 年 7 月在泗河典型河道利用无人机载成像高光谱仪采集部分水体的光谱反射率。S185 成像高光谱仪波长范围为 450~998 nm，波长超过 800 nm，水体波谱反射率比较杂乱，可能是仪器在 800 nm 以后波段采集的数据存在相对较大的不确定性，光谱曲线比较平滑的区域主要集中在 500~800 nm 范围，在 540~570 nm 范围有较高的反射峰，在 630~650 nm 范围附近光谱反射率相对平坦呈肩状，在 675 nm 附近有吸收峰，在 710 nm 附近有反射峰，从 S185 成像高光谱仪采集的水体光谱，和疏小舟、李素菊等的研究一致，说明利用无人机载成像高光谱仪对河流水体叶绿素 a 浓度监测的可行性。

归一化后各波段反射率与叶绿素 a 浓度的相关系数如图 3。

归一化以后的反射率为 480~520 nm、610~630 nm、670~680 nm 的范围相关系数绝对值相对较高但为负值，说明在这些波段附近的光谱反射率受叶绿素 a 浓度变化的影响较大，而且都是负相关，这三个波段位置和 Gitelson 等的研究一致，分别对应可溶性有机物、藻青蛋白与叶绿素 a 的吸收峰。550~560 nm 和 700~710 nm 附近为正相关，绝对值相对较小，分别对应在 550~560 nm 和 700~710 nm 附近由于叶绿素 a 存在有较高的反射峰。

3.2　水体叶绿素 a 信息提取

已有研究表明，叶绿素在 440 nm 处的吸收特征在水体反射光谱曲线上很显著，在海洋叶绿素遥感中非常重要。但是水体在该波段的反射率也易受有机溶解性物质吸收作用的影响，而对于内陆水体，可溶性有机物的浓度通常比较高，比较少利用叶绿素的这一吸收特性进行内陆水体的叶绿素浓度遥感监测，而且 S185 成像高光谱仪波长范围没有覆盖到 440 nm。如图 2 所示，S185 成像高光谱仪的光谱分辨率足以探测到叶绿素在 675 nm 处的吸收峰和在 700 nm 附近反射峰对水体反射率相对大小的影响，当叶绿素浓度升高时，在叶绿素吸收峰（670~680 nm）和反射峰处（700~710 nm）反射率的相对差异愈加显著。本文针对 S185 成像高光谱仪的特点，主要利用近红外反射率最大值（700~710 nm）和红外的反射率极小值（670~680 nm）附近两个波段的反射率比值定量估算叶绿素 a 浓度。以反射比值作为变量，在一定程度上能够减小由于悬浮物质散射增大水体反射率的影响，且两个波段之间彼此靠近，受非色素悬浮物及可溶性有机物的影响相似，保持了较低的噪声。这两个波长对应 S185 成像高光谱仪的第 57 波段和第 66 波段，中心波长分别为 676 nm 和 706 nm。

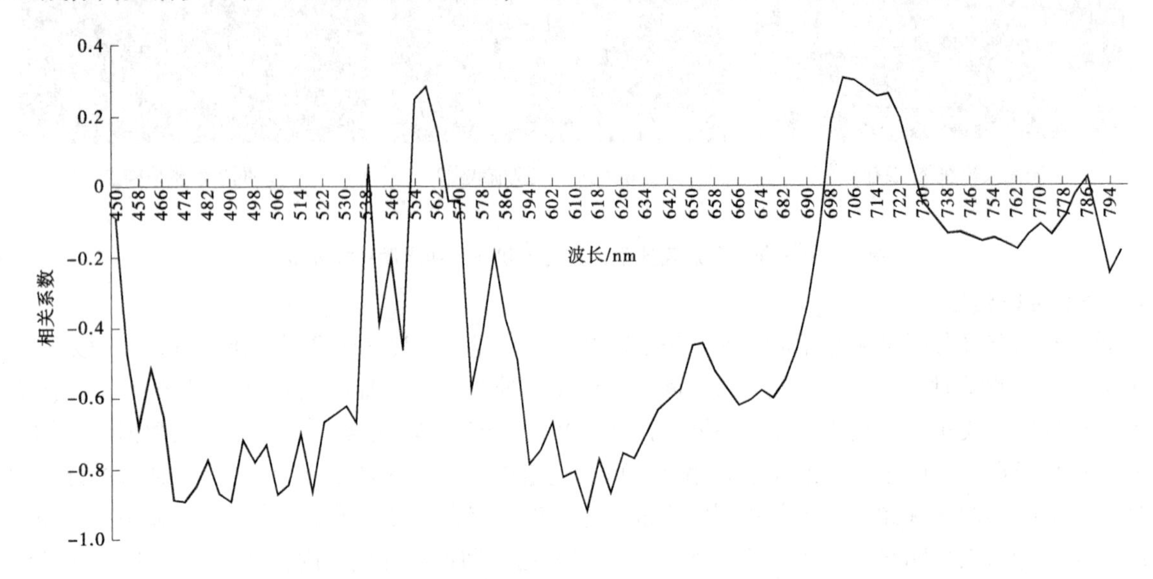

图 2　不同架次无人机数据归一化后和叶绿素 a 浓度的相关系数图

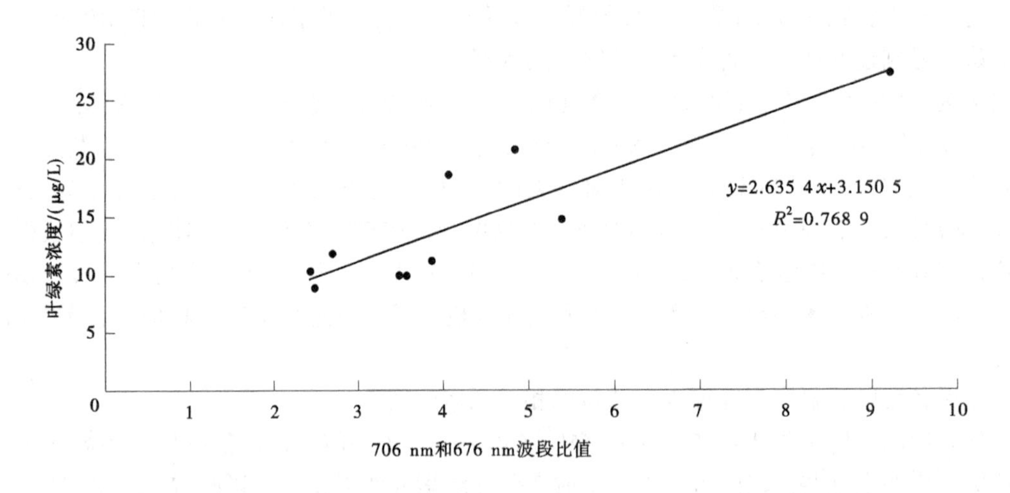

图 3　2023 年 7 月泗河典型河道 R_{706} 和 R_{676} 波段比值与和叶绿素 a 浓度的回归分析图

本文文献［6］中的叶绿素 a 反演算法，在分析 2023 年 7 月采集泗河水体反射光谱特征和水质采样点数据的基础上，使用 676 nm 和 706 nm 两个波段反射率的比值作为自变量，水质采样点叶绿素 a 浓度作为因变量进行回归分析，得到回归方程：

$$\mathrm{Chl}a = 2.635\ 4\frac{R_{706}}{R_{676}} + 3.150\ 5$$

线性拟合得到叶绿素 a 浓度与 S185 成像高光谱仪波段反射比 R_{706}/R_{676} 间的关系及拟合曲线如图

3所示，结果表明 R_{706}/R_{676} 比值与叶绿素a浓度有很好的相关性，R^2 达0.768.

本文在进行叶绿素a浓度估算时，未考虑藻类物种不同对河流水体水色的影响。对于不同种类的藻类，叶绿素所占的质量比基本相同，但是不同藻类的结构可能有很大的差别，从而影响其个体在水中的分布形态。对泗河不同季节各种藻类分布还有待深入研究，采集优势种藻类，开展基于地物光谱仪在光学暗室的藻类全生命周期的光谱采集，构建泗河优势种藻类的特征光谱库，可以进一步提高泗河叶绿素定量遥感监测的精度。

4 结语

本文主要利用S185成像高光谱仪，以泗河典型河段为研究区，结合便携式水质仪开展了河流水体叶绿素a浓度遥感监测的探索性试验。试验发现利用S185成像高光谱仪的光谱分辨率足以探测到河流水体中藻类叶绿素在676 nm的吸收峰和706 nm处的反射峰对水体反射光谱的影响，并且其波段反射比 R_{706}/R_{676} 与河流水体中的藻类叶绿素浓度有较好的线性相关性，使用多旋翼无人机平台开展河流水体叶绿素a浓度的应急监测是对卫星遥感的有效补充，能够有效捕捉到河流水体叶绿素a浓度的空间分布。

由于对泗河水体优势种藻类的了解还存在不足，当前只是单独利用便携式水质仪监测的叶绿素a浓度指标和成像高光谱仪采集的水体光谱建立了回归模型。受航飞管制等因素制约，导致无人机飞行高度有限，覆盖范围有限，同步的采样站点数量有限，和已有的围绕湖泊叶绿素a遥感监测的研究结果相比，R^2 偏低。监测精度不够高的原因可能包括几个方面：①相比湖泊、水库，河流水体流动性更大，难以保证光谱和水样采集的完全同步；②使用比值法并没有充分使用高光谱仪器的潜力，光谱的变化可能有其他物质的干扰，需要在机制上进一步完善反演方法；③无人机不同架次采集的数据一起分析，采集过程中光照、风速等环境因素的变化可能导致采集的光谱数据出现误差，本文使用的归一化处理方法可能不是最好的解决办法；④使用便携式水质仪监测的叶绿素a浓度本身也可能存在一定误差。

本次试验没有综合利用地物光谱仪采集含藻类水体的光谱，取得的监测精度还比较有限。现有的遥感试验研究结果表明，应用无人机搭载的成像高光谱仪对河流水体中藻类叶绿素遥感监测具有较好的可靠性和应用潜力。后续将补充更多的无人机高光谱数据和地面采样数据；并结合手持地物高光谱仪协同作业，结合神经网络、随机森林等机器学习算法和水动力学模型，开展更深入的监测模拟研究，进一步提高高光谱遥感的水环境监测应用水平。

参考文献

[1] 水利部编写组．深入学习贯彻习近平关于治水的重要论述［M］．北京：人民出版社，2023.

[2] 彭令，梅军军，王娜，等．工矿业城市区域水质参数高光谱定量反演［J］．光谱学与光谱分析，2019，39（9）：2922-2928.

[3] 冯天时，庞治国，江威，等．高光谱遥感技术及其水利应用进展［J］．地球信息科学学报，2021，23（9）：1646-1661.

[4] Gitelson A，Garbuzov G. Quantitative remote sensing methods for real-time monitoring of inland waters quality［J］．International Journal of Remote Sensing，1993，14（7）：1269-1295.

[5] 疏小舟，汪骏发，沈鸣明，等．航空成像光谱水质遥感研究［J］．红外与毫米波学报，2000，19（4）：273-276.

[6] 李素菊，吴倩，王学军，等．巢湖浮游植物叶绿素含量与反射光谱特征的关系［J］．湖泊科学，2002，14（3）：228-234.

[7] 刘堂友，匡定波，尹球，等．湖泊藻类叶绿素a和悬浮物浓度的高光谱定量遥感模型研究［J］．红外与毫米波学报，2004，23（1）：11-15.

[8] 安如，刘影影，曲春梅，等．NDCI法二类水体叶绿素a浓度高光谱遥感数据估算［J］．湖泊科学，2013，25

(3)：437-444.

[9] Liu G, Simis S G H, Li L, et al. A four-band semi-analytical model for estimating phycocyanin in Inland waters from simulated MERIS and OLCI data. IEEE Transactions on Geoscience and Remote Sensing, 2018, 56 (3)：1374-1385.

[10] 郑著彬，张润飞，李建忠，等. 基于欧比特高光谱影像的滇池叶绿素 a 浓度遥感反演研究 [J]. 遥感学报，2022，26 (11)：2162-2173.

[11] 洪琴，胡清华，陈文惠，等. 基于高光谱数据藻类水华重要参数——叶绿素 a 的定量反演模型研究 [J]. 环境生态学，2023，5 (2)：23-31.

水利勘测设计行业测绘专业转制20周年发展实践与思考

何宝根　何定池

（中水珠江规划勘测设计有限公司，广东广州　510610）

摘　要： 近年来，一大批勘测设计单位转制为企业单位或即将转制为企业单位，势必会带来阵痛，处理不好，会影响到单位及测绘专业的发展。2003年，水利部珠江水利委员会勘测设计研究院整体转制为中水珠江规划勘测设计有限公司，至今已20周年。回顾20周年的发展，测绘专业作为其中的一员，在经营、生产、科技及队伍建设等方面取得了巨大成就，职工得到了最大利益。当然也存在不足。本文对下一步发展进行了展望，希望对同行有借鉴作用。

关键词： 勘测设计行业；事改企；20周年；发展实践；成绩；展望

1　引言

我国工程勘察设计单位（简称勘察设计单位）为社会主义建设事业做出了积极贡献，改革开放以来，在事业单位改革方面也取得一定进展。新中国成立50周年时，绝大多数勘察设计单位还保留着事业性质，机制不活，功能单一；勘察设计单位数量过多，队伍结构不合理；收费标准偏低，税费负担过重，半数以上单位尚未参加社会保险统筹等。这些问题影响勘察设计单位健康发展，亟待通过深化改革，完善政策，强化管理加以解决。

1994年，国务院批准了国家体制改革委员会等7部委关于勘察设计单位改革的报告，全国勘察设计单位单位将逐渐由事业单位改为企业单位。这是大势所趋，是勘察设计单位的发展方向[1]。

1999年12月18日，国务院办公厅转发建设部等6部委《关于工程勘察设计单位体制改革的若干意见》的通知（国办法发〔1999〕101号）。改革的基本思路是：改企转制、政企分开、调整结构、扶优扶强。改革的目标是：勘察设计单位由现行的事业性质改为科技型企业，使之成为适应市场经济要求的法人实体和市场主体。要参照国际通行的工程公司、工程咨询设计公司、设计事务所、岩土工程公司等模式进行改造，国有大型勘察设计单位应当逐步建立现代企业制度，依法改制为有限责任公司或股份有限公司，中小型勘察设计单位可以按照法律法规允许的企业制度进行改革。

2000年10月24日，国务院办公厅转发建设部等10部委《关于中央所属工程勘察设计单位体制改革实施方案》的通知（国办发〔2000〕71号），进一步明确了纳入改革的全国178家勘察设计单位。其中，水利行业列入改革的有6家交由流域机构管理的水利勘察设计单位，即水利部东北勘测设计研究院、水利部天津勘测设计研究院、长江水利委员会长江勘测规划设计研究院、水利部淮河水利委员会规划设计研究院、水利部珠江水利委员会勘测设计研究院（简称珠委院）等。

珠委院作为全国178家勘察设计行业建立现代企业制度的试点单位之一，由部属事业性质整体转制为股权多元化的有限责任公司。2003年1月28日，中水珠江规划勘测设计有限公司工商注册成功。珠委院正式整体转制成为由水利部珠江水利委员会、水利部水利水电规划设计总院、新华水利水

基金项目： 中水珠江勘测信息系统开发（企业创新发展基金2022KY06）。

作者简介： 何宝根（1969—），男，正高级工程师，空间信息院总工程师，主要从事测绘技术管理工作。

电投资公司三家股东持股，并由水利部珠江水利委员会控股的科技型现代企业——中水珠江规划勘测设计有限公司（简称中水珠江设计公司或公司）。2023 年是中水珠江设计公司整体转制 20 周年，回顾二十年的发展历史，公司实施了“三年发展要点”“三多”“四化”“五新”“二一三”发展战略[2]，取得了巨大成绩。转制 20 年来，公司经济发展质量持续向好，实力大增。营业收入年均增长 15.25%，利润总额年均增长 28.36%，净资产年均增长 17.68%，被评为全国优秀水利企业，跻身“广东企业 500 强”“广东服务业 100 强”，广州核心地段建起了自己的办公楼，职工得到了最大利益。测绘专业作为公司的传统优势专业，跟随公司一起发展，在经营、生产、科技创新、队伍建设等许多方面取得了喜人的成绩，很多方面走在行业的前列。笔者在 2003—2019 年，曾主持公司测绘专业工作。回顾历史，展望未来，下面对转制 20 年来，公司测绘专业取得的成绩做个简单回顾，并展望下一步发展方向，希望对同行能起到借鉴作用。

2 转制 20 年来的发展实践和取得的成绩

2003 年 1 月至 2008 年 5 月 29 日，测绘部门以测量队的形式作为公司三级生产部门存在，受勘测总队直接领导，但各三级生产部门内部独立进行核算。2008 年 5 月 29 日，公司以中水珠江人〔2008〕29 号文《关于撤销勘测总队、调整部分机构的通知》，决定撤消勘测总队及其下设所属机构，成立测绘技术研究所（公司副处级机构），下设测量队，至此，公司测绘部门成为公司二级生产部门。2019 年 12 月 23 日，公司以中水珠江人〔2019〕66 号文《中水珠江设计公司关于成立空间信息院的通知》，决定撤销公司测绘技术研究所及其下设测量队，成立公司空间信息院（简称空间院），下设测绘所、工程监测所、空间技术所、地理信息所和综合办公室。改制前，测绘部门主要承接珠委院的测绘生产任务。转制后，面临着任务从哪里来，任务怎么完成，效率怎么提高，队伍怎么建设等一系列问题需要解决。

2.1 立足长远，业务开拓成效显著

一个部门要发展，经营是核心。今年干什么？明年任务在哪里？曾长期困扰着测绘部门的生存发展。转制后，测绘部门负责人带领全体职工克服了“等靠要”思想，主动积极作为，大力争取任务来源。一是积极争取水利前期任务。在珠江水利委员会及公司大力支持下，抓住有利形势，成功争取到珠江流域重要河道地形测量、珠江流域统一高程系统测量等 10 项水利部前期任务，经费达 13 324 万元，为测绘专业及公司的高质量发展做出了贡献。二是大力开拓监测业务，实现了公司监测业务从外向内外兼备转变。2012 年以来，获得成都、广州地铁监测、航道监测业务 9 项，合计 4 111 万元。积累监测业绩后，随后向水利监测业务进军，监测合同额大幅度增长，单个合同额超过 4 000 万元，公司已成为全国水利设计院中为数不多的有能力独立开展内外部一体化监测业务的单位之一。三是积极争取传统测绘自营任务。在珠江水利委员会大力支持下，承接了大量的珠江河口码头检测业务（合同额超过 500 万元），为珠江河口管理提供了可靠的技术支撑，得到了主管部门的肯定。在公司领导及同事的大力支持、帮助下，利用公司各项目开工的机会，争取到了石虎塘航电枢纽[3-4]、清远水利枢纽、红岭水利枢纽、新干航电枢纽、潼南航电枢纽、利泽航电枢纽、大藤峡水利枢纽等项目首级施工控制网测量项目[5]，合同额超过 500 万元。2007 年承接了公司第一个海外测绘项目——柬埔寨淞博水电站工程测量，获得业主免检的荣誉，随后获得同一业主另一大型项目——云南大丫口水电站可研测量项目，扩大了市场份额。

转制 20 年来，测绘部门基本解决了任务不饱满的问题，不光今年的任务是排满的，往后几年的任务都是看得见的。沉甸甸的合同为测绘部门高质量发展奠定了扎实的基础。

2.2 无人机航测业务实现历史性突破，大幅提升了测绘生产效率

任务来了，如何按时完成，是摆在测绘部门面前的一大难题。测绘部门过去一直以工程测量业务为主，主要靠人海战术，航摄业务是公司的短板，基本不涉及。2010 年以来，测绘部门紧跟时代前进的步伐，在无人机航测业务方面取得历史性突破。从请别人帮飞到组建航飞队自己独立飞，从请别

人帮做内业到自己独立做内业。经过几年的艰苦探索，目前已发展成拥有12架无人机，4名操控手，2名无人机机长，拥有自己的航飞试验基地，已建立起一整套无人机航测内外业作业体系。公司成为第一批在广东省内取得无人机航摄资质的单位。特别是经过前期调研，2019年引进无人机机载激光雷达测量系统，彻底改变了传统地形测量模式，大大减轻了外业劳动强度，实现了外业转内业的革命性变化，提升劳动生产率3倍以上。无人机航摄先后成功运用于广东台山风电场、江西永泰航电枢纽工程，文山德厚水库库区航摄、珠江流域重要河道地形测量、西江防洪风险评价、广西凌云县逻楼镇、玉洪乡农村土地承包经营权确权、贵州忠诚水库、大藤峡水利枢纽、环北部湾水资源配置等项目，为流域规划、管理和项目建设提供了宝贵的河道基础测绘资料。累计飞行面积10 000多km^2，积累了丰富的经验。应用无人机作平台，除制作出了传统的1∶500、1∶1 000、1∶2 000及1∶5 000比例尺线划图（DLG）外，还制作出了正射影像图（DOM）、数字高程模型（DEM）、三维模型、视频、全景图等多样化成果。2018年还中标大藤峡水利枢纽工程主要施工区域无人机航摄服务项目，合同额619万元。无人机航摄技术在项目投标、查勘、策划、设计、评审、宣传、归档等方面还发挥了重要作用。无人机航摄项目2012年获得国家优秀测绘工程银奖，在无人机应用方面走在了珠江流域乃至全国水利水电行业的前列。先后在广东省水力发电工程学会、中国水利学会无人机专场做无人机测绘推广应用汇报，提升了单位的影响力。

2.3 科技创新走在行业前列，实现了公司多个首次突破

工欲善其事，必先利其器。对外业来讲，先进设备就是先进生产力。公司是水利部重点装备水域测量设备的单位。2003年公司改制以前，是事业单位，买设备的钱大都是上级部门划拨的，当时我们的设备都很先进，如美国MRS-III自动定位测深系统、美国天宝4000SSI GPS。特别是MRS-III自动定位测深系统，20世纪80年初引进的，大面积水域测量领先行业十几年，全国就三套，我们是应用最成功的。靠这两套先进技术，“伶仃洋海区1∶1万水下地形测量”1990年获得广东省国土资源厅一等奖；“珠江流域防洪规划河道地形图数字化测绘”2000年获得珠江委科技进步奖一等奖。

2003年改制以后，设备就显得相对落后。如水下地形测量无多波束测深系统。而当时海洋测绘甲级需要有多波束测深系统。2008年，公司获悉水利部“948”项目信息，就积极申请，公司连续申请成功了3个水利部“948”项目，实现了公司“948”项目零的突破，先后引进了星链差分系统、多波束测深系统、三维激光扫描仪等先进技术，利用政府科研资金提升了单位的测绘装备水平，促进了单位海陆空测绘业务的全面发展和行业的技术进步，走在行业的前列，成为水利部科技推广中心数字孪生流域数据底板建设技术推广基地，成为公司的一面旗帜。测绘部门获得全国优秀工程勘察设计行业奖等省部级及以上奖项二十几项，其中2018年首次牵头申报大禹水利科学技术奖，获得三等奖；2022年，首次牵头申报广东省科学技术奖，“无人组网集群协同测绘系统关键技术创新与应用”获得二等奖。参编《水利水电工程施工测量规范》等行业规范，出版专著《工程测量技术》《水陆一体化机动式船载三维时空信息获取技术》，发表论文过百篇，获国家专利18项、水利先进实用技术推广证书5项。

2.4 团队建设成效显著，实现了公司多个省部级人才突破

测绘部门连年获得公司文明单位、广东省直机关的“和谐创建排头兵”、珠江委先进基层党组织、珠江委文明单位、广东省工人先锋号等荣誉称号，成为公司的一面旗帜。3名职工获得珠江委文明职工称号，1名职工被评为珠江委“五好文明家庭”，3名党员获得珠江委优秀共产党员称号，2名同志获得珠江委优秀党务工作者称号，2名同志获得珠江委科技英才称号，1名同志获得全国水利系统勘测设计工作先进个人荣誉称号，2名职工获得全国水利技术能手荣誉称号。1人获得水利青年拔尖人才称号、中国测绘学会青年测绘科技创新人才称号。1名同志在成都地铁拾IPHONE手机不昧，被电视台赞为“活雷锋”。在传统测绘、空间技术、海洋测绘、监测、信息化等领域都有相应的领军人才，是正高级职称最多的部门之一。推动公司和水利部科技推广中心签订战略合作协议，起草《公司高端技术人才培养方案》，为公司正高级、大师级等高端人才培养提供了解决方案。

3 存在的不足及下一步发展展望

转制 20 年，测绘部门尽管取得很大成绩，但在经营、生产、地理信息系统及人才培养方面仍存在不足，仍有很大进步空间。需要继续采取强有力的措施，进一步提升、促进测绘部门高质量发展。

（1）应加强经营能力建设，加强同珠江水利委员会相关部门的联系，推动珠江流域重要河道地形测量和流域统一高程系统测量新一轮复测，积极争取水利前期任务，做好珠江水利委员会的技术支撑。

（2）应加强内外专业一体化建设，加快项目的归档。

（3）要适应流域数字化要求，大力推动流域地理信息数据中心建设，积少成多，逐步覆盖珠江流域。

（4）要培养一批能吃苦能战斗的高素质队伍，力争大师级人才零的突破。

4 结语

（1）主动做好委的技术支撑非常重要。面上的流域规划，点上的重要工程建设都离不开测绘，流域机构设计院测绘部门只有主动做好流域机构的技术支撑工作才能更好地促进部门的高质量发展。

（2）主动做好与项目经理、项目分管领导和业主的联系，积极争取工程首级施工控制网、监测、信息化等后续任务，做强做大监测业务。

（3）高度重视数据的采集和统一整编工作，逐步建立珠江流域地理信息中心。未来是数字社会，数据是新的“石油”，是核心竞争力。谁掌握了数据，谁就掌握了发言权和生存权。

（4）一定要有公心。作为国营企业测绘部门负责人，一定要站在职工的立场上思考问题，做到大公无私，群众才能得到最大利益，才能走得更远。

（5）高度重视人才培养工作，建立一支高技能队伍。测绘专业不仅需要研究开发能力强的博士，还需要一批能吃苦动手能力强的高技能人才。要坚持学校培养和实践培养相结合的原则，培养一支高素质人才队伍。

参考文献

[1] 张月辉．水利勘察设计单位“事改企”问题思考［J］．四川水利，2001（1）：43-44.

[2] 数读公司转制二十周年 这些数字，不简单！［R］．（2023-09-14）［2023-09-22］. https：//mp. weixin. qq. com/s/9BemQVDFzZPsldOdBlERDw.

[3] 何宝根，王小刚，王建成．石虎塘航电枢纽首级施工控制网若干问题探讨［J］．人民珠江，2011，32（1）：36-37，83.

[4] 何宝根，张永．双频星链差分 NavCom GPS 在高等级施工控制网中的应用［J］．人民珠江，2010，31（5）：12-13，16.

[5] 中华人民共和国水利部．水利水电工程施工测量规范：SL 52—2015［S］．北京：中国水利水电出版社，2015.

多源卫星影像在光伏电站并网时间核查中的应用

冯佑斌[1,2]　何颖清[1,2]　刘茉默[1,2]　张嘉珊[1,2]

（1. 水利部珠江河口治理与保护重点实验室，广东广州　510611；
2. 珠江水利委员会珠江水利科学研究院，广东广州　510611）

摘　要： 随着国家光伏电价政策的调整，部分光伏项目企业为争取电价补贴，存在伪造项目验收报告提前公布并网时间的行为。卫星遥感影像能够客观记录光伏电板规模的时空变化，为研判光伏电站的实际并网时间提供技术支撑。本文通过收集光伏电站区域的光学和极化雷达卫星影像，根据光伏电板与周围地物在色调、纹理、极化特征上的差异进行解译，并列举了典型案例。结果表明，综合运用光学影像、极化雷达影像各自的优势，能够有效获取光伏电站规模的时空变化，更精确地判断光伏电站项目公布的并网时间是否准确，为光伏电力产业的公平性和合法性维护提供了技术支持。

关键词： 光伏电站；并网时间；极化雷达；光学遥感

1　引言

2015 年底，国家发展和改革委员会发布了《关于完善陆上风电光伏发电上网标杆电价政策的通知》，明确规定我国一类、二类、三类资源区的地面光伏电站标杆上网电价每千瓦时分别降低 0.1 元、0.07 元、0.02 元，但是，只要光伏项目在 2016 年 6 月 30 日之前并网运行，就能享受调整前的电价标准。这一电价政策差异对光伏项目的经济效益产生了巨大影响。

以年发电量通常超过 4 500 万 kW·h 的 50 MW 的项目为例，若在 2016 年 6 月 30 日之后并网运行，项目未来 25 年的电价将相差 0.1 元/（kW·h）。这种电价差异将导致每年 450 万元的电费收入损失，而在 25 年的运营期内，总收益损失将达到 1.13 亿元。从 2016 年开始，每年的光伏电价调整基本以当年的 6 月 30 日为节点，因此引发了光伏行业的“630”抢装潮，甚至出现了光伏企业伪造项目验收报告的不当行为。

根据国家能源局 2021 年 12 月发布的《光伏电站消纳监测统计管理办法》，电网企业和相关单位被要求严格按照规定计算光伏电站的消纳情况，并如实报送统计数据。对于未按要求报送、虚报、谎报、瞒报的情况，国家能源局将采取相应的纠正措施，情节严重者将受到通报批评。为了确保该管理办法的有效实施，各地通过分析光伏项目的历史发电量，发现部分企业存在并网时间未完成项目建设的可能，需采用其他技术手段进行佐证分析。

卫星遥感技术作为一种对地观测手段，可周期性、重复地获取同一地区的地表信息，动态反映地表的变化。应用在光伏电站项目调查时，可根据光伏电板与周围地物的差异，真实、客观地获取光伏电板规模的空间分布和时相变化信息，为上述问题提供佐证材料。这种历史回溯和大范围监测的时、空技术特点是传统人工地面观测和航空摄影观测无法比拟的。

作者简介： 冯佑斌（1989—），男，高级工程师，主要从事水环境遥感、水利遥感应用研究工作。

2 研究方法

2.1 技术路线

本文的整体技术路线如图 1 所示，主要包括资料收集、解译标志确立、光伏电板解译和并网时间判断等内容。在提取影像中光伏电板信息的过程中，一般有人工解译、算法提取两种类型，后者多采用监督分类、深度学习等方法[1-5]。但在光伏电站的并网时间核查中，需要重点关注的是，光伏电站项目公布并网时间前后的遥感影像资料收集与处理，在确定解译标志后，人工解译的方式仍能保证较高的精度和效率。

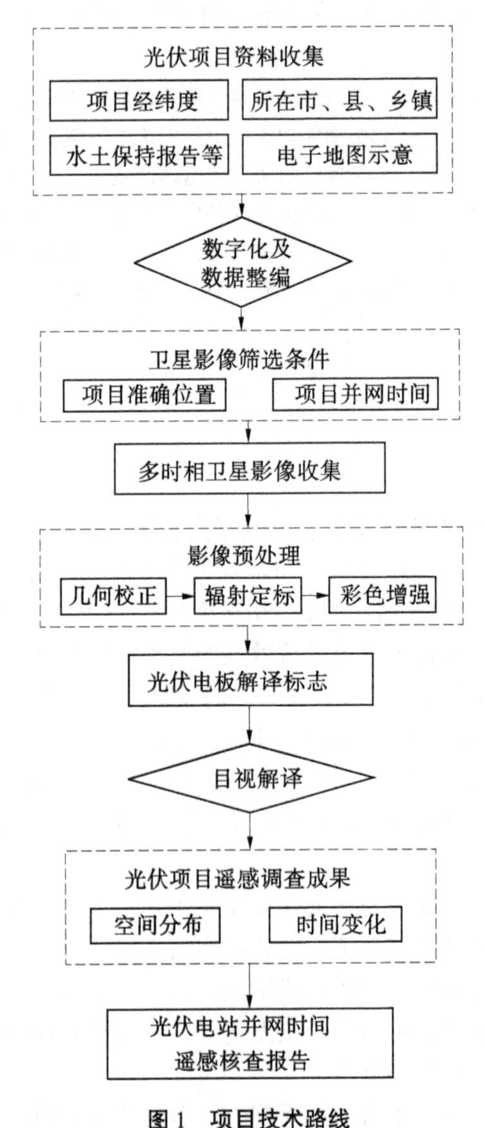

图 1 项目技术路线

（1）根据需要核查的光伏项目，收集相应的基础资料，如经纬度、所在行政区域和所在位置的电子地图示意图、水土保持报告等，提取项目的准确位置信息和公布的并网时间。

（2）以光伏项目的位置、公布并网时间为筛选条件，收集项目所在区域的多时相卫星遥感影像。为保证成图质量，须对收集的原始卫星影像开展几何校正、辐射定标、色彩增强等预处理。

（3）基于光伏电板在遥感影像的色彩、纹理特征，确定解译标志。

（4）结合光伏电板影像解译标志，对须核查的项目逐个开展光伏电板解译，获取各光伏项目的电板在不同时项的空间分布信息。

（5）制作各光伏项目的电板分布专题图，并结合并网时间，分析该光伏项目在并网时间前后是否存在明显的规模变化，最终形成项目成果报告。

2.2 遥感数据简介

2.2.1 中分辨率光学遥感数据

常用的中分辨率光学遥感数据如表1所示。其中，用于光伏电站核查的主要为哨兵二号系列（Sentinel-2）的10 m多光谱影像，包含蓝、绿、红、近红外四个通道，数据可通过欧洲太空局哨兵卫星网站免费获取。

表1 常用中分辨率光学遥感

卫星	发射时间	空间分辨率	过境频率
高分一号（宽幅）	2013年	16 m	4 d
环境减灾2号A、B星	2020年	16 m	2 d
Landsat	2013年（Landsat-8） 2021年（Landsat-9）	15 m全色、30 m多光谱	16 d（单星） 8 d（双星）
Sentinel-2	2015年（A星） 2017年（B星）	10 m/20 m/60 m多光谱	10 d（单星） 5 d（双星）

2.2.2 高分辨率光学遥感数据

常用的高分辨率光学遥感数据如表2所示。其中，用于光伏电站核查的主要有国产高分系列卫星及国外的WorldView-2、GeoEye-1。前者可通过中国资源卫星应用中心提供的通用卫星载荷检索平台进行查询；后者可通过Esri公司提供的历史影像数字档案馆Wayback进行查询，直接获取目标地物的历史地貌。

表2 常用高分辨率光学遥感数据

卫星	发射时间	空间分辨率	过境频率
高分一号（窄幅）	2013年	2 m全色、8 m多光谱	4 d
高分一号（B/C/D星）	2018年	2 m全色、8 m多光谱	4 d
高分二号	2014年	1 m全色、4 m多光谱	4 d
高分六号	2018年	2 m全色、8 m多光谱	4 d
高分七号	2019年	0.65 m全色、2.5 m多光谱	—
资源三号	2012年（01星） 2016年（02星） 2020年（03星）	2.1 m全色、5.8 m多光谱	5 d
WorldView-2	2009年	0.46 m全色、1.8 m多光谱	3~4 d
GeoEye-1	2008年	0.41 m全色、1.65 m多光谱	2~3 d

2.2.3 雷达遥感数据

相较于光学卫星遥感数据，极化雷达影像受云层、降雨等天气因素的干扰较小，可周期性地获取地表状况，是核查光伏电站并网前后规模的有效补充。常用的雷达遥感数据如表3所示。其中，哨兵一号系列（Sentinel-1）卫星搭载了双极化C波段合成孔径雷达可提供6 d一次的对地观测影像。用于本次光伏电站核查的主要为Sentinel-1在干涉宽幅（IW）模式下获取的双极化（VV、VH）影像，产品类型为Level-1 GRD（ground range detected，GRD），经热噪声消除、辐射定标、地理编码等预处理后，可获取空间分辨率10 m的地物后向散射系数（单位dB）。

表 3 常用雷达遥感数据

卫星	发射时间	最高空间分辨率/m	频段
高分三号	2016 年（01 星） 2021 年（02 星） 2022 年（03 星）	1	C
RADARSAT-2	2007 年	3	C
ALOS-2	2014 年	1	L
Sentinel-1	2014 年	5	C
COSMO-SkyMed	2019 年	0. 3	X

3 结果与分析

3. 1 解译标志建立

（1）典型光伏电站在中-高分辨率光学遥感影像的形态如图 2 所示。

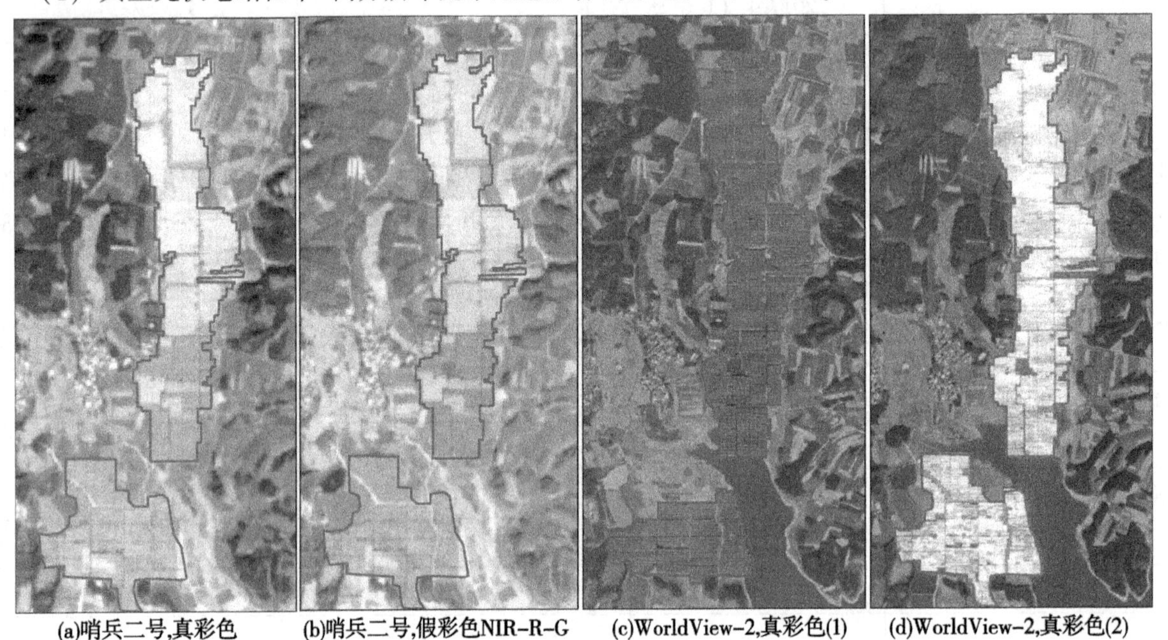

图 2 光伏电站在光学影像中的示意图（实线边框区域表示光伏电板）

①在 10 m 分辨率的哨兵二号真彩色影像中［见图 2（a）］，光伏电站呈块状分布、地块边缘清晰；光伏电板呈现蓝灰色，或因太阳-卫星之间几何角度导致的镜面反射，表现出亮白色。

②在哨兵二号假彩色（NIR-R-G）影像中［见图 2（b）］，光伏电站纹理特征与真彩色类似，色彩特征偏向青灰色或亮白色。但因植被在假彩色影像中表现为红色，光伏电站在影像中更容易被准确解译。

③在 0. 5 m 分辨率的 WordView-2 真彩色影像中，光伏电站的纹理更加清晰，可以观察到电板之间的带状平直纹理；颜色一般为偏黑的深色［见图 2（c）］，但在光伏电板受镜面反射的影像中，表现出异于周围土壤、植被的亮白色［见图 2（d）］。

（2）相对于预处理后的单极化雷达影像，假彩色合成后的雷达影像能够提供更丰富的信息层次和对地物特征的强化可视化，使地物分类和辨识更为准确和直观[6-7]。以哨兵一号为例，常用的第三波段合成方式包括波段比值（VV/VH）、波段乘积（VV×VH）、波段差值（VV-VH）。在综合对比

VV、VH、合成第三波段的组合方式后，R 通道（红光）、G 通道（绿光）、B 通道（蓝光）采用式（1）所示的方式进行假彩色合成。

$$\left.\begin{aligned} R &= \mathrm{VH} \\ G &= \mathrm{VV} \\ B &= abs(\mathrm{VH} \times \mathrm{VV}) \end{aligned}\right\} \tag{1}$$

①相对于陆域中的土壤、植被、建筑物等，光伏电站的解译特征如图 3 所示，包括两个方面：其一，对比多时相影像，假彩色合成后的光伏电站表现出暗紫色的低值区，异于周围土壤、植被的黄绿色；其二，受射频信号的干扰[8-9]，光伏电板中的路网交汇点会出现黄绿色的斑点。

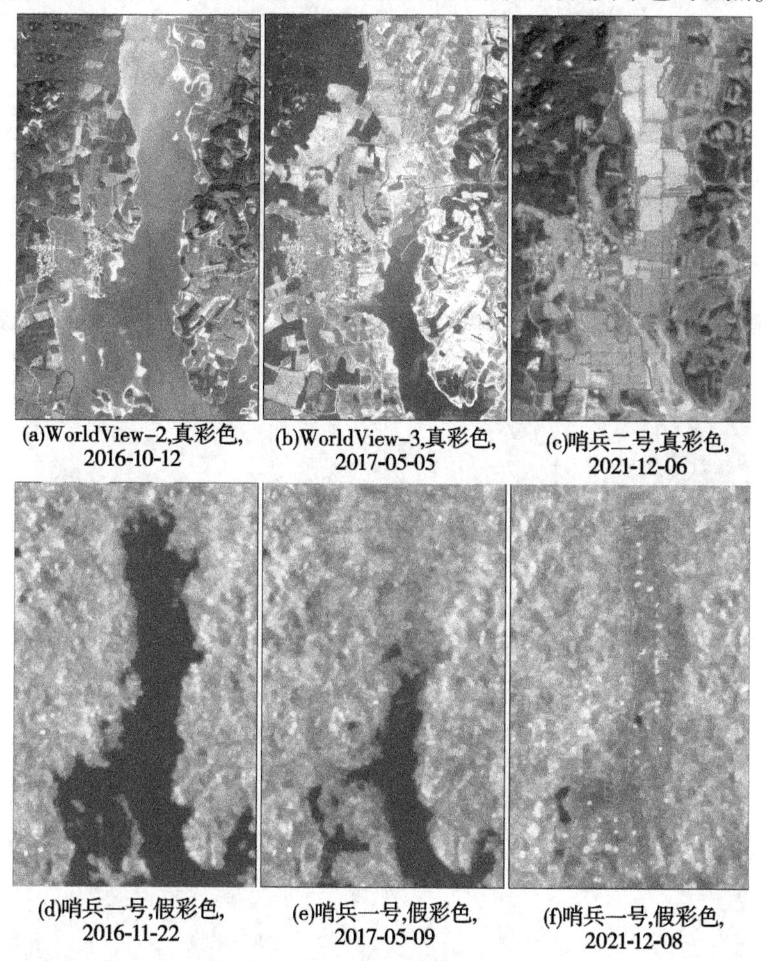

图 3　多时相遥感影像中，光伏电板与地物的对比（图 3（c）、（f）中，边框区域表示光伏电板）

②相对于水域，光伏电站的解译特征如图 4 所示，包括三个方面：其一，水面上的光伏电板为规则的块状区域，有明显的纹理特征；其二，光伏电板表现出黄绿色或浅紫色，异于周边表现为蓝色的水体；其三，光伏电板中的交汇点会出现黄绿色的斑点。

3.2　典型案例

（1）并网时间无明显滞后。

光伏电站 A 公布的全部机组并网时间为 2017 年 7 月。如图 5 所示，经多期遥感影像调查发现：

①2016 年 12 月 9 日，该处未发现有光伏电板；

②2017 年 7 月 20 日、10 月 25 日，该处出现较大规模光伏电板，占地面积约 39.43 hm^2；

③2021 年 1 月 14 日，该处光伏电板规模未发生明显变化。

因此，在公布的并网时间之后，该项目光伏电板规模与现状规模保持一致，可判定公布并网时间为实际并网时间。

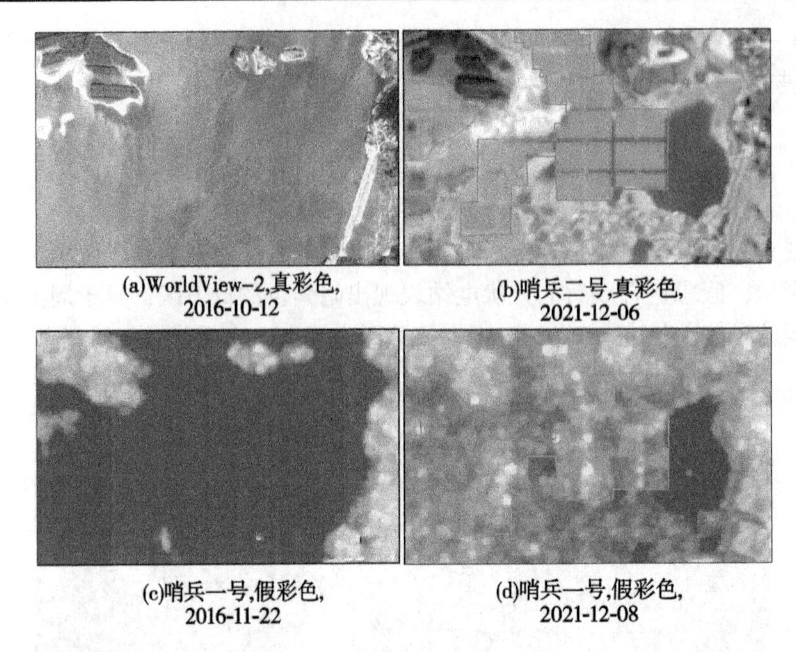

图 4　多时相遥感影像中，光伏电板与水域的对比（图 4（b）、图 4（d）中，边框区域表示光伏电板）

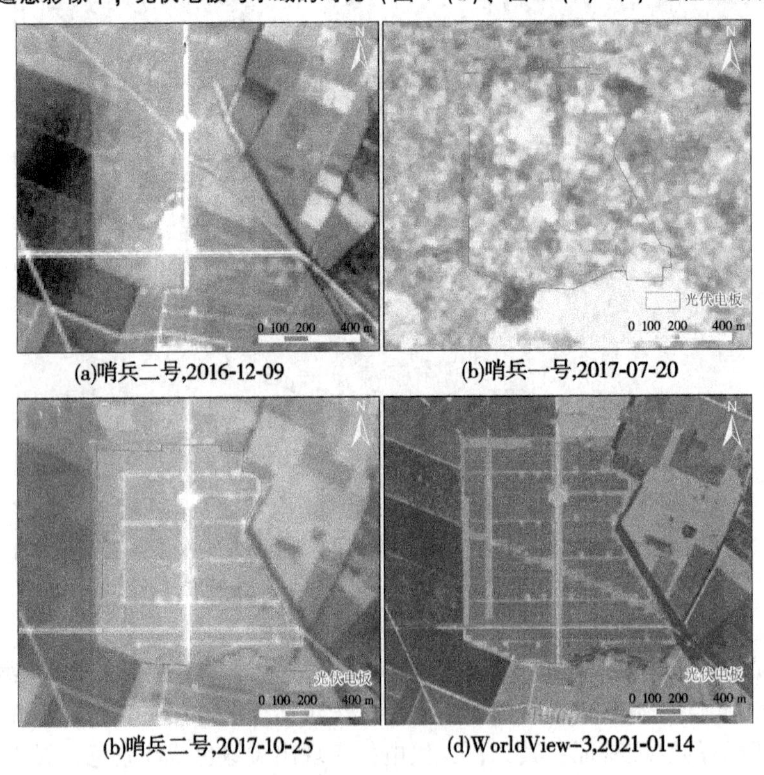

图 5　光伏电站 A 规模多期影像示意图

（2）并网时间明显滞后。

光伏电站 B 和光伏电站 C 公布的全部机组并网时间分别 2016 年 1 月和 2018 年 6 月。经多期光学遥感影像对比：

①光伏电站 B 在 2016 年 2 月仍未出现光伏电站；在 2018 年 3 月的影像中出现较大规模的光伏电板，占地面积约 47.21 hm^2，如图 6 所示。因此，该项目全部机组的实际并网时间有所滞后。

②光伏电站 C 在 2018 年 8 月，仅库区东侧出现一小片光伏电板，面积约 1.07 hm^2；至 2020 年 12 月，该库区出现大规模光伏电板，面积约 23.46 hm^2，如图 7 所示。因此，该项目全部机组的实际

并网时间有所滞后。

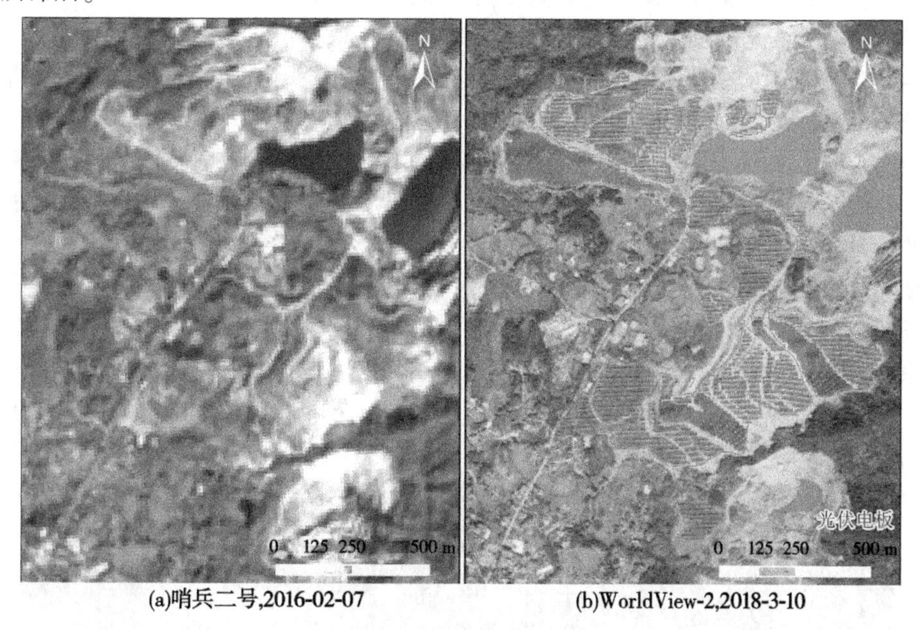

(a)哨兵二号,2016-02-07　　(b)WorldView-2,2018-3-10

图 6　光伏电站 B 规模多期影像示意图

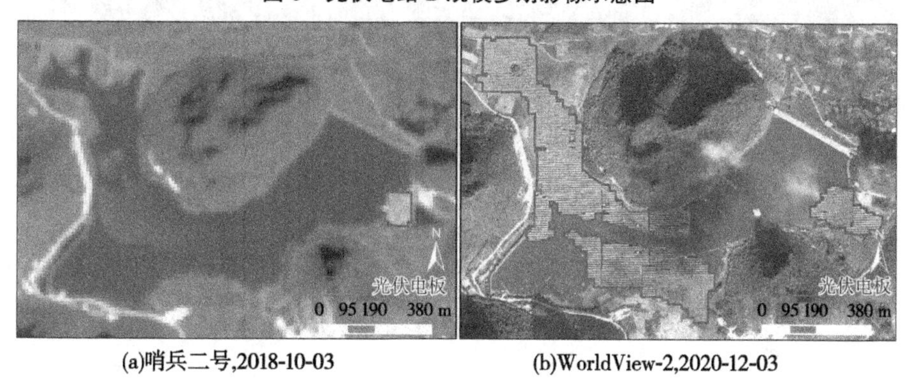

(a)哨兵二号,2018-10-03　　(b)WorldView-2,2020-12-03

图 7　光伏电站 C 规模多期影像示意图

(3) 并网时间出现争议。

光伏电站 D 公布的全部机组并网时间为 2018 年 6 月。根据图 8 所示的多期光学影像核查发现:

(a)哨兵二号,2018-06-27　　(b)哨兵二号,2018-07-27　　(c)哨兵二号,2020-02-22

图 8　光伏电站 D 规模多期光学影像示意图

①2018 年 6 月 27 日，仅东南侧鱼塘疑似存在少量光伏电板；

②2018 年 7 月 27 日，该鱼塘光伏电板规模变大，占地面积约 15.86 hm^2；

③2021 年 1 月 2 日，此处鱼塘光伏电板规模变大，占地面积约 130.45 hm^2，规模约是前一个调查时段的 9 倍。

后经项目方反馈，2018 年 6 月之前已存在光伏电板，因受外海涨潮影响漂走。考虑到图 8 所示的光学卫星影像受水面波纹、云层的干扰较大，影像成像质量不佳，通过假彩色合成后的极化雷达卫星影像进一步确认光伏电板在并网时间前后的规模变化。

如图 9 所示，通过收集对比 2018 年 6 月 21 日、7 月 3 日及 2020 年 1 月 8 日的极化雷达影像，东南方向的鱼塘确实存在一定规模的光伏电板，形状、规模与图 8（b）中 2018 年 7 月 27 日的光学卫星影像所示电板相近。可推断，图 8（a）中 2018 年 6 月 27 日的光伏电板被潮水覆盖，仅根据光学遥感影像并不能给出准确判断。但因光伏电板规模仍明显小于图 8（c）、图 9（c）中所示规模，仍可确定该项目全部机组的实际并网时间有所滞后。

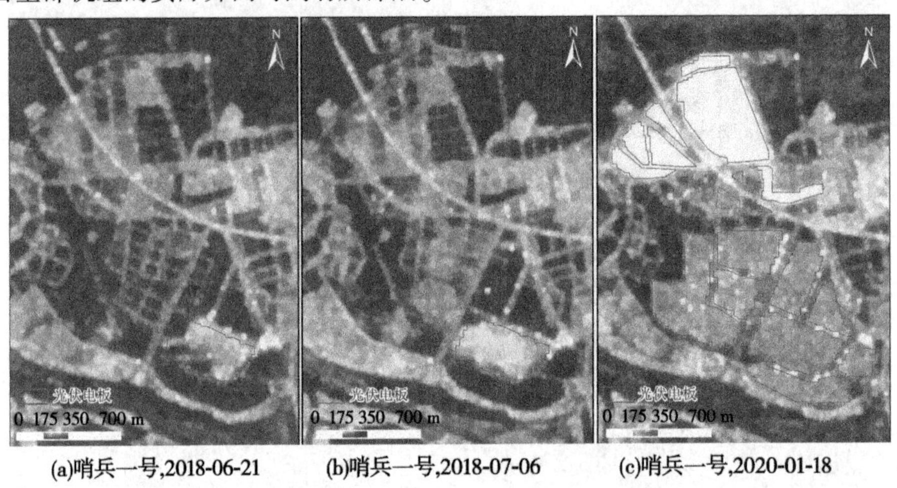

(a)哨兵一号,2018-06-21　(b)哨兵一号,2018-07-06　(c)哨兵一号,2020-01-18

图 9　光伏电站 D 规模多期极化雷达影像示意图

4　结论

（1）卫星遥感影像能客观记录光伏电板规模的时空变化，为分析、研判光伏电站的实际并网时间提供技术支撑。

（2）在中分辨率的真彩色光学遥感影像中，光伏电板呈块状分布，地块边缘清晰，显示深蓝或太阳-卫星几何角度引起的亮白色。假彩色影像则更清晰地突显光伏电板与水体、植被、土壤的差异。在高分辨率影像中，光伏电板的颜色特征保持不变，但纹理更清晰。

（3）假彩色合成的极化雷达影像相对于单极化的灰度雷达影像，提供了更丰富的地物信息。其中，VH、VV、波段乘积的合成方式更适于光伏电板的解译。

（4）光学影像的解译过程直观，极化雷达影像受天气条件的影响较小。综合运用这两类卫星影像，能更精确地判断光伏电站项目公布的并网时间是否准确。

参考文献

[1] 周树芳，张小咏，陈正超，等．面向光伏电站识别的深度实例分割方法［J］．福州大学学报（自然科学版），2022，50（4）：497-504.

[2] 王卫，蔡俊兴，田广增，等．多源遥感精确提取光伏电站研究［J］．北京测绘，2021，35（12）：1534-1540.

[3] 王胜利，张连蓬，朱寿红，等．多共性特征联合的 Landsat 8 OLI 遥感影像光伏电站提取［J］．测绘通报，2018

(11)：46-52.

[4] 梁斯铭．基于卫星和航拍正射图像的光伏目标识别与提取方法研究［D］．杭州：浙江大学，2021.

[5] 王胜利．机器学习方法在光伏电站遥感提取中的应用［D］．徐州：江苏师范大学，2018.

[6] Lee，Jong-Sen，Domenico Solimini. Polarimetric SAR speckle filtering and its implications for classification［J］. IEEE Transactions on Geoscience and Remote Sensing，1997，35（4）：1030-1044.

[7] Chen，Fang，et al. Polarimetric SAR image classification based on deep convolutional neural networks［J］. IEEE Journal of Selected Topics in Applied Earth Observations and Remote Sensing，2016，9（1）：50-63.

[8] OLIVA R，DAGANZO E，KERR Y H，et al. SMOS Rad Frequency Interference Scenario：Status and Actions Taken to Improve the RFI Environment in the 1400-1427MHz Passive Band［J］. IEEE Transactions on Geoscience and Remote Sensing，2012，50（5）：1427-1439.

[9] AKSOY M，JOHNSON J T. A study of SMOS RFI over North America［J］. IEEE Geoscience & Remote Sensing Letters，2013，10（3）：515-519.

基于三代北斗的水情自动测报系统设计

陈　刚[1]　彭　菲[2]　祝晓明[3]

（1. 国能长源十堰水电开发有限公司，湖北十堰　442000；
2. 松辽水利委员会水文局（信息中心），吉林长春　156400；
3. 鹤岗市水利信息和防汛抗旱保障中心，黑龙江鹤岗　154100）

摘　要：针对水情自动测报系统，本文提出将发展第三代北斗卫星导航系统（简称北斗三代）的短报文技术引入水情自动测报系统，该系统利用北斗短报文技术实现系统数据传输功能。同时利用北斗卫星通信覆盖范围宽、无通信盲点、单次通信字节高、传输数据加密等优点，可以优化遥测站点的布设，传输更多的数据，以提高水情自动测报系统预报精度。

关键词：北斗；短报文；水情自动测报

1　引言

我国自从20世纪80年代引进发达国家的设备，到目前我国自主研发设备获得长足的进步。雨水情测报和工情监测信息传输工程从本质上讲就是利用先进的微型计算机技术、通信技术和微电子技术将现场采集的水利数据发往中心站。国内从1993年在水情自动测报系统中首次使用海事卫星开始，卫星通信作为水情自动测报系统的应用有了长足的发展。但受限于卫星通信的通信频率和字节数，卫星一直是备用方案。

随着物联通信技术的发展，通信组网技术向着4G/5G、星链、北斗通信发展。北斗卫星导航系统的建成实施，迈出了在一定范围区域内迅速建立业务能力，并逐渐拓展至全球业务的具有中国特色的发展之路，进一步充实了世界卫星导航服务事业。2009年，我国启动了北斗三代系统建设项目；至2020年，实现了30颗卫星的发射组网，北斗三代系统全部实现。北斗三代完全承继了有源业务和无源业务两个专业信息技术管理体系，为全世界使用者提供定位导航授时、国际短报文通信和全球搜救业务，同时也可以为我国和周边地区的使用者提供星基增强、地基增强、精密单点定位业务，以及区域内短报文通信服务等业务。北斗三代集卫星导航、精准定向、授时、短报文通信四项业务于一体，北斗应用领域也日益扩大，各个行业对北斗三代的技术需求也愈来愈高。鉴于此，国家运用北斗短报文通信技术，充分发挥了北斗卫星覆盖面广的特点，建立水情自动测报系统北斗通信网络，通过加强北斗信道的扩充，可以高效地增强水情自动测报系统的安全性和可靠性，对洪水预报精度补偿，有效减少地质灾害、极端天气对流域数据传输的影响。

2　第三代北斗短报文的原理及特点

2.1　北斗短报文基本原理

北斗短报文通信系统，是指北斗大地客户端与北斗卫星、北斗地面控制总站之间可以直接利用卫星实现双向数据传输，通信系统以短报文（相当于短信）为主要数据传输的基本单元，是北斗卫星导航系统的一个重要技术特点。

最初的双星定位系统是北斗一号，该系统由2颗地球静止卫星、1颗地球在轨备份卫星、中心控

作者简介：陈刚（1980—），男，工程师，主要从事水电站防洪调度及库坝安全管理工作。

制系统、标校控制系统以及各类用户客户端等部分构成，可以完成对特定范围内的导航定位、通信等多种应用。受限于卫星数量，北斗一号存在定位速度缓慢、精确度低下等问题，只有二维的主动式定位系统。北斗一号的定位系统属于主动式有源定位技术，也就是定位首先要向卫星发出信号，因此卫星定位与通信任务的兼备成为北斗一号的重要特征，这也是北斗短报文通信的起源。后期的发展中，北斗短报文功能在各个领域都有了重要的应用，于是毫无疑问短报文就在北斗二号中留存下来，并且在北斗三代中有了长足的发展，成为北斗卫星定位系统中的特色服务。

2.2 北斗短报文技术的特点

目前，北斗导航技术相较美国 GPS 最突出的优点就是具有短报文服务功能，北斗导航具有后发优势。北斗的应用终端设备和卫星之间不仅要接收地面控制中心的询问信息，而且需要北斗应用终端设备向卫星发出应答信息，从而实现双向通信。北斗短报文的功能十分重要，尤其在一些特殊环境下更是发挥着不可替代的作用。对于在一般的通信信号无法涵盖的地区（如无人区、荒漠、海洋、极地等）或通信基站被地震、洪水、台风等异常极端天气破坏的情况下，搭载了北斗短报文功能的北斗应用终端设备就能够利用短报文实现应急通信，对军事、生活、搜救、紧急救灾等方面都能发挥重要的作用。

作为天基通信的一种，北斗短报文技术拥有卫星通信技术的所有优势，如全天候、全域覆盖、安全性高。

（1）快速应答。短消息通信端到端的延时为 0.5 s，而点对点的通信延时约为 1~5 s。

（2）通信抗干扰。北斗短报文同时通过 S/L 波段，可穿透平流层和对流层，能保证极端气候环境下的通信。

（3）性价比。北斗短报文组网时的设备需求少、价格低，安装方便，具有很高的性价比。

（4）组网。北斗短报文组网方式简单，短报文不仅仅可以实现点对点的短消息通信，其上的指挥性应用终端还可进行一对多的广播通信。

2.3 北斗三代短报文

北斗三代技术区域短报文通信服务通过北斗三代标称空间星座中 3 颗 GEO 卫星的 L 频段和 S 频段信号提供。用户完成申请注册后，可获取点播、组播、通播等模式的短消息通信服务。

北斗三代将实现全球短报文功能。在北斗三代之前，北斗二代应用终端每次只能传输 36 个汉字，通过核准的应用终端也只能传送 120 个汉字或 240 个 ASC 码。北斗三代相比于北斗二代，在带宽上有了质的提高。北斗三代短报文通信业务，其服务容量增加到 1 000 万次/h，而单次可传输 1 000 个汉字。

同时，北斗三代短报文应用终端设备的双反射天线也有了长足的改善，其发射功率降低至 1~3 W，如此应用终端设备的双反射天线会变得更小，其终端设备模块体积也会减小，因此北斗短报文产品也更易于得到广泛的使用。北斗卫星导航系统自提供公共服务以来，已在气象测报、救灾减灾、交通运输、电力调度、农林渔业、水文监测、通信授时、公共安全等领域得到广泛应用，服务于我国重大基础设施，带来了可观的经济效益和社会效益。

北斗三代短报文通信技术广泛应用于多山地域，进行信息的实时传输，能大大提高灾情预警的准确性和实时性。尤其是极端气象条件时，运用北斗三代短报文通信技术保障应急通信，为确定调度方案提供重要数据支撑。

3 基于北斗短报文的水情测报系统工作流程

基于北斗短报文的水情测报系统组成如图 1 所示。

其工作流程如下：

数据采集器定时轮询是否需要发送数据。当满足报数条件时，启动北斗终端电源，延时 10 s 后准备发送数据。

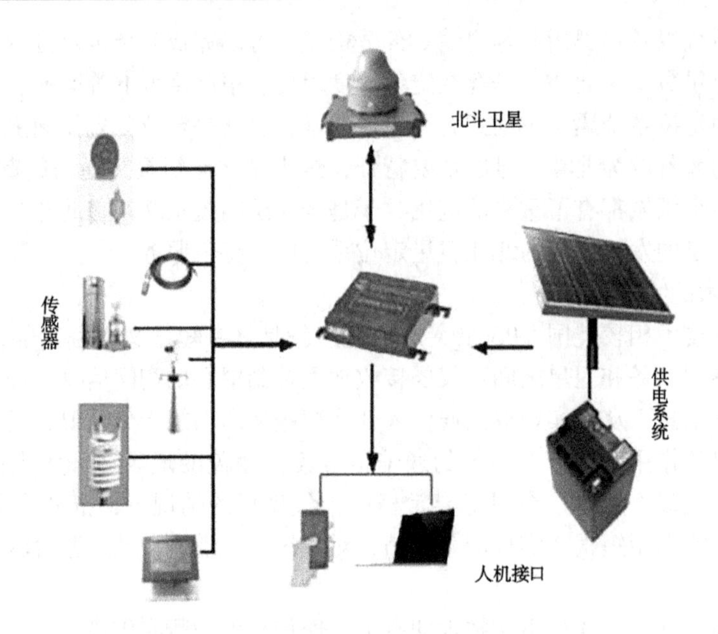

图 1　基于北斗短报文的水情测报系统构成

数据采集器查询北斗终端信号强度，同时开始记录发送次数；信号强度不满足数据发送条件时，延时 30 s，重新查询北斗终端信号强度，发送次数加 1；当重复查询次数累加至设定值时，退出发送数据流程，该次数据与下一组数据一并发送。

当北斗终端信号强度满足数据发送条件时，数据采集器将按照协议打包好的数据包通过北斗发送至卫星，卫星返回数据是否发送成功的信息；若数据发送失败，延时 30 s，重新查询北斗终端信号强度，发送次数累加直至设定值，退出发送数据流程。

数据发送成功后，发送次数清零，数据采集器关闭北斗终端电源，结束本次数据发送。

基于北斗短报文的水情测报系统工作流程见图 2。

4　北斗三代在水情测报系统的新应用

4.1　多传感器接入、多数据传输

受北斗二代短报文字节传输限制，目前水情测报系统只能接入少量传感器，精简地传输少量采集数据。北斗三代区域短报文通信服务放开了字节传输的限制，同时北斗三代应用终端设备的天线也有了很好的提升，功耗下降明显，相同的供电系统下，遥测站可以接入更多的传感器，如气象传感器、温湿度传感器、蒸发传感器等，采集的数据都可以通过北斗短报文传输至中心站。

多传感器接入、多数据的传输对目前水情自动测报系统的硬件和工作流程均不产生大的改变，仅需要调整各个传感器的采集时序和扩大数据存储空间即可实现。

4.2　灵活的测站部署

对比 GPS 系统的双频信号，北斗三代卫星的三频信号可以更好地减少高阶电离层延迟的危害。当三频信号中的一个频率信号出现问题，北斗三代也可以使用双频信号定位进行工作，从而增强抗干扰能力和可靠性。

北斗通信的传输距离不受地面限制，组网灵活，不受地域因素影响。建设野外遥测站时仅需要考虑站网密度和站网分布的合理性，不用顾虑通信信道的信号质量问题，野外遥测站点的选址可以更加更灵活，这样就可以更有效地掌握暴雨的时空变化，计算出及时准确的面雨量，为洪水预报提供更准确的原始数据。

4.3　北斗卫星双向通信功能

野外遥测站可以在设置的时间段内，开启北斗卫星通信终端待机，可以接收中心站相关指令，进

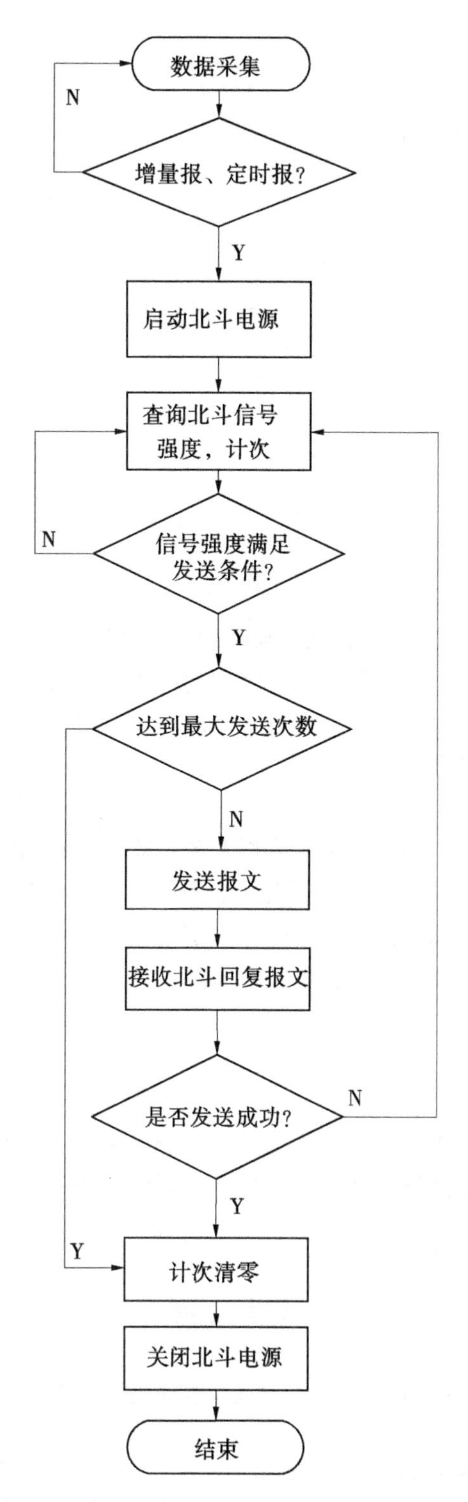

图 2　基于北斗短报文的水情测报系统工作流程

行校时、数据采集等功能，做出响应和显示，并传输采集或人工置入的数据至中心站。以卫星短报文的形式，实现遥测站和中心站技术人员交互，以用于应急通信和日常报汛。同时，遥测站北斗卫星通信终端待机时间、时长可远程设置，可人工调整卫星通信终端的开机频次。驻站人员可通过遥测终端机向中心站发送人工报讯信息；遥测终端机定期向中心站发送北斗定位信息。北斗双向通信操作界面如图 3 所示。

用户只需将报警信息输入文本框，点击发送，即可将文本框内的信息上传给中心站，在预设的时

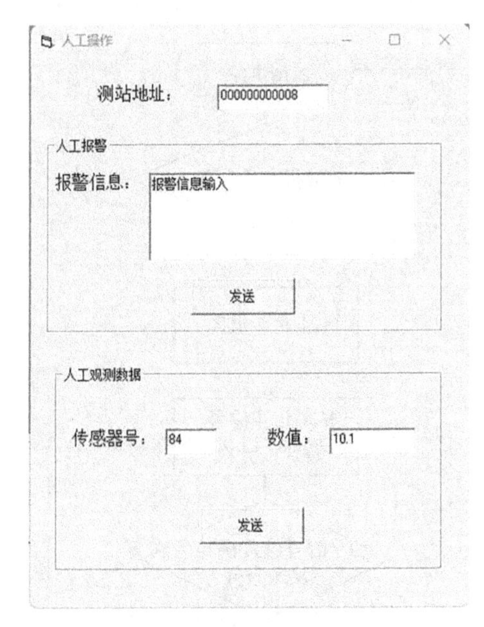

图 3　北斗双向通信操作界面

间间隔内，北斗卫星终端一直保持在线状态，接收到的中心站回馈信息将出现在报警信息输入文本框内，通过此界面对中心站回馈信息做出响应和显示，以卫星短报文的形式，实现遥测站和中心站技术人员交互，以用于应急通信和日常报汛。

4.4　极端天气下数据传输

在极端天气、灾情等情况下，保证雨水情测报及关键监测量数据的传输，保障应急通信显得格外重要。基于北斗三代短报文技术的水情自动测报系统设备，在极端天气下可以提供实时信息快速上报与共享等服务，可以显著提升应急救援的反应能力。在地面通信系统缺乏或发生故障时，仍可持续上报救灾指挥调度、应急通信、灾情等数据，极大地保障了信息通道畅通，为人员撤离、应急救援、防灾救灾提供生命线。

5　结语

本文主要研究了北斗三代短报文技术在水情测报系统应用方法，北斗三代短报文技术能够有效增强水情测报系统的可靠性，洪水预报精度补偿，并有效降低地质灾害、极端天气等对系统的影响和危害。相信在不远的将来，北斗三代技术会在水利水电领域产生更多的应用，起到更重要的作用。

参考文献

[1] 陈立辉．基于北斗卫星和 GPRS 双信道通信的水雨情自动测报系统设计与实现［D］．杭州：浙江工业大学，2012.

[2] 武震，贾文，张宁，北斗卫星通信在水文测报数据传输中的应用［J］．中国新通信，2013，9（5）：23-25.

[3] 邵灿辉，基于地斗通信技术的水情自动测报系统设计［J］．检测技术与数据处理，2019，34（2）：58-61.

[4] 陈浙梁，姚东．北斗卫星通信技术在水情自动测报系统中的应用［J］．浙江水利科技，2013（3）：27-29.

[5] 许博浩，郝永生，苏伟朋．基于北斗通信的 RTU 远程监控系统［J］．计算机系统应用，2015（5）：84-87.

基于视频影像的无 POS 地面移动 LiDAR 系统点云自动着色

张　薇[1]　潘志权[1]　贾东远[1]　刘晓亮[1]　陈晨咏[2]

（1. 广东粤港供水有限公司，广东深圳　518021；
2. 粤海水资源工程研究中心（广东）有限公司，广东深圳　518021）

摘　要： 激光雷达可以快速准确地获取目标地物的三维空间坐标，而光学影像包含了丰富的色彩信息，若能将二者进行融合，可以在灾害监测、数字城市等多个领域发挥重要的作用。目前，常用的测量集成系统需要相机、激光器以及 POS 系统，但硬件成本较高，系统集成较复杂。因此，本文尝试一种无 POS 系统的激光雷达和 GoPro 运动相机组成的简易地面移动测量系统，实现在无 POS 数据下的视频影像与点云数据的自动匹配，即基于视频影像的三维点云自动着色。试验表明，视频影像与点云数据的配准精度较高，满足隧洞检测、三维城市建模等应用的精度需求。

关键词： 视频影像；点云数据；自动匹配；点云着色

1　引言

作为一种主动遥感技术，激光探测与测距技术在近 20 年来得到了迅速发展。激光雷达通过主动发射激光脉冲信号并接收物体反射回来的脉冲信号来快速、无接触、高精度[1] 地获取周围物体的距离、位置、反射率等信息[2]。但是，激光点云难以获得目标地物的光谱信息，色彩单一，不利于地物识别和场景理解；而传统的光学影像能够获得丰富的地物光谱信息和纹理细节，能够快速地识别地物属性，视觉效果更佳。对于目标地物的表述，激光点云和光学影像有诸多的互补性，若能将三维激光点云数据和二维影像数据进行配准融合，可以获得具有丰富纹理细节的彩色点云，加强判别地物的能力，并能在三维城市建模、城市规划、资源利用、环境监测、灾害评估等多个领域得到广泛的应用。

目前的移动测量系统主要分为机载、车载两种，集成激光雷达、相机、GPS、IMU 等多个装置，尽管测量精度较高，但是成本高昂也较为复杂。因此，本文建立了基于视频影像的无 POS 地面移动 LiDAR 自动着色系统，旨在无 POS 系统的情况下根据视频影像完成点云自动上色。本文的主要内容有以下三点：

（1）为了提高同名点的匹配效率和可靠性，本文提出一种采用中心区域限制的 SURF 同名点匹配方法。

（2）针对传统配准算法对图像噪声较为敏感，鲁棒性较差的问题，本文提出一种基于归一化 Zernike 矩的配准方法。这是一种基于点特征的配准方法，该方法在处理影像质量不高的 GoPro 运动相机获取的数据和点云强度图像也能取得较好的效果。

（3）在点云着色的过程中，一个激光点往往会对应多张视频影像。因此，为了提高点云着色的真实性和正确性，本文提出一种中心区域限制的高斯分布点云着色方法。

作者简介： 张薇（1989—），女，工程师，经理，主要从事智慧水利研究工作。

2 系统及数据介绍

本文采用了集成激光雷达和 GoPro 运动相机的简易地面移动测量系统，其基本架构如图 1 所示。在图 1 中，如果以激光雷达的中心为原点，水平方向为 y 轴，竖直方向为 z 轴，x 轴垂直于纸面向外，那么 GoPro 相机的镜头中心在图示坐标系下的坐标为（20，145.142，201.825），单位为厘米，并且镜头 FOV 中心的朝向平行于 y 轴垂直于 x 轴。

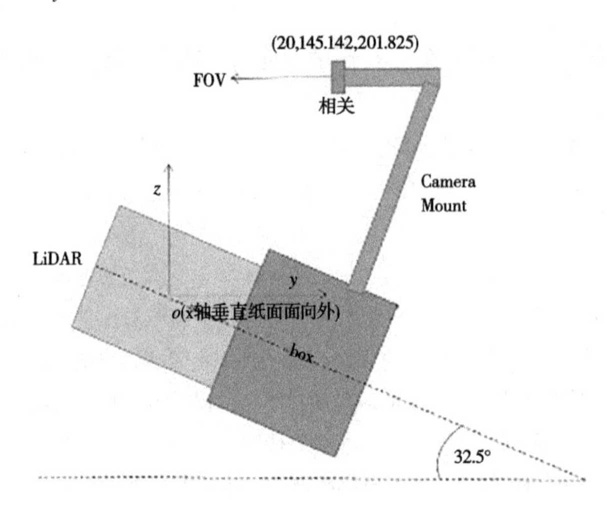

图 1 系统示意图

如图 1 所示，激光雷达发射器的中心轴是固定的，与水平地面的夹角为 32.5°，在系统移动的过程中，激光雷达发射器会沿着这条中心轴不断地自转；与此同时，GoPro 运动相机也会绕着相机支架进行旋转，为点云着色获取充分的数据。初始点云和部分截取视频流的影像如图 2 所示。其中，图 2（a）分别为点云数据的侧视图和俯视图，图中的黄红线代表着整个系统运动的轨迹，轨迹的颜色代表着高程，颜色越红表示高程越高，颜色越绿表示高程越低。图 2（b）是原始未经过标定的一对视频像对。

3 方法介绍

3.1 基于归一化 Zernike 矩进行配准

本文使用的 GoPro 运动相机所采集的视频影像存在边界变形大，内方位元素不稳定、模糊像元多等问题，利用运动相机视频影像获取的密集匹配点云往往存在空洞多、变形大、点云不平整等问题，因此利用三维点云之间的配准进行着色方法不可取。本文采取 1-N 的配准策略，即先将点云与第一张影像配准，获取第一张影像的外方位元素，然后通过相对定向和绝对定向进行传递，从而获取其余序列影像的外方位元素。

基于特征的配准方法是常用于实现点云与第一张影像的自动配准的方法，该方法一般需要将点云投影到二维平面生成点云强度图像或深度图像，提取图像中有效且稳定可区分的特征点，通过计算特征之间的相似程度来进行特征匹配[3]。基于特征进行配准的方法对图像灰度变化以及遮挡的情况有较好的不变性。但是点云转化成影像数据存在精度损失，且要求参与配准的点云数据较为平整，噪点较少。因此，本文提出基于归一化 Zernike 矩的配准方法，这是一种基于点特征的配准方法，低阶 Zernike 矩主要用来描述影像的整体形状特征[4]，高阶 Zernike 矩主要用来反映影像的纹理细节等信息[5]，Zernike 矩能够在多个维度上反应特征[6]，因此对于影像质量并不高的 GoPro 运动相机和点云强度图像也能达到较好的效果。Zernike 矩具有旋转不变性，而归一化 Zernike 矩具有旋转、平移、尺度不变性，因此归一化 Zernike 矩的模可以作为矩不变特征，并可以作为配准的决定因子。可以用一组很小的 Zernike 矩很好地表示一个目标对象的形状特征，图像目标的整体形状用低阶矩来描述，图

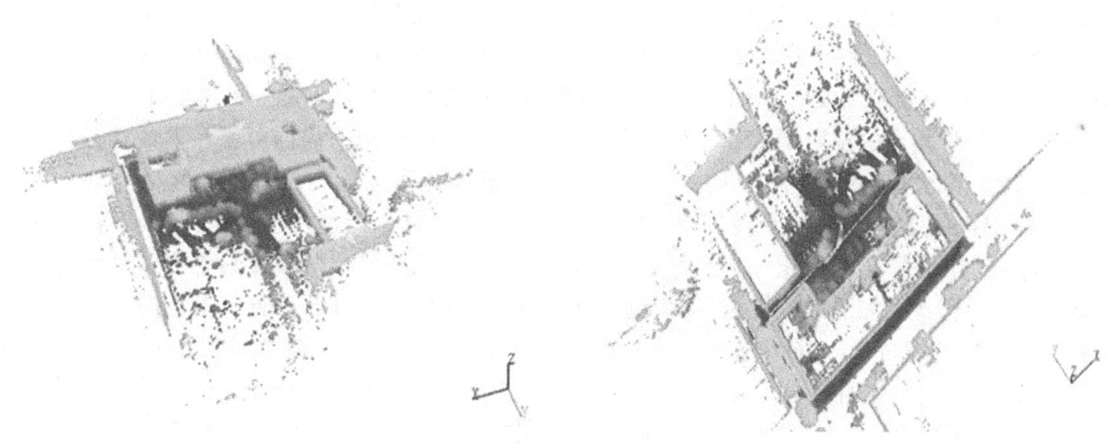

(a)激光雷达图像

(b)视频图像

图 2　数据样本

像目标的细节则用高阶矩描述，本文使用的就是高阶矩进行配准。与传统方法的对比结果如图 3 所示。

(a)基于共线方程配准的彩色点云图像

(b)基于归一化Zernike矩配准的彩色点云图像

图 3　配准结果

从图 3 中可以看到，基于共线方程进行配准的结果出现了未配准、配准不精准的情况，这是因为系统在移动测量时的速度过快，导致获取的影像数据边缘模糊、变形大。而基于归一化 Zernike 矩在提取特征时综合利用了相邻像素的信息，能够在更多维度上反映特征，描述的是图像的纹理细节，因此基于归一化 Zernike 矩进行配准的结果更好。进一步分统计分析结果表明基于归一化 Zernike 矩的配准精度在 0.5 个像素左右，相比于基于共线方程的配准精度高出 1~2 个像素。

3.2　基于本质矩阵分解并非线性优化的相对定向

3.2.1　同名点匹配

目前，特征点提取的方法一般有 Moravec 算子、Harris[7] 算子、Forstner 算子、SIFT[8]（scale invariant feature transform，SIFT）算法、SURF[9]（speeded up robust features，SURF）算法、ORB[10] （oriented FAST and rotated BRIEF，ORB）算法。Moravec 算子提取虽然较为简单，但是对于边缘和噪声的提取效果较差，并且需要手动设置经验值；Forstner 算子精度较高，运算速度较快，但是算法较复杂不易实现，且需要不断实验来确定兴趣值和阈值的范围[11]；Harris 是一种基于信号的点特征提取算子[12]，对各种角点的提取精度和可靠性更高[13]，但本文所使用的数据可供提取的角点较少或者较不明显；SIFT 算法是基于特征的匹配方法[14]，具有较强的匹配能力，特征较稳定，对旋转、尺度、亮度保持不变性，但是容易受到各种外部噪声的影响，而且运行速度较慢；SURF 算法改进了特征提取和描述的方式[15]，采用积分图像和盒式滤波器等技术，将图像与模板的卷积运算转化为若干次加减运算[16]，因此更加高效，检测速度能够达到 SIFT 算法的 3 倍以上；ORB 算法是 Oriented FAST 和 Rotated BRIEF 的缩写[17]，前者进行特征提取，解决了特征点提取的速度问题，后者进行特征描述，解决了特征描述的空间占用冗余问题，因此 ORB 算法兼具速度和准确度，较为稳定。基于上述分析，本文尝试采用中心区域限制的 SURF 同名点匹配方法，即利用 SURF 进行同名点粗匹配，再利用 RANSAC 剔除误匹配实现同名点的精匹配，最终采用中心区域限制策略，只选择影像中心区域内的同名点，同时删除同名点连线过长的点，既保证了同名点的匹配效率，又保证了同名点的可靠性。

3.2.2 基于本质矩阵分解并非线性优化的相对定向

假设 $O-XYZ$ 为像片 1 所对应的以相机摄影中心为原点的空间直角坐标系；$O'-X'Y'Z'$ 为像片 2 所对应的以相机摄影中心为原点的空间直角坐标系，并且 $O-XYZ$ 坐标系相对于 $O'-X'Y'Z'$ 为坐标系的三个旋转角分别为 φ，ω，k；$O'-X''Y''Z''$ 为人为建立的辅助空间直角坐标系，它的三个轴分别与 $O-XYZ$ 坐标系的三个轴平行；OO' 为基线，它的三个位移分量分别为 B_X，B_Y，B_Z。为了解算每张影像的相对位置，可以根据以上关系建立相关的建立相对定向模型并进行解算。

本文中，将基于共面条件方程，以旋转矩阵中的三个角元素 φ，ω，k 和两个位移矢量的参数为优化参数，建立非线性优化的目标函数。只设置两个位移矢量的参数的原因是方便运算，可以将位移矢量中的 B_X 设置为 1，因为基线矢量的长度变化仅仅会使得立体像对模型放大或收缩一定的比例。

3.2.3 绝对定向

一个立体像对经过相对定向所建立的立体模型是以像空间辅助坐标系为基准的，其比例尺是任意的，要确定立体模型在实际物方空间坐标系中的正确位置，则需要把模型点的摄影测量坐标转换为物方空间坐标，这就需要借助地面控制点来确定像空间辅助坐标系和物方空间坐标系的变换关系。以上是传统的绝对定向的概念，在本文点云着色的研究中，上述的物方坐标系就变成了点云数据的坐标系，而地面控制点实际上就是一个个点云数据，所以在本文中，绝对定向就是确定像空间辅助坐标系和点云坐标系之间的变换关系。

3.3 点云着色

从点云出发，找到三维点对应像素，进而对点云赋值。之所以选择从点云出发，是因为点云遍历结束即代表着色结束；如果从影像像素出发，也许会加快着色速度，但是可能会出现部分点云未着色的情况，造成整体点云的不连续、缺失。然而，激光点云的一个三维点往往对应多个影像的多个像素，如何根据视频影像质量不高的像素进行真实、正确地着色成为了关键性问题。因此，本文提出一种中心区域限制的高斯分布点云着色方法，具体步骤是：

（1）寻找三维点对应像素集。从点云出发，遍历每一个三维点，一个三维点会对应多张影像。根据前文的结果可以从三维点计算出每张影像上对应的像点坐标，将所对应的最邻近像素作为三维点的“同名”像素，并统计它们的颜色信息和位置信息。

（2）施加中心区域限制。根据（1）中统计的位置信息，认为只有在影像中间区域 50%范围内的像素才是有效像素，才能对点云着色。

（3）着色。本文认为对于一个三维点对应的有效像素颜色集，它们在 R、G、B 三个通道中的任意一个通道符合高斯分布，分别估算各通道高斯分布的均值，并认为这个均值为该通道的颜色值，最终将 RGB 颜色赋值给三维点。

（4）重复步骤（1）、（2）、（3），直到三维点遍历结束。

4 试验结果

最终点云着色的结果如图4所示。图4（a）、（b）展示了中心区域限制的高斯分布点云着色方法中的中心区域限制，可以明显地看到尽管在标定之后，视频影像的边缘区域还是会出现像元模糊、未完全纠正的现象，因此中心区域限制是十分重要的，只有在红色方框区域内的像素才被认为是合格的，可以进行着色。图4（c）、（d）、（e）、（f）为点云着色结果，分别是俯视图、侧视图、正视图和背面图。由于使用集成LiDAR和GoPro运动相机的地面简易移动测量系统，无法获取建筑物顶部的点云数据和视频影像。此外，可以看到，整体的着色精度比较高，能够辨别建筑的整体形状、结构，窗户、道路、汽车的纹理也比较清晰。

(a)中部地区限制(一) (b)中部地区限制(二)

(c)顶视图 (d)侧视图

(e)前视图 (f)后视图

图4 点云着色的结果

5 总结与展望

本文实现了一种无POS的地面测量LiDAR系统的自动点云着色方法，系统集成激光雷达和GoPro运动相机，具有简易、成本低、重量小、便携的特点，由于是松散的耦合集成系统，具有工业化量产的可能性，并能够在没有控制点数据的情况下完成点云的自动配准上色，总共分为标定、配准、相对定向、绝对定向和着色五个步骤。为了实现无POS系统下的序列影像的配准，本文提出1-N的配准策略，即只进行第一张视频影像与点云的配准，并采用相对和绝对定向传递外方位元素，从而获得所有序列影像的外方位元素。为了解决GoPro视频影像拖影、像素模糊、非线性畸变的问题，在预处理时本文采用标定的方式解决非线性畸变的问题；在配准时提出基于归一化 Zernike 矩的方法，对于较为模糊的视频影像也有较高的配准精度；在同名点匹配时，本文提出中心区域限制的 SURF 同名点匹配方法，以此来剔除视频影像边缘模糊的同名点；在最终点云着色时，本文提出了中心区域限制的高斯分布着色方法，能够真实、均匀地完成点云着色。最终点云着色的结果证明了本文所提出方法的可行性，这对未来简易移动测量 LiDAR 系统的点云着色提供了参考。

对于模糊的视频影像而言，同名点具有不可靠性，因此后续将继续以下研究：

（1）考虑到利用同名线特征或者平行线属性特征等，实现点云数据与点云数据的配准。

（2）建立运动相机与激光雷达的联合标定场，在一定程度上解决了运动相机与激光雷达之间的刚性联合，实现两者数据的自动匹配。

参考文献

[1] 张静. 基于三维激光扫描技术的木构架文物变形监测 [J]. 北京测绘，2018，32（7）：768-772.

[2] 张靖，江万寿. 激光点云与光学影像配准：现状与趋势 [J]. 地球信息科学学报，2017，19（4）：528-539.

[3] 阮芹，彭刚，李瑞 . 基于特征点的图像配准与拼接技术研究 [J]. 计算机与数字工程，2011，39（2）：141-144，183.

[4] 张培洋 . Zernike 矩在高分辨率遥感影像边缘检测中的研究 [D]. 昆明：昆明理工大学，2016.

[5] Toharia，Pablo，et al. Shot boundary detection using Zernike moments in multi-GPU multi-CPU architectures [J]. Parallel Distributed Comput. 2012，72：1127-1133.

[6] 金利强，黄桦，刘微微 . 利用 Zernike 多项式的 LiDAR 点云和光学影像配准方法 [J]. 测绘科学，2022，47（10）：124-131.

[7] Harrisc，Christopher G，M J Stephens. A Combined Corner and Edge Detector [C] // Proceedings of the 4th Alvey Vision Conference，Manchester UK 1988：147-151.

[8] LoweDavid G. Distinctive Image Features from Scale-Invariant Keypoints [J]. International Journal of Computer Vision，2004，60（2）：91-110.

[9] Bay Herbert，et al. SURF：Speeded Up Robust Features [J]. European Conference on Computer Vision，2006：404-417.

[10] Rublee，Ethan，et al. ORB：An efficient alternative to SIFT or SURF [J]. 2011 International Conference on Computer Vision，2011：2564-2571.

[11] 曾凡永，顾爱辉，马勇骥，等. 几种特征点提取算子的分析和比较 [J]. 现代测绘，2015，38（3）：15-18.

[12] 刘丹，王晏民，王国利 . 基于 Harris 算子的彩色数码影像角点特征提取 [J]. 北京建筑工程学院学报，2008，24（4）：26-29，76.

[13] 崔乐，李春，李英 . Harris 算法和 Susan 算法的实现及分析 [J]. 计算机与数字工程，2019，47（10）：2396-2401.

[14] 贾丰蔓，康志忠，于鹏 . 影像同名点匹配的 SIFT 算法与贝叶斯抽样一致性检验 [J]. 测绘学报，2013，42（6）：877-883.

[15] 曹南，蔡扬扬，李旭洋，等 . 高分辨率遥感影像特征点自动化匹配方法研究 [J]. 地理空间信息，2022，20（11）：9-13.

[16] 张一. 无人机遥感影像点特征匹配算法研究 [D]. 郑州：解放军信息工程大学，2015.

[17] 姚三坤，刘明 . ORB 特征点提取和匹配的研究 [J]. 电子设计工程，2023，31（2）：43-47.

卫星遥感在饮用水水源地锰超标原因分析中的应用研究——以广东某水库为例

李　俊[1,2]　吴俊涌[1,2]　何颖清[1,2]　冯佑斌[1,2]

（1. 水利部珠江河口治理与保护重点实验室，广东广州　510611；
2. 珠江水利委员会珠江水利科学研究院，广东广州　510611）

摘　要：水库型饮用水源作为主要的水源类型之一，是饮水安全保障的重要基础。广东某饮用水源水库在非典型季节性锰超标时期发生锰污染，需要一种快速的分析方法揭示锰超标成因。本文建立基于卫星遥感的水源地水污染原因分析模式，使用多源、多时序影像开展外源输入、内源因素分析。结果表明：①2021—2022 年 1 月库区周边无明显潜在风险源和人为扰动，汇入河流锰含量正常，外源性风险较低；②锰超标前后库区北部水边线、底泥淹没及出露变化明显，反映水体氧化还原环境改变，内源释放可能是锰污染的重要来源。研究成果可为水源地水污染防治相关决策提供参考。

关键词：饮用水源；锰超标；原因分析；遥感

1　引言

饮用水水源地是水环境功能区划中具备最高使用功能的水域，饮水安全是人类健康和生命安全的基本保障[1]。水源地水库由于其水力停留时间长、水体垂向交换能力弱、季节性分层等特征，近年来我国已有多处饮用水水源地出现锰超标[2-3]。根据《地表水环境质量标准》（GB 3838—2002），饮用水水源地锰含量不得超过 0.1 mg/L，广东某水库作为饮用水水源地之一，出现异常锰超标，影响水源供水安全。

在水体锰超标原因分析的研究中，一般采用大量的现场测量数据，需要长时间序列的 COD_{Mn}、水温、pH 值、溶解氧等水质数据[4-6]，由于水库观测站点较少，缺少其他点位持续的历史监测数据，导致成因分析追溯周期较长[7-8]。同时，由于现场测量需要一定的人力和经济成本支持，基于水样数据的水环境污染原因分析难以在部分中小型饮用水水源地中推广。卫星遥感技术在饮用水水源地监管方面已开展了较多的应用[9]，在水质安全评价方面，可以提取叶绿素[10]、氨氮[11]、悬浮物[12] 等水质参数；在风险源监测方面[13]，可以开展各级保护区的风险源动态调查与评估，在水污染原因分析方面有一定的应用潜力。

可以看出，传统的基于大量现场采样数据的锰超标原因分析方法难以满足水污染原因的初步快速排查需求。可以借助遥感技术，在少量现场测量数据的条件下，实现饮用水水源地锰超标原因的快速排查，辅助分析水源地外源汇入和内源释放污染风险，为水源地的保护和供水安全提供保障明确问题导向，同时提高工作效率。

作者简介：李俊（1996—），男，助理工程师，主要从事水环境遥感、水利遥感应用工作。

2 数据与方法

2.1 研究区概况

广东某水库位于增江二级支流派潭河上游，邻近两大国家森林公园，库区及周边植被覆盖良好（见图 1）。水库于 1982 年 10 月竣工，集雨面积 25.8 km^2，正常蓄水位 267 m。库区建有一座主坝，为浆砌石拱坝，最大坝高 50.18 m；一座副坝，为土坝，一条引水隧洞，总库容 695 万 m^3。水库主体工程为主坝、副坝及引水隧洞等，根据工程规模、保护范围和重要程度，按照《水利水电工程等级划分及洪水标准》（SL 252—2017），是一座小（1）型水库。水库基本无生态基流下泄，为当地的主要饮用水水源地之一。

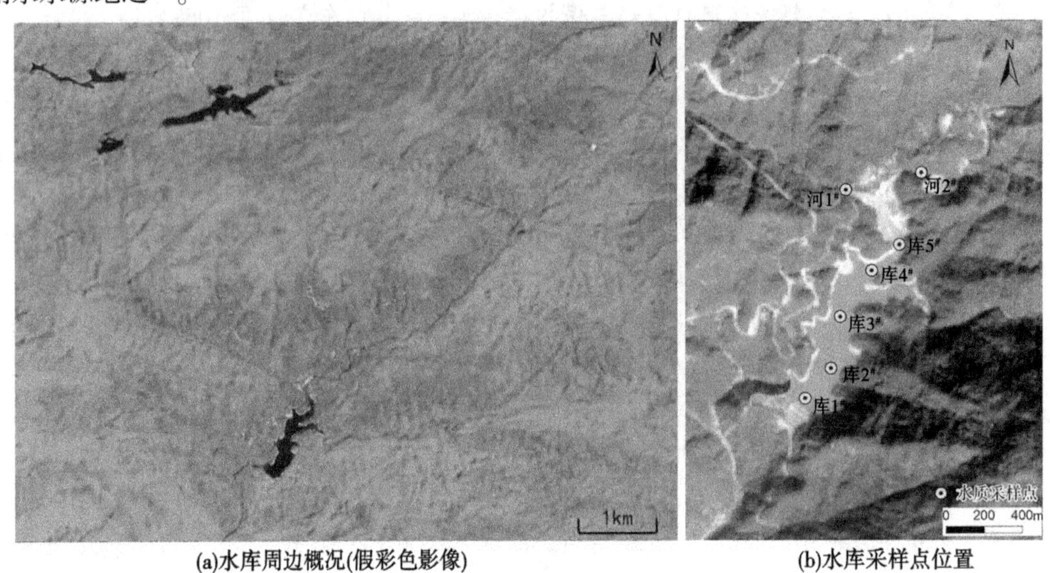

(a)水库周边概况(假彩色影像)　　(b)水库采样点位置

图 1 水库周边概况及采样点位置

2.2 现场水样数据

根据该水库的水文地理特征和进排水特点，分别设置入库河流、水库水面共计 7 处取样点［见图 1（b）］。其中，水库库面的库 1#、库 2#分别取上层（水下 0.5 m）、中层（水下 2 m）、下层（5 m）水样。水样采集时间为 2022 年 1 月 25 日。

2.3 技术路线

应用卫星遥感技术进行饮用水水源地锰超标原因分析，主要分为外源汇入因素分析和内源释放因素分析两方面。①外源汇入因素分析，基于不同时相遥感数据的土地变化监测，根据光谱特征或纹理特征目视解译，识别水源地周边的潜在污染源和新增污染源，结合入库河流的现场水质数据排查潜在污染源；②内源释放因素分析，基于多时相遥感数据的水边线提取，分析水体环境变化情况，结合锰元素物理化学特性，研究非典型时期锰超标的原因。

3 水体锰超标原因分析

3.1 外源汇入因素遥感分析

外源汇入因素主要包括工农业生产污水汇入和矿山开采、土壤侵蚀等在降雨径流作用下的汇入。参考《饮用水水源保护区污染防治管理规定》（〔89〕环管字第 201 号）明确的水源地一级、二级保护区禁止出现的人类活动类型，排查建设项目、入库支流、船舶停靠点、垃圾堆放、农业活动、文旅活动等 6 大类外源风险因素。基于多源卫星遥感数据进行土地变化监测，选择 2021 年 1 月 12 日成像的经图像融合的空间分辨率为 2 m 的高分一号影像、2021 年 12 月 5 日空间分辨率为 10 m 的 Sentinel-2 多光谱影像，结合美国环境系统研究所（Esri）发布的 2021 年度 Sentinel-2 10 m 地表覆盖精细分类产品[14] 进行目视解译监测。根据地物光谱或纹理特征开展外源风险排查，水库周边人造建筑物主要分布在东侧进水河流的右岸，建筑类型为停车场、便利店、游客中心等旅游服务设施。饮用水水源保护地一级、二级保护区范围内无明显的工业、农业生产活动。期初影像和期末影像经过对比（见图 2），未见明显用地变化，未见新建的建筑设施和其他新增的人为扰动痕迹。结合现场水质采样结果（见表 1），水库的库 1#、库 2#、库 3#、库 4#处水体的锰含量超标，进水支流采样点（河 1#、河 2#）及水库进水处（库 5#）均未检出锰含量超标，入库河流外源输入风险较低。

(a)2021年1月GF-1影像

(b)2021年12月sentinel-2影像

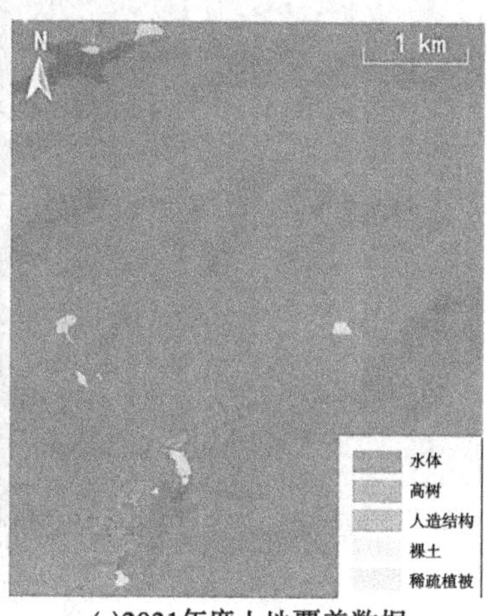

(c)2021年度土地覆盖数据

图 2　2021 年度期初期末遥感影像及土地覆盖数据

表 1　现场水样锰的检测结果

单位：mg/L

点位	河 1#	河 2#	库 1#（上层）	库 1#（中层）	库 1#（下层）	库 2#（上层）	库 2#（中层）	库 2#（下层）	库 3#	库 4#	库 5#
检测 1	<0.01	<0.01	0.115	0.12	0.123	0.117	0.121	0.124	0.124	0.111	0.066
检测 2	<0.01	<0.01	0.128	0.136	0.138	0.131	0.135	0.14	0.126	0.123	0.075

3.2　内源释放因素遥感分析

内源释放因素主要为库区底泥中不同形态的锰元素（沉积态、悬浮态）转换释放[15]。水库一带发育燕山期中性和酸性的火山岩，岩石土壤风化过程中易造成矿物质中的锰释放。在天然中性 pH 条件下的水体中，锰以微溶的氧化物或氢氧化物固体状态存在，相对稳定[16]。现场水质结果显示，水库的库 1#、库 2#处的锰含量存在弱垂向分层，下层水体锰含量比上层水体锰含量高。由于季节性温度变化，水库易发生因为水温分层导致的季节性锰超标。水库锰超标发生在 1 月，属于非典型的季节性锰超标时期。选择 2021 年 1 月至 2022 年 1 月多时相的哨兵二号影像提取水库北部的水边线，研究库区水体环境变化。

图 3 显示，夏秋季节（7—10 月）水库大多为高水位状态，冬春季节（11 月至次年 5 月）大多为低水位，与区域降雨径流汇入情况吻合。水库北部地势渐变，水边线变化对库容量敏感性较高，库区底泥在水位变化过程中频繁露出水面，氧化还原环境发生改变，易造成内源性锰的释放。低水位条件下，底泥在长期暴氧环境中易蓄积较多的固定态锰；当水位升高时，沉积物锰元素在厌氧条件容易释放[17]。结合水库 2021 年 12 月 21 日发电放水工作，此时水位降低，但 2022 年 1 月 4 日北部水边线已超过发电放水前 12 月 10 日的范围，水位出现明显回升。期间，水库水位出现明显的降低和回升，库区北部库底沉积物氧化还原状态变换频繁，为矿物锰释放创造条件，水库下层水体与表层水交换次数增多，下层水体锰交换至表层水量变大，从而导致水库锰异常超标。

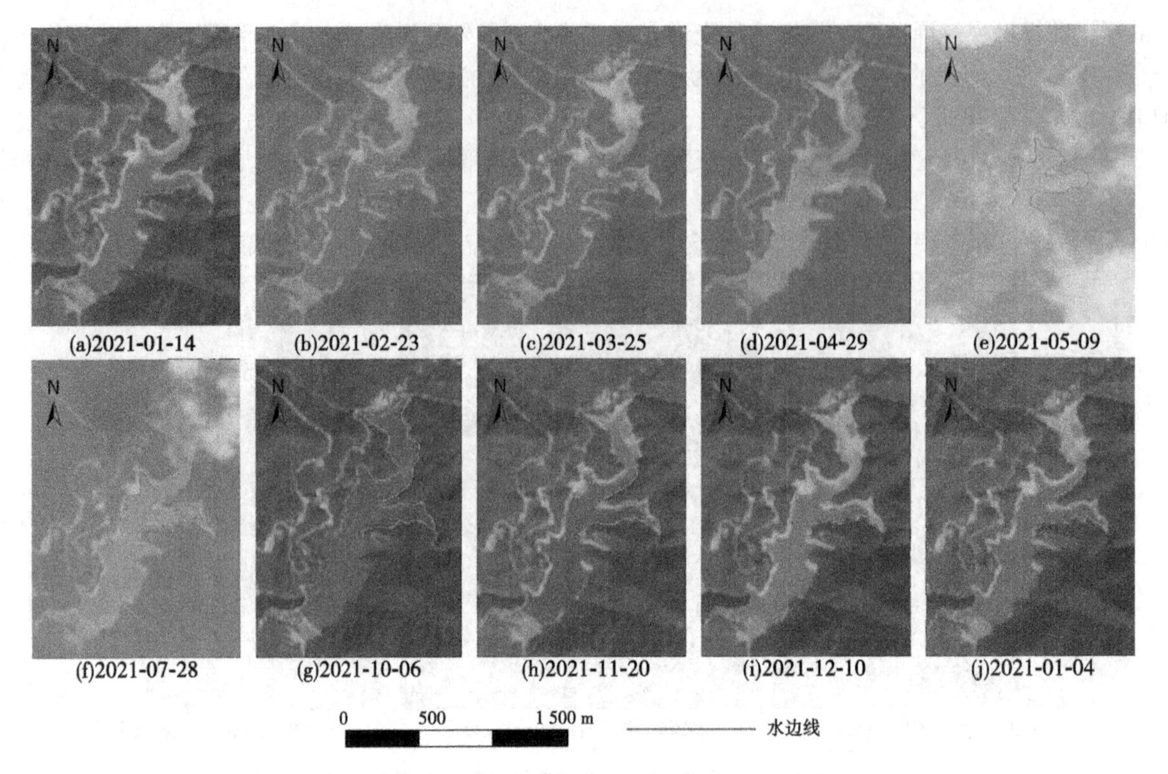

图 3　2021 年 1 月至 2022 年 1 月水库北部水边线变化

4　结论

本文以广东某饮用水水源地水库为研究对象，基于卫星遥感采用外源输入排查与内源因素分析相结合的思路，分析水源地锰超标的原因。根据水样取样和遥感分析结果，分析用地变化、水边线变化情况，排除锰超标外源污染的可能，推测水源地 2022 年 1 月非典型时期的锰超标污染源自水库水位频繁变化，影响水体氧化还原环境，造成锰元素的沉积与释放。针对以上现象，建议水库管理部门在水库水位变化频繁时期加强监测，调整取水口深度，优化水体交换环境，以降低水体锰超标风险。

本文采用遥感手段开展饮用水源锰超标原因分析，能够客观真实反映外源输入、内源因素情况，实现大范围、长时间序列的监测检测，不依赖大量实测数据的风险排查，缩短了锰污染原因分析时长，不仅保障受锰超标的饮用水水源地尽快恢复其使用功能，也能支撑风险源排查和水质安全预案工作，同时也为其他水质污染原因排查提供参考借鉴，提高饮水安全保障能力。应用遥感技术在饮用水源地水质污染原因排查方面，未来还可在自动化、智能化方面进一步探索。在外源汇入因素分析上，使用多时相高分辨率影像变化自动检测手段，精准感知人为活动扰动和自然环境变化，结合少量现场水质检测，快速排查外缘汇入风险；在内源释放因素分析上，采用水环境参数定量遥感手段，掌握大范围水质变化情况，分析风险区的时空变化特征，为内源风险排查提供辅助。相较于传统的大量现场采样数据的锰超标原因分析方法，卫星遥感技术在监测范围、历史长时间序列监测等方面提供新思路，为饮用水水源地水质管理提供了新的方法和视角，为水污染原因排查提供低成本、快速、高效的辅助参考。

参考文献

[1] 陈雪珍. 福建省饮用水水源地环境现状及保护对策研究 [J]. 环境科学与管理，2012，37（4）：98-102.

[2] 黄文丹. 我国饮用水水源地锰超标原因及防控对策研究进展 [J]. 能源与环境，2018（6）：57-58.

[3] 刘昌文. 遵义水泊渡库区饮用水源锰超标原因分析及对策措施 [J]. 环境与发展，2018，30（9）：20-21.

[4] 朱国建，张盼伟．西北干旱区典型水库锰超标原因分析及防治对策［J］．水利技术监督，2022（2）：75-79.

[5] 何清波．六盘水市双桥水库锰超标原因分析及处理措施［J］．河南科技，2019（34）：87-89.

[6] 黄庆．峙村河水库铁、锰季节性超标原因分析及防治措施［J］．环境与发展，2019，31（7）：41-42.

[7] 郃娟．独木水库锰监测浓度变化趋势分析［J］．环境科学导刊，2016，35（S1）：69-71.

[8] Semasinghe C，Rousso B Z. In-Lake Mechanisms for Manganese Control-A Systematic Literature Review［J］. Sustainability，2023，15（11）：8785.

[9] 陈博明．遥感技术在生态环境监测及执法中的应用进展［J］．矿冶工程，2020，40（4）：165-173.

[10] 郭坤，李虎，陈冬花，等．基于高分一号影像的沙河集水库水质遥感反演［J］．安徽师范大学学报（自然科学版），2023，46（3）：250-258.

[11] 刘轩，赵同谦，蔡太义，等．丹江口水库总氮、氨氮遥感反演及时空变化研究［J］．农业资源与环境学报，2021，38（5）：829-838.

[12] 曹引，冶运涛，赵红莉，等．基于离散粒子群和偏最小二乘的湖库型水源地水体悬浮物浓度和浊度遥感反演方法［J］．水力发电学报，2015，34（11）：77-87.

[13] 崔凡，寇馨月，冯佑斌，等．粤港澳大湾区重要饮用水水源地监督性监测技术体系［J］．人民珠江，2021，42（5）：1-8.

[14] Karra，Kontgis，et al. Global land use/land cover with Sentinel-2 and deep learning［C］// IGARSS 2021-2021 IEEE International Geoscience and Remote Sensing Symposium. IEEE，2021.

[15] 刘海．环境因子对水库沉积物铁、锰释放的影响分析［J］．资源节约与环保，2014（9）：167.

[16] Peng H，Zheng X，Chen ，et al. Analysis of numerical simulations and influencing factors of seasonal manganese pollution in reservoirs［J］. Environ Sci Pollut Res，2016，23：14362-14372.

[17] Gödeke S H，Jamil H，Schirmer M，et al. Iron and manganese mobilisation due to dam height increase for a tropical reservoir in South East Asia［J］. Environ Monit Assess，2022，194：358.

风光水储多能互补系统选址中的遥感技术应用

方喻弘　肖　潇　叶　松　姚正利　郑学东

（长江水利委员会长江科学院，湖北武汉　430010）

摘　要：风光水储多能互补系统代表了未来能源系统的一项创新，集成多种可再生能源以提供可持续的清洁电力，是实现碳达峰和碳中和的必由之路。遥感技术在风光水储多能互补系统选址中具有关键作用和优势，它为风能、太阳能、水能的资源评估和抽水蓄能电站的选址提供了准确和多维的数据，有助于提高多能互补系统选址决策的精确性和可持续性。遥感技术将继续在多能互补系统选址中发挥关键作用，将更新更准的多源数据融入智能决策支持系统，推动我国清洁能源战略的实施。

关键词：遥感；风光水储；多能互补

1　引言

2021年3月发布的《中华人民共和国国民经济和社会发展第十四个五年规划和2035年远景目标纲要》明确指出我国的能源发展战略，强调构建清洁低碳、安全高效的现代能源体系，以及建设风电、光伏发电、水电和核电等多能互补的清洁能源基地。在国家一系列相关政策的支持下，风光水储多能互补项目迅速发展，各类试点示范项目有序展开，加速了新能源规模化开发，同时也推动了新能源发电、储能、微电网、综合能源服务等相关领域的发展。

风光水储多能互补系统主要侧重于电源侧的开发，运用多种能源，包括风能、太阳能、水能等，实现互补发电模式，有助于解决弃风、弃光、弃水和电力供应不足等问题[1]。这促进了可再生能源的本地消纳[2]，并根据不同资源条件和需求，采用多种能源互补配置，优化电力输送设置，提高整个能源系统的综合效率[3]，这一模式被认为是实现碳达峰和碳中和的必经之路[4]。

风光水储多能互补系统的最显著特点在于它以水电作为主要的调节手段，以平衡项目的整体产出。通过综合运用可再生能源，推动以水电（包括抽水蓄能）为核心的风光水储多能互补业务，进一步探索“大水电+大风光基地+大储能”的差异化发展模式[5]。这个模式利用梯级水库的调节能力来弥补风/光伏能源波动性、随机性和间歇性的问题，同时根据地区的特点配置储能[6]，从而提高风光水（储）项目的调峰调频能力，增强项目运行的稳定性。

然而，多能互补系统的成功与否很大程度上依赖于选址决策的准确性和合理性。选址决策直接关系到电站的性能和可持续性。一个合适的选址可以最大程度地提高电站的效益，降低运营成本，并减少环境影响。因此，选址在多能互补系统项目中至关重要。在这一背景下，遥感技术成为了选址决策中的重要工具。遥感技术提供详细的地理数据和气象数据，可用于分析风能、太阳能和水能资源的分布和潜力。这种数据的准确性和及时性使其成为选址决策不可或缺的一部分，有望协助电站实现最佳

基金项目：国家自然科学基金重点项目（U2240224）；中央级公益性科研院所基本科研业务费专项（CKSF2023313/KJ）；水利部重大科技项目（SKS-2022161）；云南省重大水利科技项目（CKSK20221079KJ）；湖南省重大水利科技项目（XSKJ2022068-12）。

作者简介：方喻弘（1991—），女，工程师，主要从事水利遥感、水利碳循环理论研究工作。

通信作者：叶松（1981—），男，正高级工程师，主要从事数字孪生、三维仿真技术研究工作。

性能和可持续性。

2 风光水储多能互补系统选址流程

风光水储多能互补系统的选址涉及能源资源、气候条件、地理位置、地形地貌、交通运输、土地征用与土地利用规划、工程地质、接入系统、环境保护等多个因素的综合评估，旨在确定最佳场址，以确保系统的高性能和可持续性发展。

多能互补系统的选址流程通常包括多个阶段，每个阶段都具有特定的任务和目标。首先，资源评估阶段涉及测量和分析风能、太阳能和水能等能源资源，以确定其可用性和稳定性。这一步骤包括风速、太阳辐射、水流量等数据的收集，用以量化资源潜力。其次，通过地理信息系统（GIS）分析，将资源评估数据与地理信息相结合，创建详细的地理信息图层，其中包括地形、土壤类型、植被覆盖等因素，以更全面地理解资源的分布和潜力。环境影响评估是另一个至关重要的阶段，用以评估项目可能对周围环境产生的影响，包括生态系统、野生动植物、土壤质量等方面的分析。社会因素分析同样关键，考虑到周边社区的需求和期望，以建立与当地社区的积极关系，确保项目的社会可持续性。最后，电力传输分析阶段评估电力传输基础设施，以确保生成的电力可以有效输送到消费地点。这包括输电线路、变电站等基础设施的详细分析，以确保系统在电力输送方面的可行性和可靠性。整个选址流程的准确性和细致性对于多能互补系统项目的成功至关重要，能够确保项目在不同层面上达到最佳性能和可持续性。

3 遥感信息技术

遥感信息技术是一种能够远距离获取地球表面信息的技术，已广泛应用于环境监测、农业、城市规划和能源资源管理等多个领域，在多能互补系统的选址中，遥感技术提供的多源数据起到至关重要的作用。

卫星遥感数据可提供全球范围内的地表信息，例如光照条件、气象信息和地表温度等，有助于评估风能、太阳能和水能等可再生资源。无人机技术则提供高分辨率的地理数据，包括地形、植被覆盖和土地利用等详细信息，使我们能够深入了解潜在选址地区的细节。地面传感器提供实时的环境数据，用于监测气象条件、水资源、土壤特性等重要因素，有助于验证其他遥感数据的准确性。

将遥感技术与地理信息系统（GIS）相结合是选址决策中的关键步骤。GIS 允许将多源遥感数据与其他地理信息相结合，创建多层次、多维度的地图和空间数据模型。这些模型包括地形、土地利用、植被分布、环境敏感区域等信息。通过 GIS 的分析工具，决策者能够更全面地理解选址地区的特征，并综合考虑资源评估、环境影响分析以及社会因素等多重因素，以便确定最佳选址。

3.1 遥感在风能资源评估中的应用

随着中国风能产业的持续高速发展，中国已投产风电场已经位居世界第一位，风能已经成为中国的第三大能源来源，对中国的能源安全和绿色发展意义重大。

风能资源观测评估是风电开发建设的基础前提，其目的在于确定特定地点风能资源的潜力和可用性。该过程旨在评估风能资源的数量、分布和可预测性，以最大程度地利用可再生风能资源，从而提高发电效率。风能资源评估通常采用数值模拟技术与风能资源测量相结合的方法开展[7-8]。然而，随着我国风电装机容量的迅速增长，出现了一些新挑战。复杂山地风电场、尾流效应显著的大基地风电场和海上风电场越来越多，风电场测风塔数量不足、测风塔代表性差导致的风资源评估不准确等问题日益突出[9]。

在应对这些挑战时，新型的激光测风雷达技术崭露头角。垂直式激光测风雷达可测量垂直上空的风速风向，而机舱式激光测风雷达通常安装在风机机舱上，用于测量风机前方的风速。此外，扫描式激光测风雷达可以扫描一个平面上的风速分布。这些激光测风雷达产品能够提供准确且可靠的数据和技术支持，满足了行业对风速测量和风资源评估的需求。侯金锁等[7] 通过分析激光雷达与测风塔在不同地形和不同测量高度条件下的同步观测数据，验证了 WindCube 激光雷达代替传统测风塔用于评估风资源的可行性。朱蓉等[10] 通过对覆盖全国的秒级历史探空气象资料分析、典型地形激光雷达测风数据分析与中尺度数值模拟相结合，开展了中国风环境区划和风速垂直分布的区域性特征研究。

3.2 遥感在太阳能资源评估中的应用

我国地域辽阔，太阳能资源极为丰富，年储量为 1.47×10^{8} 亿 MJ[11]，具有极大的开发潜力。然而，太阳能在我国的时空分布极为不均，具有明显的区域性和局地性[12-13]。太阳能资源评估作为太阳能资源的基础和关键依据，主要围绕太阳能资源的利用潜力、稳定性以及每日最佳利用时段等三个方面进行评估[14-15]，太阳辐射观测数据是评估太阳能资源最直接和最准确的数据。但受限于太阳辐射观测站点的稀缺，观测数据无法完全满足太阳能资源评估的需求，因此利用其他气象数据和方法对太阳能资源进行评估已经成为国内外主要的太阳能资源评估方法[16-18]。

随着气象卫星探测技术的快速发展，利用卫星遥感数据反演地表太阳辐射的方法得到广泛应用[19]。气象卫星的优势在于可以对地表和大气状况进行大范围、同步观测。地面太阳辐射观测站点分布密度较低且空间分布不均匀，使得一些地区难以利用地面观测数据评估太阳辐射的分布特征。卫星遥感数据的使用有效弥补了目前地面气象数据的不足[20-21]。卫星遥感数据反演地表太阳辐射的方法主要分为物理反演法和统计反演法。物理反演法依赖于辐射传输方程，以卫星观测数据为输入，计算晴天、阴天和局部云覆盖下到达地表的太阳总辐射。然而，由于云层的难以识别和不同天气条件下大气气溶胶的变化，该方法的反演精度受到一定影响。此外，辐射传输方程中存在多个假设条件，降低了模型的通用性，因此物理反演法在实际应用中并不普遍使用。相比之下，统计反演法是通过统计回归分析，建立基于地面辐射观测数据和卫星数据的统计经验模型来反演地表太阳辐射。统计反演法的计算精度取决于样本数量，且要求卫星和地面辐射数据在时间上和地点上具有同步性，因此不适用观测数据较少的地区。目前，太阳能资源评估领域以统计反演法为主导，但随着气象卫星观测技术和地面辐射观测技术的不断发展，物理反演法有望获得更多应用，统计反演法与物理反演法的结合也是该领域未来学科发展的必然趋势。

3.3 遥感在水能资源评估中的应用

水能资源评估主要涵盖了多个关键方面，包括水能理论潜力的蕴藏量，即河流中潜在的水能储备大小，以及技术可开发量和经济可开发量，这两者都表示河流水能可以转化为其他形式的能量，主要是电能。水能资源的计算与分析依赖于多个要素，包括河道上下游的水位差和流量，而这些数据的获取需要基于站点的径流数据、地形地质数据，以及经济社会数据等。目前，我国已经开展了多次全国范围内的水力资源调查和一次全国水力资源复查工作，因此现在可以依据准确的计算标准来评估水能资源的理论蕴藏量。然而，对于那些缺乏实测径流和地形气象数据的流域，国内外研究人员主要依赖于遥感数据与实测径流数据相结合的方法来进行水能资源评估。

水能资源评估的核心在于使用数字高程模型（DEM）数据，以生成数字化的河流网络，获取河流特征参数，如落差、比降和集水面积等。在这个基础上，结合河流的径流等水文数据进行资源评估[22]。数字高程模型通过有限的地形高程数据对地面地形进行数字模拟，可以通过遥感、摄影测量、地面测量等方式获取。这种数据是规划水电项目以及制定地形图的主要工具和高效途径。水文数据则用于描述河流、湖泊等水体的特性，包括降水、蒸发、下渗、水位、流量、泥沙、水质等信息，是在涉水工程的规划、设计和施工阶段至关重要的基础数据。通常这些数据是通过建立永久或临时的水文站点进行观测和获取的。

3.4 遥感在抽水蓄能电站选址中的应用

抽水蓄能电站是利用电力负荷低谷时的多余电能抽水至上水库，在电力负荷高峰期再放水至下水库发电的水电站，在风光水储多能互补系统中扮演着调峰和储能等重要角色。抽水蓄能电站能够将电网负荷低谷时的多余电能转化为电网高峰时期的高价值电能，同时还能提供调频、调相等支持，以稳定电力系统的频率和电压，且可用于应对紧急事故备用电源。我国的抽水蓄能电站开发始于 20 世纪

70年代，标志性的事件是1968年河北岗南混合式抽水蓄能电站的建成投产。如今，我国已经建成了多个世界领先水平的抽水蓄能电站，并建立了完善的规划、设计、建设和运营管理体系[23-24]。在推动"双碳"目标和构建新型电力系统的新形势下，抽水蓄能电站作为一种技术成熟、功能强大、经济优势明显的储能形式得到了广泛认可[25]。

抽水蓄能电站以水作为储能介质，通过两个海拔不同的水库之间的水的势能和电能之间的循环转化来工作。因此，在抽水蓄能电站选址的过程中，选择上、下水库的位置对于抽水蓄能电站的储能能力和投资成本至关重要。目前，现有的抽水蓄能电站选址大多是基于地形图，并结合人工核查的方式进行的。然而，这种方法要求设计人员具备多年的选址经验，而抽水蓄能电站通常位于人烟稀少的山区，交通不便，视野条件差。另外，由于地形起伏因素和地表植被附着物的影响，现场勘查的范围也受到限制，工作量较大，选址效率相对较低[26]。卫星遥感技术以其高分辨率、大范围、周期性观测等特点，以及多维度信息提取的能力，在区域性工程勘察中具有重要的应用优势[27]。通过卫星以不同角度的摄影，可以高效获取大范围地面目标区域的地形起伏信息，无须额外的野外勘测和数据采集成本，具有很高的经济价值，可为相关工程的选址提供有力支持。刘心怡等[28]基于GIS空间数据要素分析提出了一种"被动选址"和"主动选址"相结合的创新选址方法，对选址过程、选址结果提供所见即所得的孪生场景。费香泽等[29]基于卫星遥感地形数据和计算智能技术，从地形构造角度分析了影响水库选址区域的关键因素，给出了基于卫星遥感地形数据的抽水蓄能电站上、下水库选址处理流程。

4 结论与展望

风光水储多能互补系统在我国清洁能源战略中具有重要地位，遥感技术在这一领域中扮演了重要的角色，为选址决策提供了关键数据和信息。在风能资源评估方面，尤其是激光雷达的应用，通过精确测量风速和风向，显著提高了风能资源评估的准确性，有助于更好地预测风能资源的分布和稳定性，从而降低了风能评估误差可能带来的风险。在太阳能资源评估方面，运用卫星遥感数据反演地表太阳辐射有助于明晰太阳能资源在不同地区的分布和可利用性，这对于太阳能电站的选址和性能优化至关重要。在水能资源评估方面，数字高程模型数据生成的数字化河网允许我们获取重要的河流特征参数，特别有益于那些缺乏实测径流和地形气象数据的地区，因为它有助于更准确地评估水能资源的潜力。在抽水蓄能电站选址方面，卫星遥感技术提供高分辨率的地形数据，协助选址决策者确定抽水蓄能电站上、下水库的位置，从而降低了对于山区地形复杂的现场勘查的需求，提高了选址效率。

展望未来，风光水储多能互补系统选址中的遥感技术应用呈现出一系列潜在发展趋势。首先，可以期待更精准的遥感数据，随着卫星和无人机技术的不断进步，遥感技术将提供更详尽的空间信息，从而提高资源评估和选址决策的准确性。其次，数据整合与模型发展将成为未来的主要方向。通过将遥感数据与地理信息系统（GIS）集成，可以提高选址决策的综合性和精确性，还可以建立更复杂的模型，综合考虑资源评估、环境影响分析以及社会因素等多方面因素。同时，智能决策支持系统是未来的趋势，这些系统将结合大数据分析和人工智能，为选址决策者提供更智能化的建议和预测。综上所述，遥感技术将继续在风光水储多能互补系统选址中发挥关键作用，未来的发展将提高选址决策的精确性、可持续性和效率，从而推动清洁能源的发展。这一领域将在技术和创新方面取得更大的突破，以应对不断增长的清洁能源需求和可持续发展的挑战。

参考文献

[1] Li Jidong, Chen Shijun, Wu Yuqiang, et al. How to make better use of intermittent and variable energy? A review of wind and photovoltaic power consumption in China [J]. Elsevier BV, 2021, 137 (3): 110626.

[2] Zixuan Peng, Xudong Chen, Liming Yao. Research status and future of hydro-related sustainable complementary multi-en-

ergy power generation [J]. Elsevier BV, 2021, 3: 100042.

[3] 吉芸娴，张权，杨松，等. 多能互补系统技术应用实践探究 [J]. 中国新技术新产品，2019 (2): 18-20.

[4] 杨永江，王立涛，孙卓. 风、光、水多能互补是我国"碳中和"的必由之路 [J]. 水电与抽水蓄能，2021，7 (4): 15-19.

[5] 康俊杰，赵春阳，周国鹏，等. 风光水火储多能互补示范项目发展现状及实施路径研究 [J]. 发电技术，2023，44 (3): 407-416.

[6] Hailiang Liu, Tom Brown, Gorm Bruun Andresen, et al. The role of hydro power, storage and transmission in the decarbonization of the Chinese power system [J]. Elsevier Bv, 2019, 239: 1308-1321.

[7] 侯金锁，王冠，陈玮，等. 激光雷达在不同地形条件下进行风资源评估的适用性研究 [J]. 可再生能源，2022，40 (10): 1340-1345.

[8] Schmidt Jonas, Stoevesandt Bernhard. Modelling complex terrain effects for wind farm layout optimization [J]. Journal of Physics: Conference Series, 2014, 524 (1): 012136.

[9] 马文通，朱蓉，李泽椿，等. 基于 CFD 动力降尺度的复杂地形风电场风电功率短期预测方法研究 [J]. 气象学报，2016，74 (1): 89-102.

[10] 朱蓉，徐红，龚强，等. 中国风能开发利用的风环境区划 [J]. 太阳能学报，2023，44 (3): 55-66.

[11] 周宁，熊小伏. 图书题名缺失 [M]. 北京：中国电力出版社，2015.

[12] 张双益，李熙晨. ERA5 资料应用于中国地区太阳能资源评估研究 [J]. 太阳能学报，2023，44 (5): 280-285.

[13] 马金玉，梁宏，罗勇，等. 中国近 50 年太阳直接辐射和散射辐射变化趋势特征 [J]. 物理学报，2011，60 (6): 853-866.

[14] 常蕊，申彦波，郭鹏. 太阳能资源典型年挑选方法的适用性对比研究 [J]. 高原气象，2017，36 (6): 1713-1721.

[15] 宋晓阳. 基于多源高分遥感数据的屋顶太阳能光伏潜力评估 [D]. 北京：中国矿业大学，2018.

[16] 申彦波. 我国太阳能资源评估方法研究进展 [J]. 气象科技进展，2017，7 (1): 77-84.

[17] Yang Dazhi, Wang Wenting, Xia Xiang'ao. A Concise Overview on Solar Resource Assessment and Forecasting [J]. Springer Science and Business Media LLC, 2022, 39 (8): 1239-1251.

[18] TolabiHajar-Bagheri, Moradi M H, Ayob Shahrin-Bin-Md. A review on classification and comparison of different models in solar radiation estimation [J]. Hindawi Limited, 2014 (6): 689-701.

[19] 姚玉璧，郑绍忠，杨扬，等. 中国太阳能资源评估及其利用效率研究进展与展望 [J]. 太阳能学报，2022，43 (10): 524-535.

[20] GherboudjImen, Ghedira Hosni. Assessment of solar energy potential over the United Arab Emirates using remote sensing and weather forecast data [J]. Elsevier BV, 2016: 1210-1224.

[21] 申彦波. 近 20 年卫星遥感资料在我国太阳能资源评估中的应用综述 [J]. 气象，2010，36 (9): 111-115.

[22] 仇欣，肖晋宇，吴佳玮，等. 全球水能资源评估模型与方法研究 [J]. 水力发电，2021，47 (5): 106-111，145.

[23] 水电水利规划设计总院. 抽水蓄能产业发展报告 2022 [R]. 北京：水电水利规划设计总院，2023.

[24] 周建平. 抽水蓄能：万亿产业健康发展的思考 [J]. 能源，2022 (5): 32-36.

[25] 赵全胜，赵国斌，郝军刚，等. 我国西部抽水蓄能电站水库工程设计的系统理念和基本方法 [J]. 水力发电 2023 (10): 1-7.

[26] 石硕. 抽水蓄能电站 GNSS 施工控制网设计与建立 [J]. 中国水能及电气化，2019 (12): 25-28.

[27] 宋云丽，严云籍，翟林博，等. 抽水蓄能电站建设的地理要素分析及 GIS 选址 [J]. 云南水力发电，2022，38 (4): 131-134.

[28] 刘心怡，朱孟兰，黄瑞，等. 新时代背景下工程三维规划选址创新技术方法研究：以抽水蓄能规划选址为例 [J]. 水电与抽水蓄能，2023，9 (S1): 91-94，90.

[29] 费香泽，顾克，刘佳龙，等. 基于卫星遥感地形数据的抽水蓄能电站上下水库选址方法研究 [J]. 水电能源科学，2023，41 (2): 79-82.

遥感技术在水旱灾害防御工作的应用与前景

肖　潇[1,2]　王丽华[1,2]　徐　健[1,2]　方喻弘[1,2]　赵保成[1,2]　徐　坚[1,2]　张双印[1,2]

（1. 长江科学院空间信息技术应用研究所，湖北武汉　430010；
2. 武汉市智慧流域工程技术研究中心，湖北武汉　430010）

摘　要： 我国是世界上受气象灾害影响最为严重的国家之一。在众多气象灾害中，洪旱影响面最广、损失最大。水旱灾害防御工作事关百姓生命财产安全，影响着社会经济健康发展。遥感技术的快速发展为水旱灾害防御工作提供了新的手段和途径。本文综合论述了新时代下水旱灾害防御工作现状、水利遥感在我国发展的主要历程，重点阐述水利遥感在水旱灾害防御工作中的应用情况和前景，探讨了今后进一步的研究重点。

关键词： 水旱灾害防御；水利遥感；“四预”；智慧水利

1　引言

当前，由于人类社会发展，全球气候变化显著，由此引发的极端天气气候事件愈加频繁，高温、洪水、飓风、寒潮等极端天气呈现常态化趋势，并衍生了泥石流、森林火灾等次生灾害。世界气象组织发布的《2022 年亚洲气候状况》报告指出，亚洲升温速度高于全球平均水平，洪水和干旱交替发生，造成严重的经济损失与环境灾难。我国位于亚洲季风气候区，受独特地形地貌和气候条件的影响，是世界上受气象灾害影响最为严重的国家之一。在众多气象灾害中，由于降水具有明显的季节性和地域性，且年际波动大，洪涝和干旱是影响面最广、损失最大的两大类型灾害。为应对自然灾害风险，我国逐步建立和完善防灾减灾救灾体系，努力把灾害损失降到最低。新一代信息技术的发展，提高了水旱灾害防御的时效性和准确性，强化了应急处置与救援能力，随着智能水网等概念的提出，科研人员运用“3S”技术结合物联网、大数据、移动互联网等，构建了一系列防汛抗旱指挥系统，我国防汛抗旱减灾工作步入互联网+时代。目前，研究人员对水旱灾害防御工作积极探索，将对地观测技术应用于水旱灾害监测工作中。本文梳理水旱灾害防御工作现状、遥感技术在水旱灾害防御工作的应用情况，探讨了今后进一步的研究重点和前景。

2　水旱灾害防御工作内容与现状

2020 年以来，气候灾害频发，如欧洲水灾和高温、南亚干旱、北美超低温、美国山火，以及 2021 年河南郑州发生 1 000 年一遇特大暴雨、2022 年长江流域特大干旱事件等。综观过去 50 年间，在全球范围大部分地区观测到了显著的强降水增加以及生态干旱事件的增加，导致耕地损失面积增加，每年造成巨大经济损失。据美国国家海洋和大气管理局统计，截至 2023 年 8 月，美国已发生 23 起极端天气事件，至少造成 576 亿美元的损失[1]。据统计，我国在过去近 50 年也发生了 50 多次大洪水和近 20 次大旱灾，给国民经济、粮食生产和群众的生命财产带来了巨大的伤害[2]。

基金项目： 国家自然科学基金重点项目（U2240224）；武汉市重点研发计划项目（2023010402010586）；武汉市知识创新专项基础研究项目（2022010801010238）；湖南省重大水利科技项目（XSKJ2022068-12）；中央级公益性科研院所基本科研业务费专项（CKSF2023313/KJ）。

作者简介： 肖潇（1986—），女，高级工程师，主要从事水环境遥感、水利碳循环理论研究工作。

水利工程在防汛抗旱工作中起着关键作用。做好水利工程安全、防洪和山洪灾害防治工作，切实维护群众人身安全，营造安全稳定的自然环境，是各水利部门的责任。习近平总书记多次指出，要扎实做好防汛抗旱工作，要求“加强统筹协调，强化会商研判，做好监测预警，切实把保障人民生命财产安全放到第一位，努力将各类损失降到最低”。

党的十八大以来，以习近平同志为核心的党中央高度重视水旱灾害防御工作，习近平总书记多次做出重要指示批示，亲自擘画防汛抗旱水利提升工程，为做好水旱灾害防御指明了前进方向。大力实施了一批抗旱应急水源工程、山洪沟防洪治理工程和山洪灾害防治非工程项目，基本形成了工程措施和非工程措施项目互补互防的水旱灾害防御体系，切实提高了防御水旱灾害的综合能力。

在 2022 年，“中国这十年”系列主题新闻发布会中，水利部部长李国英在发布会上对我国水旱灾害防御能力进行了介绍[3]。10 年来，我国水旱灾害防御能力实现整体性跃升，近 10 年的年均灾损比例降低了 0.26 个百分点。尤其是 2022 年，面对长江流域 1961 年以来最严重干旱，坚持精准范围、精准对象、精准措施，实施“长江流域水库群抗旱保供水联合调度专项行动”，保障了 1 385 万群众饮水安全和 2 856 万亩（1 亩 = 1/15 hm^2）秋粮作物灌溉用水需求。

当前，我国已开启全面建设社会主义现代化国家的新征程，把握新发展阶段、贯彻新发展理念、构建新发展格局、推动高质量发展对水旱灾害防御工作提出了新要求。为此，李国英部长提出了新时期水旱灾害防御工作的目标与思路。其中突出了“四预”（预报、预警、预演、预案）防范手段及提升防御工作信息化水平。在防范手段方面，强化“四预”措施，以超前的情报预报、精准的数字模拟、科学的调度指挥，坚决守住水旱灾害防御底线；在提升防御工作信息化水平方面，强调了提升流域基础面、水利工程感知能力，提高信息采集、传输、处理等方面的水平，提高流域洪水监测体系的覆盖度、密度和精度。提高暴雨等灾害性天气的预报预警水平，在北方河流洪水预报、中小河流洪水和山洪灾害预警等问题上有所突破。

3 遥感技术水利应用现状

自 1959 年人造卫星发回第一张地球照片开始，半个多世纪以来遥感技术作为现代信息社会的一种先进技术发展异常迅速，已形成一套完整的应用理论和技术方法体系[4]。遥感是一种综合的对地观测技术，历经地面、航空、航天等多个发展阶段，是获取地球信息的重要技术手段。

水利遥感是我国遥感事业的重要组成部分，其发展历程与现代水利紧密相关。目前，随着遥感新技术、新方法研发与应用，水利遥感在洪旱灾害监测评估、水资源监测保护、水生态环境监测、水土流失动态监测、灌溉面积调查及河道演变监测治理等方面均展示出不可替代的优势。

3.1 洪旱灾害监测评估

中国是世界上受自然灾害影响最为严重的国家之一，并呈现出灾害种类多、发生频率高、受灾地域广和受灾损失重等特征。遥感技术具有监测覆盖面广、现场测量工作少、计算成本低的优势，已然成为了灾害监测的重要技术手段之一，被越来越多地应用在灾害风险监测、灾害范围监测、灾害损失评估和灾后重建等工作中。在水利行业应用最广的主要是洪旱灾害及其次生灾害的遥感监测与评估[5-6]。利用遥感技术在确定区域范围方面具有的不可比拟的优势，研究人员将洪涝灾害监测研究作为了推动水利遥感发展的切入点，并成功运用推广至旱情监测与评估工作中。

3.2 水资源监测保护

我国淡水资源丰富，但人均水资源仅为世界平均水平的 1/4，水资源缺乏仍是我国一个较为突出的问题。因此，全面掌握水文水资源变化信息，提高水资源利用率，减少水污染，实施水资源信息监测具有重要的现实意义。遥感技术在水文水资源监测保护工作中，可突破地域局限，监测工作时间局限，还具有信息高效采集的优势，可大步推进水资源高效利用与精准管理。目前，遥感技术主要用于地表水勘测、地下水勘测、降水量测定、土壤含水率、蒸发量与径流量监测、水源地水资源保护等方面[7-10]。

3.3 水生态环境监测

全球化、智能化、实时化、长周期和大尺度的遥感信息产品，为全球生态环境遥感监测提供了前所未有的技术支撑。水生态环境监测是生态环境监测工作中的重要任务，它以水循环规律为依据，以水质和水量及水体中影响生态与环境质量的各种人为和天然因素为监测对象，具体监测内容包括水量、水质、水体生物、水体沉降物等。在水生态遥感监测工作中，发展较快，与传统监测手段相结合可支撑日常监管工作的，主要是水体富营养化、泥沙污染、热污染、废水污染、石油污染监测等[11-17]。但由于水体环境复杂，目前遥感技术在水生态环境应用推广方面还存在一定的局限性。

3.4 水土流失动态监测

自20世纪80年代遥感、GIS、图像识别技术被引入水土保持调查工作后，通过遥感影像开展水土流失动态监测工作成为常态。随着技术发展，传感器精度越来越高，研究人员获取了更多的米级、亚米级空间分辨率的卫星遥感数据，为水土保持遥感监测与评估提供了丰富的数据支持[18-25]。目前，除水土流失动态监测外，遥感技术也运用到生产建设违法监督管理和水土保持治理工程辅助管理等方面。成果可辅助开展水土流失自动化监测及信息化管理，水土环境脆弱地区土壤评估，水土流失情况预测等工作。

3.5 灌溉面积调查

准确、实时监测农田灌溉面积对于干旱预防、水资源利用优化配置和调控具有重要意义。遥感技术推广应用为农田灌溉面积提取带来了新思路。遥感卫星进行灌溉面积提取的研究始于20世纪90年代末，水利部遥感技术应用中心利用TM影像数据，开展了有效灌溉面积的试点调查，证明了遥感技术应用与灌溉面积提取的可行性。2009年，世界水资源管理研究所制作完成了全球首张灌溉面积分布图。目前，以遥感技术为主要手段的农田灌溉面积提取方法主要是迁移利用了干旱监测方法，如基于蒸发量模型、基于光谱匹配技术、基于冠层温度及基于光谱特征空间的构建的灌溉面积提取模型，还存在精度较低、方法陈旧、结果受降水影响大、模型适用性低等问题[26-31]。因此，后续在新数据引入、新方法和新技术创新上还有待进一步发展。

3.6 河道演变监测

河流作为流域通道，在自然环境和人类活动等因素的长时间作用下，河床容易受到水流、泥沙、河床相互作用发生变化，从而发生迁移、侵蚀、淤涨等演变[32]。随之而来的则是河道冲淤变化、河势变化、行洪能力改变等，因此河道演变趋势动态监测是水利工作中的重点关注内容。将遥感技术运用到河道岸线变化特征监测、河道和河口形态演变趋势和程度的预测工作中，可快速、准确地进行地表水体信息提取，在实时同步观测河道的演变情况和研究时间跨度大的河道演变规律具有明显的优势[33-35]。

4 水利遥感在水旱灾害防御工作中的应用情况

在诸多应用中，灾害监测是遥感技术在水利行业应用的最早领域之一。水利行业灾害监测主要包括洪涝灾害监测、旱情遥感监测以及洪涝次生灾害监测。

4.1 洪涝灾害遥感监测

洪涝灾害遥感监测可追溯至20世纪70年代，美国利用陆地卫星成功监测密西西比河河水泛滥，自此遥感技术被引入相关监测工作。我国洪涝灾害监测研究始于20世纪80年代，由水利部遥感技术应用中心牵头开展，相关成果验证了防汛遥感试验的可行性，相关成果在1991年、1994年、1998年、2003等年度特大洪水监测中发挥了重大作用[36]。在此基础上，基于一系列国家、省部级科研项目，研究人员围绕全天候实时航空遥感系统、数据传输关键技术、多源传感器组网等开展了一系列攻关工作，产出了丰富的科研成果。

在洪涝灾害遥感监测涉及的关键技术问题主要包括，多源遥感数据融合研究、水体高精度识别、洪水淹没水深提取研究等[37-41]。其中，多源遥感数据融合是将多源遥感数据在同一地理坐标系中，采用一定的算法生成一组新的信息或合成图像的过程，通过将多光谱影像数据和雷达数据融合，可以综合两种类型卫星数据优势，提高洪涝灾害特征提取和地物解译精度。水体高精度识别是洪水淹没范围提取的关键，目前水体识别技术多是分析水体的光谱特征和空间位置关系，剔除其他非水体信息，从而实现水体信息提取，主要有阈值法、谱间分析法和多波段运算法，三种方法均是为进一步突出水体与背景地物之间的差异，从而精准提取水体。洪水淹没水深数据是评估洪涝灾损的重要指标，由于卫星很难直接穿透水体测量水深，一般会利用高空间分辨率遥感资料结合地形数据来综合判断。

从 20 世纪 80 年代的探索实践，到 90 年代的区域化应用推广，再到目前的业务化成套技术，促进了遥感技术在水利行业的发展，证明了遥感技术对水利业务的信息支撑能力。

4.2 旱情遥感监测方面

伴随洪灾遥感监测评估技术的发展，研究人员将遥感技术引入干旱监测评估工作中。20 世纪 70 年代，国外学者就开始利用遥感技术监测土壤水分，以地表温度日较差推算热惯量，从而建立土壤水分遥感反演模型。经多年发展，遥感数据源从可见光、红外、热红外到微波遥感，反演参数增加至热惯量、作物缺水指数、地表温度与植被指数相结合，土壤水分的监测日益完善。我国利用遥感技术对干旱进行监测起步较晚，但基于已有成果，我国研究人员也开展了深入研究，取得了较丰富的成果[42-47]。

目前，较为成熟的旱情遥感监测方法主要包括基于土壤水分的热红外监测方法、基于植被指数的可见光和近红外监测方法，以及基于微波遥感的干旱监测方法。其中，基于土壤水分的热红外监测方法是利用遥感技术追踪地表温度，反演土壤热惯量来监测土壤中水分的变化，再建立两者之间的统计模型，这种方法基于统计学理论，操作简单被广泛应用；不过在植被覆盖率较高的地区不太适用。基于植被指数的可见光和近红外监测方法，是利用遥感技术获取植被指数来表示植被受灾情况，归一化植被指数在实际工作中被广泛应用，主要优势在于监测精度较高、适用于大范围高植被覆盖度区域，与前述方法对比，该法不适用于小、中规模区域性干旱监测。基于微波遥感的干旱监测方法，是利用微波波长较长、穿透能力强，可全天候开展工作的优势，监测土壤水分含量，分为主动微波和被动微波两种，两种方式在时空分辨率和对土壤水分变化情况敏感有一定差异。

为了更准确提高干旱遥感监测的准确性，现阶段研究人员开始尝试组合不同种类的监测模型，融合使用多源遥感数据，以期提高监测精度。

5 后续研究重点

经过多年发展，水旱灾害遥感监测在技术层面取得了很大的突破，同时又在防洪抗旱减灾工作中发挥出了自身的重要作用。面对水旱灾害防御的新形势与新要求，遥感技术应用于水旱灾害监测评估还有较大改进和提高空间，如遥感数据源仍显不足、监测要素总体单一、监测频次不足、监测时效性和精度需进一步提高、立体监测体系不完善等，水旱灾害遥感监测评估离工程化还有一定距离。对于水旱灾害遥感监测与评估相关研究应着重考虑以下几个方面。

5.1 利用无人机遥感开展灾害监测

无人机遥感是星载卫星和机载传感器的重要补充，无人机自身特性使其具有迅速采集、小区域快速作业和组网观测等特点，在水旱灾害防御应急监测工作中具有不可比拟的优势。目前使用较多的都是无人机单机作业，但单机作业效率低、载荷平台适应性差，观测范围、多元信息感知、数据处理能力仍然较弱，难以满足水旱灾害大范围应急监测需求。因此，通过组网多架无人机、搭载相同或不同载荷，同步执行多点任务，可以提高作业效率。无人机组网中涉及的关键技术主要包括无人机飞行控制、多源数据实时传输、信息智能化提取等。

5.2 加强城市内涝灾害遥感监测评估工作

城镇化快速发展背景下，未来中国部分地区发生城市洪涝灾害等极端事件的可能性将会增加、增强。城市在单位面积上具有经济附加值高、人口密度大的特点，因此城市内涝灾害对人民生命及财政安全造成损害将更严重。城市内涝主要是由于短时间内强降雨，市内水体排水不畅，准确识别水体面积是城市内涝预报预警的重要一环。由于城市内地物复杂，水体与阴影容易出现误分的问题，因此进一步优化真实水体和阴影分类方法，以期提高城市地物分类精度，从而为城市内涝预报预警、灾害监测提供真实数据源。

5.3 旱情监测综合模型研制

干旱是一个多维相互作用发展的缓进、连续变化的动态过程，涉及大气、农业、水文、生态、经济社会等方面。目前，水利行业常用的旱情遥感监测模型多为半定量经验统计模型，模型的适用性、可靠性和实用性均有待提升；而且缺乏可操作的旱情遥感多维因子综合监测模型，存在难以全面系统监测干旱全过程发展与影响。因此，要综合考虑陆面过程模式，将气象、农业、水文、生态、经济社会等专业模型耦合遥感数据，同步考虑降水、温度、地形、植被生长状况等信息，才能更客观、全面地反映区域旱情，从而提高旱情遥感监测的精度，实现旱情预警。

参考文献

[1] James P, Joshua E, David H, et al. Climate delay discourses present in global mainstream television coverage of the IPCC's 2021 report [J]. Communications Earth & Environment, 2023, 4 (1) .

[2] 杨姝．遥感技术在农业旱涝灾害中的应用［J］．大众标准化，2023（18）：142-144.

[3] 蒋菡．我国水旱灾害防御能力实现整体性跃升［N］．工人日报，2022-09-14（003）.

[4] 孙伟伟，杨刚，陈超，等．中国地球观测遥感卫星发展现状及文献分析［J］．遥感学报，2020，24（5）：479-510.

[5] 宋文龙，杨昆，路京选，等．水利遥感技术及应用学科研究进展与展望［J］．中国防汛抗旱，2022，32（1）：34-40.

[6] 宋清泉．水旱灾害遥感监测技术及应用研究进展［J］．环境科学与管理，2020，45（9）：143-146.

[7] 徐琼．遥感技术在水文水资源管理领域的应用［J］．河南科技，2021，40（18）：66-68.

[8] 董礼玮．基于卫星遥感的水文水资源信息远程监测方法［J］．水利科技与经济，2022，28（5）：157-162.

[9] 赵金淼，佟玲，岳琼，等．基于遥感数据的不确定性的农业水资源优化配置研究：以漳河灌区为例［J］．中国农业大学学报，2022，27（4）：244-255.

[10] 张亚平，张延彬．探讨遥感技术在水文与水资源工程中的应用［J］．智慧中国，2021（8）：86-87.

[11] 孙康．我国新型水环境监测技术的应用研究［J］．环境与发展，2020，32（12）：176-179.

[12] 李云梅，赵焕，毕顺，等．基于水体光学分类的二类水体水环境参数遥感监测进展［J］．遥感学报，2022，26（1）：19-31.

[13] 肖潇，徐坚，赵登忠，等．汉江中下游典型河段水环境遥感评价［J］．长江科学院院报，2016，33（1）：31-37.

[14] 肖潇，徐坚，赵登忠，等．基于高光谱数据的汉江中下游典型河段水体悬浮物遥感反演［J］．长江科学院院报，2020，37（11）：141-148.

[15] 毕顺．基于软分类的湖泊藻类柱生物量遥感估算研究［D］．南京：南京师范大学，2021.

[16] Yu, Xiaolong Lee, Zhongping Shen, et al. An empirical algorithm to seamlessly retrieve the concentration of suspended particulate matter from water color across ocean to turbid river mouths [J]. Remote Sensing of Environment: An Interdisciplinary Journal, 2019, 235.

[17] Xue K, Ma R, Wang D, et al. Optical Classification of the Remote Sensing Reflectance and Its Application in Deriving the Specific Phytoplankton Absorption in Optically Complex Lakes [J]. Remote Sensing, 2019, 11 (2) .

[18] 张齐飞，孙从建，向燕芸，等．基于遥感信息的黄河中游水土流失敏感区淤地坝坝地资源特征研究［J］．地球环境学报，2022，13（4）：357-368，379.

[19] 胡红，严桥，刘京晶．线型生产建设项目水土保持遥感技术监测与应用：以新建郑州至万州铁路重庆段工程为例［J］．中国防汛抗旱，2021，31（S1）：153-157.

[20] 陈子琪，李小兵，陈亮．基于遥感技术的县级水土流失动态监测分析：以千阳县为例［J］．中国水土保持，2020（7）：48-50.

[21] 张穗，姜莹，李喆．3S 技术支持下的汝溪河水土流失动态监测及分析［J］．长江科学院院报，2016，33（11）：21-27.
[22] 陈贤干．福建省水土流失遥感监测［D］．福州：福州大学，2015.
[23] 周新萌．基于遥感和 GIS 的水土流失空间信息提取：以塔什库尔干县为例［J］．甘肃水利水电技术，2017，53（12）：16-19，49.
[24] 白雪，刘世君．现代空间信息技术在中国水土保持中的应用［J］．河南水利与南水北调，2016（2）：26-27.
[25] 文雄飞，张穗，张煜，等．无人机倾斜摄影辅助遥感技术在水土保持动态监测中的应用潜力分析［J］．长江科学院院报，2016，33（11）：93-98.
[26] 文韶鑫．基于遥感技术的农田灌溉面积提取方法综述［J］．南方农机，2022，53（14）：27-30.
[27] 陈子丹，李纪人，夏夫川．有效灌溉面积遥感调查方法研究与应用［J］．遥感信息，1997（2）：19-24.
[28] 张威，邵景安．农田灌溉遥感监测技术的发展与前景［J］．节水灌溉，2019（4）：102-108.
[29] 张才金，龙笛，崔英杰，等．遥感反演蒸散发在灌溉用水管理中的应用综述［J］．水利学报，2023，54（9）：1087-1098.
[30] 宁潇．基于多源遥感数据的河套灌区综合灌溉信息监测研究［D］．呼和浩特：内蒙古农业大学，2022.
[31] 穆贵玲，郑江丽，王行汉，等．基于遥感蒸散发模型的净灌溉水量测算空间尺度研究［J］．灌溉排水学报，2022，41（3）：26-32.
[32] 陈丹．缅甸伊洛瓦底三角洲河道演变遥感研究［J］．江苏科技信息，2020，37（1）：46-50.
[33] 张晓雷，朱裕，崔振华．基于遥感影像的黄河下游游荡段河势演变分析［J］．中国农村水利水电，2023（9）：146-152.
[34] 张向，李军华，江恩慧，等．基于遥感的黄河下游九堡至大张庄河段河势演变分析［J］．人民黄河，2022，44（2）：55-57.
[35] 王瑾．基于遥感图像的黄河下游河道时空变化分析［D］．邯郸：河北工程大学，2020.
[36] 黄诗峰，马建威，孙亚勇．我国洪涝灾害遥感监测现状与展望［J］．中国水利，2021（15）：15-17.
[37] 胡新茹．SAR 影像快速洪水范围和深度提取方法与应用研究［D］．徐州：中国矿业大学，2023.
[38] 周斌，王婷，李雨鸿，等．利用空-地多源数据监测评估暴雨对辽河洪涝灾害的影响［J］．兰州大学学报（自然科学版），2022，58（3）：331-336.
[39] 孙亚勇，黄诗峰，马建威，等．无人机组网遥感观测技术在洪涝灾害应急监测中的应用研究［J］．中国防汛抗旱，2022，32（1）：90-95.
[40] 郭鹏，耿维成，张翠萍．基于 GF-3 卫星 SAR 数据的郑州及豫北地区“21・7”暴雨洪涝遥感监测［J］．气象与环境科学，2022，45（2）：86-92.
[41] 高凯，杨志勇，高希超，等．城市洪涝损失评估方法综述［J］．水利水电技术（中英文），2021，52（4）：57-68.
[42] 黄诗峰，辛景峰，杨永民．旱情遥感监测业务化应用现状、问题与展望［J］．中国防汛抗旱，2020，30（3）：18-21.
[43] 邵秋芳，敬琴．遥感技术在农业干旱监测中的应用研究［J］．安徽农学通报，2017，25（14）：152-154.
[44] 王劲松，姚玉璧，王莺，等．青藏高原地区气象干旱研究进展与展望［J］．地球科学进展，2022，37（5）：441-461.
[45] 韩兰英，张强，马鹏里，等．气候变暖背景下黄河流域干旱灾害风险空间特征［J］．中国沙漠，2021，41（4）：225-234.
[46] 甘元楠．基于温度植被干旱指数的干旱精准监测研究［D］南昌：南昌工程学院，2021.
[47] 张有智，解文欢，吴黎，等．农业干旱灾害研究进展［J］．中国农业资源与区划，2020，41（9）：182-188.

粤港澳大湾区岸线时空变化特征遥感分析

刘茉默　潘洪洲　何颖清

（珠江水利委员会珠江水利科学研究院，广东广州　510611）

摘　要：本文利用遥感影像提取了粤港澳大湾区河口区1986—2021年间的岸线长度及类型数据，并分析其时空变化特征。结果表明：①粤港澳大湾区岸线长度整体呈增长趋势，其中2010—2015年岸线长度变化最明显，人工岸线长度增加显著，自然岸线长度变化不大；②不同城市岸线变化存在差异，其中，澳门、广州、珠海、深圳等城市岸线变化最为显著；③粤港澳大湾区岸线类型变化整体表现为自然岸线向人工岸线变迁，其中港口、特殊、生活占用岸线占比增加显著，近年来人为整治修复，部分人工岸线得以恢复为生物、砂质岸线。

关键词：粤港澳大湾区；岸线；时空变化；遥感

1　概况

粤港澳大湾区（简称大湾区）包括广东省广州市、深圳市、珠海市、佛山市、惠州市、东莞市、中山市、江门市、肇庆市9个地级市及香港、澳门2个特别行政区，总面积5.6万km^2，是我国开放程度最高、经济活力最强的区域之一，在国家发展大局中具有重要战略地位。建设粤港澳大湾区，既是新时代推动形成全面开放新格局的新尝试，也是推动"一国两制"事业发展的新实践。大湾区水系密布，特别是河口区由东江、西江、北江组成"八门入海"的格局，拥有丰富的岸线资源，随着高速的城镇化发展，大湾区进行了大规模围海造地、海砂开采、航道疏浚等人为开发活动，导致岸线近几十年发生较大变化，从而引发各类问题，如自然岸线保有率下降、岸线资源开发粗放、集约节约利用程度低等。对岸线变化的监测有助于岸线演变过程的分析和人为活动对沿岸环境演变影响的评估，是岸线管理的基础[1-2]。因此，研究大湾区岸线变化具有重要的现实意义。

本文以大湾区河口区为研究区，通过多源、多时相遥感影像数据提取了大湾区河口区近40年的获取研究区内的岸线数据，为有效保护岸线资源、科学治理与管理海岸带提供有力依据。

2　数据与方法

2.1　数据来源与处理

本文获取了1986年、1995年、2000年、2010年、2015年和2021年6个时期覆盖研究范围的遥感影像数据，数据源主要包括2000年以前的LansatTM数据，以及2000年后的IKONOS、GEOEYE-1及国产高分卫星、资源卫星数据，对获取的数据进行几何校正、重采样等处理，对2000年后的影像数据重采样为1 m分辨率影像成果。

2.2　岸线提取

2.2.1　岸线分类体系的确定

如表1所示，本文根据岸线是否保留自然属性，首先将其分为自然岸线和人工岸线2个一级类。其中，自然岸线包括原生自然岸线和再生自然岸线，主要为经人工整治修复或自然演变恢复后具有自然海岸形态特征和生态功能的海岸线[3]，根据自然岸线的生态功能和自然属性，再细分为7个三级类。人工岸线按照人工构筑物的建筑结构、材料等，分为永久性人工岸线和半永久性人工岸线2个二

作者简介：刘茉默（1996—），女，助理工程师，主要从事水利遥感的研究工作。

级类，其中永久性人工岸线多为钢筋混凝土、浆砌石结构等，半永久性人工岸线多为土质围堤、简易堆石护岸等，半永久性人工岸线后期更易于拆除或者通过整治复原岸线的自然属性[4]，人工岸线（永久及半永久）根据具体的利用类型再细分为7个三级类。

表1　岸线利用类型具体分类

一级类	二级类	三级类
自然岸线	原生自然岸线	原生砂质岸线
		原生淤泥质岸线
		原生基岩岸线
		原生生物岸线
	再生自然岸线	再生砂质岸线
		再生淤泥质岸线
		再生生物岸线
人工岸线	永久性人工岸线/半永久性人工岸线	港口岸线
		特殊岸线
		工业岸线
		生活占用岸线
		旅游娱乐岸线
		道路交通
		其他岸线

2.2.2　*岸线提取方法的选取*

通过遥感影像解译对大湾区岸线位置及类型进行提取，遥感影像解译常用的方法主要包括目视解译、监督/非监督分类、自动解译等，其中人机交互目视解译法解译精度方面体现出更大的优势[5]，因此本文采用人机交互目视解译法，以各时期多源遥感影像数据作为底图，根据建立好的解译标志对大湾区岸线矢量及属性进行提取，获取岸线位置、长度及类型等信息。

2.2.3　*岸线位置的确定*

国内外学者对基于遥感手段的岸线提取开展了大量的研究，对于岸线位置确定可以归纳为两类：第一类是瞬时水边线的提取[6-8]，第二类是基于严格定义的海岸线[9-10]，前者研究未考虑潮汐的变化对其所谓“岸线”位置的影响，后者考虑了海岸线与潮汐的关系，但没建立具体的岸线遥感解译标志及统一的提取原则[11]。本文对于岸线的提取，考虑潮汐变化的影响范围，以潮汐影响的外边界作为岸线提取的位置，为提高岸线信息提取的准确性，针对不同类型的岸线在遥感影像中的特征进行了分析并分类。其中，部分典型岸线位置的确定方法如表2所示。

表2　岸线位置确定类型分类

岸线位置确定类型	说明	图片示例
人工岸线	建设有围堰、海堤、港口、机场的岸段其岸线边界已固定，以人工构筑物向海一侧的平均大潮时水陆分界的痕迹线确定岸线的位置	港口岸线　堤防岸线

续表 2

岸线位置确定类型	说明	图片示例
基岩、淤泥、砂质等自然岸线	岸线没有固化的砂质、淤泥质岸线，根据干滩滩脊、植被堆积线、海蚀、海滩堆积物等地貌特征及痕迹来确定岸线的位置	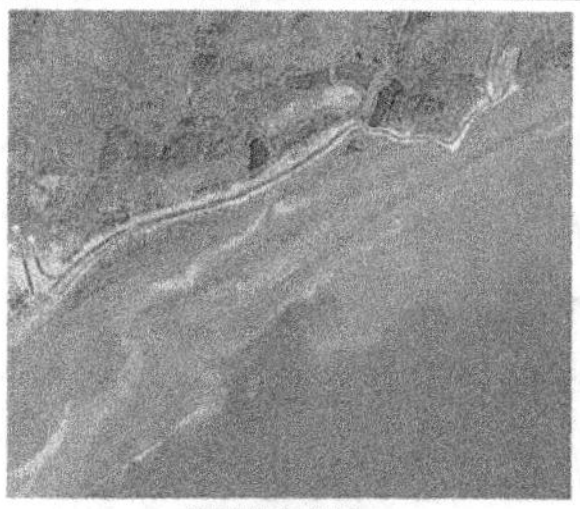 淤泥质岸线 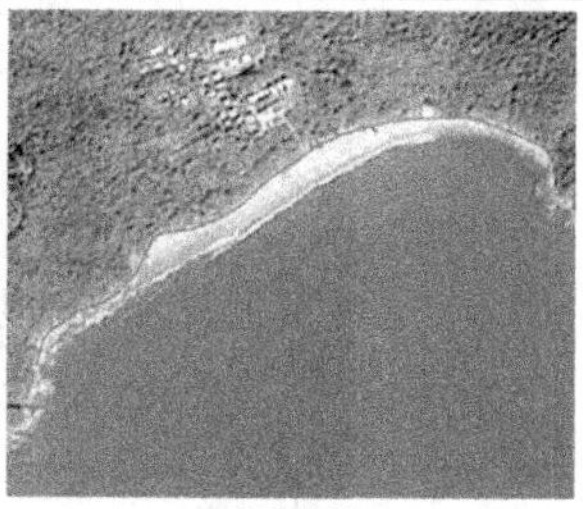　砂质岸线
红树林生物岸线	红树林等生物岸线，根据红树林的生长习性，结合其生长边界线，确定背水一侧生长边界线为岸线位置	  红树林岸线

2.2.4　*岸线解译标志的建立*

结合大湾区河口区不同岸线类型的特点及其在多源影像数据中成像的颜色、纹理、分布特征、空间形态、周围环境等要素特征，建立大湾区河口区岸线解译标志体系，不同类型岸线的解译标志及特点见表3。

表 3　岸线解译标志特征分类

类型		岸线特征	图片示例
自然岸线	砂质岸线	岸线较为顺滑，影像纹理较为细腻、平滑，呈长条带状分布，光谱反射率高，影像亮度高，在影像中一般呈亮白色、黄白色、黄褐色或者黑色，砂质海滩，向陆一侧的海滩较干燥，亮度高，临水一侧受海水影响，含水率高，亮度较暗	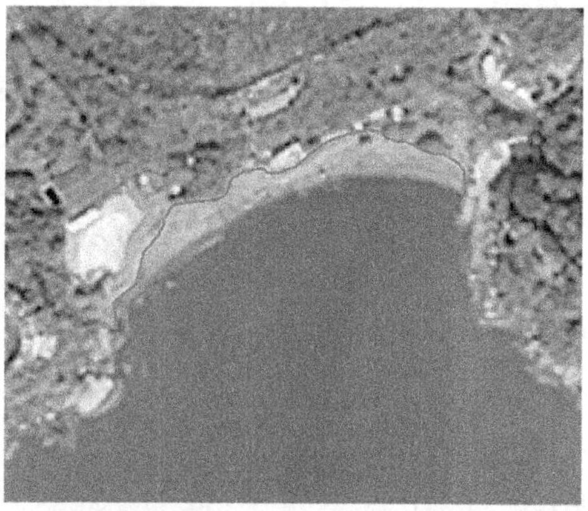
	淤泥质岸线	影像纹理较为细腻、平滑（或因生长部分植被而呈现点状纹理），呈带状分布，色调呈褐色、深棕色或灰黑色等，向陆一侧常有少量绿色点状植被不规则分布，向海一侧植被相对稀疏	

续表 3

类型		岸线特征	图片示例
自然岸线	基岩岸线	岸线较为曲折，常分布在突出的海峡和深入陆地的海湾，多为陡崖岸线，纹理粗糙，多呈锯齿状，部分临水一侧有条状白色浪花，色调呈黄褐色，在影像中，临水一侧近岸礁石呈明显不规则颗粒状，分布散乱，亮度不均	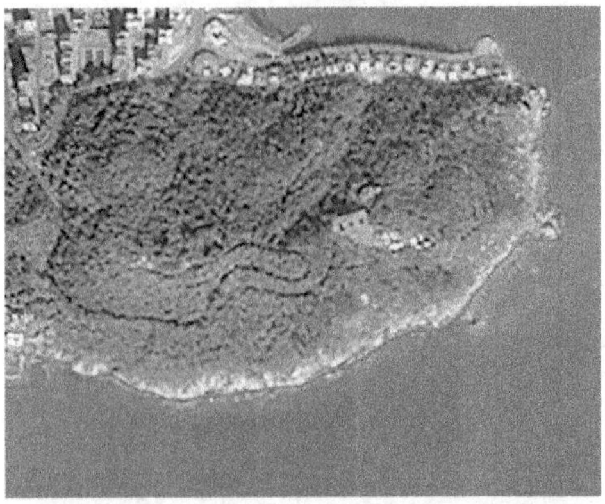
	生物岸线	主要为绿色成片红树林生长，人为恢复的红树林排列较为整齐，自然生长红树林分布散乱，一般其内部或者边界分布有涨落潮水道，常沿海呈带状或片状分布，且边界不规则，纹理为颗粒状，较为粗糙，空间分布具有向海延伸的特征，临水一侧呈现淤泥质岸线的影像特征	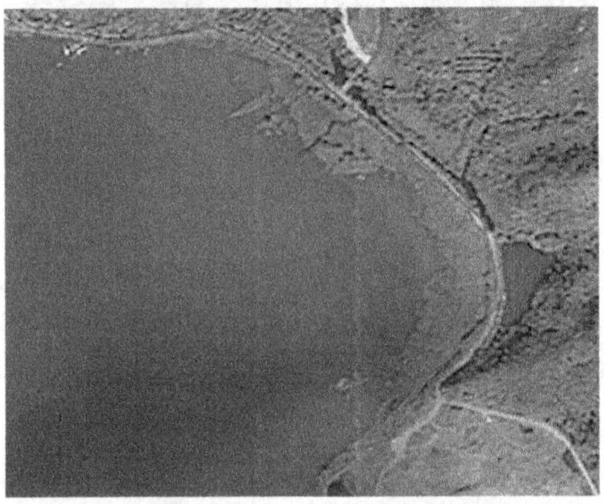
人工岸线	港口岸线	一般沿岸线分布，大型集装箱港口码头规则堆放大量集装箱或货物，突堤式港口码头具有明显细长条状突出平台建设，港口码头范围内多有错综复杂的道路网，多有船只停靠。在遥感影像上色调呈灰色、深灰色，纹理较为粗糙	
	特殊岸线	本项目特殊岸线主要包括防护堤等岸线类型，岸线平直，水泥质地的围堤在影像中呈亮白色或灰白色条带状分布，纹理较为平滑，砂石、土质等质地的堤防呈黄白色条带状分布，纹理相对粗糙，部分明显有颗粒状石块堆积的纹理，海陆边界清晰	

续表 3

类型		岸线特征	图片示例
人工岸线	工业岸线	有明显规则形状，呈现灰色、蓝色或白色的厂房、生产设备等建筑物	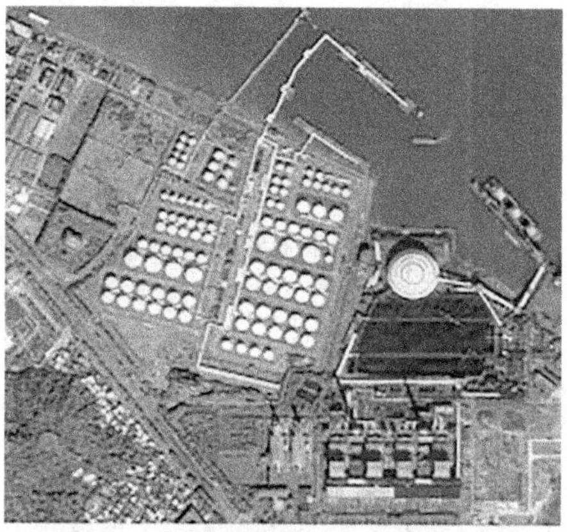
	生活占用岸线	生活占用岸线主要为渔业养殖和农田、耕地等种植业，形状为块状，较为规则，渔业养殖一般呈网格状，空间分布集中，布局规整，外围围堤呈线条状，内部为养殖水域，农田、耕地等种植业块状范围内一般有规整的绿色（或黄色）作物覆盖，部分建设有规则黑色或者白色条带状大棚，待耕种土地呈黄白色土壤色调或者蓝绿色水体（水田）	
	旅游娱乐岸线	岸线规整，有明显规划设计的痕迹，如规则排列设计的花圃、规则形状的人造湖泊、蜿蜒曲折的内部道路，以及规则形状的平台、建筑物等	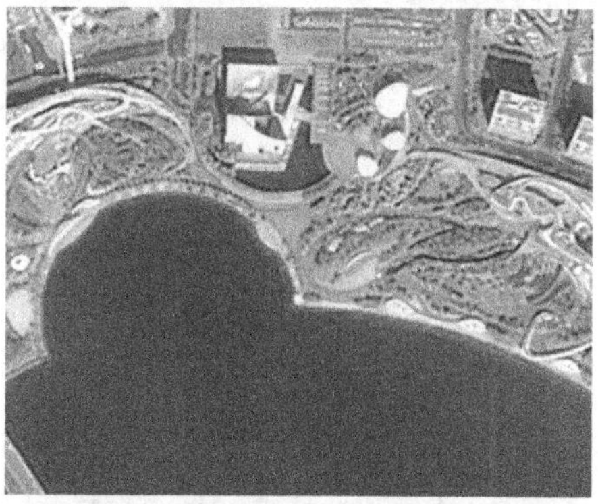
	道路交通	道路交通呈长条状，其长度远大于宽度，在一定范围内道路交通的宽度变化较小，连通性好，且光谱反射率较高，呈灰色或灰白色，纹理较为平滑	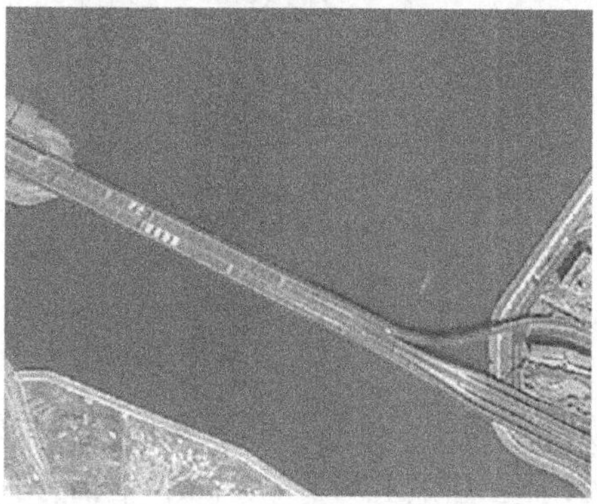

续表 3

类型		岸线特征	图片示例
人工岸线	其他岸线	不属于上述岸线类别的其他利用岸线，该类型主要为待开发或者正在开发的区域，暂未能从遥感影像中判断出从属的类别	

3 结果与分析

通过遥感解译对大湾区河口区近 40 年（1986—2021 年）的岸线信息进行了提取，获取了 1986 年、1995 年、2000 年、2010 年、2015 年、2021 年共 6 个时期的岸线数据，经对比分析，大湾区岸线长度及岸线类型都发生了显著的变化，由于人为开发，岸线更为曲折，长度整体呈迅速增加的趋势；岸线类型的变化主要表现为前期大开发阶段的自然岸线，特别是淤泥质岸线向人工岸线转变，后期部分人工岸线得以整治修复，恢复为自然岸线，特别是生活占用岸线向再生生物岸线的变化。

3.1 大湾区河口区岸线长度变化特征分析

3.1.1 时间尺度变化

如图 1 所示，截至 2021 年，大湾区岸线总长度为 2 291. 54 km，较 1986 年增加了 986. 3 km，增幅为 75. 56%，其中 2010—2015 年岸线长度变化最大，增加了 426. 32 km，增幅为 23. 79%，2015—2021 年岸线长度变化最小，增加了 73. 13 km，增幅为 3. 29%。

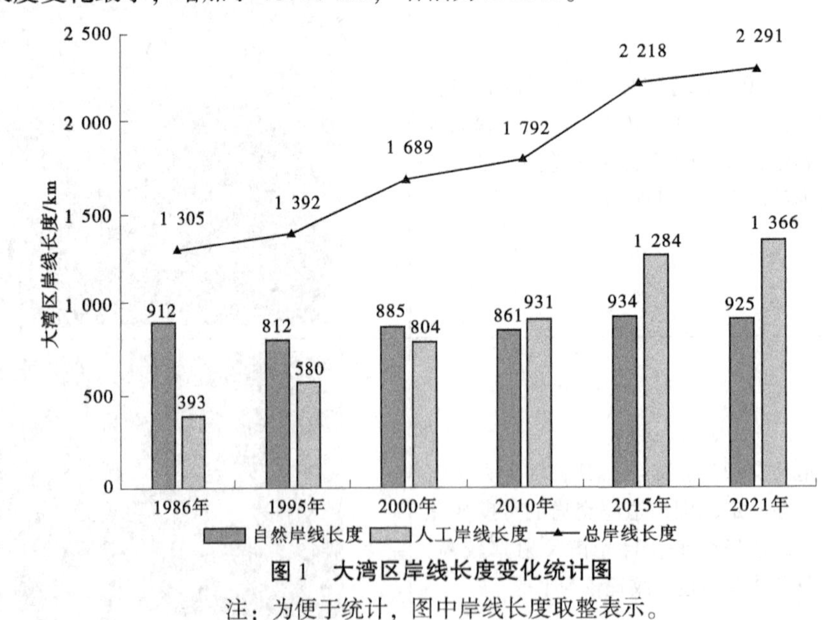

图 1 大湾区岸线长度变化统计图

注：为便于统计，图中岸线长度取整表示。

如图 2 所示，岸线长度的增加主要体现在人工岸线，自 1986 年以来人工岸线长度持续增加，截至 2021 年，增加了 973. 171 km，增幅为 247. 57%，尤其 2010—2015 年变化最为明显，由 2010 年的

931.09 km增加至2015年的1 284.1 km。自然岸线长度呈现先减少后缓慢增加的趋势，1986—2000年由于改革开放，经济迅速发展，对岸线资源的开发需求与日俱增，自然岸线长度逐渐减少，其中1986—1995年的变化幅度最明显，由1986年的912.15 km减少至1995年的812.23 km，降幅为11.54%；近年来，随着对岸线资源开发利用方式的改变以及对自然岸线保护与修复的加强，2000—2021年自然岸线长度逐渐增加，截至2021年，自然岸线长度为925.28 km，涨幅为4.6%。

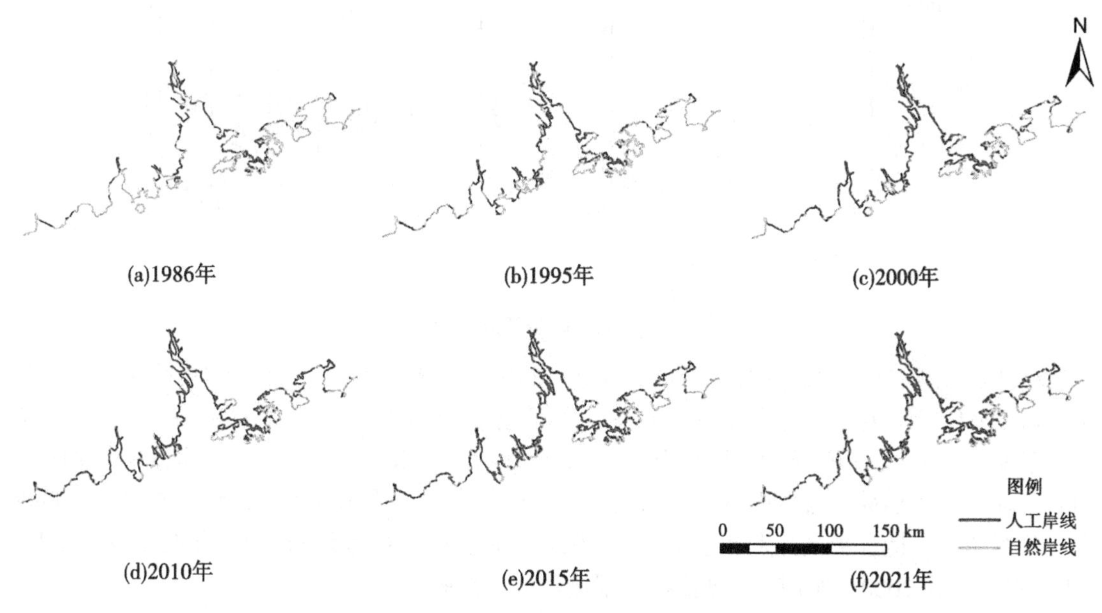

图2　大湾区岸线整体分布及变化

3.1.2　空间尺度变化

大湾区内不同城市岸线长度变化存在一定的差异，其中，澳门、广州、珠海、深圳等城市的岸线长度变化程度最为显著。由于港珠澳大桥的建立和澳门新城填海区的建成，使得澳门岸线大幅增长，由1986年的25.86 km增长至2021年的77.16 km，增长率为198.37%；广州由于万顷沙农垦区和中山马鞍岛开发，导致洪奇门至蕉门段的岸线向海推进，2021年岸线较1986年增长了109.74 km，增长率为128.41%；珠海港高栏港区不断扩建，高栏连岛大堤将高栏岛与珠海陆地相连接，改变了该区域海陆格局，岸线由1986年的216.12 km增长至2021年的431.99 km，增长率为99.88%；1979年深圳蛇口开始移山填海，蛇口工业区成立，自此之后的40年中，蛇口半岛不断向海扩张，陆地面积大大增加，岸线较1986年增长了129.13 km，增长率为94.10%，如图3所示。

3.2　大湾区岸线类型变化特征分析

由于2000年以前的岸线主要基于Landsat 5影像进行的解译提取，受制于影像空间分辨率制约，为提高岸线类型变化特征分析的准确性，不再分析1986—1995年的岸线类型变化，主要对2000—2021年的岸线类型变化特征进行分析。整体来看，粤港澳大湾区河口岸线以人工岸线为主，占比59.62%，类型变化主要呈现出两个阶段的变化，前期岸线大开发阶段的自然岸线向人工岸线变迁，近期岸线保护修复阶段人工岸线向再生自然岸线恢复的变化特征。

3.2.1　前期岸线大开发阶段

随着改革开放的深入，粤港澳大湾区逐渐成为中国经济发展的强力引擎和龙头，聚集了大量的劳动力和资本，人口密度超过1 500人/km^2，人口的增加造成滨海区域的住房、公共服务等基础建设设施也相应增加，城市不断填海造陆、开发岸线以满足经济发展的需求[12-13]。如图2所示，整体来看，自然岸线向人工岸线变化较为明显，其中人工岸线占比持续上升，占有率由1986年的30.12%上升至2021年的59.62%，增长了29.5%，2000—2015年属于岸线大开发阶段，自然岸线向人工岸线变化最为显著，主要体现在以淤泥质岸线为主的自然岸线向港口岸线、生活占用岸线转变。

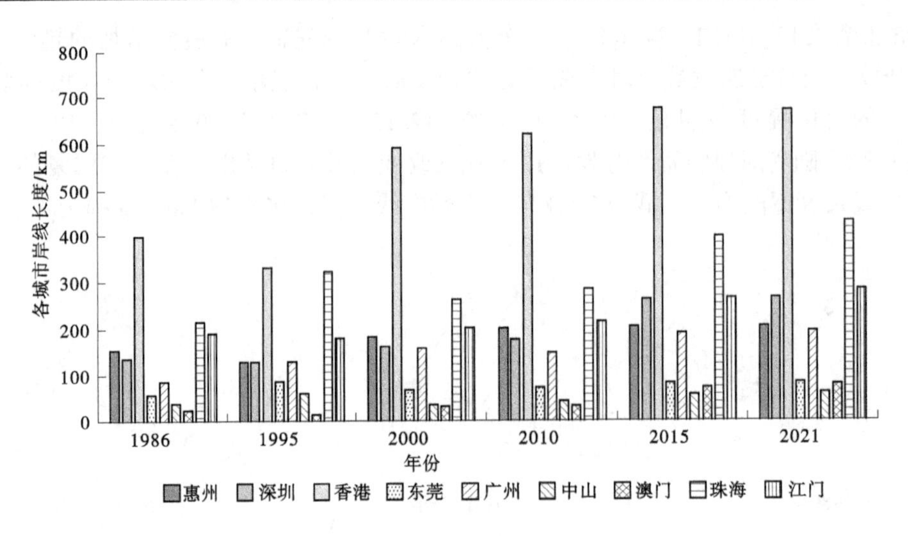

图 3　大湾区岸线整体分布及变化

自然岸线以原生自然岸线为主，占 2021 年总自然岸线的 89.02%。原生自然岸线中以原生基岩岸线为主，占 2021 年原生自然岸线的 61.47%。由于基岩岸线曲折且曲率大，受局部影响因素较小[14-15]，且难以进行大规模开发，因此基岩岸线变化较小，2021 年原生基岩岸线较 2000 年减少 14.65 km，降幅为 2.81%；自然岸线类型的变化主要以淤泥质岸线减少为主，淤泥质岸线潮滩较为宽广、岸滩平缓微斜，适合围垦开发和造地[16]，2021 年原生淤泥质岸线较 2000 年减少 43.96 km，降幅为 64.57%；其中 2000—2010 年降幅最大，降幅为 84.51%。

如图 4 所示，人工岸线主要以港口岸线、特殊岸线和生活占用岸线为主，分别占 2021 年人工总岸线的 19.31%、41.06%和 16.66%。

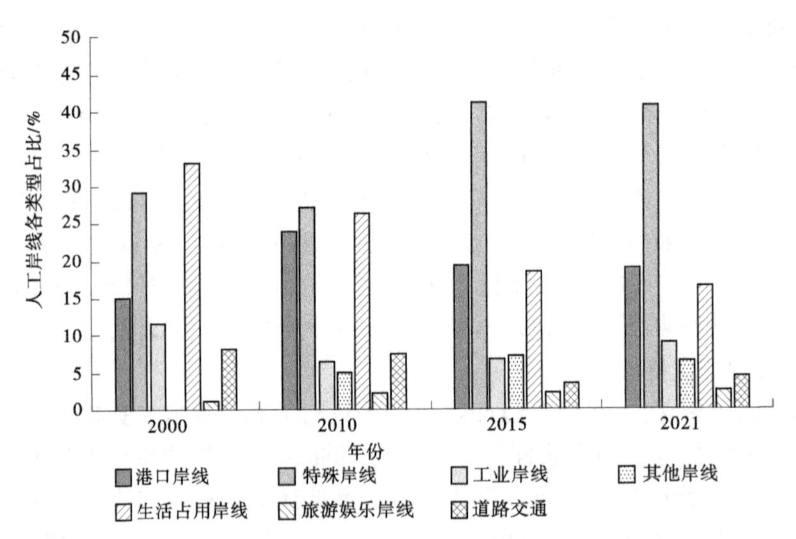

图 4　2000—2021 年大湾区自然岸线类型占比变化统计图

随着 20 世纪 90 年代末香港、澳门的相继回归，2001 年中国加入 WTO，粤港澳三地的经济贸易往来日益增多，人员跨境流动更加频繁；2015 年大湾区出现在《推动共建丝绸之路经济带和 21 世纪海上丝绸之路的愿景与行动》中，作为临近“21 世纪海上丝绸之路”核心区域的重要枢纽，大湾区港口群迅速发展起来[1,17]。主要由自然岸线中的淤泥质岸线、生物岸线、砂质岸线和人工岸线中的生活占用岸线、工业岸线向港口岸线变化，2021 年港口岸线占比较 2000 年增长了 115.2%，其中 2000—2010 年变化最为显著，增幅为 83.5%。

特殊岸线主要为堤防岸线，珠江河口地区建设海堤可追溯至宋朝，形式为土堤，新中国成立后推行“石堤化”，对海堤进行大规模的整治和加固，经 1997 年“千里金堤”工程和 2011 年海堤加固达标工程，堤防岸线增加显著[18]，主要由生活占用岸线、道路交通岸线类型变化而来，特殊岸线 2000 年占比较 2021 年增长了 136.4%，其中 2010—2015 年变化最明显，增幅为 108.51%。

生活占用岸线主要为渔业养殖和农田、耕地等种植业。2000 年以前，大湾区作为广东省重要的渔业养殖区，珠海、中山、江门的沿海养殖业快速发展，出现大规模渔民围海发展滩涂海水养殖的情况，导致养殖围堤不断扩大，基塘面积不断增多[19]，主要由淤泥质岸线转变而来，2000 年大湾区生活占用岸线长度达到近 20 年的较高值 269.51 km。随着广东省海洋功能区划的调整和整体经济结构的转变，渔业养殖速度逐步放缓，逐渐演变为港口、堤防、工业等涉海工程建设，2021 年生活占用岸线为 227.63 km，较 2000 年下降了 41.87 km，降幅为 15.5%，其中 2000—2010 年变化最大，降幅为 8.2%。

总体而言，岸线大开发阶段研究区内岸线类型的变化受人为开发占用行为的主导，港口、特殊、生活占用岸线的增加也为人类活动提供了便利、促进了经济的发展，广州、深圳、珠海等城市 2015 年较 2000 年增长了 800 多万常住人口数，GDP 增长了 30 000 亿元左右；但同时人类活动挤占了岸线空间，大湾区局部生境遭受侵占和破坏，生态系统服务功能被弱化，2000—2015 年大湾区建设用地增长 3 000 多 km^2，自然岸线保有率下降了 12%，主要体现在淤泥质岸线和生物岸线的减少。基于数据分析来看，岸线的保护与修复变得十分必要。

3.2.2 近期岸线保护修复阶段

近期岸线变化以岸线的保护修复行为为主导，主要体现为自然岸线的变化。近年来，由于生态环境保护等政策的出台，部分岸线得以修复，恢复为再生自然岸线。大湾区再生自然岸线长度总体呈增长趋势，由 2000 年的 23.58 km 增加至 2021 年的 101.56 km，增幅达 330.78%。如图 5 所示，再生自然岸线以再生生物岸线为主，特别是深圳和香港等自然保护区的建立，淇澳岛湿地生态公园等工程的实施，使得原生活占用岸线向再生生物岸线恢复。截至 2021 年，恢复岸线长度为 84.79 km，占总再生自然岸线的 83.5%，比 2000 年增加了 34.46 km，增幅为 68.45%。另外，通过人造沙滩，部分生活占用岸线恢复为再生砂质岸线，再生砂质岸线长度呈增长趋势，截至 2021 年，岸线长度为 10.22 km，近 20 年增幅达 25.86%。

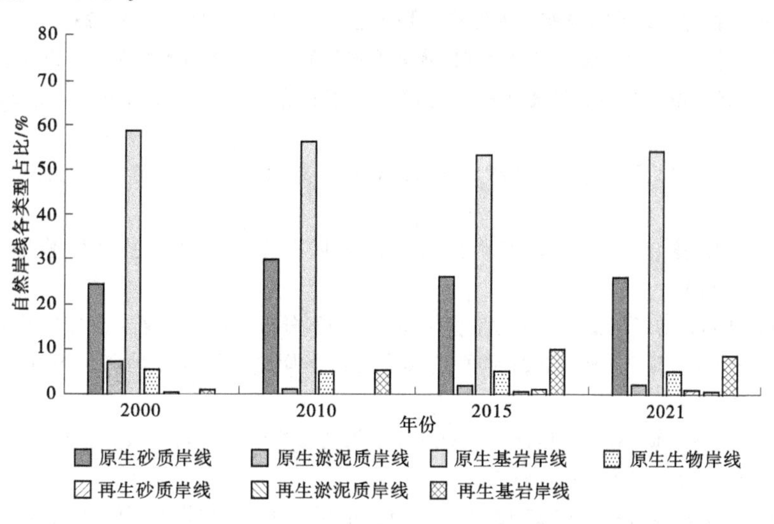

图 5 2000—2021 年大湾区自然岸线类型占比变化统计

4 结论

本文利用多源、多时相的遥感数据，通过人机交互目视解译的方法对粤港澳大湾区河口区的岸线位置、长度、类型进行了提取，获取了 1986—2021 年 6 个时期，近 40 年来的岸线数据，并利用该数据分析获取了粤港澳大湾区河口区岸线时空变化特征，整体来看，大湾区岸线在人为开发等因素的影响作用下，岸线更为曲折，长度增加明显。从时间尺度来看，总长度呈持续增长的趋势，其中2010—2015 年岸线长度变化最大；从空间尺度来看，澳门、广州、珠海、深圳等城市的岸线长度变化程度最为显著；从类型变化来看，大湾区岸线类型变化明显，整体表现为自然岸线向人工岸线的转变，2000—2015 年岸线大开发阶段，主要表现为以淤泥质岸线为主的自然岸线向以港口、特殊、生活占用岸线为主的人工岸线变迁，2015 年以来岸线保护修复阶段，表现为原生活占用岸线向再生生物、再生砂质等再生自然岸线恢复。

通过粤港澳大湾区河口区岸线的遥感调查，能够直观地了解岸线时空变化特征，包括开发利用程度、岸线类型变化的时空差异，有利于统筹协调各区域岸线资源开发利用的程度与方式，提升岸线资源开发利用的质量，为岸线资源利用规划及生态系统的保护与修复提供数据支撑，对支撑粤港澳大湾区高质量发展具有重要意义。

参考文献

[1] 景涛. 空间视角下粤港澳大湾区发展演变研究 [D]. 广州：华南理工大学，2021.

[2] 杨晨晨，甘华阳，万荣胜，等. 粤港澳大湾区 1975—2018 年海岸线时空演变与影响因素分析 [J]. 中国地质，2021，48 (3)：697-707.

[3] 海岸线保护与利用管理办法 [N]. 中国海洋报，2017-04-05 (002) .

[4] 修淳，霍素霞，姚海燕，等. 注重新形势下自然岸线管控的海岸线分类体系探讨 [J]. 地理科学，2022，42 (2)：333-342.

[5] 杨桄，刘湘南. 遥感影像解译的研究现状和发展趋势 [J]. 国土资源遥感，2004 (2)：7-10，15.

[6] 杜涛，张斌. 小波技术分析遥感图像确定岸线位置的研究 [J]. 海洋科学，1999 (4)：19-21.

[7] NIEDERMEIER A，BEN E R，LEHNER S. Detection of Shorelines in SAR Images Using Wavelet Methods [J]. IEEE Transactions on Geoscience and Remote Sensing，2000，38 (5)：2270-2281.

[8] 欧阳越，钟劲松. 基于改进水平截集算法的 SAR 图像海岸线检测 [J]. 遥感技术与应用，2004，19 (6)：456-460.

[9] 孙美仙，张伟. 福建省海岸线遥感调查方法及其应用研究 [J]. 台湾海峡，2004，23 (2)：213-218.

[10] 马小峰，赵东至，刑小罡，等. 海岸线卫星遥感提取方法研究 [J]. 海洋环境科学，2007，26 (2)：185-189.

[11] 孙伟富，马毅，张杰，等. 不同类型海岸线遥感解译标志建立和提取方法研究 [J]. 测绘通报，2011 (3)：41-44.

[12] 石佳佳，李伟峰，刘亚丽，等. 粤港澳大湾区城镇化对海岸线与海岸带的影响 [J]. 生态学报，2022，42 (1)：67-75.

[13] 周春山，罗利佳，史晨怡，等. 粤港澳大湾区经济发展时空演变特征及其影响因素 [J]. 热带地理，2017，37 (6)：802-813.

[14] 李明昱. 基于 RS 和 GIS 的辽宁省海岸线时空变化及驱动因素分析 [D]. 大连：辽宁师范大学，2011.

[15] 尹楠楠，汤军，杨元维，等. 1989—2021 年粤港澳大湾区海岸线变迁及土地利用变化 [J]. 海洋地质前沿，2023，39 (5)：1-11.

[16] 张景奇，介东梅，刘杰. 海岸线不同解译标志对解译结果的影响研究：以辽东湾北部海岸为例 [J]. 吉林师范大学学报 (自然科学版)，2006 (2)：54-56.

[17] 陈朝萌. 粤港澳大湾区港口群定位格局实证分析 [J]. 深圳大学学报 (人文社会科学版)，2016，33 (4)：32-35，41.

[18] 王金华，黄华梅，贾后磊，等. 粤港澳大湾区海岸带生态系统保护和修复策略 [J]. 生态学报，2020，40 (23)：8430-8439.

[19] 徐婷婷，郑锐滨，陈龙，等. 粤港澳大湾区海岸线时空变化及驱动力分析 [J]. 环境生态学，2022，4 (11)：34-42.

基于 GEE 的东江三大水库水域变化遥感分析

张嘉珊[1,2]　冯佑斌[1,2]　何颖清[1,2]

（1. 水利部珠江河口动力学及伴生过程调控重点实验室，广东广州　510611；
2. 珠江水利委员会珠江水利科学研究院，广东广州　510611）

摘　要：2021 年东江流域遭受严重干旱，为了解流域内三大水库的水域变化情况，归纳水体面积在时空上的演变规律，基于 GEE 选取近 5 年长时间序列的 149 景哨兵一号影像，逐景提取水库水体范围，计算分析水库淹没频率变化。结果表明：①2021 年三个水库永久性水体占比达到最小值，白盆珠水库相对缩减最大。②白盆珠水库的高淹没频率范围占比最小，为 32.95%；枫树坝水库的高淹没频率范围占比为 50.59%；新丰江水库的高淹没频率范围占比为 75.09%。③三大水库部分区域的淹没频率在洪枯季中有差异，枫树坝和新丰江水库减少的淹没频率集中在 0~-10%，白盆珠水库减少幅度相比更大。

关键词：google earth engine；淹没频率；东江；水库

东江作为珠江流域的三大支流之一，是粤港澳大湾区的重要生活、生产用水来源，承担着向广州、深圳和香港等重要城市的供给水任务[1]。2021 年，东江流域遭遇近 60 年来最严重的旱情，流域降水减少，东江来水量偏枯 70%。在直接影响流域水资源量的同时，间接诱发了东江河口地区的咸潮上溯，城乡供水安全受到严重威胁[2-4]。

水库作为抗旱保供水的重要一环，其蓄水量直接关系到流域内的供水安全。东江流域目前分布有白盆珠水库、新丰江水库、枫树坝水库三座大型水库，总库容 170.48 亿 m^3，可控制流域内 11 740 km^2 的来水面积，约占惠州市博罗水文控制站上游来水面积的 46%[5]。受气候环境的影响，水库的储水量具有短期波动、长期演变的趋势[6]，研究水库的消落情况，分析水库水域面积变化，有助于掌握水库动态，合理调配水库资源，保障城乡用水安全。

基于卫星遥感影像的水域面积提取是开展水库水资源监测的重要技术手段。徐涵秋基于 Landsat 光学影像，利用改进后的归一化差异水体指数（MNDWI）得到较好的水体提取效果[7]。沈秋等基于高分一号多光谱影像，对 2016 年汛期内的举水流域下游进行洪涝淹没范围监测[8]。针对云雾、山体阴影等对光学影像的干扰，刘诗燕等结合 Landsat 和 DEM 数据，优化了水库水域面积提取的精度[9]。相较于光学影像，雷达卫星具备一定的云雨穿透能力，受天气影响较小，可提供频次稳定的对地观测数据。郭山川等利用 Sentienl-2 光学影像和 Sentienl-1A 雷达影像，研究 2020 年长江中下游 5—10 月汛情的动态监测[10]。陈思雨等利用 Sentienl-1 提取漓江干流水体，收集水文站实测数据，构建拟合模型，实现地表水径流反演[11]。彭继达等利用灾前灾后两景 Sentienl-1 影像做对比，研究福建省 2021 年 5 月暴雨过后水库扩大的范围和面积变化[12]。牛世林针对大型湖泊水域提出了 SDLR-ACM 方法和 LRSR-SAP 模型，可对 SAR 影像在亚像元级别下提取水域，统计了五个大型湖泊不同季节的水域面积变化[13]。

GEE（google earth engine，GEE）是谷歌公司开发的遥感云计算平台，用于分析处理各类地理数据，其突出的优势包括：①后台提供海量的遥感影像数据，用户可随时调用目标影像，不必下载到本

作者简介：张嘉珊（1999—），男，初级工程师，主要从事水利遥感等工作。
通信作者：冯佑斌（1989—），男，高级工程师，主要从事水环境遥感、水利遥感应用等工作。

地电脑，摆脱物理储存的限制。②所有的处理分析依靠谷歌强大的处理器进行后台在线计算，提高了数据计算效率[14-15]。本文围绕淹没频率这一指标，以白盆珠水库、新丰江水库、枫树坝水库为研究对象，利用 GEE 云平台，选取受云层干扰较小的 Sentienl-1 SAR 遥感影像数据，提取 2018—2022 年的库区水体范围，分析丰水期和枯水期内水库淹没范围动态变化的时空特征。

1 研究区及数据来源

1.1 研究区域

白盆珠水库在广东省惠州市惠东县，位于东江支流西枝江上游约 70 km 处，主要功能以防洪、灌溉为主，兼发电和改善西枝江航运。新丰江水库主体位于河源市东源县新回龙镇、锡厂镇和新港镇，上游汇集新丰江和忠信河，下游流入东江，是东江流域下游防洪的关键性控制工程。枫树坝水库主体位于河源市龙川县岩镇镇和赤光镇，上游与东江相连，为粤东地区东江主要源头之一，是以航运发电为主，结合防洪等综合利用的水利枢纽工程。

表 1　三大水库基本信息

名称	建成年份	经度/°E	纬度/°N	坝顶高程/m	水库总库容/亿 m^3
白盆珠水库	1985	115. 10	23. 10	88	12. 20
新丰江水库	1969	114. 56	23. 79	124	138. 96
枫树坝水库	1973	115. 39	24. 46	173	19. 32

1.2 数据来源

Sentinel-1 是欧洲航天局哥白尼计划中的地球观测卫星，搭载了 5. 405 GHz 的双极化 C 波段合成孔径雷达，可穿透云层获取地表信息，单星提供 12 d 一次的对地观测影像。本文在 GEE 平台调用的 Sentinel-1A 数据为干涉宽幅（IW）工作模式下的双极化影像，共 149 景，已经过热噪声消除、辐射定标、地理编码等预处理，数据内容为 VV、VH 两种极化方式的后向散射系数，单位 dB；时间范围 2018 年 1 月至 2022 年 12 月（见图 1）。根据东江流域的丰水期和枯水期，将影像分为两组，其中丰水期为 4—9 月，枯水期为 10 月至次年 3 月。

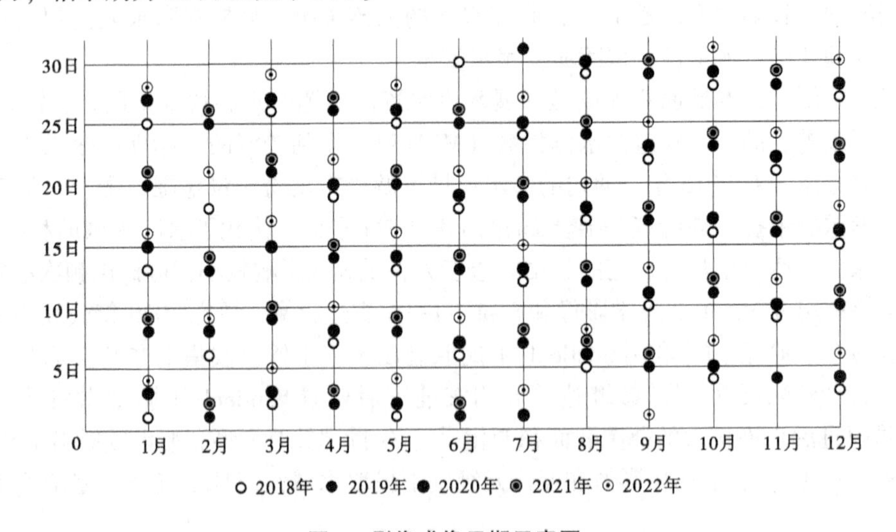

图 1　影像成像日期示意图

2 研究方法

2.1 水体提取方法

参考贾诗超等[16]的哨兵一号双极化水体指数（Sentinel-1 Dual Polarized Water Index，SDWI）水体信息提取方法。首先，将影像的VV和VH波段相乘，乘以10倍放大不同地物之间的差异；再取自然对数；最后取8作为区分水体与其他地物的阈值；按式（1）计算：

$$SDWI = \ln(VV \times VH \times 10) - 8 \tag{1}$$

式中：SDWI为水体指数，大于0视为水体；VV为Sentin-1极化影像波段，dB；VH为Sentin-1极化影像波段，dB。

库区水体提取见图2。

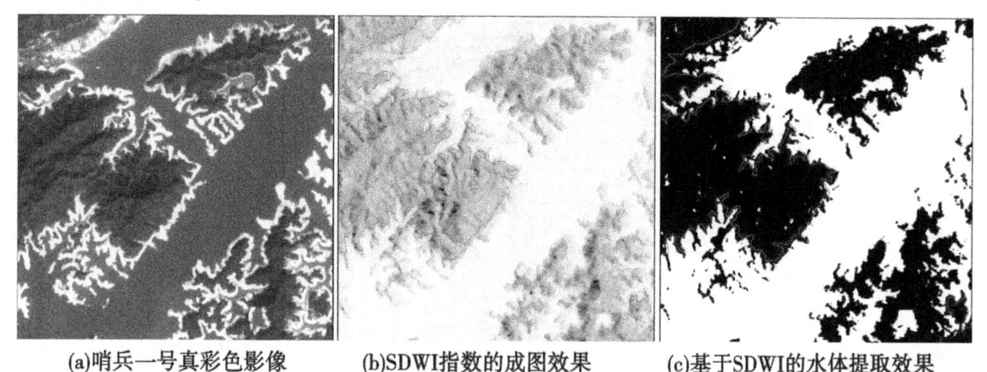

(a)哨兵一号真彩色影像　(b)SDWI指数的成图效果　(c)基于SDWI的水体提取效果

图2　库区水体提取示意图

注：图中所示为新丰江水库东北部库湾；白线为库区管理范围；真彩色影像成像日期为2021年12月10日；极化雷达影像日期为2021年12月11日。

2.2 淹没频率分析

淹没频率指在统计时段内，某像元被识别为水体的次数占总影像景数的比例，可以反映水库不同位置淹没的时间长短和频次，按式（2）计算：

$$P = \frac{1}{M}\sum_{i=1}^{M} W_i \tag{2}$$

式中：P为该点被淹没频率；M为影像总数；W_i为第i张影像上该像素是否为水体，$W_i = 1$时表示为水体，$W_i = 0$时表示为非水体。

水库的淹没频率可体现该水库的蓄水情况，淹没频率的高低与水库地形地貌有较大关系，淹没频率最高的位置一般是库底，沿着岸坡向上，水位线上下变化，易发生水陆交替情况，淹没频率逐渐降低。

3 结果与分析

3.1 水域时间变化

将遥感监测淹没频率大于90%的水域作为库区永久性水体，逐年统计各水库永久性水域的占比变化，结果如图3所示。

整体来看，2018—2022年，三个水库的永久性水体占比呈现先减少后增加的趋势，白盆珠水库在2019年达到最大值，有32%的区域属于常年淹没状态；枫树坝水库和新丰江水库在2020年达到最大值，常年淹没范围分别为45%和73%。

三个水库的永久水体面积2018—2021年呈现减少趋势，且达到最小值，白盆珠水库和枫树坝水库减少约32%，新丰江水库减少约24%，随后2022年有所回升。

3.2 水域空间变化

根据各水库淹没频率的空间分布（见图4~图6），可以看出：

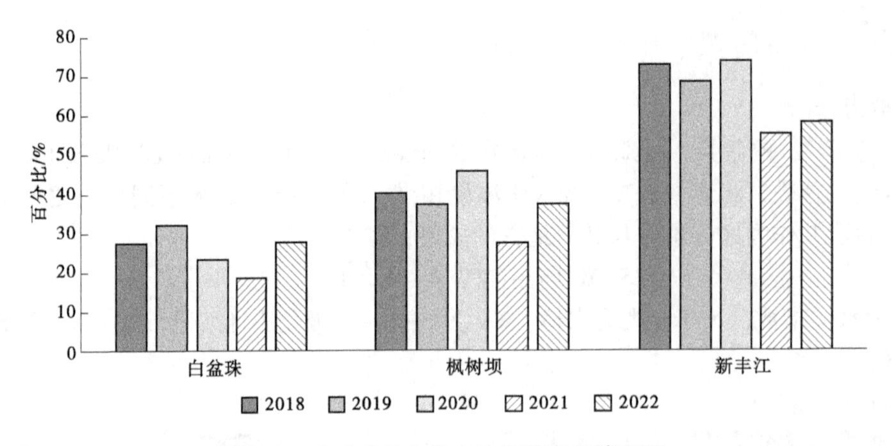

图 3　三大水库永久性水体年度变化情况图

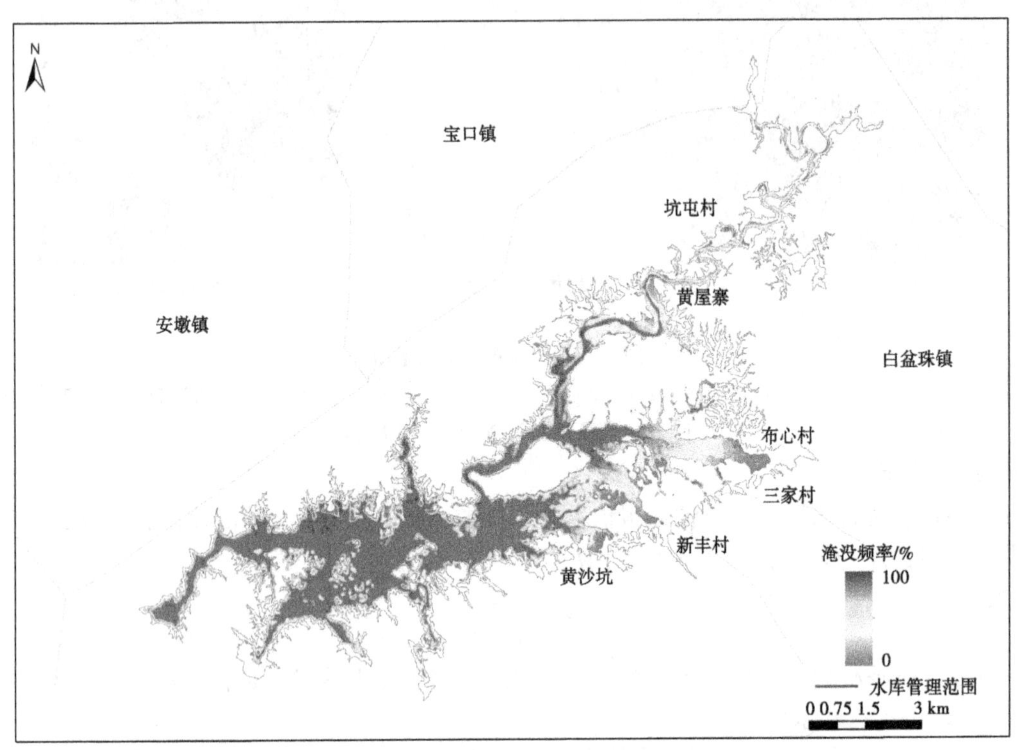

(a)白盆珠水库淹没频率

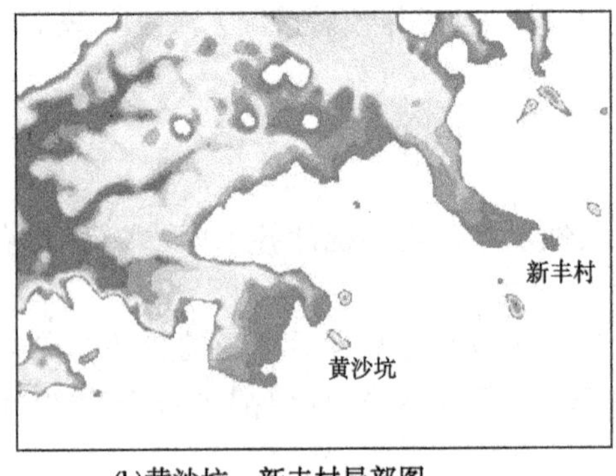

(b)黄沙坑、新丰村局部图

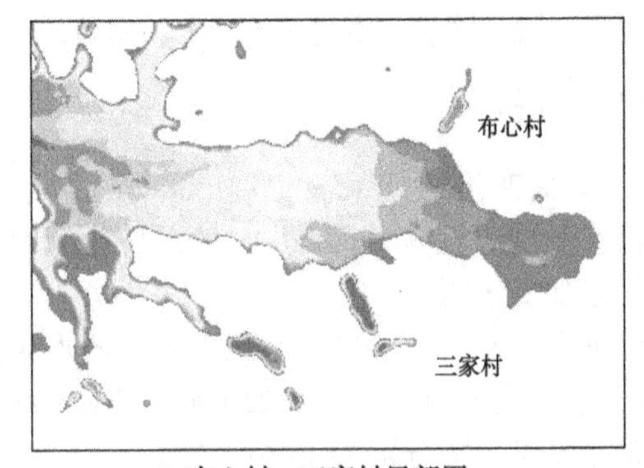

(c)布心村、三家村局部图

图 4　白盆珠水库淹没频率分布

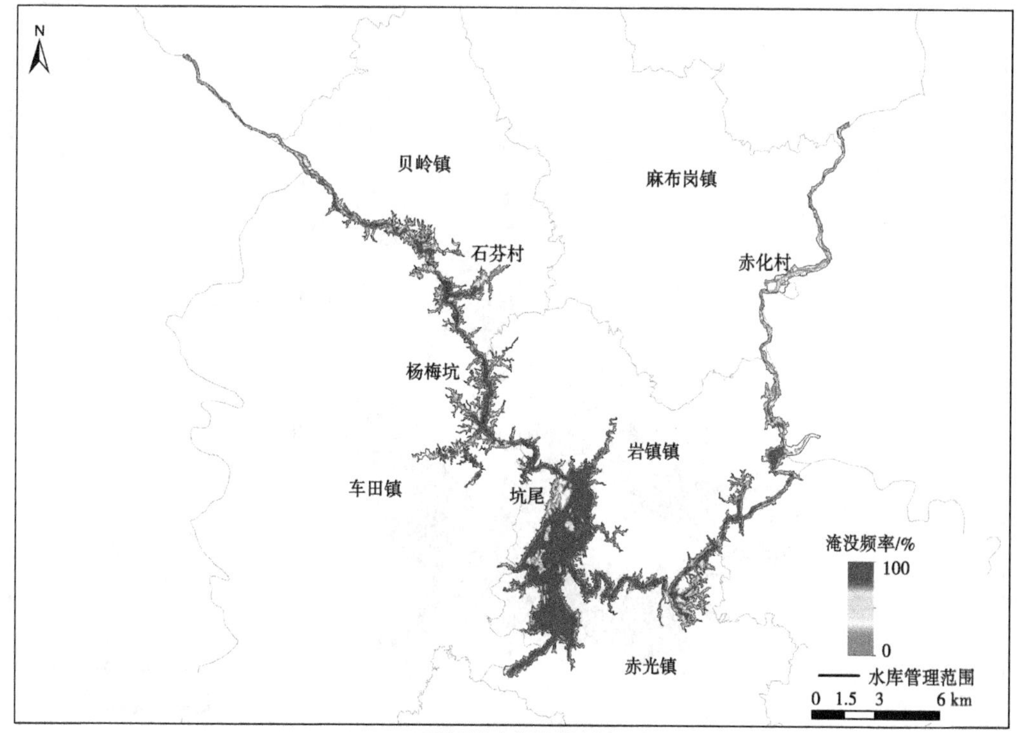

(a)枫树坝水库淹没频率

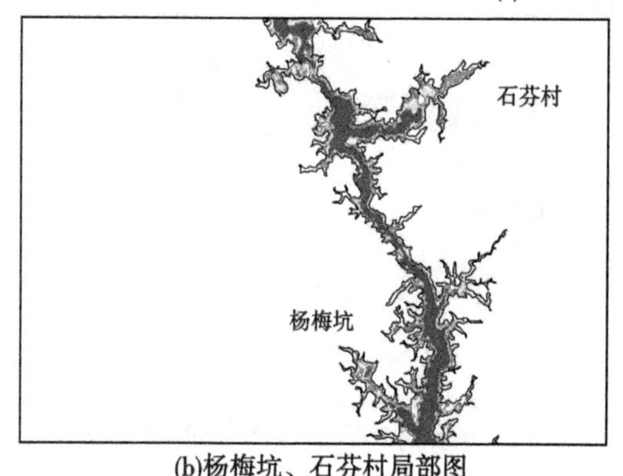

(b)杨梅坑、石芬村局部图

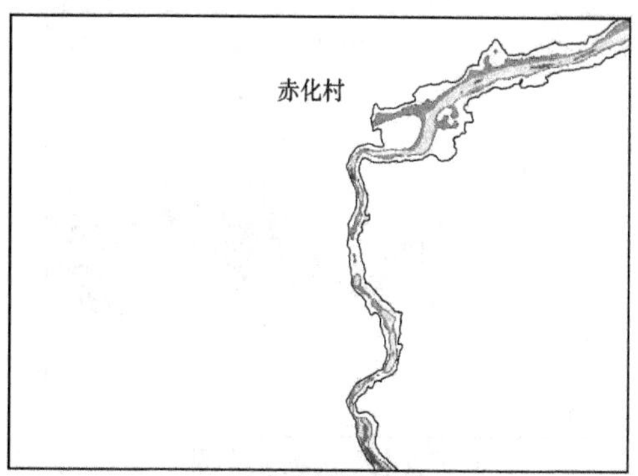

(c)赤化村局部图

图5 枫树坝水库淹没频率分布

（1）白盆珠水库西北部分淹没的频率较高，东部及上游入库河道的水体淹没频率较低。将水体淹没频率划分三个等级，高淹没频率（$60\%<P<100\%$）面积约21.97 km²，占比32.95%；中淹没频率（$20\%<P<60\%$）面积约7.38 km²，占比11.07%；低淹没频率（$P<20\%$）面积约4.72 km²，占比7.08%。结合真彩色遥感影像，白盆珠水库北部沿岸多为山地森林，居民生活区主要集中在东部，如新丰村、布心村和三家村等。入库河流沿岸黄屋寨、坑屯村附近水体淹没频率较低，该区域河道弯曲较多，易出现裸露河滩地。

（2）枫树坝水库整体淹没的频率较高，其中高淹没频率（$60\%<P<100\%$）面积约24.80 km²，占比50.59%；中淹没频率（$20\%<P<60\%$）面积约6.28 km²，占比12.82%；低淹没频率（$P<20\%$）面积约3.54 km²，占比7.21%。枫树坝水库周边只有少数分散的居民点，集中式的村庄主要分布在入库河流的支流上，如石芬村、赤化村等，该位置支流末端的淹没频率较低。

（3）新丰江水库整体淹没的频率较高，其中高淹没频率（$60\%<P<100\%$）面积约278.08 km²，占比75.09%；中淹没频率（$20\%<P<60\%$）面积约25.46 km²，占比6.88%；低淹没频率（$P<20\%$）面积约12.85 km²，占比3.47%。中低淹没频率主要分布在水库的边缘地区，如新回龙镇的七坑村、

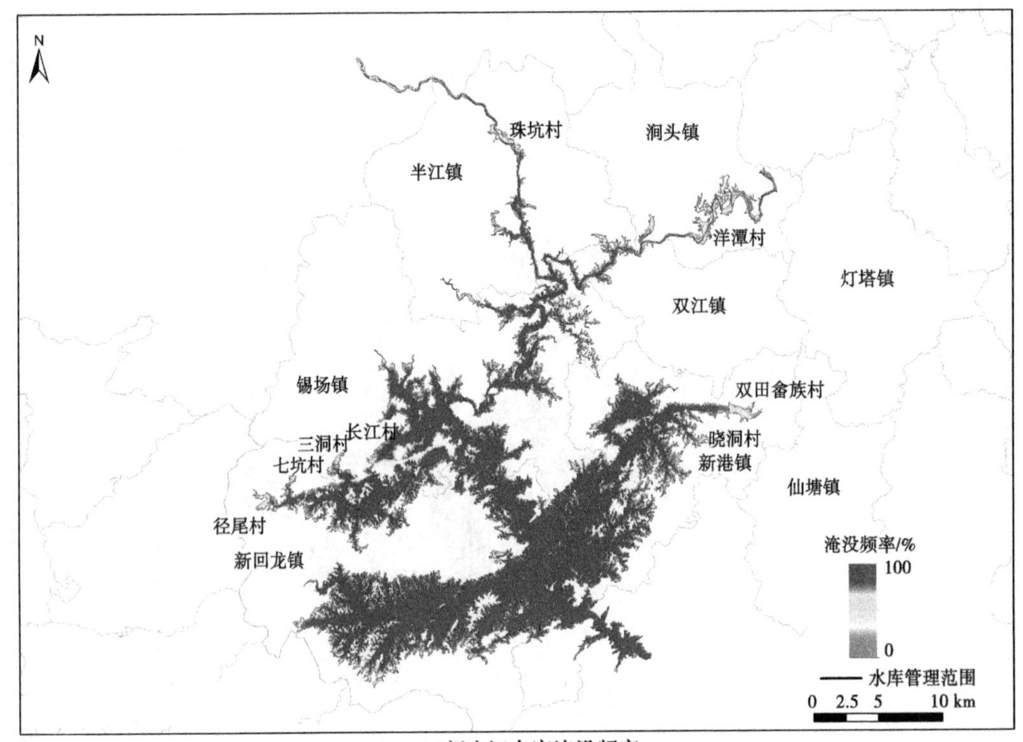

(a)新丰江水库淹没频率

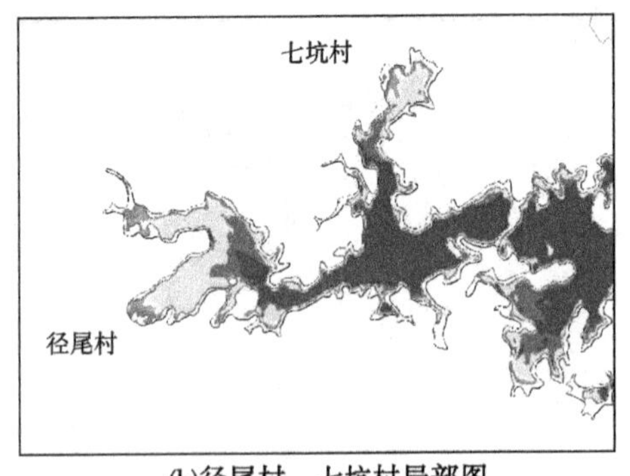

(b)径尾村、七坑村局部图

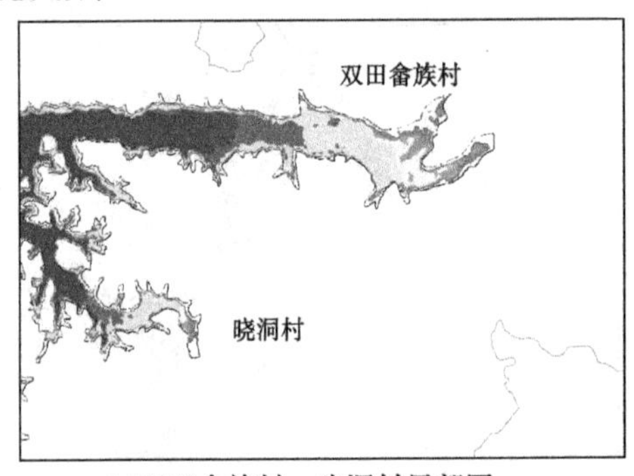

(c)双田畲族村、晓洞村局部图

图 6　新丰江水库淹没频率分布

径尾村，新港镇的晓洞村、双田畲族村等。

综上所述，监测时段内新丰江水库的高频率淹没范围相对较大，低淹没频率相对最小，说明新丰江水库水体涨落动态变化相对较小。新丰江水库库容、面积最大，且上游是东江最大支流的新丰江，水资源较为充沛；枫树坝水库直接与东江干流相连接，能够较好地维持水量；白盆珠水库库容最小，上游是东江第二大支流西枝江，维持水位的能力相对较弱。三大水库淹没频率变化情况见表 2。

表 2　三大水库淹没频率变化情况

淹没频率/%	白盆珠水库		枫树坝水库		新丰江水库	
	面积/km^2	比例/%	面积/km^2	比例/%	面积/km^2	比例/%
0（非水体）	32.61	48.90	14.40	29.38	53.92	14.56
0~20	4.72	7.08	3.54	7.21	12.85	3.47
20~60	7.38	11.07	6.28	12.82	25.46	6.88
60~100	21.97	32.95	24.80	50.59	278.08	75.09

3.3 洪枯季分析

将影像分为枯水期和丰水期两组统计分析淹没频率变化，如表3所示。白盆珠水库在丰水期的高淹没频率（$P>60\%$）面积比枯水期略低，中淹没频率（$60\%>P>20\%$）和低淹没频率（$P<20\%$）范围有所增加；枫树坝水库和新丰江水库的高淹没频率区域相比枯水期有所增加。

表3 三大水库洪枯季淹没频率变化情况

淹没频率/%	白盆珠水库				枫树坝水库				新丰江水库			
	枯水期		丰水期		枯水期		丰水期		枯水期		丰水期	
	面积/km²	比例/%	面积/km²	比例/%	面积/km²	比例/%	面积/km²	比例/%	面积/km²	比例/%	面积/km²	比例/%
0~20	36.6	55.0	38.6	57.9	18.9	38.5	17.4	35.4	67.3	18.2	66.4	17.9
20~60	7.1	10.6	7.6	11.4	6.2	12.6	6.1	12.5	25.0	6.7	27.8	7.5
60~100	23.0	34.4	20.5	30.8	24.0	48.9	25.6	52.1	278.0	75.1	276.1	74.6

白盆珠水库丰水期的极高淹没频率（$P>80\%$）水体范围相对枯水期减少3.6 km²，约18%；低淹没频率（$P<20\%$）增加1.9 km²，约5%。监测时段内洪枯季变换中有44.7%的水体区域不受影响，常年保持淹没状态，为永久性水体；54%的水体区域丰水期淹没频率不及枯水期，消退水体的频率变化集中在0~-10%、-10%~-20%。消退范围集中在水库东部的黄沙坑、新丰村、布心村沿岸。结合水库地势不难看出，水库主要的干流西枝江从东北部流入，西南部流出，东部地形相对较高，且没有其他的入库河流，缺水时水位易降低。白盆珠水库淹没频率变化见图7。

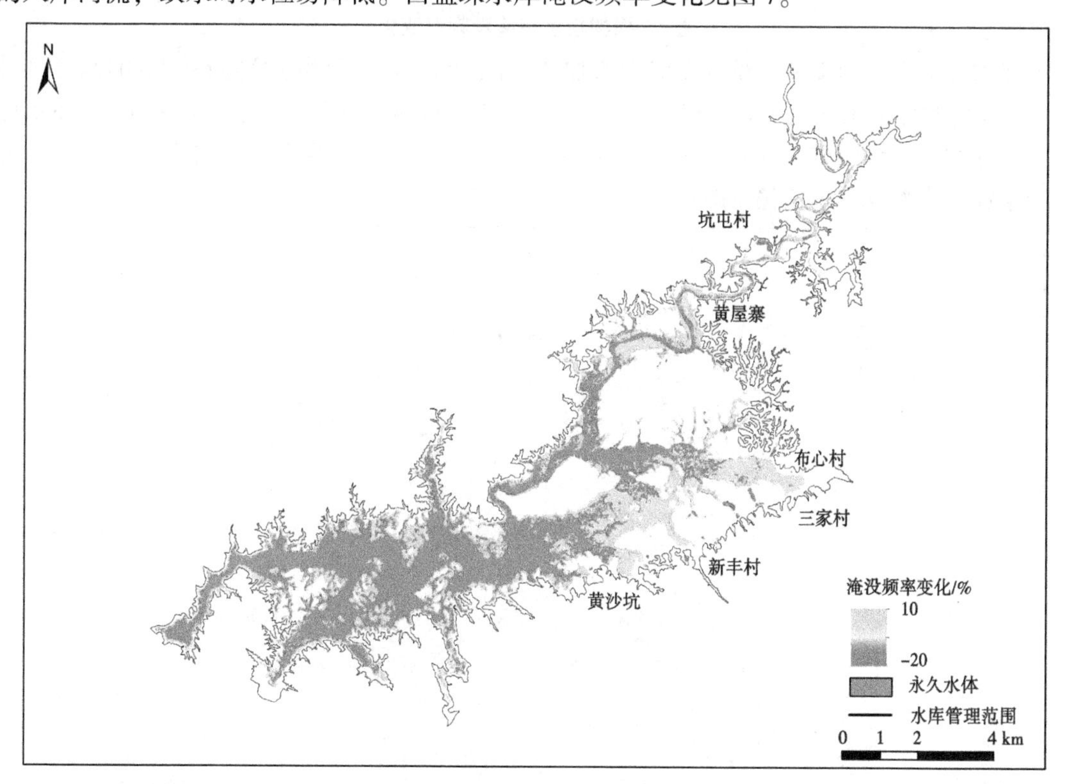

图7 白盆珠水库淹没频率变化

枫树坝水库丰水期的极高淹没频率范围增加1.0 km²，约5%；低淹没频率范围减少1.4 km²，约7.9%；监测时段内46.7%的水体区域为永久水体，18.4%的水体其丰水期淹没频率比枯水期提高0~10%，16.3%的水体丰水期淹没频率提高10%~20%；15.3%的水体淹没频率不及枯水期。水库水位高时可以完全淹没库中的江心洲，丰水期水位低，江心洲裸露，淹没频率降低。枫树坝水库淹没频率变化见图8。

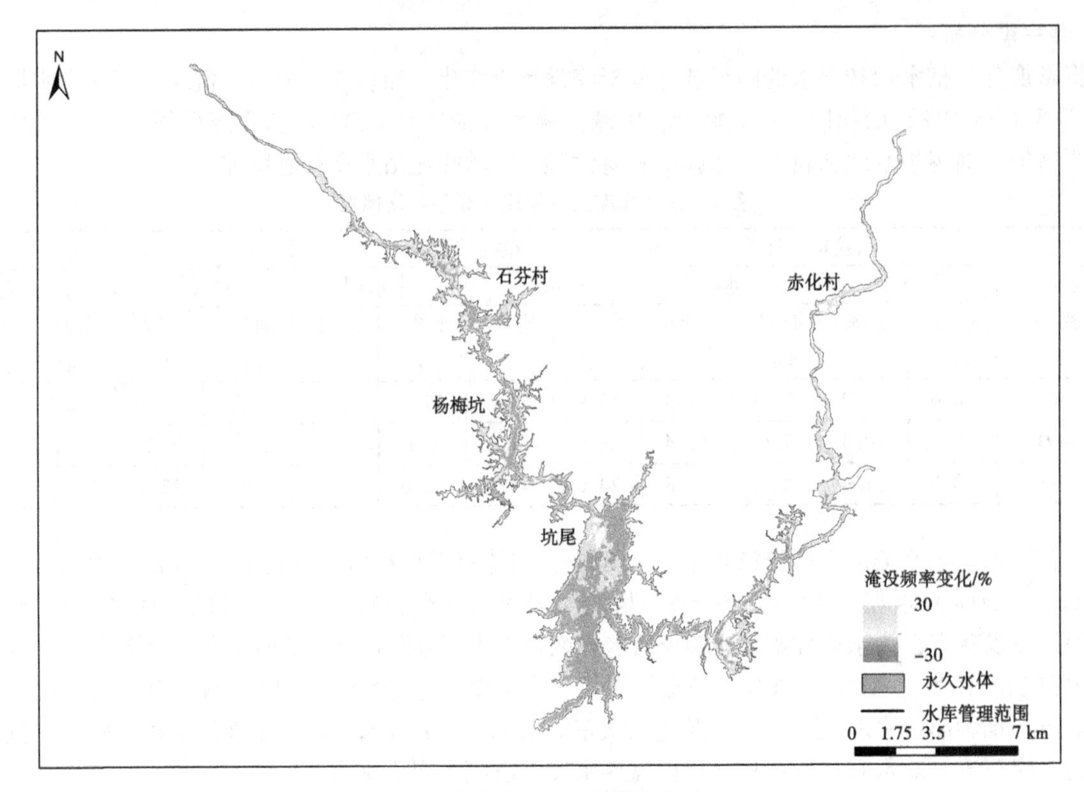

图 8 枫树坝水库淹没频率变化

新丰江水库丰水期的极高淹没频率范围增加 8 km^2，约 3%。监测时段内 69.4%的水体区域为永久水体，10%的水体丰水期淹没频率提高 0~10%，14%的水体淹没频率减少 0~-10%；在水库上游的洋潭村、珠坑村边缘区域（如径尾村、七坑村、三洞村和长江村等）附近的淹没频率降低的幅度较大。新丰江水库淹没频率变化见图 9。

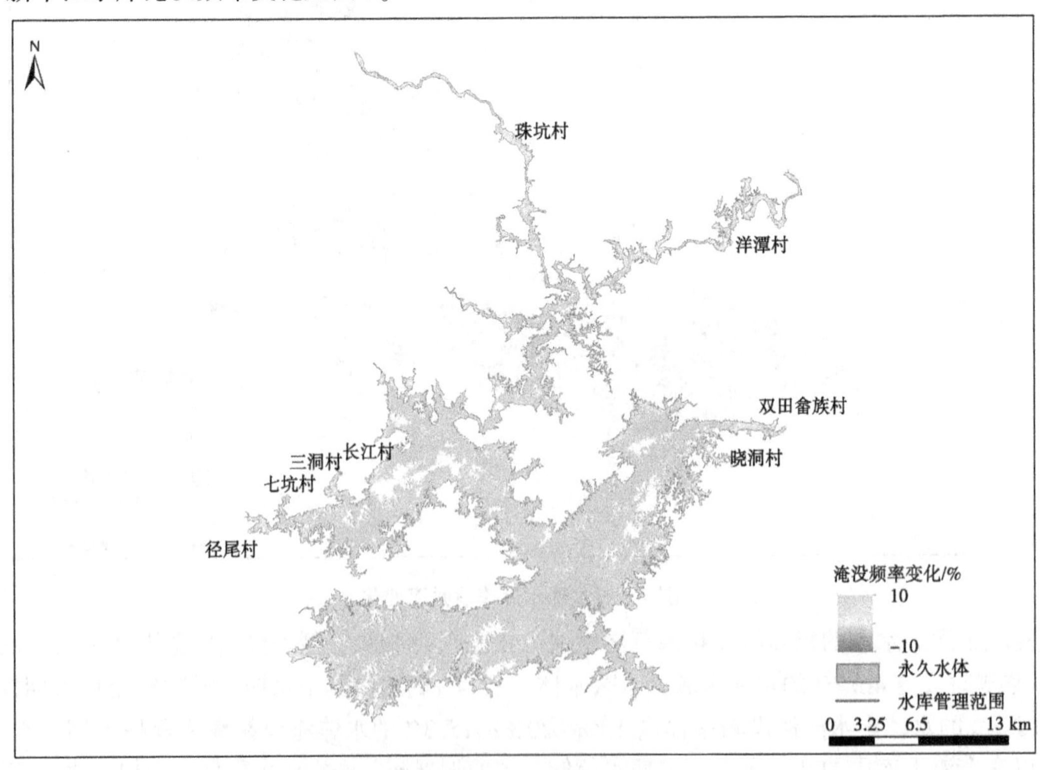

图 9 新丰江水库淹没频率变化

综上所述，除永久水体外，白盆珠水库大部分水体淹没频率出现减少情况，且减少幅度较大，达到10%以上；枫树坝水库和新丰江水库减少的淹没频率一般在10%以内；新丰江水库增加的淹没频率在10%以内，枫树坝水库淹没频率增加幅度较大。

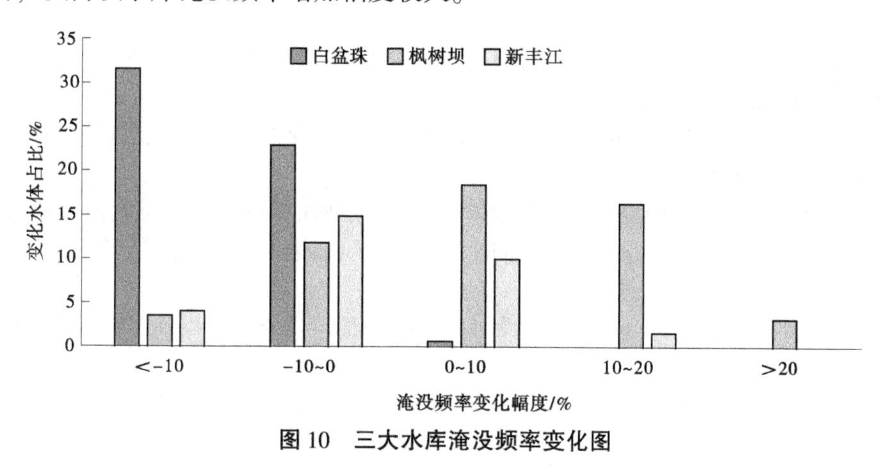

图10　三大水库淹没频率变化图

4　结论与讨论

本文基于GEE平台近149景Sentinel-1卫星影像，提取了2018年1月至2022年12月东江流域白盆珠水库、枫树坝水库和新丰江水库的水域面积，并计算水体淹没频率，分析了库区水面的时空变化，得到以下结论：

（1）2018—2022年东江流域三大水库永久性水体面积的占比有减少的趋势，在2021年达到最小值，白盆珠水库18.6%，枫树坝水库27.2%，新丰江水库55.1%。

（2）5年内白盆珠水库水体范围变化较大，水库管理范围内有近32.95%的区域维持在高淹没频率（60%<P<100%），东部的淹没频率较低，存在较明显的水陆交替情况；枫树坝水库和新丰江水库高淹没频率区域分别为50.59%和75.09%，大部分区域水体较为稳定。

（3）通过洪枯季的淹没频率对比，发现在丰水期内白盆珠水库有54%区域的淹没频率不及枯水期，枫树坝水库和新丰江水库分别为15%和18%。其中，白盆珠水库的消退幅度相对更高，洪枯季淹没差异较大，枫树坝水库和新丰江水库的消退频率主要集中在-10%以内，受洪枯季的影响较小。

本文充分发挥了卫星遥感数据周期性、大范围对地监测的优势，并结合了云计算平台强大的数据存储及运算能力，是遥感技术在流域水资源管理中的有益尝试。研究结果为了解气候变化背景下东江流域水资源现状提供了依据，可支撑库区管理、流域抗旱水量调度等业务工作。

参考文献

[1] 陈晓宏，陈永勤，赖国友．东江流域水资源优化配置研究［J］．自然资源学报，2002（3）：366-372.
[2] 钱燕，卢康明．2021年珠江流域干旱简析与思考［J］．中国防汛抗旱，2022，32（6）：27-30
[3] 杨芳，邹华志，卢陈，等．东江三角洲咸潮加剧原因和对策探讨［J］．中国水利，2022（4）：28-30.
[4] 珠江流域抗旱工作取得全面胜利 水利部召开珠江流域抗旱工作情况新闻发布会［J］．中国防汛抗旱，2022，32（4）：4.
[5] 李世杰．关于湖泊（水库）环境演变与地球化学研究的几点建议［J］．矿物岩石地球化学通报，2016，35（4）：608.
[6] 陆天启，邵长高，任旭光，等．基于GEE平台的1990—2019年松涛水库水体面积时空变化［J］．科学技术与工程，2021，21（27）：11472-11479.
[7] 徐涵秋．利用改进的归一化差异水体指数（MNDWI）提取水体信息的研究［J］．遥感学报，2005（5）：589-595.
[8] 沈秋，高伟，李欣，等．GF-1 WFV影像的中小流域洪涝淹没水深监测［J］．遥感信息，2019，34（1）：87-92.

[9] 刘诗燕，蔡晓斌．结合 DEM 与淹没频率的水库水体动态遥感提取优化方法［J］．华中师范大学学报（自然科学版），2022，56（3）：523-531.
[10] 郭山川，杜培军，蒙亚平，等．时序 Sentinel-1A 数据支持的长江中下游汛情动态监测［J］．遥感学报，2021，25（10）：2127-2141.
[11] 陈思雨，李继清，谢宇韬，等．基于 Sentinel-1 SAR 遥感影像的漓江流域径流反演［J］．人民珠江，2020，41（5）：116-122.
[12] 彭继达，张春桂，吴作航．基于 sentinel-1 SAR 数据的福建省 2021 年 5 月暴雨重点水库水体面积变化监测［J］．海峡科学，2021（10）：9-12，27.
[13] 牛世林．基于星载 SAR 图像的大型湖泊水域提取技术与变化监测研究［D］．开封：河南大学，2020.
[14] 郝斌飞，韩旭军，马明国，等．Google Earth Engine 在地球科学与环境科学中的应用研究进展［J］．遥感技术与应用，2018，33（4）：600-611.
[15] 赖佩玉，黄静，韩旭军，等．基于 GEE 的三峡蓄水对重庆地表水和植被影响研究［J］．自然资源遥感，2021，33（4）：227-234.
[16] 贾诗超，薛东剑，李成绕，等．基于 Sentinel-1 数据的水体信息提取方法研究［J］．人民长江，2019，50（2）：213-217.

荒漠区河道外生态植被合理需水研究

周翔南[1]　谷芳莹[2]

（1. 黄河勘测规划设计研究院有限公司，河南郑州　450003；
2. 河南省地质局矿产资源勘查中心，河南郑州　450053）

摘　要： 本文围绕荒漠区河道外生态植被的合理需水问题，以和田河干流为研究区，通过深入分析该区域的天然植被演变和生态需水特性，为生态保护和水资源管理提供科学依据。利用遥感技术对和田河流域的植被覆盖度和类型进行了详细解析，结合潜水蒸发法，估算了不同类型植被的生态需水量。结果显示，和田河干流植被面积与肖塔站的来水量呈现明显正相关关系，反映了水资源在维持和恢复植被生态中的重要作用。研究结果不仅有助于理解和田河干流及其他类似荒漠生态系统植被和水资源的关系，也为制定相应的水资源管理和生态保护策略提供了重要参考。

关键词： 荒漠生态系统；和田河干流；植被需水；遥感解译

1　引言

荒漠区的生态系统由于其特殊的自然条件，如极端气温、降水缺乏和强烈的蒸发作用等，对水资源的依赖性格外显著。在这些环境中，植被作为生态系统的基础，其生长、分布和演变与水资源的可用性密切相关。近年来，随着气候变化和人类活动的加剧，荒漠区的水资源变得更加稀缺，这给当地的生态系统带来了巨大的压力[1-4]。和田河生态廊道，作为穿越塔克拉玛干沙漠的绿色通道，具有显著的生态价值、环境价值和社会价值[5]。然而，和田河干流及其河道外的生态植被由于水资源的有限和分布不均，面临着严重的生存压力。为了维护和恢复这一独特生态系统的健康和稳定，深入了解荒漠区河道外生态植被的水需求和其对水资源变化的响应成为了一项紧迫的任务[6-7]。

在此背景下，本文旨在探讨和田河干流河道外生态植被的合理需水量，分析不同类型植被对水资源的需求差异，以及气候变化和人类活动对其的影响。通过对和田河生态廊道天然植被演变和生态需水量的详细分析，希望为该地区以及其他类似荒漠生态系统的水资源管理和生态保护提供科学依据和策略建议。

2　研究区天然植被演变

和田河生态廊道是目前唯一一条穿越塔克拉玛干沙漠、南北贯通的绿色通道，也是目前塔里木盆地三条（塔里木河干流、叶尔羌河下游、和田河干流）绿色走廊中保存最完整的一条自然生态体系，生态廊道是保持和田河稳定和向塔里木河输水的基础。

2.1　河道外植被生长状况

和田河干流植被主要由不依赖天然降水的非地带性荒漠植被构成，植被类型有灰杨、胡杨、红柳、盐穗木、骆驼刺、罗布麻、甘草等，胡杨林和红柳灌丛为优势种，纯草类面积很小。

和田河干流两岸植被为非地带性荒漠植被，沿河植被呈非常明显的条带状分布，灰杨林在森林带

基金项目： 国家重点研发计划资助项目（2022YFC3202300）；黄河勘测规划设计研究院有限公司自立科研项目（2023KY011）。

作者简介： 周翔南（1986—），男，高级工程师，主要从事水资源调配、生态需水等研究工作。

中占绝对的统治地位，沙生植被在两岸流沙区内发育良好，一年生草本较为少见。洪水期是和田河干流两岸天然植被的水分直接补充者，7—9 月正是灰杨种子成熟之际，洪水可以淡化两岸的地下水，大洪水的漫溢是灰杨种子传播的主要途径，这是灰杨幼林繁殖生长的前提，但由于和田河洪水期很短，淡化作用影响和洪水漫溢的范围很小，只是限于河床两岸不远的范围内，这就是沿河两岸天然幼林呈窄带状的主要原因。

和田河干流两岸植被带宽度不等，分布在 0.5~4 km。林地以外分布着沙丘链群，沙丘高一般在 10 m 以内，向外与塔克拉玛干沙漠相连，在植被带与沙漠相接处存在明显的过渡带，过渡带由近河床处向外植被逐渐稀少，沙堆间零散分布灰杨、红柳等，最远可达距河床 5 km 以外的地段。整体而言，西岸植被带比东岸生长好，植被带宽，群落组成复杂。东岸带平均宽 1~1.5 km，西岸带平均宽 2~3 km。和田河干流区极端的大气干燥、降水稀少、土壤沙化、风沙大、盐碱重等荒漠自然条件，极大地制约了天然植物的分布与生长，只有抗风沙、耐干旱、适应盐碱的种类可以生存。中温潜水干旱生植物大多具有强大的根系与根蘖繁殖能力，且沙埋后可快速萌生不定根，与一年生草本相比，其在和田河干流区适应性较强。

2.2 天然植被演变特征

2.2.1 现状植被解译与复核

实地查勘与解译标志的建立。通过实地查勘，对和田河流域典型地貌进行了调查。基于已掌握的地面实况资料，将地面实况资料与遥感影像对应分析，确认了二者之间的关系。根据遥感影像特征，建立了遥感影像与实地目标物之间的对应关系。本次遥感影像解译的土地利用分类参照国家土地利用二级分类标准进行，建立了地类要素的解译标志[8-9]。

监督分类与详细解译。基于对和田河干流的实地查勘，结合 GPS 定位与无人机航拍，利用 Landsat 长序列遥感影像数据及高分二号遥感影像数据，以谷歌地球引擎（Google Earth Engine）、ENVI（the environment for visualizing images，ENVI）为平台，对和田河流域进行了监督分类。根据野外实地调查结果，修正错误，细化解译图，形成正式的解译原图。

2.2.2 天然植被面积演变特征

和田河干流植被面积变化分析。将和田河流域植被类型分为有林地、灌木林地、疏林地、高覆盖度草地、中覆盖度草地、低覆盖度草地。通过 1980 年、1990 年、2000 年、2010 年、2019 年、2020 年、2021 年、2022 年 Landsat 卫星影像数据（空间分辨率 30 m）的提取与统计，分析近 40 年和田河干流植被变化特征，见表 1。

表 1 不同时期和田河干流植被面积变化 单位：km^2

年份	有林地	灌木林地	疏林地	高覆盖度草地	中覆盖度草地	低覆盖度草地	合计
1980	124.34	165.28	519.52	70.88	158.72	345.29	1 384.03
1990	188.20	178.02	549.27	123.36	207.53	310.80	1 557.18
2000	176.91	153.02	525.79	83.09	115.64	380.45	1 434.90
2010	184.04	174.08	537.12	120.63	202.94	303.92	1 522.73
2019	169.84	166.84	549.08	92.40	113.03	361.83	1 453.02
2020	173.24	170.18	560.06	111.80	115.29	390.78	1 521.35
2021	176.70	173.58	571.26	114.04	195.99	422.04	1 653.61
2022	180.24	175.32	582.69	122.02	205.79	403.26	1 669.32

和田河干流植被面积呈现不同年代、不同植被规模锯齿状交替变化，其中除低覆盖度草地外，其他地类面积基本呈现1990年与2010年较高，1980年、2000年、2019年与2022年略低的趋势。通过耦合肖塔站来水量：肖塔站1980年来水量5.09亿m^3、1990年来水量13.79亿m^3、2000年来水量7.95亿m^3、2010年来水量19.16亿m^3、2019年来水量10.34亿m^3、2020年来水量13.55亿m^3、2021年来水量16.05亿m^3、2022年来水量24.52亿m^3，发现当来水较多时，干流植被面积呈现上涨态势，与来水量表现一致（见图1）。2020年、2021年、2022年来水持续偏丰不具有代表性，而2019年来水接近多年平均值，植被面积处于2010—2022年间的中间水平。按照巩固提升的原则，拟定目标：维持2019年现状天然植被面积1 453 km^2，其中林地面积886 km^2。

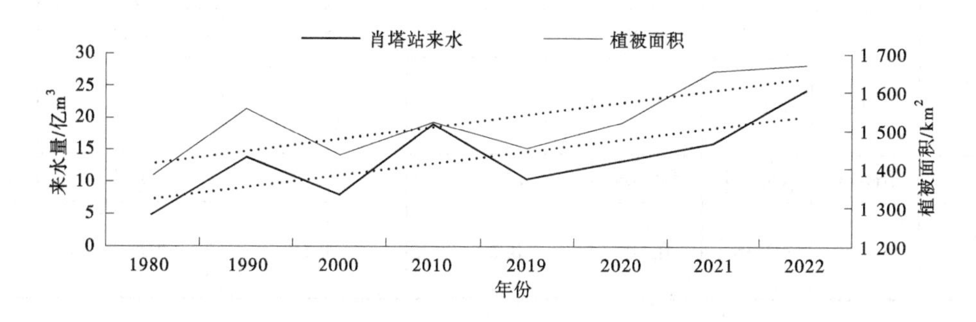

图1 肖塔站下泄水量与干流植被面积变化关系

3 天然植被生态需水量

3.1 生态植被需水量计算方法

潜水蒸发法适合于干旱区植被生存主要依赖于地下水的情况[10]。和田河流域干流区降水稀少，两岸多为中旱生的非地带性植被，主要依靠地下潜水维持生命。因此，在干流植被景观类型遥感解译的基础上，选择潜水蒸发法来估算天然植被需水量。潜水蒸发法即某一植被类型在某一潜水位的面积乘以该潜水位下的潜水蒸发量[11-12]。计算公式为

$$W = \sum_{i=1}^{4} 10^{-3} A_i W_{gi} \tag{1}$$

式中：W为植被需水量，亿m^3；A_i为植被类型i的面积，hm^2；W_{gi}为植被类型i在地下水某一地下水埋深时的潜水蒸发量，mm。

植被的面积（A_i）通过遥感解译获得，以2019年的植被分布为基准；潜水蒸发量（W_{gi}）是潜水蒸发法计算植被生态需水量的关键，以阿维利扬诺夫公式计算较为常见，计算公式如下：

$$W_{gi} = aE_{\Phi}(1 - h_i/h_{\max})^b \tag{2}$$

式中：a、b为经验系数，其中a为0.62，b为2.80；h_i为植被类型i的地下水埋深，m，$h_{\max}$为潜水蒸发极限埋深，m；E_{Φ}为20 cm蒸发皿蒸发量，mm。

3.2 生态需水量

3.2.1 生态保护需水计算

根据遥感解译结果，和田河干流有林地、灌木林和高、中覆盖度草地主要分布在河道两岸2 km以内，疏林地、低覆盖度草地分布在河道两岸6 km之内。

根据公式计算和田河干流天然植被的生态需水量时，选取了和田（51828）、阿拉尔（51730）两个国家级气象站的2000—2016年20 cm蒸发皿蒸发量数据的多年平均值（2 312.85 mm）作为研究区的潜在蒸发数据，植被影响系数借鉴参考了《中国塔里木河水资源与生态问题研究》中的相关成果，见表2。

表 2　不同潜水埋深下植被影响系数

潜水埋深/m	1.0	1.5	2.0	2.5	3.0	3.5	4.0
植被影响系数	1.98	1.63	1.56	1.45	1.38	1.29	1.00

根据遥感解译结果及地下水埋深情况，分析了不同植被类型的面积及其潜水埋深情况，并根据计算公式计算了和田河下游生态需水量，见表 3。

表 3　不同植被类型面积与生态需水量

植被类型	有林地	灌木林地	疏林地	高覆盖度草地	中覆盖度草地	低覆盖度草地	合计
潜水埋深/m	1.5~4.0	2.5~6.0	3.0~8.0	1.0~3.5	2.5~4.0	>3.5	—
计算平均埋深/m	2	2.5	3.5	1.5	2.5	3	—
面积/km^2	169.84	166.84	549.08	92.40	113.03	361.83	1 453.02
生态需水量/亿 m^3	0.73	0.36	0.50	0.69	0.24	0.33	2.85

根据表 3 的计算结果，和田河干流生态需水量为 2.85 亿 m^3，其中有林地和高覆盖度草地需水量最多，分别占总需水量的 26%和 24%，中覆盖度草地生态需水量最少，为 0.24 亿 m^3。老河道区域生态保护水量为 1 077.68 万 m^3。

3.2.2　生态修复需水计算

此次生态修复目标为提升老河道地下水位，修复老河道两岸植被，依照既定的生态修复目标，提升老河道植被覆盖度。具体目标为修复 2019 年遥感解译的 26.27 km^2 疏林地，提升盖度恢复为有林地；提升 62.19 km^2 林下低覆盖度草地为中覆盖度草地，占总低覆盖度草地比例为 30%。基于潜水蒸发法，计算出老河道生态修复水量 2 058.20 万 m^3。

3.2.3　生态保护与修复需水

基于当前生态保护与修复目标，计算得出和田河干流生态保护水量 2.85 亿 m^3、生态修复水量 0.21 亿 m^3，总水量 3.07 亿 m^3，其中老河道区域总生态水量 0.32 亿 m^3（包括生态保护水量 0.11 亿 m^3、生态修复水量 0.21 亿 m^3）。

3.3　成果合理性分析

《和田河流域生态修复与保护规划》中肖塔站来水频率 14%情景下，和田河干流生态需水为 2.87 亿 m^3；《塔里木河流域“四源一干”生态廊道》中肖塔站来水频率 14%情景下，和田河干流生态需水为 3.75 亿 m^3。通过多年平均蒸散量遥感数据统计分析（遥感解译的多年平均蒸散量 3.33 亿 m^3），本次规划天然植被生态需水结果为 3.06 亿 m^3，处于各类规划的中间值。本次可研选取的现状年 2019 年为平水年，与以往成果相比天然植被面积较小，生态需水量也略小。依据生态需水定义：一定时期内，确保干流河道水文过程完整，沿线天然植被群落结构稳定，保持水分平衡所需要的水资源总量，可以认为多年河道有效耗损补提供了两岸天然植被的生态需水。综上所述，认为本次和田河干流天然植被生态保护与修复需水 3.06 亿 m^3 结果基本合理，可靠性较高。

4　结语

本文通过深入探讨和田河干流河道外生态植被的用水需求，揭示了荒漠区天然植被演变和生态需水量的关键特征。分析显示，和田河干流植被面积与肖塔站的来水量存在明显的正相关关系，突显了水资源在维持植被生态系统中的核心作用。采用潜水蒸发法估算了和田河干流生态植被的需水量，为制定科学的水资源分配策略提供了依据。本文的分析还涵盖了和田河干流天然植被的演变，为未来的生态保护和恢复工作提供了参考依据。

未来的研究可以进一步探讨不同类型植被对水资源的利用模式，详细分析各类植被在不同环境和气候条件下的用水差异。同时，也需要关注气候变化和人类活动如何影响这些植被的生长和水分需求。例如，全球气温升高和极端气候事件频发可能会改变植被的水分蒸腾和吸收模式；此外人类活动，如城市化、农业扩张和工业发展，也可能对植被的自然生态和需水过程产生影响。

参考文献

[1] 胡广录，赵文智，谢国勋．干旱区植被生态需水理论研究进展［J］．地球科学进展，2008（2）：193-200.

[2] 窦明，马军霞，李桂秋．西北地区生态建设及需水量研究［J］．干旱区地理，2006（6）：803-809.

[3] 王芳，梁瑞驹，杨小柳，等．中国西北地区生态需水研究（1）：干旱半干旱地区生态需水理论分析［J］．自然资源学报，2002（1）：1-8.

[4] 何永涛，闵庆文，李文华．植被生态需水研究进展及展望［J］．资源科学，2005（4）：8-13.

[5] 杨丽雯，何秉宇，黄培祐，等．和田河流域天然胡杨林的生态服务价值评估［J］．生态学报，2006（3）：681-689.

[6] 李辉，韦蔚．西北干旱区生态环境变化研究：以新疆和田河为例［J］．中国防汛抗旱，2021，31（S1）：123-126.

[7] 龙爱华，张沛，李江，等．和田河干流河道径流损失与植被生态需水关系研究［J］．中国水利水电科学研究院学报，2020，18（5）：361-368.

[8] 李苗苗．植被覆盖度的遥感估算方法研究［D］．北京：中国科学院研究生院（遥感应用研究所），2003.

[9] 贾坤，姚云军，魏香琴，等．植被覆盖度遥感估算研究进展［J］．地球科学进展，2013，28（7）：774-782.

[10] 白泽龙，姜亮亮．基于 RS 和 GIS 的乌伦古河流域天然植被生态需水研究［J］．新疆环境保护，2020，42（2）：1-7.

[11] 杨嫒嫒，徐长春，罗映雪，等．基于植被蒸散发法的孔雀河流域天然植被生态需水估算［J］．灌溉排水学报，2020，39（4）：106-115.

[12] 岳东霞，陈冠光，朱敏翔，等．近 20 年疏勒河流域生态承载力和生态需水研究［J］．生态学报，2019，39（14）：5178-5187.

基于多源遥感数据识别分析郑州市极端降雨条件下地表形变敏感地物

韩　龙　曹连海　余宝宝

（华北水利水电大学，河南郑州　450046）

摘　要：极端降水是当今最常发生的气象灾害之一，其发生不仅会造成重大的经济社会损失，还会对受灾地的地表情况造成影响。虽然目前有持续散射干涉测量等高精度的综合工具来观测地表形变，但是对于定位潜在易损地物时往往需要以年尺度的地表形变量来判断。针对极端降雨条件下地表形变敏感地物识别的时效性问题，设计了一种地表形变异常监测方案。利用 Sentinel-1A 的 SAR 影像提取主城区前后共 3 年的地表形变情况，筛选出极端降水后的异常地表形变地物，分析造成异常地表形变的原因。结果表明，3 年来郑州市有 22.14 km^2 的区域的沉降速度大于 10 mm/a。郑州市主城区在“7·20”特大暴雨影响下，郑州市地表形变异常区域明显增多，主要以高层建筑和居民聚集区为主，造成异常地表形变的主要原因与城市洪涝积水以及地质情况有关。该方法在快速定位受损或潜在受损地物方面具有有效性。

关键词：极端降水；地表形变；InSAR；SSA

1　引言

近些年来，极端气候与城市发展之间的矛盾日益突出[1]。极端降水所造成的洪涝灾害不仅对人民的生命财产安全造成威胁，大量的降水还可能导致土壤饱和发生地基沉降，对建筑埋下安全隐患[2]。准确并及时更新危害区域或易感性地图是掌握灾害数据、提高应急救援防灾减灾能力的重要指南。因此，地表运动（例如，边坡失稳、滑坡、地表沉降）的空间和时间特征及其与城市扩张和自然变化的相互作用至关重要。当然，并不是所有城市规划都会考虑到极端自然条件的防灾要求，意料之外有的自然现象可能加速原有的自然过程，并损坏或摧毁建筑物和基础设施。

遥感技术使我们能够实施多尺度和多频率的监测方法：从小范围探测和低更新频率到大范围监测，并在必要时提供高更新频率。卫星合成孔径雷达干涉测量（InSAR）是一种有效的星载遥感方法，用于监测大面积的表面变形，具有毫米到厘米尺度的垂直精度和每两周或每月的时间分辨率[3]。然而，D-InSAR 监测地表形变中的应用通常受到失相干、大气效应等影响。在这种情况下，多时相 InSAR 处理方法被提出，如持续散射体干涉测量（PSI）[4] 和小基线子集（SBAS）方法，对于城市地表形变来说，PS-InSAR 是在该领域应用最广泛和最成熟的技术之一[5]。对于地质结构稳定的城市来说，地表形变是一个缓慢的变化过程，现有危险性评价指标难以在短时间内确定的形变危险的潜在区域。例如，在较短的年际时间段内，一个缓慢沉降的地点的形变情况往往呈现具有一定周期性的线性下降趋势，但当一个地点的地表形变数值多次出现超出原有演化特点的异常情况时，可以认为该地点是一个地表形变易感区域。因此，对于近些年来郑州这种地质结构安全，人类影响持久稳定的城市而言，地表形变异常可以用来确定危害或易感性区域[6]。

目前，已经提出了许多用于周期性信号分解的时间序列分析方法成功地应用于地球科学研究

作者简介：韩龙（1999—），男，硕士研究生，研究方向为 InSAR 的变形监测。

通信作者：曹连海（1970—），男，教授，院长，主要从事地质工程、水土保持与荒漠化防治的研究工作。

中[7]。可用于时间序列分析的主要方法包括最小二乘法（LS）、卡尔曼滤波（KLF）、小波分解（WD）、经验模态分解（EMD）、局部加权回归的季节性趋势分解过程（STL）等[8]。此外，奇异谱分析（SSA）广泛用于地球科学时间序列分析[9]，包括不同时间分辨率的趋势检测，提取季节性成分，同时提取小周期和大周期的残差，识别具有不同幅度的周期性，提取复杂的趋势和周期性，分析结构模式的短时间序列，以及检测变化点。与其他分解方法不同，SSA 不依赖于有关时间序列的假设，因此可以用来拆解时间序列中的异常成分。例如，通过对土壤氡（^{222}Rn）和其同位素（^{220}Rn）时间序列数据利用 SSA 识别和拆分周期性和非周期性成分发现：^{220}Rn 时间序列数据在地震发生前表现出异常行为，可以为了解研究期间发生的地震事件提供帮助[10]。此外，另一项研究表明，使用 SSA 和 Fisher-Shannon 统计方法，可以有效地捕获和估计森林覆盖的内部植被异常方面的潜力[11]。同样在气象方面，通过使用 SSA 分解非静水延迟时间序列的残差，可以用来预测并了解沙尘暴的发生[12]。因此，SSA 是一种有效识别时间序列异常的辅助方法。

在统计学中，异常值是指不属于某一特定群体的数据点。它是一个与其他数值大不相同的异常观测值，与良好构成的数据组相背离。目前对于异常值检验的方法有很多种，主流的有 3sigma、Z-score、boxplot、Grubbs 假设检验、KNN、LoF、COFsos、DBSCAN、iForest、PCAA、utoEncoder 等。这些方法各有优劣，其中 boxplot 方法凭借其计算简单、效率高且受异常点的影响较小的优势，在异常检验的研究中应用广泛；在海面温度、时空降水和一般环流模型数据上异常值检测效果优秀[13]；在其基础上改进的鲁棒偏斜箱线图方法来检测偏斜雨分布中的异常值时可以变得更加准确[14]。

为了定量地监测出极端降水条件下的地表形变易感区域，本文首先利用 InSAR 技术获取郑州市 2021 年 7 月 20 日前后共 3 年的地表形变时空变换情况；之后，采用奇异谱分析（SSA）方法分解每个区域网格点的时间序列，将残差项运用统计学的检验方法识别在极端降水条件下的残差异常区域；最后，研究极端降水条件下地表形变异常的原因。

2 研究区域和数据

2.1 研究区域

郑州市地处河南省中部偏北［见图 1（a）］，处于 113°27′~113°51′E，34°36′~35°00′N，市区北接黄河，西临嵩山，地形走势上由西南向东北逐渐走低，呈阶梯状下降，面积约为 1 010 km^2，地层主要为第四系松散状粉土、粉质黏土和砂砾石层，不良岩土体如湿陷性黄土主要分布在郑州西部，如图 1（b）所示；大部分淤泥质软土主要分布在软土区域。气候条件属于温带大陆性季风气候，其年降水量适中，年内降水时间主要集中在 6—8 月[15]。市区内的贾鲁河、东风渠、金水河、熊耳河和索须河承担了降水和废水的排泄任务。城市 77%的地物为建筑所覆盖，13%的地物为耕地。

在郑州“7·20”特大暴雨灾害中（简称灾害），全市累积平均降水量 449 mm，单日降水均已突破自 1951 年郑州建站以来 60 年的历史纪录，城市排涝系统严重超载，城市内涝严重。多处城市道路和建筑受到了不同程度的破坏，本文选取郑州市主城区（金水区、惠济区、中原区、二七区、管城区）进行监测。

2.2 数据集

文中 PS-InSAR 分析利用了欧洲航天局（ESA）提供的 Sentinel-1 SAR 数据。Sentinel-1 SAR 以 C 波段频率运行，Sentinel-1A 包含四种操作模式：SM、IW、EW 和 WV，包括分辨率为 5 m×20 m，振幅为 250 km 的干涉宽场模式，重访周期为 12 d。本研究共使用了 90 张以干涉宽幅（IW）模式从上升轨道获取的单视复数（SLC）图像。研究区域的入射角约为 38.96°，距离向分辨率为 2.32 m，方位向分辨率为 13.91 m。这些图像涵盖了 2019 年 7 月 14 日至 2022 年 6 月 12 日的时间跨度，时间分辨率为 12 d。值得注意的是，用于 PS-InSAR 分析的下降轨道数据有限。DEM 是美国奋进号航天飞机的雷达地形测绘 SRTM（shuttle radar topography mission，SRTM）数据，提供空间分辨率为 30 m 的高程信息。精密轨道文件来自于欧空局哥白尼计划数据分发网站。

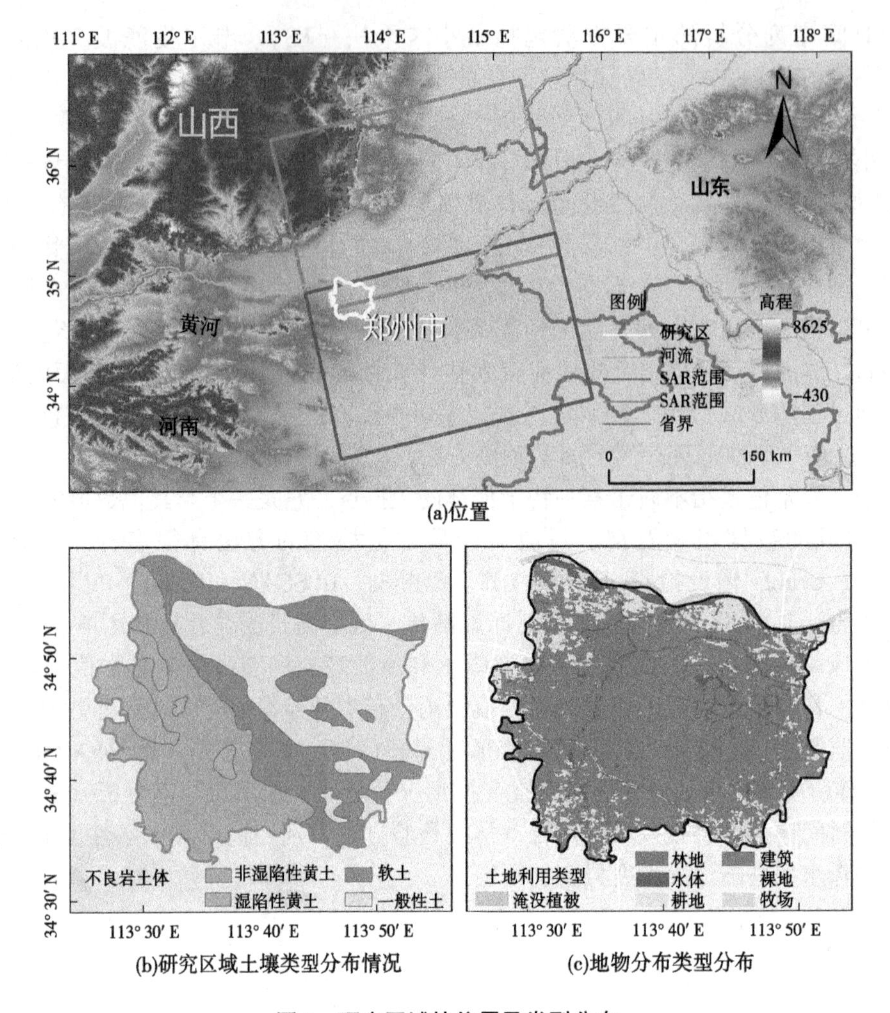

(a)位置

(b)研究区域土壤类型分布情况

(c)地物分布类型分布

图 1　研究区域的位置及类型分布

3　方法

3.1　InSAR 处理

本文采用 ENVI SARScape 软件中的 PS-InSAR 方法，基于 Sentinel-1A 图像对研究区域进行时序变形。PS-InSAR 方法最早由 Ferretti 等提出[4]。尽管近年来已经开发了各种 PS-InSAR 技术算法，但所有这些算法都旨在从包含的微分干涉相位中检索高度相干散射体（持续散（PS）像素，例如建筑物或裸露的岩石物体）上的局部变形。

在 PS-InSAR 干涉模型中，任一点的相位可以表示为

$$\varphi = \varphi_{defo} + \varphi_{ztmo} + \varphi_{topo} + \varphi_{geo} + \varphi_{noise} \tag{1}$$

式中：φ 为干涉相位；φ_{defo} 为地表视线向形变相位；φ_{ztmo} 为大气扰动相位；φ_{topo} 代表地形相位；φ_{geo} 为平地相位，φ_{noise} 为系统热噪声相位。

通过在 ENVI SARScape 软件中使用 PS-InSAR 技术，选择 2021 年 1 月 4 日获取的 SAR 图像作为主图像，其他图像与主图像共同配准。使用 DEM 去除了地形平地效应，将所有影像配准主影像坐标系。然后，用线性模型从所有差分干涉图中估算得形变速率和残余高程信息。对相干性高的像元进行计算。然后，估算目标高程的估算和 LOS 方向上形变速率和大气补偿生成再而形变结果。最后将所有稳点散射点（PS 点）地理编码转换到对应的位置。

3.2　PS 点到栅格的转换

将生成的 125 万个 PS 点插值为 20 m 的像元，由于 PS 点的数量和密度足够高，因此采用反距离

权重插值，然后将 90 期的栅格图层转换成 netCDF 文件，从而提高计算效率且能有更清晰的结果。另外，参照《地质灾害危险性评估规范》（GB/T 40112—2021）制定地表形变危险性分级指标，如表 1 所示，以下分析重点关注地表形变速率大于 10 mm/a 的区域。

表 1　地表形变危险性评价指标

危险等级	形变评价	形变速率/(mm/a)
低	弱发育	≤10
中	中等发育	10~30
高	强发育	≥30

3.3　时间序列分解

奇异谱分析（singular spectrum analysis，SSA）是一种基于奇异值分解的信号处理技术，用于分析时间序列数据，它可以将时间序列数据分解为趋势项、周期项和残差项。首先将一维时间序列 $x_t(1 \leqslant t \leqslant N)$ 通过滑动窗口嵌入延迟序列中，形成轨迹矩阵。其中，L 为窗口长度，$K=N-L+1$。

$$\boldsymbol{X} = (x_{ij})_{i,\ j=1}^{L,\ K} = \begin{pmatrix} x_1 & x_2 & x_3 & \cdots & x_K \\ x_2 & x_3 & x_4 & \cdots & x_{K+1} \\ \vdots & \vdots & \vdots & & \vdots \\ x_L & x_{L+1} & x_{L+2} & \cdots & x_N \end{pmatrix} \tag{2}$$

然后，对轨迹矩阵执行奇异值分解（SVD），将轨迹矩阵分解为以下形式：

$$\boldsymbol{X} = \boldsymbol{U} \sum \boldsymbol{V}^{\mathrm{T}} \tag{3}$$

其中，$\boldsymbol{U} \in R^{L\times L}$，$\Sigma \in DIAG^{L\times K}$ 和 $\boldsymbol{V} \in R^{K\times K}$，$\boldsymbol{U}$ 和 $\boldsymbol{V}$ 称为酉矩阵，是单位正交矩阵，Σ 被称为奇异值，为对角矩阵。

奇异值分解将轨迹矩阵分解成了酉矩阵，对角阵和酉矩阵的线性组合，那么可以将 X 转化为

$$X = \sum_{i=1}^{r} \sigma_i U_i V_i^{\mathrm{T}} = \sum_{i=1}^{r} X_i \tag{4}$$

式中：r 为矩阵的秩；σ 为轨迹矩阵的协方差矩阵的特征值从小到大的平方根，$d=\max\ (i)$，也称为原序列的奇异谱。

将下标集合分成 m 个不相交的子集，并将每组内所包含的矩阵相加，另 i_1，…，i_p 为第 I 组所包含的矩阵，则：

$$\boldsymbol{X}_I = \boldsymbol{X}_{i_1} + \cdots + \boldsymbol{X}_{i_p} \tag{5}$$

$$\boldsymbol{X} = \boldsymbol{X}_{I_1} + \cdots + \boldsymbol{X}_{I_m} \tag{6}$$

最后在重构这一步中，我们将式（5）中的每个矩阵 $\boldsymbol{X}_{Ij}$，变换为一个长度为 N 的新序列，即得到分解后的序列。定义 $\boldsymbol{Y}$ 为一个 $L\times K$ 的矩阵，元素为 y_{ij}，$1\leqslant i\leqslant L$，$1\leqslant j\leqslant K$。令 $L^*=\min\ (L,\ K)$，$K^*=\max\ (L,\ K)$，$N=L+K-1$。如果 $L<K$，$y_{ij}^*=y_{ij}$，否则，$y_{ij}^*=y_{ji}$。那么将矩阵转化成一维序列的对角线平均的公式可以表示为

$$y_k = \begin{cases} \dfrac{1}{k}\displaystyle\sum_{m=1}^{k} y_{m,\ k-m+1}^* & 1 \leqslant k < L^* \\ \dfrac{1}{L^*}\displaystyle\sum_{m=1}^{L^*} y_{m,\ k-m+1}^* & L^* \leqslant k \leqslant K^* \\ \dfrac{1}{N-k+1}\displaystyle\sum_{m=k-K^*+1}^{N-K^*+1} y_{m,\ k-m+1}^* & K^* < k \leqslant N \end{cases} \tag{7}$$

最终得到一维序列为

$$(y_1, y_2, y_3, \cdots, y_{k-1}, y_k, y_{k+1}, \cdots, y_{L-1}, y_L, y_{L+1}, \cdots, y_{K+L-3}, y_{K+L-2}, y_{K+L-1}) \tag{8}$$

其余的主成分序列可以类似地重建。这样，时间序列的信号分解就完成了。

3.4 箱线图准则

箱线图也称箱须图、箱形图、盒图，用于反映一组或多组连续型定量数据分布的中心位置和散布范围。箱形图包含数学统计量，不仅能够分析不同类别数据各层次水平差异，还能揭示数据间离散程度、异常值、分布差异等。

一种通常用于识别异常值的简单方法是基于箱线图的概念，并使用异常值截断点判断。Tukey（1977）提出的这种方法已被普遍使用，并且已经进行了广泛的研究（例如，参见 Hoaglin 等，1986；卡林，2000；贝克曼和库克，1983；弗里格等，1989）。这种基于图形的异常值识别方法很吸引人，不仅因为它简单，而且更重要的是，因为它不使用极端的潜在异常值，这些异常值可能会扭曲传播度量的计算并降低对异常值的敏感性。数据中按照从小到大顺序排列后，把该组数据四等分的数，称为四分位数。第一四分位数（Q_1）、第二四分位数（Q_2，也叫“中位数”）和第三、四分位数（Q_3）分别等于该样本中所有数值由小到大排列后第 25%、第 50%和第 75%的数字。第三、四分位数与第一、四分位数的差距又称四分位距（interquartile range，IQR）。上下边缘则代表了该组数据的最大值和最小值。上边缘的内限为 $Q_3+1.5\mathrm{IQR}$，下边缘的内限为 $Q_1-1.5\mathrm{IQR}$，内限外的数据为异常数据。对于分布越对称的数据，箱线图越能准确地识别数据批中的异常值。

根据以往的研究，郑州市地表形变具有一定的趋势性和周期性，那么残差就是不符合形变发育规律的异常项，允许在地表形变发育过程中存在异常值，但是这种异常值的波动只能允许的范围内：然而根据地理学第二定律，每个区域的地表形变变化规律存在异质性，所以每一地点都有自己独立的范围。本文中研究区内的地表形变情况都被插值为栅格［见图 2（a）］，栅格内每一个像元代表该处的地表形变数值变化情况［见图 2（b）］。每一个像元异常值波动范围就是对应像元的时间序列中的残差统计值对应的内限，超过内限的数值被标记为异常值［见图 2（c）］。

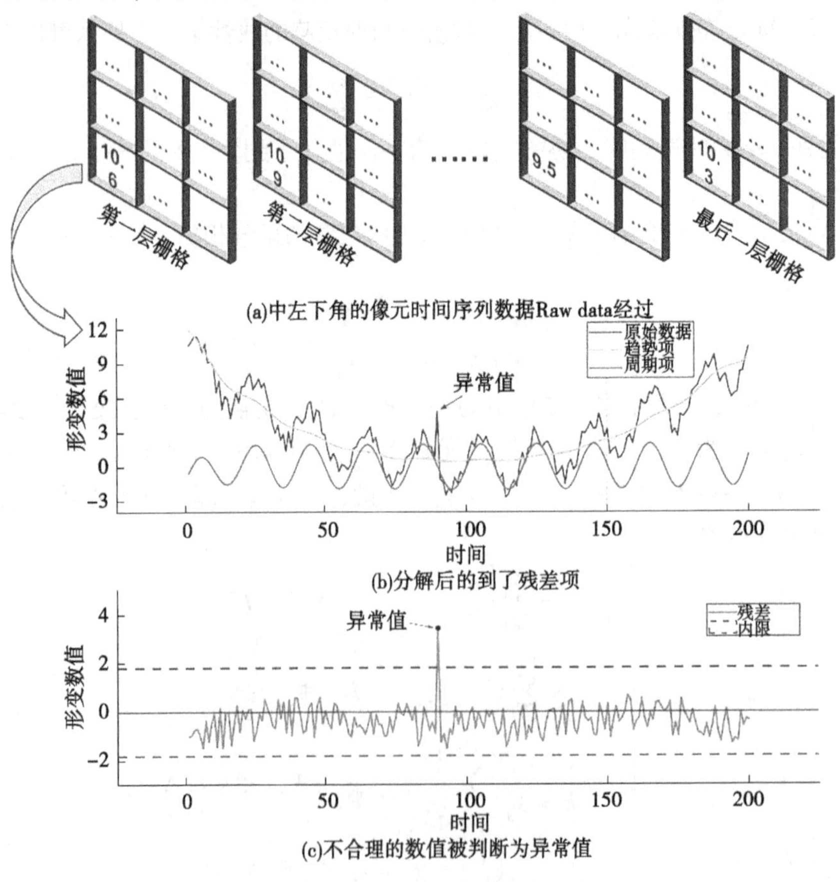

图 2 每一个像元的异常值检验方法原理

4 结果

4.1 郑州市地表时空变化情况

在2019年7月至2022年6月期间，郑州市地表主要抬升区域分布在市区中部和西部［见图3（d）］，抬升速率在10 mm/a以内的区域面积有674.1 km^2，占总面积的44.1%，属于低危险区域，弱发育形变速率以上的区域面积小于0.1%［见图3（c）］。沉降区域主要集中在北部和东部，绝大多数区域的沉降速率同样集中在10 mm/a以内，有830.9 km^2，占总面积的54.3%，但是仍然有22.47 km^2 的区域的沉降速率大于10 mm/a，这些区域主要分布在郑州市的东部和东北部如图［见图3（a）］，呈块状分布，其中沉降斜率大于30 mm/a的区域占比同样小于0.1%。根据地表形变危险性评价指标，郑州市几乎没有地表隆起危害，且仅有极小部分的区域为高危险区域。对于郑州市沉降情况，大多数区域为低危险区域，但是仍有小部分区域存在中等危险沉降情况，同样仅有极小部分的区域为高危险等级，因此下面仅对中等危险沉降区域情况进行详细讨论。

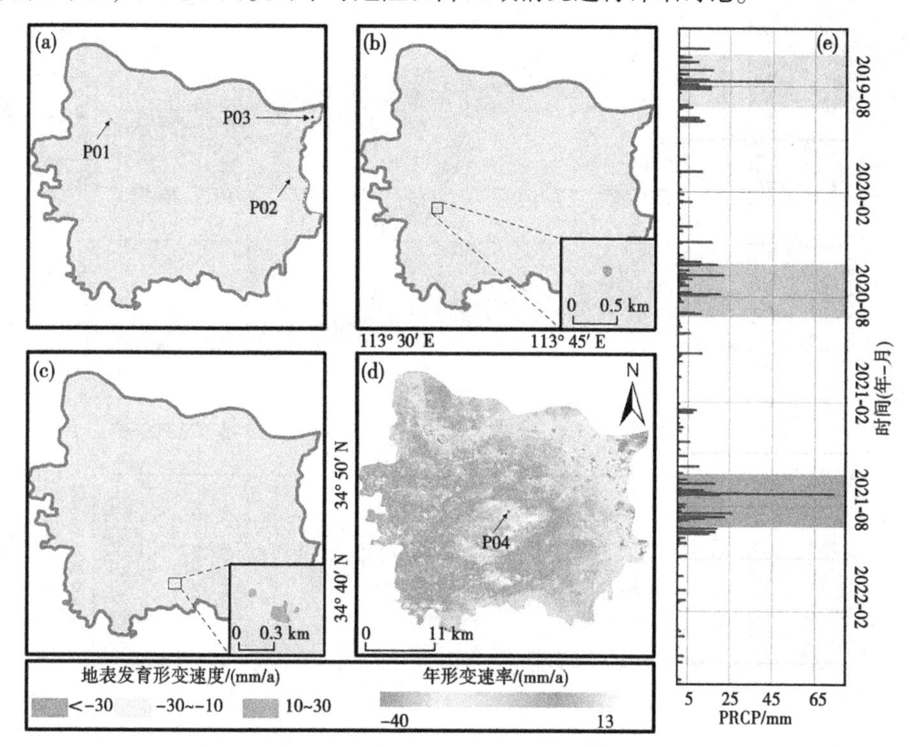

（a）、（b）、（c）为危险性速率发育分布图；（d）为郑州市年均地表形变速率分布图；（e）为郑州市57083气象站点每日20：00—20：59的累计降水量图（阴影为该年的雨季）。

图3 区域采样点及地表形变速率与降水量

为了直观地分析，根据中等危险沉降区域形变发育情况，对该区域内斑块较大的区域的PS点进行采样，共选取三个采样点P01、P02和P03，其分布如图3（a）所示，以及作为对比项P04选择在市中心地面弱发育抬升处［见图3（d）P04］。P01在古荥镇东处［见图4（a）］，周边多为农用地和低层建筑，也是多条快速路的交会处，该区域内的所有采样点的累计形变曲线以及平均累计形变曲线随着时间推进逐渐走低［见图4（b）］，年沉降速率集中在12 mm/a。P02在贾鲁河站东处［见图4（c）］，周边多为新开发高层住宅建筑，人口密度低，同样该区域的采样点曲线呈现下降走势［见图4（d）］，年沉降速率集中在11 mm/a。P03在杨桥村处［见图4（e）］，周边多为新开发高层住宅建筑，人口密度集中，该区域农用水需求较大，农用水源主要来自于地下水抽取，同样该区域的采样点曲线呈现下降走势［见图4（f）］，年沉降速率集中在11 mm/a。与之对比的P04位于河南教育学院处［见图4（g）］，虽然周边为高层办公建筑，人口密度大，但是该区域的采样点曲线呈现上升降走势［见图4（h）］，年抬升速率集中在6 mm/a，是近几年地下水水位恢复后的地表抬升典型区域[16]。因此，郑州市中等危险的沉降区主要位于地下水需求量大的农用地以及开发新区附近。

郑州市2019年5月至2022年6月的降水情况如图3（e）所示，其中灰色背景为该年的雨季，同样在图4（b）、（d）、（f）、（h）中的灰色背景为对应年的雨季。通过观察各个采样区的地表形变情况，所有在雨季的地表形变异性变量均较小，即使是在2021年7月20日附近，根据现有指标也很难发现地表形变波动异常的情况。

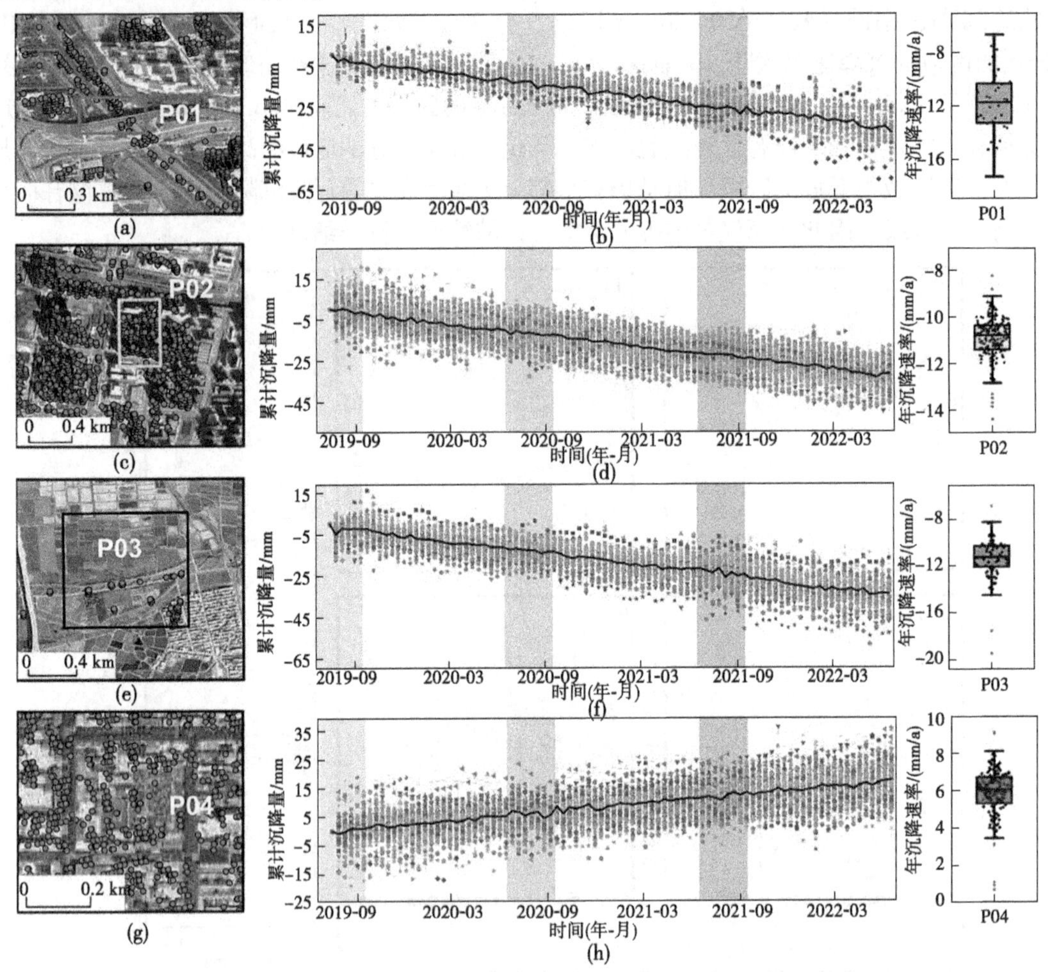

（a）、（c）、（e）、（g）为PS点采样区的区域图；（b）、（d）、（f）、（h）为对应采样框内所有PS点的累计变化量。

图4 采样区域图及对应累计变化量

4.2 敏感地物识别

郑州市的地表形变异常网格数量变化情况如图5（a）所示，其波动情况总体上与降水量变化相同，在雨季时，形变异常网格的数量相较于以往会更多，且降水量越大异常网格的数量越多。但是异常网格数量在于曲线的首部和尾部显得异常得多，特别是第一个时期的数量，该时期作为起始时期栅格内部的数值均为零，但是仍然有约4.5×10^5个网格被判定为异常值，这是不符合逻辑的。出现这样的误差是因为在进行SSA分解时，理想情况下趋势项和周期项在曲线首部之和与实际数值相等，趋势项和周期项在整个时间序列上是无偏的，但是这两项在首部和尾部无法完全精准地建模，未建模的因素会被纳入到残差项中［见图5（b）］，这些残差项并不是来自于真实地表形变的残差，因此这些大量假的残差在boxplot统计时被归类为异常值，导致了这种误差，但是随着序列的推进，这种假的残差会迅速变小，直至在接近时尾部再次出现上述问题。虽然假的残差不利于统计首部和尾部的异常值，但是这并不完全是一件坏事，因为boxplot统计的是整个时间序列的所有残差，假的残差可以被当作噪声引入，使得在统计异常值时的判断指标更加严格，可以提高序列中部异常值识别的精度。

因此，序列中部的两个雨季的异常网格数量判断有着较高的准确性，以下分析着重对 2021 年的雨季时期的异常网格数量变化展开。

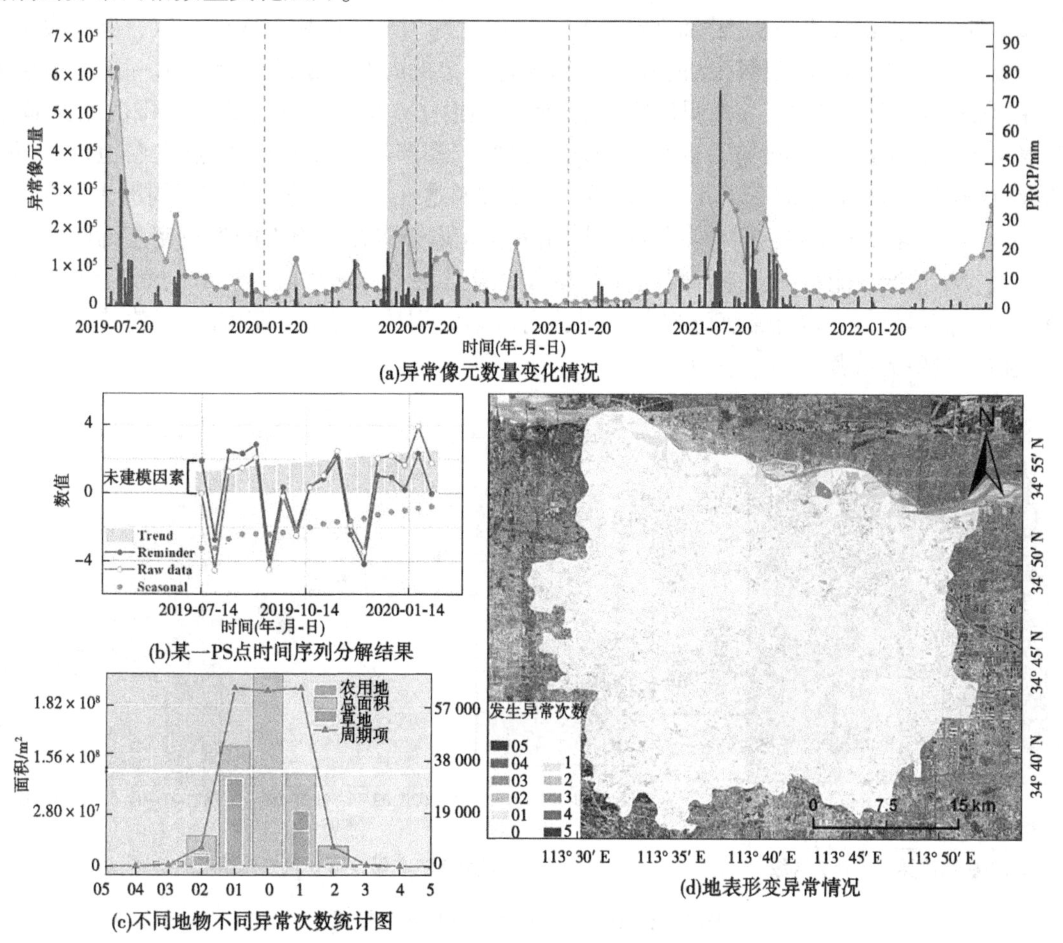

图 5　敏感地物识别

注：数字前带有 0 的为异常沉降次数，不带 0 的为异常抬升次数。

由于郑州市地表覆盖主要以建筑（76.5%）、农作物（11.96%）和草地（6.5%）所覆盖，其余地表覆盖类型仅总面积的 5%（其中水域面积占比 4.48%），因此仅对异常建筑区域、农作物区域和草地区域的异常情况进行分析，此外，由于有房屋矢量边界这种更加精细化的产品，定义与异常值网格的位置相交的房屋为地表形变异常房屋，因此建筑区域异常面积将由异常栋数替代。另外，为了更加细化地判断地表形变异常情况，定义 2021 年雨季 8 幅栅格内同坐标的像元同时出现 2 次及以下形变异常的情况认定为地表形变低敏感位置像元，2 次以上的认定为高敏感像元，同时将出现异常情况分为沉降异常和抬升异常［见图 5（d）］。各种地物的异常的面积和数量如图 5（c）和表 2 所示。

表 2　各地物的异常的面积和数量

高敏感区域	总面积/m²	农作物/m²	草地/m²	建筑数量
05	8 800	319	80	0
04	45 600	2 543.45	11 764	22
03	2 764 400	2 326 908	86 070	501
3	702 800	228 980	33 773	421
4	46 800	21 001	1 476	11
5	3 600	1 464	0	0

4.2.1 农作物和草地区域

郑州市总面积 99.7%的区域为低敏感区域，发生低敏感的地物以建筑物为主，且多为异常沉降，农作物和草地面积占比仅为 7%。然而在高敏感区域中，有 72%的区域为农作物区，其中发生 3 次异常沉降的农作物区域就占总敏感区域的 65%。出现这样结果的原因是郑州市北部一被农田包围的地层房屋在 2021 年雨季时出现了 3 次明显的异常形变［见图 6（b）］，但是由于周围的地物都是农田，后向散射性差，无法计算其 PS 点，因此环绕着该建筑周围产生了大量的 PS 点空白地带，但是由于反距离权重插值法是根据距离赋予其位置权重的，所以将这 3 次异常值扩散到了周围大量的空白地带［见图 6（a）］，导致了误差，同样类似的农用地斑块大量分布在郑州市的建筑密度稀疏的区域，但是其异常值检测情况可能存在误差，因此仅作参考。经过测量，这片蓝色区域的面积约为 1 520 000 m^2。修正后，高敏感区域以异常沉降现象为主，高敏感农用地和草地面积略高于建筑面积，且是异常沉降地物的主要贡献者。

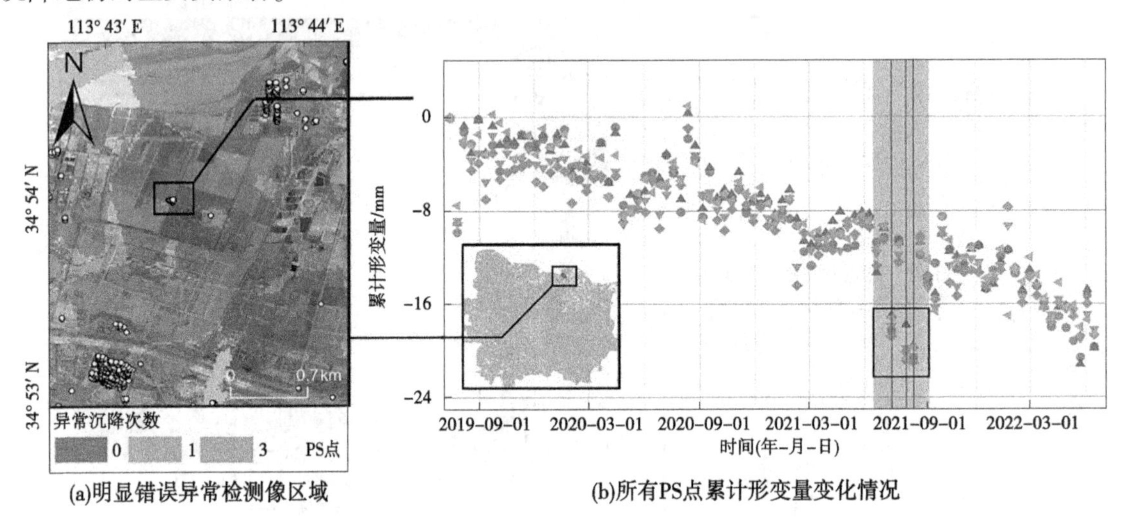

(a)明显错误异常检测像区域　(b)所有PS点累计形变量变化情况

图 6　检测区域及累计形变量变化情况

4.2.2 建筑区域

在 2021 年雨季期间，共计识别出 955 栋房屋的地表形变表现出高度敏感的现象，异常沉降和异常抬升房屋数量几乎相当。这些房屋主要分布在管城区和二七区（见图 7）。为了更直观地观察高敏感建筑的识别情况，随机选择四栋高敏感建筑，观察各自最近 PS 点的累计地表形变变化，结果如图 8 所示。

房屋 a 位于陇海快速路与英斜路交叉处［见图 8（a）］，建筑是彩钢瓦房［见图 8（e）］，且附近为正在施工的裸地。这种房屋没有地基，在雨季很容易受到雨水的冲刷发生沉降现象，在 2021 年雨季时就发生了 3 次异常沉降［见图 8（i）］。房屋 b 是郑州市购书中心［见图 8（b）］，这栋 1999 年建成的商业建筑位于繁华的闹市区，附近城市地下空间项目和建筑施工项目多，自身地下结构情况容易受到影响［见图 8（f）］，同样在 2021 年雨季时发生了 3 次异常沉降［见图 8（i）］，在 2021 年雨季时就发生了 3 次异常沉降［见图 8（i）］。房屋 c 是中医学院家属院 1 号楼旁边的矮层建筑［见图 8（c）］，周围均为密集的老旧建筑，从图 8（g）中就能看出这栋破败的砖混房结构已经不太稳定，且这些老城区基建和排涝能力差，该房屋在雨季发生了 3 次异常抬升现象可能是不稳定的地基结构吸水膨胀导致的。房屋 d 与房屋 c 情况相似［见图 8（d）］，也是老城区中的破败建筑，且其墙面上已经出现了明显的裂缝［见图 8（h）］，说明其地基结构早已不稳定，其异常抬升行为可能是地基吸水膨胀导致的。根据这些采样建筑的实际情况，本文提出的方案在识别地表形变敏感建筑方面效果良好。

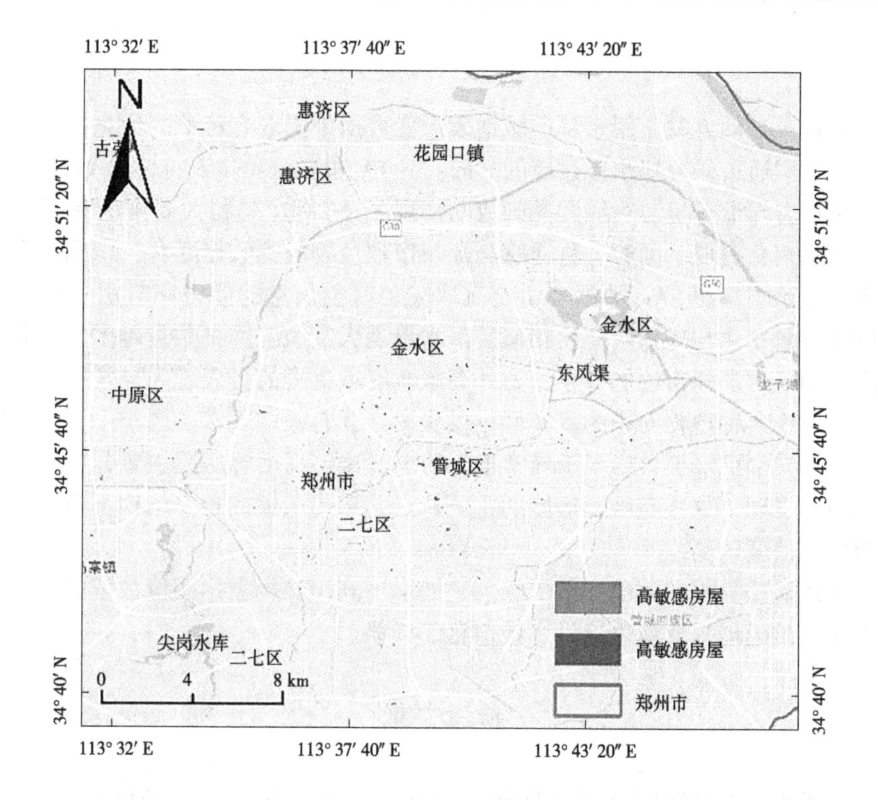

图 7　高敏感房屋分布

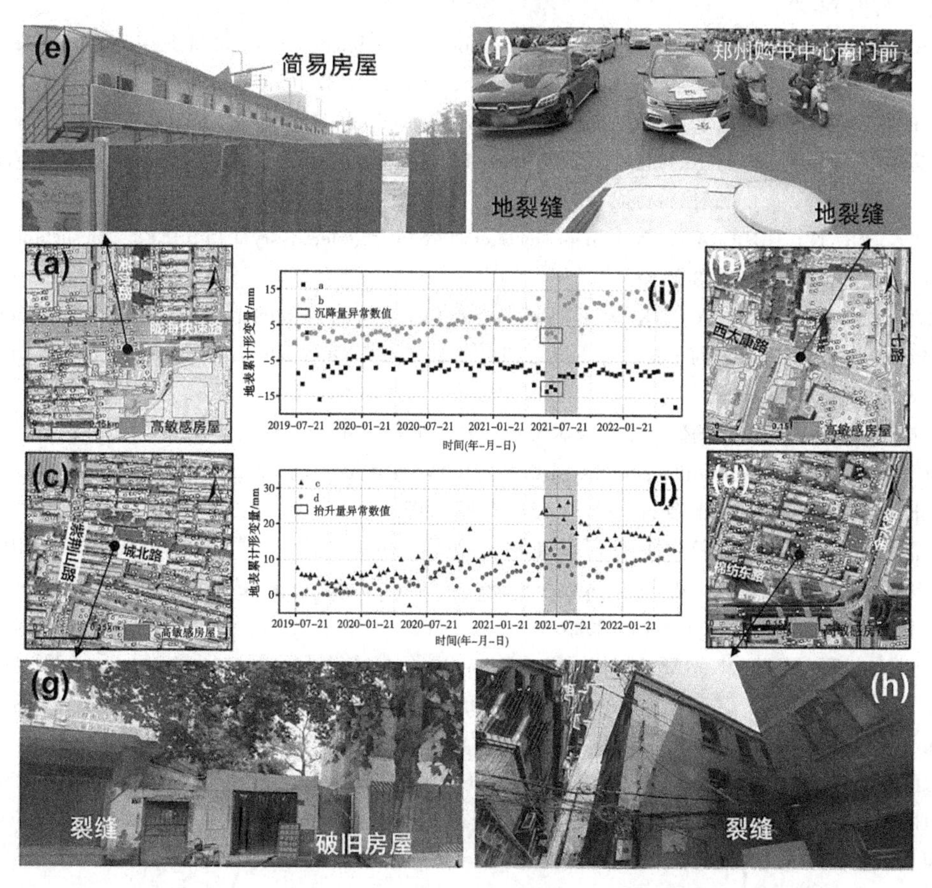

(a)、(b)、(c)、(d) 为随机选取的 4 栋高敏感建筑的区位图；
(e)、(f)、(g)、(h) 为对应的房屋实际情况；(i)、(j) 为累计形变数值。

图 8　采样建筑情况

5 结论

本文提出了一种半自动方案，用于从广域地表形变数据中提取有价值的信息，以识别城市地表容易形变的地物。该方案通过研究郑州市过境的 Sentinel-1A 和 Sentinel-2 的 SAR 数据和 10m 分辨率的土地覆被产品，利用奇异谱分析和箱线图准则成功实现了“7·20”特大暴雨前后雨季的地表容易形变的地物动态监测和信息提取。同时，将遥感与郑州市建筑物轮廓数据融合，识别洪涝影响下城市地表形变敏感建筑，展示了多源 SAR 数据多角度获取灾害时空信息的能力和应用。该方案发现：①郑州市敏感地物网格数量变化与降水量变化相似，降水量越大，敏感网格数量越多。②有极端降水的雨季中，高敏感区域面积占郑州市比例极小，另外高敏感区域更多的是表现为异常沉降现象，且以农用地和草地为主，但是这两种地物面积的真实性仅供参考。③有极端降水的雨季中，高敏感地表形变的房屋数量为 955 栋，异常沉降栋数略多于异常抬升情况，这些高敏感房屋主要分布在老城区中，经过采样与实际情况对比发现，这些高敏感房屋的主要特点是年代久远或自身结构不稳定，该方案识别地表形变敏感建筑的可信度较高。

该方案采用多源遥感数据变化的详细信息。它展示了利用异构雷达图像数据的联合观测方案在暴雨和洪涝灾害中及时准确地提取地表淹没水体信息的优势。

参考文献

[1] LESK C, ROWHANI P, RAMANKUTTY N. Influence of extreme weather disasters on global crop production [J]. Nature, 2016, 529: 84-98.

[2] SHAHID S, POUR S H, WANG X, et al. Impacts and adaptation to climate change in Malaysian real estate [J]. International Journal of Climate Change Strategies and Management, 2017, 9: 87-103.

[3] ZHOU C, LAN H, BURGMANN R, et al. Application of an improved multi-temporal InSAR method and forward geophysical model to document subsidence and rebound of the Chinese Loess Plateau following land reclamation in the Yan´an New District [J]. Remote Sensing of Environment, 2022, 279: 113102.

[4] FERRETTI A, PRATI C, ROCCA F. Permanent scatterers in SAR interferometry [J]. IEEE Transactions on Geoscience and Remote Sensing, 2001, 39: 8-20.

[5] RAMIREZ R A A, LEE G-J, CHOI S-K. et al. Monitoring of construction-induced urban ground deformations using Sentinel-1 PS-InSAR: The case study of tunneling in Dangjin, Korea [J]. International Journal of Applied Earth Observation and Geoinformation, 2022, 108.

[6] 王爱国. 郑州市区地面沉降监测数据融合及水文地质解译研究 [M]. 武汉：武汉大学，2018.

[7] BEDFORD J, BEVIS M. Greedy Automatic Signal Decomposition and Its Application to Daily GPS Time Series [J]. Journal of Geophysical Research-Solid Earth, 2018. 123: 6992-7003.

[8] 赵忠明，孟瑜，岳安志，等. 遥感时间序列影像变化检测研究进展 [J]. 遥感学报，2016，20：1110-1125.

[9] LI C, YANG P, ZHANG T, et al. Periodic signal extraction of GNSS height time series based on adaptive singular spectrum analysis [J]. Geodesy and Geodynamics, 2023.

[10] SAHOO S K, KATLAMUDI M, GAKKA U L. Singular spectrum analysis on soil radon time series (222Rn) in Kachchh, Gujarat, India: detection of periodic oscillations and earthquake precursors [J]. Arabian Journal of Geosciences, 2020, 13: 973.

[11] TELESCA L, LOVALLO M, CARDETTINI G, et al. Urban and Peri-Urban Vegetation Monitoring Using Satellite MODIS NDVI Time Series, Singular Spectrum Analysis, and Fisher&ndash [M]. Shannon Statistical Method, Sustainability, 2023.

[12] ZHOU M, GUO J, LIU X, et al. Analysis of GNSS-Derived Tropospheric Zenith Non-Hydrostatic Delay Anomaly during Sandstorms in Northern China on 15th March 2021 [M], Remote Sensing, 2022.

[13] SUN Y, GENTON M G. Adjusted functional boxplots for spatio-temporal data visualization and outlier detection [J]. Environmetrics, 2012, 23: 54-64.

[14] ZHAO C, YANG J. A Robust Skewed Boxplot for Detecting Outliers in Rainfall Observations in Real-Time Flood Forecasting [J]. Advances in Meteorology, 2019.

[15] 李凤秀, 朱业玉. 1961—2017年郑州夏季降水日变化规律分析 [J]. 河南科学, 2019, 37: 924-932.

[16] 张介山. 郑州市地面沉降成因机理研究 [D]. 郑州: 华北水利水电大学, 2021.

寒区水利

精细化管理在水利工程项目施工管理中的应用

李元海　秦德吉

（济南市水利工程服务中心，山东济南　271108）

摘　要：水利工程项目是我国现代工程建设中的主要部分，保证其工程质量，加强对该工作的重视，能促使其作用的发挥和实现。在水利工程项目施工中，要本着认真的态度，对工程实施精细化管理，解决其存在的问题，维护水利工程的可持续建设，确保在日后施工中将其作为有力的参考意见。根据管理的内容，明确人员职责，促进各个环节工作的优化发展和执行，也能促进发展目标的实现，从而达到整体的顺利实施。因此，精细化管理工作具备十分重要的意义，整体上提升精细化管理工作的执行水平和质量，还要基于领导人员，按照自上而下的顺序渗透思想。从总体上看，不仅能对战略目标合理划分和精细分解，也能促进工作的充分落实。基于此，在文章中，通过相关实例的分析，探讨精细化管理在水利工程项目施工管理中的应用。

关键词：精细化管理；水利工程；项目施工；施工管理

精细化管理是当前比较先进的管理理念，尤其是在水利工程项目施工管理中愈来愈重要，成为保证水利工程质量的关键节点。水利工程项目施工管理涉及面广，精细化管理的模式就比较适合水利工程管理的需求。

1　水利工程项目施工中精细化管理的意义

实施精细化管理工作，对水利工程项目施工工作具备十分重要的意义。如：能明确企业的管理目标，在精细化管理工作中，能根据其存在的目标不断执行，促进各个执行规定和规划的充分落实。同时，在精细化管理下，也能促进各个环节工作的优化开展和有序执行。通过对各个部门人员和部门之间相互关系的协调，也能激发人员的主动性和积极性。在精细化管理工作中，其作为主要的操作工作的精细化和管理方式的科学化，促使两个方面的结合应用，将为工程的整体建设提供强大保障。在水利工程项目精细化管理中，也会注意其中的要点。如：服务的态度和服务水平，工作人员能根据管理的内容明确人员职责，促进各个工作环节的优化发展和执行，也能促进发展目标的实现，从而达到整体的顺利实施。因此，精细化管理工作具有十分重要的意义。从总体上看，不仅能对战略目标合理划分和精细分解，也能促进工作充分落实。在企业中，根据对战略的规划，也能使其充分落实到各个环节，以促使其作用的实现和发挥，将其作为关键，保证企业的优化执行与发展。在企业的精细化管理工作中，也能为经济效益的获取提供保障，基于一定的发展目标，促进企业科研能力和运营能力的提升，确保其经济效益的有力获取。

2　水利工程项目施工管理中存在的问题

2.1　缺乏对可行性的分析

在水利工程项目施工前期，对可行性报告进行研究，需要探讨其存在的技术和经济问题，并将其作为项目决策的主要依据，保证整体的积极发展和执行。但是，一些投资人根本没有认识到可行性报告的重要性，为了能达到项目合同资格，未给予充分准备，从而在后期工作中造成较大的经济损失，

作者简介：李元海（1977—），男，高级工程师，主要从事水利工程管理、防汛调度方面的工作。

也增加了安全隐患。

2.2 建筑工程质量问题

水利工程项目施工过程中，要加强对材料的科学选择和施工方式的思考。因为材料的使用与水利工程项目的质量有很大关系，但是企业为了降低工程成本，没有注重工程质量，以较低的成本来获取利益。使用的材料也不合格，从而给工程的整体安全性造成影响。

2.3 人员素质问题

在水利工程项目实际施工工作中，施工单位为了能赶上进度，不断缩短工期，减少对施工人员的培训和教育，直接进行施工。在这种情况下，一些工作人员的专业化水平较低，无法达到现代化发展下的实际需求。同时，人员的职业道德素质较低、缺乏较高的安全意识，在工作中常常投机取巧，无法规范操作，也无法增强良好的自我保护能力。无证上岗现象也存在，给施工带来严重危害。由于水利工程项目现场施工工作具有明显的专业化特征，内部人员流动性大，常常存在一些新人和组织人员更换。并且，施工人员自身的文化素质低，也未经过系统培训，无法保证自身职责的发挥和实现，从而影响工程的整体质量。

3 水利工程项目施工中精细化管理的应用研究

从以上分析发现，在水利工程项目施工中，开展精细化管理工作具有十分重要的意义，不仅能保证各项工作的有效执行和科学发展，也能为整体效益的实现提供保障。因此，对施工中的问题做出详细分析，从而更为合理地解决问题，保证在整体执行条件下，为工程的积极发展提供保障。下文研究中，不仅加强了先进理念的渗透和创新，促进质量管理工作的执行，也培养了先进人才，为工程的总体建设和发展提供强大保障。

3.1 渗透精细化管理理念

在水利工程项目施工中，为了促进管理工作的精细化执行，保证工作的充分落实，需要增加人们的重视程度，渗透精细化管理理念，提升人员的思想意识。同时，要在整体上提升精细化管理工作的执行水平和质量，还要基于领导人员，按照自上而下的顺序渗透思想，保证各项制度的充分落实，确保在精细化管理工作整体执行下，为水利工程项目施工总体提供强大保障。

3.2 质量管理工作的增强

3.2.1 重视设计图纸与技术交底工作

为了保证水利工程项目的质量，需要根据实际发展需要，选择一些资质好、信誉良好的设计单位，以促进图纸的优化形成。还可以在施工工作开展前期，召开一些交流会议，根据设计的图纸和要求，为其制订出完善的执行方案，也能在工程按顺序执行的情况下，按照方案的内容优化实施。还需做好技术交底工作，在能够保证施工质量的前提下，也能符合建设单位的发展需求。

3.2.2 加强对施工材料质量的监督与控制

当采购材料时，要根据我国的执行标准和施工图纸选择施工材料。一般情况下，要保证材料具备相应资格证书，并在入场的时候对其进行检测，禁止一些质量不合格材料入场[1]。针对进场的材料，要指派专业人员对其看管，并为其制定合理的实施制度。如果存有违章人员，则可以给予严肃处理，以促进材料的优化使用。

3.2.3 保证专业人才的引进

管理人员的选择要具备丰富的实践经验，其专业化水平更高、职业道德素养更完善，能在质量管理工作中充分应对出现的各类问题。也能在自身范围内，充分发挥职能。还需要加强对各个环节的监督与管理，以促使其价值的实现和发挥。

3.3 重视工程质量的精细化管理

水利工程建设施工质量的控制是比较关键的，施工质量管理需要从多方面进行考虑，在精细化管理理念的应用下，就要对涉及的工程质量要素充分考虑[2]。水利工程项目施工中的材料质量以及机械设备质量和施工工艺质量等，都是精细化管理的要点，需要针对各个环节加强控制。

3.4 加强对施工人员的培训

在水利工程项目的精细化管理工作中，工作人员是其中的关键部分。在水利工程项目实际施工时，要加大力度对施工人员进行培训[3]。引导施工人员在执行期间按照一定规范科学施工，加大监督力度，确保减少错误，促进施工技术的优化应用和发展，从而提高整体的施工质量。企业还要加大力度对人员进行培训，引导技术人员掌握一些工艺，促进先进技术的应用和发展，以壮大水利工程项目施工队伍。

4 结束语

基于以上的分析发现，我国的水利工程项目在现代化社会中已经获得很大成就，但是在实际施工中还存在一些问题。因此，为了积极解决其存在的问题，要提出合理的执行措施。如精细化管理，能为水利工程项目施工提供保障，基于良好的工作条件，能增加人们的重视程度，也能为工程的顺利发展提供强大保障。

参考文献

[1] 王博，朱生兰．水利工程项目施工精细化管理的实施［J］．城市建设理论研究（电子版），2017（35）：193.
[2] 焦洋，吴金丹．浅议水利工程项目施工精细化管理的实施［J］．科技创新与应用，2016（6）：203.
[3] 高燕．浅谈经营管理在工程管理中的作用［J］．中国管理信息化，2016，19（8）：91.

黑龙江（阿穆尔河）流域水文化形象研究

孙　腾[1,2]　齐　悦[1,3]　王思聪[3]　冯　雪[1,3]　王亚龙[1,3]　戴长雷[1,3]

(1. 黑龙江大学水利电力学院，黑龙江哈尔滨　150080；
2. 黑龙江大学河湖长学院，黑龙江哈尔滨　150080；
3. 黑龙江大学寒区地下水研究所，黑龙江哈尔滨　150080)

摘　要： 本研究的目的是对黑龙江（阿穆尔河）流域的水文化形象进行综合分析，并探讨其对当地社会、文化和经济的深刻影响。通过对现有文献的全面研究，我们发现水在该地区不仅仅是生活的基础，还在多个方面扮演着重要的文化和社会象征角色。它不仅代表着生命和生活方式，还是当地神话传说和仪式不可或缺的元素。此外，水资源的管理和利用也反映了当地的社会结构和经济模式，进一步凸显了水文化在塑造社会和文化身份方面的重要性。

关键词： 黑龙江（阿穆尔河）流域；水文化形象；社会结构；多维分析

1　引言

黑龙江（阿穆尔河）流域作为亚洲的一条主要河流，不仅在地理和生态方面具有特殊意义，而且在历史和文化领域占有重要地位。黑龙江（阿穆尔河）流经中俄两国的界河，成为连接两个文明和多种族群的自然桥梁，其水域生态系统也极为复杂和多样，拥有丰富的水生生物和特有物种，是生物多样性的重要载体。黑龙江（阿穆尔河）流域的文化意义不仅反映在流域内的居民和社群之间，而且在更宽泛的国际和跨文化背景下也具有显著的影响。作为一条跨国界河流，它也成为中俄两国在水资源、环境保护和可持续发展方面合作的重要平台[1]。因此，对黑龙江（阿穆尔河）流域的水文化形象进行研究，将有助于我们深入了解这一地区在环境、文化和社会多维度的相互作用，为促进该地区可持续发展提供重要的理论和实践依据。

2　黑龙江（阿穆尔河）的水文化形象

2.1　水文化形象起源和文化特色

黑龙江（阿穆尔河）流域的水具有在神话、传说、节日和仪式等方面的重大象征性，对当地文化和传统产生了深远的影响。在当地神话和传说中，常被视为生命、丰饶或灾难的象征。在一些民间传说中，黑龙江（阿穆尔河）被描绘为土地生命和丰饶的源泉；而在其他故事中，水则被认为是不可预测的力量，能够带来洪水或其他灾难。这种多重象征不仅反映了人们对自然界情感和观念的复杂理解，也凸显了水在当地文化中的重要地位[2]。水不仅在传说中有重要地位，还与一些传统的节日和仪式紧密相关。例如，渔猎节通常会在黑龙江（阿穆尔河）的某个特定时间和地点进行，人们会通过各种仪式来祈求一个丰收的渔猎季。

黑龙江（阿穆尔河）流域的水文化丰富多样，涵盖了许多与水有关的神话、传说和仪式等，凸显了水在当地社会和文化中的多重意义。水在黑龙江（阿穆尔河）流域的文化和传统中象征意义丰富而多层次。这些象征意义不仅影响着人们对水的使用和管理方式，还反映和塑造了当地社会和文化

基金项目： 中蒙俄经济带寒地农业水利类人才国际化联合培养模式实践与研究（SJGZ20200135）。

作者简介： 孙腾（1999—），男，硕士研究生，研究方向为冻土水文地质与雪冰工程。

的复杂性[3]。

2.2 黑龙江（阿穆尔河）在历史文化中的地位

黑龙江（阿穆尔河）流域在历史文化中的地位、重要性无法忽视，这一条巨大的水体在不同时代和不同文化背景下被赋予了多重意义和功能。黑龙江（阿穆尔河）流域自古以来就是一条重要的交通要道。它流经多个省份并跨越国界，对于中俄两国乃至更广泛地区的商贸和人员流动起到了关键作用[3]。黑龙江（阿穆尔河）流域不仅仅是一条地理上的界河，更是文化和历史的交汇点。多个文化和民族沿着这条河流交融和互动，使其成为一条文化交流的“丝绸之路”[4]。这里不仅有中俄两大文明的相互影响，还包括多个少数民族和地方文化的交融[5-6]。黑龙江（阿穆尔河）流域扮演着该地区经济发展和社会变革的见证者及推动者的角色。从农业灌溉到渔业，从运输到旅游业，河流在地方和区域经济中起着至关重要的作用[7]。黑龙江（阿穆尔河）在历史文化中具有多元而复杂的地位。它不仅是自然地理和经济活动的核心，更是文化和历史记忆的传承者[8-9]。这样的多重意义使其成为一个非常丰富和有意义的研究对象，可以揭示该地区社会、文化和经济的内涵。

2.3 赫哲族水文化的千年智慧——祈雨、渔猎、传承

赫哲族是中国东北地区的一个少数民族，主要分布在黑龙江、松花江和乌苏里江流域。他们以渔猎为生，与水有着密切的联系，形成了独特的水文化。在赫哲族的传统文化中，水被视为神圣的元素，与生命和繁荣息息相关。赫哲族人相信水是万物之源，是给予生命力量的来源。因此，他们对水抱有崇敬之情，并将其视为神圣的存在。赫哲族有许多与水有关的习俗和传统，其中之一是祈雨仪式。在干旱的时候，赫哲族人会举行祈雨仪式，以祈求雨水的降临，保证农作物的生长和生活的顺利进行。这个仪式通常包括舞蹈、歌唱和祭祀等环节，人们穿着传统服饰，向水神祈祷。赫哲族的传统渔猎生活方式也体现了他们对水的依赖和尊重。赫哲族人依靠渔猎为生，通过捕鱼、狩猎和采集来获取食物和其他资源[10]。他们遵循着自然规律，有明确的禁渔期和禁猎期，以保护水生生物资源，维持生态平衡。水对赫哲族的社会组织和传统活动也有着重要影响。水也是许多传统节日和活动的核心。例如，渔猎节是赫哲族最重要的节日之一。在这个节日里，人们会举办各种庆祝活动，如舞蹈、歌唱、渔猎比赛等，以表达对水文化的敬意和对丰收的期盼。这个节日也是赫哲族人们互相交流、团结和共享喜悦的时刻。赫哲族的水文化是他们民族特色的重要组成部分，它反映了赫哲族人对水的尊重和依赖。

2.4 黑龙江（阿穆尔河）流域的水文化发展

黑龙江（阿穆尔河）流域的水文化形象在多个层面体现，包括艺术与文学、社会与信仰，以及经济活动。下面分别从这几个方面进行详细的探讨。

在艺术与文学作品中，黑龙江（阿穆尔河）及其周边水体经常被作为象征元素使用。诗人用它来描述情感的流动性、生命的过程或是大自然的永恒美丽。绘画作品中，水往往象征着生命、变化或是深邃的哲学思想。民间故事和传说也常以水为主题或背景，用它来展示人与自然、人与人之间复杂的关系[11]。这些艺术和文学作品不仅丰富了当地的文化遗产，也为我们提供了一个理解该地区水文化多样性的窗口。黑龙江（阿穆尔河）流域的社会和宗教体系赋予水以重要地位[12]。水不仅是物质世界的一部分，也是连接着神秘和超自然世界的桥梁。这些信仰和仪式不仅增强了社会凝聚力，也展示了人们对水的敬畏和尊重[13]。从经济角度看，黑龙江（阿穆尔河）对当地社会也有着不可忽视的影响。渔业是该地区的一大支柱产业，黑龙江（阿穆尔河）丰富的水产资源为当地提供了丰富的经济收益。同样，农业也是另一个与水密切相关的经济活动，河水用于农田灌溉，支撑着稳定的农业生产。这些经济活动不仅影响着当地人的物质生活，也在一定程度上塑造了人们对水的文化认知[14]（见表1）。

综上所述，黑龙江（阿穆尔河）流域的水文化在多个方面得到体现。这些方面相互交织，形成了一个复杂而多样化的文化现象。通过研究这些方面，我们可以更全面地理解水在该地区的文化意义，进一步深入探索人与自然在特定地理和文化环境下的复杂关系[13]。

3 水文化保护与传承

黑龙江（阿穆尔河）流域的水文化不仅是一种文化现象，也与环境保护有着密切的联系。因此，在当代，水文化主要是保护和发展人类历史上出现的文化遗产，它是人类与水之间深厚联系的体现，也是人类对水资源的尊重和感恩之情的表达。然而，随着现代化的进程，许多传统的水文化正在消失，这不仅导致人们对水资源的浪费和滥用，也削弱了人们对水的敬畏和保护意识。下面从当地的传统管理方法、流域分区与行政分区有机结合现代环境问题，以及可持续发展的角度来探讨这一关系。

3.1 当地社会对水资源的传统管理方法

在黑龙江（阿穆尔河）流域，当地社群通常有一套相对成熟的传统水资源管理方法。例如，禁渔期是一种常见的管理方式，旨在保护鱼类资源和维持生态平衡。除此之外，一些社群还有特定的水源保护仪式，这些仪式不仅体现了人们对水资源的尊重，也是一种生态保护的实践。这些传统管理方法往往基于对自然界深刻的理解和尊重，具有一定的科学性和可持续性[15]。

3.2 现代环境问题与水文化

然而，现代环境问题，如水污染和气候变化，对传统水文化构成了威胁。随着工业化和城市化的进程，河流污染问题日益严重，这不仅影响了当地社群的生活品质，也威胁到了传统文化和仪式的进行。同时，气候变化带来的极端天气事件，如干旱或洪水，也对传统的水文化形象造成影响。

3.3 可持续发展与水文化

在这种背景下，如何在现代社会中维护和传承水文化变得尤为重要。一方面，人民群众需要加强环境保护、减少污染，同时加强生态环境保护、坚决打好污染防治攻坚战是党和国家的重大决策部署，强化对生态文明建设和生态环境保护的总体设计，确保水资源的可持续利用。另一方面，也需要对传统文化进行现代诠释和传承，如在传统文化作品中融入现代元素，使其更符合现代审美需求、传统文化内涵，从中提炼优秀文化理念的思想来提高人们对水文化和环境保护的认识[16]。

综合来看，黑龙江（阿穆尔河）流域的水文化与环境保护是相互依存、相互影响的。只有在实现可持续发展和环境保护的基础上，才能真正维护和传承这一独特的水文化遗产。

4 结论

本研究对黑龙江（阿穆尔河）流域的水文化形象进行了全面而深入的探讨，尤其以赫哲族社群为案例，详细分析了水在地方社会、文化和经济方面的多重影响。研究发现，水在我们的生活中扮演着重要的角色，不仅是必需的资源，还涉及信仰、艺术、传统节日和环境保护等方面。现代社会面临着许多环境挑战，如气候变化和水污染，这些挑战使得保护和传承黑龙江（阿穆尔河）流域的水文化变得尤为重要。赫哲族社群通过其传统的环保实践和信仰活动，提供了一种保护水文化的可能途径。黑龙江（阿穆尔河）流域的水文化不仅是地方特色和文化遗产，还代表了一种生态智慧和社会组织方式。因此，深入了解和研究这一文化形象，不仅可以增加我们对地方文化和自然环境的认知，而且可以为当前面临的环境和社会问题提供新的视角与解决途径。

对于未来研究，本文建议从跨文化、环境变迁、政策与管理等多个角度进行深入研究，旨在为保护和促进黑龙江（阿穆尔河）流域的水文化发展提供更多科学依据和实践经验。

参考文献

[1] 张凯文，戴长雷，丛大钧．黑龙江（阿穆尔河）流域水文地理特征比较分析［J］．山西水利，2019，35（5）：4-7.

[2] 仇靖博，景冬影．赫哲族渔猎文化及其产业开发研究［J］．产业与科技论坛，2018，17（10）：26-27.

[3] 吴立红，马丽丹．推进黑龙江流域人口较少民族文化认同研究的基本路径［J］．黑河学院学报，2020，11（8）：

7-8.
[4] 戴长雷，李梦玲，张兆廷．黑龙江（阿穆尔河）流域水文地质区划研究［J］．黑龙江大学工程学报，2021，12（3）：209-216.
[5] 齐悦，李梦玲，张晓红．黑龙江（阿穆尔河）流域水系分区图绘制与思考［C］//中国水利学会．2022中国水利学术大会论文集（第四分册）．黄河水利出版社，2022：423-427.
[6] 胡富林．我国最长的界江——黑龙江［J］．黑龙江史志，2004（6）：38-39.
[7] 齐悦，戴长雷，尉意茹，等．黑龙江（阿穆尔河）流域水文地理相关研究进展［J］．吉林水利，2023（7）：1-6.
[8] 戴长雷，王思聪，李治军，等．黑龙江流域水文地理研究综述［J］．地理学报，2015，70（11）：1823-1834.
[9] 丛大钧，戴长雷，李洋，等．黑龙江流域水文地理耦合区划与分析［J］．水利科学与寒区工程，2018，1（9）：39-43.
[10] 林泊宁，黄圣游，孙艺萌．黑龙江流域赫哲族鱼皮文化的艺术传承与发展研究［J］．西部皮革，2022，44（22）：15-17.
[11] 宋天倚．透过渔猎文化看赫哲族的精神世界［J］．才智，2010（35）：214.
[12] 吴丽华．黑龙江流域文明的起源和文化特色［J］．黑龙江社会科学，2012（2）：142-145.
[13] 李兴盛．黑龙江流域文明与流人文化［J］．学习与探索，2006（2）：183-187.
[14] 刘帅麟，李锐，高春燕．论新时代背景下赫哲族民俗文化的继承与发展［J］．文化产业，2022（19）：133-135.
[15] 万红，邹继伟．论黑龙江流域中俄风俗文化的交互影响［J］．黑河学院学报，2013，4（6）：13-15.
[16] 胡洋，王恺祺，程丽云．赫哲族传统渔猎文化的保护与传承——在生态旅游视域下［J］．北方经贸，2021（11）：158-160.

马更些河流域水文地理特征比较分析

张子玉[1,2]　常晓峰[1,2]　贾　青[1,2]

（1. 黑龙江省寒区水文和水利工程联合实验室，黑龙江哈尔滨　150080；
2. 黑龙江大学水利电力学院，黑龙江哈尔滨　150080）

摘　要：分析马更些河流域的水文地理特征并考虑政区、地表水、地下水三因素，对其进行区划，看出其在流量等方面的特性，有利于开发利用。以规模相近的亚美寒区大型河流为背景进行比较分析，以河流长度、流域面积、河口流量为主要流域参数比对，得出马更些河流域汛期长度约为 4 240 km，可划分为寒区巨型河流，在寒区大型河流中位于所选参照对象前列。

关键词：水文地理；分区；马更些河；亚美寒区

1　水文地理特征

马更些河又译为麦肯齐河。马更些河流域是指传统的马更些河干支流以及大奴湖所有源头河在内的集水区域[1]。它发源于加拿大的落基山脉东麓，从一级支流皮斯河上游的芬利河源头开始，河流总长度为 4 240 km，集水区域约 180.5 万 km^2。马更些河是北美洲第二大水系，仅次于密西西比河。考虑寒区范畴，密西西比河纬度较低，因此可以称马更些河为北美洲寒区大河，也是西北美寒区第一大河。

1.1　自然地理概况

马更些河流域整体位于加拿大境内，起源于不列颠哥伦比亚省的北部地区，横跨育空地区、西北地区、努纳武特地区、不列颠哥伦比亚省、艾伯塔省、萨斯喀彻温省等 6 个一级行政区。区位范围为北纬 52°~69°，西经 102°~140°，从落基山脉延伸到北极低地，经度超过 30°，纬度超过 15°。

马更些河流域分布于北美洲中部平原的西北地区。上游芬利河、沃巴斯卡河等支流则均位于西部的落基山脉地区。

1.2　气候、蒸发与降水、径流概况

在高纬度寒区，马更些河流域的干流时常处于冰封状态，冰期的持续时间很长，上游的冰期从 10 月持续到次年 5 月，而下游的冰期从 9 月持续到次年 6 月。马更些河流域的气候属于副极带或北极气候，而河口三角洲则是北极或苔原地区气候。

相对而言，南部地区的降水量相对较少，平均约为 370 mm，而西北部地区则更加干燥，仅有约 250 mm 的降水量。整个流域平均降水量为 410 mm，山区的降水量较高，北极圈附近和北部地区的降水量则更低，夏季降雨占绝大部分，冬季降雪很少。永久冻土占流域面积的 3/4。阿克拉维克地处最北端的河口三角洲地区，7 月平均气温能达到 14 ℃，夏季日照时间超过 18 h，但蒸发量仍较少[2]。

马更些河流域北部河口年平均流量约为 1.1 万 m^3/s，年径流量达到了 3.6×10^3 亿 m^3。每年排入北冰洋的流量比重约为 11%。

基金项目：“一带一路”和“冰上丝绸之路”陆河连接沿程水文气象-经济社会-生态环境耦合创新研究人才交流与合作（G2022056）；云南省国际河流与跨境生态安全重点实验室项目（2022KF03）。

作者简介：张子玉（1999—），男，硕士研究生，主要从事寒区水文与雪冰工程方向的学习和科研工作。

通信作者：贾青（1971—），女，副教授，博士，硕士研究生导师，主要从事冰工程现场观测和物理模拟研究工作。

1.3 水资源及其开发利用

马更些河流域中的河流一年中的大部分时间都是结冰的，流域通常在10月底或11月结冰，南部支流的冰通常在3月至4月中旬破裂，北部地区则为5月底、6月初，在大奴湖等较大的湖泊中部，冰可能持续到6月中旬。支流上的冰破裂较早，有时会在与马更些河交汇处造成冰塞和洪水。

约有400万人居住在马更些河流域，仅占加拿大人口的1%，90%的人口居住在南部马更些河流域的皮斯河和阿萨巴斯卡河流域内，主要在艾伯塔省。

马更些河下游干流水系在冰冻期平均为7个月，水资源的开发面临着巨大挑战。不同的是，其上游的水利资源丰富。虽然马更些河主干沿线没有水坝，但其许多支流和源头已被开发用于水力发电、防洪和灌溉。

2 流域特征分析

此流域对比范围为亚美寒区大河，这里指出亚美寒区概念。亚美寒区通常指东北亚和西北美两个区域[3]。其中，俄罗斯境内的15个边疆区和联邦主体、蒙古国、中国东北部的4个省级行政区、韩国、朝鲜、日本共6个国家的23个省级行政区被称为东北亚，位于亚欧大陆的东北部[4]；加拿大北部的5个行政区以及美国包括阿拉斯加州在内的5个行政区通常被称为西北美，是北美洲的西部地区。亚美寒区大河地处于亚美寒区。

本对比选取亚美寒区大河进行分析。寒区河流位于高纬度地区，降雪较多，冰冻期较长。选择东北亚寒区黑龙江（阿穆尔河）、勒拿河、叶尼塞河、科雷马河，以及西北美的育空河、马更些河，这些流域面积大于60万km^2、纬度在40°以上的大型河流作为研究对象。比较流域特征参数包括河段长、流域面积、河口年径流量、流域纬度范围、河流走向和近海海域6个参数[5]。亚美寒区大河流域特征见表1。

流入北冰洋的4条寒区河流，都是自南向北流动的，并且由于纬度的逐渐升高，在这些河流上更容易发生凌汛灾害。不过，由于马更些河、叶尼塞河和勒拿河在冬季冰冻的时间较长，可以充分利用冰上运输方式来实现多样化的交通方式。另外，黑龙江（阿穆尔河）和育空河则是东西流向的河流，它们在冬季的结冰期不会发生大规模的凌汛灾害，这也有助于顺利进行交通运输。

在亚美寒区的大型河流中，马更些河流域的面积排第4位（见图1），超过流域平均值170万km^2，归类为巨型河流流域。

表1 亚美寒区大河流域特征

大洲名称	序号	河流名称	河段长/km	流域面积/万km^2	河口多年平均流量/（m^3/s）	流域纬度/北纬N	流向	入海流域
亚洲	1	黑龙江（阿穆尔河）	5 498	184.3	12 500	42°~55°	自西向东	太平洋鄂霍次克海
	2	叶尼塞河	5 539	258	19 600	45°~72°	自南向北	北冰洋喀拉海
	3	勒拿河	4 320	249	16 400	53°~73°	自南向北	北冰洋拉普捷夫海
	4	科雷马河	2 129	64.4	3 900	61°~70°	自南向北	北冰洋东西伯利亚海
北美洲	5	马更些河	4 240	180	10 800	52°~69°	自南向北	北冰洋波弗特海
	6	育空河	3 158	85	6 430	59°~69°	自东向西	太平洋白令海

3 水文地理分区

马更些河流域由三个主要的地理区域组成，即西部的北美洲山脉、加拿大东部生态保护区以及中部的平原地区。其区域内地势西高东低，绝大部分属于平原区，地形高差相差不大，流域西部地处北美洲的落基山地区，海拔多在2 500 m以下。该区域地质特征，前寒武纪的特征是高度风化的结晶变

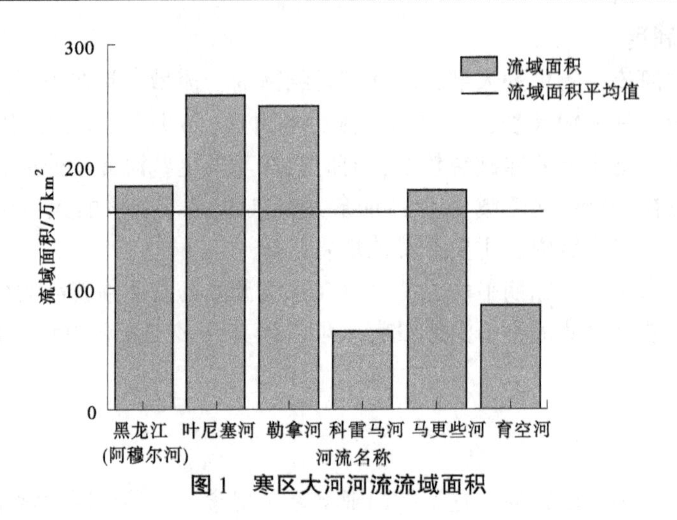

图 1　寒区大河河流流域面积

质沉积岩和火山岩，在第四纪更新世期间经历了广泛的冰川作用，特征地形与独特的地质历史相结合，在冰川融化后产生了加拿大北部的几个大湖。湖泊包括大熊湖（3.13 万 km^2）、大奴湖（2.86 万 km^2）和阿萨巴斯卡湖（0.79 万 km^2）[6]。流域中的密集河流过程形成了三个主要地区（阿萨巴斯卡湖流域、大奴湖流域和马更些河干流流域），这三个流域及其延伸的水文地理划分具有水文和生态意义。

在巨型寒区水文地理区划图件方面，我国的研究资料相对较少。借由加拿大其他领域的相关研究底图，以便进行更加详细的分析。为了绘制该区域的地理区划图，选择采用马更些河流域委员会公布的基础图件作为底图。马更些河流域区域的图件资料有限，收集大量相关论文资源，包括加拿大的行政区划图、地表水和地下水区划图。在选择图件时，优先考虑了图件的清晰度、准确性、权威性及比例尺的一致性[7]。由于加拿大地理面积较大，其地表水分区图中包含了大量马更些河流域的支流，这不利于后续对马更些河流域地表水分区的研究。因此，还需要准备马更些河流域主要支流如皮斯河等的地表水分区图。

地表水是人类生活和工业发展中重要的水资源，而行政部门的参与和管理对于地表水的保护至关重要[8]。建立行政标准，实施有效的监测和控制措施，可以保护地表水的质量，促进环境可持续发展（见图 2）。

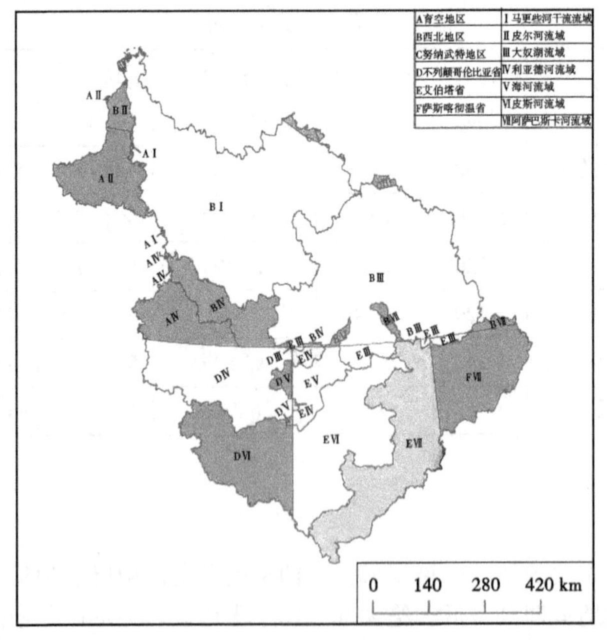

图 2　行政-地表水双因素耦合

各地区行政管理对地下水的管理和保护起着重要作用，可以通过制定法律法规、制定保护区划、监测评估和开展宣传教育等方式来维护地下水的可持续利用。行政与地下水两种因素分区图进行叠加，耦合出马更些河流域行政-地下水区划图（见图3）。

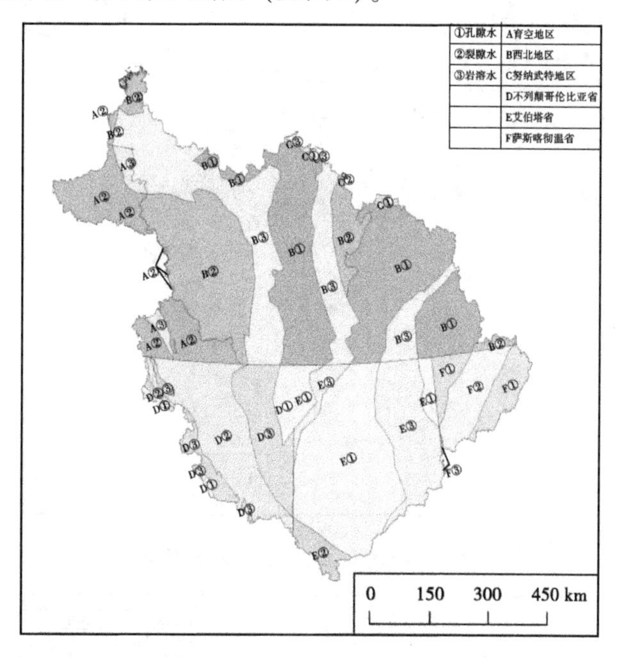

图3 行政-地下水双因素耦合

地表水和地下水关系紧密。地表水的形成和补给往往与降水紧密相关，其中一部分雨水通过地表径流的形式流入河流等水体，进一步补给地下水。同时，地下水也可以通过渗流或冒泉的形式进入地表水系统中。这种相互补给和交互作用，维持着地表水和地下水的水量平衡；地表水通常暴露在大气环境和降水物质的直接影响下，容易受到污染物的污染。当地表水受到污染后，一部分污染物可以通过渗流进入地下水层，从而污染地下水资源。另外，地下水也可以通过渗透作用清洗地表土壤中的污染物，起到净化地表水的作用；地表水及地下水之间的变化趋势相互关联。地表水的变化可间接反映地下水的变化，而地下水的补给和排泄可以影响地表水的水位和流量。因此，监测和分析地表水和地下水的变化趋势，能够为水资源管理和保护提供重要的参考。为正确研究分析二者的区别与联系，地表水与地下水两种因素分区图叠加，得到马更些河流域地表水-地下水分区图（见图4）。

将马更些河流域的行政分区图、地表水分区图及地下水分区图进行叠加耦合，可以得到马更些河流域行政-地表水-地下水分区图（见图5）。通过三因素分区图，可以清晰地了解各个区域的水资源概况，对于各个区域的水资源开发和利用有一定帮助[9]。

4 结论

以亚美寒区大型河流为背景，比较分析马更些河流域特征，结果表明：马更些河流域包含马更些河干流流域、皮尔河流域、大奴湖流域、利亚德河流域、海河流域、皮斯河流域以及阿萨巴斯卡河流域。河程全长4 240 km，集水面积约180.5万km^2。马更些河是北美洲第二大水系，为北美洲寒区大河，也是西北美寒区第一大河。马更些河流域面积在亚美寒区大型河流中排名第4位，略高于流域平均值170万km^2，属于巨型河流流域。

马更些河由于冬季冰冻期较长，可发展冬季冰上运输。马更些河主干沿线没有水坝，但其许多支流（利亚德河、皮斯河、阿萨巴斯卡河等）和源头已被开发用于水力发电、防洪和灌溉。其流量约占流入北冰洋的径流总量的11%，蒸发降水较少，推动北冰洋沿岸的河温气象稳定。

马更些河流域的水文地理分区类型丰富。按行政划分包含加拿大6个一级行政区：育空地区、西

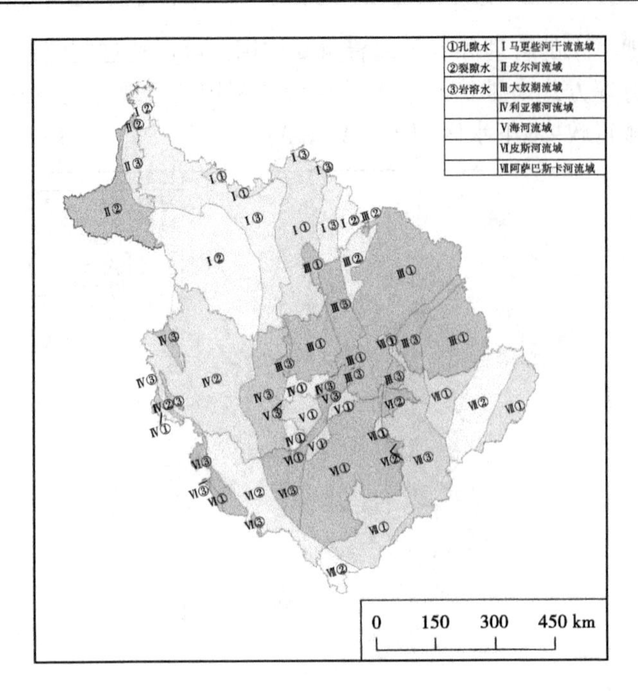

图 4　地表水-地下水双因素耦合

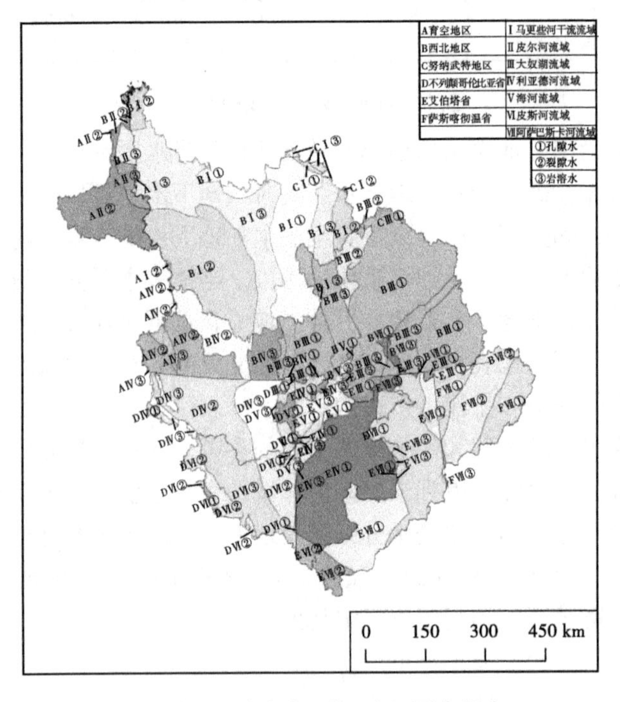

图 5　行政-地表水-地下水三因素耦合

北地区、努纳武特地区、不列颠哥伦比亚省、艾伯塔省、萨斯喀彻温省；按地表水划分包含马更些河干流流域、皮尔河流域、大奴湖流域、利亚德河流域、海河流域、皮斯河流域、阿萨巴斯卡河流域 7 个主要流域；以地下水的 3 种类型（孔隙水、裂隙水、岩溶水）为依据划分，耦合行政、地表水、地下水三者的分区图，模拟出 3 种类型的双因素区划和综合 51 种类地块的三因素耦合分区。

参考文献

[1] 楚恩国．洪泽湖流域水文特征分析［J］．水科学与工程技术，2008（3）：22-25.

[2] Finkl C W，Christopher M. Canada，Northwest Territories，MacKenzie River Delta，Beaufort Sea Coast［J］. Journal of

Coastal Research，2021，100（sp1）：208-209.
[3] 李梦宇，戴长雷，赵伟静，等．亚美寒区水域区划与分析［J］．水利科学与寒区工程，2020，3（2）：77-81.
[4] 李新建，张一丁，王美玉，等．东北亚水文地理区划与分析［J］．陕西水利，2022（8）：17-20.
[5] 张凯文，戴长雷，丛大钧．黑龙江（阿穆尔河）流域水文地理特征比较分析［J］．山西水利，2019，35（5）：4-7.
[6] Yi Y，Gibson J J，Hélie J F，et al. Synoptic and time-series stable isotope surveys of the Mackenzie River from Great Slave Lake to the Arctic Ocean，2003 to 2006［J］．Journal of Hydrology，2010，383（3）：223-232.
[7] 于淼，戴长雷，张晓红，等．勒拿河流域水文地理区划与分析［J］．水利科学与寒区工程，2018，1（1）：29-35.
[8] 李洋，戴长雷，于淼，等．阿拉斯加育空地区水文地理区划分析［J］．黑龙江水利，2017，3（10）：33-37.
[9] 丛大钧，戴长雷，李洋，等．黑龙江流域水文地理耦合区划与分析［J］．水利科学与寒区工程，2018，1（9）：39-43.

寒区冻土发育特征分析

顾　跃[1,2]　张晓红[1,2]　孔　达[1,2]

(1. 黑龙江大学寒区地下水研究所，黑龙江哈尔滨　150080；
2. 黑龙江大学水利电力学院，黑龙江哈尔滨　150080)

摘　要：冻土是寒区的一种重要的地质现象，对寒区的自然环境和人类活动有着深刻的影响。本文从冻土的定义、分类、分布和形成机制等方面，综述了寒区冻土的基本特征，重点分析了寒区冻土的发育特征，包括温度、含水量、孔隙结构等。本文还探讨了寒区冻土的演化规律和影响因素，以及寒区冻土对生态环境和工程建设的影响和挑战。最后，本文指出了寒区冻土研究的现状和未来的发展方向。

关键词：冻土；寒区；发育特征；演化规律

冻土是一种含有冰或雪的土壤或岩石，是寒冷地区表层的一种典型地质现象。根据冻结期的不同，冻土可分为季节性冻土和永久性冻土。季节性冻土是指每年低温时冻结、高温时解冻的冻土。永久性冻土是指连续2年或2年以上保持冻结的冻土。寒区冻土对自然环境和人类活动有着深刻的影响。一方面，寒区冻土是寒区生态系统的重要组成部分，对寒区水文、气候、植被、动物等方面都有着重要的作用。另一方面，寒区冻土也是寒区工程建设和开发利用的重要因素，对寒区道路、桥梁、隧道、建筑物、管道等工程结构都有着显著影响[1]。据最新统计，全球约有23%的陆地面积被永久性或季节性冻土覆盖，主要分布在北极、南极、高纬度地区和高山地区。我国也是一个广寒带国家，约有46%的陆地面积被永久性或季节性冻土覆盖，主要分布在青藏高原、新疆、内蒙古、东北和西北地区[2-3]。

本文旨在概述寒冷地区冻土的主要特征，重点分析寒冷地区冻土的演化特征，分析寒冷地区永久冻土在不同地质条件下的变化情况，探讨寒冷地区冻土的演化规律和影响因素，寒冷地区冻土对生态环境和工程建设的影响及挑战，并对目前的研究现状和未来的研究发展方向进行说明。

1　寒区冻土的基本特征

1.1　冻土的定义

冻土是指含有冰或雪的土壤或岩石。冰或雪可以存在于冻土的孔隙、裂隙或其他空间中[4]；冰或雪可以是单一的或复合的，可以是连续的或间断的，可以是均匀的或不均匀的；冰或雪可以是自然形成的或人为造成的。

1.2　冻土的分布

根据最新的统计数据，全球约有23%的陆地面积覆盖着永久性或季节性的冻土，主要分布在北极、南极、高纬度地区和高海拔地区[5]。北半球约有15.5%的陆地面积覆盖着永久性或季节性的冻土[6]，其中永久性冻土约占8.8%，季节性冻土约占6.7%。南半球约有7.5%的陆地面积覆盖着永久

基金项目：中蒙俄经济带寒地农业水利类人才国际化联合培养模式实践与研究（SJGZ20200135）；黑龙江大学研究生精品课——寒区水文地质学。

作者简介：顾跃（1999—），男，硕士研究生，研究方向为寒区水文与雪冰工程。

通信作者：孔达（1963—），男，教授，主要从事寒区水文地质方面的教学与科研工作。

性或季节性的冻土，其中永久性冻土主要分布在南极大陆，季节性冻土主要分布在南美洲的安第斯山脉和巴塔哥尼亚地区。我国约46%的面积被永久性或季节性冻土覆盖，主要分布在青藏高原、新疆、内蒙古、东北和西北地区。

1.3 冻土的分类

根据冻结时间的长短，冻土可以分为季节性冻土和永久性冻土。季节性冻土是指每年在低温条件下冻结、在高温条件下融化的冻土。永久性冻土是指连续2年或更长时间处于冻结状态的冻土[7]。根据含水量和含水状态的不同，冻土可以分为干燥冻土、湿润冻土和饱和冻土。干燥冻土是指含水量小于5%或含水状态为吸附水或结晶水的冻土；湿润冻土是指含水量大于5%且小于饱和度的冻土；饱和冻土是指含水量等于饱和度的冻土。根据地质成因和地貌特征，冻土还可以分为多种类型，如山地高寒型、平原沼泽型等。

1.4 冻土的形成机制

冻土的形成机制主要取决于地表温度和水分条件。当地表温度低于0 ℃时，土壤或岩石中的水分会发生相变，形成冰或雪；当地表温度高于0 ℃时，冰或雪会发生相变，形成水或汽。冻土的形成和消失是一个动态的过程，受到气候变化和人类活动的影响[6]。

冻土的形成机制可以从热平衡方程和水平衡方程两个方面来分析。热平衡方程描述了冻土中热量的传递和变化。

$$Q_{放}=Q_{吸} \tag{1}$$

$$Q_{放}=c_1 m_1(t_1-t),\ Q_{吸}=c_2 m_2(t-t_2) \tag{2}$$

式中：$Q_{放}$为高温物体放出的热量，J；$Q_{吸}$为低温物体吸收的热量，J；c为比热容，J/（kg·℃）。

高温物体和低温物体混合达到热平衡时，高温物体温度降低放出的热量等于低温物体温度升高吸收的热量。

水平衡方程描述了冻土中水分的迁移和变化，包括水分扩散、毛细管作用、重力作用和相变作用等因素。

$$W_{入}=W_{出}\pm\Delta u \tag{3}$$

式中：$W_{入}$为收入水量，m^3；$W_{出}$为支出水量，m^3；Δu为蓄水变量，m^3。

根据热平衡方程和水平衡方程，可以得到冻土中温度场和含水量场的分布规律，进而推导出冻土中其他物理量如密度、孔隙率、饱和度、含冰量等的分布规律。

2 寒区冻土的发育特征

寒区冻土的发育特征是指冻土在自然环境下形成和演化过程中所表现出来的各种物理、化学和生物方面的特征，如温度、含水量、孔隙结构、力学性质、热物理性质等。寒区冻土的发育特征受到多种因素的影响，如气候条件、地质条件、植被条件、人类活动等。

2.1 温度

温度是寒区冻土最基本和最重要的发育特征之一，是判断冻土是否存在和稳定的主要依据。寒区冻土的温度分布受到多种因素的影响。一般来说，寒区冻土的温度随着深度的增加而增加，随着纬度的增加而减小，随着海拔的增加而减小。寒区冻土的温度也随着季节的变化而变化，冬季低于夏季，春季和秋季之间有一个转折点。寒区冻土的温度数据和模型对于分析寒区冻土的变化趋势和影响因素、评估寒区冻土的稳定性和脆弱性、制定寒区冻土的保护和适应措施等都有着重要的作用。

2.2 含水量

寒区冻土的含水量分布受到多种因素的影响，如气候条件、地质条件、植被条件、人类活动等。一般来说，寒区冻土的含水量随着深度的增加而减小，随着纬度的增加而增加，随着海拔的增加而减小。寒区冻土的含水量也随着季节的变化而变化，夏季高于冬季，春季和秋季之间有一个转折点。图1表示寒区冻土冻结过程。无冻期时，无积雪或积雪少，冻土深度呈微小变化或几乎不变；不稳定封冻期时，地面出现少量积雪，微乎其微，冻土深度开始增加，变化较小；冻结期时，积雪以肉眼可见形式增多，到 1 月末 2 月初时达到积雪最大值，冻土深度也大幅度增大，逐渐加深；不稳定融冻期时，积雪逐渐融化减少，冻土深度达到最大时也开始出现减小趋势；稳定融冻期时，积雪消失殆尽或存积少量积雪，随着温度上升，冻土融化，冻土深度减小，直至冻土层减小。在冻结锋面，受温度势的作用，深层土壤和潜水蒸发，在冻结锋面冻结，直至最大冻结深度出现时，土壤冻结水分呈增加趋势[8]。

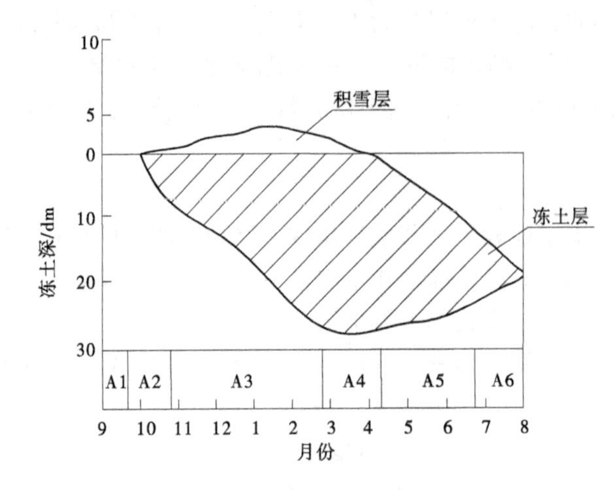

A1—无冻期；A2—不稳定封冻期；A3—冻结期；A4—不稳定融冻期；A5—稳定融冻期；A6—无冻期。

图 1 冻土冻结过程示意图

2.3 孔隙结构

孔隙结构是寒区冻土又一个重要的发育特征，是判断冻土微观结构和宏观性能的主要依据。寒区冻土的孔隙结构分布受到多种因素的影响，如原始土壤或岩石的类型、粒度、组成、排列等，以及后期的冻融作用、应力作用、生物作用等。一般来说，寒区冻土的孔隙结构随着深度的增加而变得更加紧密、均匀和稳定，随着纬度的增加而变得更加紧密、不均匀和不稳定，随着海拔的增加而变得更加紧密、均匀和稳定。寒区冻土的孔隙结构也随着季节的变化而变化，夏季比冬季更加松散和不均匀，冬季比夏季更加紧密和均匀。

3 寒区冻土对生态环境和工程建设的影响和挑战

3.1 对生态环境的影响

寒区冻土是寒区生态系统的重要组成部分，对寒区水文、气候、植被、动物等方面都有着重要的作用[9]。寒区冻土的变化会对生态环境产生深远的影响，如寒区冻土的退化和降解会导致地表沉降、地裂缝、泥石流、滑坡等地质灾害，破坏地表稳定性和景观美观性，威胁人类生命财产安全；寒区冻土的退化和降解会导致植被变化的加剧，影响植物的分布、生长、繁殖等，影响植被覆盖度和多样性，降低植被的生产力和适应能力。

3.2 对工程建设的影响

寒区冻土是寒区工程建设和开发利用的重要因素，对寒区道路、桥梁、隧道、建筑物、管道等工程结构都有着显著的影响[10]。寒区冻土的变化会对工程建设产生严重的影响和挑战，如寒区冻土的退化和降解会导致工程基础的不稳定，引起工程结构的沉降、裂缝、变形等损坏现象。寒区冻土的退化和降解会导致工程材料的不适应，引起工程材料的老化、腐蚀、疲劳等失效现象，降低工程材料的性能和寿命，增加工程更换和更新的成本。

4 寒区冻土研究的现状和未来发展方向

寒区冻土研究是一个综合性、交叉性、前沿性的研究领域，涉及地球科学、环境科学、工程科学等多个学科[11]。寒区冻土研究具有重要的理论意义和实践价值，对于保护寒区生态环境、促进寒区工程建设、提高寒区人民的生活质量、增强寒区国家的国际影响力等都有着重要的作用。目前，寒区冻土研究已经取得了一系列的成果和进展，如建立了一批寒区冻土观测站和监测网络，收集了大量的寒区冻土数据和资料，为寒区冻土研究提供了基础和支撑。未来，随着全球变暖和人类活动的增加，寒区冻土将面临更加复杂和严峻的变化与挑战。因此，寒区冻土研究需要不断地创新和发展，以适应新的时代需求和科技水平，积极开展与其他国家或地区的合作与交流，共享数据与信息，共建平台与网络，共享资源与成果，提高对寒区冻土问题的关注度和影响力。

5 结论

本文综述了寒区冻土的基本特征、发育特征、演化规律和影响因素，以及寒区冻土对生态环境和工程建设的影响和挑战，指出了寒区冻土研究的现状和未来的发展方向。本文旨在为寒区冻土研究提供一个全面的概述和参考，希望能够引起更多的关注和研究，为保护寒区生态环境、促进寒区工程建设、提高寒区人民的生活质量、增强寒区国家的国际影响力等做出贡献。

参考文献

[1] 程国栋，何平．多年冻土地区线性工程建设［J］．冰川冻土，2001（3）：213-217.

[2] 杨阳．冻融循环对花岗岩-混凝土二元体界面强度劣化特性研究［D］．西安：西安科技大学，2019.

[3] 孔锋，孙劭．中国近地表不同重现期极大风速强度的时空差异特征研究［J］．干旱区资源与环境，2020，34（12）：148-154.

[4] Andersland O B，Ladanyi B. Frozen ground engineering［M］. 2nd ed. Hoboken，NJ，USA：Wiley，2004.

[5] Zhang T，Barry R G，Knowles K，et al. Statistics and characteristics of permafrost and ground-ice distribution in the Northern Hemisphere［J］. Polar Geography，2008，31（1-2）：47-68.

[6] 高坛光，许翔，许民．寒区水文学讲义［M］．北京：气象出版社，2020.

[7] Luo D L，Jin H J，Lin L，et al. New progress on permafrost temperature and thickness in the source area of the Huanghe River［J］. Scientia Geographica Sinica，2012，32（7）：898-904.

[8] 赵惠新，戴长雷．寒区水资源研究［M］．哈尔滨：黑龙江大学出版社，2008.

[9] 刘振元，张杰，陈立．青藏高原植被退化对高原及周边地区大气环流的影响［J］．生态学报，2018，38（1）：132-142.

[10] 吴青柏，刘永智，童长江，等．寒区冻土环境与工程环境间的相互作用［J］．工程地质学报，2000（3）：281-287.

[11] 赵林，吴通华，谢昌卫，等．多年冻土调查和监测为青藏高原地球科学研究、环境保护和工程建设提供科学支撑［J］．中国科学院院刊，2017，32（10）：1159-1168.

1973—2018年青藏高原蒸散发区域划分及时空演变特征

张琳悦[1,2]　董晓华[1,2]　冷梦辉[1,2]　胡雪儿[1,2]

（1. 三峡大学水利与环境学院，湖北宜昌　443002；
2. 三峡库区生态环境教育部工程研究中心，湖北宜昌　443002）

摘　要：青藏高原极端严酷的自然环境条件和复杂多样的下垫面状况，使得青藏高原地气之间水热通量交换的时空变化规律存在诸多不确定性，而地表蒸散发是地气相互作用中水分平衡的重要部分。本文基于1973—2018年青藏高原内部及周边地区共96个气象站点的数据，研究了青藏高原蒸散发典型分布以及区域蒸散发量的时空演变特征。结果表明：自1973年以来青藏高原整体年均蒸散发量的增大趋势显著，局部趋向减小；青藏高原东南部地区蒸散发量较其他地区增大显著并且与青藏高原整体趋势保持一致。

关键词：蒸散发量时空演变；气候变化；旋转经验正交函数；突变检验；小波分析；青藏高原

1　研究背景

有着“亚洲水塔”之称的青藏高原是非常独特的一个地理单元，其河源产汇流量占其流域径流总量最高比例可达30%以上，是天然的调蓄水库。同时，青藏高原可通过感热和潜热通量改变大气环流形势，进而对中国、亚洲乃至全球气候演变产生重要影响。因此，它深刻地影响着北半球的大气环流，其蒸散发量对长江中下游地区及全球气候变化都有着深远的现实意义。

目前，已经有不少学者针对青藏高原的蒸散发进行了一系列的研究。蔡俊飞等[1]利用GLASS陆表潜热通量产品针对青藏高原2001—2018年蒸散发进行时空变化分析，发现青藏高原的蒸散发多年均值为269.52 mm且有很强的空间异质性，呈东南湿润及半湿润地区向西北干旱及半干旱地区递减的空间格局；姚天次等[2]利用青藏高原及周边地区274个气象站逐日常规观测资料对高原及周边地区潜在蒸散发的空间格局及突变特征进行分析，指出突变时间在区域间以及年和不同季节间均存在较大差异。上述研究大多采用栅格数据分析青藏高原的蒸散发，或者采用站点数据研究青藏高原的潜在蒸散发，较少使用气象站点数据进行深入研究实际地表蒸散发，这种情况不能很好地理解和预测气候变化，特别是高原地区的水循环和能量平衡。因此，为了更好地研究青藏高原的蒸散发时空演变规律，需要利用多个气象站点的数据进行分析。本文采用了1973—2018年青藏高原内部及其周边地区的96个气象站点的蒸散发资料，采用旋转经验正交函数对青藏高原地区进行分区，重点分析了青藏高原的蒸散发量的区域划分及各区域的时空演变特征，可以更好地了解青藏高原水分在大气中的输送和降水的分布规律。这对于预测降水模式及洪水、干旱等极端气候事件的发生和发展趋势至关重要。

2　研究区概况及数据来源

作者简介：张琳悦（2000—），女，硕士研究生，研究方向为水文学与水资源。
通信作者：董晓华（1972—），男，教授，博士生导师，主要从事水库优化调度、流域水文过程模拟方面的工作。

2.1 研究区概况

青藏高原东起四川盆地，西至喜马拉雅山脉，南界喜马拉雅山脉，北至昆仑山脉和祁连山脉，其区域范围大致介于25°59′N~40°00′N、67°40′E~104°41′E。青藏高原主要位于我国境内，横跨了我国西南部的青海、西藏、四川、云南等地区，其余部分分布于印度、尼泊尔、不丹、塔吉克斯坦等国家。青藏高原平均海拔约为4 320 m，总面积为308.34万km^2[3]。青藏高原地形复杂，其高山地区主要位于南部，包括喜马拉雅山脉、昆仑山脉和冈底斯山脉等；而高原地区则主要分布在中部和北部，包括昆仑山南麓、唐古拉山脉和昆仑山北麓等地；盆地和河谷则分布在东南部和西北部。研究区的降水量由东南向西北逐渐减少，主要集中在青藏高原南缘及藏东南地区[4]。

2.2 数据来源

本研究所采用的数据如下：

（1）青藏高原2021年边界矢量图来自国家青藏高原科学数据中心。

（2）DEM数字高程数据采用了来自地理空间数据云的SRTMDEM 90M分辨率数字高程数据产品，对下载数据进行融合并以青藏高原2021年边界为基准裁剪得到青藏高原的DEM数据。

（3）青藏高原内部及其周边地区96个气象站点1973—2018年蒸散发量（ET）数据来自国家气象科学数据中心，对96个气象站点的逐日实测蒸散发量在月尺度和年尺度上进行统计。研究所选取的96个气象站点的信息如表1所示。

表1　青藏高原及其周边地区部分信息

行政区域	气象站点	数量
新疆	阿图什、乌恰、喀什、若羌、塔什库尔干、麦盖提、莎车、皮山、和田、民丰、且末、于田	12
西藏	狮泉河、班戈、安多、那曲、申扎、当雄、日喀则、拉萨、泽当、聂拉木、定日、江孜、浪卡子、错那、隆子、帕里、索县、丁青、昌都、嘉黎、波密、林芝	22
四川	石渠、甘孜、稻城	3
青海	茫崖、冷湖、托勒、野牛沟、祁连、小灶火、大柴旦、德令哈、刚察、门源、格尔木、诺木洪、都兰、茶卡、共和、西宁、贵德、民和、五道梁、兴海、贵南、同仁、沱沱河、杂多、曲麻莱、玉树、玛多、清水河、玛沁、达日、河南、久治、囊谦、班玛	34
内蒙古	阿拉善右旗	1
甘肃	敦煌、安西、玉门镇、鼎新、金塔、酒泉、高台、张掖、山丹、永昌、武威、民勤、乌鞘岭、景泰、皋兰、靖远、榆中、临夏、临洮、华家岭、玛曲、合作、岷县、武都	24

3 研究方法

3.1 经验正交分解与旋转经验正交分解

为了分析和描述数据集中的空间结构和变化，通常采用经验正交分解（empirical orthogonal function，EOF）和旋转经验正交分解（rotated empirical orthogonal function，REOF）对数据集进行分析。

经过对所研究数据的克里金插值，得到1973—2018年青藏高原及其周边地区96个气象站点区域蒸散发量的空间分布，本文使用REOF方法对气象要素场进行正交旋转，通过分析方差贡献率分布和特征根的上下限，分离出几个相互独立的空间模态。REOF方法通常选择累积方差贡献率大于60%的典型模态作为初始变量场的原始信息且该方法适合解析要素场的整体结构[5]。使用REOF方法分解出的研究区域代表了整个青藏高原蒸散发的空间信息。

3.2 蒸散发量时空变化研究方法

3.2.1 Sen′s斜率估计及Mann-Kendall突变检测

Sen′s斜率估计法是一种广泛使用的非参数统计斜率计算方法，通过Sen′s斜率估计计算时间序

列β，可以估算样本时间序列的大致趋势。本文利用 Mann-Kendall 突变检测（M-K）来检验研究区蒸散发序列的变化趋势和突变年份。在给定 α 的置信水平下，当计算检验统计量 $|Z| \geq Z_{1-\alpha/2}$ 时，时间序列数据存在明显的变化趋势；相反，$|Z| < Z_{1-\alpha/2}$ 表明变化趋势不明显。

3.2.2 滑动 t 检验

滑动 t 检验是一种用于检测时间序列中突变点的统计方法，通过将气候序列分割成多个子序列并计算每个子序列的均值和标准差，在每个序列内进行 t 检验，根据 t 检验结果判断子序列数据是否存在显著差异。若两子序列均值差异显著，则认为存在突变点；相反，认为不存在突变点[6]。其主要原理见参考文献［7］。本研究选用了 2~15 的步长值，置信水平 α 取值 0.05，经过对比分析最终选取了步长值 3、4 对研究区时间序列进行滑动 t 检验。

3.2.3 小波分析

Morlet 等[8]学者于 20 世纪 80 年代初提出小波分析，它反映了数据集在时间尺度序列过程中的动态变化，并对其未来发展趋势进行定性的分析。

可以认为是通过一个空间向量尺度的径向时间伸缩和其在时间尺度轴上的尺度平移变换可以构成基小波群函数的空间关系：

$$\psi_{a,b}(t) = |a|^{-1/2}\psi\left(\frac{t-b}{a}\right) \tag{1}$$

式中：$\psi_{a,b}(t)$ 为子小波，$a,b \in R, a \neq 0$；a 为频率因子；b 为平移因子。其连续小波变换（continue wavelet transform）为：

$$W_f(a,\ b) = |a|^{-1/2}\int_R f(t)\bar{\psi}\left(\frac{t-b}{a}\right)\mathrm{d}t \tag{2}$$

式中：$\bar{\psi}(t)$ 为 $\psi(t)$ 的复共轭函数，时间序列 $f(t) \in L^2(R)$；$W_f(a,b)$ 为小波变换系数[9]。

$W_f(a,b)$ 的平方值在时间尺度上的积分为小波方差：

$$\mathrm{Var}(a) = \int_{-\infty}^{\infty} |W_f(a,b)|^2 \mathrm{d}b \tag{3}$$

通过绘制小波方差图，可依据图中峰值确定研究序列的主要变化周期。

4 结果与分析

4.1 青藏高原年蒸散发量空间分布

为对比青藏高原不同蒸散发量特征分区的空间分布及其演变特征，本文基于 EOF 和 REOF 方法对 1973—2018 年青藏高原 96 个气象站点的蒸散发量进行特征分区并对比研究。

4.1.1 青藏高原年蒸散发量 EOF 特征分区

1973—2018 年青藏高原 96 个气象站点年平均蒸散发量 EOF 特征分区结果如表 2 所示。

表 2 基于 EOF 的青藏高原地区年平均蒸散发量前 5 个模态结果

模态	特征值	方差贡献率/%	累积方差贡献率/%	特征根误差下限	特征根误差上限
1	819 300.68	29.91	29.91	701 044.813 8	937 556.548 1
2	522 289.79	19.07	48.98	446 903.749 3	597 675.823 8
3	282 793.92	10.32	59.30	241 976.129 4	323 611.700 9
4	157 448.62	5.75	65.05	134 722.872 4	180 174.375 1
5	150 898.19	5.51	70.55	104 672.893 2	131 986.423 9

经计算，前 5 个年均蒸散发量的累积方差贡献率达 70.55%且特征根误差范围不重叠，说明前 5 个模态可以有效表达青藏高原蒸散发量的主要空间分布特征。其中，第一个特征向量的方差贡献率最大，占总方差的 29.91%，是蒸散发量的主要分布空间形式。从第二个特征向量开始方差贡献率逐渐下降，占总方差的 19.07%。这两个向量特征值通过了 North 检验，说明两特征值相互分离且显著。

4.1.2 青藏高原年蒸散发量 REOF 特征分区

对青藏高原及其周边地区 96 个气象站点蒸散发量进行 REOF 旋转，得到的前 5 个空间特征向量及其方差贡献率和累积方差贡献率如表 3 所示。由表 3 可得，模态 1 的方差贡献率最大，占总方差的 18.35%。之后方差贡献率逐渐减小，最终的累积结果为 67.86%。与 EOF 分区的方差贡献率相比，REOF 特征分区模态之间的方差贡献率更为均匀，重点突出了空间分布特征。

表 3 前 5 个 REOF 分解对总方差贡献率和累积方差贡献率 %

模态	方差贡献率	累积方差贡献率
1	18.35	18.35
2	16.04	34.39
3	15.36	49.75
4	12.46	62.21
5	5.65	67.86

将各空间模态进行克里金插值，并使用 ArcGIS 进行绘制。将每个模态进行统一分级，划分为 4 个模态值并调整为最优阈值。其中颜色越深代表载荷越高，将每个模态载荷向量为 0.09~0.25 范围内的高载荷区域提取出来绘制成蒸散发量地理分区示意图。青藏高原蒸散发量可分为 5 个地理区域，本研究中使用的 96 个气象站点对应名称的地理分区如表 4 所示。

表 4 1973—2018 年青藏高原蒸散发量气象站点地理分区

地理分区	气象站点名称	站点数量
Ⅰ	阿图什、喀什、若羌、麦盖提、莎车、皮山、和田、民丰、且末、于田、敦煌、民勤、贵德、民和、皋兰、靖远、同仁、榆中、临夏、临洮、合作、岷县	22
Ⅱ	冷湖、祁连、大柴旦、德令哈、景泰、格尔木、诺木洪、都兰、五道梁、贵南、华家岭、玛沁、河南、玛曲、武都	15
Ⅲ	狮泉河、班戈、安多、那曲、申扎、当雄、日喀则、拉萨、泽当、聂拉木、定日、江孜、浪卡子、错那、隆子、帕里、沱沱河、杂多、石渠、索县、甘孜、嘉黎、稻城	23
Ⅳ	安西、玉门镇、金塔、高台、阿拉善右旗、托勒、野牛沟、刚察、门源、兴海、曲麻莱、玉树、玛多、清水河、达日、久治、囊谦、昌都、班玛、波密	20
Ⅴ	乌恰、塔什库尔干、茫崖、鼎新、酒泉、张掖、山丹、永昌、武威、小灶火、乌鞘岭、茶卡、共和、西宁、丁青、林芝	16

4.2 Sen's 斜率估计

研究区域分为 5 个地理分区，将每个地理分区所包含的站点的蒸散发量汇总并作为该区域 1973—2018 年的平均蒸散发量，对这 5 个区的年均蒸散发进行 Sen's 斜率估计，计算结果如表 5 所示。

表 5 青藏高原 5 个地理分区 1973—2018 年蒸散发数据的 Sen's 斜率估计值

地理分区	Ⅰ区	Ⅱ区	Ⅲ区	Ⅳ区	Ⅴ区
斜率估计值	1.44	0.03	-0.35	2.56	0.42

由表 5 可知，只有Ⅲ区的蒸散发数据的 Sen's 斜率估计值小于 0，即Ⅲ区的蒸散发量呈减少趋势，而除Ⅲ区外其余地理分区的蒸散发量呈增加趋势。其中Ⅳ区的 Sen's 斜率为 2.56，说明序列上升程度很大。Ⅲ区羌塘高原及雅鲁藏布江中下游区蒸散发量在青藏高原地区最高，但其蒸散发量却在减少。为了验证青藏高原蒸散发量的变化趋势及蒸散发是否异常，采用气候倾向率的方法来确认蒸散发量的变化趋势，拟合结果见图 1。

由图 1 可知，整个研究区 1973—2018 年呈现明显的上升趋势，气候倾向率为 24.74 mm/10a，略高于全球 ETa 的平均气候倾向率 23.00 mm/10a[10]。其中，Ⅳ区蒸散发量的斜率最大，即增加趋势最为显著，这与 Sen's 斜率研究中序列上升程度最大相对应。Ⅱ区和Ⅲ区气候倾向率小于0，蒸散发呈减少趋势，剩余分区中Ⅰ区的斜率较高，较Ⅴ区增长速度快。可以看出，青藏高原整体蒸散发量趋势增加很大程度上是由Ⅳ区贡献的。

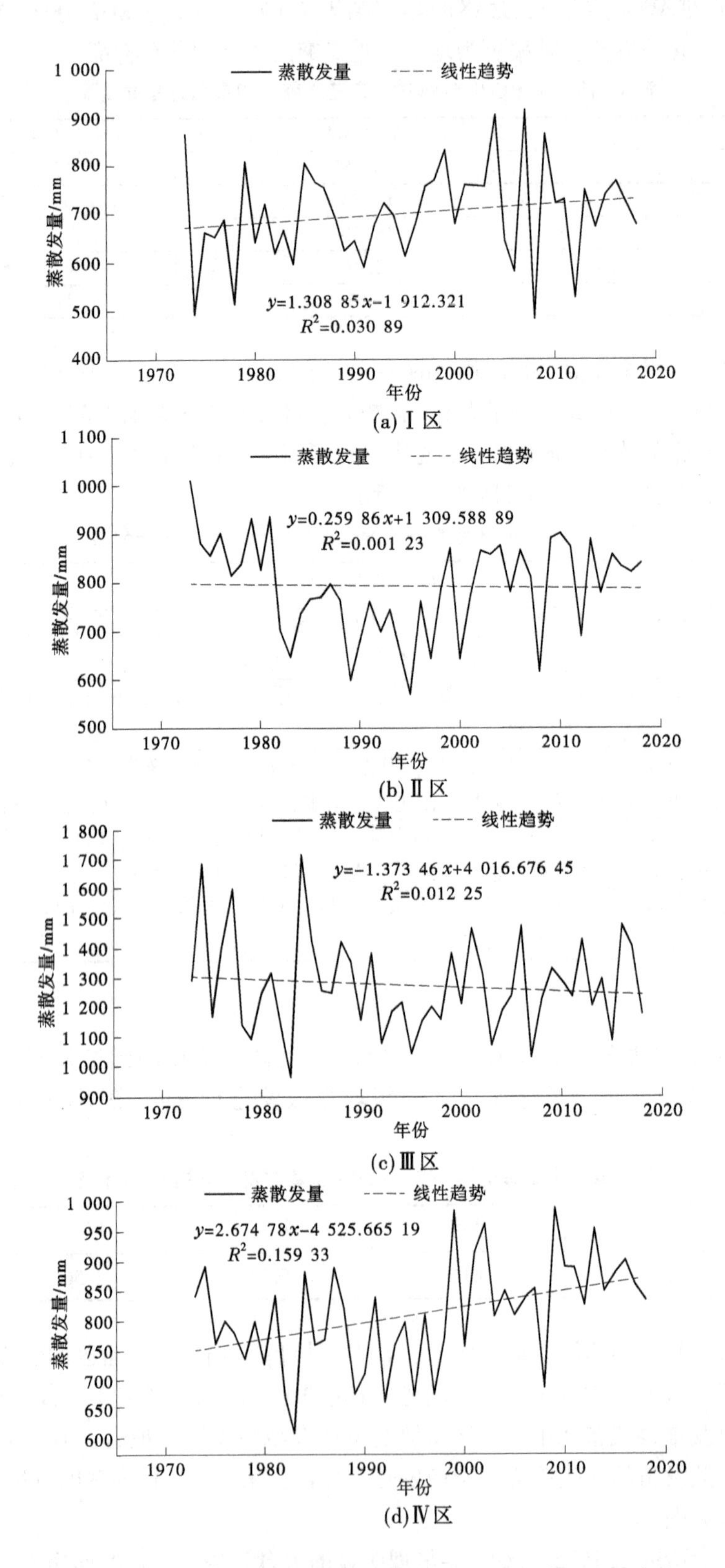

图1 1973—2018年青藏高原不同地理分区平均蒸散发量变化

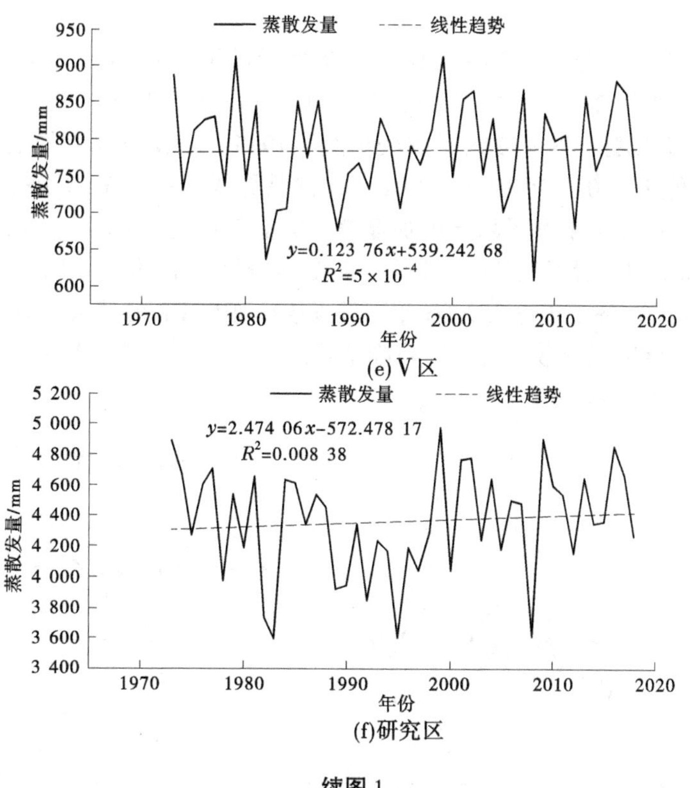

续图 1

Ⅰ区位于昆仑山脉地区，背靠塔克拉玛干沙漠，气候极为干燥。降水量分布不均匀，年降水量在山麓不足 50 mm，冰雪累积区全年降水量也不足 1 000 mm，属于高原山地气候区。近 46 年该区域的平均蒸散发量为 750～900 mm，由于所用数据为最大可蒸发量，即在水分充足的情况下可蒸发的水量，所以计算得出的蒸散发量较降水量高。在少雨低温的气候条件下，蒸散发量趋势却增加较为显著。主要原因是气温的升高[11]导致地表水分蒸发的速度加快，再加上西北环流和西南季风的影响加速了水分的蒸发。

Ⅱ区分布于柴达木盆地，介于昆仑山脉与祁连山脉之间，使得季风带来的水汽很难到达柴达木盆地，故气候干旱，全年降水较少，为 100～200 mm。降水量由东南向西北逐渐递增，蒸散发量与降水量在空间分布上保持一致。蒸散发量在研究期内的气候倾向率为-2.60 mm/10a，但在这期间柴达木盆地降水量却持续上升[12]。这与该地区植被覆盖度的增加有着紧密的联系，植被覆盖度增加导致持水能力的增强，水源涵养量相对提升[13]，进而导致最大蒸散发量降低。

Ⅲ区位于羌塘高原及雅鲁藏布江中下游地区，是本研究最大的分区。包含了众多湖泊，如色林错、纳木错、羊卓雍错等湖区。平均蒸散发量跨度较大，900～2 020 mm，属于青藏高原蒸散发量最大的区域，但其蒸散发量在研究区内却呈现最强的减小趋势。

Ⅳ区地处青藏高原东部湖区，处于温带与热带之间。受东南季风与南亚夏季风的影响，该区域降水资源丰富，平均蒸散发量为 900～1 500 mm，其在 1973—2018 年的变化趋势为 26.7 mm/10a，这与 Han 等[14]在青藏高原东部 2001—2018 年平均蒸散发量以 26.2 mm/10a 的速率保持增加的研究结果基本保持一致。降水的增加直接导致这一地区水资源可蒸发量的增加，且气温的升高加速了冰川融化，进而补充了更丰富的水资源。

Ⅴ区分布于喀喇昆仑山区，由喜马拉雅山及昆仑山脉环绕，位于阿姆河及印度河流域。全年平均降水量受西风环流影响季节尺度上差异明显，降水因下垫面等差异差距较明显，处于 100～1 000 mm，其最大蒸散发量为 600～900 mm。由于地表的热通量常年受西风带的影响[15]，研究区蒸散发量变化趋势整体不大，为 1.24 mm/10a。

4.3 突变分析

对青藏高原及其 5 个地理分区 1973—2018 年蒸散发量进行 M-K 突变检验（采用 $a=0.05$），得到的 M-K 统计量的变化如图 2 所示。由图 2 可知，青藏高原总体的突变年份为 2009 年、2011 年；背靠塔克拉玛干沙漠的昆仑山脉地区（Ⅰ区）突变年份为 1985 年，没有显著的上升或下降趋势；柴达木盆地区（Ⅱ区）UF 值小于 0 且在 1983—2004 年超出临界线［-1.96，1.96］，说明序列整体呈现下降趋势，尤其在 1983—2004 年下降趋势更加显著，突变年份为 2009 年、2011 年、2013 年、2015 年；羌塘高原及雅鲁藏布江中下游地区（Ⅲ区）突变年份为 1974 年、1977 年、2012 年、2015 年；青藏高原东部湖区（Ⅳ区）突变年份为 2005 年，且发生突变后 UF 的值大于 0，于 2013 年超出临界线，说明 2013—2018 年该区域蒸散发量上升趋势显著；喀喇昆仑山区（Ⅴ区）突变年份为 1999 年、2003 年、2008 年、2013 年，存在多个突变点。

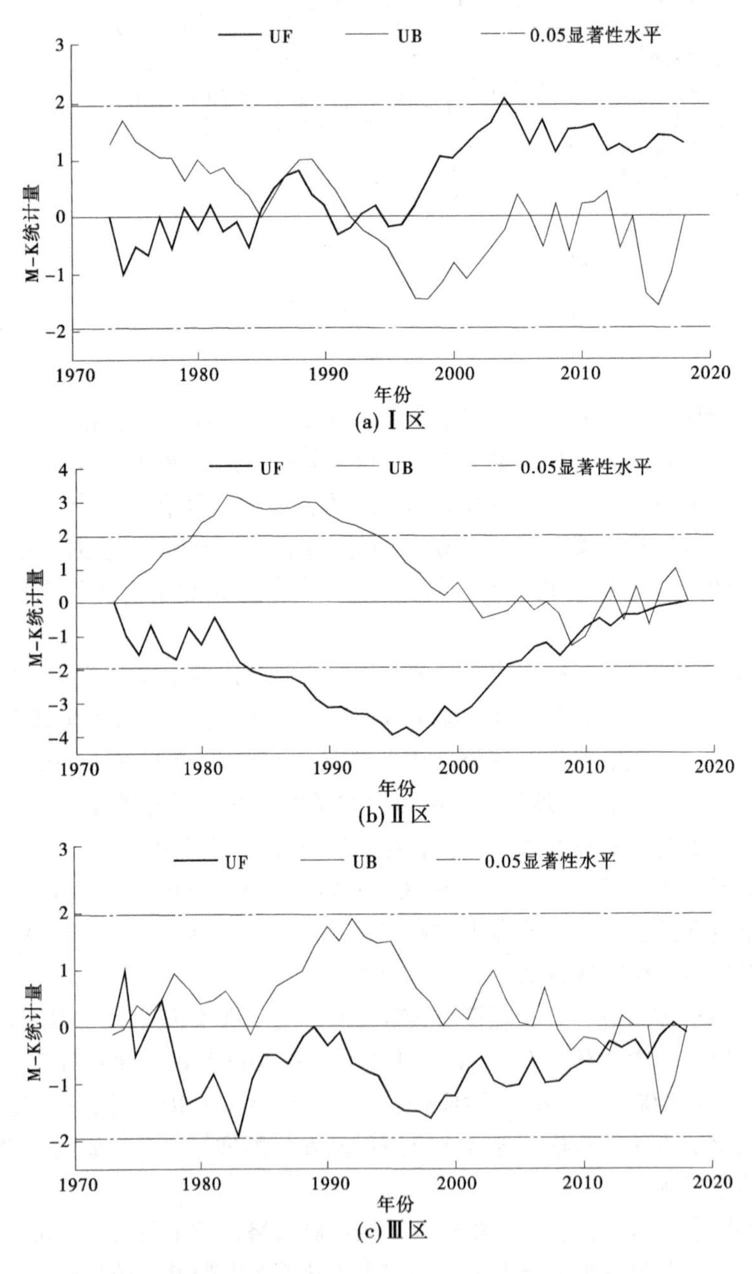

图 2 青藏高原 1973—2018 年均蒸散发量 M-K 突变检验

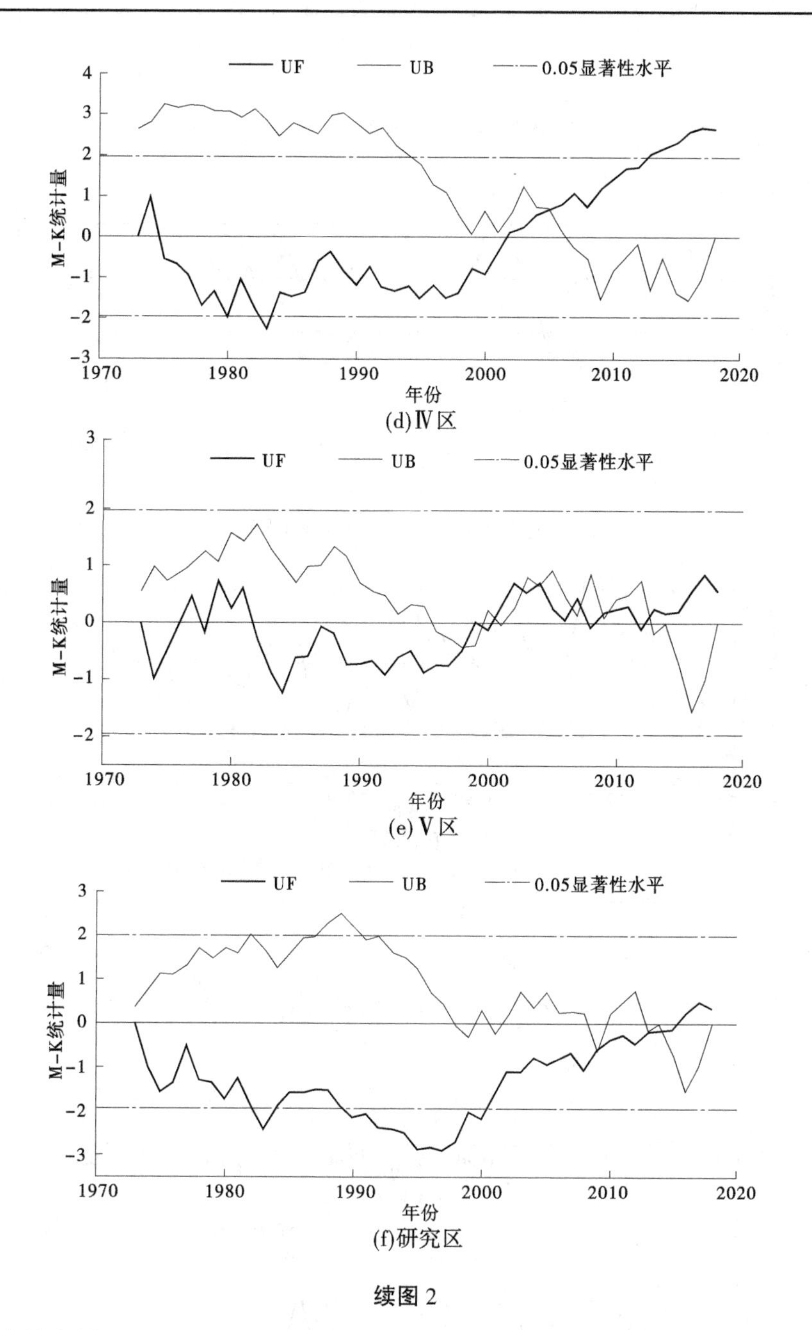

(d)Ⅳ区

(e)Ⅴ区

(f)研究区

续图 2

为比对突变点分布情况，采用 $\alpha=0.05$ 的滑动 t 分布对蒸散发量突变年份做进一步验证，选取自由度为 3 时得到结果，如图 3 所示。青藏高原总体、Ⅲ区、Ⅳ区无突变年份，其余地理区域突变年份分别为 1984 年、1987 年、1988 年、1991 年、1996 年（Ⅰ区）；1981 年、1984 年（Ⅱ区）；1981 年、1984 年、1987 年（Ⅴ区）。融合 M-K 突变检验及滑动 t 检验法（自由度分别为 3、4）得到的不同蒸散发量分布突变点状况如表 6 所示。经比对，整个研究区和各分区均于 20 世纪 80 年代及 21 世纪初期发生突变。青藏高原于 20 世纪 80 年代中期出现气温升高的迹象[16]，这可能是前者突变的重要原因；根据 IPCC 第六次报告，步入 21 世纪后人类活动及厄尔尼诺现象导致的全球升温加剧了冰川融化，这成为蒸散发量突变的重要因素。

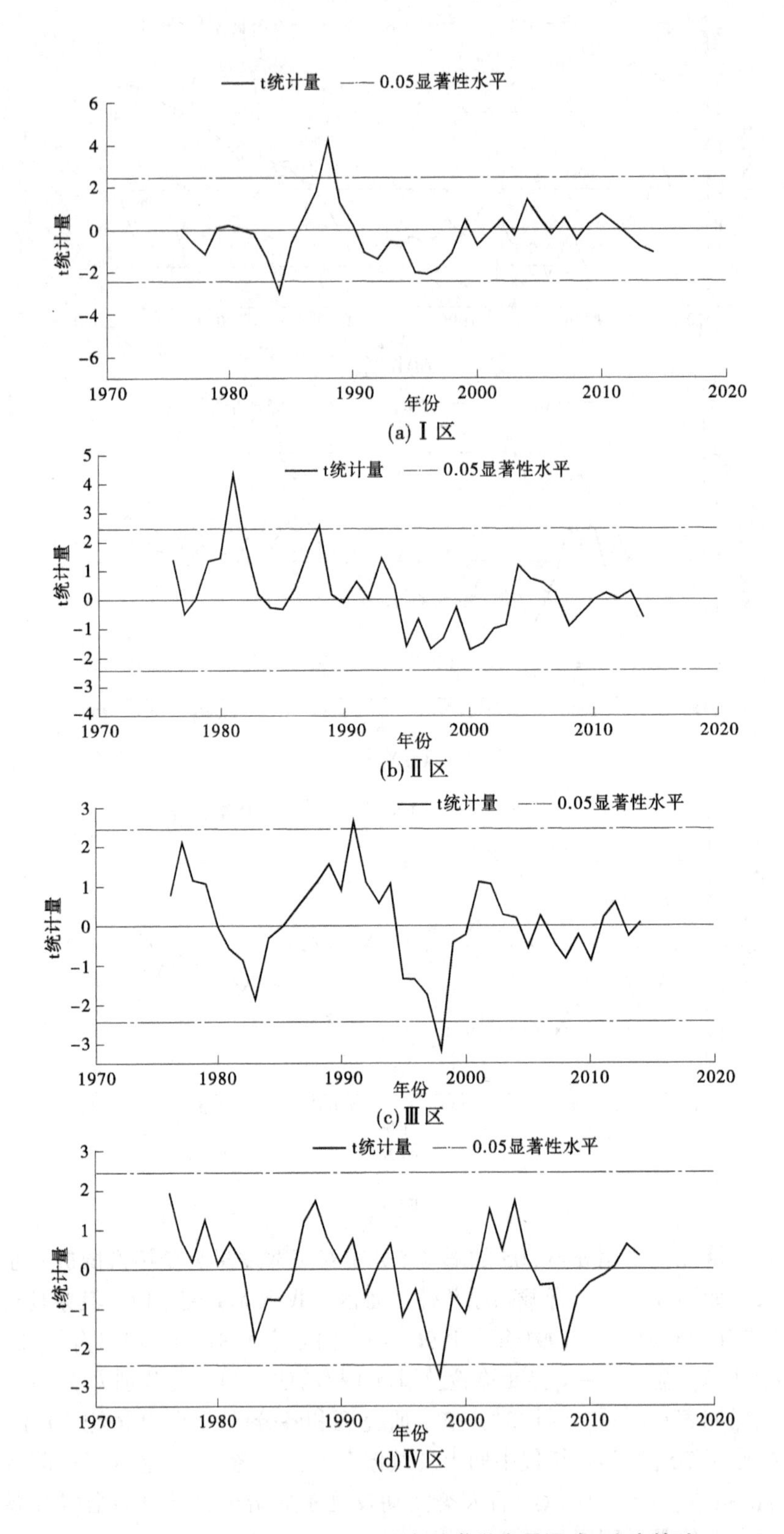

图 3　青藏高原 1973—2018 年均蒸散发量滑动 t 突变检验

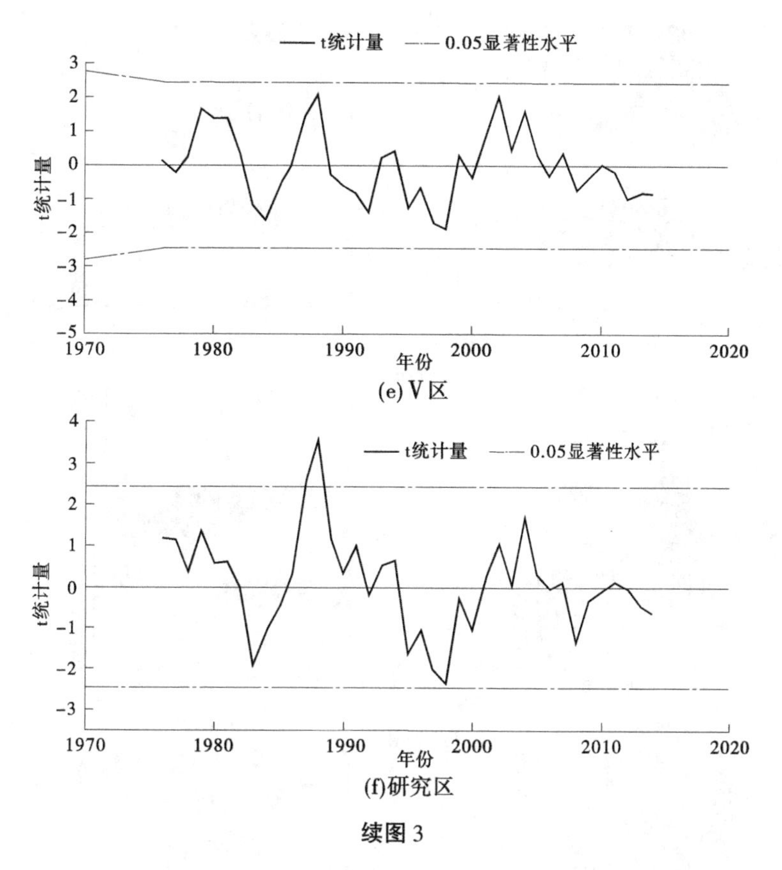

续图 3

表 6　1973—2018 年青藏高原年均蒸散发量突变点综合判断　　年

分析方法	研究区	Ⅰ区	Ⅱ区	Ⅲ区	Ⅳ区	Ⅴ区
M-K 法	2009、2011	1985	2009、2011 2013、2015	1974、1977、 2012、2015	2005	1999、2003、 2008、2013
滑动 t 检验						
$v=3$	—	1984、1987、1988、 1991、1996	1981、1984	—	—	1981、1984、1987
$v=4$	1988	1984、1988	1981、1988	1991、1998	1998	—

4.4　小波分析

对蒸散发序列做最小时间尺度为 2 年的 4 子波分解，得到的小波功率图（见图 4）反映了青藏高原 1973—2018 年整个研究区及各地理分区蒸散发量在不同时间尺度的周期变化。从图中可以看出，整个研究区的年均蒸散发量的震荡中心有一个，为 1~2 年的短周期，震荡区间为 1998—2000 年，小波谱峰值有 3 个，分别是 2、6、14。峰值大于检验标准表明通过 $\alpha=0.05$ 显著性检验，其中峰值为 2 时年均蒸发量时间序列存在强烈震荡。研究区及各地理分区的小波分析结果如表 7 所示。

昆仑山脉地区（Ⅰ区）年均蒸散发量在 2004—2008 年有一个波频很强的震荡中心，存在 1~3 年的短周期，且小波谱存在明显的几个峰值：1~3、6、16，当峰值为 1~3 时通过显著性检验，说明昆仑山脉地区震荡最强的周期为 1~3 年。

柴达木盆地（Ⅱ区）蒸散发量在两个震荡区间分别是 1~3 年和 3~4 年的短周期，对应震荡区间为 1995—1999 年、2008—2010 年，这两个区间的震荡频率较弱。在全局小波谱中存在一个较不明显的峰值，但通过了显著性检验，表明该地区在周期为 6 时震荡最强。

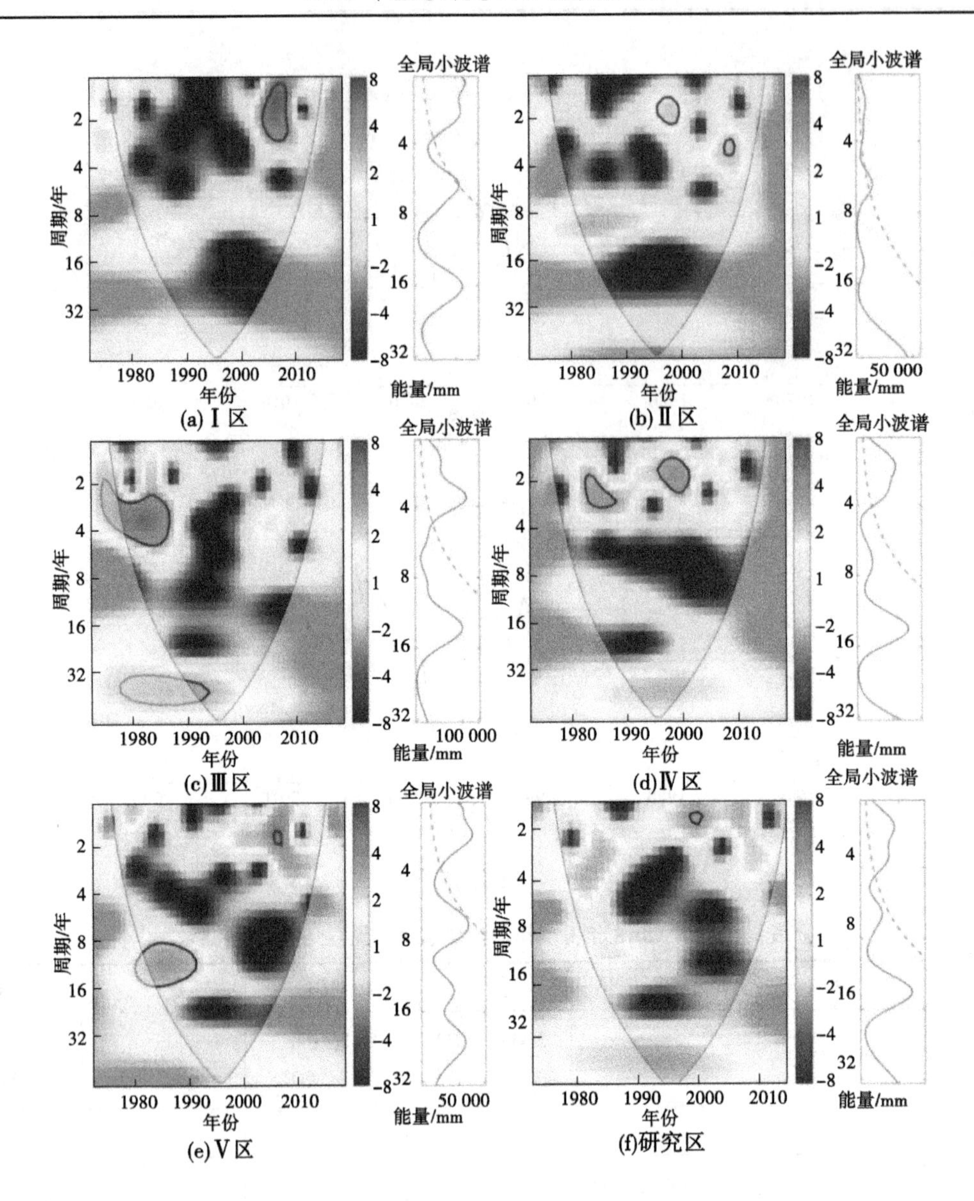

黑色弧线代表小波影响锥；黑色轮廓实线表示置信度为95%的噪声检验；内部颜色越深，功率越高，周期强度越高。

图4　青藏高原 1973—2018 年均蒸散发量小波功率

羌塘高原及雅鲁藏布江中下游地区（Ⅲ区）的年均蒸散发量存在两个震荡中心，能量最强、周期最为显著的时间尺度是 1~3 年的短周期，区间在 1975—1988 年；较弱的震荡为 32~50 年的长周期，其震荡区间在 1977—1994 年。存在两个非常明显的峰值分别为 3、14，峰值为 14 时未通过显著性检验，故该地区年均蒸散发量在 3 年时震荡最强。

青藏高原东部湖区（Ⅳ区）年均蒸散发量存在 2~3 年和 1~2 年的短周期，震荡区间分别为 1983—1989 年、1995—2000 年，两次震荡能量相差不大。小波谱存在两个峰值，对应 2、14，这与Ⅲ区的震荡周期类似，在周期为 2 时最显著，说明最强的震荡周期为 2 年。

喀喇昆仑山区（Ⅴ区）年均蒸散发量存在 1~2 年的短周期及 8~16 年的中长周期，其中前者的震荡频率较高，震荡区间为 2007—2008 年，有一定的局域性。存在三个较为明显的小波谱峰值，但只有周期为 2 时通过了显著性检验，即该地区年均蒸散发量在周期为 2 时是波形变化的第一主周期。

表7　1973—2018年青藏高原年均蒸散发量小波分析结果

地理分区	震荡中心/个	周期/年	震荡区间	小波谱峰值/年
Ⅰ区	1	1~3	2004—2008	1~3、6、16
Ⅱ区	2	1~3	1995—1999	6
		3~4	2008—2010	
Ⅲ区	2	1~3	1975—1988	3、14
		32~50	1977—1994	
Ⅳ区	2	2~3	1983—1989	2、14
		1~2	1995—2000	
Ⅴ区	2	1~2	2007—2008	2、7、14
		8~16	1980—1993	
研究区	1	1~2	1998—2000	2、6、14

5　讨论与结论

借助EOF和REOF的方法开展蒸散发量的特征分区，结合多种数据分析方法探讨蒸散发量的时空演变规律，结果表明：青藏高原年均蒸散发量在空间上呈由西北向东南地区逐渐递增的趋势，并且在空间上以北纬33°为界，这与Zhang等[17]的研究结果基本一致。

通过对整体蒸散发量的趋势分析，可以得出自1973年以来青藏高原整体年均蒸散发量的增大趋势显著，局部趋向减小。整体趋势（2.47 mm/a）与全球2003—2019年趋势的增长速率（2.30±0.52 mm/a）接近[10]。蒸散发量整体的增加除受自然因素的影响，还可能与人类活动及城市化发展有关。近年来青藏高原地区城镇数量增长较快[18]，城镇规模逐渐扩大，高原建设用地也呈现出增长趋势，这使得温度上升，从而导致冰川积雪融化，促使蒸散发量的升高。另外，青藏高原植被覆盖率呈现明显的上升趋势：整体的高寒草地覆被状况好转，局部退化；林地自1986年至今恢复良好；裸地呈现轻微减少的趋势[19]。

通过对研究区进行REOF法划分地理区域并对各地理区域进行数据分析，可以发现青藏高原东南部地区蒸散发量较其他地区增大显著，这一结果与Han等[14]通过对2001—2018年青藏高原蒸散发量的分析，得出高原东部部分区域呈现显著的增加趋势基本相同。此外，背靠塔克拉玛干沙漠的昆仑山脉地区虽然处于蒸散发量最少的区域，却有着明显增大的趋势。柴达木盆地、羌塘高原及雅鲁藏布江中下游地区存在部分下降趋势，这一点与全球蒸散发量的升高存在明显出入。

参考文献

[1] 蔡俊飞，赵伟，杨梦娇，等．基于GLASS数据的青藏高原2001—2018年蒸散发时空变化分析［J］．遥感技术与应用，2022，37（4）：888-896.

[2] 姚天次，卢宏玮，于庆，等．近50年来青藏高原及其周边地区潜在蒸散发变化特征及其突变检验［J］．地球科学进展，2020，35（5）：534-546.

[3] 张镱锂，李炳元，刘林山，等．再论青藏高原范围［J］．地理研究，2021，40（6）：1543-1553.

[4] 孙婵．气候变化背景下青藏高原降水时空变化及其影响［D］．南京：南京信息工程大学，2022.

[5] 魏冲，董晓华，龚成麒，等．基于REOF的淮河流域降雨侵蚀力时空变化［J］．农业工程学报，2022，38（12）：135-144.

[6] 聂圣琨，尹文杰，郑伟，等．南水北调前后海河流域陆地水储量变化分析［J］．大地测量与地球动力学，

2023, 43（2）：128-134.

[7] 魏凤英. 现代气候统计诊断与预测技术［M］. 北京：气象出版社，1999.

[8] Morlet J, Arens G, Fourgeau E, et al. Wave propagation and sampling theory—Part Ⅱ：Sampling theory and complex waves［J］. Geophysics, 1982, 47：222-236.

[9] 王文圣，丁晶，向红莲. 小波分析在水文学中的应用研究及展望［J］. 水科学进展，2002（4）：515-520.

[10] Pascloini C M, Reager J T, Chandanpurkar H A, et al. A 10 per cent increase in global land evapotranspiration from 2003 to 2019［J］. Nature, 2021, 593（7860）：543-547.

[11] 李朝月，崔鹏，郝建盛，等. 1960 年以来藏东南地区气温和降水的变化特征［J］. 高原气象，2023，42（2）：344-358.

[12] 龚成麒，董晓华，魏冲，等. 1978—2018 年青藏高原降水区划及各区降水量时空演变特征［J］. 水资源与水工程学报，2022，33（5）：96-108.

[13] 李霞，崔霞，何晓菲，等. 柴达木盆地水源涵养功能时空特征分析［J］. 草业科学，2022，39（4）：660-671.

[14] Han C, Ma Y, Wang B, et al. Long-term variations in actual evapotranspiration over the Tibetan Plateau［J］. Earth Syst Sci Data, 2021, 13（7）：3513-3524.

[15] Lai Y, Chen X, Ma Y, et al. Impacts of the Westerlies on Planetary Boundary Layer Growth Over a Valley on the North Side of the Central Himalayas［J］. Journal of Geophysical Research：Atmospheres, 2021, 126（3）：e2020JD033928.

[16] 丁一汇，张莉. 青藏高原与中国其他地区气候突变时间的比较［J］. 大气科学，2008（4），794-805.

[17] Zhang X, Ren Y, Yin Z Y, et al. Spatial and temporal variation patterns of reference evapotranspiration across the Qinghai-Tibetan Plateau during 1971 - 2004［J］. Journal of Geophysical Research：Atmospheres, 2009, 114（D15）：1-14.

[18] 鲍超，刘若文. 青藏高原城镇体系的时空演变［J］. 地球信息科学学报，2019，21（9）：1330-1340.

[19] 张镱锂，刘林山，王兆锋，等. 青藏高原土地利用与覆被变化的时空特征［J］. 科学通报，2019，64（27）：2865-2875.

土工膜冻融循环试验及耐久性衰减模型研究

耿之周[1]　侯文昂[1,2,3]　冯伟伟[4]

（1. 水利部交通运输部国家能源局南京水利科学研究院，江苏南京　210029；
2. 水利部大坝安全管理中心，江苏南京　210029；
3. 河海大学，江苏南京　210098；
4. 黄河水利水电开发集团有限公司，河南济源　454600）

摘　要：越来越多的水利工程采用复合土工膜作为防渗材料，部分土工膜已经服役多年。这类材料在自然环境中易受环境因素的影响而产生老化，性能逐渐降低，最终可能影响整个水利工程的服役寿命。本文针对土工膜在大温差冻融循环条件下的工况，开展了室内试验和现场试验，研究恶劣条件对膜体服役性态的影响，将化学反应动力学中的反应速率理论应用到复合土工膜材料的拉伸强度衰减规律模型研究中，以阿累尼乌斯公式为基础，得到冻融循环条件下复合土工膜材料的老化速率公式，并建立了复合土工膜材料在热老化试验条件下的强度衰减规律模型。

关键词：复合土工膜；冻融循环；耐久性；衰减模型

1　研究背景及现状

土工合成材料是一种新型的岩土工程材料，以石油化工产业的下游衍生高分子材料为原料，经人工合成制造的高分子材料，广泛应用于水利、交通、环保、公路、铁路、军工、海港等领域[1]。在水库、水坝、跨流域引调水工程等水利工程中，高密度聚乙烯土工膜（high density polyethylene geomembrane，简称 HDPE 膜或防渗膜）作为主要防渗材料。得益于土工合成材料技术的飞速发展，土工膜因材料轻便、施工快捷等优势被广泛应用于渠道防渗工程，国内外大量现有工程验证了土工膜的优越防渗性能[2]。HDPE 膜由高分子聚合物制造而成，在原始设计时主要考虑了高分子材料受紫外线、温度等因素影响。实际工程应用中，其性能除了易受环境中光、氧、热等因素的影响，HDPE 膜在低温乃至极寒冷环境下的性能需求往往被忽略，经一定周期服役后会产生老化现象。许多极寒地区工程中因缺乏考虑低温对膜体的影响，导致防渗膜损坏，发生渗漏。

长期巨大温差的循环作用可能导致渠道基础或坝基遭受到不同程度的冻融破坏。大变形导致渠道结构开裂，渠基形成不均匀隆起或沉降，渠道防渗层中的土工膜发生拉裂和剪切破坏，如图 1 所示。这两种破坏形式都会导致渠道中土工膜防渗体的破坏，形成渗漏点或面，使得渠道防渗能力显著降低。此外，从现场考察来看，极寒温度造成防渗膜某些连接处强度降低，缺陷较为明显。

尽管许多国内外学者已经进行了多种不同环境条件下土工合成材料的老化试验，并建立了多种不同环境条件下的土工合成材料寿命预测研究模型，以此为基础预测和研究了土工合成材料在相应工程中的使用寿命。然而，由于导致土工合成材料老化的因素各不相同，相应的老化模型的适用性也会受到一定的限制，并且与实际工程的结合不够紧密。而对于各类重大水利工程来讲，由于其工程的重要性，土工膜将在地下长期运行，需保证其使用年限。现行产品行业标准中仅对防渗膜的热老化、耐热性、低温弯折及低温柔性予以规定，未考虑其使用过程中极寒、大温差冻融循环情况出现的可能性。

作者简介：耿之周（1988—），男，高级工程师，主要从事土工合成材料试验、检测、科研及新产品研发方面的工作。
通信作者：冯伟伟（1995—），男，助理工程师，主要从事水工建筑物运行维护管理工作。

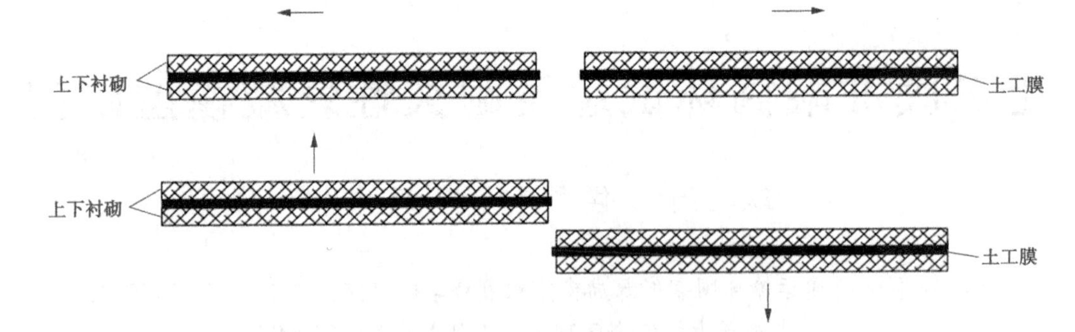

图 1　结构破坏导致的防渗膜拉裂和剪切破坏

因此，需针对 HDPE 膜长期使用过程中的性能衰减及破坏机制展开研究。

2　复合土工膜耐久性试验研究

复合土工膜材料在自然环境条件下，长期受到光照、温度、荷载作用等因素的影响，材料的分子结构将发生改变，力学性能逐渐减弱，出现耐久性下降的现象。对高分子材料耐久性影响研究通常采用自然气候老化试验及人工加速老化试验这两种试验方法。自然气候老化试验通常在某特定环境下，取该工况下复合土工膜材料作为研究对象，定期取样，测试样品的物理力学性能，了解材料性能随时间的变化情况，但试验时间过长。也可以采用人工加速老化试验方法进行研究，即利用室内试验设备对土工合成材料进行加速老化的试验，按照现场工况条件要求，对光辐射、试验温湿度等环境因素进行控制，在实验室内模拟自然的试验环境，对样品进行加速老化的试验。这种试验方法虽然在定量推测、模拟条件等方面有所不足，但是测得的材料的相关物理力学性能的试验结果依然具有很高的价值。

2.1　耐久性试验

本研究依托西霞院反调节水库，其复合土工膜长期处于季节性、长周期、大温差、长期高泥沙含量水浸泡的运行环境。在开展室内模拟试验时，采用宜兴市神洲土工材料有限公司供应的两层 400 g/m^2 聚酯长丝土工布与 0.6 mm 低密度聚乙烯膜进行胶复合，同时预制双缝焊及黏接缝试样作为试验的研究对象与现场采用的材料基本类似，如图 2 所示。

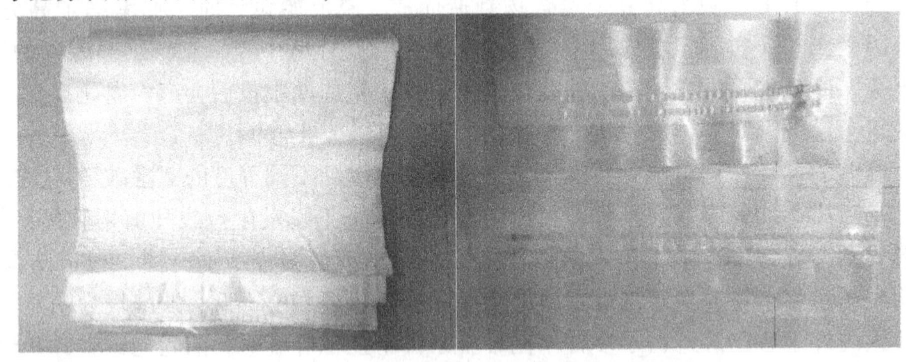

图 2　室内复合两布一膜土工膜及双轨焊缝

将制备好的试样以微卷的方式放入高低温交变湿热试验箱中。设置试验箱温度从 30 ℃开始，6 h 内均匀降温至-20 ℃，保持 6 h，开始加温，6 h 内均匀升温至 30 ℃，再保持 6 h，以模拟高变温速率下循环温度作用对土工膜耐久性指标的影响。对于平均蓄水位以上的复合土工膜，试样处于干燥状态，直接将试验材料放入试验箱内，保持箱内热空气流转通畅；对于平均蓄水位以下的复合土工膜，将试验材料浸入从西霞院水库库区取得的原水中，保持样品完全处于水面以下；对于水位线变动区域的复合土工膜，参照干燥状态的布置方法。将试样整块放入箱内，在一个温度循环周期后，取一块试样进行裁剪，试样剪取距样品边缘应不小于 100 mm。试样应该有代表性，不同试样应避免位于同一纵向和横向位置上，即采用梯形取样法裁采取样品，大小为 20 cm×20 cm，用电子万能试验机等设备对试样进行相关物理及力学性能指标的测量与试验。试验材料布置方式及试验设备如图 3 所示。

图 3 室内冻融循环及拉伸试验

复合土工膜的宽幅拉伸测试是其力学强度指标中最重要的指标。宽幅拉伸试验进行时将试样整宽夹在钳口内进行拉伸，测定试样的拉伸强度和相应的伸长率。试验所用试验机具有等速拉伸功能，所用夹具钳口面要保证钳口中的试样不会打滑，而且要避免夹具损伤试样，夹具夹持面要保持在同一平面内。本试验试样有效长×宽为 20 cm×20 cm，试样夹持长度为 100 mm。采用 CMT5105 型微机控制电子万能试验机对试样进行拉伸强度及相应伸长率的测定，按照《土工合成材料测试规程》（SL 235—2012）的要求，设定拉伸速率 20 mm/min，两夹具初始间距调至 100 mm，将试样对中放入夹具内夹紧，开启试验机，然后开启记录装置，对伸长量曲线、拉力曲线进行记录，运转到试样发生破坏时即停止。试样拉伸强度及伸长率计算如式（1）、式（2）所示：

$$T = \frac{F}{B} \tag{1}$$

式中：T 为抗拉强度，kN/m；F 为最大拉力，kN；B 为试样宽度，m。

$$\varepsilon = \frac{\Delta L}{L_0} \times 100\% \tag{2}$$

式中：ε 为伸长率（%）；ΔL 为最大拉力时试样伸长量，mm；L_0 为试样夹持长度，mm。

2.2 试验结果分析

在室内冻融循环加速老化的试验条件下，取不同老化时间后复合土工膜材料进行纵向抗拉强度、纵向伸长率的测定。对于干燥状态、潮湿状态及水浸泡状态的三种类别试样，每隔 4 个循环周期取一定大小试样，用梯形制样法制样后，进行室内试验。材料力学性能指标随老化时间变化的关系曲线如图 4 所示。

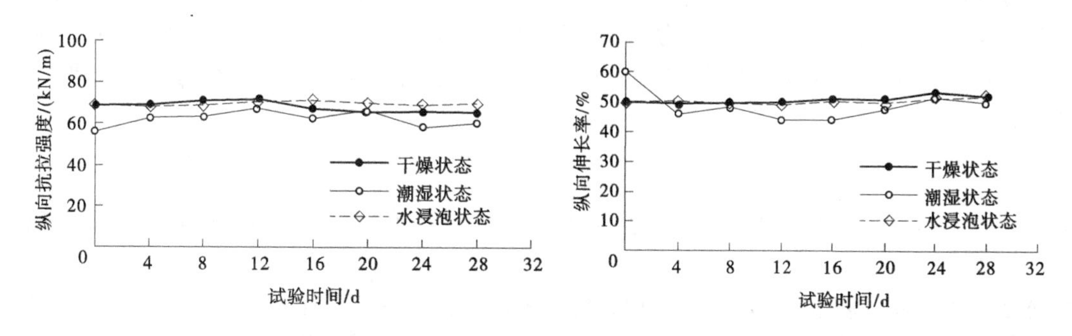

图 4 复合土工膜纵横向抗拉强度与时间关系曲线

由试验结果可以得出，复合土工膜在不同条件下具有以下耐久性变化特征：

（1）在 30 ℃～-20 ℃～30 ℃循环温度下，经过 7 个完整周期，在三种环境条件下，复合土工膜的纵向抗拉强度随着时间的增加略有下降，但强度降低幅度较小，最后 3 个周期趋于平稳；复合土工膜材料纵向伸长率总体处于一定合理范围内，无明显上升或下降趋势。

（2）干燥状态下复合土工膜纵向抗拉强度总体大于浸水状态复合土工膜纵向抗拉强度，导致这一现象的原因有两种可能性：一是湿润状态的长丝土工布纤维之间的摩擦力降低导致复合土工膜抗拉强度的降低，二是水浸泡及冻融循环条件对长丝土工布与土工膜所用复合剂有一定影响。

（3）干燥状态下第7次温度循环周期复合土工膜抗拉强度下降幅度最大，下降幅度约为5.06%；湿润状态下第5次温度循环周期抗拉强度增加幅度最大，增加幅度约为18.8%；水位变动区第4次温度循环周期复合土工膜抗拉强度增加幅度最大，增加幅度约为3.67%。干燥状态下第7次温度循环周期复合土工膜撕裂强力下降幅度最大，下降幅度约为15.15%，湿润状态下第5次温度循环周期撕裂强力下降幅度最大，下降幅度约为6.13%。土工膜母材在第5次温度循环周期下屈服强度增加幅度最大，增加幅度约为8.17%；土在第5次温度循环周期下断裂强度增加幅度最大，增加幅度约为13.86%。

3 复合土工膜材料衰减规律模型

由前文可知，为了解决自然老化试验研究的不便，加速老化试验可以在较短的时间内完成试验，一般采用室内加速老化试验方法获取的材料老化特性作为基础，进一步分析和预测土工合成材料的服役时长。在高分子材料的老化过程中，较为关注在自然环境的温度、时间、光照和应力等因素的影响下，高分子材料与周围介质之间发生的一系列物理、化学反应[3]。本研究选择材料的老化反应速率作为反映材料老化的因素，并将高分子材料的化学反应动力学内容应用于复合土工膜材料的老化规律预测模型研究中。

3.1 耐久性衰减模型研究

根据室内冻融循环加速试验的试验结果，运用阿累尼乌斯公式来研究复合土工膜材料在实际工程中使用时拉伸强度受温度影响的情况。在进行数理统计和数据分析时，曲线拟合理论包含多种回归模型，如倒幂函数曲线、双曲线、幂函数曲线、指数曲线、倒指数曲线、对数曲线及S形曲线等[4]。通过对前文试验所得到的复合土工膜材料拉伸强度变化规律进行分析，确定采用指数函数曲线作为描述复合土工膜材料强度随老化时间变化的一元非线性回归模型：

$$P = P_0 e^{-kt} \tag{3}$$

式中：P 为复合土工膜材料老化 t 时间后拉伸强度，kN/m；P_0 为复合土工膜材料的初始拉伸强度，kN/m；k 为仅与温度相关的材料的老化速率；t 为老化周期，d。

3.2 老化速率的确定

经过前述相关理论的分析，我们了解到阿累尼乌斯公式揭示了温度对材料老化速率的影响。对于复合土工膜材料而言，室内热老化加速试验是一种仅在温度条件下对材料进行加速老化的试验方法。因此，在室内热老化加速试验条件下，复合土工膜材料的老化速率 k 与试验温度 T 之间的关系可以用 Arrhenius 公式进行描述。可以用来揭示复合土工膜材料在不同温度下老化速率的变化规律[5-6]，如式（4）所示：

$$k = A e^{-\frac{E}{RT}} \tag{4}$$

式中：k 为与温度相关的老化速率；A 为频率因子；E 为表观活化能；R 为通用气体常数；T 为热力学温度，K。

根据前文室内冻融循环加速试验的数据，将纵横向拉伸强度与老化时间的关系曲线在不同温度条件下进行指数曲线函数拟合，如图5所示。拟合后可以得到冻融循环条件下复合土工膜材料的老化速率。N 为老化周期，每个周期为4 d。

试验结果及拟合公式结果见表1。

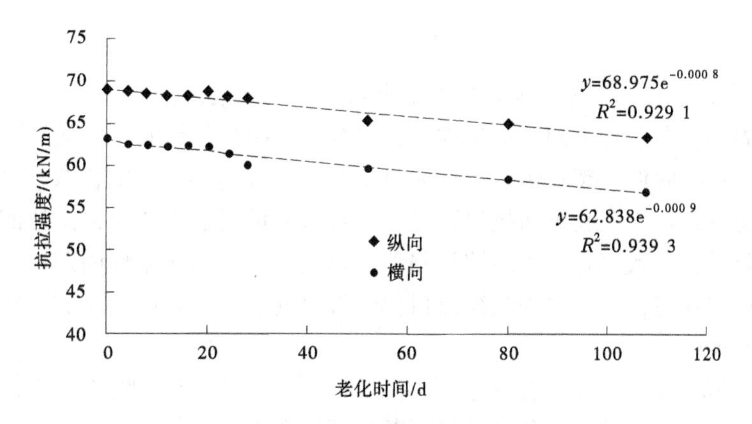

图5 复合土工膜纵横向抗拉强度与时间关系曲线

表1 冻融循环条件下复合土工膜材料的老化速率

试验温度	老化周期 N	抗拉强度/（kN/m）		拟合曲线	老化速率 k	相关指数 R
		纵向	横向			
-20~30 ℃	0	68.75	63.31	$P=68.975e^{-0.0008t}$（纵向） $P=62.838e^{-0.0009t}$（横向）	0.000 8（纵向） 0.000 9（横向）	0.929 1（纵向） 0.939 3（横向）
	4	68.46	62.39			
	8	68.3	62.49			
	12	68	62.25			
	16	68.3	62.2			
	20	68.7	62.26			
	24	68.1	61.19			
	28	67.9	60.06			
	52	65.1	59.3			
	80	64.9	58.6			
	108	63.3	56.9			

阿累尼乌斯公式关于材料老化速率 k 的表达式为一元非线性方程式，而在曲线拟合分析理论中，一元非线性回归方程均可以通过一定的变量替换变换为一元线性方程，故在此对式（4）进行变换，两边取自然对数后，得到式（5）：

$$\ln k=\ln A+\frac{B}{T} \tag{5}$$

式中：$B=-E/R$ 为不随温度变化的常数；$\ln A$、B 为不随温度变化的常数。

对方程组进行求解。将 $\ln A$、B 值代入式（4）及式（5）中，即可得到复合土工膜材料在不同温度条件下材料的老化速率模型：

$$k=e^{12.112-\frac{5\,934.66}{T}} \tag{6}$$

将热老化条件下材料的老化速率模型式（6）代入式（3）中，就可以得到复合土工膜材料在冻融循环老化条件下材料的拉伸强度随老化时间的变化规律模型：

$$P=P_0 e^{-e^{12.112-\frac{5\,934.66}{T}}t} \tag{7}$$

式中：P 为复合土工膜材料老化 t 时间后拉伸强度，kN/m；P_0 为复合土工膜材料的初始拉伸强度，kN/m；T 为热力学温度，K；t 为老化时间，d。

4 结语

（1）本文开展了复合土工膜材料冻融循环加速老化室内试验，在 30 ℃～-20 ℃～30 ℃循环温度下，经过 7 个完整周期，在 3 种不同环境条件下，复合土工膜材料纵向拉伸强度随着时间的增加略有下降；复合土工膜材料纵向伸长率总体未呈现明显上升或下降趋势。干燥状态复合土工膜纵向抗拉强度总体大于浸水状态下复合土工膜纵向抗拉强度，出现这种情况的可能原因是湿润状态的长丝土工布纤维之间的摩擦力降低，导致复合土工膜抗拉强度的降低等。在温度循环周期中，土工膜焊接缝合胶接缝抗拉强度保持稳定状态，土工膜焊接缝断口位于母材处。对于长期老化试验研究，应同设备同人员同试验环境条件开展试验。

（2）将化学反应动力学中的反应速率理论应用到复合土工膜材料的拉伸强度衰减规律模型研究中，并以阿累尼乌斯公式为基础，得到冻融循环条件下复合土工膜材料的老化速率公式，并建立了复合土工膜材料在热老化试验条件下的强度衰减规律模型。

（3）在研究复合土工膜材料的老化使用寿命问题时，一个很重要的问题是如何建立实验室内加速条件与实际使用环境条件之间的关系。由于缺乏长期应用于自然环境条件下的复合土工膜材料性能变化数据，本研究未对此进行深入研究。这也是未来需要进一步探讨和研究的一个方向。

参考文献

[1] 杨广庆，徐超，张孟喜，等．土工合成材料加筋土结构应用技术指南［M］．北京：人民交通出版社股份有限公司，2016.

[2] A. M. 库埃罗，左志安．欧洲土工膜防渗系统近况［J］．水利水电快报，2012，33（2）：19-23.

[3] Suvorova Y V, Alekseeva S I. Experimental and analytical methods for estimating durability of geosynthetic materials［J］. Journal of Machinery Manufacture and Reliability, 2010, 39（4）：391-395.

[4] 何怡．南水北调工程复合土工膜老化特性及拉伸强度衰减规律研究［D］．北京：中国地质大学，2023.

[5] 周遗品，赵永金，张延金．Arrhenius 公式与活化能［J］．石河子农学院学报，1995（4）：76-80.

[6] 闫怀义，王迎进．Arrhenius 经验公式的推导及 Ea 的本质［J］．绍兴文理学院学报（自然科学版），2010，30（2）：12-14.

中俄界河乌苏里江流域水文地理研究综述

马浩远[1,2]　齐　悦[1,2]　孔　达[1,2]

(1. 黑龙江河湖长学院，黑龙江哈尔滨　150080；
2. 黑龙江大学水利电力学院，黑龙江哈尔滨　150080)

摘　要：乌苏里江作为国际界河，其水文地理分区在两国水资源开发利用方面具有重要意义。在对乌苏里江流域水文地理研究进行梳理的基础上，中国水利水电科学研究院、黑龙江省水文总站等科研机构分别从河源、河口、河长、流域面积等方面对其进行研究。同时结合乌苏里江流域的水文数据及水文地质图，按照地表水、地下水和行政管理三因素对流域进行水文地理区划，为研究区水资源计算做好基础工作，同时为相关研究提供参考。

关键词：乌苏里江；流域面积；分区；综述

1　前言

“乌苏里江”意为“东方日出之江”，是汹涌澎湃的黑龙江南岸的第二大支流，仅排在松花江之后，也是中俄界河。乌苏里江起源于靠近中国的吉林东海岸的石人沟[1-2]。在俄罗斯境内，是东源乌拉河的源头。乌苏里江西北流向在与三道沟汇合后改为东北流向，在抚远三角洲与黑龙江汇流，乌拉河和松阿察河汇合后，呈现流态从南到北，乌苏里江穿过密山、虎林、饶河、抚远等县。乌苏里江流域面积为18.7万km^2[3-4]。

目前，有很多水务部门等研究单位对三江平原部分地区进行过一系列评价[5]，其成果较零散，对乌苏里江流域的研究与评价也很少。乌苏里江为国际界河，开展对它的水文地理研究，有助于我们更好地认识俄罗斯和中国在水资源方面的差异。同时，对它的水文地理分区研究，也将促进两国之间的水情交流[6]。

2　乌苏里江水系概况

2.1　河长及流域面积

乌苏里江流域的地理位置为东经129°10′~137°53′，北纬43°06′~48°17′；对于河长和流域面积，李长有及王喜峰等经过研究得出的结论是乌苏里江全长905 km，而王禹浪等在《中国河湖大典》中提到河流长度为890 km[7]；对于流域面积，以上各位学者都认为是18.7万km^2（见表1）。乌苏里江是黑龙江水系中仅排在松花江、结雅河之后的第二大河流，考虑黄河年平均水量仅为580亿m^2，乌苏里江已是名副其实的一条“大江”。

科研项目：云南省国际河流与跨境生态安全重点实验室项目（2022KF03）；中国科学院东北地理与农业生态研究所项目（XDA28100105）。

作者简介：马浩远（1998—），男，硕士研究生，研究方向为寒区水文与雪冰工程。

通信作者：孔达（1963—），男，教授，主要从事寒区水文地质方面的教学与科研工作。

表 1 乌苏里江河长相关研究

<table>
<tr><th>分类</th><th>年份</th><th>单位</th><th>河流长度</th></tr>
<tr><td rowspan="2">Ⅰ</td><td>1998</td><td>黑龙江省佳木斯水文水资源勘测局</td><td rowspan="2">905 km</td></tr>
<tr><td>2009</td><td>中国水利水电科学研究院</td></tr>
<tr><td rowspan="7">Ⅱ</td><td>1999</td><td>佳木斯水文水资源勘测局</td><td rowspan="7">890 km</td></tr>
<tr><td>2003</td><td>黑龙江农垦勘测设计研究院</td></tr>
<tr><td>2007</td><td>黑龙江农垦勘测设计研究院/黑龙江水文局</td></tr>
<tr><td>1996</td><td>黑龙江省水文总站</td></tr>
<tr><td>2014</td><td>《中国河湖大典》编纂委员会</td></tr>
<tr><td>2015</td><td>大连大学中国东北研究中心</td></tr>
<tr><td>2016</td><td>黑龙江水文局</td></tr>
</table>

2.2 河源及河口

目前的文献中，关于河源主要有三类说法：李长有等[8] 认为乌苏里江的河源为俄罗斯境内的锡霍特岭南部西坡；冯健[9]、衣起超等[10]、刘秉泽等[11]、曲春晖等[12]、韩金超等[13] 经过整理收集资料，将河源分为东源和西源，分别是俄罗斯境内锡霍特山西侧和松阿察河[9-13]；王喜峰等[14] 提出河源为发源于吉林东海滨的锡赫特山脉主峰南端西麓。关于河口主要有两类说法：高山林等[15] 认为河口在俄罗斯的哈巴罗夫斯克（伯力）；王思聪等[16] 认为在黑龙江省抚远县（见表 2）。据黑龙江大学寒区地下水研究所的探索，乌苏里江的发源地为俄罗斯东部锡霍特山脉南麓，呈南北流态，最终流到中国的泥口子外，与松阿察河相汇。在下游，乌苏里江分两个主要支流，在抚远及哈巴罗夫斯克（伯力）附近汇入黑龙江。

表 2 乌苏里江河口河源相关研究

<table>
<tr><th>分类</th><th>年份</th><th>单位</th><th>相关内容</th></tr>
<tr><td rowspan="5">河源</td><td>1998</td><td>黑龙江省佳木斯水文水资源勘测局</td><td>乌苏里江发源于俄罗斯境内的锡霍特岭南部西坡</td></tr>
<tr><td>2009</td><td>中国水利水电科学研究院</td><td>发源于吉林东海滨的锡赫特山脉主峰南端西麓</td></tr>
<tr><td>1996</td><td>黑龙江省水文总站</td><td rowspan="3">东源在俄罗斯的锡霍特山脉西侧，西源在兴凯湖的松阿察河</td></tr>
<tr><td>1999</td><td>佳木斯水文水资源勘测局</td></tr>
<tr><td>2003</td><td>黑龙江农垦勘测设计研究院</td></tr>
<tr><td rowspan="5">河口</td><td>1998</td><td>黑龙江省佳木斯水文水资源勘测局</td><td rowspan="4">哈巴罗夫斯克（伯力）</td></tr>
<tr><td>1996</td><td>黑龙江省水文总站</td></tr>
<tr><td>1999</td><td>佳木斯水文水资源勘测局</td></tr>
<tr><td>2003</td><td>黑龙江农垦勘测设计研究院</td></tr>
<tr><td>2009</td><td>中国水利水电科学研究院</td><td>黑龙江抚远县汇入黑龙江</td></tr>
</table>

3 水文地理分区

3.1 单因素分区

行政区的区划中，一般情况下根据人口密度、经济发展、政治及地理等因素，并考虑政治、经济、文化、民族、地理、人口等多方面的因素进行区划。因为这样会对其他区域的区划起到一个引导作用。乌苏里江流域地跨中国和俄罗斯两国，包含一级行政区 3 个，分别是黑龙江省、哈巴罗夫斯克边疆区、滨海边疆区。

地下水分区既能体现水文地质规律，又能体现地下水与地质、地貌和水文等自然要素的相互关系，因此将乌苏里江流域的地下水系统分为2个区，分别为山丘区和平原区。

在对地表水分区时，始终坚持综合与主导性、相似性与差异性的原则，在确保流域完整性的前提下，能反映出流域水系的空间分异规律。根据乌苏里江流域绘制的地表水系分区图将乌苏里江流域共分为8个区，分别是乌苏里江干流区、刀毕河流域区、兴凯湖—松阿察河流域区、穆棱河流域区、挠力河流域区、伊曼河流域区、比金河流域区、和罗河流域区。

3.2 多因素分区

乌苏里江流域作为中国重要的国际界河，多因素分区也尤为重要，能够直观看出水资源的分配情况，地表水与地下水是一个相互联系的整体，将它们的分区图进行耦合得到了地表水-地下水耦合分区图，并将乌苏里江流域分为14个区，以更加精确地反映该流域的地表水与地下水情况。

基于水资源的生态、经济和社会特征，将地表水与行政管理两者的分区图进行叠加，得到乌苏里江流域地表水-行政管理耦合分区图，将该流域分为12个区域。

地下水是地球上最主要的水体。近年来，全球地下水超负荷、超采现象日益严重，给水资源利用带来了巨大挑战。为有效管理研究区内各国及其所管辖的行政区的地下水分开采和分布情况，将地下水与行政区划联系起来，有助于提高水资源利用效率。通过对乌苏里江流域的地下水和行政区划进行叠加耦合，得到6个区域的地下水和行政耦合区划。

为了能更直观地反映乌苏里江流域各区域水资源总体状况，将乌苏里江流域的行政区划图、地表水区划图与地下水区划图三者叠加耦合，得到乌苏里江流域地表水-地下水-行政管理耦合区划图。通过三要素区划图，能够对各个地区的水资源总体情况有一个清晰的认识，这对各个地区的水资源的开发利用是有利的[17]。

根据乌苏里江创建的地表水-地下水-行政管理耦合分区图，将乌苏里江分为18个区块。以WS1bh、WS2bh为例，其中WS表示地表水中的乌苏里江干流区，1、2分别表示地下水分区的平原区和山丘区，bh表示行政管理分区中的滨海边疆区，同理进行三因素耦合分区标注，见表3。

表3　基于地表水-地下水-行政管理的乌苏里江流域耦合分区

地表水	地下水	行政管理	分区编号
乌苏里江干流区	山丘区	滨海边疆区	WS2bh
	平原区	黑龙江省	WS1hl
		滨海边疆区	WS1bh
		哈巴罗夫斯克边疆区	WS1hb
比金河流域	山丘区	滨海边疆区	BJ2bh
	平原区	滨海边疆区	BJ1bh
		哈巴罗夫斯克边疆区	BJ1hb
刀毕河流域	山丘区	滨海边疆区	DB2bh
	平原区	滨海边疆区	DB1bh
兴凯湖—松阿察河流域	山丘区	滨海边疆区	XK2bh
	平原区	黑龙江省	XK1hl
		滨海边疆区	XK1bh
穆棱河流域	平原区	黑龙江省	ML1hl
挠力河流域	平原区	黑龙江省	NL1hl
伊曼河流域	山丘区	滨海边疆区	YM2bh
	平原区	滨海边疆区	YM1bh

续表 3

地表水	地下水	行政管理	分区编号
和罗河流域	山丘区	哈巴罗夫斯克边疆区	HL2hb
	平原区	哈巴罗夫斯克边疆区	HL1hb

4 结论

（1）根据黑龙江大学寒区地下水研究所多年的探索，得出乌苏里江发源于俄罗斯东部锡霍特山脉南麓，河口位于哈巴罗夫斯克（伯力）、黑龙江抚远县。

（2）本文根据不同的因素，分别得到了不同的分区板块，最终乌苏里江流域三因素区划共将其分为 18 个区块，这对于该流域进一步进行水资源计算具有重要意义。

参考文献

[1] 戴长雷，李治军，林岚，等．黑龙江（阿穆尔河）流域水势研究［M］．哈尔滨：黑龙江教育出版社，2014.

[2] 王禹浪，闫举香，寇博文．乌苏里江流域的历史与文化——以饶河县为中心［J］．哈尔滨学院学报，2015，36（6）：1-16.

[3] 张晓红，戴长雷，王思聪．乌苏里江流域水文地理研究进展［J］．黑龙江水利，2017（1）：32-36.

[4] 戴长雷，王思聪，李治军，等．黑龙江流域水文地理研究综述［J］．地理学报，2015，70（11）：1823-1834.

[5] 周宇渤．三江平原地下水循环环境演化研究［D］．长春：吉林大学，2011.

[6] 郭锐，陈思宇，魏金城．中俄界河——黑龙江水环境分析与评价［J］．干旱环境监测，2005（3）：139-141.

[7]《中国河湖大典》编纂委员会．中国河湖大典［M］．北京：中国水利水电出版社，2014.

[8] 李长有，曲春辉，王淑丽．《乌苏里江洪水预报方案》的编制［J］．黑龙江水专学报，1998（4）：80-82.

[9] 冯健．2013 年乌苏里江下游洪水特性分析［J］．科技创新与应用，2016（6）：198.

[10] 衣起超，李智，李艳杰，等．国境界河乌苏里江干流年径流分析［J］．水利与建筑工程学报，2007（3）：86-88，91.

[11] 刘秉泽，唐继宏，金艳．乌苏里江洪水特点及灾害［J］．黑龙江水专学报，1996（1）：92-94.

[12] 曲春晖，李长有，朱丹．乌苏里江流域水文概况［J］．黑龙江水专学报，1999（2）：31-33.

[13] 韩金超，戴凌元，李相莉．浅谈乌苏里江流域防洪工程规划［J］．黑龙江水专学报，2003（3）：48-49.

[14] 王喜峰，周祖昊，贾仰文，等．乌苏里江流域分布式水文模型开发与验证［C］//变化环境下的水资源响应与可持续利用——中国水利学会水资源专业委员会 2009 学术年会论文集．中国水利学会水资源专业委员会：中国水利学会．大连：大连理工大学出版社，2009：120-125.

[15] 高山林，朱永春，闫永刚．乌苏里江干流饶河县段塌岸原因及防护措施［J］．科技情报开发与经济，2005（15）：273-274.

[16] 王思聪，戴长雷，赵惠媛，等．黑龙江中下游中俄跨国界含水层研究综述［J］．黑龙江水利，2016，2（6）：33-37.

[17] 常玉苗．区域水资源环境竞争力评价及空间差异研究［J］．节水灌溉，2018（2）：88-92.

严寒地区抽水蓄能电站防冰仪器设备应用研究

龙 翔[1,2] 刘忠富[1,2] 金柏君[1]

（1. 中水东北勘测设计研究有限责任公司，吉林长春 130061；
2. 水利部寒区工程技术研究中心，吉林长春 130061）

摘 要：严寒地区抽水蓄能电站在冬季运行期间库区水体在低温气候条件下会逐渐结成完整冰盖，对工程的安全运行及水工建筑物结构造成严重影响。本次通过某工程现场试验，对高压空气扰流法防冰仪器设备的应用可行性及效果进行研究，综合分析高压气体排量、工作深度、排气孔尺寸等参数对防冰效果的影响，并确定最优防冰组合参数。

关键词：严寒地区；抽水蓄能电站；高压空气扰流法；防冰仪器设备

1 引言

严寒地区抽水蓄能电站由于电网调峰填谷调度的作用，在冬季极端气候条件下，仍需保持正常运行。而冬季库区结冰会在抽水蓄能电站的运行过程中产生诸多方面的约束条件与不利影响，对进出水口建（构）筑物，以及电站的正常运行均有着较大的危害[1]。如在抽水工况下，若上、下水库存在大面积封冻冰盖，机组从下水库向上水库抽水，较厚的封闭冰盖会对机组抽水产生阻碍。下水库在封冻冰盖的作用下则会形成负压，使机组阻力进一步增大、效率降低。附加的阻力作用还会严重影响机组使用寿命。若出现极端条件，上、下水库产生了厚度大于临界冰厚的冰盖，则可能直接造成工程无法运行，甚至威胁机组的安全[2]。而在发电工况下，封冻冰盖将使上水库产生负压，阻碍水体流转，而下水库形成的封冻冰盖则会对发电水流产生额外阻力，同样影响机组的正常运行与发电效率。同时，冰盖随水位的频繁升降还会对堆石护坡、混凝土结构、止水结构等产生严重影响[3]。例如，冰冻作用下，堆石块在冰拔力与浮力的作用下会被拔出，并随水位的变化飘散，化冰后散落于库区的各个位置；混凝土结构则会出现冻融破坏和冻融剥蚀，喷射混凝土结构则可能产生冻胀破坏；止水结构在冰拔和冰推作用下，可能出现破损，对止水性能产生破坏。目前，常见的除冰措施有电加热融冰法、水泵扰流法、高压空气扰流法与射流法[4]，其中电加热融冰法与射流法能耗与造价较高，且作用位置固定，对于抽水蓄能电站适应性较差。水泵扰流法与高压空气扰流法具有造价低、安装简便且灵活的特点，扰流工作组件可随水位变动，因此对于抽水蓄能电站防冰具有较好的适应性。为解决冰冻对抽水蓄能电站的影响，本次在某北方抽水蓄能电站工程现场进行高压空气扰流法试验，探索该防冰仪器设备的应用效果与可行性，并对影响防冰效果的因素进行试验，确定最优防冰参数。

2 试验平台设计

本次在某北方抽水蓄能电站上水库进出水口前方设置试验点，并搭建试验平台。试验平台由气源及后处理装置、集成平衡及止逆阀组、管路系统及水下防冰工作装置组成，如图1所示。其中，气源及后处理装置由高压空气制造机以及后处理装置组成，其作用是产生库区液体扰流的高压空气，同时通过后处理装置稳定电压功率，除去高压空气中的水分，确保气源长时间稳定运行；集成平衡及止逆阀组可以自由调节气体，根据需要向不同的区域输送高压空气，同时止逆阀可防止停机后水体返回到

作者简介：龙翔（1991—），男，工程师，主要从事冰冻对寒冷地区电站的影响等相关研究工作。

气源/泵源处，防止造成设备损坏。试验时，气源产生高压气体，经过后处理装置后，通过管道进出集成平衡阀组系统，在控制器的调节下，气体从不同的管路到达水下的防冰工作装置，在水底喷出高压气体，造成水体扰动，从而实现防冰与除冰功能。

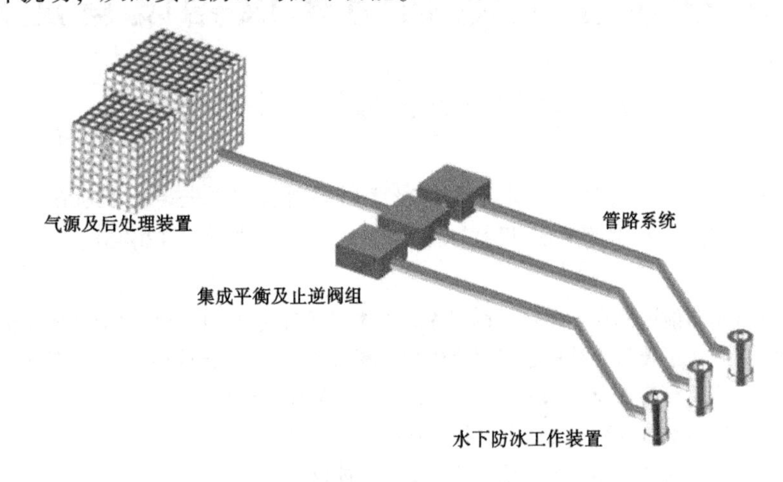

图 1　防冰仪器设备试验台结构示意图

3　试验内容与结果

3.1　试验内容与方法

本次试验从 2021 年 12 月 15 日起，持续至 2022 年 1 月 10 日，在北方某抽水蓄能电站进行了防冰仪器设备应用试验，该时间段为本年度最低气温时段，库区平均气温低于-15 ℃，库区水体表面结有完整冰盖，无自然融冰现象，因此试验期间库区产生的自由水面均为防冰仪器作用，试验结果具有代表性。

该工程上水库正常蓄水位 1 391.0 m，死水位 1 373.0 m，根据此工程运行特征，水位一般在 1 379.0~1 390.0 m 变动。通过控制高压空气的排量、水下防冰工作装置的放置深度、排气孔尺寸等参数，采用控制变量法进行试验，每组试验采用 3 d 内在库区产生自由水面面积，作为判定指标，进行评判。其中，工作装置放置深度通过漂浮板与调节绳索对水下工作装置的放置深度进行调节，高压空气排量通过气源进行调节，出气孔尺寸则通过更换水下防冰工作装置出气阀进行调节。试验内容与参数变化如表 1 所示，现场试验情况如图 2 所示。

表 1　试验内容与参数设置

序号	试验内容	试验排量/(m^3/min)	工作压力/MPa	工作深度（距水面深度）/m	排气孔直径/cm
1	气体排量的影响	6	0	6	1
		3	0.3		
		1	0.9		
		0.3	1.5		

续表 1

<table>
<tr><th>序号</th><th>试验内容</th><th>试验排量/（m³/min）</th><th>工作压力/MPa</th><th>工作深度（距水面深度）/m</th><th>排气孔直径/cm</th></tr>
<tr><td rowspan="8">2</td><td rowspan="8">工作深度影响</td><td rowspan="8">6</td><td rowspan="8">0</td><td>1</td><td rowspan="8">1</td></tr>
<tr><td>2</td></tr>
<tr><td>3</td></tr>
<tr><td>4</td></tr>
<tr><td>5</td></tr>
<tr><td>6</td></tr>
<tr><td>7</td></tr>
<tr><td>8</td></tr>
<tr><td rowspan="5">3</td><td rowspan="5">排气孔尺寸的影响</td><td rowspan="5">6</td><td rowspan="5">0</td><td rowspan="5">5</td><td>0. 5</td></tr>
<tr><td>1</td></tr>
<tr><td>1. 5</td></tr>
<tr><td>2</td></tr>
<tr><td>2. 5</td></tr>
</table>

3. 2　气体排量的影响试验结果

气体排量对防冰效果的影响试验，通过调节气源高压气体排量对参数进行控制。试验时当排量减小时，工作压力会增大，同时气体流速增大，这是因为气源仪器的输出功率是额定不变的，不同排量情况下高压空气对水体输出功率相同，因此不同排量下的试验结果具有可比性，试验结果如表 2 与图 3 所示。

图 2　高压空气扰动法现场试验

表 2　不同排量条件下的试验结果

<table>
<tr><th>排量/（m³/min）</th><th>工作压力/MPa</th><th>工作深度/m</th><th>排气孔直径/cm</th><th>3 d 自由水面面积/m²</th></tr>
<tr><td>6</td><td>0</td><td rowspan="4">6</td><td rowspan="4">1</td><td>381. 48</td></tr>
<tr><td>3</td><td>0. 3</td><td>297. 52</td></tr>
<tr><td>1</td><td>0. 9</td><td>166. 54</td></tr>
<tr><td>0. 3</td><td>1. 5</td><td>108. 51</td></tr>
</table>

不同排量的试验结果显示，在其他影响因素相同的条件下，3 d 自由水面面积呈现出随高压气体

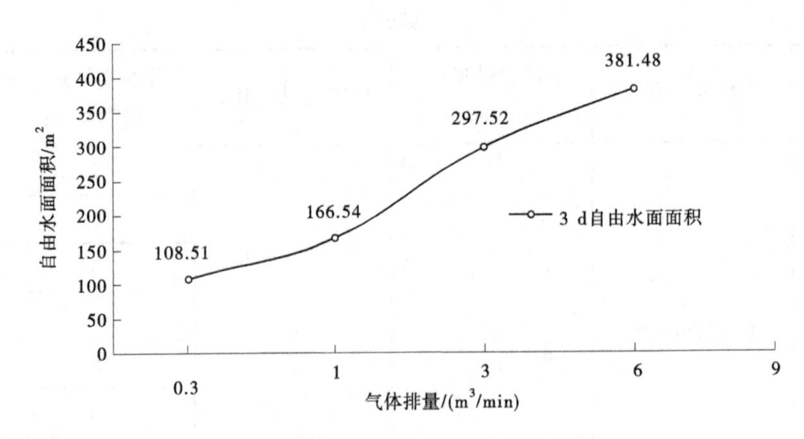

图 3 不同排量条件下自由水面面积变化趋势

排量的增大而增大的变化规律，当排量为 6 m^3/min 时，3 d 自由水面面积达到 381.48 m^2。

3.3 工作深度的影响试验结果

工作深度为水下防冰工作装置至水面的距离，通过水面的浮板与悬挂绳调节工作装置深度，本次共进行 8 组试验，试验深度调节范围为 1~8 m，试验结果如表 3 与图 4 所示。

表 3 不同工作深度的试验结果

工作深度/m	试验排量/（m^3/min）	排气孔直径/cm	3 d 自由水面面积/m^2
1	6	1	79.43
2			212.54
3			297.86
4			355.55
5			467.59
6			384.48
7			211.02
8			111.11

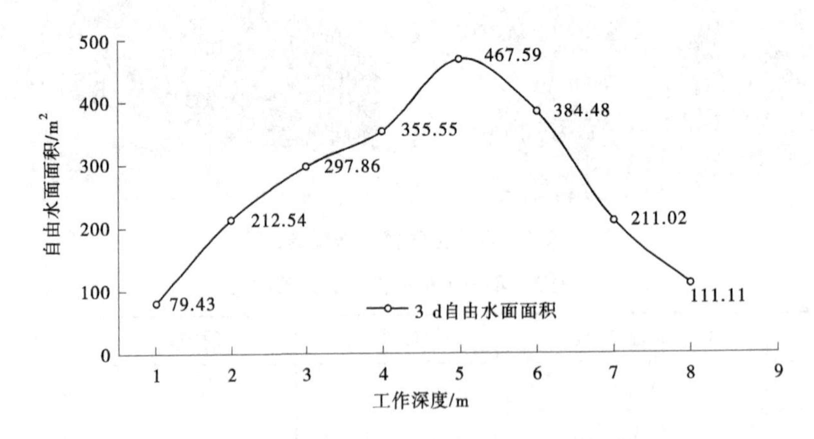

图 4 不同深度条件下自由水面面积变化趋势

不同深度的试验结果显示，在其他影响因素相同的条件下，随工作深度的增大，3 d 自由水面面积呈现先增大后减小的变化规律，当深度为 5 m 时，3 d 自由水面面积达到最大为 467.59 m^2。

3.4 排气孔尺寸的影响试验结果

排气孔为水下防冰工作装置的终端工作部件，是气体进入水中的通道，通过更换不同尺寸的排气阀进行试验，试验结果如表4与图5所示。

表4 不同排气孔尺寸的试验结果

排气孔尺寸/cm	排量/（m^3/min）	工作深度/m	3 d自由水面面积/m^2
0.5	6	5	441.34
1.0			437.59
1.5			489.23
2.0			327.31
2.5			215.65

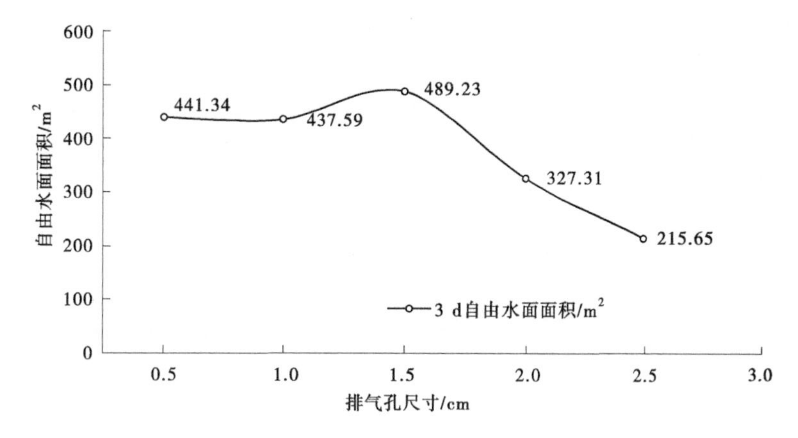

图5 不同排量条件下自由水面面积变化趋势

不同排气孔尺寸的试验结果显示，在其他影响因素相同的条件下，排气孔直径在0.5~1.5 cm时，防冰设备产生的3 d自由水面面积在437.59~489.23 m^2小幅波动，当排气孔尺寸超过1.5 cm后，自由水面面积大幅度减小。

4 结论

本次通过2021—2022年冬季在北方某抽水蓄能电站进行的防冰仪器设备应用试验研究，得到如下结论：

（1）高压空气防冰设备采用最大排量为6 m^3/min的气源可在库区产生最大面积为489.23 m^2的无冰自由水面，可有效减小冰冻对严寒地区抽水蓄能电站工程造成的影响，此设备具有较高的适用性。

（2）高压空气排量对防冰效果影响较大，试验结果显示，在其他影响因素相同的条件下，仪器在库区产生的自由水面面积呈现随高压气体排量的增大而增大的变化规律，最优防冰排量为6 m^3/min。

（3）工作深度对防冰效果影响较大。在其他影响因素相同的条件下，随工作深度的增大，3 d自由水面面积呈现先增大后减小的变化规律，最优防冰工作深度为5 m。

（4）排气孔尺寸对防冰效果影响最大，当孔径超过1.5 cm后，自由水面面积大幅减小，最优防冰排气孔直径为1.5 cm。

（5）抽水蓄能电站采用高压空气式防冰设备作为防冰冻措施时，可根据当地气象条件与库盆结构设计特征选择防冰设备，当库盆深度较大且水位变幅较大时，水下工作装置应布置于死水位以下，同时应在能耗可接受范围内尽可能选择排气量较大的高压空气压缩机。

参考文献

[1] 马喜峰，朱海波．抽水蓄能电站上水库运行条件下冰厚数值模拟研究［J］．东北水利水电，2023（2）：46-48，72.

[2] 龙翔，洪文彬．严寒地区抽水蓄能电站冬季运行期悬浮冰块下潜对工程影响分析［C］//中国水利学会．2022 中国水利学术大会论文集（第四分册）．郑州：黄河水利出版社．2022：464-469.

[3] 李达．寒区冰冻粘结力对面板坝止水结构的受力分析［D］．哈尔滨：黑龙江大学，2020.

[4] 张锐．水库闸门防冻除冰新技术探讨［J］．地下水，2011（3）：124，142.

黑龙江（阿穆尔河）流域气象水文演变特征分析

王亚龙[1,2]　李治军[1,2]　孔　达[1,2]

（1. 黑龙江大学水利电力学院，黑龙江哈尔滨　150080；
2. 黑龙江河湖长学院，黑龙江哈尔滨　150080）

摘　要：本文通过对黑龙江（阿穆尔河）流域的气象水文数据进行定量分析，探讨了该流域的气象水文演变规律。研究表明，近年来黑龙江（阿穆尔河）流域的气象水文状况发生了明显变化，包括降水量、蒸发量、径流量等指标的改变升降。本文对这些变化进行了详细的阐述分析，探讨可能影响其变化的原因。结果表明，气候变化和人类活动都对黑龙江流域的气象水文演变规律产生了重要影响。本研究对于深入理解黑龙江（阿穆尔河）流域的气象水文演变特征，以及为流域的水资源管理和生态保护提供科学依据具有重要的意义。

关键词：黑龙江（阿穆尔河）流域；水文情势；水文模型；气候变化

1　黑龙江（阿穆尔河）流域水文情势的变化特征

1.1　研究区概况

黑龙江（阿穆尔河）流域位于亚洲东部，毗邻太平洋西岸，西靠东西伯利亚、蒙古国。经纬度范围在东经108°21′~141°21′和北纬42°~55°45′之间。东西跨度约为2 000 km，黑龙江流域西部地区距海较远；南北跨度约为1 000 km，流域面积为184.3万km^2。多年平均气温一般为-10~8 ℃，全年气温呈现出显著的季节差异。黑龙江（阿穆尔河）同时还是世界第一界河，中国与俄罗斯的界河，长度约4 000 km。黑龙江（阿穆尔河）流域河流水系发达，流域内中国侧共建有水库150余座。黑龙江（阿穆尔河）水系是中国三大通航水系之一，总通航里程约为7 500 km。对比于中国其他地区的国际河流，黑龙江（阿穆尔河）大部分作为中俄东段的国际边界[1]。

1.2　年际和季节性变化

研究流域水文气象要素的演变规律是全球或大气科学尺度相关研究的降尺度细化[2]，在黑龙江（阿穆尔河）流域，不同年份和季节的水文气象要素变化趋势差异很大。通过分析大量气象和水文数据，本文确定了这些变化，并将其与气候和环境因素的影响联系起来。

（1）年际变化显示出黑龙江（阿穆尔河）流域水文条件的显著差异。年际变化与降水量和蒸发量的变化等气候因素密切相关。在某些年份，流域降水量显著增加，同时蒸发量增加，导致径流量显著增加。而在其他年份，降水量可能会大幅减少，导致径流量减少。这种年际变化反映了流域水文过程的不稳定性。

（2）季节波动也是黑龙江（阿穆尔河）流域水文情况的一个特点。流域内的水文过程在不同季节会有很大变化。在夏季，降水量通常会增加，蒸发量也会相应增加，从而导致径流量增加。而在冬季，降水量减少，蒸发量减少，导致径流量减少。这种季节性变化反映了气候因素对流域水文过程的

基金项目：中蒙俄经济带寒地农业水利类人才国际化联合培养模式实践与研究（SJGZ20200135）；气候变化对黑龙江（阿穆尔河）流域水文情势的影响研究（2022KF03）。

作者简介：王亚龙（2000—），男，硕士研究生，研究方向为冻土水文地质与雪冰工程。

通信作者：李治军（1978—），男，博士，讲师，研究方向为地下水渗流。

季节性调节。

（3）年际和季节波动是黑龙江（阿穆尔河）流域气象和水文演变的一个重要特征。这些波动与气候因素和环境特征密切相关，反映了流域内降水、蒸发和径流等主要水文过程的演变。对这些波动的进一步研究有助于更好地了解和评估流域水资源的分布和利用情况，为流域的可持续发展提供科学依据。如图 1、图 2 所示，统计黑龙江（阿穆尔河）流域内气象站点四季气温、降水量数据变化，可以看出温度、降水量等气候因子与年际和季节波动存在密切关系。

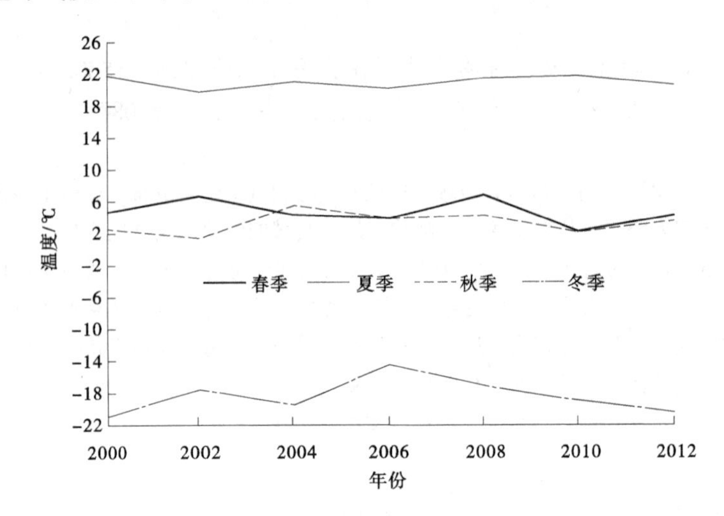

图 1　2000—2012 年不同季节温度变化折线

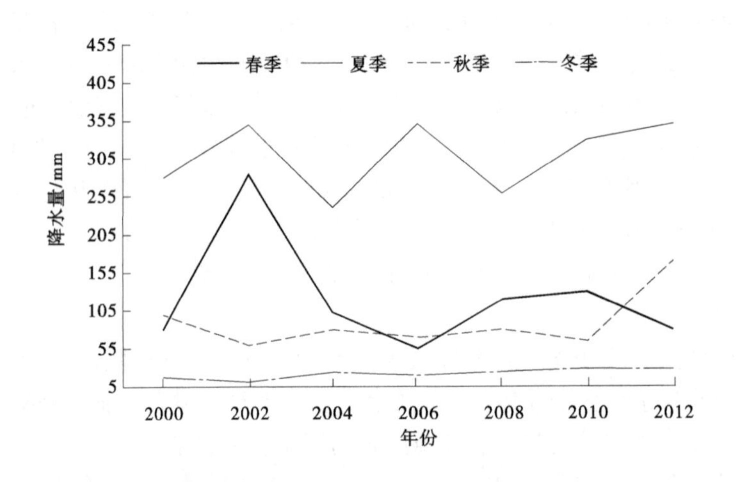

图 2　2000—2012 年不同季节降水量变化折线

1.3　与气候和环境特征的关系

研究发现，黑龙江（阿穆尔河）流域的水文状况具有明显的年际和季节波动特征，这与气候和生态特征密切相关。降水是影响流域水文状况的最重要因素之一，黑龙江（阿穆尔河）流域的降水量具有明显的年际和季节变化特征，直接影响流域水资源的补给。另外，蒸发是水文过程的重要组成部分，温度、风速和湿度等环境特征对蒸发过程有显著影响，进一步影响流域的水文状况。气候变化是导致黑龙江（阿穆尔河）流域水文情势变化的主要因素之一。随着全球变暖的加剧，流域内气温呈明显上升趋势。高温和干旱频发，导致降水量减少、蒸发量增加，从而影响流域的供水和水文过程。

2 气候变化对水文情势的影响

2.1 水文指标变化

对黑龙江（阿穆尔河）流域气象和水文演变的分析表明，气候变化对该流域的水文状况产生了重大影响。这反映在水文参数的变化上，包括流域水位和河流流量的波动。

对黑龙江（阿穆尔河）流域气象数据的收集和分析表明，近年来该流域的降水量和气温趋势发生了变化。降水量的变化直接影响流域内河流的水位变化，气温的变化则影响径流。这些气象参数的变化极大地改变了流域的水文状况。建立分布式水文模型来模拟和分析流域水文过程的结果已经获得。模拟结果表明，由于气候变化的不断发展，黑龙江（阿穆尔河）流域的水文特征发生了显著变化。河流水位、径流等参数波动较大并具有一定的时空特征。这表明气候变化对流域水文情势的发展有着重要影响。此外，气候变化还影响流域水资源的分布和利用，对黑龙江（阿穆尔河）流域气象和水文发展的深入研究表明，气候变化对该流域的水文状况有重大影响，这是黑龙江（阿穆尔河）流域水资源管理和适应气候变化的重要依据。因此，加强流域水资源管理和规划，优化水资源配置，提高用水效率，加强气象和水文监测系统，能更好地应对气候变化的影响。

2.2 水资源分配和利用

随着气候变化的加剧，黑龙江（阿穆尔河）流域水文情势发生了显著变化，进一步影响了水资源的配置和利用。气候变化引起的降水和气温变化，使流域内河流水位和径流等水文指标出现较大波动，并呈现出一定的时空特征。

（1）流域内的河流水位和径流量直接取决于降水量的变化。降水量的增加会导致河流水位和径流量的增加，进而影响河流水资源的分配和使用。反之，降水量减少会导致河流水位和径流量下降，从而引发干旱和缺水等问题。因此，在不同情况下分配和使用水资源时，需要考虑气候变化对降水量的影响。

（2）气候变化也会影响水资源的分配。在气候变化的背景下，流域内的水资源分配需求可能会发生变化。一方面，由于气候变暖和降水减少，流域内的供水量可能会减少，水资源的分配必须进行调整和优化，以满足不同地区的需求。另一方面，气候变化也可能导致流域内不同地区的水资源分布发生变化，在研究区域水资源分配时应考虑到这一点。

3 分布式水文模型在黑龙江（阿穆尔河）流域水文情势研究中的应用

3.1 数据收集和分析

对黑龙江（阿穆尔河）流域水文情势影响因素的调查表明，气候变化、人类活动和流域地形等因素对水文情势具有综合影响。气候变化是导致流域水文状况变化的主要原因之一，应给予特别关注。同时，人类活动也会影响流域的水文过程。我们利用分布式水文模型进一步研究了该流域的水文状况。建立合适的模型后，成功模拟了黑龙江（阿穆尔河）流域的水文过程，发现黑龙江（阿穆尔河）流域的气象和水文演变是多种因素综合作用的结果，包括人类活动的影响及气候变化和流域地形等环境因素的制约。分布式水文模型的使用为评估流域水文状况提供了重要的技术手段。

3.2 分布式水文模型应用研究

分布式水文模型是认知水文循环过程和解决水资源有关问题的基础工具，近 30 年来得到快速发展[3]，俄罗斯科学院水问题研究所利用 ECOMAG 水文模拟系统和水力学模型耦合开展了 2013 年大洪水模拟分析[4]。近年来，国内主要针对松花江等支流进行了一些模型研究[5-8]，开展黑龙江（阿穆尔河）流域尺度系统性水文模拟研究的需求越来越迫切。本文利用分布式水文模型进一步研究了黑龙江（阿穆尔河）流域的水文情况。通过构建合理的模型，成功地模拟了黑龙江（阿穆尔河）流域的水文过程，并揭示了其变化规律。

为了应用分布式水文模型，首先收集并系统整理了大量气象和水文数据，包括降水、蒸发和径流，然后利用这些数据校准和验证分布式水文模型的参数。与实际观测数据的比较确保了模型的可靠性和准确性。该模型的应用考虑了集水区不同环境因素的影响，如集水区地形、土壤类型和植被。这些因素对水文过程的分布和变化有重大影响，因此在分析和模拟过程中被纳入模型。通过分布式水文模型，可以模拟和预测黑龙江（阿穆尔河）流域不同时空尺度的水文状况。可以研究不同降水情景下的径流变化，分析水文过程的季节和年度模式，评估不同管理措施对水资源的影响。利用分布式水文模型模拟黑龙江（阿穆尔河）流域的水文情势，并发布变化模型，为研究区的水资源管理和洪水防控决策提供科学依据。

4 结论

气候变化是改变黑龙江（阿穆尔河）流域气象和水文发展特征的主要因素之一。全球变暖导致气温升高，降水分布和强度发生变化，从而影响流域的水文过程。黑龙江（阿穆尔河）流域的气象和水文特征也受到人类活动的显著影响。同时，修建大型水库、调水和取水以及土地利用变化等人类活动也影响了流域的水循环和水流。

黑龙江（阿穆尔河）流域的气象和水文特征受到气候变化和人类活动的共同影响。研究这些特征对于合理利用和保护流域水资源，制订水资源管理和生态保护的干预策略具有重要意义。未来的研究可以进一步探讨黑龙江（阿穆尔河）流域气象水文演变与区域气候变化的关系，以及人类活动对流域水循环影响的具体机制。

参考文献

[1] 周晓明，黄雅屏，赵发顺．我国国际河流水资源争端及解决机制［J］．边界与海洋研究，2017，2（6）：62-71.

[2] 陶辉，白云岗，毛炜峄．塔里木河流域气候变化及未来趋势预估［J］．冰川冻土，2011，33（4）：738-743.

[3] 徐宗学，程磊．分布式水文模型研究与应用进展［J］．水利学报，2010，41（9）：1009-1017.

[4] Danilov-Danilyan V, Gelfan A, Motovilov Y, et al. Disastrous flood of 2013 in the Amur basin：genesis，recurrence assessment，simulation results［J］．Water Resources，2014，41（2）：115-125.

[5] 潘健，唐莉华．松花江流域上游径流变化及其影响研究［J］．水力发电学报，2013，32（5）：58-63.

[6] 胡鹏，周祖昊，贾仰文，等．基于分布式水文模型的水功能区设计流量研究［J］．水利学报，2013，44（1）：42-49.

[7] 刘启宁，辛卓航，韩建旭，等．变化环境下东北半干旱地区径流演变规律分析：以洮儿河流域为例［J］．水力发电学报，2020，39（5）：51-63.

[8] 王子龙，何馨，姜秋香，等．气候变化下东北中等流域冬季径流模拟和预测［J］．水科学进展，2020，31（4）：575-582.

三江平原水文地理区划与分析

陶　亮[1,2]　荆建宇[1,2]　贾　青[1,2]

（1. 黑龙江大学龙江水利事业高质量发展中心，黑龙江哈尔滨　150080；
2. 黑龙江大学水利电力学院，黑龙江哈尔滨　150080）

摘　要：对三江平原区域进行水文地理区划是细化区域水资源管理工作的前提，也是合理进行区域水资源评价、规划等前期工作的重要基础。本文根据行政、地表水与地下水三个单因素分区原则，对三江平原进行区域划分，结合三个区划结果，得到行政区划6个部分，地表水区划8个部分，地下水区划4个部分，供讨论和有关部门参考。

关键词：三江平原；行政区划；水文地理分区；地表水；地下水

区划是在确定地理环境要素地域分异规律的基础上，根据相似性与差异性而作出的一个地理单元分类[1-2]。三江平原作为重要的商品粮生产基地，农业生产规模巨大，地下水资源是三江平原农业生产重要的供水来源，其地下水资源引发的经济、社会与生态效用已经引起了社会各方高度重视。2018年，黑龙江省发布了《关于加强地下水管理和保护工作的意见》的通知，旨在加强地下水资源管理工作。

对三江平原地区进行水文地理区划可以更好地了解该地区的水资源特征和地下水的地质条件，提高水资源利用效率，保护生态环境，实现可持续发展，对于三江平原的农业生产和水资源管理具有重要意义。在制订地下水开发与利用方案时，也可以根据不同地理单元的特点，有针对性地制订合理的开发策略，为水资源管理、农业生产和水资源开发与利用提供科学依据，确保水资源的可持续利用。

1　区域背景

三江平原位于黑龙江省东部，是黑龙江、乌苏里江、松花江及其支流汇集冲击成的一片沃土，与俄罗斯隔江相望，东傍乌苏里江，西枕小兴安岭，北至黑龙江畔，南到完达山一线[3]。三江平原雨热同季，土地肥沃，农业生产集约化程度高，人均粮食产量达到全国平均水平的4倍以上，商品粮率高达70%，是我国重要的商品粮生产基地和我国东部重要的湿地生态功能区。

2　区划原则与方法

2.1　区划原则

综合自然区划是以强化区域功能划分和管理利用为目的，将区域单元作为环境和自然资源的整体来看待，通过对研究区域的分化，建立以区划图形式表示的区划方案，因地制宜，以持久地维持、提高并最大限度地发挥一定地域自然生产潜力的综合性地划分、研究与描述[4]。区域在自然环境因素等方面各有其独特的区域特征，而这些区域特征之间的联系和区别则是进行区域划分的重要考虑因素[5]。在进行区域划分时，考虑的主导因素可以根据具体情况而进行改变，可以是单个的也可以是多个因素耦合，本文以行政管理因素、地表水因素、地下水因素三个因素为主导因素，提出一个对三江平原进行区域划分的方案，供讨论和有关部门参考。

基金项目：中国科学院东北地理与农业生态研究所三江平原水土资源优化匹配与调控技术示范项目（XDA28100105）。
作者简介：陶亮（2000—），男，硕士研究生，研究方向为冻土水文地质与雪冰工程。
通信作者：贾青（1971—），女，副教授，博士，研究方向为水利水电工程。

2.2 区划分析方法

ArcMap 是一种功能强大的地理信息系统软件，它具有地图制图、地图编辑、地图分析等多项功能，并且支持导入多种数据形式。利用 ArcMap 的各种功能分析模块，可以创建地图、执行空间分析和管理数据，非常适用于进行水文地理区划[6]。首先，将下载的中国行政边界市级 shp 文件导入 ArcMap 中作为底图数据，利用收集到的其余底图资料及相关基础数据资料，借助软件中的相关功能表示出不同分区原则下的三江平原相关分区，得到三江平原水文地理区划图。

3 结果与分析

3.1 三江平原行政分区

行政分区的划分综合了政治、经济、人口以及地理等多方面的因素，不仅能更好地满足地区的管理需求和发展方向，而且能对其他区划体系起到引导性作用[7]。三江平原按照行政管理因素为主导的分区原则可分为鸡西市、鹤岗市、双鸭山市、佳木斯市及七台河市 5 个地级市和牡丹江市的穆棱市。

3.2 三江平原地表水分区

三江平原区域内的主要河流有黑龙江、松花江、乌苏里江及其支流。另外，该区域内还包括小兴凯湖和部分大兴凯湖的面积。根据水系的流量和所处的地理位置对三江平原流域进行划分，可划分为黑龙江干流区流域、乌苏里江流域、松花江干流区流域、七星河流域、挠力河干流区流域、倭肯河流域、穆棱河流域、兴凯湖流域内流区。

3.3 三江平原地下水分区

3.3.1 地貌分区

经过漫长的地质时期的地壳运动及与之相对应的外力剥蚀和堆积作用，三江平原逐渐形成了目前以山地和平原为主的总体格局。地质构造在整个区域的地貌形成中起着至关重要的控制作用。三江平原地貌可以划分为山地与平原两大单元，自西北向东南，依次由小兴安岭山地、三江低平原、东南山地、倭肯河山间河谷平原和穆棱兴凯低平原构成（见表 1）。

表 1 三江平原地貌分区

<table>
<tr><th colspan="2">名称</th><th>特征</th></tr>
<tr><td rowspan="3">平原区</td><td>三江低平原</td><td>由河谷平原、低平原与山前台地构成，坐落于三江平原地区北部，地势由西南向东北逐渐降低，地面比降在 1/5 000~1/10 000</td></tr>
<tr><td>穆棱兴凯低平原</td><td>由山前台地、兴凯湖低平原与穆棱河低平原构成，坐落于三江平原地区东南部，沼泽广布，地势由西南向东北逐渐降低，地面比降在 1/3 000~1/5 000，地面高程多在 60~150 m，有河谷平原、河流阶地、河漫滩及湖阶地湖漫滩，亦有残丘分布</td></tr>
<tr><td>倭肯河山间河谷平原</td><td>由山前台地和河谷平原构成，坐落于三江平原地区西南部，地势由东向西逐渐降低，地面比降在 1/3 500 左右。山前台地地面高程为 120~200 m，河谷平原为 100~150 m</td></tr>
<tr><td rowspan="2">山地区</td><td>小兴安岭山地</td><td>由低山、丘陵及山间河谷平原构成，坐落于三江平原西部，山体呈北东向延展，山势缓和，北低南高，水系发育，地面高程为 500~1 000 m，沿山脊线向东坡缓缓降低，至山前地带降至 150 m 左右</td></tr>
<tr><td>东南山地</td><td>由张广才岭、老爷岭、完达山脉和太平岭组成。该山地属褶断中山、低山及丘陵，山体走向大体为北东或近南北。地势西南高，东北低，地面高程 800~1 000 m。晚新生代以来，有多期玄武岩浆喷溢，形成了火山熔岩低山、丘陵及台地</td></tr>
</table>

3.3.2 地下水分区

地下水的形成和分布规律受到多种因素的综合影响，其中地层岩性和地质构造是重要的控制因素。岩石的裂隙和松散层的孔隙为地下水的形成和运动提供了条件。三江平原区域第四系孔隙含水层分布广、结构单一、厚度较大，岩性主要由砂、砂砾石组成，地下水类型主要为河谷漫滩孔隙潜水、阶地孔隙潜水-弱承压水以及山前台地微孔隙裂隙潜水，见表2。

表2 三江平原地下水

分区名称	分区特征
基岩裂隙水区	广泛分布于丘陵山区
河谷漫滩孔隙潜水区	分布于黑龙江、松花江、乌苏里江及其主要支流河谷漫滩中
阶地孔隙潜水-弱承压水区	分布于河谷平原的阶地区
山前台地微孔隙裂隙潜水区	呈条带状断续分布于平原周边的山前台地区

根据地下水水位与黏土底板高程差值的空间分布，可以分析潜水和弱承压水含水层的空间分布。经分析，三江低平原潜水含水层主要分布在北部及西部，弱承压水含水层主要分布在中部及东北部；穆棱兴凯低平原、倭肯河山间河谷平原主要为潜水含水层，兴凯湖低平原南部（小黑河至兴凯湖），由于分布有较厚的黏性土层，地下水类型为承压水。

4 总结

根据行政、地表水与地下水三因素分区原则，对三江平原进行区域划分，按照行政分区分为6个部分，分别为佳木斯市、鹤岗市、双鸭山市、鸡西市及七台河市和牡丹江市的穆棱市；按照地表水分区分为8个部分，分别为黑龙江干流区流域、乌苏里江流域、松花江干流区流域、七星河流域、挠力河干流区流域、倭肯河流域、穆棱河流域、兴凯湖流域内流区；根据基岩裂隙水、河谷漫滩孔隙潜水、阶地孔隙潜水-弱承压水以及山前台地微孔隙裂隙潜水划分为4个区域。

参考文献

[1] 戴长雷，王思聪，李治军，等．黑龙江流域水文地理研究综述［J］．地理学报，2015，70（11）：1823-1834.
[2] 刘昌明，刘璇，杨亚锋，等．水文地理研究发展若干问题商榷［J］．地理学报，2022，77（1）：3-15.
[3] 刘正茂，夏广亮，吕宪国，等．近50年来三江平原水循环过程对人类活动和气候变化的响应［J］．南水北调与水利科技，2011，9（1）：68-74.
[4] 王波．三江平原地区水资源合理配置与土地资源的高效利用战略构思［J］．黑龙江水利技，2010，38（3）：5-7.
[5] 谢高地，鲁春霞，甄霖，等．区域空间功能分区的目标、进展与方法［J］．地理研究，2009，28（3）：561-570.
[6] 赵伟静，戴长雷，杨朝晖．中南阿拉斯加水文地理区划分析［J］．黑龙江水利，2017，3（9）：46-52.
[7] 于淼，戴长雷，张晓红，等．勒拿河流域水文地理区划与分析［J］．水利科学与寒区工程，2018，1（1）：29-35.

气候变化对寒区永冻土地基工程建设的影响研究综述

张琛瑶[1,2]　赵　悦[2]　张一丁[2]

(1. 黑龙江省寒区水文与水利工程联合实验室（国际合作），黑龙江哈尔滨　150080；
2. 黑龙江大学水利电力学院，黑龙江哈尔滨　150080)

摘　要：近年来，全球气候变化问题日益受到重视。为了探究气候变暖对寒区永冻土地基工程建设的影响，为未来的研究提供支持，本文对寒区永冻土地基工程建设的现状和气候变暖对其造成的影响进行了综述。结果表明，我国当前在冻土基础理论方面的研究仍存在许多进步空间，气候变化是导致生态系统变化的主要驱动力，研究气候变化对生态系统的影响是十分迫切的。

关键词：气候变化；多年冻土；地基工程建设；海岸侵蚀

1　引言

近年来，随着气温升高、冰川消融、海平面上升等极端天气事件发生的频率均呈增加趋势，全球气候变化问题日益受到重视[1]。根据联合国政府间气候变化专门委员会（IPCC）的数据，北极变暖的速度快于世界其他地区，该气候模型预测，到2100年全球气温将上升2 ℃，从而导致北极气温上升4~7 ℃。并且随着近些年来全球人为温室气体排放量的增加，北极地区的冰盖和冰川质量以及积雪均有所减少，北极冰冻圈广泛减少，海冰面积和厚度增加，永久冻土温度升达1980年至今的最高水平。冻土是一种对温度敏感、性质易变的地质体。其中赋存相态冰，在热力学方面具有不稳定性。冻土工程在我国工程建设中占有非常重要的地位，寒区冻土层中土体的物理、水理和力学等工程性质会因冻土层中的热状况、水分状况及其变化规律发生一系列显著变化。全球气候变化对寒冷地区的工程建设提出了挑战，在设计和建造时如未考虑到变暖因素，建筑的倒塌风险会因冻土结构发生变化而大大增加。因此，研究气候变化对寒区冻土地基工程的影响具有一定的必要性。

2　寒区永冻土地基工程建设研究

2.1　多年冻土区埋地能源管道

我国永久冻土的面积约有214.8万km^2，占国土面积的22.4%，季节性冻土面积占54%。在这些冻土区蕴藏着丰富的石油和天然气能源，但如何既能将能源输送出去并得以利用，又不破坏冻土独特的自然环境，一直以来都是人们研究的难题。管道运输相对于其他运输方式具有效率高、安全性好、成本低等优势[2]，因此人们对埋地式管道展开了研究。但在运营过程中，埋地式管道会受到各种地质灾害的威胁，特别是在多年冻土地区，冻融灾害对埋地管道的完整性和安全性具有重要影响。一个多世纪以来，埋地能源管道的设计、施工和运营从未间断。在气候变暖和埋地管道散热的共同影响下，管道地基土的差异冻胀和融沉风险会引发管道的拱起、下垂、屈曲和失效，导致管道泄漏和破坏性环境灾害。Yan等[3]综述了近10~15年来有关多年冻土区能源管道的文献，分析影响多年冻土区管

基金项目：云南省国际河流与跨境生态安全重点实验室项目（2022KF03）；黑龙江省科技厅“一带一路”和“冰上丝绸之路”陆河连接沿程水文气象-经济社会-生态环境耦合创新研究人才交流与合作项目。

作者简介：张琛瑶（1999—），女，硕士研究生，主要研究方向为冻土水文地质与雪冰工程。

通信作者：张一丁（1970—），女，副教授，主要从事水资源及寒区水文方向的教学和科研工作。

道力学地基土稳定性和运行安全的冻土的相关水力、热力和力学特性，埋地管道的岩土工程危害及对管道与地基土相互作用的研究方法，并对防灾减灾措施进行了总结和展望。研究得出，管道与土壤之间的热力-水力-机械相互作用是导致埋地管道地基土不稳定的主要原因，需要它们的相互作用来评估管道的应力和变形状态。由于气候变暖，管道与土壤的相互作用将变得更加复杂，埋地管道在多年冻土地形中的稳定性可能受到威胁。叶旗伟[4]基于实际埋地正温输气管道工程位于多年冻土区的某段管段进行了相关研究，分析表明，热棒对管周土体的降温效果显著，物料温度与热棒降温效果呈正相关关系。

2.2 冻土路基冷却措施

多年冻土的热融和冻胀问题给工程的建设和施工造成了许多灾害，甚至阻碍了冻土区的经济发展和社会进步。近50余年来，我国大批的科研和工程技术人员在冻土路基工程的建设方面开展了长期的研究工作，使我国冻土地区筑路技术取得了很大的进步[5]。面对全球变暖及冻土退融的问题，经过科研工作者们数十年的研究，逐渐形成了以冷却地基的方式修建冻土工程，从而保护下覆冻土的思路。基于冷却地基的思想，许多研究人员进行了大量的探索，并取得了丰富的成果。张丽影[6]针对温度变化而引起的路基性能劣化的问题，提出在普通路基材料中加入相变材料组成复合相变材料，或设置含相变材料结构板，利用相变材料相变释放或吸收热量，合理和有效地改良路基及下覆冻土层的热学稳定性，从而避免冻土路基工程性能发生劣化。符贵丽[7]在总结前人沿用的各类冻土保护措施的基础上，研究分析了一种新的主动冷却路基结构——含水调控层路基。在寒区路基一定深度范围内埋置一定厚度的含水调控层，便可根据不同季节，通过水、冰相变来调节外界环境与路基之间的能量交换关系，进而达到保护路基下冻土的目的。

3 气候变化对寒区冻土地基工程的影响

3.1 永久冻土层退化

永久冻土层是指温度连续保持在0 ℃或低于0 ℃超过2年的土壤物质（沙、地面有机物等）被冰固化的状态，是一种独特的现象。受全球变暖和夏季气温升高影响，多年冻土斜坡活动层融化导致大量水分汇集在冻融交界面，抗剪强度快速下降，活动层沿多年冻土层滑动，诱发的浅层冻土滑坡广泛分布于加拿大北极地区、美国阿拉斯加北部和中国青藏高原等不连续多年冻土地区，破坏生态环境、制约社会经济发展。沈凌铠等[8]以青海省浅层冻土滑坡为例，基于有限元软件，通过地质灾害遥感解译总结分析了浅层冻土滑坡的发育分布规律和孕灾事件，揭示了气温变化这一单一因素对浅层冻土滑坡失稳的影响。Ketil I等[9]根据挪威气象研究所提供的挪威、北极和南极的最新业务数据和海冰、雪和永久冻土的现状，总结了斯瓦尔巴群岛和挪威永久冻土层实时监测的进展，其运行监测提供的信息可能成为与永冻土升温和退化有关的自然灾害早期预警系统的重要基石。车富强等[10]针对冻土环境退化产生的铁路路基沉降问题，对铁路沿线多年冻土环境采用环境调查、地质勘察、地温观测及土试样分析等方法展开了研究。结果表明，退化规律遵循地表辐射-能量平衡方程，其决定因子土壤热通量既遵循地表地带性分布规律，又受到局地突变特征的影响，气候变暖、人为因素、地表水入渗、地下水径流使沿线冻土景观、时空分布现状、工程地质条件、地温曲线形态等呈退化模式。

3.2 海岸侵蚀加剧

海岸侵蚀是指由自然因素、人为因素或者两种因素迭加而引起的海岸线位置的后退、岸滩（包括海滩或潮滩）下蚀[11]。随着人类活动加剧、气候变暖、陆地冰川和极地冰盖融化，海平面逐年上升，入海泥沙不断减少，由此造成的土地、植被等海岸侵蚀灾害经济损失占比越来越重[12]。众多学者对此展开了研究，在海岸侵蚀原因、侵蚀机制、侵蚀模型预测、灾害治理与防治等方面取得了丰富成果。李平等[13]阐述了海岸侵蚀概念的内涵与外延，提出了科学有效的海岸侵蚀监测与预警系统，并制定了针对性的防护政策。吉学宽等[14]结合国内外最新的研究成果介绍了砂质、软岩质和淤泥质海岸的侵蚀机制，剖析了侵蚀的原因及危害，并对今后的侵蚀研究和修复工作进行了展望。罗时龙[15] 运用现代综合评价、层次分析等方法构建了海岸侵蚀风险评价模型，并将其成功运用于海岸侵蚀风险等级的划分与评价。满晓[16] 基于水深地形测量、遥感影像等实测资料，结合海岸平衡形态模型，探讨了在海平面上升导致的海岸地貌冲淤趋势，提出了采用防波堤、离岸堤及人工养滩相结合的办法，可有效防止海岸侵蚀、保护海滩环境。

4 结语

全球气候变化对寒区冻土工程建设提出了挑战，以上综述了国内外学者针对寒区永冻土地基工程建设的最新研究进展以及因气候变暖在建设中可能存在的难题。随着我国国民经济的发展和“一带一路”倡议等的推进，冻土地区的开发建设逐年加快。因此，继续进行深入研究仍是必要的，可以从以下方向进行进一步的探索：

（1）我国关于永冻土方面的研究仍相对较少，基础理论等方面仍需完善，永冻土地区蕴藏的天然气、石油等资源的开发利用问题也有待突破，因此需要更多的研究人员投入到相关的研究中。

（2）全球气候变暖已成为既定的事实，由此产生的一系列连锁反应需要我们重视，同时也对我们提出了更高的要求。土地利用和气候变化都是导致生态系统变化的主要驱动力，因此研究气候变化对生态系统的影响是十分迫切的。

参考文献

[1] 江激宇，王丽，方莹，等．气候变化对农业生产效率的影响研究——以安徽淮河生态经济带为例［J］．内蒙古农业大学学报（社会科学版），2022，24（3）：1-9.

[2] 王聪．多年冻土区埋地式输气管道病害防治措施研究［D］．兰州：兰州交通大学，2020.

[3] Li Y，Jin H，Wen Z，et al. Stability of the foundation of buried energy pipeline in permafrost region［J］. Geofluids，2021，1-18.

[4] 叶旗伟．热棒处理多年冻土区埋地正温输气管道三维管-土温度场及热力耦合数值分析［D］．兰州：兰州交通大学，2020.

[5] 冯广利．我国冻土路基工程研究的过去、现在和未来［J］．冰川冻土，2009，31（1）：139-147.

[6] 张丽影．相变材料应用于寒区冻土路基维护试验及数值模拟研究［D］．北京：中国矿业大学，2022.

[7] 符贵丽．寒区冷却路基调控参数及效果分析［D］．重庆：重庆交通大学，2022.

[8] 沈凌铠，周保，魏刚，等．气温变化对多年冻土斜坡稳定性的影响——以青海省浅层冻土滑坡为例［J］．中国地质灾害与防治学报，2023，34（1）：8-16.

[9] Ketil I，Julia L，Macdonald A S，et al. Advances in operational permafrost monitoring on Svalbard and in Norway［J］. Environmental Research Letters，2022，17（9）：1-13.

[10] 车富强，王继鹏，李贵政，等．中国东北部地区铁路沿线冻土环境退化特征研究［J］．环境科学与管理，2021，46（2）：42-47.

[11] 王传珺，吴英超，马恭博，等．海岸侵蚀灾害损失评估方法研究［J］．海洋环境科学，2019，38（1）：106-110，119.

[12] 尤蓓．福建省海岸侵蚀评价及对策分析［J］．水利科技，2022（2）：56-60.

[13] 李平，丰爱平，孙惠凤，等．海岸侵蚀灾害调查和评价研究进展与展望［J］．自然灾害学报，2021，30（4）：55-63.

[14] 吉学宽，林振良，闫有喜，等．海岸侵蚀、防护与修复研究综述［J］．广西科学，2019，26（6）：604-613.

[15] 罗时龙．海岸侵蚀风险评价模型构建及其应用研究［D］．青岛：中国海洋大学，2015.

[16] 满晓．威海九龙湾海岸侵蚀与防护研究［D］．青岛：中国海洋大学，2014.

季冻区冻土发育过程的监测与分析

王镜霖[1,2]　蔚意茹[1,2]　涂维铭[1,2]

（1. 黑龙江大学寒区地下水研究所，黑龙江哈尔滨　150080；
2. 黑龙江大学水利电力学院，黑龙江哈尔滨　150080）

摘　要： 季节性冻土区（简称季冻区）冻土是地球上广泛分布的重要冻结地质现象之一，对地表形态和生态系统有着重要影响。本文旨在通过监测和分析季冻区冻土的发育过程，揭示其变化规律和对环境的响应。通过采用多种现代技术手段，如遥感、地表温度测量、孔隙水监测等，从不同尺度上获取了冻土区的数据，并通过统计学和空间分析方法进行了综合分析。研究结果表明冻土的分布和特性与气候条件、地形地貌、植被覆盖等有着密切联系。气温是冻土存在与否的关键参数，气候变化会改变降水模式和分布，进而对冻土的发育产生影响；地形地貌的变化会影响冻土的形成、厚度及冻土过程中的水分运动，植被覆盖对于冻土的形成、稳定性及冻土的气候响应都具有直接或间接的影响。本研究对于认识季冻区冻土的发育机制和未来的变化趋势具有重要意义。

关键词： 季冻区冻土；监测；分析；遥感；地表温度

1　引言

在全球气候变暖的大背景下，气候变化逐渐进入人们视野。作为地球气候系统五大圈层之一，冰冻圈是全球气候变暖的显著因子和指示器，也是对气候系统影响最直接和最敏感的圈层[1]。冰冻圈内冻土受气候影响较为明显，而其与全球气候的相互作用受到越来越多的关注。我国约 61%的国土受到冻土的影响，冻土水文效应明显的地区占国土总面积的 1/2 以上。加强冻土水文的研究可为我国社会经济的发展提供有效服务，具有重要的科学价值和战略意义。

冻土，是指温度 0 ℃或 0 ℃以下含有冰的各种岩土和土壤。冻土按冻结状态保持时间的长短，一般可分为短时冻土（数小时、数日或半月）、季节性冻土（半月至数月）及多年冻土（数年至数万年以上）三种。季节性冻土是指地表层冬季冻结、夏季全部融化的土（岩），主要分布在多年冻土区以外的地区，以及多年冻土区呈不连续分布和岛状分布的地区[2]。季节性冻土区冻土发育过程是指土壤从无冻期的未冻结状态经过不稳定封冻期转换为冻结期的完全冻结状态，再由完全冻结状态经过稳定封冻期和不稳定融冻期转化为无冻期的未冻结状态这一过程[3]。冻土变化对经济、环境的影响巨大，我国大部分国土都存在着季节性冻土，因此在气候变化大背景下，冻土发育过程作为研究冻土的重要因素对相关研究有着重要意义。

2　季冻区冻土的发育与变化规律

2.1　季冻区冻土的定义

地表经受季节冻结和季节融化作用的土层，统称为季节冻结和季节融化层，但是季节融化和季节

基金项目： 中蒙俄经济带寒地农业水利类人才国际化联合培养模式实践与研究（SJGZ20200135）；黑龙江大学研究生精品课——寒区水文地质学。

作者简介： 王镜霖（1999—），男，硕士研究生，研究方向为冻土水文地质与雪冰工程。

通信作者： 戴长雷（1978—），男，教授，硕士研究生导师，主要从事寒区地下水及国际河流方面的教学与研究工作。

冻结概念不同。季节冻结是年平均气温高于 0 ℃的土壤冻结，季节融化是年平均温度低于 0 ℃的冻土融化。季节冻结层则是人们常说的季节性冻土，冻土的季节冻结层和季节融化层共同特点是位于地表层，直接参与大气圈-地表-岩石圈之间的热量交换[4]。

2.2 季冻区冻土的分布特点

季节冻结层主要分布在多年冻土区以外的地区，但在多年冻土区内，尤其是在多年冻土呈不连续分布和岛状分布的地区，已有学者将季节性冻结层进一步细分为季节性冻土、短时冻土和瞬时冻土。在我国东部，自南而北，依次出现南岭线以南的非冻土区（局部山区有短期冻土和季节冻土）、南岭线以北和秦淮线以南的短时冻土区（局部山区有季节冻土），以及大小兴安岭的多年冻区（其中有发育着深季节冻土的融区）[5]。

2.3 季冻区土壤冻融机制

本文主要以哈尔滨地区为例，哈尔滨地区为典型季节性冻土区，土壤的冻融循环期间，冻土本身的物理特性会发生改变，土壤的冻结与融化过程是土体中水分固液两态相互转变的过程，标准大气压下纯净水在 0 ℃时冻结，称其为冰点。土壤的冻融循环主要受温度、含水率等因素制约，温度是主要原因。季节冻结层在年内日平均气温稳定低于 0 ℃期间发育，冻土极易受到温度影响，因此气温与季节区冻土冻融循环密切相关。

2.4 季节性冻土冻融循环过程

在典型季节性冻土区，由于秋冬季气温降低，土壤由地表向下单方向冻结，在最初冻结阶段，由于气温时常高于 0 ℃，常会出现夜里土壤冻结、白天融化的情况，在高纬度地区进入冬季温度逐渐降低，表层土壤冻结逐渐趋于稳定，随着温度进一步降低，冻结锋面下移，冻深缓慢增加，水分则不断向冻结锋面迁移，并持续不断冻结，达到冻融循环最深处位置。到第二年春季，太阳辐射增强，气温不断升高，地面热量收入大于热量支出，土壤温度也随之上升并逐渐开始融化，温度升高也逐渐向冻结深处发展，这时，土壤融化则由地表向下及冻结最深处向上两个方向同时进行。

3 监测技术与方法

3.1 遥感技术在季冻区冻土监测中的应用

中国科学院西北生态环境资源研究院冰冻圈科学国家重点实验室研究员吴通华团队发展了适用于多年冻土区较大空间尺度的干涉合成孔径雷达（InSAR）地面形变遥感反演方法，并将其应用于青藏高原中部约 14 万 km^2 的区域，该方法基于哨兵 1 号干涉孔径雷达（Sentinel-1 SAR）遥感影像资料并结合 MODIS 地表温度和土壤数据分析，充分考虑了多年冻土区冻融过程的时空异质性，能够有效地分离与活动层冻融过程相关的地面季节形变及与多年冻土融化引发的地面长期形变，结果表明青藏高原中部经历着明显的地面季节形变和长期形变[6]。该研究引入了地理探测器方法和相关性分析来揭示地面形变的控制因子，坡度是地面季节形变的主要控制因素，地势平坦的地区更容易发生较大的地面季节形变。而地下冰含量和多年冻土温度则是地面长期形变的主要控制因子，高温且富冰多年冻土更容易诱发地面长期形变的发生。这也从侧面说明了低温富冰多年冻土虽然现在较为稳定，但是在气候持续变暖过程中，低温多年冻土会向高温多年冻土持续转变，导致更为广泛的地面长期形变而引发灾害，该成果可为青藏高原乃至北极多年冻土地面形变监测提供可靠的技术方法，有助于研究多年冻土区地面形变与地表冻融过程及多年冻土退化之间的关系，为高原生态环境保护和工程建设维护提供重要科学支撑。

3.2 地表温度测量方法

寒区一般具有气温较低、人烟稀少、冻土历时长、冻土断面测定困难等特点，因此黑龙江大学寒区地下水研究所集成研制了寒区低温地温自动监测装置，该装置可为监测冻土温度提供更准确、更易于获取的数据。该装置分为主控装置、地温监测装置和能源供给装置。其中地温监测装置共有 3 条地温链，其布置方式为：1~9 号温度传感器间距为 5 cm，9~13 号温度传感器间距为 10 cm，13~17 号温度传感器间距为 20 cm，17~18 号温度传感器间距为 40 m，18~20 号温度传感器间距为 1 m，每条地温链内温度传感器个数均为 20 个，进而实现同一断面不同深度的同时监测。测温时段为 2018 年 12 月 21 日至 2019 年 3 月 20 日，测温时间为 0：00—24：00 每隔 3 h 监测一次，测温精度为 0.1 ℃。

4 季冻区冻土发育过程的分析

4.1 季冻区冻土与气候条件的关系分析

在季冻区，气候条件是冻土发育的重要影响因素之一。气温是冻土存在与否的关键参数。在季冻区的冬季，气温下降到冻结点以下，冻土开始形成；而在夏季，气温回升，导致冻土融化。因此，冻土的形成和消退通常与气温季节性变化密切相关。此外，其他的气候因素如降水、太阳辐射及风速等也会对季冻区冻土的分布和性质产生影响。气温是冻土存在与否和分布范围的主要决定因素。一般来说，当地的平均气温越低，冻土分布范围越广，而当地的平均气温越高，冻土分布范围则减小。例如，位于亚北极地区的地方性冻土带通常具有更广泛的冻土分布，而位于季风区的季冻区地带则具有相对较小的冻土分布范围。此外，降水也会对冻土分布产生影响。充足的降水能够增加季冻区地带的潜在融化能量，从而降低冻土厚度和延长冻土融化期；相反，干旱条件下的降水不足可能会导致冻土形成更深，融化期缩短。季冻区冻土对气候变化非常敏感。全球气候变暖导致季冻区气温升高，从而加速冻土融化的速率。研究表明，近几十年来季冻区冻土的厚度和面积普遍减小，融化期的延长也是普遍现象。气候变化还会改变降水模式和分布，进而对冻土的发育产生影响。降水的增加可能会增加冻土融化速率，而降水的减少则可能导致冻土区域的扩大。此外，气候变化还可能对季冻区的生态系统产生深远影响。冻土融化可能导致土壤结构和水分传输的改变，进而影响植被的生长和分布。

4.2 季冻区冻土与地形地貌的关系分析

地形地貌是季冻区冻土分布和性质的重要影响因素之一。地形地貌的变化会影响冻土的形成、厚度及冻土过程中的水分运动。

（1）坡度和坡向。地形的坡度和坡向对季冻区冻土的分布具有显著影响。通常来说较陡峭的坡度会导致冻土的厚度增加，因为坡面的水分更容易积聚和冻结。此外，坡向也会影响冻土的形成和消退。例如，在北半球的坡面上，太阳辐射角度较小，导致坡面受到的太阳辐射较少，冻土存在时间更长。

（2）流域特征。流域的形状、大小和流向都会对冻土的分布产生影响。典型的季冻区流域通常具有大面积的冻土分布。流域的大小和形状决定了其水源补给的多少，进而影响冻土的形成和消退。

（3）土壤类型和质地。土壤类型和质地对冻土的分布和特性有显著影响。黏土含量高的土壤更容易形成冻土，并且冻土的厚度通常较大。相对而言，砂质土壤的冻土形成较少且融化速度较快。

（4）水体和湿地。水体和湿地的存在也会对冻土分布产生影响。水体和湿地在冬季能够吸收和储存更多的热量，从而降低周围土壤的冻结程度。因此，水体周围的区域通常不容易形成冻土。

4.3 季冻区冻土与植被覆盖的关系分析

季冻区冻土与植被覆盖是相互作用的重要环境因素，在季冻区生态系统中起着关键作用。本研究通过对季冻区内不同植被类型与冻土特征的监测与分析，探讨了冻土与植被覆盖之间的关系。结果表明，植被覆盖对冻土的形成、稳定性和变化速率产生显著影响。具体而言，植被能够降低地表温度，减缓土壤的冻结速率，并形成一个绝缘层，阻止土壤中的热量散失。此外，植被的根系结构可以增强土壤的稳定性，减少土壤侵蚀和表面径流。另外，植被通过光合作用吸收大量的二氧化碳，并释放氧气，从而对气候变暖和全球碳循环有重要影响。在冻土区，植被覆盖类型的差异会导致冻土特征的空间变异。常见的植被类型包括草甸、苔原和针叶林等。草甸地区通常具有较浅的冻土层和较高的土壤温度，这主要是因为草本植物的根系较浅，不能形成较厚的绝缘层。苔原地区的植被主要由苔藓和冷喜好的灌木组成，它们的根系能够更深入地层，形成较厚的绝缘层，因此苔原地区的冻土层比草甸地区更厚。针叶林地区的植被覆盖更为密集，树木的根系进一步强化了土壤的稳定性和绝缘层效应，使得该地区的冻土层更加厚实。综上所述，季冻区冻土与植被覆盖之间存在密切的相互作用。植被通过降低地表温度、增加土壤稳定性和吸收大量的二氧化碳影响着冻土的形成、稳定性和变化速率。然而，气候变暖可能导致植被类型和分布的变化，从而对冻土产生重要影响。

5 结论

在季冻区中，冻土的形成和特性受到多个因素的影响。本文对季冻区冻土与气候条件、地形地貌以及植被覆盖之间的关系进行了分析。气候条件是冻土发育的重要影响因素，气温是冻土存在与否的关键参数。气候变化对季冻区冻土的分布和性质产生了显著影响，导致冻土厚度减小和融化期延长等不利影响。地形地貌也对季冻区冻土的分布和性质起着重要作用。坡度、坡向、流域特征以及土壤类型和质地等因素都能影响冻土的形成、厚度及水分运动。植被覆盖与冻土存在着密切的相互关系。植被具有保护冻土、调节水分供应、改变地表反射率等作用，不同植被类型对冻土有不同影响，有利于冻土的形成和稳定。

综上所述，季冻区冻土与气候条件、地形地貌和植被覆盖之间存在着紧密的关系。深入理解这些关系对于正确评估冻土资源、预测冻土变化和制定适应性措施具有重要意义。

参考文献

[1] 宋成杰，戴长雷，吴雨恒，等．洛古河冻土发育过程分析［J］．低温建筑技术，2021，43（8）：116-118，122.
[2] 吴雨恒．季冻区冻土发育过程线自动绘制系统设计与开发［D］．哈尔滨：黑龙江大学，2021.
[3] 王帝．哈尔滨典型冻土发育过程原位监测与分析［D］．哈尔滨：黑龙江大学，2020.
[4] 王帝．基于原位监测的哈尔滨典型冻土发育过程分析［J］．黑龙江大学工程学报，2019，10（2）：23-28.
[5] 赵博宇．黑龙江多年冻土变化趋势以及与气温的相关关系研究［J］．哈尔滨师范大学自然科学学报，2016，32（5）：77-80.
[6] 王根绪，李元首，吴青柏，等．青藏高原冻土区冻土与植被的关系及其对高寒生态系统的影响［J］．中国科学．D 辑：地球科学，2006（8）：743-754.

区域水文地理区划研究综述

邵泽璇[1,2]　戴长雷[1,2]　刘庚炜[1,2]

（1. 黑龙江大学水利电力学院，黑龙江哈尔滨　150080；
2. 黑龙江大学龙江水利事业高质量发展中心，黑龙江哈尔滨　150080）

摘　要： 近年来，水资源短缺、水资源时空分布不均、水污染等问题日益突出，掌握区域内一般性水文规律并确定区域内水资源发展战略及水资源管控模式已成为当前水资源管理的紧迫需要，而区域水文地理的研究是掌握区域内一般性水文规律的基础。本文系统回顾并整理了中国水文地理区划的相关研究内容及成果，并结合地形地貌、气候、地表水与地下水分布特点等因素，将中国水文地理区划为6个大区及13个亚区，旨在为相关学者探究研究区内的地下水资源量储备、水循环规律、地质特点等提供参考，为讨论区域水资源综合利用前景以及合理开发提供建议。

关键词： 水文地理；区划；水文地质；水资源管理

区域水文地理的研究是综合多项地理要素对区域内一般性水文规律的探究。随着近年来水文地理区划研究的深入，研究热点也从单纯的地理环境、水文特点探究向水循环（地表水与地下水的互相转化）、水环境转变，越来越多的热点问题亟待解决。区域水文地理的研究成果可进一步协助相关学者探究研究区内的地下水资源量储备、区域水循环规律、区域深入地质特点等。

本文以中国为例，结合地形地貌、气候、地表水与地下水分布特点等多项因素，对中国水文地理进行区划。中国在亚洲东部占有广大面积，并分布有各个不同的纬向气候带，但由于特殊的地理环境与地形条件，特别是山岭与海洋所起的重要影响，造成中国复杂的水文地质条件，使纬向分带现象常与经向分带交错出现。此外，中国大地构造所表现的特性，是决定各个地区不同自然地理条件的重要因素之一。中国各流域内的水资源分布极其不平衡，北方流域（如黄河、海河、西北诸河）中，水蒸气的比例较高，且已经利用的水资源总量相对较小，导致人类的生产生活和自然生态系统所需水量之间的矛盾问题日益突出[1]。本文以水文地质为基础并结合气候、地形地貌及地下水对中国水文地理进行分区，拟为中国水资源的开发与利用提供建议。

1　水文地理研究进展

20世纪50年代，我国的水文资料相对稀缺，早期的水文地理研究也应运而生，更着重于河流水文研究，郭敬辉[2]于1955年发表《中国的地表径流》，后于1958年发表《中国地表径流形成的自然地理因素》；罗开富等于1954年编制中国第一个水文区划草案；中国科学院地理研究所于1959年出版了《中国水文区划（初稿）》。同期内，施成熙[3]、叶永毅[4]、杨纫章[5]、汤奇成等[6]、郭敬辉等[7]均对中国河流水文规律做出了贡献。此外，相关水文学家还提出了定量评价河川径流变化分析的不均匀系数计算法、集中度与集中期法、二阶有序法等方法。到了20世纪80年代，水资源短缺和水环境污染等问题逐渐显现，水资源与水环境研究成为中国水文地理研究的主旋律。以刘昌明为代表

基金项目： 云南省国际河流与跨境生态安全重点实验室项目（2022KF03）；黑龙江省科技厅“一带一路”和“冰上丝绸之路”陆河连接沿程水文气象-经济社会-生态环境耦合创新研究人才交流与合作项目。

作者简介： 邵泽璇（1999—），女，硕士研究生，研究方向为冻土水文地质与雪冰工程。

通信作者： 戴长雷（1978—），男，教授，主要从事寒区地下水及国际河流方面的教学与研究工作。

的一众水文地理学者围绕水文与水资源、水环境与水生态、水灾害与水安全等开展了一系列的研究，一方面强调地理学在水文研究中应用的必要性，另一方面关注了当时的生态、环境、经济社会发展等问题，兼顾宏观的水循环研究与流域内的水文模拟。其针对水文地理的研究也进一步涵盖了地貌学、气象学、气候学、土壤学、植物地理学及人文地理学等地理分支学科[7]。

到了21世纪，网络化、信息化和人工智能深度融合，地球科学发展步入了多学科交叉融合的时代，这也使得本就具有学科交叉性质的水文地理学迎来了新的历史发展机遇。加上GIS与遥感等新技术的紧密结合，水文试验平台也在随之不断加强[8]。

2 研究区概况

中国位于欧亚大陆东部，纵跨多个气候带，东部季风气候盛行，降水较丰富，西部地区干旱少雨，水资源时空分布不均。新生代以来，受印度板块、太平洋板块和菲律宾板块碰撞影响，青藏高原强烈隆升，不仅造就了中国现代季风性气候和西高东低的阶梯状地貌特征，而且使区域水文地理形成条件复杂多变。由于气候、地貌、构造和古沉积环境及诸多地域性形成因素在时空上相互作用、关联组合，造就了各具特色的水文地理区，共同架构起多元、复杂而有序的区域水文地理基本框架。

2.1 气候

我国位于欧亚大陆东部，东临太平洋，属中纬度地区的亚热带和温带（包括暖温带、温带和寒温带），气候温和，季风发达，大部分地区雨、热同季，温度、水分条件配合较好。不同走向的高大巨型山脉以及夹于其间的众多盆地、平原造就了我国气候的多样性和复杂性。黄秉维[9]以干燥度为主要参考指标将全国划分为四类地区：①湿润地区；②半湿润地区；③半干旱地区；④干旱地区。

2.2 地貌特征

我国地形多种多样，山地、丘陵以及高原大约占据了国土面积的65%。总体地势以西高东低的梯级分布为主，自西向东可分为四个梯级：第一梯级是青藏高原，平均海拔超过4 000 m；第二梯级是北起大兴安岭、太行山，经巫山到雪峰山一线以西的高原和盆地，海拔大致在1 000~2 000 m；第三梯级是从第二梯级东边到海岸线的平原和丘陵，海拔一般在500 m以下；第四梯级是海岸线以外的大陆架，海水深度一般不超过200 m[10]。在这种地形格局控制下，水系大多自西向东汇入太平洋。

2.3 地下水

河流、湖泊是两种主要的地表水体。我国河流、湖泊众多，是重要的水资源。据统计，我国大小河流总长度达42×10^4 km；流域面积在100 km^2以上的河流有5万多条，年径流量为26 000亿m^3；面积大于1 km^2的天然湖泊有2 800多个，湖泊总面积达80 000 km^2以上。

3 区划原则

3.1 相对一致性原则

水文地理的相对一致性是水文地理区划的基础，区域水文地理分区是区域水文地理的基础和重要组成，主要反映区内的各个水文地理单元具有共同的或相似的水文地理特征和要素。

3.2 综合性原则

综合地理区划研究是以综合反映一个地区的地域异质性为目标而开展的，不能根据某一专项区划的边界划定其边界。本文从水文地理观点出发，并考虑自然条件与地质构造特点对其影响综合对中国水文地理进行区划，保证区划的客观性[11]。

4 区划依据

1958年，由地质部水文地质工程地质局编写的《中国区域水文地质概论》出版，书中根据影响潜水性质、分布规律和动态类型的自然条件，把中国境内划分为7个水文地质区；1959年，地质部水文地质工程地质局制定了“中国潜水区划”，依据气候条件以及相应的地貌、土壤、植被等因素，将我国境内划分为8个大区。20世纪60~70年代，张宗祜、陈梦熊院士和王大纯教授等老一辈水文地质学家，一直致力于中国区域水文地质研究工作。1962年，王大纯教授等编写了《中国区域水文地质》教材（油印本），将其用于本科生教学。1979年，张宗祜、阎锡屿、焦淑琴等编制了《中华人民共和国水文地质图集》。该图集按含水介质岩性对含水岩系进行了分类，将地下水分为松散沉积孔隙水、岩溶裂隙溶洞水、基岩裂隙水和多年冻土裂隙孔隙水4种主要类型，辅以富水程度和地下水水质等指标，系统地反映了我国区域水文地质的面貌和形成规律。1991年，为迎接第30国际地质大会在北京召开，张宗祜院士等编制了《亚洲水文地质图》。该图按含水介质特征对含水岩系进行了分类，辅以富水性和水质指标。该项成果加强了我国区域水文地质研究的国际交流，从宏观角度研究了亚洲地区的水文地质特征和规律，为大区域环境地学研究提供了基础资料。2004年，张宗祜、李烈荣主编的《中国地下水资源与环境图集》中采用地貌、含水岩系、大河流域作为水文地质分区指标，将全国分为13个水文地质区[12]。

从影响我国区域水文地理条件的因素来看，气候条件中的降水量和蒸发量直接影响着水资源的补给量；地形、地貌控制着地下水的补给、径流、排泄条件；含水岩系的介质类型和结构则反映了地下水的储存能力。

5 区划结果

根据我国气候分带并结合大地构造与地质、地貌条件，全国共划分为6个水文地理大区，分别是：东部大平原半湿润气候季风带水文地理区；内蒙古高原、陕甘黄土高原半干旱气候草原带水文地理区；西北内陆盆地干旱气候沙漠带水文地理区；华东、华中及西南丘陵山地潮湿气候带水文地理区；东南、华南海洋气候亚热带水文地理区；青藏高原冰漠及高山草原带水文地理区。将这6个水文地理大区划分为了13个水文地理亚区，如表1所示。

表1 中国水文地理分区名称

序号	一级区号	一级分区名称	亚区编号	亚区名称
1	Ⅰ	东部大平原半湿润气候季风带水文地理区	$Ⅰ_1$	松辽平原亚区
2			$Ⅰ_2$	黄淮海平原亚区
3	Ⅱ	内蒙古高原、陕甘黄土高原半干旱气候草原带水文地理区	$Ⅱ_1$	内蒙古高原亚区
4			$Ⅱ_2$	黄土高原亚区
5	Ⅲ	西北内陆盆地干旱气候沙漠带水文地理区	$Ⅲ_1$	河西走廊亚区
6			$Ⅲ_2$	准噶尔盆地亚区
7			$Ⅲ_3$	塔里木盆地亚区
8	Ⅳ	华东、华中及西南丘陵山地潮湿气候带水文地理区	$Ⅳ_1$	华东、华中丘陵山地亚区
9			$Ⅳ_2$	西南岩溶丘陵山地亚区
10	Ⅴ	东南、华南海洋气候亚热带水文地理区	$Ⅴ_1$	闽浙丘陵山地亚区（包括台地亚区）
11			$Ⅴ_2$	粤琼丘陵山地亚区（包括部分广西）
12	Ⅵ	青藏高原冰漠及高山草原带水文地理区	$Ⅵ_1$	冻土高原亚区
13			$Ⅵ_2$	藏东及藏东南山地峡谷亚区

5.1 东部大平原半湿润气候季风带水文地理区

东部大平原半湿润气候季风带水文地理区属温带半湿润气候带，年均降水量为500~800 mm，涵盖松嫩平原、三江平原、下辽河平原、华北平原和淮河中下游平原。这些地区不仅是我国重要的产粮区，也是东部经济最发达的地区。

本区包含两个亚区：松辽平原亚区和黄淮海平原亚区。松辽平原受山花岗岩分布影响，水质以碳酸氢钠型为主。松花江流域由于气温低，蒸发作用弱，潜水位高（1~3 m），因而在低地形成大片沼泽。最北部的大兴安岭山地，属亚洲北部整个永久冻结土带的一部分。潜水动态主要表现为冻结成因类型，埋藏深度一般为1~3 m，冻结层的厚度一般为3~8 m，呈岛状分布。在河北山地与山西高原，古生代与中生代地层构成燕山期褶皱带，山西高原许多山间断陷盆地，构成巨厚的第四系潜水、承压水含水层盆地，边缘常有岩溶大泉出露。

5.2 内蒙古高原、陕甘黄土高原半干旱气候草原带水文地理区

内蒙古高原、陕甘黄土高原半干旱气候草原带水文地理区位于东北、华北半湿润水文地理区与西北干旱水文地理区之间的气候过渡带，年均降水量为200~500 mm，是我国水资源较为缺乏的地区，包括鄂尔多斯高原、蒙古高原以及银川盆地、汾渭盆地等新生代盆地。

本区包含两个亚区：内蒙古高原亚区和黄土高原亚区。内蒙古高原亚区以大青山为界，又可分为北部以内流水系为主的典型内陆半干旱草原牧区，与南部以呼包平原与银川平原为主的黄河引灌区，包括黄河南岸的毛乌素沙漠。黄土高原亚区按黄土地貌与地质构造可分为东、西两部分。六盘山以东为陇东地区，属鄂尔多斯地台的一部分，包括陕北、宁南部分地区，六盘山以西主要为第三纪堆积形成的陇西盆地，由于上覆黄土层厚达100~300 m，被沟谷强烈切割，塬面支离破碎，形成沟豁梁峁地貌，黄土层除局部地区外，基本不含水。

5.3 西北内陆盆地干旱气候沙漠带水文地理区

西北内陆盆地干旱气候沙漠带水文地理区地处大陆腹地，年均降水量不足200 mm，是我国最为干旱缺水的地区，主要包括准噶尔盆地、塔里木盆地、柴达木盆地和河西走廊。新生代，受青藏高原不断隆升的影响，盆地周围的昆仑山、天山、阿尔泰山、祁连山急剧抬升，形成高大的山脉，盆地则被拉分断陷，盆地内沉积了巨厚的新生代沉积物，形成巨大的孔隙含水系统。

全区按内陆盆地的分布，可划分为三个亚区：河西走廊亚区、准噶尔盆地亚区、塔里木盆地亚区（包括吐鲁番、哈密盆地）。区内新构造运动强烈，对盆地结构和地下水起到重要控制作用。近10年来，由于人类活动的影响，特别是在河流上游地段大量修建水库，农业及工业用水大量增加，导致区内地下水补给减少，泉水衰竭，水位持续下降，下游河流断流，草场退化，植被死亡，湖泊干涸，沙漠扩大等生态环境恶化现象。

5.4 华东、华中及西南丘陵山地潮湿气候带水文地理区

华东、华中及西南丘陵山地潮湿气候带水文地理区地处中亚热带季风气候区，是我国冷暖锋面气流交互区，降水充沛，年均降水量为800~2 000 mm，气候湿润，四季分明，也是我国地表水资源较为丰富的地区。区内中低山丘陵广布，岩溶作用十分强烈，水循环交替积极，储存能力较弱。总的来看，该区降水充沛，地表水资源丰富，而地下储水空间和能力却显不足，对水资源的调控能力差。

本区可划分为华东、华中丘陵山地和西南岩溶丘陵山地两个亚区。华东、华中丘陵山地亚区除丘陵山地外，还分布江汉平原、洞庭湖平原、鄱阳湖平原，以及长江、钱塘江三角洲平原等广大冲、湖积平原；西南岩溶丘陵山地亚区广泛分布碳酸盐岩，岩溶十分发育，形成暗河水系，其中云南、贵州等省在地形上形成岩溶平原（川西平原），成为盆地中的盆地。

5.5 东南、华南海洋气候亚热带水文地理区

东南、华南海洋气候亚热带水文地理区位于南岭山脉以南的沿海地区，包括广西、广东、海南和台湾地区，位于北回归线两侧，属南亚热带和北热带季风气候区，气候炎热，降水充沛，是我国降水最丰富的地区。岩溶作用强烈，地下河系十分发育，径流迅速，地下水储存能力有限。总的来看，区内地下水含水系统储水能力较弱，对水资源时空调控能力低，遇到降水较少的季节，极易出现旱情。

本区可划分为闽浙丘陵山地和粤琼丘陵山地两个亚区。闽浙丘陵山地亚区包括相邻的台湾岛。全区以侏罗纪火山岩系分布最广，裂隙水发育；水系一般源近流短，直接流入海洋，如瓯江、闽江等水系。粤琼丘陵山地亚区包括广东及海南岛。全区属珠江及韩江水系，普遍分布裂隙水，岩溶水也分布

较广。本区北部近东西方向的南岭山脉，是长江水系与珠江、闽江水系之间的分水岭，成为两个大区之间的天然边界。

5.6 青藏高原冰漠及高山草原带水文地理区

青藏高原位于我国西部，西起帕米尔高原，东至横断山，北界阿尔金山、昆仑山、祁连山，南至喜马拉雅山，是全球海拔最高、面积最大的高原，也被称为世界屋脊。青藏高原是我国陆地第一级阶梯，因其气候严寒，也被称为地球第三冷极，多年冻土广为分布。青藏高原冰漠及高山草原带水文地理区是一种在冻结环境下形成的特殊水文地理区。

本区可划分为冻土高原亚区和藏东及藏东南山地峡谷亚区。藏北高原海拔达 5 000 m 左右，年降水量小于 100 mm，河流很短并多闭流。土壤冻结常在 8 个月以上，可与极地冻土带相比，形成多湖泊与盐碱沼泽的苔原。藏南纵谷地带因受印度洋季风的影响，降水量增加（400~1 000 mm）。雅鲁藏布江形成宽坦的河谷，潜水主要分布于冲积层、冰碛层内，但潜水动态随高程变化呈垂向分带现象，河谷上下游即可有很大差异。藏东山地包括滇西的横断山脉，许多重要河流如澜沧江、怒江等均发源于此，形成高山深谷，潜水主要受垂向分带规律控制。

6 展望

随着近年来科技手段的进一步提升，我国水文地理研究逐渐深化，区域水文地理的研究成果也展露在协助相关学者探究研究区内的地下水资源量储备、区域水循环规律、区域深入地质特点等多个方面。在未来，应加强全球气候变化背景下的区域水文地理研究；深挖能够提高水文预估结果准确性的方法；进一步加强水文地理研究中其他学科知识的应用；拓展基于大数据平台的水文地理研究产品，并且进一步加强跨国界的水文地理合作研究。

参考文献

[1] 刘昌明，刘璇，杨亚锋，等. 水文地理研究发展若干问题商榷［J］. 地理学报，2022，77（1）：3-15.
[2] 郭敬辉. 中国地表径流形成的自然地理因素［J］. 地理学报，1958（2）：145-158.
[3] 施成熙. 中国河流分类的初步研究［J］. 水利学报，1958（2）：41-52.
[4] 叶永毅. 黄河的洪水［J］. 地理学报，1956（4）：325-338.
[5] 杨纫章. 湘江流域水文地理［J］. 地理学报，1957（2）：161-182.
[6] 汤奇成，程天文，李秀云. 中国河川月径流的集中度和集中期的初步研究［J］. 地理学报，1982（4）：383-393.
[7] 郭敬辉，刘昌明. 水文学的地理研究方向与发展趋势［J］. 地理学报，1984（2）：206-212.
[8] 周成虎，于静洁. 中国水文地理研究的回顾与展望［J］. 地理学报，2023，78（7）：1659-1665.
[9] 黄秉维. 中国综合自然区划草案［J］. 科学通报，1959（18）：594-602.
[10] 程维明，周成虎，李炳元，等. 中国地貌区划理论与分区体系研究［J］. 地理学报，2019，74（5）：839-856.
[11] 方创琳，刘海猛，罗奎，等. 中国人文地理综合区划［J］. 地理学报，2017，72（2）：179-196.
[12] 张宗祜，李烈荣. 中国地下水资源与环境图集［M］. 北京：地图出版社，2004.

西伯利亚叶留尤（Eruu）地下水溢流冰动态变化评估

李若彤[1,2]　于　淼[1,2]　周　洋[1,2]

（1. 黑龙江省寒区水文和水利工程联合实验室（国际合作），黑龙江哈尔滨　150080；
2. 黑龙江大学水利电力学院，黑龙江哈尔滨　150080）

摘　要： 地下水溢流冰是地下水溢流到地表，随后在负温条件下冻结形成的，是多年冻土水文的典型特征。地下水结冰的主要形态参数为结冰面积和体积。迄今为止，关于地下水结冰量的现场观测资料相对较少。本研究以西伯利亚叶留尤为例，基于流域收集的实测数据和 Landsat7 和 Landsat8 图像数据，评估利用遥感技术估算地下水溢流冰形态测量估计技术的性能。得出结论，利用遥感技术估算该区域地下水溢流冰面积和体积的结果与实测结果相比，结冰体积估算误差较大。

关键词： 地下水溢流冰；结冰面积提取；遥感

地下水溢流冰（也被称为冰湖、冰丘、涎流冰等），是指地下水从地表或河冰裂缝溢流出后，受低温影响冻结而成的积冰体[1]。冰在调节流域的水文、生态和社会经济功能等方面发挥着关键作用[2-3]。地下水溢流积冰相关研究主要在永久冻土区进行，具体研究区主要有北美地区北部、北欧、格陵兰、西伯利亚、阿拉斯加、中亚、中国西藏和东北部地区[4]。在阿克塞尔海伯格岛（Axel Heiberg Island）上的加拿大北极高地，Andersen 等、Heldman 等和 Pollard 提出了常年盐水泉的水文情况，这些盐水泉将泉水排到地表，并在整个冬季持续形成结冰[5]。Hinzman 等[6]、Woo M K 等[7]将阿拉斯加几个流域的永久冻土水文相互作用以及相关的地表地下水交换与永久冻土厚度进行了比较，指出薄的永久冻土允许小泉水渗透到冰冻区，在冬季结冰，在夏季产生基流。溢流积冰作为寒区特有的一种水文地质灾害，随着积冰不断扩大，会对周边道路及建筑物进行侵害，附近的基础设施性能也会受到负面影响[8-9]。因此，对于该领域的研究是十分必要的。

随着水资源相关问题日趋严重，有关水问题的研究已经引起了全球的关注。人们采用了 Parkinson 等[10]的计算方法来计算海冰范围，利用遥感技术在相关问题中的应用越来越广泛，用于提取水体形态等信息的遥感方法逐渐出现[11-14]。徐涵秋[15]采用了两幅分别代表两个不同流域的 Landsat TM 和 ETM+影像，对增强型水体指数（EWI）进行了分析和讨论，分别用经过大气校正和未经大气校正的两种影像来对该指数做了验证，并与改进的归一化差值水体指数（MNDWI）进行比较。

本文以西伯利亚叶留尤为例，选择 Landsat 7 和 Landsat 8 的数据，分析研究 2012—2014 年地下水溢流冰的面积和体积，进行估算后与实测数据进行对比，从而评估利用遥感估算地下水溢流冰形态的精度。为研究和评价利用遥感估算地下水溢流冰形态这一方法，以及西伯利亚叶留尤地下水溢流冰形态变化及其潜在影响奠定基础。

1　研究区概况

研究区位于俄罗斯萨哈（雅库特）共和国中部，距离河口 12 km。地形由西南向东北倾斜。地表

基金项目： 中蒙俄经济带寒地农业水利人才国际联合培养模式实践与研究（SJGZ20200135）；黑龙江大学研究生精品课——寒区水文地质学。

作者简介： 李若彤（2000—），女，硕士研究生，研究方向为寒区水文与雪冰工程。

通信作者： 于淼（1994—），男，硕士研究生，主要从事冻土水文地质学方向的学习与科研工作。

绝对高程从 163 m 逐渐降低到 140 m。冻结层中的层间水在 23.9~32.0 m 深处被加压，从湖泊、塔利克含水层和埃鲁泉采集的水样化学性质相同。研究区域被永久冻土覆盖，活动层厚度为 2~4 m。含水层主要由第四纪的细、中粒砂组成，泉水边缘的含水层由第四纪砂岩、砾石和卵石沉积物以及上侏罗纪砂岩组成。

2 数据与方法

本文选用 30 m 分辨率的陆地卫星图像数据绘制了结冰分布图，卫星图像数据主要来自地理空间数据云平台。美国陆地卫星 7 号（Landsat 7）携带的主要传感器为增强型主题成像仪（ETM+）。Landsat 8-9 OLI/TIRS C2 L2 是指 Landsat 8 和 Landsat 9 卫星的操作地物成像仪和热红外成像仪产品的第二种数据集级别，通常用于地表覆盖和环境监测研究。本研究中遥感数据选用 2012—2014 年 3—4 月 Landsat 数据（见表 1），实测结冰区域相关数据来源于俄罗斯科学院西伯利亚分院买尔尼科夫冻土研究所。

表 1 遥感影像信息

序号	数据集	影像代码	接收日期（年-月-日）	传感器	分辨率	云量/%
1	Landsat 7 TM C2 L2	LE71210172012108EDC00	2012-04-17	ETM	30	67.00
2	Landsat 8-9 OLI/TIRS C2 L2	LC81210172013087LGN02	2013-03-28	OLI_TIRS	30	20.15
3	Landsat 8-9 OLI/TIRS C2 L2	LC81210172014089LGN01	2014-03-30	OLI_TIRS	30	99.97

此前，研究人员通过对比利用斜率比值法和水体指数法提取水体效果，发现斜率比值法和水体指数法对于面积大的水体，如河流干流、较大的支流、大型湖泊等有较好的效果，得出结论，水体光谱在绿波段和近红外波段与其他地物光谱特征差异最大，而且整体反射率低，呈下降趋势，这也是提取水体信息的重要依据。

2.1 影像数据预处理

影像数据预处理为对于 Landsat 数据的大气校正，利用 ENVI 中的快速大气校正工具自动从图像上收集不同物质的波谱信息，获取经验值，完成高光谱和多光谱的快速大气校正，将 DN 转为 TOA 辐射，将 DN 转为 TOA 反射并去除暗目标。

2.2 结冰分类

首先根据研究区域大小对处理后的影像数据进行裁剪，用三种方法分析提取研究区域内结冰面积。方法一：计算其增强型水体指数（EWI），将其结果分别进行密度分割及 K-means 聚类算法，对结冰范围及其边界进行提取。方法二：水体指数（NDWI），与方法一相同，将其结果分别进行密度分割及 K-means 聚类算法，对结冰范围及其边界进行提取。方法三：一种三阶段遥感技术，先后计算其归一化差异雪指数（NDSI）、最大差异结冰指数（MDII）、改进型归一化水体指数（MNDWI），最后将其结果分别进行密度分割及 K-means 聚类算法，对结冰范围及其边界进行提取。

第一步，将经过预处理及大气校正后的图像数据在 ENVI 中打开，按照需要对研究区进行裁剪提取后，使用工具栏中的 Band Algebra 进行计算，输入对应指数的计算公式。

$$\mathrm{EWI}=\frac{G-\mathrm{NIR}-\mathrm{MIR}}{G+\mathrm{NIR}+\mathrm{MIR}} \tag{1}$$

式中：G 为绿光波段；NIR 为近红外波段；MIR 为中红外波段。

EWI 基于 Landsat ETM+数据构建。针对半干旱区域水体与地物在光谱特征上的差异，EWI 同时结合近红外和中红外波段信息，进一步扩大水体在强反射和弱反射波段的差距，EWI 能够有效地抑制背景噪声，实现针对半干旱水系的提取。

$$\text{NDWI} = \frac{G - \text{NIR}}{G + \text{NIR}} \tag{2}$$

式中：G 为绿光波段；NIR 为近红外波段。

NDWI 基于 Landsat TM 数据构建，水体在绿光波段反射率高、近红外波段反射率低，NDWI 利用这一特征将水体与植被、裸土等其他地物进行区分。

$$\text{MNDWI} = \frac{G - \text{MIR}}{G + \text{MIR}} \tag{3}$$

式中：MIR 为中红外波段。

改进型归一化水体指数 MNDWI 也称归一化差异雪指数（NDSI），基于 Landsat TM 数据构建，在 NDWI 的基础上做了改进，用红外波段替换了模型中的近红外波段，在城镇区域水体提取精度有所提高，同时能捕捉到诸如悬浮物分布、水质变化等细微信息，本文中用于区分雪和冰与土壤、岩石和云量的关系。

$$\text{MDII} = (G - \text{MIR}) \times (G + \text{MIR}) \tag{5}$$

MDII 值是由 NDSI 值的阈值范围内的像素确定的，因此 MDII 的空间范围受到 NDSI 的限制。本文中用于区分冰、雪、湿泥、灰岩和水。

首先，得出研究区内指数大小的分布情况，并利用密度分割和非监督分类方法即 K-means 聚类方法将其进行分类提取；其次，在数据管理器中对选中的结冰区域面积进行边界提取，生成 shapefile 格式文件；再次，在 ArcGIS 中打开上一步所生成的图像数据，提取 Eruu、Bosogor、Ergen、Abaga-Quill 的结冰区域，对其结冰范围面积进行提取（单位为 km^2）并进行细节处理（插入图例、指南针、比例尺）；最后导出地图及面积提取结果（见图 1）。

冰储量是评估地下水水源出水量的重要指标，目前对于冰储量的计算大多采用体积-面积经验公式：

$$V = cA^{\gamma} \tag{6}$$

式中：V 为地下水溢流冰储量，m^3；A 为地下水溢流冰的面积，m^2；c 和 γ 为经验系数。

采用 Hall 等提出的数值（c=0.96，γ=1.09）计算西伯利亚叶留尤地下水溢流冰储量以供参考。

3 结果

本文通过计算水体指数（NDWI）、增强型水体指数（EWI）和改进型归一化水体指数（MNDWI）三种指数结合非监督分类方法即 K-means 聚类方法和 ISODATE 聚类方法对 2012—2014 年 Landsat 影像数据中的结冰流域进行提取。表 2 为对三种指数进行分析计算结合体积-面积经验公式对研究区域四处水体结冰体积进行估算结果。

表 2 基于体积-面积经验公式的结冰体积（m^3）提取结果

研究区流域	2012 年			2013 年			2014 年		
	提取面积选取指数								
	NDWI	EWI	MNDWI	NDWI	EWI	MNDWI	NDWI	EWI	MNDWI
Eruu	12 354.57	25 249.72	25 774.25	90 987.04	66 277.17	66 277.17	10 100.15	10 072.39	20 689.16
Bosogor	12 524.06	21 072.43	21 072.43	46 131.04	38 956.19	38 956.19	7 128.21	7 128.21	0
Ergen	29 424.45	33 403.55	33 403.55	45 596.21	40 230.52	40 230.52	36 309.91	36 309.91	33 679.47
Abaga-Quill	24 546.76	29 834.12	29 834.12	51 697.39	44 292.76	44 292.76	34 093.71	34 093.71	30 244.26

4 结论

根据研究区的卫星图像结合三种水体指数法进行分析对比并利用体积-面积经验公式计算出春末

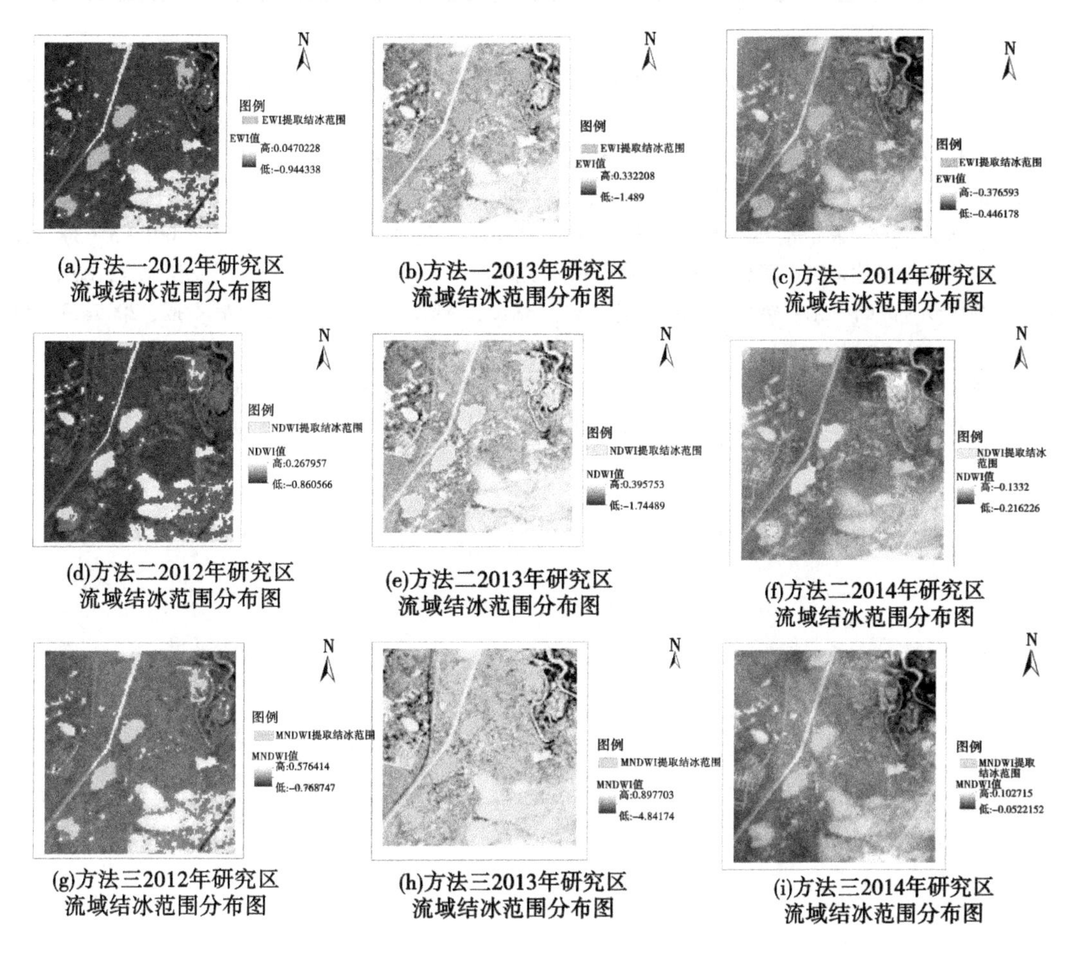

(a)方法一2012年研究区流域结冰范围分布图　(b)方法一2013年研究区流域结冰范围分布图　(c)方法一2014年研究区流域结冰范围分布图

(d)方法二2012年研究区流域结冰范围分布图　(e)方法二2013年研究区流域结冰范围分布图　(f)方法二2014年研究区流域结冰范围分布图

(g)方法三2012年研究区流域结冰范围分布图　(h)方法三2013年研究区流域结冰范围分布图　(i)方法三2014年研究区流域结冰范围分布图

图1　2012—2014年Landsat结冰范围提取结果（计算指数EWI）

或年最大结冰面积和体积；结冰面积提取中计算其增强型水体指数（EWI），进行分割提取的误差相对于其他两种较低。体积估算误差略高。卫星图像的实用性受到无云场景的稀缺性和结冰边界划定的模糊性的限制。因此，结冰面积的估计精度高于结冰体积，本项研究将继续下去。

参考文献

[1] 戴长雷，冯慧厅，于成刚，等. 加格达奇东小河地下水溢流积冰影响因素［J］. 南水北调与水利科技，2016，14（3）：12-16.

[2] Yang X，Pavelsky T M，Bendezuand L P，et al. Simple method to extract lake ice condition from landsat images［J］. IEEE Transactions on Geoscience and Remote Sensing，2021（99）：1-10.

[3] Gagarin L，Wu Q，Melnikov A，et al. Morphometric analysis of groundwater icings：Intercomparison of estimation techniques［J］. Remote Sens. 2020，12（4），1-17.

[4] Andersen D T，Pollard W H，McKay C P，et al. Cold springs in permafrost on Earth and Mars［J］. Journal of Geophysical Research：Planets，2002，107（E3）：1-7.

[5] You Y，Yang M，Yu Q，et al. Investigation of an icing near a tower foundation along the Qinghai-Tibet Power Transmission Line［J］. Cold regions science and technology，2015（121）：250-257.

[6] Hinzman L D，Kane D L，Yoshikawa K，et al. Hydrological variations among watersheds with varying degrees of permafrost Proceedings 8th International Conferenceon Permafrost［J］. Zurich：Switzerland，2003，407-411.

[7] Woo M K，Kane D L，Carey S K，et al. Progress in permafrost hydrology in the new millennium［J］. Permafrost and Periglacial Processes，2008，19（12）：237-254.

[8] 任宪平，景国臣，刘丙友，等. 大小兴安岭公路涎流冰的形成及其防治［J］. 水土保持研究，2005（2）：

190-191.
[9] 张景焘，张豪强，来凯，等. 基于模糊综合评价法的边坡涎流冰病害治理措施评价 [J]. 公路，2016，61（8）：205-211.
[10] Parkinson C L，Cavalieri D J，Gloersen P，et al. Arctic sea ice extents，areas，and trends，1978-1996 [J]. Journal of Geophysical Research Oceans，1999，104（C9）：20837-20856.
[11] 都金康，黄永胜，冯学智，等. SPOT 卫星影像的水体提取方法及分类研究. 遥感学报，2001，5（3）：214-219.
[12] 刘月. 大兴安岭加格达奇东小河寒区地下水溢流积冰规律勘测分析 [D]. 哈尔滨：黑龙江大学，2015.
[13] 徐涵秋. 利用改进的归一化差异水体指数（MNDWI）提取水体信息的研究 [J]. 遥感学报，2005，9（5）：589-596.
[14] 杜云艳，周成虎. 水体的遥感信息自动提取方法 [J]. 遥感学报，1998，2（4）：264-269.
[15] 徐涵秋. 从增强型水体指数分析遥感水体指数的创建 [J]. 地球信息科学，2008，10（6）：6776-6780.

研究生教学助理在寒区特色专业课教学中的实践和思考
——以“寒区水力计算”课程为例

冯 雪[1,2] 高 宇[1,2] 戴长雷[1,2]

（1. 黑龙江大学寒区地下水研究所，黑龙江哈尔滨 150080；
2. 黑龙江大学水利电力学院，黑龙江哈尔滨 150080）

摘 要：在2020年黑龙江大学水利电力学院水利水电工程专业通过工程认证的背景下，围绕学院“寒区水力计算”特色课程延续并使用研究生教学助理的模式对提升教学质量发挥了重要作用。本文通过研究生助教的具体工作和亲身实践，围绕“寒区水力计算”课程特点以及培养目标，以保证专业课教学质量，以助教工作提高研究生教学助理学习能力和科研水平为着眼点，对研究生助教工作发挥的作用和产生的问题进行总结反思和改进。

关键词：研究生助教；寒区特色课，寒区水力计算；实践反思

1 引言

从20世纪80年代末期，我国便开始高度重视高校的研究生助教制度，并陆续颁布相关的条例作为实施准则。2014年，教育部颁布了《教育部关于做好研究生担任助研、助教、助管和学生辅导员工作的意见》（教研〔2014〕6号），即“三助一辅”的意见，其中也强调了要突出在研究生培养阶段中科研能力的培养、综合素质的提升和管理能力的锻炼等方面产生的正向作用[1]。随着国家和社会对水利特别是水工专业人才的需求不断扩大，高校担负的培养水工专业人才的任务也在逐渐加重。而水利专业具有很强的学科交叉性和工程实践性，其课程体系包含的内容也比较丰富和完备，这就对水利工程专业的教学提出了新的挑战。

寒区在中国地域范围包括甘肃、青海、新疆西北部三个地区，西南的藏区、黑龙江省的东北部和西北部以及内蒙古东北部等均处于寒区地带。位于东北的黑龙江大学水利电力学院是具有区域特色和明显地方特色的学院。其中，“寒区水力计算”课程作为特色专业必修课，旨在为今后从事寒区工程水力计算和寒区管理工作的同学奠定一定的理论基础。同时伴随着工科课程教学改革的不断深入，水利水电工程专业中的“寒区水力计算”课程是一门要求学生掌握寒区方面的基础理论知识，从而去解决和完成水利工程领域实际问题的特色专业课程。

特别是在2020年黑龙江大学水利电力学院水利水电工程专业顺利通过工程认证的背景下，学院在本门课程上延续和使用研究生教学助理的模式是存在一定的必要性的，研究生助教在教学过程中发挥教师和学生沟通与交流的桥梁作用也越来越明显。而“寒区水力计算”作为水利水电工程专业学生的必修特色课程，教学助理对于保障学生对知识的掌握和吸收以及课程教学质量也发挥着一定的作

基金项目：2020年度高等教育教学改革重点委托项目：中蒙俄经济带寒地农业水利类人才国际化联合培养模式实践与研究（SJGZ20200135）。

作者简介：冯雪（1999—），女，硕士研究生，研究方向为寒区水文与雪冰工程。

通信作者：戴长雷（1978—），男，教授，主要从事寒区地下水及国际河流方面的教学和研究工作。

用，促进提升课堂教学质量的同时，也可以检验研究生对于所学知识的掌握与运用情况，并实现对研究生科研工作的锻炼与提高。同时，对于其他课程来说，也有着借鉴和参考作用。

2 助教研究生的选择和工作

2.1 助教研究生的选择

一般来说，助教研究生由任课教师从自己的硕士研究生中选择，且以一年级研究生为主要选择目标，原因有三点：一是一年级研究生和上学的本科生年龄相仿、便于沟通；二是一年级研究生课业负担相对较轻，对于课程内容也更为熟悉，从而更易于完成教师布置的任务；三是一年级研究生更需要与导师沟通的机会和平台，而助课过程中更方便研究生和教师在学术上的交流。基于本门课程的上课人数和班级分配与学生规模，以及所在研究团队的实际情况，本门课程共选择 4 名一年级研究生开展助课工作，其中有一名本科毕业于本校并且学习过本门课程的学生作为主力成员，以便于更好发挥助教成员的辅助作用[2]。

2.2 教学助理的职能

教学助理是任课教师和学生沟通与交流的重要桥梁，对于保障课程教学质量、促进学生对知识的掌握和吸收发挥着重要作用。围绕“寒区水力计算”课程的特点及其培养目标，在教学过程中引入了教学助理制度。实践证明，教学助理可以很好地充当学生和教师之间沟通的媒介，传达教师布置的任务，同时还可以把学生的想法、对课堂教学困惑之处准确而及时地反馈给教师，从而对课堂教学进行改进，保证并提升教学质量并结合“寒区水力计算”课程的要求、特点，以及班级的学生规模[3]。“寒区水力计算”课程共有 130 余名学生选修，有 2 个教学班，对应 4 个教学助理，每名教学助理平均分配到约 30 名学生的辅助教学工作，助课人数基本固定，但是在此过程中会根据课程性质和内容的变化做出适当的调整。工作内容主要包括：课程讲义的更新、课前材料的准备、与上课学生的沟通和交流、随堂作业的批改、课程习题的解答等工作，还有在课堂上存在的问题讨论、小组作业展示的初步引导以及学生产生问题的收集与反馈工作。任课教师作为课程的主讲人会在授课之前对助教研究生进行课程相关知识的介绍与培训，以及布置相关课程任务，对教学助理收集来的学生疑难问题进行研究，而后在课堂上做出相应的解答，并对教学助理在工作中出现的问题和难点进行指导与帮助[4]。

3 教学特点和课程目标

2020 年黑龙江大学水利电力学院水利水电工程专业顺利通过工程认证，在工程学科设置上，学校根据国家高校培养方案的制订原则，以国家水工类学科工程教学规范和标准为基础，将国家水利工程类补充标准中数学及自然科学类、工程技术基础类、学科基础类和学科类课程等学科设定为必修，并确定学科主干课程，建立工程教学框架系统。而其他学科必修和专业选修则主要为可选修学科和特色专业课程，而这些选修课的教学内容则充分考虑了黑龙江省地域特点和高校定位特色[5]。其中，“寒区水力计算”这门课程就是黑龙江大学水利电力学院充分考虑到省内地域特点，以及学院定位特点所开设的特色专业课程。

“寒区水力计算”是水利水电工程专业本科大三学生的专业必修课。通过对本课程的教学，培养本科生正确分析和解决寒区冰情及水力计算问题的能力，掌握和综合运用所学课程及其他选修课程的基本理论和基础知识，结合生产实际去分析和解决复杂工程问题的能力，不但为学校创建寒区特色专业奠定基础，同时还为今后从事寒区工程水力计算和寒区管理工作奠定坚实的基础[6-7]。

通过本课程的教学，使学生具备以下能力：

（1）通过对本课程的教学，培养本科生正确分析和解决寒区冰情及水力计算问题的能力。

（2）引导学生设法自己解决问题，培养学生发现问题和运用所学知识解决问题的能力及终身学习的能力，同时具备使用水力学试验、水力学计算与分析等手段分析寒区实际工程问题的能力。

（3）为学校创建寒区特色专业奠定基础，同时还为今后从事寒区工程水力计算和寒区管理工作奠定坚实的基础[8]。

课程目标与毕业要求的支撑关系见表1，课程目标与教学内容对应关系见表2。

表1　课程目标与毕业要求的支撑关系

课程目标	毕业要求指标点	目标定位
在已学知识的基础上，重点掌握冰坝与冰塞的概念与特点及其影响，掌握冰的基本性质及河冰观测手段，能够解释河冰的生消过程及河冰生消过程中可能出现的现象	工程知识1.2	理解
能够利用已学的力学知识，分析与计算河冰对工程结构的作用力及河冰的承载力，并掌握冰塞洪水的特性及其防治措施，具备初步的理论联系实际和解决寒区水利工程问题的能力	问题分析2.2	分析
重点掌握俄罗斯和中国东北地区的河流、流域及行政区分布情况，显示学校寒区特色，同时还为今后从事寒区工程水力计算和寒区管理工作奠定坚实的基础	沟通10.2	记忆

表2　课程目标与教学内容对应关系

课程目标	教学环节	教学内容
课程目标1	讲授	第1章　河冰的形成发展过程及特点
	课堂讨论	第2章　寒区冰情
	课后习题	第3章　冰坝和冰塞
	阶段考试	第4章　河冰监测
		第5章　冰凌输沙
课程目标2	讲授	第6章　冰力对工程结构的作用
	课堂讨论	第7章　冰作用下的泥沙输移
	课后习题	第8章　河道浮冰层承载力
		第9章　河道冰塞及防治措施
课程目标3	讲授	第10章　河湖冰的分类与分布
	课堂讨论	第11章　中国主要河流冰情特征
		第12章　河流冰水运动及相关计算

4　助课效果的总结和分析

本课程采用以课堂教学为主、习题为辅的教学模式，采用问题式、研究式、启发式和应用式等教学方式，重点讲授寒区特有河流冰情的相关问题及计算、河冰条件下的水力计算及寒区水文地理相关知识，使学生对寒区河冰水力计算问题有较深入、全面的了解，开拓学生思路，重点培养学生河冰问题计算能力以及运用所学知识分析问题和解决实际工程问题的初步能力[7]。研究生教学助理的引入对“寒区水力计算”课程教学质量的提升起到了显著的作用，对课程参与者——任课教师、上课学生、助教研究生三者都产生了有益的影响，总结起来有以下几点：

(1) 对于任课教师来说，适当减轻了任课教师的教学负担，使其更加高效地投入到教学与科研及其他工作中；在促进提升课堂教学质量的同时，导师可以检验研究生对于所学知识的掌握与运用情况，并实现对研究生的锻炼与科研工作能力的提高。

(2) 对于学生来说，为他们营造了更加活跃的课堂气氛，学生能更容易地理解专业知识；教学助理参与到课程中后打破了原有的教学模式，使得课堂的气氛更加活跃，进而带动学生的学习兴趣，有利于相关水利核心知识点的消化和吸收。“寒区水力计算”课程中有大量专业知识点需要学生去掌握，活跃课堂加上课后的总结和对助教的反馈能够让理论知识鲜活起来，引起学生的共鸣。

（3）对于教学助理来说，他们在辅助教学任务中巩固了所学知识，通过助课学习专业内容，为未来论文提供选题可能，也得到了锻炼，为其日后的科研工作打下基础；增加了与导师交流接触的机会，使导师了解他们的专业学习习惯，以便在未来学习中指明方向；增加了与本科生的交流机会，提高人际交往能力和协调组织能力，在助课过程中培养自信心。

在课程最后，通过对两个教学班进行助课结果问卷调查、整理（见表3），结果表明学生们对助课工作比较认可，一定程度上提高了学习兴趣。

表3　寒区水力计算助教调查问卷结果

<table>
<tr><th>调查内容</th><th>选项</th><th>比例/%</th><th>调查内容</th><th>选项</th><th>比例/%</th></tr>
<tr><td rowspan="2">你觉得“寒区水力计算”这门课的助教在课程中有发挥作用吗？</td><td>有</td><td>100</td><td rowspan="3">寒区水力计算助教对你这门课程的学习帮助是怎样的？</td><td>帮助很大</td><td>94.4</td></tr>
<tr><td>没有</td><td>0</td><td>一般</td><td>5.6</td></tr>
<tr><td rowspan="2">“寒区水力计算”助教工作对你课程学习是否有帮助？</td><td>有</td><td>98.1</td><td>帮助不大</td><td>0</td></tr>
<tr><td>没有</td><td>1.9</td><td rowspan="3">助教助课过程中在课后统计并反馈问题的部分你觉得有必要吗？</td><td>有必要</td><td>96.3</td></tr>
<tr><td rowspan="2">你觉得“寒区水力计算”对你专业课学习的认知力有提高吗？</td><td>有</td><td>98.1</td><td rowspan="2">没有必要</td><td rowspan="2">3.7</td></tr>
<tr><td>没有</td><td>1.9</td></tr>
</table>

5　助教工作的反思和改进建议

5.1　助教工作的反思

（1）研究生助理是服务于教学的岗位，保障教学质量始终都是教学助理的第一要务。特别是针对“寒区水力计算”这样的寒区特色课程，研究生助理就需要在助教工作中的课前、课中、课后发挥积极作用，解决任课过程中出现的问题，也可根据发现的问题去研发思考，从而提高助课研究生的学习和思维能力。

（2）在课堂中引入了教学助理制度，研究生教学助理们需要打破学生和老师之间缺少沟通的局面，理解和明白学生在学习过程中遇到的问题，可以利用微信群聊等一系列现在学生更能接受的方式把对课堂教学的意见以及学习中的困惑反馈给教师本人。

5.2　助教工作的改进建议

（1）对于主讲老师来说，为了更加全面有效地考察研究生助理的工作情况，可以完善监督和评价与考核机制。

（2）在寒区特色课程的教学模式中有些方面还没有一个标准，需要在实践中不断探索，寻找并制订出特定的标准。需要结合课程情况跟随特定的课程制订特定的标准，更好地去探索、发展研究生“课程助理”进寒区特色课堂的教学模式。

6　结论

（1）以“寒区水力计算”课程教学为契机，在学科工程认证的背景下，进行研究生教学助理在水利水电工程专业特色寒区专业课教学中的实践，结合教学助理制度的相关研究，最后以调查问卷的形式反映出最终对于学生产生的课程影响和效果，顺利结束了课程。

（2）黑龙江大学水利电力学院教学助理制度是对学生、教师、教学助理都有益的实践和延续。对此，基于教学助理的水利水电工程专业教学模式可以开展更多深入的探索和研究分析，应用到更多的专业课程教学中，探索更多在新环境、新需求下具有价值多元、创新发散的水利水电工程专业教学新模式，以提升寒区特色课程的教学效果和质量。

参考文献

[1] 魏凤菊，刘娜，张洁，等．研究生教学助理制度在本科生实验教学中试用的思考——以河北农业大学生物化学课程为例［J］．中国多媒体与网络教学学报（上旬刊），2021（5）：159-161.

[2] 娄旭佳，浅谈大学生“课程助理”进课堂教学模式［J］．教学探索，2021（4）：101-102.

[3] 王尧尧，鞠锋，陈柏．教学助理在机电专业课程教学中的实践与研究［J］．科教论坛，2017（11）：16-17.

[4] 李洁，徐世猛．研究生教学助理制度：美国大学的实践［J］．学位与研究生教育，2015，7（16）：72-76.

[5] 胡宇祥，殷飞，李娜．工程认证背景下水电专业人才培养模式研究［J］．高教学刊，2021，7（30）：168-171.

[6] 李炎．工程教育认证理念下水利水电工程专业建设研究［J］．绿色科技，2019（7）：273-274，277.

[7] 刘少东，马永财，刘文洋．工程教育认证背景下水利水电工程专业培养方案的构建——以黑龙江八一农垦大学为例［J］．高等建筑教育，2019，28（4）：48-54.

[8] 戴长雷，于成刚，廖厚初，等．冰情监测与预报［M］．北京：中国水利水电出版社．2010.

高寒地区某水电站厂房尾水及河道行洪解决方案

梁成彦　李　江

（黄河勘测规划设计研究院有限公司，河南郑州　450003）

摘　要：某水利工程电站厂房位于青海省高寒地区，所在河道上游约 100 m 为河道主、支流的 Y 形交汇处，由于工程布局、地形和河道条件的限制，产生了三个主要疑难问题，分别是洪水期支流顶冲厂房、主流河道行洪断面束窄和高寒区抗冻。本文通过深度分析尾水河道各断面水位-流量关系、冲刷深度、挡墙稳定和抗冻措施，因地制宜地采取了人字堰、尾水挡墙体型优化和结构抗冻等多项措施解决了问题，为类似工程布局优化和问题处理提供了很有价值的参考。

关键词：支流顶冲；行洪断面束窄；高寒地区；人字堰；挡墙体型优化；结构抗冻

1　引言

Y 形河道交汇是一种常见的河道形式，由于工程布局和地形地质的原因，水利工程有时会修建在 Y 形河道交汇处下游附近，导致河道的局部形态变化和断面束窄，同时 Y 形河道交汇的复杂水力学特性和行洪也可能会对工程造成不利影响，因此研究 Y 形河道水力特性和解决由此带来的工程问题是很有必要的。目前的研究成果主要是在数值模拟和模型试验相结合的基础上，总结阐述了河道交汇角度、汇流比、水深、河宽和水面形态之间的关系和规律，交汇处的水沙运动特性，水流对河道的冲刷影响和相应的工程措施[1]。

另外，高寒地区的水工结构抗冻是一直被广泛研究的课题，一般是在冻融试验的基础上，分析混凝土的疲劳寿命模型，研究水胶比、含气量、掺合料和添加剂等因素对抗冻性能的影响，以期得到抗冻性能更好的混凝土材料[2]。

高寒地区的水利工程，有可能出现比较少见的集上述 Y 形河道交汇、河道行洪断面束窄和高寒地区抗冻问题于一身的情况，本文选取的青海省某水利工程电站厂房尾水，正是以上复杂情况的典型案例，电站厂房尾水的上游为河道主、支流的 Y 形交汇处，水流可能顶冲电站；厂房尾水渠延伸入河滩，束窄行洪断面，壅高洪水位；项目属高寒高海拔地区，河道防护和电站尾水易受冻融破坏，以上几点均影响到电站的安全运行，需要妥善解决。本文系统地总结并阐述了解决以上问题的思路和过程，用于指导类似工程问题的处理。

2　厂房尾水及河道存在的问题

2.1　研究区概况

某水利工程位于青海省，是国家 172 项重大水利工程之一，工程区平均海拔 3 500 m。根据当地气象站资料统计，该地区年平均气温为 4.0 ℃，历年极端最低气温为-27.9 ℃，最大冻土深度 1.96 m，属高寒地区。工程的开发任务为：以城镇生活和工业供水为主，兼顾发电、防洪等综合利用。工程规模属大（2）型，工程等别为Ⅱ等。根据工程总布置要求，电站厂房布置在主流河道峡谷出口左岸，地势较陡，厂址东北侧为一基岩山体，山顶高程 3 495 m 以上；厂房坐落于主流河道与上坝公路之间。

作者简介：梁成彦（1985—），男，高级工程师，主要从事水力学及水工结构设计工作。

2.2 问题提出

2.2.1 支流顶冲电站厂房

电站厂房尾水所在河道上游约 100 m 的河道主流和支流的 Y 形交汇处，支流由于河底高程较高，平均比主流高 1~2 m，相同重现期标准的洪水情况下，支流的水位要高于主流约 1 m，因此在高标准洪水的情况下，支流就有可能会顶冲电站厂房，构成了安全隐患，需采取工程措施加以解决[3]。电站厂房和下游河道整体布局见图 1。

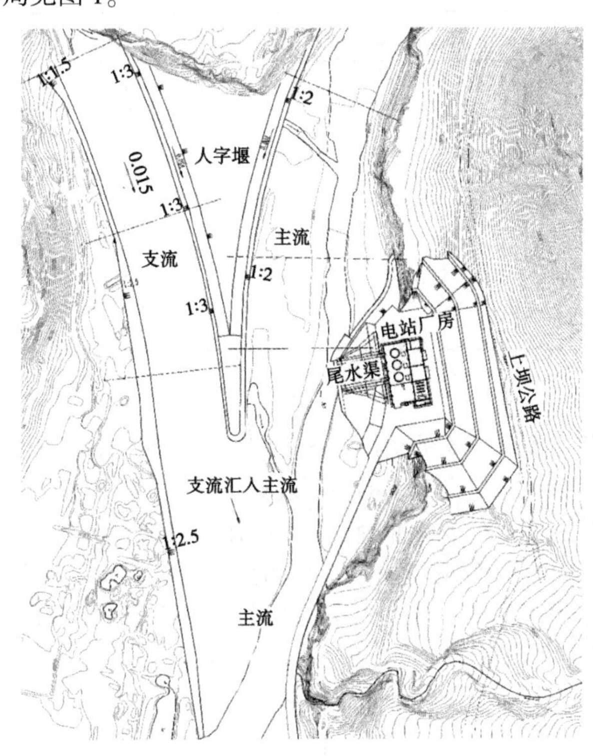

图 1 电站厂房和下游河道整体布局

2.2.2 主流河道行洪断面束窄

根据工程总布置方案，电站厂房布置在主流河道峡谷出口左岸，地势较陡，厂址东北侧为一基岩山体，山顶高程 3 495 m 以上；厂房坐落于主流与上坝公路之间，这片区域的宽度约 110 m，校核洪水位时宽度缩减为仅 63 m。此道路是通向水库大坝的唯一交通要道，必须确保安全稳定；另外，电站厂房由于高程较低，道路和厂房之间就必须留有一定的放坡空间，这就导致电站厂房的厂区整体定位和布局范围受到了限制。预留放坡空间后，电站厂房的位置距离下游河道仅 30 m，校核洪水位时，电站厂房已临近河道行洪的水边线，尾水渠会继续延伸向河道，必然侵占河道的部分校核洪水行洪断面，进而壅高洪水位，对电站厂房的安全构成隐患，需要深度复核水位-流量关系，并采取相应的工程措施。

2.2.3 河道防护和电站尾水渠的抗冻

由于工程位于高寒地区，冻融现象显著，且河道防护和电站尾水渠均位于水位变化区，受冻融现象影响，易产生破坏，因此需要考虑充分的抗冻措施，以确保电站的运行安全。

3 解决思路及具体措施

3.1 支流洪水顶冲厂房问题

3.1.1 解决思路

考虑在支流和主流之间设置人字堰，堰顶高程高于两河的校核洪水位，将两股水流分开导向下游，让支流的水在厂房下游汇流进入主流河道，从而使得电站厂房避开支流的高水位洪水。

3.1.2 人字堰的设计

堰顶高程需要高于校核洪水位，因此首先要复核断面的水位-流量关系。电站厂房属 3 级建筑物，防洪标准为 200 年校核，200 年校核洪水流量和厂房下游河道的水位-流量关系见表 1。考虑堰顶超高后[4]，确定断面 4 的堰顶高程为 3 262.70 m，断面 1 的堰顶高程为 3 258.70 m，断面 6 和断面 3 的堰顶高程都为 3 258.00 m，人字堰典型剖面见图 2。

表 1 200 年校核洪水流量和厂房下游河道的水位-流量关系

河道	200 年校核洪水流量/(m^3/s)	断面	校核洪水位/m
主流	782	1	3 257.53
		2	3 256.51
		3	3 255.98
支流	226	4	3 261.63
		5	3 259.13
		6	3 256.88

3.1.3 冲刷深度计算

采用工程措施人字堰将主流和支流的交汇点向下游移动了约 150 m，避开了电站厂房，人字堰对河水的导流作用，必然会带来河水对人字堰的冲刷现象，汛期尤其明显，因此本文进行了冲刷深度计算，并采取相应措施，确保人字堰的坡脚冲刷稳定。采用水流平行于防护工程的冲刷深度计算公式进行计算[5]。计算结果显示，由于主流的流量、水深和流速均大于支流，因此人字堰的主流侧最大冲刷深度约 1.16 m，坡脚防护深度取 1.5 m，人字堰的支流侧最大冲刷深度约 0.71 m，坡脚防护深度取 1.2 m。计算结果见表 2。冲刷深度按式（1）计算：

$$h = h_p \times \left[\left(\frac{V_{cp}}{V_{允}} \right)^n - 1 \right] \tag{1}$$

式中：h_p 为冲刷处冲刷前的水深，m；V_{cp} 为平均流速，m/s；$V_{允}$ 为河床面上允许不冲流速，m/s；n 与防护岸坡在平面上的形状有关，可取 $n=1/4$。

表 2 人字堰坡脚冲刷深度计算

指标	单位	主流			支流		
断面		1	2	3	4	5	6
Q	m^3/s	782	782	782	226	226	226
V_{cp}	m/s	4.83	5.04	4.65	2.77	2.77	2.86
$V_{允}$	m/s	1.07	0.87	1.02	0.71	0.65	0.65
h_p	m	2.53	1.60	1.98	1.63	1.63	1.58
h	m	1.16	0.88	0.91	0.66	0.71	0.71
坡脚防护深度	m	1.5			1.2		

3.2 主流河道行洪断面束窄问题

3.2.1 解决思路

从图 3 中可以看出，尾水渠连接电站厂房尾水管和下游河道，尾水管底板高程比下游河道的高程低 13.20 m，尾水渠需要采取反坡才能将尾水导入河道，为了少侵占河道，需要优化尾水渠的体型，尽可能缩短其长度，保证正常运行期挡墙不侵入河道。另外，降低挡墙高度，校核洪水时，洪水上滩，挡墙不阻挡洪水过流。

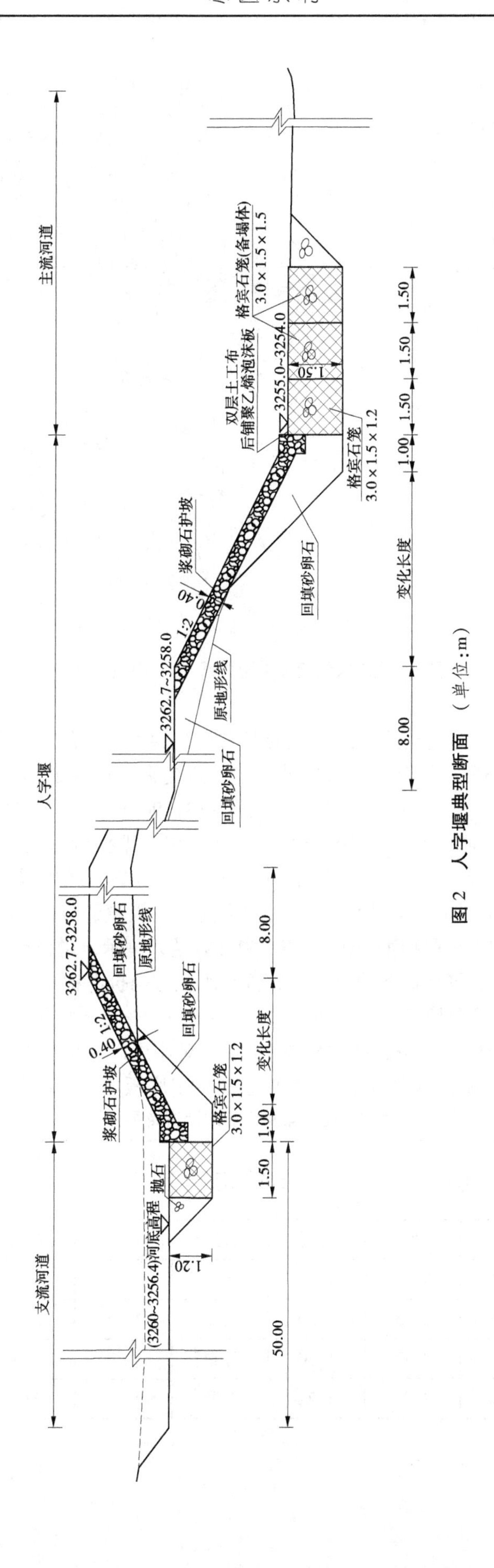

图2 人字堰典型断面 （单位：m）

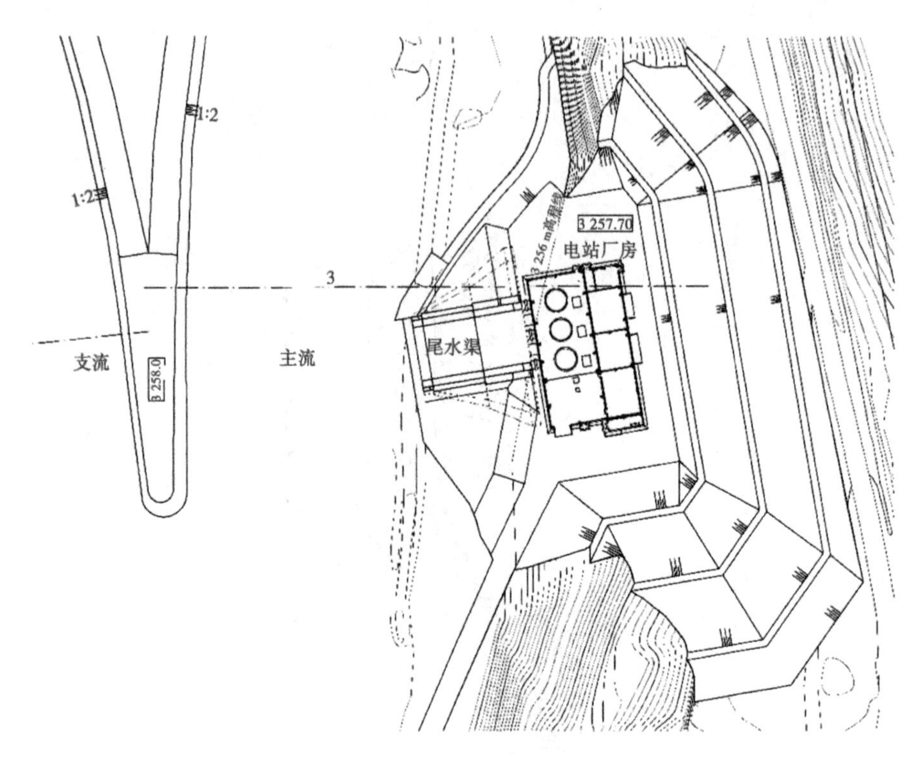

图 3　尾水渠和河道主流关系　（单位：m）

3.2.2　体型优化

尾水渠挡墙长度的缩短，会造成挡墙底部的坡度较陡，由此带来的问题是，该挡墙不但要满足垂直水流方向的常规稳定，还要满足顺水流方向的稳定，避免在陡底坡的情况下对厂房本体产生作用力，通过稳定计算（见表 3），最终确定尾水渠总长度为 31.90 m，其中斜坡段长度 26.4 m，坡度为 1∶2，目前工程中的挡墙纵向坡度基本都缓于 1∶3，而该尾水渠挡墙做到了 1∶2，且挡墙最大高度为 19.90 m，工程实例非常少见。设计中为保证顺水流方向的稳定，挡墙采用了局部台阶式底板来增加稳定抗力[6]，台阶宽度为 4 m，高度为 2 m。针对台阶式底板设置与否，本文进行了抗滑和抗倾覆稳定计算对比（见表3），挡墙纵断面见图4。表3 中计算结果显示，增设台阶后，顺水流抗滑稳定安全系数提高 16.3%～29.2%，平均提高约 19.1%；垂直水流方向抗滑稳定安全系数提高 2.5%～7.1%，平均提高 3.8%；顺水流抗倾覆稳定安全系数提高 8.3%～11.9%，平均提高 9.4%；垂直水流方向抗倾覆稳定安全系数提高 1.5%～3.2%，平均提高 2.2%。对比可以看出，增设台阶对于挡墙顺水流方向的稳定作用明显，垂直水流方向作用甚微，同时也验证了底板增设局部台阶的正确性。

表 3　尾水渠挡墙稳定计算结果

方向	工况	斜坡底板		局部台阶底板		规范值		增设台阶后安全系数提升/%	
		抗滑	抗倾覆	抗滑	抗倾覆	抗滑	抗倾覆	抗滑	抗倾覆
顺水流	完建	1.13	3.20	1.46	3.58	1.25	1.5	29.2	11.9
	正常运行	1.15	2.83	1.39	3.11	1.25	1.5	20.9	9.9
	校核洪水	1.18	2.33	1.30	2.51	1.1	1.4	10.2	7.7
	地震	1.04	2.54	1.21	2.75	1.05	1.4	16.3	8.3

续表 3

方向	工况	斜坡底板		局部台阶底板		规范值		增设台阶后安全系数提升/%	
		抗滑	抗倾覆	抗滑	抗倾覆	抗滑	抗倾覆	抗滑	抗倾覆
垂直水流	完建	1.56	2.79	1.67	2.88	1.25	1.5	7.1	3.2
	正常运行	2.29	2.02	2.38	2.09	1.25	1.5	3.9	3.5
	校核洪水	1.33	2.39	1.35	2.40	1.1	1.4	1.5	0.4
	地震	1.97	1.95	2.02	1.98	1.05	1.4	2.5	1.5

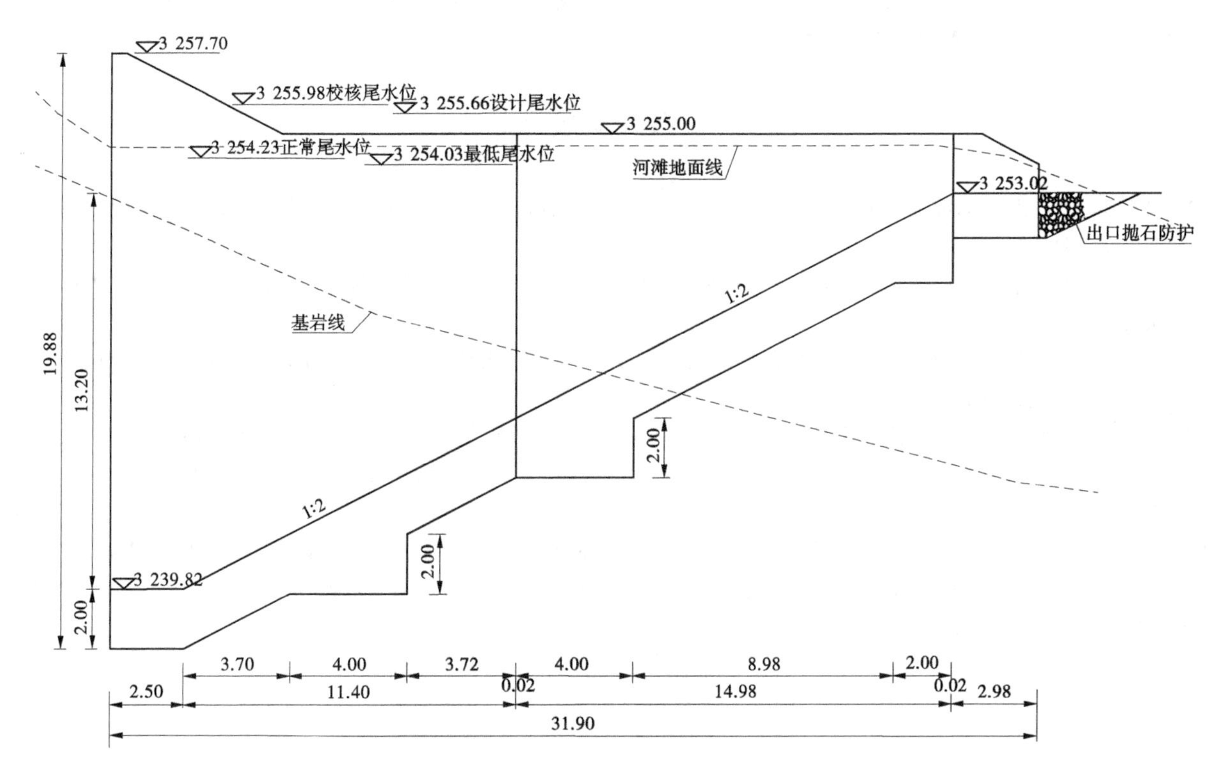

图 4　尾水渠挡墙纵剖面图　（单位：m）

挡墙长度确定以后，从平面图 3 可以看出，挡墙还是局部伸入河滩，侵占了部分校核洪水的行洪空间，因此从图 3 和表 1 中可以看出，断面 3 为尾水渠所在的河道断面，校核洪水位为 3 255.98 m，电站厂房场坪高程考虑一定超高后采用 3 257.70 m，厂房安全，但尾水渠完全在行洪范围内，常规设计考虑尾水渠顶高程与场坪高程相同，但针对该工程来说，这样就会束窄河滩的行洪断面，因此本文因地制宜地将挡墙顶部高程降低至洪水位以下，略高于河滩高程，校核洪水发生时，河水上滩，尾水渠淹没在水位以下，河水从尾水渠顶部横向通过，不影响行洪；正常运行时，河水位不上滩，尾水渠自然也就不影响河道水流。尾水渠挡墙在接近厂房的部位墙顶升高至场坪高程，既不影响洪水行洪，又能满足与厂房连接的功能需要。

3.3　河道防护和电站尾水渠的抗冻

河道防护采用人字堰形式，顶部到底部之间的高差约 4 m，坡度为 1∶2，因此考虑采用护坡形式，护坡材料的选择考虑抗冻混凝土板或浆砌石护坡，二者均能达到护坡稳定和抗冲刷的作用，通过投资和施工方案的对比，最终采用了浆砌石材质。

电站尾水渠的最大深度约 20 m，所在地层大部分为砂砾石覆盖层，两岸如采用放坡形式，坡比为 1∶1.5，放坡距离较长，周边地形条件和电站厂区范围无法满足放坡的要求；因此考虑采用混凝土重力挡墙的形式，挡墙常年处于高寒地区的水位变化区，是最易受到冻融破坏的区域，混凝土采用C25F300的抗冻指标[7]，防止尾水渠受到冻融破坏。

4 结论

（1）该工程通过设置人字堰，有效地将主流和支流交汇点下移到了厂房下游，消除了支流校核洪水对电站厂房造成的安全隐患。

（2）在目前工程中的挡墙纵向坡度基本都缓于1：3的情况下，将尾水渠挡墙底坡设置为1：2的较陡坡度，最大程度优化了尾水渠长度，减小侵占河滩的空间，优化挡墙顶和底板的体型，保证了校核洪水的行洪安全和挡墙稳定，进而确保了电站厂房的安全，在挡墙设计领域取得了一定的突破。

（3）本工程根据总体布置、高寒地区的特点、工程抗冻的具体区域，因地制宜地选用了合适的抗冻措施，可作为工程设计的相关参考。

参考文献

[1] 汪晨辉，张汇明．含滩地交汇河道水动力特性与掺混特征数值模拟［J］．河海大学学报（自然科学版），2023，51（2）：89-98.

[2] 龚定，李致家，臧帅宏．河道汇流演算方法对比分析与研究［J］．河海大学学报（自然科学版），2022，50（6）：33-39，57.

[3] 王银涛，王开拓，王生宽，等．河道交汇处不同汇流比下水面形态试验研究［J］．甘肃科技纵横，2022，51（2）：40-42，51.

[4] 邓祥辉，梁凯轩，王睿．高海拔寒冷地区混凝土抗冻耐久性试验研究［J］．工程力学，2023，40（9）：37-47.

[5] 颜剑秋，王华东，车向群．严寒地区抽水蓄能电站面板混凝土性能试验研究［J］．水利水电技术（中英文），2022，53（S2）：115-119.

[6] 李常亮．白水江甘肃文县段护岸工程冲刷深度计算敏感性分析［J］．水利规划与设计，2023（3）：47-49，53.

[7] 高珊，肖成志，丁鲁强，等．台阶式加筋土挡墙面板水平位移与稳定性关系研究［J］．岩石力学与工程学报，2023，42（1）：235-245.

寒区水土流失现状评价与对策研究
——以西藏山南市为例

张　怡[1]　郭天雷[1]　孙　昆[1]　申明爽[1]　崔称旦增[2]　董长明[2]　刘文祥[1]

（1. 长江水利委员会长江科学院重庆分院，重庆　400026；
2. 山南市水利局，西藏山南　856000）

摘　要：寒区水土保持工作是治理水土流失的重要部分。本文以西藏山南市为例，在结合山南市水土流失特征和水土保持现状的基础上，分析了山南市水土流失现状，并从监管、科技支撑、人才培养等方面提出了对策建议，从而在一定程度上为寒区水土保持工作提供参考。

关键词：山南市；水土流失；寒区；对策研究

青藏高原地域辽阔，气候复杂，青藏高原地貌类型多种多样，存在着多种侵蚀形式，如冻融、风力、水力、重力等[1]。在气候变化和高原人口增长的背景下，青藏高原的土壤侵蚀不断加剧。在西藏自治区，就存在藏东南暖热湿润高山深谷水蚀区、藏东温带半湿润高山峡谷水蚀区、藏南温带半干旱高原宽谷水蚀区、藏北寒冷半干旱高原水蚀和风蚀区、藏西温凉干旱高原宽谷风蚀区、藏西北寒冻高原冻融侵蚀区等6种侵蚀区[2]。前人利用遥感调查[3]、径流小区监测[4]等多种方法对不同类型侵蚀发生的原因和时空分布等进行了研究，这些研究结果为青藏高原土壤侵蚀和水土流失评价提供了宝贵的资料[5]。当前，对于各类侵蚀的发生、水土流失评价，特别是后续采取措施仍需要进一步研究。为此，本文以西藏山南市为例，对寒区水土流失现状进行评价与对策研究，提出了目前山南市的水土流失现状、评价与对策建议，以期为寒区水土保持工作提供参考。

1　山南市基本情况

1.1　地理位置

西藏山南市位于冈底斯山脉和喜马拉雅山之间的河谷地带，雅鲁藏布江中游，因地处冈底斯山脉以南而得名。南与印度、不丹两国接壤，北邻拉萨，东连林芝，西接日喀则，全市东西宽约420 km，南北纵长约329 km。全市平均海拔3 700 m左右，总国土面积7.93万km^2，约占西藏总面积的1/15，边境线长630余km，战略位置十分重要。

1.2　气候条件

山南市气候的主要特征是：海拔高、气压低，高山缺氧；太阳辐射强，日照时间长，年平均日照时数为2 600~3 300 h；降水量少，夏半年多夜雨，且分布不均；气温偏低，冬长夏短；温度日差较

基金项目：重庆水利科技项目（CQSLK-202209）；武汉市2022年度知识创新专项——曙光计划项目（2022020801020245）；中央级公益性科研院所基本科研业务费项目（CKSF2023299/CQ，CKSF2021744/TB）；国家重点研发计划项目（2021YFE0111900）。

作者简介：张怡（1991—），女，工程师，主要从事水土保持与水土流失治理方面的研究工作。

通信作者：刘文祥（1989—），男，工程师，主要从事土壤侵蚀与水土保持方面的研究工作。

大，年差较小，无霜期短，多旱灾、雪灾、冰雹、大风等灾害天气。据实测资料统计，区域内实测多年平均气温在-2.5~9.2 ℃，极端最高气温 32 ℃（加查县），最低气温-37 ℃（错那县）；降水年内分配极不均匀，除隆子至错那一带外，多集中在6—9月，其中雅鲁藏布江沿江一带6—9月降水量占年降水量的85%~90%。

1.3 水文水资源

山南市地表水资源丰富[6]，可分为三大水系，即雅鲁藏布江水系、外流水系、内陆水系。市内河谷纵横，湖泊遍布，河湖水域面积 585.79 万亩（1 亩 = 1/15 hm^2），占幅员总面积的 4.9%。较长的河流 41 条，较大的湖泊 88 个（不含印占区）。水资源总量为 937.48 亿 m^3（含印占区），其中地表径流量为 706.48 亿 m^3，冰川蓄水量约 10 亿 m^3，地下水储量约 230 亿 m^3。雅鲁藏布江在山南市境内干流长度 337 km，流域面积 1.69 万 km^2。藏南诸河外流水系多呈南北流向，河网密度大，水量丰沛，主要河流有洛扎雄曲、娘曲河、西巴霞曲和鲍罗里河（卡门河）等边境河流，干流总长约 1 025 km，流域面积 4.58 万 km^2。内陆湖泊水系大部分不连续地分布在喜马拉雅山北坡、雅鲁藏布江以南地带，水系内的湖泊主要由构造和河道堰塞而形成，著名的羊卓雍湖、拉姆拉错、哲古湖、普莫雍错湖，湖面面积在 1 km^2 以上的有 12 个，最大的羊卓雍湖面积达 678 km^2。内陆湖泊水系以羊卓雍错—普莫雍错—哲古错流域集水面积最大，为 9 980 km^2。

1.4 社会经济

山南市坚持"稳中求进、进中求好、好中求快、补齐短板"工作总基调，正确处理好"十三对关系"，全面落实"完善基础、产业立市、统筹城乡、新区引领"经济工作思路，攻坚克难，开拓进取，保持了经济健康发展和社会和谐稳定。山南市现辖 12 个县（区），83 个乡（镇），少数民族人数占总人数的 96.2%。2021 年末全市共有常住人口 35.51 万人，其中，城镇人口 11.33 万人，农村人口 24.18 万人。2021 年，全年实现地区生产总值（GDP）237.27 亿元，其中第一产业增加值 8.99 亿元，增长 5.8%；第二产业增加值 112.33 亿元，增长 4.3%；第三产业增加值 115.95 亿元，增长 9.5%。全市城镇居民人均可支配收入达 43 100 元，增长 13.1%，总量居全区第 5，增速位居全区第 3。农村居民人均可支配收入 18 435 元，增长 16.1%，总量和增速分别位居全区第 3。

2 水土流失现状

2.1 水土流失情况

西藏地区独特的自然条件使得引起土壤侵蚀的各种基本营力普遍存在，导致土地侵蚀类型众多，水力侵蚀、风力侵蚀、冻融侵蚀、重力侵蚀等都有分布，地域分布差异明显，西藏中腹地水力侵蚀、风力侵蚀、冻融侵蚀兼而有之；在垂直方向上，从高到低大致分为冰川、冰缘、冻融侵蚀带和流水侵蚀带，冰川、冰缘和冻土的侵蚀作用主要发生在高山和极高山的上部，山体中部、下部以及山脚是水力侵蚀的主要发育场所[7]。

山南市水土流失类型多样，既有水力侵蚀、风力侵蚀和冻融侵蚀，局部区域也有重力侵蚀和人类活动造成的侵蚀，是西藏水土流失最为严重的区域之一[8]（见表 1）。根据 2021 年水土流失动态监测成果，全市水土流失面积 8 680.33 km^2（不含冻融侵蚀），其中水力侵蚀面积 7 741.43 km^2，风力侵蚀面积 938.9 km^2，在全市水土流失面积中的比例分别为 89.18%和 10.82%。在水力侵蚀中，强度以轻度、中度为主，分别占侵蚀面积的 77.93%、7.97%；其次是剧烈侵蚀，占总侵蚀面积的 7.49%；强烈和极强烈侵蚀面积较小，分别占侵蚀面积的 3.06%和 3.56%。在风力侵蚀中，强度以轻度、中度为主，分别占侵蚀面积的 71.70%、13.17%；其次是强烈侵蚀，占侵蚀面积的 13.82%；极强烈和剧烈侵蚀面积较小，分别占侵蚀面积的 1.07%和 0.24%。

表 1　山南市水土流失情况

山南市	水土流失面积/km^2	水力侵蚀/km^2						风力侵蚀/km^2					
		合计	轻度	中度	强烈	极强烈	剧烈	合计	轻度	中度	强烈	极强烈	剧烈
乃东区	358.66	239.49	236.40	2.28	0.70	0.10	0.01	119.17	97.42	7.08	8.23	5.28	1.16
扎囊县	453.13	325.06	319.29	4.33	0.77	0.17	0.50	128.07	24.8	12.75	90.52	0	0
贡嘎县	613.83	327.43	318.91	6.18	0.49	1.45	0.4	286.4	230.09	52.65	3.66	0	0
桑日县	376.94	303.27	302.04	0.32	0.49	0.42	0	73.67	66.97	5.69	1.01	0	0
琼结县	167.39	141.64	139.67	1.67	0.3	0	0	25.75	23.67	1.97	0.08	0.03	0
曲松县	94.88	90.76	90.05	0.61	0.1	0	0	4.12	2.38	0.87	0.16	0.71	0
措美县	341.44	273.16	221.84	42.6	8.72	0	0	68.28	55.83	12.11	0.24	0.1	0
洛扎县	839.77	816.54	562.89	104.81	38.33	80.12	30.39	23.23	15.99	1.75	5.49	0	0
加查县	865.5	865.5	862.36	2.77	0.35	0.02	0	0	0	0	0	0	0
隆子县	755.15	673.98	662.09	10.98	0.32	0.49	0.1	81.17	73.16	3.73	1.63	1.59	1.06
错那县	2 657.68	2 637.14	1 366.74	366.58	162.95	192.76	548.11	20.54	3.87	12.28	4.39	0	0
浪卡子县	1 155.96	1 047.46	950.83	73.5	23.13	0	0	108.5	79	12.78	14.39	2.33	0
总计	8 680.33	7 741.43	6 033.11	616.63	236.65	275.53	579.51	938.9	673.18	123.66	129.8	10.04	2.22

2.2 水土流失成因

山南市地处青藏高原断块隆起区，地壳抬升强烈，褶皱、断裂发育，岩石破碎，可侵蚀物质丰富，土壤抗蚀力低。影响水土流失状况的自然因素有地质、地形、土壤、气候、植被等，其中对水土流失最为敏感的自然因素主要为降雨、气温和风速。

（1）自然因素。根据对各类土壤的可侵蚀性研究成果，山南市红壤土、黄壤土、黄棕壤土、棕壤土属于可蚀性较强的土壤，高山草甸土、亚高山草甸土可蚀性中等，高山草原土、亚高山草原土、山地草甸土可蚀性一般，土壤可蚀性中等以上土壤面积较大。雅鲁藏布江中下游河谷地带，年降雨量在 1 000~4 500 mm，且降雨多集中在 5~9 月，降雨强度大且集中，多单点暴雨，往往第一场雨以暴雨为多。另外，降雨多为夜雨和雷阵雨，是引发滑坡、泥石流的主要因素。由于山南市地处高原，海拔高、气温低、温差大，气温变化成为冻融侵蚀的主要成因之一。雅鲁藏布江中游河谷及其一些支流地带每年 10 月至第二年 4 月，大风天数可超过 100 d，瞬时风速可达 40 m/s，该时段干旱少雨，地表物质疏松，在大风的作用下，地表颗粒物质随风漂移，造成严重的风力侵蚀。

（2）人为因素。人为活动作为水土流失发生发展的外部条件，具有双重作用。一方面，人为活动可以通过改变局部坡度、截短坡长、改善土壤条件、增加植被覆盖、修建防护工程等方式抑制水土流失的发展。另一方面，不合理的人为活动，如陡坡开垦、乱砍滥伐和生产建设项目的开发，加剧了水土流失的发展。近年来，陡坡开垦、乱砍滥伐等易造成水土流失的行为已大大减少，但过度放牧、草场退化方式造成水土流失的情况依然存在，重建设、轻保护问题依然突出。

3 水土流失现状评价

在西藏自治区水利厅的指导下，在市委、市政府的安排部署下，山南市水土保持工作取得了显著成效。本文通过资料收集、现场调查、文献查阅的方式，结合《土壤侵蚀分类分级标准》（SL 190—2007）对山南市水土流失现状进行评价。

评价结果为：一是水土流失综合治理力度加大。山南市水利局“十三五”期间，共实施水土流失综合治理项目 18 个，总投资为 1.59 亿元，治理水土流失面积为 401.34 km^2。项目区水土流失程度明显降低，改善当地生态环境和农业生产条件，提高土壤、林地的水源涵养能力和林草覆盖率。二是水土保持预防监督和信息化能力进一步加强。在生产建设项目监督管理方面，积极引进现代化技术，对大中型项目采用卫星遥感影像和低空遥感技术开展水土保持监督性监测工作，有力推进了生产建设项目天地一体化管理。但在取得一定成绩的同时也面临着诸多挑战。

（1）生态环境脆弱，水土流失治理难度大[9]。山南市地处青藏高原腹心地带，具有河谷与湖泊地貌、冰川地貌、冰缘地貌、风成地貌、喀斯特地貌等，多种地貌类型影响着地表水热分布，生态环境十分脆弱，水土流失现象异常严重。从水土流失等级上看，现状侵蚀以轻度为主，中度及以上侵蚀面积减少较多，说明近年来适宜或较易治理的水土流失面积在逐渐减少，后期治理难度在逐渐增大。从水土流失态势变化上看，随着对生态环境建设的重视，重点地区的水土流失治理成效显著，生态脆弱地区的自然植被得到有效保护和修复，水土流失面积和强度逐年下降，但局部地区水土流失依然严重，城市周边、人口集中居住区、生产建设活动等是影响未来水土流失发展趋势的决定因素。同时，经济社会发展对水土保持需求日益增长，生态清洁小流域建设等新任务不断涌现，水土流失综合治理任务艰巨。

（2）水土保持投入相对偏低。近几年来，山南市水土保持投入总体呈增长趋势，但与艰巨的治理任务相比，水土流失综合治理国家投入仅 35 万元/km^2 左右，标准低，地方财力和群众的投入能力极其有限，治理技术科技含量低，速度缓慢，治理成果巩固率低，直接影响水土保持工程质量和效益的发挥。

（3）水土保持监测站网起步晚。山南市水土保持监测工作起步晚，开展基础性工作滞后，加之监测面广、难度大，资金和技术力量薄弱。虽然水土保持监测网络基本建立，但是监测站网运行效果有限，限制了监测工作在监督管理中的支撑作用。

（4）信息化监管能力有待进一步提高。监督管理工作是履行水土保持法赋予的职责，近年来山南市不断完善制度、规范审批、强化执法，提升能力，取得了一定的成效，但仍有不足，一是全市水能资源开发、矿产资源开发、基础设施建设等生产建设项目数量多、规模大，加之全市水土保持工作人员短缺、业务能力水平不高，监督执法任务重，执法难度大；二是全市水土保持制度体系尚不完善，缺少相关政策和制度，不能很好指导监督工作；三是信息化监管基础数据获取周期长、后期处理技术难度大、监管频次低等问题影响了信息化监管工作效果。此外，山南市科技支撑体系还不够健全，现代化水平不高，信息化建设有待加强。

4 水土流失对策和建议

（1）加强水土流失治理情况监管。各级水行政主管部门加强对水土保持重点工程的建设管理，完善工程建设招投标、监理、公众参与以及村民自建等制度，研究制定水土保持生态补偿制度，完善水土保持设施管护制度。各级人民政府制定水土保持优惠政策，在资金、技术、税收给予扶持，鼓励和支持社会力量采取承包、租赁、股份合作等方式参与水土保持工程建设，引导社会资本参与水土流失治理。

（2）强化科技支撑。结合山南市水土保持信息化发展现状和需求，基于传统水土保持监测方法，结合高空卫星和无人机遥感方法等新技术，集成“天地一体化”监管系统和综合治理项目精细化管理信息系统，监管水土保持措施实施状态，评价水土保持措施效益，初步形成“基础支撑、全面监管、各级协同、示范带动”的水土保持信息化体系，促进信息技术与水土保持业务的深度融合，逐步建立健全山南市、县（区）的水土保持基本数据库体系，全面推进山南市水土保持信息化建设。

（3）强化人才培养。水土保持机构队伍建设是关系水土保持事业发展成败的关键，为了适应水土保持事业快速发展的形势，有必要加强水土保持机构队伍建设，充实技术人员，水土保持各类经费要纳入财政预算予以保证。规划区的综合治理工程在实施过程中，应由富有经验的水土保持、工程技术人员负责技术质量方面的检查，对工程的关键项目、程序、材料等进行严格把关和检验。同时，加强水土保持从业人员的培训和教育，提高水土保持从业人员的业务水平和综合素质，扩大技术交流合作的领域和范围，通过举办水土保持专题讲座、开展水土保持业务技术培训，帮助基层干部和治理区群众提高治理技术水平。

5 结语

水土保持是一项需要长期坚持，具有群众性、社会性和综合性的公益性事业，涉及多个行业部门，综合性强。基于目前山南市水土流失特点，要基本建成与山南市国民经济发展相适应的水土流失综合防治体系，初步实现预防保护、重点防治区水土流失得到基本治理的目标，要从水土流失治理监管、强化科技支撑、强化人才培养等方面持久发力，最终使生态环境步入良性循环轨道，水土流失治理能力显著提高。

参考文献

[1] 殷树强，曾小英，张薇，等．青藏高原输电线路工程水土保持措施适宜性研究［J］．干旱区资源与环境，2023，37（5）：162-168.

[2] 陈同德，焦菊英，王颢霖，等．青藏高原土壤侵蚀研究进展［J］．土壤学报，2020，57（3）：547-564.

[3] Zhang J G，Liu S Z，Yang S Q. The classification and assessment of freeze-thaw erosion in Tibet［J］. Journal of Geographical Sciences，2007，17（2）：165-174.

[4] 李元寿，王根绪，王一博，等．长江黄河源区覆被变化下降水的产流产沙效应研究［J］．水科学进展，2006，17

（5）：616-623.
[5] 滕洪芬．基于多源信息的潜在土壤侵蚀估算与数字制图研究［D］．杭州：浙江大学，2017.
[6] 罗文兵，张伟，范琳琳，等．山南市河湖管理与保护工作的实践与探索［C］//中国水利学会．2018 学术年会论文集（第二分册）．北京：中国水利水电出版社，2018：111-118.
[7] 郑庄，牛俊，肖义，等．人为因素影响下西藏水土流失发育特征及治理对策［J］．水利水电快报，2012，33（8）：7-8.
[8] 张显扬，王建群，王同奎．西藏的水土流失特点及水土保持工作［J］．水利水电科技进展，2005，25（4）：45-48.
[9] 皇甫大林．浅谈西藏水土流失治理技术研究［J］．中国水利，2011（2）：33-35.

低温环境防渗层 SBS 改性沥青混凝土拉伸与弯曲特性研究

毛春华[1,2] 张轶辉[1,2] 宁逢伟[1,2] 褚文龙[1,2] 都秀娜[1,2]

（1. 中水东北勘测设计研究有限责任公司，吉林长春 130061；
2. 水利部寒区工程技术研究中心，吉林长春 130061）

摘　要：为提升低温环境抽水蓄能电站防渗层沥青混凝土抗裂能力，制备了一种 SBS 改性沥青混凝土，考察了 1.8 ℃条件下的拉伸应变、弯曲应变、弯曲蠕变和弯曲疲劳等性能，并与水工 110 号沥青混凝土进行比较。结果表明，SBS 改性沥青混凝土冻断温度-44.6 ℃，比水工 110 号沥青混凝土低 8.6 ℃；1.8 ℃拉伸应变、弯曲应变分别提高了 39%和 84%；弯曲蠕变、弯曲疲劳性能均显著提高，分别能用四元 Burgers 流体黏弹性模型和线性函数定量描述；SBS 改性沥青混凝土低温柔性和抗裂性明显较好，更适应低温环境。

关键词：沥青混凝土；防渗层；抽水蓄能电站；蠕变；疲劳

国家能源局发布的《抽水蓄能中长期发展规划（2021—2035 年）》指出，到 2025 年，抽水蓄能投产总规模 6 200 万 kW 以上；到 2030 年，投产总规模 1.2 亿 kW 左右[1]。未来相当长的一段时间内，抽水蓄能电站建设仍是我国能源领域的重要任务之一。抽水蓄能电站坝身低，库容小，工作过程主要对上水库、下水库进行反复的蓄水和排水。库盆面板长期经历干湿循环，开裂、渗漏风险高。收缩开裂和脆性断裂是水泥混凝土的固有弊病[2]，反复干燥失水与吸水湿胀是对毛细孔尺度施加疲劳荷载，容易使混凝土产生裂缝，不利于坝体长期安全运行。该工况下，沥青混凝土面板服役性能优于水泥混凝土面板，已被众多抽水蓄能电站采纳[3]。抗裂性能和抗渗性能高，自愈合能力强，抗疲劳破坏性能好。

抽水蓄能电站的快速兴起始于“十三五”期间，“十四五”期间逐渐达到高峰期。过去几十年，我国沥青混凝土面板领域的技术积累较少。以往沥青混凝土主要用于心墙结构，以中隔墙形式设置在主堆石体和副堆石体之间，起到防水帷幕作用[4]。沥青混凝土面板与沥青混凝土心墙功能不同，它与水、周围环境直接接触，功能需求发生了变化，尤其在抗渗性、抗裂性、往复抽排水疲劳荷载、温升温降温度应力等方面具有特殊性，不同于常规心墙沥青混凝土。

沥青混凝土可简化成骨料与沥青胶浆两相，沥青性质是影响该混凝土性能最主要的因素[5]。沥青是一种热塑性材料，高温流淌、低温变脆，脆性易断是抽水蓄能电站面板需要尽量避免的问题。北方地区抽水蓄能电站数量较少，低温环境的技术储备并不充分，仍需展开研究。SBS 属于苯乙烯类热塑性弹性体，是苯乙烯—丁二烯—苯乙烯三嵌段共聚物。SBS 改性沥青是以基质沥青为原料，SBS 改性剂为助剂，再加入专属稳定剂等混合制成，SBS 提高了沥青混凝土的耐高低温和抗疲劳能力[6-7]。

针对上述问题，以 1.8 ℃作为典型低温环境，分别制备了水工 110 号沥青混凝土和 SBS 改性沥青混凝土各一种，考察两种沥青混凝土的低温服役表现，聚焦能够反映低温抗裂性的拉伸性能和弯曲性能，包括拉伸应变、极限降温冻断性能、弯曲应变、弯曲蠕变、弯曲疲劳等。以期为类似低温环境配

作者简介：毛春华（1973—），男，高级工程师，主要从事水利设计与研究方面的工作。

合比设计与工程建设提供参考。

1 原材料及配合比

1.1 原材料

110 号水工沥青，针入度 106 1/10 mm，软化点 65 ℃，延度（5 cm/min，10 ℃）102 cm，密度（15 ℃）1.023 g/cm^3，含蜡量 1.9%，60 ℃动力黏度 136 Pa·s；SBS 改性沥青，针入度 121 1/10 mm，软化点 91 ℃，延度（5 cm/min，15 ℃）109 cm，密度（25 ℃）1.013 g/cm^3，运动黏度（135 ℃）1.8 Pa·s；粗、细骨料为同种灰岩加工的人工骨料，粗、细骨料加温至 170 ℃，加热前后骨料筛分无变化；粗骨料分四级：16~19 mm、9.5~16 mm、4.75~9.5 mm、2.36~4.75 mm，与沥青黏附性为 5 级；细骨料粒径范围 0.075~2.36 mm；填料公称粒径范围 0~0.075 mm，实际 0.075 mm 以下颗粒占比 93.4%。

1.2 配合比设计

沥青混凝土配合比计算主要包括沥青和矿料两种成分，沥青用量通常以沥青含量或油石比表达，而矿料包括粗骨料、细骨料和填料三种组分，其混合比例是矿料级配设计的重要内容，级配计算采用式（1）：

$$P_i = P_{0.075} + (100 - P_{0.075}) \frac{d_i^r - 0.075^r}{D_{max}^r - 0.075^r} \tag{1}$$

式中：P_i 为孔径为 d_i 筛的通过率（%）；$P_{0.075}$ 为填料用量（%）；r 为级配指数；d_i 为筛 i 的筛孔尺寸，mm；D_{max} 为矿料最大粒径，mm。

为考察低温环境沥青混凝土的拉伸与弯曲特性，设计了两种沥青混凝土，编号分别为 MC 和 HC，配合比见表 1。级配指数、填料含量、油石比均相同，只是沥青品种不同，分别是 SBS 改性沥青和水工 110 号沥青。

表 1 两种防渗层沥青混凝土配合比

编号	级配指数	填料含量/%	油石比/%	筛孔 d_i/mm				
				16	9.5	4.75	2.36	0.075
				通过率 P_i/%				
MC	0.43	12	7.5	100	80.4	60.2	45.2	12.0
HC	0.43	12	7.5	100	80.4	60.2	45.2	12.0

2 主要试验方法

拉伸应变测试按照《水工沥青混凝土试验规程》（DL/T 5362—2018）中“沥青混凝土拉伸试验”进行，采用棱柱体试件，尺寸为 40 mm×40 mm×220 mm，通过位移传感器记录拉伸应变。

冻断温度测试按照《水工沥青混凝土试验规程》（DL/T 5362—2018）中“沥青混凝土冻断试验”进行，采用棱柱体试件，尺寸为 40 mm×40 mm×220 mm，用强力黏结剂将试件黏结在试件夹头中，根据黏结剂性能放置约 24 h。试件先在 10 ℃恒温不少于 35 min，然后以 30 ℃/h 速率降温，试件断裂时温度为冻断温度。

弯曲应变测试按照《水工沥青混凝土试验规程》（DL/T 5362—2018）中“沥青混凝土小梁弯曲试验”进行，试件尺寸为 250 mm×35 mm×40 mm，简支梁跨径 200 mm，加载形式为三点弯曲试验，直至试件断裂破坏，记录沥青混凝土弯曲应变。

弯曲蠕变测试按照《水工沥青混凝土试验规程》（DL/T 5362—2018）中“沥青混凝土蠕变试验”进行。试件尺寸为 250 mm×35 mm×40 mm。试件应在试验温度下恒温不少于 35 min。蠕变荷载分3级试验，分别为最大荷载的25%、35%、45%，每级不少于3个试件，每个试件按设定的荷载加荷，保持恒定不变。施加荷载前30 s开始采集数据，采集频率不宜低于2 000次/s，加荷5min后可逐步降低采集频率，直至试件破坏或变形稳定。

弯曲疲劳测试按照《水工沥青混凝土试验规程》（DL/T 5362—2018）中“沥青混凝土弯曲疲劳试验”进行。试件以3个为一组，尺寸为250 mm×40 mm×35 mm，弯曲试验结构为简支梁，试验过程恒温时间不少于35 min。试件采用应力控制加载，分为四级，应变比（应力比）分别为25%、35%、45%和55%，频率为15次/min，按一定时间间隔记录变形、荷载和对应的时间，直至试件屈服破坏。

试验均采用UTM-100型沥青混合料多功能试验机进行，温度1.8 ℃。

3 结果与讨论

3.1 基本性能

MC、HC基本性能见表2，分别为孔隙率1.17%和1.01%，渗透系数3.1×10^{-10} cm/s和2.2×10^{-10} cm/s，水稳定系数0.95和0.94，斜坡流淌值0.52 mm和0.65 mm。相比之下，SBS改性沥青混凝土水稳定系数更大，斜坡流淌值更小。水稳定系数和斜坡流淌值体现了水稳定性和热稳定性，是沥青混凝土施工及运行维护阶段的关键指标，SBS改性沥青混凝土性能总体优于水工110号沥青混凝土。

表2 两种防渗层沥青混凝土基本性能

序号	项目	单位	HC	MC
1	孔隙率	%	1.01	1.17
2	渗透系数	cm/s	2.2×10^{-10}	3.1×10^{-10}
3	水稳定系数	—	0.94	0.95
4	斜坡流淌值	mm	0.65	0.52

3.2 拉伸性能

3.2.1 拉伸应变

为考察两种沥青混凝土低温环境拉伸性能，在1.8 ℃条件下测试了混凝土的拉伸应变，结果如图1所示，拉伸应变为1.27%~1.76%。可见，SBS改性沥青混凝土拉伸应变大于水工S110沥青混凝土，增长幅度为39%，拉伸延展性变好，适应低温能力更强。低温环境应优先选择SBS改性沥青混凝土。

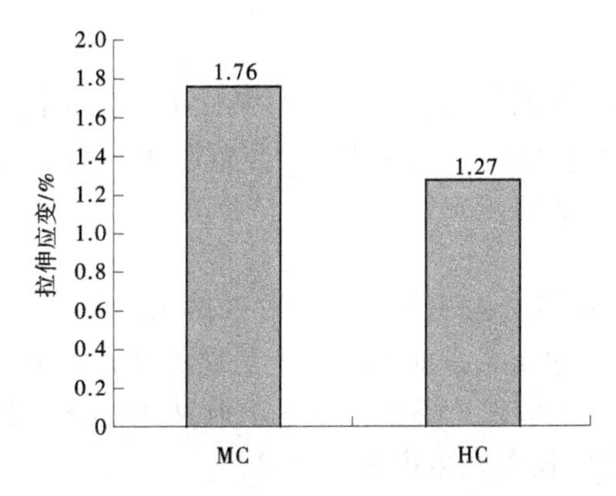

图1 两种沥青混凝土拉伸应变

3.2.2 极限降温冻断

极限降温速率达到30 ℃/h，是一种突破常识的服役工况，能够表征低温柔性、衡量抗裂性能。

根据沥青混凝土热胀冷缩特性，降温过程伴随混凝土收缩，存在外部约束条件下，混凝土产生拉应力。极限降温冻断过程本质也是拉伸过程，只不过拉伸速率变快。两种沥青混凝土 MC 和 HC 冻断过程温度应力曲线见图 2 和图 3。拉应力总体随温度降低而增加，降温早期，应力增长较慢，之后近乎线性增长。水工 110 号沥青混凝土、SBS 改性沥青混凝土冻断温度分别为-36.0 ℃和-44.6 ℃，SBS 改性沥青混凝土冻断温度比水工 110 号沥青混凝土冻断温度低 8.6 ℃，极限降温冻断性能显著改善，低温柔性和抗裂性明显提高。

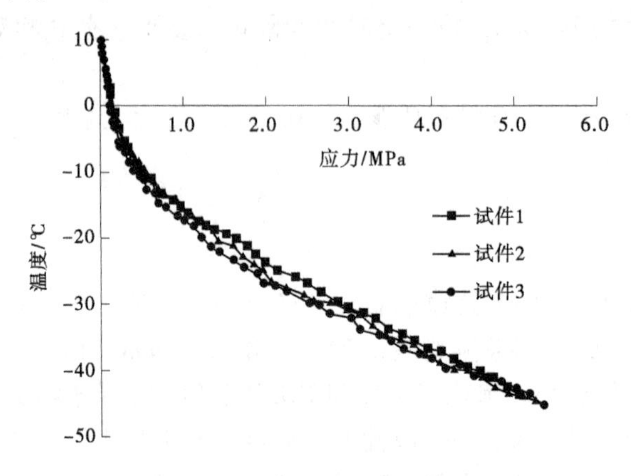

图 2 MC 冻断过程温度应力曲线

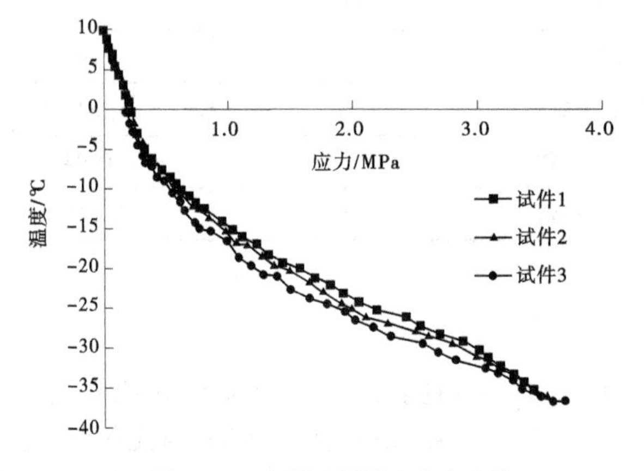

图 3 HC 冻断过程温度应力曲线

3.3 弯曲性能

3.3.1 弯曲应变

为考察沥青混凝土低温环境弯曲性能，在 1.8 ℃条件下测试了混凝土弯曲应变，结果如图 4 所示，弯曲应变分别为 3.029%和 5.588%。SBS 改性沥青混凝土弯曲应变大于 S110 沥青混凝土，提高了 84%，变形能力更强，低温服役性能更好。

3.3.2 弯曲蠕变

蠕变试验温度为 1.8 ℃，蠕变荷载百分比 25%、35%和 45%，能够分别获取两种沥青混凝土（MC、HC）蠕变柔量 $J(t)$ -时间 t 关系曲线。为定量评价沥青混凝土蠕变特性，采用四元 Burgers 流体黏弹性模型对蠕变柔量关系曲线进行参数拟合，求取黏弹性模型参数，弹性模量 E_1、E_2 和黏性系数 η_2、η_3，Burgers 流体黏弹性模型表达式见式（2）：

$$J(t)=\frac{1}{E_1}+\frac{1}{E_2}(1-e^{-\frac{E_2}{\eta_2}t})+\frac{1}{\eta_3}t \tag{2}$$

式中：$J(t)$ 为蠕变柔量，1/MPa；E_1、E_2 为弹性模量，MPa；η_2、η_3 为黏性系数，MPa·h。

水工 110 号沥青混凝土、SBS 改性沥青混凝土蠕变柔量 $J(t)$ -时间 t 曲线以及 Burgers 流体黏弹

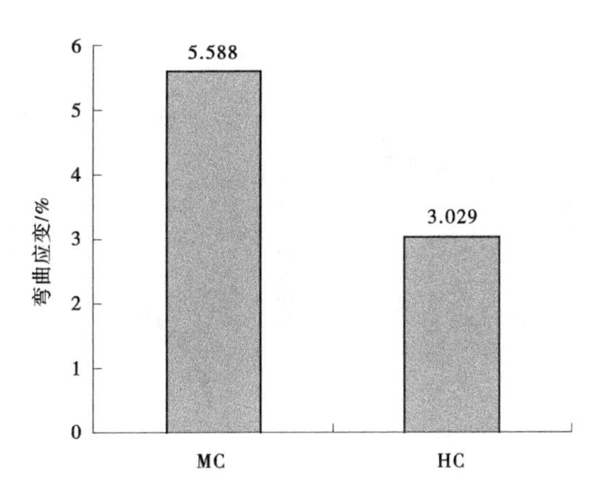

图4　两种沥青混凝土弯曲应变

性模型拟合情况见图5~图7，蠕变荷载占比分别为25%、35%和45%。蠕变柔量随时间变化曲线与四元 Burgers 流体黏弹性模型相关指数 R^2 为0.978 5~0.999 8，实测数据与理论模型吻合性较好。四元 Burgers 流体黏弹性模型适合描述低温环境沥青混凝土的蠕变特性。

蠕变荷载占比由25%增加到45%，两种沥青混凝土（MC、HC）蠕变柔量总体下降。各蠕变荷载占比下 SBS 改性沥青混凝土蠕变柔量总体高于水工110号沥青混凝土，蠕变性能更好。蠕变柔量表征了恒定荷载条件下混凝土的变形性能，是拉伸变形性能的另一种体现，也是一种疲劳工况下的定量评价。试验结果体现了沥青混凝土的黏弹性、特征，两种沥青混凝土低温环境黏性、流动性能均较好，SBS 改性沥青混凝土更优。

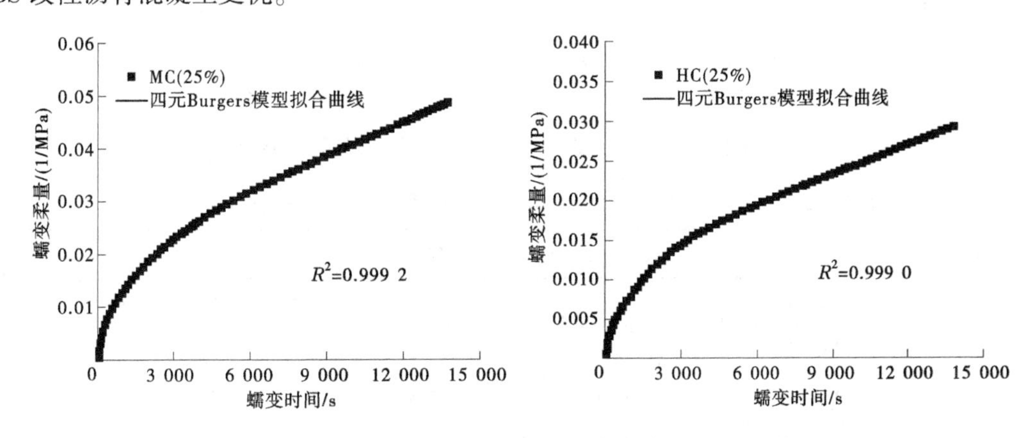

图5　蠕变荷载占比25%的蠕变柔量-时间曲线及模型拟合结果

两种沥青混凝土（MC、HC）的四元 Burgers 流体黏弹性模型参数计算结果见表3和表4。

表3　SBS 改性沥青混凝土 MC 弯曲试蠕变结果（试验温度：1.8 ℃）

蠕变荷载与最大荷载百分比/%	四元 Burgers 流体黏弹性模型参数				说明
	E_1/MPa	E_2/MPa	η_2/（MPa·s）	η_3/（MPa·s）	
25	287.56	61.64	110 342	476 356	
35	361.33	73.21	36 794	317 165	
45	1 326.31	89.13	23 534	106 189	

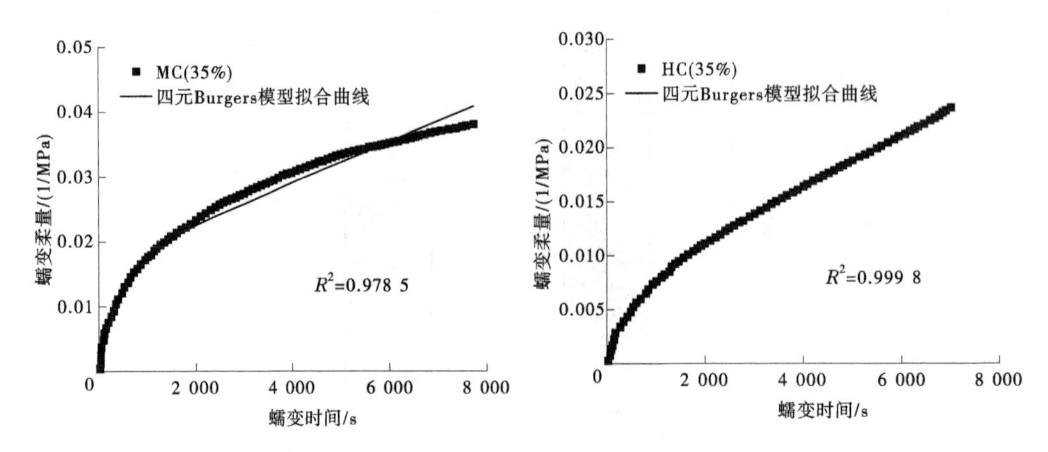

图 6 蠕变荷载占比 35%的蠕变柔量-时间曲线及模型拟合结果

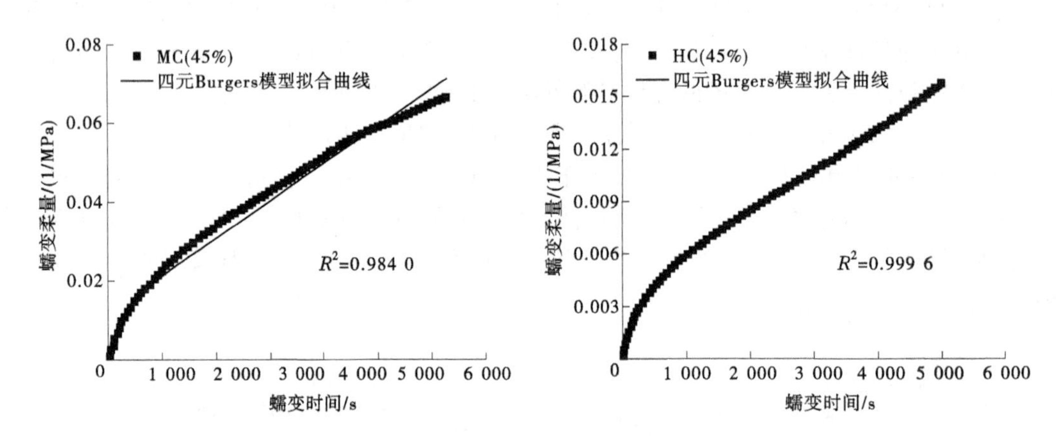

图 7 蠕变荷载占比 45%的蠕变柔量-时间曲线及模型拟合结果

表 4 水工 110 号沥青混凝土 HC 弯曲试蠕变结果（试验温度：1.8 ℃）

蠕变荷载与最大荷载百分比/%	四元 Burgers 流体黏弹性模型参数				说明
	E_1/MPa	E_2/MPa	η_2/（MPa·s）	η_3/（MPa·s）	
25	425.32	100.08	162 298	819 059	
35	1 095.35	174.06	123 537	415 127	
45	2 399.71	304.99	99 476	425 141	

由表 3 和表 4 可以看出，水工 110 号沥青混凝土弹性模量和黏性系数均大于 SBS 改性沥青混凝土。在 25%蠕变荷载条件下，E_1、E_2、η_2、η_3 分别增加了 48%、62%、47%和 72%；在 35%蠕变荷载条件下，E_1、E_2、η_2、η_3 分别增加了 203%、138%、236%和 31%；在 45%蠕变荷载条件下，E_1、E_2、η_2、η_3 分别增加了 81%、242%、323%和 300%。总体上，蠕变荷载占比越高，水工 90 号沥青混凝土相比于 SBS 改性沥青混凝土弹性模量和黏性系数增加越多。

3.2.3 弯曲疲劳

两种沥青混凝土（MC、HC）25%、35%、45%、55%四个应变比条件下疲劳破坏次数见图 8，SBS 改性沥青混凝土四个应变比下疲劳破坏次数分别是 7 968 次、5 685 次、4 289 次和 3 139 次，水工 110 号沥青混凝土四个应变比下疲劳破坏次数分别是 6 854 次、4 768 次、3 416 次和 2 512 次。相比之下，水工 110 号沥青混凝土各个应变比条件下疲劳破坏次数均小于 SBS 改性沥青混凝土的，抗低温疲劳性能不如后者。

疲劳破坏次数与应变比密切相关。应变比越大，疲劳破坏次数越少。两种沥青混凝土疲劳破坏次数对数值与应变对数值拟合结果见图9，相关指数 R^2 为0.990 8和0.993 8，相关性较好，表明疲劳破坏次数对数值与应变对数值线性相关，该表达式可用于不同应变（比）沥青混凝土的疲劳寿命预测。

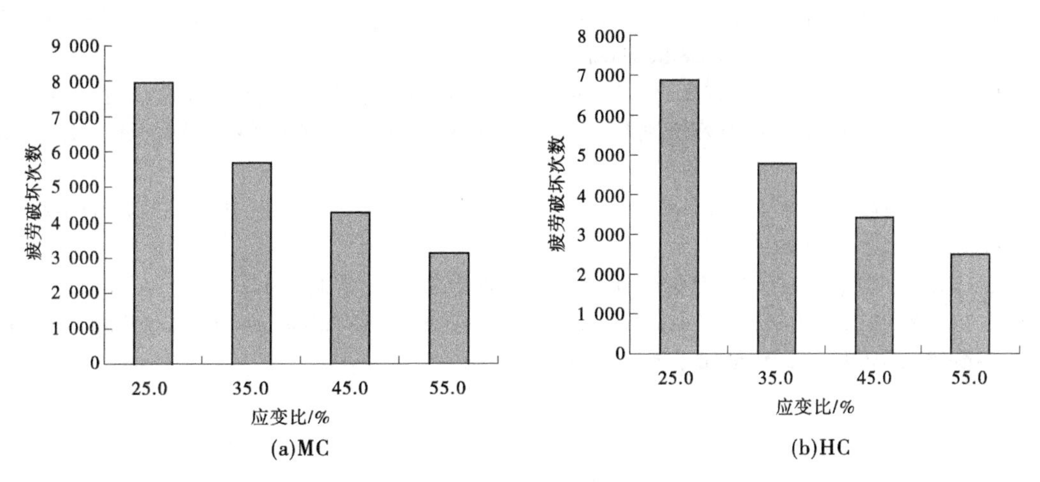

图8　两种沥青混凝土疲劳破坏次数对比

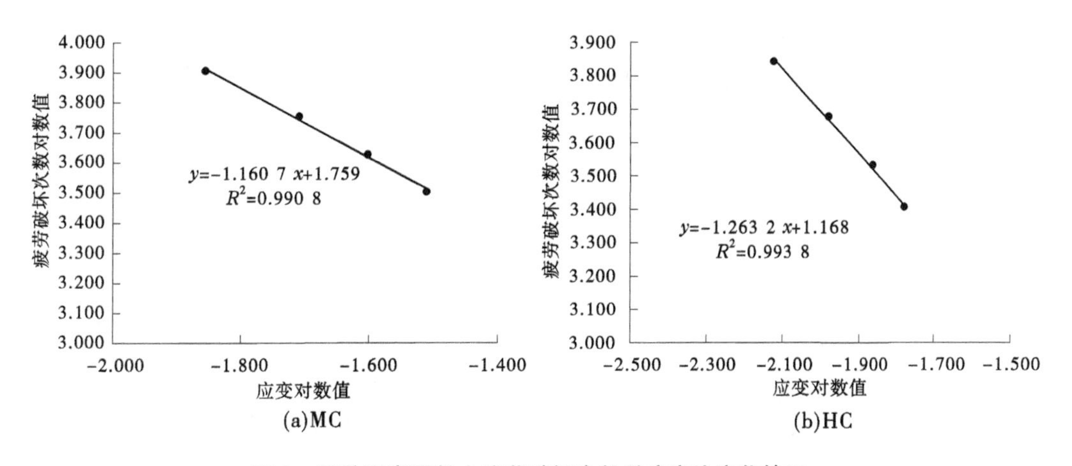

图9　两种沥青混凝土疲劳破坏次数随应变比变化情况

4　结论

（1）采用水工110号沥青、SBS改性沥青各制备1种沥青混凝土，级配指数0.43、填料含量12%、油石比7.5%；与水工110号沥青混凝土相比，SBS改性沥青混凝土冻断温度降低了8.6 ℃，1.8 ℃拉伸应变提高了39%，弯曲应变提高了84%。

（2）1.8 ℃水工110号沥青混凝土、SBS改性沥青混凝土蠕变柔量随蠕变荷载占比增加而减小，弯曲蠕变符合四元Burgers流体黏弹性模型，相关指数 R^2 为0.978 5~0.999 8，实测数据与理论模型吻合性较好；与水工90号沥青混凝土相比，SBS改性沥青混凝土弹性模量（E_1、E_2）、黏性系数（η_2、η_3）较小，蠕变柔量较大。

（3）1.8 ℃水工110号沥青混凝土、SBS改性沥青混凝土弯曲疲劳次数对数值与应变对数值线性相关，低温环境SBS改性沥青混凝土抗疲劳破坏性能更好。

参考文献

[1] 余璇. 抽水蓄能发展应加强需求论证与项目纳规 [N]. 中国电力报, 2023-08-08 (4) .
[2] Geiker M, Robuschi S, Lundgren K, et al. Concluding destructive investigation of a nine-year-old marine-exposed cracked concrete panel [J]. Cement and Concrete Research, 2023, 165, 107070.
[3] 曹芡, 肖兴恒. 呼蓄电站上水库防渗面板沥青混凝土试验研究 [J]. 水电与新能源, 2015 (5): 41-44, 50.
[4] 董芸, 熊泽斌, 王晓军, 等. 天然砂砾石骨料心墙沥青混凝土耐久性试验研究 [J]. 人民长江, 2023, 54 (4): 218-223.
[5] 汪正兴, 刘增宏, 郝巨涛. 水工沥青混凝土低温抗裂性能的影响因素研究 [J]. 中国水利水电科学研究院学报, 2016, 14 (4): 311-315, 320.
[6] 时成林, 马明芹. SBS 掺量对沥青性能的影响研究 [J]. 吉林建筑大学学报, 2023, 40 (3): 21-26.
[7] Cao Z L, Yu J Y, Yi J, et al. Effect of different rejuvenation methods on the fatigue behavior of aged SBS modified asphalt [J]. Construction and Building Materials, 2023, 407 : 133494.